国外计算机科学经典教材

工程与科学数值方法的MATLAB实现

(第4版)

[美] Steven C. Chapra 著
林 赐 译

清華大學出版社
北 京

Steven C. Chapra
Applied Numerical Methods with MATLAB for Engineers and Scientists, Fourth Edition
EISBN: 978-0-07-339796-2

图书在版编目(CIP)数据

工程与科学数值方法的MATLAB实现：第4版 / (美)史蒂文 • C.恰布拉(Steven C. Chapra) 著；林赐 译. —北京：清华大学出版社，2018(2022.8重印)
(国外计算机科学经典教材)
书名原文：Applied Numerical Methods with MATLAB for Engineers and Scientists, Fourth Edition
ISBN 978-7-302-48692-3

Ⅰ. ①工… Ⅱ. ①史… ②林… Ⅲ. ①Matlab 软件－应用－工程技术－数值方法－教材 Ⅳ. ①TB115.1T ②N32

中国版本图书馆 CIP 数据核字(2017)第 270948 号

责任编辑：王 军 李维杰
装帧设计：孔祥峰
责任校对：曹 阳
责任印制：朱雨萌

出版发行：清华大学出版社
网 址：http://www.tup.com.cn，http://www.wqbook.com
地 址：北京清华大学学研大厦 A 座 邮 编：100084
社 总 机：010-83470000 邮 购：010-62786544
投稿与读者服务：010-62776969，c-service@tup.tsinghua.edu.cn
质 量 反 馈：010-62772015，zhiliang@tup.tsinghua.edu.cn
印 装 者：三河市铭诚印务有限公司
经 销：全国新华书店
开 本：185mm×260mm **印 张：**46 **字 数：**1063 千字
版 次：2018 年 1 月第 1 版 **印 次：**2022 年 8 月第 2 次印刷
印 数：3001~3500
定 价：198.00 元

产品编号：075723-02

译者序

在翻译此书的时候，我经常想起第一次接触数值分析时的情景。数值分析相对于传统的解析方法而言，一般是在无法使用传统的解析方法得到解析解的情况下，才是我们用来求解问题的方法。从这个方面来看，数值分析是一个备选项，是解析方法的备胎。因此，数值分析可能不受很多读者重视。但是，随着计算机技术和计算数学的发展，科学计算已经成为与理论分析、科学实验并列的第三种科学研究手段。如果说解析方法是童话世界，那么数值方法就是现实世界。童话世界固然美好，但也只是空中楼阁，可望而不可即。相反，现实世界是一幅波澜壮阔的画卷，充满人生百态，读者难以亦步亦趋跟随成功的榜样前进，每个人的成功都不可复制；也不能按部就班，循规蹈矩，最后只能流于中庸。在现实世界中，没有既定的轨迹，正如数值分析一样，必须瞻前顾后，一步一个脚印，踏踏实实，摸着石头前进。面对浮躁世事，没有实事求是的态度，面对惊涛骇浪，没有气定神闲的勇气，面对暴风骤雨，没有搏击长空的气概，难以驾驭生活这艘帆船，也难以学习到数值分析的真谛。

正由于数值分析的这种本质，我们才得以在面对现实世界的复杂时，多了一份神情自若，多了一份胸有成竹。恕我孤孤陋寡闻，在物理、大气科学、化学、材料科学与工程、医学等众多领域，凡是涉及计算的学科，数值分析都起着举足轻重的作用。童话世界再美好，也抵不住来自现实世界的冲击。童话世界中的解析方法，理想、完美、简单，但是，在现实领域中，却难担大任。数值方法“丑到极致”，却在复杂的实践中大放异彩。在实践中，读者才能体会到数值分析的用途，没有实践，对数值分析的学习只能算得上是隔靴搔痒，因而也就不能举一反三，触类旁通。

数值分析是一门实践性很强的学科，如果没有现代计算机技术的发展，数值分析烦琐、冗长的计算，会让许多人都感到望而生畏。因此，MATLAB 软件的开发，恰逢其时，为广大工程师和科学家带来了福音和希望。MATLAB 软件是众多工程师耳熟能详的数值计算和建模软件，也几乎成为工程学院或科学学院学生的必备技能。任何一门工程或科学课程，只要牵涉计算，在课程描述中，总会要求学生了解必需的 MATLAB 编程或建模技能。本书以 MATLAB 为载体，与时俱进，旁征博引，深入浅出地介绍了数值计算的各种方法和理论。对于初次接触工程与科学计算的人员，以及理工科院校相关专业本科生和研究生而言，如果要系统学习数值方法，本书是很好的开始，有了此书，读者不必发出“书到用时方恨少”的感慨。

本书知识完备、内容丰富、循循善诱、颇具特色，是一本数值计算和工程实践方面不可多得的优秀教材，既可作为入门参考书，也可作为自学教材，还可供广大科技工作者参考阅读。全书内容以实际问题而不是数学理论为牵引进行组织，除了介绍工程和科学中常用的算法和方法之外，还广泛地使用实例演示以及工程和科学案例讲授这些方法的实际应用。在算法实现方面，书中不仅详细介绍了相关的 MATLAB 内置数值函数，而且提供了一些经典算法的 M 文件，以方便读者自行编写程序。本书作者 Steven C. Chapra 教授不仅是一位优秀的教师，还在工程领域颇有建树，曾经被评为工程领域的杰出教师。在本书中，他通过独特的视角，巧妙地将数值方法理论与工程实践结合起来，以浅显易懂、图文并茂的方式进行讲述。在此，我们很高兴能将其译本奉献给广大读者。

在这里，要特别感谢清华大学出版社的编辑们，她们为本书的翻译投入了巨大的热情，可谓呕心沥血。没有她们的耐心和帮助，本书不可能顺利付梓。

译者才疏学浅，见闻浅薄，言辞多有不足错漏之处，还望谅解并不吝指正。读者如有任何意见和建议，请将反馈信息发送到邮箱 cilin2046@gmail.com。我们将不胜感激。本书主要内容由林赐翻译，参与翻译的还有陈妍、何美英、陈宏波、熊晓磊、管兆昶、潘洪荣、曹汉鸣、高娟妮、王 燕、谢李君、李珍珍、王 璐、王华健、柳松洋、曹晓松、陈 彬、洪妍、刘 芸、邱培强、高维杰、张素英、颜灵佳、方 峻、顾永湘、孔祥亮。

林 赐

2017 年 7 月 5 日于加拿大渥太华大学

作者简介

Steven C. Chapra 执教于塔夫斯(Tufts)大学的土木与环境工程系，他还担任该校计算机与工程系的教授职位。除本书外，Steven 还著有 *Numerical Methods for Engineers* 和 *Surface Water-Quality Modeling* 这两本书。

Steven 在密歇根(Michigan)大学和曼哈顿(Manhattan)学院获得了工学学位。在进入塔夫斯大学工作之前，他曾在美国环保局、海洋与大气管理局工作过，也曾执教于德州(Texas) A&M 大学和科罗拉多州(Colorado)大学。他的主要研究兴趣集中在地表水质建模以及计算机在环境工程中的高级应用。

由于突出的学术贡献，他获得了很多奖项，包括鲁道夫・霍普勋章(Rudolph Hering Medal ASCE)、梅里安/威利杰出作者奖(Meriam/Wiley Distinguished Author Award)和钱德勒-米塞尔奖(Chandler-Misener Award)。作为杰出的教师，他获得了德克萨斯农工大学 1986 年度 Tenneco 奖、州立科罗拉多大学 1992 年度 Hutchinson 奖和塔夫斯大学 2011 年度杰出教授奖。

Steven 进入环境工程和科学领域起初源于对室外环境的热爱。他还是一名狂热的垂钓者和徒步旅行者。虽然他现在年事已高，但早在 1966 年还是一名大学生的时候，初次接触 Fortran 编程就迷上了计算。现在，他真正感觉到，应该将对数学、科学和计算的热爱与对自然界的激情融合在一起。另外，他还感觉到应该通过教学和写作与其他人分享这一切！

除了对专业感兴趣外，Steven 还喜爱艺术、音乐(尤其是古典音乐、爵士乐和蓝草音乐)以及阅读历史书籍。

如果希望与 Steven 取得联系，或更多地了解他，可以访问他的主页 http://engineering.tufts.edu/cee/people/chapra/或通过邮箱 steven.chapra@tufts.edu 与他联系。

献　词

献给
我的兄弟，
约翰和鲍勃·查普拉

以及
弗雷德·贝格(Fred Berger)(1947-2015)

他是我的一个好朋友，一个很好的人。
是我的战友，他将工程的光明
带到世界的一些相对黑暗的角落。

致　谢

McGraw-Hill 团队中有好几名成员为本书做出了贡献。特别要感谢 Jolynn Kilburg、博士 Thomas Scaife 和 Chelsea Haupt，以及 Jeni McAtee，感谢他们的鼓励、支持和指导。

在本书的出版过程中，MathWorks 公司的员工真正表现出他们的才能，以及他们对工程和科学教育的强烈责任感。尤其是 MathWorks 公司的图书策划 Naomi Fernandes，他为本书的出版给予了特别的帮助，并且要特别感谢 MathWorks 技术支持部门的 Jared Wasserman，他对技术问题提供了很大的帮助。

由于伯杰家族(Berger family)的慷慨，为我提供了良机，让我能够参与像本书这样与工程和科学相关书籍的创新性项目。此外，我要感谢塔夫茨大学的同事，尤其是 Masoud Sanayei、Babak Moaveni、Luis Dorfmann、Rob White、Linda Abriola 和 Laurie Baise，他们给予了我莫大的支持和帮助。

一些同事也提出了重要的建议。特别是Dave Clough(科罗拉多州-博尔德大学)和Mike Gustafson(杜克大学)，他们提供了宝贵的意见和建议。此外，一些审稿人提供了有用的反馈意见和建议，包括Karen Dow Ambtman(阿尔伯塔大学)、Jalal Behzadi(沙希德 • 查兰大学)、Eric Cochran(爱荷华州立大学)、Frederic Gibou(加利福尼亚大学圣巴巴拉分校) 、Jane Grande-Allen(莱斯大学)、Raphael Haftka(佛罗里达大学)、Scott Hendricks(弗吉尼亚理工大学)、Ming Huang(圣地亚哥大学)、Oleg Igoshin(莱斯大学)、David Jack(贝勒大学)、Se Won Lee(韩国成均馆大学)、Clare McCabe(范德堡大学)、Eckart Meiburg(加州大学圣巴巴拉分校)、Luis Ricardez(滑铁卢大学)、James Rottman(加利福尼亚大学圣地亚哥分校)、Bingjing Su(辛辛那提大学)、Chin-An Tan(韦恩州立大学)、Joseph Tipton(埃文斯维尔大学)、Marion W. Vance(亚利桑那州立大学)、Jonathan Vande Geest(亚利桑那大学)、Leah J. Walker(阿肯色州立大学)、Qiang Hu(亨茨维尔的阿拉巴马州大学)、Yukinobu Tanimoto(塔夫茨大学)、Henning T.Søgaard(奥胡斯大学)和Jimmy Feng(不列颠哥伦比亚大学)。

应该强调的是，尽管我从上面提到的每个人那里都得到了有益的建议，但是我认为，您很有可能还会发现书中存在不准确或错误的地方，如果发现任何错误，可以通过电子邮件联系我。

最后，我要感谢我的家庭，尤其是我的妻子 Cynthia，感谢她在本书编写过程中一直以来给予的关爱、耐心和支持。

Steven C. Chapra
塔夫斯大学
梅德福，马萨诸塞州
steven.chapra@tufts.edu

前　言

本书的设计目标是满足一个学期的数值方法课程。对于希望学习和应用数值方法来解决工程与科学问题的学生来讲，本书正是为他们而编写的。同样，这些方法是由实际问题而不是由数学理论来驱动的。本书同时提供了足够的理论，可以让学生对这些方法及其不足有深入的认识。

MATLAB 为该课程提供了一个非常棒的环境。尽管还可以选择其他的环境(如 Excel/VBA、Mathcad)或语言(如 Fortran 90、C++)，但就目前来说，方便的编程特性与强大的内置数值函数的完美结合让我们选择了 MATLAB。一方面，MATLAB 的 M 文件编程环境可以让学生以结构化和一致的方式适度地实现一些高级算法。另一方面，MATLAB 的内置数值函数增强了学生的能力，让他们可以求解更加困难的问题，而不用试着“重复一些简单的问题”。

本书在第 4 版中保留了第 3 版的基本内容、组织结构和教学原理。特别是，第 4 版特意保留了会话式的写作风格，使得本书深入浅出，易于阅读。本书试图直接与读者对话，并有意设计，旨在成为自学的工具书。

也就是说，这个版本与之前的版本相比，在三个方面有所不同：(1)新材料；(2)新增习题以及修订的习题；(3)新增了介绍 Simulink 的附录 C。

(1) 新内容。在一些主题中，增加了一些新内容，并增强介绍了一些章节。补充的主要内容包括一些先前版本中未提到的 MATLAB 函数(如 fsolve、integrated、bvp4c)，在积分和优化问题方面，一些蒙特卡罗方法的新应用，以及 MATLAB 将参数传递给函数的新方法。

(2) 新增习题。既修改了章末的大部分习题，也新增了各种新习题。特别是，已经做出了努力，在每一章中包含若干比前一版更具挑战性和更困难的新习题。

(3) 新增关于 Simulink 的简短入门介绍，让学生在阅读这个课题之前，先阅读这个入门介绍。虽然我知道一些教授可能不会选择教授 Simulink，但是我将这个内容涵盖在本书内，旨在作为讲解该内容的教学辅助手段。

除了增加这些习题和材料之外，第 4 版与第 3 版非常相似。尤其是，尽可能地保留大多数有益于增强教学效果的优秀特征，包括广泛地使用实例演示以及工程和科学应用案例。与前一版一样，本书同样尽可能地满足学生的使用需求。为此，本书努力做到让解释更直接、更实用。

尽管本书的基本目的是增强学生的能力，让他们能够更好地进入数值问题求解领域，但是还有一个目的就是让学生在学习时感到激动和愉悦。我相信积极主动的学生会喜爱工程与科学、问题求解、数学，当然还有编程，他们最终会获得更好的职业。如果本书能够培养他们对这些主题的激情和兴趣，那么我认为这种努力就取得了成功。

目　录

第 I 部分

建模、计算机与误差分析

动机

数值方法是什么，为什么要学习数值方法呢？

数值方法(numerical method)是用公式表示数学问题以便可以用算术和逻辑运算解决这些问题的技术。这是因为数字计算机擅长于执行算术和逻辑这类运算。有时，数值方法也称为计算机数学(computer mathematics)。

在计算机出现以前，实现这类计算的时间和代价严重地限制了它们的实际应用。然而，随着快速、廉价的数字计算机的出现，数值方法在工程和科学问题求解中的应用正呈爆炸式发展。由于数值方法在我们的工作中发挥着如此突出的作用，笔者相信数值方法应该成为每个工程师和科学家基础教育的一部分。正如在数学和科学的其他领域中，我们所有的人都必须具有坚实的基础一样，对于数值方法，我们也应该有一个基本的理解。尤其是对数值方法的长处和不足，我们应该有一个清楚的认识。

除了对整体教育有用之外，对于为什么应该学习数值方法，还有一些其他的理由：

(1) 数值方法能够极大地覆盖所能解决的问题类型。它们能够处理大型方程组(system of equations)、非线性和复杂几何等问题，这些在工程和科学领域中是普遍的，但用标准的微积分通过解析方法求解是不可能的。因此，学习数值方法通常可以增强问题求解技能。

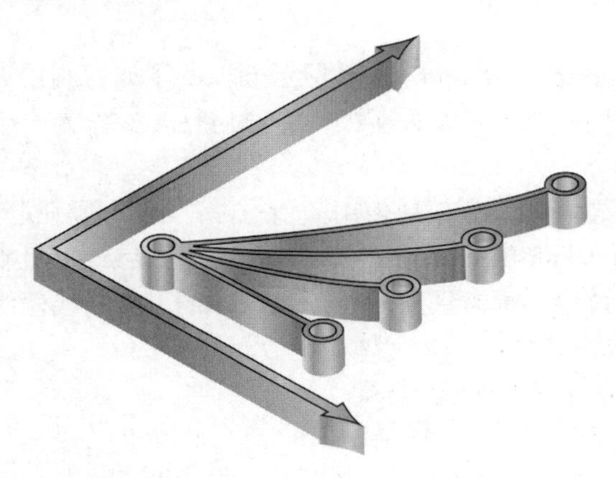

(2) 数值方法可以让用户更加智慧地使用“封装过的”软件。在你的职业生涯中，总会有机会使用涉及数值方法的、经过预打包的商用计算机程序。如果对这些方法背后的基本理论有所理解，那么就可以聪明地使用这些程序。如果缺少对基本理论的理解，那么就只能把这些软件包看作“黑盒”，因此就会对内部的工作机理和它们产

生结果的优劣缺少必要的了解。

(3) 很多问题不能用封装的程序解决。如果熟悉数值方法并擅长于计算机编程的话，那么就可以设计自己的程序来解决问题，而不必购买或租用昂贵的软件。

(4) 数值方法是学习使用计算机的有效载体。因为数值方法是专门设计用于计算机实现的，对于展示计算机的强大和不足是非常理想的。当你成功地在计算机上实现了数值方法，然后将它们应用于求解其他难以处理的问题时，就可以极大地展示计算机如何为你的职业发展服务了。同时，你还会学习如何认识和控制逼近误差，这是大规模(large-scale)数值计算的组成部分，也是大规模数值计算面临的最大问题。

(5) 数值方法提供了一个能够增强对数学理解的平台。因为数值方法的一个功能是将数学从更高级的表示归约为基本的算术操作，这样就可以抓住一些非常晦涩的主题的核心(nuts and bolts)。从这个独特的角度可以让我们提高对数学问题的理解和认知。

如果将这些原因作为学习的动机，那么我们现在就可以开始去理解数值方法和数字计算机是如何共同作用来获得数学问题的可靠解的。本书剩余部分的任务就是要解决这个问题。

内容组织

本书分为六大部分。后五部分专注于数值方法的主要领域。尽管我们急于直接跳到这些部分，但第 I 部分的 4 章内容涉及一些关键的背景知识。

第 1 章给出了一个具体例子，说明如何将数值方法用于求解实际问题。为此，我们为自由落体蹦极运动员(bungee jumper)建立了一个数学模型。该模型基于牛顿第二定律，其结果是一个常微分方程(ordinary differential equation)。首先使用微积分(calculus)建立了闭型解(closed-form solution)，然后说明了如何用一种简单的数值方法生成与此相当的解。最后，我们对第Ⅱ~第Ⅵ部分所涉及的数值方法的主要领域进行了概述。

第 2 和第 3 章介绍了 MATLAB 的软件环境。第 2 章介绍了运行 MATLAB 的标准方式，即所谓的计算器模式(calculator mode)或命令模式(command mode)。在该模式下，每次输入一个命令，然后 MATLAB 执行该命令，如此反复。这种交互模式提供了一种使用 MATLAB 环境的直接方式，并可以演示如何用它实现一般的操作，如执行计算和生成图形。

第 3 章介绍了 MATLAB 的编程模式(programming mode)，用示例说明了如何利用这个平台将单个命令组织成算法。因此，我们的意图是要说明如何将 MATLAB 作为一个方便的编程环境以开发自己的软件。

第 4 章介绍了误差分析这个重要的主题，为了有效地使用数值方法，必须理解误差分析。该章前半部分集中介绍了舍入误差(roundoff error)，舍入误差是由于数字计算机不能准确地表示某些值而引起的；后半部分讨论了截断误差(truncation error)，截断误差缘于用近似数学过程代替精确数学过程。

第 1 章

数学建模、数值方法与问题求解

本章目标

本章的主要目标是让读者具体感受一下，什么是数值方法以及如何将它们与工程和科学问题求解联系起来。具体的目标和主题包括：

- 学习如何基于科学原理建立数学模型，进而对简单物理系统的行为进行仿真。
- 理解数值方法如何提供一种方式以便在数字计算机上求得问题的解。
- 对于工程学科中使用的各种模型，理解其背后不同类型的守恒律(conservation law)，正确评价这些模型稳态(steady-state)解和动态解间的差异。
- 学习本书中涉及的不同类型的数值方法。

提出问题

假设你受雇于某家蹦极公司。你的任务是要预测蹦极过程中在自由落体阶段蹦极运动员的速度(见图 1.1)，它是时间的函数。得到的信息可以用于更进一步的分析，如针对不同质量的蹦极运动员确定蹦极绳索的长度和必要强度。

在学习物理学的时候，已经知道加速度应该等于所受外力与质量之比(牛顿第二定律)。基于该定律和基本的物理和流体力学知识，就可以建立下面的数学模型以计算速度关于时间的变化率：

$$\frac{dv}{dt} = g - \frac{c_d}{m}v^2$$

其中，v 为垂直向下速度(m/s)，t 为时间(s)，g 是重力加速度($\approx$9.81m/s^2)，C_d 是集总阻力系数(kg/m)，m 为蹦极运动员的体重(kg)。将阻力系数称为“集总”，这是因为它的大小取决于一些因素，如蹦极运动员的表面积和流体密度(见 1.4 节)。

由于这是一个微分方程，因此可以用微积分求解速度 v 的解析解或精确解，它是时间 t 的函数。但是，在下面的内容中，我们将使用另外一种求解方法。这种方法会得到面向计算机的数值解或近似解。

图 1.1　作用在自由落体蹦极运动员身上的力

除了展示如何用计算机求解这个特定的问题之外，我们更一般的目标是要展示：①什么是数值方法；②在工程和科学问题求解中，数值方法扮演着什么样的角色。在此过程中，我们还会说明如何建立典型的数学模型，以便工程师和科学家在工作中使用数值方法。

1.1　一个简单的数学模型

在数学术语中，数学模型(mathematical model)可以广义地定义为表达物理系统或物理过程本质特性的公式或方程。从更广义的角度讲，数学模型可以表达为如下形式的函数关系式：

$$\text{应变量}=f(\text{自变量，参数，强制函数}) \tag{1.1}$$

其中，应变量(dependent variable)是物理系统的特征，典型反映了系统的行为或状态；自变量(independent variable)通常为维度(dimension)，如时间和空间，通过维度确定系统的行为；参数(parameter)是系统特性或构成的反映(reflective)；强制函数(forcing function)是作用在系统上的外部影响。

式(1.1)的实际数学表达式可以是从简单的代数关系到大规模复杂微分方程组的所有可能情况。例如，基于自己的观察，牛顿建立了第二运动定律，表达的是物体的动量(momentum)随时间的变化率等于作用在其上的总外力。牛顿第二定律的数学表达式或模型为著名的如下方程：

$$F = ma \tag{1.2}$$

其中，F 是作用在物体上的总外力(N，或 kg m/s^2)，m 是物体的质量(kg)，a 是加速度(m/s^2)。

只要在方程两边同时除以 m，就可以将牛顿第二定律变为式(1.1)的形式

$$a = \frac{F}{m} \tag{1.3}$$

其中，a 为应变量，反映了系统的行为，F 是强制函数，m 是参数。注意，对于这个简单的例子，并没有自变量，这是因为我们还没有预测加速度在时间和空间中是如何变化的。

式(1.3)具有很多特性，是现实世界中典型的数学模型。

- 它以数学形式描述了自然的过程或系统。
- 它表示的是对现实的理想化和简化。也就是说，该模型忽略了自然过程中微不足道的细节，而关注于其本质表现。因此，牛顿第二定律并不包含相对论效应(effects of relativity)，当应用于地球表面或附近相互作用的物体或力时，以及在人类可见的速度和尺度范围内时，相对论效应是非常微不足道的。
- 最终，得到的结果是可再现的，所以可以将其用于预测物体的状态。例如，如果作用在物体上的力和物体的质量已知，那么式(1.3)可以用于计算物体的加速度。

由于式(1.2)是一种简单的代数形式，因此其解很容易获得。然而，其他物理现象的数学模型可能要复杂得多，它们要么无法获得精确解，要么需要比简单代数更高级的数学方法才能求得它们的解。为了展示这样一个更复杂的模型，可以用牛顿第二定律确定自由落体在到达地面时的最终速度。我们研究的落体为蹦极运动员(见图 1.1)。在该例中，通过将加速度表示为速度随时间的变化率(dv/dt)可以推导出问题的模型，并将其代入式(1.3)，可得：

$$\frac{dv}{dt} = \frac{F}{m} \tag{1.4}$$

其中，v 为速度(m/s)。这样，速度随时间的变化率就等于作用在身体上的力相对于质量的归化值(单位质量上的受力大小)。如果总作用力(net force)为 0，那么物体的速度将保持不变。

接下来，我们用可测变量和参数表达总作用力。对于在地球表面附近的自由落体，总作用力由两个方向相反的力组成：向下的地球引力 F_D 和向上的大气阻力 F_U(见图 1.1)：

$$F = F_D + F_U \tag{1.5}$$

如果将向下的力指定为正，那么可以用牛顿第二定律将万有引力表示为：

$$F_D = mg \tag{1.6}$$

其中，g 为万有引力引起的加速度(9.81m/s^2)。

大气阻力可以表示为多种形式。根据流体力学的知识可知，较好的一阶近似是近似值与速度平方成比例：

$$F_U = -c_d v^2 \tag{1.7}$$

其中，c_d为比例常数，称为集总阻力系数(lumped drag coefficient)(kg/m)。这样，下降速度越快，大气阻力导致的向上力越大。c_d是说明落体属性的参数，如物体形状或表面粗糙度，这些参数会影响到大气阻力。在蹦极的例子中，c_d可能是自由下降过程中蹦极运动员的衣着类型或身体方向。

总作用力是向下力与向上力之差。因此，结合式(1.4)~式(1.7)可得：

$$\frac{dv}{dt} = g - \frac{c_d}{m}v^2 \tag{1.8}$$

式(1.8)中的模型将落体的加速度与作用在其上的力关联起来。这是一个微分方程，因为该方程将预测中我们感兴趣的变量表示为变量的微分变化率(differential rate of change)。然而，与式(1.3)中通过牛顿第二定律得到的解相比，式(1.8)中蹦极运动员速度的精确解不能通过简单的代数运算获得。但是，像微积分那样更高级的方法可以用于求得其精确解或解析解。例如，如果蹦极运动员初始为静止状态(t=0 时 v=0)，那么可以用微积分求得式(1.8)的解为：

$$v(t) = \sqrt{\frac{gm}{c_d}} \tanh\left(\sqrt{\frac{gc_d}{m}}t\right) \tag{1.9}$$

其中，tanh 为双曲正切(hyperbolic tangent)函数，可以直接计算[1]或通过更基本的指数函数计算：

$$\tanh x = \frac{e^x - e^{-x}}{e^x + e^{-x}} \tag{1.10}$$

注意，式(1.9)是式(1.1)的一种特殊形式，其中 $v(t)$是应变量，t 为自变量，c_d和 m 为参数，g 为强制函数。

例 1.1　蹦极问题的解析解

问题描述：一个质量为 68.1kg 的蹦极运动员从一个静止的热气球上滑落。利用式(1.9)计算蹦极运动员前 12s 自由落体过程中的速度。如果所使用的绳索无限长(或蹦极运动经营者遇到了特别倒霉的一天！)，那么还可以确定蹦极运动员能达到的最终速度。假设使用的阻力系数为 0.25kg/m。

解：将参数代入式(1.9)中可得

$$v(t) = \sqrt{\frac{9.81(68.1)}{0.25}} \tanh\left(\sqrt{\frac{9.81(0.25)}{68.1}}t\right) = 51.6938\tanh(0.18977t)$$

1　MATLAB 准许直接通过内置函数 tanh(x)计算双曲正切值。

利用上式计算可得：

t(s)	υ(m/s)
0	0
2	18.7292
4	33.1118
6	42.0762
8	46.9575
10	49.4214
12	50.6175
∞	51.6938

根据该模型可知，蹦极运动员是在加速下降，其速度越来越快(见图 1.2)。在 10s 以后，蹦极运动员的速度达到了 49.4214m/s(大约 110 英里/小时)。还要注意，在经过足够长的时间以后，其速度不再变化，此时的速度称为*极限速度*(terminal velocity)，大约为 51.6983m/s(大约 115.6 英里/小时)。蹦极运动员的速度之所以最终变得恒定，是因为重力与大气阻力处于平衡状态。为此，蹦极运动员所受到的总作用力为 0，加速过程结束。

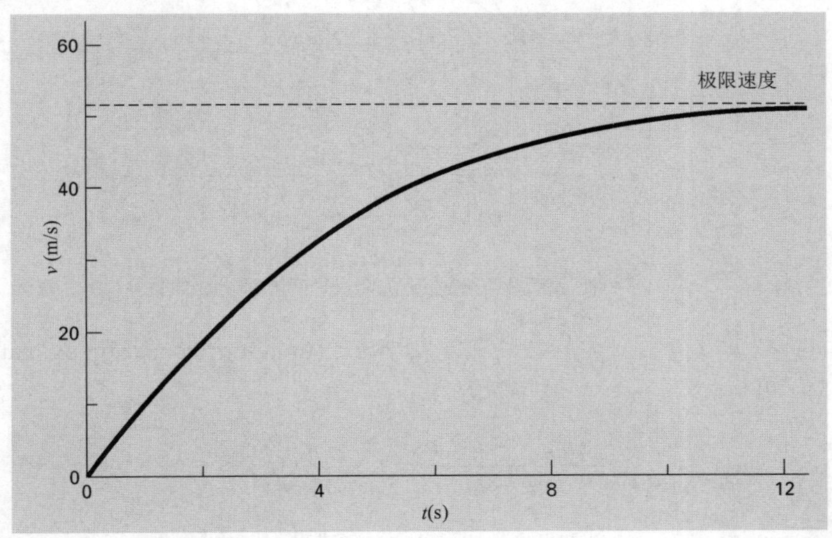

图 1.2　例 1.1 中蹦极问题解析解的计算。速度随着时间增加，并最终趋近于极限速度

式(1.9)又称为*解析解*(analytical solution)或*闭型解*(closed-form solution)，这是因为，它与初始微分方程是精确对应的。遗憾的是，有很多数学模型还不能精确地求解。遇到这种情况时，大多数情况下唯一的选择就是建立逼近精确解的数值解。

数值方法(numerical method)是一些需要对数学问题进行变换，使得可以通过算术操作进行求解的方法。对于式(1.8)求速度随时间变化率的情况，这种变换可以由图1.3所示的逼近过程说明：

$$\frac{dv}{dt} \cong \frac{\Delta v}{\Delta t} = \frac{v(t_{i+1}) - v(t_i)}{t_{i+1} - t_i} \tag{1.11}$$

其中，Δv 和 Δt 是速度和时间在有限区间上计算得到的微分，$v(t_i)$ 为初始时刻 t_i 的速度，而 $v(t_{i+1})$ 是随后某个时刻 t_{i+1} 的速度。注意，$dv/dt \approx \Delta v/\Delta t$ 是一个近似表示，因为 Δt 是有限的。回顾一下微分的定义：

$$\frac{dv}{dt} = \lim_{\Delta t \to 0} \frac{\Delta v}{\Delta t}$$

式(1.11)表示的是上式的逆过程。

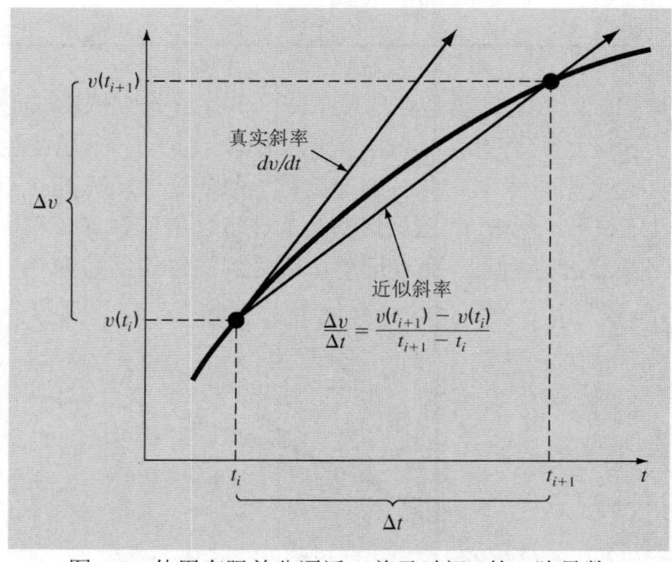

图 1.3 使用有限差分逼近 v 关于时间 t 的一阶导数

式(1.11)称为时刻 t_i 处一阶导数的有限差分逼近(finite-difference approximation)。将其代入式(1.8)，可得：

$$\frac{v(t_{i+1}) - v(t_i)}{t_{i+1} - t_i} = g - \frac{c_d}{m} v(t_i)^2$$

对该方程进行整理，可得：

$$v(t_{i+1}) = v(t_i) + \left[g - \frac{c_d}{m} v(t_i)^2 \right] (t_{i+1} - t_i) \tag{1.12}$$

注意，括号中的项是差分方程自身[式(1.8)]的右边。这就是说，它给出了一种计算 v 的变化率或斜率的方式。为此，该式可以更精确地重写为：

$$v_{i+1} = v_i + \frac{dv_i}{dt}\Delta t \tag{1.13}$$

其中，v_i表示t_i时刻的速度，$\Delta t = t_{i+1} - t_i$。

现在可以看到，通过变换，微分方程已经成为可以用代数方法确定t_{i+1}时刻速度的方程，需要用到斜率和前一时刻v和t的值。如果给定速度在时刻t_i的初始值，那么就可以很容易地计算得到下一时刻t_{i+1}的速度；而利用新的速度值v_{i+1}，可以进一步计算以求得t_{i+2}时刻的速度，如此反复下去。因此，在计算过程中的任意时刻有：

新值=上一时刻的值+斜率×步长

该方法的正式称呼是欧拉法(Euler’s method)。当我们进入本书后面的微分方程部分时，还会进一步详细讨论欧拉法。

例 1.2　蹦极问题的数值解

问题描述：执行与例 1.1 相同的计算，但使用式(1.13)的欧拉法计算速度。计算过程中使用 2s 的步长。

解：计算开始时(t_0=0)，蹦极运动员的速度为 0。利用该信息和例 1.1 的参数值，通过式(1.13)可以计算 t_1=2s 时的速度：

$$v = 0 + \left[9.81 - \frac{0.25}{68.1}(0)^2\right] \times 2 = 19.62 \text{ m/s}$$

对于下一区间(t 取 2s~4s)，重复该计算过程，得到的结果是：

$$v = 19.62 + \left[9.81 - \frac{0.25}{68.1}(19.62)^2\right] \times 2 = 36.4137 \text{ m/s}$$

以类似的模式计算可以得到其他的值：

t(s)	v(m/s)
0	0
2	19.6200
4	36.4137
6	46.2983
8	50.1802
10	51.3123
12	51.6008
∞	51.6938

在图1.4中同时画出了表中的结果和精确的解析解。我们可以看到，数值方法抓住了精确解析解的本质特征。然而，由于我们是用直线段来逼近连续的曲线函数，因此两种

结果之间还是存在一定的差异。为了缩小这种差异，一种方式是使用更小的步长。例如，应用式(1.12)，在采用的步长为1s时，所得结果的误差会变小，因为直线段连成的轨迹更接近真实解。手工计算时，使用越来越小的步长进行求解所需付出的工作量也会越来越大，这使得求数值解变得不切实际。然而，在计算机的辅助下，就可以很容易地完成大量的计算。为此，我们可能要精确地对蹦极运动员的速度建模，但却不必精确地求解微分方程。

与例 1.2 一样，为了得到更加准确的数值解，也必须付出一定的计算代价。为了获得更高的求解精度，可以将步长不断减半，但每次将步长减半都会导致计算量的翻倍。因此，我们应该明白，在准确度与计算代价之间需要进行权衡。类似的权衡在数值方法中有很多，这也构成了本书一条重要的主线。

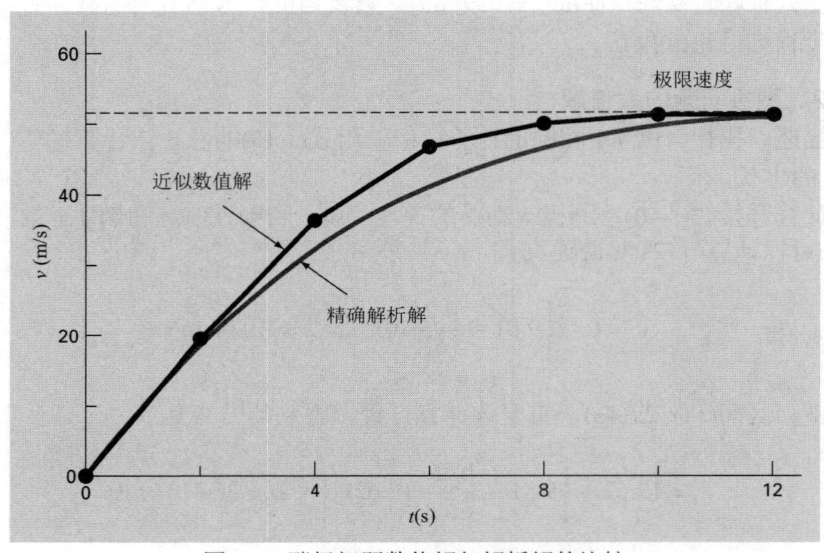

图 1.4 蹦极问题数值解与解析解的比较

1.2 工程与科学中的守恒律

除了牛顿第二定律外，科学与工程领域中还存在很多其他的主要组织原理。其中最重要的就是守恒律(conservation laws)。尽管它们构成了各种复杂和强大数学模型的基础，但大多数科学和工程守恒律在概念上是易于理解的。它们都可以归结为：

$$\text{变化量} = \text{增加量} - \text{减少量} \tag{1.14}$$

当使用牛顿定律建立蹦极运动员的力平衡时，我们采用的正好就是这样的格式[式(1.8)]。

尽管式(1.14)很简单，但它却体现了工程和科学中使用守恒律的一种最基本方式——预测关于时间的变化量。我们还赋予它一个特定的名称——时变(time-variable)(或称瞬时)计算。

除了预测变化量之外，应用守恒律的另外一种方式是针对没有变化的情况。如果变化量为 0，那么式(1.14)变为：

变化量=0=增加量－减少量

或

$$增加量=减少量 \tag{1.15}$$

这样，如果变化量没有变化，那么增加量与减少量就必须保持平衡。这种情况在工程与科学领域中有很多应用，它也被赋予了一个特定的名字——稳态(steady-state)计算。例如，对于管道中的稳态不可压液体流，进入节点(junction)的流量必须与流出节点的流量保持平衡，如下：

流入 = 流出

对于图 1.5 中的节点，可以利用平衡来计算第四个管道的流出量，结果必为 60。

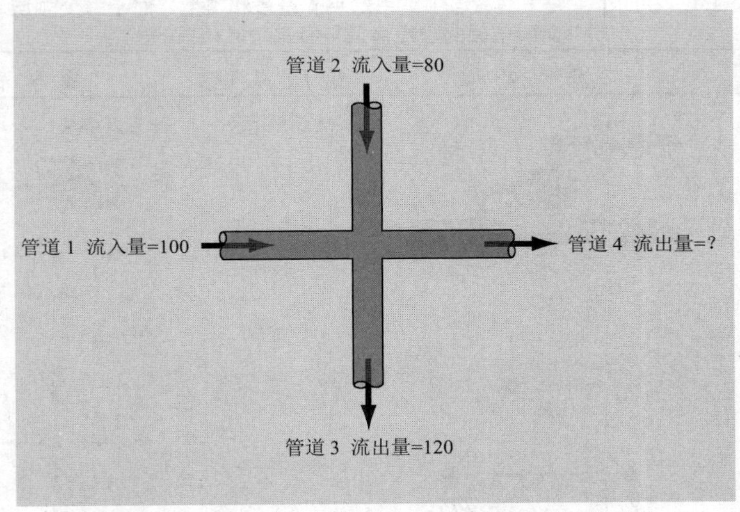

图 1.5　在管道连接处的稳定不可压液体流的流平衡

对于蹦极的例子而言，稳态条件对应于合力为 0 或[式(1.8)中 dv/dt=0]的情况：

$$mg = c_d v^2 \tag{1.16}$$

为此，在稳态下，向下和向上的力处于平衡，求解式(1.16)，可得速度：

$$v = \sqrt{\frac{gm}{c_d}}$$

尽管式(1.14)和式(1.15)的形式可能相当简单，但它们体现了工程和科学领域中应用守恒律的两种基本方式。同样地，它们还是后续章节内容的重要组成部分，这些章节以示例的方式介绍了数值方法与工程和科学问题的衔接方式。

表 1.1 对工程领域中的一些重要的模型和相关守恒律进行了总结。很多化学工程问题涉及反应器中的质量平衡。质量平衡来自于质量守恒。质量守恒指出，反应器中化学物质的质量变化依赖于流进质量与流出质量之差。

土木工程师(civil engineer)和机械工程师(mechanical engineer)通常对利用动量守恒建立的模型感兴趣。对于土木工程师而言，力平衡通常用于分析表 1.1 中简单支架(truss)这样的结构。同样的原理还可以用于机械工程的案例研究，以分析汽车瞬时的上下运动或振动(vibration)。

最后，电子工程研究同时应用电流和能量平衡对电子线路建模。电流平衡(源于电荷守恒)在本质上类似于图 1.5 描述的流平衡。正如流在管道连接处必须保持平衡一样，电流在电子线路的连接处也必须保持平衡。能量平衡是指，在电路的任何环路中，电压变化量的和必须等于 0。

表 1.1　在四个主要工程领域中常用的平衡设备和类型。对于每个领域，平衡所依赖的守恒律是与特定领域相关的

领　域	设　备	组织原理	数学表达
化学工程	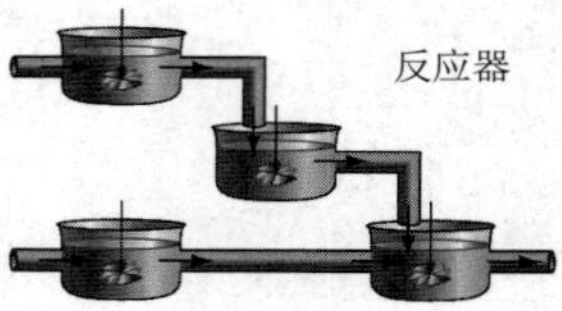 反应器	质量守恒	质量平衡：  输入 → 输出 在一个单位时间周期内 Δ质量=输入 - 输出
土木工程	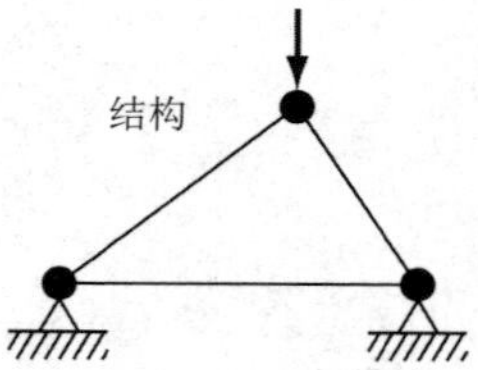 结构	力矩守恒	力平衡： 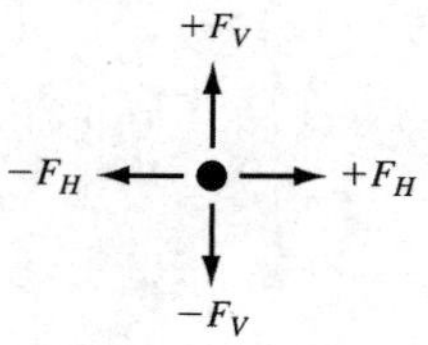 $+F_V$　$-F_H$　$+F_H$　$-F_V$ 在每个节点上 Σ水平力(F_H)=0 Σ垂直力(F_V)=0
机械工程	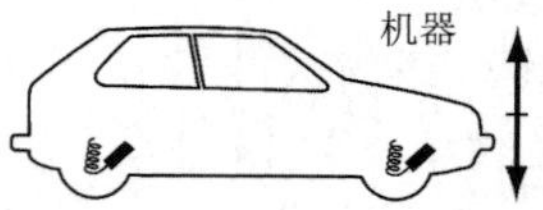 机器	力矩守恒	力平衡： 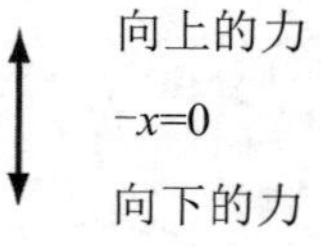 向上的力 $-x=0$ 向下的力 $m\frac{d^2x}{dt^2}$=向下的力 - 向上的力

(续表)

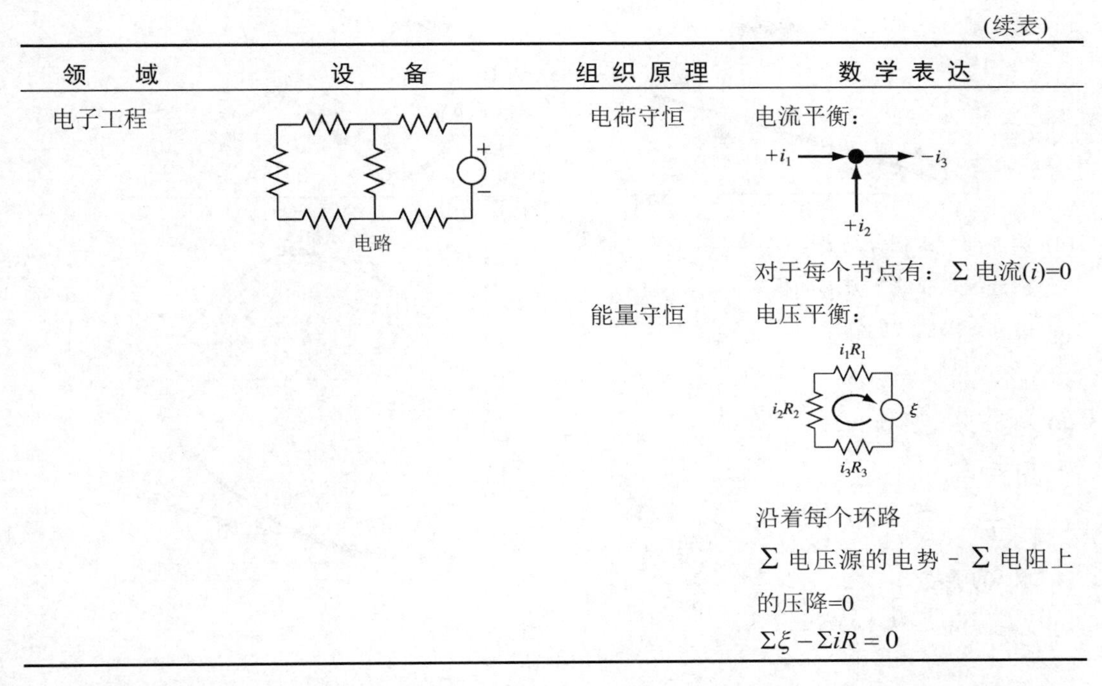

领　域	设　备	组 织 原 理	数 学 表 达
电子工程	电路	电荷守恒	电流平衡：$+i_1$，$+i_2$，$-i_3$ 对于每个节点有：Σ 电流(i)=0
		能量守恒	电压平衡：i_1R_1，i_2R_2，i_3R_3，ξ 沿着每个环路 Σ 电压源的电势 − Σ 电阻上的压降=0 $\Sigma\xi - \Sigma iR = 0$

注意，除了化学、土木、电子和机械工程以外，还存在很多其他的学科分支。这些分支很多都与这四大领域有关。例如，化学工艺在环境、石油和生物医学工程领域中应用广泛。类似地，航空航天工程与机械工程也有很多共同点。笔者在后面的内容中将尽可能地介绍一些这方面的例子。

1.3　本书中涉及的数值方法

本章是全书的简介部分，我们之所以选择欧拉法，是因为它是很多其他类型数值方法的典型。从本质上讲，大多数数值方法都需要将数学操作变换为简单类型的代数或逻辑操作，这些操作与数字计算机是兼容的。图 1.6 总结了本书中涉及的主要领域。

(a) 第 2 部分：求根与最优化

求根：求满足 $f(x)=0$ 的 x

最优化：求满足 $f'(x)=0$ 的 x

(b) 第 3 部分：线性代数方程

给定 a 和 b 的值，求满足下列方程的 x：

$$a_{11}x_1 + a_{12}x_2 = b_1$$
$$a_{21}x_1 + a_{22}x_2 = b_2$$

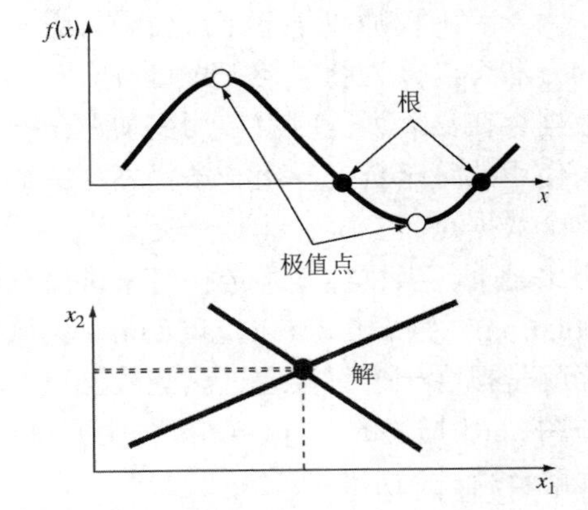

图 1.6　本书中所涉及的数值方法总结

(c) 第 4 部分：曲线拟合

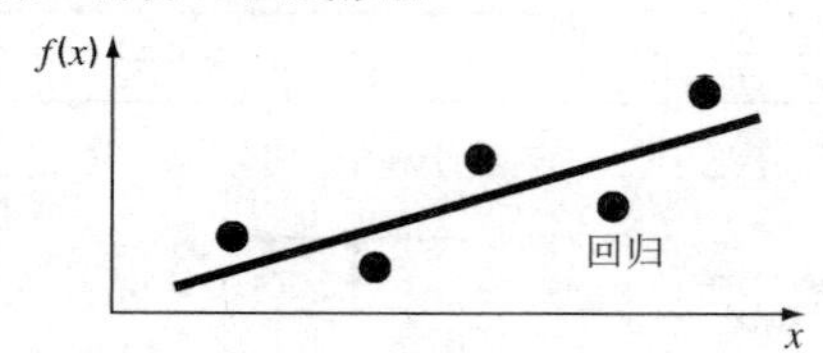

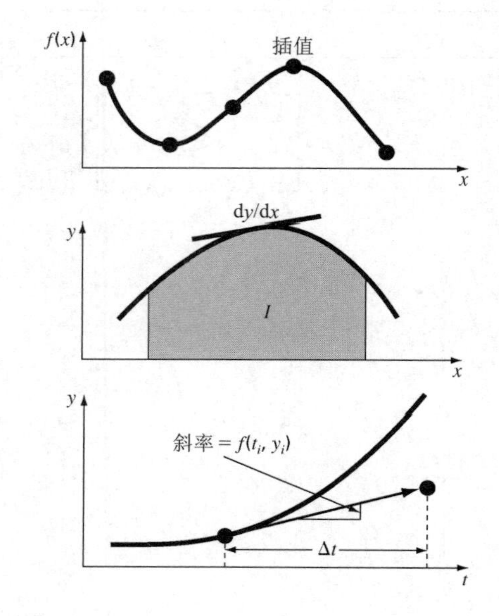

(d) 第 5 部分：积分与微分

积分：求曲线下方的面积

微分：求曲线的斜率

(e) 第 6 部分：微分方程

给定：

$$\frac{dy}{dt} \approx \frac{\Delta y}{\Delta t} = f(t, y)$$

求 t 的函数 y：

$$y_{i+1} = y_i + f(t_i, y_i)\Delta t$$

图 1.6(续)

第2部分涉及两个主题：方程求根与最优化。如图1.6(a)所示，求根(root location)需要搜索函数的零值点。相比之下，最优化(optimization)需要确定自变量的一个或多个值，它或它们对应于函数的“最好”或最优值。因此，与图1.6(a)一样，最优化需要找到极大值和极小值。尽管使用的方法有所不同，但是求根与最优化在设计领域都是典型的应用。

第3部分专门介绍如何求解联立的线性代数方程组(system of simultaneous linear algebraic equations)[见图1.6(b)]。这类方程组本质上类似于方程求根，因为它们都关心满足方程的值。然而，与满足单一方程相比，方程组需要找到一组同时满足这组代数方程的值。在各种问题环境下和所有的工程与科学领域中都可能遇到这类方程。尤其是，它们来源于对由互联元素组成的大系统建立的数学建模，如结构体、电子线路和流网络。当然，在数值方法的其他领域中也可能遇到这类方程组，如曲线拟合和微分方程。

作为一名工程师或科学家，会经常遇到用曲线对数据点进行拟合的情况。用于这种目的的方法可以分为两大类：回归与插值。与第 4 部分描述的一样[见图 1.6(c)]，当要处理的数据存在显著误差时就要用到*回归*(regression)。实验数据通常就是这样。在这种情况下，使用的策略是推导出一条代表这些数据的总体趋势的曲线，但是不要求曲线通过任何单个数据点。

相比之下，当目标是确定相对来讲没有误差的数据点之间的过渡值时，就需要*插值*(interpolation)。列表信息(tabulated information)通常就是这种情况。在这种情况下，使用的策略就是拟合一条直接通过这些数据点的曲线，并利用得到的曲线预测中间值。

与图1.6(d)描述的一样，第5部分主要讨论积分与微分。*数值积分*(numerical integration)的物理解释就是确定曲线之下的面积。积分在工程与科学领域具有广泛的应用，包括各类应用，从确定不规则形状物体的质心到计算基于一组离散测量值的总质量。另外，数值积分公式在求解微分方程方面发挥着重要作用。第5部分还涉及一些用于解决数值微分(numerical differentiation)的方法。与学习微积分时所知道的一样，数值微分需要确定函数的斜率或变化率。

最后，第 6 部分主要集中于常微分方程(ordinary differential equation)[见图 1.6(e)]。这些方程在所有的工程与科学领域中都是非常重要的。这是因为，很多物理定律都是用物理量的变化率表达的，而不是用物理量本身的大小来表达。这样的例子很多，包括从生育预测模型(生育变化率)到落体的加速度(速度的变化率)。需要解决两种类型的问题：初值(initial-value)问题和边值(boundary-value)问题。

1.4　案例研究

真正的阻力

背景：在自由落体蹦极运动员模型中，我们假定阻力取决于速度的平方(式 1.7)。最初由瑞利爵士(Lord Rayleigh)阐述的更为详细的表达式，可以写成：

$$F_d = -\frac{1}{2}\rho \upsilon^2 A C_d \vec{\upsilon} \tag{1.17}$$

其中 F_d =阻力(N)，ρ=流体密度(kg/m^3)，A =垂直于运动方向平面上物体的正面面积(m^2)，C_d =无量纲阻力系数，υ=指示了速度方向的单位向量。

这种假定了湍流条件(即高雷诺数)的关系，允许我们以一种更基本的方式，表达式(1.7)中的集总阻力系数，如下所示：

$$c_d = \frac{1}{2}\rho A C_d \tag{1.18}$$

因此，集总阻力系数取决于物体的面积、流体密度和无量纲阻力系数。后一个公式，考虑了对空气阻力有贡献的所有其他因素，如物体的“粗糙度”。例如，穿着宽松装备的运动员将比穿着时尚连身衣的运动员，集总阻力系数 C_d 比较高。

注意，对于速度非常低的情况，物体周围的流动状态呈现出层流，并且阻力与速度之间的关系变成了线性关系。这就是所谓的斯托克斯阻力。

在建立蹦极模型时，我们假设向下的方向为正。因此，式(1.7)是式(1.17)的精确表示，此时$\vec{\upsilon}$= +1，阻力为负。于是，阻力减小了速度。

但是，如果运动员具有向上(即负)速度，会发生什么情况？在这种情况下，$\vec{\upsilon}$= −1，式(1.17)产生正阻力。同样，在物理学上，这是正确的，因为正阻力向下作用，与向上的负速度相反。

遗憾的是，在这种情况下，因为式(1.7)不包括单位方向向量，因此得到了负阻力。换句话说，将速度进行平方，其符号和方向就会丢失。因此，在物理上，这个模型产生了不切实际的结果，空气阻力起到加速向上、提高速度的作用！

在这个案例研究中，我们将修改模型，使其同时适用于向下和向上的速度。我们将使用与例 1.2 中相同的情况，初始值为 $v(0)=-40$ m/s，测试修正后的模型。此外，我们还将说明如何扩展数值分析，确定运动员的位置。

解：做出以下简单修改，就允许将符号并入阻力中

$$F_d = -\frac{1}{2}\rho v|v|AC_d \tag{1.19}$$

或根据集总阻力：

$$F_d = -c_d v|v| \tag{1.20}$$

因此，待求解的微分方程是：

$$\frac{dv}{dt} = g - \frac{c_d}{m}v|v| \tag{1.21}$$

为了确定运动员的位置，我们认识到行驶距离 x(m)与速度有关：

$$\frac{dx}{dt} = -v \tag{1.22}$$

与速度相反，这个公式假设向上的位移为正。使用与式(1.12)相同的方式，这个方程可以用欧拉法进行数值积分：

$$x_{i+1} = x_i - v(t_i)\Delta t \tag{1.23}$$

假设运动员的初始位置定义为 $x(0)=0$，并且使用例 1.1 和例 1.2 中的参数值，在 $t=2$s 时，速度和距离可以使用下式计算：

$$v(2) = -40 + \left[9.81 - \frac{0.25}{68.1}(-40)(40)\right]2 = -8.6326 \text{ m/s}$$

$$x(2) = 0 - (-40)2 = 80 \text{ m}$$

请注意，如果我们使用不正确的阻力公式，结果将得到−32.1274 m/s 和 80 m。

在下一个间隔中($t=2$ s 至 4 s)，我们可以重复此计算：

$$v(4) = -8.6326 + \left[9.81 - \frac{0.25}{68.1}(-8.6326)(8.6326)\right]2 = 11.5346 \text{ m/s}$$

$$x(4) = 80 - (-8.6326)2 = 97.2651 \text{ m}$$

不正确的阻力公式得到−20.0858m/s 和 144.2549m。

继续进行计算，结果如图 1.7 所示，并且也显示了使用不正确阻力模型所获得的结果。请注意，采用正确的公式，阻力一直在降低速度，速度减小得更快。

随着时间的推移，最终两种速度都是向下的，因此它们都收敛于相同的极限速度，在这种情况下，式(1.7)是正确的。但是，对于高度的预测，错误式子产生的影响则非常明显，在错误的阻力情况下，得到的轨迹高得多。

这个案例研究证明了正确物理模型的重要性。在某些情况下，解决方案将产生明显不现实的结果。由于我们没有视觉证据表明错误的解是不对的，因此当前的示例隐藏相对较深。也就是说，不正确的解“看起来”非常合理。

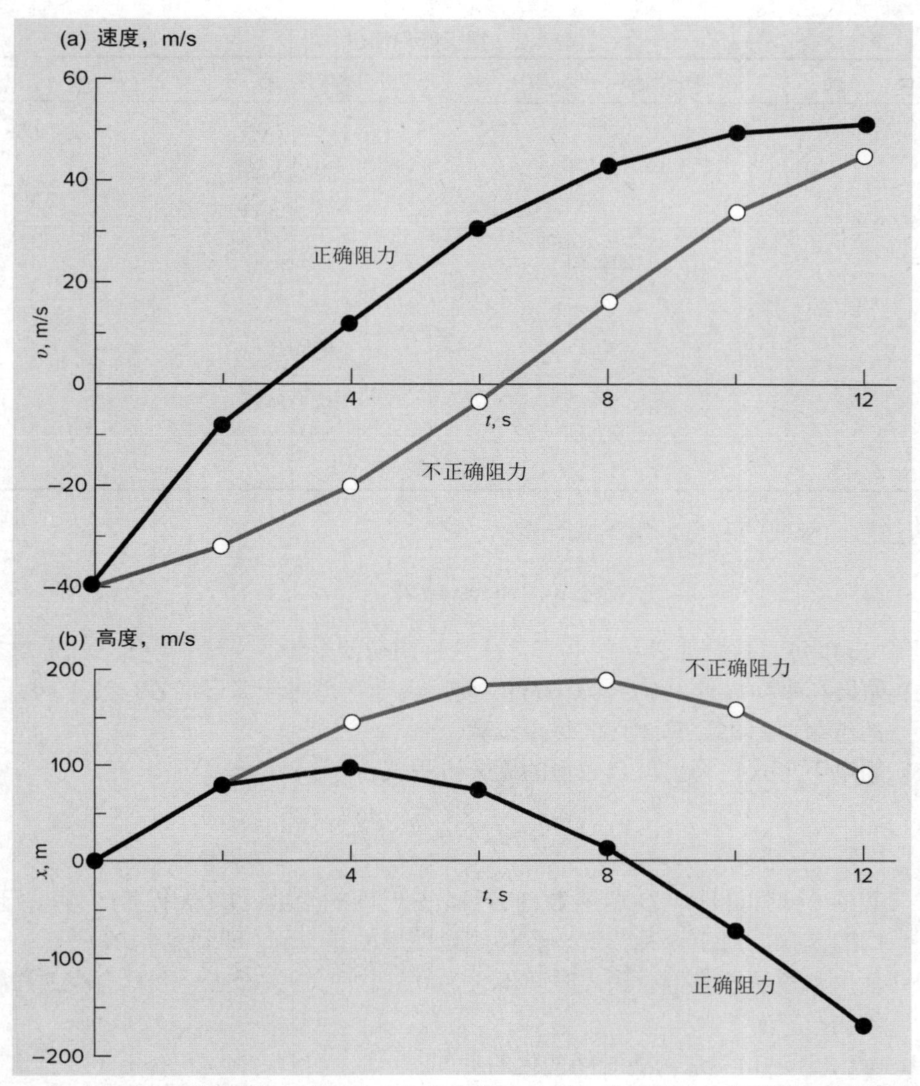

图 1.7　对于具有向上(负)初始速度的自由落体蹦极运动员，使用欧拉法得到的速度和高度的示意图。图中同时显示了使用正确(式 1.20)和不正确(式 1.7)阻力公式得到的结果

1.5　习题

1.1　用微积分验证式(1.9)是初始条件 $v(0) = 0$ 的式(1.8)的解。

1.2　在(a)初始速度为正和(b)初始速度为负的情况下，使用微积分求解式 (1.21)。(c)根据(a)和(b)的结果，在初始速度为−40 m/s，以 2s 为时间间隔的情况下，执行与例 1.1 中相同的计算，计算 $t = 0$ 至 12s 的速度值。请注意，这种情况下，在 $t = 3.470239$s 时，速度为零。

1.3　表 1.2 是关于银行账户的信息。

表 1.2　银行账户信息

日　期	存　入	提　取	结　余
5/1			1512.33
	220.13	327.26	
6/1			
	216.80	378.61	
7/1			
	450.25	106.80	
8/1			
	127.31	350.61	
9/1			

请注意，赚取的利息，用下式计算：

$$\text{Interest} = iB_i$$

其中 i =以每月百分比表示的利率，B_i 是月初初始余额。

(a) 如果利率为每月 1%($i = 0.01$/月)，使用现金守恒来计算日期 6/1、7/1、8/1 和 9/1 的结余。写出计算过程的每个步骤。

(b) 用以下形式，写出现金守恒的微分方程式：

$$\frac{dB}{dt} = f\,[D(t), W(t), i]$$

其中 t =时间(月)；$D(t)$=存款($ /月)，是时间的函数；$W(t)$=提款($ /月)，也是时间的函数。对于这种情况，我们假设使用的是复利; 即利息= iB。

(c) 使用欧拉法，模拟余额，时间步长为 0.5 个月。 假设在一个月内存款和取款始终如一。

(d) 画出(a)、(c)的余额随时间变化的曲线。

1.4　重复例 1.2。计算 t=12s 的速度，分别使用步长：(a)1s 和(b)0.5s。基于计算结果，能够给出关于计算误差的评论吗？

1.5　除了式(1.7)的非线性关系外，还可以选择将作用在蹦极运动员身上的向上力建模为线性关系：

$$F_U = -c'v$$

其中，c' =一阶阻力系数(kg/s)。

(a) 当蹦极运动员初始状态为静止(t=0 时，v=0)时，使用微积分学知识求此情况下的闭型解。

(b) 重复例 1.2 中的数值计算，使用同样的初始条件和参数值。c'的值取 11.5kg/s。

1.6　对于具有线性阻力系数的自由落体蹦极运动员(习题 1.5)，假定第一名蹦极运动员的体重是 70kg，阻力系数为 12kg/s。如果第二名蹦极运动员的阻力系数为 15kg/s，体重为 80kg，那么需要多久才能达到第一名蹦极运动员在 9s 时的速度？

1.7　对于二阶阻力系数模型(式1.8)，用欧拉法计算自由落体跳伞者的速度，其中 m=80kg，c_d=0.25kg/m。使用步长1s 计算从 t=0s 到 t=20s 跳伞者的速度。使用的初始条件为：跳伞者在 t=0时具有向上的速度，大小为20m/s。在 t=10s 时，假定降落伞瞬时打开，使得跳伞者的阻力系数跳跃至1.5kg/m。

1.8　封闭反应堆中均匀分布放射性污染物的量是通过测量其浓度 c(贝可/升或 Bq/L)计算得到的。污染物按照与其浓度成比例的衰减速度减少，即：

$$\text{衰减率} = -kc$$

其中 k 为常数，单位为 1/日(day^{-1}，简写为 d^{-1})。所以，根据式(1.14)，该反应堆的质量平衡可以表示为：

$$\frac{dc}{dt} = -kc$$

(质量的变化)=(衰减的减少)

(a) 使用欧拉法求解该方程，其中 t 从 0 到 1d，k=0.175d^{-1}。使用步长$\triangle t$=0.1d。t=0 时刻的浓度为 100Bq/L。

(b) 在半对数(semilog)图($\ln c$ 随 t 的变化)上画出其解，并确定斜率。对得到的结果进行解释。

1.9　存储罐(见图 1.8)盛有深度为 y 的液体。当存储罐半满时，y=0。为了满足应用要求，液体须以恒定流速 Q 流出，并以正弦曲线速率 $3Q\sin^2(t)$注入存储罐。对于该系统，式(1.14)可以写为：

$$\frac{d(Ay)}{dt} = 3Q\sin^2(t) - Q$$

(所盛液体变化率)=(流入量) − (流出量)

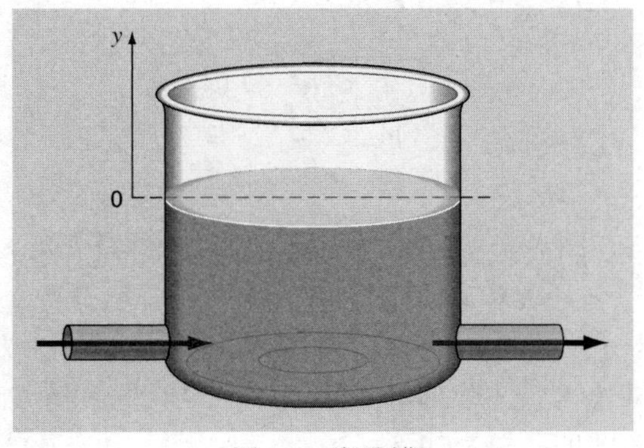

图 1.8　存储罐

或者，因为表面积 A 为常数，所以有：

$$\frac{dy}{dt} = 3\frac{Q}{A}\sin^2(t) - \frac{Q}{A}$$

使用欧拉法求解从 t=0 到 t=10d 存储罐中液体的深度 y，步长采用 0.5d。参数值为 A=1250m^2，Q=450m^3/d。假定初始条件为 y=0。

1.10　使用与习题 1.9 中描述的相同的存储罐，假定出流不是恒定的，而是依赖于所盛液体的深度。对于这种情况，深度的微分方程可以写为：

$$\frac{dy}{dt} = 3\frac{Q}{A}\sin^2(t) - \frac{\alpha(1+y)^{1.5}}{A}$$

使用欧拉法求解从 t=0 到 t=10d 存储罐中液体的深度 y，步长为 0.5d。参数值为 A=1250m^2，Q=450m^3/d，α=150。假设初始条件为 y=0。

1.11　应用体积守恒(参见习题 1.9)来模拟锥形存储罐中液体的液位(见图 1.9)。

液体以 $Q_{in} = 3\sin^2(t)$正弦速率流入，流出速率如下所示：

$$Q_{\text{out}} = 3(y - y_{\text{out}})^{1.5} \qquad y > y_{\text{out}}$$
$$Q_{\text{out}} = 0 \qquad y \le y_{\text{out}}$$

其中流量单位为 m^3/d，y =水面到水箱底部之间的高度(m)。使用欧拉法求解高度 y，其中，t = 0 到 10d，步长为 0.5d。参数值为 r_{top} = 2.5m，y_{top} = 4m，y_{out} = 1m。 假设最初水平面低于出口管，y(0)= 0.8m。

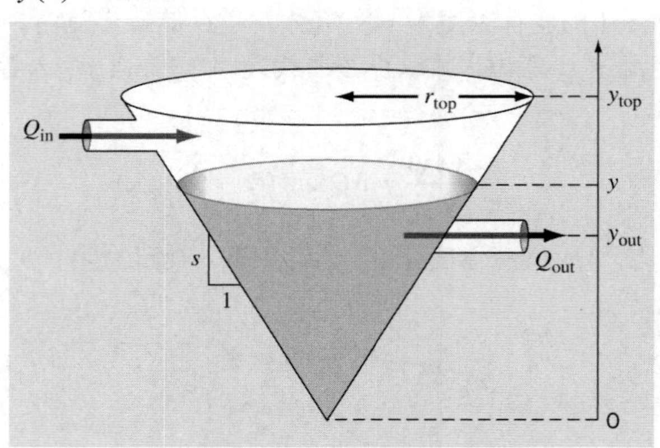

图 1.9　锥形存储罐

1.12　一组学生(35 个)在一间教室里上课，教室的空间大小为 11m×8m×3m。每个学生占用大约 0.075m^3，释放大约 80W 的热量(1W=1J/s)。如果教室是完全密封和隔热的，计算上课的前 15 分钟空气温度的上升量。假设空气的热容量 C_v 为 0.718kJ/(kgK)。假定空气为 20℃、101.325kPa 的理想气体。注意，空气吸收的热量 Q 是与空气的质量 m 和热容量、温度变化量有关的，关系如下：

$$Q = m\int_{T_1}^{T_2} C_v dT = mC_v(T_2 - T_1)$$

空气质量可由下面的理想气体定律得到：

$$PV = \frac{m}{\mathrm{Mwt}}RT$$

其中，P 为气体压强，V 为气体体积，Mwt 为气体分子重量(对于空气而言，为 28.97kg/kmol)，R 为理想气体常数[8.314kPa m^3/(kmol K)]。

1.13　图 1.10 描述了一天中普通人通过各种途径获取和失去的水分。1 升水是通过食物摄入的，身体的新陈代谢产生了 0.3 升水。在呼吸空气时，在吸气时交换量为 0.05 升，而在呼气时的交换量为 0.4 升。身体还会通过出汗、小便、大便和通过皮肤分别失去 0.2 升、1.4 升、0.2 升和 0.35 升的水。为了保持稳定状态，每天必须摄入多少水？

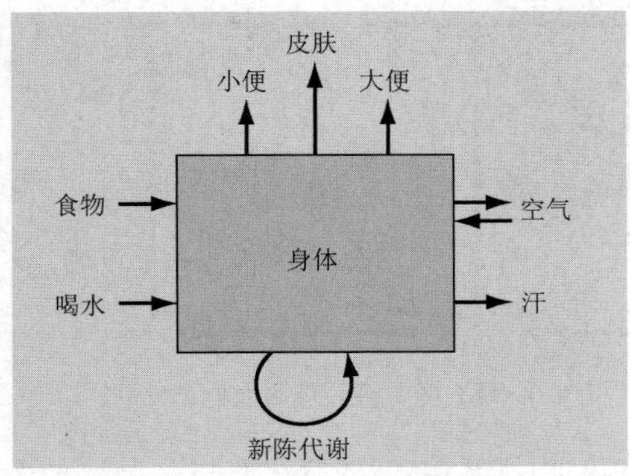

图 1.10　人的新陈代谢

1.14　在自由落体跳伞者的例子中，假定由重力引起的加速度为常数 9.81m/s^2。尽管我们考察地表附近的落体时，这是十分合宜的近似，但引力会随着我们离开海平面而减小。更一般的表示基于牛顿万有引力逆平方律(inverse square law)，可以表示为：

$$g(x) = g(0)\frac{R^2}{(R+x)^2}$$

其中，$g(x)$=高度 x(以 m 为单位)处的重力加速度，从地面向上度量(m/s^2)，$g(0)$=地球表面附近的重力加速度(≅9.81m/s^2)，R=地球半径(≅6.37×10^{6}m)。

(a) 以类似于式(1.8)的推导模式，使用力平衡推导一个作为时间函数的速度的微分方程，该函数利用了这个更加完整的重力表示。然而，在推导过程中，假定向上的加速度为正。

(b) 对于阻力可以忽略的情况，使用链规则(chain rule)将微分方程表示为高度的函数而不是时间的函数。回顾一下，链规则为：

$$\frac{dv}{dt} = \frac{dv}{dx}\frac{dx}{dt}$$

(c) 利用微积分学知识推导得到闭型解，其中 x=0 处的速度为 v=v_0。

(d) 使用欧拉法求从 x=0 到 x=100000m 的数值解，使用步长 10000m，其中初始速度为 1500m/s，方向向上。对得到的结果与解析解进行比较。

1.15 假设圆形液滴的蒸发速度与其表面积成正比，即：

$$\frac{dV}{dt} = -kA$$

其中，V=体积(mm^3)，t=时间(min)，k=蒸发速度(mm/min)，A=表面积(mm^2)。使用欧拉法计算从 t=0 到 t=10min 液滴的体积，使用步长 0.25min。假定 k=0.08mm/min，液滴初始时的半径为 2.5mm。确定最终计算所得液滴体积对应的半径，并验证是否与蒸发速度一致以分析结果的有效性。

1.16 如图 1.11 所示，将液体泵到网络中。如果 Q_2=0.7m^3/s、Q_3=0.5m^3/s、Q_7=0.1m^3/s、Q_8=0.3m^3/s，求出其他的流量。

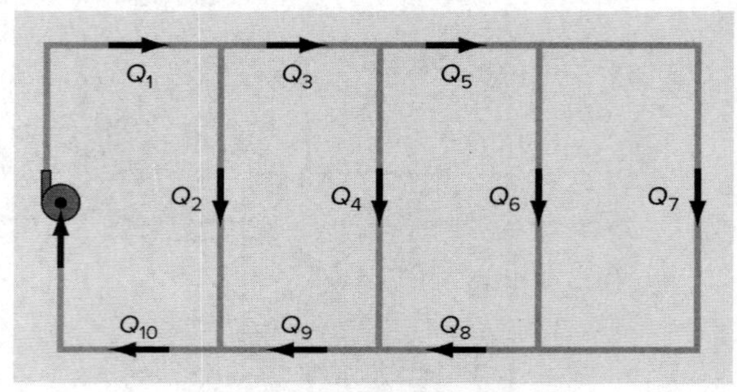

图 1.11 将液体泵到网络中

1.17 牛顿冷却定律表明，物体温度的变化率与自身温度及其周围介质温度(环境温度)的差成正比，即：

$$\frac{dT}{dt} = -k(T - T_a)$$

其中，T=物体的温度(℃)。t=时间(min)，k=比例常数(min^{-1})，T_a=环境温度(℃)。假定有一杯咖啡，其初始温度为 70℃。使用欧拉法计算从 t=0 到 20min 区间内咖啡的温度，步长使用 2min，其中 T_a=20℃，k=0.019/min。

1.18 作为犯罪现场调查员，必须预测在5小时内，凶杀案受害者的体温。你知道，当受害者的尸体被发现时，房间温度为10°C。

(a) 使用牛顿冷却定律(见习题 1.17)和欧拉法，并且使用 k = 0.12/hr 和 Δt= 0.5hr 的值，计算 5 个小时内受害者的体温。假设受害者在死亡时的体温为 37℃，在这 5 个小时内，室温为恒定值 10℃。

(b) 进一步调查显示，室温在 5 小时内，实际上已从 20℃线性下降至 10℃。重复在(a)中相同的计算，但是要纳入这个新信息。

(c) 通过将(a)和(b)的结果绘制在同一幅图中来比较它们。

1.19　速度等于距离 x(m)的变化率：

$$\frac{dx}{dt} = \upsilon(t) \tag{1.24}$$

使用欧拉法，对式(1.23)和式(1.8)进行数值积分，为了同时确定速度和下落距离这两个值，将速度和下落距离作为自由落体前 10 秒的时间函数，并使用与例 1.2 相同的参数和条件来绘制结果。

1.20　除了受到向下的重力(重量)和阻力之外，在流体中穿梭，落下的物体也受到浮力，这个浮力与排出体积成正比(阿基米德原理)。例如，对于直径为 d(m)的球体，球的体积为 $V = \pi d^3/6$，投影面积为 $A = \pi d^2/4$。因此，浮力为 $F_b = -\rho Vg$。在推导式(1.8)时，我们忽略了浮力。这是因为，对于一个像蹦极运动员的物体而言，在空气中移动，浮力较小。但是，对于像水一样的更致密的流体而言，浮力会变得比较重要。

(a) 使用与推导方程(1.8)相同的方式，推导微分方程，但是要包括浮力，并用 1.4 节的描述表示阻力。

(b) 对于球体的特殊情况，重写习题(a)的微分方程。

(c) 使用习题(b)中建立的方程，计算极限速度(即稳态情况)。对球体在水中因重力而下落的情况，使用下列参数：球直径= 1cm，球密度= 2700kg/m^3，水密度= 1000kg/m^3，$C_d = 0.47$。

(d) 使用欧拉法，步长 Δt= 0.03125s，初始速度为零，对于从 t = 0 至 0.25s 的速度，进行数值求解。

1.21　正如 1.4 节所述，假设在湍流条件(即高雷诺数)下，阻力的基本表示可以写为：

$$F_d = -\frac{1}{2}\rho A C_d \upsilon|\upsilon|$$

其中 F_d =阻力(N)，ρ =流体密度(kg/m^3)，A =垂直于运动方向平面上物体的正面面积(m^2)，υ=速度(m/s)而 C_d =无量纲阻力系数。

(a) 写出速度和位置的微分方程组(参见习题 1.19)，描述直径为 d(m)，密度为 ρ_s(kg/m^3)球体的垂直运动。速度的微分方程应该写为球体直径的函数。

(b) 使用欧拉法，步长 Δt= 2s，计算球体在前 14 秒内的位置和速度。在计算中采用以下参数：d = 120cm，ρ = 1.3kg/m^3，ρ_s = 2700 kg/m^3，C_d = 0.47。假设球体的初始条件为：$x(0)$= 100m，$\upsilon(0)$= −40m/s。

(c) 绘制结果(例如，y 和 υ 随 t 变化的曲线)，并使用图像法估计球体何时落地。

(d) 计算二阶阻力系数的值，c_d'(kg/m)。请注意，在最终的速度微分方程中，二阶阻力系数是乘以项 $\upsilon|\upsilon|$的项。

1.22　如图 1.12 所示，沉降在静态流体中的球形颗粒受到三种力：向下的重力(F_G)，向上的浮力(F_B)和阻力(F_D)。重力和浮力都可以用牛顿第二定律计算，浮力等于排出流体的重量。对于层流而言，阻力可以使用斯托克定律计算：

$$F_D = 3\pi\mu d\upsilon$$

其中，μ=流体的动态粘度(N s/m^2)，d =粒子的直径(m)，υ=颗粒的沉降速度(m/s)。颗

粒的质量可以表示为颗粒的体积和密度 ρ_s(kg/m^3)的乘积，排开流体的质量可以用颗粒体积和流体密度 ρ(kg/m^3)的乘积计算得到。球体积为 $\pi d^3/6$。此外，层流对应于无量纲雷诺数 Re 小于 1 的情况，其中 Re $=\rho dv/\mu$。

(a) 使用颗粒的力平衡关系，将 dv/dt 的微分方程作为 d、ρ、ρ_s 和 μ 的函数，求 dv/dt 的微分方程。

(b) 在稳态下，使用这个方程求解颗粒的极限速度。

(c) 采用(b)的结果，对于沉淀在水中的球形淤泥颗粒，计算其极限速度(m/s)：d=10μm，ρ= 1g/cm^3，ρ_s= 2.65g/cm^3，μ = 0.014g /(cm·s)。

(d) 检查是否为层流。

(e) 给定初始条件：υ(0)= 0，使用欧拉法，计算从 $t = 2^{-15}$ s到 2^{-18} s的速度，步长 $\Delta t= 2^{-18}$s。

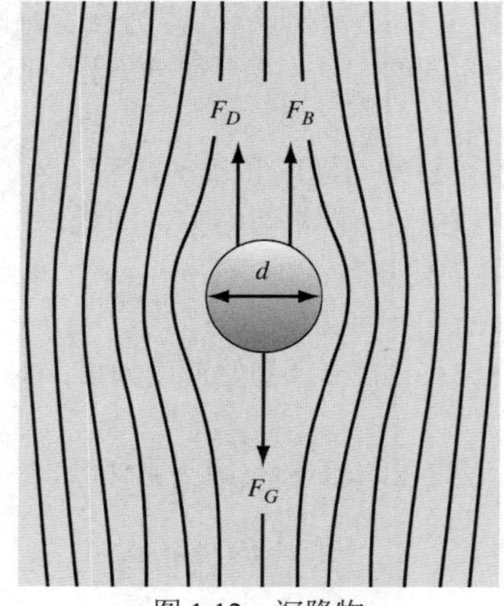

图 1.12 沉降物

1.23 如图 1.13 所示, 具有均匀载荷 w = 10000kg/m 的悬臂梁的向下偏转 y(m)，可以用下式计算：

$$y = \frac{w}{24EI}(x^4 - 4Lx^3 + 6L^2x^2)$$

其中x =距离(m)，E =弹性模量= 2×10^{11}Pa，I =惯性矩= 3.25×10^{-4} m^4，L =长度= 4m。这个方程可以进行微分，得到作为x的函数的向下偏转斜率：

$$\frac{dy}{dx} = \frac{w}{24EI}(4x^3 - 12Lx^2 + 12L^2x)$$

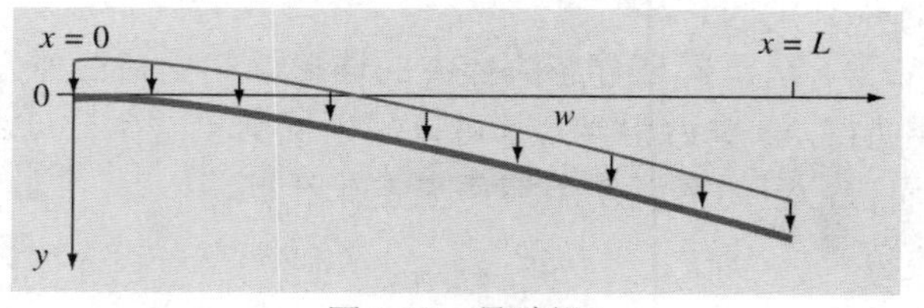

图 1.13 悬臂梁

如果在 $x=0$ 时 $y=0$，使用欧拉法($\Delta x= 0.125$ m)和这个方程，计算从 $x=0$ 到 L 的偏转。将第一个方程得出的解析解与所得到的数值结果绘制在一起。

1.24 使用阿基米德原理，得到浮在海水中的球形冰在稳态下的力平衡关系。力平衡关系应该根据水线上方冰盖的高度(h)、海水密度(ρ_f)、球密度(ρ_s)和球半径(r)，表示为三阶多项式(立方)。

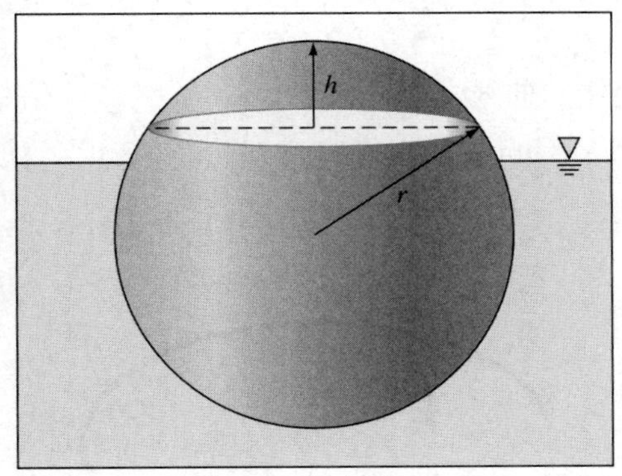

图 1.14　球形冰

1.25 阿基米德原理不仅仅可以应用于流体，当应用于地壳上的固体时，实践证明其在地质学中大有作为。图1.15描绘了一个这样的情况，其中在地球表面，较轻的锥形花岗岩“漂浮在”更致密的玄武岩层上。请注意，表面下方锥体的部分，正式称呼为平截头体(*frustum*)。在这种情况下，根据以下参数建立稳态力平衡：玄武岩密度(ρ_b)、花岗岩密度(ρ_g)、锥体底半径(r)、地球表面上方的高度(h_1)和地球表面下方的高度(h_2)。

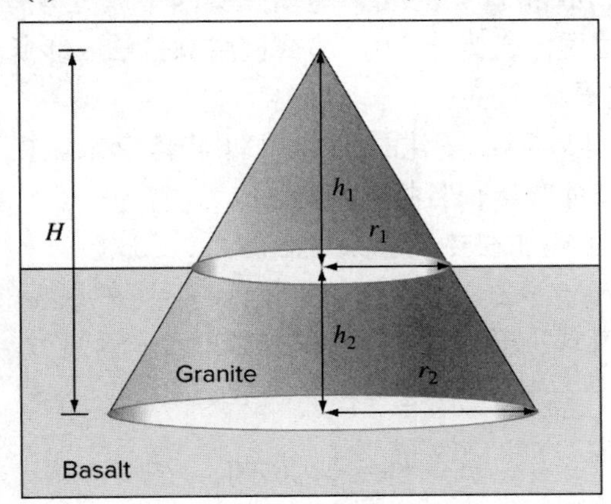

图 1.15　锥形花岗岩

1.26 如图 1.16 所示，*RLC* 电路由三个元件组成：电阻器(R)、电感器(L)和电容器(C)。电流流过每个元件会导致电压降。基尔霍夫的第二个电压定律表明，在闭合电路中，这些电压的代数和为零：

$$iR + L\frac{di}{dt} + \frac{q}{C} = 0$$

其中 i =电流，R =电阻，L =电感，t =时间，q =电荷，C =电容。此外，电流与电荷的关系为：

$$\frac{dq}{dt}=i$$

(a) 如果初始值为 $i(0)=0$ 且 $q(0)=1C$，那么使用欧拉法，步长 $\Delta t=0.01$，计算 $t=0$ 到 0.1s 时，微分方程组的解。在计算中，使用以下参数：$R=200\Omega$，$L=5H$，$C=10^{-4}F$。

(b) 绘制 i、q 随 t 变化的曲线。

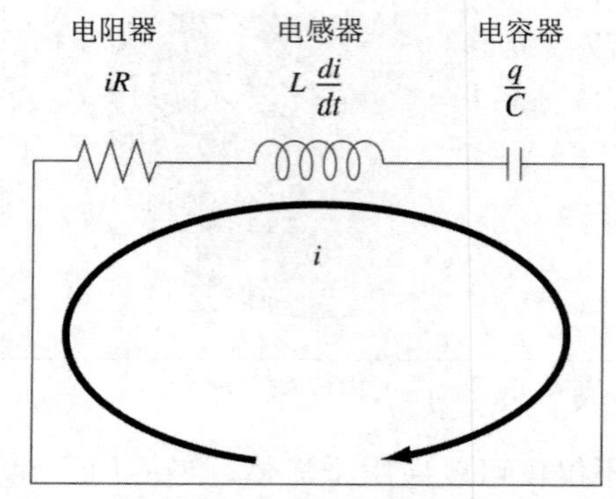

图 1.16　RLC 电路

1.27　假设具有线性阻力($m=70$kg，$c=12.5$kg/s)的跳伞运动员，从飞行高度为 200m，相对于地面的水平速度为 180m/s 的飞机上跳下。

(a) 为 x、y、$\upsilon x=dx/dt$ 和 $\upsilon y=dy/dt$，写出具有四个微分方程的方程组。

(b) 如果初始水平位置定义为 $x=0$，那么使用欧拉法，步长 $\Delta t=1$s，计算跳伞运动员前 10 秒的位置。

(c) 绘制 y 随 t 变化和 y 随 x 变化的曲线。如果降落伞未能打开，请使用图形来估计，跳伞运动员将在何时、何处撞击到地面。

1.28　图 1.17 显示了施加在热气球系统上的力。

热气球所受的力：F_B =浮力，F_G =气体重量，F_P =有效载荷的重量(包括气球外皮)，F_D =阻力。请注意，当气球上升时，阻力的方向向下。

阻力公式为：

$$F_D=\frac{1}{2}\rho_a\upsilon^2AC_d$$

其中 ρ_a=空气密度(kg/m^3)，υ=速度(m/s)，A =投影的正面面积(m^2)，C_d =无量纲阻力系数(对于球体而言≅0.47)。同时注意，气球的总质量由两部分组成：

$$m=m_G+m_P$$

其中 m_G =膨胀气球内气体的质量(kg)，m_P =有效载荷的质量(篮子、乘客和未膨胀气球= 265kg)。假设，理想气体定律成立($P=\rho RT$)，气球是一个直径为 17.3m 的完美球体，并且球体内加热的空气与外部空气的压力大致相同。

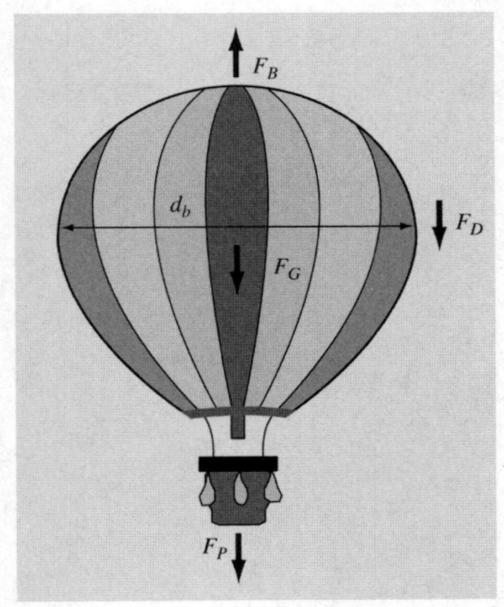

图 1.17　热气球

其他必需的参数有：

- 正常大气压，$P = 101300$Pa
- 干燥空气的气体常数 $R = 287$J/(kg K)
- 将球体内的空气加热至平均温度，$T = 100$℃
- 正常(环境)空气密度 $\rho = 1.2$kg/m^3。

(a) 使用力平衡关系，将 $d\upsilon/dt$ 作为模型基本参数的函数，得到其微分方程。

(b) 在稳态下，计算球体的最终速度。

(c) 给定初始条件：$\upsilon(0)= 0$ 以及先前的参数，使用欧拉法和 Excel，计算从 $t = 0$ 到 60s 的速度，其中步长 $\Delta t= 2$s。绘制出结果。

第2章 MATLAB基础

本章目标

本章的主要目标是提供一些关于 MATLAB 的简介和概述，让读者知道如何用 MATLAB 的计算器模式实现交互式计算。具体的目标和主题包括：

- 学习如何将实数和复数赋给变量。
- 学习如何使用简单的赋值和冒号运算符，以及如何使用 linspace 和 logspace 函数给向量和矩阵赋值。
- 理解构建数学表达式的优先规则。
- 获得对内置函数的一般了解，知道怎样才能通过 MATLAB 的 Help 功能学习更多关于这些函数的知识。
- 学习如何使用向量绘制方程的简单图形。

提出问题

在第 1 章中，我们用力平衡确定像蹦极运动员这样的自由落体的极限速度(terminal velocity)：

$$v_t = \sqrt{\frac{gm}{c_d}}$$

其中，v_t=极限速度(m/s)，g=重力加速度(m/s^2)，m=质量(kg)，c_d=阻力系数(kg/m)。除了预测极限速度外，通过变形该式还可以计算阻力系数：

$$c_d = \frac{mg}{v_t^2} \tag{2.1}$$

为此，如果测得多个已知体重的蹦极运动员的速度，该式就为估计阻力系数提供了一种方式。表 2.1 就是为此而收集到的相关数据。

表 2.1　多名蹦极运动员的体重和相关极限速度的数据

m(kg)	83.6	60.2	72.1	91.1	92.9	65.3	80.9
v_t (m/s)	53.4	48.5	50.9	55.7	54	47.7	51.1

在本章中，我们将学习如何用 MATLAB 分析这些数据。除了展示如何采用 MATLAB 计算像阻力系数这样的量，我们还会用示例说明 MATLAB 的图形能力为这类分析所能提供的额外信息。

2.1　MATLAB 环境

MATLAB 是一个计算机程序，它能够为用户提供方便的环境来完成很多类型的计算。尤其是，它提供了一个非常棒的工具以实现数值方法。

运行 MATLAB 最一般的方式是每次在命令窗口中输入一行命令。在本章中，我们使用这种交互式或计算器模式(calculator mode)介绍一些常用的操作，如执行计算或绘制图形。在第 3 章中，我们将介绍如何用这些命令创建 MATLAB 程序。

本章的内容将作为学习起点，提供一些基本的操作，读者可以边操纵计算机边学习。继续下面的内容时，能够熟练地运用MATLAB的一种最有效的方式就是实际在MATLAB上实现命令。

MATLAB 使用三种基本窗口：

- 命令行窗口，用于输入命令和数据。
- 图形窗口，用于显示线图或图形。
- 编辑窗口，用于创建和编辑 M 文件。

在本章中，将会用到命令行和图形窗口。在第 3 章中，还会使用编辑窗口创建 M 文件。

在启动 MATLAB 后，命令行窗口会打开，其中的命令行提示符为：

```
>>
```

当我们一行一行地输入 MATLAB 命令时，计算器模式以顺序模式进行操作。对于每个命令，会得到一个结果，这样就可以把它看成一个操作非常有趣的计算器。例如，如果输入：

```
>> 55 - 16
```

MATLAB 会显示如下结果[1]：

```
ans =
    39
```

1　MATLAB 跳过了标签(ans=)和数值(39)之间的一行代码。在此，为了简洁，我们忽略了这样的空白行。可以利用 format compact 和 format loose 命令控制是否包含空白行。

注意，MATLAB 已经自动地为变量 ans 赋予了一个结果。这样，现在就可以在后续计算中使用 ans：

```
>> ans + 11
```

得到的结果为：

```
ans =
    50
```

任何时候，只要不显式地为一个计算指定自己选择的变量，MATLAB 都会将计算结果赋予 ans。

2.2　赋值

赋值是指将值赋给变量名。MATLAB 会将赋予的值存储在该变量名对应所在的内存中。

2.2.1　标量

将值赋给标量类似于其他计算机语言中的赋值。试着输入：

```
>> a = 4
```

注意，现在赋值响应会显示信息以确认你所进行的操作：

```
a =
     4
```

响应显示是 MATLAB 的一大特征。可以通过在命令行的后面加上分号字符(；)免去显示过程信息。试着输入：

```
>> A = 6;
```

可以在同一行中输入多个命令，用逗号或分号将它们隔开。如果用逗号将它们隔开，那么它们会显示出来；而如果用分号将它们隔开，那么它们就不会显示。例如：

```
>> a = 4,A = 6;x = 1;

a =
     4
```

MATLAB 对名字的大小写是敏感的，也就是说，变量 a 与 A 是不同的。为了说明这一点，在命令行中输入：

```
>> a
```

然后输入：

```
>> A
```

可以看到它们的值是不同的。它们具有不同的名字。

我们可以将复数赋给变量，因为 MATLAB 会自动地处理复数运算。单位虚数$\sqrt{-1}$被预先指派给变量 i。所以，复数值可以用下面的方式赋给变量：

```
>> x = 2 +i*4

x =
   2.0000 + 4.0000i
```

应该注意，作为输入，MATLAB 准许用符号 j 表示单位复数。然而，只能显示为 i。例如：

```
>> x = 2 +j*4

x =
   2.0000 + 4.0000i
```

有几个预定义的变量，例如 pi。

```
>> pi

ans =
    3.1416
```

注意观察 MATLAB 是如何显示四个小数位的。如果希望增加额外的精度，那么输入下面的代码：

```
>> format long
```

现在，当输入 pi 后，结果会显示 15 位有效数字(significant figure)：

```
>> pi

ans =
   3.14159265358979
```

为了恢复 4 位小数的情况，输入：

```
>> format short
```

下面是格式命令的小结，这些命令在工程与科学计算中都会使用。它们都有共同的语法：format *type*，如表 2.2 所示。

表 2.2 格式命令小结

类 型	结 果	示 例
short	缩放定点格式，具有 5 位数字	3.1416
long	缩放定点格式，双精度具有 15 位数字，单精度具有 7 位数字	3.14159265358979

(续表)

类　型	结　果	示　例
short e	浮点格式，具有 5 位数字	3.1416e+000
long e	浮点格式，双精度有 15 位数字，单精度有 7 位数字	3.141592653589793e+000
short g	最佳定点或浮点格式，具有 5 位数字	3.1416
long g	最佳定点或浮点格式，双精度有 15 位数字，单精度有 7 位数字	3.14159265358979
short eng	工程格式，具有至少 5 位数字，幂为 3 的整倍数	3.1416e+000
long eng	工程格式，恰好具有 16 位有效数字，幂为 3 的整倍数	3.14159265358979e+000
bank	定点货币表示方法	3.14

2.2.2 数组、向量和矩阵

数组(array)是由单一变量名表示的一组值。一维矩阵称为向量(vector)，二维矩阵称为矩阵(matrices)。2.2.1 节中使用的标量(scalar)实际上是只有一行和一列的矩阵。

在命令行模式下，用方括号来输入矩阵。例如，行向量可以如下赋值：

```
>> a = [1 2 3 4 5]

a =
     1     2     3     4     5
```

注意，该赋值操作覆盖了 a 以前的赋值 a=4。

实际上，求解数学问题很少使用行向量。当我们谈到向量时，通常是指列向量，这才是我们经常使用的向量形式。列向量可以用多种方式输入。可以尝试如下列向量输入方式：

```
>> b = [2;4;6;8;10]
```

或者：

```
>> b = [2
4
6
8
10]
```

或者，用'操作符对行向量转置：

```
>> b = [2 4 6 8 10]'
```

以上面三种输入方式得到的结果皆为：

```
b =
     2
     4
     6
     8
    10
```

矩阵赋值可以用如下方法实现：

```
>> A = [1 2 3; 4 5 6; 7 8 9]

A =
     1     2     3
     4     5     6
     7     8     9
```

除此之外，可以按 Enter 键(回车换行)将行分开。例如，在下面的例子中，可以在 3、6 和]之后按 Enter 键给矩阵赋值：

```
>> A = [1 2 3
        4 5 6
        7 8 9]
```

最后，我们还可以通过拼接(即连接)表示每一列的向量，构造相同的矩阵：

```
>> A = [[1 4 7]' [2 5 8]' [3 6 9]']
```

在命令行会话过程中的任何地方，输入 who 命令就可以获得当前所有变量的列表：

```
>> who

Your variables are:
A    a    ans  b    x
```

或者，想要获得更多细节，可输入 whos 命令：

```
>> whos

  Name      Size                    Bytes  Class

  A         3x3                        72  double array
  a         1x5                        40  double array
  ans       1x1                         8  double array
  b         5x1                        40  double array
  x         1x1                        16  double array (complex)
  Grand total is 21 elements using 176 bytes
```

注意，可以使用下标标记访问矩阵的单个元素。例如，列向量 b 的第 4 个元素可以如下显示：

```
>> b(4)

ans =
     8
```

对于矩阵，$A(m,n)$选择的是第 m 行和第 n 列的元素。例如：

```
>> A(2,3)

ans =
     6
```

有多个内置函数可以用于创建矩阵。例如，ones 和 zeros 函数可以分别创建只有 1 和 0 元素的向量和矩阵。这两个函数皆有两个参数，第一个表示行数，第二个表示列数。例如，可以通过如下方式创建元素值皆为 0 的 2×3 矩阵：

```
>> E = zeros(2,3)

E =
     0     0     0
     0     0     0
```

与此类似，ones 函数可以用于创建元素值皆为 1 的行向量：

```
>> u = ones(1,3)

u =
     1     1     1
```

2.2.3　冒号操作符

冒号操作符是创建和操作矩阵的强大工具。如果用冒号将两个数分开，那么 MATLAB 会以递增 1 的方式生成这两个数之间的数：

```
>> t = 1:5

t =
     1     2     3     4     5
```

如果用冒号将 3 个数分开，那么 MATLAB 会以第 2 个数为递增步长生成第 1 和第 3 个数之间的数：

```
>> t = 1:0.5:3

t =
    1.0000    1.5000    2.0000    2.5000    3.0000
```

注意，递增步长可以为负数：

```
>> t = 10:-1:5

t =
    10     9     8     7     6     5
```

除了创建数字序列之外，冒号还可以用作通配符(wildcard)以选择矩阵的某个行和列。当用冒号代替特定下标时，冒号代表的是整个行或列。例如，矩阵 A 的第 2 行可以用如下方式选定：

```
>> A(2,:)

ans =
     4     5     6
```

我们还可以用冒号表示有选择性地抽取矩阵中的元素序列。例如，基于前面对向量 t 的定义：

```
>> t(2:4)

ans =
     9     8     7
```

可以看出，返回了第 2 至第 4 个元素。

2.2.4　linspace 和 logspace 函数

对于生成由间隔点组成的向量，linspace 和 logspace 函数提供了额外的便捷方式。linspace 函数生成等间距点组成的行向量。linspace 的语法形式为：

```
linspace(x1, x2, n)
```

该函数在 x_1 和 x_2 之间生成 n 个点。例如：

```
>> linspace(0,1,6)

ans =
         0    0.2000    0.4000    0.6000    0.8000    1.0000
```

如果忽略了参数 n，那么该函数会自动地生成 100 个点。

logspace 函数生成行向量，向量元素之间是对数等间距的。其语法形式为：

```
logspace(x1, x2, n)
```

该函数在 10^{x1} 和 10^{x2} 之间生成 n 个对数等间距的点。例如：

```
>> logspace(-1,2,4)

ans =
    0.1000    1.0000   10.0000  100.0000
```

如果忽略参数 n，那么它会自动地生成 50 个点。

2.2.5　字符串

除了数字，字母数字信息或字符串也可以通过单引号将字符串包括在内这种方法来表示。例如：

```
>> f ='Miles';
>> s ='Davis';
```

字符串中的每个字符都是数组中的一个元素。因此，我们可以用如下方式连接(*concatenate*)字符串：

```
>> x = [f s]

x =
Miles Davis
```

请注意，在非常长的行中，可以在待继续行的末尾使用省略号(连续三个点)表示继续。例如，输入行向量，如下所示：

```
>> a = [1 2 3 4 5 ...
6 7 8]

a =
     1     2     3     4     5     6     7     8
```

但是，不能在单引号中使用省略号来继续一个字符串。要输入超过单行的字符串，可以将较短的字符串拼在一起，如下所示：

```
>> quote = ['Any fool can make a rule,' ...
' and any fool will mind it']

quote =
Any fool can make a rule, and any fool will mind it
```

许多内置的 MATLAB 函数可用于对字符串进行操作。表 2.3 列出了一些相对常用的函数。例如：

```
>> x1 = 'Canada'; x2 = 'Mexico'; x3 = 'USA'; x4 = '2010'; x5 = 810;
>> strcmp(a1,a2)
ans =
0
>> strcmp(x2, 'Mexico')
ans =
1
>> str2num(x4)
ans =
2010
>> num2str(x5)
ans =
810
>> strrep
>> lower
>> upper
```

请注意，如果要在多行中显示字符串，请使用 sprintf 函数，并在字符串之间插入两个字符的序列\ n。例如：

```
>> disp(sprintf('Yo\nAdrian!'))
```

得到：

```
Yo
Adrian!
```

表 2.3　一些有用的字符串函数

函　数	描　述
n = length(s)	s 字符串中的字符数目 n
b = strcmp(s1,s2)	比较两个字符串 s1 和 s2; 如果相等，返回真(true)(b = 1)。如果不相等，返回假(false)(b = 0)
n = str2num(s)	将字符串 s 转换为数字 n
s = num2str(n)	将数字 n 转换为字符串 s
s2 = strrep(s1,c1,c2)	用不同的字符替换字符串中的字符
i = strfind(s1,s2)	返回字符串 s1 中字符串 s2 出现的任何起始索引
S = upper(s)	将字符串转换为大写字母
s = lower(S)	将字符串转换为小写字母

2.3　数学运算

标量值的运算是以直接方式处理的，这类似于其他的计算机程序。按照优先级排序，常用运算符如表 2.4 所示。

表 2.4　常用运算符

^	幂运算
-	求负
* /	乘、除运算
\	左除[2]
+ -	加、减运算

这些运算符会在计算器模式下工作。尝试输入：

```
>> 2*pi

ans =
   6.2832
```

2　左除适用于矩阵代数，在本书后面还将详细讨论。

还可以包含标量实变量(real variable)：

```
>> y = pi/4;
>> y ^ 2.45
ans =
    0.5533
```

计算结果可以赋给变量(如倒数第 2 个例子所示)或只是简单地显示出来(如最后一个例子所示)。

与计算机中的其他计算一样，优先级顺序可以通过括号改变。例如，由于幂运算相比求负运算具有更高的优先级，因此可以获得如下结果：

```
>> y = -4 ^ 2

y =
   -16
```

结果表明，4 首先参与平方运算，然后对得到的结果进行求负运算。可以用括号改变运算的优先级，如下所示：

```
>> y = (-4) ^ 2

y =
    16
```

在同一优先级中，运算符具有相同的优先级，计算从左到右进行。举个例子：

```
>> 4^2^3
>> 4^(2^3)
>> (4^2)^3
```

在第一种情况下，首先计算 $4^2 = 16$，然后才进行三次方的计算，得到 4096。在第二种情况下，首先计算 $2^3 = 8$，然后计算 4^8=65536。第三种情况与第一种情况相同，但是，使用括号表示会更加清楚。

可能引起混乱的是负数运算；也就是说，在使用减号这个参数来表示符号变化的情况下。例如：

```
>> 2*-4
```

-4 被视为一个数字，所以得到-8。由于这可能引起混乱，可以使用括号使运算变得更清晰：

```
>> 2*(-4)
```

这里是用减号表示负数的最后一个示例：

```
>> 2^-4
```

同样，将-4 视为数字，因此 2 ^ -4 = 2^{-4} = 1/24 = 1/16 = 0.0625。括号可以使运算更

清晰:

```
>> 2^(-4)
```

这些运算还适用于复数值。下面是一些使用前面定义的 $x(2+4i)$和 $y(16)$的值的例子:

```
>> 3 * x

ans =
   6.0000 + 12.0000i

>> 1 / x

ans =
   0.1000 - 0.2000i

>> x ^ 2

ans =
 -12.0000 + 16.0000i

>> x + y

ans =
  18.0000 + 4.0000i
```

MATLAB 的真正威力表现在它能够实现向量-矩阵运算。尽管我们还会在第 8 章详细描述这些操作,但在此还是要介绍一些示例。

两个向量的内积(inner product)(点积)可以用*运算符进行计算:

```
>> a * b

ans =
   110
```

另外,外积(outer product)为:

```
>> b * a

ans =
      2     4     6     8    10
      4     8    12    16    20
      6    12    18    24    30
      8    16    24    32    40
     10    20    30    40    50
```

为了进一步说明向量-矩阵乘积,首先预定义 a 和 b:

```
>> a = [1 2 3];
```

以及:

```
>> b = [4 5 6]';
```

现在，尝试：

```
>> a * A

ans =
   30 36 42
```

或：

```
>> A * b

ans =
   32
   77
  122
```

如果内维度不相等，那么矩阵可能不能相乘。当维度并非操作所需的维度时，就会出现这种情况。尝试：

```
>> A * a
```

MATLAB 会自动显示错误信息：

```
??? Error using ==> mtimes
Inner matrix dimensions must agree.
```

矩阵-矩阵乘积运算以同样的方式进行：

```
>> A * A

ans =
   30    36    42
   66    81    96
  102   126   150
```

具有标量的混合运算也是可以的：

```
>> A/pi

ans =
    0.3183    0.6366    0.9549
    1.2732    1.5915    1.9099
    2.2282    2.5465    2.8648
```

我们必须记住，如果可能的话，MATLAB 会以向量-矩阵模式应用简单的算术运算符。有时可能希望以矩阵或向量方式逐项地进行运算。MATLAB 也为此提供了这样的功能。例如：

```
>> A^2

ans =
   30    36    42
   66    81    96
  102   126   150
```

结果为矩阵 A 与自身的乘积。

如果希望对矩阵 A 的元素进行平方运算，该如何实现呢？可以用如下方法实现：

```
>> A.^2

ans =
     1     4     9
    16    25    36
    49    64    81
```

在^运算符之前的.表示该运算是在元素间进行的。MATLAB 手册中称这些运算为*矩阵运算*(array operation)。通常还可以将它们称为*元素与元素运算*(element-by-element operation)。

MATLAB 含有一种有用的快捷方式可以执行已经完成过的计算。按向上箭头键，就可以得到最近输入的代码行：

```
>> A.^2
```

按 Enter 键可以再次执行该计算。当然还可以对该行代码进行编辑。例如，可以将其改为如下代码，然后按 Enter 键：

```
>> A.^3

ans =
     1     8    27
    64   125   216
   343   512   729
```

使用向上箭头键，可以回到已经输入的任何命令。按住向上箭头键直到回到所需要的代码行为止：

```
>> b * a
```

另外，还可以输入 b 并同时按一次向上箭头，就可以自动到达以字母 b 开头的最近一个命令。对于修改错误来说，向上箭头快捷方式是一种快速修改错误的方式，用户无须重新输入整行命令。

2.4 使用内置函数

MATLAB 及其工具箱中有一组丰富的内置函数。可以通过在线帮助找到更多的内置函数。例如，如果希望了解 log 函数，可以输入：

```
>> help log

 LOG    Natural logarithm.
    LOG(X) is the natural logarithm of the elements of X.
    Complex results are produced if X is not positive.
    See also LOG2, LOG10, EXP, LOGM.
```

如果想得到所有初级函数的列表，输入：

```
>> help elfun
```

MATLAB 内置函数的一个最重要特性是，它们可以直接对向量和矩阵进行操作。例如，尝试如下命令：

```
>> log(A)

ans =
         0    0.6931    1.0986
    1.3863    1.6094    1.7918
    1.9459    2.0794    2.1972
```

你会看到以矩阵模式对矩阵 *A* 的每个元素取自然对数，大多数函数都可以按照矩阵模式操作，如 sqrt、abs、sin、acos、tanh 和 exp。某些函数也有矩阵操作的定义，如幂运算和求平方根运算。当在函数名后面附加字母 m 时，就表示该 MATLAB 函数还可以按照矩阵版本计算。尝试如下命令：

```
>> sqrtm(A)

ans =
   0.4498 + 0.7623i   0.5526 + 0.2068i   0.6555 - 0.3487i
   1.0185 + 0.0842i   1.2515 + 0.0228i   1.4844 - 0.0385i
   1.5873 - 0.5940i   1.9503 - 0.1611i   2.3134 + 0.2717i
```

有几个用于舍入操作的函数。例如，假定我们输入一个向量：

```
>> E = [-1.6 -1.5 -1.4 1.4 1.5 1.6];
```

round 函数会对 E 的每个元素进行舍入操作，将其近似到离它最近的整数：

```
>> round(E)

ans =
   -2    -2    -1     1     2     2
```

ceil 函数(ceiling 的简写)会将矩阵元素向上取整到最近的整数：

```
>> ceil(E)

ans =
   -1    -1    -1     2     2     2
```

floor 函数会将矩阵元素向下取整到最近的整数：

```
>> floor(E)

ans =
   -2    -2    -2     1     1     1
```

有些函数还会针对矩阵和矩阵元素执行一些特殊的动作。例如，sum 函数可以返回元素之和：

```
>> F = [3 5 4 6 1];
>> sum(F)

ans =
    19
```

以类似的方式，通过下面这些命令应该可以相当清楚地了解这些函数的功能：

```
>> min(F),max(F),mean(F),prod(F),sort(F)

ans =
    1
ans =
    6
ans =
    3.8000
ans =
    360
ans =
    1    3    4    5    6
```

函数的一种常见用法是计算多个参数的取值。回顾前文，可以用式(1.9)计算自由落体蹦极运动员的速度：

$$v=\sqrt{\frac{gm}{c_d}}\tanh\left(\sqrt{\frac{gc_d}{m}}t\right)$$

其中，v 为速度(m/s)，g 为重力加速度(9.81m/s^2)，m 为质量(kg)，c_d 为阻力系数(kg/m)，t 为时间(s)。

创建列向量 t，包含 0~20 之间的值，步长为 2：

```
>> t = [0:2:20]'

t =
     0
     2
     4
     6
     8
    10
    12
    14
    16
    18
    20
```

可以用 length 函数检查矩阵 t 中元素的个数：

```
>> length(t)

ans =
    11
```

给参数赋值：

```
>> g = 9.81; m = 68.1; cd = 0.25;
```

利用 MATLAB 还可以计算像 $v = f(t)$ 这样的公式，当参数取矩阵 t 的每个值时，可以分别计算公式的值，其结果存放在 v 矩阵对应的位置。对于本例来讲：

```
>> v = sqrt(g*m/cd)*tanh(sqrt(g*cd/m)*t)

v =
         0
   18.7292
   33.1118
   42.0762
   46.9575
   49.4214
   50.6175
   51.1871
   51.4560
   51.5823
   51.6416
```

2.5　绘图

利用 MATLAB 可以快速和方便地绘制图形。例如，为了由上面的数据绘制矩阵 t 和 v 的图形，输入：

```
>> plot(t, v)
```

图形可以显示在图形窗口中，也可以被打印出来或通过剪贴板传送到其他的程序，如图 2.1 所示。

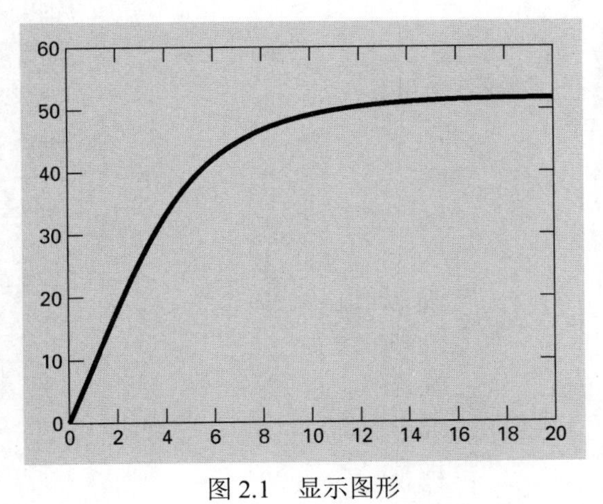

图 2.1　显示图形

使用下面这样的命令可以稍微改变一下图形的显示方式，如图 2.2 所示。

```
>> title('Plot of v versus t')
>> xlabel('Values of t')
>> ylabel('Values of v')
>> grid
```

plot 命令默认情况下显示实线。如果希望用符号(symbol)绘制每个点，那么可以在 plot 函数中用单引号包含一个限定符(specifier)。表 2.5 列出了可用的限定符。例如，如果希望绘制空心圆(open circle)，输入：

```
>> plot(t, v, 'o')
```

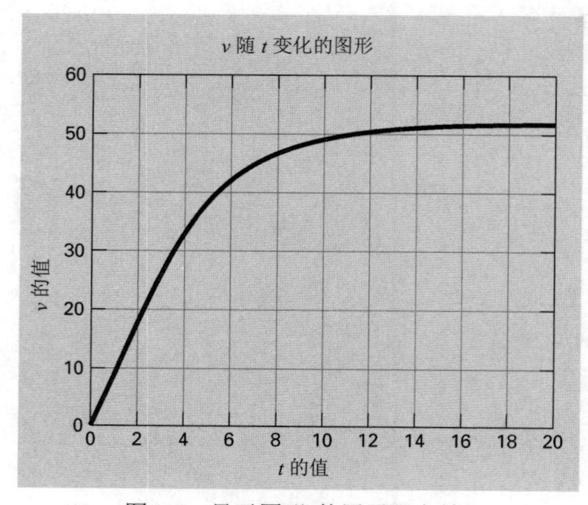

图 2.2　显示图形(使用了限定符)

表 2.5　颜色、标记符和线类型

颜　色		标 记 符		线 类 型	
蓝色	b	点	.	实线	-
绿色	g	圆	O	点线	:
红色	r	X 标记	x	点画线	-.
青色	c	加	+	虚线	--
洋红色	m	星	*		
黄色	y	平方	s		
黑色	k	锥	d		
白色	w	三角形(向下)	v		
		三角形(向上)	^		
		三角形(向左)	<		
		三角形(向右)	>		
		五角星	p		
		六角形	h		

还可以组合几个限定符。例如，如果想要使用绿色虚线连接的方形绿色标记，可以输入：

```
>> plot(t, v, 's--g')
```

还可以控制线宽以及标记的大小，标记边和面(即内部)的颜色。例如，以下命令使用较粗(2 点)、虚线、青色的线连接较大(10 点)的菱形标记，菱形标记的边为黑色，面为品红色：

```
>> plot(x,y,'--dc','LineWidth', 2,...
   'MarkerSize',10,...
   'MarkerEdgeColor','k',...
   'MarkerFaceColor','m')
```

请注意：默认线宽为 1 点。对于标记，默认大小为 6 点，蓝色边，面为无色。

MATLAB 可以在同一幅图中显示多个数据集。例如，用直线将每个数据标记链接起来的可选方式是输入：

```
>> plot(t, v, t, v, 'o')
```

应该注意的是，默认情况下在每次执行 plot 命令后会擦除以前绘制的图形。可以用 hold on 命令保留当前的图形和所有的坐标轴属性，这样其他的绘图命令可以增加到现有的图形上，而不会清除现有图形。利用 hold off 命令可以恢复到默认模式。例如，如果输入如下命令，最后的图形将会只显示符号：

```
>> plot(t, v)
>> plot(t, v, 'o')
```

相比之下，下面的命令会绘制两条线，同时显示符号：

```
>> plot(t, v)
>> hold on
>> plot(t, v, 'o')
>> hold off
```

除了 hold 命令之外，另外一个方便的函数是 subplot，使用该函数就可以将图形窗口划分为子窗口或窗格(pane)。subplot 的使用语法为：

```
subplot(m, n, p)
```

该命令将图形窗口划分为 $m \times n$ 小坐标轴组成的矩阵，选择第 p 个坐标轴作为当前的图形。

我们可以通过研究 MATLAB 生成三维图形的能力来介绍 subplot 函数。解释这种能力的最简单命令就是 plot3 命令，其语法为：

```
plot3(x, y, z)
```

其中 x、y 和 z 是 3 个长度相等的向量。绘制结果是三维空间中通过这些点的一条直线，

这些点的坐标为 x、y 和 z 的元素。

通过画螺线(helix)可以很好地展示图形能力。首先，让我们用二维函数 plot 绘制一个圆，用参数表示这个圆：$x=\sin(t)$ 和 $y=\cos(t)$。我们应用 subplot 命令，这样就可以在后面增加三维图形。

```
>> t = 0:pi/50:10*pi;
>> subplot(1,2,1);plot(sin(t),cos(t))
>> axis square
>> title('(a)')
```

如图 2.3(a)所示，绘制结果为一个圆。注意，如果不使用 axis square 命令，那么这个圆就会变形。

现在，将螺线增加到图形右边的窗格中。为此，我们再次应用参数表示：$x=\sin(t)$、$y=\cos(t)$ 和 $z=t$。

```
>> subplot(1,2,2);plot3(sin(t),cos(t),t);
>> title('(b)')
```

绘制结果如图 2.3(b)所示。可以继续绘制后续操作的图形吗？随着时间的推移，x 和 y 坐标会在 $x-y$ 面板内勾勒出圆周，其绘制模式与二维图形一样。然而同时，随着 z 坐标随时间线性增加，曲线会垂直上升。最后得到的总结果为典型的弹簧或螺旋楼梯状的旋转体。

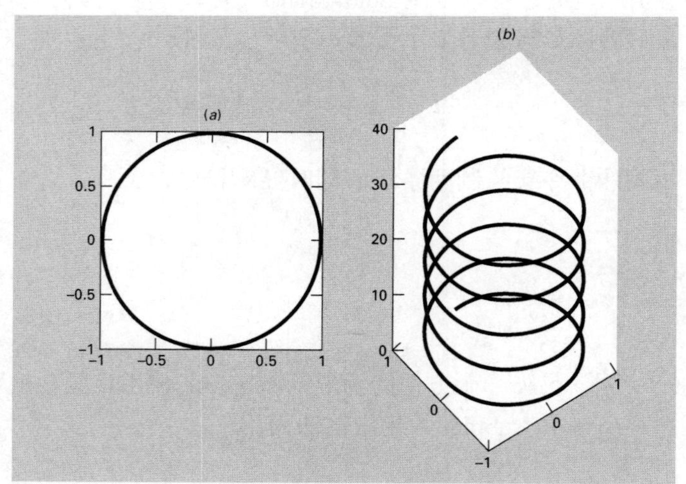

图 2.3　一副具有两个面板的图形：(a)二维圆；(b)三维螺线

还有一些其他有用的图形特征——例如，画图目标而不是线、曲线图族、复平面作图、对数-对数或半对数图、三维网格图和等高线图。如下所述，可以利用各种资源来学习 MATLAB 的这些及其他的功能。

2.6　其他资源

前面介绍的内容主要关注 MATLAB 的特性，我们在本书剩余部分会用到这些特性。同样，这不是对 MATLAB 所有功能的综合概述。如果有兴趣学习更多这方面的知识，应该找一本关于 MATLAB 的优秀书籍读一读。

如果需要更深入地学习，MATLAB 包本身就包含优秀的 Help 功能，单击命令行窗口中的 Help 菜单就可以访问该功能。通过 MATLAB 的 Help 内容，可以用多种不同的方式进行探索和搜索。另外，还可以获得大量教学范例。

如本章所述，帮助还可以通过交互模式获得，其方式是在 help 命令后输入命令或函数名称。

如果不知道函数或命令的名字，那么可以使用 lookfor 命令来搜索 MATLAB Help 文件以获得所需要的命令。例如，假设希望寻找所有与对数相关的命令和函数，那么可以输入：

```
>> lookfor logarithm
```

MATLAB 会显示所有包含单词 logarithm 的引用。

最后，还可以从 MathWorks 公司的网站上获得帮助，网址是 www.mathworks.com。在该网站上，可以找到产品信息、新闻组、书籍和技术支持，以及各种其他有用资源的链接。

2.7　案例研究：探索性数据分析

背景：在我们的教科书中，有很多以前著名科学家和工程师建立的公式。尽管这些公式很有用，但是工程师和科学家通常必须通过收集和分析自己获得的数据来修正这些公式。有时，这个过程会产生新的公式。然而，在获得最终的预测公式之前，我们通常要通过执行一些计算和生成相关图形来处理这些数据。在大多数情况下，我们的目的是要认识隐藏在数据背后的一些模式和机制。

在本案例研究中，我们会通过实例展示 MATLAB 在这类探索性数据分析中的作用。基于式(2.1)和表 2.1 中的数据，通过估计自由落体者的阻力系数来演示这类数据分析。然而，除了计算阻力系数之外，我们还会用 MATLAB 的图形功能找出数据中的规律。

解：可以输入表 2.1 中的数据和重力加速度，如下

```
>> m = [83.6 60.2 72.1 91.1 92.9 65.3 80.9];
>> vt = [53.4 48.5 50.9 55.7 54 47.7 51.1];
>> g = 9.81;
```

然后可以用式(2.1)计算阻力系数。因为我们需要进行向量元素与元素之间的操作，所以必须在操作符之前包含句点(period)：

```
>> cd = g*m./vt.^2

cd =
   0.2876  0.2511  0.2730  0.2881  0.3125  0.2815  0.3039
```

现在，我们可以使用 MATLAB 的内置函数获得一些统计结果：

```
>> cdavg = mean(cd),cdmin = min(cd),cdmax = max(cd)
cdavg =
   0.2854
cdmin =
   0.2511
cdmax =
   0.3125
```

从结果可以看出，0.2511kg/m~0.3125kg/m 范围内的平均值为 0.2854。

现在，我们可以用式(2.1)处理这些数据，利用得到的平均阻力系数就可以预测极限速度(terminal velocity)：

```
>> vpred=sqrt(g*m/cdavg)

vpred =
  53.6065  45.4897  49.7831  55.9595  56.5096  47.3774  52.7338
```

注意，在本公式中我们不必在操作符之前使用句点，你知道这是为什么吗？

我们可以画出这些值相对于实际测量所得极限速度的图形。我们还会增加一条显示准确预测值的线(1:1 的线)，这有助于对结果进行评估。

因为最终将绘制第二张图，所以采用 subplot 命令：

```
>> subplot(2,1,1);plot(vt,vpred,'o',vt,vt)
>> xlabel('measured')
>> ylabel('predicted')
>> title('Plot of predicted versus measured velocities')
```

如图 2.4 中上面的图所示，由于预测总体上服从 1:1 的线，因此开始时你可能会认为利用平均阻力系数得到的结果相当完美。然而注意到该模型趋向于低估低速，而高估高速。这意味着阻力系数不是不变的，而是存在着某种变化趋势。这可以通过绘制估计阻力系数与质量的关系图来加以印证：

```
>> subplot(2,1,2);plot(m,cd,'o')
>> xlabel('mass (kg)')
>> ylabel('estimated drag coefficient (kg/m)')
>> title('Plot of drag coefficient versus mass')
```

最后得到的图形位于图 2.4 的底部，该图表明阻力系数不是常数，而是随蹦极运动员体重的增加而增加的。基于该结果，可能得出结论：模型需要改进。至少，这可以促使我们进行更深入的实验，通过更多的蹦极运动员来验证我们的初步发现。

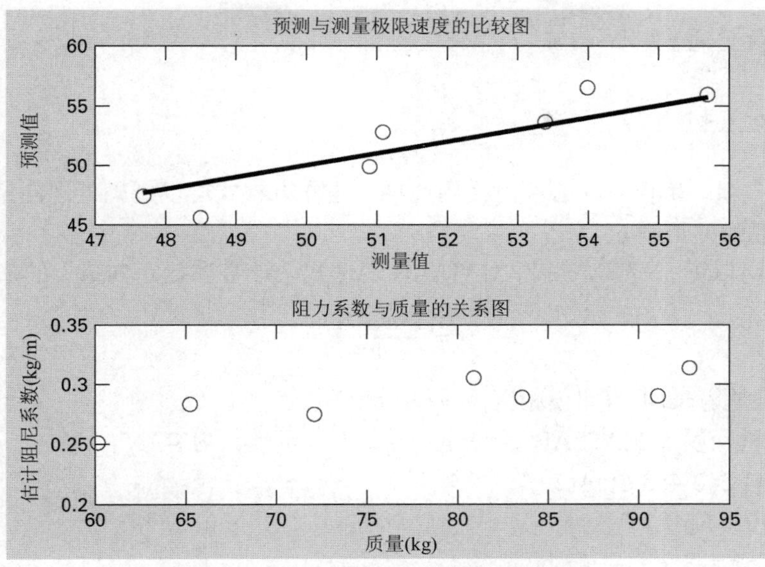

图 2.4　用 MATLAB 绘制的两张图

另外，该结果可能还会激励我们查阅流体机械方面的文献，并学习更多关于阻力科学方面的知识。正如先前 1.4 节所介绍的，你会发现参数 c_d 实际上是一个集总阻力系数(lumped drag coefficient)，它与真实的阻力系数基本保持一致，但还取决于其他的因素，如蹦极运动员的前端面积(frontal area)和空气密度(air density)：

$$c_d = \frac{C_D \rho A}{2} \tag{2.2}$$

其中，C_D=无量纲阻力系数；ρ=空气密度(kg/m^3)；A=前端面积(m^2)，它是沿着速度方向投影到平面上得到的面积。

假定在数据收集期间，密度是相对保持不变的(如果蹦极运动员全部在同一天从同样的高度起跳，这是一个不错的假设)，式(2.2)表明蹦极运动员越重，他就可能有更大的面积。这种假设可以通过测量各种质量的蹦极运动员的前端面积得以证实。

2.8　习题

2.1　当实现下列命令时，输出是什么？

```
A = [1:3;2:2:6;3:-1:1]
A = A'
A(:,3) = []
A = [A(:,1) [4 5 7]' A(:,2)]
A = sum(diag(A))
```

2.2　使用以下方程式，编写 MATLAB 方程，计算向量 y 的值：

(a) $y = \dfrac{6t^3 - 3t - 4}{8\sin(5t)}$

(b) $y = \dfrac{6t - 4}{8t} - \dfrac{\pi}{2}t$

其中t是向量。确保只在必要时使用周期，这样方程式可以正确处理向量运算。多余的周期将被视为不正确。

2.3 使用以下方程式，编写 MATLAB 表达式，计算和显示向量 x 的值：

$$x = \frac{y\,(a + bz)^{1.8}}{z(1 - y)}$$

假设y和z是等长向量(即模相等)，a和b是标量。

2.4 在执行以下 MATLAB 语句时，屏幕上显示什么内容？

(a) A = [1 2; 3 4; 5 6]; A(2,:)'

(b) y = [0 : 1.5 : 7]'

(c) a = 2; b = 8; c = 4; a + b / c

2.5 MATLAB 内置函数 humps 定义了一条曲线，这条曲线在 $0 \leqslant x \leqslant 2$ 的范围内具有不等高度的两个最大值(峰值)：

$$f(x) = \frac{1}{(x - 0.3)^2 + 0.01} + \frac{1}{(x - 0.9)^2 + 0.04} - 6$$

根据下式，使用 MATLAB 生成 x 与 $f(x)$的图：

```
x = [0:1/256:2];
```

不要使用 MATLAB 内置函数 humps 来生成$f(x)$的值。此外，使用最小数量的周期，执行绘图所需生成的$f(x)$值的向量运算。

2.6 使用 linspace 函数创建向量，这个向量等同于下列使用冒号创建的向量：

(a) $t = 4{:}6{:}35$

(b) $x = -4{:}2$

2.7 使用冒号表示法创建向量，使得它与下面用 linspace 函数创建的向量相同：

(a) v = linspace(−2,1.5,8)

(b) r = linspace(8,4.5,8)

2.8 命令 linspace(a,b,n)生成 a 和 b 之间的 n 个等间隔点的行向量。使用冒号表示法写出替代的单行命令，生成相同的向量。使用 $a = -3$、$b = 5$、$n = 6$ 测试你的公式。

2.9 在 MATLAB 中，输入以下矩阵：

```
>> A = [3 2 1; 0:0.5:1; linspace(6,8,3)]
```

(a) 写出得到的矩阵。

(b) 使用冒号表示法，输入单行 MATLAB 命令，将第二行乘以第三列，并将结果赋值给变量 c。

2.10 以下方程可用于计算作为 x 函数的 y 值：

$$y = be^{-ax}\sin(bx)(0.012x^4 - 0.15x^3 + 0.075x^2 + 2.5x)$$

其中 a 和 b 是参数。使用 MATLAB 实现方程，其中 $a = 2$、$b = 5$，x 是以 $\Delta x=\pi/40$ 为增量，保存了从 0 到 $\pi/2$ 间值的向量。使用最小周期数(即点号)，这样公式生成 y 向量。另外，计算向量 $z = y^2$，其中每个元素都保存了 y 的每个元素的平方值。将 x、y 和 z 组合成矩阵 w，其中一列保存其中一个变量，并使用 short g 格式显示 w。此外，生成 y 和 z 随 x 变化的标记了轴的图。在图中包含一个图例(使用 help 了解如何操作)。对于 y，使用 1.5 点线宽、红色的破折号虚线，以及 14 点大小、红边、白色的五角形标记。对于 z，使用标准尺寸(即默认)的蓝实线与标准尺寸的蓝边、绿色方形标记。

2.11 图 2.5 描述的是由电阻、电容和电感组成的简单电子线路。电容上的电量 $q(t)$ 为时间的函数，可以根据下式计算：

$$q(t) = q_0 e^{-Rt/(2L)} \cos\left[\sqrt{\frac{1}{LC} - \left(\frac{R}{2L}\right)^2}\, t\right]$$

其中 t=时间，q_0=初始电量，R=电阻，L=电感，C=电容。用 MATLAB 绘制该函数从 t=0 到 t=0.8 之间的图形，假定 q_0=10，R=60，L=9，C=0.00005。

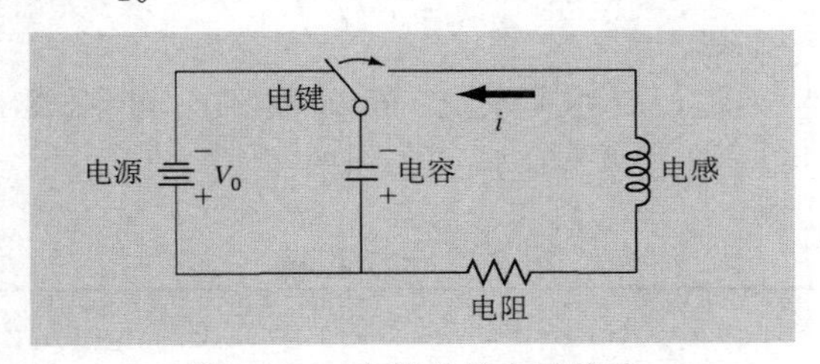

图 2.5 一个简单的电子线路

2.12 标准正态概率密度函数是一条钟形曲线，可以表示为：

$$f(z) = \frac{1}{\sqrt{2\pi}} e^{-z^2/2}$$

使用 MATLAB 绘制该函数从 z= − 5 到 z= 5 之间的图形。以频率为纵坐标，以 z 为横坐标。

2.13 如果用大小为 F(N)的力压一个弹簧，弹簧的位移 x(m)通常可以通过胡克定律进行建模：

$$F = kx$$

其中，k=弹性常数(N/m)。存储在弹簧中的势能 U(J)可以用下式计算：

$$U = \frac{1}{2}kx^2$$

对 5 个弹簧进行测试后，得到了表 2.6 所示的经初步处理过的数据。

表 2.6 弹簧测试数据

F(N)	14	18	8	9	13
X(m)	0.013	0.020	0.009	0.010	0.012

用 MATLAB 将 F 和 x 存储为向量，然后计算弹簧的弹性常数向量和势能向量。使用 max 函数确定最大的势能。

2.14 湖水的密度可以表示为温度的函数，可用如下三次公式计算：

$$\rho = 5.5289\times10^{-8}T_C^3 - 8.5016\times10^{-6}T_C^2 + 6.5622\times10^{-5}T_C + 0.99987$$

其中，ρ=密度(g/cm^3)，T_C=温度(℃)。用 MATLAB 生成 32℉~93.2℉的温度向量，步长递增量为 3.6℉。将该向量转换为摄氏温度，然后基于三次公式计算密度向量。绘制 ρ 关于 T_C 的图形。前文已给出 $T_C=5/9(T_F-32)$。

2.15 曼宁方程(Manning's equation)可以用于计算矩形开口渠道中水流的速度：

$$U = \frac{\sqrt{S}}{n}\left(\frac{BH}{B+2H}\right)^{2/3}$$

其中，U=速度(m/s)，S=渠道，n=粗糙系数，B=宽度(m)，H=深度(m)。表2.7中的数据来自于5个渠道。

表 2.7 计算数据

n	S	B	H
0.035	0.0001	10	2
0.020	0.0002	8	1
0.015	0.0010	20	1.5
0.030	0.0007	24	3
0.022	0.0003	15	2.5

将这些值存储在矩阵中，矩阵的每行表示一个通道，每列表示一个参数。输入一行 MATLAB 语句，基于参数矩阵的元素值，计算一个包含速度的列向量。

2.16 在工程和科学领域中，将方程绘制为线，而将离散数据绘制为符号(symbol)是很常见的。在此有一些关于水性溴光降解的数据，即随时间(t)变化的浓度(c)。

表 2.8 中的数据可以用下面的函数描述：

$$c = 4.84e^{-0.034t}$$

使用 MATLAB 绘制图形以显示数据(用实心红色的菱形)和函数(绿色虚线)。绘制函数从 t=0 到 t=70min 之间的部分。

表 2.8 随时间变化的浓度

t(min)	10	20	30	40	50	60
c(ppm)	3.4	2.6	1.6	1.3	1.0	0.5

2.17 除了 y 轴使用的是对数刻度(底为 10)之外，semilogy 函数与 plot 函数的运行方式是一样的。使用该函数绘制习题 2.16 中描述的数据和函数，并对绘制的图形进行解释。

2.18 表 2.9 中是一些关于速度(v)和力(F)的风洞(wind tunnel)数据。

表 2.9 风洞数据

v(m/s)	10	20	30	40	50	60	70	80
F(N)	25	70	380	550	610	1220	830	1450

可以用下面的函数描述这些数据：

$$F = 0.2741v^{1.9842}$$

使用 MATLAB 绘制图形以显示数据(用品红色圆形符号表示)和函数(使用黑色点画线)，绘制函数从 v=0 到 v=100m/s 之间的部分，并标记绘图的轴。

2.19 loglog 函数除了在 x 轴和 y 轴上都使用对数刻度外，它与 plot 函数的运行模式是一样的。使用该函数绘制习题 2.18 中描述的数据和函数，并对得到的结果进行解释。

2.20 余弦函数的麦克劳林级数展开为：

$$\cos x = 1 - \frac{x^2}{2!} + \frac{x^4}{4!} - \frac{x^6}{6!} + \frac{x^8}{8!} - \cdots$$

用 MATLAB 绘制余弦函数(用实线)和级数展开(用黑色虚线)的图形，一直绘制到×$x^8/8!$ 并包含 $x^8/8!$ 这一项。用内置函数 factorial 计算级数展开。所绘制图形的横坐标范围为从 x=0 到 x=3π/2。

2.21 假设可以联系生成表 2.1 中数据的相关蹦极运动员，并测量他们的前端面积。最后的结果如表 2.10(结果按照与表 2.1 中对应值相同的顺序排列)。

表 2.10 前端面积

A(m^2)	0.455	0.402	0.452	0.486	0.531	0.475	0.487

(a) 如果空气密度为 ρ=1.223kg/m^3，用 MATLAB 计算无量纲(dimensionless)阻力系数 C_D。

(b) 确定结果值的均值、极小值和极大值。

(c) 绘制 A 与 m(顶部)，以及 C_D 与 m(底部)的叠加图。在图中，包含描述轴的标签和标题。

2.22　下列参数方程能够生成锥形螺旋线：

$$x = t\cos(6t)$$
$$y = t\sin(6t)$$
$$z = t$$

从 $t = 0$ 到 6π，使用 $\Delta t=\pi/64$，计算 x、y 和 z 的值。使用 subplot 在顶部面板中生成(x，y)的二维线条图(红色实线)，在底部面板中生成(x，y，z)的三维线条图(青色实线)。标记两张图的轴。

2.23　在输入如下 MATLAB 命令后，准确地描述出绘制的是什么图形。

(a)
```
>> x = 5;
>> x ^ 3;
>> y = 8 - x
```

(b)
```
>> q = 4:2:12;
>> r = [7 8 4; 3 6 -5];
>> sum(q) * r(2, 3)
```

2.24　物体的运动轨迹可以建模为：

$$y = (\tan\theta_0)x - \frac{g}{2v_0^2\cos^2\theta_0}x^2 + y_0$$

其中，y=高度(m)，θ_0=初始角度(弧度)，x=水平位移(m)，g=重力加速度(取 9.81m/s^2), v_0=初始速度(m/s)，y_0=初始高度。用 MATLAB 确定物体的轨迹，其中 y_0=0，v_0=28m/s，初始角度从 15°～75°，步长取为 15°。水平距离从 x=0 变化到 x=80m，递增步长取 5m。计算结果应该存放在一个矩阵中，矩阵的第一维度(行)对应于距离，而第二维度对应于不同的初始角度。针对每个初始角度，用该矩阵绘制一幅高度随水平距离变化的图。使用图例区分不同的情况，用 axis 命令对图形进行缩放以使最小高度变为 0。

2.25　根据化学反应的不同温度，可以用如下阿累尼乌斯方程(Arrhenius equation)计算：

$$k = Ae^{-E/(RT_a)}$$

其中，k=反应速度(s^{-1})，A=指前因子(preexponential factor)或频率因子(frequency factor)，E=活化能(activation energy)(J/mol)，R=气体常数[8.314 J/(mol·K)]，T_a=绝对温度(K)。一种化合物的 E=1×105J/mol，A=7×10^{16}。针对温度从 253K~325K 的情况，用 MATLAB 生成反应速度值。用 subplot 生成并排的两张图形：(a)k 随 T_a(绿线)变化，(b)$\log_{10}k$(红线)随 $1/T_a$ 变化。使用 semilogy 函数生成(b)图，包括两张子图的轴标签和标题，并对绘制结果进行解释。

2.26　图 2.6(a)显示了受线性增加的分布式负载的均匀梁。如图 2.6(b)所示，偏转 y(m)可以用下式计算：

$$y = \frac{w_0}{120EIL}(-x^5 + 2L^2x^3 - L^4x)$$

其中 E =弹性模量，I =惯性矩(m^4)。使用这个方程和微积分，生成下列量随梁距离变化的 MATLAB 图：

(a) 位移(y)

(b) 斜率[$\theta(x)= dy/dx$]

(c) 矩[$M(x)= EId^2y/dx^2$]

(d) 剪切力[$V(x)= EId^3 y/dx^3$]

(e)负载[$w(x)= -EId^4 y/dx^4$]

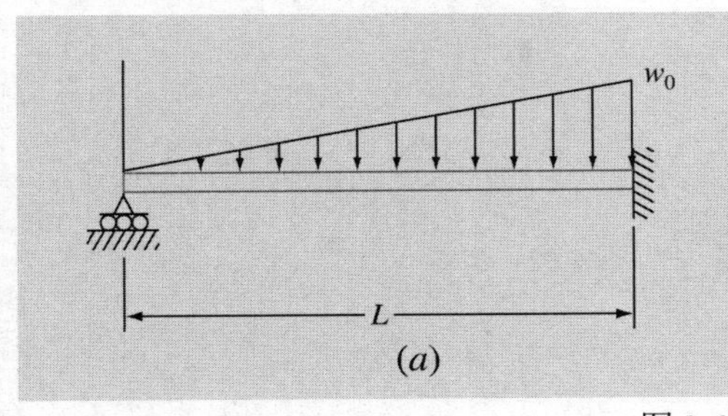

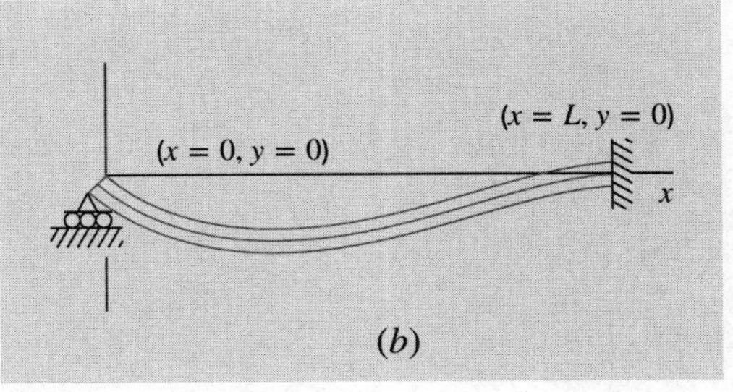

图 2.6　均匀梁

使用以下参数进行计算：L = 600cm，E = 50000 kN/cm^2，I = 30000cm^4，w^0 = 2.5kN/cm，Δx=10cm。使用 subplot 函数，按照(a)到(e)的顺序，在同一页上垂直显示所有图。在绘图时，包括标签，并且使用一致的 MKS 单位。

2.27　蝴蝶曲线由以下参数方程给出：

$$x = \sin(t)\left(e^{\cos t} - 2\cos 4t - \sin^5 \frac{t}{12}\right)$$

$$y = \cos(t)\left(e^{\cos t} - 2\cos 4t - \sin^5 \frac{t}{12}\right)$$

使用 t 从 0 到 100，Δt= 1/16，生成 x 和 y 的值。绘制(a)x 和 y 随着 t 变化的曲线，(b)y 随 x 变化的曲线。使用 subplot 函数垂直堆叠这些图，并且(b)图中的线标记为方形。在两份绘图中包括标题和轴标签，在(a)图中包括图例。对于(a)图，为了将 y 与 x 区分开来，y 使用点画线。

2.28　来自习题 2.27 的蝴蝶曲线也可以用极坐标表示：

$$r = e^{\sin\theta} - 2\cos(4\theta) - \sin^5\left(\frac{2\theta - \pi}{24}\right)$$

使用θ从0到8π，$\Delta\theta$=π/32，生成r的值。使用MATLAB函数polar生成蝴蝶曲线的极坐标图，曲线为红色虚线。使用MATLAB Help了解如何生成此图。

第 3 章

编写 MATLAB 程序

本章目标

本章的主要目标是学习如何编写 M 文件程序以实现数值方法。具体的目标和主题包括：

- 学习如何在编辑窗口中创建规范的 M 文件，以及如何在命令窗口中调用它们。
- 理解脚本和函数文件之间的差异。
- 理解如何在函数中包含帮助注释。
- 知道如何设置 M 文件，使得 M 文件能够在命令窗口中交互式地用信息提示用户和显示结果。
- 理解子函数的作用以及如何访问子函数。
- 知道如何创建和读取数据文件。
- 学习如何通过结构化编程模块编写整洁和规范的 M 文件以实现应用逻辑和循环。
- 认识 if...elseif 和 switch 结构之间的差异。
- 认识 for...end 和 while 结构之间的差异。
- 了解如何将 MATLAB 绘图做成动画。
- 理解向量化的含义以及为什么向量化是有益的。
- 理解在函数 M 文件中，为什么可以采用匿名函数将函数作为参数传输给函数 。

提出问题

在第 1 章中，我们使用力平衡原理建立数学模型来预测蹦极运动员的下降速度。该模型采用了如下微分方程形式：

$$\frac{dv}{dt} = g - \frac{c_d}{m} v|v|$$

还学习了用欧拉法求解该方程的数值解：

$$v_{i+1} = v_i + \frac{dv_i}{dt} \Delta t$$

可以反复地执行该方程来计算速度，速度是时间的函数。然而，为了获得更好的准确度，必须采用数量很多的小步长。手工实现这样的计算将是非常劳神费力和浪费时间的，但是在 MATLAB 的帮助下，执行这种计算就变得容易多了。

因此，现在的问题是考虑如何让 MATLAB 完成这种计算。本章将介绍如何用 MATLAB 的 M 文件求得这样的解。

3.1　M 文件

运行 MATLAB 最一般的方式是在命令行窗口中每次输入一个命令。M 文件提供了完成这些操作的另外一种方式，它极大地扩展了 MATLAB 问题求解的能力。M 文件由一系列的语句组成，这些语句可以一次性一起运行。注意术语“M 文件”来源于这样一个事实，即这样的文件都存放在扩展名为.m 的文件中。M 文件可以有两种形式：脚本文件和函数文件。

3.1.1　脚本文件

脚本文件(script file)只是保存在文件中的一系列 MATLAB 命令。脚本文件有利于保留需要执行多次的一系列命令。可以在命令窗口中输入文件名或者按下 Run(运行)按钮。

例 3.1　脚本文件

问题描述：建立一个脚本文件，计算在初始速度为 0 的情况下，自由落体蹦极运动员的速度。

解：用选项(New|Script)打开编辑器。输入下面的语句，计算特定时刻自由落体蹦极运动员的速度[回顾式(1.9)]：

```
g = 9.81; m = 68.1; t = 12; cd = 0.25;
v = sqrt(g * m/cd) * tanh(sqrt(g * cd/m) * t)
```

将该文件保存为 scriptdemo.m。回到命令窗口并输入：

```
>>scriptdemo
```

执行结果显示为：

```
v =
   50.6175
```

由此可以看出，脚本的执行结果就好比在命令窗口中输入每行代码。

作为最后一步，输入如下代码获得 g 的值：

```
>> g

g =
    9.8100
```

由结果可知，即使 g 在脚本中有定义，但是在命令工作空间中它也仍然保持自身的值。在后续章节中会看到，这就是脚本与函数之间的重要差异。

3.1.2　函数文件

函数文件(function file)是以 function 开头的 M 文件。与脚本文件相比，函数文件可以接受输入参数并返回输出结果。因此，函数文件类似于用户在 Fortran、Visual Basic 或 C 编程语言中定义的函数。

函数文件的语法可以一般化地表示为：

```
function outvar = funcname(arglist)
% helpcomments
statements
outvar = value;
```

其中 *outvar* =输出变量的名字，*funcname* =函数的名称，*arglist* =函数的参数列表(传入函数的用逗号分隔的值)，*helpcomments* 为用户提供的关于函数信息的文本(在命令窗口中输入 Help *funcname* 就可以显示出来)，*statements* 为 MATLAB 语句，用于计算赋给 *outvar* 的 *value*。

除了描述函数的作用外，*helpcomments* 中的第一行称为 *H1* 行，该行注释可以用 lookfor 命令搜索(参见 2.6 节)。因此，应该在该行中给出与文件相关的关键描述字。

M 文件应该保存为 *funcname*.m。然后就可以在命令窗口中输入 *funcname* 来运行该函数，在下面的例子中将演示如何运行函数。注意，尽管 MATLAB 对大小写是敏感的，但计算机上安装的操作系统可能对大小写不是敏感的。在这种情况下，MATLAB 会把 freefall 和 FreeFall 这样的函数名看成不同的变量，但操作系统则可能不会这样做。

例 3.2　函数文件

问题描述：与例 3.1 一样，将计算自由落体蹦极运动员的速度，但在本例中使用函数文件来解决问题。

解：在文件编辑器中输入如下语句：

```
function v = freefall(t, m, cd)
% freefall: bungee velocity with second-order drag
% v=freefall(t,m,cd) computes the free-fall velocity
%                    of an object with second-order drag
% input:
%   t = time (s)
%   m = mass (kg)
%   cd = second-order drag coefficient (kg/m)
% output:
%   v = downward velocity (m/s)
g = 9.81;     % acceleration of gravity
v = sqrt(g * m/cd)*tanh(sqrt(g * cd/m) * t);
```

将文件保存为 freefall.m。为了调用该函数，返回命令窗口并输入：

```
>> freefall(12,68.1,0.25)
```

显示的结果为：

```
ans =
   50.6175
```

函数 M 文件的一个优点是，可以针对不同的参数值反复调用。假如要计算体重为 100kg 的蹦极运动员 8s 后的速度，可输入如下命令：

```
>> freefall(8,100,0.25)
ans =
   53.1878
```

为了显示注释，输入如下代码：

```
>> help freefall
```

会显示如下注释内容：

```
freefall: bungee velocity with second-order drag
  v = freefall(t,m,cd) computes the free-fall velocity
                    of an object with second-order drag
input:
  t = time (s)
  m = mass (kg)
  cd = second-order drag coefficient (kg/m)
output:
  v = downward velocity (m/s)
```

日后，如果忘记了该函数的名称，但还记得它与蹦极有关，那么可以输入如下代码：

```
>> lookfor bungee
```

会显示如下信息：

```
freefall.m - bungee velocity with second-order drag
```

注意，在前一示例的后面，如果输入：

```
>> g
```

那么就会显示如下信息：

```
??? Undefined function or variable 'g'.
```

因此，尽管g在M文件内的值为 9.81，但是在命令工作空间中它是没有值的。与例 3.1 后面提到的一样，这是函数与脚本之间的重要差异。函数内的变量称为*局部*(local)变量，在函数执行后会被覆盖掉。相比之下，脚本中的变量在脚本执行后它们的值保持不变。

函数 M 文件可以返回多个结果。在这种情况下，包含这些结果的变量是用逗号分隔开的，并要用括号括起来。例如，可用下面的函数(stats.m)计算向量的均值和标准差：

```
function [mean, stdev] = stats(x)
n = length(x);
mean = sum(x)/n;
stdev = sqrt(sum((x-mean).^2/(n-1)));
```

下面是一个使用该函数的例子：

```
>> y = [8 5 10 12 6 7.5 4];
>> [m,s] = stats(y)

m =
  7.5000

s =
  2.8137
```

尽管我们也使用脚本 M 文件，但是在本书剩余部分将以函数 M 文件作为基本编程工具，所以经常会将函数 M 文件简写为 M 文件。

3.1.3　变量的作用域

MATLAB 变量有一个称为作用域的属性，它指的是计算环境的上下文，在这个上下文中，变量具有唯一的标识和值。通常，变量的作用域或是限于 MATLAB 工作空间内，或是限于函数内。当程序员无意中给不同上下文中的变量赋予相同的名称时，这个原则可以防止出现错误。

通过命令行定义的任何变量的作用域都在 MATLAB 工作空间内，可以通过在命令行上输入名称来轻松检查工作空间中变量的值。但是，工作空间变量不能直接访问函数，而是通过参数传递给函数。例如，这里是两个数相加的函数：

```
function c = adder(a,b)
x = 88
a
c = a + b
```

假设在命令行窗口中，我们输入：

```
>> x = 1; y = 4; c = 8
c =
    8
```

正如预期的那样，工作空间中的 c 值为 8。如果输入：

```
>> d = adder(x,y)
```

结果将是：

```
x =
   88
```

```
a =
    1
c =
    5
d =
    5
```

但是，接下来，如果输入：

```
>> c, x, a
```

结果是：

```
c =
    8
x =
    1

Undefined function or variable 'a'.
Error in ScopeScript (line 6)
c, x, a
```

这里关键的一点是，即使在函数内部，赋予 x 一个新值，MATLAB 工作空间中的同名变量也没有变化。即使变量具有相同的名称，每个变量的作用域也仅限于它们的上下文，并且不重叠。在函数中，变量 a 和 b 的作用域限制在此函数中，仅在执行此函数时才存在。这类变量称为局部变量。因此，由于工作空间无法访问此函数中的 a，当我们尝试在工作空间中显示 a 的值时，会生成错误消息。

限制变量作用域的另一个明显后果是，函数所需的任何参数都必须作为输入参数传递，或借助其他明确的方法来传递。函数不能以其他方式访问工作空间中或其他函数中的变量。

3.1.4 全局变量

正如我们刚刚所演示的，函数的参数列表就像一个窗口，通过该窗口可以在工作空间和函数之间，或在两个函数之间有选择性地传递信息。但是有时候，无须将变量作为参数传递，就可以访问多个上下文中的变量，这是很方便的。在这种情况下，这可以通过将变量定义为全局变量来实现。这需要通过全局命令来完成，这个命令如下所示：

```
global X Y Z
```

其中 X、Y 和 Z 的作用域是全局的。如果一些函数(和可能的工作空间)都声明一个特定的变量名称作为全局变量，那么它们都共享这个变量的值。任何函数对该变量进行的任何更改，声明了这个变量为全局变量的所有其他函数也会做出相应更改。在风格上，MATLAB 建议全局变量使用所有大写字母，但这不是必需的。

例 3.3 使用全局变量

问题描述：斯蒂芬-玻尔兹曼(Stefan-Boltzmann)定律用于计算黑体[1]的辐射通量，如下所示：

$$J = \sigma T_a^4$$

其中 J =辐射通量[W/(m^2 s)]，σ=斯蒂芬-玻尔兹曼常数(5.670367×10^{-8} W m^{-2} K^{-4})，T_a =绝对温度(K)。在评估气候变化对水温的影响时，这用于计算水体热平衡的辐射项。例如，从大气到水体的长波辐射 J_{an} [W /(m^{-2}s)]可以计算为：

$$J_{an} = 0.97\sigma(T_{air} + 273.15)^4 \left(0.6 + 0.031\sqrt{e_{air}}\right)$$

其中 T_{air} =水体上方空气的温度(℃)，e_{air} =水体上方空气的蒸气压(mmHg)：

$$e_{air} = 4.596e^{\frac{17.27T_d}{237.3+T_d}}$$

其中 T_d =露点温度(℃)。从水面回到大气中的辐射 J_{br} [W /(m^2 s)]计算为：

$$J_{br} = 0.97\sigma(T_w + 273.15)^4$$

其中 T_w =水温(℃)。编写脚本，利用两个函数计算在潮湿(T_d = 27.7℃)、温热(T_{air} = 30℃)的夏日，表面温度为 T_w = 15℃的湖泊的净长波辐射(即大气辐射和水面返回辐射之间的差值)。在脚本和函数中，使用全局量来共享斯蒂芬-玻尔兹曼常数。

解：这是脚本

```
clc, format compact
global SIGMA
SIGMA = 5.670367e-8;
Tair = 30; Tw = 15; Td = 27.7;
Jan = AtmLongWaveRad(Tair, Td)
Jbr = WaterBackRad(Tw)
JnetLongWave = Jan -Jbr
```

这是计算从大气进入湖泊中的长波辐射的函数：

```
function Ja = AtmLongWaveRad(Tair, Td)
global SIGMA
eair = 4.596*exp(17.27*Td/(237.3+Td));
Ja = 0.97*SIGMA*(Tair+273.15)^4*(0.6+0.031*sqrt(eair));
end
```

这是计算从湖泊中返回到大气的长波辐射的函数：

```
function Jb = WaterBackRad(Twater)
global SIGMA
```

1 不论电磁辐射的频率或入射角，黑体是吸收所有入射电磁辐射的物体，白体是在任何方向上全面反射所有入射辐射的物体。

```
Jb = 0.97*SIGMA*(Twater+273.15)^4;
end
```

当脚本运行时，输出如下：

```
Jan =
  354.8483
Jbr =
  379.1905
JnetLongWave =
  -24.3421
```

因此，对于这种情况，由于返回辐射大于入射辐射，根据两个长波辐射通量差，湖泊以 24.3421W /(m^2s)的速率损失热量。

如果需要有关全局变量的其他信息，可以随时在命令提示符下输入 help global。还可以调用 Help 工具来了解其他 MATLAB 命令如何处理作用域，例如 persistent。

3.1.5 子函数

函数可以调用其他的函数。尽管这样的函数可以放在独立的 M 文件中，但是也可以将它们放在一个单独的 M 文件中。例如，例 3.2 中的 M 文件(没有注释)可以分为两个函数并保存为一个单独的 M 文件[2]。

```
function v = freefallsubfunc(t, m, cd)
v = vel(t, m, cd);
end

function v = vel(t, m, cd)
g = 9.81;
v = sqrt(g * m/cd)*tanh(sqrt(g * cd/m) * t);
end
```

M 文件应该保存为 freefallsubfunc.m。在此情况下，第一个函数称为*主函数*(main function 或 primary function)。只能在命令窗口、其他的函数和脚本中才能访问主函数。所有其他的函数(在此为 vel)都称为*子函数*(subfunction)。

子函数只能由主函数和同一M文件中的其他子函数访问。如果在命令窗口中运行 freefallsubfunc，得到的结果与例 3.2 是一样的：

```
>> freefallsubfunc(12,68.1,0.25)

ans =
   50.6175
```

2 请注意，尽管 end 语句不用于终止单函数 M 文件；但是，在涉及子函数、划分主函数和子函数之间的界限时，它们还是被保留下来了。

然而，如果试图运行子函数 vel，会出现错误信息：

```
>> vel(12,68.1,.25)
??? Undefined function or method 'vel' for input arguments of type 'double'.
```

3.2　输入/输出

与3.1节中介绍的一样，信息是通过参数列表传入函数以及通过函数名输出的。MATLAB 提供了另外两个函数，通过它们可以直接在命令窗口中输入和显示信息。

input 函数：利用该函数可以在命令窗口中直接向用户提示值信息。其语法为：

```
n = input('promptstring')
```

该函数显示 *promptstring*，等待键盘输入，然后返回键盘输入值。例如：

```
m = input('Mass (kg): ')
```

执行该改行代码后，用户会得到如下信息：

```
Mass (kg):
```

如果用户输入一个值，该值就会被赋给变量 *m*。

input 函数还可以将用户输入作为一个字符串返回。为此，需要在函数参数列表后附带一个's'。例如：

```
name = input('Enter your name: ','s')
```

disp 函数：该函数提供了一种显示变量的便捷方式。其语法为：

```
disp(value)
```

其中 *value*=需要显示的值。这个值可以是一个数值常数或变量，也可以是用引号括起来的字符串消息。例 3.4 演示了该函数的使用方法。

例 3.4　一个交互式 M 文件函数

问题描述：与例 3.2 一样，计算自由落体蹦极运动员的速度，但用 input 和 disp 函数作为输入/输出。

解：在文件编辑器中输入如下语句

```
function freefalli
% freefalli: interactive bungee velocity
%  freefalli interactive computation of the
%            free-fall velocity of an object
%            with second-order drag.
g = 9.81;     % acceleration of gravity
m = input('Mass (kg): ');
cd = input('Drag coefficient (kg/m): ');
t = input('Time (s): ');
disp(' ')
disp(¡®Velocity (m/s):')
disp(sqrt(g * m/cd)*tanh(sqrt(g * cd/m) * t))
```

将该文件保存为 freefalli.m。如果要调用函数，需要返回到命令窗口并输入：

```
>> freefalli

Mass (kg): 68.1
Drag coefficient (kg/m): 0.25
Time (s): 12

Velocity (m/s):
  50.6175
```

fprintf 函数：该函数对信息显示提供了额外控制。其语法可简单表示为：

```
fprintf('format', x, ...)
```

其中 *format* 为字符串，它指定了变量 *x* 的显示方式。下面通过例子来说明该函数的运行方式。

一个简单的例子是用一条消息显示变量的值。例如，假设变量 velocity 的值为 50.6175，为了以消息的方式用 8 位数字(小数点右边有 4 位)显示该值，相应的语句及输出结果为：

```
>> fprintf('The velocity is %8.4f m/s\n', velocity)
The velocity is 50.6175 m/s
```

通过这个例子，你应该清楚地了解格式字符串的工作方式了。MATLAB 从字符串的左端开始显示标签，直到检测到符号为%或\为止。在我们的例子中，首先遇到了一个%，就认为下面的文本为格式码(format code)。与表 3.1 一样，格式码可以指定数值是以整数、小数还是以科学记数格式显示。在显示了 velocity 的值以后，MATLAB 还会继续显示字符信息(在本例中单位为 m/s)，直到检测到符号\为止。该符号会告诉 MATLAB 接下来的文本为控制码(control code)。如表 3.1 所示，控制码为执行跳转到下一行这样的动作提供了一种方式。如果在前面的例子中我们忽略了代码\n，那么命令提示符会在标签 m/s 的后面出现，而不会像通常所期望的那样在下一行出现。

表 3.1　fprintf 函数通常使用的格式码和控制码

格　式　码	描　　述
%d	整数格式
%e	带小写字母 e 的科学记数格式
%E	带大写字母 E 的科学记数格式
%f	小数格式
%g	更紧凑的%e 或%f
\n	开始新的一行
\t	制表符

fprintf 函数还可以用于在每行以不同的格式显示多个值，例如：

```
>> fprintf('%5d %10.3f %8.5e\n',100,2*pi,pi);

  100      6.283 3.14159e + 000
```

还可以用它显示向量和矩阵。下面是一个 M 文件，需要以向量方式输入两组值。这些向量随后会组合为矩阵，然后显示为一个带表头的表：

```
function fprintfdemo
x = [1 2 3 4 5];
y = [20.4 12.6 17.8 88.7 120.4];
z = [x;y];
fprintf('    x       y\n');
fprintf('%5d %10.3f\n',z);
```

运行该 M 文件得到的结果为：

```
>> fprintfdemo

    x       y
    1     20.400
    2     12.600
    3     17.800
    4     88.700
    5    120.400
```

创建和访问文件

MATLAB 能够读取和写入数据文件。最简单的方式是使用一种特定类型的二进制文件，称为 MAT 文件(MAT-*file*)，该文件是专门为 MATLAB 内部使用而设计的。使用 save 和 load 命令可以创建和访问这类文件。

save 命令可以用于创建 MAT 文件以保存整个工作空间或少数几个选定的变量。其简单的语法表示形式为：

```
save filename var1 var2 ... varn
```

该命令创建一个名为 *filename*.mat 的 MAT 文件，用它保存变量 *var1~varn* 的值。如果忽略了这些变量，那么所有的工作空间都会被保存。随后就可以用 load 命令来恢复该文件中的值：

```
load filename var1 var2 ... varn
```

该命令从 *filename*.mat 返回变量 *var1~varn* 的值。与 save 命令一样，如果忽略变量名，那么就会返回所有的变量。

例如，假定使用式(1.9)生成与阻力系数对应的速度：

```
>> g = 9.81;m = 80;t = 5;
```

```
>> cd = [.25 .267 .245 .28 .273]';
>> v = sqrt(g*m ./cd).*tanh(sqrt(g*cd/m)*t);
```

随后就可以用下面的代码创建文件来保存这些阻力系数和速度的值：

```
>> save veldrag v cd
```

为了说明在后面如何恢复变量的值，可以用clear命令从工作空间中清除所有的变量：

```
>> clear
```

现在，如果试图显示速度，就会得到如下结果：

```
>> v
??? Undefined function or variable 'v'.
```

但是，可以输入如下命令恢复这些变量的值：

```
>> load veldrag
```

现在，如果输入如下命令，就可以检验是否能获得速度的值：

```
>> who

Your variables are:
cd  v
```

尽管在MATLAB环境下工作时MAT文件非常有用，但是当MATLAB与其他的程序交互时，还是需要一些其他的方法。这种情况下的一个简单方法是以ASCII格式创建文本文件。

要在MATLAB中生成ASCII文件，可以在save命令后附加-ascii。使用MAT文件时，可能想要保存整个工作空间；而使用ASCII文件时，一般情况下可能要保存一个矩阵的值。例如：

```
>> A = [5 7 9 2;3 6 3 9];
>> save simpmatrix.txt -ascii
```

此时，save命令将值以8位数字的ASCII格式保存起来。如果要将数值保存为双精度的形式，那么只要附加-ascii -double即可。不管是哪种情况，都可以通过spreadsheets或字处理器这样的其他程序访问这些文件。例如，如果用文本编辑器打开该文件，会看到如下内容：

```
5.0000000e + 000   7.0000000e + 000   9.0000000e + 000   2.0000000e + 000
3.0000000e + 000   6.0000000e + 000   3.0000000e + 000   9.0000000e + 000
```

另外，还可以用load命令将这些值读回MATLAB：

```
>> load simpmatrix.txt
```

因为simpmatrix.txt不是MAT文件，所以MATLAB会创建双精度矩阵，并以*filename*

命名：

```
>> simpmatrix

simpmatrix =
     5     7     9     2
     3     6     3     9
```

另外，也可以以函数方式使用 load 命令，将其值赋给一个变量，如下所示：

```
>> A = load('simpmatrix.txt')
```

前面的内容只涉及 MATLAB 文件管理功能的一小部分。例如，通过菜单选项可以激活一个便捷的导入向导(import wizard)：File | Import Data。作为练习，可以用导入向导打开文件 simpmatrix.txt，感受一下它的方便性。除此之外，随时都可以利用 help 命令学习该功能和其他一些功能。

3.3　结构化编程

所有的 M 文件中最简单的是顺序地执行各条指令。也就是说，程序语句从函数的顶部开始一行一行地执行，直到移动到文件结尾为止。因为这种严格的顺序方式存在很大的局限，所以所有的计算机语言都包含有准许程序按照非顺序路径执行的语句。可以将它们分类如下：

- 决策(或选择)：基于决策的流分支。
- 循环(或重复)：流循环准许语句反复执行。

3.3.1　决策

if 结构。利用该结构在逻辑条件为真的情况下就可以执行一组语句。其一般语法为：

```
if condition
  statements
end
```

其中 *condition* 是逻辑表达式，要么为真，要么为假。例如，下面是一个用于判断分数是否及格的简单 M 文件：

```
function grader(grade)
% grader(grade):
%   determines whether grade is passing
% input:
%   grade = numerical value of grade (0-100)
% output:
%   displayed message
if grade >= 60
  disp('passing grade')
end
```

下面是执行结果：

```
>> grader(95.6)

passing grade
```

对于只有一条语句需要执行的情况，将整个 if 结构放在一行代码中实现通常比较方便：

```
if grade > 60, disp('passing grade'), end
```

这种结构称为单行 if (*single-line* if)。当要实现的语句不止一条时，通常采用多行 if (*multiline* if)结构是比较合适的，因为这样更易于阅读。

error 函数。使用单行 if 的一个很好的例子是将其用于基本的错误捕获。这需要使用 error 函数，其语法为：

```
error(msg)
```

当遇到该函数时，就会显示文本信息 *msg*，指出错误发生在何处，并终止 M 文件的执行，然后返回命令窗口。

在希望终止 M 文件以避免除 0 时可能会用到 error 函数。下面的 M 文件说明了如何实现这种功能：

```
function f = errortest(x)
if x == 0, error('zero value encountered'), end
f = 1/x;
```

如果使用的是非 0 参数，那么除法会成功地实现，如下所示：

```
>> errortest(10)

ans =
   0.1000
```

然而，对于 0 参数，该函数会在执行除操作之前终止，并以红色字体显示错误信息：

```
>> errortest(0)

??? Error using ==> errortest at 2
zero value encountered
```

逻辑条件。条件最简单的形式就是将两个值进行比较的单个关系表达式，如下所示：

$value_1$ $relation$ $value_2$

其中的值可以是常量、变量或表达式，*relation* 为表 3.2 中列出的关系运算符之一。

表 3.2　MATLAB 中的关系操作符小结

举　例	操 作 符	关　系
x == 0	==	等于
unit ~= 'm'	~=	不等于
a < 0	<	小于
s > t	>	大于
3.9 <= a/3	<=	小于等于
r >= 0	>=	大于等于

MATLAB 还准许通过应用逻辑运算测试多个逻辑条件。需要强调一下如下几个条件运算符：

- ~(非)：用于执行表达式的逻辑非运算。

  `~ expression`

  如果 *expression* 为真，那么结果就为假。相反，如果 *expression* 为假，那么结果就为真。

- &(与)：用于执行两个表达式的逻辑与运算。

  $expression_1$ & $expression_2$

  如果两个表达式皆为真，那么结果就为真。如果表达式中有一个为假或都为假，那么结果就为假。

- ||(或)：用于执行两个表达式的逻辑或运算。

  $expression_1$ || $expression_2$

  如果两个表达式中有一个为真或都为真，结果就为真。

表 3.3 总结了每个运算符的所有可能情况。就像算术运算符一样，逻辑运算符的计算也有优先级顺序。从最高到最低的优先级顺序为：~、&和||。在选择相同优先级的运算符时，MATLAB 从左到右进行计算。另外，与算术运算符一样，可以用括号改变原有的优先级顺序。

表 3.3　MATLAB 中使用的逻辑运算符可能结果总结的真值表(表头部分给出了运算符优先级顺序)

x	y	最高 ———	——→	最低
		~x	x&y	x||y
T	T	F	T	T
T	F	F	F	T
F	T	T	F	T
F	F	T	F	F

下面研究一下计算机如何利用优先级计算逻辑表达式的值。如果 a=−1，b=2，x=1，

y='b'，计算下面的表达式为真还是为假：

```
a * b > 0 & b == 2 & x > 7 || ~(y > 'd')
```

为了更易于计算，用具体的值代替变量：

```
-1 * 2 > 0 & 2 == 2 & 1 > 7 || ~('b' > 'd')
```

MATLAB 做的第一件事情就是计算所有的数学表达式。在本例中，只有一个：-1*2。

```
-2 > 0 & 2 == 2 & 1 > 7 || ~('b' > 'd')
```

接着，计算所有的关系表达式：

```
-2 > 0 & 2 == 2& 1 > 7|| ~('b' > 'd')
   F   &   T   &   F  || ~     F
```

现在就是按照优先级顺序计算逻辑运算符。由于~具有更高的优先级，因此首先计算最近的表达式(~F)，结果为：

```
F & T & F || T
```

接下来计算&运算符。由于有两个&，因此按照从左到右的规则，计算第一个表达式(F&T)：

```
F & F || T
```

&仍然具有最高的优先级：

```
F || T
```

最后，计算|| 的结果为真。整个计算过程如图 3.1 所示。

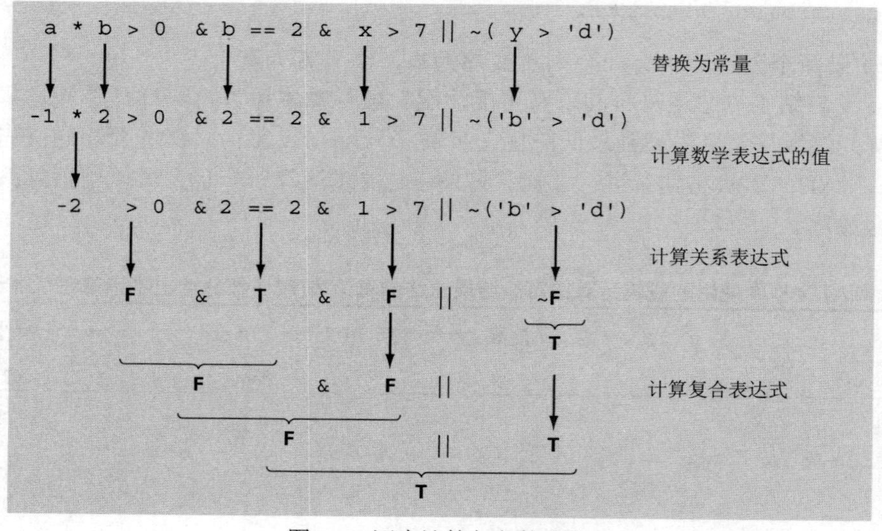

图 3.1　逐步计算复杂的决策

if...else 结构。如果逻辑条件为真，该结构就执行第一组语句；如果条件为假，就执行第二组语句。其一般语法为：

```
if condition
  statements1
else
  statements2
end
```

if...elseif 结构。当 if...else 结构出现假的情况，还需要进一步决策时，就要用到该结构。对于特定的问题背景，当有多于两个选项时，通常会出现这类结构。为了处理这种情况，创建了一种特殊形式的判断结构 if...elseif。其一般语法为：

```
if condition1
  statements1
elseif condition2
  statements2
elseif condition3
  statements3
   .
   .
   .
else
  statementselse
end
```

例 3.5　if 结构

问题描述：对于标量，内置的 MATLAB 函数 sign 可以返回其参数的符号(－1、0、1)。下面的 MATLAB 会话演示了其工作原理：

```
>> sign(25.6)

ans =
     1

>> sign(-0.776)

ans =
    -1

>> sign(0)

ans =
     0
```

创建一个 M 文件来完成同一功能。

解：首先，如果参数为正，则可以用 if 结构返回 1。

```
function sgn = mysign(x)
% mysign(x) returns 1 if x is greater than zero.
if x > 0
  sgn = 1;
end
```

可以如下运行该函数：

```
>> mysign(25.6)

ans =
     1
```

尽管该函数可以正确地处理正数，但如果出现参数为负数或 0 的情况，就什么都不会显示。为了在一定程度上弥补这个不足之处，如果条件为假，可以让 if...else 结构显示-1：

```
function sgn = mysign(x)
% mysign(x) returns 1 if x is greater than zero.
%                   -1 if x is less than or equal to zero.
if x > 0
  sgn = 1;
else
  sgn = -1;
end
```

可以如下运行该函数：

```
>> mysign(-0.776)

ans =
    -1
```

尽管现在可以正确处理正负的情况，但是如果使用参数 0，那么会错误地返回 - 1，因此可以用 if...elseif 结构解决最后这个问题：

```
function sgn = mysign(x)
% mysign(x) returns 1 if x is greater than zero.
%                   -1 if x is less than zero.
%                   0 if x is equal to zero.
if x > 0
  sgn = 1;
elseif x < 0
  sgn = -1;
else
  sgn = 0;
end
```

现在该函数可以处理所有可能的情况了。例如：

```
>> mysign(0)

ans =
     0
```

---

switch 结构。switch 结构在本质上类似于 if...elseif 结构，但是，它不是对单个条件进行测试，而是根据对单个条件值的测试结果进行分支。根据测试条件的不同取值，选择执行不同的代码块。除此之外，如果表达式的取值不等于任何预定义的值，那么就执

行一个可选的代码块。其一般语法为：

```
switch testexpression
  case value1
    statements1
  case value2
    statements2
   .
   .
   .
  otherwise
    statementsotherwise
end
```

下面给出一个例子：在此有一个函数，它根据字符串变量 grade 的取值显示相关消息。

```
grade = 'B';
switch grade
  case 'A'
    disp('Excellent')
  case 'B'
    disp('Good')
  case 'C'
    disp('Mediocre')
  case 'D'
    disp('Whoops')
  case 'F'
    disp('Would like fries with your order?')
  otherwise
    disp('Huh!')
end
```

当这段代码执行后，会显示消息 Good。

变量参数列表。MATLAB 准许向一个函数传递不定数目的参数。这种特性对于设定函数的默认值非常方便。默认值(default value)是在用户没有传递参数值给函数时自动赋给该参数的值。

接下来通过一个例子，回顾一下本章前面的内容。首先创建一个有 3 个参数的函数 freefall：

```
v = freefall(t,m,cd)
```

尽管显然需要用户指定时间和质量，但是用户不太可能知道合适的阻力系数。因此，如果在参数列表中忽略该参数而让程序提供一个值是比较合适的做法。

MATLAB 有一个函数称为 nargin，它给出了函数输入参数的个数。可以将该函数与 if 或 switch 这样的判断结构结合使用，就可以将默认值和错误信息包含到函数中。下面的代码演示了如何针对 freefall 实现函数的默认值：

```
function v = freefall2(t, m, cd)
% freefall2: bungee velocity with second-order drag
%   v=freefall2(t,m,cd) computes the free-fall velocity
%                       of an object with second-order drag.
% input:
%   t = time (s)
%   m = mass (kg)
%   cd = drag coefficient (default = 0.27 kg/m)
% output:
%   v = downward velocity (m/s)
switch nargin
  case 0
    error('Must enter time and mass')
  case 1
    error('Must enter mass')
  case 2
    cd = 0.27;
end
g = 9.81;     % acceleration of gravity
v = sqrt(g * m/cd)*tanh(sqrt(g * cd/m) * t);
```

注意在上面的代码中是如何用switch结构显示错误信息或设置默认值的，这依赖于用户传入的参数个数。下面的命令窗口会话给出了相应的结果：

```
>> freefall2(12,68.1,0.25)

ans =
   50.6175

>> freefall2(12,68.1)

ans =
   48.8747

>> freefall2(12)

??? Error using ==> freefall2 at 15
Must enter mass

>> freefall2()

??? Error using ==> freefall2 at 13
Must enter time and mass
```

注意，当在命令窗口中调用 nargin 时，其表现会有所不同。在命令窗口中，nargin 必须包括字符串参数用于指定函数，nargin 会返回该函数参数的个数。例如：

```
>> nargin('freefall2')

ans =
     3
```

3.3.2 循环

顾名思义，循环反复地执行操作。根据循环终止方式的不同，可以将循环分为两种类型：for 循环在指定数目的循环次数后结束；while 循环根据逻辑条件确定是否结束。

for...end 结构。for 循环重复执行语句并在指定次数后结束。其一般语法为：

```
for index = start:step:finish
  statements
end
```

for 循环的运行过程如下：*index* 是一个设定了初始值(*start*)的变量，然后程序将 *index* 与期望的终值(*finish*)进行比较。如果 *index* 小于或等于 *finish*，那么程序就执行 *statements*。end 行标记了循环的结束，当程序运行到 end 行时，*index* 变量会增加 *step*，同时程序会循环回 for 语句。这个过程一直持续到 *index* 大于 *finish* 为止。此时，循环结束，程序跳到紧接着 end 语句的下一行继续执行。

注意，如果希望每次循环索引增加 1(通常都是这样)，那么 *step* 可以省略。例如：

```
for i = 1:5
  disp(i)
end
```

当执行这段代码时，MATLAB 会显示一系列数字：1，2，3，4，5。换句话说，默认 *step* 为 1。

step 的大小可以从默认的 1 改为任何其他的数值。步长不必为整数，也不必为正数。例如，0.2、－1 或－5 这些步长都是可以接受的。

如果使用的 *step* 为负数，那么循环会反过来“倒计数”。这时，相关的循环逻辑也应该是反过来的。因此，*finish* 必须小于 *start*，当 *index* 小于 *finish* 时循环终止。例如：

```
for j = 10:-1:1
  disp(j)
end
```

当执行上面的代码时，MATLAB 会显示典型的“倒计数”序列：10，9，8，7，6，5，4，3，2，1。

例 3.6 用 for 循环计算阶乘(factorial)

问题描述：创建一个 M 文件来计算阶乘[3]。

```
0! = 1
1! = 1
2! = 1 × 2 = 2
3! = 1 × 2 × 3 = 6
4! = 1 × 2 × 3 × 4 = 24
```

3 注意，MATLAB 内置的函数 factorial 能够完成该计算。

```
5! = 1 × 2 × 3 × 4 × 5 = 120
    .
    .
    .
```

解：编写一个简单的函数来完成该计算。

```
function fout = factor(n)
% factor(n):
%   Computes the product of all the integers from 1 to n.
x = 1;
for i = 1:n
  x = x * i;
end
fout = x;
end
```

运行该函数，结果如下：

```
>> factor(5)

ans =
   120
```

该循环会执行5次(1~5)。该计算过程结束后，x的值为5!(5的阶乘，即1×2×3×4×5=120)。

注意，如果n=0，会出现什么情况？对于这种情况，for循环将不会执行，但仍然可以得到期望的结果0!=1。

向量化。for循环易于实现和理解。但是，对于MATLAB而言，它不一定是重复执行语句指定次数的最有效方式。因为MATLAB能够直接对矩阵进行操作，所以向量化(vectorization)能够提供一种更加有效的选择。例如，下面的for结构：

```
i = 0;
for t = 0:0.02:50
  i = i + 1;
  y(i) = cos(t);
end
```

可以用向量形式表示为：

```
t = 0:0.02:50;
y = cos(t);
```

应该注意，对于更复杂的代码，对代码进行向量化可能不是那么简单。应该说，任何地方只要有可能，就应尽量使用向量化。

内存预分配。当向矩阵中增加新元素时，MATLAB就会自动增加矩阵的大小。当在循环中执行一次增加一个新值这样的操作时，自动分配内存就非常费时。例如，下面是一些代码，根据t的值是否大于1来决定如何设置y的值：

```
t = 0:.01:5;
for i = 1:length(t)
  if t(i)>1
    y(i) = 1/t(i);
  else
    y(i) = 1;
  end
end
```

这种情况下，在每次确定新值时，MATLAB 就必须重新调整 y 的大小。下面的代码通过使用向量化语句预先分配合适大小的内存以便在进入循环之前将 1 赋给 y：

```
t = 0:.01:5;
y = ones(size(t));
for i = 1:length(t)
  if t(i)>1
    y(i) = 1/t(i);
  end
end
```

这样，该矩阵只分配了一次。另外，预分配由于可以减少内存碎片，因此也提高了效率。

while 结构。while 循环一直循环到逻辑条件为真才终止。其一般语法为：

```
while condition
  statements
end
```

只要 *condition* 为真，就会不断循环执行 while 与 end 之间的 *statements*。下面是一个简单的例子：

```
x = 8
while x > 0
  x = x - 3;
  disp(x)
end
```

执行该段代码后的结果为：

```
x =
    8
    5
    2
   -1
```

while...break 结构。尽管 while 结构非常有用，但是它只能在结构开始处测试条件，当测试结果为假时才能退出循环，这种性质在某种程度上是一个局限。正因如此，像 Fortran 90 和 Visual Basic 这样的语言具有特定的结构以准许循环终止于循环中条件为真的任何地方。尽管目前在 MATLAB 中还没有这样的结构，但是通过特定版本的 while 循环可以模拟这种功能。这种版本的语法称为 while...break 结构，描述如下：

```
while (1)
  statements
  if condition, break, end
  statements
end
```

其中 *break* 终止循环的执行。这样，如果条件测试的结果为真，就可以用 if 代码行退出循环。注意，如上所示，*break* 可以放在循环代码的中间(也就是说，在 *break* 之前和之后都有语句)。这样的结构称为中间测试循环(midtest loop)。

如果被求解的问题需要的话，还可以将 *break* 放在开始处，这样就可以建立一个预测试循环(pretest loop)。下面是这样的一个例子：

```
while (1)
  If x < 0, break, end
  x = x - 5;
end
```

注意，每次迭代都从 x 中减去 5。这代表了一种机制，即循环最终一定会终止。每个决策循环一定要有这样的机制。否则，就会成为所谓的无限循环(infinite loop)，即循环永远都不会终止。

另外，我们还可以将 if...break 语句放在靠近循环的结尾处，从而建立后测试循环(posttest loop)：

```
while (1)
  x = x - 5;
  if x < 0, break, end
end
```

需要说明的是，前面介绍的这三种结构实际上是一样的。也就是说，根据在循环中的退出位置(开始、中间或结束)的不同，我们将其分为预测试、中间测试或后测试循环。正是因为这种简单性，才使得开发 Fortran 90 和 Visual Basic 的计算机科学家选择了这种结构，而不是像传统 while 结构这样的其他决策循环。

pause 命令。用户经常会遇到需要程序暂停执行的情况。命令 pause 会使过程停止执行，直到按下任意键才继续执行。一个典型的例子就是创建一系列的图，用户可能希望从容地仔细查看每幅图，然后才进入下一幅图。下面的代码利用 for 循环创建一系列令人感兴趣的图，然后就可以按照这种方式查看每幅图：

```
for n = 3:10
  mesh(magic(n))
  pause
end
```

pause 还可以表示为 pause(n)。在这种情况下，过程(procedure)会暂停 n 秒钟。将 pause 和其他的几个有用的 MATLAB 函数结合使用可以演示这种用法。beep 命令使计算机发出嘟嘟声。可以同时使用另外两个函数 tic 和 toc 测试逝去的时间(elapsed time)。tic 命令保存当前时间，之后 toc 会利用它显示逝去的时间。下面的代码可以用声效确认 pause(*n*)在发生作用：

```
tic
beep
pause(5)
beep
toc
```

在执行上面的代码后，计算机会发出嘟嘟声。5s 后，会再次发出嘟嘟声并显示如下信息：

```
Elapsed time is 5.006306 seconds.
```

顺便提示一下，如果用过命令pause(inf)，MATLAB会进入无限循环。在这种情况下，可以通过按下Ctrl+C或Ctrl+Break键回到命令提示符。

尽管前面的例子可能显得有点琐碎，但是这些命令都非常有用。例如，tic 和 toc 命令可以用于找出算法中最耗时的部分。另外，在 M 文件中出现无限循环的情况下使用 Ctrl+C 或 Ctrl+Break 组合键非常方便。

3.3.3　动画

在 MATLAB 中，有两种简单的方法能使绘图变成动画。第一种方式，如果计算速度足够快，那么我们可以采用平滑的动画呈现方式，使用标准的 plot 函数。下面是一个代码片段，它指示如何使用 for 循环和标准绘图函数来以动画的形式表现绘图过程：

```
% create animation with standard plot functions
for j=1:n
  plot commands
end
```

由于我们没有写上 hold on，因此绘图将在每个循环中迭代刷新。通过巧妙地使用轴命令，可以使图像平滑变化。

第二种方式，*Matlab* 中有特殊函数 getframe 和 movie，这两个函数可以让你捕获绘图序列，然后再播放。顾名思义，getframe 函数捕获当前轴或图形的快照(pixmap)。它通常用于 for 循环中，集合一系列电影帧，以便稍后使用 movie 函数进行回放。movie 函数具有以下语法：

```
movie(m,n,fps)
```

其中 *m* = 构成电影的帧序列向量或矩阵；*n* =可选变量，指定电影重播多少次(如果省略，电影播放一次)；*fps* =可选变量，指定电影的帧速率(如果省略，默认值为12帧/秒)。下面是一个代码片段，指示如何使用 for 循环和两个函数来创建一个电影：

```
% create animation with getframe and movie
```

```
for j = 1:n
  plot commands
  M(j) = getframe;
end
movie(M)
```

每次执行循环时，plot commands 会创建绘图的一个更新版本，这个版本之后会被存储到向量 M 中。循环结束后，使用 movie 函数，对 n 幅图像进行回放。

例 3.7　抛射体运动动画

问题描述。在没有空气阻力的情况下，以初始速度(v_0)和角度(θ_0)发射的抛射体的笛卡尔坐标可以用以下式子计算：

$$x = v_0 \cos(\theta_0)t$$
$$y = v_0 \sin(\theta_0)t - 0.5gt^2$$

其中 $g = 9.81\text{m/s}^2$。开发一个脚本，给定 $v_0= 5$ m/s 和 $\theta_0= 45°$，生成抛射体轨迹的动画图。

解。生成动画的脚本如下所示：

```
clc,clf,clear
g = 9.81; theta0 = 45*pi/180; v0 = 5;
t(1) = 0;x = 0;y = 0;
plot(x,y,'o','MarkerFaceColor','b','MarkerSize',8)
axis([0 3 0 0.8])
M(1) = getframe;
dt = 1/128;
for j = 2:1000
  t(j) = t(j - 1) + dt;
  x = v0*cos(theta0)*t(j);
  y = v0*sin(theta0)*t(j) - 0.5*g*t(j)^2;
  plot(x,y,'o','MarkerFaceColor','b','MarkerSize',8)
  axis([0 3 0 0.8])
  M(j) = getframe;
  if y< = 0, break, end
end
pause
movie(M,1)
```

这个脚本的几个特点也值得一提。首先，请注意，我们已经固定了 x 和 y 轴的区间。如果这个动作未完成，轴会重新缩放，导致动画跳动。其次，当抛射体的高度 y 小于零时，我们终止 for 循环。

当脚本执行时，将显示两个动画(在它们之间，我们暂停了一下)。第一个对应于循环内帧的顺序生成，第二个对应于实际的电影。虽然我们不能在这里显示结果，但两种情况的轨迹将如图 3.2 所示。你应该在 MATLAB 中输入，并运行上述脚本来查看实际的动画。

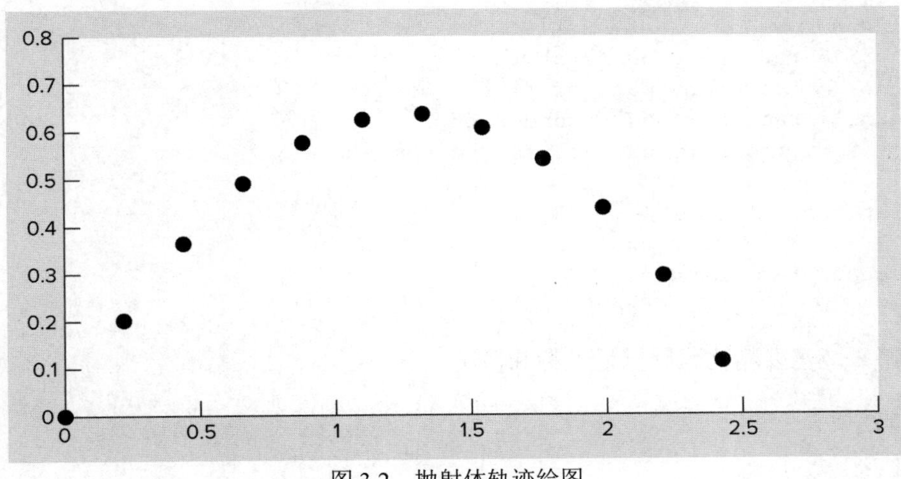

图 3.2　抛射体轨迹绘图

3.4　嵌套与缩进

结构是可以相互“嵌套的”(nested)。嵌套(*nesting*)是指将一个结构放在另一个结构中。下面的例子说明了嵌套的概念。

例 3.8　嵌套结构

问题描述：下面二次方程的根

$$f(x) = ax^2 + bx + c$$

可以用二次求根公式求得：

$$x = \frac{-b \pm \sqrt{b^2 - 4ac}}{2a}$$

给定系数值，编写一个函数来实现该公式。

解：对于设计计算方程根的算法，由上至下设计(top-down design)是一个不错的方法。这种设计方法首先建立没有细节的一般结构，然后精化该算法。首先要认识到，根据参数 a 是否为 0，需要区分特殊情况(special case)(单根或无根)和用二次求根公式求解的一般情况。这种框架(big-picture)版本可以编程如下：

```
function quadroots(a, b, c)
% quadroots: roots of quadratic equation
%   quadroots(a,b,c): real and complex roots
%                     of quadratic equation
% input:
%   a = second-order coefficient
%   b = first-order coefficient
%   c = zero-order coefficient
```

```
% output:
%   r1 = real part of first root
%   i1 = imaginary part of first root
%   r2 = real part of second root
%   i2 = imaginary part of second root
if a == 0
  %special cases
else
  %quadratic formula
end
```

接下来，需要精化代码以处理特殊情况：

```
%special cases
if b ~= 0
  %single root
  r1 = -c/b
else
  %trivial solution
  disp('Trivial solution. Try again')
end
```

还可以编写精化代码以处理二次求根公式的情况：

```
%quadratic formula
d = b ^ 2 - 4 * a * c;
if d >= 0
  %real roots
  r1 = (-b + sqrt(d))/(2 * a)
  r2 = (-b - sqrt(d))/(2 * a)
else
  %complex roots
  r1 = -b/(2 * a)
  i1 = sqrt(abs(d))/(2 * a)
  r2 = r1
  i2 = -i1
end
```

然后，将这些代码块代入简单的框架版本，就可以得到最终结果：

```
function quadroots(a, b, c)
% quadroots: roots of quadratic equation
%   quadroots(a,b,c): real and complex roots
%                     of quadratic equation
% input:
%   a = second-order coefficient
%   b = first-order coefficient
%   c = zero-order coefficient
% output:
%   r1 = real part of first root
%   i1 = imaginary part of first root
```

```
%   r2 = real part of second root
%   i2 = imaginary part of second root
if a == 0
  %special cases
  if b ~= 0
    %single root
    r1 = -c/b
  else
    %trivial solution
    disp('Trivial solution. Try again')
  end
else
  %quadratic formula
  d = b ^ 2 - 4 * a * c;    %discriminant
  if d >= 0
    %real roots
    r1 = (-b + sqrt(d))/(2 * a)
    r2 = (-b - sqrt(d))/(2 * a)
  else
    %complex roots
    r1 = -b/(2 * a)
    i1 = sqrt(abs(d))/(2 * a)
    r2 = r1
    i2 = -i1
  end
end
```

正如阴影部分强调的一样，注意到缩进有助于使得潜在的逻辑结构更加清晰。还要注意是如何将该结构模块化的。下面演示了在命令窗口会话中如何用该函数求根：

```
>> quadroots(1,1,1)
r1 =
  -0.5000
i1 =
   0.8660
r2 =
  -0.5000
i2 =
  -0.8660
>> quadroots(1,5,1)
r1 =
  -0.2087
r2 =
  -4.7913
>> quadroots(0,5,1)
r1 =
  -0.2000
```

```
>> quadroots(0,0,0)
Trivial solution. Try again
```

3.5 将函数传入 M 文件

本书剩余的很大一部分内容是编写用数值方法计算其他函数的函数。尽管可以针对我们分析的每个新方程编写自定义函数，但是一种更好的选择是设计一个通用函数，而将我们希望分析的函数作为其参数。在 MATLAB 环境中，这些函数被赋予了一个特定的名称：函数函数(*function function*)。在描述它们的工作原理之前，首先会介绍匿名函数，这种函数为定义简单的自定义函数提供了一种便捷方式，它无须编写完整的 M 文件。

3.5.1 匿名函数

匿名函数(*anonymous function*)可以让用户编写简单的函数而无须创建 M 文件。匿名函数可以在命令窗口中定义，其语法如下：

```
fhandle = @(arglist) expression
```

其中 *fhandle* 是用于调用函数的函数句柄(*function handle*)，*arglist* 为用逗号分隔的、传入函数的输入参数列表，*expression* 代表任何独立的有效 MATLAB 表达式。例如：

```
>> f1=@(x,y) x^2 + y^2;
```

一旦在命令窗口中定义了这些函数，就可以像其他函数一样调用它们：

```
>> f1(3,4)

ans =
    25
```

除了参数列表中的变量外，匿名函数还可以包含存在于创建变量所在工作空间中的变量。例如，可以用如下方法创建匿名函数 $f(x)=4x^2$：

```
>> a = 4;
>> b = 2;
>> f2 = @(x) a*x^b;
>> f2(3)

ans = 36
```

注意，如果后面为 a 和 b 输入新的值，那么匿名函数并不会改变：

```
>> a = 3;
>> f2(3)

ans = 36
```

从上面可以看出，该函数句柄保留了函数在创建时的快照。如果希望该变量取得值，那么必须重新创建该函数。例如，让 *a* 的值变为 3：

```
>> f2 = @(x) a*x^b;
```

得到的结果为：

```
>> f2(3)

ans =
    27
```

应该注意，在 MATLAB 7 之前，inline 函数完成的功能与匿名函数相同。例如，上面创建的匿名函数 f1 可以写为：

```
>> f1 = inline('x^2 + y^2','x','y');
```

尽管为了支持匿名函数而使得 inline 函数逐步退出了，但是有些读者可能还在使用早期的 MATLAB 版本，因此它们还是有用的，可以借助于 MATLAB 帮助来了解 inline 函数的用法和不足。

3.5.2　函数函数

函数函数(*function function*)是对传入的其他函数进行操作的函数，传入的函数作为函数函数的输入参数。传入到函数函数中的函数称为*传递函数*(*passed function*)。一个简单的例子是内置函数 fplot，fplot 会绘制函数的图形。其语法的简单表示形式为：

```
fplot(func,lims)
```

其中 *func* 为需要绘图的函数，在 *x* 轴上的绘制范围由 *lims*=[*xmin*, *xmax*]指定。在此，*func* 为传递函数。fplot 是足够聪明的，因为它会自动地分析传递函数，并确定使用多少个值以便图形能够刻画出传递函数的特性。

下面给出一个例子来说明如何用 fplot 绘制自由落体蹦极运动员的速度图。速度函数可以创建为匿名函数：

```
>> vel = @(t) ...
sqrt(9.81*68.1/0.25)*tanh(sqrt(9.81*0.25/68.1)*t);
```

然后，就可以绘制 *t* 取 0~12 的图形，如下所示：

```
>> fplot(vel,[0 12])
```

结果如图 3.3 所示。

注意，在本书的剩余部分，将有很多机会使用 MATLAB 的内置函数函数。下面的例子就被用来介绍如何编写函数函数。

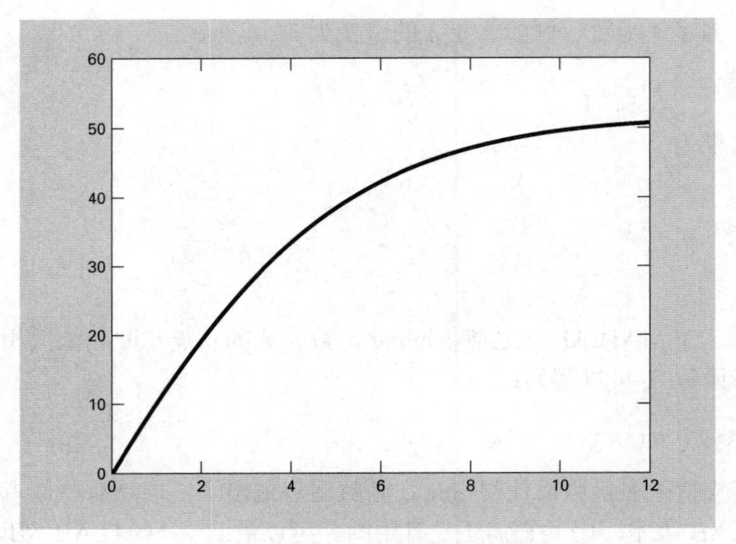

图 3.3　用 fplot 函数绘制的速度随时间变化的图形

例 3.9　创建和实现一个函数函数

问题描述：创建一个 M 文件函数函数以确定函数在定义域上的平均值。在定义域 t 取 0~12s 范围内，计算蹦极运动员的平均速度以演示其使用方法：

$$v(t)=\sqrt{\frac{gm}{c_d}}\tanh\left(\sqrt{\frac{gc_d}{m}}t\right)$$

其中，g=9.81，m=68.1，c_d=0.25。

解：函数的平均值可以用标准的 MATLAB 命令计算，如下所示：

```
>> t =linspace(0,12);
>> v = sqrt(9.81*68.1/0.25)*tanh(sqrt(9.81*0.25/68.1)*t);
>> mean(v)

ans =
   36.0870
```

考察图 3.3 中函数的图形，可以看出得到的结果是曲线平均高度的合理估计。

也可以编写 M 文件来完成同样的任务：

```
function favg = funcavg(a,b,n)
% funcavg: average function height
%   favg = funcavg(a,b,n): computes average value
%                           of function over a range
% input:
%   a = lower bound of range
%   b = upper bound of range
%   n = number of intervals
% output:
%   favg = average value of function
```

```
x = linspace(a,b,n);
y = func(x);
favg = mean(y);
end
function f = func(t)
f = sqrt(9.81*68.1/0.25)*tanh(sqrt(9.81*0.25/68.1)*t);
end
```

主函数首先使用 linspace 函数在定义域上生成等间距的 x 值。然后将这些值传给子函数 func，以便生成对应的 y 值。最后，计算平均值。可以从命令窗口运行该函数，如下：

```
>> funcavg(0,12,60)

ans =
   36.0127
```

现在重写 M 文件，使得它不再与特定的函数 func 关联，而是将函数作为参数并以一个非特定的函数名 f 传入，并在函数中计算该函数：

```
function favg = funcavg(f,a,b,n)
% funcavg: average function height
%   favg = funcavg(f,a,b,n): computes average value
%                            of function over a range
% input:
%   f = function to be evaluated
%   a = lower bound of range
%   b = upper bound of range
%   n = number of intervals
% output:
%   favg = average value of function
x = linspace(a,b,n);
y = f(x);
favg = mean(y);
```

因为已经去掉了子函数 func，所以这个版本是真正通用的。可以从命令窗口运行该函数，如下：

```
>> vel = @(t) ...
sqrt(9.81*68.1/0.25)*tanh(sqrt(9.81*0.25/68.1)*t);
>> funcavg(vel,0,12,60)

ans =
   36.0127
```

为了说明其通用性，可以将 funcavg 函数很容易地用于另外一种情况，给该函数传入一个不同的函数。例如，可以用它确定内置函数 sin 在 0~2π 之间的平均值，如下：

```
>> funcavg(@sin,0,2*pi,180)

ans =
 -6.3001e - 017
```

这个结果意味着什么？

可以看出，现在已经将 funcavg 函数设计为可以计算任何有效的 MATLAB 表达式。在本书剩余部分，还会在很多情况下用到该函数，包括从非线性方程求解到微分方程求解的各种情况。

3.5.3　传递参数

回顾一下第 1 章，数学模型中的项可以分为自变量和应变量、参数和强制函数。对于蹦极运动员模型而言，速度(v)是应变量，时间(t)是自变量，质量(m)和阻力系数(c_d)为参数，重力常数(g)为强制函数。通过敏感性分析(*sensitivity analysis*)研究这类模型的行为是很容易的事情，就是要考察应变量是如何随参数和强制函数变化的。

在例 3.9 中，创建了一个函数 funcavg，并用它求得了参数在 m=68.1、c_d=0.25 时蹦极运动员速度的平均值。假定希望分析同一函数，但是采用不同的参数值。当然，可以针对每种情况重新输入带有新值的函数但是只需改变参数的做法更受欢迎。

与我们在 3.5.1 节中了解到的一样，可以将参数包含到匿名函数中。例如，在不改变数值的情况下，可以用如下代码实现：

```
>> m = 68.1;cd = 0.25;
>> vel = @(t) sqrt(9.81*m/cd)*tanh(sqrt(9.81*cd/m)*t);
>> funcavg(vel,0,12,60)

ans =
   36.0127
```

然而，如果希望参数取得新值，那么就必须重新编写匿名函数。

MATLAB增加了varargin项作为函数的最后一个输入参数，这样就可以提供一个更好的选择。另外，每次在函数函数内部调用传递函数时，应该将项varargin{:}添加到参数列表的尾部(注意大括号)。下面的代码是对funcavg函数进行两项修改后的情况(为了方便起见，忽略了注释)：

```
function favg = funcavg(f,a,b,n,varargin)
x = linspace(a,b,n);
y = f(x,varargin{:});
favg = mean(y);
```

定义了传递函数以后，应该将实参(actual parameter)添加到参数列表的后面。如果使用匿名函数，那么可以用如下代码实现：

```
>> vel = @(t,m,cd) sqrt(9.81*m/cd)*tanh(sqrt(9.81*cd/m)*t);
```

当所有这些修改完成以后，分析不同的参数就很容易了。为了实现 m=68.1 和 c_d=0.25 的情况，可以输入：

```
>> funcavg(vel,0,12,60,68.1,0.25)

ans =
   36.0127
```

下面再举一个例子，比如 m=100、c_d=0.28，那么只要简单地改变一下参数就可以快速得到结果：

```
>> funcavg(vel,0,12,60,100,0.28)

ans =
   38.9345
```

传递参数的新方式。在编写这个版本时，MATLAB 正在向使用更好的新方式传递参数给函数过渡。如上例所示，如果正在传递的函数是：

```
>> vel = @(t,m,cd) sqrt(9.81*m/cd)*tanh(sqrt(9.81*cd/m)*t);
```

那么调用该函数，如下所示：

```
>> funcavg(vel,0,12,60,68.1,0.25)
```

Mathworks 开发人员认为这种方法很麻烦，因此他们设计了以下替代方式：

```
>> funcavg(@(t) vel(t,68.1,0.25),0,12,60)
```

因此，额外参数不会在结尾形成串，这使得在函数中，参数列表非常清晰。

因为 MATLAB 为了减少向后不兼容的问题，在函数中依然保持了旧方式，所以我们描述了传递参数的新"旧"两种方式。因此，如果以前的旧代码可以通过，那就没有必要回过头，将旧代码转换成新的方式。但是，对于编写新代码，因为新方式更容易阅读和更具有适应性，所以强烈建议使用新方式。

3.6 案例研究：蹦极运动员的速度

背景：在这一部分，我们会使用 MATLAB 求解本章开头提出的自由落体蹦极运动员问题。为此，需要得到如下方程的解：

$$\frac{dv}{dt} = g - \frac{c_d}{m} v|v|$$

回顾前文可知，在给定时间和速度这些初始条件后，剩下的问题就是对下式进行迭代求解：

$$v_{i+1} = v_i + \frac{dv_i}{dt}\Delta t$$

现在，还要记住，为了获得高精度，需要采用小步长。所以，我们会希望反复地应用该公式从初始时间开始，一步一步向后计算，最后得到最终时刻的速度值。求解该问题的算法中应该使用循环。

解：假定从 t=0 开始计算，要预测 t=12s 时蹦极运动员的速度，使用的时间步长为 $\triangle t$=0.5s。因此，需要迭代方程计算 24 次，即：

$$n = \frac{12}{0.5} = 24$$

其中，n=循环迭代次数。因为这个结果刚好是准确的(也就是说比值为整数)，所以可以用 for 循环作为算法的基础。下面是对应的 M 文件，包含一个定义微分方程的子函数：

```
function vend = velocity1(dt, ti, tf, vi)
% velocity1: Euler solution for bungee velocity
%   vend = velocity1(dt, ti, tf, vi)
%          Euler method solution of bungee
%         jumper velocity
% input:
%   dt = time step (s)
%   ti = initial time (s)
%   tf = final time (s)
%   vi = initial value of dependent variable (m/s)
% output:
%   vend = velocity at tf (m/s)
t = ti;
v = vi;
n = (tf - ti)/dt;
for i = 1:n
  dvdt = deriv(v);
  v = v + dvdt * dt;
  t = t + dt;
end
vend = v;
end
function dv = deriv(v)
dv = 9.81 - (0.25/68.1) * v*abs(v);
end
```

从命令窗口可以调用该函数，结果为：

```
>> velocity1(0.5,0,12,0)

ans =
  50.9259
```

注意，从解析的解得到的真值为50.6175(见例3.1)。然后就可以尝试小得多的步长值 dt，从而得到更准确的数值结果：

```
>> velocity1(0.001,0,12,0)

ans =
  50.6181
```

尽管该函数易于编程实现，但是它绝不简单。实际上，如果计算区间不是刚好被时间步整除，那么它就不能正常工作。为了解决这个问题，可以用 while...break 循环代替阴影部分的代码(为方便起见，忽略了注释)：

```
function vend = velocity2(dt, ti, tf, vi)
t = ti;
v = vi;
h = dt;
while(1)
  if t + dt > tf, h = tf - t; end
  dvdt = deriv(v);
  v = v + dvdt * h;
  t = t + h;
  if t >= tf, break, end
end
vend = v;
end
function dv = deriv(v)
dv = 9.81 - (0.25/68.1) * v*abs(v);
end
```

只要输入 while 循环，就可以用单行 if 结构测试 *t+dt* 的结果是否超出区间的上界。如果没有(在开始时基本上都是这样)，就什么也不做。如果超出了上界，我们就应该缩短步长，使得和值刚好等于区间上界——将变量步长 *h* 设为区间的剩余部分：*tf* - *t*。这样处理后，就可以保证最后一步刚好落在 *tf* 上。在实现最后这一步后，循环将结束，因为条件 *t* >=*tf* 的测试结果为真。

注意，在输入循环之后，将时间步长 *dt* 的值赋给另外一个变量 *h*。之所以定义这个虚变量(*dummy variable*)，是因为如果缩短了时间步长，程序就不会改变 *dt* 给定的值。之所以要保留 *dt* 原来的值，是因为在一个更大的、集成了该段代码的程序中，我们预计在某个地方可能还会需要用到该值。

如果运行这段新代码，其结果会与基于 for 循环结构的版本一样：

```
>> velocity2(0.5,0,12,0)

ans =
   50.9259
```

更进一步，也可以使用不是刚好整除 *tf* - *ti* 的 *dt*：

```
>> velocity2(0.35,0,12,0)
ans =
   50.8348
```

应该注意该算法还不完备。例如，用户可能错误地输入大于计算区间的步长(如 *tf* - *ti*=5 和 *dt*=20)。这样，可能需要在代码中包含错误捕获代码，以便捕获这样的错误，随后准许用户改正错误。

作为最后一个注意事项，应该认识到，前面的代码不是通用的。也就是说，我们已经将其设计为求解蹦极运动员速度这一特定的问题。可以建立一个更通用的版本，如下：

```
function yend = odesimp(dydt, dt, ti, tf, yi)
t = ti; y = yi; h = dt;
while (1)
```

```
  if t + dt > tf, h = tf - t; end
  y = y + dydt(y) * h;
  t = t + h;
  if t >= tf, break, end
end
yend = y;
```

注意此处是如何将与蹦极例子相关的算法部分剥离出来的(包括定义微分方程的子函数)，但保留了求解方法的本质特征。随后，就可以用该例程求解蹦极问题，通过将微分方程指定为匿名函数，将其函数句柄传递到 odesimp 函数中就可以得到解：

```
>> dvdt=@(v) 9.81-(0.25/68.1)*v*abs(v);
>> odesimp(dvdt,0.5,0,12,0)

ans =
   50.9259
```

然后，就可以分析微分方程，而不必打开 M 文件并修改它。例如，如果 t=0 时 y=10，微分方程 $dy/dt=-0.1y$ 的解析解为 $y=10e^{-0.1t}$，所以 t=5 时的解为 $y(5)=10e^{-0.1(5)}=6.0653$。我们可以用 odesimp 函数求得同样的数值解，如下：

```
>> odesimp(@(y) -0.1*y,0.005,0,5,10)

ans =
    6.0645
```

最后，我们可以使用 varargin 和传递参数的新方法来开发一个更好的最终版本。为了实现这一点，首先通过添加下列突出显示的代码，修改 odesimp 函数：

```
function yend = odesimp2(dydt, dt, ti, tf, yi, varargin)
t = ti; y = yi; h = dt;
while (1)
  if t + dt > tf, h = tf - t; end
  y = y + dydt(y, varargin{:}) * h;
  t = t + h;
  if t >= tf, break, end
end
yend = y;
```

然后，我们创建脚本，执行计算：

```
clc
format compact
dvdt=@(v,cd,m) 9.81-(cd/m)*v*abs(v);
odesimp2(@(v) dvdt(v,0.25,68.1),0.5,0,12,0)
```

这取得了正确的结果：

```
ans =
   50.9259
```

3.7　习题

3.1　图 3.4 是一个圆矩形容器，底为圆锥形。如果该容器内液体非常少，液面位于圆锥部分，液体的体积就是圆锥的体积。如果液面处在圆矩部分，那么液体的总体积为填满的圆锥和部分填满的圆矩体积之和。

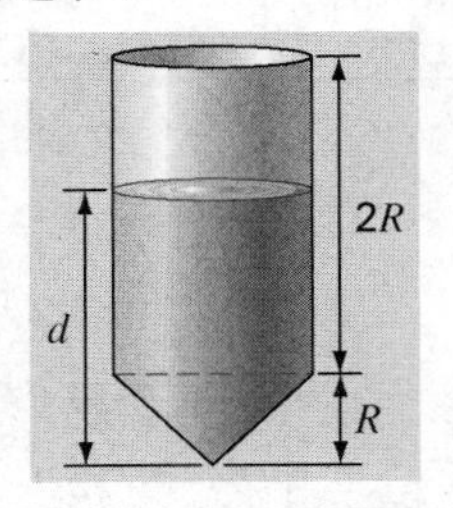

图 3.4　圆矩形容器

用判断结构创建 M 文件来计算容器中液体的体积，液体的体积可以表示为 R 和 d 的函数。设计该函数，使得在所有可能的情况下，该函数都能返回液体的体积。

其中深度小于 $3R$。如果超过容器的高度，就返回错误信息，即 $d>3R$。用表 3.4 中的数据测试 M 文件。

表 3.4　测试数据

R	0.9	1.5	1.3	1.3
d	1	1.25	3.8	4.0

注意，容器的半径为 R。

3.2　将金额为 P 的钱存入一个账户，在一段时间过后利息按复利(compounded)方式计算。终值(future worth)F 以利息率 i 计算，在 n 段时间以后，可以根据下式计算 F:

$$F = P(1 + i)^n$$

创建一个 M 文件来计算 1~n 年中每一年投资的终值。函数的输入应该包含初始投资 P 和利息率 i(它是一个小数)，根据 i 计算 n 年的终值。输出为一个带表头的表，列分别为 n 和 F。取 P=\$100 000，i=0.05，n=10 年，运行该程序。

3.3　用商业公式计算贷款的年度支付额。假定借款额为 P，并承诺在 n 年内逐步偿还完贷款，借款的利息率为 i。用下面的公式计算年度还款额 A:

$$A = P\frac{i(1 + i)^n}{(1 + i)^n - 1}$$

编写一个 M 文件来计算 A。用 P=\$100000、利息率 3.3%(i=0.033)测试该 M 文件。计算 n 分别取 1、2、3、4 和 5 时的结果，在带表头的表格中显示计算结果，以 n 和 A 为列。

3.4　一个地区的日平均温度可以用下面的函数逼近:

$$T = T_{mean} + (T_{peak} - T_{mean})\cos(\omega(t - t_{peak}))$$

其中 T_{mean}=年平均温度，T_{peak}=峰值温度，ω=年温度变化频率(=2π/365)，t_{peak}=峰值温度的天数(≅205 d)。对于某些美国城镇，参数如表 3.5 所示。

表 3.5 城市温度参数

城　　市	T_{mean}(°C)	T_{peak}(°C)
佛罗里达州，迈阿密	22.1	28.3
亚利桑那州，优玛	23.1	33.6
北达科他州，俾斯麦	5.2	22.1
华盛顿州，西雅图	10.6	17.6
马萨诸塞州，波士顿	10.7	22.9

创建一个 M 文件，针对一个特定的城市计算当年的日平均温度。用下面的数据测试该 M 文件：(1) 亚利桑那州优玛，1 月到 2 月(t 取 0~59)，(2) 华盛顿州西雅图，7 月到 8 月(t 取 180~242)。

3.5 可以利用下面的无穷级数计算正弦函数：

$$\sin x = x - \frac{x^3}{3!} + \frac{x^5}{5!} - \cdots$$

创建 M 文件以实现该公式，要求每当加入级数中的一项时就计算 $\sin x$ 的值并显示出来。换句话说，就是按下面的顺序计算并显示 $\sin x$ 的值：

$$\sin x = x$$

$$\sin x = x - \frac{x^3}{3!}$$

$$\sin x = x - \frac{x^3}{3!} + \frac{x^5}{5!}$$

$$\vdots$$

直到到达与所选阶数对应的项为止。对于前面各项，计算和显示其百分比相对误差，其计算方法如下：

$$\%误差 = \frac{真值 - 级数近似}{真值} \times 100\%$$

作为一个测试用例，用该程序计算 sin(0.9)，一直到第 8 项(包括第 8 项)，即直到 $x^{15}/15!$。

3.6 在二维空间中需要两个距离值才能确定一个点相对于原点的位置(见图 3.5)：

- 笛卡尔坐标系中的水平和垂直距离(x, y)。
- 极坐标系中的极径和极角(r, θ)。

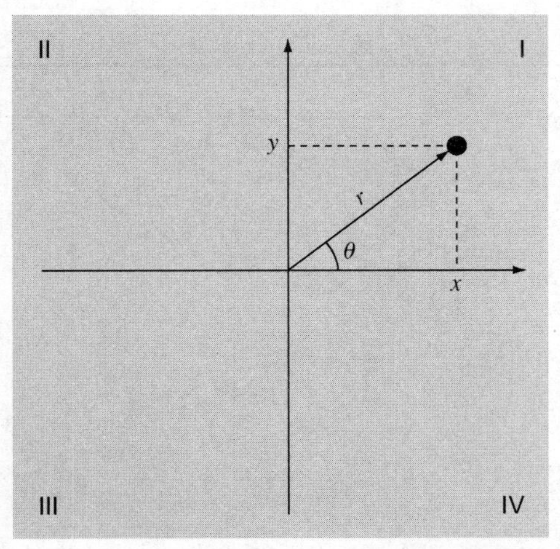

图 3.5　计算某点相对于原点的位置

基于极坐标(r, θ)计算笛卡尔坐标(x, y)是相对直接的，而逆过程则没有那么容易。半径可以通过如下公式计算：

$$r = \sqrt{x^2 + y^2}$$

如果坐标点位于第 I 和第 IV 象限内($x>0$)，那么可以用如下简单公式计算 θ：

$$\theta = \tan^{-1}\left(\frac{y}{x}\right)$$

对于其他的情况则出现了困难，表 3.6 总结了所有的可能性。

表 3.6　坐标

x	*y*	*θ*
<0	>0	$\tan^{-1}(y/x)+\pi$
<0	<0	$\tan^{-1}(y/x)-\pi$
<0	=0	π
=0	>0	$\pi/2$
=0	<0	$-\pi/2$
=0	=0	0

编写一个结构完整的 M 文件,使用 if...elseif 结构，计算 r 和 θ，它们是 x 和 y 的函数。在最后的结果中 θ 用度表示。通过计算表 3.7 的情况测试程序。

表 3.7 计算表

x	y	r	θ
2	0		
2	1		
0	3		
-3	1		
-2	0		
-1	-2		
0	0		
0	-2		
2	2		

3.7 编写一个 M 文件，按照习题 3.6 的方式确定极坐标，但是不要编写只能计算单一情况的函数，而是传递 x 和 y 组成的向量。让函数将结果显示在一张表中，表列为 x、y、r 和 θ。用习题 3.6 中的情况测试编写的程序。

3.8 编写一个 M 文件函数，传进一个 0~100 之间的分数值，并返回一个按照表 3.8 的规则确定的用字符代表的等级。

表 3.8 规则表

字 符	规 则
A	90≤分数值≤100
B	80≤分数值＜90
C	70≤分数值＜80
D	60≤分数值＜70
F	分数值＜60

函数的第一行应该是：

```
function grade = lettergrade(score)
```

设计函数，使其显示错误消息，并在用户输入的分数值小于 0 或大于 100 的情况下终止。用 89.9999、90、45 和 120 测试函数。

3.9 可以用曼宁方程计算矩形开口渠道中水流的速度：

$$U=\frac{\sqrt{S}}{n}\left(\frac{BH}{B+2H}\right)^{2/3}$$

其中，U=速度(m/s)，S=渠道的斜率，n=粗糙系数，B=宽度(m)，H=深度(m)。表 3.9 中的数据来自于 5 个渠道。

表 3.9　计算数据

n	S	B	H
0.036	0.0001	10	2
0.020	0.0002	8	1
0.015	0.0012	20	1.5
0.030	0.0007	25	3
0.022	0.0003	15	2.6

编写一个 M 文件，计算每个渠道的水流速度。将数据输入一个矩阵，每列表示一个参数，每行表示一个渠道。让 M 文件以表格形式显示输入数据和计算得到的速度，其中速度放在第 5 列。加上表头以便标识出各列的内容。

3.10　图 3.6 中所示是一个简单支撑梁。利用奇异函数(*singularity function*)，可以将物体沿梁的位移表示为如下方程：

$$u_y(x) = \frac{-5}{6}[\langle x-0\rangle^4 - \langle x-5\rangle^4] + \frac{15}{6}\langle x-8\rangle^3 + 75\langle x-7\rangle^2 + \frac{57}{6}x^3 - 238.25x$$

通过定义，可以将奇异函数表示为如下形式：

$$\langle x-a\rangle^n = \begin{Bmatrix} (x-a)^n & \text{当} x > a \text{时} \\ 0 & \text{当} x \le a \text{时} \end{Bmatrix}$$

创建一个 M 文件，绘制位移(虚线)随沿梁距离 x 变化的曲线。注意，当物体处于梁的最左端时，x=0。

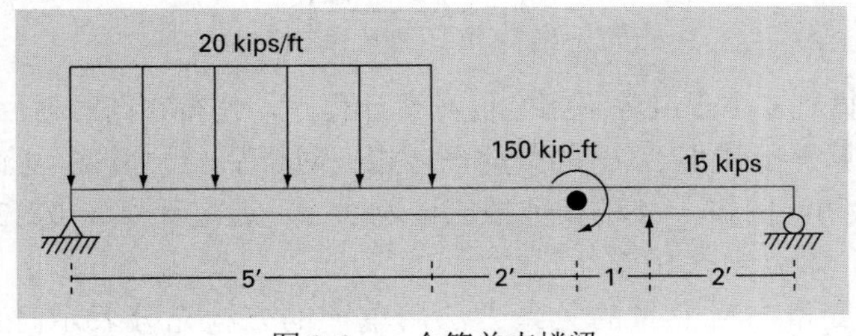

图 3.6　一个简单支撑梁

3.11　在一个半径为 r、长度为 L、水平放置的空心圆矩体内所盛有液体的体积与液体的深度 h 有如下关系：

$$V = \left[r^2\cos^{-1}\left(\frac{r-h}{r}\right) - (r-h)\sqrt{2rh-h^2}\right]L$$

创建一个 M 文件以绘制液体体积随深度变化的曲线。

这是前面几行：

```
function cylinder(r, L, plot_title)
% volume of horizontal cylinder
% inputs:
% r = radius
% L = length
% plot_title = string holding plot title
```

使用以下代码测试程序：

```
>> cylinder(3,5,...
'Volume versus depth for horizontal... cylindrical tank')
```

3.12　针对下面的代码，创建其向量化版本：

```
tstart = 0; tend = 20; ni = 8;
t(1) = tstart;
y(1) = 12 + 6*cos(2*pi*t(1)/(tend-tstart));
for i = 2:ni+1
  t(i) = t(i-1)+(tend-tstart)/ni;
  y(i) = 12 + 6*cos(2*pi*t(i)/ ... (tend-tstart));
end
```

3.13　除后平均法(*divide and average*)是一个逼近正数 a 平方根的古老方法，可以用下面的公式表示：

$$x = \frac{x + a/x}{2}$$

基于 while...break 循环结构，编写一个结构良好的 M 文件函数来实现该算法。使用正确的缩进格式使逻辑结构清晰。在每一步计算中按照下面的近似公式估计误差：

$$\varepsilon = \left|\frac{x_{new} - x_{old}}{x_{new}}\right|$$

反复循环，直到 ε 小于或等于指定值。设计程序，使得它同时返回结果及其误差。确保程序能够计算等于和小于 0 的数的平方根。对于后一种情况，将结果显示为虚数(*imaginary number*)。例如，−4 的平方根应该返回 2*i*。通过计算 a=0、2、10 和 − 4 的平方根来测试程序，取 $\varepsilon = 1\times10^{-4}$。

3.14　当自变量与应变量的关系无法用单一的方程充分表示时，使用分段函数(*piecewise function*)往往能解决问题。例如，火箭的速度可以用如下分段函数描述：

$$v(t) = \begin{cases} 10t^2 - 5t & 0 \le t \le 8 \\ 624 - 3t & 8 \le t \le 16 \\ 36t + 12(t-16)^2 & 16 \le t \le 26 \\ 2136e^{-0.1(t-26)} & t > 26 \\ 0 & \text{其他} \end{cases}$$

创建一个 M 文件，计算 v 随 t 变化的函数。然后，创建脚本，使用该函数绘制 t 取 −5~50 时 v 随 t 变化的图形。

3.15 创建一个名为 rounder 的 M 文件函数，将一个数四舍五入为指定小数位数为 n 的数。函数的第 1 行应该如下编写：

```
function xr = rounder(x, n)
```

将下面的每个数四舍五入为两位小数位以测试程序：x=477.9587、－477.9587、0.125、0.135、－0.125 和－0.135。

3.16 创建一个 M 文件函数，确定在 1 年中已经逝去的天数。函数的第 1 行应该如下编写：

```
function nd = days(mo, da, leap)
```

其中 *mo*=月份(1~12)，*da*=日期(1~31)，*leap*=(0 表示非闰年，1 表示闰年)。用下面的日期测试编写的程序：1997 年 1 月 1 日、2004 年 2 月 28 日、2001 年 3 月 1 日、2004 年 6 月 21 日和 2008 年 12 月 31 日。提示：比较好的方法是结合使用 for 和 switch 结构。

3.17 创建一个 M 文件函数确定 1 年中已经逝去的天数。函数的第 1 行代码应该为

```
function nd = days(mo, da, year)
```

其中 mo=月份(1~12)，da=日期(1~31)，year=年份。用下面的日期测试程序：1997 年 1 月 1 日、2004 年 2 月 28 日、2001 年 3 月 1 日、2004 年 6 月 21 日和 2008 年 12 月 31 日。

3.18 创建一个函数函数 M 文件，对于给定的传递函数自变量定义域，该函数函数返回传递函数的最大值与最小值之差。另外，让该函数绘制传递函数在定义域上的图形。用下面的例子测试程序：

(1) $f(t)=8e^{-0.25t}\sin(t-2)$，定义域为 t 取 0~6π。

(2) $f(t)=e^{4x}\sin(1/x)$，定义域为 x 取 0.01~0.2。

(3) 内置函数 humps，定义域为 x 取 0~2。

3.19 修改在 3.6 节末尾创建的 odesimp 函数函数，使得它能够传入传递函数的参数。用下面的用例测试修改后的函数：

```
>> dvdt=@(v,m,cd) 9.81-(cd/m)*v^2;
>> odesimp(dvdt,0.5,0,12,-10,70,0.23)
```

3.20 笛卡尔向量可以被认为是沿 x 轴、y 轴和 z 轴所表示的长度乘以单位向量(i、j、k)。在这种情况下，向量$\{a\}$和$\{b\}$的点积，对应于长度的乘积乘以两个向量夹角的余弦，如下所示：

$$\{a\}\cdot\{b\} = ab\cos\theta$$

叉乘产生了另一个向量$\{c\}=\{a\}\times\{b\}$，这个向量垂直于由$\{a\}$和$\{b\}$定义的平面，向量的方向可以由右手规则指定。创建 M 文件函数，传递两个这样的向量参数，返回 θ、向量$\{c\}$、向量$\{c\}$的模，并生成原点在 0 处，三个向量$\{a\}$、$\{b\}$和$\{c\}$的三维绘图。$\{a\}$和$\{b\}$使用虚线，$\{c\}$使用实线。使用以下情况测试函数：

(a) `a = [6 4 2]; b = [2 6 4];`

(b) `a = [3 2 -6]; b = [4 -3 1];`
(c) `a = [2 -2 1]; b = [4 2 -4];`
(d) `a = [-1 0 0]; b = [0 -1 0];`

3.21 根据例 3.7，开发脚本，生成弹跳球的动画，其中 υ_0= 5 m/s 和 θ_0= 50°。为了实现这一点，必须能够准确地预测球何时撞击到地面。在这一点，方向改变(新角度等于撞击角度的负值)，速度将在大小上减小，反映出由于球与地面的碰撞产生了能量损失。速度的变化可以通过恢复系数 C_R 来量化，C_R 等于撞击后的速度与撞击前的速度比。对于本例，使用值 $C_R = 0.8$。

3.22 开发一个函数，在笛卡尔坐标中基于径向坐标，生成一个做圆周运动的粒子动画。假设半径恒定为 r，允许角度 θ 从零匀速增加到 2π。

这个函数的第一行应该是：

```
function phasor(r, nt, nm)
% function to show the orbit of a phasor
% r = radius
% nt = number of increments for theta
% nm = number of movies
```

使用下式测试函数：

```
phasor(1, 256, 10)
```

3.23 创建一个脚本，为习题 2.22 中的蝴蝶绘图生成动画。使用位于 x-y 坐标处的粒子，可视化曲线如何随时间变化而变化。

3.24 开发一个 MATLAB 脚本，计算习题 1.28 中所描述的热气球的速度 υ 和位置 z。按照从 t = 0 到 60s，步长为 1.6s，执行计算。假设在 z = 200m 时，有效载荷的一部分(100 kg)从气球中掉出。脚本结构应该如下所示：

```
% YourFullName
% Hot Air Balloon Script

clear,clc,clf

g = 9.81;
global g

% set parameters
r = 8.65; % balloon radius
CD = 0.47; % dimensionless drag coefficient
mP = 265; % mass of payload
P = 101300; % atmospheric pressure
Rgas = 287; % Universal gas constant for dry air
TC = 100; % air temperature
rhoa = 1.2; % air density
zd = 200; % elevation at which mass is jettisoned
md = 100; % mass jettisoned
```

```
ti = 0; % initial time (s)
tf = 60; % final time (s)
vi = 0; % initial velocity
zi = 0; % initial elevation
dt = 1.6; % integration time step
% precomputations
d = 2 * r; Ta = TC + 273.15; Ab = pi/4 * d ^ 2;
Vb = pi/6 * d ^ 3; rhog = P/Rgas/Ta; mG = Vb * rhog;
FB = Vb * rhoa * g; FG = mG * g; cdp = rhoa * Ab * CD/2;

% compute times, velocities and elevations
[t,y] = Balloon(FB, FG, mG, cdp, mP, md, zd, ti,vi,zi,tf,dt);

% Display results
Your code to display a nice labeled table of times, velocities, and elevations

% Plot results
Your code to create a nice labeled plot of velocity and elevation versus time.
```

你的函数应该使用如下结构:

```
function [tout,yout]=Balloon(FB, FG, mG, cdp, mP, md, zd, ti,vi,zi,tf,dt)
global g

% balloon
% function [tout,yout]=Balloon(FB, FG, mG, cdp, mP1, md, zd, ti,vi,zi,tf,dt)
% Function to generate solutions of vertical velocity and elevation
% versus time with Euler¡¯s method for a hot air balloon
% Input:
% FB = buoyancy force (N)
% FG = gravity force (N)
% mG = mass (kg)
% cdp=dimensional drag coefficient
% mP= mass of payload (kg)
% md=mass jettisoned (kg)
% zd=elevation at which mass is jettisoned (m)
% ti = initial time (s)
% vi=initial velocity (m/s)
% zi=initial elevation (m)
% tf = final time (s)
% dt=integration time step (s)
% Output:
% tout = vector of times (s)
% yout[:,1] = velocities (m/s)
% yout[:,2] = elevations (m)
% Code to implement Euler¡¯s method to compute output and plot results
```

3.25 正弦曲线的一般方程可以写成:

$$y(t) = \bar{y} + \Delta y \sin(2\pi f t - \phi)$$

其中 y =因变量，$\bar{y}$=平均值，Δy=振幅，f= 频率(即每个单位时间内发生的振荡次数)，t =自变量(在这种情况下，为时间)，ϕ=相移。开发一个 MATLAB 脚本，生成 5 幅垂直图，说明随着参数的变化函数如何变化。在每幅图上，用红线显示简单的正弦波，$y(t)=\sin(2\pi t)$。然后，将表 3.10 中的函数(黑线)一幅一幅地添加到 5 幅图中：

表 3.10 要添加的函数

子 图	函 数	标 题
5,1,1	$y(t) = 1 + \sin(2\pi t)$	(a)平均值的影响
5,1,2	$y(t) = 2\sin(2\pi t)$	(b)振幅的影响
5,1,3	$y(t) = \sin(4\pi t)$	(c)频率的影响
5,1,4	$y(t) = \sin(2\pi t - \pi/4)$	(d)相移的影响
5,1,5	$y(t) = \cos(2\pi t - \pi/2)$	(e)正弦与余弦的关系

在 $t = 0$ 到 2π 的范围内按比例调整每个子图，使得横坐标从 0 到 2π，纵坐标从−2 到 2。每个子图中包括标题，将每个子图的纵坐标标记为'$f(t)$'，将每个子图底部的横坐标标记为't'。

3.26 分形是曲线或几何图形，分形中的每个部分，其统计特征与整体相同。分形在建模结构中(例如侵蚀的海岸线或雪花)，逐渐以更小的尺度再现类似的模式，以及在描述部分随机或混沌现象时，例如晶体生长、流体湍流和星系形成，非常有用。Devaney(1990)写了很好的一本薄书，这本薄书中包括创建有趣分形图案的简单算法。这里，本书按步骤描述了这个算法：

步骤 1：将值分配给 m 和 n，并设置 hold on。

步骤 2：启用 for 循环，从 $i = 1{:}100000$ 进行迭代。

步骤 3：计算一个随机数，$q = 3 * \text{rand}(1)$。

步骤 4：如果 q 的值小于 1，请执行步骤 5；否则跳转到步骤 6。

步骤 5：计算 $m = m/2$ 和 $n = n/2$ 的新值，然后跳转到步骤 9。

步骤 6：如果 q 的值小于 2，请执行步骤 7；否则跳转到步骤 8。

步骤 7：计算 $m = m/2$ 和 $n =(300 + n)/2$ 的新值，然后跳转到步骤 9。

步骤 8：计算 $m =(300 + m)/2$ 和 $n =(300 + n)/2$ 的新值。

步骤 9：如果 i 小于 100000，那么跳转到步骤 10；否则跳转到步骤 11。

步骤 10：在坐标(m,n)处绘制点。

步骤 11：终止 ii 循环。

步骤 12：设置 hand off。

使用 for 和 if 结构，开发此算法的 MATLAB 脚本。在以下两种情况下运行脚本，(a)$m = 2$ 和 $n = 1$，(b)$m = 100$ 和 $n = 200$。

3.27 编写一个名为 Fnorm、结构完整的 MATLAB 函数，计算 $m\times n$ 矩阵的弗罗贝尼乌斯(Frobenius)范数：

$$\|A\|_f = \sqrt{\sum_{i=1}^{m}\sum_{j=1}^{n} a_{i,j}^2}$$

下面是使用该函数的一个脚本：

```
A = [5 7 9; 1 8 4; 7 6 2];
Fn = Fnorm(A)
```

下面是该函数的第一行：

```
function Norm = Fnorm(x)
```

开发该函数的两个版本：(a)使用嵌套 for 循环和(b)使用 sum 函数。

3.28 大气压力和温度因受到许多因素的影响而不断变化，包括高度、纬度/经度、时间和季节。在考虑飞行器的设计和性能时，将所有的这些变化纳入考虑是不切实际的。因此，使用标准大气是工程师和科学家进行研究和开发的一般参考。国际标准大气就是这样的一个模型，模拟地球大气条件如何随着大范围的海拔或高度变化而变化。表 3.11 显示了在所选海拔高度的温度和压力值。

表 3.11 不同海拔高度的温度和压力情况

层编号(i)	层名字	平均海平面(MSL)以上的基础位势高度，h (km)	温度直减率 (ºC/km)	基础温度 T (ºC)	基础压力 p (Pa)
1	对流层	0	−6.5	15	101325
2	对流层顶	11	0	−56.5	22632
3	平流层	20	1	−56.5	5474.9
4	平流层	32	2.8	−44.5	868.02
5	平流层顶	47	0	−2.5	110.91
6	中间层	51	−2.8	−2.5	66.939
7	中间层	71	−2.0	−58.5	3.9564
8	中间层顶	84.852	-	−86.28	0.3734

每个海拔高度的温度，可以使用如下公式计算：

$$T(h) = T_i + \gamma_i (h - h_i) \qquad h_i < h \le h_{i+1}$$

其中 $T(h)$=海拔高度 h 的温度(℃)；T_i =层 i 的基础温度(℃)；γ_i=温度直减率，或是在层 i，随着海拔的升高，大气温度线性下降的速率；h_i= 在层 i 中，平均海平面(Mean Sea Level，MSL)以上的基地位势高度。然后，在每个海拔高度处，压力可以使用下式计算：

$$p(h) = p_i + \frac{p_{i+1} - p_i}{h_{i+1} - h_i}(h - h_i)$$

其中 $p(h)$= 在海拔高度为 h 处的压力(Pa≡N/m^2)，p_i =层 i(Pa)的基础压力。然后，可以根据理想气体摩尔定律计算密度 ρ(kg/m^3)：

$$\rho = \frac{pM}{RT_a}$$

其中 M =摩尔质量(≅0.0289644kg/mol)，R =通用气体常数(8.3144621J/(mol·K))，T_a =绝对温度(K)= T + 273.15。

开发 MATLAB 函数 StdAtm，确定给定海拔高度下三个属性的值。如果用户请求的值超出了高度范围，该函数将显示错误消息并终止应用程序。使用以下脚本作为起点，绘制这三种属性随着海拔高度的变化而变化的三幅图：

```
% Script to generate a plot of temperature, pressure and density
% for the International Standard Atmosphere
clc,clf
h = [0 11 20 32 47 51 71 84.852];
gamma = [-6.5 0 1 2.8 0 -2.8 -2];
T = [15 -56.5 -56.5 -44.5 -2.5 -2.5 -58.5 -86.28];
p = [101325 22632 5474.9 868.02 110.91 66.939 3.9564 0.3734];
hint = [0:0.1:84.852];
for i = 1:length(hint)
  [Tint(i),pint(i),rint(i)] = StdAtm(h,T,p,gamma,hint(i));
end
% Create plot
% Function call to test error trap
[Tint(i),pint(i),rint(i)]=StdAtm(h,T,p,gamma,85);
```

3.29　开发一个 MATLAB 函数，将温度向量从摄氏度转换为华氏度，反之亦然。使用表 3.12 所示的加利福尼亚死亡谷(Death Volley)和南极的平均月份温度的数据测试函数。

表 3.12　死亡谷和南极的平均月份温度

天　数	死亡谷(°F)	南极(°C)
15	54	−27
45	60	−40
75	69	−53
105	77	−56
135	87	−57
165	96	−57
195	102	−59
225	101	−59
255	92	−59
285	78	−50
315	63	−38
345	52	−27

使用以下脚本作为起点，为这两个城市生成温度随着天数变化的两幅垂直堆叠图，在图的顶部使用摄氏温度时间序列，在图的底部使用华氏温度时间序列。如果用户请求

使用“C”或“F”以外的单位，让函数显示错误信息，并终止应用程序。

```
% Script to generate stacked plots of temperatures versus time
% for Death Valley and the South Pole with Celsius time series
% on the top plot and Fahrenheit on the bottom.

clc,clf
t=[15 45 75 105 135 165 195 225 255 285 315 345];
TFDV = [54 60 69 77 87 96 102 101 92 78 63 52];
TCSP = [-27 -40 -53 -56 -57 -57 -59 -59 -59 -50 -38 -27];
TCDV=TempConv(TFDV,'C');
TFSP=TempConv(TCSP,'F');

% Create plot

% Test of error trap
TKSP=TempConv(TCSP,'K');
```

3.30 在习题 3.29 中，因为只有两种可能性，所以在摄氏温度和华氏温度单位之间转换相对比较容易。在日常应用中，由于存在多种压力单位，因此压力单位之间的转换更具挑战性。表 3.13 中列出了一些可能的压力单位，使用帕斯卡来表示这些单位。

表 3.13 压力单位

索引(i)	单位(U_i)	说明或用法	等量的 Pa(C_i)
1	psi	轮胎压力，高于环境压力	6894.76
2	atm	用于高压实验	101325
3	inHg	气象人员给出的大气压力	3376.85
4	kg/cm^2	在美国使用 psi 的情况下，欧洲公制单位	98066.5
5	inH$_2$O	用于建筑物中的加热/通风系统	248.843
6	Pa	标准 SI(公制)压力单位，1 N/m2	1
7	bar	气象学家频繁使用的单位	100000
8	dyne/cm^2	CGS 系统中相对较旧的科学压力单位	0.1
9	ftH$_2$O	美国和英国的低值压力单位	2988.98
10	mmHg	用于实验室压力测量	133.322
11	torr	与 1mmHg 相同，但用于真空测量	133.322
12	ksi	用于结构工程	6,894,760

表 3.13 中的信息可用于实现转换计算。一种方法是，将单位和对应的帕斯卡值存储在单个数组中，下标对应于每个条目。例如：

```
U(1) = 'psi'  C(1)=6894.76
U(2) = 'atm'  C(2)=101325.
     .            .
     .            .
     .            .
```

然后，可以使用以下通用公式，计算从一种单位到另一种单位的转换：

$$P_d = \frac{C_j}{C_i} P_g$$

其中 P_g =原压力，P_d =目标压力，j =目标单位的索引，i =原单位的索引。例如，为了将轮胎压力，比如 28.6psi，转换为大气压力，我们将使用：

$$P_d = \frac{C_2}{C_1} P_g = \frac{101325.\ \text{atm/Pa}}{6894.76\ \text{psi/Pa}} 28.6\ \text{psi} = 420.304\ \text{atm}$$

因此，从一种单位到另一种单位的转换，我们看到这涉及首先确定对应于原单位和目标单位的索引，然后实现转换方程。这里是按步骤进行操作的算法：

(1) 对单位 U 和转换 C 数组赋值。

(2) 让用户通过输入 i 值，选择输入单位。
如果用户输入所要求范围 1~12 内的正确值，继续执行步骤(3)。
如果用户输入超出范围的值，显示错误消息，重复步骤(2)。

(3) 让用户输入给定的压力值 P_i。

(4) 让用户通过输入 j 的值，选择转换后的目标单位。
如果用户输入所要求范围 1~12 内的正确值，继续执行步骤(5)。
如果用户输入超出范围的值，显示错误消息，重复步骤(4)。

(5) 使用公式将输入单位的值转换为所需输出单位的值。

(6) 显示原始值和单位，以及输出值和单位。

(7) 询问对于同一输入，是否希望输出另一个结果。
如果是，请返回步骤(4)，然后继续。
如果否，请转到步骤(8)。

(8) 询问是否需要进行其他转换。
如果需要，请返回步骤(2)，然后继续。
如果不需要，结束算法。

创建一个结构完整的 MATLAB 脚本，使用循环和 if 结构来实现这个算法。使用以下数据，对脚本进行测试：

(a) 手动重复计算示例，确保对于输入 28.6psi，得到大约 420.304 atm。

(b) 尝试输入 $i = 13$ 的选择代码。程序会捕获这个错误，并允许更正吗？如果不允许，那么该函数应该可以捕获错误。现在，尝试字母 Q 的选择代码。这会发生什么情况？

第4章 舍入与截断误差

本章目标

本章的主要目标是让读者熟悉数值方法中涉及的主要误差源，具体的目标和主题包括：

- 理解准确和精确之间的差异。
- 学习如何量化误差。
- 学习如何用误差估计确定迭代计算的终止时机。
- 理解发生舍入误差是因为数字计算机只具有有限的数字表示能力。
- 理解为什么浮点数在表示范围和表示精度上都有限制。
- 认识产生截断误差的原因是用近似公式表示精确的数学公式。
- 知道如何用泰勒级数估计截断误差。
- 理解如何编写一阶和二阶导数的向前、向后和中心有限差分近似。
- 认识到最小化截断误差的努力有时可能会增加舍入误差。

提出问题

在第1章中，已经建立了一个数学模型用于计算蹦极运动员的速度。为了用计算机求解该问题，必须用有限差分(finite difference)逼近速度的微分：

$$\frac{dv}{dt} \cong \frac{\Delta v}{\Delta t} = \frac{v(t_{i+1}) - v(t_i)}{t_{i+1} - t_i}$$

这样求得的结果是不准确的，也就是说存在误差。

另外，用于求解的计算机也是一种不完美的工具。因为它是一台数字设备，计算机在表示数的大小和精度方面的能力都是有限的，所以机器本身会产生包含误差的结果。

因此，数学近似和数字计算机都可能使最终的模型精度变得不确定。所面临的问题是：如何处理这种不确定性？特别是，是否可以理解、量化和控制这些误差，获得可接受的结果？本章将介绍工程师和科学家用于处理这些两难问题的一些方法和概念。

4.1 误差

工程师和科学家总是发现自己必须基于不确定的信息完成特定的目标。尽管完美是一个值得赞美的目标，但是即使能够达到这样的目标，这种情况也是很少的。例如，尽管由牛顿第二定律建立的模型是一种优秀的近似，但是在实际中它永远都无法准确地预测到蹦极运动员下落的速度。像风和空气阻力的微小变化等各种因素都可能导致计算结果偏离预测。如果这些偏离是系统性地偏高或偏低，那么可能需要建立一个更新的模型。然而，如果它们是随机分布的，并紧密地散布在预测值周围，那么认为这种偏差是可以忽略的，模型已经足够好了。数值近似还可能在分析中引入类似的偏差。

本章涉及与这些误差的识别、量化和最小化相关的基本主题。本节回顾了与误差量化相关的一般信息。紧接着是 4.2 和 4.3 节，分别介绍了两种主要形式的数值误差：舍入误差(由计算机近似引起)和截断误差(由数学近似引起)。还描述了用于减少截断误差的策略有时可能会增大舍入误差。最后，简要讨论了与数值方法本身没有直接关系的一些误差，包括粗差(blunder)、模型误差和数据不确定性。

4.1.1 准确度与精度

与计算和测量相关的误差都可以用它们的准确度和精度刻画。*准确度*(*accuracy*)指的是计算值或测量值与真值(true value)的吻合程度。*精度*(*precision*)指的是计算值或测量值间的一致程度。

这些概念可以通过打靶实验以图形方式模拟说明。在图 4.1 中，每个靶标上的弹孔可以看成数值方法的预测值，而靶心代表真值。*不准确度*(*inaccuracy*)[也称为*偏差*(*bias*)]定义为相对真值的系统性偏差。这样，尽管图 4.1(c)中的射击点比图 4.1(a)中的更集中，但二者的偏差是差不多的，因为它们都集中在靶子的左上角。另一方面，*不精确度*(*imprecision*)(也称为*不确定度*(*uncertainty*))指的是数据点散布的幅度，所以尽管图 4.1(b)和图 4.1(d)中的准确度差不多(也就是说，都集中在靶心)，但是后者更精确，因为射击点是紧密地集中在一起的。

数值方法应该足够准确或无偏差，这样才能满足特定问题的需求。为了满足设计要求，它们还应该足够精确。在本书中，我们会使用集体名词“*误差*”(*error*)来统一表示预测结果的不准确度和不精确度。

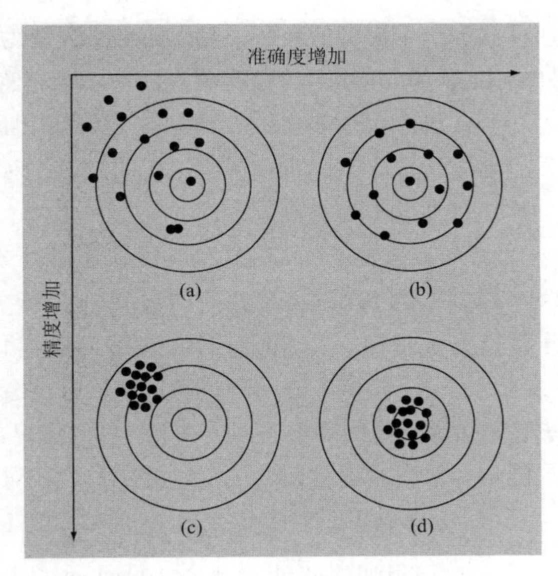

图 4.1　一个射击的例子，用于演示准确度和精确度的概念：(a)不准确也不精确，(b)准确但不精确，(c)不准确但精确，(d)准确且精确

4.1.2　误差定义

数值误差来源于用近似的数值操作或量表示准确的数值操作或量。对于这样的误差，准确结果或真值结果与近似结果之间的关系可以用公式表示为：

$$\text{真值}=\text{近似值}+\text{误差} \tag{4.1}$$

调整式(4.1)，发现数值误差等于真值与近似值之间的差异，如下所示：

$$E_t=\text{真值}-\text{近似值} \tag{4.2}$$

其中，E_t 用于表示误差的准确值。使用下标 t 表示这是“真”误差。这是为了与其他误差相区别，如前所述，在此只能使用误差的“近似”估计值。注意，真误差一般表示为绝对值，并称之为*绝对误差*(*absolute error*)。

这种定义的不足是它没有考虑被估计值幅度的量级。例如，如果正在测量一个铆钉而不是一座桥梁，那么 1cm 的误差将是非常大的。另外一种考虑被估计值幅度的方式是将误差相对真值进行归一化，如下所示：

$$\text{真分数相对误差}=(\text{真值}-\text{近似值})/\text{真值}$$

可以将相对误差乘以 100%，从而表示为：

$$\varepsilon_t=((\text{真值}-\text{近似值})/\text{真值})\times 100\% \tag{4.3}$$

其中 ε_t 称为*真实百分比相对误差*(*true percent relative error*)。

例如，要测量一座桥梁和一个铆钉的长度，测得的结果分别为 9999cm 和 9cm。如果它们的真值分别为 10000cm 和 10cm，二者的误差皆为 1cm。然而，通过式(4.3)计算它们的百分比相对误差，则分别为 0.01%和 10%。因此，尽管测得的绝对误差皆为 1cm，但是测量铆钉的相对误差要大得多。因此可以得出这样的结论：对桥梁的测量精度已经足够了，而对铆钉的估计还需要进一步提高精度。

注意式(4.2)和式(4.3)，E 和 ε 都有下标 t，这表示它们都是基于真值计算得到的误差。对于铆钉与桥梁的例子，我们提供了与这些量相应的真值。然而，在现实中，这样的信息是很难获取的。对于数值方法而言，仅当面对的函数可以用分析方法求解时才能够知道真值。针对简单系统，我们研究特定方法的理论特征时，经常会遇到这种情况。但在实际应用中，显然无法事先知道问题的真实答案。对于这样的情况，一种替代方法就是，使用可以获得的真值最佳估计对误差进行归一化，也就是说，相对于近似值本身进行归一化，如下所示：

$$\varepsilon_a=(\text{近似误差}/\text{近似值})\times 100\% \tag{4.4}$$

其中，下标 a 表示误差是相对于近似值进行的归一化。注意，对于现实应用而言，式(4.2)不能用于计算式(4.4)所示分子中的误差项。数值方法的一个挑战是在不知道关于真值信息的情况下确定误差的估计值。例如，某些使用迭代的数值方法便是如此。在这类方法中，当前的近似值建立在前一近似值的基础上。反复(或称为迭代)执行该过程，这样就可以(有望)成功地计算出越来越好的结果。对于这种情况，误差通常用前一近似值与当前近似值之间的差异来估计。这样，百分比相对误差可以按照下面的方式确定：

$$\varepsilon_a=((\text{当前近似值}-\text{前一近似值})/\text{当前近似值})\times 100\% \tag{4.5}$$

在后续章节中将详细介绍用于表达误差的这种方法及其他方法。

式(4.2)~式(4.5)的符号既可能为正，也可能为负。如果近似值大于真值(或前一近似值大于当前近似值)，那么误差值就是负的；如果近似值小于真值，那么误差值就是正的。另外，对于式(4.3)和式(4.5)，分子可能小于 0，这也可能导致误差值为负。通常，在执行计算时，我们可能不会关注误差的符号，而是关注百分比相对误差的绝对值是否小于预先指定的容差(tolerance) ε_s，所以，通常应用式(4.5)的绝对值是有益的。对于这种情况，计算过程反复进行，直到：

$$|\varepsilon_a| < \varepsilon_s \tag{4.6}$$

这种关系称为停止准则(*stopping criterion*)。如果该式满足，那么就认为得到的结果处在预定的可接受精度 ε_s 范围内。注意，本书的后续部分在使用相对误差时几乎总是使用绝对值。

在近似值中将这些误差与有效数字(significant figure)的个数关联起来也是很方便的。可以知道(Scarborough，1996)，如果满足下面的准则，那么就可以保证结果中至少(*at least*)

有 n 位有效数字是正确的。

$$\varepsilon_s = (0.5 \times 10^{2-n})\% \tag{4.7}$$

例 4.1　迭代方法的误差估计

问题描述：在数学中，函数通常是用无穷级数(infinite series)表示的。例如，指数函数可以用下面的式子计算：

$$e^x = 1 + x + \frac{x^2}{2} + \frac{x^3}{3!} + \cdots + \frac{x^n}{n!} \tag{4.8}$$

利用上面的计算方式，当在级数中加入更多的项时，得到的近似值就会成为对 e^x 真值越来越好的估计。上面的式子称为*麦克劳林级数展开*(*Maclaurin series expansion*)。

先从最简单的情况着手，$e^x=1$，每次加入一项来估计 $e^{0.5}$。在加入每个新项后，分别用式(4.3)和式(4.5)计算真实百分比相对误差和近似百分比相对误差。注意，真值为 $e^{0.5}=1.648721...$不断地加入级数项，直到近似误差估计 ε_a 的绝对值落在预定误差准则 ε_s 以下为止，ε_s 要保证结果具有 3 位有效数字。

解：首先，利用式(4.7)确定误差准则，以保证结果中至少有 3 位有效数字是正确的。

$$\varepsilon_s = (0.5 \times 10^{2-3})\% = 0.05\%$$

这样，就会在级数中不断加入级数项，直到 ε_a 落在该误差准则以下为止。

第一次估计只需要让估计值等于式(4.8)的单项级数。为此，第一次估计结果等于 1。然后通过加入第二项生成第二次估计，如下所示：

$$e^x = 1 + x$$

对于 $x=0.5$，则有：

$$e^{0.5} = 1 + 0.5 = 1.5$$

这代表式(4.3)的真实百分比相对误差：

$$\varepsilon_t = \left|\frac{1.648721 - 1.5}{1.648721}\right| \times 100\% = 9.02\%$$

可以用式(4.5)确定近似误差估计，如下所示：

$$\varepsilon_a = \left|\frac{1.5 - 1}{1.5}\right| \times 100\% = 33.3\%$$

因为 ε_a 不小于要求的值 ε_s，所以应该继续计算，在级数中加入下一项 $x^2/2!$，并再次进行误差计算。该过程一直持续到 $|\varepsilon_a| < \varepsilon_s$。对整个过程的总结如表 4.1 所示。

表 4.1 误差计算过程

项　数	结　果	$\varepsilon_t(\%)$	$\varepsilon_a(\%)$
1	1	39.3	
2	1.5	9.02	33.3
3	1.625	1.44	7.69
4	1.645833333	0.175	1.27
5	1.648437500	0.0172	0.158
6	1.648697917	0.00142	0.0158

通过表 4.1 可以看出，在加入第 6 项以后，近似误差就小于 $\varepsilon_s(\varepsilon_5=0.05\%)$，计算过程停止。然而，得到的结果不是 3 位有效数字，而是 5 位！这是因为，对于该例的情况，式(4.5)和式(4.7)都是保守的(conservative)。也就是说，它们保证结果至少与它们规定的情况一样好。尽管对于式(4.5)而言并非总是如此，但大多数情况都是如此。

4.1.3 迭代计算的计算机算法

本书剩余部分描述的许多数值方法涉及例 4.1 中所示类型的迭代计算。这些都涉及从初始猜测值开始，逐渐逼近解来求解数学问题。

这种迭代求解的计算机实现涉及循环。正如我们在 3.3.2 节中看到的，这有两种基本的风格：计数控制和决策循环。大多数迭代求解使用决策循环。因此，过程将一直重复，而不是采用预定数量的迭代，直到近似误差估值低于例 4.1 中的停止标准。

为了求解与例 4.1 相同的问题，级数扩展可以表示为：

$$e^x \cong \sum_{i=0}^{n} \frac{x^n}{n!}$$

实现这个公式的 M 文件如下所示。给这个函数传递待评估的值(x)，以及截止误差标准(es)和最大允许迭代次数($maxit$)。如果用户省略后两个参数，这个函数将使用默认值。

```
function [fx,ea,iter] = IterMeth(x,es,maxit)
% Maclaurin series of exponential function
%   [fx,ea,iter] = IterMeth(x,es,maxit)
% input:
%   x = value at which series evaluated
%   es = stopping criterion (default = 0.0001)
%   maxit = maximum iterations (default = 50)
% output:
%   fx = estimated value
%   ea = approximate relative error (%)
%   iter = number of iterations

% defaults:
if nargin < 2|isempty(es),es = 0.0001;end
```

```
if nargin < 3|isempty(maxit),maxit = 50;end
% initialization
iter = 1; sol = 1; ea = 100;
% iterative calculation
while (1)
  solold = sol;
  sol = sol + x ^ iter/factorial(iter);
  iter = iter + 1;
  if sol~ = 0
    ea = abs((sol - solold)/sol)*100;
  end
  if ea< = es | iter> = maxit,break,end
end
fx = sol;
end
```

接下来，这个函数初始化三个变量：(a)*iter*，追踪迭代次数，(b)*sol*，保存解的当前估计值，以及(c)变量 *ea*，保存近似值的百分比相对误差。请注意，*ea* 初始设置为 100，以确保循环至少执行一次。

初始化代码后，是实际执行迭代计算的决策循环。在生成新解之前，先前的 sol 值，首先被赋给 *solold*。然后计算一个新的 *sol* 值，增加迭代计数值。如果 *sol* 的新值不为零，则确定百分比相对误差 *ea*。接下来，检查停止标准。如果两者均为假，则重复循环。如果两者有一为真，则循环终止，并将最终解返回给调用的函数。

当实现 M 文件时，它会生成指数函数的估计值，这个函数最后会返回这个估计值，以及近似误差和迭代次数。例如，e^1 可以被评估为：

```
>> format long
>> [approxval, ea, iter] = IterMeth(1,1e - 6,100)

approxval =
   2.718281826198493
ea =
    9.216155641522974e - 007
iter =
    12
```

我们可以看到，在 12 次迭代之后，得到结果 2.7182818，近似误差估计值为 $9.2162 \times 10^{-7}\%$。使用内置的 exp 函数直接计算得到精确值和真实百分比相对误差，以验证这个结果：

```
>> trueval = exp(1)

trueval =
   2.718281828459046

>> et = abs((trueval- approxval)/trueval)*100

et =
    8.316108397236229e - 008
```

与例 4.1 的情况一样，我们获得真实误差小于近似误差的期望结果。

4.2　舍入误差

舍入误差(*roundoff error*)是由于数字计算机不能准确地表示某些量而引起的。对于工程和科学问题求解而言，它们是很重要的，因为它们可能导致错误的结果。在某些情况下，它们确实会导致计算变得不稳定并产生明显错误的结果。这样的计算也就是所谓的病态的(*ill-conditioned*)。更糟糕的情况是，它们可能导致更微妙的、很难检测到的差异。

在数值计算中有两个主要的因素会引起舍入误差：

(1) 数字计算机表示数字具有幅度和精度限制。

(2) 有些数值运算对舍入误差高度敏感。这种敏感性既可能是数学考虑的缘故，也可能是计算机执行算术运算方式的缘故。

4.2.1　计算机中数的表示

数值舍入误差与数在计算机中的存储方式直接相关。信息在计算机中保存的基本单位称为字(*word*)。字由一串二进制数字(*binary digit*)[或称之为位(*bit*)]组成。典型情况下，数是按照一个或多个字存储在计算机中的。为了理解这个过程是如何完成的，必须首先回顾一下与数制(*number system*)相关的内容。

数制只是表示数量的一种约定(convention)。因为我们人类有 10 根手指和 10 根脚趾，所以我们最熟悉的数制就是十进制(*decimal*)，或称为 *base-10*(以 10 为基的数)。基(base)是数用于构建数制的参考。以 10 为基的数制使用 10 个数字(0、1、2、3、4、5、6、7、8 和 9)来表示数。就它们自身而言，这些数字只能满足 0~9 的计数。

对于更大的数，需要将这些基本数字组合起来使用，用位置规定其幅度。在整个数最右边的数字代表 0~9 的数。右边的倒数第二个数字代表的幅度是该数字乘以 10。右边倒数第三个数字代表的幅度是该数字乘以 100，其他的数字依此类推。例如，如果有一个数 8642.9，那么就表示有 8 个 1000、6 个 100、4 个 10、2 个 1、9 个 0.1，可表示为：

$$(8\times10^3)+(6\times10^2)+(4\times10^1)+(2\times10^0)+(9\times10^{-1})=8642.9$$

这类表示方式称为位置计数法(*positional notation*)。

现在，因为我们对十进制数如此熟悉，所以通常没有意识到还有其他的进制。例如，如果人类有 8 根手指和 8 根脚趾，我们很可能会使用八进制(或 *base-8*)来表示数。同样，我们的朋友——计算机看起来像只有两根手指的动物，仅限于两种状态——0 和 1。这与这样一个事实是相关的，即数字计算机的基本逻辑单元是开/关电子部件。所以计算机中的数用二进制(*binary* 或 *base-2*)表示。但是与十进制一样，可以使用位置计数法表示数。例如，二进制数 101.1 等于十进制数 $(1\times2^2)+(0\times2^1)+(1\times2^0)+(1\times2^{-1})=4+0+1+0.5=5.5$。

整数表示。现在，我们已经回顾了如何用二进制形式表示十进制数，那么在计算机中表示整数就很简单了。最直接的方法称为符号量值法(*signed magnitude method*)，这种方法用字的第一位表示符号，0 表示正数，1 表示负数。其余的位用于存储数值。例如，整数值 173 用二进制可以表示为 10101101：

$$(10101101)_2 = 2^7 + 2^5 + 2^3 + 2^2 + 2^0 = 128 + 32 + 8 + 4 + 1 = (173)_{10}$$

所以，在 16 位计算机中将存储−173 的等价二进制数，如图 4.2 所示。

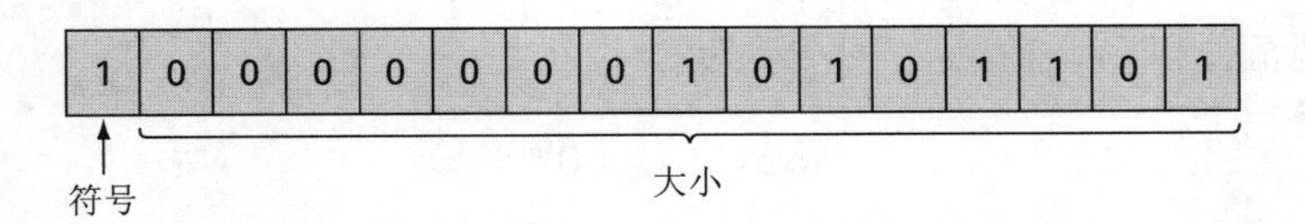

图 4.2　十进制数−173 在 16 位计算机上用符号量值法的二进制表示

如果采用这种策略，那么很清楚，能够表示的整数范围是有限的。下面还是假定计算机为 16 位字，如果 1 位用于表示符号，那么剩下的 15 位用于表示的二进制整数范围是 0~111111111111111。可以将上限转换为十进制整数，可得 $(1\times2^{14})+(1\times2^{13})+\cdots(1\times2^{1})+(1\times2^{0})=32767$。注意这个值也可以简单计算为 $2^{15}-1$，因此，一个 16 位的计算机字可以存储的数值范围为−32767~32767。

另外，由于 0 总是定义为 0000000000000000，因此用数 1000000000000000 再定义“负 0”是没有必要的。所以，约定用它表示一个额外的负数−32 768，表示范围为−32 768~32 767。对于 *n* 位长的字，表示范围为$-2^{n-1}\sim2^{n-1}-1$。因此，32 位整数的表示范围为−2 147 483 648~2 147 483 647。

注意，尽管符号量值法是一种表达我们观点的好方式，但是传统计算机并不将该方法实际用于表示整数。一个比较好的方法称为二补技术，这种方法直接将符号包含在数的大小中，而不是用一个独立的位表示正或负。但是，数的范围仍然与上面描述的有符号方法是一样的。

前面的内容用于说明所有的数字计算机在表示整数的能力方面是有限的。也就是说，大于或小于这个范围的数都是无法表示的。在存储和处理小数的过程中会遇到更加严重的限制，下面对这种情况进行描述。

浮点表示。在计算机中，典型情况下用浮点格式(*floating-point format*)表示小数。在这种方法中，浮点格式非常像科学记数法(scientific notation)，数表示为：

$$\pm s \times b^e$$

其中，*s*=有效数(*significand* 或尾数 *mantissa*)，*b*=数制使用的基数，*e*=指数。

在以这种形式表示以前，需要通过移动小数点的位置将数规范化(*normalized*)，使得小数点左边只有一位有效数字。这样处理以后，在存储无用的非有效数字 0 时就不会浪费计算机的内存。例如，像 0.005678 这样的数可以用浪费的方式表示为 0.005678×10^0。但是，规范化以后的结果为 5.678×10^{-3}，这样就消除了无用的 0。

在描述计算机中使用的二进制实现以前，先来研究一下这种浮点表示的基本含义。

尤其是这样一个事实，即为了在计算机中存储数所采用的分支策略，尾数(mantissa)和指数(exponent)都必须限制为有限位数。正如下面的例子一样，最好在比较熟悉的十进制环境中说明浮点的含义。

例 4.2 浮点表示的含义

问题描述：假定有一台假想的 5 个数字字长的十进制计算机。还假设 1 个数字表示符号，2 个数字表示指数，2 个数字表示尾数。为了简单起见，假设 1 位指数数字用于表示指数的符号，剩下的 1 位表示指数的大小。

解：在规范化以后，数的一般表示为

$$s_1 d_1.d_2 \times 10^{s_0 d_0}$$

其中，s_0 和 s_1 为符号，d_0 为指数的幅度，d_1 和 d_2 为有效数字的大小。

接下来用实例演示这个数制。首先，它可以表示的最大可能的正数是多少？很明显，最大的正数对应于符号为正且所有表示大小的数字都设为十进制中的最大可能值(也就是 9)时的情况：

$$\text{最大值}=+9.9\times 10^{+9}$$

由此可以看出，最大可能的数比 10 亿稍小。尽管这看起来好像是一个大数，但是实际上它并非很大。例如，这种计算机无法表示像阿佛加德罗常数(Avogadro's number)(6.022×10^{23})这样的数。

同样，可以表示的最小正数为：

$$\text{最小值}=+1.0\times 10^{-9}$$

同样，尽管这个数看起来相当小，但是它无法表示像普朗克常数(Planck's constant)(6.626×10^{-34}J•s)这样的数。

同样可以找出最小和最大的负数。在图 4.3 中给出了最后能够表示的数值范围。落在该范围之外的大正数和负数会引起溢出错误(*overflow error*)。同样的道理，对于在靠近 0 处的每个小数都是一个“洞”，所以这样的每个小数通常会被转换为 0。

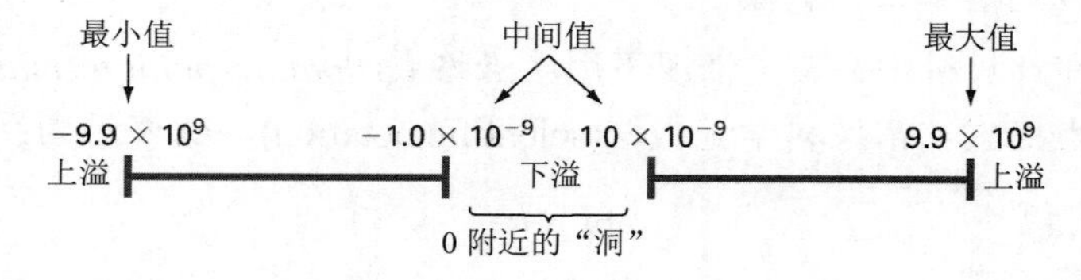

图 4.3 对于例 4.2 中描述的假想十进制浮点方案，显示可能表示范围的数轴

我们需要认识到，指数在很大程度上决定了数值的这些范围限制。例如，如果增加 1 个数位的尾数，最大值只是稍微增加到 9.99×10^9。相比之下，在指数中增加 1 个数位，最大数将增大 10 的 90 次方倍，变为 9.9×10^{99}！

但是在考虑精度时，情况却正好相反。尽管有效数(dignificand)在定义数值范围方面

发挥的作用很小，但是却对数值的精度具有复杂的影响。通过一个例子可以很好地说明这一点，我们将有效数限制为仅有两位数字。如图 4.4 所示，与 0 附近的“洞”类似，在值之间也存在“洞”。

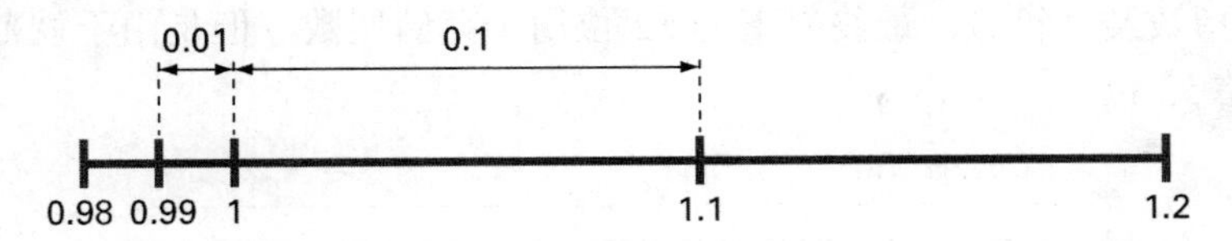

图 4.4　对于例 4.2 中描述的假想十进制浮点方案的一小部分数轴

例如，一个具有有限数位的简单有理数 $2^{-5}=0.03125$，在这样的计算机中只能存储为 3.1×10^{-2} 或 0.031。这就引入了舍入误差(*roundoff error*)。在此情况下，其相对误差为：

$$\frac{0.03125-0.031}{0.03125}=0.008$$

尽管可以通过增加有效数的数字准确地存储像 0.03125 这样的数，但是在计算机中具有无限数字的量还是必须近似表示。例如，常用的常数 π(=3.14159...)必须表示为 3.1×10^{0} 或 3.1。在这种情况下，相对误差为：

$$\frac{3.14159-3.1}{3.14159}=0.0132$$

尽管增加有效数的位数可以改善近似效果，但是在计算机中存储这样的量时总会存在一定的舍入误差。

图 4.4 说明了浮点表示法另一个更加微妙的效应。注意，当通过改变指数调整数的大小时，可以表示的数之间的间隔是如何变化的。对于指数为−1 的数(也就是 0.1~1 之间的数)，间隔是 0.01。一旦将表示范围的最大数从 1 变成 10 以后，数之间的间隔就变成 0.1。这意味着数的舍入误差与其幅度成比例。另外，这还意味着相对误差是有上限的。对于本例而言，最大的相对误差为 0.05，该值称为机器精度(*machine epsilon* 或 *machine precision*)。

如例 4.2 中描述的一样，指数和有效数都是有限的，这一事实意味着浮点表示既有范围限制，也有精度限制。现在，让我们研究一下，在使用二进制数(base-2 或 binary number)的实际计算机中是如何表示浮点数的。

首先来看一下规范化。由于二进制数只有 0 和 1 两个数字，因此在规范化时这是一个意外的好处。具体来说就是，二进制数小数点的左边总是 1！这意味着这个领头的位不必存储。所以，非 0 二进制浮点数可以表示为：

$$\pm(1+f)\times 2^{e}$$

其中 f=尾数(有效数的小数部分)。例如，如果规范化二进制数 1101.1，那么结果为 $1.1011\times(2)^{-3}$ 或 $(1+0.1011)\times2^{-3}$。这样，尽管原数有 5 位有效数位，但这里仅需要存储 4 位小数位：0.1011。

默认情况下，MATLAB 采用 IEEE 双精度格式(*IEEE double-precision format*)，它使用 8 个字节表示浮点数，如图 4.5 所示，有 1 位用作数的符号。与存储整数的方式类似，用 11 位存储指数及其符号，最终剩下的 52 位用于存储尾数。但是由于规范化的缘故，实际可以存储 53 位。

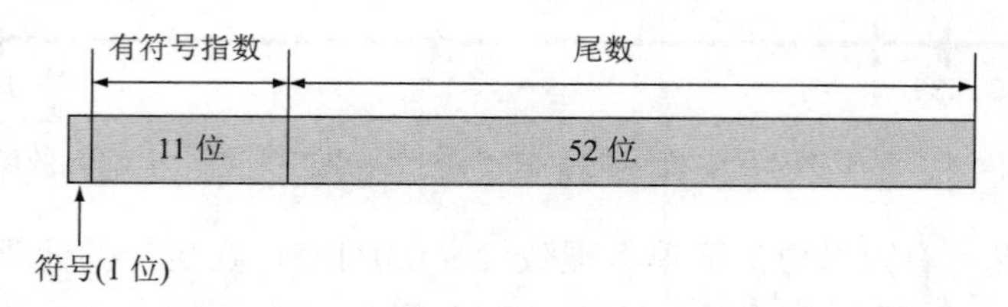

图 4.5 在 8 个字节中按照 IEEE 双精度格式存储浮点数的方式

现在，正如例 4.2 一样，这意味着计算机中表示的数具有有限的范围和精度。然而，由于 IEEE 格式使用了更多的数位，因此最终的数制可以用于实际应用。

表示范围。按照存储整数的类似方式，用于指数的 11 位可以表示的范围是−1022 ~1023。最大的正数用二进制可以表示为：

$$\text{最大值}=+1.1111...1111\times 2^{+1023}$$

其中，尾数中的 52 位全部为 1。由于有效数近似等于 2(实际为 $2-2^{-52}$)，因此最大值为 $2^{+1024}=1.7977\times 10^{308}$。以类似的方式，可以将最小的正数表示为：

$$\text{最小值}=+1.0000...0000\times 2^{-1022}$$

该值可以用十进制数表示为 $2^{-1022}=2.2251\times 10^{-308}$。

精度。用于尾数的 52 位数位大致与十进制数的 15 或 16 位数字相当。因此，π 可以表示为：

```
>> format long
>> pi

ans =
   3.14159265358979
```

注意，机器精度为 $2^{-52}=2.2204\times 10^{-16}$。

MATLAB 有很多与其内部数表示相关的内置函数。例如，realmax 函数显示最大的正实数：

```
>> format long
>> realmax

ans =
   1.797693134862316e + 308
```

在计算中出现超过该值的数会导致上溢(*overflow*)。在 MATLAB 中，它们被设置为无穷，即 inf。realmin 函数显示最小的正实数：

```
>> realmin

ans =
    2.225073858507201e-308
```

小于该值的数会导致下溢(*underflow*)，在 MATLAB 中，这样的值会被设为 0。最后，eps 函数显示机器精度：

```
>> eps

ans =
    2.220446049250313e-016
```

4.2.2　计算机中数的算术运算

除了受到计算机数制的限制以外，用到这些数的实际算术运算也可能引起舍入误差。为了理解这是怎么回事，先来看一下计算机是如何完成简单的加减运算的。

由于我们比较熟悉十进制数，这里将用规范化的十进制数为例说明舍入误差对简单加减运算的影响。其他数制的情况与十进制类似。为了便于讨论，假定拥有一台假想的计算机，它具有 4 位尾数和 1 位指数。

当两个浮点数相加时，首先需要将这两个数的指数变为相同。例如，如果要完成加法运算 1.557+0.04341，那么计算机会将它们表示为 $0.1557\times10^1+0.004341\times10^1$。然后，将尾数相加可得 0.160041×10^1。现在，因为这台假想的计算机只能保留 4 位尾数，所以多余的数位将被截去，最终得到的结果为 0.1600×10^1。注意，现在移到右边的最后两个数字(41)本质上已经从计算中丢失了。

除了保留减数的符号外，减法与加法的运算过程是一样的。例如，假设要从 36.41 中减去 26.86，即：

$$\begin{array}{r} 0.3641\times10^2 \\ -0.2686\times10^2 \\ \hline 0.0955\times10^2 \end{array}$$

对于该例，必须对其结果进行规范化，因为打头的 0 是不必要的，所以必须将小数点向右移一位，结果为 $0.9550\times10^1=9.550$。注意，加入到尾数末尾的 0 不是有效的，附加到后面只是为了填补移位产生的空位。当两个数非常接近时，会产生更加令人吃惊的结果，如下所示：

$$\begin{array}{r} 0.7642\times10^3 \\ -0.7641\times10^3 \\ \hline 0.0001\times10^3 \end{array}$$

可以将上面的结果变换为 $0.1000\times10^0=0.1000$。因此，在这个例子中附加了 3 位无效的 0。

两个相近的数相减被称为减性抵消(*subtractive cancellation*)。计算机处理数学运算的这种方式会导致数值问题，减性抵消是一个经典的例子。可能导致问题的其他运算还包括以下几种：

大量运算。某些数值方法需要非常大量的算术运算才能获得最终结果。另外，这些计算通常是相互依赖的。也就是说，后面的计算依赖于前面的计算结果。所以，即便每个单独运算的舍入误差很小，在大量计算过程中舍入误差的累积效应也可能非常大。下面给出一个非常简单的例子，以十进制数运算不存在舍入误差累积效应，但以二进制数运算则存在这种效应。假设创建如下 M 文件：

```
function sout = sumdemo()
s = 0;
for i = 1:10000
  s = s + 0.0001;
end
sout = s;
```

执行该函数，得到如下结果：

```
>> format long
>> sumdemo

ans =
   0.99999999999991
```

执行 format long 命令就可以显示 MATLAB 使用的 15 位有效数字的结果。我们可能以为结果应该等于 1。然而，尽管十进制数 0.0001 可以精确地表示，但是却不能精确地用二进制数表示。因此，求和得到的结果与 1 稍微会有些出入。应该注意，MATLAB 的一个设计特性就是尽可能减小这种误差。例如，假设创建如下一个向量：

```
>> format long
>> s = [0:0.0001:1];
```

在该例中，计算结果不是等于 0.99999999999991，最后一项会正好等于 1，可以用下面的语句验证：

```
>> s(10001)

ans =
     1
```

大数与小数相加。假设将小数 0.0010 加到大数 4000 上，使用具有 4 位数字尾数和 1 位数字指数的假想计算机实现。对小数进行调整，以便其指数与大数的指数匹配：

$$\begin{array}{r} 0.4000 \times 10^4 \\ \underline{0.0000001 \times 10^4} \\ 0.4000001 \times 10^4 \end{array}$$

最终计算结果会被截为 0.4000×10^4。由此可以看出，可能根本无法完成这样的计算！在计算无穷级数时就可能出现这种类型的误差。无穷级数中前面的项相比后面的项通常要大。这样，在前面几项相加以后得到的部分和相对后面的项可能就大得多，这时就出现了大数与小数相加的不利局面。消除这种类型误差的一种方式是将计算顺序反过来。这样每个新加入的项与累积和的大小就差不多了。

拖尾效应。任何时候只要求和中的单个项大于和值本身，就会出现拖尾效应(smearing)。在对混合级数(级数项有正有负)求和时会出现拖尾效应。

内积。从上一节可以看出，有些无穷级数对舍入误差尤其敏感。幸运的是，在数值方法中级数计算并不是一个很常见的运算。一个远比级数计算常用得多的是内积运算，如下所示：

$$\sum_{i=1}^{n} x_i y_i = x_1 y_1 + x_2 y_2 + \cdots + x_n y_n$$

这类运算使用非常频繁，尤其是在求解齐次线性代数方程组时。这类求和对舍入误差很敏感。所以通常希望以双精度数完成这种求和运算，在 MATLAB 中这个过程是自动完成的。

4.3 截断误差

截断误差(*truncation error*)是指由于用近似数学过程代替准确数学过程而导致的误差。例如，在第 1 章中，通过式(1.11)形式的有限差分方程近似表示蹦极运动员速度的导数：

$$\frac{dv}{dt} \cong \frac{\Delta v}{\Delta t} = \frac{v(t_{i+1}) - v(t_i)}{t_{i+1} - t_i} \tag{4.9}$$

因为差分方程只能近似地代表导数的真值(参考图 1.3)，所以会在数值解中引入截断误差。为了认识这种误差的性质，接下来转到近似表示函数的数学公式——泰勒级数(Taylor series)，泰勒级数在数值方法中的应用十分广泛。

4.3.1 泰勒级数

泰勒定理(*Taylor's theorem*)及相关的公式——泰勒级数在研究数值方法时非常有价值。从本质上讲，泰勒定理表示的是，任何光滑函数都可以用多项式逼近。随后泰勒级数提供了在数学上表达这种思想的方式，泰勒级数的形式可以用于生成实际的结果。

一种认识泰勒级数的有效方式是逐项建立每个级数项。用于该练习的一个好的问题背景是，根据函数在某点的函数值和导数值预测另一点的函数值。

假设你被蒙住眼睛，然后被带到一座山靠近边缘的某个位置，面向下坡方向(见图 4.6)。将你所在的水平位置记为 x_i，而将你相对于山边缘的垂直距离表示为 $f(x_i)$。你现在的任务是要预测在位置 x_{i+1} 处的垂直高度，它是离你所在位置的距离 h。

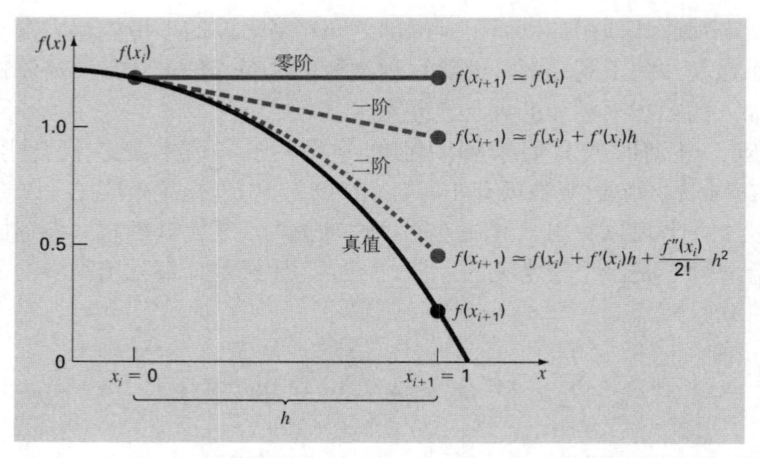

图 4.6 用零阶、一阶和二阶泰勒级数展开逼近 x=1 处 $f(x)=-0.1x^4-0.15x^3-0.5x^2-0.25x+1.2$ 的值

首先，你处于一个完全平坦的位置，这样你并不会知道所面对的是山的下坡。在这种情况下，你能够得到位置 x_{i+1} 处高度的最佳猜测是多少？如果你思考一下(记住你完全不知道你所面对的是什么情况)，那么最好的猜测结果应该与你现在所处位置的高度一样！可以将这种猜测用数学方式表示为：

$$f(x_{i+1}) \cong f(x_i) \tag{4.10}$$

上面的关系式被称为零阶逼近(*zero-order approximation*)，该式表明 f 在新点的值与前一点处的值相同。该结果很直观，因为如果 x_i 和 x_{i+1} 彼此非常接近，那么很可能新的高度值与前一高度值类似。

事实上，如果被逼近的函数是一个常数，那么式(4.10)的估计就很完美。对于前文讨论的问题而言，只有在你恰好站在一个绝对平坦的平地上时，由式(4.10)得到的结果才是正确的。然而，如果函数在整个定义域上是变化的，那么就需要增加更多的泰勒级数项才能得到更好的估计。

因此，现在你就可以离开平地，一只脚在前，另一只脚在后，站在山上。你会立即感觉到前脚处的地表低于后脚处的地表。事实上，通过测定两点的高度差，然后将其除以两脚之间的水平距离，就可以得到该斜坡斜率的量化估计。

有了斜坡的斜率信息，就可以更准确地预测 x_{i+1} 处的高度 $f(x_{i+1})$。从本质上讲，你是通过斜率估计的方式用一条直线连接到 x_{i+1} 处。在数学上这种预测可以表示为：

$$f(x_{i+1}) \cong f(x_i) + f'(x_i)h \tag{4.11}$$

式(4.11)称为一阶逼近(*first-order approximation*)，因为在近似中增加一阶项，它由斜率 $f'(x_i)$乘以 h 构成，h 为 x_i 与 x_{i+1} 之间的距离。这样该表达式就是直线的形式，利用该直线就可以预测在 x_i 与 x_{i+1} 之间函数值的升降情况。

尽管式(4.11)可以预测变化情况，但是它仅对于呈线性(*straight-line* 或 *linear*)趋势的情况才是精确的。为了获得更好的预测，需要在公式中加入更多的项。因此，现在你可以站在山坡的地面上进行两次测量。首先，通过将一只脚放在 x_i 处，并将另一只脚向后移动距离 Δx 来测量你身后的斜率(slope)。我们将该斜率表示为 $f_b'(x_i)$。然后，通过将一只脚放在 x_i，而将另外一只脚向前移动 Δx 来测量你前面的斜率。我们将该斜率表示为 $f_f'(x_i)$。你马上就会认识到身后的坡度比前面的坡度要缓和些。很显然，你前面的高度在向下“加速”下降。由此可知，可能的情况是 $f(x_i)$比你前面通过线性预测得到的值还要小。

与你预测的情况可能一样，现在要在泰勒公式中加入二阶项，这样它就成为一条抛物曲线。泰勒级数提供了一种合适的方式来完成这项工作，如下所示：

$$f(x_{i+1}) \cong f(x_i) + f'(x_i)h + \frac{f''(x_i)}{2!}h^2 \tag{4.12}$$

为了应用该公式，需要估计二阶导数。可以使用最近计算得到的两个斜率来估计二阶导数，如下所示：

$$f''(x_{i+1}) \cong \frac{f_f'(x_i) - f_b'(x_i)}{\Delta x} \tag{4.13}$$

由上式可以看出，二阶导数只是导数的导数，在此例中就是斜率的变化率。

在加入后面的项之前，仔细观察一下式(4.12)。其中所有带下标 i 的值都表示已估计值。也就是说，它们实际上是数值。因此，只是那些处于预测位置 x_{i+1} 的值才是未知数。所以其形式为如下二次公式：

$$f(h) \cong a_2h^2 + a_1h + a_0$$

从上式可以看出，二阶泰勒级数用二阶多项式逼近函数。

很显然，可以继续加入更多导数以更加精确地与被逼近函数相吻合。这样，就可以获得如下完整的泰勒级数展开公式：

$$f(x_{i+1}) = f(x_i) + f'(x_i)h + \frac{f''(x_i)}{2!}h^2 + \frac{f^{(3)}(x_i)}{3!}h^3 + \cdots + \frac{f^{(n)}(x_i)}{n!}h^n + R_n \tag{4.14}$$

注意，由于式(4.14)为无穷级数，因此在式(4.10)~式(4.12)中用约等号代替了等号。还可以用余项(remainder)表示从 n+1 至无穷的所有项：

$$R_n = \frac{f^{(n+1)}(\xi)}{(n+1)!}h^{n+1} \tag{4.15}$$

其中，下标 n 表示它是 n 阶逼近的余项，而 ξ 则为 x_i 与 x_{i+1} 之间的某个值。

通过上面的讨论，现在能够明白，为什么泰勒定理断言光滑的函数可以用多项式逼近，以及泰勒级数提供的在数学上实现这种思想的方式。

一般而言，n 阶多项式的 n 阶泰勒级数展开是准确的。对于其他的连续可微函数(如指数函数和正弦函数)，有限项是无法得到它们的准确估计的。每增加一项都会对改善逼近效果有一定的作用，但是这种作用是很微小的。在例 4.3 中将说明泰勒级数逼近的这种特性。泰勒级数只有使用无限项时才能够获得准确的结果。

尽管前面的观点是正确的，但是泰勒级数的实用价值在于，在实际应用中，大多数情况下只需要包括很少的项就可以得到足够接近实际问题真值的近似。基于式(4.15)展开式的余项，就可以评估到底需要多少项才能够“足够接近(*close enough*)”。关系式(4.15)存在两个主要的不足之处。其一，无法准确知道 ξ 的值，而只知道它位于 x_i 与 x_{i+1} 之间的某个地方。其二，为了计算式(4.15)的值，需要先计算 $f(x)$的 n+1 阶导数。而计算该导数需要知道 $f(x)$的表达式。然而，如果知道了 $f(x)$，就没有必要在此情况下进行泰勒级数展开了。

尽管式(4.15)存在这些困难，但是对于研究截断误差来说，它仍然是有用的。这是因为可以对公式中的 h 进行有效的控制。换言之，可以选择离 x 多远计算 $f(x)$，同时还可以控制展开式中包含的项数。所以，通常将式(4.15)表示为：

$$R_n = O(h^{n+1})$$

其中，表达式 $O(h^{n+1})$ 的意思是截断误差的阶数(order)为 h^{n+1}。也就是说，截断误差与步长 h 的 n+1 次方成比例。尽管这种近似并不意味着导数与 h^{n+1} 乘积大小的任何信息，但是如果数值方法是基于泰勒级数展开的，那么在判断该数值方法的相对误差(comparative error)时将非常有用。例如，如果误差为 $O(h)$，将步长减半后，截断误差也会减半；另一方面，如果误差为 $O(h^2)$，那么将步长减半就会使误差减小为原来的 1/4。

一般而言，通常可以认为通过增加泰勒级数展开的项数就可以减小截断误差。在很多情况下，如果 h 足够小，那么一阶项及其他低阶项通常不成比例地补偿掉了绝大部分误差。为此，只需要少数几项就可以获得足够精度的近似。通过下面的例子可以说明泰勒级数的这种特性。

例 4.3　用泰勒级数展开逼近函数

问题描述：基于 $f(x)$的值及其在 x_i=π/4 处的导数值，利用泰勒级数展开逼近函数 $f(x) = \cos x$ 在 x_{i+1}=π/3 处的值，其中 n 取 0~6。注意，这意味着 h=π/3−π/4=π/12。

解：知道了准确的函数，这允许我们计算准确的函数值 $f(\frac{\pi}{3})=0.5$。式(4.10)的零阶近似为：

$$f\left(\frac{\pi}{3}\right) \cong \cos\left(\frac{\pi}{4}\right) = 0.707106781$$

其百分比相对误差为：

$$\varepsilon_t = \left|\frac{0.5 - 0.707106781}{0.5}\right| 100\% = 41.4\%$$

对于一阶逼近，加入一阶导数项，其中 $f'(x) = -\sin x$，可得：

$$f\left(\frac{\pi}{3}\right) \cong \cos\left(\frac{\pi}{4}\right) - \sin\left(\frac{\pi}{4}\right)\left(\frac{\pi}{12}\right) = 0.521986659$$

其百分比相对误差为 $|\varepsilon_t|=0.40\%$。对于二阶逼近，加入二阶导数项，其中 $f''(x)=-\cos x$，可得：

$$f\left(\frac{\pi}{3}\right) \cong \cos\left(\frac{\pi}{4}\right) - \sin\left(\frac{\pi}{4}\right)\left(\frac{\pi}{12}\right) - \frac{\cos(\pi/4)}{2}\left(\frac{\pi}{12}\right)^2 = 0.497754491$$

其百分比相对误差为 $|\varepsilon_t|=0.449\%$。可以看出，增加更多的项可以改善估计效果。这个过程还可以继续下去，最后得到的结果如表 4.2 所示。

表 4.2　阶数与相对误差

阶数 n	$f^{(n)}(x)$	$f(\pi/3)$	$\|\varepsilon_t\|$
0	$\cos x$	0.707106781	41.4
1	$-\sin x$	0.521986659	4.40
2	$-\cos x$	0.497754491	0.449
3	$\sin x$	0.499869147	2.26×10^{-2}
4	$\cos x$	0.500007551	1.51×10^{-3}
5	$-\sin x$	0.500000304	6.08×10^{-5}
6	$-\cos x$	0.499999988	2.44×10^{-6}

注意，在此导数值永远不会等于 0。所以每加入一项估计值都会有一定的改善。然而，还要注意，在起初加入一些项的改善效果最佳。在本例中，加入第 3 项以后，误差已经减小到 0.026%了。这意味着，已经与真值的吻合程度达到了 99.97%。所以，尽管加入更多的项还可以进一步减小误差，但是改善效果已经可以忽略不计了。

4.3.2　泰勒级数展开的余项

在说明如何将泰勒级数实际用于估计数值误差之前，必须解释清楚，为什么在式(4.15)中包含参数 ξ。为此，接下来会用一种简单的、图形化的方式进行基本的解释。

假设截掉泰勒级数展开式(4.15)的零阶项以后，得到如下公式：

$$f(x_{i+1}) \cong f(x_i)$$

在图 4.7 中给出了零阶预测的图形描述。零阶预测的余项(或误差)(在图 4.7 中也给出了描述)由截掉的无穷级数组成：

$$R_0 = f'(x_i)h + \frac{f''(x_i)}{2!}h^2 + \frac{f^{(3)}(x_i)}{3!}h^3 + \cdots$$

显然，这种无穷级数的格式不便于处理余项。可以截取余项本身来将其简化，如下：

$$R_0 \cong f'(x_i)h \tag{4.16}$$

尽管如前一节所讲的一样，相对于高阶项而言，低阶导数通常占有余项的绝大部分，但此结果仍然是不准确的，因为它忽略了二阶项和更高阶项。这种“不准确”通过式(4.16)中的近似等于号($\cong$)表示。

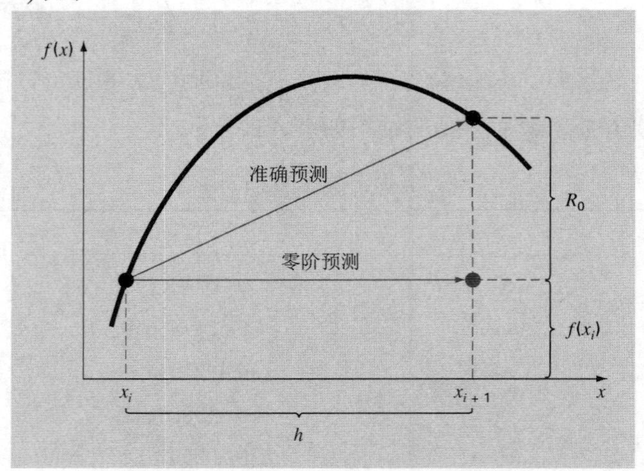

图 4.7 零阶泰勒级数预测及其余项的图形描述

另外一种简化方式是，将近似变换为等价，它是基于图形启示得到的。如图 4.8 所示，**微分中值定理**(*derivative mean-value theorem*)指出，如果一个函数及其导数在 $x_i \sim x_{i+1}$ 的区间是连续的，那么在该函数上就至少存在一点[记该函数在该点的斜率为 $f'(\xi)$]，通过该点的切线平行于 $f(x_i)$ 与 $f(x_{i+1})$ 的连线。参数 ξ 为具有该斜率的 x 值(如图 4.8 所示)。该定律的物理含义是，如果在这两点之间行走的平均速度为 $f'(\xi)$，那么在此过程中至少有某个时刻，会以该平均速度 $f'(\xi)$ 移动。

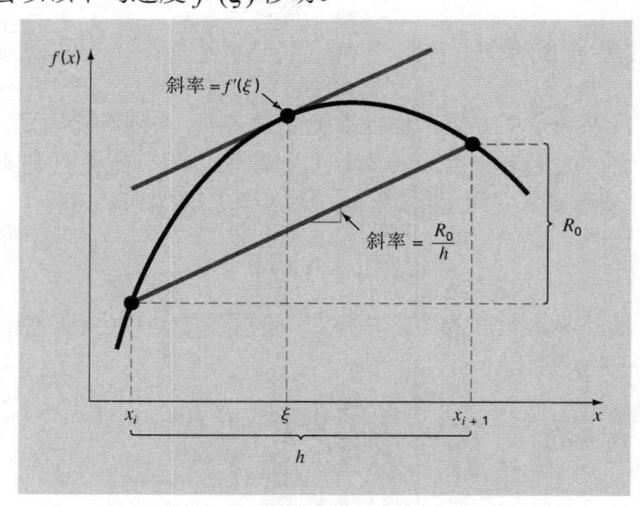

图 4.8 微分中值定理的图形描述

利用该定理易知斜率 $f'(\xi)$ 等于高度上升值 R_0 除以水平步长 h(如图 4.8 所示)，数学表达式为：

$$f'(\xi) = \frac{R_0}{h}$$

重新整理后可得：

$$R_0 = f'(\xi)h \tag{4.17}$$

这样，就推导出了式(4.15)的零阶版本。更高阶版本只是用于推导式(4.17)方法的逻辑扩展。一阶版本为：

$$R_1 = \frac{f''(\xi)}{2!}h^2 \tag{4.18}$$

对于一阶版本，必定有一个二阶导数使式(4.18)成立，ξ 等于此时对应的 x 取值。由式(4.15)可以推导出更高阶版本。

4.3.3　用泰勒级数估计截断误差

在本书的整个内容中，尽管泰勒级数在估计截断误差时非常有用，但是读者可能还不清楚如何将这种展开式实际应用于数值方法。实际上，在蹦极运动员的例子中已经这样做了。回顾一下例 1-1 和例 1-2，在这两个例子中要实现的目的是预测作为时间函数的蹦极运动员的速度。也就是说，要确定 $v(t)$。与式(4.14)的泰勒级数展开形式一样，可以将 $v(t)$展开为泰勒级数：

$$v(t_{i+1}) = v(t_i) + v'(t_i)(t_{i+1} - t_i) + \frac{v''(t_i)}{2!}(t_{i+1} - t_i)^2 + \cdots + R_n$$

现在，截去泰勒级数中一阶导数后面的项，可得：

$$v(t_{i+1}) = v(t_i) + v'(t_i)(t_{i+1} - t_i) + R_1 \tag{4.19}$$

式(4.19)可以如下求解：

$$v'(t_i) = \underbrace{\frac{v(t_{i+1}) - v(t_i)}{t_{i+1} - t_i}}_{\text{一阶近似}} - \underbrace{\frac{R_1}{t_{i+1} - t_i}}_{\text{截断误差}} \tag{4.20}$$

式(4.20)的前一部分正好与例 1-2 中用于逼近导数的关系式[式(1.12)]相同。然而，正是由于使用了泰勒级数这种方法，现在才能获得与该近似导数相关的截断误差。利用式(4.15)和式(4.20)可得：

$$\frac{R_1}{t_{i+1} - t_i} = \frac{v''(\xi)}{2!}(t_{i+1} - t_i)$$

或者：

$$\frac{R_1}{t_{i+1} - t_i} = O(t_{i+1} - t_i)$$

这样，导数[式(1.12)或式(4.20)的第一部分]估计值的截断误差的阶为$t_{i+1}-t_i$。换言之，得到的导数近似值的误差应该与步长成比例。所以，如果将步长减半，那么导数值的误差也应该会减半。

4.3.4 数值差分

在数值方法中，式(4.20)被赋予一个正式的名称——*有限差分*(*finite difference*)。一般可以将其表示为：

$$f'(x_i)=\frac{f(x_{i+1})-f(x_i)}{x_{i+1}-x_i}+O(x_{i+1}-x_i) \tag{4.21}$$

或者：

$$f'(x_i)=\frac{f(x_{i+1})-f(x_i)}{h}+O(h) \tag{4.22}$$

其中 h 称为步长——近似区间 $x_{i+1}-x_i$ 的长度。上式称为“向前”差分，因为它利用了 i 和 $i+1$ 处的数据估计导数[见图 4.9(a)]。

向前差分(forward difference)只是众多可以通过泰勒级数在数值上逼近导数的一种方法。例如，一阶导数的向后(backward)和中心(centered)差分逼近可以通过类似于式(4.20)的模式来推导。前者使用 x_{i+1} 和 x_i 处的数据[见图 4.9(b)]，后者则使用与计算导数值所在点距离相等的两个点处的值[见图 4.9(c)]。通过包含泰勒级数的更高阶项，可以得到一阶导数更加准确的近似值。最终，前面所有提到的版本还可以用于计算二阶、三阶和更高阶导数。下一节将进行简要总结，说明其中部分情况是如何推导的。

一阶导数的向后差分逼近。泰勒级数可以向后扩展以基于当前值计算前面值，如下：

$$f(x_{i-1})=f(x_i)-f'(x_i)h+\frac{f''(x_i)}{2!}h^2-\cdots \tag{4.23}$$

截去一阶导数之后，重新整理可得：

$$f'(x_i)\cong\frac{f(x_i)-f(x_{i-1})}{h} \tag{4.24}$$

其中，误差为$O(h)$。参见图 4.9(b)的图形表示。

一阶导数的中心差分逼近。第三种逼近一阶导数的方法是从向前泰勒级数展开中减去式(4.23)：

$$f(x_{i+1})=f(x_i)+f'(x_i)h+\frac{f''(x_i)}{2!}h^2+\cdots \tag{4.25}$$

可得：

$$f(x_{i+1})=f(x_{i-1})+2f'(x_i)h+\frac{f^{(3)}(x_i)}{3!}h^3+\cdots$$

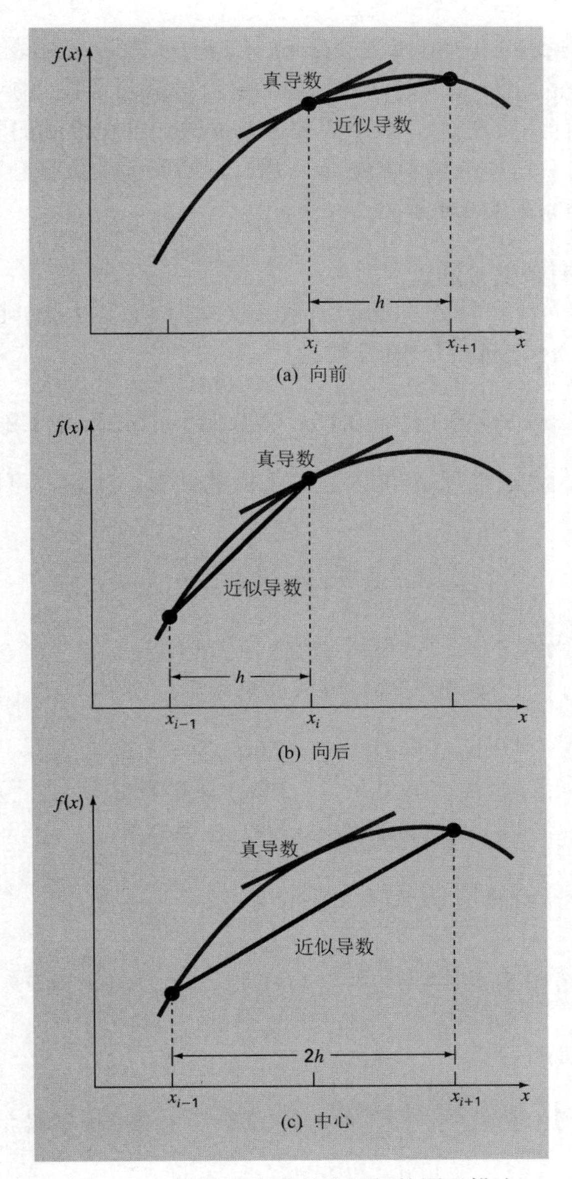

图 4.9　一阶导数有限差分近似的图形描述

求解可得：

$$f'(x_i) = \frac{f(x_{i+1}) - f(x_{i-1})}{2h} - \frac{f^{(3)}(x_i)}{6}h^2 + \cdots$$

或者：

$$f'(x_i) = \frac{f(x_{i+1}) - f(x_{i-1})}{2h} - O(h^2) \tag{4.26}$$

式(4.26)为一阶导数的中心有限差分(*centered finite difference*)表示。注意，中心有限差分表示的截断误差的阶为 h^2，而向前和向后逼近的截断误差的阶为 h。所以，通过泰勒级数分析可以得到实用的信息，即中心差分是导数一种更准确的表示[见图 4.9(c)]。例如，如果在向前或向后差分中将步长减半，那么截断误差大致也会减半，而对于中心差分而言，误差就变为原来的 1/4 了。

例 4.4 导数的有限差分逼近

问题描述：使用向前和向后差分逼近[截断误差为 $O(h)$]以及中心差分逼近(截断误差为 $O(h^2)$)估计下式在 x=0.5 处的一阶导数：

$$f(x) = -0.1x^4 - 0.15x^3 - 0.5x^2 - 0.25x + 1.2$$

步长使用 h=0.5。然后使用 h=0.25 重复上面的计算。注意，可以直接求得导数的解析式，如下所示：

$$f'(x) = -0.4x^3 - 0.45x^2 - 1.0x - 0.25$$

可以用上式计算导数的真值，可得 $f'(0.5)=-0.9125$。

解：当 h=0.5 时，利用函数表达式可以计算得到

$$\begin{aligned} x_{i-1} &= 0 & f(x_{i-1}) &= 1.2 \\ x_i &= 0.5 & f(x_i) &= 0.925 \\ x_{i+1} &= 1.0 & f(x_{i+1}) &= 0.2 \end{aligned}$$

可以用这些值计算向前差分[式(4.22)]：

$$f'(0.5) \cong \frac{0.2 - 0.925}{0.5} = -1.45 \qquad |\varepsilon_t| = 58.9\%$$

向后差分[式(4.24)]为：

$$f'(0.5) \cong \frac{0.925 - 1.2}{0.5} = -0.55 \qquad |\varepsilon_t| = 39.7\%$$

中心差分[式(4.26)]为：

$$f'(0.5) \cong \frac{0.2 - 1.2}{1.0} = -1.0 \qquad |\varepsilon_t| = 9.6\%$$

当 h=0.25 时，有：

$$\begin{aligned} x_{i-1} &= 0.25 & f(x_{i-1}) &= 1.10351563 \\ x_i &= 0.5 & f(x_i) &= 0.925 \\ x_{i+1} &= 0.75 & f(x_{i+1}) &= 0.63632813 \end{aligned}$$

可以用它们计算向前差分：

$$f'(0.5) \cong \frac{0.63632813 - 0.925}{0.25} = -1.155 \qquad |\varepsilon_t| = 26.5\%$$

向后差分：

$$f'(0.5) \cong \frac{0.925 - 1.10351563}{0.25} = -0.714 \qquad |\varepsilon_t| = 21.7\%$$

以及中心差分：

$$f'(0.5) \cong \frac{0.63632813 - 1.10351563}{0.5} = -0.934 \qquad |\varepsilon_t| = 2.4\%$$

对于上面的两种步长，中心差分逼近比向前或向后差分都要准确。同样，与泰勒级数分析所预测的一样，将步长减半会使向后和向前差分的截断误差减半，而使中心差分的截断误差变为原来的 1/4。

更高阶导数的有限差分逼近。除了一阶导数外，泰勒级数展开还可以用于推导更高阶导数的数值估计。为此，可以根据 $f(x_i)$ 写出 $f(x_{i+2})$ 的向前泰勒级数展开：

$$f(x_{i+2}) = f(x_i) + f'(x_i)(2h) + \frac{f''(x_i)}{2!}(2h)^2 + \cdots \tag{4.27}$$

将式(4.25)乘以 2，然后用式(4.27)减去得到的结果，可得：

$$f(x_{i+2}) - 2f(x_{i+1}) = -f(x_i) + f''(x_i)h^2 + \cdots$$

求解可得：

$$f''(x_i) = \frac{f(x_{i+2}) - 2f(x_{i+1}) + f(x_i)}{h^2} + O(h) \tag{4.28}$$

该关系式称为二阶向前有限差分(*second forward finite difference*)。使用类似的变换过程可以推导向后版本：

$$f''(x_i) = \frac{f(x_i) - 2f(x_{i-1}) + f(x_{i-2})}{h^2} + O(h)$$

可以将式(4.23)和式(4.25)相加，推导出二阶导数的中心差分逼近，重新排列，得到如下结果：

$$f''(x_i) = \frac{f(x_{i+1}) - 2f(x_i) + f(x_{i-1})}{h^2} + O(h^2)$$

与一阶导数逼近的情况一样，中间版本更准确些。还要注意，中间版本还可以表示为另外一种形式：

$$f''(x_i) \cong \frac{\dfrac{f(x_{i+1})-f(x_i)}{h}-\dfrac{f(x_i)-f(x_{i-1})}{h}}{h}$$

从上面的式子可知，正如二阶导数是导数的导数一样，二阶有限差分逼近是两个一阶差分的差分[回顾式(4.13)]。

4.4　总数值误差

总数值误差(*total numerical error*)是截断误差和舍入误差之和。一般而言，最小化舍入误差的唯一方式是增加计算机的有效数字个数，而且减性抵消或分析过程中计算量的增加会增大舍入误差。相比之下，例 4.4 表明，通过减小步长可以减小截断误差。因为减小步长可能导致减性抵消或增加计算量，所以减性误差随舍入误差的增加而减小(舍入误差随步长增大而增加)。

所以，你会遇到如下两难境地：减小总误差中的一部分会导致另一部分的增加。在计算过程中，本想通过减小步长来减小截断误差，但是发现这样做了以后，舍入误差开始在解中占主导地位，总误差变大了！这样，解决问题的良方反倒成了问题(见图 4.10)。这里面临的一个挑战是针对特定的计算确定合适的步长。我们希望选择大步长以减小计算量和舍入误差，同时又不会招致大截断误差的惩罚。如果总误差与如图 4.10 所示的一样，那么这种挑战就是要找到这样一个平衡点，在这一点上舍入误差开始抵消步长减小带来的好处。

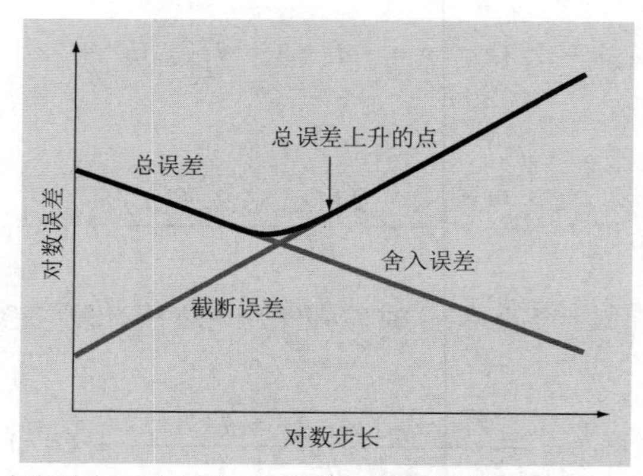

图 4.10　在数值方法中有时会同时出现舍入误差和截断误差，图中给出了在二者之间权衡的描述。图中显示了总误差上升的点，在该点处，舍入误差开始抵消减小步长带来的好处

在使用 MATLAB 时，这种情况相对少见，因为 MATLAB 具有 15 或 16 位数字的精度。然而，有时候确实会发生这种情况，这意味着存在一类“数值不确定性原理”，即对于特定的计算机数值方法，它所能够获得的精度具有绝对的限制。在下一节将研究这样一个案例。

4.4.1　数值微分的误差分析

与 4.3.4 节所描述的一样，一阶导数的中心差分逼近可以写为式(4.26)的形式：

$$\underset{\text{真值}}{f'(x_i)} = \underset{\text{有限差分逼近}}{\frac{f(x_{i+1}) - f(x_{i-1})}{2h}} - \underset{\text{截断误差}}{\frac{f^{(3)}(\xi)}{6}h^2} \tag{4.29}$$

由式(4.29)可以看出，如果有限差分逼近分子中的两个函数值没有舍入误差，那么仅有的就是截断误差。

然而，由于我们使用的是数字计算机，函数值确实包含舍入误差，如下所示：

$$f(x_{i-1}) = \tilde{f}(x_{i-1}) + e_{i-1}$$
$$f(x_{i+1}) = \tilde{f}(x_{i+1}) + e_{i+1}$$

其中的 $\tilde{f}$ 为舍入后的函数值，e 为相关的舍入误差。将这些值代入式(4.29)，可得：

$$\underset{\text{真值}}{f'(x_i)} = \underset{\text{有限差分逼近}}{\frac{\tilde{f}(x_{i+1}) - \tilde{f}(x_{i-1})}{2h}} + \underset{\text{舍入误差}}{\frac{e_{i+1} - e_{i-1}}{2h}} - \underset{\text{截断误差}}{\frac{f^{(3)}(\xi)}{6}h^2}$$

可以看出，有限差分逼近的总误差由随步长减少的舍入误差和随步长增加的截断误差组成。

假设舍入误差各个部分的绝对值具有上界ε，那么差分$e_{i+1} - e_i$的最大可能值为2ε。更进一步，假设三阶导数的最大绝对值为M。因此，总误差绝对值的上限可以表示为：

$$\text{总误差}=\left| f'(x_i) - \frac{\tilde{f}(x_{i+1}) - \tilde{f}(x_{i-1})}{2h} \right| \leqslant \frac{\varepsilon}{h} + \frac{h^2 M}{6} \tag{4.30}$$

通过求式(4.30)的导数可以得到最优步长，将得到的结果设为 0 并求解，可得：

$$h_{opt} = \sqrt[3]{\frac{3\varepsilon}{M}} \tag{4.31}$$

例 4.5　数值差分中的舍入误差和截断误差

问题描述：在例 4.4 中，用$O(h^2)$阶的中心差分逼近估计下面函数在 x=0.5 处的一阶导数

$$f(x) = -0.1x^4 - 0.15x^3 - 0.5x^2 - 0.25x + 1.2$$

从 h=1 开始执行同样的计算。然后逐步以因子 10 缩小步长，通过这种方式就可以看出随着步长的减小舍入误差是如何逐步占主导地位的。将其与式(4.31)的结果联系起来。回顾一下，导数的真值为−0.9125。

解：可以创建一个 M 文件来完成这个计算并绘制结果。注意，同时将函数和解析导数作为参数传入：

```
function diffex(func,dfunc,x,n)
format long
dftrue = dfunc(x);
h = 1;
H(1) = h;
D(1) = (func(x+h) - func(x - h))/(2*h);
E(1) = abs(dftrue - D(1));
for i = 2:n
  h = h/10;
  H(i) = h;
  D(i) = (func(x+h)-func(x - h))/(2*h);
  E(i) = abs(dftrue - D(i));
end
L = [H' D' E']';
fprintf('   step size   finite difference    true error\n');
fprintf('%14.10f %16.14f %16.13f\n',L);
loglog(H,E),xlabel('Step Size'),ylabel('Error')
title('Plot of Error Versus Step Size')
format short
```

可以用下面的命令运行 M 文件：

```
>> ff = @(x) -0.1*x^4 - 0.15*x^3 - 0.5*x^2 - 0.25*x+1.2;
>> df = @(x) -0.4*x^3 - 0.45*x^2 - x - 0.25;
>> diffex(ff,df,0.5,11)

   step size   finite difference    true error
  1.0000000000 -1.26250000000000  0.3500000000000
  0.1000000000 -0.91600000000000  0.0035000000000
  0.0100000000 -0.91253500000000  0.0000350000000
  0.0010000000 -0.91250035000001  0.0000003500000
  0.0001000000 -0.91250000349985  0.0000000034998
  0.0000100000 -0.91250000003318  0.0000000000332
  0.0000010000 -0.91250000000542  0.0000000000054
  0.0000001000 -0.91249999945031  0.0000000005497
  0.0000000100 -0.91250000333609  0.0000000033361
  0.0000000010 -0.91250001998944  0.0000000199894
  0.0000000001 -0.91250007550059  0.0000000755006
```

同图 4.11 所描述的一样，得到了期望的结果。首先，舍入误差达到最小，估计值的精度取决于截断误差。所以，同式(4.30)一样，我们每次将步长除以 10 后，总误差就以因子 100 减小。然而，从 h=0.0001 开始，我们发现舍入误差开始缓慢地增大，并超过了截断误差减小的速度。在 $h=10^{-6}$ 处，总误差达到最小。超过此点后随着舍入误差占主导地位，总误差会不断增加。

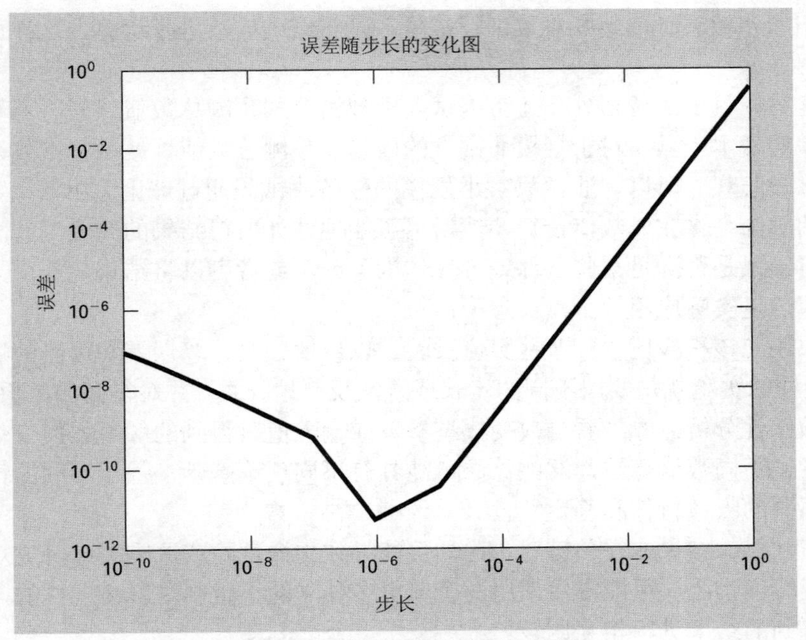

图 4.11　误差随步长的变化结果

因为现在面对的是比较容易的可微函数，所以还可以研究这些结果是否与式(4.31)一致。首先，可以通过计算函数的三阶导数估计 M 的值，如下所示：

$$M = \left|f^{(3)}(0.5)\right| = |-2.4(0.5) - 0.9| = 2.1$$

因为 MATLAB 的精度能够达到大约 15 或 16 位十进制数字，所以舍入误差的粗略估计应该大约为 ε=0.5×10^{-16}。将这些值代入式(4.31)，可得：

$$h_{opt} = \sqrt[3]{\frac{3(0.5 \times 10^{-16})}{2.1}} = 4.3 \times 10^{-6}$$

这与通过 MATLAB 获得的结果 1×10^{-6} 同阶。

4.4.2　数值误差的控制

对于实际应用而言，我们并不知道与数值方法相关的准确误差。当然，一个例外的情况是我们知道准确解，但这会使得数值逼近变得没有必要。所以，对于大多数工程和科学应用而言，必须对计算中的误差进行某种程度的估计。

并不存在适用于所有问题的、系统的和通用的数值误差估计方法。在很多情况下，误差估计建立在工程师或科学家的经验和判断基础之上。

尽管在某种程度上说，误差分析是一门艺术，但是我们可以建议几条实用的编程准则。首要的是避免将两个几乎相等的数相减。如果将两个相近的数相减，那么几乎总会丢失有效数。有时，可以通过对问题进行整理或变形来避免减性抵消。如果无法通过整理或变形来消除减性抵消，那么就可能要使用扩展精度(extended-precision)算术运算。而且，当数相加和相减时，最好对数进行排序，先对最小的数进行运算，这样可以避免丢失有效数字。

除了这些计算上的技巧外，还可以试着用理论公式预测总数值误差。泰勒级数是分析这类误差的基本工具。对于规模非常大的问题，预测总数值误差是非常复杂的，因此通常对此比较悲观。所以，通常只对小规模的任务才试图通过理论分析数值误差。

一般的倾向是先完成数值计算，然后尽可能地估计所得结果的精度。有时，可以通过查看所得结果是否满足某些条件或方程作为验证，或者可以将结果代回原方程，以检验结果是否满足实际应用。

最后，还应该积极地进行一些数值实验，以便增强对计算误差和可能的病态问题的认知度。这样的实验就是要用不同的步长或方法反复地计算，并对得到的结果进行比较。可以应用敏感性分析，看一看当改变模型参数或输入值时得到的解是如何变化的。我们可能希望尝试不同数值算法，这些算法可能具有不同理论基础，基于不同的计算策略，或者具有不同的收敛特性和稳定特性。

当数值计算的结果非常关键时，比如可能导致生命危险或严重的经济灾难，那么就应该特别谨慎。为此，可能需要使用两个或更多独立的小组同时解决同样的问题，这样就可以对得到的结果进行相互比较。

在本书的所有章节中，误差的作用都是关注和分析的主题。我们会将相关的研究留给后续的特定章节。

4.5 粗差、模型误差和数据不确定性

尽管下面的误差源与本书中大多数数值方法并不相关，但是有时它们会对建模过程的成功与否产生极大的影响。为此，当在现实问题中应用数值技术时，必须时刻注意这些误差。

4.5.1 粗差

我们对*粗差*(*gross error* 或 *blunder*)都很熟悉，在计算机出现的早期，错误的数值结果有时可能是由于计算机自身的失效造成的。今天，这种误差源已经非常少见了，并且大多数粗差完全是由于人类自身的缺陷造成的。

粗差可能出现在数学建模过程中的任何阶段，并且可能对其他所有的误差成分造成影响。要避免这种误差，只能通过使用基本原理的正确知识并仔细处理和设计问题的解。

在讨论数值方法时，粗差通常会被忽略。这毫无疑问是由于这样一个事实(我们可以尝试)，即错误在某种程度上不可避免。然而，我们确信，有很多方法可以使得这些错误尽可能少。尤其是，好的编程习惯(在第 3 章已经粗略介绍过)对于消除编程粗差是非常有益的。另外，通常还有简单的方法来验证特定的数值方法是否工作正常。贯穿整本书，我们都会讨论验证数值计算结果的方法。

4.5.2　模型误差

模型误差(*model error*)与不完备(*incomplete*)数学模型引起的偏差有关。模型误差的一个例子是牛顿第二定律没有考虑相对论效应(尽管可以忽略)。这并没有降低例 1-1 中解的充分性，因为这些误差在与蹦极问题相关的时空尺度上是极小的。

然而，假设大气阻力与下降速度的平方不成正比，与式(1.7)中的情况一样，但是它与速度和其他的因素以不同的方式存在关联。如果情况是这样的，那么不管是从第 1 章中得到的解析解还是数值解，都会因为模型误差而出现错误。应该识别这种类型的误差并认识到，如果是基于很差的模型在工作，那么没有数值方法可以获得足够精确的解。

4.5.3　数据不确定性

有时由于建模所使用的实验数据中存在不确定性，误差会进入分析过程。例如，假如我们希望通过让一个人反复地跳，然后测量他或她在指定时间间隔后的速度，以测试蹦极运动员模型的正确性。不确定性毫无疑问与这些测量值有关系，因为蹦极运动员在某些跳(jump)中会比其他跳下降更快。这些误差既可以表现为不准确性，也可以表现为不精确性。如果用于测量的仪器总是低估或高估了蹦极运动员的速度，那么就是在使用不准确或具有偏差的设备。另一方面，如果测量值时高时低，那么就面临精度问题。

使用一种或多种合适的统计方法对数据进行总结，这种数据总结要包含尽可能多的关于特定数据特征的信息，这样就可以量化测量误差。最一般的情况是用这些描述统计方法(descriptive statistics)表示：(1)数据分布的中心位置，(2)数据的分散程度。同样，它们分别给出了偏差和不精确性的测度。在第Ⅳ部分讨论回归(regression)问题时，还会回到数据不确定性这个主题。

尽管必须识别粗差、模型误差和不确定数据，但是还需要对用于建立模型的数值方法进行研究，在多数情况下，这些误差之间是相互独立的。所以，在本书的大部分内容中，会假定我们不会犯大错，我们具有正确的模型，并且处理的是没有错误的测量值。在这样的条件下，可以在不考虑复杂因素的情况下研究数值误差。

4.6　习题

4.1　“除后求平均”方法是一种逼近任何正数 a 的平方根的老方法，可以表示为：

$$x=\frac{x+a/x}{2}$$

基于 4.1.3 节中的算法，编写一个结构完整的函数，实现该算法。

4.2　将下面的二进制数转换为十进制数：1011001、0.01011 和 110.01001。

4.3　将下面的八进制数转换为十进制数：61565 和 2.71。

4.4　对于计算机而言，机器精度 ε 还可以认为是计算机可以表示的最小的数，将其加到 1 上得到的结果为一个大于 1 的数。基于这种思想可以建立一个算法，如下：

第 1 步：令ε=1。

第 2 步：如果 1+ε 小于或等于 1，那么跳到第 5 步；否则进入第 3 步。

第 3 步：$\varepsilon=\varepsilon/2$。

第 4 步：回到第 2 步。

第 5 步：$\varepsilon=2\times\varepsilon$。

基于该算法编写自己的 M 文件以求得机器精度。将其与内置函数 eps 计算得到的值进行比较。

4.5 以类似于习题 4.4 的方式，创建自己的 M 文件，求得 MATLAB 中使用的最小正数。将算法建立在如下概念之上：计算机无法可靠地区分 0 与小于最小正数之间的数。注意，得到的结果会不同于用函数 realmin 计算得到的值。具有挑战性的问题：对自己的代码产生的数和用 realmin 函数获得的数，分别取以 2 为底的对数，然后对得到的结果进行研究。

4.6 尽管不常用，但是 MATLAB 准许用单精度表示数。每个值存储为 4 个字节，其中有 1 位用于表示符号，23 位用于表示尾数，8 位用于表示带符号的指数。对于该单精度表示，确定最小和最大的正浮点数以及机器精度。注意指数的范围是−126~127。

4.7 对于例 4.2 中假想的十进制计算机，证明其机器精度为 0.05。

4.8 $f(x)=1/(1-3x^2)$的导数为：

$$\frac{6x}{(1-3x^2)^2}$$

计算该函数在 x=0.577 处的值会有困难吗？尝试使用带截断(chopping)的 3 位和 4 位数字的算术运算。

4.9 (a) 计算多项式：

$$y=x^3-7x^2+8x-0.35$$

在 x=1.37 处的值。使用带截断的 3 位数字的算术运算。计算相应的百分比相对误差。

(b) 重复(a)，但将 y 表示为：

$$y=((x-7)x+8)x-0.35$$

计算相应的误差并与(a)的结果进行比较。

4.10 下面的无穷级数可以用于逼近 e^x：

$$e^x=1+x+\frac{x^2}{2}+\frac{x^3}{3!}+\cdots+\frac{x^n}{n!}$$

(a) 证明该麦克劳林级数展开是式(4.14)中 x_i=0、h=x 时泰勒级数展开的特例。

(b) 当 x_i=0.25 时，用泰勒级数估计 $f(x)=e^{-x}$ 在 x_{i+1}=1 处的值。应用零阶、一阶、二阶和三阶版本，并分别针对每种情况计算$|\varepsilon_t|$。

4.11 cos x 的麦克劳林级数展开为：

$$\cos x=1-\frac{x^2}{2}+\frac{x^4}{4!}-\frac{x^6}{6!}+\frac{x^8}{8!}-\cdots$$

从最简单的情况 $\cos x=1$ 开始，每次增加一项以估计 $\cos(\pi/3)$的值。在每加入一个新项后，分别计算真实百分比相对误差和近似百分比相对误差。使用袖珍计算器或 MATLAB 确定真值。不断地加入新项，直到近似误差估计的绝对值小于两位有效数字对应的误差准则时才停止。

4.12　执行与习题 4.11 同样的计算，但使用麦克劳林级数扩展逼近 $\sin x$ 以估计 $\sin(\pi/3)$的值。

$$\sin x = x - \frac{x^3}{3!} + \frac{x^5}{5!} - \frac{x^7}{7!} + \cdots$$

4.13　用零至三阶泰勒级数展开预测 $f(3)$的值：

$$f(x) = 25x^3 - 6x^2 + 7x - 88$$

使用的基准点为 $x=1$。针对每个逼近分别计算真实百分比相对误差 ε_t。

4.14　证明：如果 $f(x)=ax^2+bx+c$，那么对于 x 的所有取值，式(4.12)都是准确的。

4.15　使用零至四阶泰勒级数展开预测 $f(2)$，其中 $f(x)=\ln x$，使用的基准点为 $x=1$。针对每个逼近分别计算真实百分比相对误差 ε_t，并讨论所得结果的含义。

4.16　使用阶为 $O(h)$ 的向前和向后差分逼近，以及阶为 $O(h^2)$ 的中心差分逼近估计习题 4.13 所研究函数的一阶导数。用步长 $h=0.25$ 估计 $x=2$ 处的导数。将得到的结果与导数的真值进行比较。在泰勒级数展开余项的基础上对得到的结果做出解释。

4.17　用阶为 $O(h^2)$ 的中心差分逼近估计习题 4.13 中函数的二阶导数。分别使用步长 $h=0.2$ 和 $h=0.1$ 估计 $x=2$ 处的二阶导数值。在泰勒级数展开余项的基础上对得到的结果做出解释。

4.18　如果 $|x|<1$，那么可知：

$$\frac{1}{1-x} = 1 + x + x^2 + x^3 + \cdots$$

针对该级数，取 $x=0.1$，重复习题 4.11。

4.19　为了计算行星的空间坐标，必须求解如下函数：

$$f(x) = x - 1 - 0.5\sin x$$

令基准点为区间[0, π]上的 $a = x_i = \pi/2$。在指定的区间上，确定最大误差为 0.015 时最高阶的泰勒级数展开。误差等于给定函数与指定泰勒级数展开之差的绝对值(提示：用图形法求解)。

4.20　设函数 $f(x)=x^3-2x+4$ 的定义域为区间[−2,2]。用向前、向后和中心有限差分逼近求一阶和二阶导数，步长为 $h=0.25$，并用图形说明哪种逼近最准确。将三种一阶导数的有限差分逼近及理论值绘制在同一张图上，然后针对二阶导数也画出同样的图形。

4.21　推导式(4.31)。

4.22　重复例 4.5，但针对函数 $f(x)=\cos x$ 在 $x=\pi/6$ 处的值进行计算。

4.23　重复例 4.5，但要求使用向前差分(forward divided difference)[式(4.22)]。

4.24　出现减性抵消的一个常见实例涉及使用二次公式，找到抛物线方程 $ax^2 + bx + c$ 的根：

$$x = \frac{-b \pm \sqrt{b^2 - 4ac}}{2a}$$

对于 $b^2 >> 4ac$ 的情况，分子中的差值非常小，可能会出现舍入误差。在这种情况下，可以使用替代公式来最小化减性抵消：

$$x = \frac{-2c}{b \pm \sqrt{b^2 - 4ac}}$$

使用带截断的 5 位数字的算术运算，分别采用两个版本的二次公式，计算以下方程的根：

$$x^2 - 5000.002x + 10$$

4.25　开发一个结构完整的 MATLAB 函数，用于计算习题 4.11 中所述余弦函数的麦克劳林级数展开式。将你的函数写成图 4.2 中那种指数函数表示模式。使用 $\theta=\pi/3(60°)$ 和 $\theta=2\pi+\pi/3=7\pi/3(420°)$测试程序。解释使用所希望的近似绝对误差($\varepsilon_a$)，获得正确结果所需的迭代次数在数目上为何不同。

4.26　开发一个结构完整的 MATLAB 函数，用于计算习题 4.11 中所述正弦函数的麦克劳林级数展开式。将你的函数写成 4.1.3 节中那种指数函数表示模式。使用 $\theta=\pi/3(60°)$ 和 $\theta=2\pi+\pi/3=7\pi/3(420°)$测试程序。解释使用所希望的近似绝对误差($\varepsilon_a$)，获得正确结果所需的迭代次数在数目上为何不同。

4.27　回顾微积分课程中以苏格兰数学家 Colin Maclaurin(1698-1746)命名的麦克劳林级数，这是约为 0 的函数的泰勒级数展开。使用泰勒级数推导出习题 4.11 和习题 4.25 中所采用余弦函数的麦克劳林展开式中的前四项。

4.28　x 的反正切函数的麦克劳林级数展开式定义为：对于$|x|\leqslant 1$

$$\arctan x = \sum_{n=0}^{\infty} \frac{(-1)^n}{2n+1} x^{2n+1}$$

(a) 写出前 4 项($n = 0,...,3$)。

(b) 从最简单的版本开始，$\arctan x = x$，一次添加一项来估计 $\arctan(\pi/6)$的值。在每添加一项后，计算真实百分比相对误差和近似百分比相对误差。使用计算器确定真实值。持续添加项，直到近似误差估计值的绝对值低于误差标准，即两个有效数字一致。

第 II 部分

求根与最优化

概述

几年前，你可能已经学习了如何使用二次公式：

$$x = \frac{-b \pm \sqrt{b^2 - 4ac}}{2a} \tag{PT2.1}$$

求解方程：

$$f(x) = ax^2 + bx + c = 0 \tag{PT2.2}$$

用式(PT2.1)计算得到的值称为式(PT2.2)的“根”。它们是使式(PT2.2)等于 0 的那些值。为此，有时又将根称为方程的零点(*zero*)。

尽管利用二次公式可以很方便地求解式(PT2.2)这类方程，但是还有很多其他的方程，无法如此容易地求得它们的根。在数字计算机出现之前，有很多方法可以用于求解这类方程的根。有些情况下，可以通过式(PT2.1)这样直接的方式求得。尽管有些类似的方程可以直接求解，但是还有非常多的方程是无法这样直接求解的。在这种情况下，唯一的选择就是近似求解方法。

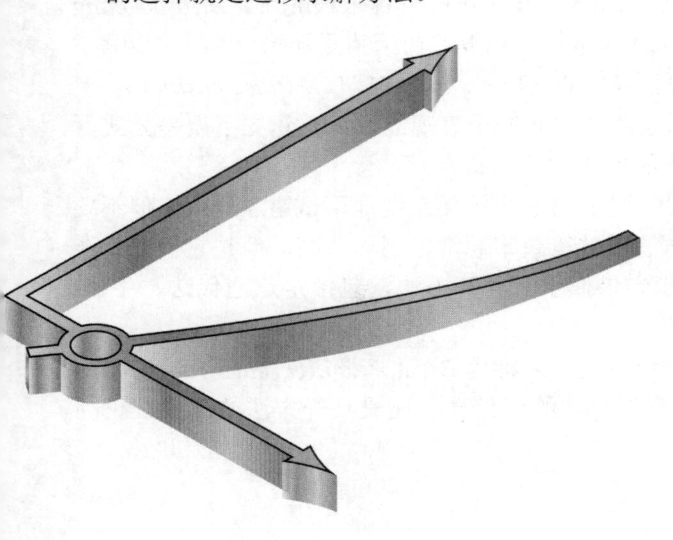

获得近似解的一种方法就是绘制函数的图形，并确定图形与 x 轴的交点。这表明该 x 值使得 $f(x)=0$，因此该点就是方程的根。尽管图形法对于求解根的粗略估计是很有用的，但是图形法是有局限性的，因为它缺乏精度保证。另外一种方式就是使用“试错法”(*trial and error*)。这种“技术”由两步组成：其一是猜测 x 的值；其二是计算 $f(x)$看是否等于 0。如果不等于 0(大多数情况

下都是如此)，那么进行下一轮猜测和计算过程，利用新的 x 猜测值再次计算 $f(x)$，看新猜测值是否为根的估计值。一直重复这个过程，直到猜测值使得 $f(x)$足够接近 0 为止。

这类随机方法对于工程和科学应用的需求来说显然是低效和不够的。数值方法给出了替代方法，虽然也是近似的，但却采用了系统性的策略来逐步收敛到真实根。如后面将要详细讨论的一样，可以将这些系统性的方法和计算机结合起来，这样就可以让最广泛应用的方程求根问题的求解过程变得简单和高效。

除了根以外，令工程师和科学家感兴趣的另外一个特征是函数的极小值和极大值。确定这种最优值的过程称为*最优化*(*optimization*)。正如在微积分(calculus)部分学习的一样，通过解析方式确定函数平坦处的值可以得到这样的最优解；即函数在导数等于 0 的位置。尽管这样的解析解有时是可以得到的，但是大多数实际优化问题需要用数值方法或计算机来求解。从数值方法的角度来看，这样的数值优化方法在本质上类似于刚刚讨论过的方程求根方法。也就是说，二者都是要猜测或搜索函数的某个位置。两类问题的根本区别如图 PT2.1 所示。求根需要搜索函数值等于 0 的位置。相比之下，最优化则需要搜索函数的极值点(extreme point)。

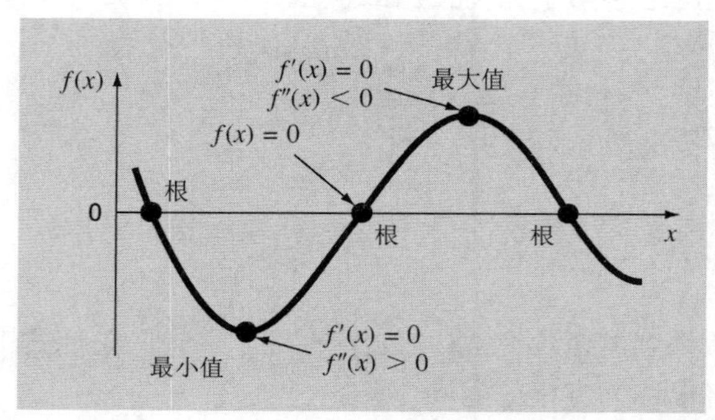

图 PT2.1　一个单变量函数，用于说明求根与优化问题之间的差异

内容组织

本部分的前两章内容专注于方程求根。第 5 章集中讲解方程求根的*划界法*(*bracketing method*)。这些方法首先从界定(bracket)或包含(contain)根的初始猜测开始，然后逐步缩小界限的宽度。主要讨论了两种特定的方法：*二分法*(*bisection*)和*试位法*(*false position*)。使用图形法(graphical method)可以让你对这些方法有一个直观的认识。建立了误差公式，就有助于确定根估计达到预定精度水平时所需的计算量。

第 6 章主要讲*开方法*(*open method*)。这些方法也需要系统地用试错法迭代，但不要求初始猜测界定根。我们会发现这些方法的计算效率通常比划界法高，但是它们并不能保证总能成功求得方程的根。我们会用实例演示几种开方法，包括定点迭代法、牛顿-拉弗森(Newton-Raphson)法和割线法。

在对这些特定开方法进行描述后，还讨论了被称为 Brent *求根法*(*Brent's root-finding method*)的混合方法，这种方法不仅具有划界法的可靠性，还兼具开方法的速度。正因为如此，Brent 求根法成为 MATLAB 求根函数 fzero 的基础。在以实例说明了 fzero 函数如何用于工程和科学问题求解后，第 6 章以对一些特定方法的简要讨论结束，这些方法专门针对多项式(polynomial)的求根问题，尤其是描述了 MATLAB 针对这类问题的优秀内置功能。

第 7 章讨论优化问题(optimization)。首先，描述了两种划界法：黄金分割搜索法(*golden-section search*)和抛物线插值法(*parabolic interpolation*)，它们都是针对单变量函数的寻优问题。随后，讨论了一种将黄金分割搜索法和抛物线插值法结合起来的可靠混合方法。该方法还得益于 Brent，它构成了 MATLAB 一维求根函数 fminbnd 的基础。在描述并用实例演示了 fminbnd 函数后，该章的最后一部分是关于多维函数最优化的简要描述。重点在于描述并介绍如何使用 MATLAB 在最优化方面的功能：fminsearch 函数。最后，该章以一个例子结束，该例演示了如何将 MATLAB 用于求解工程和科学领域中的优化问题。

第5章

求根：划界法

本章目标

本章的主要目标是让读者熟悉单变量非线性方程求根的划界法，具体的目标和主题包括：

- 理解什么是求根问题以及在工程和科学领域中什么地方会出现这类问题。
- 知道如何通过图形法求方程的根。
- 理解增量搜索方法(incremental search method)及其不足。
- 知道如何用二分法解决求根问题。
- 知道如何估计二分法的误差以及为什么它不同于其他类型求根算法的误差估计。
- 理解试位法以及如何将其与二分法区分开来。

提出问题

医学研究表明，如果在自由下落4s后自由落体速度超过了36m/s，那么蹦极运动员持续大幅振动损伤的概率会显著增加。蹦极运动公司的老板希望确定，在给定0.25kg/m的阻力系数下超越该准则的蹦极运动员体重是多少。

从前面的学习中，我们知道可以用如下解析解预测作为时间函数的下落速度：

$$v(t)=\sqrt{\frac{gm}{c_d}}\tanh\left(\sqrt{\frac{gc_d}{m}}t\right) \tag{5.1}$$

尽可能地尝试，但是无论如何也都无法将该方程变换为显式地表示 m，也就是说，无法将质量单独分离出来放在方程的左边。

可以用另外一种方式看待这个问题，就是在方程的两边同时减去 $v(t)$，可以得到一个新的函数：

$$f(m)=\sqrt{\frac{gm}{c_d}}\tanh\left(\sqrt{\frac{gc_d}{m}}t\right)-v(t) \tag{5.2}$$

现在可以看出，该问题的答案是使该函数等于 0 的 m 值，所以称其为一个“求根”问题。本章将介绍如何用计算机作为工具求得这样的解。

5.1　工程和科学领域中的求根问题

尽管方程求根问题会出现在其他的问题背景下，但是它们在设计领域非常常见。表 5.1 列出了常用于设计工作的很多基本原理。正如第 1 章所介绍的一样，由这些原理导出的数学公式或模型可以用于预测应变量的值，应变量是自变量、强制函数和参数的函数。注意，在此情况下，应变量反映的是系统状态或性能，而参数表示的是系统的性质或组成。

表 5.1　用于设计问题的基本原理

基本原理	应变量	自变量	参数
热平衡	温度	时间和位置	材料的热性质、材料的系统结构
质量守恒	质量的浓度或数量	时间和位置	化学行为、质量转移、系统结构
力平衡	力的大小和方向	时间和位置	材料强度、结构特性、系统结构
能量守恒	势能和动能的变化	时间和位置	热性质、材料质量、系统结构
牛顿运动定律	加速度、速度和位置	时间和位置	材料质量、系统结构、能耗参数
基尔霍夫定律	电流和电压	时间	电子器件特性(电阻、电容、电导)

作为这类模型的一个例子是用于求蹦极运动员速度的方程。如果参数已知，可以用式(5.1)预测蹦极运动员的速度。这样的计算可以直接完成，因为 v 可以显式地表示为模型参数的函数。也就是说，可以将其单独放在等号的一边。

然而，正如本章开头提出的一样，假设在给定阻力系数的情况下，为了在预先设定的时段内达到预定的速度，必须确定蹦极运动员的体重。尽管式(5.1)给出了模型变量与参数之间关系的数学表示，但还是无法显式地求解出蹦极运动员的体重。在这种情况下，称 m 是隐式的(*implicit*)。

这是一个进退维谷的选择，因为很多设计问题需要指定系统的特性或组成(用参数表示)，这样才能确保设计结果可以按照期望的方式(用变量表示)工作。为此，这些问题经常要求确定隐式参数的值。

解决这个难题的方法就是数值方法中的方程求根。为了用数值方法求解该问题，在式(5.1)的两边同时减去应变量 v，可以将其变换为式(5.2)的形式。所以，使得 $f(m)=0$ 的 m 值即为方程的根。该值也代表该质量满足设计问题。

后面的内容会讨论各种用于确定像式(5.2)这类关系式的根的数值和图形法。这些技术可以解决工程和科学领域中经常会遇到的很多其他问题。

5.2　图形法

一个获得方程 $f(x)=0$ 的根的估计值的简单方法是绘制函数的图形，然后观察它在什么地方与 x 轴相交。函数与 x 轴的交点就表示使 $f(x)=0$ 的 x 值，它是根的粗略近似。

例 5.1　图形法

问题描述：用图形法确定蹦极运动员的体重，假设蹦极运动员的阻力系数为 0.25kg/m，在下落 4s 后的速度为 36m/s。注意：重力加速度为 9.81m/s^2。

解：下面的 MATLAB 会话生成式(5.2)的图形(如图 5.1 所示，横坐标为质量)。

```
>> cd = 0.25; g = 9.81; v = 36; t = 4;
>> mp = linspace(50,200);
>> fp = sqrt(g*mp/cd).*tanh(sqrt(g*cd./mp)*t)-v;
>> plot(mp,fp),grid
```

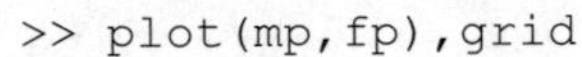

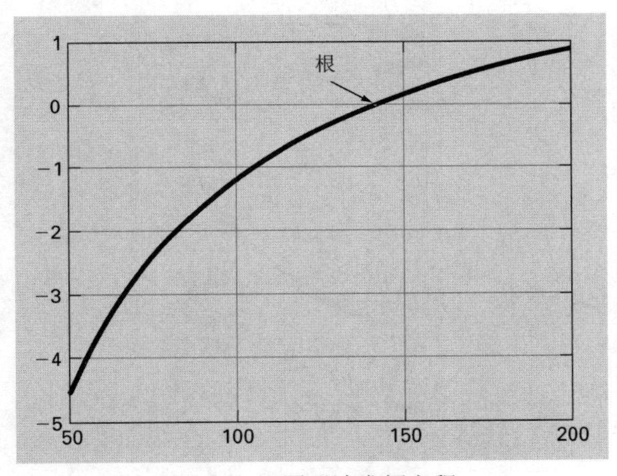

图 5.1　用图形法求解方程

函数在140kg~150kg之间与m轴(代表质量的轴)相交。通过观察该图可以估计一个粗略的根的估计值145kg(大约320磅)。图形估计值的有效性验证可以通过将其代回式(5.2)实现：

```
>> sqrt(g*145/cd)*tanh(sqrt(g*cd/145)*t)-v

ans =
   0.0456
```

结果接近于 0。还可以将其与示例中的参数值一起代入式(5.1)进行验证，可得：

```
>> sqrt(g*145/cd)*tanh(sqrt(g*cd/145)*t)

ans =
  36.0456
```

结果接近于期望的下落速度 36m/s。

图形法只具有有限的实际应用价值，因为它们不是很精确。然而，可以用图形法获得根的粗略估计值，然后将这些估计值作为本章讨论的数值方法的初始猜测值。

除了可以提供根的初始估计值外，图形解释对于理解函数的性质和预测数值方法的陷阱是很有用的。例如，图 5.2 表明，在由下限 x_l 和上限 x_u 限定的区间内，根可以以很多方式出现(或不出现)。图 5.2(b)描述了一种情形，$f(x)$具有由正函数值和负函数值限定的单根。然而，在图 5.2(d)中，尽管$f(x_l)$和$f(x_u)$也在 x 轴的两边，但是可以看出在区间内共有 3 个根。总之，如果$f(x_l)$和$f(x_u)$的符号相反，那么在该区间内就存在奇数个根。如图 5.2(a)和图 5.2(c)所示的一样，如果$f(x_l)$和$f(x_u)$具有相同的符号，那么在该区间内要么无根，要么有偶数个根。

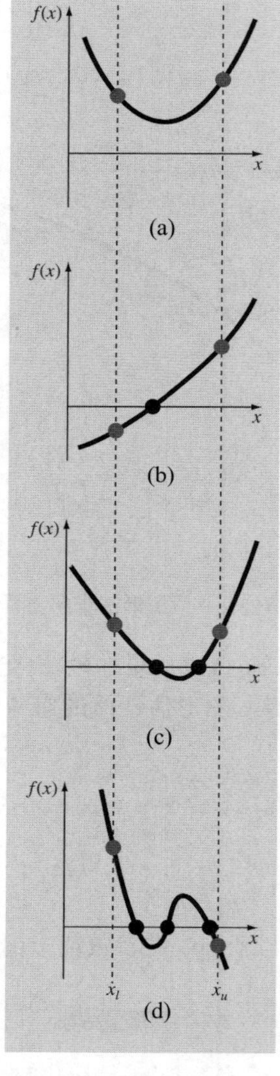

图 5.2 演示在由下限 x_l 和上限 x_u 界定的区间内，几种根出现的一般方式。(a)和(c)表明如果$f(x_l)$和$f(x_u)$具有相同的符号，那么在该区间内要么无根，要么有偶数个根。(b)和(d)表明如果函数在两个端点处的符号不同，那么在该区间内有奇数个根

尽管这些一般性结论在通常情况下是正确的，但是在有些情况下它们并不成立。例如，与 x 轴相切的函数[见图 5.3(a)]和不连续函数[见图 5.3(b)]就不符合这些准则。作为与 x 轴相切的函数例子，三次方程 $f(x)=(x-2)(x-2)(x-4)$就是这样。注意，x=2 使多项式的前 2 项等于 0。在数学上，x=2 称为重根(*multiple root*)。尽管这超出了本书的范围，但是有一些特定的技术是专门为求复根而设计的(Chapra and Canale, 2010)。

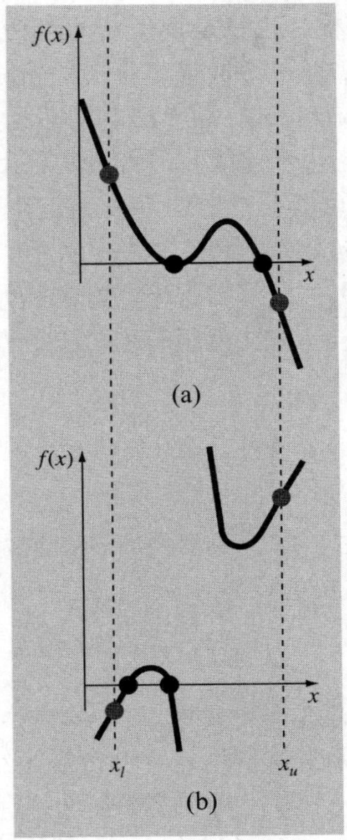

图 5.3 演示图 5.2 所描述的一般情况的几种例外。(a)当函数与 x 轴相切时会出现复根。在此情况下，尽管端点处的函数值符号相异，但是在该区间内与 x 轴只有偶数个交点。(b)端点符号相异的不连续函数，但在该区间内存在偶数个根。对于这些情况，需要应用特殊的策略来求解方程的根

由于会出现图 5.3 描述的这类情况，所以难于开发简单可靠的计算机算法以保证可以求得区间内的所有根。然而，当与图形法结合使用时，在下面的内容中所描述的方法对于求解工程师、科学家和应用数学家经常遇到的很多问题非常有用。

5.3 划界法与初始猜测值

如果在计算机出现以前的时代需要对方程求根，那么就需要使用“试错法”。也就是说，需要反复地选定猜测值直到函数值与 0 足够接近为止。这个过程在电子数据表格(spreadsheets)之类的软件工具出现之后变得非常简单。电子数据表格可以让用户快速地选定很多猜测值，对于某些问题来说，这类工具实际上可以让试错法更具吸引力。

但是，对于其他的问题来说，偏向于使用能够自动求得方程正确根的方法。令人感兴趣的是，与试错法一样，这些方法也需要初始猜测值才能开始工作。之后，它们就可以按照迭代方式系统性地收缩到方程的根上。

有两类主要的可用方法，区别在于所需初值的类型。它们是：

- *划界法*。正如其名，这类方法建立在两个初始猜测值的基础上，并要求这两个猜测值界定的区间包含该根。也就是说，这两个初始值必须在该根的两边。
- *开方法*。这些方法可能需要一个或更多个初始猜测值，但是不必要求它们包含根。

对于适定问题(well-posed problem)，划界法总能够正常工作，但收敛较慢(也就是说，典型情况下，它们需要更多的迭代步才能收敛到真实根上)。相比之下，开方法不一定总能正常工作(也就是说，开方法可能会发散)，但是当它们能够正常工作时却收敛得更快。

在这两种情况下，都需要初始猜测值。这些初始猜测值可能在所分析的实际问题背景下很自然地获得。然而，在另外一些情况下，好的初始猜测值可能不是那么明显，在此情况下，获取初始猜测值的自动方法就很有用。下一节就会描述这样一个方法，即增量搜索(incremental search)。

增量搜索

当在例 5.1 中使用图形法时，可以观察到 $f(x)$在根两边的符号发生了变化。一般而言，如果 $f(x)$是 x_l~x_u 区间上的实值连续函数，并且 $f(x_l)$与 $f(x_u)$的符号相反，也就是：

$$f(x_l)f(x_u) < 0 \tag{5.3}$$

那么在 x_l 到 x_u 之间就至少存在一个实根。

增量搜索(*incremental search*)方法利用这样一个观察结果，即将区间定位到函数符号发生改变的位置。增量搜索的一个潜在问题是如何选择递增步长。如果步长过小，那么搜索可能非常耗时。另一方面，如果步长过大，就有可能遗漏紧挨着的根(如图 5.4 所示)。在可能出现复根的情况下，这个问题更加复杂。

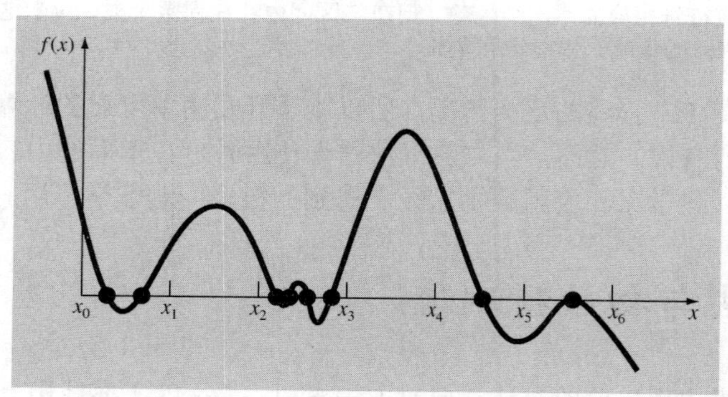

图 5.4　由于搜索过程的递增步长过大而可能导致的漏根情况(注意，最右边的那个根是复根，不管递增步长为多少，它都会被遗漏)

可以创建[1]一个实现了增量搜索方法的 M 文件 insearch 来求解函数 func 的根，定义域为 x_{min}~x_{max}。用一个可选参数 *ns*，用户就可以指定该定义域内的区间数目。如果忽略 *ns*，那么该参数会自动设为 50。可以用 for 循环逐一求解每个区间。当出现符号改变的情况时，就将上下限存储在矩阵 *xb* 中。

```
function xb = incsearch(func,xmin,xmax,ns)
% incsearch: incremental search root locator
%   xb = incsearch(func,xmin,xmax,ns):
%      finds brackets of x that contain sign changes
%      of a function on an interval
% input:
%   func = name of function
%   xmin, xmax = endpoints of interval
%   ns = number of subintervals (default = 50)
% output:
%   xb(k,1) is the lower bound of the kth sign change
%   xb(k,2) is the upper bound of the kth sign change
%   If no brackets found, xb = [].
if nargin < 3, error('at least 3 arguments required'), end
if nargin < 4, ns = 50; end %if ns blank set to 50
% Incremental search
x = linspace(xmin,xmax,ns);
f = func(x);
nb = 0; xb = []; %xb is null unless sign change detected
for k = 1:length(x)-1
  if sign(f(k)) ~= sign(f(k+1)) %check for sign change
    nb = nb + 1;
    xb(nb,1) = x(k);
    xb(nb,2) = x(k+1);
  end
end
if isempty(xb)    %display that no brackets were found
  disp('no brackets found')
  disp('check interval or increase ns')
else
  disp('number of brackets:') %display number of brackets
  disp(nb)
end
```

例 5.2　增量搜索

问题描述：对于如下函数，使用刚才的 M 文件 incsearch 在区间[3,6]内搜索包含根的限定区间。

$$f(x) = \sin(10x) + \cos(3x) \tag{5.4}$$

解：使用默认区间数的 MATALB 会话为

1　Recktenwald(2000)提供了原始的 M 文件，该函数是其修改版本。

```
>> incsearch(@(x) sin(10*x)+cos(3*x),3,6)

number of brackets:
     5

ans =
    3.2449    3.3061
    3.3061    3.3673
    3.7347    3.7959
    4.6531    4.7143
    5.6327    5.6939
```

式(5.4)的图形及其根的位置表示如图 5.5 所示。

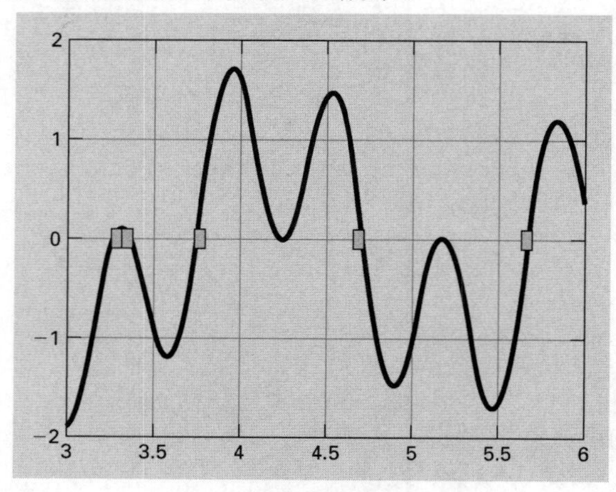

图 5.5 式(5.4)的图形及根

尽管检测到 5 次符号改变，但因为子区间太宽，所以函数漏掉了可能的根 $x \cong 4.25$ 和 5.2。这些可能的根看起来好像是重根(double roots)。然而，使用工具中的缩放功能，可以清楚地看出每个根其实是靠得非常近的两个实根。可以用更多的子区间重新运行该函数，得到的结果是，可以定位到所有 9 次符号改变，如图 5.6 所示。

```
>> incsearch(@(x) sin(10*x) + cos(3*x),3,6,100)

number of brackets:
     9

ans =
    3.2424    3.2727
    3.3636    3.3939
    3.7273    3.7576
    4.2121    4.2424
    4.2424    4.2727
    4.6970    4.7273
    5.1515    5.1818
    5.1818    5.2121
    5.6667    5.6970
```

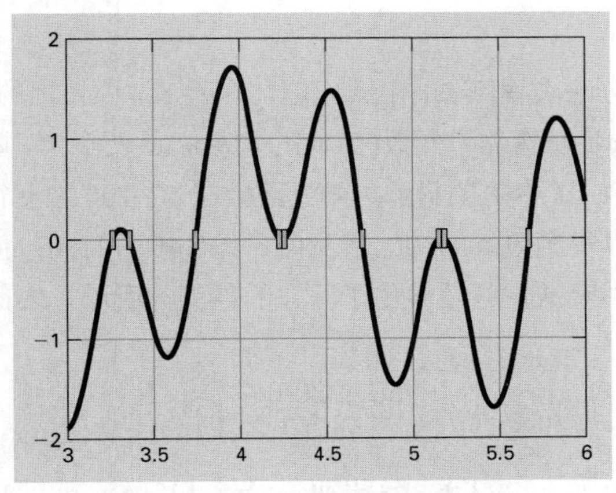

图 5.6　定位到所有 9 次符号改变

前面的例子表明，增量搜索这类穷举法(brute-force)是不可靠的。更加明智的做法是使用更多的信息来弥补这种自动技术，这些信息可以提供更多关于方程的根的位置的认识。可以绘制函数的图形和通过理解方程建立的实际问题背景来获得这样的信息。

5.4　二分法

二分法(*bisection method*)是增量搜索方法的一个变种，在增量搜索方法中，区间每次总是折半。如果一个函数的符号在一个区间上发生了变化，那么就计算该函数在区间中点处的值。然后，就可以确定根的位置位于符号发生改变的子区间内。这样该子区间就变为下一次迭代的区间。一直重复这个过程，直到根能够满足要求的精度为止。该方法的图形描述如图 5.7 所示。下面的例子给出了所有与该方法相关的计算过程。

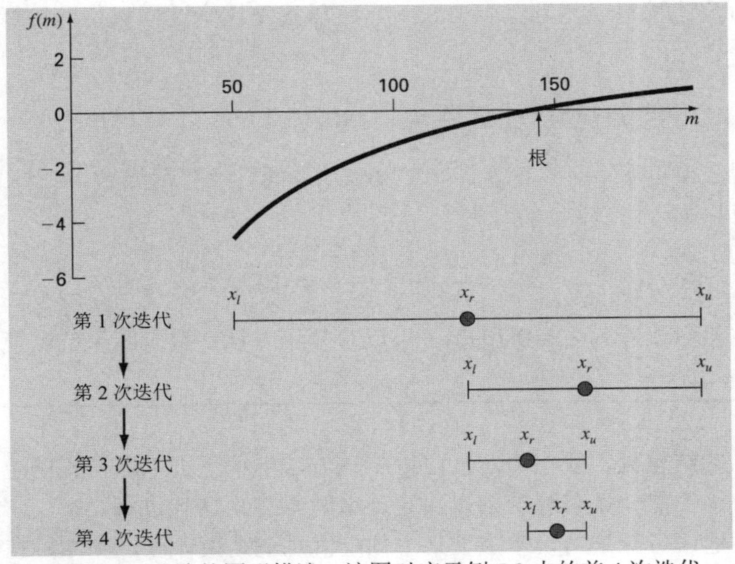

图 5.7　二分法的图形描述，该图对应于例 5.3 中的前 4 次迭代

例 5.3 二分法

问题描述：用二分法求解例 5.1 中的问题，在例 5.1 中使用的是图形法。

解：二分法的第一步是猜测未知数(在本例中为 m)的两个值，要求它们能够使得 $f(m)$ 具有不同的符号。从例 5.1 中的图形解可知，函数在 50~200 之间符号发生了变化。该图形显然意味着，还可以得到更好的初始猜测值，如 140 和 150；但为了演示的目的，假定我们并没有从图形中获益，只是做出了保守的猜测。所以，根的初始估计值为区间的中点：

$$x_r = \frac{50 + 200}{2} = 125$$

注意，根的准确值为 142.7376。这表明，经过 125 次迭代计算后得到的值，其真实百分比相对误差为：

$$|\varepsilon_t| = \left|\frac{142.7376 - 125}{142.7376}\right| \times 100\% = 12.43\%$$

接下来，计算函数在下界和中点处的值：

$$f(50)\,f(125) = -4.579(-0.409) = 1.871$$

结果大于 0，在下界和中点之间没有发生符号变化。所以，根必定位于上半区间(upper interval)，即 125~200 之间，通过将下界定位于 125，就创建了一个更加精准的新区间。

现在，新区间变为从 x_l=125 至 x_u=200。然后就可以通过计算得到新的根的估计值，如下：

$$x_r = \frac{125 + 200}{2} = 162.5$$

其真实百分比相对误差为$|\varepsilon_t|$=13.85%。可以重复这个过程以得到更精确的根的估计值。例如：

$$f(125)\,f(162.5) = -0.409(0.359) = -0.147$$

所以，现在根位于下半区间，即 125~162.5 之间。上界精化为 162.5，第 3 次迭代的根的估计值可以如下计算：

$$x_r = \frac{125 + 162.5}{2} = 143.75$$

其百分比相对误差为$|\varepsilon_t|$=0.709%。可以重复该方法，直到结果的精度足够满足应用的需求为止。

在例 5.3 的结尾处，我们表示，可以将该方法继续下去以获得根的更加精确的估计值。现在，必须设置一条客观准则以决定什么时候终止迭代过程。

一个初步建议可能是当误差小于某个预定值时就结束计算。例如，在例 5.3 中，在计算过程中，真实相对误差从 12.43%下降到 0.709%。我们可能决定，应该在误差低于某个值(如 0.5%)时终止计算。这种策略是有问题的，因为该例中的误差估计值建立在函数真实根的基础上。在实际应用中可不是这样，因为如果已经知道了根，那么使用该方法就毫无意义了。

所以，所需要的误差估计不能建立在知道根的值这个前提之上。在不知道根的值时，估计误差的一种方式就是估计近似百分比相对误差，如下[回顾一下式(4.5)]：

$$|\varepsilon_a| = \left|\frac{x_r^{\text{new}} - x_r^{\text{old}}}{x_r^{\text{new}}}\right| 100\% \tag{5.5}$$

其中 x_r^{new} 为当前迭代得到的根的估计值，x_r^{old} 为前一迭代得到的根的估计值。当 ε_a 变为小于预定的停止准则 ε_s 时，计算结束。

例 5.4　二分法的误差估计

问题描述：继续例 5.3 中的计算过程，直到近似误差小于停止准则 ε_s=0.5%为止。用式(5.5)计算结果的误差。

解：对于例 5.3，前两次迭代的结果为 125 和 162.5。将它们代入式(5.5)，可得：

$$|\varepsilon_a| = \left|\frac{162.5 - 125}{162.5}\right| 100\% = 23.08\%$$

回顾前面的内容，根的估计值 162.5 的真实百分比相对误差为 13.85%。所以，$|\varepsilon_a|>|\varepsilon_t|$。这种情况在其他的迭代中还可以进一步得到证实，如表 5.2 所示。

表 5.2　迭代表

迭　代	x_l	x_u	x_r	$\lvert\varepsilon_a\rvert$ (%)	$\lvert\varepsilon_t\rvert$ (%)
1	50	200	125		12.43
2	125	200	162.5	23.08	13.85
3	125	162.5	143.75	13.04	0.71
4	125	143.75	134.375	6.98	5.86
5	134.375	143.75	139.0625	3.37	2.58
6	139.0625	143.75	141.4063	1.66	0.93
7	141.4063	143.75	142.5781	0.82	0.11
8	142.5781	143.75	143.1641	0.41	0.30

由此可以看出，在经过 8 次迭代以后，$|\varepsilon_a|$最终小于 ε_s(ε_s=0.5%)，计算过程可以结束。

在图 5.8 中对结果做了总结。真实误差“锯齿状”的特点是由于这样一个事实，即对于二分法，真实根可能位于划界区间中的任何地方。当真实根正好位于区间的中间时，真实误差与近似误差就相去甚远。当真实根靠近区间的两端时它们就很接近。

尽管近似误差无法给出真实误差的准确估计，但是图 5.8 表明，$|\varepsilon_a|$与$|\varepsilon_t|$向下的总体趋势是吻合的。另外，该图还表现出了一个极具诱惑力的特性，就是$|\varepsilon_a|$总是大于$|\varepsilon_t|$。

这样，当$|\varepsilon_a|<|\varepsilon_t|$时，计算可以结束，并且得到的根至少要和比预定可接受的精度水平一样准确。

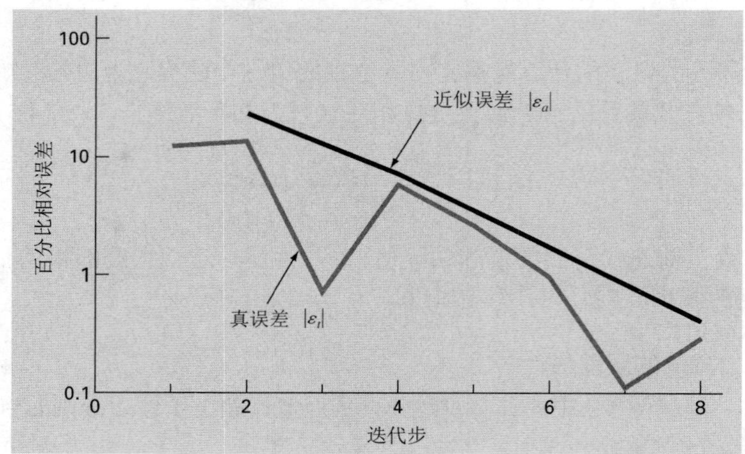

图 5.8　二分法的误差。以迭代步数为横坐标，同时绘制了真实误差和近似误差的图形

尽管从单一实例得出这样一个一般性结论是危险的，但对于二分法来说，可以证明$|\varepsilon_a|$会总是大于$|\varepsilon_t|$。这是因为这样一个事实，每次用二分法求得近似根 $x_r=(x_l+x_u)/2$ 时，我们知道，真实根一定位于区间$\triangle x=x_u-x_l$内的某个地方。所以，根必定位于所得估计值的$\pm\triangle x/2$范围内。例如，当例 5.4 中的计算结束时，可以得出如下结果：

$$x_r = 143.1641 \pm \frac{143.7500 - 142.5781}{2} = 143.1641 \pm 0.5859$$

从本质上讲，式(5.5)给出了真实根的上界。如果超过这个界限，那么真实根必定会落在划界区间之外，但从二分法的定义来看，这是不可能发生的。其他的求根方法并不一定都具有这个良好的性质。尽管二分法通常慢于其他方法，但是其误差分析的简洁性是一个非常不错的特征，对于某些工程和科学应用来说这使得二分法很具吸引力。

二分法的另一个优点是达到某个绝对误差所需的迭代次数可以预先计算得到，也就是说，在开始计算之前就可以得到所需的迭代次数。为了明白这一点，在开始计算之前，就可以得到绝对误差为：

$$E_a^0 = x_u^0 - x_l^0 = \Delta x^0$$

其中的上标表示迭代次数。所以，在开始该方法之前，处于“0 次迭代”。在第 1 次迭代后，误差变为：

$$E_a^1 = \frac{\Delta x^0}{2}$$

由于后面的每次迭代都会将误差减半，与误差和迭代次数 n 相关的一般公式为：

$$E_a^n = \frac{\Delta x^0}{2^n}$$

如果 $E_{a,d}$ 为预期误差，那么该方程可以用如下公式求解[2]：

$$n = \frac{\log(\Delta x^0 / E_{a,d})}{\log 2} = \log_2\left(\frac{\Delta x^0}{E_{a,d}}\right) \tag{5.6}$$

下面来测试一下该公式。对于例 5.4 而言，初始区间为 Δx =200 - 50=150。在经过 8 次迭代后，绝对误差为：

$$E_a = \frac{|143.7500 - 142.5781|}{2} = 0.5859$$

将这些值代入式(5.6)，可得：

$$n = \log_2(150/0.5859) = 8$$

由此可以看出，如果事先知道一个小于 0.5859 的误差，这是可以接受的，那么该公式就可以告诉我们经过 8 次迭代就可以得到预期的结果。

尽管前面强调过，使用相对误差有些显而易见的理由，但是有些情况(通常通过问题的背景知识可知)，是能够指定绝对误差的。对于这些情况，二分法及式(5.6)可以是一个有用的求根算法。

MATLAB 的 M 文件：bisect

下面给出了一个实现二分法的 M 文件。它需要传入函数(*func*)以及下界(*xl*)和上界(*xu*)的猜测值。另外，可以输入可选的停止准则(*es*)和最大迭代次数(*maxit*)。该函数首先检查是否输入了足够的参数，以及初始猜测值是否包含符号变化。如果不是这样，那么就会显示错误信息，并终止函数的执行。如果没有提供 *maxit* 和 *es* 的值，那么就会使用它们的默认值。然后，用 while...break 循环结构实现二分法，循环直到近似误差小于 *es* 或迭代次数超过了 *maxit* 才结束。

```
function [root,fx,ea,iter]=bisect(func,xl,xu,es,maxit,varargin)
% bisect: root location zeroes
%   [root,fx,ea,iter]=bisect(func,xl,xu,es,maxit,p1,p2,...):
%       uses bisection method to find the root of func
% input:
%   func = name of function
%   xl, xu = lower and upper guesses
%   es = desired relative error (default = 0.0001%)
%   maxit = maximum allowable iterations (default = 50)
%   p1,p2,... = additional parameters used by func
% output:
%   root = real root
%   fx = function value at root
%   ea = approximate relative error (%)
```

2 MATLAB 提供了 log2 函数，利用它可以直接实现二进制算法。如果正在使用的袖珍计算器或计算机语言没有将二进制算法作为内置函数，那么该公式就是一种计算它的好方式。一般来说有 $\log_b(x)= \log(x)/ \log(b)$。

```
%   iter = number of iterations
if nargin<3,error('at least 3 input arguments required'),end
test = func(xl,varargin{:})*func(xu,varargin{:});
if test>0,error('no sign change'),end
if nargin<4|isempty(es), es=0.0001;end
if nargin<5|isempty(maxit), maxit=50;end
iter = 0; xr = xl; ea = 100;
while (1)
  xrold = xr;
  xr = (xl + xu)/2;
  iter = iter + 1;
  if xr ~= 0,ea = abs((xr - xrold)/xr) * 100;end
  test = func(xl,varargin{:})*func(xr,varargin{:});
  if test < 0
    xu = xr;
  elseif test > 0
    xl = xr;
  else
    ea = 0;
  end
  if ea <= es | iter >= maxit,break,end
end
root = xr; fx = func(xr, varargin{:});
```

可以用该函数求解本章开头提出的问题。回顾前文，在给定 0.25kg/m 阻力系数的情况下，如果蹦极运动员自由下落 4s 后的速度超过 36m/s，那么要求你确定蹦极运动员的体重。为此，必须求解下式的根：

$$f(m)=\sqrt{\frac{9.81m}{0.25}}\tanh\left(\sqrt{\frac{9.81(0.25)}{m}}4\right)-36$$

在例 5.1 中，我们以质量为横坐标绘制了该函数的图形，并估计根位于 140kg~150kg 之间。使用下面的脚本，上述 M 文件中的 bisect 函数可以用于求解上式的根：

```
fm = @(m,cd,t,v) sqrt(9.81*m/cd)*tanh(sqrt(9.81*cd/m)*t) - v;
[mass fx ea iter] = bisect(@(m) fm(m,0.25,4,36),40,200)

mass =
      142.7377
fx =
   4.6089e-007
ea =
   5.345e-005
iter =
   21
```

由此可以看出，在进行 21 次迭代后，得到结果 m=142.74kg，其近似相对误差为 ε_a=0.00005345%，并且函数的值接近于 0。

5.5　试位法

试位法(*false position*)(也称为线性插值法)是另一种著名的划界法。除了使用不同的策略获得新的根的估计值外，试位法非常类似于二分法。试位法不是分割区间，而是通过将 $f(x_l)$和 $f(x_u)$加入直线(见图 5.9)来搜索根。该直线与 x 轴的交点代表一个更精确的根的估计值。由此可以看出，函数的形状会影响到新的根的估计值。使用相似三角形，直线与 x 轴的交点可以通过如下公式估计(参见 Chapra and Canale，2010 以获得更详细的信息)：

$$x_r = x_u - \frac{f(x_u)(x_l - x_u)}{f(x_l) - f(x_u)} \tag{5.7}$$

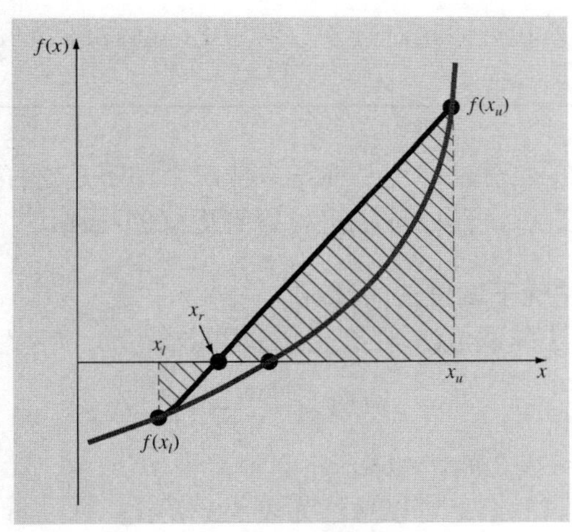

图 5.9　试位法

这就是试位法公式(*false-position formula*)。将由式(5.7)计算的 x_r 值代替两个初始猜测值 x_l 和 x_u 中的任何一个，就可以生成与 $f(x_r)$具有相同符号的函数值。按照这种方式处理，x_l 和 x_u 总是包含真实根。重复这个过程，直到根的估计值足够精确为止。除了二分法使用的是式(5.7)外，该算法与用于二分法的算法是相同的。

例 5.5　试位法

问题描述：在例 5.1 和例 5.3 中分别使用的是图形法和二分法，请使用试位法求解与这两例相同的问题。

解：与例 5.3 中一样，启动计算所用的猜测值为 x_l=50 和 x_u=200。

第 1 次迭代：

$$x_l = 50 \qquad f(x_l) = -4.579387$$
$$x_u = 200 \qquad f(x_u) = 0.860291$$
$$x_r = 200 - \frac{0.860291(50 - 200)}{-4.579387 - 0.860291} = 176.2773$$

结果的真实相对误差为 23.5%。

第 2 次迭代：

$$f(x_l)f(x_r) = -2.592732$$

所以，根位于第 1 个区间内，x_r变成了下一迭代过程所用区间的上限，x_u=176.2773。

$$x_l = 50 \qquad f(x_l) = -4.579387$$
$$x_u = 176.2773 \qquad f(x_u) = 0.566174$$
$$x_r = 176.2773 - \frac{0.566174(50 - 176.2773)}{-4.579387 - 0.566174} = 162.3828$$

结果的真实相对误差和近似相对误差分别为 13.76%和 8.56%。还可以继续执行迭代过程以精化根的估计值。

尽管试位法通常优于二分法，但是在某些情况下却不是这样。例如，下面的例子就是很好的证明，有些情况下，用二分法可以得到更好的结果。

例 5.6 一种二分法优于试位法的情况

问题描述：用二分法和试位法求解下面方程的根

$$f(x) = x^{10} - 1$$

其根位于 x=0 和 x=1.3 之间。

解：用二分法，得到的结果可以总结为表 5.3 所示。

表 5.3 用二分法所得的结果

迭 代	x_l	x_u	x_r	ε_a (%)	ε_t (%)
1	0	1.3	0.65	100.0	35
2	0.65	1.3	0.975	33.3	2.5
3	0.975	1.3	1.1375	14.3	13.8
4	0.975	1.1375	1.05625	7.7	5.6
5	0.975	1.05625	1.015625	4.0	1.6

由此可以看出，在经过 5 次迭代以后，真实相对误差降低到小于 2%。对于试位法而言，得到了一个非常不同的结果，如表 5.4 所示。

表 5.4　用试位法所得的结果

迭　代	x_l	x_u	x_r	ε_a (%)	ε_t (%)
1	0	1.3	0.09430		90.6
2	0.09430	1.3	0.18176	48.1	81.8
3	0.18176	1.3	0.26287	30.9	73.7
4	0.26287	1.3	0.33811	22.3	66.2
5	0.33811	1.3	0.40788	17.1	59.2

在经过 5 次迭代以后，真实相对误差仅降低了约 59%。通过观察该函数的图形，可以获得对这些结果的一些认识。如图 5.10 所示，该曲线违反了试位法所依赖的前提——如果 $f(x_l)$相比 $f(x_u)$更靠近 0，那么根就更靠近 x_l 而不是 x_u(回顾图 5.9)。由于所提供函数形状的缘故，二分法反而比试位法的表现要好。

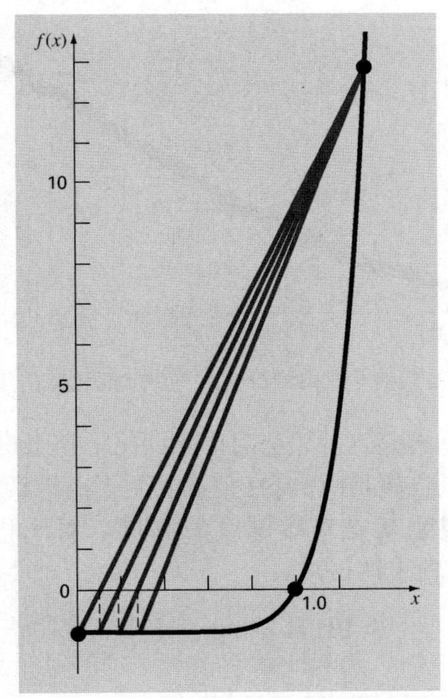

图 5.10　$f(x)=x^{10}-1$ 的图形，用示例表明试位法收敛较慢的情况

前面的例子表明，用一种通用方式涵盖所有的求根方法通常是行不通的。尽管像试位法这样的方法通常优于二分法，但情况并非总是这样，有时也会违反这个一般性结论。所以，除了使用式(5.5)外，总是应该对结果进行验证，就是将求得的根的估计值代入原方程，并查看得到的结果是否接近于 0。

该例还说明，试位法的一个主要缺点是：具有单边性(onesidedness)。也就是说，随着迭代的进行，其中一个划界点倾向于保持不变。这可能导致很差的收敛性，尤其在函数的图形具有大曲率时更是如此。从其他的地方可以获得弥补该不足的良方(Chapra and Canale, 2010)。

5.6 案例研究：温室气体与雨水

背景：资料表明，在过去的 50 多年中，几种所谓的“温室”气体在大气中所占的比例在不断上升。例如，图 5.11 给出了 1958 年到 2008 年之间从夏威夷的莫纳罗亚山(Mauna Loa, Hawaii)收集到的二氧化碳(carbon dioxide)分压(partial pressure)数据。从数据中可以看出，其发展趋势能够很好地与二次多项式吻合[3]。

$$p_{CO_2} = 0.012226(t - 1983)^2 + 1.418542(t - 1983) + 342.38309$$

其中，p_{CO_2} = CO_2 的分压(ppm)。数据表明，二氧化碳的含量在此期间已经增长了略微超过 22%，从 315ppm 达到了 386ppm。

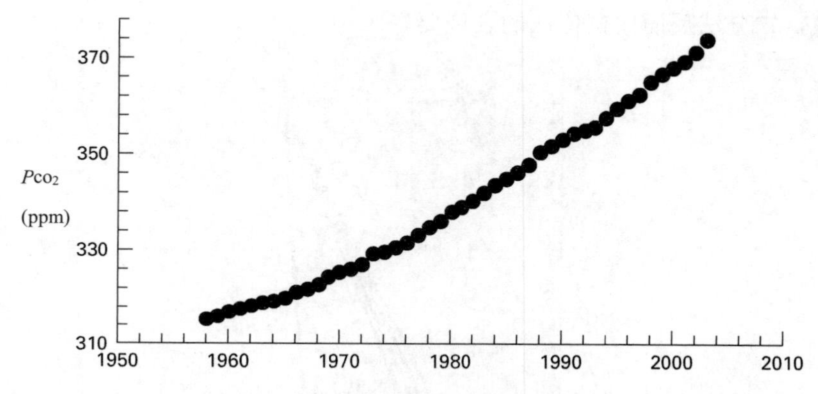

图 5.11　在夏威夷的莫纳罗亚山测得的大气中二氧化碳的年度平均分压(ppm)

我们需要解决的一个问题是这种趋势对雨水的 pH 值会产生怎样的影响。在城镇和工业区之外，资料表明二氧化碳是雨水 pH 值的主要影响因素。pH 值是通过测定自由氢离子数量而测得的，所以也就是对酸碱度的测量。对于稀释水溶液(dilute aqueous solution)，可以通过如下公式计算 pH 值：

$$\mathrm{pH} = -\log_{10}[\mathrm{H}^+] \tag{5.8}$$

其中，$[H^+]$是氢离子的摩尔浓度(molar concentration)。

下面的 5 个方程主导着雨水中发生的化学反应：

$$K_1 = 10^6 \frac{[\mathrm{H}^+][\mathrm{HCO}_3^-]}{K_H\, p_{\mathrm{CO}_2}} \tag{5.9}$$

$$K_2 = \frac{[\mathrm{H}^+][\mathrm{CO}_3^{-2}]}{[\mathrm{HCO}_3^-]} \tag{5.10}$$

3　在本书第Ⅳ部分，还将介绍如何求解这样的多项式。

$$K_w = [H^+][OH^-] \tag{5.11}$$

$$c_T = \frac{K_H p_{CO_2}}{10^6} + [HCO_3^-] + [CO_3^{-2}] \tag{5.12}$$

$$0 = [HCO_3^-] + 2[CO_3^{-2}] + [OH^-] - [H^+] \tag{5.13}$$

其中，K_H=亨利常数(Henry's constant)，K_1、K_2和K_w为平衡系数。5个未知数为C_T=总的无机碳，$[HCO_3^-]$=碳酸氢离子，$[CO_3^{-2}]$=碳酸离子，$[H^+]$=氢离子，$[OH^-]$=氢氧离子。注意，式(5.9)和式(5.12)中二氧化碳(CO_2)的分压在式子中的位置。

利用这些方程计算雨水的pH值，给定$K_H=10^{-1.46}$、$K_1=10^{-6.3}$、$K_2=10^{-10.3}$和$K_w=10^{-14}$。1958年时的P_{CO_2}为315ppm，2008年时的P_{CO_2}为386ppm，分别计算这两年雨水的pH值，并进行比较。当选用一种数值方法实现该计算时，请考虑如下因素：

- 能够肯定地知道原始地区雨水的pH值总是在2~12之间。
- 还知道pH值的测量只能达到两位小数的精度。

解：有多种方式可以求解这个由5个方程组成的方程组。一种方式是将它们联立起来，消去未知数，得到一个仅依赖于$[H^+]$的单个函数。为此，首先求解式(5.9)和式(5.10)，可得：

$$[HCO_3^-] = \frac{K_1}{10^6[H^+]} K_H p_{CO_2} \tag{5.14}$$

$$[CO_3^{-2}] = \frac{K_2[HCO_3^-]}{[H^+]} \tag{5.15}$$

将式(5.14)代入式(5.15)，可得：

$$[CO_3^{-2}] = \frac{K_2 K_1}{10^6[H^+]^2} K_H p_{CO_2} \tag{5.16}$$

可以将式(5.14)和式(5.16)与式(5.11)一起代入式(5.13)，可得：

$$0 = \frac{K_1}{10^6[H^+]} K_H p_{CO_2} + 2\frac{K_2 K_1}{10^6[H^+]^2} K_H p_{CO_2} + \frac{K_w}{[H^+]} - [H^+] \tag{5.17}$$

尽管不能马上看明白得到的结果，但该结果是一个关于$[H^+]$的三次多项式。这样，其根就可以用于计算雨水的pH值。

现在，必须决定使用哪种数值方法来求解。有两个理由认为二分法是一个不错的选择。首先是这样一个事实，pH值总是落在2~12区间内，这为我们提供了两个不错的初始猜测值。其次是由于pH值的测量只要求达到两位小数的精度，所以我们会满意绝对误差为$E_{a,d}=\pm0.005$的结果。记住，给定初始划界和期望的误差，就可以预先计算所需的迭代次数。将当前值代入式(5.6)，可得：

```
>> dx = 12 - 2;
>> Ead = 0.005;
```

```
>> n = log2(dx/Ead)

n =
   10.9658
```

用二分法迭代 11 次就可以得到预期精度的结果。

在实现二分法之前，必须将式(5.17)表示为函数形式。因为该函数相对较复杂，可以将其存储为一个 M 文件。

```
function f = fpH(pH,pCO2)
K1 = 10^-6.3;K2=10^-10.3;Kw = 10^-14;
KH = 10^-1.46;
H = 10^-pH;
f = K1/(1e6*H)*KH*pCO2+2*K2*K1/(1e6*H)*KH*pCO2+Kw/H - H;
```

随后就可以用来自 5.4.1 节的 M 文件求得该函数的根。注意，已经设定了期望的相对误差值(ε_a=1×10^{-8})，该误差的量级非常小，这样计算过程首先遇到迭代次数的限制(maxit)，因此刚好执行了 11 次迭代。

```
>> [pH1958 fx ea iter] = bisect(@(pH) fpH(pH,315),2,12,1e-8,11)

pH1958 =
   5.6279
fx =
 -2.7163e-008
ea =
   0.0868
iter =
   11
```

由此可以看出，pH 值的计算结果为 5.6279，相对误差为 0.0868%。可以自信地认为，四舍五入后的结果 5.63 能够正确地满足两位小数位的精度要求。例如，将 maxit 设为 50 时，得到的结果为：

```
>> [pH1958 fx ea iter] = bisect(@(pH) fpH(pH,315),2,12,1e-8,50)

pH1958 =
   5.6304
fx =
   1.615e-015
ea =
   5.1690e-009
iter =
   35
```

对于 2008 年的情况，结果为：

```
>> [pH2008 fx ea iter] = bisect(@(pH) fpH(pH,386),2,12,1e-8,50)

pH2008 =
  5.5864
fx =
```

```
  3.2926e-015
ea =
  5.2098e-009
iter =
  35
```

令人感兴趣的是，这些结果表明大气中二氧化碳的含量上升 22.5%，pH 值只会下降 0.78%。尽管这个结论一定是正确的，但是记住，pH 值表示的是对数尺度，参见式(5.8)中的定义。所以，pH 值下降一个单位意味着氢离子就有指数级(即 10 倍)的增加。可以通过$[H^+]=10^{-pH}$计算氢离子的浓度，其百分比变化值可以用如下方式计算：

```
>> ((10^-pH2008-10^-pH1958)/10^-pH1958)*100

ans =
    10.6791
```

所以，氢离子的浓度已经增加了约 10.7%。

关于温室气体发展趋势意味着什么有很多争议。大多数这类争议主要集中在温室气体浓度的增加是否会导致全球变暖。然而，不管最终结果如何，很清楚的是，需要认识到大气在相对较短的时期内就发生了如此大的变化。该案例研究的目的是要用示例说明如何用数值方法和 MATLAB 分析和解释这种趋势。在未来几年中，工程师和科学家可能有希望使用这样的工具获得对这类现象的更多理解，并有助于使他们对分歧的相关争论变得理性。

5.7　习题

5.1　用二分法求解所必需的阻力系数，以使得 95kg 的蹦极运动员在经历 9s 的自由下落后速度为 46m/s。注意：重力加速度为 9.81m/s²。初始值 x_l =0.2 和 x_u =0.5，迭代过程直到近似相对误差小于 5%为止。

5.2　创建一个 M 文件以类似于 5.4.1 节的方式实现二分法。然而，不使用最大迭代次数和式(5.5)，而是使用式(5.6)作为停止准则。确保将式(5.6)的结果进行四舍五入处理，让得到的结果为下一个最大的整数(提示：ceil 函数提供了一个方便的方法)。函数的第一行应该是：

```
function [root,Ea,ea,n] = bisectnew(func,xl,xu,Ead, varargin)
```

请注意输出，Ea =近似绝对误差，ea =近似百分比相对误差。开发一个脚本，命名为 LastNameHmwk04Script，求解习题 5.1。请注意，必须通过实参(argument)传递虚参(parameter)。此外，对函数进行设置，使其可以使用默认值 E_{ad} = 0.000001。

5.3　图 5.12 显示了受到均匀负载的鞘固定的梁，其偏转方程式为：

$$y=-\frac{w}{48EI}(2x^4-3Lx^3+L^3x)$$

开发一个 MATLAB 脚本：(a)绘制函数 dy/dx 随 x 的变化曲线(使用合适的标签)，(b)使用 LastNameBisect 来确定最大偏移点(即 dy/dx = 0 时 x 的值)。然后将该值代入偏转方程，确定最大偏转的值。使用 $x_l = 0$ 和 $x_u = 0.9L$ 的初始猜测值。在计算中，使用以下参数值(确保使用一致的单位)：$L = 400\text{cm}$，$E = 52000\text{kN/cm}^2$，$I = 32000\text{cm}^4$，$w = 4\text{kN/cm}$。另外，使用 Ead = 0.0000001m。同时，在脚本中设置 format long，以便结果显示出 15 位有效数字。

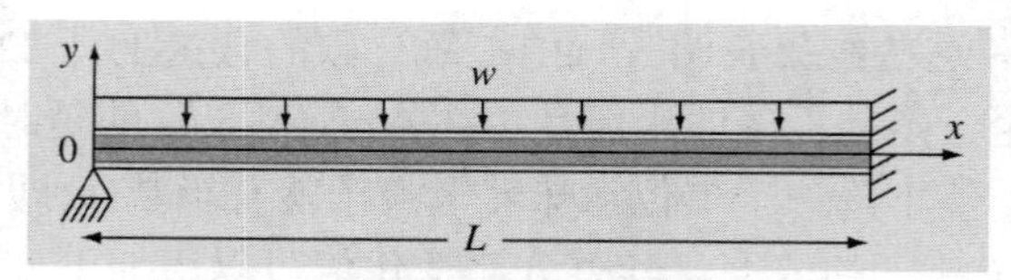

图 5.12　受到均匀负载的鞘固定的梁

5.4　如图 5.13 所示，从圆柱形罐，通过长管排出的水速 υ(m/s)可以使用如下公式计算：

$$\upsilon = \sqrt{2gH}\tanh\left(\sqrt{\frac{2gH}{2L}}t\right)$$

其中 $g = 9.81\text{m/s}^2$，H =初始水面高度(m)，L =管长(m)，t =持续时间(s)。开发一个 MATLAB 脚本：

(a) 在 $H = 0$ 至 4m，绘制函数 $f(H)$随 H 的变化曲线(确保标记绘图)。

(b) 使用初始猜测值为 $x_l = 0$ 和 $x_u = 4\text{m}$ 的 LastNameBisect，确定在长度为 4 米的管道中，2.5 秒内达到 υ = 5m/s 所需的初始水面高度。另外，使用 Ead = 0.0000001。同时，在脚本中设置 format long，以便结果显示出 15 位有效数字。

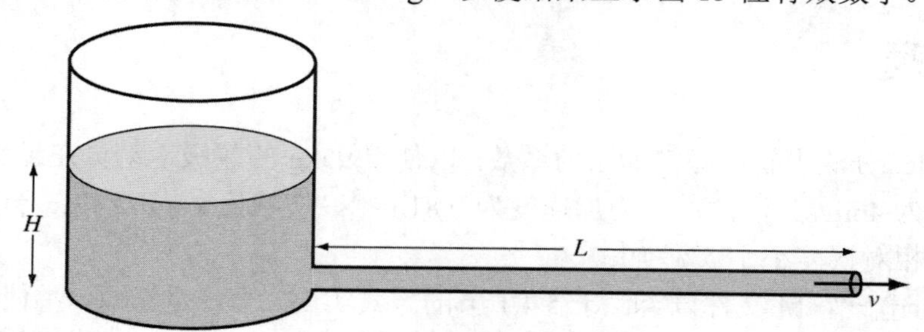

图 5.13　从圆柱形罐通过长管排水

5.5　重复习题 5.1 的过程，但是要求用试位法获得问题的解。

5.6　创建一个 M 文件实现试位法，并用其求解习题 5.1 以测试得到的 M 文件。

5.7　(a)用图形法求解函数 $f(x) = -12 - 21x + 18x^2 - 2.75x^3$。另外，用(b)二分法和(c)试位法求解该函数的第一个根。对于(b)和(c)使用初始猜测值 $x_l = -1$ 及 $x_u = 0$，停止准则为 1%。

5.8　求解 $\sin(x) = x^2$ 的第一个非平凡根(nontrivial root)，其中 x 的单位为弧度。请使用图形法和二分法，初始区间为 0.5~1。执行计算，直到 ε_a 小于 ε_s(ε_s =2%)为止。

5.9　求方程 $\ln(x^2) = 0.7$ 的正实根。分别使用(a)图形法，(b)用 3 次迭代的二分法，初始猜测值为 $x_l = 0.5$ 和 $x_u = 2$，以及(c)用试位法，迭代 3 次，使用与(b)同样的初始猜测值。

5.10　新鲜雨水中溶解氧的饱和浓度可以用下式计算：

$$
\begin{aligned}
\ln o_{sf} = -139.34411 &+ \frac{1.575701 \times 10^5}{T_a} \\
&- \frac{6.642308 \times 10^7}{T_a^2} + \frac{1.243800 \times 10^{10}}{T_a^3} \\
&- \frac{8.621949 \times 10^{11}}{T_a^4}
\end{aligned}
$$

其中，o_{sf}=在 1 atm 时新鲜雨水中溶解氧的饱和浓度(mg/L)；T_a=绝对温度(K)。记住，$T_a=T+273.15$，其中 T=温度(℃)。根据该方程可知，饱和度随温度的增加而增加。对于温带气候的典型自然水而言，可以用该方程确定氧气浓度的范围为 0℃的 14.621mg/L 至 35℃的 6.949mg/L。给定氧气浓度值，就可以用该公式和二分法求解以℃表示的温度。

(a) 如果初始猜测值设为 0 和 35℃，使用二分法需要多少次迭代才可以使得温度的绝对误差小于 0.05℃？

(b) 基于(a)的结果，创建并测试一个二分法的 M 文件函数以求解 T，T 是给定的氧气浓度的函数。取 o_{sf} 值为 8mg/L、10 mg/L 和 14mg/L，测试函数，并验证得到的结果。

5.11　如图 5.14 所示，这是安装的一个横梁。用二分法求解横梁内什么地方力矩(moment)为 0。

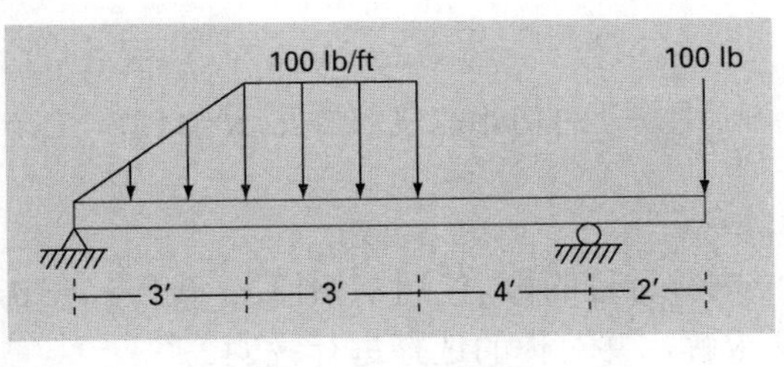

图 5.14　一个横梁

5.12　梯形水渠中的水以流率 $Q=20\text{m}^3/\text{s}$ 流动。这种水渠的临界深度 y 必须满足如下方程：

$$0 = 1 - \frac{Q^2}{gA_c^3}B$$

其中，$g=9.81\text{m/s}^2$，A_c =横截面积(m^2)，B=水渠的底面宽度(m)。对于此情况而言，水渠的宽度和横截面积与深度 y 具有如下关系：

$$B = 3 + y$$

和

$$A_c = 3y + \frac{y^2}{2}$$

使用如下方法求解临界深度：(a)图形法，(b)二分法，(c)试位法。对于(b)和(c)而言，使用初始猜测值 x_l=0.5 和 x_u=2.5，迭代过程直到近似误差小于 1%或迭代次数超过 10 为止。分析得到的结果。

5.13 Michaelis-Menten 模型描述了酶介导反应(enzyme mediated reaction)的动力学：

$$\frac{dS}{dt} = -v_m \frac{S}{k_s + S}$$

其中 S=基质的浓度(mol/L)，v_m=最大吸收率(mol/L/d)，k_s=半饱和常数，它是吸收为最大值一半时的基质浓度(mol/L)。如果在 $t=0$ 时的初始基质浓度为 S_0，求解该微分方程，可得：

$$S = S_0 - v_m t + k_s \ln(S_0/S)$$

创建一个M文件，绘制S随t变化的图形，其中S_0=8mol/L，v_m=0.7mol/L/d，k_s=2.5mol/L。

5.14 下面是一个可逆化学反应：

$$2A + B \underset{\leftarrow}{\overset{\rightarrow}{}} C$$

可以用平衡关系表达为：

$$K = \frac{c_c}{c_a^2 c_b}$$

其中 c_i 代表成分 i 的浓度。假设我们将变量 x 定义为所生成 C 的摩尔数。可以用质量守恒重新变换平衡关系，结果如下：

$$K = \frac{(c_{c,0} + x)}{(c_{a,0} - 2x)^2(c_{b,0} - x)}$$

其中，下标 0 表示每种成分的初始浓度。如果 K=0.016，$c_{a,0}$=42，$c_{b,0}$=28，$c_{c,0}$=4，确定 x 的值。

(a) 用图形法求解。

(b) 在(a)的基础上，求解方程的根，使用初始值 x_l=0 和 x_u=20，停止准则为 ε_s=0.5%。请选择二分法或试位法求解，并对你的选择进行说明。

5.15 图 5.15(a)表示的是一个均匀横条，它上面的负载是以线性增加的方式分布的。弹性曲线的方程如下[参见图 5.15(b)]：

$$y = \frac{w_0}{120EIL}(-x^5 + 2L^2x^3 - L^4x) \tag{5.18}$$

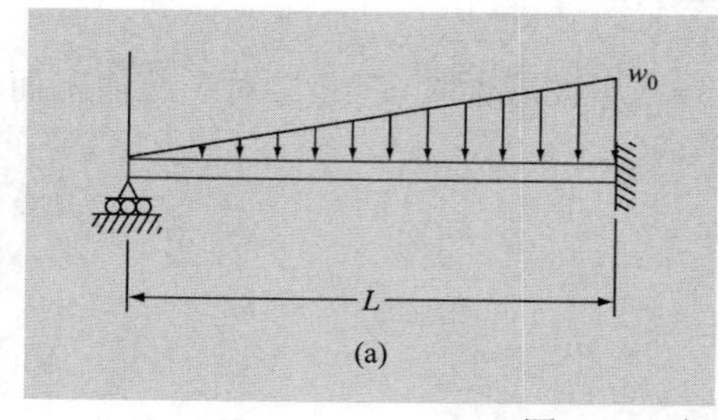

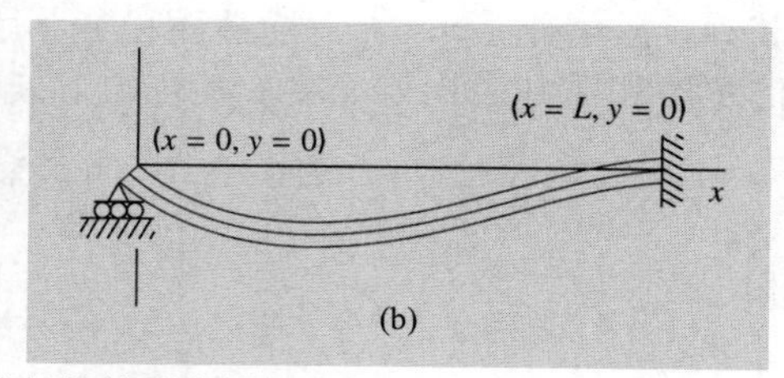

图 5.15 负载的线性分布图

用二分法求解最大偏转点(也就是说，dy/dx=0 时的 x 值)。然后将该值代入式(5.18)，求出最大偏转值。在计算中使用下面的参数值：L=600cm，E=50 000kN/cm^2，I=30 000cm^4，

w_0=2.5kN/cm。

5.16　通过每年支付8500美元，一直支付7年能够购得一辆价值35 000美元的汽车。使用5.4.1节的bisect函数，确定所支付的利息率是多少？初始猜测利率为0.01和0.3，停止标准为0.00005。下面的公式将当前价格P、年度支付额A、支付年限n和利息率i联系在一起：

$$A = P\frac{i(1+i)^n}{(1+i)^n - 1}$$

5.17　很多工程领域要求进行准确的人口估计。例如，交通运输工程师可能发现有必要单独确定一座城市及其相邻近郊的人口增长趋势。城市区域的人口可能会随时间按照下面的公式下降：

$$P_u(t) = P_{u,\max}e^{-k_u t} + P_{u,\min}$$

而近郊人口则正在增长，增长方式如下：

$$P_s(t) = \frac{P_{s,\max}}{1 + [P_{s,\max}/P_0 - 1]e^{-k_s t}}$$

其中，$P_{u,\max}$、k_u、$P_{s,\max}$、P_0和k_s皆为通过实验推导出的参数。当近郊比城市人口多20%时，求解时间和相应的$P_u(t)$和$P_s(t)$的值。参数值为$P_{u,\max}$=80000，k_u=0.05/yr，$P_{u,\min}$=110000人，$P_{s,\max}$=320 000人、P_0=10 000人和k_s=0.09/yr。请分别使用图形法和试位法求得问题的解。

5.18　掺杂硅的电阻率ρ是基于电子电荷q、电子密度n和电子迁移率μ来计算的。电子密度由掺杂密度N和本征载流子浓度n_i决定。电子迁移性由温度T、参考温度T_0和参考迁移率μ_0来描述。可以用下面的公式计算电阻率：

$$\rho = \frac{1}{qn\mu}$$

其中：

$$n = \frac{1}{2}\left(N + \sqrt{N^2 + 4n_i^2}\right), \quad \mu = \mu_0\left(\frac{T}{T_0}\right)^{-2.42}$$

给定T_0=300K，T=1000K，μ_0=1360cm^2(V s)$^{-1}$，q=1.7×10^{-19}C，n_i=6.21×10^{9}cm^{-3}，期望的ρ=6.5×10^{6}V s cm/C。采用初始猜测值N=0和2.5×10^{10}。使用二分法和试位法求解N。

5.19　一个半径为a的圆环状导体均匀分布着总电荷Q。电荷q位于离圆环中心x处(见图5.16)。圆环作用在该电荷上的力可以表示为：

$$F = \frac{1}{4\pi e_0}\frac{qQx}{(x^2 + a^2)^{3/2}}$$

其中，e_0=8.9×10^{-12}C^2/(N m^2)。对于半径为0.85m的圆环，如果q和Q皆为2×10^{-5}C，求使电荷q受力为1.25N的距离x。

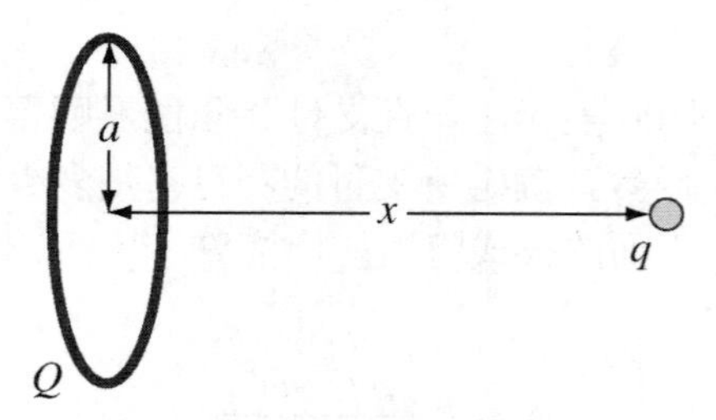

图 5.16　电荷在圆环上的分布

5.20　对于管道中的液体流而言，摩擦可以用一个无量纲的数描述，即范宁摩擦系数(*Fanning friction factor*) f。范宁摩擦系数依赖于很多与管道大小和液体相关的参数，它们都可以表示为另外一个无量纲的量，即雷诺数(*Reynolds number*)Re。给定 Re 后，一个预测 f 的公式是 von Karman 方程：

$$\frac{1}{\sqrt{f}} = 4\log_{10}\left(\mathrm{Re}\sqrt{f}\right) - 0.4$$

对于湍流而言，雷诺数的典型值为 10000~500000 之间，范宁摩擦系数为 0.001~0.01。编写一个函数用二分法求解 f，给定用户提供的在 2500~1000000 之间的一个 Re 值。设计一个函数，以确保结果的绝对误差为 $E_{a,d}$<0.000005。

5.21　机械工程师以及大多数其他的工程师在工作中广泛使用热力原理。下面的多项式可以用于将干燥空气的零压比热(zero-pressure specific heat)c_pkJ(kg K)与温度(K)关联起来：

$$c_p = 0.99403 + 1.671 \times 10^{-4}T + 9.7215 \times 10^{-8}T^2 \\ -9.5838 \times 10^{-11}T^3 + 1.9520 \times 10^{-14}T^4$$

在 T=0 到 1200K 的范围内，绘出 c_p 随 T 变化的曲线，然后使用二分法确定对应于 1.1 kJ /(kg K)比热的温度。

5.22　火箭向上的速度可以通过下面的公式计算：

$$v = u \ln \frac{m_0}{m_0 - qt} - gt$$

其中，v=向上的速度，u=燃料相对火箭的喷出速度，m_0=火箭在 t=0 时刻的初始质量，q=燃料消耗率，g=向下的重力加速度(假定为常数取 9.81m/s^2)。如果 u=1800m/s，m_0=160000kg，q=2600kg/s，请计算速度达到 v=750m/s 的时间(提示：t 应该位于 10s~50s 的某个位置)。求解结果，使得它与真值的差在 1%之内，并验证得到的结果。

5.23　虽然我们没有在 5.6 节中提到式(5.13)是电中性的表达式，即正负电荷必须平衡。这可以通过以下表达式更清楚地看出来：

$$[\mathrm{H^+}] = [\mathrm{HCO_3^-}] + 2[\mathrm{CO_3^{2-}}] + [\mathrm{OH^-}]$$

换句话说，正电荷必须等于负电荷。因此，当计算天然水体(如湖泊)的 pH 值时，还必须考虑可能存在的其他离子。在这种情况下，这些离子源来自不发生反应的盐，负电荷减去由这些离子产生的正电荷的净电荷，集中在一起，我们把这个量称为碱度，并且该方程可以重新写为：

$$Alk + [H^+] = [HCO_3^-] + 2[CO_3^{2-}] + [OH^-] \tag{5.19}$$

其中 Alk=碱度(eq/L)。例如，苏必利尔湖的碱度约为 0.4×10^{-3} eq/L。执行与 5.6 节相同的计算，计算出在 2008 年苏必利尔湖的 pH 值。假设就像雨滴一样，湖泊与大气二氧化碳处于平衡状态，但是，要对式(5.19)中的碱度做出解释。

5.24　根据阿基米德原理，浮力与物体排开流体的重量相等。对于图 5.17 所示的球体，使用二分法来确定高于水面部分的高度 h。在计算中，采用以下值：r = 1m，ρ_s=球体密度= 200 kg/m^3，ρ_w=水密度= 1000 kg/m^3。请注意，在水面上球体部分的体积可以使用下式计算：

$$V = \frac{\pi h^2}{3}(3r - h)$$

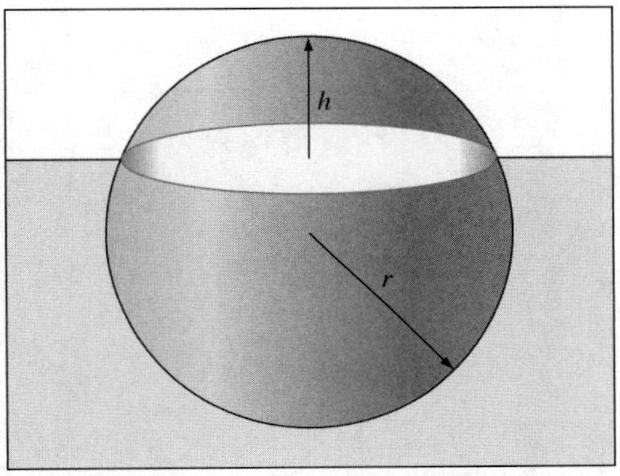

图 5.17　浮在水面上的球体

5.25　针对本题中的圆台(frustrum)，如图5.18所示，执行与习题5.24相同的计算。在计算中，使用以下值：r_1 = 0.5m，r_2 = 1m，h = 1m，ρ_f=圆台密度= 200kg/m^3，ρ_w=水密度 = 1000kg/m^3。请注意，圆台的体积由下式给出：

$$V = \frac{\pi h}{3}(r_1^2 + r_2^2 + r_1 r_2)$$

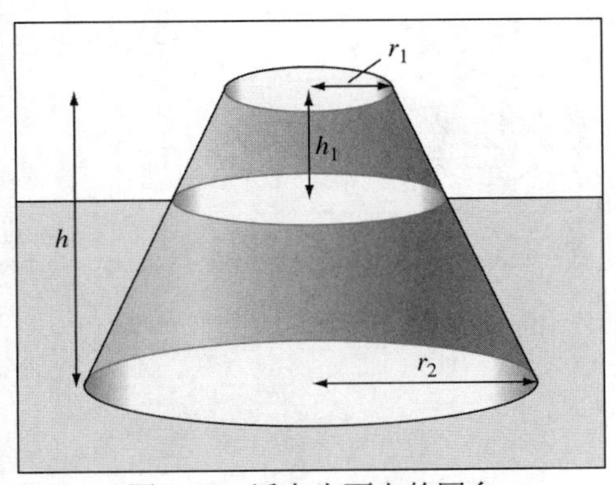

图 5.18　浮在水面上的圆台

第 6 章 方程求根：开方法

本章目标

本章的主要目标是让读者熟悉使用开方法求解单个非线性方程的根，具体目标和主题包括：

- 认识求根的划界法和开方法之间的差异。
- 理解不动点迭代方法以及如何评估其收敛特性。
- 熟知如何用牛顿-拉弗森(Newton-Raphson)方法解决求根问题和理解二次收敛的概念。
- 熟知如何实现割线法和改进割线法。
- 了解 Brent 的方法如何将可靠的划界法与快速的开方法结合，以一种健壮而有效的方式定位根。
- 熟知如何使用 MATLAB 的 fzero 函数估计方程的根。
- 学习如何用 MATLAB 处理和确定多项式(polynomial)的根。

第 5 章介绍的划界(bracketing)法可以将方程的根限定在预先由上下限(lower and upper bound)界定的区间内。反复应用这些方法最终总可以得到更逼近方程根真值的近似值。我们称具有这种特性的方法是*收敛的*(*convergent*)，因为随着计算的推进，它们会不断地逼近真值[见图 6.1(a)]。

相比之下，在本章将要描述的*开方法*(*open method*)则仅需要一个或两个初始值，并且不要求包含根。这样，有时它们会*发散*(*diverge*)或随着计算的推进越来越远离真正的根[见图 6.1(b)]。然而，当开方法收敛时[见图 6.1(c)]，它们会比划界法的收敛速度快得多。我们将从一个简单的方法出发讨论与开方法相关的技术，这种方法对于介绍开方法的一般形式和说明收敛的概念都很有用。

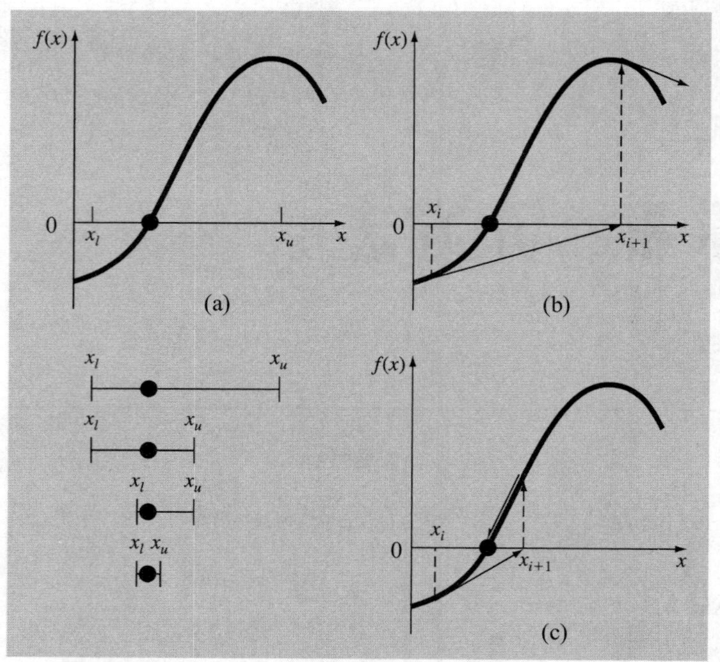

图 6.1　求方程根的划界法(a)与开方法(b)和(c)之间主要差异的图形描述。(a)中使用的是二分法(bisection)，根被限定在由 x_l 和 x_u 预先设定的区间内。相比之下，(b)和(c)中描述的开方法是牛顿-拉弗森方法，它用一个公式按照迭代方式从 x_i 推进到 x_{i+1}。因此，该方法要么是发散的，要么是快速收敛的，这取决于函数形状和初始猜测值

6.1　简单不动点迭代

正如刚刚提到的一样，开方法利用一个公式来预测方程的根。对于简单的不动点迭代(*fixed-point iteration*)来说，可以找到这样的公式(也可以称为单点迭代或连续替代)，这是通过对函数 $f(x)=0$ 进行重新整理，将 x 放在方程的左边而得到的：

$$x = g(x) \tag{6.1}$$

通过代数变换或简单地在原方程的两边同时加上 x 就可以实现上面的变形。

式(6.1)的作用是，提供一个预测 x 新值的公式，将新值表示为旧值的函数。因此，给定了根的初始猜测值 x_i，就可以利用式(6.1)计算新的估计值 x_{i+1}，这个过程可以表示为如下迭代公式：

$$x_{i+1} = g(x_i) \tag{6.2}$$

与本书中的其他很多迭代公式一样，该方程的近似误差可以通过误差估计公式确定：

$$\varepsilon_a = \left| \frac{x_{i+1} - x_i}{x_{i+1}} \right| 100\% \tag{6.3}$$

例 6.1　简单不动点迭代

问题描述：使用不动点迭代方法求方程 $f(x)=e^{-x}-x$ 的根。

解：该函数可以直接分离，表示为式(6.2)的下述形式

$$x_{i+1} = e^{-x_i}$$

从初始的猜测值 $x_0=0$ 开始，根据该迭代公式，计算结果如表 6.1 所示。

表 6.1　例 6.1 的迭代结果

i	x_i	$\lvert\varepsilon_a\rvert(\%)$	$\lvert\varepsilon_t\rvert(\%)$	$\lvert\varepsilon_t\rvert_i/\lvert\varepsilon_t\rvert_{i-1}$
0	0.0000		100.000	
1	1.0000	100.000	76.322	0.763
2	0.3679	171.828	35.135	0.460
3	0.6922	46.854	22.050	0.628
4	0.5005	38.309	11.755	0.533
5	0.6062	17.447	6.894	0.586
6	0.5454	11.157	3.835	0.556
7	0.5796	5.903	2.199	0.573
8	0.5601	3.481	1.239	0.564
9	0.5711	1.931	0.705	0.569
10	0.5649	1.109	0.399	0.566

从表 6.1 中可看出，每次迭代产生的估计值都更加趋近于根的真值：0.567 143 29。

注意，在例6.1中，每次迭代的真实百分比相对误差与前一次迭代的误差大致成比例(在这个例子中，比例因子在0.5~0.6之间)。这种特性称为线性收敛性(*linear convergence*)，这正是不动点迭代的特点。

除了收敛速率之外，在此必须解释一下收敛的“可能性”(possibility)。收敛和发散的概念可以通过图形描述。回顾一下 5.2 节，我们绘制了一个函数的图形，以直观地考查其结构和行为。在图 6.2(a)中也采用这种方法绘制出了函数 $f(x)=e^{-x}-x$ 的图形。另外一种图形法是将方程分成如下两部分：

$$f_1(x) = f_2(x)$$

然后，就可以得到两个方程：

$$y_1 = f_1(x) \tag{6.4}$$

及

$$y_2 = f_2(x) \tag{6.5}$$

可以分别画出它们的图形[见图 6.2(b)]。对应于两个函数交点 x 的值就表示 $f(x)=0$ 的根。

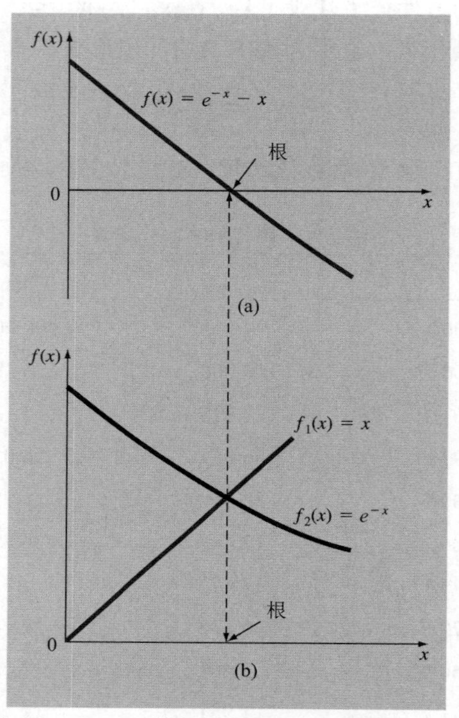

图 6.2　确定方程 $f(x)=e^{-x}-x$ 的根的两种可选的图形法。(a)与 x 轴的交点为方程的根；(b)两个函数的交点为方程的根

现在，可以用二曲线方法(two-curve method)说明不动点迭代的敛散性了。首先，式(6.1)可以表示为两个方程：$y_1=x$ 和 $y_2=g(x)$。然后，分别画出两个方程的图形。与式(6.4)和式(6.5)的情况一样，$f(x)=0$ 的根对应于两曲线交点的横坐标值。图 6.3 绘制出了函数 $y_1=x$ 和 $y_2=g(x)$的 4 种不同形状的图形。

对于第一种情况[见图 6.3(a)]，初始猜测值 x_0 用于确定 y_2 曲线上对应的点$[x_0, g(x_0)]$。通过在水平方向上平移至 y_1 曲线可以定位到点$[x_1, x_1]$。这些移动等价于定点方法的第 1 次迭代：

$$x_1 = g(x_0)$$

因此，在该方程和对应的图形中，利用初始值 x_0 可以得到估计值 x_1。迭代过程包括首先移动到点$[x_1, g(x_1)]$，然后移动到点$[x_2, x_2]$。该迭代等价于：

$$x_2 = g(x_1)$$

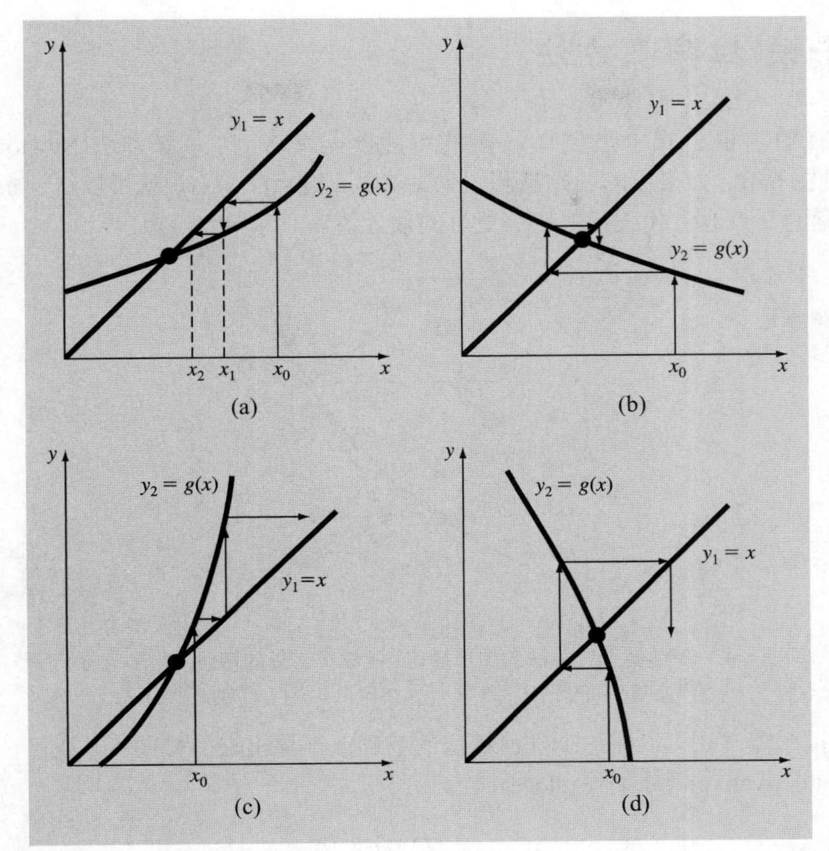

图 6.3 描述收敛[图形(a)和图形(b)]与发散[图形(c)和图形(d)]的“Cobweb 图”。图形(a)和(c)称为单调模式(monotone pattern)，而图形(b)和(d)称为振动模式(oscillating pattern)或螺旋模式(spiral pattern)。注意，当$|g'(x)|<1$时，迭代过程收敛

图 6.3(a)的解是收敛的，因为随着迭代的推进，x 的估计值不断地逼近于方程的根。图 6.3(b)同样是收敛的，但图 6.3(c)和图 6.3(d)则不是这样的，迭代过程逐步偏离了方程的根。

可以用理论推导来更深入地认识这一过程。与 Chapra 和 Canale(2010)描述的一样，推导结论表明，任何迭代的误差与前一迭代的误差呈线性比例关系，其比例系数为 g 的导数的绝对值：

$$E_{i+1} = g'(\xi)E_i$$

所以，如果$|g'|<1$，误差会随着迭代的深入而逐步减小。反之，如果$|g'|>1$，误差则会增大。还要注意，如果导数值为正，那么误差就是正的，因此误差都具有相同的符号[见图 6.3(a)和图 6.3(c)]。如果导数值为负，那么在迭代过程中误差会不断变换符号[见图 6.3(b)和图 6.3(d)]。

6.2 牛顿-拉弗森方法

在所有的求根公式中，使用最多的可能就是牛顿-拉弗森方法(Newton-Raphson method)(见图 6.4)。如果根的初始猜测值为 x_i，那么过点$[x_i, f(x_i)]$就可以作一条切线。该切线与 x 轴的交点通常代表根的一个更好的估计值。

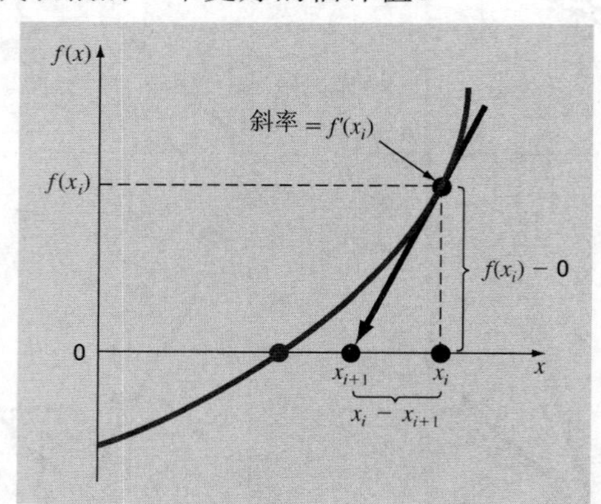

图 6.4 牛顿-拉弗森方法的图形描述。函数在 x_i 处的切线(即 $f'(x)$)向下外插(extrapolate)至 x 轴，可以得到根的一个估计值 x_{i+1}

牛顿-拉弗森方法可以在这个几何插值的基础上推导出来。如图 6.4 所示，x 处的一阶导数(first derivative)等于斜率(slope)：

$$f'(x_i) = \frac{f(x_i) - 0}{x_i - x_{i+1}}$$

整理后可得：

$$x_{i+1} = x_i - \frac{f(x_i)}{f'(x_i)} \tag{6.6}$$

这就是牛顿-拉弗森公式。

例 6.2 牛顿-拉弗森方法

问题描述：使用牛顿-拉弗森方法估计 $f(x)=e^{-x}-x$ 的根，采用初始值 $x_0=0$。

解：通过计算得到该函数的一阶导数为

$$f'(x) = -e^{-x} - 1$$

将上式与原方程一起代入式(6.6)可得：

$$x_{i+1} = x_i - \frac{e^{-x_i} - x_i}{-e^{-x_i} - 1}$$

从初始猜测值 $x_0=0$ 开始，根据迭代方程计算的结果如表 6.2 所示。

表 6.2　例 6.2 的迭代结果

i	x_i	$\lvert\varepsilon_t\rvert$(%)
0	0	100
1	0.500 000 000	11.8
2	0.566 311 003	0.147
3	0.567 143 165	0.000 022 0
4	0.567 143 290	$<10^{-8}$

由此可见，逼近过程快速地收敛到根的真值。注意，每次迭代过程的真实百分比相对误差比简单不动点迭代方法收敛速度快得多(与例 6.1 相比)。

与其他求根方法一样，式(6.3)也可以作为迭代终止准则。另外，理论分析(Chapra 和 Canale，2010)可以给出一些关于收敛速率的认识，可以表示为：

$$E_{t,i+1}=\frac{-f''(x_r)}{2f'(x_r)}E_{t,i}^2 \tag{6.7}$$

这样，误差应该大致与前一迭代的误差平方成比例。换句话说，就是每次迭代后，准确的有效数字的个数几乎翻倍了。这种行为特性称为二次收敛性(*quadratic convergence*)，这正是该方法流行的主要原因之一。

尽管牛顿-拉弗森方法通常非常高效，但是在有些情况下，它却表现很差。在其他文献(Chapra 和 Canale，2010)中讨论了一个特例(多根的情况)。然而，即便是处理单根的情况，也可能出现困难，下面的例子就是如此。

例 6.3　一个使用牛顿-拉弗森方法求根收敛缓慢的函数

问题描述：用牛顿-拉弗森方法求 $f(x)=x^{10}-1$ 的正根，初始猜测值取为 x=0.5。

解：针对上述情形的牛顿-拉弗森公式为

$$x_{i+1}=x_i-\frac{x_i^{10}-1}{10x_i^9}$$

由此计算结果如表 6.3 所示。

表 6.3　例 6.3 的迭代结果

i	x_i	$\lvert\varepsilon_a\rvert$(%)
0	0.5	
1	51.65	99.032
2	46.485	11.111
3	41.8365	11.111
4	37.65285	11.111
⋮	⋮	⋮
40	1.002316	2.130
41	1.000024	0.229
42	1	0.002

从表 6.3 中可以看出，由于第一个初始值预测较差，该方法收敛到了根的真值 1，但速度却非常慢。

为什么会这样呢？如图 6.5 所示，做出前几次迭代的简单图形对于找出其中的原因是有帮助的。注意，第一个猜测值所处的区域，斜率接近于 0。因此，第一次迭代得到的解偏离初始猜测值非常远，新解为 x=51.65，导致 $f(x)$的值非常大。随后，经过 40 多次迭代，解才逐步收敛到具有足够精度的根上。

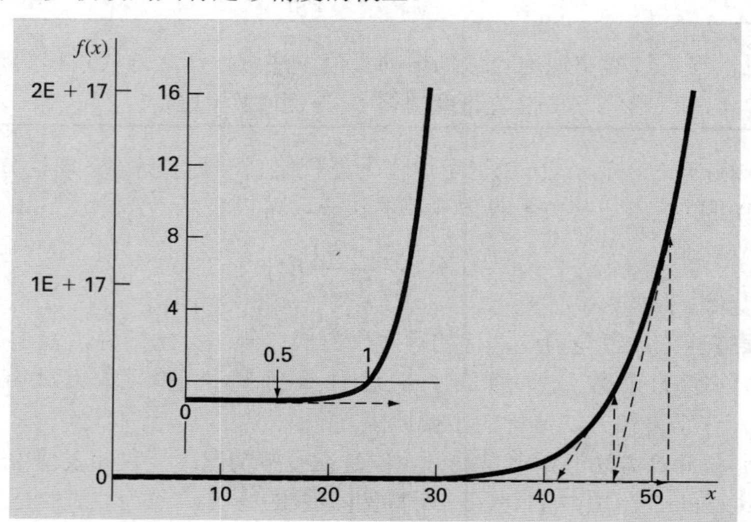

图 6.5　使用牛顿-拉弗森方法收敛很慢的例子的图示(该图表明初始斜率接近于 0 会使得解远离真正的根。随后，解才缓慢地收敛到方程的根上)

除了由于函数性质导致的慢收敛外，还可能出现其他一些困难，如图 6.6 所示。例如，在图 6.6(a)描述的例子中，反射点(reflection point)($f''(x)$=0 的点)出现在根的附近。注意，迭代开始于 x_0 处，随后逐步偏离根。图 6.6(b)表明，牛顿-拉弗森方法趋向于在局部极大值或极小值附近震荡。这种震荡还可能持续下去，或如图 6.6(b)所示，当到达近 0 斜率区域时，解极大地偏离我们关注的区域。图 6.6(c)表明，接近于根的初始猜测值可能跳到几个根以外的某个地方。这种偏离关注区域的趋势是由于这样一个事实造成的，即遇到了接近 0 的斜率(near-zero slope)。显然，0 斜率[$f'(x)$=0]是真正的灾难，因为这会导致牛顿-拉弗森公式[式(6.6)]中出现除 0 的情况。如图 6.6(d)所示，这意味着解将沿着水平方向偏离很远，而永远也不会与 x 轴相交。

为此，对于牛顿-拉弗森方法而言，没有通用的收敛准则。其收敛性依赖于函数的性质和初始猜测值的准确度。对于这个问题，唯一的良方是让初始猜测值足够靠近根。但对于某些函数，不管什么样的初始猜测值都不能解决问题！良好的猜测值建立在对物理问题背景的认识或通过图形这类可以获得解特性的手段基础之上。这也意味着，应该设计优秀的计算机软件来分辨慢收敛或发散的情况。

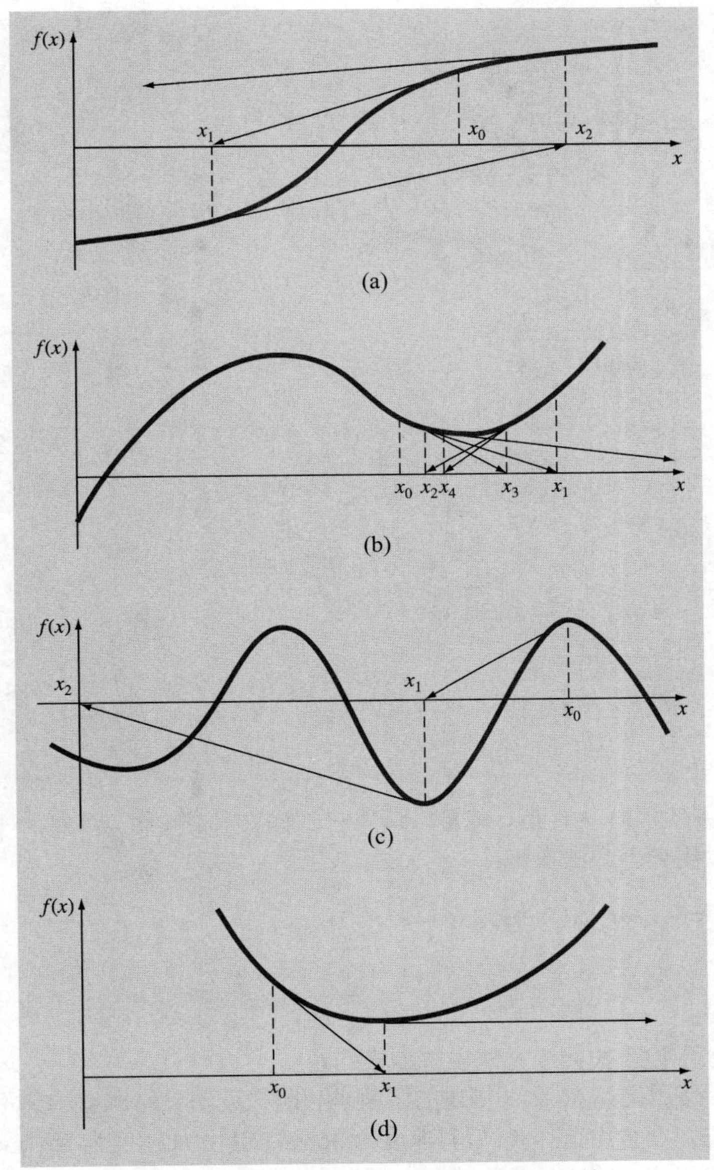

图 6.6　牛顿-拉弗森方法收敛速度较差的 4 种情况

MATLAB M 文件：newtraph

针对牛顿-拉弗森方法的算法可以很容易地实现。注意，程序必须调用函数(func)及其一阶导数(dfunc)。这可以简单地通过包含用户定义函数计算它们的值来完成，与如下 M 文件中的算法一样；另外一种方法是将它们作为参数传给函数。

```
function [root,ea,iter] = newtraph(func,dfunc,xr,es,maxit,varargin)
% newtraph: Newton - Raphson root location zeroes
%  [root,ea,iter] = newtraph(func,dfunc,xr,es,maxit,p1,p2,...):
```

```
%        uses Newton-Raphson method to find the root of func
% input:
%   func = name of function
%   dfunc = name of derivative of function
%   xr = initial guess
%   es = desired relative error (default = 0.0001%)
%   maxit = maximum allowable iterations (default = 50)
%   p1,p2,... = additional parameters used by function
% output:
%   root = real root
%   ea = approximate relative error (%)
%   iter = number of iterations

if nargin<3,error('at least 3 input arguments required'),end
if nargin<4|isempty(es),es=0.0001;end
if nargin<5|isempty(maxit),maxit=50;end
iter = 0;
while (1)
  xrold = xr;
  xr = xr - func(xr)/dfunc(xr);
  iter = iter + 1;
  if xr ~= 0, ea = abs((xr - xrold)/xr) * 100; end
  if ea <= es | iter >= maxit, break, end
end
root = xr;
```

在输入和保存好M文件后，就可以调用它来解决求根问题。例如，对于简单的函数x^2-9，其根可以用如下方法求得：

```
>> newtraph(@(x) x^2 - 9,@(x) 2*x,5)

ans =
    3
```

例6.4 使用牛顿-拉弗森方法求解蹦极问题

问题描述：使用上述M文件描述的函数求解蹦极运动员的体重，蹦极运动员的阻尼系数为0.25kg/m，在自由落体4s后其速度为36m/s。重力加速度为9.81m/s²。

解：函数可以表示为

$$f(m)=\sqrt{\frac{gm}{c_d}}\tanh\left(\sqrt{\frac{gc_d}{m}}t\right)-v(t)$$

为了应用牛顿-拉弗森方法，必须求得该函数关于未知数m的导数

$$\frac{\mathrm{d}f(m)}{\mathrm{d}m}=\frac{1}{2}\sqrt{\frac{g}{mc_d}}\tanh\left(\sqrt{\frac{gc_d}{m}}t\right)-\frac{g}{2m}t\,\mathrm{sech}^2\left(\sqrt{\frac{gc_d}{m}}t\right)$$

应该注意到，尽管从大体上讲该函数的导数不难计算，但是需要耗费一定的注意力

和工作量才能得到最终结果。

可以先用这两个公式，并结合函数 newtraph 求取函数的根：

```
>> y = @m) sqrt(9.81*m/0.25)*tanh(sqrt(9.81*0.25/m)*4)-36;
>> dy = @(m) 1/2*sqrt(9.81/(m*0.25))*tanh((9.81*0.25/m) ...
      ^(1/2)*4)-9.81/(2*m)*sech(sqrt(9.81*0.25/m)*4)^2;
>> newtraph(y,dy,140,0.00001)

ans =
  142.7376
```

6.3 割线法

与例 6.4 一样，实现牛顿-拉弗森方法的一个潜在的问题是需要计算导数。尽管对于多项式和很多其他的函数而言，这也并不困难，但还是存在一些函数，求它们的导数可能会有困难或不便之处。在这种情况下，可以用后向有限差分(backward finite divided difference)来近似计算导数：

$$f'(x_i) \cong \frac{f(x_{i-1}) - f(x_i)}{x_{i-1} - x_i}$$

将该近似公式代入式(6.6)可得到如下迭代方程：

$$x_{i+1} = x_i - \frac{f(x_i)(x_{i-1} - x_i)}{f(x_{i-1}) - f(x_i)} \tag{6.8}$$

式(6.8)就是割线法(*secant method*)的公式。注意，该方法需要 x 的两个初始估计值。然而，由于 $f(x)$在这两个估计值之间不要求改变符号，因此它不满足划界法的条件，不能将其看作划界法。

除了使用两个任意值求导数外，还有一种替代方法，利用这种方法计算 $f'(x)$需要对自变量进行小的扰动：

$$f'(x_i) \cong \frac{f(x_i + \delta x_i) - f(x_i)}{\delta x_i}$$

其中，δ 为一个很小的扰动量。将该近似值代入式(6.6)，可以得到如下迭代方程：

$$x_{i+1} = x_i - \frac{\delta x_i f(x_i)}{f(x_i + \delta x_i) - f(x_i)} \tag{6.9}$$

我们称其为改进割线法(*modified secant method*)。与例 6.5 一样，这种方法给出了一个相当不错的求根方式，它既具有牛顿-拉弗森方法的高效性，又不需要计算导数。

例 6.5 改进割线法

问题描述：使用改进割线法求解蹦极运动员的体重，蹦极运动员的阻尼系数为 0.25kg/m，在自由落体 4s 后的速度为 36m/s。注意，重力加速度为 9.81m/s^2。初始猜测值为 50kg，扰动量为 10^{-6}。

解：将参数插入式(6.9)可得

第 1 次迭代为：

$$x_0 = 50 \qquad f(x_0) = -4.579\,387\,08$$

$$x_0 + \delta x_0 = 50.000\,05 \qquad f(x_0 + \delta x_0) = -4.579\,381\,118$$

$$x_1 = 50 - \frac{10^{-6}(50)(-4.579\,387\,08)}{-4.579\,381\,118 - (-4.579\,387\,08)}$$
$$= 88.399\,31(|\varepsilon_t| = 38.1\%; |\varepsilon_a| = 43.4\%)$$

第 2 次迭代为：

$$x_1 = 88.399\,31 \qquad f(x_1) = -1.692\,207\,71$$

$$x_1 + \delta x_1 = 88.399\,40 \qquad f(x_1 + \delta x_1) = -1.692\,203\,516$$

$$x_2 = 88.399\,31 - \frac{10^{-6}(88.399\,31)(-1.692\,207\,71)}{-1.692\,203\,516 - (-1.692\,207\,71)}$$
$$= 124.089\,70(|\varepsilon_t| = 13.1\%; |\varepsilon_a| = 28.76\%)$$

计算可以继续下去，得到的结果如表 6.4 所示。

表 6.4 例 6.5 的计算结果

i	x_i	$\lvert \varepsilon_t \rvert$(%)	$\lvert \varepsilon_a \rvert$(%)
0	50.000 0	64.971	
1	88.399 3	38.069	43.438
2	124.089 7	13.064	28.762
3	140.541 7	1.538	11.706
4	142.707 2	0.021	1.517
5	142.737 6	4.1×10^{-6}	0.021
6	142.737 6	3.4×10^{-12}	4.1×10^{-6}

为 δ 选择合适值的过程不是自动的。如果 δ 太小，该方法可能会被舍入误差所淹没(swamped)，这些舍入误差是由式(6.9)所示分母中的减性抵消(subtractive cancellation)引起的。如果 δ 太大，该方法可能又变得低效，甚至发散。然而，如果能够正确地选择 δ 值，那么对于求导数值困难和不便于得到两个初始猜测值的情况，割线法就提供了一个不错的选择。

更进一步，从最一般的意义来看，单变量函数只是针对传给它的值对应地传回一个单值。从这个意义来看，函数并不总是像本章前面求解过的，一行代码就能描述的方程那么简单。例如，函数可能由很多行代码组成，计算这个方程的值需要花费大量时间。

在某些情况下，函数甚至用单独的计算机程序表示。在这种情况下，割线法和改进割线法就很有价值。

6.4　布伦特法

将划界法的可靠性和开方法的速度结合起来的混合方法，难道不是很好吗？布伦特求根方法是一个非常聪明的算法，不仅在任何可能的情况下，使用快速的开方法，而且在必需的情况下，也可以回到可靠的划界法。这个方法是由 Richard Brent(1973)基于 Theodorus Dekker(1969)的早期算法开发出来的。

划界技术是可靠的二分法(见 5.4 节)，但是，人们采用了两种不同的开方法。第一种开方法是 6.3 节描述的割线法。下面解释的是第二种开方法：逆二次插值法。

6.4.1　逆二次插值

逆二次插值在思想上与割线法类似。如图 6.7(a)所示，割线法的基础是计算通过两个猜测值的直线。这条直线与 x 轴的交点表示新的估计根。因此，有时我们将其称为线性插值法。

现在假设我们有三个点。在这种情况下，我们可以确定经过这三个点的 x 的二次函数[见图 6.7(b)]。与线性割线法一样，这条抛物线与 x 轴的交点将代表新的估计根；并且如图 6.7(b)所示，使用曲线而不是直线，通常会产生更好的估计值。虽然这似乎是很大的改进，但是这种方法有一个基本的缺陷：抛物线可能不会与 x 轴相交！当得到的抛物线具有复数根时，就会出现这种情况。如图 6.8 所示，抛物线 $y = f(x)$就说明了这一点。

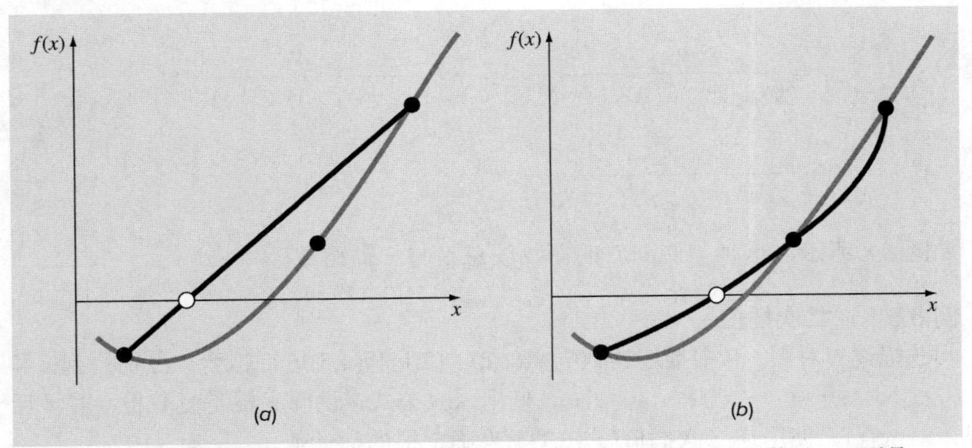

图 6.7　(a)割线法和(b)逆二次插值法的比较。请注意，因为二次函数以 y 而不是以 x 表示，所以(b)中的方法被称为“逆”(inverse)二次插值法

采用逆二次插值，可以解决这个困难。也就是说，我们不使用x轴上的抛物线，而是在y轴上拟合抛物线。这相当于扭转轴，生成“侧向”抛物线(如图 6.8 所示的曲线$x = f(y)$)。

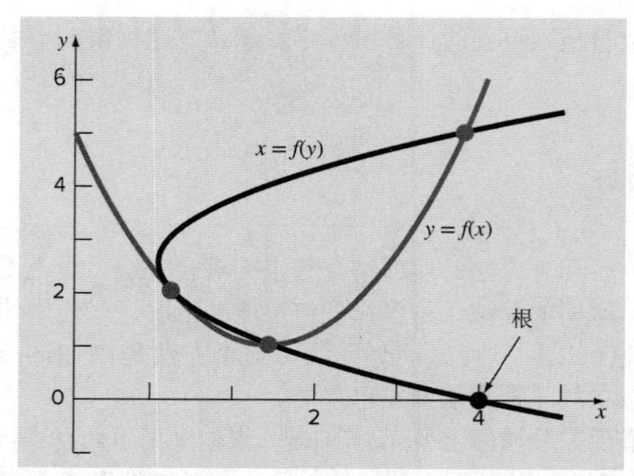

图 6.8 通过三点拟合的两条抛物线。写成 x 的函数，$y = f(x)$的抛物线具有复数根，因此不与 x 轴相交；相反，如果对变量求逆，将抛物线写成 $x = f(y)$，那么函数确实与 x 轴相交

如果指定的三点为(x_i−2，y_i−2)，(x_i−1，y_i-1)和(x_i，y_i)，那么通过这三个点，可以生成 y 的二次函数为：

$$g(y) = \frac{(y - y_{i-1})(y - y_i)}{(y_{i-2} - y_{i-1})(y_{i-2} - y_i)}x_{i-2} + \frac{(y - y_{i-2})(y - y_i)}{(y_{i-1} - y_{i-2})(y_{i-1} - y_i)}x_{i-1} + \frac{(y - y_{i-2})(y - y_{i-1})}{(y_i - y_{i-2})(y_i - y_{i-1})}x_i \tag{6.10}$$

正如我们将要在 18.2 节中学习的，这种形式称为拉格朗日多项式。根 $x_i + 1$ 对应于 $y = 0$，当代入式(6.10)时，得到：

$$x_{i+1} = \frac{y_{i-1}\, y_i}{(y_{i-2} - y_{i-1})(y_{i-2} - y_i)}x_{i-2} + \frac{y_{i-2}y_i}{(y_{i-1} - y_{i-2})(y_{i-1} - y_i)}x_{i-1} + \frac{y_{i-2}\, y_{i-1}}{(y_i - y_{i-2})(y_i - y_{i-1})}x_i \tag{6.11}$$

如图 6.8 所示，这种“侧向”的抛物线总是与 x 轴相交。

例 6.6 逆二次插值

问题描述：对图 6.8 中描述的数据点(1,2)、(2,1)和(4,5)进行拟合，分别得到 x 和 y 的二次方程。 对于第一个方程，$y = f(x)$，使用二次公式，说明了根是复数根。对于后一种情况，$x = g(y)$，使用逆二次插值[式(6.11)]来确定根的估计值。

解：对式(6.10)求逆，可以得到 x 的二次方程，如下所示。

$$f(x) = \frac{(x-2)(x-4)}{(1-2)(1-4)}2 + \frac{(x-1)(x-4)}{(2-1)(2-4)}1 + \frac{(x-1)(x-2)}{(4-1)(4-2)}5$$

或合并同类项，得到：

$$f(x) = x^2 - 4x + 5$$

这是用来生成抛物线$y = f(x)$的方程，如图6.9所示。在这种情况下，这个二次方程可以用于确定根是复数：

$$x = \frac{4 \pm \sqrt{(-4)^2 - 4(1)(5)}}{2} = 2 \pm i$$

式(6.10)可用于生成y的二次方程：

$$g(y) = \frac{(y-1)(y-5)}{(2-1)(2-5)}1 + \frac{(y-2)(y-5)}{(1-2)(1-5)}2 + \frac{(y-2)(y-1)}{(5-2)(5-1)}4$$

或合并同类项，得到：

$$g(y) = 0.5x^2 - 2.5x + 4$$

最后，式(6.11)可以用来确定根：

$$x_{i+1} = \frac{-1(-5)}{(2-1)(2-5)}1 + \frac{-2(-5)}{(1-2)(1-5)}2 + \frac{-2(-1)}{(5-2)(5-1)}4 = 4$$

在进行布伦特算法之前，我们需要再提一种逆二次插值不起作用的情况。如果三个y值不是互不相同(即，$y_{i-2} = y_{i-1}$或$y_{i-1} = y_i$)，则不存在逆二次函数。因此，这时割线法开始发挥作用了。在y值不是互不相同的情况下，我们总是回到效率较低的割线方法，使用两个点生成一个根。如果$y_{i-2} = y_{i-1}$，我们使用割线法，采用x_{i-1}和x_i。如果$y_{i-1} = y_i$，则我们采用x_{i-2}和x_{i-1}。

6.4.2 布伦特法算法

布伦特求根法背后的一般思路是，尽可能使用其中一个快速开方法。在生成不可接受的结果(即，落在划界之外的根的估计值)的情况下，算法返回到更保守的二分法。尽管二分法可能较慢，但是它保证会生成一个落在划界内的估计值。接着，重复该过程，直到根位于可接受的公差范围内。正如预期的那样，一开始，二分法占主导地位，但是随着越来越接近根，技术转向了更快的开方法。

下面给出了由Cleve Moler(2004)开发的基于MATLAB的M文件函数。它代表了fzero函数的一个精简版本，fzero函数是MATLAB中使用的专业求根函数。由于这个原因，我们称之为简化版本：fzerosimp。请注意，它需要另一个函数f，这个函数f保存了正在评估根的方程式。

fzerosimp函数得到了两个必须在划界根范围内的初始猜测值。接着，初始化定义搜索区间(a,b,c)的三个变量，在端点处评估f的值。

```
function b = fzerosimp(xl,xu)
a = xl; b = xu; fa = f(a); fb = f(b);
c = a; fc = fa; d = b - c; e = d;
while (1)
  if fb == 0, break, end
  if sign(fa) == sign(fb) %If needed, rearrange points
    a = c; fa = fc; d = b - c; e = d;
  end
  if abs(fa) < abs(fb)
    c = b; b = a; a = c;
    fc = fb; fb = fa; fa = fc;
  end
  m = 0.5*(a - b); %Termination test and possible exit
  tol = 2 * eps * max(abs(b), 1);
  if abs(m) <= tol | fb == 0.
    break
  end
  %Choose open methods or bisection
  if abs(e) >= tol & abs(fc) > abs(fb)
    s = fb/fc;
    if a == c                    %Secant method
      p = 2*m*s;
      q = 1 - s;
    else            %Inverse quadratic interpolation
      q = fc/fa; r = fb/fa;
      p = s * (2*m*q * (q - r) - (b - c)*(r - 1));
      q = (q - 1)*(r - 1)*(s - 1);
    end
    if p > 0, q = -q; else p = -p; end;
    if 2*p < 3*m*q - abs(tol*q) & p < abs(0.5*e*q)
      e = d; d = p/q;
    else
      d = m; e = m;
    end
  else                              %Bisection
    d = m; e = m;
  end
  c = b; fc = fb;
  if abs(d) > tol, b=b+d; else b=b-sign(b-a)*tol; end
  fb = f(b);
end
```

接下来，开始实现主循环。如有必要，重新安排三个点，以满足算法有效工作所需的条件。此时，如果满足停止条件，就终止循环。否则，决策结构在三种方法中选择，并检查结果是否可以接受。接着，在最后一部分，在新点处评估 f 的值，重复循环。一旦满足停止条件，循环就被终止，并返回最终的根的估计值。

6.5 MATLAB 函数：fzero

fzero 函数是用于求解单个方程的实根。使用 fzero 函数的简单语法表示为：

```
fzero(function,x0)
```

其中，*function* 是需要求根的函数名，x0 是初始猜测值。注意，包含根的两个猜测值可以作为向量传给 fzero 函数：

```
fzero(function,[x0 x1])
```

其中，x0 和 x1 是两个猜测值，它们包含使函数符号发生变化的点。

在此给出一个 MATLAB 会话过程来求解一个简单二次方程的根：x^2-9。显然，该方程存在两个根：−3 和 3。下面的 MATLAB 会话求得的是负根：

```
>> x = fzero(@(x) x^2-9,-4)

x =
   -3
```

如果想求出正根，就使用距离正根较近的猜测值：

```
>> x = fzero(@(x) x^2 - 9,4)

x =
    3
```

如果让初始猜测值为 0，那么求得的将是负根：

```
>> x = fzero(@(x) x^2 - 9,0)

x =
   -3
```

如果想要确保能找到正根，那么就应该输入如下两个猜测值：

```
>> x = fzero(@(x) x^2-9,[0 4])

x =
    3
```

但是，如果在两个猜测值之间函数值没有发生符号改变，那么会显示错误信息：

```
>> x = fzero(@(x) x^2-9,[-4 4])

??? Error using ==> fzero
The function values at the interval endpoints must ...
differ in sign.
```

fzero 函数的工作过程如下：如果传入的是单个猜测值，那么首先进行搜索，找到符号发生变化的一个区间。这种搜索不同于 5.3.1 节描述的增量搜索(incremental search)，在此，搜索过程从单个猜测值开始，然后采用不断增大的步长，同时在正和负方向上进行，直到检测到符号发生变化为止。

因此，如果不是得到了不期望的结果(如根的估计值落在界定范围以外)，那么一般采用快速方法(割线法和逆二次插值)。如果得到一个不可接受的结果，那么就应该进行二分法，直到能用一个快速方法得到可接受的根为止。我们希望的是，典型情况下二分法能够在开始时占主导，而随着逐步逼近根的过程中，该方法也逐步过渡到更快的方法。

fzero 函数语法的一种更加完整的表示可以写为：

```
[x,fx] = fzero(function,x0,options,p1,p2,...)
```

其中，[*x*, *fx*]为包含根 *x* 和在根处函数估计值 *fx* 组成的向量。*options* 是一个由 optimset 函数创建的数据结构，*p*1、*p*2...为函数所需的所有参数。注意，如果期望以参数进行传递，而不使用 *options*，那么就在此传入一个空向量[]。

optimset 函数的语法如下：

```
options = optimset('par1',val1,'par2',val2,...)
```

其中，参数 par_i 取值为 val_i。所有可能参数的完整列表只能通过在命令行中输入 optimset 获得。这些参数与 fzero 函数使用的参数是一样的，即：

- *display*：当设为 iter 时，显示所有迭代的详细记录。
- *tolx*：一个正标量，它设置了 *x* 的终止容差(termination tolerance)。

例 6.7　fzero 和 optimset 函数

问题描述：回顾一下例 6.3，我们利用牛顿-拉弗森方法求得了 $f(x)=x^{10}-1$ 的正根，初始猜测值为 0.5。用 optimset 和 fzero 函数求解相同的问题。

解：要迭代 MATLAB 会话，可以用如下代码实现

```
>> options = optimset('display','iter');
>> [x,fx] = fzero(@(x) x^10 - 1,0.5,options)
 Func-count      x           f(x)        Procedure
    1           0.5      -0.999023        initial
    2      0.485858      -0.999267        search
    3      0.514142      -0.998709        search
    4          0.48      -0.999351        search
    5          0.52      -0.998554        search
    6      0.471716      -0.999454        search
    .
    .
    .
   23      0.952548      -0.385007        search
   24         -0.14             -1        search
   25          1.14        2.70722        search
 Looking for a zero in the interval [-0.14, 1.14]
   26      0.205272             -1        interpolation
   27      0.672636      -0.981042        bisection
```

```
  28       0.906318       -0.626056       bisection
  29        1.02316        0.257278       bisection
  30       0.989128       -0.103551       interpolation
  31       0.998894      -0.0110017       interpolation
  32        1.00001   7.68385e-005       interpolation
  33              1  -3.83061e-007       interpolation
  34              1    -1.3245e-011      interpolation
  35              1               0      interpolation
Zero found in the interval: [-0.14, 1.14].

x =
   1

fx =
   0
```

因此，在进行了 25 次迭代搜索以后，fzero 函数找到了一个符号发生变化的区间。然后使用插值法和二分法，直到足够靠近根为止，这样插值法就接替了二分法，并快速收敛到方程的根。

假设希望使用较为宽松的容差，可以使用 optimset 函数来设定一个小的最大容差和一个较不精确的根的估计值：

```
>> options = optimset ('tolx', 1e-3);
>> [x,fx] = fzero(@(x) x^10-1,0.5,options)

x =
   1.0009

fx =
   0.0090
```

6.6 多项式

多项式是一类特殊的非线性代数方程，其一般形式为：

$$f_n(x) = a_1x^n + a_2x^{n-1} + \cdots + a_{n-1}x^2 + a_nx + a_{n+1} \tag{6.12}$$

其中，n 为多项式的阶(order)，a_0、a_1…为常系数。在很多(但不是所有)情况下，系数为实数。对于这种情况，根可以是实数和/或复数。通常，n 阶多项式有 n 个根。

多项式在工程与科学领域有很多应用。例如，它们被广泛地应用于曲线拟合。然而，它们最令人感兴趣和最强大的一个应用是在刻画动态系统(dynamic system)中——尤其是在线性系统(linear system)中。这样的例子包括反应堆、机械设备、构件(structure)和电子线路。

MATLAB 函数：roots

如果你正在处理一个问题，在该问题中，你必须求得某个多项式的单一实根，像二分法和牛顿-拉弗森方法这样的技术可能很有效。然而，在很多情况下，工程师希望求得方程所有的根，包括实根和复数。遗憾的是，像二分法和牛顿-拉弗森方法这样的简单方法，是无法求得更高阶多项式的所有根的。然而，MATLAB 有一个优秀的内置功能可用来完成这种任务，那就是 roots 函数。

roots 函数的使用语法为：

```
x = roots(c)
```

其中，x 是一个列向量，它包含了所有的根；c 为行向量，它包含了多项式的系数。

那么，roots 函数是如何工作的呢？MATLAB 非常善于求解矩阵的特征值(eigenvalue)，因此，该方法是将根估计的任务变换为一个求特征值的问题。由于在本书的后面还会描述与特征值相关的问题，因此在此只是给出一些概述。

假定给定一个多项式：

$$a_1x^5 + a_2x^4 + a_3x^3 + a_4x^2 + a_5x + a_6 = 0 \tag{6.13}$$

在方程的两边同除以 a_1，整理后可得：

$$x^5 = -\frac{a_2}{a_1}x^4 - \frac{a_3}{a_1}x^3 - \frac{a_4}{a_1}x^2 - \frac{a_5}{a_1}x - \frac{a_6}{a_1}$$

利用等式右边的系数可以构建一个特殊的矩阵，其第一行为系数，其他的行为0或1，如下：

$$\begin{bmatrix} -a_2/a_1 & -a_3/a_1 & -a_4/a_1 & -a_5/a_1 & -a_6/a_1 \\ 1 & 0 & 0 & 0 & 0 \\ 0 & 1 & 0 & 0 & 0 \\ 0 & 0 & 1 & 0 & 0 \\ 0 & 0 & 0 & 1 & 0 \end{bmatrix} \tag{6.14}$$

式(6.14)称为多项式的伴随矩阵(companion matrix)，它有一个有用的特性——其特征值为多项式的根。这样，roots 函数背后的算法就是先设置伴随矩阵，然后利用 MATLAB 强大的特征值求解功能求方程的根。下面的例子描述了 roots 函数及其他一些与多项式处理函数相关的应用。

应该注意 roots 函数有一个逆函数称为 poly，当传入根的值以后，poly 函数会返回多项式的系数。其语法为：

```
c = poly(r)
```

其中，r 为列向量，包含了方程的根；c 为行向量，包含了多项式的系数。

例 6.8 利用 MATLAB 处理多项式并求它们的根

问题描述：利用下面的方程了解 MATLAB 是如何用于处理多项式的。

$$f_5(x) = x^5 - 3.5x^4 + 2.75x^3 + 2.125x^2 - 3.875x + 1.25 \tag{6.15}$$

注意，该多项式有 3 个实根：0.5、−1.0 和 2；还有一对复根：$1\pm0.5i$。

解：通过将系数存储为一个行向量，就可以将多项式输入到 MATLAB 中。例如，输入如下代码行，将系数保存在向量 a 中：

```
>> a = [1 -3.5 2.75 2.125 -3.875 1.25];
```

可以进一步变换该多项式。例如，我们可以计算其在 x=1 处的值，输入如下代码：

```
>> polyval(a,1)
```

其结果为 $1(1)^5-3.5(1)^4+2.75(1)^3+2.125(1)^2-3.875(1)+1.25=-0.25$。

```
ans =
  -0.2500
```

我们可以创建一个二次多项式，其根为对应于式(6.15)的两个原始根：0.5 和−1。该二次多项式为$(x-0.5)(x+1)=x^2-0.5x-0.5$。可以将其输入到 MATLAB 中作为一个向量 b：

```
>> b = [1 .5 -.5]

b =
   1.0000    0.5000   -0.5000
```

注意，poly 函数可以用于完成类似下面这样的任务：

```
>> b = poly([0.5 -1])

b =
   1.0000    0.5000   -0.5000
```

也可以通过如下方式将该多项式分解为原多项式(original polynomial)：

```
>> [q,r] = deconv(a,b)
```

结果为商(三阶多项式 q)和余项(r)：

```
q =
   1.0000   -4.0000    5.2500   -2.5000
r =
       0     0     0     0     0     0
```

因为该多项式是一个可以整除分子的分母，所以余项多项式的系数为 0。现在，商多项式的根可以用如下方法求解：

```
>> x = roots(q)
```

得到了期望的结果，原多项式式(6.15)其余的根为：

```
x =
2.0000
1.0000 + 0.5000i
1.0000 - 0.5000i
```

现在，可以将 q 乘以 b 并与原多项式比较：

```
>> a = conv(q,b)

a =
    1.0000    -3.5000    2.7500    2.1250    -3.8750    1.2500
```

然后，我们就可以用如下方法求得原多项式的所有根：

```
>> x = roots(a)

x =
   2.0000
  -1.0000
   1.0000 + 0.5000i
   1.0000 - 0.5000i
   0.5000
```

最后通过使用 poly 函数，可以再次得到原多项式：

```
>> a = poly(x)

a =
   1.0000   -3.5000   2.7500   2.1250   -3.8750   1.2500
```

6.7 案例研究：管道摩擦力

背景：在很多工程和科学领域中需要确定通过管道(pipe)和管子(tube)的液体流量。在工程领域中，典型的应用包括通过流水线(pipeline)和冷却系统(cooling system)的液体和气体流量。科学家对从血管流到植物脉管系统(vascular system)的营养传输流的各种流都很感兴趣。

在这样的导管中，对流的阻尼是由称为摩擦因子(*friction factor*)的无量纲数进行描述的。对于湍流(turbulent flow)，Colebrook *方程*(*Colebrook equation*)为这种摩擦因子提供了一个计算公式：

$$0=\frac{1}{\sqrt{f}}+2.0\log\left(\frac{\varepsilon}{3.7D}+\frac{2.51}{\mathrm{Re}\sqrt{f}}\right) \tag{6.16}$$

式(6.16)中，ε 为粗糙度(m)，D 为直径(m)，Re 为雷诺数(Reynolds number)。Re 可表示为：

$$\mathrm{Re}=\frac{\rho VD}{\mu}$$

上式中，ρ 为液体的密度(kg/m^3)，V 为液体的速度(m/s)，μ 为液体的动黏度(viscosity)(N • s/m^2)。除了式(6.16)的形式以外，雷诺数还可以作为判断流是否为湍流的准则(Re>4000)。

在本案例研究中，对于通过光滑、细小管子的气流，还会通过举例说明如何用本部分介绍的数值方法确定流 f。对于本例，用到的参数为 ρ=1.23kg/m^3、μ=1.79×10^{-5}N • s/m^2、D=0.005m、V=40m/s、ε=0.0015mm。注意，摩擦因子的范围大约是 0.008~0.08。另外，有一个称为 Swamee-Jain 方程(*Swamee-Jain equation*)的显式公式，用它可以得到流的一个近似估计：

$$f=\frac{1.325}{\left[\ln\left(\frac{\varepsilon}{3.7D}+\frac{5.74}{\mathrm{Re}^{0.9}}\right)\right]^2} \tag{6.17}$$

解：雷诺数可以通过下式计算求得

$$\mathrm{Re}=\frac{\rho VD}{\mu}=\frac{1.23(40)0.005}{1.79\times10^{-5}}=13\,743$$

将该值与其他的参数值一起代入式(6.16)，可得：

$$g(f)=\frac{1}{\sqrt{f}}+2.0\log\left(\frac{0.0000015}{3.7(0.005)}+\frac{2.51}{13743\sqrt{f}}\right)$$

在确定其根之前，建议绘制出该函数的图形以便估计初始猜测值和预测可能遇到的困难。这可以通过 MATLAB 轻而易举地实现：

```
>> rho = 1.23;mu = 1.79e - 5;D = 0.005;V = 40;e = 0.0015/1000;
>> Re = rho*V*D/mu;
>> g = @(f) 1/sqrt(f)+2*log10(e/(3.7*D)+2.51/(Re*sqrt(f)));
>> fplot(g,[0.008 0.08]),grid,xlabel('f'),ylabel('g(f)')
```

如图 6.9 所示，根大约位于 0.03 处。

因为我们提供了初始猜测值(x_l=0.008，x_u=0.08)，第 5 章中介绍的两种划界法都可以使用。例如，利用 5.4.1 节中开发的 bisect 函数可以得到 f 的一个值 f=0.028 967 8，其百分比相对误差为 5.926×10^{-5}，共迭代了 22 次。试位法(false position)在 26 次迭代内得到了一个相当精确的结果。因此，尽管它们产生了正确的结果，但是在某种程度上它们是低效的。这对于单个应用来讲并不要紧，但是如果需要进行很多计算，那么这可能就是致命的不足。

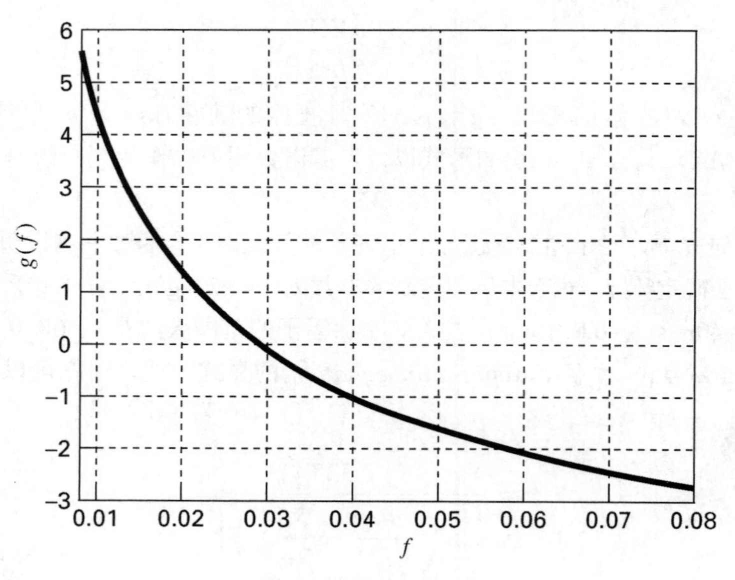

图 6.9　根大约位于 0.03 处

我们可以通过开方法来改善求解性能。因为对式(6.16)求微分是相对直接的，所以牛顿-拉弗森方法是一个不错的候选方法。例如，将区间的下界(x_0=0.008)作为初始猜测值，例 6.4 建立的 newtraph 函数很快就能收敛：

```
>> dg = @(f) -2/log(10)*1.255/Re*f^(-3/2)/(e/D/3.7 ...
                                  +2.51/Re/sqrt(f))-0.5/f^(3/2);

>> [f ea iter] = newtraph(g,dg,0.008)

f =
   0.02896781017144
ea =
    6.870124190058040e-006
iter =
     6
```

然而，如果将初始猜测值取为区间的上界(x_0=0.08)，那么例程(routine)就发散了：

```
>> [f ea iter] = newtraph(g,dg,0.08)

f =
               NaN +                NaNi
```

在检查图 6.9 以后就会明白，发生这种情况是因为函数在初始猜测值处的斜率导致第 1 次迭代跳到了负值。更进一步的实验表明，对于这种情况，仅当初始猜测值小于 0.066 时才会收敛。

因此，我们可以看出，尽管牛顿-拉弗森方法非常有效，但是它要求良好初始猜测值。对于 Colebrook 方程，一个好的策略可能是利用 Swamee-Jain 方程[式(6.17)]提供初值，代码如下：

```
>> fSJ=1.325/log(e/(3.7*D)+5.74/Re^0.9)^2

fSJ =
   0.02903099711265

>> [f ea iter] = newtraph(g,dg,fSJ)

f =
   0.02896781017144
ea =
   8.510189472800060e-010
iter =
     3
```

除了自己编写的函数外，还可以使用 MATLAB 的内置函数 fzero。然而，正如牛顿-拉弗森方法一样，当 fzero 函数使用单个猜测值时，也可能会发散。然而在本例中，当猜测值位于区间的下界时会出现问题。例如：

```
>> fzero(g,0.008)

Exiting fzero: aborting search for an interval containing a sign
change because complex function value encountered ...
                                                   during search.

(Function value at -0.0028 is -4.92028-20.2423i.)
Check function or try again with a different starting value.
ans =
   NaN
```

如果用 optimset 显示迭代过程(回顾一下例 6.7)，就表明如果在搜索阶段出现负值，就会在检测到符号变化前终止程序。然而，对于位于大约 0.016 以上的单一初始猜测值，例程工作得很好。例如，对于猜测值 0.08，牛顿-拉弗森方法会出现问题，但 fzero 函数则工作得很好：

```
>> fzero(g,0.08)

ans =
   0.02896781017144
```

作为最后一个注意事项，让我们看一下对于简单的不动点迭代是否可能收敛。最容易和最直接的版本是求解式(6.16)中的第一个 f：

$$f_{i+1} = \frac{0.25}{\left(\log\left(\frac{\varepsilon}{3.7D} + \frac{2.51}{\mathrm{Re}\sqrt{f_i}}\right)\right)^2} \tag{6.18}$$

所描述函数的两个曲线图给出了一个令人惊奇的结果(见图6.10)。回顾前文可知，当 y_2 曲线的斜率相对平坦($|g'(\xi)|<1$)时，不动点迭代会收敛。从图6.10可以看出，在 f 取 0.008~0.08的区间内曲线 y_2 相对平坦，这意味着不仅不动点迭代是收敛的，而且还收敛得非常快！事实上，对于初始猜测值在0.008~0.08之间的任何地方，不动点迭代在6次或更

少次迭代内得到的预测值，其百分比相对误差都小于0.008%。这样，这个简单的方法仅需要一个猜测值，并且不需要导数估计值，但对于这个特定的例子却表现得非常出色。

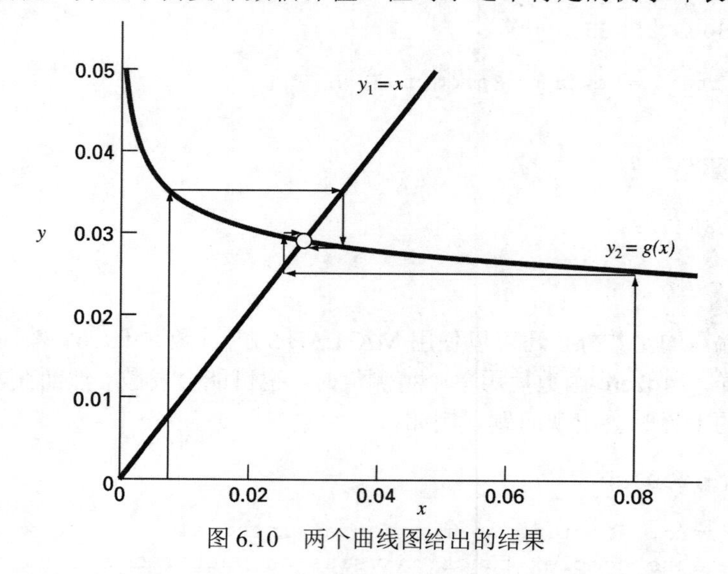

图 6.10　两个曲线图给出的结果

从本案例研究可以得到如下额外的信息：即便最好的专业软件(如 MATLAB)，也不总是可靠的，而且通常没有哪个单一的方法针对所有的问题都能工作得很好。高级用户能够理解可用数值方法的长处和不足。另外，他们能够对潜在的理论有足够的理解，这样他们就可以有效地应对某个数值方法不适用的情况。

6.8　习题

6.1　应用不动点迭代求解下式的根：

$$f(x) = \sin(\sqrt{x}) - x$$

使用的初始猜测值为x_0=0.5，直到$\varepsilon_a \leqslant 0.01\%$时迭代终止。验证这个过程是线性收敛的，如 6.1 节末尾所述。

6.2　使用不动点迭代和牛顿-拉弗森方法求$f(x) = -0.9x^2 + 1.7x + 2.5$的根，初始值使用$x_0$=5。执行计算，直到$\varepsilon_a$小于$\varepsilon_s$($\varepsilon_s$=0.01%)为止，并验证最终得到的结果。

6.3　求解方程 $f(x) = x^3 - 6x^2 + 11x - 6.1$的最大的实根：

(a) 使用图形法。

(b) 使用牛顿-拉弗森方法(3 次迭代，x_0=3.5)。

(c) 使用割线法(3 次迭代，x^{-1}=2.5 和 x_0=3.5)。

(d) 使用改进割线法(3 次迭代，x_0=3.5 和 δ=0.01)。

(e) 用 MATLAB 求解所有的根。

6.4　求解方程 $f(x)=7\sin(x)e^{-x}-1$ 的最小正根：

(a) 用图形法。

(b) 使用牛顿-拉弗森方法(3 次迭代，x_0=0.3)。

(c) 使用割线法(3 次迭代，x^{-1}=0.5 和 x_0=0.4)。

(d) 使用改进割线法(5 次迭代，x_0=0.3 和 δ=0.01)。

6.5　使用(a)牛顿-拉弗森方法和(b)改进割线法(δ=0.05)求解方程 $f(x)=x^5-16.05x^4+88.75x^3-192.0375x^2+116.35x+31.6875$ 的一个根，初始猜测值使用 x=0.5825 和 ε_s=0.01%。解释得到的结果。

6.6　为割线法创建一个 M 文件，将函数及两个初始值作为参数传递。通过求解习题 6.3 对其进行测试。

6.7　为改进割线法创建一个 M 文件，将扰动量及初始猜测值作为参数传入函数。通过求解习题 6.3 对其进行测试。

6.8　对例 6.4 中的第一个公式求微分以推导第二个公式。

6.9　采用牛顿-拉弗森方法求解 $f(x)=-2+6x-4x^2+0.5x^3$ 的一个实根。分别使用初始猜测值 4.5 和 4.43。通过使用和讨论图形法及解析法，对结果中出现的任何异常现象进行解释。

6.10　“除与平均”(divide and average)方法是逼近任何正数 a 的平方根的一种古老方法，可以表示为：

$$x_{i+1} = \frac{x_i + a/x_i}{2}$$

证明该公式建立在牛顿-拉弗森算法基础之上。

6.11　(a)应用牛顿-拉弗森方法，求解函数 $f(x)=\tanh(x^2-9)$ 在 x=3 处的已知实根。使用初始猜测值 x_0=3.2，至少要进行 3 次迭代。(b)该方法会收敛到真实根吗？用每次迭代的结果生成相应的图形，并标明迭代次数。

6.12　多项式 $f(x)=0.0074x^4-0.284x^3+3.355x^2-12.183x+5$ 在 15~20 之间有一个实根。利用牛顿-拉弗森方法求该函数的根。初始值使用 x_0=16.15。对得到的结果进行解释。

6.13　机械工程师以及大多数其他工程师，在工作中广泛使用热力学。下列多项式将干燥空气的零压力比热 c_p(单位为 kJ /(kg K))与温度(单位为 K)关联起来了：

$$c_p = 0.99403 + 1.671 \times 10^{-4}T + 9.7215 \times 10^{-8}T^2$$
$$-9.5838 \times 10^{-11}T^3 + 1.9520 \times 10^{-14}T^4$$

编写一个MATLAB脚本：(a)绘制在$T = 0$至1200 K的范围内，c_p随温度变化的曲线；(b)使用MATLAB多项式函数，确定对应于1.1 kJ /(kg K)的比热的温度。

6.14　在化学工程中，将水蒸气(H_2O)加热到足够高的温度，使得大部分水发生分解或分离而形成氧气(O_2)和氢气(H_2)：

$$H_2O \rightleftarrows H_2 + \tfrac{1}{2}O_2$$

如果假定其中只存在这一种化学反应，那么已经发生分解的 H_2O 所占比例 x 可以表示为：

$$K = \frac{x}{1-x}\sqrt{\frac{2p_t}{2+x}} \tag{6.19}$$

其中，K 为该反应的平衡常数(equilibrium constant)，P_t 为混合物的总压强。如果 P_t=3，且 K=0.05，那么求解满足式(6.19)的 x 值。

6.15 Redlich-Kwong 状态方程为：

$$p = \frac{RT}{v-b} - \frac{a}{v(v+b)\sqrt{T}}$$

其中，R 为通用气体常数(universal gas constant)[值为 0.518kJ/(kg K)]，T 为热力学温度(K)，P 为绝对压强(kPa)，v 为 1kg 气体的体积(m^3/kg)。参数 a 和 b 的值可以通过下面的式子计算得到：

$$a = 0.427\frac{R^2 T_c^{2.5}}{p_c} \qquad b = 0.0866R\frac{T_c}{p_c}$$

上式中，P_c=4 600kPa，T_c =191K。作为化学工程师，要求确定，一个 3m^3 的储存罐在温度为-40℃、压强为 65000kPa 的条件下能够存储多少这种甲烷燃料。根据你的选择，确定一种求根方法计算 v，然后计算储存罐中所存储燃料的质量。

6.16 在一个半径为 r、长度为 L、水平放置的空心圆柱体中，液体的体积与深度 h 有如下关系：

$$V = \left[r^2\cos^{-1}\left(\frac{r-h}{r}\right) - (r-h)\sqrt{2rh-h^2}\right]L$$

给定 r=2m，L=5m，V=8.5m^3，求解 h 的值。

6.17 有一根铰链缆线，悬挂在不处于同一垂直线上的两点之间。如图 6.11(a)所示，除了自身重量外，没有承载任何负荷。因此在整个缆线上，缆线自身重量在单位长度上的平均作用力为 w (N/m)。图 6.11(b)给出了 AB 部分缆线的自由下垂图，其中 T_A 和 T_B 为端点处的拉力(tension force)，可以推导得到如下关于线缆的微分方程模型：

$$\frac{d^2y}{dx^2} = \frac{w}{T_A}\sqrt{1+\left(\frac{dy}{dx}\right)^2}$$

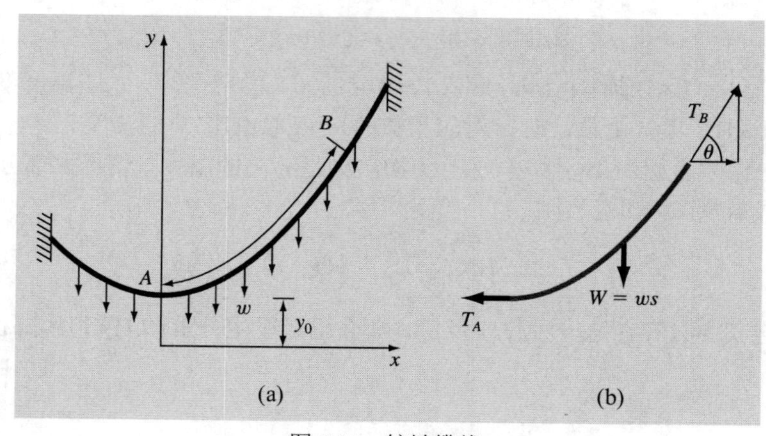

图 6.11 铰链缆线

可以用微积分求解该方程，得到缆线高度 y 与距离 x 的函数关系：

$$y = \frac{T_A}{w}\cosh\left(\frac{w}{T_A}x\right) + y_0 - \frac{T_A}{w}$$

(a) 给定参数值 w=10，y_0=5，用数值方法计算参数 T_A 的值，使得在 x=50 处缆线的高度为 y=15。

(b) x 取−50~100，生成 y 随 x 的变化图。

6.18 电子线路中的振荡电流可以描述为 $I=9e^{-t}\sin(2\pi t)$，其中 t 的单位为 s，求解所有使得 I=3.5 的 t 值。

6.19 图 6.12 表示的是一个由电阻、电感和电容并联的电路。可以用基尔霍夫规则(Kirchhoff's rule)表达该系统的阻抗，如下：

$$\frac{1}{Z} = \sqrt{\frac{1}{R^2} + \left(\omega C - \frac{1}{\omega L}\right)^2}$$

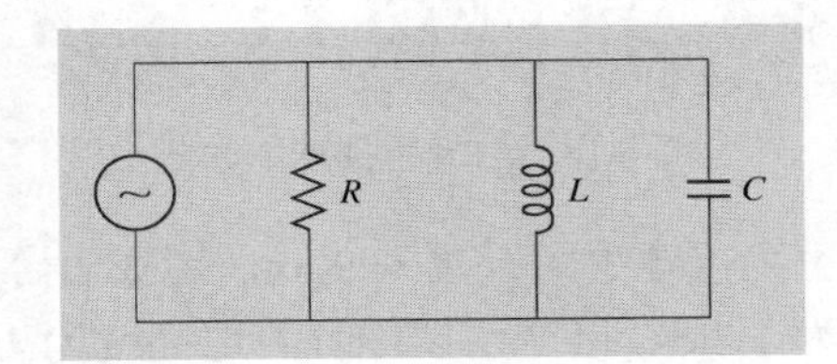

图 6.12 并联电路

其中，Z=阻抗(Ω)，ω 为角频率。利用 fzero 函数求解阻抗为 100Ω 时的 ω，取初始猜测值为 1 和 1000，使用如下参数值：R =225Ω，C =0.6×10^{-6}F，L=0.5H。

6.20 真实的机械系统需要考虑非线性弹簧的偏差。在图 6.13 中，将一个质量为 m 的质子(mass)从距离非线性弹簧 h 的高度释放。弹簧的阻力 F 可由下式计算：

$$F = -(k_1 d + k_2 d^{3/2})$$

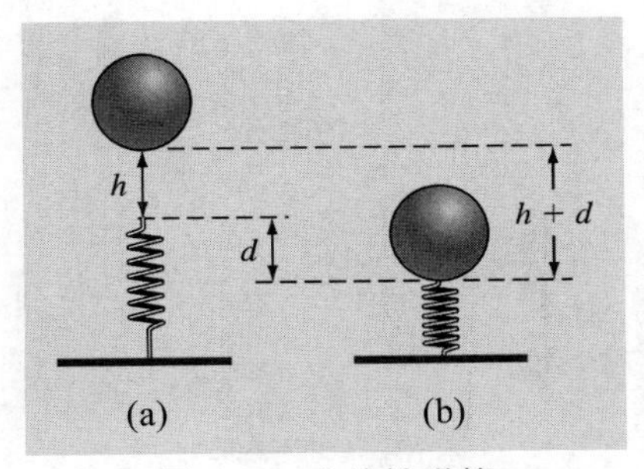

图 6.13 非线性弹簧

用能量守恒定律可得：

$$0 = \frac{2k_2 d^{5/2}}{5} + \frac{1}{2}k_1 d^2 - mgd - mgh$$

给定如下参数值：k_1=40000g/s^2，k_2=40g/(s^{2}m$^{0.5}$)，m=95g，g=9.81m/s^2，h=0.43m，求解 d 的值。

6.21　航空航天工程师有时需要计算像火箭这类发射器的轨迹。与此相关的一个问题是投掷球产生的轨迹。右翼手(棒球术语)掷球的轨迹可以用(x,y)坐标定义，如图 6.14 所示。可以将其轨迹建模为：

$$y = (\tan\theta_0)x - \frac{g}{2v_0^2\cos^2\theta_0}x^2 + y_0$$

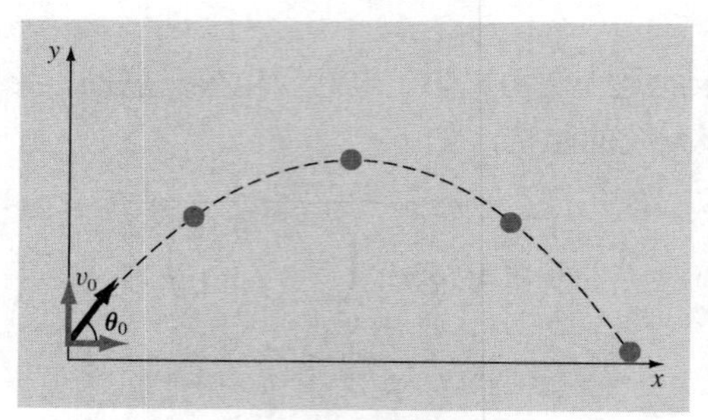

图 6.14　右翼手掷球的轨迹

假设 v_0=30m/s，右翼手离接球手的距离为 90m，请找出合适的初始角度 θ_0。注意，右翼手掷球时手离地高度为 1.8m，接球手接球时离地高度为 1m。

6.22　假如正在设计一个球形容器(见图 6.15)，并用它为一个发展中国家的小村庄存储用水。该容器所能容纳液体的体积可以如下计算：

$$V = \pi h^2 \frac{[3R - h]}{3}$$

其中，V=体积(m^3)，h=容器中水的深度(m)，R=容器的半径(m)。

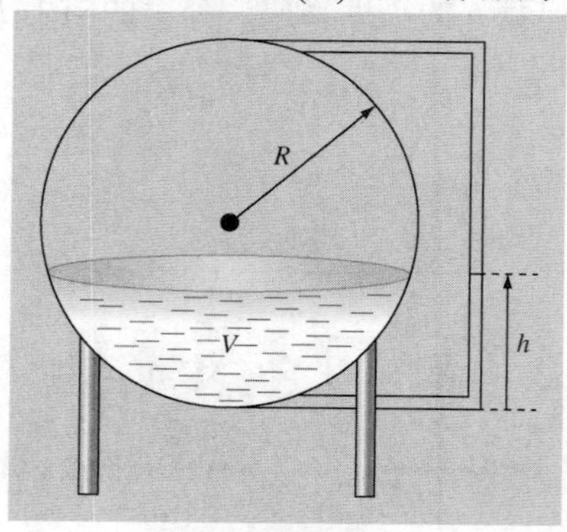

图 6.15　球形容器

如果 R=3m，必须在容器中注入多深的水才能使液体的体积为 30m^3？用尽可能高效的数值方法迭代 3 次来求解结果。在每次迭代后都要计算百分比相对误差，并说明所选方法的合理性。提示信息：(a)对于划界法，初始猜测值为[0, R]中的值时可以包含该例的一个根；(b)对于开方法，R 取任意的初始猜测值都会收敛。

6.23　执行与例 6.8 同样的 MATLAB 操作，求解如下多项式所有的根：

$$f_5(x) = (x+2)(x+5)(x-6)(x-4)(x-8)$$

6.24　在控制系统分析中，建立传输函数(transfer function)，从数学上将动力学系统的输入与输出关联起来。给出如下机器人定位系统的传输函数：

$$G(s) = \frac{C(s)}{N(s)} = \frac{s^3 + 9s^2 + 26s + 24}{s^4 + 15s^3 + 77s^2 + 153s + 90}$$

上式中，$G(s)$=系统增益，$C(s)$=系统输出，$N(s)$=系统输入，s 为拉普拉斯变换复频率。用 MATLAB 求分子和分母的根，并将它们分解为如下因子形式：

$$G(s) = \frac{(s+a_1)(s+a_2)(s+a_3)}{(s+b_1)(s+b_2)(s+b_3)(s+b_4)}$$

上式中，a_i 和 b_i 分别为根的分子和分母。

6.25　针对矩形开口渠道的曼宁方程可以表示为：

$$Q = \frac{\sqrt{S}(BH)^{5/3}}{n(B+2H)^{2/3}}$$

上式中，Q=流量(m^3/s)，S=斜率(m/m)，H=深度(m)，n=曼宁粗糙系数。研究一种不动点迭代方案来求解该方程，给定 Q=5，S=0.0002，B=20，n=0.03。执行计算，直到 ε_a 小于 ε_s，$\varepsilon_s = 0.05\%$。证明，当初始猜测值大于或小于 0 时方案都是收敛的。

6.26　尝试一下能否基于 6.7 节描述的 Colebrook 方程开发一个简单可靠的函数计算摩擦系数。当雷诺数(Reynolds number)在 4000~10^7 范围内，ε/D 在 0.000 01~0.05 的范围内时，函数返回的结果应该是精确的。

6.27　利用牛顿-拉弗森方法求解下列方程的根：

$$f(x) = e^{-0.5x}(4-x) - 2$$

初始猜测值分别使用 2、6、8。对得到的结果进行解释。

6.28　给定如下函数：

$$f(x) = -2x^6 - 1.5x^4 + 10x + 2$$

用求根方法确定函数的最大值。迭代过程直到近似相对误差小于 5%才终止。如果使用划界法，那么初始猜测值为 x_l=0 和 x_u=1。如果使用牛顿-拉弗森方法或改进割线法，那么初始猜测值为 x_i =1。如果使用割线法，那么初始猜测值为 x_{i-1}=0 和 x_i =1。假设迭代过程一定收敛，选择一个最适合该问题的求根方法，并说明理由。

6.29　求解如下这个简单的可微函数的根：

$$e^{0.5x} = 5 - 5x$$

选择最佳的数值方法，并说明选择的理由，然后用该方法求解上面方程的根。注意，已知当初始猜测值为正时，除了不动点迭代以外的所有方法最终都能收敛。迭代过程直到近似相对误差小于2%才终止。如果使用划界法，那么初始猜测值为x_l=0和x_u=2。如果使用牛顿-拉弗森方法或改进割线法，那么初始猜测值为x_i=0.7。如果使用割线法，那么初始猜测值为x_{i-1}=0和x_i=2。

6.30　(a) 开发一个M文件函数以实现布伦特的求根法。基于6.4.2节的函数开发该文件函数，但是将函数的开头改为：

```
function [b,fb] = fzeronew(f, xl, xu,varargin)
% fzeronew: Brent root location zeroes
% [b,fb] = fzeronew(f,xl,xu,p1,p2,...):
%   uses Brent¡¯s method to find the root of f
% input:
%   f = name of function
%   xl, xu = lower and upper guesses
%   p1,p2,... = additional parameters used by f
% output:
%   b = real root
%   fb = function value at root
```

进行适当的修改，使函数符合文档描述的概述要求。此外，函数中要包括错误捕获功能，确保函数的三个必需参数(f、xl和xu)遵守规定，初始猜测值在根的划界范围内。

(b) 使用下列语言，求解例5.6中函数的根，测试函数，

```
>> [x,fx] = fzeronew(@(x,n) x^n-1,0,1.3,10)
```

6.31　图6.16显示了宽顶堰的侧视图。符号定义如下：H_w=堰的高度(m)，H_h=高出堰部分的高度(m)，$H=H_w+H_h$=堰的上游河的深度(m)。

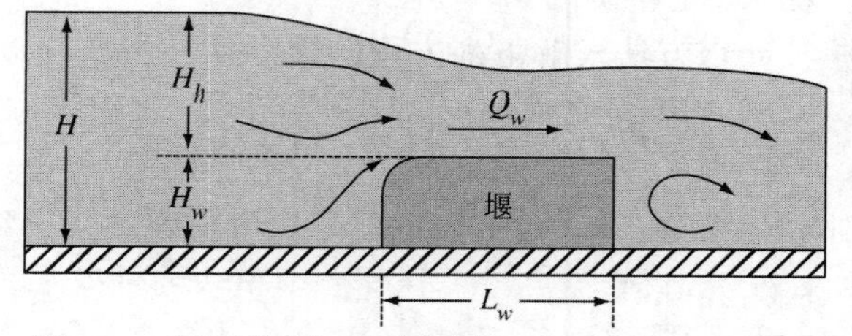

图6.16　用于控制河流和溪流深度及速度的宽顶堰

堰的流量Q_w(m^3/s)可以使用下式计算(Munson等人, 2009)：

$$Q_w = C_w B_w \sqrt{g} \left(\frac{2}{3}\right)^{3/2} H_h^{3/2} \tag{6.20}$$

其中C_w=堰系数(无量纲)，B_w=堰宽度(m)，g=重力常数(m/s^2)。使用堰高度(H_w)可以确定C_w，如下所示：

$$C_w = 1.125\sqrt{\frac{1+H_h/H_w}{2+H_h/H_w}} \tag{6.21}$$

给定$g=9.81$m/s^2，$H_w=0.8$m，$B_w=8$m，$Q_w=1.3$m^3/s，使用以下方法：(a)改进的割线法，$\delta=10^{-5}$；(b)不动点迭代；(c)MATLAB函数fzero，确定上游深度H。对于所有情况，

采用$0.5H_w$的初始猜测值，在此题中即0.4。对于习题(b)，同时证明在正初始猜测值的情况下，结果将会收敛。

6.32　以下可逆化学反应描述了甲烷和水的气相如何在封闭反应器中反应，生成二氧化碳和氢气：

$$CH_4 + 2H_2O \Leftrightarrow CO_2 + 4H_2$$

平衡关系如下所示：

$$K = \frac{[CO_2][H_2]^4}{[CH_4][H_2O]^2}$$

其中K=平衡系数，中括号[]表示摩尔浓度(mole/L)。质量守恒可以重构平衡关系，如下所示：

$$K = \frac{\left(\frac{x}{V}\right)\left(\frac{4x}{V}\right)^4}{\left(\frac{M_{CH_4} - x}{V}\right)\left(\frac{M_{H_2O} - 2x}{V}\right)^2}$$

其中x= 在正向反应中生成的摩尔数，V=反应器的体积(L)，M_i=组分i(摩尔)的初始摩尔数。给定$K = 7\times10^{-3}$，$V = 20$ L，$M_{CH_4} = M_{H_2O} = 1$摩尔(mole)，使用不动点迭代和fzero函数确定x。

6.33　根据下式，可以求出湖中污染细菌c的浓度减少的值：

$$c = 77e^{-1.5t} + 20e^{-0.08t}$$

使用牛顿-拉弗森方法确定细菌浓度降至15所需的时间，初始猜测值为$t = 6$，停止标准为1%。用fzero函数检查得到的结果。

6.34　要求使用不动点迭代求解下列方程的根：

$$x^4 = 5x + 10$$

在$0 < x < 7$初始猜测值范围内，确定能够收敛的求解方法。使用图形法或分析法来证明，在给定范围内，你的公式总是收敛的。

6.35　用新铸铁制成的圆管以体积流量$Q = 0.3\text{m}^3/\text{s}$输送水。假设流量稳定，充分发展，水不可压缩。压头损失、摩擦和直径的关系由达西-韦斯巴赫方程(Darcy-Weisbach)表示：

$$h_L = f\frac{LV^2}{D2g} \tag{6.22}$$

其中f=摩擦系数(无量纲)，L=长度(m)，D=管内径(m)，V=速度(m/s)，g=重力常数(= 9.81m/s^2)。速度与流量的关系为：

$$Q = A_cV$$

其中A_c =管道的横截面积(m^2)=$\pi D^2/4$，摩擦系数可以由柯尔布鲁克方程(Colebrook equation)确定。如果想要压头损失小于0.006米每米管道，那么需要创建MATLAB函数，确定管道的最小直径，以实现这一目标。使用以下参数值：$\upsilon = 1.16\times10^{-6}\text{m}^2/\text{s}$，$\varepsilon = 0.4\text{mm}$。

6.36 如图6.17所示，这是不对称菱形超音速机翼。机翼相对于气流的方向由多个角度表示：α=迎角，β=冲击角，θ=偏转角，下标“l”和“u”表示机翼的下表面和上表面。偏转角与倾斜冲击角和速度的关系如下式所示：

$$\tan\theta = \frac{2\cot\beta(M^2\sin^2\beta - 1)}{M^2(k + \cos 2\beta + 2)}$$

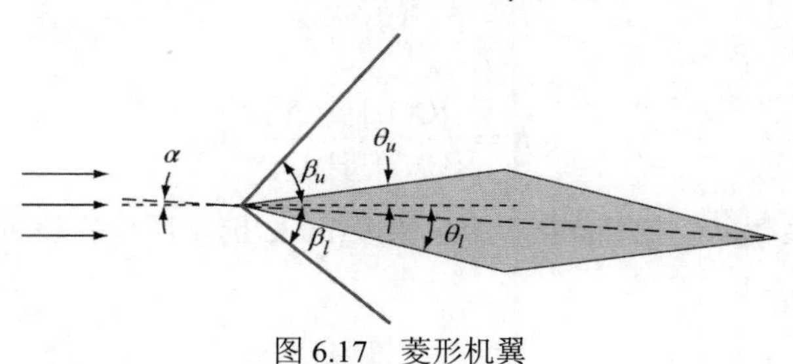

图 6.17 菱形机翼

其中，M =喷气机的速度 υ (m/s)与声速 c(m/s)的比值(马赫数)，其中：

$$c = \sqrt{kRT_a}$$

其中k = 空气的比热比例，为c_p/c_υ (= 1.4)，R =空气气体常数(= 287N m/(kg K))，T_a = 空气的绝对温度(K)。给定M、k和θ的估计值，求解下式的根，确定冲击角的值：

$$f(\beta) = \frac{2\cot\beta(M^2\sin^2\beta - 1)}{M^2(k + \cos 2\beta + 2)} - \tan\theta$$

机翼表面压力P_a(kPa)可以如下计算：

$$p_a = p\left(\frac{2k}{k+1}(M\sin\beta)^2 - \frac{k-1}{k+1}\right)$$

假设机翼件连接到以υ=625m/s的速度飞行的喷气机上，温度T = 4℃，压力p = 110kPa，θ_u= 4°。开发一个MATLAB脚本：(a)在β_u= 2°至88°的范围内，生成$f(\beta_u)$随β_u变化的曲线图，(b)计算机翼上表面的压力。

6.37 如1.4节所述，对于以非常低的速度落入流体中的物体而言，物体周围的流态是层流形式，阻力和速度之间的关系是线性的。此外，在这种情况下，还必须包括浮力。此时，力平衡关系可写为：

$$\frac{dv}{dt} = \underset{(\text{重力})}{g} - \underset{(\text{浮力})}{\frac{\rho_f V}{m} g} - \underset{(\text{阻力})}{\frac{c_d}{m} v} \tag{6.23}$$

其中υ=速度(m/s)，t =时间(s)，m=颗粒质量(kg)，g=重力常数(= 9.81m/s^2)，ρ_f=流体密度(kg/m^3)，V =颗粒体积(m^3)，c_d =线性阻力系数(kg/m)。请注意，粒子的质量可以用$V\rho_s$进行计算，其中ρ_s=粒子的密度(kg/m^3)。对于小球体而言，斯托克斯得到了以下阻力系数公式c_d =6$\pi\mu r$，其中μ=流体的动态粘度(N s/m^2)，r =球体半径(m)。

在充满蜂蜜的容器(x = 0)的顶部释放铁球(见图6.18)，然后测量铁球沉降到底部需要多长时间($x = L$)。使用这些信息，根据以下参数值，估算蜂蜜的粘度：$\rho_f = 1420\text{kg/m}^3$，$\rho_s = 7850\text{kg/m}^3$，$r = 0.02\text{m}$，$L = 0.5\text{m}$，$t(x = 0.5) = 3.6\text{s}$。检查雷诺数($\text{Re} = \rho_f v d/\mu$，其中$d$ =直径)，确认在实验期间出现了层流情况。

[提示：问题可以通过两次整合方程式(6.23)来解决，生成作为t的函数x的方程式]

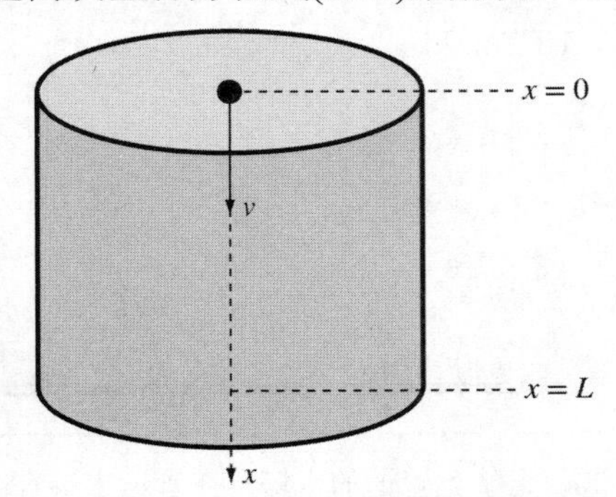

图 6.18　沉降在充满粘性蜂蜜的圆筒中的球体

6.38　如图 6.19 所示，使用两条电缆，在运动场上方，悬挂记分牌，电缆在 A、B 和 C 点由鞘固定。电缆最初是水平的，长度为 L。在记分牌挂起后，节点 B 的示力图如图 6.19(b)所示。假设电缆的重量可以忽略不计，如果记分牌所受重力为 $W = 9000$ N，确定会产生的偏移 d(m)。此外，计算每条电缆的延长量。请注意，每条电缆遵守胡克定律，因此轴向伸长率由 $L' - L = FL/(A_c E)$表示，其中 F =轴向力(N)，A_c =电缆的横截面积(m^2)，E =弹性模量(N/m^2)。在计算中，使用以下参数：$L = 45\text{m}$，$A_c = 6.362 \times 10^{-4}\text{m}^2$，$E = 1.5 \times 10^{11}$ N/m^2。

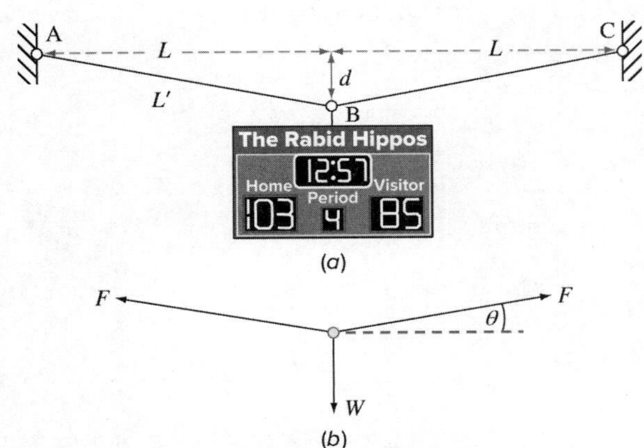

图 6.19　(a) 在 A、B 和 C 点处使用鞘固定的两根细电缆，在 B 点处悬挂记分牌；
(b) 在记分牌挂起后，固定点 B 的示力图

6.39　如图6.20所示，水塔连接到管道，阀门在管道末端。在简化假设(例如，忽略轻微的摩擦损失)下，可以写出以下能量平衡方程式

$$gh - \frac{v^2}{2} = f\left(\frac{L+h}{d} + \frac{L_{e,e}}{d} + \frac{L_{e,v}}{d}\right)\frac{v^2}{2} + K\frac{v^2}{2}$$

其中g=重力加速度(= 9.81m/s^2)，h=塔高(m)，υ=管道平均水速(m/s)，f=管道摩擦系数，L=水平管长(m)，d=管直径(m)，$L_{e,e}$=弯头的等效长度(m)，$L_{e,v}$=阀门的等效长度(m)，K=罐底部收缩损耗系数。编写一个MATLAB脚本，确定离开阀门的水流量速度Q(m^3/s)，使用以下参数值：h = 24m，L = 65m，d = 100mm，$L_{e,e}/d$ = 30，$L_{e,v}/d$ = 8，K = 0.5。此外，水的运动粘度为$\upsilon=\mu/\rho$= 1.2×10^{-6} m^2/s。

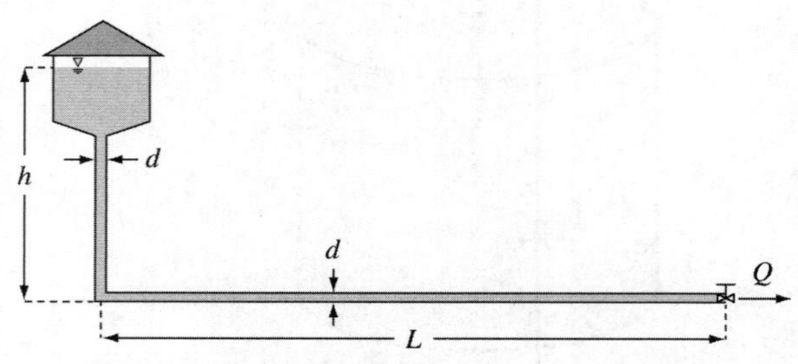

图 6.20 连接到管道的水塔，在管道末端有阀门

6.40 改进 fzerosimp 函数(见 6.4.2 节)，使其可以被传递给任何具有单个未知数的函数，并使用 varargin 传递函数的参数。然后，使用以下脚本测试函数，获得案例研究6.3 中管道摩擦的解：

```
clc
format long, format compact
rho = 1.23;mu = 1.79e - 5;D=0.005;V = 40;e = 0.0015/1000;
Re = rho*V*D/mu;
g = @(f,e,D) 1/sqrt(f)+2*log10(e/(3.7*D)+2.51/(Re*sqrt(f)));
f = fzerosimp(@(x) g(x,e,D),0.008,0.08)
```

第 7 章 最优化

本章目标

本章的主要目标是向读者介绍如何用最优化确定一维和多维函数的极大值和极小值，具体目标和主题包括：

- 理解在工程和科学问题求解中为什么会用到以及在什么地方会用到最优化。
- 认识一维和多维最优化之间的差异。
- 区别全局和局部最优值。
- 知道如何转换极大值问题，使得可以用极小值算法求解。
- 能够定义黄金分割比例和理解为什么它能够有效解决一维最优化问题。
- 用黄金分割搜索求解单变量函数的最优值。
- 用二次插值求解单变量函数的最优值。
- 知道如何应用 fminbnd 函数确定一维函数的极小值。
- 能够用 MATLAB 生成二维函数的等高线图和曲面图，使得可以将二维函数图形化。
- 知道如何应用 fminsearch 函数求多维函数的极小值。

提出问题

像蹦极运动员这样的对象可以按指定的速度向上弹出。如果蹦极运动员受到的是线性阻尼，那么其离地面的高度是时间的函数，可以用如下公式计算：

$$z = z_0 + \frac{m}{c}\left(v_0 + \frac{mg}{c}\right)\left(1 - \mathrm{e}^{-(c/m)t}\right) - \frac{mg}{c}t \tag{7.1}$$

其中，z 为离地面(地面的高度定义为 z=0)的高度(m)，z_0 为初始高度(m)，m 为质量(kg)，c 为线性阻尼系数(kg/s)，v_0 为初始速度(m/s)，t 为时间(s)。注意，对于该公式而言，是将向上看作速度的正方向。给定如下参数值：g=9.81m/s^2，z_0=100m，v_0=55m/s，m=80kg，c=15kg/s，可以用式(7.1)计算蹦极运动员的高度。如图 7.1 所示，蹦极运动员在 t=4s 时上升到大约 190m 的峰值高度。

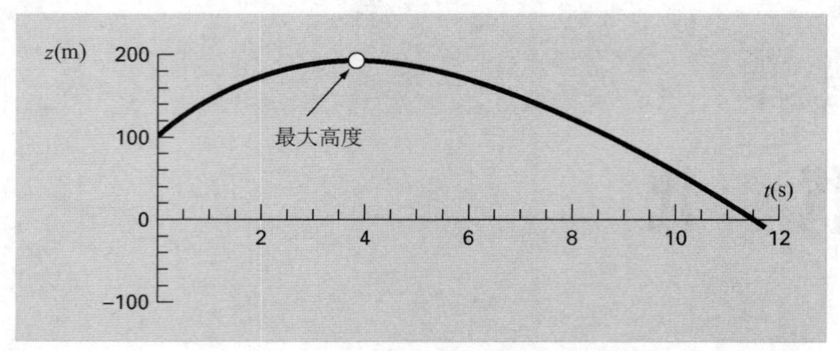

图 7.1 对于一个以初始速度向上弹射的物体，高度关于时间的函数图形

假设你被赋予一项任务，确定达到峰值高度的准确时间。确定这种极值的过程称为最优化。本章将介绍如何用计算机实现这个过程。

7.1 简介与背景

从最一般的意义上讲，最优化就是使被研究对象尽可能高效的过程。作为工程师，为了使耗费的代价最小，必须不断地设计能够高效完成任务的设备和产品。为此，工程师总是面临最优化问题，他们要努力在性能与局限之间权衡。另外，科学家对很多最优化问题都感兴趣，包括从最大发射高度到最小自由能(minimum free energy)的所有问题。

从数学的角度看，最优化就是寻找函数的极大值和极小值，这些函数具有一个或多个变量。目标就是要确定使函数值为极大或极小时变量的值。然后就可以将这些变量值代回函数，通过计算就可以得到最优值。

尽管这些解有时可能通过解析方法得到，但是大多数现实的优化问题需要数值解或计算机解。从数值方法的角度看，最优化在本质上类似于在第 5 和第 6 章中刚讨论过的求根方法。两类问题的本质差异如图 7.2 所示。求根是要搜索函数值为 0 的点。相比之下，最优化是要搜索函数的极值点。

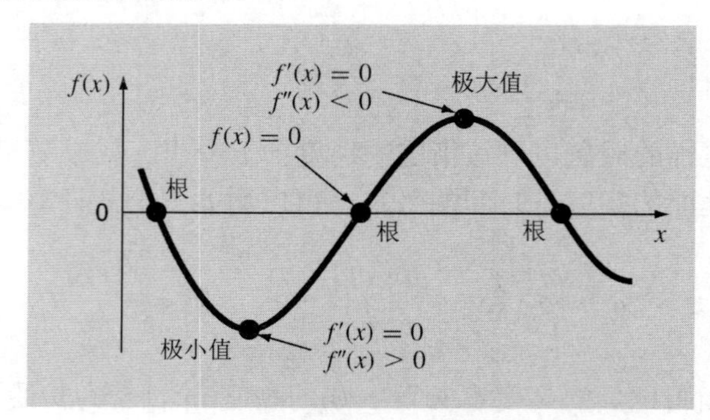

图 7.2 用于说明求根与最优化之间差异的单变量函数

从图 7.2 中可以看出，最优值位于曲线平坦的点处。用数学术语表达，就是那些使导数值 $f'(x)$ 等于 0 的 x 值。另外，二阶导数 $f''(x)$ 可以指明最优值是极大值还是最小值：

如果$f''(x)<0$，那么该点为极大值点；如果$f''(x)>0$，那么该点为极小值点。

现在，理解了求根与优化之间的关系就意味着，求根是解决优化问题的一种可能的策略。也就是说，可以对函数求导数，然后求解求导后新得到函数的根(也就是0值点)。事实上，有些优化方法正是通过求解$f'(x)=0$的根得以实现的。

例 7.1　通过求根的方法以解析方式确定函数的最优值

问题描述：基于式(7.1)，确定达到峰值高度的时刻和高度值。计算中使用下面的参数值：$g=9.81\text{m/s}^2$，$z_0=100\text{m}$，$v_0=55\text{m/s}$，$m=80\text{kg}$，$c=15\text{kg/s}$。

解：对式(7.1)求导数，可得

$$\frac{dz}{dt}=v_0e^{-(c/m)t}-\frac{mg}{c}\left(1-e^{-(c/m)t}\right) \tag{7.2}$$

注意，由于$v=\text{d}z/\text{d}t$，这实际上是速度的方程。当时刻t使方程的值为0时，高度达到最大。由此可知，问题归结为求该方程的根。在此情况下，通过令导数值等于0，并以解析方式求解式(7.2)来实现，结果如下：

$$t=\frac{m}{c}\ln\left(1+\frac{cv_0}{mg}\right)$$

将参数值代入上式，可得：

$$t=\frac{80}{15}\ln\left(1+\frac{15(55)}{80(9.81)}\right)=3.83166\,\text{s}$$

可以将该值和相关的参数值一起代入式(7.1)，通过计算可以得到最大高度值，如下：

$$z=100+\frac{80}{15}\left(50+\frac{80(9.81)}{15}\right)\left(1-e^{-(15/80)3.83166}\right)-\frac{80(9.81)}{15}(3.83166)=192.8609\text{ m}$$

还可以通过对式(7.2)求导数，得到二阶导数来验证得到的结果为极大值：

$$\frac{d^2z}{dt^2}=-\frac{c}{m}v_0e^{-(c/m)t}-ge^{-(c/m)t}=-9.81\,\frac{\text{m}}{\text{s}^2}$$

二阶导数为负数的事实告诉我们，得到的结果为极大值。可以更深入一步，该结果符合现实，因为当垂直方向上的速度为0时，加速度应该为极大值，即恰好等于重力。

尽管对于某些情况来说可以获得解析解，但是我们可以使用第5章和第6章中描述的求根方法得到同样的结果。这部分内容作为练习，请读者自行完成。

尽管一定可以将优化问题当作求根问题来解决，但是有很多直接的数值优化方法可以使用。这些方法可以解决一维和多维优化问题。顾名思义，一维问题涉及的函数只依赖于单个自变量。如图7.3(a)所示，搜索是沿着一维山脊向上爬或沿山谷向下爬。多维问题涉及函数依赖于两个或多个自变量。

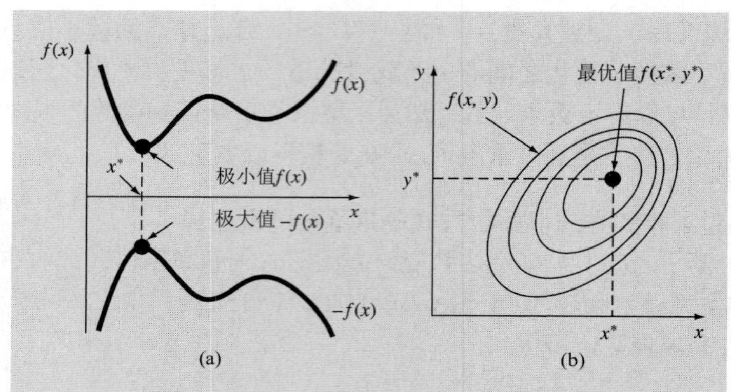

图 7.3 (a)一维优化。该图还表明 $f(x)$ 的极小值如何变为等价的 $-f(x)$ 的极大值。(b)二维优化。注意，该图可以用于表示极大值(轮廓线的高度不断增加到极大值，像山峰)或极小值(轮廓线的高度不断减小到极小值，像山谷)

以同样的方式，二维最优化也可以形象地表示为搜索山峰或山谷(见图 7.3(b))。然而，正如徒步旅行一样，我们并不一定要朝着一个方向前进；而是根据地形有效地靠近目标。

最后，求解极大值与求解极小值的过程在本质上是一样的，因为同一个值 x^* 既可以使 $f(x)$ 为最小，也可以使 $-f(x)$ 为最大。图 7.3(a)中的一维函数以图形方式说明了这种等价性。

在下一节，我们会描述一些更为通用的一维最优化方法，然后简要地介绍如何用 MATLAB 求解多维函数的极值。

7.2 一维最优化

本节将描述求一个单变量函数 $f(x)$ 的极大值和极小值的方法。在这一点上，一个有用的场景是一维“过山车”——很像图 7.4 描述的函数。回顾一下第 5 章和第 6 章，单变量函数可能出现多个根这一事实使得求根很复杂。类似地，在最优化问题中同时可能会出现局部和全局最优值。

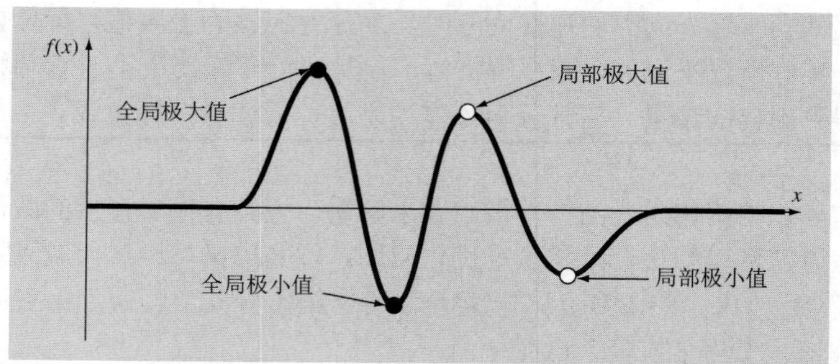

图 7.4 在正无穷和负无穷趋近于 0，在原点附近具有两个极大值和两个极小值的一个函数。右边的两个点为局部最优点，而左边的两个点为全局最优点

全局最优值(*global optimum*)代表最好的解。局部最优值(*local optimum*)尽管不是最好

的，但是要比其邻近值好。包含多个局部最优值的情况称为多峰(*multimodal*)。在这种情况下，我们几乎总是对寻找全局最优值感兴趣。另外，必须注意不能将局部结果错误地当作全局最优点。

正如方程求根一样，一维最优化可以分为划界法和开方法。正如下一节将要描述的一样，黄金分割搜索法是划界法的一个实例，它在本质上非常类似于求根的二分法。接着会讲述某种程度上一种更高级的划界方法——抛物线插值法(parabolic interpolation)。接下来介绍如何将这两种方法结合起来，并用 MATLAB 的 fminbnd 函数来实现。

7.2.1 黄金分割搜索

在很多文化中，某些数字被赋予了魔幻性质。例如，在西方，我们都知道“幸运数字 7”和“黑色星期五”(Friday the 13th)，除了带有魔幻色彩的这种性质之外，还有几个非常有名的数字，它们具有如此令人感兴趣和强大的数学性质，以至于它们被真正称为“神奇数”。其中最通用的就是圆周与其直径的比率(圆周率)π 和自然对数的基 e。

尽管不像上面两个数那么为人所知，但是黄金分割率(golden radio)肯定应该属于名数之列。该量一般用希腊字母ϕ(发音与 fee 相同)表示，开始是由欧几里得(大约公元前 300 年)定义的，主要是因为该数在构建五角星(pentagram 或 five-pointed star)时发挥的作用而显现出来。与图 7.5 描述的一样，欧几里得的定义是这么讲的：“如果将一条直线段截成两段，使得该直线段与较长的一段之比等于较长的一段与较短的一段之比，那么就说这种比例是中末比(extreme and mean ratio)。”

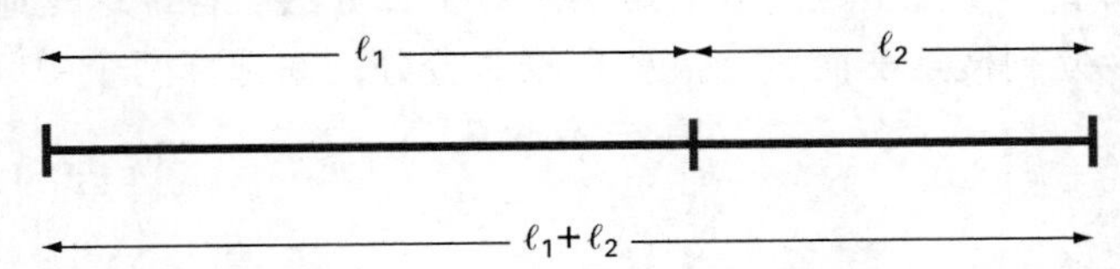

图 7.5 欧几里得定义的黄金分割率，它基于将直线分割为两段，使得整条直线与较长的一段之比等于较长的一段与较短的一段之比。该比例即为黄金分割率

黄金分割率的实际值可以通过将欧几里得的定义表达为如下式子：

$$\frac{\ell_1+\ell_2}{\ell_1}=\frac{\ell_1}{\ell_2} \tag{7.3}$$

将两边同时乘以ℓ_1/ℓ_2，合并同类项，可得：

$$\phi^2-\phi-1=0 \tag{7.4}$$

其中$\phi=\ell_1/\ell_2$。该方程的正根便是黄金分割率：

$$\phi=\frac{1+\sqrt{5}}{2}=1.61803398874989\cdots \tag{7.5}$$

在西方文化里，黄金分割率很久以来在美学角度上一直被认为是令人愉悦的。另外，它还出现在其他的很多背景中，包括生物学(biology)。在此，我们的目的是利用它作为黄金分割搜索法的基础，黄金分割搜索法是求单变量函数极值的一种简单通用的方法。

黄金分割搜索法在本质上类似于第 5 章中方程求根的二分法。回顾一下二分法，它是一种以定义区间为中心的方法，区间是通过一个下界猜测值(x_l)和一个上界猜测值(x_u)指定的，这两个猜测值界定了方程的一个根。出现在界限之内的根可以通过确定$f(x_l)$和$f(x_u)$是否具有不同的符号来验证。将区间的中点作为根的估计值：

$$x_r = \frac{x_l + x_u}{2} \tag{7.6}$$

二分法迭代的最后一步是要确定一个新的更小的区间。为此，需要从 x_l 或 x_u 选出函数值与$f(x_r)$符号相同的边界点，然后用 x_r 替换该点，得到的区间就是我们需要的新区间。该方法的一个主要优点是用 x_r 替代原区间端点之一。

现在，假设我们感兴趣的不是求根，而是确定一维函数的极小值。与二分法一样，我们从定义一个包含极小值点的区间开始。也就是说，定义的区间应该只包含一个极小值，因此在该区间上称为是单峰的(*unimodal*)。我们可以采用与二分法同样的术语，其中 x_l 和 x_u 分别定义了上述区间的上界和下界。然而，相比于二分法，我们需要一个新的策略，在该区间中搜索极小值。不是使用一个中间值(该值足以检测符号变化，所以也可以检测到 0 值点)，而是需要两个中间函数值来检测是否出现极小值。

使该方法有效的关键在于巧妙地选择中间点。与二分法中的情况一样，目标就是要通过用新值替换旧值，使得函数的取值最小。对于二分法而言，这是通过选择中点来实现的；而对于黄金分割搜索法而言，需要根据黄金分割率选择两个中间点：

$$x_1 = x_l + d \tag{7.7}$$

$$x_2 = x_u - d \tag{7.8}$$

其中：

$$d = (\phi - 1)(x_u - x_l) \tag{7.9}$$

计算函数在这两点的值。可能出现两种结果：

(1) 如图 7.6(a)所示，如果$f(x_1) < f(x_2)$，那么$f(x_1)$是极小值。在 x 的定义域中，从 x_2 至其左边和从 x_l 到 x_2 可以消除掉，因为它们不包含极小值。为此，在下一轮中，x_2 变成了新的 x_l。

(2) 如果$f(x_2) < f(x_1)$，那么$f(x_2)$就是极小值。在 x 的定义域中，从 x_1 至其右边和从 x_1 到 x_u 可以消除掉。为此，在下一轮中，x_1 变成了新的 x_u。

现在可以看出，通过使用黄金分割率，得到了实实在在的好处。因为使用黄金分割率时选择了初始 x_1 和 x_2，在下一次迭代中，不必重新计算所有的函数值。例如，对于图 7.6 中表示的情况，旧的 x_1 变为新的 x_2。这意味着，我们总具有现成的新的$f(x_2)$值，因为其值与上一迭代的 x_1 处的函数值是一样的。

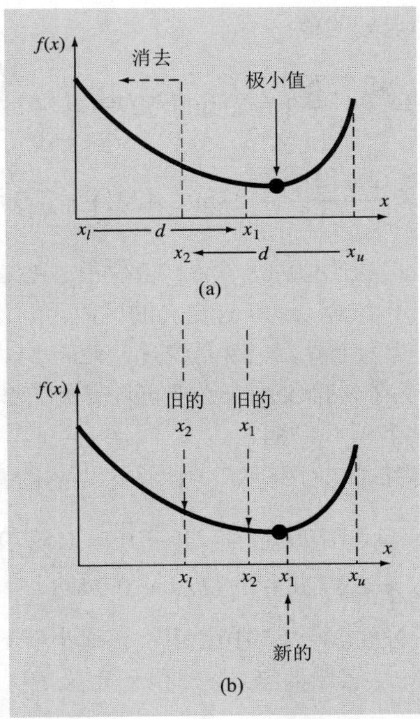

图 7.6 (a)黄金分割搜索算法的第一步是根据黄金分割率选择两个内部点。(b)第二步是定义包含极值的新区间

为了完成该算法，我们只需要确定新的 x_1。为此，可以用 d 对式(7.7)进行处理，d 是基于 x_l 和 x_u 的新值，由式(7.9)计算而来。可以用类似的方法处理另外一种情况，就是极值落在左边的子区间的情况。对于这种情况，新的 x_2 可以用式(7.8)计算得到。

随着迭代过程的不断进行，包含极值的区间快速地缩小。事实上，每轮迭代区间都会以因子 $\phi-1$(大约 61.8%)缩小。这意味着在经过 10 次迭代后，区间缩小到了原区间长度的大约 0.618^{10} 或 0.008 或 0.8%。在 20 次迭代以后，这一数值大约为 0.0066%。虽然这不如二分法(50%)中区间的缩小速度快，但最优化问题比求根问题更难。

例 7.2 黄金分割搜索法

问题描述：用黄金分割搜索法求如下函数的极小值

$$f(x)=\frac{x^2}{10}-2\sin x$$

搜索区间为从 $x_l=0$ 到 $x_u=4$。

解：首先，用黄金分割率创建两个内部点

$$d=0.61803(4-0)=2.4721$$
$$x_1=0+2.4721=2.4721$$
$$x_2=4-2.4721=1.5279$$

计算函数在这两个内部点处的值：

$$f(x_2) = \frac{1.5279^2}{10} - 2\sin(1.5279) = -1.7647$$

$$f(x_1) = \frac{2.4721^2}{10} - 2\sin(2.4721) = -0.6300$$

由于$f(x_2)<f(x_1)$，因此此时极小值的最佳估计值位于x=1.5279 处，为$f(x)$=−1.7647。另外，我们还知道，极小值位于由x_l、x_2和x_1定义的区间内。由此可知，在下一迭代中，区间的下界保持为x_l=0，x_1变为上界，也就是说，x_u=2.4721。另外，前面的x_2变为新的x_1，也就是说，x_1=1.5279。另外，确实没有必要再计算$f(x_1)$的值了，在前一次迭代中其值已经计算出来了，为f(1.5279)=−1.7647。

现在，剩下的事情就是用式(7.8)和式(7.9)计算d和x_2的新值：

$$d = 0.61803(2.4721 - 0) = 1.5279$$
$$x_2 = 2.4721 - 1.5279 = 0.9443$$

该函数在x_2处的值为f(0.9943)=−1.5310。由于该值小于x_1处的函数值，因此极小值应该为f(1.5279)=−1.7647，并且它位于由x_2、x_1和x_u定义的区间内。可以继续这个过程，得到的结果如表 7.1 所示。

表 7.1 例 7.2 的计算结果(一)

i	x_l	$f(x_l)$	x_2	$f(x_2)$	x_l	$f(x_1)$	x_u	$f(x_u)$	d
1	0	0	1.5279	−1.7647	2.4721	−0.6300	4.0000	3.1136	2.4721
2	0	0	0.9443	−1.5310	1.5279	−1.7647	2.4721	−0.6300	1.5279
3	0.9443	−1.5310	1.5279	−1.7647	1.8885	−1.5432	2.4721	−0.6300	0.9443
4	0.9443	−1.5310	1.3050	−1.7595	1.5279	−1.7647	1.8885	−1.5432	0.5836
5	1.3050	−1.7595	1.5279	−1.7647	1.6656	−1.7136	1.8885	−1.5432	0.3607
6	1.3050	−1.7595	1.4427	−1.7755	1.5279	−1.7647	1.6656	−1.7136	0.2229
7	1.3050	−1.7595	1.3901	−1.7742	1.4427	−1.7755	1.5279	−1.7647	0.1378
8	1.3901	−1.7742	1.4427	−1.7755	1.4752	−1.7732	1.5279	−1.7647	0.0851

注意，表 7.1 中加灰底的部分是每次迭代的当前极小值。在进行了 8 次迭代后，得到的函数位于x=1.4472 处的极小值−1.7755。由此可以看出，结果收敛到了x=1.4276 处的函数真实值−1.7757 上。

回顾一下二分法的情况(见 5.4 节)，在二分法中可以计算每次迭代中误差的准确上限。在此，可以用类似的推理过程，黄金分割搜索法的上限可以如下推导：一旦迭代完成，最优值只会落在两个区间的其中一个之内。如果最优函数值位于x_2处，那么最优值点就应该位于下半区间(x_l、x_2、x_1)内。如果最优函数值位于x_1处，那么最优值点就应该位于上半区间(x_2、x_1、x_u)内。因为内部点是对称的，所以两种情况都可以用于定义误差。

观察上半区间(x_2、x_1、x_u)，如果真值点非常靠左，那么它到估计值的最大可能距离为：

$$\begin{aligned}\Delta x_a &= x_1 - x_2 \\ &= x_l + (\phi - 1)(x_u - x_l) - x_u + (\phi - 1)(x_u - x_l) \\ &= (x_l - x_u) + 2(\phi - 1)(x_u - x_l) \\ &= (2\phi - 3)(x_u - x_l)\end{aligned}$$

或 $0.2361(x_u-x_l)$。如果真值非常靠右，那么它到估计值的最大可能距离为：

$$\begin{aligned}\Delta x_b &= x_u - x_1 \\ &= x_u - x_l - (\phi - 1)(x_u - x_l) \\ &= (x_u - x_l) - (\phi - 1)(x_u - x_l) \\ &= (2 - \phi)(x_u - x_l)\end{aligned}$$

或 $0.3820(x_u-x_l)$。所以，这代表了最大误差的情况。可以将该结果相对于本次迭代的最优值 x_{opt} 进行归化处理，可得：

$$\varepsilon_a = (2 - \phi)\left|\frac{x_u - x_l}{x_{\text{opt}}}\right| \times 100\% \tag{7.10}$$

可以以该估计值为基础设计终止迭代的准则。

下面给出了用黄金分割搜索法求极小值的 M 文件函数。该函数返回极小值的位置、函数值、近似误差和迭代次数。

```
function [x,fx,ea,iter]=goldmin(f,xl,xu,es,maxit,varargin)
% goldmin: minimization golden section search
% [x,fx,ea,iter]=goldmin(f,xl,xu,es,maxit,p1,p2,...):
%    uses golden section search to find the minimum of f
% input:
%   f = name of function
%   xl, xu = lower and upper guesses
%   es = desired relative error (default = 0.0001%)
%   maxit = maximum allowable iterations (default = 50)
%   p1,p2,... = additional parameters used by f
% output:
%   x = location of minimum
%   fx = minimum function value
%   ea = approximate relative error (%)
%   iter = number of iterations

if nargin<3,error('at least 3 input arguments required'),end
if nargin<4|isempty(es), es=0.0001;end
if nargin<5|isempty(maxit), maxit=50;end
phi=(1+sqrt(5))/2; iter = 0;
d = (phi-1)*(xu - xl);
```

```
  x1 = x1 + d; x2 = xu - d;
  f1 = f(x1,varargin{:}); f2 = f(x2,varargin{:});
  while(1)
    xint = xu - xl;
    if f1 < f2
      xopt = x1; xl = x2; x2 = x1; f2 = f1;
      x1 = xl + (phi-1)*(xu-xl); f1 = f(x1,varargin{:});
    else
      xopt = x2; xu = x1; x1 = x2; f1 = f2;
      x2 = xu - (phi-1)*(xu-xl); f2 = f(x2,varargin{:});
    end
    iter = iter + 1;
    if xopt~=0, ea = (2 - phi) * abs(xint/xopt) * 100;end
    if ea <= es | iter >= maxit,break,end
  end
  x = xopt; fx = f(xopt,varargin{:});
```

可以用该 M 文件求解例 7.1 中的问题。M 文件如下：

```
>> g = 9.81;v0 = 55;m = 80;c = 15;z0 = 100;
>> z = @(t) -(z0 + m/c*(v0 + m*g/c)*(1 - exp(-c/m*t)) -m*g/c*t);
>> [xmin,fmin,ea] = goldmin(z,0,8)

xmin =
    3.8317
fmin =
 -192.8609
ea =
  6.9356e-005
```

注意，由于这是极大值，我们输入的是对式(7.1)取反后得到的函数，因此 fmin 对应于极大高度 192.8609。

可以思考一下，为什么要强调黄金分割搜索法减少了计算函数值的次数。当然，对于求解单个优化问题，速度的提高是可以忽略不计的。然而，有两个重要的背景，对函数值计算次数的最小化可能是非常重要的，它们是：

(1) 大量计算。有些情况下黄金分割搜索法可能是更大规模计算的一部分。在这种情况下，由于会很多次调用该算法，因此使计算函数值的次数尽可能少会为这种情况带来不少的好处。

(2) 耗时计算。为了教学目的，大多数情况下我们采用简单的函数作为例子。因为函数可能非常复杂，计算起来非常耗时。例如，用最优化估计一个模型的参数，而该模型由一个微分方程组构成。在这种情况下，该“函数”需要进行耗时的模型积分运算。任何方法只要能够使这种计算函数值的运算量最小化，就能带来好处。

7.2.2 抛物线插值

抛物线插值(parabolic interpolation)利用了这样一个事实上的优点，即二阶多项式通常可以很好地对 $f(x)$ 在靠近极值部分的形状进行逼近(见图 7.7)。

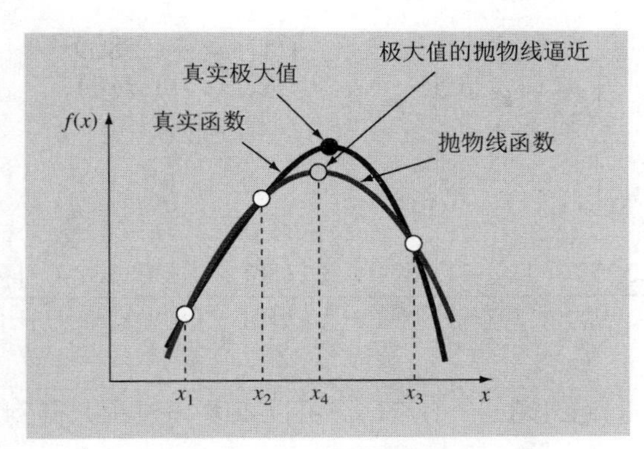

图 7.7 抛物线插值的图形描述

正如连接两点的直线仅有一条一样，连接三个点的抛物线也仅有一条。为此，如果有三个包含极值的点，那么就可以用抛物线对其进行拟合。然后可以对拟合抛物线取微分，将得到的结果设为 0，求解即可得到极值点的估计值 x。经过一定的代数变换，得到的结果如下：

$$x_4 = x_2 - \frac{1}{2}\frac{(x_2-x_1)^2[f(x_2)-f(x_3)]-(x_2-x_3)^2[f(x_2)-f(x_1)]}{(x_2-x_1)[f(x_2)-f(x_3)]-(x_2-x_3)[f(x_2)-f(x_1)]} \tag{7.11}$$

其中 x_1、x_2 和 x_3 为初始猜测值，x_4 为对猜测值进行拟合的抛物线极值所对应的 x 值。

例 7.3 抛物线插值

问题描述：用抛物线插值逼近如下函数的极小值

$$f(x) = \frac{x^2}{10} - 2\sin x$$

初始猜测值为 x_1=0、x_2=1 和 x_3=4。

解：计算函数在这三个猜测值处的值

$$\begin{array}{ll} x_1 = 0 & f(x_1) = 0 \\ x_2 = 1 & f(x_2) = -1.5829 \\ x_3 = 4 & f(x_3) = 3.1136 \end{array}$$

并将它们代入式(7.11)，可得：

$$x_4 = 1 - \frac{1}{2}\frac{(1-0)^2[-1.5829-3.1136]-(1-4)^2[-1.5829-0]}{(1-0)[-1.5829-3.1136]-(1-4)[-1.5829-0]} = 1.5055$$

其对应的函数值为 $f(1.5055)$=−1.7691。

接下来，可以用类似于黄金分割搜索法的策略确定哪一点应该丢弃。因为新点的函数值小于中间点(x_2)和中间点右边新 x 的函数值，因此丢弃较小的猜测值(x_1)。所以，对于下一迭代，有：

$$x_1 = 1 \qquad f(x_1) = -1.5829$$
$$x_2 = 1.5055 \qquad f(x_2) = -1.7691$$
$$x_3 = 4 \qquad f(x_3) = 3.1136$$

可以将这些值代入式(7.11)，可得：

$$x_4 = 1.5055 - \frac{1}{2}\frac{(1.5055-1)^2[-1.7691-3.1136]-(1.5055-4)^2[-1.7691-(-1.5829)]}{(1.5055-1)[-1.7691-3.1136]-(1.5055-4)[-1.7691-(-1.5829)]}$$
$$= 1.4903$$

其对应的函数值为$f(1.4903)$=−1.7714。可以重复该过程，得到的结果如表 7.2 所示。

表 7.2 例 7.2 的计算结果(二)

i	x_1	$f(x_1)$	x_2	$f(x_2)$	x_3	$f(x_3)$	x_4	$f(x_4)$
1	0.0000	0.0000	1.0000	−1.5829	4.0000	3.1136	1.5055	−1.7691
2	1.0000	−1.5829	1.5055	−1.7691	4.0000	3.1136	1.4903	−1.7714
3	1.0000	−1.5829	1.4903	−1.7714	1.5055	−1.7691	1.4256	−1.7757
4	1.0000	−1.5829	1.4256	−1.7757	1.4903	−1.7714	1.4266	−1.7757
5	1.4256	−1.7757	1.4266	−1.7757	1.4903	−1.7714	1.4275	−1.7757

由此可以看出，经过 5 次迭代以后，结果很快收敛到 x=1.4276 处的真值−1.7757。

7.2.3 MATLAB 函数：fminbnd

回顾一下，在 6.4 节我们描述了布伦特求根方法，它将几种求根方法合并成一种算法，平衡了效率和可靠性。由于这些特性，它构成了内置 MATLAB fzero 函数的基础。

布伦特还开发了一种类似的方法来求解一维函数最小值，这构成了 MATLAB fminbnd 函数的基础。它结合了速度较慢但可靠的黄金分割搜索法和速度较快但不够可靠的抛物线插值方法。它首先尝试使用抛物线插值方法，并一直使用该方法，直到获得可接受的结果为止。如果无法得到可接受的结果，那么它就采用黄金分割搜索法解决遇到的问题。

fminbnd 函数使用的语法可简单表示为：

```
[xmin, fval] = fminbnd(function,x1,x2)
```

其中 x 和 *fval* 分别为极小值点和极小值，*function* 为求极值的函数名，x_1 和 x_2 为搜索区间的上下限。

下面是一个使用 fminbnd 函数求解例 7.1 中问题的简单 MATLAB 会话：

```
>> g = 9.81;v0 = 55;m = 80;c = 15;z0 = 100;
>> z = @(t) -(z0 + m/c*(v0 + m*g/c)*(1 - exp(-c/m*t)) - m*g/c*t);
>> [x,f] = fminbnd(z,0,8)
```

```
x =
   3.8317
f =
 -192.8609
```

与 fzero 函数一样，可选参数可以通过 optimset 指定。例如，可以显示如下计算细节：

```
>> options = optimset('display','iter');
>> fminbnd (z,0,8,options)

Func-count       x            f(x)         Procedure
    1        3.05573     -189.759        initial
    2        4.94427     -187.19         golden
    3        1.88854     -171.871        golden
    4        3.87544     -192.851        parabolic
    5        3.85836     -192.857        parabolic
    6        3.83332     -192.861        parabolic
    7        3.83162     -192.861        parabolic
    8        3.83166     -192.861        parabolic
    9        3.83169     -192.861        parabolic
Optimization terminated:
 the current x satisfies the termination criteria using
OPTIONS.TolX of 1.000000e-004

ans =
    3.8317
```

由此可以看出，在经过 3 次迭代以后，该方法从黄金分割搜索法变换到了抛物线方法，在经过 8 次迭代后，得到了满足容差为 0.0001 的极小值。

7.3 多维最优化

除了一维函数外，最优化还可以处理多维函数。回顾图 7.3(a)，一维搜索的可视化图形看起来像过山车(roller coaster)。对于二维的情况，图形就变成了山峰或山谷[见图 7.3(b)]。与下面的例子一样，MATLAB 的图形功能为绘制这类函数的图形提供了一种便捷的方式。

例 7.4　绘制二维函数的图形

问题描述： 用 MATLAB 的图形功能显示下面的函数并通过观察估计该函数在 $-2 \leqslant x_1 \leqslant 0$ 和 $0 \leqslant x_2 \leqslant 3$ 范围内的极小值：

$$f(x_1, x_2) = 2 + x_1 - x_2 + 2x_1^2 + 2x_1x_2 + x_2^2$$

解： 下面是绘制该函数的等高线图和网格图的脚本

```
x = linspace(-2,0,40);y = linspace(0,3,40);
[X,Y] = meshgrid(x,y);
Z = 2 + X - Y + 2 * X.^2 + 2 * X.* Y + Y.^2;
```

```
subplot(1,2,1);
cs = contour(X,Y,Z);clabel(cs);
xlabel('x_1');ylabel('x_2');
title('(a) Contour plot');grid;
subplot(1,2,2);
cs = surfc(X,Y,Z);
zmin = floor(min(Z));
zmax = ceil(max(Z));
xlabel('x_1');ylabel('x_2');zlabel('f(x_1,x_2)');
title ('(b) Mesh plot');
```

与图 7.8 显示的一样，图 7.8(a)和图 7.8(b)都表明，函数在大约位于 x_1=−1 和 x_2=1.5 处有一个极小值，$f(x_1, x_2)$在 0~1 之间。

多维无约束最优化方法可以按照几种方式分类。这里为了便于讨论，我们会根据它们是否需要计算导数值来划分这些方法。这些需要计算导数值的方法称为梯度(*gradient*)或下降(*descent*)[或上升(*ascent*)]方法。那些不需要计算导数值的方法称为非梯度(*nongradient*)或直接(*direct*)方法。与接下来要描述的一样，内置 MATLAB 函数 fminsearch 就是一个直接方法。

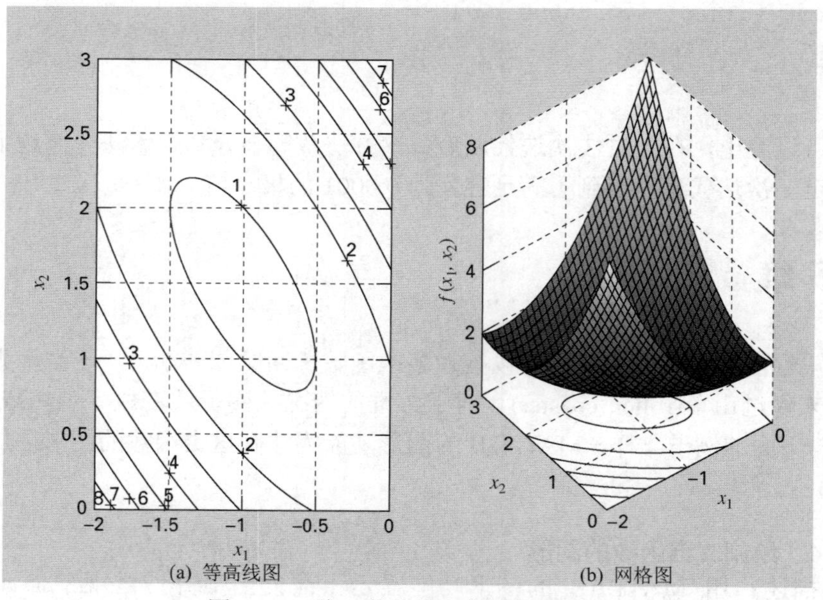

图 7.8 二维函数的等高线图和网格图

MATLAB 函数：fminsearch

标准的 MATLAB 有一个函数 fminsearch，可以用它求多维函数的极小值。该函数基于 Nelder-Mead 方法，该方法是一个直接搜索方法，只用到了函数的值(不需要函数的导数值)，可以处理不平滑的目标函数。该函数的语法可简单表示为：

```
[xmin, fval] = fminsearch (function,x0)
```

其中，*xmin* 和 *fval* 分别为取极小值的点和极小值，*function* 为求极小值的函数名，*x0* 是初始猜测值。请注意，*x0* 可以是标量，向量或矩阵。

下面给出了一个简单的 MATLAB 会话，用 fminsearch 函数求例 7.4 中我们刚刚所绘制图形的函数的极小值：

```
>> f = @ (x) 2 + x (1) - x (2) + 2*x (1)^2 + 2*x (1)*x (2) + x (2)^2;
>> [x,fval] = fminsearch (f,[-0.5,0.5])

x =
   -1.0000    1.5000
fval =
    0.7500
```

7.4 案例研究：平衡与极小势能

背景：与图 7.9(a)中一样，可以将一个自由状态的弹簧安装在墙上。当用一个水平方向的力作用在弹簧上时，弹簧会被拉伸。位移与拉力的关系符合胡克定律(Hookes law)$F=kx$。形变状态的势能由弹簧的应变能(strain energy)与拉力所做的功二者之差组成：

$$PE(x) = 0.5kx^2 - Fx \tag{7.12}$$

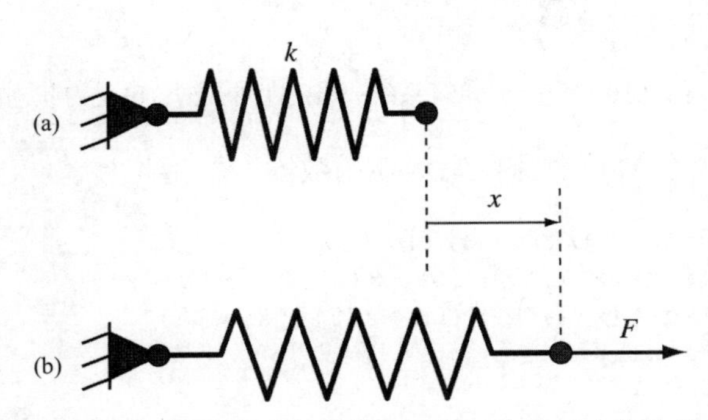

图 7.9 (a)安装在墙上的处于自由状态的弹簧。(b)用一个水平方向的拉力拉伸弹簧，弹簧受力与位移之间的关系可以由胡克定律描述

式(7.12)定义了一条抛物线。由于弹簧处于平衡时势能达到最小，因此求解此时的位移可以看作一维优化问题。因为该方程如此易于求导，所以可以求得该位移为 $x=F/k$。例如，如果 k=2N/cm 且 F=5N，x=5N/(2N/cm)=2.5cm。

图 7.10 给出了一个更令人感兴趣的求二维极值的例子。在该系统中，有两个自由度，因此该系统既可以在水平方向上移动，也可以在垂直方向上移动。采用与解决一维系统同样的方式，平衡形变为使得势能最小的 x_1 和 x_2 值：

$$PE(x_1, x_2) = 0.5k_a\left(\sqrt{x_1^2 + (L_a - x_2)^2} - L_a\right)^2 + 0.5k_b\left(\sqrt{x_1^2 + (L_b + x_2)^2} - L_b\right)^2 - F_1x_1 - F_2x_2 \quad (7.13)$$

如果参数为 k_a=9N/cm，k_b=2N/cm，L_a=10cm，L_b=10cm，F_1=2N，F_2=4N，用 MATLAB 求得平衡时的位移和势能。

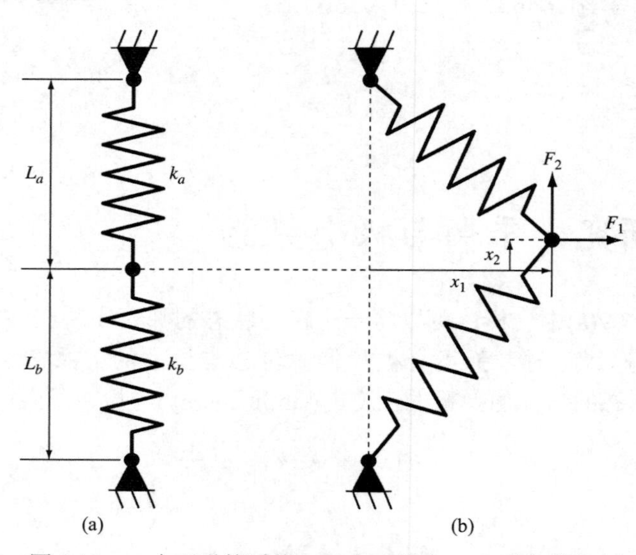

图 7.10 一个双弹簧系统：(a)自由状态，(b)受力状态

解：可以创建一个 M 文件来编写势能函数

```
function p = PE(x, ka, kb, La, Lb, F1, F2)
PEa = 0.5*ka*(sqrt(x(1)^2 + (La - x(2))^2) - La)^2;
PEb = 0.5*kb*(sqrt(x(1)^2 + (Lb + x(2))^2) - Lb)^2;
W = F1*x(1) + F2*x(2);
p = PEa + PEb - W;
```

可以用 fminsearch 函数求得问题的解：

```
>> ka = 9;kb = 2;La = 10;Lb = 10;F1 = 2;F2 = 4;
>> [x,f] = fminsearch(@(x) PE(x,ka,kb,La,Lb,F1,F2),[-0.5,0.5])

x =
    4.9523    1.2769
f =
   -9.6422
```

由此可以看出，当处于平衡状态时，势能为−9.6422N • cm。连接点位于离右边 4.9523cm，在初始位置之上 1.2759cm 处。

7.5 习题

7.1 使用牛顿-拉普森方法求解式(7.2)的根，执行 3 次迭代。利用例 7.1 中的参数值，初始猜测值取为 t=3s。

7.2 给定如下公式：

$$f(x) = -x^2 + 8x - 12$$

(a) 用解析方法求该函数的极大值以及对应的 x 值(也就是说用微分法)。

(b) 验证基于初始猜测值 x_1=0、x_2=2 和 x_3=6，用式(7.11)可以得到相同的结果。

7.3 考虑如下函数：

$$f(x) = 3 + 6x + 5x^2 + 3x^3 + 4x^4$$

通过求该函数导数的根，获得该函数的极小值。采用二分法，初始猜测值取为 x_l=−2 和 x_u=1。

7.4 给定：

$$f(x) = -1.5x^6 + 2x^4 + 12x$$

(a) 绘制其图形。

(b) 用解析法证明该函数对于所有的 x 值来说是凹的。

(c) 取该函数的微分，然后用求根方法求函数 $f(x)$的极大值和对应的 x 值。

7.5 用黄金分割搜索法求 x 的值，使得习题 7.4 中函数 $f(x)$的值最大。采用的初始猜测值为 x_l=0 和 x_u=2，执行 3 次迭代。

7.6 重复习题 7.5 的过程，但是用抛物线插值方法。采用的初始猜测值为 x_1=0、x_2=1 和 x_3=2，执行 3 次迭代。

7.7 采用下面的方法求函数的极大值：

$$f(x) = 4x - 1.8x^2 + 1.2x^3 - 0.3x^4$$

(a) 黄金分割搜索法(x_l=−2、x_u=4、ε_s=1%)。

(b) 抛物线插值方法(x_1=1.75、x_2=2、x_3=2.5，迭代次数为 5)。

7.8 考虑下面的函数：

$$f(x) = x^4 + 2x^3 + 8x^2 + 5x$$

用解析法和图形法说明该函数在定义域$-2 \leqslant x \leqslant 1$ 内的某个 x 值处有一个极小值。

7.9 采用下面的方法求习题 7.8 中函数的极小值：

(a) 黄金分割搜索法(x_l=−2、x_u=1、ε_s=1%)。

(b) 抛物线插值法(x_1=−2、x_2=−1、x_3=1，迭代次数为 5)。

7.10 考虑下面的函数：

$$f(x) = 2x + \frac{3}{x}$$

用抛物线插值法迭代 10 次，求其极小值。对结果的收敛性做出评论(x_1=0.1、x_2=0.5、x_3=5)。

7.11 以下函数定义了在区间 2≤x≤20 内，有若干不相等极小值的曲线：

$$f(x) = \sin(x) + \sin\left(\frac{2}{3}x\right)$$

创建一个 MATLAB 脚本：(a)在区间范围内，绘制函数；(b)使用 fminbnd 函数确定最小值；(c)使用黄金分割搜索法，以及使用具有三个有效数字的停止标准，手工确定最小值。对于问题(b)和(c)，使用[4,8]的初始猜测值。

7.12 使用黄金分割搜索手动确定下列函数的 x_{max} 和最大值 $f(x_{max})$的位置：

$$f(x) = -0.8x^4 + 2.2x^2 + 0.6$$

使用初始猜测值 $x_l = 0.7$ 和 $x_u = 1.4$，并进行适当迭代，使得 ε_s= 10%。确定最终结果的近似相对误差。

7.13 创建单个脚本，(a)以类似于例 7.4 的方式生成下列温度场的等值线图和网格子图：

$$T(x, y) = 2x^2 + 3y^2 - 4xy - y - 3x$$

(b) 使用 fminsearch 函数确定最小值。

7.14 地下水含水层的顶部由 Carcytesian 坐标描述：

$$h(x, y) = \frac{1}{1 + x^2 + y^2 + x + xy}$$

创建单个脚本，(a)以类似于例 7.4 的方式生成下列函数的等值线图和网格子图；(b)使用 fminsearch 函数确定最大值。

7.15 最近人们对竞技和娱乐自行车产生的兴趣，意味着工程师已经将自己的技能用于指导山地自行车的设计和测试[见图 7.11(a)]。假设给你分配一个任务，在某个力的作用下，使用划界体系，预测自行车的水平和垂直位移。假设可以简化必须分析的力，如图 7.11(b)所示。你所感兴趣的是，当从任意方向(由角度 θ 指定)，对桁架施加力时，测试桁架的反应。此习题的参数是：E =杨氏模量= 2×10^{11}Pa，A =横截面积= 0.0001m^2，ω=宽度= 0.44m，l =长度= 0.56m，h =高度= 0.5m。确定在 10000N 的力和 0° (水平)到 90° (垂直)θ 的范围内，位移的大小。

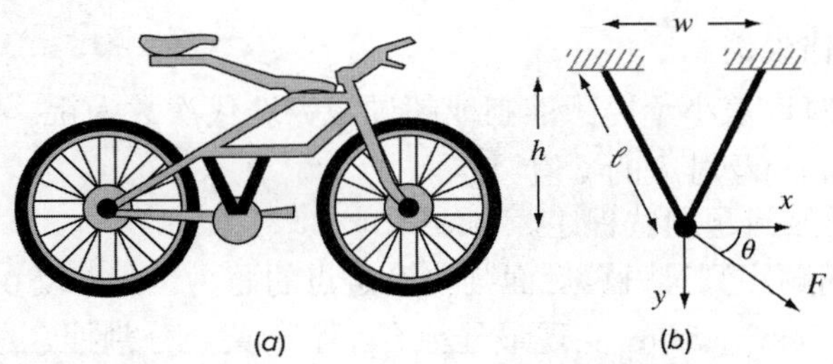

图 7.11 (a)山地自行车以及(b)部分框架的示力图

7.16 当电流通过电线时(见图 7.12)，由电阻产生的热量通过绝缘层传导，然后与周围空气对流。电线的稳态温度可以使用下式计算：

$$T = T_{\text{air}} + \frac{q}{2\pi}\left[\frac{1}{k}\ln\left(\frac{r_w + r_i}{r_w}\right) + \frac{1}{h}\frac{1}{r_w + r_i}\right]$$

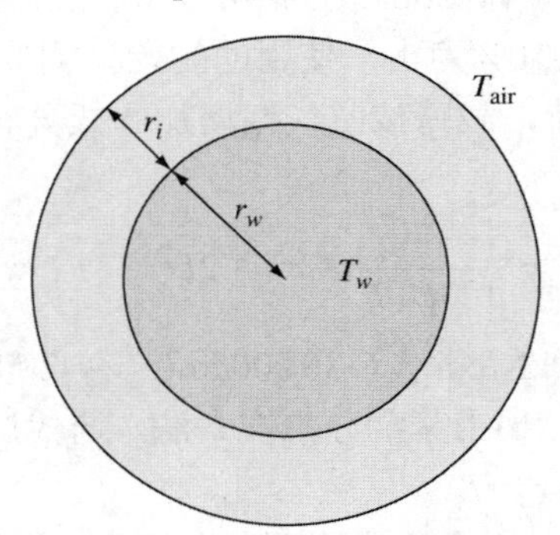

图 7.12 绝缘电线的横截面

给定以下参数：q =发热率= 75W/m，r_ω=电线半径= 6mm，k =绝缘导热系数= 0.17 W/(mK)，h =对流传热系数= 12W/(m^{2}K)，T_{air} =空气温度= 293K；确定最小化电线温度的绝缘层 r_i(m)的厚度。

7.17 创建一个清晰的 M 文件，用黄金分割搜索法求函数的极大值。换言之，创建的 M 文件将直接求极大值，而不是求$-f(x)$的极小值。该函数应该具有如下特性：

- 迭代直到相对误差小于停止准则或超过设定的最大迭代次数为止。
- 返回最优值$f(x)$及对应的 x 值。

用例 7.1 中同样的问题测试程序。

7.18 创建一个 M 文件，用黄金分割搜索法求函数的极大值。不使用最大迭代次数和式(7.10)作为停止准则，求为满足期望的容差所需的迭代次数。通过求解例 7.2 测试函数，使用 $E_{a,d}$ =0.0001。

7.19 创建一个 M 文件，实现用抛物线插值法求函数的极小值。函数应该具备如下特性：

- 让该函数只需要两个初始猜测值，而让程序生成第三个初始值，第三个初始值取区间的中点。
- 验证这些猜测值是否包含极大值。如果不包含，那么函数应该不执行该算法，而是返回一条错误消息。

- 迭代直到相对误差小于停止准则或超过最大迭代次数为止。
- 返回最优值 $f(x)$及对应的 x 值。

用例 7.3 中同样的问题测试程序。

7.20　按照时间顺序测量机翼后面某些确定点的压力。在 x 取 0~6s 的范围内，得到的数据能与曲线 $y=6\cos x-1.5\sin x$ 实现最佳拟合。基于黄金分割搜索法用 4 次迭代求最小的压力。设 $x_l=2$ 和 $x_u=4$。

7.21　球的运动轨迹可以用下式计算：

$$y=(\tan\theta_0)x-\frac{g}{2v_0^2\cos^2\theta_0}x^2+y_0$$

其中，y=高度(m)，θ_0=起始角(弧度)，v_0=起始速度(m/s)，g =重力加速度常数=9.81m/s^2，y_0=起始高度(m)。给定 y_0=2m，v_0=20m/s，θ_0=45°，请用黄金分割搜索法求最大高度。迭代过程直到近似误差小于 ε_s =10%为止，使用的初始猜测值为 x_l =10 和 x_u =30m。

7.22　均匀梁承载着载荷，载荷按照线性增加方式分布，梁的偏转量可以用如下式子计算：

$$y=\frac{w_0}{120EIL}(-x^5+2L^2x^3-L^4x)$$

给定 L=600cm，E=50 000kN/cm^2，I=30 000cm^4，w_0=2.5kN/cm，分别用下面的方法求最大偏转量的点：(a)图形法；(b)用黄金分割搜索法，迭代过程直到近似误差小于 ε_s =1%为止，初始猜测值为 x_l =0 和 x_u =L。

7.23　将一个质量为 90kg 的物体从地面向上投掷，起始速度为 60m/s。如果物体受到线性阻力(c=15kg/s)，用黄金分割搜索法求物体能够到达的最大高度。

7.24　正态分布的曲线呈钟形，可以用下面的函数定义：

$$y=e^{-x^2}$$

用黄金分割搜索法求该曲线在 x 大于 0 部分拐点的位置。

7.25　用 fminsearch 函数求如下函数的极小值：

$$f(x,y)=2y^2-2.25xy-1.75y+1.5x^2$$

7.26　用 fminsearch 函数求如下函数的极大值：

$$f(x,y)=4x+2y+x^2-2x^4+2xy-3y^2$$

7.27　给定如下函数：

$$f(x,y)=-8x+x^2+12y+4y^2-2xy$$

分别用图形法和 fminsearch 函数以数值方法求其极小值，并将后者的结果代入该函数求得其极小值 $f(x,y)$。

7.28　用于生产抗生素的酵母的生长速率(specific growth rate)为食物浓度 c 的函数：

$$g = \frac{2c}{4+0.8c+c^2+0.2c^3}$$

如图 7.13 所示，当浓度非常低时，由于食物的限制，生长速率趋于 0。而当浓度很高时，由于毒性的影响，生长速率也趋于 0。求使生长速率最大的 c 值。

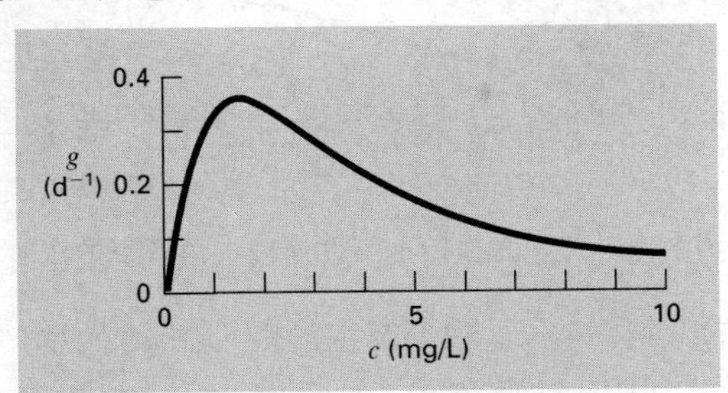

图 7.13 用于产生抗生素的酵母的生长速率随食物浓度的变化

7.29 一种化合物 A 在搅动罐反应器中可以转换为 B。产物 B 和未反应的 A 在一个分离器中提纯。未反应的 A 经过回收，重新进入反应器。一名工艺工程师发现，该系统的初始费用是转换率 x_A 的函数。求使系统费用最低的转换率。C 为比例常数。

$$费用 = C\left[\left(\frac{1}{(1-x_A)^2}\right)^{0.6} + 6\left(\frac{1}{x_A}\right)^{0.6}\right]$$

7.30 一根悬梁受到一个由载荷引起的力矩(见图 7.14)，对应于该悬梁的有限元模型可以通过对下式进行优化而得到：

$$f(x, y) = 5x^2 - 5xy + 2.5y^2 - x - 1.5y$$

其中，x=端位移，y=端力矩。求 x 和 y 的值，使 $f(x,y)$的值最小。

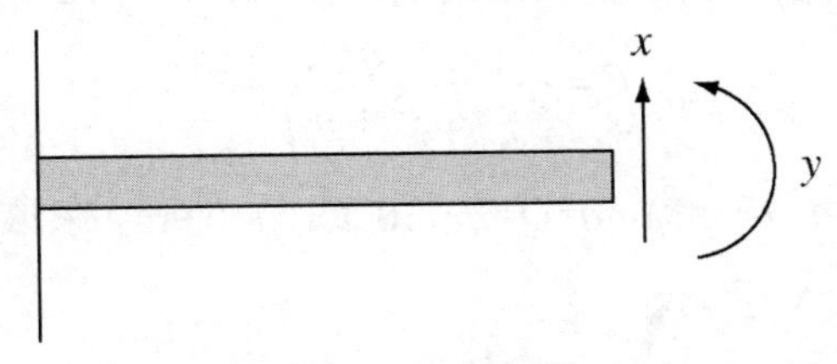

图 7.14 悬臂梁

7.31 可以用 Streeter-Phelps 模型计算污水排放口的下游河段中溶氧的浓度(见图 7.15)：

$$\begin{aligned} o = o_s &- \frac{k_d L_o}{k_d + k_s - k_a}\left(e^{-k_a t} - e^{-(k_d+k_s)t}\right) \\ &- \frac{S_b}{k_a}(1 - e^{-k_a t}) \end{aligned} \tag{7.14}$$

其中，o=溶氧的浓度(mg/L)，o_s=溶氧的饱和浓度(mg/L)，t=流淌时间(d)，L_o=汇点的生化需氧量(Biochemical Oxygen Demand，BOD)的浓度(mg/L)，k_d=BOD 的分解速度

(d^{-1})，k_s=BOD 的沉淀速度(d^{-1})，k_a=再生速度(d^{-1})，S_b=泥底耗氧量(mg/L/d)。

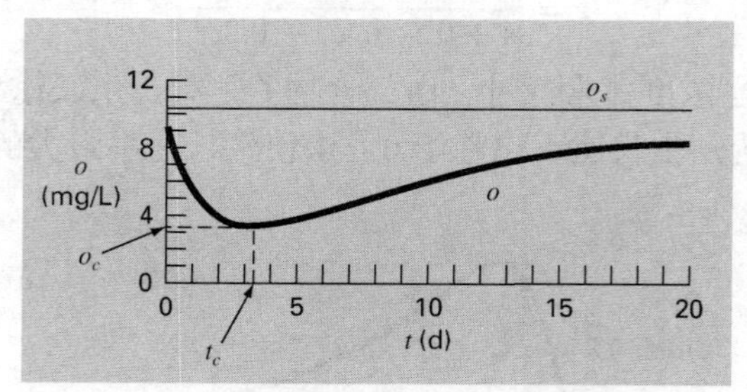

图 7.15 污水排放口的下游河段中溶解氧的浓度

与图 7.15 中显示的一样，在式(7.14)产生的图形中位于污水排放口下游，污水流淌一段时间 t_c 后，溶解氧会到达一个临界最小(critical minimum)水平 o_c。该点之所以称为“临界点”，是因为它表示的是这样一个位置，在该位置依赖氧气的生物(如鱼)会感到最压迫(stressed)。创建一个 MATLAB 脚本，(a)生成函数随流淌时间变化的曲线图，(b)使用 fminbnd 函数，确定临界流淌时间和浓度，给定以下值：

$$o_s = 10\ \text{mg/L} \qquad k_d = 0.1\ \text{d}^{-1} \qquad k_a = 0.6\ \text{d}^{-1}$$
$$k_s = 0.05\ \text{d}^{-1} \qquad L_o = 50\ \text{mg/L} \qquad S_b = 1\ \text{mg/L/d}$$

7.32 水渠中污染物浓度的二维分布可以如下描述：

$$c(x, y) = 7.9 + 0.13x + 0.21y - 0.05x^2 - 0.016y^2 - 0.007xy$$

已知此函数的峰值位于$-10 \leqslant x \leqslant 10$ 和 $0 \leqslant y \leqslant 20$ 范围内，求峰值浓度的准确位置。

7.33 在一个半径为 a 的圆环导体上均匀分布着总量为 Q 的电荷。距离圆环中心 x 处放置着电荷 q (见图 7.16)。圆环施加在该电荷上的力，可以通过下式计算：

$$F = \frac{1}{4\pi e_0} \frac{qQx}{(x^2 + a^2)^{3/2}}$$

其中，e_0=8.85×10^{-12}C²/(Nm²)，q=Q=2×10^{-5}C，a=0.9m。求该力为最大时的距离值 x。

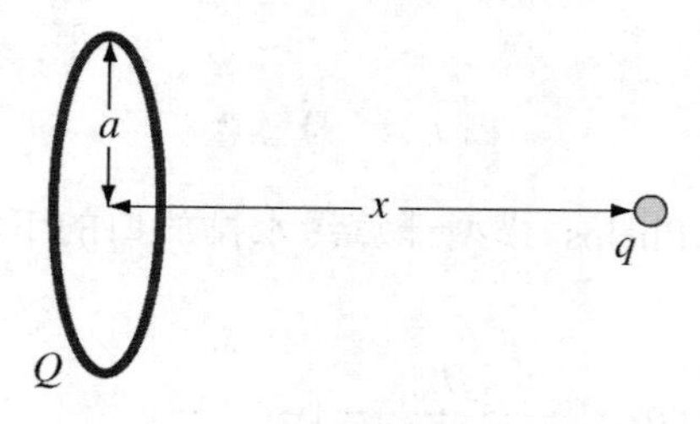

图 7.16 圆环导体

7.34 传导感应电机的扭矩为定子磁场(stator field)的旋转与转子速度 s 之间滑动量的函数，其中滑动量的定义为：

$$s = \frac{n - n_R}{n}$$

其中，n=旋转定子的每秒转速，n_R=转子速度。根据基尔霍夫定律，可以通过下式将扭矩(用无量纲的形式表示)和滑动量关联起来：

$$T = \frac{15s(1-s)}{(1-s)(4s^2 - 3s + 4)}$$

图 7.17 是该函数的图形。用数值方法求扭矩最大时的滑动量。

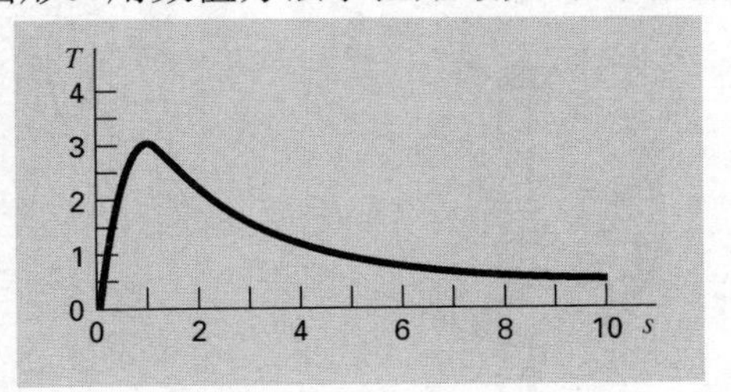

图 7.17 传导感应电机作为滑动量函数的扭矩

7.35 作用在螺旋桨上的总阻力可以通过下式估计：

$$D = 0.01\sigma V^2 + \frac{0.95}{\sigma}\left(\frac{W}{V}\right)^2$$

摩擦力　　升力

其中，D=阻力，σ=飞行高度与海平面之间的大气密度比(ratio of air density)，W=重量，V=速度。如图 7.18 所示，当速度增加时，对阻力的两个部分受到的影响是不同的。摩擦阻力随速度的增加而增加，但由升力引起的阻力却随速度的增加而下降。二者的结合导致一个最小的阻力。

(a) 如果 σ=0.6、W=16000，求最小阻力及阻力最小时的速度值。

(b) 另外，进行敏感性分析以确定当 W 为 12000~20000 的过程中，最优值是如何变化的，取 σ=0.6。

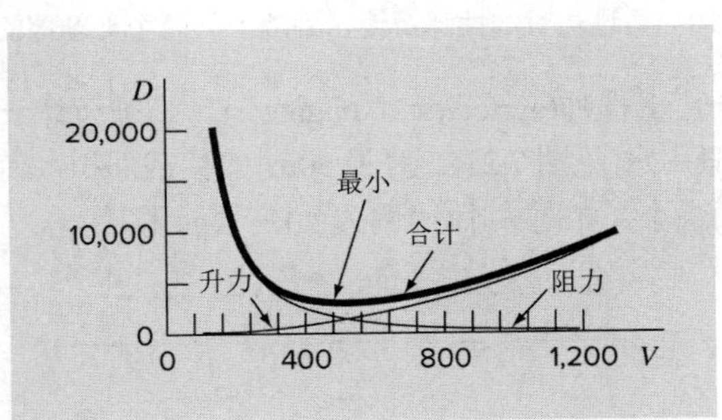

图 7.18 螺旋桨上阻力与速度的关系图

7.36 滚动轴承(roller bearing)受到由接触的大负载 F 引起的疲劳损伤(见图 7.19)。求沿 x 轴压力最大的位置，这个问题可以转换为一个等价问题，即求使如下函数的值

最大的 x 值：

$$f(x)=\frac{0.4}{\sqrt{1+x^2}}-\sqrt{1+x^2}\left(1-\frac{0.4}{1+x^2}\right)+x$$

求使得 $f(x)$ 最大的 x 值。

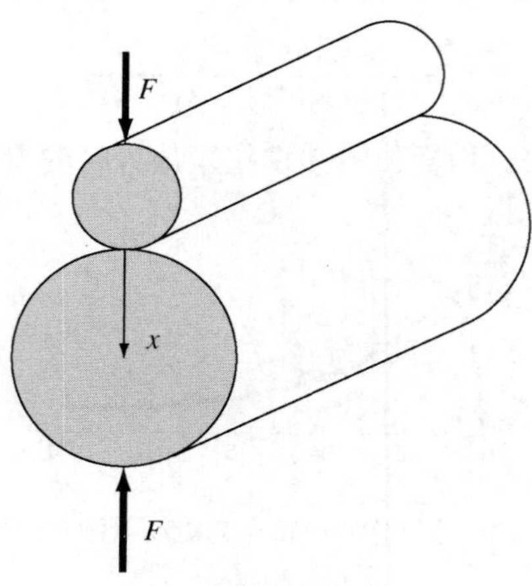

图 7.19　滚动轴承

7.37　以与 7.4 节中描述的案例研究类似的方式，编写一个求系统势能的函数，如图 7.20 所示。用 MATLAB 绘制其等高线图和曲面图。通过求势能函数的极小值确定平衡位移 x_1 和 x_2，给定强制函数 F=100N 以及参数值 k_a =20 和 k_b=15N/m。

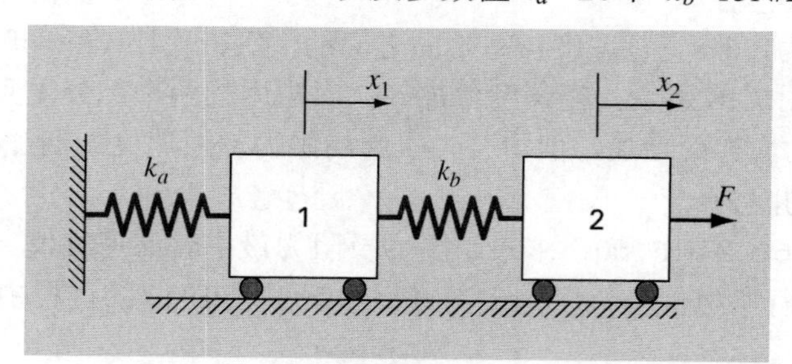

图 7.20　通过一对线性弹簧连接到墙上的两个无摩擦的质子

7.38　作为一名农艺工程师(agricultural engineer)，必须设计一个梯形明渠(trapezoidal open channel)以输送灌溉用水(见图 7.21)。对于 50m² 的横截面积，确定梯形明渠的大小以使得润周(wetted perimeter)最小。相对大小(比例关系)是否通用？

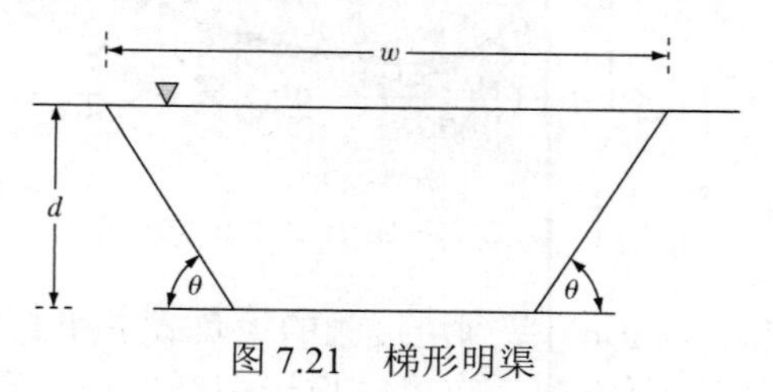

图 7.21　梯形明渠

7.39 用函数 fminsearch 求从地面经过篱笆到达建筑物墙上最短距离的长度(见图7.22)。根据 $h=d=4\text{m}$，测试得到的结果。

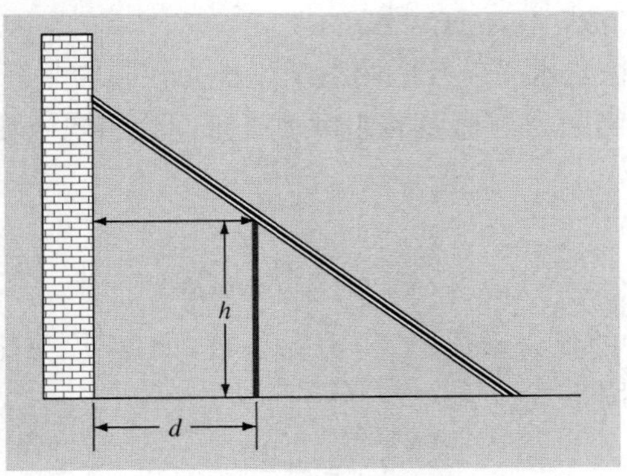

图 7.22 测量最短距离

7.40 如图 7.23 所示，一个梯子通过支撑角分别与两个面接触，梯子的最大可能长度可以通过计算下面函数取值最小时的 θ 值而确定：

$$L(\theta)=\frac{w_1}{\sin\theta}+\frac{w_2}{\sin(\quad-\alpha-\theta)}$$

对于 $\omega_1=\omega_2=2\text{m}$ 的情况，用本章描述过的数值方法(包括 MATLAB 的内置功能)绘制 L 随 α 变化的图形，其中 α 的取值范围为 45°~135°。

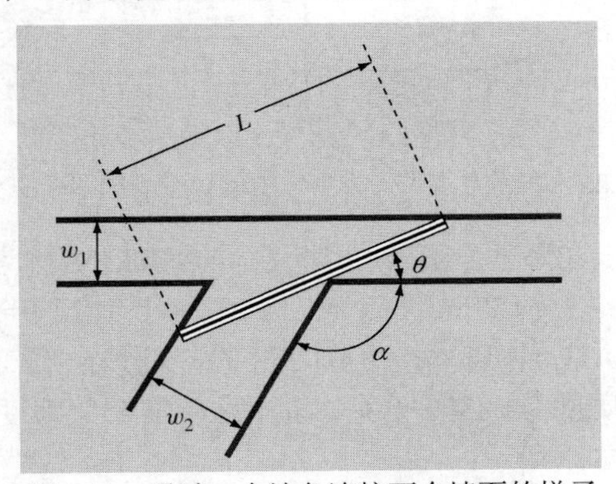

图 7.23 通过一个墙角连接两个墙面的梯子

7.41 图 7.24 显示固定梁受到均匀载荷。所得偏转的方程式为：

$$y=-\frac{w}{48EI}(2x^4-3Lx^3+L^3x)$$

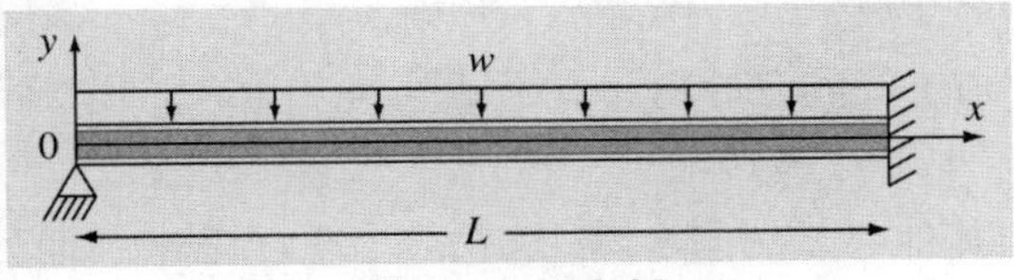

图 7.24 固定梁

创建一个 MATLAB 脚本，使用 fminbnd 函数：(a)生成偏转随距离变化的曲线，并标记曲线；(b)确定最大偏转的位置和大小。采用 0 和 L 作为初始猜测值，并使用 optimset 显示迭代。在计算中使用以下参数值(确保使用一致的单位)：L = 400cm，E = 52000 kN/cm^2，I = 32000 cm^4，ω = 4kN/cm。

7.42　对于一架以稳定水平航行的喷气机，推力与阻力平衡，升力与重力平衡(见图 7.25)。在这些情况下，当阻力与速度的比例最小时，会出现最佳巡航速度。阻力 C_D 可以用下式计算：

$$C_D = C_{D0} + \frac{C_L^2}{\pi \cdot AR}$$

其中C_{D0} =零升力时的阻力系数，C_L =升力系数，AR =展弦比。在以稳定水平飞行的情况下，升力系数可以用下式计算：

$$C_L = \frac{2W}{\rho \upsilon^2 A}$$

其中W =喷气机重量(N)，ρ=空气密度(kg/m^3)，υ =速度(m/s)，A =机翼平面面积(m^2)。然后阻力可以用下式计算：

$$F_D = W\frac{C_D}{C_L}$$

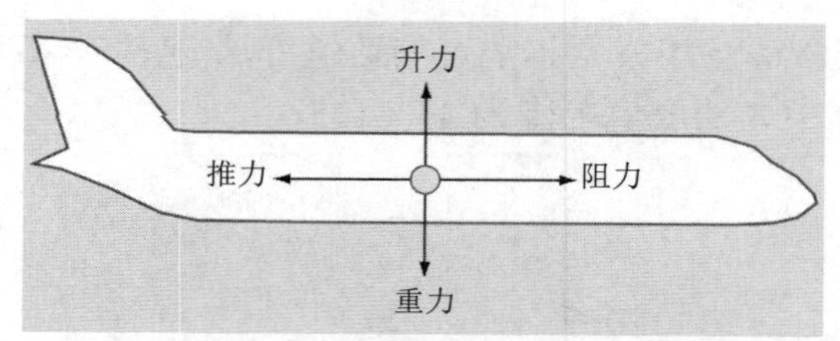

图 7.25　在稳定水平飞行中，喷气机受到的四个主要力

使用这些公式，确定在海平面上 10 千米飞行的 670kN 喷气机的最佳稳定巡航速度。在计算中应用以下参数：A = 150m^2，AR = 6.5，C_{D0} = 0.018，ρ= 0.413kg/m^3。

7.43　创建一个 MATLAB 脚本，生成习题 7.42 的最佳喷气机速度随着海平面上升的变化曲线。喷气机的质量为 68300 千克。请注意，在 45° 纬度的重力加速度可以作为海拔的函数进行计算，如下所示：

$$g(h) = 9.8066\left(\frac{r_e}{r_e + h}\right)^2$$

其中 $g(h)$=在海拔 h(m)处的重力加速度(m/s^2)，r_e =地球的平均半径(= 6.371×10^{6}m)。此外，空气密度可以作为海拔的函数，用下式进行计算：

$$\rho(h) = -9.57926 \times 10^{-14} h^3 + 4.71260 \times 10^{-9} h^2 - 1.18951 \times 10^{-4} h + 1.22534$$

使用习题7.42中的其他参数，绘制海拔从h = 0至12千米的曲线。

7.44　如图7.26所示，一个移动消防水带将水流喷射到建筑物的屋顶上。为了最大限度地覆盖屋顶，应该以什么角度θ，在与建筑物的距离为x_1的地方放置消防水带？也就是说，最大化x_2-x_1。请注意离开喷嘴的水流速度与角度无关，为3m/s，其他参数值为$h_1=0.06$m，$h_2=0.2$m，$L=0.12$m。[提示：只要水流轨迹能够到达前顶部转角，那么就可以最大化覆盖面。也就是说，我们要选择一个x_1和θ，使得水流刚好到达前顶部转角，此时x_2-x_1得到最大值。]

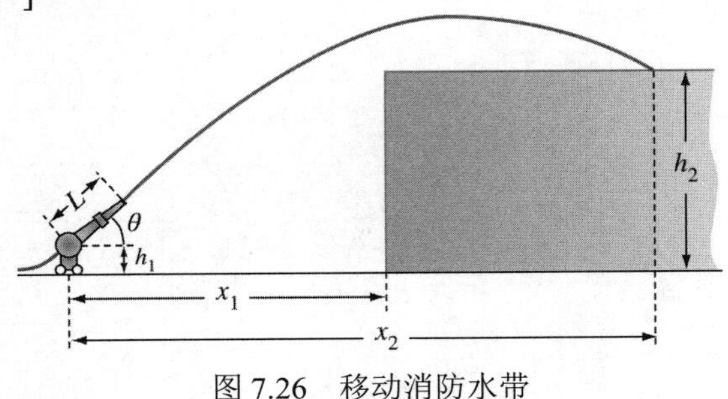

图 7.26 移动消防水带

7.45 由于许多污染物从湖泊四周进入湖泊(以及其他水体)，因此关于水质的一个重要问题涉及对废物排放或河流附近污染物的分布进行建模。对于垂直均匀混合的恒深层而言，一阶衰变污染物的稳态分布由下式表示：

$$0=-U_x\frac{\partial c}{\partial x}+E\left(\frac{\partial^2 c}{\partial x^2}+\frac{\partial^2 c}{\partial y^2}\right)-kc$$

其中，将x和y轴分别定义为平行和垂直于水陆分界线(见图7.27)。涉及的参数和变量为：U_x=沿着分界线的水速(m/d)，c=浓度，E=湍流扩散系数，k=一阶衰减率。对于恒定污染负载W在(0,0)处进入河流的情况，在任何坐标处的浓度解都由下式给出：

$$c=2\left\{c(x,y)+\sum_{n=1}^{\infty}\left[c(x,y+2nY)-c(x,y+2nY)\right]\right\}$$

其中：

$$c(x,y)=\frac{W}{\pi HE}e^{\frac{U_x x}{2E}}K_0\left(\sqrt{(x^2+y^2)\left[\frac{k}{E}+\left(\frac{U_x}{2E}\right)^2\right]}\right)$$

其中，Y=宽度，H=深度，K_0=改进的第二类贝塞尔函数。创建一个MATLAB脚本，使用$\Delta x=\Delta y=0.32$km，$Y=4.8$km，长度为$X=-2.4$km至2.4km，生成这片湖泊的等值线图。使用以下参数进行计算：$W=1.2\times10^{12}$，$H=20$，$E=5\times10^6$，$U_x=5\times10^3$，$k=1$，$n=3$。

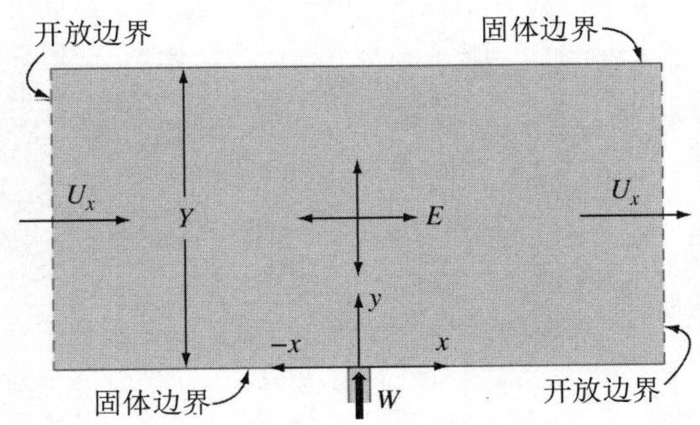

图 7.27 污染点源在下边界中间位置进入湖泊的一小片湖泊的平面图

第 III 部分
线性方程组

概述

1. 什么是线性代数方程组

第 II 部分介绍了单个方程$f(x)=0$的根(x值)的求法。现在，我们处理多个变量$x_1,x_2,\ldots,x_n$同时满足一组方程的情况：

$$
\begin{aligned}
f_1(x_1, x_2, \ldots, x_n) &= 0 \\
f_2(x_1, x_2, \ldots, x_n) &= 0 \\
\vdots \qquad & \quad \vdots \\
f_n(x_1, x_2, \ldots, x_n) &= 0
\end{aligned}
$$

这样的方程组既可能是线性的，也可能是非线性的。在第III部分，我们主要讨论具有下述一般形式的线性代数方程组(*linear algebraic equations*)：

$$
\begin{aligned}
a_{11}x_1 + a_{12}x_2 + \cdots + a_{1n}x_n &= b_1 \\
a_{21}x_1 + a_{22}x_2 + \cdots + a_{2n}x_n &= b_2 \\
\vdots \qquad\qquad & \quad \vdots \\
a_{n1}x_1 + a_{n2}x_2 + \cdots + a_{nn}x_n &= b_n
\end{aligned}
\tag{PT3.1}
$$

其中，系数 a 和 b 均为常数，x 是未知量，n 表示方程的个数。除此之外，所有其他形式的代数方程都是非线性的。

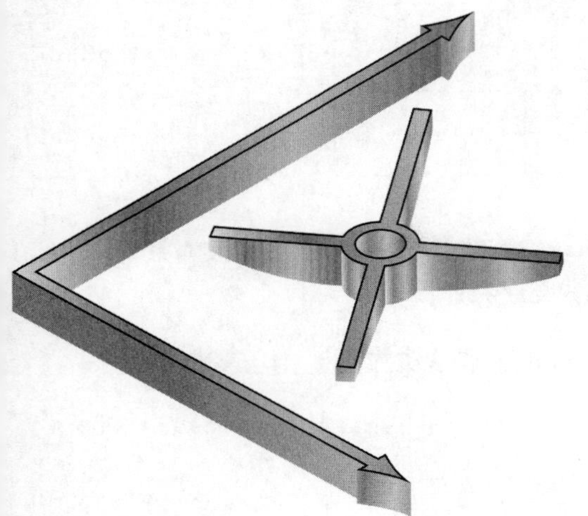

2. 工程和科学计算中的线性代数方程

工程和科学计算中的许多基本方程都建立在守恒定律的基础上。一些常见的量也都满足某些守恒定律，如质量守恒、动量守恒或能量守恒等。从数学的角度来看，根据这些定律可以建立平衡方程或连续方程，它们将系统行为与系统的性质或特性，以及作用在系统上的外界激励或强制函数关联起来，其中系统的行为与系统的性质或特性由建模量的大小或响应表示。

例如，质量守恒定律就可用于建立一系列化学反应器的模型[见图 PT3.1(a)]。在这个例子中，变量是每一个反应器中化学物质的质量。系统特性包括化学物质的反应特征、反应器的大小和流速。强制函数是化学物质对系统的进给率。

在研究方程求根时可以看出，单变量系统对应单个方程，可采用求根法求解。多变量系统在数学上则对应一组联立方程。由于系统的各个部分都受到其他部分的影响，因此这些方程是耦合在一起的。例如，在图 PT3.1(a)中，反应器 4 同时接受由反应器 2 和 3 流入的化学物质，故它的反应依赖于其他两个反应器中化学物质的多少。

当这些依赖关系通过数学语言描述出来时，得到的方程一般是形如式(PT3.1)的线性代数方程组。其中，x 常用来表示参加反应的单个成分的大小。如图 PT3.1(a)所示，x_1 可以表示第一个反应器中化学物质的总量，x_2 则表示第二个反应器中的总量，以此类推。系数 a 通常是与各成分之间相互作用有关的属性和特征量。举例来说，图 PT3.1(a)中的图(a)可以是刻画各反应器之间物质流速的量。最后，图(b)一般表示外界作用于系统的强制函数，如进给率。

上述多变量问题所对应的数学模型既有集总式(宏观)变量的，也有分布式(微观)变量的。*集总式变量问题*(*lumped variable problems*)中包含有限个分量，在第 8 章开头描述的三个互相连接的蹦极运动员是一个集总式系统。其他的例子包括桁架、反应器和电路。

相反，*分布式变量问题*(*distributed variable problems*)试图以一种连续或半连续的形式来描述系统的空间细节。例如，化学物质沿一个被拉长的矩形反应器的分布情况[见图 PT3.1(b)]就是一个连续变量模型。根据守恒定律，该系统中应变量的分布可通过相应的微分方程描述。这些微分方程可以等价地转换为联立代数方程组，并采用数值方法求解。

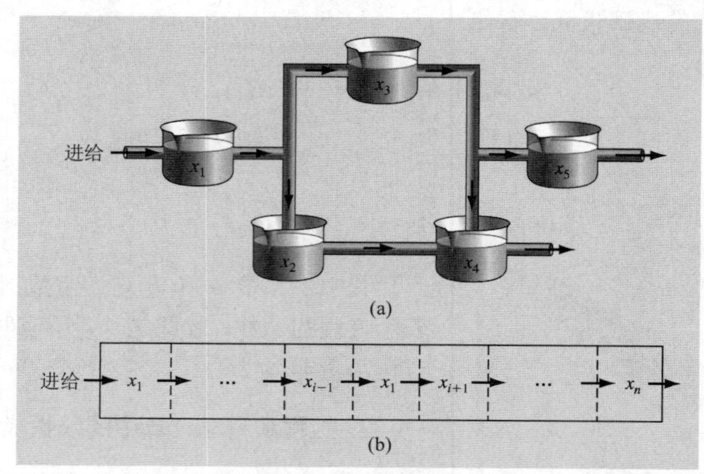

图 PT3.1　可以通过线性代数方程组表示的两类系统：(a)含有限个耦合分量的集总式变量系统；(b)含有连续统一体(continuum)的分布式变量系统

在接下来章节中介绍的方法的一个主要应用，就是求解这类方程。由于变量在某一点的取值与邻近区域的取值有关，因此方程是彼此耦合的。例如，在图 PT3.1(b)中，中间那个反应器内物质的浓度就是邻近区域物质浓度的函数。类似的例子还包括温度、动量或电场的空间分布等。

除物理体系之外，许多数学问题中也会产生联立的线性代数方程组。例如，当数学函数需要同时满足好几个条件时，每一个条件都能推导出一个含有已知系数和未知变量的方程，这样就得到了联立方程组。如果所得方程为线性代数方程，那么本部分所介绍的方法就可以用于求解。有些应用广泛的数值方法也需要使用联立方程组，如回归分析和样条插值。

内容组织

由于矩阵的概念对于线性代数方程的建立和求解至关重要，因此第 8 章简单回顾了矩阵代数(*matrix algebra*)的相关内容。除了介绍矩阵的基本表示和操作之外，该章还叙述了 MATLAB 是如何对矩阵进行处理的。

第 9 章叙述求解线性代数方程组的最基本方法：高斯消元法(*Gauss elimination*)。在讨论具体的方法之前，该章首先给出了一些求解小型方程组的简单方法。一方面，这些方法可以帮助读者对线性方程组的求解有更直观的认识；另一方面是因为其中的一种方法——未知数消元法——也是高斯消元法的基本组成部分。

介绍完预备知识之后，为保证基本方法的叙述过程中不涉及任何复杂的细节，我们从“最基本”的方法——“朴素”高斯消元法开始进行叙述。接着，在后续小节中，讨论了朴素方法所存在的问题，并给出了一系列修改方案，以减弱或克服这些问题。讨论的重点是换行过程或部分选主元法(*partial pivoting*)。第 9 章的最后还简单地介绍了求解三对角矩阵(*tridiagonal matrices*)的高效方法。

第 10 章举例说明如何用公式将高斯消元法表示成 LU 分解(*LU factorization*)。这种求解方法在某些情况下非常有用，例如，当需要求解很多种右端向量时。最后，该章对 MATLAB 的线性方程组求解功能进行了简单叙述。

第 11 章开篇叙述了如何利用 LU 分解来有效地计算矩阵的逆(*matrix inverse*)，该方法被大量地应用于分析物理系统的激励-响应关系。该章的后续部分主要介绍矩阵条件数这个重要的概念。条件数是在病态矩阵的求解过程中被引入的，用于衡量求解过程中产生的舍入误差。

第 12 章叙述迭代法，该方法在思想上与第 6 章介绍的方程求根的近似法类似。也就是说，它们都首先猜测一个解，然后通过迭代过程获得更精确的估计。虽然这一章给出了 Jacobi 方法以供选择，但高斯-Seidel 法才是重点。最后，该章还用少量篇幅对非线性联立方程组(*nonlinear simultaneous equations*)的求解进行了简述。

最后，第 13 章专门用于介绍特征值问题。这些问题具有广泛的数学相关性，在工程和科学领域有着许多应用。我们描述了两种简单的方法，以及 MATLAB 确定特征值和特征向量的能力。在应用方面，我们专注特征值应用于研究结构和机械系统的振动和振荡。

第 8 章 线性代数方程和矩阵

本章目标

本章的主要目标是帮助读者熟悉线性代数方程以及它们与矩阵和矩阵代数的关系，具体内容包括：

- 了解矩阵符号。
- 能够识别以下几种类型的矩阵：单位矩阵、对角矩阵、对称矩阵、三角矩阵和三对角矩阵。
- 知道在什么情况下两个矩阵可以相乘，会计算矩阵的乘法。
- 知道如何用矩阵形式表示线性代数方程组。
- 会利用 MATLAB 中的左除操作来求解线性代数方程组，会利用 MATLAB 计算矩阵的转置。

提出问题

假设三位蹦极运动员被橡皮绳连在一起。如图 8.1(a)所示，他们被支撑在垂直的位置，所以每条绳索都完全展开但是没有被拉长。将相应的向下拉伸距离分别定义为 x_1、x_2 和 x_3。当蹦极运动员被释放之后，由于重力的作用，他们最终将达到如图 8.1(b)所示的平衡位置。

现在让你来计算每位蹦极运动员的位移。假设每条绳索均是一个线性弹簧，其运动服从胡克定律，那么可以绘制出每位蹦极运动员的自由落体受力图，如图 8.2 所示。

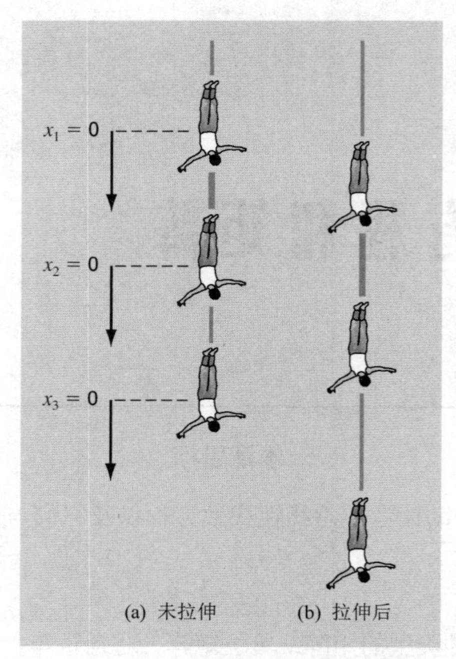

图 8.1　三位被橡皮绳连在一起的蹦极运动员

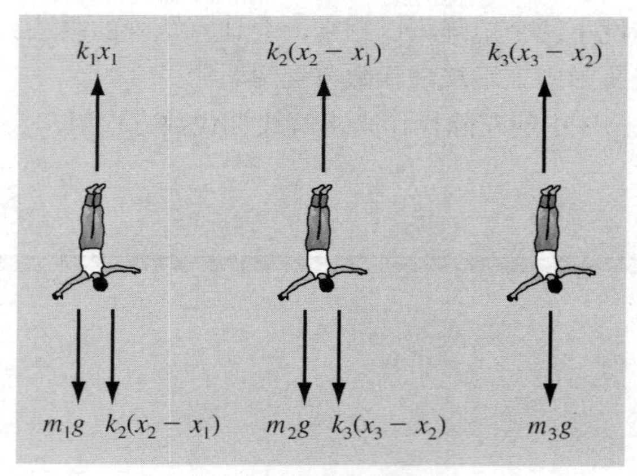

图 8.2　自由落体受力

根据牛顿第二定律，每位蹦极运动员达到稳态之后的受力平衡可以被表示成：

$$
\begin{aligned}
m_1 \frac{d^2x_1}{dt^2} &= m_1 g + k_2(x_2 - x_1) - k_1 x_1 \\
m_2 \frac{d^2x_2}{dt^2} &= m_2 g + k_3(x_3 - x_2) + k_2(x_1 - x_2) \\
m_3 \frac{d^2x_3}{dt^2} &= m_3 g + k_3(x_2 - x_3)
\end{aligned}
\tag{8.1}
$$

上式中，m_i=第 i 位蹦极运动员的体重(kg)，t = 时间(s)，k_j=第 j 条绳索的弹簧常数(N/m)，

x_i=第 i 位蹦极运动员为达到平衡位置而向下发生的位移(m)，g=重力加速度(9.81m/s^2)。因为我们只对稳态解感兴趣，所以二阶导数可以设置为 0。合并同类项后得到：

$$\begin{aligned}(k_1+k_2)x_1 \qquad - k_2x_2 \qquad &= m_1g \\ -k_2x_1+(k_2+k_3)x_2-k_3x_3 &= m_2g \\ -k_3x_2+k_3x_3 &= m_3g\end{aligned} \tag{8.2}$$

于是，问题归结为求解一个含三个方程的联立方程组，未知量是三个位移。由于假设每条绳索的运动都服从线性定律，因此所得方程为线性代数方程。第 8~第 12 章将介绍如何利用 MATLAB 来求解这样的方程组。

8.1　矩阵代数概述

矩阵的知识对于理解线性代数方程的求解过程至关重要。下面介绍如何用矩阵来简练地表示和操作线性代数方程。

8.1.1　矩阵符号

矩阵是一组元素排成的矩形阵列，由单个符号表示。如图 8.3 所示，[A]是矩阵的简化符号，a_{ij} 表示矩阵中的单个元素。

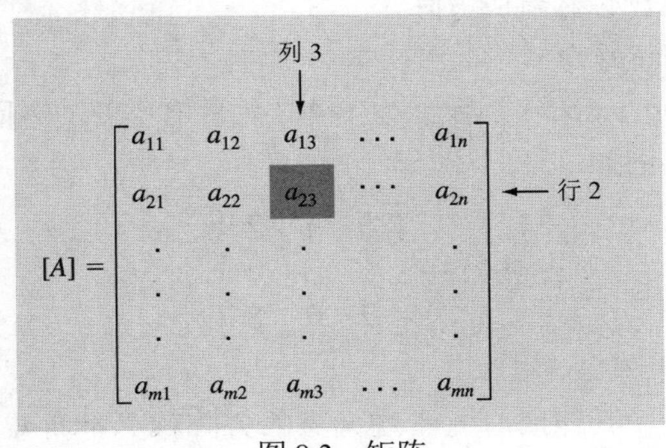

图 8.3　矩阵

横向的一组元素称为行(*row*)，纵向的一组元素称为列(*column*)。a_{ij} 中的第一个下标 i 一般表示元素所在的行数，第二个下标 j 表示元素所在的列数。例如，元素 a_{23} 位于第 2 行第 3 列。

图 8.3 中的矩阵具有 m 行 n 列，我们说它的维数是 m 乘 n(或 $m \times n$)，称之为一个 m 乘 n 矩阵。

行维数 m=1 的矩阵，如：

$$[b] = [b_1 \quad b_2 \quad \cdots \quad b_n]$$

称为行向量(*row vectors*)。应注意到，为简单起见，每个元素的第一个下标都被省略了。还要提到的是，很多时候可能需要用一个特殊的简化符号来区别行向量与其他类型的矩阵。一种解决方法是，使用特定的顶部打开的方括号，即$\lfloor b \rfloor$[1]。

列维数 n=1 的矩阵，例如：

$$[c]=\begin{bmatrix} c_1 \\ c_2 \\ \vdots \\ c_m \end{bmatrix} \tag{8.3}$$

称为列向量(*column vectors*)。为简单起见，每个元素的第二个下标都被省略了。和行向量一样，很多情况下需要用一个特殊的简化符号来区别列向量与其他类型的矩阵。一种解决方法是使用特定的括号，如$\{c\}$。

m=n 的矩阵称为方阵。例如，如下 3×3 的矩阵：

$$[A]=\begin{bmatrix} a_{11} & a_{12} & a_{13} \\ a_{21} & a_{22} & a_{23} \\ a_{31} & a_{32} & a_{33} \end{bmatrix}$$

由元素 a_{11}、a_{22} 和 a_{33} 组成的对角线称为矩阵的主对角线(*principal or main diagonal*)。

在求解联立的线性方程组时，方阵特别重要。对于这样的方程组而言，方程的个数(对应于行)和未知量的个数(对应于列)必须相等，方程组的解才有可能是唯一的。因此，在处理这类方程组时，系数必然组成方阵。

下面介绍一些具有特殊形式的重要方阵：

对称矩阵(*symmetric matrix*) 指行列互换时元素值不变的方阵，也就是说，对于所有的 i 和 j，有 $a_{ij}= a_{ji}$。例如：

$$[A]=\begin{bmatrix} 5 & 1 & 2 \\ 1 & 3 & 7 \\ 2 & 7 & 8 \end{bmatrix}$$

就是一个 3×3 的对称矩阵。

除主对角元素以外，其他所有元素均为零的方阵称为对角矩阵(*diagonal matrix*)。例如：

$$[A]=\begin{bmatrix} a_{11} & & \\ & a_{22} & \\ & & a_{33} \end{bmatrix}$$

注意，其中有大片元素取零，因此出现了一些空白位置。

当对角矩阵主对角线上的元素都等于 1 时，称为单位矩阵(*identity matrix*)。例如：

1 除了特定的括号之外，也可以使用字母来区分向量(小写字母)和矩阵(大写字母)。

$$[I] = \begin{bmatrix} 1 & & \\ & 1 & \\ & & 1 \end{bmatrix}$$

一般用符号[I]表示单位矩阵。单位矩阵的性质与单位元类似，即：

$$[A][I] = [I][A] = [A]$$

上三角矩阵(*upper triangular matrix*)　是指主对角线以下的所有元素均为零的方阵，例如：

$$[A] = \begin{bmatrix} a_{11} & a_{12} & a_{13} \\ & a_{22} & a_{23} \\ & & a_{33} \end{bmatrix}$$

下三角矩阵(*lower triangular matrix*)　是指主对角线以上的所有元素均为零的方阵，例如：

$$[A] = \begin{bmatrix} a_{11} & & \\ a_{21} & a_{22} & \\ a_{31} & a_{32} & a_{33} \end{bmatrix}$$

除了以主对角线为中心的一个带状区域以外，其他所有元素均为零的方阵称为带状矩阵(*banded matrix*)，例如：

$$[A] = \begin{bmatrix} a_{11} & a_{12} & & \\ a_{21} & a_{22} & a_{23} & \\ & a_{32} & a_{33} & a_{34} \\ & & a_{43} & a_{44} \end{bmatrix}$$

上面的矩阵带宽为 3，因此有一个特殊的名字——三对角矩阵(*tridiagonal matrix*)。

8.1.2　矩阵的运算规则

以上介绍了矩阵的概念，现在就可以定义一些关于矩阵的运算规则。两个 m 乘 n 的矩阵相等的条件是：当且仅当第一个矩阵的每个元素等于第二个矩阵的对应元素时。也就是说，对于任意的 i 和 j，若 $a_{ij}= b_{ij}$，则[A]=[B]。

两个矩阵(如[A]和[B])的加法运算是指将每个矩阵的相应元素相加。所得矩阵[C]中的元素可表示为：

$$c_{ij} = a_{ij} + b_{ij}$$

上式中，i=1,2,..., m，j=1,2,..., n。类似地，两个矩阵的减法运算，如[E] - [F]，是指将其相应元素相减，即：

$$d_{ij} = e_{ij} - f_{ij}$$

上式中，i=1,2,..., m，j=1,2,..., n。由前面的定义可直接得出，只有当两个矩阵具有同样的维数时，才能进行加法或减法运算。

矩阵的加法和减法运算均满足交换律：

$$[A]+[B]=[B]+[A]$$

和结合律：

$$([A]+[B])+[C]=[A]+([B]+[C])$$

矩阵[A]与标量 g 的乘法运算是指将[A]的每个元素都乘以 g。例如，对于 3×3 矩阵：

$$[D]=g[A]=\begin{bmatrix} ga_{11} & ga_{12} & ga_{13} \\ ga_{21} & ga_{22} & ga_{23} \\ ga_{31} & ga_{32} & ga_{33} \end{bmatrix}$$

两个矩阵的乘法运算被表示为[C]=[A][B]，其中[C]的元素定义为：

$$c_{ij}=\sum_{k=1}^{n} a_{ik} b_{kj} \tag{8.4}$$

上式中，n=[A]的列维数和[B]的行维数。也就是说，元素 c_{ij} 等于第一个矩阵(本例中为[A])第 i 行的每个元素与第二个矩阵(本例中为[B])第 j 列的相应元素的乘积之和。图 8.4 描述了在矩阵的乘法运算中行和列是如何排列的。

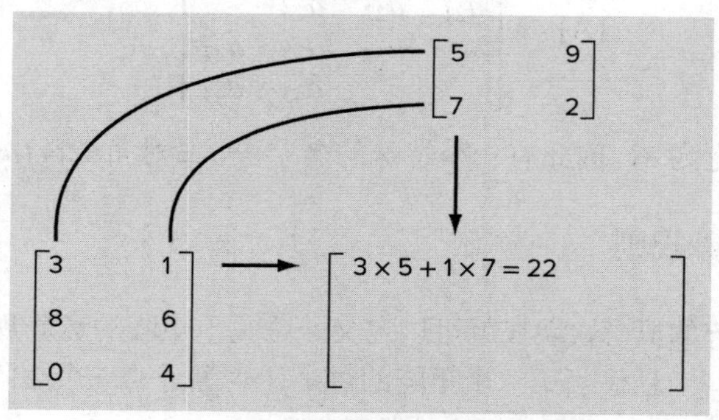

图 8.4 行和列在矩阵乘法中的排列示意图

根据这个定义，只有当第一个矩阵的列维数等于第二个矩阵的行维数时，才能执行矩阵的乘法运算。即，如果[A]是 m 乘 n 矩阵，[B]是 n 乘 l 矩阵，那么所得矩阵[C]的维数为 m 乘 l。然而，如果[B]是 m 乘 l 矩阵，那么乘法运算无法执行。图 8.5 给出了检验两个矩阵能否进行乘法运算的简单方法。

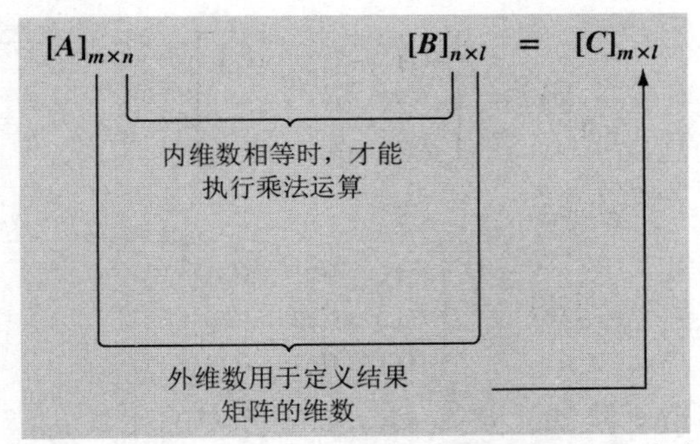

图 8.5　只有当内维数相等时才能执行矩阵的乘法运算

在维数适当的情况下，矩阵的乘法运算满足结合律：

$$([A][B])[C] = [A]([B][C])$$

和分配律：

$$[A]([B]+[C]) = [A][B]+[A][C]$$

或者：

$$([A]+[B])[C] = [A][C]+[B][C]$$

然而，矩阵的乘法运算一般不满足交换律：

$$[A][B] \neq [B][A]$$

也就是说，在矩阵乘法运算中，顺序是很重要的。

尽管矩阵之间可以相乘，但却无法定义矩阵的除法运算。只是，如果矩阵$[A]$是方阵并且非奇异的话，那么存在另一个矩阵$[A]^{-1}$，称为$[A]$的逆，使得：

$$[A][A]^{-1} = [A]^{-1}[A] = [I]$$

因此，在一个数除以它本身等于 1 的意义下，乘以矩阵的逆相当于除法运算。也就是说，一个矩阵乘以自己的逆，得到的是单位矩阵。

一个 2×2 矩阵的逆可简单地表示为：

$$[A]^{-1} = \frac{1}{a_{11}a_{22}-a_{12}a_{21}}\begin{bmatrix} a_{22} & -a_{12} \\ -a_{21} & a_{11} \end{bmatrix}$$

高维矩阵也存在着类似的公式，不过更加复杂一些。第 11 章将介绍如何利用数值方法和计算机来计算这类矩阵的逆。

我们的讨论中还将用到另外两种矩阵操作，即矩阵的转置和增广。矩阵的转置(*transpose*)是指将它的行变成列，将它的列变成行。例如，对于 3×3 矩阵：

$$[A]=\begin{bmatrix}a_{11} & a_{12} & a_{13}\\ a_{21} & a_{22} & a_{23}\\ a_{31} & a_{32} & a_{33}\end{bmatrix}$$

其转置被记为$[A]^{\mathrm{T}}$，定义是：

$$[A]^{\mathrm{T}}=\begin{bmatrix}a_{11} & a_{21} & a_{31}\\ a_{12} & a_{22} & a_{32}\\ a_{13} & a_{23} & a_{33}\end{bmatrix}$$

换句话说，就是转置矩阵的元素 a_{ij} 等于原矩阵中的元素 a_{ji}。

在矩阵代数中，转置运算的用途广泛。最简单的一点，通过转置可以将列向量写成行向量，反之亦然。例如，若：

$$\{c\}=\begin{Bmatrix}c_1\\ c_2\\ c_3\end{Bmatrix}$$

那么：

$$\{c\}^T=\lfloor c_1 \quad c_2 \quad c_3\rfloor$$

除此之外，转置在数学上还有许多其他的应用。

置换矩阵(也称为换位矩阵)是行和列互换的单位矩阵。例如，这里有一个置换矩阵，它通过将 3×3 单位矩阵中的第一行和第三行，或第一列和第三列互换得到：

$$[P]=\begin{bmatrix}0 & 0 & 1\\ 0 & 1 & 0\\ 1 & 0 & 0\end{bmatrix}$$

使用将这个矩阵左乘矩阵[A]，得到[P][A]，这对矩阵[A]中对应的行进行交换。使用这个矩阵右乘矩阵[A]，得到[A] [P]，则交换对应的列。以下是左乘的一个例子：

$$[P]\,[A]=\begin{bmatrix}0 & 0 & 1\\ 0 & 1 & 0\\ 1 & 0 & 0\end{bmatrix}\begin{bmatrix}2 & -7 & 4\\ 8 & 3 & -6\\ 5 & 1 & 9\end{bmatrix}=\begin{bmatrix}5 & 1 & 9\\ 8 & 3 & -6\\ 2 & -7 & 4\end{bmatrix}$$

在我们的叙述中，最后需要用到的矩阵操作是增广(*augmentation*)。在原始矩阵中添加一列(或若干列)，即得到增广矩阵。例如，假设系数矩阵的维数是 3×3。我们可以通过在矩阵[*A*]中添加一个 3×3 的单位矩阵来将其变成 3 乘 6 维的增广矩阵：

$$\left[\begin{array}{ccc|ccc}a_{11} & a_{11} & a_{11} & 1 & 0 & 0\\ a_{21} & a_{21} & a_{21} & 0 & 1 & 0\\ a_{31} & a_{31} & a_{31} & 0 & 0 & 1\end{array}\right]$$

当我们需要对两个矩阵执行一组等价的行运算时，上述表示非常有用。此时，只要对增广后的单个矩阵进行操作，而不必分别对两个矩阵进行操作。

例 8.1 MATLAB 矩阵运算

问题描述：下面的例子说明如何通过 MATLAB 来执行各种矩阵运算。读者最好自己动手在计算机上完成。

解：生成一个 3×3 矩阵

```
>> A = [1 5 6;7 4 2;-3 6 7]

A =
     1     5     6
     7     4     2
    -3     6     7
```

[*A*]的转置可通过 ' 运算符得到：

```
>> A'

ans =
     1     7    -3
     5     4     6
     6     2     7
```

下面以行为单位生成另一个 3×3 矩阵。首先生成 3 个行向量：

```
>> x = [8 6 9];
>> y = [-5 8 1];
>> z = [4 8 2];
```

然后将它们组合起来形成矩阵：

```
>> B = [x; y; z]

B =
     8     6     9
    -5     8     1
     4     8     2
```

可以将[*A*]和[*B*]加起来：

```
>> C = A+B

C =
     9    11    15
     2    12     3
     1    14     9
```

进一步地，用[*C*]减去[*B*]后又得到[*A*]：

```
>> A = C-B

A =
     1     5     6
     7     4     2
    -3     6     7
```

因为[*A*]和[*B*]的内维数相等，所以两者可以进行乘法运算：

```
>> A * B

ans =
     7    94    26
    44    90    71
   -26    86    -7
```

注意，在乘法运算符中添加一个句点，那么[*A*]和[*B*]将以元素为单位相乘：

```
>> A.* B

ans =
     8    30    54
   -35    32     2
   -12    48    14
```

下列语句可创建一个 2×3 矩阵：

```
>> D = [1 4 3;5 8 1];
```

若用[*A*]乘以[*D*]，那么程序会报错：

```
>> A*D

??? Error using ==> mtimes
Inner matrix dimensions must agree.
```

然而，如果改变乘法运算的顺序，那么内维数就相匹配了，可以执行矩阵乘法运算：

```
>> D * A

ans =
    20    39    35
    58    63    53
```

函数 inv 用于计算矩阵的逆：

```
>> AI = inv(A)

AI =
    0.2462    0.0154   -0.2154
   -0.8462    0.3846    0.6154
    0.8308   -0.3231   -0.4769
```

为检验这个结果的正确性，可以用逆矩阵乘以原始矩阵，结果为单位矩阵：

```
>> A * AI

ans =
    1.0000   -0.0000   -0.0000
    0.0000    1.0000   -0.0000
    0.0000   -0.0000    1.0000
```

函数 eye 用于生成单位矩阵：

```
>> I = eye(3)

I =
     1     0     0
     0     1     0
     0     0     1
```

我们可以建立置换矩阵，交换 3×3 矩阵的第一行和第三行，或交换第一列和第三列，如下所示：

```
>> P = [0 0 1;0 1 0;1 0 0]

P =
     0     0     1
     0     1     0
     1     0     0
```

然后，我们可以交换行：

```
>> PA = P*A

PA =
    -3     6     7
     7     4     2
     1     5     6
```

或交换列：

```
>> AP = A * P

AP =
     6     5     1
     2     4     7
     7     6    -3
```

最后，矩阵的增广运算可简单地表示为：

```
>> Aug = [A I]

Aug =
     1     5     6     1     0     0
     7     4     2     0     1     0
    -3     6     7     0     0     1
```

注意，矩阵的维数可以由函数 size 给出：

```
n =
     3

m =
     6
```

8.1.3 将线性代数方程组表示成矩阵形式

必须说明的一点是，通过矩阵可以简洁地表示联立线性方程组。例如，3×3 的线性方程组：

$$\begin{aligned} a_{11}x_1 + a_{12}x_2 + a_{13}x_3 &= b_1 \\ a_{21}x_1 + a_{22}x_2 + a_{23}x_3 &= b_2 \\ a_{31}x_1 + a_{32}x_2 + a_{33}x_3 &= b_3 \end{aligned} \tag{8.5}$$

可表示为：

$$[A]\{x\} = \{b\} \tag{8.6}$$

上式中，$[A]$是系数矩阵：

$$[A] = \begin{bmatrix} a_{11} & a_{12} & a_{13} \\ a_{21} & a_{22} & a_{23} \\ a_{31} & a_{32} & a_{33} \end{bmatrix}$$

$\{b\}$是由常数组成的列向量：

$$\{b\}^{\mathrm{T}} = \lfloor b_1 \quad b_2 \quad b_3 \rfloor$$

$\{x\}$是由未知量组成的列向量：

$$\{x\}^{\mathrm{T}} = \lfloor x_1 \quad x_2 \quad x_3 \rfloor$$

回顾矩阵乘法运算的定义可知：式(8.5)和式(8.6)是等价的。同时注意到，由于第一个矩阵$[A]$的列数为 n，等于第二个矩阵$\{x\}$的行数，因此式(8.6)中的矩阵乘法运算是合法的。

本书的这一部分主要考查式(8.6)的解$\{x\}$。矩阵代数中的标准解法是，在方程两边同时乘以$[A]$的逆，得到：

$$[A]^{-1}[A]\{x\} = [A]^{-1}\{b\}$$

由于$[A]^{-1}[A]$等于单位矩阵，因此方程被转换为：

$$\{x\} = [A]^{-1}\{b\} \tag{8.7}$$

从而得到方程的解$\{x\}$。这个例子也说明逆运算在矩阵代数中扮演着类似于除法运算的角色。值得一提的是，上述方法并不是求解方程组最有效的方法。因而，本章还会介绍其他的一些数值算法。然而，如 11.1.2 节所述，矩阵的逆本身在这类方程组的工程分析中具有重要价值。

注意，当方程组中方程的个数(行)超过未知量的个数(列)，即 $m>n$ 时，称为超定(*overdetermined*)。一个典型的例子是最小二乘回归，即用含 n 个系数的方程去拟合 m 个数据点(x, y)。相反，若方程组中的方程个数少于未知量个数，即 $m<n$ 时，则称为欠定

(*underdetermined*)，典型的例子如数值最优化中的欠定方程组。

8.2　用 MATLAB 求解线性代数方程组

MATLAB 提供了两种求解线性代数方程组的直接方法。最有效的方法是使用反斜杆或“左除”运算符，如：

```
>> x = A\b
```

第二种方法是利用矩阵的逆运算：

```
>> x = inv(A)*b
```

如 8.1.3 节结尾处所述，矩阵求逆的解法不如反斜杆运算的效率高。例 8.2 分别演示了这两种解法。

例 8.2　用 MATLAB 求解蹦极问题

问题描述：利用 MATLAB 求解本章开头所给出的蹦极问题。问题中的参数取值如表 8.1 所示。

表 8.1　参数取值

蹦极运动员	体重(kg)	弹簧常数(N/m)	绳索未拉伸时的长度(m)
顶部(1)	60	50	20
中间(2)	70	100	20
底部(3)	80	50	20

解：将这些参数值代入式(8.2)，得到

$$\begin{bmatrix} 150 & -100 & 0 \\ -100 & 150 & -50 \\ 0 & -50 & 50 \end{bmatrix} \begin{Bmatrix} x_1 \\ x_2 \\ x_3 \end{Bmatrix} = \begin{Bmatrix} 588.6 \\ 686.7 \\ 784.8 \end{Bmatrix}$$

启动 MATLAB，输入系数矩阵和右端项：

```
>> K = [150 -100 0;-100 150 -50;0 -50 50]

K =
   150  -100     0
  -100   150   -50
     0   -50    50

>> mg = [588.6; 686.7; 784.8]

mg =
  588.6000
  686.7000
  784.8000
```

应用左除运算，得到：

```
>> x = K\mg

x =
   41.2020
   55.9170
   71.6130
```

或者，用系数矩阵的逆乘以右端向量，也能得到同样的结果：

```
>> x = inv(K)*mg

x =
   41.2020
   55.9170
   71.6130
```

由于蹦极运动员相互之间是通过 20m 长的绳索连在一起的，因此他们相对于平台的初始位置是：

```
>> xi = [20;40;60];
```

故他们的最终位置是：

```
>> xf = x+xi

xf =
   61.2020
   95.9170
  131.6130
```

结果如图 8.6 所示，这是很有意义的。由于第一根绳索的弹簧常数最低，同时又悬挂了最大的重量(所有 3 名蹦极运动员)，因此它被拉得最长。注意，第二根绳索和第三根绳索的拉伸长度相同。鉴于第二根绳索上悬挂了两名蹦极运动员，如果单从负重方面来考虑，读者可能觉得第二根绳索应该拉伸得比第三根绳索长。然而，由于第二根绳索的硬度较高(即它的弹簧常数比较大)，因此事实并非如此。

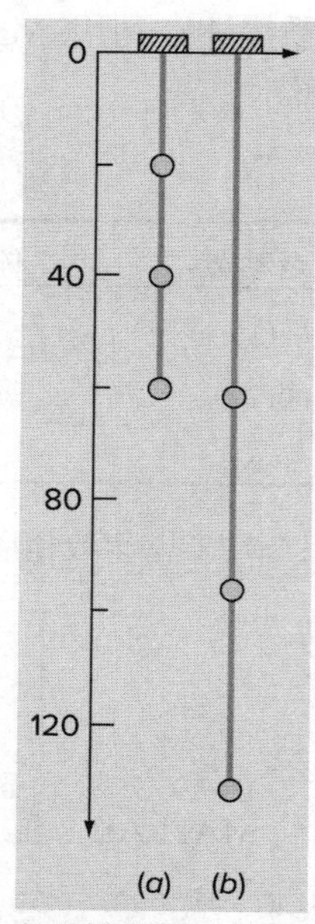

图 8.6　由弹簧绳相连的三位蹦极运动员的位置：(a)未拉伸，(b)拉伸后

8.3　案例研究：电路中的电流和电压

背景：回顾第 1 章(表 1.1)，我们对工程中经常出现的一些模型和与之相关的守恒律进行了总结。如图 8.7 所示，每一个模型都代表由相互关联的元素组成的一个系统。因

此，根据守恒定律可推导出相应的联立方程组。在很多情况下，这种方程组是线性的，故可表示成矩阵形式。现在重点研究一个这样的应用型案例：电路分析。

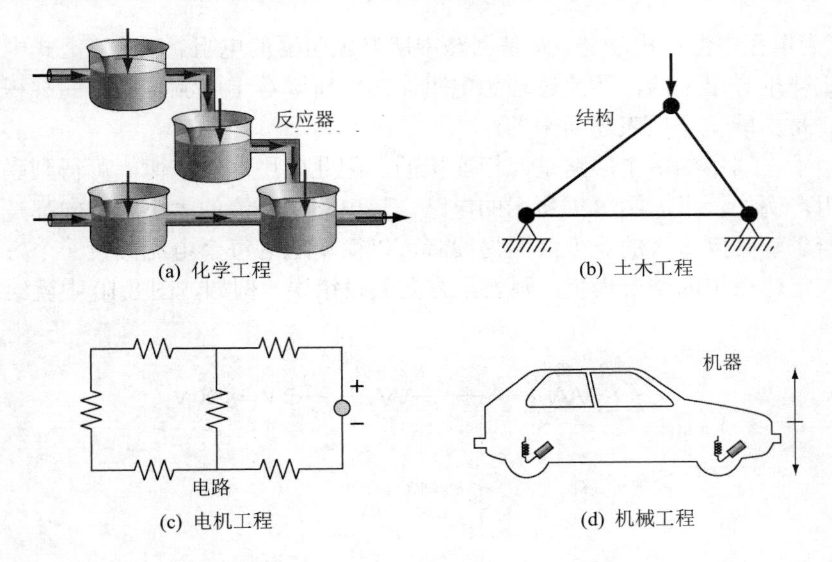

(a) 化学工程　(b) 土木工程　(c) 电机工程　(d) 机械工程

图 8.7　稳态条件下模型为线性代数方程组的工程系统

电机工程中的常见问题包括确定含电阻器的电路中各处的电流和电压。这些问题可利用基尔霍夫电流和电压定律(*Kirchhoff's current and voltage rules*)求解。电流(或点)定律(*current rule*)指出，流入某个结点的全部电流的代数和必须等于零[见图 8.8(a)]，即：

$$\sum i = 0 \tag{8.8}$$

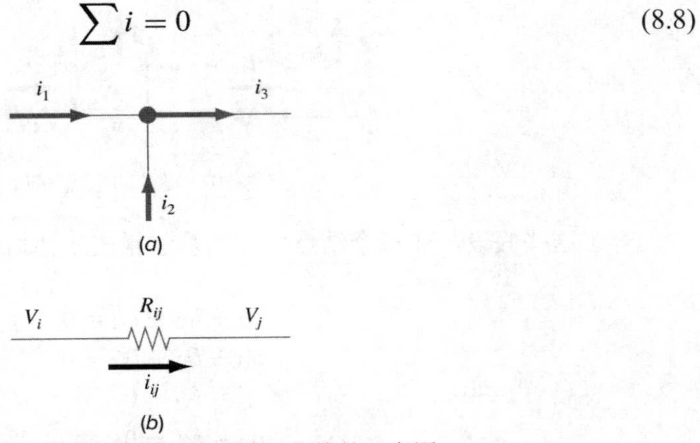

图 8.8　(a)基尔霍夫电流定律和(b)欧姆定律的示意图

上式中，流入该结点的电流符号为正，流出的为负。电流定律是电荷守恒(*conservation of charge*)原理的一个应用(回顾表 1.1)。

电压(回路)定律(*voltage rule*)指出，任意回路中势差(电压的变化)的代数和都必须等于零。对于含电阻器的电路，该定律可表示为：

$$\sum \xi - \sum iR = 0 \tag{8.9}$$

上式中，ξ 为电压电源的电动势，R 是回路中所有电阻器的电阻。注意，上式中的第二项是由欧姆定律推导出来的，即流过理想电阻器的电压降等于电流与电阻的乘积。基尔霍夫电压定律是由能量守恒表述而来的。

解：由于电路中的多个回路是互相连接的，因此应用这些定律，可得到联立的线性代数方程组。例如，考虑图 8.9 所示的电路。该电路中电流的大小和方向都是未知的。但这并未给求解带来太大的难度，因为读者可以简单地为每个电流假设一个方向。如果由基尔霍夫定律得出的结果为负，则表示方向假设错误。例如，图 8.10 中就给出了一些假设的电流。

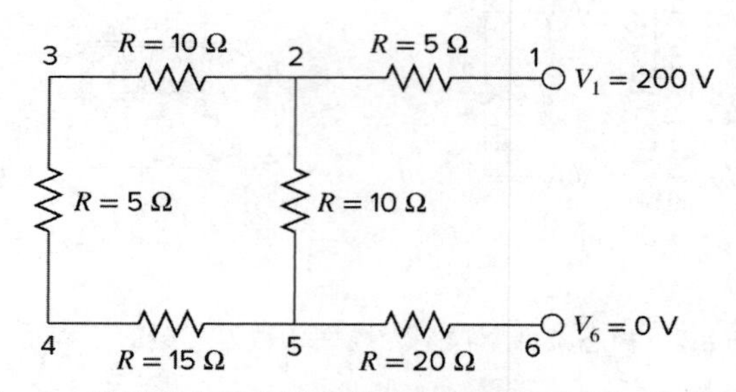

图 8.9　利用联立的线性代数方程组求解含电阻器的电路

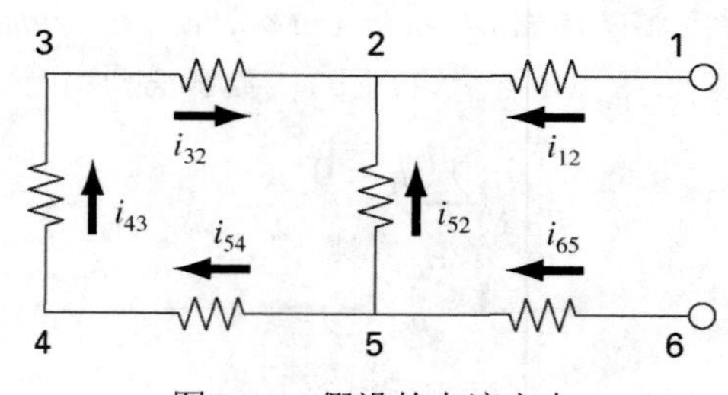

图 8.10　假设的电流方向

有了这些假设，在每个结点上应用基尔霍夫定律后，得到：

$$\begin{aligned}
i_{12} + i_{52} + i_{32} &= 0 \\
i_{65} - i_{52} - i_{54} &= 0 \\
i_{43} - i_{32} &= 0 \\
i_{54} - i_{43} &= 0
\end{aligned}$$

分别对两个回路应用电压定律，得到：

$$\begin{aligned}
-i_{54}R_{54} - i_{43}R_{43} - i_{32}R_{32} + i_{52}R_{52} &= 0 \\
-i_{65}R_{65} - i_{52}R_{52} + i_{12}R_{12} - 200 &= 0
\end{aligned}$$

或者，将图 8.9 所示的电阻值代入，并将常数移到方程的右端：

$$-15i_{54} - 5i_{43} - 10i_{32} + 10i_{52} = 0$$
$$-20i_{65} - 10i_{52} + 5i_{12} = 200$$

这样，问题最终归结为求解一个含 6 个方程和 6 个未知量的方程组。这些方程可由矩阵形式表示为：

$$\begin{bmatrix} 1 & 1 & 1 & 0 & 0 & 0 \\ 0 & -1 & 0 & 1 & -1 & 0 \\ 0 & 0 & -1 & 0 & 0 & 1 \\ 0 & 0 & 0 & 0 & 1 & -1 \\ 0 & 10 & -10 & 0 & -15 & -5 \\ 5 & -10 & 0 & -20 & 0 & 0 \end{bmatrix} \begin{Bmatrix} i_{12} \\ i_{52} \\ i_{32} \\ i_{65} \\ i_{54} \\ i_{43} \end{Bmatrix} = \begin{Bmatrix} 0 \\ 0 \\ 0 \\ 0 \\ 0 \\ 200 \end{Bmatrix}$$

虽然使用手工求解不切实际，但借助于 MATLAB 可以很容易地求解出来。方程组的解为：

```
>> A=[1 1 1 0 0 0
0 -1 0 1 -1 0
0 0 -1 0 0 1
0 0 0 0 1 -1
0 10 -10 0 -15 -5
5 -10 0 -20 0 0];
>> b = [0  0  0  0  0  200]';
>> current = A\b

current =
    6.1538
   -4.6154
   -1.5385
   -6.1538
   -1.5385
   -1.5385
```

因此，通过对结果符号的正确解释，电路中的电流和电压如图8.11所示。利用 MATLAB 求解这类问题的优势是很明显的。

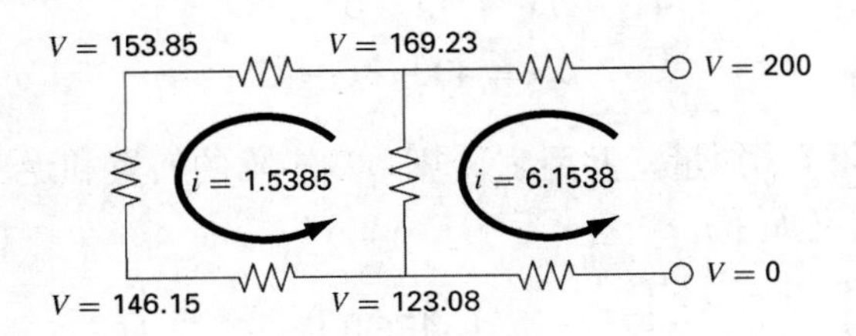

图 8.11　利用 MATLAB 解出的电流和电压值

8.4 习题

8.1 给定方阵$[A]$，用一行 MATLAB 命令创建一个新的矩阵$[Aug]$，其中$[Aug]$为包含原始矩阵$[A]$和单位矩阵$[I]$的增广矩阵。

8.2 定义若干矩阵如下：

$$[A]=\begin{bmatrix}4&7\\1&2\\5&6\end{bmatrix}\quad [B]=\begin{bmatrix}4&3&7\\1&2&7\\2&0&4\end{bmatrix}$$

$$\{C\}=\begin{Bmatrix}3\\6\\1\end{Bmatrix}\quad [D]=\begin{bmatrix}9&4&3&-6\\2&-1&7&5\end{bmatrix}$$

$$[E]=\begin{bmatrix}1&5&8\\7&2&3\\4&0&6\end{bmatrix}$$

$$[F]=\begin{bmatrix}3&0&1\\1&7&3\end{bmatrix}\qquad \lfloor G\rfloor=\lfloor 7\ 6\ 4\rfloor$$

请根据这些矩阵回答下面的问题：

(a) 这些矩阵的维数分别是多少？

(b) 指出哪个矩阵是方阵？哪个是列向量？哪个是行向量？

(c) 下列元素的取值分别是多少：a_{12}、b_{23}、d_{32}、e_{22}、f_{12}、g_{12}？

(d) 执行如下操作：

(1) $[E]+[B]$　(2) $[A]+[F]$　(3) $[B]-[E]$

(4) $7\times[B]$　(5) $\{C\}^T$　(6) $[E]\times[B]$

(7) $[B]\times[A]$　(8) $[D]^T$　(9) $[A]\times\{C\}$

(10) $[I]\times[B]$　(11) $[E]^T\times[E]$　(12) $\{C\}^T\times\{C\}$

8.3 将下列方程组写成矩阵形式：

$$50=5x_3-7x_2$$
$$4x_2+7x_3+30=0$$
$$x_1-7x_3=40-3x_2+5x_1$$

利用 MATLAB 求解未知量，并用它计算系数矩阵的转置和逆。

8.4 三个矩阵定义如下：

$$[A]=\begin{bmatrix}6&-1\\12&8\\-5&4\end{bmatrix}\quad [B]=\begin{bmatrix}4&0\\0.5&2\end{bmatrix}\quad [C]=\begin{bmatrix}2&-2\\-3&1\end{bmatrix}$$

(a) 将矩阵两两配对，执行所有可能的矩阵乘法运算。

(b) 判断剩下的矩阵对为什么不能相乘。

(c) 利用(a)中的结果说明为什么乘法的运算次序至关重要。

8.5　使用 MATLAB 求解以下方程组：

$$\begin{bmatrix} 3+2i & 4 \\ -i & 1 \end{bmatrix} \begin{Bmatrix} z_1 \\ z_2 \end{Bmatrix} = \begin{Bmatrix} 2+i \\ 3 \end{Bmatrix}$$

8.6　创建、调试和测试两个矩阵相乘的 M 文件，即[*X*] = [*Y*] [*Z*]，其中[*Y*]是 $m \times n$ 的矩阵，[*Z*]是 $n \times p$ 的矩阵。使用 for... end 循环来实现乘法，并设置错误捕获功能来标记错误的情况。使用习题 8.4 中的矩阵测试程序。

8.7　创建、调试和测试生成矩阵转置的 M 文件，使用 for... end 循环来实现转置。使用习题 8.4 中的矩阵测试程序。

8.8　创建、调试和测试使用置换矩阵交换矩阵行的 M 文件。函数的前几行应该写成如下形式：

```
function B = permut(A,r1,r2)
% Permut: Switch rows of matrix A
% with a permutation matrix
% B = permut(A,r1,r2)
% input:
% A = original matrix
% r1, r2 = rows to be switched
% output:
% B = matrix with rows switched
```

包括设置错误捕获功能以发现错误输入(例如，用户指定的行超出了原始矩阵的维数)。

8.9　如图 8.12 所示，5 个反应器通过导管连接在一起。每根导管中的质量流率等于流速(*Q*)与浓度(*c*)的乘积。稳定状态下，流入和流出每个反应器的质量一定相等。例如，对于第一个反应器来说，质量守恒可表示为：

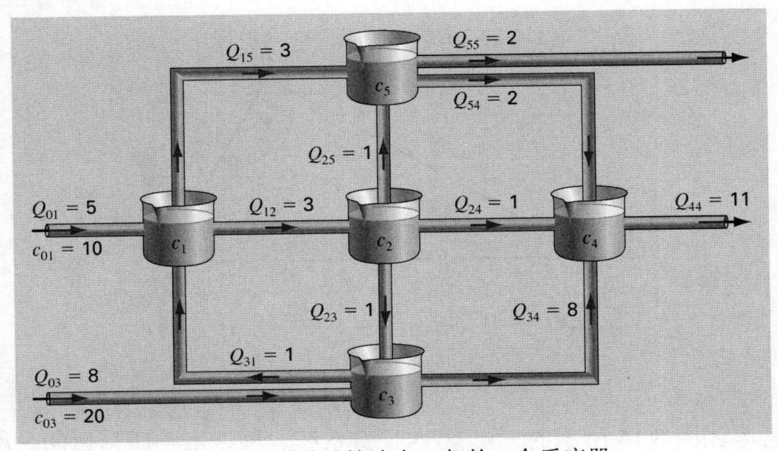

图 8.12　通过导管连在一起的 5 个反应器

$$Q_{01}c_{01}+Q_{31}c_3=Q_{15}c_1+Q_{12}c_1$$

试写出图 8.12 中其他反应器的质量守恒式，并将其表示成矩阵形式。然后利用 MATLAB 求出每个反应器中的浓度。

8.10 建筑工程中的一个重要问题是确定静态定桁架(见图 8.13)上各处的受力情况。根据受力平衡，该系统可由一组彼此耦合的线性代数方程组描述。因为系统是静止的，所以每个结点在水平方向或垂直方向上所受的合力为零。因此，对于结点 1：

$$\sum F_H=0=-F_1\cos 30^\circ+F_3\cos 60^\circ+F_{1,h}$$
$$\sum F_V=0=-F_1\sin 30^\circ-F_3\sin 60^\circ+F_{1,v}$$

对于结点 2：

$$\sum F_H=0=F_2+F_1\cos 30^\circ+F_{2,h}+H_2$$
$$\sum F_V=0=F_1\sin 30^\circ+F_{2,v}+V_2$$

对于结点 3：

$$\sum F_H=0=-F_2-F_3\cos 60^\circ+F_{3,h}$$
$$\sum F_V=0=F_3\sin 60^\circ+F_{3,v}+V_3$$

在上面的式子中：$F_{i,h}$ 代表作用在结点 i 处的水平方向的外力(作用的正方向为从左到右)，$F_{i,y}$ 代表作用在结点 i 处的垂直方向的外力(作用的正方向为从下到上)。在本习题中，由于在结点 1 处的向下作用力为 2000 N，故 $F_{i,y}=-2000$，其他的 $F_{i,y}$ 和 $F_{i,h}$ 等于零。将这个线性代数方程组表示成矩阵形式，然后利用 MATLAB 求解。

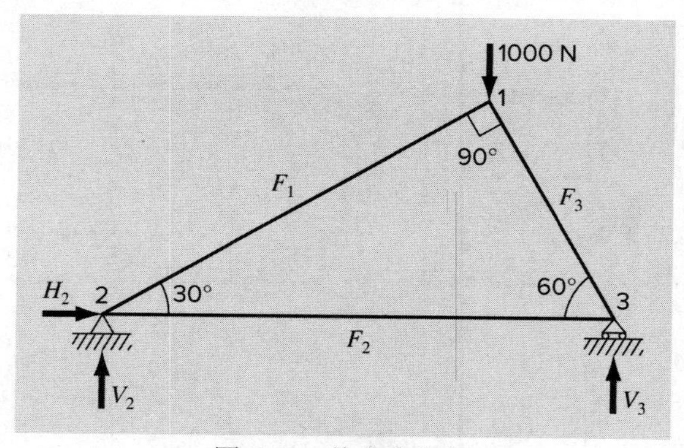

图 8.13 静态定桁架

8.11 考虑如图 8.14 所示的三质量-四弹簧系统。根据每个质量体的自由体受力图，由 $\Sigma F_x=ma_x$ 推导相应的运动方程，结果可表示为下面的微分方程：

$$\ddot{x}_1 + \left(\frac{k_1 + k_2}{m_1}\right)x_1 - \left(\frac{k_2}{m_1}\right)x_2 = 0$$

$$\ddot{x}_2 - \left(\frac{k_2}{m_2}\right)x_1 + \left(\frac{k_2 + k_3}{m_2}\right)x_2 - \left(\frac{k_3}{m_2}\right)x_3 = 0$$

$$\ddot{x}_3 - \left(\frac{k_3}{m_3}\right)x_2 + \left(\frac{k_3 + k_4}{m_3}\right)x_3 = 0$$

上述式子中：$k_1 = k_4 = 10\text{N/m}$，$k_2 = k_3 = 30\text{N/m}$，$m_1 = m_2 = m_3 = 1\text{kg}$。这 3 个方程可写成如下矩阵形式：

$$0 = \{\text{加速度向量}\} + [(k/m)\text{矩阵}]\{\text{位移向量 } x\}$$

当 $x_1=0.05\text{m}$、$x_2=0.04\text{m}$、$x_3=0.03\text{m}$ 时，系数矩阵为三角对角矩阵。请使用 MATLAB 求解出每个质量体的加速度。

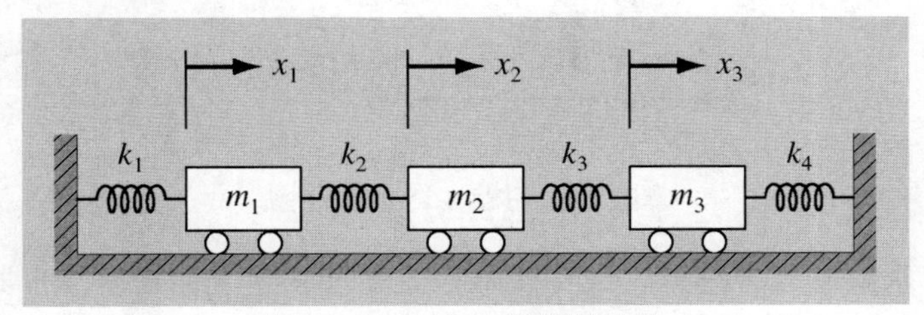

图 8.14　三质量-四弹簧系统

8.12　对于 5 名蹦极运动员组成的系统，完成与例 8.2 同样的计算，具体特征参数如表 8.2 所示。

表 8.2　特征参数

蹦极运动员	体重(kg)	弹簧常数(N/m)	未拉伸时绳索的长度(m)
1	55	80	10
2	75	50	10
3	60	70	10
4	75	100	10
5	90	20	10

8.13　三个质量体由几根完全相同的弹簧垂直悬挂在一起，其中质量体 1 位于顶部，质量体 3 位于底部。若 $g=9.81\text{m/s}^2$，$m_1=2\text{kg}$，$m_2=3\text{kg}$，$m_3=2.5\text{kg}$，$k=10\text{kg/s}^2$，利用 MATLAB 求出各个质量体的位移 x。

8.14　对于图 8.15 所示的电路，完成 8.3 节中的计算。

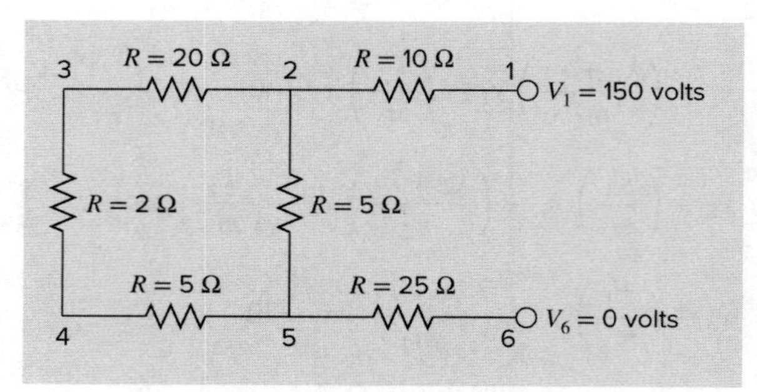

图 8.15　习题 8.14 的电路图

8.15　对于图 8.16 所示的电路，完成 8.3 节中的计算。

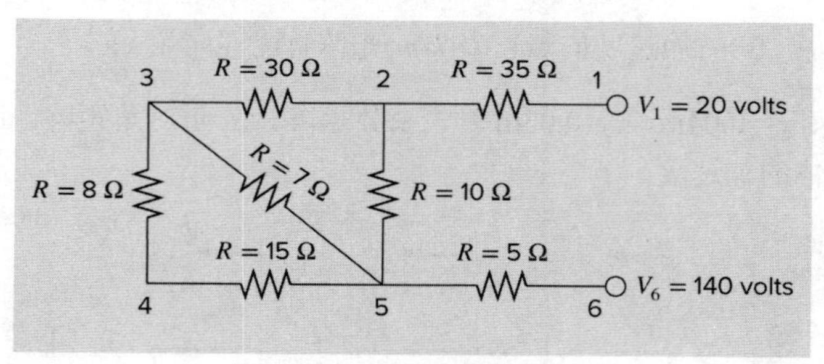

图 8.16　习题 8.15 的电路图

8.16　除了求解联立方程外，线性代数在工程和科学方面还有许多其他的应用。来自计算机图形学的一个例子，涉及在欧氏空间旋转物体。读者可以使用以下旋转矩阵，围绕笛卡尔坐标系的原点，对一组点逆时针旋转 θ 角度。

$$R = \begin{bmatrix} \cos\theta & -\sin\theta \\ \sin\theta & \cos\theta \end{bmatrix}$$

为了做到这一点，每个点的位置必须用包含了点坐标的列向量 v 表示。例如，下面是图 8.17 中矩形的 x 和 y 坐标向量：

```
x = [1 4 4 1]; y = [1 1 4 4];
```

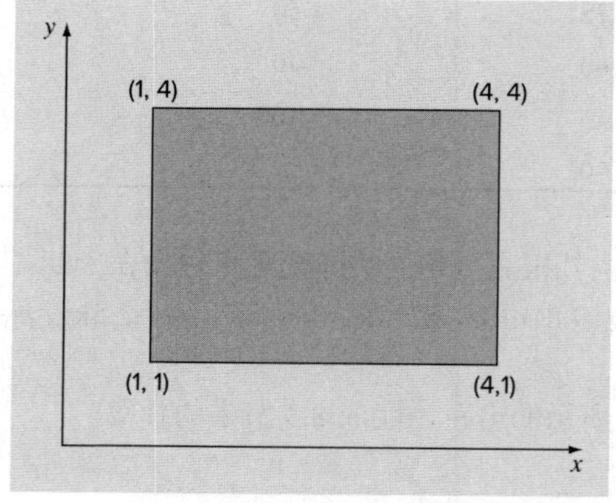

图 8.17　矩阵的 x 和 y 坐标向量

然后，使用矩阵乘法[R]{v}，生成旋转后的向量。创建一个 MATLAB 函数来执行此操作，并在同一幅图上使用实心形状，显示初始点和旋转后的点。下面测试函数的脚本：

```
clc;clf;format compact
x = [1 4 4 1]; y = [1 1 4 4];
[xt, yt] = Rotate2D(45, x, y);
```

下面是函数的基本结构：

```
function [xr, yr] = Rotate2D(thetad, x, y)
% two dimensional rotation 2D rotate Cartesian
% [xr, yr] = rot2d(thetad, x, y)
% Rotation of a two-dimensional object the Cartesian coordinates
% of which are contained in the vectors x and y.
% input:
% thetad = angle of rotation (degrees)
% x = vector containing objects x coordinates
% y = vector containing objects y coordinates
% output:
% xr = vector containing objects rotated x coordinates
% yr = vector containing objects rotated y coordinates

% convert angle to radians and set up rotation matrix
.
.
.
% close shape
.
.
.
% plot original object
hold on, grid on
.
.
.
% rotate shape
.
.
.
% plot rotated object
.
.
.
hold off
```

第9章

高斯消元法

本章目标

本章的主要目标是讲述求解线性代数方程组的高斯消元法，具体内容和主题包括：

- 知道如何用绘图法和克拉默法则求解小型线性方程组。
- 知道在高斯消元法中如何进行向前消元和向后回代。
- 会计算浮点运算的次数，以衡量一个算法的效率。
- 了解奇异性和病态问题的概念。
- 知道什么是部分选主元消元法，以及它与全选主元消元法的区别。
- 知道如何计算行列式，作为部分选主元高斯消元法的一部分。
- 了解如何应用三对角方程组的带状结构来尽可能地提高求解效率。

第8章的结尾给出了在MATLAB中求解线性代数方程组的两种简单而直接的方法——左除：

```
>> x = A\b
```

和矩阵求逆：

```
>> x = inv(A)*b
```

第 9 章和第 10 章讨论上述求解过程的背景知识。这需要读者洞悉 MATLAB 的内部运行机制。此外，还能在不使用 MATLAB 内置函数功能的情况下，知道如何在计算环境中创建自己的解题算法。

本章所介绍的方法中含有合并方程以消去未知量的过程，因此称为高斯消元法。尽管它是求解联立方程组最古老的方法之一，但直到今天，它仍然是实际应用中最为重要的算法，也是包括 MATLAB 在内的许多流行软件包中求解线性方程的基本算法。

9.1 求解小型方程组

在介绍高斯消元法之前，先给出几种适合于求解小型联立方程组($n\leqslant 3$)的方法，这些方法都不需要用到计算机，它们是绘图法、克拉默法则和未知数消元法。

9.1.1 绘图法

绘图法的解题过程是：将两个线性方程的图形绘制在笛卡儿坐标系中，其中一个坐标轴对应于 x_1，另一个对应于 x_2。因为方程是线性的，所以每个方程的图形都是一条直线。例如，考虑下列方程组：

$$3x_1+2x_2=18$$
$$-x_1+2x_2=2$$

如果假设 x_1 是横坐标，那么可以在每个方程中解出 x_2：

$$x_2=-\frac{3}{2}x_1+9$$

$$x_2=\frac{1}{2}x_1+1$$

这些方程都是直线形式的，也就是说，x_2=(斜率) x_1+截距。当绘制出它们的图形时，直线交点处 x_1 和 x_2 的值就是方程的解(见图 9.1)。本例中，方程的解是 x_1=4 和 x_2=3。

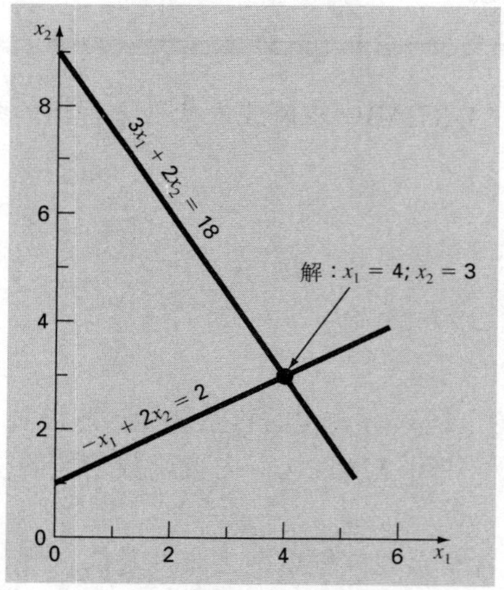

图 9.1 用绘图法求解含两个方程的联立线性代数方程组，直线的交点就是方程的解

如果联立方程组中含有三个方程，那么每个方程对应于三维坐标系中的一个平面。三个平面的交点就是方程组的解。当方程的个数超过三个时，绘图法失效。由此可见，该方法在求解联立方程组方面的实际应用价值并不高，但是，它可以直观地描绘出解的

性质，因此也是很有用的。

例如，图 9.2 罗列了三种在求解线性方程组时可能会引起问题的情况。图 9.2(a)中的两条直线相互平行，由于它们永远不会相交，因此在这种情况下方程组无解。图 9.2(b)中的两条直线重合在了一起，此时方程有无穷多组解。上述两类方程组被称为奇异(*singular*)方程组。

除此之外，接近于奇异的方程组[见图 9.2(c)]在求解过程中也会产生问题。这样的方程组称为病态(*ill-condition*)方程组。从图形上看，这类方程所引起的问题是难于判断直线交点的精确位置。因为它们对舍入误差相当敏感，所以如果采用数值方法进行求解，病态问题将会引起很大的误差。

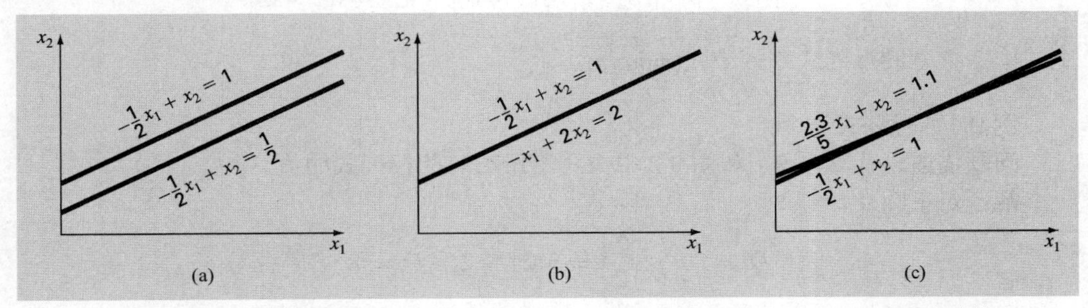

图 9.2　奇异性和病态问题示意图：(a)无解；(b)无穷多解；(c)病态问题，即当两直线的斜率相当接近时，其交点很难被观测到

9.1.2　行列式和克拉默法则

克拉默法则是最适合于求解小型方程组的另一类方法。在介绍这类方法之前，先简要地回顾一下行列式的概念，在克拉默法则中需要用到它。此外，行列式与矩阵病态程度的判定也有密切的关系。

行列式：行列式可以通过如下含三个方程的方程组来进行说明

$$[A]\{x\} = \{b\}$$

其中[*A*]是系数矩阵：

$$[A] = \begin{bmatrix} a_{11} & a_{12} & a_{13} \\ a_{21} & a_{22} & a_{23} \\ a_{31} & a_{32} & a_{33} \end{bmatrix}$$

由[*A*]的系数定义行列式[*D*]，具体表示如下：

$$D = \begin{vmatrix} a_{11} & a_{12} & a_{13} \\ a_{21} & a_{22} & a_{23} \\ a_{31} & a_{32} & a_{33} \end{vmatrix}$$

虽然行列式 *D* 和系数矩阵[*A*]由相同的元素组成，但是它们在数学上对应着完全不同的概念。这就是为什么矩阵用方括号括起来，而行列式却用直线括起来，以便在视觉上区分它们。与矩阵相比，行列式只是一个数值。例如，由两个方程组成的方程组的行列式为：

$$D = \begin{vmatrix} a_{11} & a_{12} \\ a_{21} & a_{22} \end{vmatrix}$$

计算如下：

$$D = a_{11}a_{22} - a_{12}a_{21}$$

三阶行列式的计算如下：

$$D = a_{11}\begin{vmatrix} a_{22} & a_{23} \\ a_{32} & a_{33} \end{vmatrix} - a_{12}\begin{vmatrix} a_{21} & a_{23} \\ a_{31} & a_{33} \end{vmatrix} + a_{13}\begin{vmatrix} a_{21} & a_{22} \\ a_{31} & a_{32} \end{vmatrix} \tag{9.1}$$

上式中 2 乘 2 的行列式称为子式(*minors*)。

例 9.1 行列式

问题描述：计算图 9.1 和图 9.2 中方程组所对应的行列式的值。

解：对于图 9.1

$$D = \begin{vmatrix} 3 & 2 \\ -1 & 2 \end{vmatrix} = 3(2) - 2(-1) = 8$$

对于图 9.2(a)

$$D = \begin{vmatrix} -\frac{1}{2} & 1 \\ -\frac{1}{2} & 1 \end{vmatrix} = -\frac{1}{2}(1) - 1\left(\frac{-1}{2}\right) = 0$$

对于图 9.2(b)

$$D = \begin{vmatrix} -\frac{1}{2} & 1 \\ -1 & 2 \end{vmatrix} = -\frac{1}{2}(2) - 1(-1) = 0$$

对于图 9.2(c)

$$D = \begin{vmatrix} -\frac{1}{2} & 1 \\ -\frac{2.3}{5} & 1 \end{vmatrix} = -\frac{1}{2}(1) - 1\left(\frac{-2.3}{5}\right) = -0.04$$

在上述例子中，奇异方程组的行列式等于零。结果还显示，接近奇异的方程组的行列式近似于零。关于这些思想，将在第 11 章中介绍病态问题时进一步讨论。

克拉默法则：这个法则指出，线性代数方程组中的每一个未知量都可以表示成一个分式的值，其中分母为行列式 D，分子是用常数 $b_1, b_2,..., b_n$ 代替 D 中未知量所在的列后得到的行列式。例如，对于含三个方程的方程组，x_1 可由下式计算：

$$x_1 = \frac{\begin{vmatrix} b_1 & a_{12} & a_{13} \\ b_2 & a_{22} & a_{23} \\ b_3 & a_{32} & a_{33} \end{vmatrix}}{D}$$

例 9.2 克拉默法则

问题描述：利用克拉默法则求解如下方程组

$$\begin{aligned} 0.3x_1 + 0.52x_2 + \quad x_3 &= -0.01 \\ 0.5x_1 + \quad x_2 + 1.9x_3 &= 0.67 \\ 0.1x_1 + 0.3\ x_2 + 0.5x_3 &= -0.44 \end{aligned}$$

解：行列式 D 的值为[式(9.1)]

$$D = 0.3\begin{vmatrix} 1 & 1.9 \\ 0.3 & 0.5 \end{vmatrix} - 0.52\begin{vmatrix} 0.5 & 1.9 \\ 0.1 & 0.5 \end{vmatrix} + 1\begin{vmatrix} 0.5 & 1 \\ 0.1 & 0.3 \end{vmatrix} = -0.0022$$

方程组的解为：

$$x_1 = \frac{\begin{vmatrix} -0.01 & 0.52 & 1 \\ 0.67 & 1 & 1.9 \\ -0.44 & 0.3 & 0.5 \end{vmatrix}}{-0.0022} = \frac{0.03278}{-0.0022} = -14.9$$

$$x_2 = \frac{\begin{vmatrix} 0.3 & -0.01 & 1 \\ 0.5 & 0.67 & 1.9 \\ 0.1 & -0.44 & 0.5 \end{vmatrix}}{-0.0022} = \frac{0.0649}{-0.0022} = -29.5$$

$$x_3 = \frac{\begin{vmatrix} 0.3 & 0.52 & -0.01 \\ 0.5 & 1 & 0.67 \\ 0.1 & 0.3 & -0.44 \end{vmatrix}}{-0.0022} = \frac{-0.04356}{-0.0022} = 19.8$$

---

det 函数：在 MATLAB 中，行列式可由 det 函数直接算出。例如，考虑前面例子中的方程组：

```
>> A = [0.3 0.52 1;0.5 1 1.9;0.1 0.3 0.5];
>> D = det(A)

D =
   -0.0022
```

应用克拉默法则，则 x_1 的值为：

```
>> A(:,1) = [-0.01;0.67;-0.44]

A =
   -0.0100    0.5200    1.0000
    0.6700    1.0000    1.9000
   -0.4400    0.3000    0.5000

>> x1 = det(A)/D

x1 =
  -14.9000
```

随着方程数目的增加，手工计算(或者用计算机计算)行列式的时间开销变得很大。

因此，当方程个数大于 3 时，克拉默法则变得很不实用，必须考虑更为高效的替代算法。部分替代算法以 9.1.3 节中介绍的未知数消元法为基础，在不使用计算机的情况下，这是最为流行的解题方法。

9.1.3　未知数消元法

未知数消元法是一种代数方法，主要通过合并方程进行消元。下面通过一个含两个方程的方程组来进行说明：

$$a_{11}x_1 + a_{12}x_2 = b_1 \tag{9.2}$$

$$a_{21}x_1 + a_{22}x_2 = b_2 \tag{9.3}$$

基本想法是，将方程乘以某个常数，使得合并方程后可消去其中一个未知量。得到的结果是单个方程，求解它就可以得到剩下的那个未知量的值。将这个值代入任何一个原始方程，就可以求出另一个未知量的值。

例如，可以用式(9.2)乘以 a_{21}，用式(9.3)乘以 a_{11}，得到：

$$a_{21}a_{11}x_1 + a_{21}a_{12}x_2 = a_{21}b_1 \tag{9.4}$$

$$a_{11}a_{21}x_1 + a_{11}a_{22}x_2 = a_{11}b_2 \tag{9.5}$$

于是，用式(9.5)减去式(9.4)就可以从方程中消去 x_1，得到：

$$a_{11}a_{22}x_2 - a_{21}a_{12}x_2 = a_{11}b_2 - a_{21}b_1$$

求解 x_2，得到：

$$x_2 = \frac{a_{11}b_2 - a_{21}b_1}{a_{11}a_{22} - a_{21}a_{12}} \tag{9.6}$$

然后，将式(9.6)代入式(9.2)，求解 x_1，得到：

$$x_1 = \frac{a_{22}b_1 - a_{12}b_2}{a_{11}a_{22} - a_{21}a_{12}} \tag{9.7}$$

需要注意的是，式(9.6)和式(9.7)也可以直接由克拉默法则得到：

$$x_1 = \frac{\begin{vmatrix} b_1 & a_{12} \\ b_2 & a_{22} \end{vmatrix}}{\begin{vmatrix} a_{11} & a_{12} \\ a_{21} & a_{22} \end{vmatrix}} = \frac{a_{22}b_1 - a_{12}b_2}{a_{11}a_{22} - a_{21}a_{12}}$$

$$x_2 = \frac{\begin{vmatrix} a_{11} & b_1 \\ a_{21} & b_2 \end{vmatrix}}{\begin{vmatrix} a_{11} & a_{12} \\ a_{21} & a_{22} \end{vmatrix}} = \frac{a_{11}b_2 - a_{21}b_1}{a_{11}a_{22} - a_{21}a_{12}}$$

未知数消元法可以被推广到方程个数多于两个或三个的方程组中。只是随着方程组规模的增大，计算量也相应增加，手工计算将变得特别烦琐。因此，在 9.2 节中，对该方法进一步规范化，使得它便于在计算机上编程实现。

9.2　朴素高斯消元法

9.1.3 节利用未知数消元法求解含两个方程的联立方程组。整个解题过程包括两个步骤(见图 9.3)：

(1) 巧妙地处理方程组，从中消去一个未知量。通过该步消元，得到仅含一个未知量的单个方程。

(2) 直接求解这个方程，再将结果回代到任何一个原始方程中，就可以求出剩下的那个未知量。

将未知数消元步和回代步系统化，在上述方法的基础上可以发展出许多求解大型方程组的方法，高斯消元法就是其中一种最基本的方法。

本节介绍向前消元和向后回代过程的系统化，将两者结合即得到高斯消元法。虽然在理论上这些方法都适用于在计算机上求解，但是为了保证算法的稳定性，还需要进行一些修改。一种特殊情况是，计算机程序不能除零。鉴于下面介绍的方法无法避免这个问题，所以称它为“朴素”高斯消元法。9.3 节还会介绍一些其他的技巧，以得到一个高效的计算机程序。

本方法用于求解含 n 个方程的一般方程组：

$$a_{11}x_1 + a_{12}x_2 + a_{13}x_3 + \cdots + a_{1n}x_n = b_1 \tag{9.8a}$$

$$a_{21}x_1 + a_{22}x_2 + a_{23}x_3 + \cdots + a_{2n}x_n = b_2 \tag{9.8b}$$

$$\vdots \qquad\qquad \vdots$$

$$a_{n1}x_1 + a_{n2}x_2 + a_{n3}x_3 + \cdots + a_{nn}x_n = b_n \tag{9.8c}$$

仿照含两个方程的方程组的求解过程，上述方程组的求解包括两个阶段：未知量消元和回代求解。

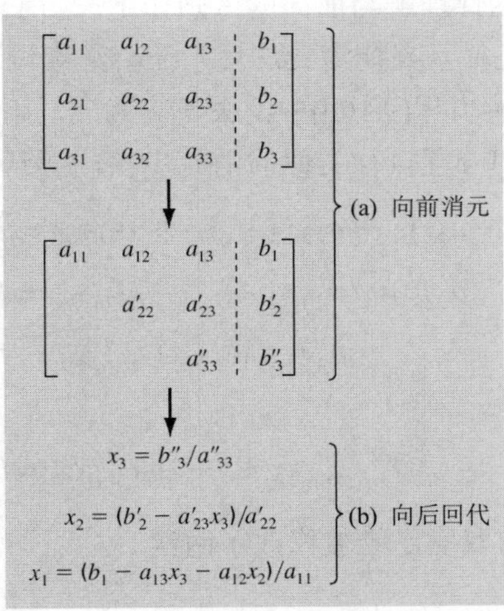

图 9.3　高斯消元法的两个阶段：(a)向前消元；(b)向后回代

未知量向前消元：第一个阶段是将方程组消元成一个上三角方程组[见图 9.3(a)]。第一步是从第二个到第 n 个方程中消去第一个未知量 x_1。为此，将方程(9.8a)乘以 a_{21}/a_{11}，得到：

$$a_{21}x_1+\frac{a_{21}}{a_{11}}a_{12}x_2+\frac{a_{21}}{a_{11}}a_{13}x_3+\cdots+\frac{a_{21}}{a_{11}}a_{1n}x_n=\frac{a_{21}}{a_{11}}b_1 \tag{9.9}$$

将方程(9.8b)减去上述方程得到：

$$\left(a_{22}-\frac{a_{21}}{a_{11}}a_{12}\right)x_2+\cdots+\left(a_{2n}-\frac{a_{21}}{a_{11}}a_{1n}\right)x_n=b_2-\frac{a_{21}}{a_{11}}b_1$$

或者：

$$a'_{22}x_2+\cdots+a'_{2n}x_n=b'_2$$

其中，撇号表示元素取值已经发生了改变，不同于它们原来的取值了。

然后对剩下的方程重复上述过程。例如，将方程(9.8a)乘以 a_{31}/a_{11}，再用第三个方程减去所得方程组。对剩下的方程重复这个过程，得到如下修正后的方程组：

$$a_{11}x_1+a_{12}x_2+a_{13}x_3+\cdots+a_{1n}x_n=b_1 \tag{9.10a}$$

$$a'_{22}x_2+a'_{23}x_3+\cdots+a'_{2n}x_n=b'_2 \tag{9.10b}$$

$$a'_{32}x_2+a'_{33}x_3+\cdots+a'_{3n}x_n=b'_3 \tag{9.10c}$$

$$\vdots \qquad \vdots$$

$$a'_{n2}x_2+a'_{n3}x_3+\cdots+a'_{nn}x_n=b'_n \tag{9.10d}$$

在上面的步骤中，式(9.8a)称为*主方程*(*pivot equation*)，a_{11} 称为*主元*(*pivot element*)。注意，用第一行乘以 a_{21}/a_{11}，相当于用它除以 a_{11}，再乘以 a_{21}。有时候，除法运算也称为规范化(*normalization*)。这样理解与前面的区别在于：当主元为零时，会导致除零，使得规范化无法进行。介绍完朴素高斯消元法后，还会继续讨论这个重要的问题。

下一步是从方程(9.10c)~方程(9.10d)中消去 x_2。为此，用方程(9.10c)减去方程(9.10b)后，乘以 a'_{32}/a'_{22}。对后面的方程执行类似的消元步骤，得到：

$$\begin{aligned}a_{11}x_1+a_{12}x_2+a_{13}x_3+\cdots+a_{1n}x_n&=b_1\\ a'_{22}x_2+a'_{23}x_3+\cdots+a'_{2n}x_n&=b'_2\\ a''_{33}x_3+\cdots+a''_{3n}x_n&=b''_3\\ \vdots\qquad\qquad&\quad\vdots\\ a''_{n3}x_3+\cdots+a''_{nn}x_n&=b''_n\end{aligned}$$

其中双撇号表示元素的取值已经被修改了两次。

利用剩下的主方程继续上述过程。最后一步消元，是利用第$(n-1)$个方程从第 n 个方程中消去含 x_{n-1} 的项。这样，方程组就被转换成了上三角方程组：

$$a_{11}x_1 + a_{12}x_2 + a_{13}x_3 + \cdots + a_{1n}x_n = b_1 \tag{9.11a}$$

$$a'_{22}x_2 + a'_{23}x_3 + \cdots + a'_{2n}x_n = b'_2 \tag{9.11b}$$

$$a''_{33}x_3 + \cdots + a''_{3n}x_n = b''_3 \tag{9.11c}$$

$$\ddots \qquad \vdots$$

$$a_{nn}^{(n-1)}x_n = b_n^{(n-1)} \tag{9.11d}$$

向后回代：现在，求解方程(9.11d)，得到 x_n

$$x_n = \frac{b_n^{(n-1)}}{a_{nn}^{(n-1)}} \tag{9.12}$$

将结果代入第$(n-1)$个方程，解出 x_{n-1}。重复上述过程，解出剩下的 x，具体的计算公式如下：

$$x_i = \frac{b_i^{(i-1)} - \sum_{j=i+1}^{n} a_{ij}^{(i-1)}x_j}{a_{ii}^{(i-1)}} \qquad i = n-1, n-2, \cdots, 1 \tag{9.13}$$

例 9.3　朴素高斯消元法

问题描述：利用高斯消元法求解如下方程组

$$3x_1 - 0.1x_2 - 0.2x_3 = 7.85 \tag{9.14a}$$

$$0.1x_1 + 7x_2 - 0.3x_3 = -19.3 \tag{9.14b}$$

$$0.3x_1 - 0.2x_2 + 10x_3 = 71.4 \tag{9.14c}$$

解：求解的第一阶段是向前消元。用式(9.14b)减去式(9.14a)，再乘以 0.1/3，得到：

$$7.00333x_2 - 0.293333x_3 = -19.5617$$

然后用式(9.14b)减去式(9.14a)，再乘以 0.3/3。经过这些运算，方程组变为：

$$3x_1 - 0.1x_2 - 0.2x_3 = 7.85 \tag{9.15a}$$

$$7.00333x_2 - 0.293333x_3 = -19.5617 \tag{9.15b}$$

$$-0.190000x_2 + 10.0200x_3 = 70.6150 \tag{9.15c}$$

为完成向前消元，还必须从式(9.15c)中消去 x_2。为此，用式(9.15c)减去式(9.15b)，再乘以$-0.190000/7.00333$。这样就从第三个方程中消去了 x_2，使得方程组转换为上三角形式：

$$3x_1 - \quad 0.1x_2 - \quad 0.2x_3 = \quad 7.85 \tag{9.16a}$$

$$7.00333x_2 - 0.293333x_3 = -19.5617 \tag{9.16b}$$

$$10.0120x_3 = \quad 70.0843 \tag{9.16c}$$

现在这些方程可通过回代求解。首先，求解式(9.16c)，得到：

$$x_3 = \frac{70.0843}{10.0120} = 7.00003$$

将此结果回代入式(9.16b)，解得：

$$x_2 = \frac{-19.5617 + 0.293333(7.00003)}{7.00333} = -2.50000$$

最后，将 x_3=7.00003 和 x_2=－2.50000 回代入式(9.16a)，并求解，得到：

$$x_1 = \frac{7.85 + 0.1(-2.50000) + 0.2(7.00003)}{3} = 3.00000$$

尽管有少量的舍入误差，但结果与精确解 x_1=3、x_2=－2.5、x_3=7 非常接近。这也可以通过将结果代入原方程组进行验证：

$$3(3) - 0.1(-2.5) - 0.2(7.00003) = 7.84999 \cong 7.85$$

$$0.1(3) + 7(-2.5) - 0.3(7.00003) = -19.30000 = -19.3$$

$$0.3(3) - 0.2(-2.5) + 10(7.00003) = 71.4003 \cong 71.4$$

9.2.1　MATLAB M 文件：GaussNaive

下面列出了朴素高斯消元法的 M 文件。注意，系数矩阵 *A* 和右端项 *b* 都保存在增广矩阵 *Aug* 中。因此，所有操作都是对 *Aug* 而不是单独对 *A* 或 *b* 执行的：

```
function x = GaussNaive(A,b)
% GaussNaive: naive Gauss elimination
%   x = GaussNaive(A,b): Gauss elimination without pivoting.
% input:
%   A = coefficient matrix
%   b = right hand side vector
% output:
%   x = solution vector

[m,n] = size(A);
if m~=n, error('Matrix A must be square'); end
nb = n+1;
Aug = [A b];
% forward elimination
for k = 1:n-1
  for i = k+1:n
    factor = Aug(i,k)/Aug(k,k);
    Aug(i,k:nb) = Aug(i,k:nb)-factor*Aug(k,k:nb);
  end
end
```

```
% back substitution
x = zeros(n,1);
x(n) = Aug(n,nb)/Aug(n,n);
for i = n-1:-1:1
  x(i) = (Aug(i,nb)-Aug(i,i+1:n)*x(i+1:n))/Aug(i,i);
end
```

向前消元过程被简单地表示为两个嵌套循环。外循环沿着矩阵向下，由一个主元行移到下一个主元行。内循环沿着主元行以下需要进行消元的各行顺序移动。最后，借助MATLAB在矩阵运算方面的优势，实际的消元过程只用一行语句来表示。

向后回代过程直接由式(9.12)和式(9.13)得到。此处又一次利用了MATLAB在矩阵运算方面的能力，从而将式(9.13)编辑成一行代码。

9.2.2　运算次数

高斯消元法的执行时间依赖算法中所包含的浮点运算(*floating-point operations* 或 *flops*)次数。对于使用数学协处理器的现代计算机来说，加/减和乘/除运算的执行时间基本相同。因此，将这些运算的次数统计起来就可以知道算法的哪个部分最耗时，同时还可以看出当方程组的规模扩大时计算时间是如何增长的。

在具体分析朴素高斯消元法之前，先定义一些量，以便于统计运算次数：

$$\sum_{i=1}^{m} cf(i) = c\sum_{i=1}^{m} f(i) \tag{9.17a}$$

$$\sum_{i=1}^{m} f(i) + g(i) = \sum_{i=1}^{m} f(i) + \sum_{i=1}^{m} g(i) \tag{9.17b}$$

$$\sum_{i=1}^{m} 1 = 1 + 1 + 1 + \cdots + 1 = m \tag{9.17c}$$

$$\sum_{i=k}^{m} 1 = m - k + 1 \tag{9.17d}$$

$$\sum_{i=1}^{m} i = 1 + 2 + 3 + \cdots + m = \frac{m(m+1)}{2} = \frac{m^2}{2} + O(m) \tag{9.17e}$$

$$\sum_{i=1}^{m} i^2 = 1^2 + 2^2 + 3^2 + \cdots + m^2 = \frac{m(m+1)(2m+1)}{6} = \frac{m^3}{3} + O(m^2) \tag{9.17f}$$

其中$O(m^n)$意味着“阶数小于或等于m”。

现在，我们来仔细检查朴素高斯消元法的算法(见9.2.1节的M文件)。首先统计消元阶段的浮点运算次数。在外循环的第一次循环中，k=1。因此，内循环限制为i取2~n。由式(9.17d)可知，这表示内循环的迭代次数为：

$$\sum_{i=2}^{n} 1 = n - 2 + 1 = n - 1 \tag{9.18}$$

在每一次迭代中，需要通过一次除法运算来计算因子。然后，下一行语句对 2~*nb* 的每一列元素执行一次乘法运算和一次减法运算。因为 *nb*=*n*+1，所以从 2~*nb* 共需要 *n* 次乘法和 *n* 次减法。加上前面的一次除法，内循环中的每步迭代共需要执行 *n*+1 次乘/除法运算和 *n* 次加/减法运算。所以，外循环的第一次循环共需要执行$(n-1)(n+1)$次乘/除法和$(n-1)(n)$次加/减法。

同理，还可以估计出外循环中后续迭代步中所需要执行的浮点运算次数，结果如表 9.1 所示。

表 9.1 运算次数

外循环 *k*	内循环 *i*	加/减法运算次数	乘/除法运算次数
1	2,*n*	$(n-1)(n)$	$(n-1)(n+1)$
2	3,*n*	$(n-2)(n-1)$	$(n-2)(n)$
⋮	⋮		
k	*k*+1,*n*	$(n-k)(n+1-k)$	$(n-k)(n+2-k)$
⋮	⋮		
n - 1	*n*,*n*	(1)(2)	(1)(3)

因此，消元阶段总共需要执行的加/减法运算次数为：

$$\sum_{k=1}^{n-1} (n-k)(n+1-k) = \sum_{k=1}^{n-1} [n(n+1) - k(2n+1) + k^2] \tag{9.19}$$

或者：

$$n(n+1)\sum_{k=1}^{n-1} 1 - (2n+1)\sum_{k=1}^{n-1} k + \sum_{k=1}^{n-1} k^2 \tag{9.20}$$

应用式(9.17)中的部分关系式，得到：

$$[n^3 + O(n)] - [n^3 + O(n^2)] + \left[\frac{1}{3}n^3 + O(n^2)\right] = \frac{n^3}{3} + O(n) \tag{9.21}$$

类似地，分析乘/除法运算，得到乘/除法运算的总执行次数为：

$$[n^3 + O(n^2)] - [n^3 + O(n)] + \left[\frac{1}{3}n^3 + O(n^2)\right] = \frac{n^3}{3} + O(n^2) \tag{9.22}$$

对上述结果求和，得到：

$$\frac{2n^3}{3} + O(n^2) \tag{9.23}$$

因此，总的浮点运算次数等于 $2n^3/3$ 加上一个阶数小于或等于 n^2 的项。因为当 n 趋向于无穷大时，$O(n^2)$项以及比它更低阶的项都可以忽略不计，所以结果可以写成上面的形式。由此推断，当 n 足够大时，向前消元阶段的计算开销大约为 $2n^3/3$。

由于向后回代阶段只使用了一个循环，因此估计这一阶段的运算次数要容易一些。加/减法的运算次数为 $n(n-1)/2$。因为在循环外面还进行了一次除法运算，所以乘/除法的运算次数为 $n(n+1)/2$。将两者加起来，得向后回代阶段的运算次数为：

$$n^2 + O(n) \tag{9.24}$$

综上所述，朴素高斯消元法所需的总运算次数可表示为：

$$\underbrace{\frac{2n^3}{3} + O(n^2)}_{\text{向前消元}} + \underbrace{n^2 + O(n)}_{\text{向后回代}} \xrightarrow{\text{随着}n\text{的增大}} \frac{2n^3}{3} + O(n^2) \tag{9.25}$$

从上述分析中可以得出两个有用的一般性结论：

(1) 当方程组的阶数增大时，高斯消元法的运算量增长得非常快。如表 9.2 所示，当方程个数增加一个量级时，浮点运算次数按照三倍于这个量级的速度增长。

表 9.2　朴素高斯消元法的浮点运算次数

n	消元阶段	向后回代阶段	总的浮点运算次数	$2n^3/3$	消元过程占总运算量的百分比
10	705	100	805	667	87.58%
100	671550	10000	681550	666667	98.53%
1000	6.67×10^8	1×10^6	6.68×10^8	6.67×10^8	99.85%

(2) 计算量主要消耗在消元阶段。因此，如果要提高算法效率，应该重点考虑消元过程。

9.3　选主元

前面介绍的方法之所以被称为“朴素”，是因为在该方法的消元和向后回代过程中都可能出现除零现象。例如，若采用朴素高斯消元法求解如下方程组：

$$
\begin{aligned}
2x_2 + 3x_3 &= \ \ 8 \\
4x_1 + 6x_2 + 7x_3 &= -3 \\
2x_1 - 3x_2 + 6x_3 &= \ \ 5
\end{aligned}
$$

则在对第一行进行规范化的过程中就需要除以 $a_{11}=0$。因为当主元的量级比其他元素小时，就会引入舍入误差。所以，即使主元接近而非精确等于零，也可能产生同样的问题。

因此，在对每一行进行规范化之前，最好从主元所在列中选出绝对值最大的元素，将该元素作为主元，将其所在行与当前的主元行交换，这个过程被称为部分选主元(*partial pivoting*)。

如果同时在所有的列与行中选主元，然后进行交换，那么称为全选主元(*complete pivoting*)。由于大部分的改进来自于部分选主元法，此外，列交换会改变 x 的顺序，导致计算机程序的复杂度显著增加，因此全选主元法很少使用。

下面的例子展示了部分选主元法的优势。除了能够避免除零之外，选主元还可以减少舍入误差。因此，它也是求解病态问题的一种方法。

例 9.4　部分选主元

问题描述：利用高斯消元法求解如下方程组

$$
\begin{aligned}
0.0003x_1 + 3.0000x_2 &= 2.0001 \\
1.0000x_1 + 1.0000x_2 &= 1.0000
\end{aligned}
$$

注意，该方程中的第一个主元 $a_{11}=0.0003$，非常接近于零。然后重复这个计算过程，只是通过交换方程的顺序来进行部分选主元。方程的精确解为 $x_1=1/3$ 和 $x_2=2/3$。

解：将第一个方程乘以 1/(0.0003)，得到

$$x_1 + 10{,}000x_2 = 6667$$

用它可以消去第二个方程中的 x_1：

$$-9999x_2 = -6666$$

求解得到 $x_2=2/3$。再将这个结果代回第一个方程，解得：

$$x_1 = \frac{2.0001 - 3(2/3)}{0.0003} \tag{9.26}$$

由于减法运算会损失有效数位，因此结果对计算中所采用的有效数字位数非常敏感，如表 9.3 所示。

表 9.3　例 9.4 计算结果(一)

有效数字	x_2	x_1	x_1的相对误差百分比
3	0.667	-3.33	1099
4	0.6667	0.0000	100
5	0.66667	0.30000	10
6	0.666667	0.330000	1
7	0.6666667	0.3330000	0.1

请注意，一方面，解 x_1 时高度依赖于有效数字的位数，这是因为在式(9.26)中出现两个相近的数字相减。

另一方面，如果改变方程的顺序，则含有较大主元的行已经被规范化了。于是方程组变为：

$$1.0000x_1 + 1.0000x_2 = 1.0000$$
$$0.0003x_1 + 3.0000x_2 = 2.0001$$

消元和回代后同样得到 x_2=2/3。对于不同的有效数字位数，将结果代入第一个方程中，解得 x_1 为：

$$x_1 = \frac{1 - (2/3)}{1}$$

此时，结果对于计算中所采用的有效数字位数就没有之前敏感了，如表 9.4 所示。

表 9.4　例 9.4 计算结果(二)

有效数字	x_2	x_1	x_1的相对误差百分比
3	0.667	0.333	0.1
4	0.6667	0.3333	0.01
5	0.66667	0.33333	0.001
6	0.666667	0.333333	0.0001
7	0.6666667	0.3333333	0.0000

由此可见，实施选主元后得到的结果更加令人满意。

9.3.1 MATLAB M 文件：GaussPivot

部分选主元高斯消元法的 M 文件如下所示，除了加粗部分所示的部分选主元的代码之外，该程序的其余部分与 9.2.1 节给出的朴素高斯消元法的 M 文件完全相同：

```
function x = GaussPivot(A,b)
% GaussPivot: Gauss elimination pivoting
%   x = GaussPivot(A,b): Gauss elimination with pivoting.
% input:
%   A = coefficient matrix
```

```
%   b = right hand side vector
% output:
%   x = solution vector
[m,n] = size(A);
if m ~ = n, error('Matrix A must be square'); end
nb = n + 1;
Aug = [A b];
% forward elimination
for k = 1:n - 1
  % partial pivoting
  [big,i] = max(abs(Aug(k:n,k)));
  ipr = i + k-1;
  if ipr~  = k
    Aug([k,ipr],:) = Aug([ipr,k],:);
  end
  for i = k+1:n
    factor = Aug(i,k)/Aug(k,k);
    Aug(i,k:nb) = Aug(i,k:nb)-factor*Aug(k,k:nb);
  end
end
% back substitution
x = zeros(n,1);
x(n) = Aug(n,nb)/Aug(n,n);
for i = n - 1:-1:1
  x(i) = (Aug(i,nb) - Aug(i,i+1:n)*x(i+1:n))/Aug(i,i);
end
```

注意如何使用 MATLAB 内置函数 max 从主元所在列的主元及其以下元素中选出绝对值最大的一个。max 函数的语法如下：

```
[y,i] = max (x)
```

其中 y 为向量 x 中的最大元素，i 是该元素的下标。

9.3.2 用高斯消元法计算行列式

在 9.1.2 节结束的时候，我们声明，对于大型方程组，通过扩展子式，计算行列式的值是不切实际的。但是，由于行列式在评估方程组条件时有其价值，因此，有一个实际的方法用来计算这个值是大有裨益的。

幸运的是，高斯消元法提供了一个简单的方法来实现这一点。这个方法根据将三角矩阵行列式对角元素相乘，就可以简单地计算出行列式的值：

$$D = a_{11}a_{22}a_{33}\cdots a_{nn}$$

使用 3×3 的行列式，说明这个公式的有效性：

$$D = \begin{vmatrix} a_{11} & a_{12} & a_{13} \\ 0 & a_{22} & a_{23} \\ 0 & 0 & a_{33} \end{vmatrix}$$

其中，行列式可以计算为[回顾式(9.1)]：

$$D = a_{11}\begin{vmatrix} a_{22} & a_{23} \\ 0 & a_{33} \end{vmatrix} - a_{12}\begin{vmatrix} 0 & a_{23} \\ 0 & a_{33} \end{vmatrix} + a_{13}\begin{vmatrix} 0 & a_{22} \\ 0 & 0 \end{vmatrix}$$

或通过计算子式：

$$D = a_{11}a_{22}a_{33} - a_{12}(0) + a_{13}(0) = a_{11}a_{22}a_{33}$$

回顾一下，通过高斯消元法的前向消元，可以得到上三角矩阵。因为前向消元过程未改变行列式的值，所以在这个步骤结束时，行列式可以简单计算为：

$$D = a_{11}a'_{22}a''_{33}\cdots a_{nn}^{(n-1)}$$

其中，上标表示消元过程中元素被修改的次数。因此，我们可以充分利用已经将矩阵减少到三角形式的努力，节约资源，对行列式的值进行简单的估计。

当程序采用部分选主元方法时，对上述方法进行了小小的修改。在这种情况下，每次交换行时，行列式改变了符号。我们可以使用下列修改的行列式计算来表示这一点：

$$D = a_{11}a'_{22}a''_{33}\cdots a_{nn}^{(n-1)}(-1)^p$$

其中 p 表示行交换的次数。在计算过程中，程序通过追踪行交换的次数，就可以简单地并入这种修改。

9.4 三对角方程组

对于一些具有特定结构的方程组，可以构造更加有效的求解方法。例如带状矩阵，即除了以主对角线为中心的带状区域之外，其余元素均为零的方阵。

带宽为 3 的带状矩阵称为三对角(*tridiagonal*)矩阵，其一般形式为：

$$\begin{bmatrix} f_1 & g_1 & & & & \\ e_2 & f_2 & g_2 & & & \\ & e_3 & f_3 & g_3 & & \\ & & \cdot & \cdot & \cdot & \\ & & & \cdot & \cdot & \cdot \\ & & & \cdot & \cdot & \cdot \\ & & & e_{n-1} & f_{n-1} & g_{n-1} \\ & & & & e_n & f_n \end{bmatrix} \begin{Bmatrix} x_1 \\ x_2 \\ x_3 \\ \cdot \\ \cdot \\ \cdot \\ x_{n-1} \\ x_n \end{Bmatrix} = \begin{Bmatrix} r_1 \\ r_2 \\ r_3 \\ \cdot \\ \cdot \\ \cdot \\ r_{n-1} \\ r_n \end{Bmatrix} \tag{9.27}$$

注意，我们对表示符号做了改变，系数从原来的 a 和 b 变为 e、f、g 和 r。因为用 a 表示的方阵中含有大量 0 元素，这样做可以避免存储这些无用的元素。改变空间存储模式的好处是可以降低所得算法的存储量。

该方程组可以直接通过高斯消元法求解，即采用向前消元和向后回代。但是，由于矩阵的大部分元素已经为 0，因此只需要对其部分元素进行操作，与整个矩阵相比计算量减少了很多。具体情况如例 9.5 所示。

例 9.5 求解三对角方程组

问题描述：求解下面的三对角方程组

$$\begin{bmatrix} 2.04 & -1 & & \\ -1 & 2.04 & -1 & \\ & -1 & 2.04 & -1 \\ & & -1 & 2.04 \end{bmatrix} \begin{Bmatrix} x_1 \\ x_2 \\ x_3 \\ x_4 \end{Bmatrix} = \begin{Bmatrix} 40.8 \\ 0.8 \\ 0.8 \\ 200.8 \end{Bmatrix}$$

解：和高斯消元法一样，第一步是将系数矩阵化为上三角形式。用第二个方程减去第一个方程乘以 e_2/f_1，从而将元素 e_2 变成 0，其他系数的值也发生了改变：

$$f_2 = f_2 - \frac{e_2}{f_1}g_1 = 2.04 - \frac{-1}{2.04}(-1) = 1.550$$

$$r_2 = r_2 - \frac{e_2}{f_1}r_1 = 0.8 - \frac{-1}{2.04}(40.8) = 20.8$$

注意，因为第一行中 g_2 所在列的元素为零，所以 g_2 的取值并未发生改变。

然后，对第三行和第四行执行同样的操作，从而将矩阵化为上三角形式：

$$\begin{bmatrix} 2.04 & -1 & & \\ & 1.550 & -1 & \\ & & 1.395 & -1 \\ & & & 1.323 \end{bmatrix} \begin{Bmatrix} x_1 \\ x_2 \\ x_3 \\ x_4 \end{Bmatrix} = \begin{Bmatrix} 40.8 \\ 20.8 \\ 14.221 \\ 210.996 \end{Bmatrix}$$

再进行回代，最终得出方程的解：

$$x_4 = \frac{r_4}{f_4} = \frac{210.996}{1.323} = 159.480$$

$$x_3 = \frac{r_3 - g_3x_4}{f_3} = \frac{14.221 - (-1)159.480}{1.395} = 124.538$$

$$x_2 = \frac{r_2 - g_2x_3}{f_2} = \frac{20.800 - (-1)124.538}{1.550} = 93.778$$

$$x_1 = \frac{r_1 - g_1x_2}{f_1} = \frac{40.800 - (-1)93.778}{2.040} = 65.970$$

MATLAB M 文件：Tridiag

求解三对角方程组的 M 文件如下所示，请注意该算法中并未考虑选主元。尽管在有些情况下选主元是必不可少的，但是在工程和科学中求解三对角方程组时一般不考虑选主元：

```
function x = Tridiag (e,f,g,r)
% Tridiag: Tridiagonal equation solver banded system
%   x = Tridiag (e,f,g,r): Tridiagonal system solver.
```

```
% input:
%   e = subdiagonal vector
%   f = diagonal vector
%   g = superdiagonal vector
%   r = right hand side vector
% output:
%   x = solution vector
n=length(f);
% forward elimination
for k = 2:n
  factor = e(k)/f(k-1);
  f(k) = f(k) - factor*g(k-1);
  r(k) = r(k) - factor*r(k-1);
end
% back substitution
x(n) = r(n)/f(n);
for k = n-1:-1:1
  x(k) = (r(k)-g(k)*x(k+1))/f(k);
end
```

回顾前文，高斯消元法的计算量正比于 n^3。由于三对角方程组的稀疏性，因此求解三对角方程组的运算量与 n 成正比。因此，上面所示算法的执行速度远比高斯消元法快，特别是当方程组的阶数很高时，这种现象更加明显。

9.5　案例研究：热杆模型

背景：对分布式系统建模时，可能会得到线性代数方程。例如，图 9.4 中的细长杆位于两面墙之间，墙的温度均为常数。热量流经细长杆，同时向杆内以及周围的空气中传播。当系统达到稳态时，根据热量守恒可写出该系统所满足的微分方程：

$$\frac{d^2T}{dx^2} + h'(T_a - T) = 0 \tag{9.28}$$

其中 T=温度(℃)，x=沿着杆的距离(m)，h'=杆和周边空气之间的传热系数(m^{-2})，T_a=空气的温度(℃)。

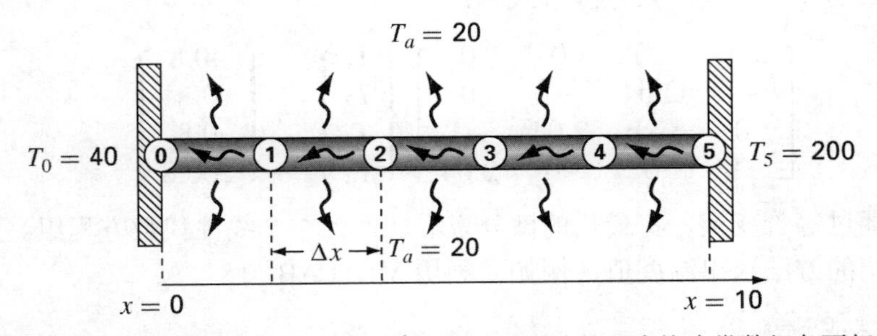

图 9.4　一根不绝热的均匀杆位于两面墙之间，两面墙的温度均为常数但各不相同。系统的有限差分表示需要用到 4 个内点

给定参数、强制函数和边界条件，可以利用微积分求出解析解。例如，若 h'=0.01，T_a=20，$T(0)$=40，$T(10)$=200，解为

$$T = 73.4523\,e^{0.1x} - 53.4523\,e^{-0.1x} + 20 \tag{9.29}$$

虽然这里的问题可以通过微积分求解，但是微积分无法解决所有这类问题。此时，数值方法就显得特别有用了。在本例中，我们利用有限差分方法将微分方程转换为三对角线性代数方程组，然后利用本章介绍的数值方法进行求解。

解：假设杆由一组结点表示，则式(9.28)可转换为一组线性代数方程。如图 9.4 所示，杆被表示成 6 个等距结点。由于杆的总长为 10，因此结点的间距为Δx=2。

由于式(9.28)中含有二阶导数，因此求解它必须用到微积分。如 4.3.4 节所述，通过有限差分可以将导数近似地表示为代数形式。例如，各结点处的二阶导数可以近似为：

$$\frac{d^2T}{dx^2} = \frac{T_{i+1} - 2T_i + T_{i-1}}{\Delta x^2}$$

其中 T_i 表示结点 i 处的温度。将上述近似表达式代入式(9.28)，得到：

$$\frac{T_{i+1} - 2T_i + T_{i-1}}{\Delta x^2} + h'(T_a - T_i) = 0$$

合并同类项并将各参数的取值代入，得到：

$$-T_{i-1} + 2.04T_i - T_{i+1} = 0.8 \tag{9.30}$$

于是，微分方程(9.28)被转换成一个代数方程。在每个内部结点处写出式(9.30)，得到：

$$\begin{aligned} -T_0 + 2.04T_1 - T_2 &= 0.8 \\ -T_1 + 2.04T_2 - T_3 &= 0.8 \\ -T_2 + 2.04T_3 - T_4 &= 0.8 \\ -T_3 + 2.04T_4 - T_5 &= 0.8 \end{aligned} \tag{9.31}$$

已知端点处的温度值固定：T_0=40 和 T_5=200，将其代入并移至方程组右端，得到含有 4 个未知量的 4 个方程，其矩阵形式为：

$$\begin{bmatrix} 2.04 & -1 & 0 & 0 \\ -1 & 2.04 & -1 & 0 \\ 0 & -1 & 2.04 & -1 \\ 0 & 0 & -1 & 2.04 \end{bmatrix} \begin{Bmatrix} T_1 \\ T_2 \\ T_3 \\ T_4 \end{Bmatrix} = \begin{Bmatrix} 40.8 \\ 0.8 \\ 0.8 \\ 200.8 \end{Bmatrix} \tag{9.32}$$

这样，通过等价变换，将最初的微分方程转换为一个线性代数方程组。因此，可以利用本章介绍的方法求出温度值。例如，利用 MATLAB：

```
>> A = [2.04 -1 0 0
-1 2.04 -1 0
0 -1 2.04 -1
```

```
0 0 -1 2.04];

>> b = [40.8 0.8 0.8 200.8]';
>> T = (A\b)'

T =
   65.9698   93.7785  124.5382  159.4795
```

绘制结果的图形，并与式(9.29)给出的解析解进行比较：

```
>> T = [40 T 200];
>> x = [0:2:10];
>> xanal = [0:10];
>> TT = @(x) 73.4523*exp(0.1*x)-53.4523* ...
     exp(-0.1*x)+20;
>> Tanal = TT(xanal);
>> plot(x,T,'o',xanal,Tanal)
```

如图 9.5 所示，数值解与微积分得到的解析解非常接近。

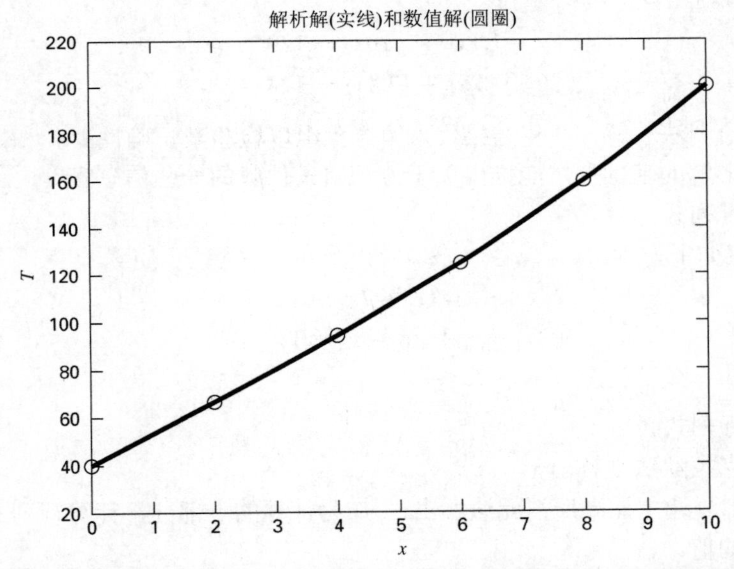

图 9.5　温度沿热杆变化的图形，图中给出了解析解(实线)和数值解(圆圈)

除了是线性方程组之外，式(9.32)还是三对角方程组。因此，可以使用 9.4.1 节中的 M 文件进行求解，这样做的效率更高：

```
>> e = [0 -1 -1 -1];
>> f = [2.04 2.04 2.04 2.04];
>> g = [-1 -1 -1 0];
>> r = [40.8 0.8 0.8 200.8];
>> Tridiag(e,f,g,r)

ans =
   65.9698   93.7785  124.5382  159.4795
```

方程组是三对角方程组，因为每个结点都只依赖于相邻结点的取值，再加上对结点是按顺序进行编号的，所以得到的方程组具有三对角形式。在求解基于守恒律的微分方程时，经常会遇到这样的情况。

9.6 习题

9.1 对于三对角方程组算法(见 9.4.1 节)，假设方程的个数为 n，试求出总的浮点运算次数关于 n 的函数表达式。

9.2 利用绘图法求解如下方程组：

$$\begin{aligned} 4x_1 - 8x_2 &= -24 \\ x_1 + 6x_2 &= 34 \end{aligned}$$

将结果代回原方程组，以检验其正确性。

9.3 给定如下方程组：

$$\begin{aligned} -1.1x_1 + 10x_2 &= 120 \\ -2x_1 + 17.4x_2 &= 174 \end{aligned}$$

(a) 利用绘图法求解，并将结果代入原方程组以检验其正确性。

(b) 在图形解的基础上，能推出关于方程组条件数的一些信息吗？

(c) 计算行列式。

9.4 给定如下方程组：

$$\begin{aligned} -3x_2 + 7x_3 &= 4 \\ x_1 + 2x_2 - x_3 &= 0 \\ 5x_1 - 2x_2 \qquad &= 3 \end{aligned}$$

(a) 计算行列式。

(b) 利用克拉默法则解出 x。

(c) 利用部分选主元高斯消元法解出x。作为计算的一部分，计算行列式，检验(a)中计算的值。

(d) 将得到的结果代入原方程组，检验其正确性。

9.5 给定如下方程组：

$$\begin{aligned} 0.5x_1 - x_2 &= -9.5 \\ 1.02x_1 - 2x_2 &= -18.8 \end{aligned}$$

(a) 利用绘图法求解。

(b) 计算行列式。

(c) 在(a)和(b)的基础上，推导出关于方程组条件数的一些信息。

(d) 利用未知数消元法进行求解。

(e) 将 a_{11} 稍微变化一下，变为 0.52，重新求解方程组，并解释结果。

9.6 给定如下方程组：

$$
\begin{aligned}
10x_1 + 2x_2 - x_3 &= 27 \\
-3x_1 - 5x_2 + 2x_3 &= -61.5 \\
x_1 + x_2 + 6x_3 &= -21.5
\end{aligned}
$$

(a) 利用朴素高斯消元法求解，显示所有的计算步骤。

(b) 将结果代入原方程组，检验答案的正确性。

9.7 给定如下方程组：

$$
\begin{aligned}
2x_1 - 6x_2 - x_3 &= -38 \\
-3x_1 - x_2 + 7x_3 &= -34 \\
-8x_1 + x_2 - 2x_3 &= -20
\end{aligned}
$$

(a) 利用部分选主元高斯消元法求解。作为计算的一部分，使用对角元素来计算行列式的值。显示所有的计算步骤。

(b) 将结果带入原方程组，检验答案的正确性。

9.8 对下面的三对角方程组，执行例 9.5 中的计算：

$$
\begin{bmatrix} 0.8 & -0.4 & \\ -0.4 & 0.8 & -0.4 \\ & -0.4 & 0.8 \end{bmatrix} \begin{Bmatrix} x_1 \\ x_2 \\ x_3 \end{Bmatrix} = \begin{Bmatrix} 41 \\ 25 \\ 105 \end{Bmatrix}
$$

9.9 如图 9.6 所示，三个反应器由导管相连。每根导管中化学物的传输率等于流速(Q，单位是 m^3/s)乘以出流反应器中的化学物浓度(c，单位是 mg/m^3)。若系统达到稳定状态，则每个反应器中化学物的流入量等于流出量。分别列出三个反应器的质量平衡方程，求解这个线性代数方程组，得出各反应器中的浓度值。

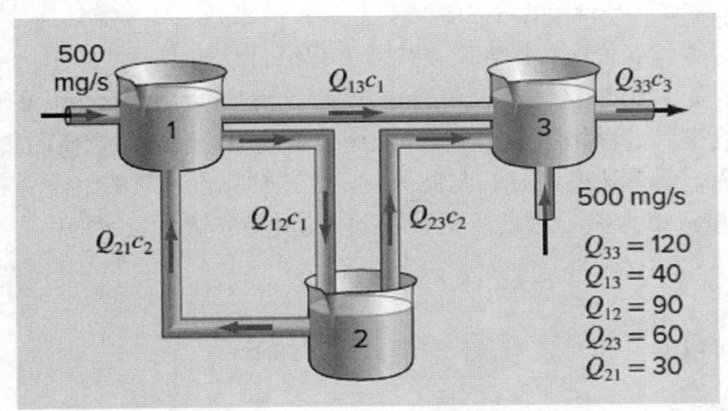

图 9.6 三个由导管连在一起的反应器。每根导管中的物质传输率等于流速 Q 乘以出流反应器中的化学物浓度 c

9.10 某土木工程师负责的建筑项目需要沙子 4800m^3、细砂砾 5800m^3 和粗砂砾 5700m^3。已知这些原料可以从三个沙石堆获得，这三个沙石堆的成分如表 9.5 所示。

表 9.5 沙石堆的成分

	沙子(%)	细砂砾(%)	粗砂砾(%)
沙石堆 1	55	30	15
沙石堆 2	25	45	30
沙石堆 3	25	20	55

请问必须从每个沙石堆中运出多少立方米的原料，才能满足工程建设的需要？

9.11 某电机工程师负责监督三种电器元件的制造。制造过程中需要用到三种原材料：金属、塑料和橡胶。已知这三种原材料在每种元件中的含量如表 9.6 所示。

表 9.6 三种原材料在每种元件中的含量

元 件	金属(克/件)	塑料(克/件)	橡胶(克/件)
1	15	0.30	1.0
2	17	0.40	1.2
3	19	0.55	1.5

如果每天可使用金属 3.89kg、塑料 0.095kg 和橡胶 0.282kg，那么每天可制造多少电器元件？

9.12 如 9.4 节所述，在微分方程的求解过程中经常会得到线性代数方程。例如，下面的微分方程描述了一维导管中化学物质达到稳定的质量守恒后的情况：

$$0 = D\frac{d^2c}{dx^2} - U\frac{dc}{dx} - kc$$

其中，c 为浓度，t 为时间，x 为距离，D 为扩散系数，U 为流体速度，k 为一阶衰减率。将这个微分方程等价地转换为联立代数方程组。已知 D=2，U=1，k=0.2，$c(0)$=80，$c(10)$=20，在 x 取 0~10 的区间上求解这些方程，绘制浓度随距离变化的曲线。

9.13 分段提取过程如图 9.7 所示。在这个系统中，含化学物质的质量分数为 y_{in} 的液体从左端流入，质量速率为 F_1。与此同时，含同样化学物质的溶液从右端流入，质量分数为 x_{in}，质量流率为 F_2。因此，第 i 个阶段的质量守恒可表示为：

$$F_1 y_{i-1} + F_2 x_{i+1} = F_1 y_i + F_2 x_i \tag{9.33a}$$

假设每个阶段的 y_i 和 x_i 之间存在平衡关系，如下：

$$K = \frac{x_i}{y_i} \tag{9.33b}$$

其中 K 称为分布系数。从式(9.33b)中解出 x_i，再代入式(9.33a)中，得到：

$$y_{i-1} - \left(1 + \frac{F_2}{F_1}K\right) y_i + \left(\frac{F_2}{F_1}K\right) y_{i+1} = 0 \tag{9.33c}$$

对于一个五段提取器，若 F_1=500kg/h，y_{in}=0.1，F_2=1000kg/h，x_{in}=0 和 K=4，试确定 y_{out} 和 x_{out} 的值。当用于第一和最后一个阶段时，需要对式[9.33(c)]进行修改以考虑入流质量所占的比例。

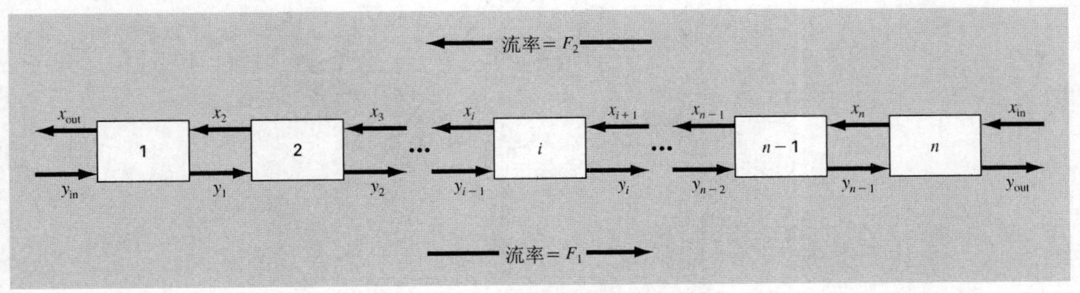

图 9.7　分段提取过程

9.14　利用软管泵输送单位流速(Q_1)的高粘性流体。网络如图 9.8 所示。每段导管的长度和直径均相同。简化质量和机械能守恒方程，可得出每根导管中的流速关系式。试求解下面的方程组，得出每根导管中的流速：

$$Q_3 + 2Q_4 - 2Q_2 = 0$$
$$Q_5 + 2Q_6 - 2Q_4 = 0$$
$$3Q_7 - 2Q_6 = 0$$
$$Q_1 = Q_2 + Q_3$$
$$Q_3 = Q_4 + Q_5$$
$$Q_5 = Q_6 + Q_7$$

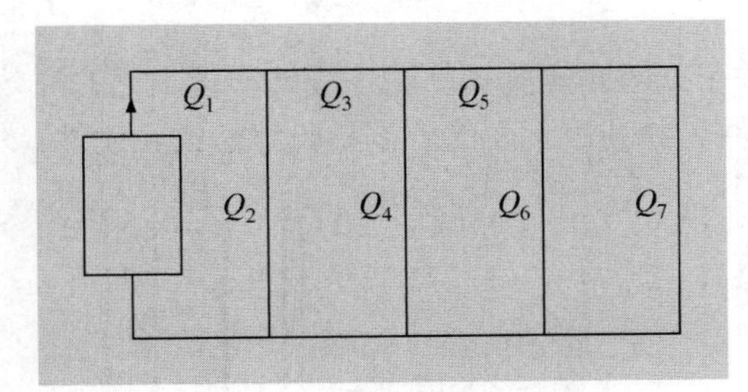

图 9.8　软管泵的网络结构

9.15　某桁架的负荷情况如图 9.9 所示。试求解下面关于 10 个未知量(AB、BC、AD、BD、CD、DE、CE、A_x、A_y 和 E_y)的方程组：

$$A_x + AD = 0 \qquad -24 - CD - (4/5)CE = 0$$
$$A_y + AB = 0 \qquad -AD + DE - (3/5)BD = 0$$
$$74 + BC + (3/5)BD = 0 \qquad CD + (4/5)BD = 0$$
$$-AB - (4/5)BD = 0 \qquad -DE - (3/5)CE = 0$$
$$-BC + (3/5)CE = 0 \qquad E_y + (4/5)CE = 0$$

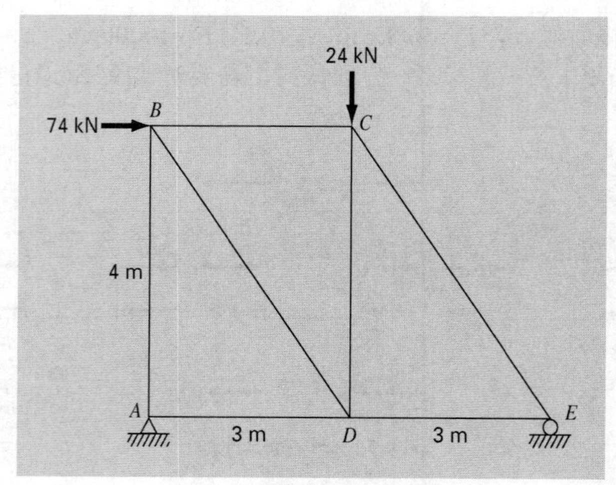

图 9.9 某桁架的负荷情况

9.16 带宽为 5 的五对角(*pentadiagonal*)方程组一般表示为：

$$\begin{bmatrix} f_1 & g_1 & h_1 & & & & & \\ e_2 & f_2 & g_2 & h_2 & & & & \\ d_3 & e_3 & f_3 & g_3 & h_3 & & & \\ & & \cdot & \cdot & \cdot & & & \\ & & & \cdot & \cdot & \cdot & & \\ & & & & \cdot & \cdot & \cdot & \\ & & & & d_{n-1} & e_{n-1} & f_{n-1} & g_{n-1} \\ & & & & & d_n & e_n & f_n \end{bmatrix} \times \begin{Bmatrix} x_1 \\ x_2 \\ x_3 \\ \cdot \\ \cdot \\ \cdot \\ x_{n-1} \\ x_n \end{Bmatrix} = \begin{Bmatrix} r_1 \\ r_2 \\ r_3 \\ \cdot \\ \cdot \\ \cdot \\ r_{n-1} \\ r_n \end{Bmatrix}$$

仿照 9.4.1 节中关于三对角矩阵的算法，设计不选主元的高效算法来求解上述方程组，编写相应的 M 文件，并利用下面的数据检验算法的正确性：

$$\begin{bmatrix} 8 & -2 & -1 & 0 & 0 \\ -2 & 9 & -4 & -1 & 0 \\ -1 & -3 & 7 & -1 & -2 \\ 0 & -4 & -2 & 12 & -5 \\ 0 & 0 & -7 & -3 & -15 \end{bmatrix} \begin{Bmatrix} x_1 \\ x_2 \\ x_3 \\ x_4 \\ x_5 \end{Bmatrix} = \begin{Bmatrix} 5 \\ 2 \\ 1 \\ 1 \\ 5 \end{Bmatrix}$$

9.17 基于 9.3.1 节的内容，创建一个 M 文件函数，实现部分选主元高斯消元法。改进函数，使其计算并返回行列式的值(具有正确的符号)，根据行列式是否接近于 0 来检测方程组的奇异性。对于行列式，当行列式的绝对值低于公差时，请将此定义为“接近于 0”。设计函数，当这种情况发生时，使得可以显示错误信息，并终止运行函数。下面是函数的第一行：

```
function[x, D] = GaussPivotNew(A, b, tol)
```

其中 D 为行列式，tol 为公差。使用习题 9.5，测试你的程序，其中 $tol = 1\times10^{-5}$。

9.18　如 9.5 节所述，线性代数方程可以出现在微分方程的解中。从一维管中化学物质的稳态质量平衡中，我们可以得到以下微分方程：

$$0 = D\frac{d^2c}{dx^2} - U\frac{dc}{dx} - kc$$

其中 x =沿着管道的距离(m)，c =浓度，t =时间，D =扩散系数，U =流体速度，k =一阶衰减率。

(a) 使用导数的中心差分近似，将微分方程转换为等效的联立代数方程组。

(b) 创建函数，从 $x = 0$ 到 L，求解这个方程组，并返回得到的距离和浓度。函数的第一行如下所示：

```
function[x,c] = YourLastName_reactor(D, U, k, c0, cL, L, dx)
```

(c) 创建脚本，调用此函数，然后绘制出结果。

(d) 使用以下参数测试脚本：$L = 10\text{m}$，$\Delta x = 0.5\text{m}$，$D = 2\text{m}^2/\text{d}$，$U = 1\text{m/d}$，$k = 0.2/\text{d}$，$c(0) = 80\text{mg/L}$，$c(10) = 20\text{mg/L}$。

9.19　从均匀载荷梁的力平衡中，我们得到了以下微分方程：

$$0 = EI\frac{d^2y}{dx^2} - \frac{wLx}{2} + \frac{wx^2}{2}$$

其中 x =沿着梁的距离(m)，y =偏转(m)，L =长度(m)，E =弹性模量(N/m^2)，I =惯性矩(m^4)，w =均匀载荷(N/M)。

(a) 使用二阶导数的中心差近似，将该微分方程转换等效的联立代数方程组。

(b) 创建函数，从 $x = 0$ 到 L，求解这个方程组，并返回所得的距离和偏转。函数的第一行如下所示：

```
function[x, y] = YourLastName_beam (E, I, w, y0, yL, L, dx)
```

(c) 创建脚本，调用此函数，然后绘制出结果。

(d) 使用以下参数测试脚本：$L = 3\text{m}$，$\Delta x = 0.2\text{m}$，$E = 250 \times 10^9\ \text{N/m}^2$，$I = 3 \times 10^{-4}\ \text{m}^4$，$w = 22500\text{N/m}$，$y(0) = 0$，$y(3) = 0$。

9.20　位于两个恒定温度的墙之间的金属棒，热量沿着金属棒进行传导。除了传导之外，热量通过对流在金属棒和周围空气之间进行传递。基于热平衡，沿着金属棒的温度分布由以下二阶微分方程描述：

$$0 = \frac{d^2T}{dx^2} + h'(T_\infty - T)$$

其中 T =温度(K)，h' =反映了对流相对传导(m^{-2})重要性的体积传热系数，x =沿着金属棒的距离(m)，T_∞=周围流体的温度(K)。

(a) 使用二阶导数的中心差近似，将该微分方程转换为等效的联立代数方程组。

(b) 创建函数，从 $x = 0$ 到 L，求解这个方程组，并返回所得的距离和温度。函数的第一行如下所示：

```
function[x, y] = YourLastName_rod(hp, Tinf, T0, TL, L, dx)
```

(c) 创建脚本，调用此函数，然后绘制出结果。

(d) 使用以下参数测试脚本：$h' = 0.0425\text{m}^{-2}$，$L = 12\text{m}$，$T_\infty = 220\text{K}$，$T(0) = 320\text{ K}$，$T(L) = 450\text{K}$，$\Delta x = 0.5\text{m}$。

第 10 章 LU 分解

本章目标

本章的主要目标是叙述 *LU* 分解[1]，具体内容和主题包括：

- 知道 *LU* 分解包括将系数矩阵分解成两个三角矩阵，然后分别将它们对应于不同的右端项进行高效求解。
- 知道如何将高斯消元法表示成 *LU* 分解形式。
- 给定 *LU* 分解，知道如何确定右端项。
- 了解楚列斯基方法能高效地分解对称矩阵，能利用所得三角矩阵及其转置快速地计算出右端项。
- 了解在一般情况下，MATLAB 反斜杆运算符是如何求解线性方程组的。

如第 9 章所述，高斯消元法是求解如下线性代数方程组的一种有效方法：

$$[A]\{x\} = \{b\} \tag{10.1}$$

不过，若需要同时求解大量系数矩阵相同(均为$[A]$)而右端常数向量不同的方程组，那么这种方法的效率会下降。

回顾前文，高斯消元法包括两个阶段：向前消元和向后回代(见图 9.3)。由 9.2.2 节可知，高斯消元法的计算量主要消耗在向前消元阶段。特别是当方程组的阶数增大时，这种情况更加明显。

LU 分解法将时间开销较大的矩阵$[A]$消元部分与关于右端项$\{b\}$的操作分离开来，所以，一旦$[A]$被“因子化”或“分解”，就可以高效地求解多个不同右端项的情况。

有趣的是，高斯消元法本身也可以被表示成 *LU* 分解。在介绍这部分内容之前，先从数学上给出因式分解法的概述。

---

1 在讨论数值方法时，术语 factorization 和 decomposition 是同义词。为了与 MATLAB 文档保持一致，这里选用术语 *LU* 分解(*LU factorization*)作为本章的章名。

10.1 *LU* 分解概述

和高斯消元法一样，*LU*分解中也必须通过选主元来避免除零。然而，为了叙述的简单，我们省略了选主元的过程。此外，下面的讨论主要局限于三阶联立方程组，相关结论可直接推广到n阶方程组。

式(10.1)可以被重新整理为：

$$[A]\{x\}-\{b\}=0 \tag{10.2}$$

假设式(10.2)可以表示成上三角形式。例如，对于 3×3 的方程组有：

$$\begin{bmatrix} u_{11} & u_{12} & u_{13} \\ 0 & u_{22} & u_{23} \\ 0 & 0 & u_{33} \end{bmatrix}\begin{Bmatrix} x_1 \\ x_2 \\ x_3 \end{Bmatrix}=\begin{Bmatrix} d_1 \\ d_2 \\ d_3 \end{Bmatrix} \tag{10.3}$$

注意，这个过程与高斯消元法的第一步中所执行的操作类似。也就是说，利用消元将方程组变成上三角形式。将式(10.3)表示成矩阵符号，并重新整理得到：

$$[U]\{x\}-\{d\}=0 \tag{10.4}$$

假设存在一个对角线元素为 1 的下三角矩阵：

$$[L]=\begin{bmatrix} 1 & 0 & 0 \\ l_{21} & 1 & 0 \\ l_{31} & l_{32} & 1 \end{bmatrix} \tag{10.5}$$

将它与式(10.4)左乘，得到式(10.2)，即：

$$[L]\{[U]\{x\}-\{d\}\}=[A]\{x\}-\{b\} \tag{10.6}$$

若上述方程成立，则由矩阵的乘法法则可知：

$$[L][U]=[A] \tag{10.7}$$

和

$$[L]\{d\}=\{b\} \tag{10.8}$$

根据式(10.3)、式(10.7)和式(10.8)，得出解方程的两个主要步骤(见图 10.1)：

(1) *LU* 分解步：将[*A*]因子化成或“分解”为下三角矩阵[*L*]和上三角矩阵[*U*]。

(2) 回代步：利用[*L*]和[*U*]求出对应于右端项$\{b\}$的解$\{x\}$。这个过程又可以分为两步。首先利用式(10.8)，通过向后回代求出中间向量$\{d\}$，然后将结果代入式(10.3)，通过向后回代解出$\{x\}$。

下面介绍如何按照这样的方式来执行高斯消元法。

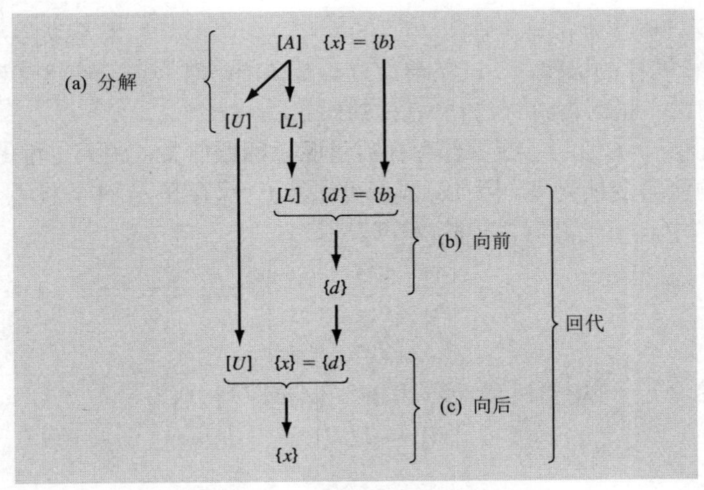

图 10.1 LU 分解法的运算步骤

10.2 高斯消元法与 *LU* 分解

虽然从表面上看，高斯消元法与 *LU* 分解毫不相干，但其实可以用它将[*A*]分解成[*L*]和[*U*]。显然，[*U*]是向前消元过程的直接结果。根据前面介绍的内容可知，向前消元步用于将原系数矩阵[*A*]变换成：

$$[U]=\begin{bmatrix} a_{11} & a_{12} & a_{13} \\ 0 & a'_{22} & a'_{23} \\ 0 & 0 & a''_{33} \end{bmatrix} \tag{10.9}$$

这正是我们期望的上三角形式。

矩阵[*L*]也是在这一步产生的，只是没有[*U*]那么明显。下面通过一个三阶方程组具体进行叙述：

$$\begin{bmatrix} a_{11} & a_{12} & a_{13} \\ a_{21} & a_{22} & a_{23} \\ a_{31} & a_{32} & a_{33} \end{bmatrix}\begin{Bmatrix} x_1 \\ x_2 \\ x_3 \end{Bmatrix}=\begin{Bmatrix} b_1 \\ b_2 \\ b_3 \end{Bmatrix}$$

高斯消元法的第一步是，将第 1 行乘以因子[回顾式(9.9)]：

$$f_{21}=\frac{a_{21}}{a_{11}}$$

然后用第 2 行减去结果，从而将 a_{21} 变为零。同理，将第 1 行乘以：

$$f_{31}=\frac{a_{31}}{a_{11}}$$

再用第 3 行减去结果，从而将 a_{31} 变为零。最后一步是，将修改后的第 2 行乘以：

$$f_{32}=\frac{a'_{32}}{a'_{22}}$$

然后从第 3 行中减去结果，从而将 a'_{32} 变为零。

现在，假设只执行所有与矩阵[A]相关的操作。很显然，如果不改变方程组，还需要对右端项{b}执行同样的操作。不过完全没有必要在同一时间内完成这些操作，因此可以暂时将f保存起来，稍后再执行与{b}有关的操作。

那么，因子f_{21}、f_{31}和f_{32}应该保存在哪里呢？回顾前文，消元过程的全部想法是将a_{21}、a_{31}和a_{32}的取值变换为零。因此，我们可以将f_{21}保存在a_{21}中，将f_{31}保存在a_{31}中，将f_{32}保存在a_{32}中。消元之后，矩阵[A]可表示为：

$$\begin{bmatrix} a_{11} & a_{12} & a_{13} \\ f_{21} & a'_{22} & a'_{23} \\ f_{31} & f_{32} & a''_{33} \end{bmatrix} \tag{10.10}$$

事实上，这个矩阵以一种有效形式保存了[A]的LU分解：

$$[A] \to [L][U] \tag{10.11}$$

其中：

$$[U] = \begin{bmatrix} a_{11} & a_{12} & a_{13} \\ 0 & a'_{22} & a'_{23} \\ 0 & 0 & a''_{33} \end{bmatrix} \tag{10.12}$$

且

$$[L] = \begin{bmatrix} 1 & 0 & 0 \\ f_{21} & 1 & 0 \\ f_{31} & f_{32} & 1 \end{bmatrix} \tag{10.13}$$

下面的例子证实了[A]=[L][U]。

例 10.1 高斯消元法对应的 *LU* 分解

问题描述：根据例 9.3 中的高斯消元法，推导相应的LU分解。

解：在例 9.3 中，利用高斯消元法求解线性代数方程组，其系数矩阵如下

$$[A] = \begin{bmatrix} 3 & -0.1 & -0.2 \\ 0.1 & 7 & -0.3 \\ 0.3 & -0.2 & 10 \end{bmatrix}$$

经过向前消元，得出下面的上三角矩阵：

$$[U] = \begin{bmatrix} 3 & -0.1 & -0.2 \\ 0 & 7.00333 & -0.293333 \\ 0 & 0 & 10.0120 \end{bmatrix}$$

用于消元的因子可保存在下三角矩阵的相应位置。其中，元素a_{21}和a_{31}的消元因子为：

$$f_{21} = \frac{0.1}{3} = 0.0333333 \qquad f_{31} = \frac{0.3}{3} = 0.1000000$$

元素a_{32}的消元因子为：

$$f_{32} = \frac{-0.19}{7.00333} = -0.0271300$$

因此，所得下三角矩阵为：

$$[L]=\begin{bmatrix}1 & 0 & 0\\0.0333333 & 1 & 0\\0.100000 & -0.0271300 & 1\end{bmatrix}$$

LU 分解为：

$$[A]=[L][U]=\begin{bmatrix}1 & 0 & 0\\0.0333333 & 1 & 0\\0.100000 & -0.0271300 & 1\end{bmatrix}\begin{bmatrix}3 & -0.1 & -0.2\\0 & 7.00333 & -0.293333\\0 & 0 & 10.0120\end{bmatrix}$$

该结果可通过计算$[L]$与$[U]$的乘积来进行验证，即：

$$[L][U]=\begin{bmatrix}3 & -0.1 & -0.2\\0.0999999 & 7 & -0.3\\0.3 & -0.2 & 9.99996\end{bmatrix}$$

由于存在舍入误差，因此上式与原系数矩阵之间存在微小的差异。

矩阵分解之后，给定右端项$\{b\}$，可求出方程组的解。该过程分为两步。首先执行向前回代步，从式(10.8)中解出$\{d\}$。特别要注意的是，此时只要执行与$\{b\}$有关的消元操作即可。因此，在这一步操作完成之后，右端项与同时对$[A]$和$\{b\}$执行向前消元之后的结果一样。

向前回代步可简明地表示为：

$$d_i=b_i-\sum_{j=1}^{i-1}l_{ij}d_j \quad 其中\ i=1,2,\ldots,n$$

接下来进行向后回代，即求解式(10.3)。值得注意的是，这一步所执行的操作与传统高斯消元法中的向后回代步完全相同[对比式(9.12)和式(9.13)]：

$$x_n=d_n/u_{nn}$$

$$x_i=\frac{d_i-\sum\limits_{j=i+1}^{n}u_{ij}x_j}{u_{ii}} \quad 其中\ i=n-1,n-2,\ldots,1$$

例 10.2 回代步

问题描述：对于例 10.1 中的问题，执行向前和向后回代，求出最终解。

解：如前所述，向前回代的目的是，将之前作用在$[A]$上的操作应用于右端项$\{b\}$。回顾前文，可知需要求解的方程组为：

$$\begin{bmatrix}3 & -0.1 & -0.2\\0.1 & 7 & -0.3\\0.3 & -0.2 & 10\end{bmatrix}\begin{Bmatrix}x_1\\x_2\\x_3\end{Bmatrix}=\begin{Bmatrix}7.85\\-19.3\\71.4\end{Bmatrix}$$

经过传统的高斯向前消元阶段，得到：

$$\begin{bmatrix} 3 & -0.1 & -0.2 \\ 0 & 7.00333 & -0.293333 \\ 0 & 0 & 10.0120 \end{bmatrix} \begin{Bmatrix} x_1 \\ x_2 \\ x_3 \end{Bmatrix} = \begin{Bmatrix} 7.85 \\ -19.5617 \\ 70.0843 \end{Bmatrix}$$

应用式(10.8)，执行向前回代步：

$$\begin{bmatrix} 1 & 0 & 0 \\ 0.0333333 & 1 & 0 \\ 0.100000 & -0.0271300 & 1 \end{bmatrix} \begin{Bmatrix} d_1 \\ d_2 \\ d_3 \end{Bmatrix} = \begin{Bmatrix} 7.85 \\ -19.3 \\ 71.4 \end{Bmatrix}$$

或者将等式左边的乘法写成分量形式：

$$\begin{aligned} d_1 \qquad\qquad\qquad\qquad &= 7.85 \\ 0.0333333 d_1 + \qquad d_2 \qquad &= -19.3 \\ 0.100000 d_1 - 0.0271300 d_2 + d_3 &= 71.4 \end{aligned}$$

求解第一个方程，得到 d_1=7.85，代入第二个方程，求解得到：

$$d_2 = -19.3 - 0.0333333(7.85) = -19.5617$$

将 d_1 和 d_2 都代入第三个方程，得到：

$$d_3 = 71.4 - 0.1(7.85) + 0.02713(-19.5617) = 70.0843$$

因此：

$$\{d\} = \begin{Bmatrix} 7.85 \\ -19.5617 \\ 70.0843 \end{Bmatrix}$$

然后将这个结果代入式(10.3)，$[U]\{x\}=\{d\}$：

$$\begin{bmatrix} 3 & -0.1 & -0.2 \\ 0 & 7.00333 & -0.293333 \\ 0 & 0 & 10.0120 \end{bmatrix} \begin{Bmatrix} x_1 \\ x_2 \\ x_3 \end{Bmatrix} = \begin{Bmatrix} 7.85 \\ -19.5617 \\ 70.0843 \end{Bmatrix}$$

通过向后回代(详情见例 9.3)，得出最终解：

$$\{d\} = \begin{Bmatrix} 3 \\ -2.5 \\ 7.00003 \end{Bmatrix}$$

10.2.1 使用选主元的 *LU* 分解

就像标准高斯消元法一样，部分选主元对使用 *LU* 分解获得可靠解是必要的。一种方法是使用置换矩阵(回顾 8.1.2 节)。这种方法包括以下步骤：

(1) 消元。矩阵[A]的选主元 LU 分解可以用矩阵形式表示为：

$$[P][A] = [L][U]$$

通过部分选主元消元法生成上三角矩阵[U]，同时将乘数因子存储在[L]中，并采用置换矩阵[P]来追踪行变换。

(2) 前向替换。使用选主元的方法，采用矩阵[L]和[P]在{b}上进行消元，这样就可以生成过渡的右端向量{d}。这个步骤可以简洁地表示为下列矩阵公式的解：

$$[L]\{d\} = [P]\{b\}$$

(3) 回代。最终解的产生方式与先前的高斯消元法是一样的。这个步骤也可以简洁地表示为下列矩阵公式的解：

$$[U]\{x\} = \{d\}$$

下面在以下示例中说明这个方法。

例 10.3 选主元的 LU 分解

问题描述：计算 LU 分解，并找到与例 9.4 中所分析的相同方程组的解

$$\begin{bmatrix} 0.0003 & 3.0000 \\ 1.0000 & 1.0000 \end{bmatrix} \begin{Bmatrix} x_1 \\ x_2 \end{Bmatrix} = \begin{Bmatrix} 2.0001 \\ 1.0000 \end{Bmatrix}$$

解：在消元之前，我们设置了初始置换矩阵

$$[P] = \begin{bmatrix} 1.0000 & 0.0000 \\ 0.0000 & 1.0000 \end{bmatrix}$$

我们立即看到选主元是必要的，因此在消元之前，我们交换行：

$$[A] = \begin{bmatrix} 1.0000 & 1.0000 \\ 0.0003 & 3.0000 \end{bmatrix}$$

同时，我们通过交换置换矩阵的行来追踪主元：

$$[P] = \begin{bmatrix} 0.0000 & 1.0000 \\ 1.0000 & 0.0000 \end{bmatrix}$$

然后，我们将 A 的第二行，减去因子 $l_{21} = a_{21}/a_{11} = 0.0003/1 = 0.0003$，消去 a_{21}。这样做，我们计算得到 $a'_{22} = 3 - 0.0003(1) = 2.9997$ 的新值。因此，消元步骤完成，结果如下：

$$[U] = \begin{bmatrix} 1 & 1 \\ 0 & 2.9997 \end{bmatrix} \qquad [L] = \begin{bmatrix} 1 & 0 \\ 0.0003 & 1 \end{bmatrix}$$

在实现前向替换之前，使用置换矩阵，重新排列右端向量，反映出主元，如下所示：

$$[P]\{b\} = \begin{bmatrix} 0.0000 & 1.0000 \\ 1.0000 & 0.0000 \end{bmatrix} \begin{Bmatrix} 2.0001 \\ 1 \end{Bmatrix} = \begin{Bmatrix} 1 \\ 2.0001 \end{Bmatrix}$$

接下来，应用前向替换：

$$\begin{bmatrix} 1 & 0 \\ 0.0003 & 1 \end{bmatrix} \begin{Bmatrix} d_1 \\ d_2 \end{Bmatrix} = \begin{Bmatrix} 1 \\ 2.0001 \end{Bmatrix}$$

这可以得到解 $d_1 = 1$ 和 $d_2 = 2.0001-0.0003(1)= 1.9998$。此时，方程组为：

$$\begin{bmatrix} 1 & 1 \\ 0 & 2.9997 \end{bmatrix} \begin{Bmatrix} x_1 \\ x_2 \end{Bmatrix} = \begin{Bmatrix} 1 \\ 1.9998 \end{Bmatrix}$$

应用回代，得出最终结果：

$$x_2 = \frac{1.9998}{2.9997} = 0.66667$$

$$x_1 = \frac{1 - 1(0.66667)}{1} = 0.33333$$

LU 分解法所需要的浮点运算总次数与高斯消元法相同。唯一的区别是，由于在分解过程中不需要对右端项进行操作，因此这个过程的运算量减少了一些。相应地，回代阶段的运算量就增加了一些。

10.2.2 MATLAB 函数：lu

在 MATLAB 中执行 *LU* 分解的内置函数为 lu。它的一般语法是：

$$[L,U] = \text{lu}(X)$$

其中 *L* 和 *U* 分别表示下三角和上三角矩阵，它们构成矩阵 *X* 的 *LU* 分解。注意，为避免除零，在该函数中使用了部分选主元算法。下面的例子将说明如何用它来进行 *LU* 分解，并求解例 10.1 和例 10.2 中解过的问题。

例 10.4 利用 MATLAB 进行 *LU* 分解

问题描述：对于例 10.1 和例 10.2 中分析过的线性方程组，利用 MATLAB 计算其 *LU* 分解，并求出方程组的解。

$$\begin{bmatrix} 3 & -0.1 & -0.2 \\ 0.1 & 7 & -0.3 \\ 0.3 & -0.2 & 10 \end{bmatrix} \begin{Bmatrix} x_1 \\ x_2 \\ x_3 \end{Bmatrix} = \begin{Bmatrix} 7.85 \\ -19.3 \\ 71.4 \end{Bmatrix}$$

解：按照标准形式输入系数矩阵和右端向量，即

```
>> A = [3 -.1 -.2;.1 7 -.3;.3 -.2 10];
>> b = [7.85; -19.3; 71.4];
```

然后，计算 *LU* 分解：

```
>> [L,U] = lu(A)

L =
    1.0000         0         0
    0.0333    1.0000         0
```

```
   0.1000    -0.0271    1.0000

U =
   3.0000   -0.1000   -0.2000
        0    7.0033   -0.2933
        0         0   10.0120
```

这个结果与例10.1中手工计算得到的结果一样。可以通过计算原矩阵来检验它的正确性，即：

```
>> L*U

ans =
   3.0000   -0.1000   -0.2000
   0.1000    7.0000   -0.3000
   0.3000   -0.2000   10.0000
```

为求出方程组的解，首先计算：

```
>> d = L\b

d =
    7.8500
  -19.5617
   70.0843
```

然后利用这个结果计算方程组的解：

```
>> x = U\d

x =
    3.0000
   -2.5000
    7.0000
```

例10.2中手工计算出的结果可验证上述解的正确性。

10.3 楚列斯基分解

回顾第8章，如果对于任意的 i 和 j 都有 $a_{ij}= a_{ji}$，则称矩阵[A]为对称矩阵。换句话说，$[A]=[A]^{\mathrm{T}}$。在处理数学和工程/科学问题时，经常会遇到这类矩阵。

这类方程组可以用特殊的方法求解。由于方程组本身的特点，求解过程中的存储量和计算时间均减少了一半，给计算带来了很大的便利。

求解对称方程组的最流行的方法是楚列斯基分解(*Cholesky factorization*，也称为Cholesky decomposition)。该算法基于如下事实，对称矩阵可分解为

$$[A] = [U]^T [U] \tag{10.14}$$

也就是说，所得三角化因子互为转置。

将式(10.14)中的矩阵乘法乘开，令等式两边矩阵的对应元素相等。根据循环关系，可迅速求出矩阵的 LU 分解。对于第 i 行：

$$u_{ii} = \sqrt{a_{ii} - \sum_{k=1}^{i-1} u_{ki}^2} \tag{10.15}$$

$$u_{ij} = \frac{a_{ij} - \sum_{k=1}^{i-1} u_{ki} u_{kj}}{u_{ii}} \quad \text{其中} j = i+1, \ldots, n \tag{10.16}$$

例 10.5 楚列斯基分解

问题描述：计算下列对称矩阵的楚列斯基分解

$$[A] = \begin{bmatrix} 6 & 15 & 55 \\ 15 & 55 & 225 \\ 55 & 225 & 979 \end{bmatrix}$$

解：对于第一行(i=1)，应用式(10.15)计算，得到：

$$u_{11} = \sqrt{a_{11}} = \sqrt{6} = 2.44949$$

然后，根据式(10.16)计算，得到：

$$u_{12} = \frac{a_{12}}{u_{11}} = \frac{15}{2.44949} = 6.123724$$

$$u_{13} = \frac{a_{13}}{u_{11}} = \frac{55}{2.44949} = 22.45366$$

对于第二行(i=2)：

$$u_{22} = \sqrt{a_{22} - u_{12}^2} = \sqrt{55 - (6.123724)^2} = 4.1833$$

$$u_{23} = \frac{a_{23} - u_{12}u_{13}}{u_{22}} = \frac{225 - 6.123724(22.45366)}{4.1833} = 20.9165$$

对于第三行(i=3)：

$$u_{33} = \sqrt{a_{33} - u_{13}^2 - u_{23}^2} = \sqrt{979 - (22.45366)^2 - (20.9165)^2} = 6.110101$$

于是，楚列斯基分解的矩阵为：

$$[U] = \begin{bmatrix} 2.44949 & 6.123724 & 22.45366 \\ & 4.1833 & 20.9165 \\ & & 6.110101 \end{bmatrix}$$

为验证因式分解的正确性，可将上述矩阵及其转置代入式(10.14)，看看它们的乘积是否为原矩阵[A]。这部分内容留做练习。

得出分解矩阵之后，对于特定的右端向量$\{b\}$，可仿照 LU 分解的方式求出方程组的解。首先，求解下列方程组，得出中间向量$\{d\}$：

$$[U]^T\{d\} = \{b\} \tag{10.17}$$

然后求解下面的方程组，得出最终解：

$$[U]\{x\} = \{d\} \tag{10.18}$$

MATLAB 函数：chol

在 MATLAB 中利用内置函数 chol 计算矩阵的楚列斯基分解。它的一般用法是：

$$U = \text{chol}(X)$$

其中 U 是上三角矩阵，满足 $U'*U=X$。下面的例 10.6 将说明如何用这个函数来分解在前面的例子中看到的矩阵，并求出方程组的解。

例 10.6 用 MATLAB 进行楚列斯基分解

问题描述：利用 MATLAB 计算例 10.5 中矩阵的楚列斯基分解。

$$[A] = \begin{bmatrix} 6 & 15 & 55 \\ 15 & 55 & 225 \\ 55 & 225 & 979 \end{bmatrix}$$

取右端向量为$[A]$中对应行元素之和，求解方程组。注意，此时方程组的解应该是各分量取值均为 1 的向量。

解：按照标准形式输入矩阵

```
>> A = [6 15 55; 15 55 225; 55 225 979];
```

右端向量等于$[A]$中相应行元素之和，于是：

```
>> b = [sum(A(1,:)); sum(A(2,:)); sum(A(3,:))]

b =
      76
     295
    1259
```

然后计算楚列斯基分解：

```
>> U = chol(A)

U =
    2.4495    6.1237   22.4537
         0    4.1833   20.9165
         0         0    6.1101
```

为检验分解的正确性，通过下面的式子计算原矩阵：

```
>> U'*U

ans =
```

```
    6.0000   15.0000   55.0000
   15.0000   55.0000  225.0000
   55.0000  225.0000  979.0000
```

为求出方程组的解，首先计算：

```
>> d = U'\b

d =
   31.0269
   25.0998
    6.1101
```

然后用这个结果来计算解：

```
>> x = U\d

x =
    1.0000
    1.0000
    1.0000
```

10.4 MATLAB 的左除运算

前面介绍了左除运算，但没有具体解释它的工作原理。现在，我们已经对矩阵解法有了一些了解，下面简单地叙述左除运算的具体执行过程。

当利用反斜杆运算符执行左除运算时，MATLAB 会调用一个非常复杂的求解算法。总的来说，MATLAB 会先判断系数矩阵的结构，然后选择一种最优的方法来求解。尽管该算法已经超出本书范围，但此处仍将简单地叙述一下该算法的主要思想。

首先，MATLAB 会根据矩阵[*A*]的形式，判断解题过程是否需要用到完整的高斯消元过程。如果发现矩阵[*A*]具有以下形式：(a)稀疏和带状；(b)三角(或者能通过简单的变换转换为三角形式)；(c)对称，那么就可以使用特定的高效算法来求解，这些方法包括带状求解器、向后和向前回代，以及楚列斯基分解。

如果矩阵是稀疏的[2]，但是上述方法都不能使用，那么可以通过部分选主元高斯消元法求出一般的三角分解形式，然后回代求解。

10.5 习题

10.1 假设矩阵的阶数为 *n*，如果用 *LU* 分解来实现高斯消元法，那么请计算下列过程的浮点运算次数与 *n* 的函数关系：(a)分解，(b)向前回代，(c)向后回代。

10.2 根据矩阵乘法法则，证明由式(10.6)可以推导出式(10.7)和式(10.8)。

---

2 值得一提的是，如果[*A*]不是方阵，那么可以采用一种称为 QR 分解(*QR factorization*)的方法求出方程组的最小二乘解。

10.3 按照 10.2 节中介绍的内容，利用朴素高斯消元法分解下面的方程组：

$$
\begin{aligned}
10x_1 + 2x_2 - x_3 &= 27 \\
-3x_1 - 6x_2 + 2x_3 &= -61.5 \\
x_1 + x_2 + 5x_3 &= -21.5
\end{aligned}
$$

然后，将所得的矩阵[L]和[U]相乘，确定它们的乘积为[A]。

10.4 (a)利用LU分解法求解习题10.3中的方程组，并列出所有的计算步骤。(b)然后不改变系数矩阵，将右端向量改为：

$$\{b\}^{\mathrm{T}} = \lfloor 12 \quad 18 \quad -6 \rfloor$$

再进行求解。

10.5 利用部分选主元 LU 分解求解下面的方程组：

$$
\begin{aligned}
2x_1 - 6x_2 - x_3 &= -38 \\
-3x_1 - x_2 + 7x_3 &= -34 \\
-8x_1 + x_2 - 2x_3 &= -20
\end{aligned}
$$

10.6 编写一个 M 文件，在不使用部分选主元的情况下，计算方阵的 LU 分解。也就是说，设计一个函数，输入方阵，返回三角矩阵[L]和[U]。以习题 10.3 中求解的问题作为测试问题，利用关系式[L][U]=[A]和内置函数 lu 来检验程序的正确性。

10.7 验证例 10.5 中楚列斯基分解的正确性，即将结果代入式(10.14)，确定[U]^{T}和[U]的乘积等于[A]。

10.8 (a) 手工计算出下列方程组的楚列斯基分解：

$$
\begin{bmatrix} 8 & 20 & 15 \\ 20 & 80 & 50 \\ 15 & 50 & 60 \end{bmatrix}
\begin{Bmatrix} x_1 \\ x_2 \\ x_3 \end{Bmatrix}
=
\begin{Bmatrix} 50 \\ 250 \\ 100 \end{Bmatrix}
$$

(b) 利用内置函数 chol 检验手工计算结果的正确性。

(c) 对于给定的右端项，利用因式分解的结果[U]计算方程组的解。

10.9 编写一个 M 文件，在不使用选主元的情况下，计算对称矩阵的楚列斯基分解。也就是说，设计一个函数，输入对称矩阵，返回矩阵[U]。以习题 10.8 中求解的问题作为测试，利用内置函数 chol 来检验程序的正确性。

10.10 利用选主元的 LU 分解法求解下面的方程组：

$$
\begin{aligned}
3x_1 - 2x_2 + x_3 &= -10 \\
2x_1 + 6x_2 - 4x_3 &= 44 \\
-x_1 - 2x_2 + 5x_3 &= -26
\end{aligned}
$$

10.11 (a) 手工计算出下列矩阵不选主元的 LU 分解形式，利用[L][U]=[A]来检验结果的正确性：

$$
\begin{bmatrix} 8 & 2 & 1 \\ 3 & 7 & 2 \\ 2 & 3 & 9 \end{bmatrix}
$$

(b) 利用(1)中的结果计算行列式。

(c) 利用 MATLAB 重复(a)和(b)中的运算。

10.12 根据下面的 LU 分解，计算行列式，然后取$\{b\}^{\mathrm{T}}=\lfloor -10 \quad 44 \quad -26 \rfloor$，求解$[A]\{x\}=\{b\}$：

$$[A]=[L][U]=\begin{bmatrix} 1 & & \\ 0.6667 & 1 & \\ -0.3333 & -0.3636 & 1 \end{bmatrix} \times \begin{bmatrix} 3 & -2 & 1 \\ & 7.3333 & -4.6667 \\ & & 3.6364 \end{bmatrix}$$

10.13 利用楚列斯基分解确定$[U]$，使得：

$$[A]=[U]^{\mathrm{T}}[U]=\begin{bmatrix} 2 & -1 & 0 \\ -1 & 2 & -1 \\ 0 & -1 & 2 \end{bmatrix}$$

10.14 计算下列矩阵的楚列斯基分解：

$$[A]=\begin{bmatrix} 9 & 0 & 0 \\ 0 & 25 & 0 \\ 0 & 0 & 4 \end{bmatrix}$$

如果使用式(10.15)和式(10.16)进行计算，得到的结果有意义吗？

第 11 章 矩阵求逆和条件数

本章目标

本章的主要目标是叙述如何计算矩阵的逆，并举例说明怎样用它来分析工程和科学计算中出现的复杂线性方程组。此外，本章还介绍了一种方法，用于衡量矩阵解法对于舍入误差的敏感程度。本章的具体内容和主题包括：

- 知道如何在 LU 分解的基础上有效地计算出矩阵的逆。
- 会利用逆矩阵来评估工程系统的激励-响应特性。
- 会计算浮点运算的次数，以衡量一个算法的效率。
- 了解矩阵和向量范数的含义以及计算方法。
- 知道如何用范数来计算矩阵的条件数。
- 会根据条件数的大小来估计线性代数方程组的数值解的精确程度。

11.1 矩阵的逆

在介绍矩阵运算时(参见 8.1.2 节)，我们曾经提到过，若矩阵$[A]$是方阵，则存在另一个矩阵$[A]^{-1}$，称为$[A]$的逆，使得：

$$[A][A]^{-1} = [A]^{-1}[A] = [I] \tag{11.1}$$

下面重点讨论如何利用数值方法计算逆矩阵，然后探讨它在工程分析中的应用。

11.1.1 逆矩阵的计算

逆矩阵可以通过逐列的方式求解，即将方程组右端的常数项取为单位向量，依次求解方程组，得到的解就是逆矩阵的对应列。例如，若右端项的第一个元素为 1，其他元素均为 0：

$$\{b\} = \begin{Bmatrix} 1 \\ 0 \\ 0 \end{Bmatrix} \tag{11.2}$$

则得到的解向量就是逆矩阵的第一列。同理，若右端项的第二个元素为 1，即：

$$\{b\} = \begin{Bmatrix} 0 \\ 1 \\ 0 \end{Bmatrix} \tag{11.3}$$

则得到的解向量是逆矩阵的第二列。

实现上述计算的最佳方法是 *LU* 分解。回顾前文，*LU* 分解的一个主要优点是，它可以高效地处理系数矩阵不变而右端项变化的情况。计算逆矩阵时，需要依次将右端项取为单位向量，因此 *LU* 分解是最理想的解法。

例 11.1　矩阵求逆

问题描述：对于例 10.1 中的方程组，用 *LU* 分解法计算其系数矩阵的逆

$$[A] = \begin{bmatrix} 3 & -0.1 & -0.2 \\ 0.1 & 7 & -0.3 \\ 0.3 & -0.2 & 10 \end{bmatrix}$$

回顾前文可知，*LU* 分解得出的上三角矩阵和下三角矩阵分别为：

$$[U] = \begin{bmatrix} 3 & -0.1 & -0.2 \\ 0 & 7.00333 & -0.293333 \\ 0 & 0 & 10.0120 \end{bmatrix} \qquad [L] = \begin{bmatrix} 1 & 0 & 0 \\ 0.0333333 & 1 & 0 \\ 0.100000 & -0.0271300 & 1 \end{bmatrix}$$

解：取右端项为单位向量(第一个元素为 1，其余元素为 0)，通过向前回代就可以求出逆矩阵的第一列，从而可以建立下三角方程组[回顾式(10.8)]：

$$\begin{bmatrix} 1 & 0 & 0 \\ 0.0333333 & 1 & 0 \\ 0.100000 & -0.0271300 & 1 \end{bmatrix} \begin{Bmatrix} d_1 \\ d_2 \\ d_3 \end{Bmatrix} = \begin{Bmatrix} 1 \\ 0 \\ 0 \end{Bmatrix}$$

通过向前回代，解得$\{d\}^T = \lfloor 1 \ -0.03333 \ -0.1009 \rfloor$。然后将它作为上三角方程组的右端项(回顾式(10.3))：

$$\begin{bmatrix} 3 & -0.1 & -0.2 \\ 0 & 7.00333 & -0.293333 \\ 0 & 0 & 10.0120 \end{bmatrix} \begin{Bmatrix} x_1 \\ x_2 \\ x_3 \end{Bmatrix} = \begin{Bmatrix} 1 \\ -0.03333 \\ -0.1009 \end{Bmatrix}$$

通过向后回代，解得$\{x\}^{\mathrm{T}} = \lfloor 0.33249 \quad -0.00518 \quad -0.01008 \rfloor$，这就是逆矩阵的第一列：

$$[A]^{-1} = \begin{bmatrix} 0.33249 & 0 & 0 \\ -0.00518 & 0 & 0 \\ -0.01008 & 0 & 0 \end{bmatrix}$$

为确定第二列，由式(10.8)得到：

$$\begin{bmatrix} 1 & 0 & 0 \\ 0.0333333 & 1 & 0 \\ 0.100000 & -0.0271300 & 1 \end{bmatrix} \begin{Bmatrix} d_1 \\ d_2 \\ d_3 \end{Bmatrix} = \begin{Bmatrix} 0 \\ 1 \\ 0 \end{Bmatrix}$$

由上式求解出{d}，再代入式(10.3)得到$\{x\}^T = \lfloor 0.004944 \quad 0.142903 \quad 0.002710 \rfloor$，此为逆矩阵的第二列：

$$[A]^{-1} = \begin{bmatrix} 0.33249 & 0.004944 & 0 \\ -0.00518 & 0.142903 & 0 \\ -0.01008 & 0.002710 & 0 \end{bmatrix}$$

最后，取$\{b\}^T = \lfloor 0\ 0\ 1 \rfloor$，执行同样的计算，得到$\{x\}^T = \lfloor 0.006798\ \ 0.004183\ \ 0.099880 \rfloor$，这是逆矩阵的最后一列：

$$[A]^{-1} = \begin{bmatrix} 0.33249 & 0.004944 & 0.006798 \\ -0.00518 & 0.142903 & 0.004183 \\ -0.01008 & 0.002710 & 0.099880 \end{bmatrix}$$

由$[A][A]^{-1}=[I]$，可验证结果的正确性。

11.1.2 激励-响应计算

如第III部分的概述中所述，工程和科学中的许多线性方程组都是由守恒定律推导出来的。这些定律的数学表达式是某种形式的平衡方程，用于保证某个特定量——如质量，作用力、热量、动量、静电势——的守恒。对于结构体的受力平衡来说，这个量可能是结构体的每个结点在水平或垂直方向所受的力。对于质量平衡来说，这个量可能是某化学过程中每个反应器所含的化学物质的质量。在工程和科学的其他领域还存在许多类似的例子。

系统的每个部分都可以表示成一个平衡方程，最终得到一个方程组来描述整个系统的性态(behavior of the system)。这些方程是相关或耦合的，即每个方程中都含有一个或多个其他方程的变量。在很多情况下，方程组是线性的，因而可精确地表示成本章所讨论的形式：

$$[A]\{x\} = \{b\} \tag{11.4}$$

如果式(11.4)是平衡方程，那么方程中的各个变量在物理上具有明确的含义。例如，$\{x\}$的各个分量代表需要被平衡的量在系统各部分的取值。对于结构体的受力来说，它们表示每个结点在水平或垂直方向所受的力。对于质量平衡系统来说，它们表示每个反应器所含的化学物质的质量。对于所有的系统来说，它们代表系统的状态(*state*)或响应(*response*)，这正是需要我们确定的。

右端向量$\{b\}$由那些与系统的性态无关的平衡元素组成，也就是说，它们都是常数。在许多问题中，它们表示作用于系统的强制函数(*forcing function*)或外界激励(*external stimuli*)。

最后，系数矩阵一般由描述系统各部分相互作用或耦合关系的参数(*parameters*)组成，因此，式(11.4)可以重新表示为：

[相互作用][响应]=[激励]

正如前几章中所介绍的，式(11.4)的解法很多，但是，通过逆矩阵可以得出一个特别有趣的结果。形式解可表示为：

$$\{x\}=[A]^{-1}\{b\}$$

或者(回顾 8.1.2 节中关于矩阵乘法的定义)：

$$x_1=a_{11}^{-1}b_1+a_{12}^{-1}b_2+a_{13}^{-1}b_3$$
$$x_2=a_{21}^{-1}b_1+a_{22}^{-1}b_2+a_{23}^{-1}b_3$$
$$x_3=a_{31}^{-1}b_1+a_{32}^{-1}b_2+a_{33}^{-1}b_3$$

由上式可以看出，除了给出解的形式之外，逆矩阵本身也特别有用。也就是说，它的每个元素表示对系统的其他任何部分给予单位激励后，系统这一部分产生的响应。

需要注意的是，这些公式都是线性的，因此具有叠加性和比例性。叠加性(*superposition*)是指，系统受多种激励(b 的分量)的支配，从而可以首先算出系统对单位激励的响应，然后将它们叠加起来得到总的响应。比例性(*proportionality*)是指，单位激励所产生的响应乘以某个量，得到激励扩大相同倍数后产生的响应。于是，系数 a_{11}^{-1} 表示 x_1 以 b_1 为单位的比例常数。这个比例常数的大小与 b_2 和 b_3 无关，x_1 关于 b_2 和 b_3 的比例常数分别是 a_{12}^{-1} 和 a_{13}^{-1}。综上所述，可以得出这样的结论：逆矩阵中的元素 a_{ij}^{-1} 表示单位 b_j 所产生的响应 x_i。

就结构体的例子来说，如果在结点 j 处施加单位外力，那么逆矩阵中的元素 a_{ij}^{-1} 就表示结点 i 处的受力情况。不过，即使是小型系统，其各部分之间的激励-响应作用也并不那么容易看出来，因此，矩阵求逆是分析复杂系统各成分之间相互关系的一种有力工具。

例 11.2 分析蹦极问题

问题描述：在第 8 章的开头，已经对由橡皮绳相连、垂直悬挂在一起的三位蹦极运动员问题进行了建模。根据每位蹦极运动员的受力平衡，推导出如下线性代数方程组：

$$\begin{bmatrix}150 & -100 & 0\\ -100 & 150 & -50\\ 0 & -50 & 50\end{bmatrix}\begin{Bmatrix}x_1\\ x_2\\ x_3\end{Bmatrix}=\begin{Bmatrix}588.6\\ 686.7\\ 784.8\end{Bmatrix}$$

在例 8.2 中，我们用 MATLAB 求解出每位蹦极运动员的垂直位移(x)。现在，将利用 MATLAB 计算矩阵的逆，并解释其各个分量的具体含义。

解：启动 MATLAB，输入系数矩阵

```
>> K = [150 -100 0;-100 150 -50;0 -50 50];
```

然后计算逆矩阵：

```
>> KI = inv(K)

KI =
    0.0200  0.0200  0.0200
    0.0200  0.0300  0.0300
    0.0200  0.0300  0.0500
```

逆矩阵的每个元素k_{ij}^{-1}表示作用在蹦极运动员j上的力(单位：牛顿)改变一个单位时，蹦极运动员i沿垂直方向的位置变化(单位：米)。

首先，注意到第一列(j=1)数字表明，如果作用在第一位蹦极运动员身上的力增加 1N，那么三位蹦极运动员的位移都会增加 0.02m。这就很有意思了，因为增加的力只是拉长了第一根橡皮绳而已。

相反，第二列(j=2)数字表明，如果将作用在第二位蹦极运动员身上的力增加 1N，那么第一位蹦极运动员会下降 0.02m，而第二和第三位蹦极运动员会下降 0.03m。第一位蹦极运动员下降 0.02m 的原因是，无论 1N 的外力施加在第一位还是第二位蹦极运动员身上，第一根橡皮绳都会受它影响，从而产生位移。而第二根橡皮绳除了随着第一根橡皮绳下降外，它本身也在外力的作用下产生了位移，因此第二位蹦极运动员下降 0.03m。当然，由于没有其他外力作用在第三根橡皮绳上，所以第三位蹦极运动员只是随着第二位蹦极运动员下降同样的距离。

和预期的一样，第三列(j=3)数字说明，当 1N 的外力作用在第三位蹦极运动员身上时，第一位和第二位蹦极运动员发生同样的位移，具体位移值等于将外力作用在第二位蹦极运动员身上产生的位移。只不过，由于现在外力作用在第三位蹦极运动员身上，所以他下降多一些。

可通过下面的例子来考查叠加性和比例性：分别对三位蹦极运动员施加 10N、50N 和 20N 的外力，利用逆矩阵计算第三位蹦极运动员下降的距离。只要选对了逆矩阵中的元素，这个计算就非常简单。利用第三行的元素计算得到：

$$\Delta x_3 = k_{31}^{-1}\Delta F_1 + k_{32}^{-1}\Delta F_2 + k_{33}^{-1}\Delta F_3 = 0.02(10) + 0.03(50) + 0.05(20) = 2.7\ \text{m}$$

11.2 误差分析和方程组的条件数

除了在工程和科学中的应用之外，逆矩阵还可用于判断方程组是否为病态的。具体可通过以下三种方法直接进行判断：

1) 将系数矩阵[A]中的元素按比例进行缩放，使得每行的最大元素为 1。对缩放后的矩阵求逆，如果$[A]^{-1}$中某些元素的量级远大于 1，那么方程组很可能是病态的。

2) 将逆矩阵与原系数矩阵相乘，观察结果是否近似于单位矩阵。如果不是，那么表明方程组是病态的。

3) 对逆矩阵求逆，观察结果是否非常近似于原系数矩阵。如果不是，那么也表明方程组是病态的。

虽然这些方法都可以判断方程组是否为病态的，但是最好用一个数来反映问题的病态程度。在矩阵条件数公式的推导过程中，最基本的数学概念是范数。

11.2.1 向量和矩阵范数

范数(*norm*)是一个实值函数，用于测量像向量和矩阵这种多组元数学实体的大小或“长度”。

例如，三维欧几里得空间(见图 11.1)中的向量可简单地表示为：

$$\lfloor F \rfloor = \lfloor a \quad b \quad c \rfloor$$

其中 a、b 和 c 分别表示沿 x、y 和 z 轴的位移。这个向量的长度，即坐标(0, 0, 0)到(a, b, c)的距离——可简单地如下计算：

$$\|F\|_e = \sqrt{a^2 + b^2 + c^2}$$

其中术语$\|F\|_e$表示这个长度是[F]的欧几里得范数(*Euclidean norm*)。

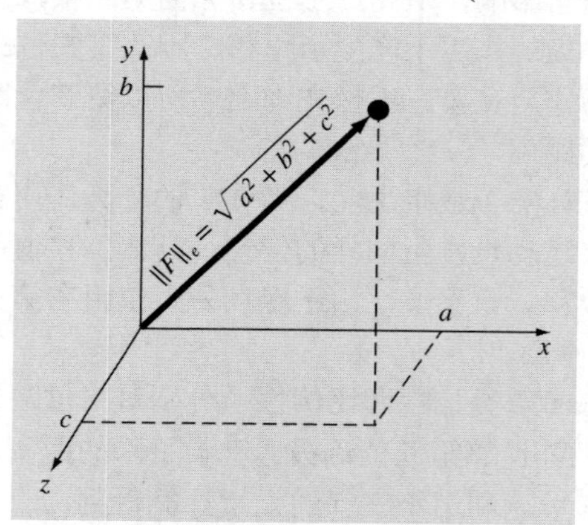

图 11.1 欧几里得空间中的向量示意图

类似地，n 维向量$\lfloor X \rfloor = \lfloor x_1 \; x_2 \; \cdots \; x_n \rfloor$的欧几里得向量可计算为：

$$\|X\|_e = \sqrt{\sum_{i=1}^{n} x_i^2}$$

将这个概念推广到矩阵[A]，得到：

$$\|A\|_f = \sqrt{\sum_{i=1}^{n} \sum_{j=1}^{n} a_{i,j}^2} \tag{11.5}$$

这个范数有一个专门的名称——弗罗贝尼乌斯范数(*Frobenius norm*)。和其他向量范数一样，它用一个数值来衡量[A]的大小。

请注意，除了欧几里得和弗罗贝尼乌斯范数之外，还有许多其他范数。对于向量来说，常用的还有 p 范数，它的一般表示形式为：

$$\|X\|_p = \left(\sum_{i=1}^{n} |x_i|^p\right)^{1/p}$$

不难看出，向量的欧几里得范数和 2 范数 $\|X\|_2$ 是完全等价的。

其他一些重要的范数还包括(p=1)：

$$\|X\|_1 = \sum_{i=1}^{n} |x_i|$$

即用所有元素的绝对值之和定义范数。另一个是最大值范数或均匀向量范数(p=∞)：

$$\|X\|_\infty = \max_{1\leqslant i\leqslant n} |x_i|$$

它将所有元素的绝对值中最大的一个定义为范数。

类似地，可将向量范数推广到矩阵。例如：

$$\|A\|_1 = \max_{1\leqslant i\leqslant n} \sum_{i=1}^{n} |a_{ij}|$$

即先求出每列元素的绝对值之和，然后将其中的最大值定义为范数。这种范数称为列范数(*column-sum norm*)。

类似地，也可以逐行求和定义范数，这样得到的范数称为均匀矩阵或行范数(*row- sum norm*)：

$$\|A\|_\infty = \max_{1\leqslant i\leqslant n} \sum_{j=1}^{n} |a_{ij}|$$

注意，与向量不同的是，矩阵的 2 范数和弗罗贝尼乌斯范数是不同的。弗罗贝尼乌斯范数 $\|A\|_f$ 由式(11.5)简单定义，而矩阵的 2 范数 $\|A\|_2$ 则定义为：

$$\|A\|_2 = (\mu_{\max})^{1/2}$$

其中 $\mu_{\max}$ 是 $[A]^{\mathrm{T}}[A]$ 的最大特征值。在第 13 章中，我们将会学习更多关于特征值的概念和性质。目前来说，最重要的范数是 $\|A\|_2$ 或谱范数(*spectral norm*)，它是最小的范数。因此，它给出的大小测量值是最紧的(Ortega,1972)。

11.2.2　矩阵条件数

前面已经给出了范数的概念，由它可以定义：

$$\mathrm{Cond}[A] = \|A\| \cdot \|A^{-1}\|$$

其中 Cond[A]称为矩阵条件数(*matrix condition number*)。注意，矩阵[A]的条件数总是大于或等于 1。这个结论可通过下式(Ralston and Rabinowitz，1978；Gerald and Wheatley，

1989)得以验证：

$$\frac{\|\Delta X\|}{\|X\|} \leqslant \mathrm{Cond}[A]\frac{\|\Delta A\|}{\|A\|}$$

也就是说，数值解范数的相对误差可以等于系数矩阵[A]范数的相对误差乘以条件数。例如，若已知[A]中系数具有 t 位有效数字(舍入误差的阶数为 10^{-t})，且 Cond[A]=10^c，那么数值解[X]可能只具有 $t-c$ 位有效数字(舍入误差≈10^{c-t})。

例 11.3 矩阵条件数的计算

问题描述：希尔伯特矩阵是一个著名的病态矩阵，它的一般表示形式为

$$\begin{bmatrix} 1 & \frac{1}{2} & \frac{1}{3} & \cdots & \frac{1}{n} \\ \frac{1}{2} & \frac{1}{3} & \frac{1}{4} & \cdots & \frac{1}{n+1} \\ \vdots & \vdots & \vdots & & \vdots \\ \frac{1}{n} & \frac{1}{n+1} & \frac{1}{n+2} & \cdots & \frac{1}{2n-1} \end{bmatrix}$$

利用行范数估计下列 3×3 希尔伯特矩阵的条件数：

$$[A] = \begin{bmatrix} 1 & \frac{1}{2} & \frac{1}{3} \\ \frac{1}{2} & \frac{1}{3} & \frac{1}{4} \\ \frac{1}{3} & \frac{1}{4} & \frac{1}{5} \end{bmatrix}$$

解：首先对矩阵进行规范化处理，使得每行的最大元素等于 1

$$[A] = \begin{bmatrix} 1 & \frac{1}{2} & \frac{1}{3} \\ 1 & \frac{2}{3} & \frac{1}{2} \\ 1 & \frac{3}{4} & \frac{3}{5} \end{bmatrix}$$

对各行元素求和，得到 1.833、2.1667 和 2.35。由于第三行元素的绝对值之和最大，因此行范数为：

$$\|A\|_\infty = 1 + \frac{3}{4} + \frac{3}{5} = 2.35$$

计算按比例缩放之后的矩阵的逆：

$$[A]^{-1} = \begin{bmatrix} 9 & -18 & 10 \\ -36 & 96 & -60 \\ 30 & -90 & 60 \end{bmatrix}$$

注意，这个矩阵中元素的量级比原矩阵大。这也反映在了它的行范数中，计算行范数，得到：

$$\|A^{-1}\|_\infty = |-36| + |96| + |-60| = 192$$

因此，条件数为：

$$\mathrm{Cond}[A] = 2.35(192) = 451.2$$

事实证明，条件数远远大于 1，所以方程组是病态的。病态的程度可以由量 c=log451.2=2.65 表示。因此数值解的最后三位有效数字代表舍入误差。注意，这样估计出的误差一般都比实际误差大。尽管如此，由于该方法可以分析舍入误差对计算精度的影响程度，因此在舍入误差预警方面也是很有用处的。

11.2.3　用 MATLAB 计算范数和条件数

MATLAB 中计算范数和条件数的内置函数分别为：

```
>> norm(X,p)
```

和

```
>> cond(X,p)
```

其中 X 是向量或矩阵，p 表示范数或条件数的类型(1、2、inf 或 'fro')。注意 cond 函数等价于：

```
>> norm(X,p) * norm(inv(X),p)
```

另外，如果省略 p 的话，系统将默认为 2。

例 11.4　用 MATLAB 计算矩阵条件数

问题描述：例 11.3 对 3×3 的希尔伯特矩阵进行了分析。考虑缩放后的希尔伯特矩阵，利用 MATLAB 计算它的范数和条件数：

$$[A] = \begin{bmatrix} 1 & \frac{1}{2} & \frac{1}{3} \\ 1 & \frac{2}{3} & \frac{1}{2} \\ 1 & \frac{3}{4} & \frac{3}{5} \end{bmatrix}$$

(a) 和例 11.3 一样，首先计算行范数(p=inf)。

(b) 再计算弗罗贝尼乌斯(p= 'fro')条件数和谱(p=2)条件数。

解：(a) 首先输入矩阵

```
>> A = [1 1/2 1/3;1 2/3 1/2;1 3/4 3/5];
```

然后计算行范数和条件数：

```
>> norm (A,inf)

ans =
   2.3500

>> cond (A,inf)
```

```
ans =
  451.2000
```

这些结果与例 11.3 中的手工计算值完全相符。

(b) 由弗罗贝尼乌斯范数和谱范数定义的条件数分别为：

```
>> cond(A,'fro')

ans =
  368.0866

>> cond(A)

ans =
  366.3503
```

11.3 案例研究：室内空气污染

背景：室内空气污染主要是指封闭空间内的空气污染问题，如家庭、办公室和工作场所等。假设你目前正在研究为 Bubba's Gas'N Guzzle 汽车餐馆设计通风系统，该汽车餐馆坐落在一条八车道高速公路旁。

如图 11.2 所示，餐馆的可用面积包括一间为吸烟者设计的房间和一间为孩子设计的房间，以及一间加长的房间。由于房间 1 和房间 3 中分别有吸烟者和损坏的烧烤架，因此这两个房间内会产生一氧化碳气体。此外，因为房间 1 和房间 2 靠近高速公路，所以也有部分一氧化碳从通风口进入这两个房间。

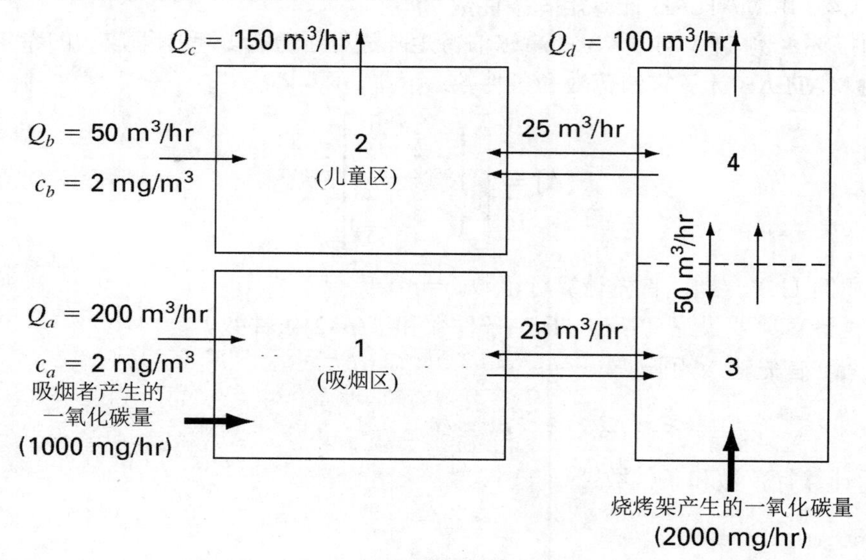

图 11.2 餐馆内各房间的俯视图(单向箭头表示气流的体积，而双向箭头表示由扩散引起的混合。吸烟者和烧烤架会增加系统的一氧化碳含量，但增量大小与气流无关)

写出每个房间达到稳定之后的质量平衡方程，求解所得的线性代数方程组，计算每个房间里的一氧化碳浓度。另外，计算逆矩阵，并用它来分析周围环境对儿童区的影响。例如，分别计算吸烟者、烧烤架和通风口对儿童区内一氧化碳含量百分比造成的影响。如果禁止吸烟和维修烧烤架之后，室内的一氧化碳含量减少了，那么儿童区内的一氧化碳浓度值会改善多少？最后，假如在室内建一道屏风，使得区域 2 和区域 4 之间的空气混合量降低 5m^3/hr，那么儿童区的一氧化碳浓度会改变多少？

解：写出每个房间内的稳态质量平衡方程。例如，吸烟区(房间 1)的平衡方程是：

$$
\begin{array}{ccccccc}
0 = W_{\text{smoker}} & + & Q_a c_a & - & Q_a c_1 & + & E_{13}(c_3 - c_1) \\
\text{(负担)} & + & \text{(流入)} & - & \text{(流出)} & + & \text{(混合)}
\end{array}
$$

类似地，还可以写出其他房间的平衡方程：

$$0 = Q_b c_b + (Q_a - Q_d)c_4 - Q_c c_2 + E_{24}(c_4 - c_2)$$

$$0 = W_{\text{grill}} + Q_a c_1 + E_{13}(c_1 - c_3) + E_{34}(c_4 - c_3) - Q_a c_3$$

$$0 = Q_a c_3 + E_{34}(c_3 - c_4) + E_{24}(c_2 - c_4) - Q_a c_4$$

代入参数，得到最终的方程组：

$$
\begin{bmatrix} 225 & 0 & -25 & 0 \\ 0 & 175 & 0 & -125 \\ -225 & 0 & 275 & -50 \\ 0 & -25 & -250 & 275 \end{bmatrix}
\begin{Bmatrix} c_1 \\ c_2 \\ c_3 \\ c_4 \end{Bmatrix}
=
\begin{Bmatrix} 1400 \\ 100 \\ 2000 \\ 0 \end{Bmatrix}
$$

可以利用 MATLAB 进行求解。首先计算逆矩阵。注意，为保证结果具有 5 位有效数字，我们选用了 short g 格式：

```
>> format short g
>> A = [225 0 -25 0

0 175 0 -125
-225 0 275 -50
0 -25 -250 275];

>> AI = inv(A)

AI =
    0.0049962    1.5326e-005   0.00055172    0.00010728
    0.0034483    0.0062069     0.0034483     0.0034483
    0.0049655    0.00013793    0.0049655     0.00096552
    0.0048276    0.00068966    0.0048276     0.0048276
```

然后进行求解：

```
>> b = [1400 100 2000 0]';
>> c = AI*b

c =
      8.0996
```

```
    12.345
    16.897
    16.483
```

这个结果令人惊讶，因为吸烟区的一氧化碳浓度最低！房间 3 和房间 4 的浓度最高，区域 2 处于中间水平。产生这种结果的原因是：(a)一氧化碳含量是守恒的；(b)只有区域 2 和区域 4 可以向外排气(Q_c 和 Q_d)。由于房间 3 中不但有烧烤架会产生一氧化碳，而且还要接收来自房间 1 的废气，因此它的情况最糟糕。

尽管前面的结果非常有趣，但线性方程组的真正强大之处在于，可以根据逆矩阵中的元素分析系统各部分之间的交互作用。例如，可以利用逆矩阵的元素计算各污染源对儿童区内一氧化碳百分比的影响。

吸烟者：

$$c_{2,\text{smokers}} = a_{21}^{-1} W_{\text{smokers}} = 0.0034483(1000) = 3.4483$$
$$\%_{\text{smokers}} = \frac{3.4483}{12.345} \times 100\% = 27.93\%$$

烧烤架：

$$c_{2,\text{grill}} = a_{23}^{-1} W_{\text{grill}} = 0.0034483(2000) = 6.897$$
$$\%_{\text{grill}} = \frac{6.897}{12.345} \times 100\% = 55.87\%$$

通风口：

$$c_{2,\text{intakes}} = a_{21}^{-1} Q_a c_a + a_{22}^{-1} Q_b c_b = 0.0034483(200)2 + 0.0062069(50)2$$
$$= 1.37931 + 0.62069 = 2$$
$$\%_{\text{grill}} = \frac{2}{12.345} \times 100\% = 16.20\%$$

很明显，损坏的烧烤架是最主要的污染源。

还可以利用逆矩阵分析拟采取的补救措施，如禁止吸烟和维修烧烤架，对系统性能的改善。因为模型是线性的，所有具有叠加性，可先对各个部分进行计算，然后求和：

$$\Delta c_2 = a_{21}^{-1} \Delta W_{\text{smoker}} + a_{23}^{-1} \Delta W_{\text{grill}} = 0.0034483(-1000) + 0.0034483(-2000)$$
$$= -3.4483 - 6.8966 = -10.345$$

注意，也可以利用 MATLAB 完成上述计算：

```
>> AI(2,1)*(-1000) + AI(2,3)*(-2000)

ans =
    -10.345
```

实施前面两种补救措施，浓度将下降为 10.345mg/m^3。从而，儿童区的浓度变为

12.345−10.345=2mg/m³。这个结果很有意义，因为去掉吸烟者和烧烤架的影响之后，唯一的污染源就是由通风口流入的空气，一氧化碳含量为 2mg/m³。

因为前面的计算都只改变了强制函数，所以无须重新计算结果。然而，如果儿童区和区域 4 之间的混合量下降，那么矩阵就发生了改变：

$$\begin{bmatrix} 225 & 0 & -25 & 0 \\ 0 & 155 & 0 & -105 \\ -225 & 0 & 275 & -50 \\ 0 & -5 & -250 & 255 \end{bmatrix} \begin{Bmatrix} c_1 \\ c_2 \\ c_3 \\ c_4 \end{Bmatrix} = \begin{Bmatrix} 1400 \\ 100 \\ 2000 \\ 0 \end{Bmatrix}$$

此时的方程组对应一个新解。利用 MATLAB 求解，得到：

$$\begin{Bmatrix} c_1 \\ c_2 \\ c_3 \\ c_4 \end{Bmatrix} = \begin{Bmatrix} 8.1084 \\ 12.0800 \\ 16.9760 \\ 16.8800 \end{Bmatrix}$$

因此，这项补救措施的作用甚微，仅仅让儿童区的一氧化碳浓度降低了 0.265 mg/m³。

11.4 习题

11.1 计算下列方程组系数矩阵的逆：

$$\begin{aligned} 10x_1 + 2x_2 - x_3 &= 27 \\ -3x_1 - 6x_2 + 2x_3 &= -61.5 \\ x_1 + x_2 + 5x_3 &= -21.5 \end{aligned}$$

利用等式$[A][A]^{-1} = [I]$检验结果的合法性，请勿使用选主元方法。

11.2 计算下列方程组系数矩阵的逆：

$$\begin{aligned} -8x_1 + x_2 - 2x_3 &= -20 \\ 2x_1 - 6x_2 - x_3 &= -38 \\ -3x_1 - x_2 + 7x_3 &= -34 \end{aligned}$$

11.3 下列方程组用于计算一系列耦合反应器中的物质浓度(c，单位为 g/m³)，该浓度值是每个反应器中输入物质总量(右端项，单位为 g/day)的函数：

$$\begin{aligned} 15c_1 - 3c_2 - c_3 &= 4000 \\ -3c_1 + 18c_2 - 6c_3 &= 1200 \\ -4c_1 - c_2 + 12c_3 &= 2350 \end{aligned}$$

(a) 计算系数矩阵的逆。

(b) 利用逆矩阵求解方程组。

(c) 计算反应器 3 中的物质输入量增加多少时，反应器 1 中的浓度会提高 10 g/m³。

(d) 如果反应器 1 和 2 中的物质输入量分别减少 500g/day 和 250g/day，那么反应器 3 中的浓度会下降多少？

11.4 计算习题 8.9 中系数矩阵的逆。如果将流入物的浓度改变为 c_{01}=20 和 c_{03}=50，试通过矩阵求逆运算确定反应器 5 中的浓度。

11.5 计算习题 8.10 中系数矩阵的逆。如果结点 1 在垂直方向的受力翻倍，变为 $F_{1,v}$=−2000N，结点 3 在水平方向的受力变为 $F_{3,h}$=−500N，试通过矩阵求逆运算确定三条边上的力(F_1、F_2 和 F_3)。

11.6 计算下列矩阵的$\|A\|_f$、$\|A\|_1$和$\|A\|_\infty$：

$$[A]=\begin{bmatrix}8 & 2 & -10\\ -9 & 1 & 3\\ 15 & -1 & 6\end{bmatrix}$$

在计算范数之前，请对矩阵进行缩放，使得每一行的最大元素等于 1。

11.7 计算习题 11.2 和 11.3 中系数矩阵的弗罗贝尼乌斯范数和行范数。

11.8 不进行规范化，直接利用 MATLAB 计算下列矩阵的谱条件数：

$$\begin{bmatrix}1 & 4 & 9 & 16 & 25\\ 4 & 9 & 16 & 25 & 36\\ 9 & 16 & 25 & 36 & 49\\ 16 & 25 & 36 & 49 & 64\\ 25 & 36 & 49 & 64 & 81\end{bmatrix}$$

然后计算由行范数定义的条件数。

11.9 除了希尔伯特矩阵之外，还有一些典型的病态矩阵，例如范德蒙德矩阵(*Vandermonde matrix*)，它的形式如下：

$$\begin{bmatrix}x_1^2 & x_1 & 1\\ x_2^2 & x_2 & 1\\ x_3^2 & x_3 & 1\end{bmatrix}$$

(a) 若 x_1=4、x_2=2、x_3=7，试计算由行范数定义的条件数。

(b) 利用 MATLAB 计算谱条件数和弗罗贝尼乌斯条件数。

11.10 利用 MATLAB 计算 10 阶希尔伯特矩阵的条件数。据此推断，因为病态而损失了几位有效数字。令右端向量$\{b\}$的每一个元素等于系数矩阵中对应行元素之和，求解所得方程组，也就是说，求解所有未知量都精确等于 1 的方程组。将结果的误差与由条件数分析得出的误差进行比较。

11.11 对于 6 阶范德蒙德矩阵(见习题 11.9)，重复习题 11.10 中的计算，其中 x_1=4、x_2=2、x_3=7、x_4=10、x_5=3、x_6=5。

11.12 如图 11.3 所示，科罗拉多河下游有四个湖泊。

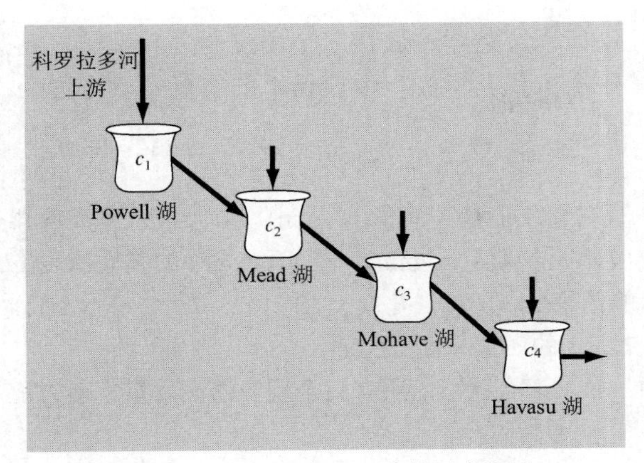

图 11.3　科罗拉多河下游的四个湖泊

可以写出每个湖泊的质量平衡方程，联立得到下面的线性代数方程组：

$$\begin{bmatrix} 13.422 & 0 & 0 & 0 \\ -13.422 & 12.252 & 0 & 0 \\ 0 & -12.252 & 12.377 & 0 \\ 0 & 0 & -12.377 & 11.797 \end{bmatrix} \times \begin{Bmatrix} c_1 \\ c_2 \\ c_3 \\ c_4 \end{Bmatrix} = \begin{Bmatrix} 750.5 \\ 300 \\ 102 \\ 30 \end{Bmatrix}$$

其中右端向量的各个分量表示四个湖泊中所含的氯化物总量，c_1、c_2、c_3 和 c_4 分别表示 Powell 湖、Mead 湖、Mohave 湖和 Havasu 湖中的氯化物浓度。

(a) 利用矩阵求逆运算解出每个湖泊中的浓度值。

(b) 如果 Havasu 湖的氯化物浓度变为 75，那么 Powell 湖中的氯化物含量会减少多少？

(c) 计算由列范数定义的条件数，据此推断数值解的有效数位中有多少位是不可信的。

11.13 (a) 计算下列矩阵的逆和条件数：

$$\begin{bmatrix} 1 & 2 & 3 \\ 4 & 5 & 6 \\ 7 & 8 & 9 \end{bmatrix}$$

(b) 对 a_{33} 做一个微小变化，变为 9.1，然后重复(a)中的计算。

11.14 多项式插值指的是，采用唯一的$(n-1)$次多项式对 n 个数据点进行拟合。该多项式的一般形式为：

$$f(x) = p_1 x^{n-1} + p_2 x^{n-2} + \cdots + p_{n-1} x + p_n \tag{11.6}$$

其中p为常系数。确定这些系数的一种直接方法是，联立n个线性代数方程，然后求解。假如想要计算通过下面 5 个点——(200, 0.746)、(250, 0.675)、(300, 0.616)、(400, 0.525)和(500, 0.457)——的四次多项式$f(x)=p_1x^4+p_2x^3+p_3x^2+p_4x+p_5$的系数，那么将这些数据点代入式(11.6)，就得到含 5 个未知量(p)的 5 个方程。求解方程组，即得到系数。此外，计算条件数，并进行解释。

11.15 如图 11.4 所示，化学物质在三个反应器之间流动。根据物质的一级动力学反应，写出稳态质量平衡方程。例如，反应器 1 的质量平衡方程为：

$$Q_{1,\text{in}}c_{1,\text{in}} - Q_{1,2}c_1 - Q_{1,3}c_1 + Q_{2,1}c_2 - kV_1c_1 = 0 \tag{11.7}$$

其中，$Q_{1,\text{in}}$ =流入反应器 1 的体积流量(m^3/min)，$c_{1,\text{in}}$ =流入到反应器 1 的物质浓度(g/m^3)，$Q_{i,j}$ =从反应器 i 到反应器 j 的流量(m^3/min)，c_i =反应器 i 的物质浓度(g/m^3)，k =一级衰减率(/min)，V_i =反应器 i 的体积(m^3)。

(a) 写出反应器 2 和 3 的质量平衡方程。

(b) 如果 k = 0.1/min，那么请写出所有三个反应器的质量平衡方程，并组成线性代数方程组。

(c) 计算方程组的 LU 分解。

(d) 使用 LU 分解计算矩阵的逆。

(e) 使用矩阵的逆来回答以下问题：(i)三个反应器的稳态浓度是多少？(ii)如果将反应器 2 的物质流入浓度设定为零，则反应器 1 的物质浓度降低了多少？(iii)如果将反应器 1 的物质流入浓度加倍，将反应器 2 的物质流入浓度减半，则反应器 3 的物质浓度是多少？

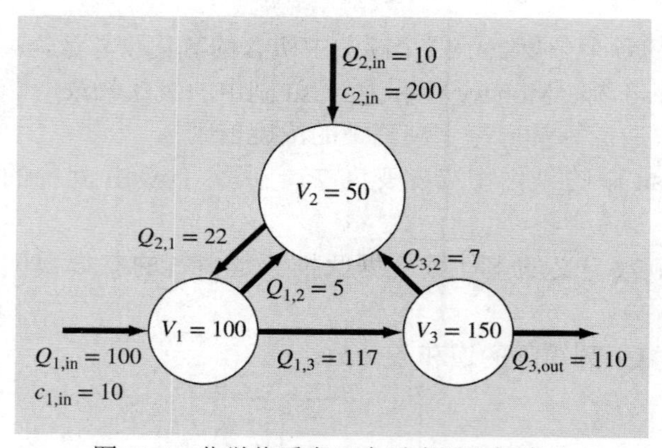

图 11.4 化学物质在三个反应器之间流动

11.16 如例 8.2 和 11.2 所述，使用矩阵的逆回答以下问题：

(a) 如果第三位蹦极运动员的体重增加到 100 千克，那么请确定第一位蹦极运动员位置的变化。

(b) 对第三位蹦极运动员必须施加什么力，才能使第三位蹦极运动员的最终位置为 140米？

11.17 确定 8.3 节中所介绍电路矩阵的逆。如果在节点 6 处施加 200V 的电压，节点 1 处的电压减半，那么请使用矩阵的逆来确定节点 2 和节点 5 之间新的电流(i_{52})。

11.18 (a) 使用与 11.3 节中相同的方法，针对图 11.5 图所示的房间配置，写出稳态质量平衡方程。

(b) 确定矩阵的逆，并使用它来计算房间中最终的物质浓度。

(c) 使用矩阵的逆来确定房间 4 中物质加载速度必须减少多少，才能保持房间 2 中的物质浓度为 20mg/m^3。

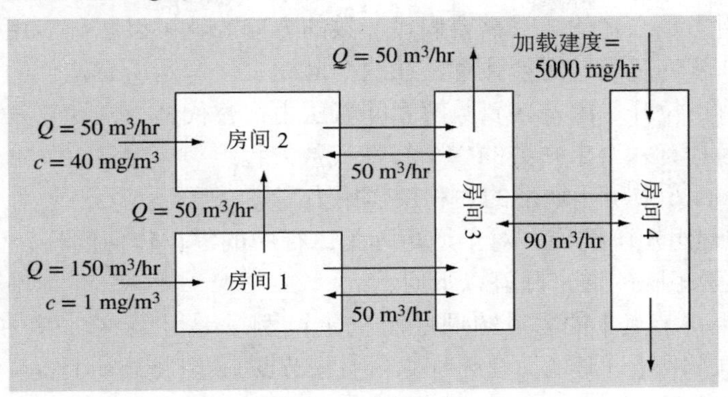

图 11.5　房间布局

11.19　编写一个结构完整且清晰的 MATLAB 函数，命名为 Fnorm，计算 $m \times n$ 矩阵的弗罗贝尼乌斯范数(Frobenius norm)，使用 for...end 循环：

$$\|A\|_f = \sqrt{\sum_{i=1}^{m}\sum_{j=1}^{n} a_{i,j}^2}$$

在计算范数之前，使用函数对矩阵进行缩放。使用以下脚本测试函数：

```
A = [5 7 -9; 1 8 4; 7 6 2];
Fn = Fnorm (A)
```

这是函数的第一行：

```
function Norm = Fnorm (x)
```

11.20　图 11.6 显示了一个静定桁架。通过分析和画出图 11.6 中每个节点的示力图，每个节点得到两个线性代数方程，将它们组成一个系统来描述这种类型的结构。由于系统处于静定状态，因此水平和垂直方向上的力的总和必须为零。因此，对于节点 1：

$$F_H = 0 = -F_1 \cos 30° + F_3 \cos 60° + F_{1,h}$$
$$F_V = 0 = -F_1 \sin 30° - F_3 \sin 60° + F_{1,v}$$

对于节点 2：

$$F_H = 0 = F_2 + F_1 \cos 30° + F_{2,h} + H_2$$
$$F_V = 0 = F_1 \sin 30° + F_{2,v} + V_2$$

对于节点 3：

$$F_H = 0 = -F_2 - F_3 \cos 60° + F_{3,h}$$
$$F_V = 0 = F_3 \sin 60° + F_{3,v} + V_3$$

其中，$F_{i,h}$ 是节点 i 受到的水平外力(力的正方向为从左到右)，$F_{1,v}$ 是节点 i 受到的垂直外力(力的正方向为从下向上)。因此，在这个问题中，节点 1 上受到的 1000N 向下的力可以表示为 $F_{1,v}=-1000$。对于这种情况，所有其他的 $F_{i,v}$ 和 $F_{i,h}$ 都为零。请注意，内力的方向和反作用力是未知的。只需要假设一致的方向，就可以正确应用牛顿法。如果方向假设不正确，解为负数。还要注意，在这个问题上，假定所有构件的力都处于张力状态，将邻接的节点拉开。因此，负数解意味着压力。替代外力，计算三角函数，可以将这个问题化简为具有六个未知数的六个线性代数方程组。

(a) 求解图 11.6 中所示情形的力和反作用力。

(b) 确定方程组矩阵的逆。对于逆矩阵第二行中的零，作何解释？

(c) 使用元素矩阵的逆来回答以下问题：

(i) 如果将节点 1 的力反转(即方向向上)，那么请计算这对 H_2 和 V_2 的影响。

(ii) 如果将节点 1 处的力设置为零，并且在节点 1 和 2 处施加 1500N 的水平外力($F_{i,h}=F_{2,h}=1500$)，那么在节点 3 处垂直反作用力是多少(V_3)?

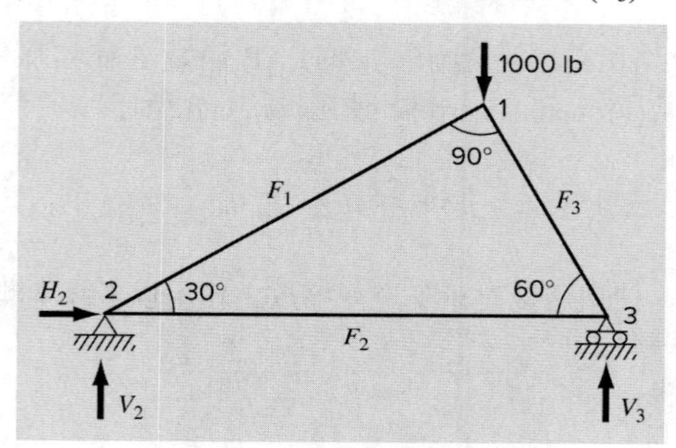

图 11.6　静定桁架的力分析

11.21　采用与习题 11.20 中相同的方法。

(a) 计算图 11.7 所示桁架支撑和构件的力和反作用力。

(b) 计算矩阵的逆。

(c) 如果在顶点处的力方向向上，那么确定两个支撑点的反作用力。

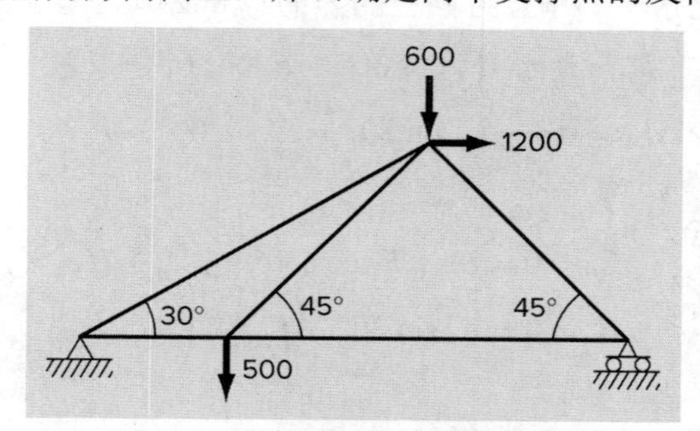

图 11.7　桁架支撑和构件的力分析

第 12 章 迭代法

本章目标

本章的主要目标是介绍求解联立方程组的迭代法，具体内容和主题包括：

- 了解高斯-赛德尔方法和雅可比迭代的区别。
- 会判断矩阵是否为对角占优，知道它有什么意义。
- 知道怎样利用松弛法来加速迭代法的收敛。
- 会利用逐次代换法、牛顿-拉弗森方法和 MATLAB fsolve 函数求解非线性方程组。

迭代法或近似法是前面介绍的消元法的有效替代。这类方法与第 5 章和第 6 章中讨论单个方程求根时构造的方法类似。单个方程求根法包括，猜测一个值，然后通过系统的方法得到方程根的精确近似。由于本部分将要研究的问题与其相似——寻找满足某联立方程组的一组值——因此可以认为上述思想也适用于此处。本章将讲述联立线性方程组和非线性方程组的解法。

12.1 线性方程组：高斯-赛德尔

在线性代数方程组的求解过程中，*高斯-赛德尔方法*(*Gauss-Seidel method*)是最常用的迭代法。给定 n 阶方程组：

$$[A]\{x\}=\{b\}$$

为简单起见，此处只讨论 3×3 的方程组。如果对角元素都非零，那么从第一个方程中解出 x_1，从第二个方程中解出 x_2，从第三个方程中解出 x_3，得到：

$$x_1^j = \frac{b_1 - a_{12}x_2^{j-1} - a_{13}x_3^{j-1}}{a_{11}} \tag{12.1a}$$

$$x_2^j = \frac{b_2 - a_{21}x_1^j - a_{23}x_3^{j-1}}{a_{22}} \tag{12.1b}$$

$$x_3^j = \frac{b_3 - a_{31}x_1^j - a_{32}x_2^j}{a_{33}} \tag{12.1c}$$

其中 j 和 j-1 分别表示当前迭代和上一步迭代。

为启动求解过程，必须猜测 x 的一个初始值。一种简单的方法是假设它的各个分量都是 0。把这些 0 代入式(12.1a)，可算出新值 $x_1 = b_1/a_{11}$。然后，将这个新的 x_1 值和之前假设的 x_3 的初始值 0 代入式(12.1b)，计算得到 x_2 的新值。重复上述过程，求解式(12.1c)，得到 x_3 的新的估计值。然后转到第一个方程，重复整个迭代过程，直到数值解非常接近于真实值时为止。利用下面的准则判断迭代过程的收敛，即任意给定 i，满足：

$$\varepsilon_{a,i} = \left| \frac{x_i^j - x_i^{j-1}}{x_i^j} \right| \times 100\% \leqslant \varepsilon_s \tag{12.2}$$

例 12.1　高斯-赛德尔方法

问题描述：利用高斯-赛德尔方法求解如下方程组：

$$\begin{aligned} 3x_1 - 0.1x_2 - 0.2x_3 &= 7.85 \\ 0.1x_1 + 7x_2 - 0.3x_3 &= -19.3 \\ 0.3x_1 - 0.2x_2 + 10x_3 &= 71.4 \end{aligned}$$

注意解为：x_1=3、$x_2 = -2.5$ 和 $x_3 = 7$。

解：首先解出每个方程中对角线上的未知量

$$x_1 = \frac{7.85 + 0.1x_2 + 0.2x_3}{3} \tag{12.3a}$$

$$x_2 = \frac{-19.3 - 0.1x_1 + 0.3x_3}{7} \tag{12.3b}$$

$$x_3 = \frac{71.4 - 0.3x_1 + 0.2x_2}{10} \tag{12.3c}$$

假设 x_2 和 x_3 等于 0，由式(12.3a)计算得到：

$$x_1 = \frac{7.85 + 0.1(0) + 0.2(0)}{3} = 2.616667$$

将这个值以及假设的 x_3=0 代入式(12.3b)，计算得到：

$$x_2 = \frac{-19.3 - 0.1(2.616667) + 0.3(0)}{7} = -2.794524$$

把 x_1 和 x_2 的计算值代入式(12.3c)并计算出 x_3 的新值，完成第一步迭代：

$$x_3 = \frac{71.4 - 0.3(2.616667) + 0.2(-2.794524)}{10} = 7.005610$$

对于第二步迭代，重复上述计算过程：

$$x_1 = \frac{7.85 + 0.1(-2.794524) + 0.2(7.005610)}{3} = 2.990557$$

$$x_2 = \frac{-19.3 - 0.1(2.990557) + 0.3(7.005610)}{7} = -2.499625$$

$$x_3 = \frac{71.4 - 0.3(2.990557) + 0.2(-2.499625)}{10} = 7.000291$$

故方法收敛于真解。当然，还可以继续迭代，进一步提高解的精度。不过，对于一个实际问题来说，事先不可能知道真解。因此，式(12.2)给出了一种估计误差的方法。例如，对于 x_1：

$$\varepsilon_{a,1} = \left|\frac{2.990557 - 2.616667}{2.990557}\right| \times 100\% = 12.5\%$$

对于 x_2 和 x_3，误差估计分别为 $\varepsilon_{a,2}$=11.8%和 $\varepsilon_{a,3}$=0.076%。注意，在研究单个方程求根时，像式(12.2)这样的公式给出的收敛性估计一般比较保守。因此，一旦该不等式成立，就说明结果至少达到了由 ε_s 指定的精度。

在高斯-赛德尔方法中，一旦计算出 x 的某个分量的新值，它立刻就被代入下一个方程以计算 x 的下一个分量。因此，如果解题过程收敛，该方法会使用最新的估计值。另一种著名的迭代法称为雅可比迭代(*Jacobi iteration*)，它的策略稍有不同。它不使用最新的 x 值，而是在原有 x 值的基础上计算出一组新的 x 值。于是，即使 x 的某些分量被更新，它们也不会马上投入使用，而是保留到下一步迭代。

高斯-赛德尔方法和雅可比迭代的区别如图 12.1 所示。尽管雅可比迭代在某些情况下非常有用，但由于高斯-赛德尔方法使用了最新近似，因此一般优先选用这种方法。

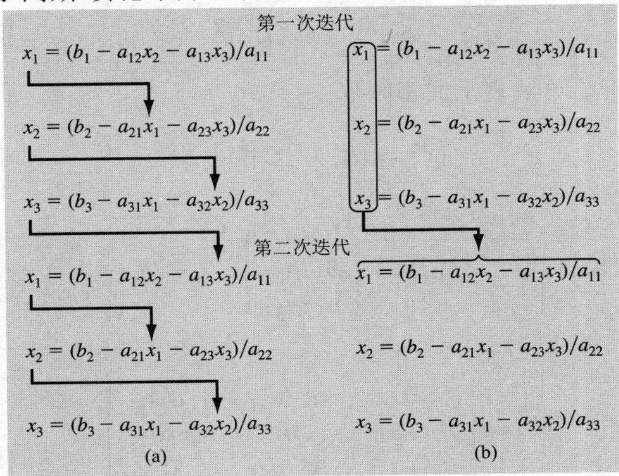

图 12.1 求解联立线性代数方程组的(a)高斯-赛德尔方法和(b)雅可比迭代的区别

12.1.1 收敛性与对角占优

从思想上来看，高斯-赛德尔方法与6.1节介绍的用于求解单个方程的简单不动点迭代非常相似。我们知道，简单不动点迭代有时是不收敛的。也就是说，随着迭代过程的推进，迭代值可能会离精确解越来越远。

虽然高斯-赛德尔方法也可能会发散，但因为它是求解线性方程组的方法，所以收敛性比求解非线性方程的不动点迭代容易预测得多。可以证明，如果下面的条件成立，则高斯-赛德尔方法收敛：

$$|a_{ii}| > \sum_{\substack{j=1 \\ j\neq i}}^{n} |a_{ij}| \tag{12.4}$$

即每个方程对角线上系数的绝对值大于方程中其他所有系数的绝对值之和。方程组的这种性质被称为对角占优(*diagonally dominant*)。这是收敛性的一个充分而非必要条件，也就是说，即使式(12.4)不成立，方法有时候也收敛，可是一旦条件满足，那么方法必定收敛。幸运的是，在工程和科学中遇到的许多实际问题都满足上述条件。因此，高斯-赛德尔方法可用于求解大量工程和科学问题。

12.1.2 MATLAB M 文件：GaussSeidel

在构造算法之前，先将高斯-赛德尔方法的计算公式重新组织一下，表示成MATLAB中可以执行的矩阵运算的形式，即将式(12.1)表示成：

$$
\begin{aligned}
x_1^{\text{new}} &= \frac{b_1}{a_{11}} \qquad\qquad\quad - \frac{a_{12}}{a_{11}}x_2^{\text{old}} - \frac{a_{13}}{a_{11}}x_3^{\text{old}} \\
x_2^{\text{new}} &= \frac{b_2}{a_{22}} - \frac{a_{21}}{a_{22}}x_1^{\text{new}} \qquad\qquad\quad - \frac{a_{23}}{a_{22}}x_3^{\text{old}} \\
x_3^{\text{new}} &= \frac{b_3}{a_{33}} - \frac{a_{31}}{a_{33}}x_1^{\text{new}} - \frac{a_{32}}{a_{33}}x_2^{\text{new}}
\end{aligned}
$$

注意，解向量可简单地表示成矩阵形式：

$$\{x\} = \{d\} - [C]\{x\} \tag{12.5}$$

其中：

$$\{d\} = \begin{Bmatrix} b_1/a_{11} \\ b_2/a_{22} \\ b_3/a_{33} \end{Bmatrix}$$

且

$$[C] = \begin{bmatrix} 0 & a_{12}/a_{11} & a_{13}/a_{11} \\ a_{21}/a_{22} & 0 & a_{23}/a_{22} \\ a_{31}/a_{33} & a_{32}/a_{33} & 0 \end{bmatrix}$$

实现式(12.5)的 M 文件如下所示：

```
function x = GaussSeidel(A,b,es,maxit)
% GaussSeidel: Gauss Seidel method
%   x = GaussSeidel(A,b): Gauss Seidel without relaxation
% input:
%   A = coefficient matrix
%   b = right hand side vector
%   es = stop criterion (default = 0.00001%)
%   maxit = max iterations (default = 50)
% output:
%   x = solution vector

if nargin<2,error('at least 2 input arguments required'),end
if nargin<4|isempty(maxit),maxit = 50;end
if nargin<3|isempty(es),es = 0.00001;end
[m,n] = size(A);
if m~=n, error('Matrix A must be square'); end
C = A;
for i = 1:n
  C(i,i) = 0;
  x(i) = 0;
end
x = x';
for i = 1:n
  C(i,1:n) = C(i,1:n)/A(i,i);
end
for i = 1:n
  d(i) = b(i)/A(i,i);
end
iter = 0;
while (1)
  xold = x;
  for i = 1:n
    x(i) = d(i)-C(i,:)*x;
    if x(i) ~= 0
      ea(i) = abs((x(i) - xold(i))/x(i)) * 100;
    end
  end
  iter = iter+1;
  if max(ea)<=es | iter >= maxit, break, end
end
```

12.1.3 松弛法

对高斯-赛德尔方法稍做修正就可以得到松弛法，它主要用于提高收敛速度。由式(12.1)计算出 x 的一个新的分量值后，利用当前步迭代值和上一步迭代值的加权平均来对它进行修正：

$$x_i^{\text{new}} = \lambda x_i^{\text{new}} + (1-\lambda)x_i^{\text{old}} \tag{12.6}$$

其中 λ 是加权因子，取值在 0~2 之间。

若 $\lambda=1$，则$(1-\lambda)$等于 0，方法未修正；而当 λ 取 0~1 之间的值时，结果是当前步迭代值和上一步迭代值的加权平均，这种修正称为亚松弛(*underrelaxation*)。亚松弛一般可以降低振荡，从而使得不收敛的方法收敛或使收敛较慢的方法加速收敛。

当 λ 的取值在 1 和 2 之间时，当前步迭代值的权重额外大一些。这种情况中隐含了一个假设，即新值正沿着正确的方向逼近真解，只是速度慢了一点；而 λ 中的多余部分用于沿这个方向继续推动数值解，使之更接近于真解。由此可见，该方法用于加快已收敛方法的收敛速度。我们称这种修正为超松弛(*overrelaxation*)，也叫作逐次超松弛(*successive overrelaxation*)或 SOR。

λ 的取值与问题高度相关，一般需要根据经验来确定。如果只要解一次方程组，那么通常不必如此麻烦。可是，如果研究中需要反复求解方程组，那么选取一个适当的 λ 值，对于提高解题效率来说就特别重要了。例如，工程和科学问题中会产生大量偏微分方程，对它们进行求解时通常需要求解超大型线性代数方程组。

例 12.2　使用带松弛过程的高斯-塞德尔方法(Gauss-Seidel Method)

问题描述：用高斯-塞德尔方法求解下列方程组，使用超松弛(λ= 1.2)，停止标准为 ε_s= 10%。

$$-3x_1 + 12x_2 = 9$$

$$10x_1 - 2x_2 = 8$$

解：首先重新排列方程，使其对角占主导地位，求解第一个方程得到 x_1，求解第二个方程得到 x_2。

$$x_1 = \frac{8+2x_2}{10} = 0.8 + 0.2x_2$$

$$x_2 = \frac{9+3x_1}{12} = 0.75 + 0.25x_1$$

第一次迭代：使用 $x_1 = x_2 = 0$ 的初始猜测值，我们可以求出 x_1。

$$x_1 = 0.8 + 0.2(0) = 0.8$$

在求解 x_2 之前，我们先对 x_1 的结果进行松弛：

$$x_{1,r} = 1.2(0.8) - 0.2(0) = 0.96$$

我们使用下标 r 表示这是“已松弛”的值。然后，将此结果用于计算 x_2：

$$x_2 = 0.75 + 0.25(0.96) = 0.99$$

接着，我们对这个结果应用松弛，得到：

$$x_{2,r} = 1.2(0.99) - 0.2(0) = 1.188$$

此时，我们可以用式(12.2)计算估计误差。但是，由于我们开始于假设值为零，因此两个变量的误差将为100%。

第二次迭代：与第一次迭代的过程相同，第二次迭代得到

$$x_1 = 0.8 + 0.2(1.188) = 1.0376$$

$$x_{1,r} = 1.2(1.0376) - 0.2(0.96) = 1.05312$$

$$\varepsilon_{a,1} = \left|\frac{1.05312 - 0.96}{1.05312}\right| \times 100\% = 8.84\%$$

$$x_2 = 0.75 + 0.25(1.05312) = 1.01328$$

$$x_{2,r} = 1.2(1.01328) - 0.2(1.188) = 0.978336$$

$$\varepsilon_{a,2} = \left|\frac{0.978336 - 1.188}{0.978336}\right| \times 100\% = 21.43\%$$

因为我们现在有了第一次迭代的非零值，所以我们可以计算每个新值的近似误差估计。此时，虽然第一个未知数的误差估计值已经下降到10%的停止标准以下，但是第二个未知数没有达到停止标准。因此，我们必须执行另一次迭代。

第三次迭代：

$$x_1 = 0.8 + 0.2(0.978336) = 0.995667$$

$$x_{1,r} = 1.2(0.995667) - 0.2(1.05312) = 0.984177$$

$$\varepsilon_{a,1} = \left|\frac{0.984177 - 1.05312}{0.984177}\right| \times 100\% = 7.01\%$$

$$x_2 = 0.75 + 0.25(0.984177) = 0.996044$$

$$x_{2,r} = 1.2(0.996044) - 0.2(0.978336) = 0.999586$$

$$\varepsilon_{a,2} = \left|\frac{0.999586 - 0.978336}{0.999586}\right| \times 100\% = 2.13\%$$

此时，因为这两个未知数的误差估计都低于10%的停止标准，所以我们可以终止计算了。此刻，结果为 $x_1 = 0.984177$ 和 $x_2 = 0.999586$，这收敛于 $x_1 = x_2 = 1$ 的精确解。

12.2 非线性方程组

以下是含有两个未知量的二阶非线性方程组：

$$x_1^2 + x_1x_2 = 10 \tag{12.7a}$$

$$x_2 + 3x_1x_2^2 = 57 \tag{12.7b}$$

与线性方程组(回顾图 9.1，线性方程的图形是直线)相比，这些方程的图形是由 x_2 和 x_1 表示的曲线，如图 12.2 所示，方程组的解是曲线的交点。

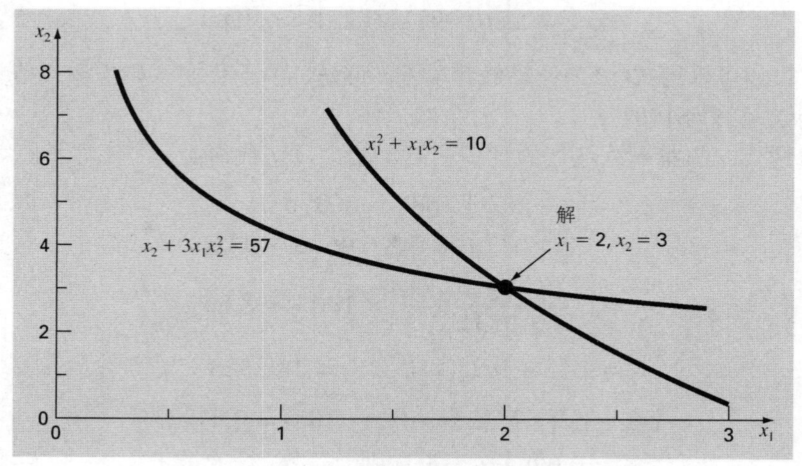

图 12.2　二阶联立非线性方程组的解的示意图

和单个非线性方程求根时一样，一般将这种方程组表示成：

$$
\begin{aligned}
f_1(x_1, x_2, \ldots, x_n) &= 0 \\
f_2(x_1, x_2, \ldots, x_n) &= 0 \\
&\vdots \\
f_n(x_1, x_2, \ldots, x_n) &= 0
\end{aligned}
\tag{12.8}
$$

因此，解是使得所有方程同时等于 0 的 x 值。

12.2.1　逐次代换法

沿用不动点迭代和高斯-赛德尔方法的策略，可以得到式(12.8)的一种简单解法。也就是说，从每一个方程中解出一个未知量，然后利用这些方程反复迭代，计算出新值，使之收敛于真解(希望如此)。这种方法称为逐次代换(*successive substitution*)，详情见例 12.3。

例 12.3　求解非线性方程组的逐次代换法

问题描述：利用逐次代换法求解式(12.7)的根。注意精确解为 x_1=2 和 x_2=3。计算的初始值猜测为 x_1=1.5 和 x_2=3.5。

解：求解式(12.7a)，得到

$$x_1 = \frac{10 - x_1^2}{x_2} \tag{12.9a}$$

求解式(12.7b)，得到：

$$x_2 = 57 - 3x_1x_2^2 \tag{12.9b}$$

在初始猜测值的基础上，由式(12.9a)计算出 x_1 的新值：

$$x_1 = \frac{10 - (1.5)^2}{3.5} = 2.21429$$

将这个结果与初始值 x_2=3.5 代入式(12.9b)，得到 x_2 的新值：

$$x_2 = 57 - 3(2.21429)(3.5)^2 = -24.37516$$

看起来，方法似乎是发散的。在进行了第二次迭代之后，这种现象更加明显了：

$$x_1 = \frac{10 - (2.21429)^2}{-24.37516} = -0.20910$$

$$x_2 = 57 - 3(-0.20910)(-24.37516)^2 = 429.709$$

显然，迭代过程偏离了精确解。

下面将原方程写成另一种形式，然后重复上述计算。例如，式(12.7a)的解还可以表示为：

$$x_1 = \sqrt{10 - x_1 x_2}$$

式(12.7b)的解可以表示为

$$x_2 = \sqrt{\frac{57 - x_2}{3x_1}}$$

现在得到的结果更加令人满意：

$$x_1 = \sqrt{10 - 1.5(3.5)} = 2.17945$$

$$x_2 = \sqrt{\frac{57 - 3.5}{3(2.17945)}} = 2.86051$$

$$x_1 = \sqrt{10 - 2.17945(2.86051)} = 1.94053$$

$$x_2 = \sqrt{\frac{57 - 2.86051}{3(1.94053)}} = 3.04955$$

因此，迭代过程收敛到精确解 x_1=2 和 x_2=3。

前面的例子暴露出逐次代换法的一个最严重的缺点，即收敛性一般取决于将方程表示成什么样的公式。此外，就算迭代公式收敛，如果初始值不是足够接近于真解，那么迭代法也会发散。这些要求如此严苛，使得不动点迭代在求解非线性方程组方面的功能受到限制。

12.2.2 牛顿-拉弗森方法

和不动点迭代一样，其他的开求根法，如牛顿-拉弗森方法，也可以用来求解非线性方程组。回顾前文，牛顿-拉弗森方法利用导数(梯度)估计函数与自变量轴的截距，即方程的根。在第 6 章中，我们用绘图法求出了估计值。推导这个估计值的另一种方法是一阶泰勒级数展开：

$$f(x_{i+1}) = f(x_i) + (x_{i+1} - x_i)f'(x_i) \tag{12.10}$$

其中 x_i 是根的初始估计值，x_{i+1} 是切线与 x 轴的交点。在这个交点上，定义 $f(x_{i+1})$ 等于 0，由式(12.10)可知：

$$x_{i+1} = x_i - \frac{f(x_i)}{f'(x_i)} \tag{12.11}$$

这就是单个方程情况下的牛顿-拉弗森方法。

多个方程情况下公式的推导过程是完全一样的。只不过因为根的位置与多个变量相关，所以必须使用多元泰勒级数。对于两变量情况，每个非线性方程的一阶泰勒级数可写为：

$$f_{1,i+1} = f_{1,i} + (x_{1,i+1} - x_{1,i})\frac{\partial f_{1,i}}{\partial x_1} + (x_{2,i+1} - x_{2,i})\frac{\partial f_{1,i}}{\partial x_2} \tag{12.12a}$$

$$f_{2,i+1} = f_{2,i} + (x_{1,i+1} - x_{1,i})\frac{\partial f_{2,i}}{\partial x_1} + (x_{2,i+1} - x_{2,i})\frac{\partial f_{2,i}}{\partial x_2} \tag{12.12b}$$

和单个方程的情况一样，根的估计值就是令 $f_{1,i+1}$ 和 $f_{2,i+1}$ 等于 0 后解出的 x_1 和 x_2 的值。此时，式(12.12)可重新表示为：

$$\frac{\partial f_{1,i}}{\partial x_1}x_{1,i+1} + \frac{\partial f_{1,i}}{\partial x_2}x_{2,i+1} = -f_{1,i} + x_{1,i}\frac{\partial f_{1,i}}{\partial x_1} + x_{2,i}\frac{\partial f_{1,i}}{\partial x_2} \tag{12.13a}$$

$$\frac{\partial f_{2,i}}{\partial x_1}x_{1,i+1} + \frac{\partial f_{2,i}}{\partial x_2}x_{2,i+1} = -f_{2,i} + x_{1,i}\frac{\partial f_{2,i}}{\partial x_1} + x_{2,i}\frac{\partial f_{2,i}}{\partial x_2} \tag{12.13b}$$

所有下标为 i 的量都是已知的(它们对应于最新的猜测值或近似值)，只有 $x_{1,i+1}$ 和 $x_{2,i+1}$ 未知。因此，式(12.13)是含有两个未知量的二阶线性方程组。于是，由线性代数方程组解法(例如克拉默法则)，可得：

$$x_{1,i+1} = x_{1,i} - \frac{f_{1,i}\dfrac{\partial f_{2,i}}{\partial x_2} - f_{2,i}\dfrac{\partial f_{1,i}}{\partial x_2}}{\dfrac{\partial f_{1,i}}{\partial x_1}\dfrac{\partial f_{2,i}}{\partial x_2} - \dfrac{\partial f_{1,i}}{\partial x_2}\dfrac{\partial f_{2,i}}{\partial x_1}} \tag{12.14a}$$

$$x_{2,i+1} = x_{2,i} - \frac{f_{2,i}\dfrac{\partial f_{1,i}}{\partial x_1} - f_{1,i}\dfrac{\partial f_{2,i}}{\partial x_1}}{\dfrac{\partial f_{1,i}}{\partial x_1}\dfrac{\partial f_{2,i}}{\partial x_2} - \dfrac{\partial f_{1,i}}{\partial x_2}\dfrac{\partial f_{2,i}}{\partial x_1}} \tag{12.14b}$$

每个方程的分母在形式上记为方程组的*雅可比(Jacobian)行列式*。

方程(12.12)是牛顿-拉弗森方法的双方程版本。正如示例所示，我们可以迭代地使用这种方法，一步一个脚印，朝着两个联立方程的根前进。

例 12.4　非线性方程组的牛顿-拉弗森解法

问题描述：利用多元牛顿-拉弗森方法求解式(12.7)的根。计算的初值设为 x_1=1.5 和

x_2=3.5。

解：首先计算偏导数在初始值 x 和 y 处的取值

$$\frac{\partial f_{1,0}}{\partial x_1}=2x_1+x_2=2(1.5)+3.5=6.5 \qquad \frac{\partial f_{1,0}}{\partial x_2}=x_1=1.5$$

$$\frac{\partial f_{2,0}}{\partial x_1}=3x_2^2=3(3.5)^2=36.75 \qquad \frac{\partial f_{2,0}}{\partial x_2}=1+6x_1x_2=1+6(1.5)(3.5)=32.5$$

然后计算第一步迭代的雅可比行列式：

$$6.5(32.5)-1.5(36.75)=156.125$$

函数在初始值处的取值为：

$$f_{1,0}=(1.5)^2+1.5(3.5)-10=-2.5$$
$$f_{2,0}=3.5+3(1.5)(3.5)^2-57=1.625$$

将这些值代入式(12.14)，得到：

$$x_1=1.5-\frac{-2.5(32.5)-1.625(1.5)}{156.125}=2.03603$$

$$x_2=3.5-\frac{1.625(6.5)-(-2.5)(36.75)}{156.125}=2.84388$$

可以看出，结果收敛于真解 x_1=2 和 x_2=3。重复上述迭代过程，直到数值解的精度可以接受为止。

使用牛顿-拉弗森方法求解多个方程时的收敛速度与求解单个方程时一样快，仍然是二阶收敛。不过，就像逐次代换法一样，如果初始猜测值没有充分靠近真解的话，该方法可能发散。对于单个方程，可以使用绘图法求出一个比较好的初始近似，而多个方程的情况就没这么简单了。尽管也有一些高级方法可以用来估计初始值，但是这些值通常必须在反复试验和对物理模型足够了解的前提下才能得到。

两方程的牛顿-拉弗森方法可推广到 n 阶联立方程组的求解。为此，写出关于第 k 个方程的式(12.11)：

$$\frac{\partial f_{k,i}}{\partial x_1}x_{1,i+1}+\frac{\partial f_{k,i}}{\partial x_2}x_{2,i+1}+\cdots+\frac{\partial f_{k,i}}{\partial x_n}x_{n,i+1}=-f_{k,i}+x_{1,i}\frac{\partial f_{k,i}}{\partial x_1}+x_{2,i}\frac{\partial f_{k,i}}{\partial x_2}+\cdots+x_{n,i}\frac{\partial f_{k,i}}{\partial x_n} \tag{12.15}$$

其中，第一个下标 k 表示方程或未知量。第二个下标用于指明被讨论的方程或变量的取值是在当前步(i)还是下一步(i+1)。注意，只有式(12.15)左端的 $x_{k,i+1}$ 项是未知的。其他的量都取当前值(i)，所以在每次迭代中都是已知的。于是，一般形式为式(12.15)(取 k=1, 2,..., n)的一组方程构成联立线性方程组，该方程组可利用前面章节中介绍的消元法进行数值求解。

应用矩阵符号，式(12.15)可简洁地表示为：

$$[J]\{x_{i+1}\} = -\{f\} + [J]\{x_i\} \tag{12.16}$$

其中偏导数在 i 点处的取值组成雅可比矩阵(*Jacobian matrix*)：

$$[J] = \begin{bmatrix} \frac{\partial f_{1,i}}{\partial x_1} & \frac{\partial f_{1,i}}{\partial x_2} & \cdots & \frac{\partial f_{1,i}}{\partial x_n} \\ \frac{\partial f_{2,i}}{\partial x_1} & \frac{\partial f_{2,i}}{\partial x_2} & \cdots & \frac{\partial f_{2,i}}{\partial x_n} \\ \vdots & \vdots & & \vdots \\ \frac{\partial f_{n,i}}{\partial x_1} & \frac{\partial f_{n,i}}{\partial x_2} & \cdots & \frac{\partial f_{n,i}}{\partial x_n} \end{bmatrix} \tag{12.17}$$

初值和终值可表示成向量形式：

$$\{x_i\}^{\mathrm{T}} = \lfloor x_{1,i} \quad x_{2,i} \quad \cdots \quad x_{n,i} \rfloor$$

和

$$\{x_{i+1}\}^{\mathrm{T}} = \lfloor x_{1,i+1} \quad x_{2,i+1} \quad \cdots \quad x_{n,i+1} \rfloor$$

最后，函数在 i 点处的取值表示为：

$$\{f\}^{\mathrm{T}} = \lfloor f_{1,i} \quad f_{2,i} \quad \cdots \quad f_{n,i} \rfloor$$

对于式(12.16)，可采用高斯消元法这样的方法来求解。仿照例 12.3 中两阶方程组的求解，重复上述迭代过程，直到估计值足够精确为止。

如果采用逆矩阵法求解式(12.16)，还可以进一步考查解的其他性质。回顾前文，单个方程的牛顿-拉弗森方法为：

$$x_{i+1} = x_i - \frac{f(x_i)}{f'(x_i)} \tag{12.18}$$

如果在式(12.16)两边同时乘以雅可比矩阵的逆，结果是：

$$\{x_{i+1}\} = \{x_i\} - [J]^{-1}\{f\} \tag{12.19}$$

比较式(12.18)和式(12.19)，很显然，两者的结构类似。其实，雅可比矩阵就相当于多元函数的导数。

这些矩阵计算在 MATLAB 中执行的效率特别高。下面将利用 MATLAB 重现例 12.4 中的计算。定义了初始猜测值之后，可以计算雅可比矩阵和函数值：

```
>> x = [1.5;3.5];
>> J = [2*x(1)+x(2) x(1);3*x(2)^2 1+6*x(1)*x(2)]

J =
    6.5000    1.5000
   36.7500   32.5000
```

```
>> f = [x(1)^2 + x(1)*x(2) - 10;x(2)+3*x(1)*x(2)^2 - 57]

f =
  -2.5000
   1.6250
```

然后执行式(12.19)，得到改进后的估计值：

```
>> x = x-J\f

x =
   2.0360
   2.8439
```

虽然这个迭代过程也可以在命令模式下重复，但最好还是将算法编写成M文件。下面这个例行程序通过一个M文件来计算给定x值处的函数值和雅可比矩阵。程序在一步迭代中先调用这个函数，再计算式(12.19)，然后重复这个过程。只有在达到迭代步的上界(maxit)或指定的相对误差百分比(es)时，迭代过程才结束：

```
function [x,f,ea,iter]=newtmult(func,x0,es,maxit,varargin)
% newtmult: Newton-Raphson root zeroes nonlinear systems
%  [x,f,ea,iter] = newtmult(func,x0,es,maxit,p1,p2,...):
%   uses the Newton-Raphson method to find the roots of
%   a system of nonlinear equations
% input:
%  func = name of function that returns f and J
%  x0 = initial guess
%  es = desired percent relative error (default = 0.0001%)
%  maxit = maximum allowable iterations (default = 50)
%  p1,p2,... = additional parameters used by function
% output:
%  x = vector of roots
%  f = vector of functions evaluated at roots
%  ea = approximate percent relative error (%)
%  iter = number of iterations

if nargin<2,error('at least 2 input arguments required'),end
if nargin<3|isempty(es),es = 0.0001;end
if nargin<4|isempty(maxit),maxit = 50;end
iter = 0;
x = x0;
while (1)
  [J,f] = func(x,varargin{:});
  dx = J\f;
  x = x - dx;
  iter = iter + 1;
  ea=100*max(abs(dx./x));
  if iter> = maxit|ea< = es, break, end
end
```

需要指出的是，上述方法中存在两个缺点。首先，式(12.17)有时不好计算，因此，需要对牛顿-拉弗森方法进行变形，以解决这个问题。和设想的一样，绝大多数方法都采用有限差分来近似[J]中的偏导数。其次，多方程牛顿-拉弗森方法通常要求初始猜测值选取得非常好才能保证收敛。因为这个要求有时候很难或者不方便满足，所以人们构造了一些替代方法，这些替代方法的收敛速度虽然比牛顿-拉弗森方法慢，但是收敛性更好。其中的一种方法是，将非线性方程组重新表示成单个方程的形式：

$$F(x) = \sum_{i=1}^{n} [f_i(x_1, x_2, \ldots, x_n)]^2$$

其中$f_i(x_1, x_2, \cdots, x_n)$是由式(12.8)表示的原方程组中的第$i$个方程。使这个函数取最小值的$x$值就是非线性方程组的解，因此，可以采用非线性最优化的方法来求解。

12.2.3　MATLAB 函数：fsolve

fsolve函数可以用于求解具有几个变量的非线性方程组，其一般的语法表示是：

```
[x, fx] = fsolve(function, x0, options)
```

其中[*x*, *fx*] =包含根x的向量以及包含在根处所计算的函数值向量；*function*=包含保存待求解方程向量的函数的名称；x_0是保存未知数的初始猜测值的向量，*options* 是由 optimset 函数创建的数据结构。请注意，如果希望传递函数参数但不使用 *options*，在这个位置传递一个空向量[]。

optimset 函数的语法为：

```
options = optimset('par1',val1,'par2',val2,...)
```

其中参数par_i的值为val_i。只需要在命令提示符处输入optimset，即可获得所有可能参数的完整列表。通常用于fsolve函数的参数是：

- *display*：当这个参数设置为'iter'时，显示所有迭代的详细记录。
- *tolx*：根据x设置终止公差的正标量。
- *tolfun*：根据*fx*设置终止公差的正标量。

作为示例，我们可以求解式(12.7)中的方程组：

$$f(x_1, x_2) = 2x_1 + x_1x_2 - 10$$
$$f(x_1, x_2) = x_2 + 3x_1x_2^2 - 57$$

首先，建立保存方程组的函数：

```
function f = fun(x)
f = [x(1)^2+x(1)*x(2) - 10;x(2)+3*x(1)*x(2)^2 - 57];
```

然后可以使用脚本来生成解：

```
clc, format compact
[x,fx] = fsolve(@fun,[1.5;3.5])
```

结果得到：

```
x =
   2.0000
   3.0000
fx =
  1.0e-13 *
        0
   0.1421
```

12.3 案例研究：化学反应

背景：在研究化学反应的特性时，经常会遇到非线性方程组。例如，在某封闭系统中发生了下列化学反应：

$$2A + B \underset{\leftarrow}{\overset{\rightarrow}{}} C \tag{12.20}$$

$$A + D \underset{\leftarrow}{\overset{\rightarrow}{}} C \tag{12.21}$$

达到平衡时，系统的特征量为：

$$K_1 = \frac{c_c}{c_a^2 c_b} \tag{12.22}$$

$$K_2 = \frac{c_c}{c_a c_d} \tag{12.23}$$

其中记号 c_i 表示第 i 种化学成分的浓度。如果 x_1 和 x_2 分别表示第一和第二个反应中生成的 c 的摩尔数，试将平衡关系式表示成含两个未知量的二阶非线性方程组。若 $K_1 = 4\times10^{-4}$，$K_2=3.7\times10^{-2}$，$c_{a,0}=50$，$c_{b,0}=20$，$c_{c,0}=5$，$c_{d,0}=10$，应用牛顿-拉弗森方法求解这些方程组。

解：由式(12.20)和式(12.21)的化学计量可知，各种化学成分的浓度都可以由 x_1 和 x_2 表示

$$c_a = c_{a,0} - 2x_1 - x_2 \tag{12.24}$$

$$c_b = c_{b,0} - x_1 \tag{12.25}$$

$$c_c = c_{c,0} + x_1 + x_2 \tag{12.26}$$

$$c_d = c_{d,0} - x_2 \tag{12.27}$$

其中下标 0 表示化学成分的初始浓度。将这些值代入式(12.22)和式(12.23)，得到：

$$K_1 = \frac{(c_{c,0} + x_1 + x_2)}{(c_{a,0} - 2x_1 - x_2)^2(c_{b,0} - x_1)}$$

$$K_2 = \frac{(c_{c,0} + x_1 + x_2)}{(c_{a,0} - 2x_1 - x_2)(c_{d,0} - x_2)}$$

给定参数取值，就得到含有两个未知量的二阶非线性方程组。于是，求解这个方程组就是要确定下式的根：

$$f_1(x_1, x_2) = \frac{5 + x_1 + x_2}{(50 - 2x_1 - x_2)^2(20 - x_1)} - 4 \times 10^{-4} \tag{12.28}$$

$$f_2(x_1, x_2) = \frac{(5 + x_1 + x_2)}{(50 - 2x_1 - x_2)(10 - x_2)} - 3.7 \times 10^{-2} \tag{12.29}$$

为了使用牛顿-拉弗森方法，需要求出式(12.28)和式(12.29)的雅可比矩阵，即计算偏导数。虽然这可以实现，但计算偏导数比较耗时。不妨仿照 6.3 节中的修正割线法，用有限差分来代替导数值。例如，组成雅可比矩阵的各个偏导数为：

$$\frac{\partial f_1}{\partial x_1} = \frac{f_1(x_1 + \delta x_1, x_2) - f_1(x_1, x_2)}{\delta x_1} \qquad \frac{\partial f_1}{\partial x_2} = \frac{f_1(x_1, x_2 + \delta x_2) - f_1(x_1, x_2)}{\delta x_2}$$

$$\frac{\partial f_2}{\partial x_1} = \frac{f_2(x_1 + \delta x_1, x_2) - f_2(x_1, x_2)}{\delta x_1} \qquad \frac{\partial f_2}{\partial x_2} = \frac{f_2(x_1, x_2 + \delta x_2) - f_2(x_1, x_2)}{\delta x_2}$$

然后将这些关系式写成 M 文件，函数值和雅可比矩阵计算如下：

```
function [J,f]=jfreact(x,varargin)
del = 0.000001;
df1dx1 = (u(x(1)+del*x(1),x(2))-u(x(1),x(2)))/(del*x(1));
df1dx2 = (u(x(1),x(2)+del*x(2))-u(x(1),x(2)))/(del*x(2));
df2dx1 = (v(x(1)+del*x(1),x(2))-v(x(1),x(2)))/(del*x(1));
df2dx2 = (v(x(1),x(2)+del*x(2))-v(x(1),x(2)))/(del*x(2));
J=[df1dx1 df1dx2;df2dx1 df2dx2];
f1=u(x(1),x(2));
f2=v(x(1),x(2));
f=[f1;f2];

function f = u(x,y)
f = (5 + x + y) / (50 - 2 * x - y) ^ 2 / (20 - x) - 0.0004;

function f = v(x,y)
f = (5 + x + y) / (50 - 2 * x - y) / (10 - y) - 0.037;
```

给定初始猜测值 $x_1 = x_2 = 3$，然后利用函数 newtmult(参见 12.2.2 节)求解出方程组的根：

```
>>> format short e, x0 =[3; 3];
>> [x,f,ea,iter] = newtmult(@jfreact,x0)

x =
  3.3366e+000
  2.6772e+000

f =
 -7.1286e-017
  8.5973e-014

ea =
  5.2237e-010
```

```
iter =
     4
```

迭代四步后得到解 x_1=3.3366 和 x_2=2.6772。然后将这些值代入式(12.24)~式(12.27)，计算出各化学成分达到平衡后的浓度：

$$c_a = 50 - 2(3.3366) - 2.6772 = 40.6496$$
$$c_b = 20 - 3.3366 = 16.6634$$
$$c_c = 5 + 3.3366 + 2.6772 = 11.0138$$
$$c_d = 10 - 2.6772 = 7.3228$$

最后，首先编写一个MATLAB文件函数，将非线性方程组作为向量表示，然后也可以使用fsolve函数来求解：

```
function F = myfun(x)
F = [(5+x(1)+x(2))/(50-2*x(1)-x(2))^2/(20-x(1))-0.0004;...
     (5+x(1)+x(2))/(50-2*x(1)-x(2))/(10-x(2))-0.037];
```

接下来，使用函数生成解：

```
[x,fx] = fsolve(@myfun,[3;3])
```

结果得到：

```
x =
    3.3372
    2.6834
fx =
   1.0e-04 *
    0.0041
    0.6087
```

12.4 习题

12.1 使用带超松弛过程的(λ= 1.25)高斯-塞德尔方法，三次迭代，求解以下方程组。如有必要，重新整理方程，在求解过程中，显示所有步骤，包括误差估计。在计算结束时，计算最终结果的真实误差。

$$3x_1 + 8x_2 = 11$$
$$7x_1 - x_2 = 5$$

12.2 (a) 采用高斯-赛德尔方法求解下列方程组，直到百分比相对误差低于 ε_s=5%时停止迭代：

$$\begin{bmatrix} 0.8 & -0.4 & \\ -0.4 & 0.8 & -0.4 \\ & -0.4 & 0.8 \end{bmatrix} \begin{Bmatrix} x_1 \\ x_2 \\ x_3 \end{Bmatrix} = \begin{Bmatrix} 41 \\ 25 \\ 105 \end{Bmatrix}$$

(b) 取 λ=1.2，采用超松弛方法重复(a)中的计算。

12.3 采用高斯-赛德尔方法求解下列方程组，直到百分比相对误差低于 ε_s=5%时停止迭代：

$$\begin{aligned} 10x_1 + 2x_2 - x_3 &= 27 \\ -3x_1 - 6x_2 + 2x_3 &= -61.5 \\ x_1 + x_2 + 5x_3 &= -21.5 \end{aligned}$$

12.4 利用雅可比迭代重复习题 12.3 中的计算。

12.5 下列方程组用于计算一系列耦合反应器中的物质浓度(c，单位为 g/m^3)，该浓度值是每个反应器中输入物质总量(右端项，单位为 g/day)的函数：

$$\begin{aligned} 15c_1 - 3c_2 - c_3 &= 3800 \\ -3c_1 + 18c_2 - 6c_3 &= 1200 \\ -4c_1 - c_2 + 12c_3 &= 2350 \end{aligned}$$

取 ε_s=5%，利用高斯-赛德尔方法求解这个问题。

12.6 取容差 ε_s=5%，利用不带松弛过程和带松弛过程(λ=1.2)的高斯-赛德尔方法求解下列方程组。如有必要，将方程组重新组织，以保证收敛性。

$$\begin{aligned} 2x_1 - 6x_2 - x_3 &= -38 \\ -3x_1 - x_2 + 7x_3 &= -34 \\ -8x_1 + x_2 - 2x_3 &= -20 \end{aligned}$$

12.7 对于表 12.1 所示的三个线性方程组，指出哪些不能用迭代法(如高斯-赛德尔方法)进行求解。说明对于任意的迭代步，数值解都不可能收敛。清楚地阐述所采用的收敛准则(并说明确定方法不收敛的原因)。

表 12.1 线性方程组

方程组 1	方程组 2	方程组 3
$8x+3y+z=13$	$x+y+6z=8$	$-3x+4y+5z=6$
$-6x+8z=2$	$x+5y-z=5$	$-2x+2y-3z=-3$
$2x+5y-z=6$	$4x+2y-2z=4$	$2y-z=1$

12.8 利用牛顿-拉弗森方法求解如下非线性方程组：

$$y = -x^2 + x + 0.75$$
$$y + 5xy = x^2$$

初始值取为 $x=y=1.2$。

12.9 求解如下非线性方程组：

$$x^2 = 5 - y^2$$
$$y + 1 = x^2$$

(a) 采用绘图法。

(b) 采用逐次代换法，初始值取为 $x=y=1.5$。

(c) 采用牛顿-拉弗森方法，初始值取为 $x=y=1.5$。

12.10 图 12.3 显示了由一系列反应器构成的化学转换过程，其中气体从左向右流动，液体从右向左流动。化学物质由气体转变为液体的速率与各个反应器中的气液浓度差成正比。达到稳定之后，第一个反应器中气体的质量平衡可表示为：

$$Q_G c_{G0} - Q_G c_{G1} + D(c_{L1} - c_{G1}) = 0$$

液体的质量平衡可表示为：

$$Q_L c_{L2} - Q_L c_{L1} + D(c_{G1} - c_{L1}) = 0$$

其中 Q_G 和 Q_L 分别表示气体和液体的流速，D=气-液转换率。同理，还可以写出其他反应器中的平衡关系式。给定 Q_G=2，Q_L=1，D=0.8，c_{G0}=100 和 c_{L6}=10，使用未带松弛过程的高斯-塞德尔方法试求解浓度值。

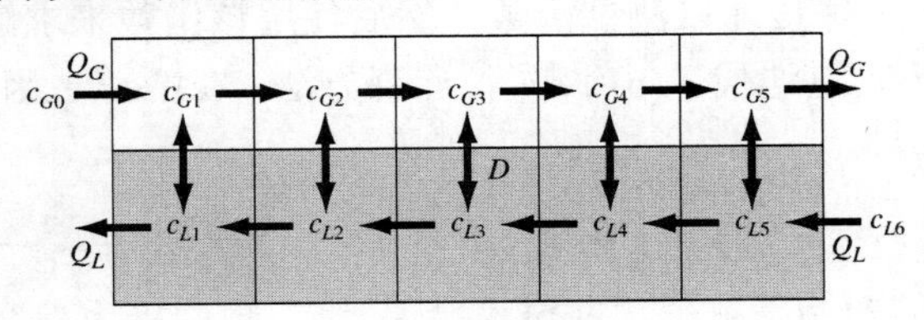

图 12.3 化学转换

12.11 受热平板上的温度稳态分布模型可表示成拉普拉斯方程(*Laplace equation*)：

$$0 = \frac{\partial^2 T}{\partial x^2} + \frac{\partial^2 T}{\partial y^2}$$

如果将平板表示成一系列结点(见图12.4)，用中心有限差分替换二阶导数，得到线性代数方程组。请用高斯-赛德尔方法解出图12.4中各结点的温度值。

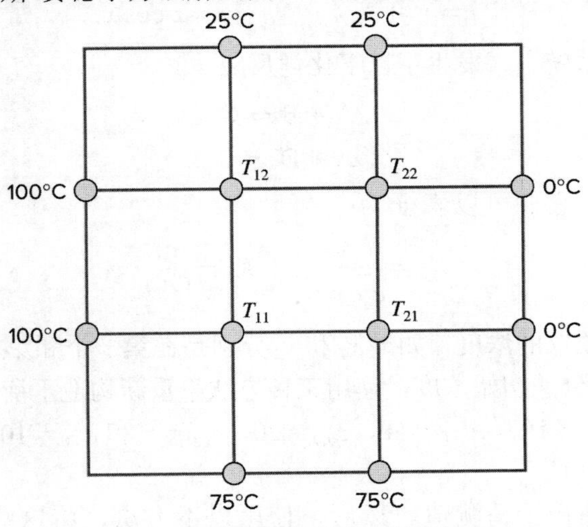

图 12.4 将平板表示成一系列结点

12.12 根据图 12.2，创建未带松弛过程的高斯-塞德尔方法的 M 文件函数。但是，更改第一行，使函数返回近似误差和迭代次数，如下所示：

```
function[x,ea,iter] = ...
     GaussSeidel(A,b,es, maxit)
```

重复例 12.1 以测试函数，然后使用此函数来求解习题 12.2(a)。

12.13 为带有松弛过程的高斯-塞德尔方法创建一个 M 文件函数。这是该函数的第一行：

```
function[x,ea,iter] = ...
 GaussSeidelR(A,b,lambda,es,maxit)
```

在用户没有输入 λ 值的情况下，将 λ 的默认值设置为 1。重复例 12.2 以测试函数，然后使用此函数来求解习题 12.2(b)。

12.14 基于 12.2.2 节的 M 文件函数，创建求解非线性方程组的牛顿-拉弗森方法的 M 文件函数。通过求解例 12.4 以测试函数，然后使用该函数来求解习题 12.8。

12.15 使用(a)不动点迭代，(b)牛顿-拉弗森方法，(c)fsolve 函数，确定以下联立非线性方程组的根：

$$y = -x^2 + x + 0.75 \qquad y + 5xy = x^2$$

使用 $x = y = 1.2$ 的初始猜测值，并讨论结果。

12.16 确定如下联立非线性方程组的根：

$$(x-4)^2 + (y-4)^2 = 5 \qquad x^2 + y^2 = 16$$

使用绘图法来获取初始猜测值。使用(a)二元牛顿-拉弗森方法，(b)fsolve 函数，确定改良的估计值。

12.17 重复习题 12.16，不用确定方程组的正根：

$$y = x^2 + 1 \qquad y = 2\cos x$$

12.18 在封闭系统中，发生了以下化学反应：

$$2\mathrm{A} + \mathrm{B} \rightleftharpoons \mathrm{C}$$
$$\mathrm{A} + \mathrm{D} \rightleftharpoons \mathrm{C}$$

在平衡状态下，它们可以表征为：

$$K_1 = \frac{c_c}{c_a^2 c_b} \qquad K_2 = \frac{c_c}{c_a c_d}$$

其中，c_i 代表成分 i 的浓度。如果 x_1 和 x_2 分别是在第一个和第二个反应中生成 C 的摩尔数，那么按照组分的初始浓度，使用某种方法来重新构造平衡关系。接下来，给定 $K_1 = 4 \times 10^{-4}$，$K_2 = 3.7 \times 10^{-2}$，$c_{a,0} = 50$，$c_{b,0} = 20$，$c_{c,0} = 5$ 和 $c_{d,0} = 10$，求解联立非线性方程组，得出 x_1 和 x_2 的值。

使用绘图法得到初步猜测值。然后，使用以下方法，将这些猜测值作为确定改良的估计值的起点：

(a) 牛顿-拉弗森方法

(b) fsolve 函数

12.19 如 5.6 节所述，由以下五个非线性方程组成的方程组，控制了雨水的化学成分：

$$K_1 = 10^6 \frac{[H^+][HCO_3^-]}{K_H p_{co_2}} \quad K_2 = \frac{[H^+][CO_3^{-2}]}{[HCO_3^-]} \quad K_w = [H^+][OH^-]$$

$$c_T = \frac{K_H p_{co_2}}{10^6} + [HCO_3^-] + [CO_3^{-2}]$$

$$0 = [HCO_3^-] + 2\,[CO_3^{-2}] + [OH^-] + [H^+]$$

其中 K_H =亨利常数，K_1、K_2 和 K_w =平衡系数，c_T =总无机碳的摩尔数，$[HCO_3^-]$=碳酸氢根离子浓度，$[CO_3^{-2}]$=碳酸根离子浓度，$[H^+]$=氢离子浓度，$[OH^-]$=羟基离子浓度。请注意，在方程中显示的温室气体二氧化碳的分压对雨的酸性产生影响的方式。给定 $K_H = 10^{-1.46}$，$K_1 = 10^{-6.3}$，$K_2 = 10^{-10.3}$，$K_w = 10^{-14}$，使用这些方程和 fsolve 函数来计算雨水的 pH 值。比较 1958 年时 p_{CO_2} 为 315ppm 的结果和 2015 年时 p_{CO_2} 约为 400 ppm 的结果。请注意，由于浓度往往非常小，并且在有几个数量级的变化，因此这是一个难以解决的问题。因此，使用负对数 $pK = -\log_{10}(K)$ 来表示未知量，这种技巧是有用的。也就是说，五个未知量——$[H^+]$、$[OH^-]$、$[HCO_3^-]$、$[CO_3^{-2}]$ 和 c_T——可以重新表示为 pH、pOH、$pHCO_3$、pCO_3 和 pc_T，如下所示：

$$[H^+] = 10^{-pH} \qquad [OH^-] = 10^{-pOH}$$

$$[HCO_3^-] = 10^{-pHCO_3}$$

$$[CO_3^{-2}] = 10^{-pCO_3} \qquad c_T = 10^{-pcT}$$

此外，使用 optimset 为函数公差设置严格的标准，这是有帮助的，如下面可用于生成解的脚本所示：

```
clc, format compact
xguess = [7;7;3;7;3];
options = optimset('tolfun',1e-12)
[x1,fx1] = fsolve(@funpH,xguess,options,315);
[x2,fx2] = fsolve(@funpH,xguess,options,400);
x1',fx1',x2',fx2'
```

第13章 特征值

本章目标

本章的主要目标是介绍特征值。本章涉及的内容和主题包括：

- 了解特征值和特征向量的数学定义。
- 了解在振动或振荡的工程系统环境中，特征值和特征向量的物理解释。
- 了解如何实现多项式方法。
- 了解如何实施幂方法来计算最小和最大的特征值以及对应的特征向量。
- 了解如何使用和解释 MATLAB 的 eig 函数。

提出问题

在第 8 章开头，我们使用牛顿第二定律和力平衡关系，预测了三位使用绳子相连的蹦极运动员的平衡位置。因为我们将绳子的行为假设为理想的弹簧(即遵循胡克定律)，所以稳态解被简化为求解线性代数方程组[回顾式(8.1)和例 8.2]。在力学中，这称为静力学问题。

现在，让我们来看一下涉及相同系统的动态问题。也就是说，我们将蹦极运动员的运动作为时间的函数来研究。为此，我们必须规定其初始条件(即初始位置和速度)。例如，我们可以将蹦极运动员的初始位置，设置为例 8.2 中计算得到的平衡值处。如果我们将初始速度设置为零，由于系统将处于平衡状态，因此不会发生任何事情。

现在，我们对观察系统的动态有兴趣，因此我们必须将初始条件设定为可以引发运动的值。虽然我们将蹦极运动员的初始位置设置为平衡位置的值，将位于中间的蹦极运动员的初始速度设置为零，但是我们将上方蹦极运动员和下方蹦极运动员的初始速度设置为大家都认可的某个极值。也就是说，我们向蹦极运动员 1 施加了 200m/s 的向下速度，向蹦极运动员 3 施加了 100m/s 的向上速度。然后，我们使用 MATLAB 来求解差分方程[式

(8.1)]，生成作为时间函数的位置和速度。[1]

如图 13.1 所示，结果是蹦极运动员剧烈摆动。由于没有摩擦力(即没有空气阻力或弹簧阻尼)，因此他们在平衡位置上上下下，持续摇晃，至少表面上看起来是杂乱无章的。仔细研究各个轨迹，表明这种摇摆可能存在一定的模式。例如，峰和谷之间的距离可能是恒定的。但是，当将这些轨迹视为时间序列时，人们很难察觉是否正在进行任何有系统、可预见的事情。

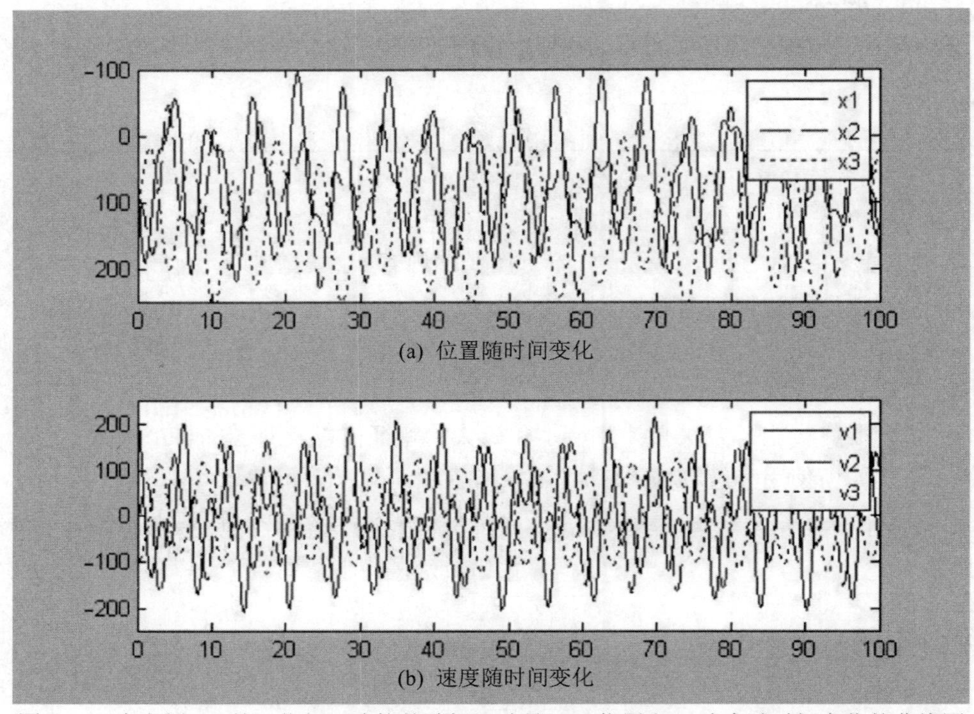

图 13.1 来自例 8.2 的三位相互连接的蹦极运动员，(a)位置和(b)速度随时间变化的曲线图

在本章中，我们介绍了一种方法，这种方法能从看似混乱的行为中提取出一些根本的内容。对于这样的系统，需要确定其特征值。我们将看到，这种方法不同于我们到现在所做的用来表达和求解线性代数方程组的任何方式。为此，我们首先从数学角度描述特征值的含义。

13.1 数学背景

在第 8～第 12 章中，我们讨论了如下一般形式的线性代数方程组的求解方法：

$$[A]\{x\} = \{b\} \tag{13.1}$$

由于等式的右边出现了向量 $\{b\}$，因此我们称这样的方程组为非齐次的

---

1 在第 VI 部分介绍常微分方程时，我们将展示如何完成这一点。

(*nonhomogeneous*)。如果组成这样方程组的方程是线性无关的(也就是说，具有非零的行列式值)，那么它们就具有唯一解。换言之，就是存在一组 x 值，能够同时满足这些方程。正如我们在 9.1.1 节中已经看到的，对于具有两个未知数的两个方程，解可以被视为由方程表示的两条直线的交点(参见图 9.1)。

相比之下，齐次线性代数方程组的右边等于 0：

$$[A]\{x\} = 0 \tag{13.2}$$

从表面来看，这个方程式表明，唯一可能的解是没有价值的，即所有的 x 都等于零。从图形上来看，这对应于两条直线在零处相交。

虽然这肯定是正确的，但是与工程相关的特征值问题的一般形式通常为：

$$[[A] - \lambda[I]]\{x\} = 0 \tag{13.3}$$

其中参数 λ 是特征值。因此，我们不是将 x 设为零，而是确定 λ 的值，使得方程式左边等于零！实现这一点的一种方法是基于这样一个事实：对于可能的非零解(非平凡解)，矩阵的行列式必须等于零：

$$|[A] - \lambda[I]| = 0 \tag{13.4}$$

扩展行列式，产生一个 λ 多项式，这称为特征多项式。这个多项式的根是特征值的解。

为了更好地理解这些概念，研究如下两个方程的情况是大有裨益的：

$$\begin{aligned}(a_{11} - \lambda)x_1 + \qquad a_{12}x_2 &= 0 \\ a_{21}x_1 + (a_{22} - \lambda)x_2 &= 0\end{aligned} \tag{13.5}$$

扩展系数矩阵的行列式，得到：

$$\begin{vmatrix} a_{11} - \lambda & a_{12} \\ a_{21} & a_{22} - \lambda \end{vmatrix} = \lambda^2 - (a_{11} + a_{22})\lambda - a_{12}a_{21} \tag{13.6}$$

这是特征多项式。然后，使用二次公式来求解两个特征值：

$$\begin{matrix}\lambda_1 \\ \lambda_2\end{matrix} = \frac{(a_{11} - a_{22}) \pm \sqrt{(a_{11} - a_{22})^2 - 4a_{12}a_{21}}}{2} \tag{13.7}$$

这是解方程式(13.5)得到的值。在继续学习之前，让我们确定这种方法(顺便说一下，这称为多项式方法)是正确的。

例 13.1 多项式方法

问题描述：使用多项式方法求解以下齐次方程组的特征值

$$\begin{aligned}(10 - \lambda)x_1 \qquad - 5x_2 &= 0 \\ -5x_1 + (10 - \lambda)x_2 &= 0\end{aligned}$$

解：在确定正确解之前，让我们首先研究特征值不正确的情况。例如，如果 $\lambda = 3$，方程式变为：

$$7x_1 - 5x_2 = 0$$
$$-5x_1 + 7x_2 = 0$$

绘制这些方程，会产生两条在原点相交的直线[见图 13.2(a)]。

因此，唯一的解是 $x_1 = x_2 = 0$，这是平凡解。

为了确定正确的特征值，我们可以扩展行列式，得到特征多项式：

$$\begin{vmatrix} 10 - \lambda & -5 \\ -5 & 10 - \lambda \end{vmatrix} = \lambda^2 - 20\lambda + 75$$

这可以使用下式来求解：

$$\begin{matrix}\lambda_1 \\ \lambda_2\end{matrix} = \frac{20 \pm \sqrt{20^2 - 4(1)75}}{2} = 15, 5$$

因此，这个方程组的特征值为 15 和 5。

现在，我们可以将这两个值中的其中一个，代回方程组并检查结果。对于 $\lambda_1 = 15$，我们得到：

$$-5x_1 - 5x_2 = 0$$
$$-5x_1 - 5x_2 = 0$$

因此，正确的特征值使两个方程相同[见图 13.2(b)]。在本质上，当我们朝着正确的特征值方向移动时，两条直线会旋转，直到重合。在数学上，这意味着有无数个解。但是，求解任何一个方程，可以得到一个令人感兴趣的结果，即所有的解都具有 $x_1 = -x_2$ 的性质。虽然乍一看，这可能毫无价值，但是实际上，它告诉我们，未知数的比例是一个常数，因此这相当有趣。这个结果可以用向量形式表示为：

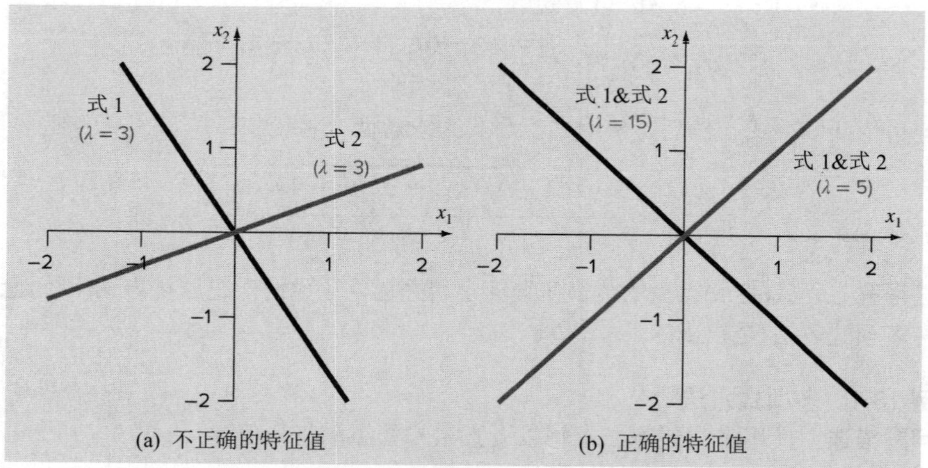

图 13.2　来自例 13.1 的二元齐次线性方程组的图。(a)不正确的特征值($\lambda = 3$)意味着在图中标记为式 1&式 2 的两个方程，绘制为不重合的直线，唯一的解是平凡解($x_1 = x_2 = 0$)。(b)相比之下，具有正确特征值($\lambda = 5$ 和 15)的情况，方程式彼此重合

$$\{x\} = \begin{Bmatrix} -1 \\ 1 \end{Bmatrix}$$

这被称为对应于特征值 $\lambda = 15$ 的特征向量。

类似地，代入第二个特征值 $\lambda_2 = 5$，得到：

$$5x_1 - 5x_2 = 0$$
$$-5x_1 + 5x_2 = 0$$

同样，特征值使两个方程相同[见图13.2(b)]，我们可以看到，这种情况的解对应于 $x_1 = x_2$，特征向量是：

$$\{x\} = \begin{Bmatrix} 1 \\ 1 \end{Bmatrix}$$

我们应该认识到，MATLAB 具有内置函数，可以方便地使用多项式方法。对于例 13.1，poly 函数可以用于生成特征多项式：

```
>> A = [10 -5;-5 10];
>> p = poly(A)

p =
     1   -20   75
```

然后，roots 函数可用于计算特征值：

```
>> d = roots(p)

d =
    15
     5
```

我们从前面的示例中得到了一个有用的数学观点，即形如式(13.3)的 n 元齐次方程组的解，由一组 n 个特征值及相关联的特征向量组成。此外，它表明特征向量提供的未知数比例表示解。

在下一节中，我们将回到摆动物体的物理问题场景，展示这些信息在工程和科学中的用途。但是，在这样做之前，我们想提出两个数学要点。

首先，检查图 13.2(b)，表示每个特征值解的直线彼此成直角。也就是说，它们是正交的。这个性质对具有不同特征值的对称矩阵而言是正确的。

其次，将式(13.3)乘法展开，移项，得到：

$$[A]\{x\} = \lambda\{x\}$$

当以这种方式观察方程时，我们可以看到，求解特征值和特征向量等于将矩阵[A]的信息内容转换为标量 λ。虽然对于我们一直在研究的 2×2 方程组来说，这似乎并不重要，但是当我们考虑到矩阵[A]的大小可能会更大时，这就变得非常有意义了。

13.2　物理背景

图 13.3(a)表示的是一个质量体-弹簧(mass-spring)系统，这个简单的背景说明了在物理问题背景下，特征值是如何出现的。这也有助于说明在前一小节中所介绍的一些数学概念。

为了简化分析过程，假设每个质量体没有受到外力作用或阻力作用。另外，假设每个弹簧具有同样的自然长度 l 和相同的弹簧常数 k。最后，假设每个弹簧的位移是相对于自身的局部坐标系而测得的，该局部坐标系的原点位于该弹簧的平衡位置[见图 13.3(a)]。在这些假设条件下，可以用牛顿第二定律建立每个质量体的力平衡方程：

$$m_1 \frac{d^2x_1}{dt^2} = -kx_1 + k(x_2 - x_1) \tag{13.8a}$$

其中 x_i 为质量体 i 相对于平衡位置的位移[见图 13.3(b)]。

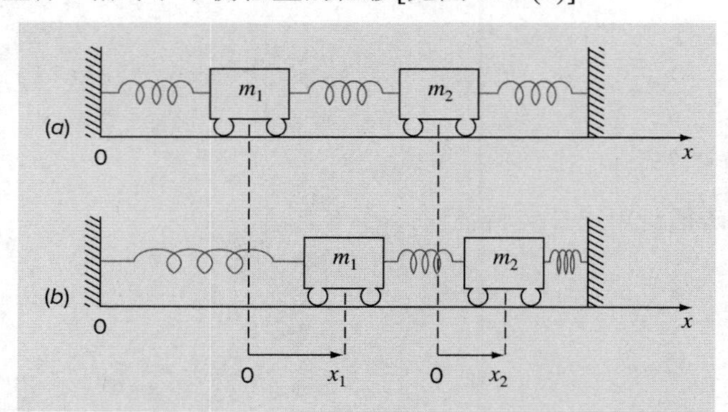

图 13.3　具有无摩擦轮子的二质量体-三弹簧系统在两个固定墙壁之间振动。(a)质量体以各自平衡位置为原点的局部坐标为参考，来表示所在位置。如(b)所示，将质量体移动到平衡点之外，在释放时，弹簧的弹力将会导致质量体来回振荡

$$m_2 \frac{d^2x_2}{dt^2} = -k(x_2 - x_1) - kx_2 \tag{13.8b}$$

由振动理论可知，式(13.8)的解具有如下形式：

$$x_i = X_i \sin(\omega t) \tag{13.9}$$

其中，X_i = 质量体 i 的振动幅度，ω = 振动频率，它们等于：

$$\omega = \frac{2\pi}{T_p} \tag{13.10}$$

其中，T_p = 振动周期。

请注意，周期的倒数称为频率 f[周期/时间(cycles/time)]。如果时间以秒为单位，那么 f 的单位是周期每秒，称为赫兹(Hz)。

对式(13.9)进行两次微分后，代入式(13.8)。在合并同类项后，得到：

$$\left(\frac{2k}{m_1}-\omega^2\right)X_1-\frac{k}{m_1}X_2=0 \tag{13.11a}$$

$$-\frac{k}{m_2}X_1+\left(\frac{2k}{m_2}-\omega^2\right)X_2=0 \tag{13.11b}$$

对式(13.11)和式(13.3)进行比较表明，现在已经将问题归结为求特征值的问题。在这种情况下，特征值是频率的平方。对于图 13.3 这样的二自由度系统，会存在两个特征值及对应的特征向量。正如下面的示例所示，特征向量建立起了未知数之间唯一的关系。

例 13.2　特征值和特征向量的物理解释

问题描述： 如果 $m_1 = m_2 = 40\text{kg}$，$k = 200\text{N/m}$，则式(13.11)变为

$$(10-\lambda)x_1-5x_2=0$$
$$-5x_1+(10-\lambda)x_2=0$$

在数学上，这与例 13.2 中使用多项式方法求解的方程组是相同的。因此，两个特征值为 $\omega^2 = 15$ 和 5s^{-2}，相应的特征向量为 $X_1 = X_2$ 和 $X_1 = -X_2$。解释这些结果如何与图 13.3 中的质量体-弹簧系统相关。

解： 关于图 13.3 中的系统行为，该例提供了有价值的信息。首先，它告诉我们，系统具有两个主要的振荡模式，角频率分别为 $\omega = 3.873$ 和 2.36 弧度每秒。这些值也可以表示为周期(分别为 1.62s 和 2.81s)或频率(分别为 0.6164Hz 和 0.3559 Hz)。

如 13.1 节所述，对于未知幅度 X，不能获得唯一的一组值。但是，特征向量指定了它们的比值。因此，如果系统在第一种模式中振动，则第一个特征向量告诉我们，第一个和第二个质量体的幅度大小相等，方向相反。正如图 13.4(a)所示，两个质量体无休止地分开，然后靠近(就像每 1.62 秒拍一次手)。

在第二种模式中，特征向量指定了两个质量体总是具有相等的振幅。因此，如图 13.4(b)所示，每 2.81 秒，它们一致地来回振动。我们应该注意到，这种幅度的构造指导了如何设置幅度的初始值，以获得两种模式中的任何一种纯运动。任何其他的构造将会导致两种模式的叠加。正是这种叠加导致系统出现表面上看起来的混乱行为，比如图 13.1 中的蹦极运动员。但是，正如这个示例所显示的，特征值体现了基本的系统行为。

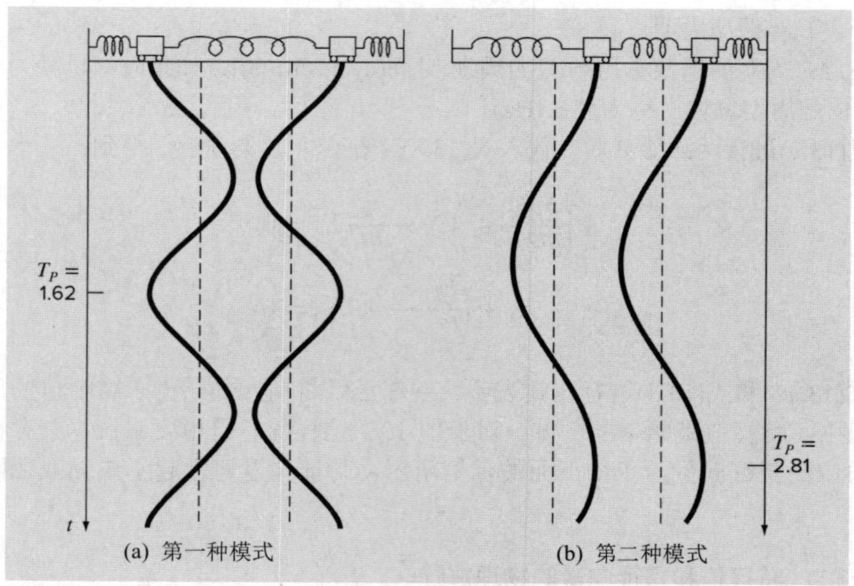

图 13.4　在两面固定的墙上，通过三个相同的弹簧连接两个相同的质量体

13.3　幂方法

幂方法是一种迭代方法，可以用于求最大特征值或主特征值(dominant eigenvalue)。经过稍微修改，就可以将其用于求最小特征值。该方法的另一个额外好处是：作为附带结果，可以获得对应的特征向量。

为了实现幂方法，我们要分析的方程组可以表示为如下形式：

$$[A]\{x\} = \lambda\{x\} \tag{13.12}$$

正如下面的例子所说明的，式(13.12)是迭代求解方法的基础，该迭代方法最终会生成最大特征值和相应的特征向量。

例 13.3　求最大特征值的幂方法

问题描述：使用与 13.2 节同样的方法，对于固定在两面墙之间的三质量体-四弹簧系统，我们可以推导出如下齐次方程组：

$$\left(\frac{2k}{m_1} - \omega^2\right) X_1 \qquad - \frac{k}{m_1} X_2 \qquad\qquad = 0$$

$$-\frac{k}{m_2} X_1 + \left(\frac{2k}{m_2} - \omega^2\right) X_2 \qquad - \frac{k}{m_2} X_3 = 0$$

$$-\frac{k}{m_3} X_2 + \left(\frac{k}{m_3} - \omega^2\right) X_3 = 0$$

如果所有的质量体 $m = 1\text{kg}$，并且所有弹簧的弹性常数 $k = 20\text{N/m}$，可以将该方程组表示为式(13.4)的矩阵格式，如下所示：

$$\begin{bmatrix} 40 & -20 & 0 \\ -20 & 40 & -20 \\ 0 & -20 & 40 \end{bmatrix} - \lambda[I] = 0$$

其中，特征值 λ 为角频率的平方 ω^2。用幂方法求最大特征值和相应的特征向量。

解：首先，将该方程组变换为式(13.12)的形式

$$\begin{aligned} 40X_1 - 20X_2 \qquad\quad &= \lambda X_1 \\ -20X_1 + 40X_2 - 20X_3 &= \lambda X_2 \\ -20X_2 + 40X_3 &= \lambda X_3 \end{aligned}$$

现在就可以指定 X 的初始值，并用方程左侧计算特征值和特征向量。一个不错的初始选择是假设方程左侧的所有 X 都等于 1：

$$\begin{aligned} 40(1) - 20(1) \qquad\quad &= 20 \\ -20(1) + 40(1) - 20(1) &= 0 \\ -20(1) + 40(1) &= 20 \end{aligned}$$

接下来，在方程组右侧提取归一化因子 20，使最大的元素等于 1：

$$\begin{Bmatrix} 20 \\ 0 \\ 20 \end{Bmatrix} = 20 \begin{Bmatrix} 1 \\ 0 \\ 1 \end{Bmatrix}$$

由此可以看出，提取的归一化因子就是我们第一个特征值的估计值(20)，对应的特征向量为$\{1\ 0\ 1\}^T$。该迭代可以用矩阵格式紧凑地表示为：

$$\begin{bmatrix} 40 & -20 & 0 \\ -20 & 40 & -20 \\ 0 & -20 & 40 \end{bmatrix} \begin{Bmatrix} 1 \\ 1 \\ 1 \end{Bmatrix} = \begin{Bmatrix} 20 \\ 0 \\ 20 \end{Bmatrix} = 20 \begin{Bmatrix} 1 \\ 0 \\ 1 \end{Bmatrix}$$

下次迭代就是将该矩阵乘以从上一次迭代中得到的特征向量$\{1\ 0\ 1\}^T$，可得：

$$\begin{bmatrix} 40 & -20 & 0 \\ -20 & 40 & -20 \\ 0 & -20 & 40 \end{bmatrix} \begin{Bmatrix} 1 \\ 0 \\ 1 \end{Bmatrix} = \begin{Bmatrix} 40 \\ -40 \\ 40 \end{Bmatrix} = 40 \begin{Bmatrix} 1 \\ -1 \\ 1 \end{Bmatrix}$$

因此，第二次迭代得到的特征值估计值为 40，可以将它用于计算估计的误差值：

$$|\varepsilon_a| = \left|\frac{40 - 20}{40}\right| \times 100\% = 50\%$$

可以重复该过程。

第三次迭代：

$$\begin{bmatrix} 40 & -20 & 0 \\ -20 & 40 & -20 \\ 0 & -20 & 40 \end{bmatrix} \begin{Bmatrix} 1 \\ -1 \\ 1 \end{Bmatrix} = \begin{Bmatrix} 60 \\ -80 \\ 60 \end{Bmatrix} = -80 \begin{Bmatrix} -0.75 \\ 1 \\ -0.75 \end{Bmatrix}$$

其中$|\varepsilon_a| = 150\%$(由于符号变了，因此该误差值很大)。

第四次迭代：

$$\begin{bmatrix} 40 & -20 & 0 \\ -20 & 40 & -20 \\ 0 & -20 & 40 \end{bmatrix} \begin{Bmatrix} -0.75 \\ 1 \\ -0.75 \end{Bmatrix} = \begin{Bmatrix} -50 \\ 70 \\ -50 \end{Bmatrix} = 70 \begin{Bmatrix} -0.71429 \\ 1 \\ -0.71429 \end{Bmatrix}$$

其中$|\varepsilon_a| = 214\%$(另一个符号也变了，因此该误差值很大)。

第五次迭代：

$$\begin{bmatrix} 40 & -20 & 0 \\ -20 & 40 & -20 \\ 0 & -20 & 40 \end{bmatrix} \begin{Bmatrix} -0.71429 \\ 1 \\ -0.71429 \end{Bmatrix} = \begin{Bmatrix} -48.51714 \\ 68.51714 \\ -48.51714 \end{Bmatrix} = 68.51714 \begin{Bmatrix} -0.70833 \\ 1 \\ -0.70833 \end{Bmatrix}$$

其中$|\varepsilon_a| = 2.08\%$。

由此可以看出，特征值是收敛的。在经过几次迭代后，该值就稳定在值 68.28427 上，对应的特征向量为$\{-0.7071071 - 0.707107\}^T$。

请注意，有些情况下，幂方法可能会收敛到次大的特征值上，而不是收敛到最大特征值上。James、Smith 和 Wolford(1985)详细说明了这种情况。Fadeev 和 Fadeeva(1963)还讨论了其他的一些特例。

另外，在有些情况下，我们对求最小特征值感兴趣。这可以通过将幂方法应用于矩阵[*A*]的逆矩阵来实现。对于这种情况，幂方法会收敛到 1/λ 的最大值上，换言之，就是最小值 λ 上。在练习题中会给出求最小特征值的应用。

最后，在求得最大特征值后，通过用仅包含其余特征值的矩阵代替原矩阵，然后就可以求下一个最大特征值。移除最大已知特征值的过程称为收缩(*deflation*)。

请注意，尽管幂方法可以用于求中间特征值(intermediate value)，但是，正如我们在下一节中介绍的，在需要求所有特征值的情况下，还有更好的方法。一般来说，幂方法主要用于求最大或最小特征值。

13.4　MATLAB 函数：eig

正如我们所期望的一样，MATLAB 具有强大和可靠的功能，用来求解特征值和特征向量。函数 eig 就是这样一个函数，可以用它生成特征值，如下所示：

```
>> e = eig (A)
```

其中，e 为包含方阵 *A* 的特征值的向量。另外，它还可以使用如下形式来调用：

```
>> [V,D] = eig (A)
```

其中，*D* 为以特征值为对角元素的对角阵，*V* 为满秩矩阵，其列向量为对应的特征向量。

请注意，MATLAB 将特征向量除以其欧几里得距离，对特征向量进行缩放。因此，如下面的示例所示，虽然它们的大小可能与使用多项式方法计算的值不同，但元素值的比是相同的。

例 13.4 用 MATLAB 求特征值和特征向量

问题描述：用 MATLAB 求例 13.3 中描述的方程组的所有特征值和特征向量。

解：回顾一下，要分析的矩阵为：

$$\begin{bmatrix} 40 & -20 & 0 \\ -20 & 40 & -20 \\ 0 & -20 & 40 \end{bmatrix}$$

可以如下输入该矩阵：

```
>> A = [40 -20 0;-20 40 -20;0 -20 40];
```

如果仅希望得到特征值，那么可以输入：

```
>> e = eig(A)

e =
   11.7157
   40.0000
   68.2843
```

注意，最大特征值(68.2843)与前面例 13.3 中用幂方法求得的值是一致的。

如果希望同时得到特征值和特征向量，可以输入：

```
>> [v,d] = eig (A)

v =
    0.5000   -0.7071   -0.5000
    0.7071   -0.0000    0.7071
    0.5000    0.7071   -0.5000

d =
   11.7157         0         0
         0   40.0000         0
         0         0   8.2843
```

尽管由于结果的缩放不同，得到的值不同，但是对应于最大特征值的特征向量$\{-0.5\ 0.7071\ -0.5\}^T$与前面例 13.3 中用幂方法求得的值$\{-0.707107\ 1\ -0.707107\}^T$是一致的。这可以通过将特征向量除以其欧几里得范数来证明：

```
>> vpower = [-0.7071 1 -0.7071]';
>> vMATLAB = vpower/norm (vpower)

vMATLAB =
   -0.5000
    0.7071
   -0.5000
```

因此，虽然元素值的大小不同，但它们的比例是相同的。

13.5　案例研究：特征值与地震

背景：工程师和科学家用质量体-弹簧模型研究像地震这类扰动影响下的结构动力学(structure dynamics)。图 13.5 给出了用这种方式表示的三层楼建筑物。每层楼的质量表示为 m_i，每层楼的刚度(stiffness)表示为 k_i，其中 i 取 1~3。

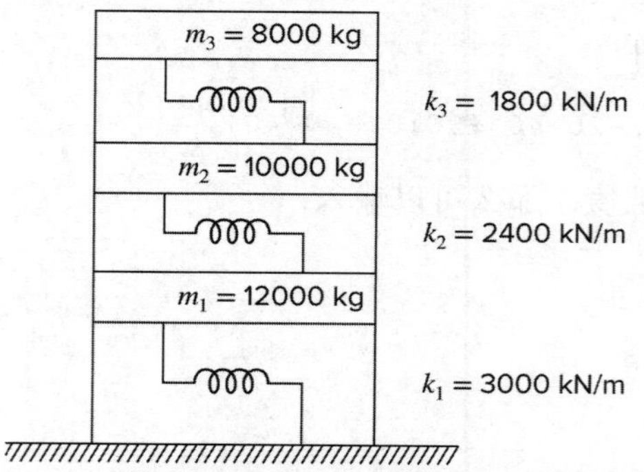

图 13.5　建模为质量体-弹簧系统的三层楼建筑物

在本例中，因为建筑物受到的是由地震引起的地基水平运动，因此分析仅限于结构的水平运动。使用与 13.2 节同样的方法，可以建立该系统的动态力平衡方程，如下所示：

$$\left(\frac{k_1+k_2}{m_1}-\omega_n^2\right)X_1 - \frac{k_2}{m_1}X_2 = 0$$
$$-\frac{k_2}{m_2}X_1+\left(\frac{k_2+k_3}{m_2}-\omega_n^2\right)X_2 - \frac{k_3}{m_2}X_3 = 0$$
$$-\frac{k_3}{m_3}X_2+\left(\frac{k_3}{m_3}-\omega_n^2\right)X_3 = 0$$

其中，X_i 表示楼层的水平移动(m)，ω_n 为自然(natural)或共振(resonant)频率(弧度/秒)。将共振频率(弧度/秒)除以 2π(弧度/周期)，可以表示为 Hertz(周期/秒)。

用 MATLAB 求该系统的特征值和特征向量。针对每个特征向量，绘制相应的图形以显示振动幅度与楼层高度的关系，由此可以表示该结构的振动模式。将振动幅度做归一化处理，使得第三层楼的移动幅度为 1。

解：可以将参数代入力平衡方程，可得

$$(450-\omega_n^2)X_1 - 200X_2 = 0$$
$$-240X_1+(420-\omega_n^2)X_2 - 180X_3 = 0$$
$$-225X_2+(225-\omega_n^2)X_3 = 0$$

可以进行如下 MATLAB 会话，计算特征值和特征向量：

```
>> A = [450 -200 0;-240 420 -180;0 -225 225];
>> [v,d] = eig(A)

v =
```

```
  -0.5879   -0.6344      0.2913
   0.7307   -0.3506      0.5725
  -0.3471    0.6890      0.7664

d =
  698.5982         0           0
         0  339.4779           0
         0         0     56.9239
```

所以，特征值为 698.6、339.5 和 56.92，共振频率(Hz)为：

```
>> wn = sqrt(diag(d))'/2/pi

wn =
   4.2066    2.9324    1.2008
```

对应的特征向量为(进行了归一化处理，因此第三层楼的幅度为 1)：

$$\begin{Bmatrix} 1.6934 \\ -2.1049 \\ 1 \end{Bmatrix} \begin{Bmatrix} -0.9207 \\ -0.5088 \\ 1 \end{Bmatrix} \begin{Bmatrix} 0.3801 \\ 0.7470 \\ 1 \end{Bmatrix}$$

可以绘制图形以显示这三种模式(见图 13.6)。注意，已经将它们根据自然频率由低到高进行了排序，在结构工程领域中这是惯例。

自然频率和振型(mode shapes)属于结构特征，在这些频率下，这些结构就容易产生共振。在地震中，在 0~20Hz 内的频率分量一般会具有最高的能量，地震能量还会受地震强度、震中距离和其他因素的影响。它们不是只包含单一的频率，而是包含具有不同幅度的所有频率分量。在较低频率的振动模式下，建筑物更容易受到振动的影响，因为它们具有更简单的变形形状，而且在较低频率模式下只需要较少的应力能(strain energy)就可发生变形。当这些振幅与建筑物的自然频率吻合时，就会诱导大的动力响应，由此会对结构的横梁、柱子和地基产生大的压力和应力。基于对本案例中建筑物的分析，结构工程师在设计时可能会更加注重让建筑物具有良好的安全因素，从而抵御地震带来的破坏。

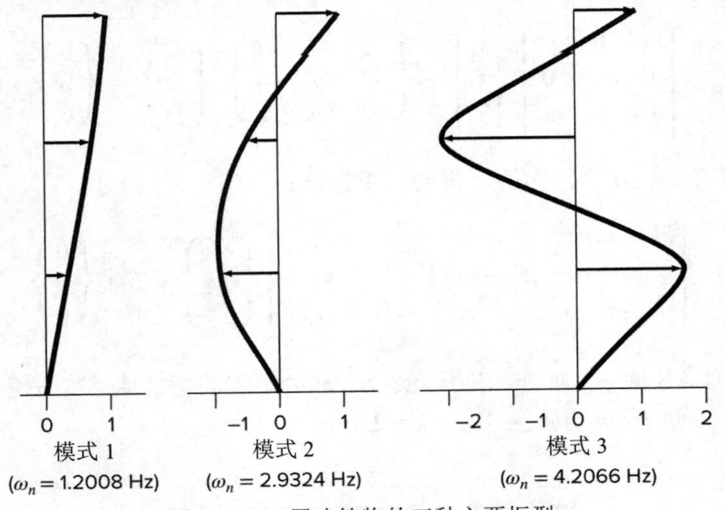

图 13.6　三层建筑物的三种主要振型

13.6 习题

13.1 使用 $m = 40\text{kg}$ 和 $k = 240\text{N/m}$ 的三个质量体，重复例 13.1。生成一幅如图 13.4 所示的图，确定振动的主要模式。

13.2 使用幂方法确定最大特征值和相应的特征向量，矩阵如下所示：

$$\begin{bmatrix} 2-\lambda & 8 & 10 \\ 8 & 4-\lambda & 5 \\ 10 & 5 & 7-\lambda \end{bmatrix}$$

13.3 使用幂方法，确定习题 13.2 中系统的最小特征值和相应的特征向量。

13.4 导出描述三质量体-四弹簧系统(见图 13.7)时间运动的微分方程组。以矩阵形式写出三个微分方程：

$$\{\text{加速向量}\} + [k/m\ \text{矩阵}]$$
$$\{\text{位移向量}\ x\} = 0$$

请注意，每个方程都已经除以其质量了。给定以下质量和弹簧常数的值：$k_1 = k_4 = 15\text{N/m}$，$k_2 = k_3 = 35\text{N/m}$，$m_1 = m_2 = m_3 = 1.5\text{kg}$；求解特征值和自然频率。

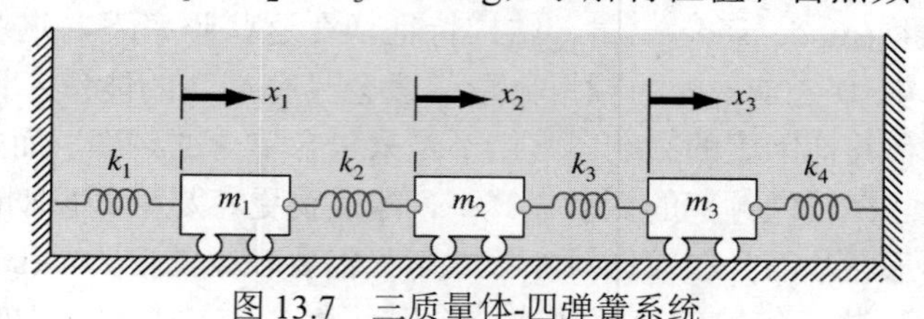

图 13.7 三质量体-四弹簧系统

13.5 思考图 13.8 中的质量弹簧系统。质量振动的频率可以通过求解特征值，并应用 $M\ddot{x} + kx = 0$ 来确定，得到：

$$\begin{bmatrix} m_1 & 0 & 0 \\ 0 & m_2 & 0 \\ 0 & 0 & m_3 \end{bmatrix} \begin{Bmatrix} \ddot{x}_1 \\ \ddot{x}_2 \\ \ddot{x}_3 \end{Bmatrix} + \begin{Bmatrix} 2k & -k & -k \\ -k & 2k & -k \\ -k & -k & 2k \end{Bmatrix} \begin{Bmatrix} x_1 \\ x_2 \\ x_3 \end{Bmatrix} = \begin{Bmatrix} 0 \\ 0 \\ 0 \end{Bmatrix}$$

应用猜测值 $x = x_0 e^{i\omega t}$ 作为解，得到以下矩阵：

$$\begin{bmatrix} 2k - m_1\omega^2 & -k & -k \\ -k & 2k - m_2\omega^2 & -k \\ -k & -k & 2k - m_3\omega^2 \end{bmatrix} \begin{Bmatrix} x_{01} \\ x_{02} \\ x_{03} \end{Bmatrix} e^{i\omega t} = \begin{Bmatrix} 0 \\ 0 \\ 0 \end{Bmatrix}$$

使用 MATLAB 的 eig 命令，求解上述 $k - m\omega^2$ 矩阵的特征值。然后使用这些特征值，求解频率(ω)。令 $m_1 = m_2 = m_3 = 1\text{kg}$，$k = 2\text{N/m}$。

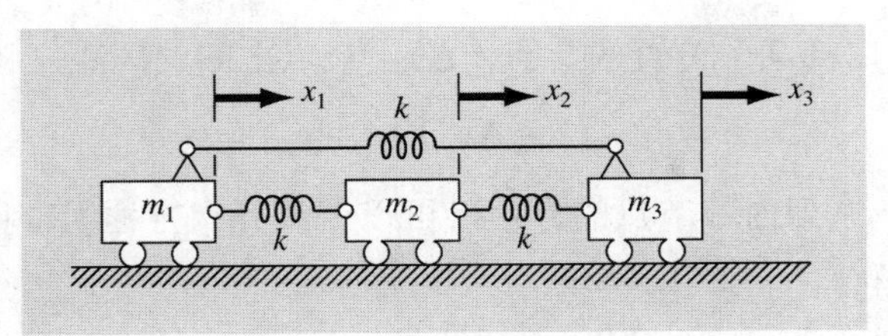

图 13.8　另一质量体-弹簧系统

13.6　如图 13.9 所示，LC 电路可以通过以下微分方程组进行建模：

$$L_1\frac{d^2i_1}{dt^2}+\frac{1}{C_1}(i_1-i_2)=0$$

$$L_2\frac{d^2i_2}{dt^2}+\frac{1}{C_2}(i_2-i_3)-\frac{1}{C_1}(i_1-i_2)=0$$

$$L_3\frac{d^2i_3}{dt^2}+\frac{1}{C_3}i_3-\frac{1}{C_2}(i_2-i_3)=0$$

其中 L = 电感(H)，t = 时间(s)，i = 电流(A)，C = 电容(F)。假设解的形式是 $i_j=I_j\sin(\omega t)$，在 L = 1H 和 C = 0.25C 时，确定该系统的特征值和特征向量。绘制出线路网络，说明电流如何在其主模式下振荡。

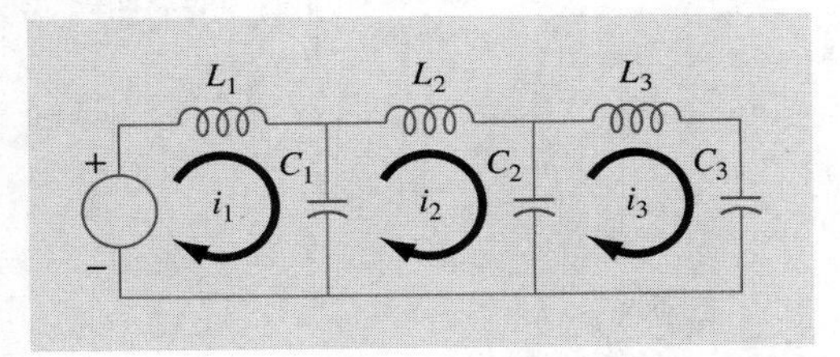

图 13.9　LC 电路

13.7　只使用两个环路，重复习题 13.6。也就是说，省略 i_3 环路。绘制出线路网络，说明电流如何在其主模式下振荡。

13.8　移去第三层楼，重复 13.5 节中的问题。

13.9　添加第四层楼，m_4 = 6000，k_4 = 1200kN/m，重复 13.5 节中的问题。

13.10　受到轴向载荷 P 的细长杆的曲率(见图 13.10)可以由下式来建模：

$$\frac{d^2y}{dx^2}+p^2y=0$$

其中：

$$p^2=\frac{P}{EI}$$

其中 E = 弹性模量，I = 垂直于中性轴线横截面的惯性矩。

通过将二阶导数使用中心有限差分近似代入，该模型可以转换为特征值问题：

$$\frac{y_{i+1}-2y_i+y_{i-1}}{\Delta x^2}+p^2y_i=0$$

其中 i = 沿着杆内部某个位置的节点，Δx = 节点之间的间距。该方程可以表示为：

$$y_{i-1} - (2 - \Delta x^2 p^2)y_i + y_{i+1} = 0$$

写出沿杆轴的一系列内部节点的方程，可以得到齐次方程组。例如，如果杆被分成五个段(即四个内部节点)，则结果是：

$$\begin{bmatrix} (2-\Delta x^2 p^2) & -1 & 0 & 0 \\ -1 & (2-\Delta x^2 p^2) & -1 & 0 \\ 0 & -1 & (2-\Delta x^2 p^2) & -1 \\ 0 & 0 & -1 & (2-\Delta x^2 p^2) \end{bmatrix} \begin{Bmatrix} y_1 \\ y_2 \\ y_3 \\ y_4 \end{Bmatrix} = 0$$

受到轴向载荷的木杆具有以下特点：$E = 10 \times 10^9$ Pa、$I = 1.25 \times 10^{-5}$ m^4 且 $L = 3$m。对于五段四节点表示：

(a) 使用 MATLAB 实现多项式方法，确定该系统的特征值。

(b) 使用 MATLAB 的 eig 函数，确定特征值和特征向量。

(c) 使用幂方法，确定最大特征值及对应的特征向量。

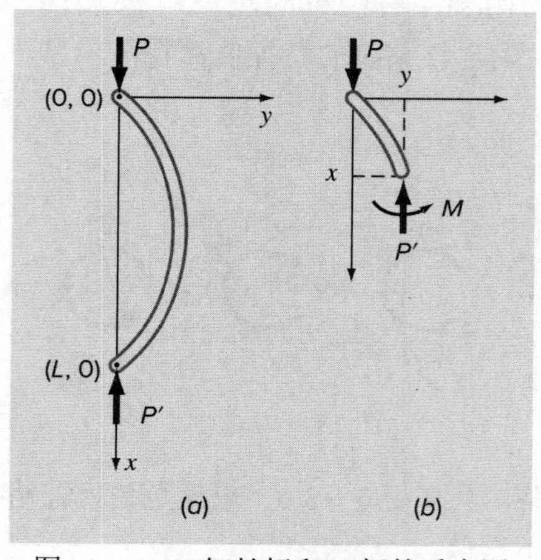

图 13.10 (a)细长杆和(b)杆的受力图

13.11 具有常系数的二元齐次线性常微分方程组，可以写为：

$$\frac{dy_1}{dt} = -5y_1 + 3y_2, \qquad y_1(0) = 50$$

$$\frac{dy_2}{dt} = 100y_1 - 301y_2, \qquad y_2(0) = 100$$

如果上过微分方程的课，那么应该知道这种方程组解的形式如下：

$$y_i = c_i e^{\lambda t}$$

其中 c 和 λ 是要确定的常数。将该解及其导数代入原始方程，可以将系统转换为特征值问题。得到的特征值和特征向量可以推导出微分方程的一般解。例如，对于二元方程的情况，一般解可以用向量形式写为：

$$\{y\} = c_1\{v_1\}e^{\lambda_1 t} + c_2\{v_2\}e^{\lambda_2 t}$$

其中$\{v_i\}$ = 对应于第 i 个特征值(λ_i)的特征向量，c 是可以用初始条件确定的未知系数。

(a) 将系统转换为特征值问题。

(b) 使用 MATLAB 求解特征值和特征向量。

(c) 采用(b)的结果和初始条件来确定一般解。

(d) 在 $t = 0$ 到 1 区间内，使用 MATLAB 绘制解的曲线。

13.12 北美五大湖之间的水流如图 13.11 所示。基于质量平衡，在每个湖泊中，以一阶动力学衰减的污染物的浓度，可以使用以下微分方程来表示：

$$\frac{dc_1}{dt} = -(0.0056 + k)c_1$$

$$\frac{dc_2}{dt} = -(0.01 + k)c_2$$

$$\frac{dc_3}{dt} = 0.01902c_1 + 0.01387c_2 - (0.047 + k)c_3$$

$$\frac{dc_4}{dt} = 0.33597c_3 - (0.376 + k)c_4$$

$$\frac{dc_5}{dt} = 0.11364c_4 - (0.133 + k)c_5$$

其中 k = 一阶衰减率(/yr)，等于 0.69315 /(半衰期)。请注意，每个方程中的常数表示湖泊之间的流量。由于核武器测试，在大气中，1963 年五大湖中锶-90(^{90}Sr)的浓度大约为$\{c\} = \{17.7\ 30.5\ 43.9\ 136.3\ 30.1\}^T$，单位为 Bq/m^3。假设从此以后，没有其他 ^{90}Sr 进入系统，请使用 MATLAB 和习题 13.11 中概述的方法，计算 1963 年至 2010 年间每个湖泊中 ^{90}Sr 的浓度。请注意，^{90}Sr 的半衰期为 28.8 年。

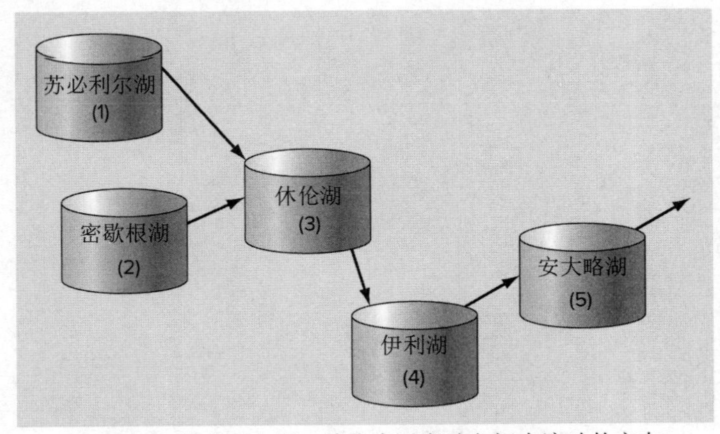

图 13.11 北美五大湖，箭头表示湖泊之间水流动的方向

13.13 创建一个 M 文件函数，用幂方法确定最大特征值及相关联的特征向量。重复例 13.3 来测试程序，然后使用程序求解习题 13.2。

13.14 移除第三层楼，重复 13.5 节中的计算。

13.15 添加第四层，质量为 $m_4 = 6000\text{kg}$，与第三层楼连接弹簧的弹性系数为 $k_3 = 1200\text{kN/m}$，重复 13.5 节的计算。

13.16 回顾一下，在第 8 章开头，我们采用遵循胡克定律的无摩擦绳索和零阻力悬挂这三位蹦极运动员。如果这三位蹦极运动员从起始位置瞬时释放，如图 8.1(a)所示(即，每条绳子完全伸展，但未拉伸)，确定所得的特征值和特征向量，这些值表征了蹦极运动员最终的往返运动和相对位置。虽然蹦极绳的行为实际上并不像真弹簧，但是假设它们的拉伸和压缩与所施加的力呈线性比例。使用例 8.2 中的参数。

第 IV 部分
曲线拟合

概述

什么是曲线拟合

在实际问题中经常用离散采样值表示连续函数，而为了研究函数的变化规律，往往需要计算离散点之间的函数取值。第 14~第 18 章将介绍对这类数据进行拟合，从而估计中间值的一些方法。此外，如果想要给出复杂函数的简单表示，也可以先在感兴趣的范围内选出一系列离散点，计算函数在这些离散点上的取值，然后用简单函数对其进行拟合。上面两种应用都被认为是曲线拟合(*curve fitting*)。

按照与数据相关的总误差量的不同，常用的曲线拟合方法大致分为两类。首先，当采样数据误差较大或“分散”时，可以用一条曲线来表示数据的总体趋势。因为数据点可能是不精确的，所以没必要让该曲线通过每一个数据点。相反，只需要用曲线刻画出数据点的整体图形即可。具有这种性质的一类方法称为最小二乘回归(*least-squares regression*)[见图 PT4-1(a)]。

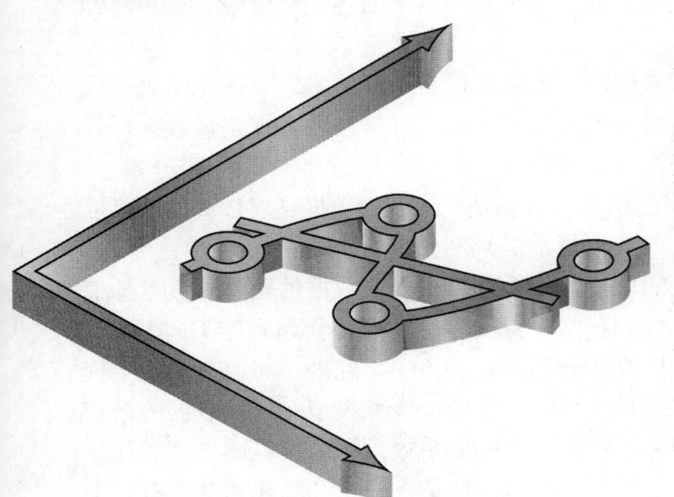

其次，如果已知采样点非常精确，那么最简单的方法是对通过所有数据点的一条或多条曲线进行拟合。这种数据点一般由函数表给出。例如，将水的密度或气体的热容量看作温度的函数，对温度值采样，然后计算出相应点上的函数值。估计精确离散采样点之间数据的方法称为插值(*interpolation*)[见图 PT4-1(b)和图 PT4-1(c)]。

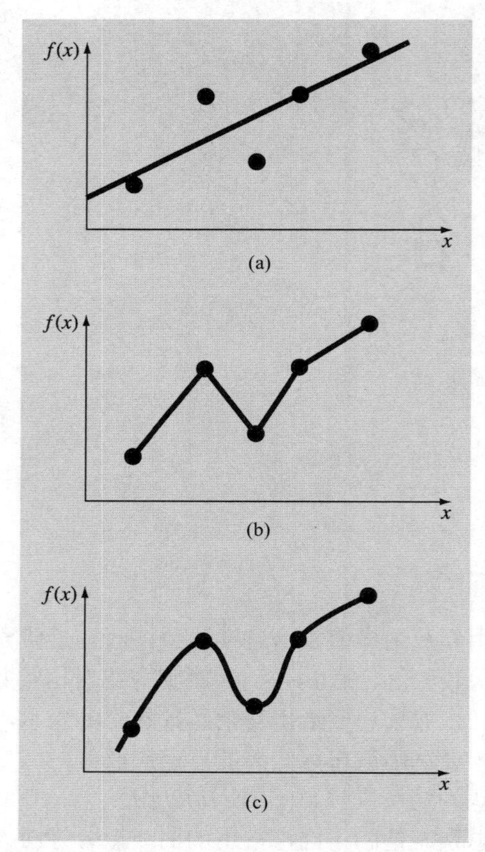

图 PT4-1 通过五个数据点的三种“最佳”曲线拟合：(a)最小二乘回归，(b)线性插值和(c)曲线插值

曲线拟合与工程和科学计算

对于曲线拟合，人们最早可能用它来估计列表数据的中间值——例如，工程经济学中的利息表或者热力学中的蒸汽表。从此以后，在工程和科学的各个领域中，往往要经常估计这类列表数据的中间值。

虽然许多常用的工程和科学规律都被制成了表格，但是还有更多的规律无法表示成这种简便的形式。对此，在处理特殊情况和新问题时，用户常常需要自行测量数据，并且构造自己的预估关系式。实验数据的拟合一般有两种用途：趋势分析和假设检验。

趋势分析(*trend analysis*)是指用数据的图形进行预估。当测量数据精度较高时，可以使用插值多项式。如果数据精度较低，一般用最小二乘回归进行分析。

趋势分析可用于预报或预测应变量的取值，具体包括在观测数据的范围外进行插值或者在观测数据的范围内进行插值。工程和科学计算的各个领域都会遇到这类问题。

实验数据拟合的第二项用途是假设检验(*hypothesis testing*)。此处，将已有的数学模型与测量数据进行比较。如果模型系数未知，那么可以通过计算模型对观测数据的最佳拟合而推导出这些系数。另一方面，如果已经估计出模型系数，那么可以通过模型估计值与观测值之间的比较来检验模型是否适当。一般的做法是，根据经验观测结果对几个候选模型进行比较，然后从中选出“最优”的一个。

除了上面的工程和科学应用之外，曲线拟合对其他一些数值方法来说也很重要，例如积分和微分方程的近似求解等。最后，通过曲线拟合，还可以用简单函数来逼近复杂函数。

内容组织

在简单回顾了统计学之后，第 14 章重点叙述线性回归，也就是说，如何计算通过一组不确定数据点的“最佳”直线。除了介绍如何求出直线的斜率和截距之外，我们还给出了定量化和可视化的方法来检验结果的合法性。另外，该章还给出了随机数的生成和几种非线性方程的线性化方法。

第 15 章开篇简单讨论了多项式和多重线性回归。多项式回归(*polynomial regression*)指的是用最佳的抛物线、三次多项式或更高次多项式进行拟合。随后介绍了多重线性回归(*multiple linear regression*)，它用于处理应变量 y 是两个或更多个自变量 $x_1, x_2,..., x_m$ 的线性函数时的情况。尤其是当实验数据中关注的变量受多个不同因素影响时，可以使用这种方法进行拟合。

在多重回归之后，我们通过例子说明多项式和多重线性回归其实都是一般线性最小二乘模型(*general linear least-squares model*)的特例。对于回归法，我们将介绍它的精确矩阵表示，以及一些常用的统计学属性。最后，在第 15 章的最后一节中，我们讨论了非线性回归(*nonlinear regression*)。该方法用于计算非线性函数采样数据的最小二乘回归。

第 16 章介绍傅里叶分析，这涉及使用周期性函数拟合数据。我们重点关注快速傅里叶变换或 FFT。这种方法——易于使用 MATLAB 实现——在从结构的振动分析到信号处理的工程中，都有许多应用。

第 17 章叙述另一种称为插值法(*interpolation*)的曲线拟合技术。如前所述，插值法用于估计精确数据点的中间值。第 17 章研究这种多项式。首先通过连接数据点的直线或抛物线引出多项式插值的基本概念。然后讨论一般的 n 次多项式插值的构造方法。这些多项式可以表示成两种形式。第一种形式称为牛顿插值多项式(*Newton's interpolating polynomial*)，主要用于多项式的阶数未知的情况。第二种形式称为拉格朗日插值多项式(*Lagrange interpolating polynomial*)，如果预先知道多项式的阶数，那么最好使用这种形式。

最后，第 18 章介绍精确数据点拟合的另一种方法。该方法称为样条插值(*spline interpolation*)，它采用分段的方式进行多项式拟合。因此，当数据总体平滑而在局部发生剧变时，这种方法特别适用。该章在最后全面讲述如何在 MATLAB 中实现样条插值。

第 14 章 线性回归

本章目标

本章的主要目标是介绍如何通过线性回归来用直线拟合测量数据，具体内容和主题包括：

- 自行熟悉统计学中的一些描述性的基本概念和正态分布。
- 会计算线性回归中最佳拟合直线的斜率和截距。
- 了解如何使用 MATLAB 生成随机数，以及如何将其用于蒙特卡罗(Monte Carlo)模拟。
- 会计算决定系数和估计值的标准误差，并且知道它们的含义。
- 了解非线性方程的线性化方法，使得它们可以通过线性回归进行拟合。
- 知道如何在 MATLAB 中实现线性回归。

提出问题

在第 1 章中曾经指出，由于空气阻力，像蹦极运动员这样的自由落体会受到一个向上的力。为简单起见，假设这个力与速度的平方成正比，即：

$$F_U = c_d v^2 \tag{14.1}$$

式中：F_U为向上的空气阻力(N = kg m/s^2)，c_d为阻尼系数(kg/m)，v为速度(m/s)。

像式(14.1)这样的公式来自流体力学领域。尽管这种关系式的推导需要一定的理论知识，但实验更加重要。图14.1给出了一张实验示意图。某人被悬挂在风洞中(有志愿者吗？)，测得他在不同风速条件下的受力情况，结果如表14.1所示。

表 14.1　风洞实验中力(N)和速度(m/s)的测量数据

v(m/s)	10	20	30	40	50	60	70	80
F(N)	25	70	380	550	610	1220	830	1450

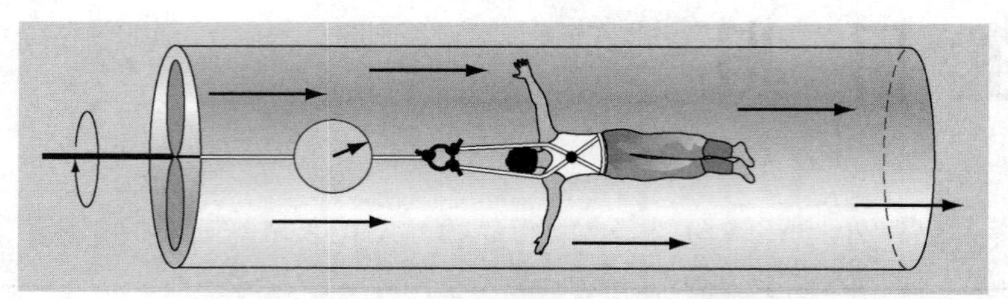

图 14.1　风洞试验，用于测量由速度引起的空气阻力

图 14.2 是力与速度的关系图。从图中可以看出关系式的几个特性。首先，数据点显示，所受的力随着速度的增大而增大。其次，数据点不是光滑增长的，而是呈现出显著的散射趋势，特别是在速度比较大的地方。最后，虽然不太明显，但也能看出力和速度之间的关系并非线性。如果假设速度为零时受力也为零，那么结论就更明显了。

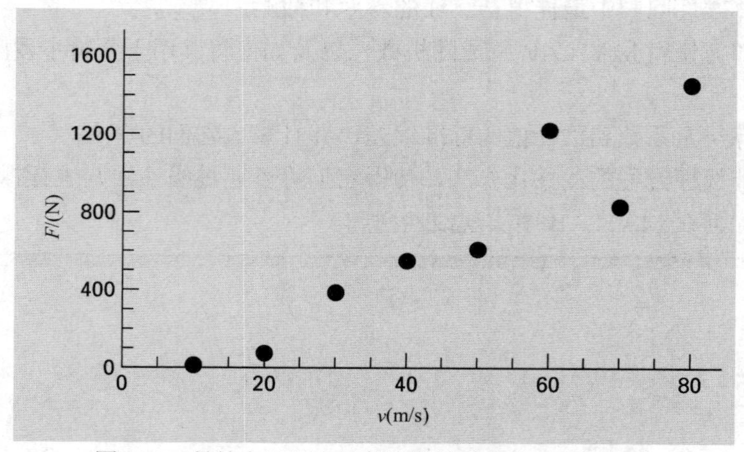

图 14.2　悬挂在风洞中的某物体的受力与风速的关系

在第 14 章和第 15 章中，我们会讨论如何找到拟合这种数据的“最佳”直线或曲线。在此之前，我们先阐明如何由实验数据推导出像式(14.1)那样的关系式。

14.1　统计学回顾

在叙述最小二乘回归之前，我们先回顾统计学领域中的一些基本概念，包括均值、标准差、残差平方以及正态分布。此外，我们还将介绍如何在 MATLAB 中创建简单的描述统计量及分布。熟悉这部分内容的读者，可以自行跳过，直接进入 14.2 节。不熟悉或想要复习的读者，可以通过下面的叙述对统计学概念有一个初步的了解。

14.1.1 描述统计学

假设在一项工程研究中，工作人员对某个量测量了好几次。例如，表 14.2 中列出的对某钢结构的热膨胀系数的 24 个读数。表面看来，这些数据中包含的信息量有限，即数据的最小值为 6.395，最大值为 6.775。如果将这些数据总结成一个或多个适当的统计量，从而尽可能多地反映数据集的特性，那么我们可从中获得更多的信息。最常使用的描述统计学量有：(1)数据分布的中心位置和(2)数据集的分散程度。

位置的测量： 最常用作中心趋势测量值的是算术平均数。采样数据的算术平均数(*arithmetic mean*)($\bar{y}$)定义为所有数据点(y_i)之和除以数据点的个数(n)，即：

$$\bar{y} = \frac{\sum y_i}{n} \tag{14.2}$$

其中求和的范围(包括本章接下来的所有求和运算)是 i 取 $1\sim n$。

表 14.2 某钢结构的热膨胀系数的测量值

6.495	6.595	6.615	6.635	6.485	6.555
6.665	6.505	6.435	6.625	6.715	6.655
6.755	6.625	6.715	6.575	6.655	6.605
6.565	6.515	6.555	6.395	6.775	6.685

除了算术平均数之外，还有一些其他的量也可以表示中心位置。*中位数*(*median*)是数据集的中点。它的计算过程如下：首先将数据按升序排列。如果测量值的个数为奇数，那么中间值就是中位数；如果个数为偶数，那么中位数等于中间两个数的算术平均数。有时候也称中位数为*第 50 个百分点*(*50th percentile*)。

众数(*mode*)也是经常用到的量。只有在处理离散或粗糙的舍入数据时，这个概念才可以直接使用。对于表 14.2 列出的连续变量来说，这个概念不太实用。例如，本例中其实有 4 个众数：6.555、6.625、6.655 和 6.715，它们都出现了两次。但是，如果数据不是被舍入到小数点后 3 位十进制数的话，那么这些数据可能都不会重复两次。然而，对于等距分布的连续数据来说，这个统计量能提供很多信息。在本章后面讨论直方图时，我们还会讲到众数。

分散程度的测量： 最简单的分散程度测量值是*极差*(*range*)，即最大值与最小值之差。虽然这个量易于计算，但由于它高度依赖于采样的尺度，同时对极值也非常敏感，所以可靠性并不高。

通常用采样值关于均差的*标准差*(*standard deviation*)(s_y)来衡量分散程度：

$$s_y = \sqrt{\frac{S_t}{n-1}} \tag{14.3}$$

其中 S_t 是各数据点与均值之差的平方和，或者：

$$S_t = \sum (y_i - \bar{y})^2 \tag{14.4}$$

于是，如果有个别测量值与均值相隔很远，那么 S_t (相应地，s_y)就会很大。如果数据点紧密地聚合在一起，那么标准差就会很小。分散程度也可以用标准差的平方来表示，将这个量称为*方差*(*variance*)：

$$s_y^2 = \frac{\sum (y_i - \bar{y})^2}{n-1} \tag{14.5}$$

注意，式(14.3)和式(14.5)的分母都是 $n-1$，这个量被称为*自由度*(*degrees of freedom*)。因此，可以说 S_t 和 s_y 的自由度都是 $n-1$。该术语来源于如下事实：计算 S_t 的那些基础量(例如 $\bar{y}-y_1, \bar{y}-y_2, ..., \bar{y}-y_n$)之和等于 0。因此，如果知道 $\bar{y}$ 和任意 $n-1$ 个值，那么就可以算出剩下的那一个值。从而，只有 $n-1$ 个量可以自由地赋值。除以 $n-1$ 的另一个理由是，单个数据点不存在分散的概念。当 $n = 1$ 时，式(14.3)和式(14.5)的结果为无穷大，毫无意义。

还要注意的是，除上述公式之外，方差还可以通过另一种更加便捷的方式来计算：

$$s_y^2 = \frac{\sum y_i^2 - \left(\sum y_i\right)^2 / n}{n-1} \tag{14.6}$$

这个公式不需要事先计算出 $\bar{y}$，得出的结果和式(14.5)完全一样。

最后一个用于描述数据分散程度的统计量是变异系数(c.v.)。这个统计量等于标准差与均值之比。因此，它是分散程度的归一化测量值。一般给这个量乘以 100，将它表示成百分数形式：

$$\text{c.v.} = \frac{s_y}{\bar{y}} \times 100\% \tag{14.7}$$

例 14.1 采样的简单统计量

问题描述：计算表 14.2 中数据的均值、中位数、方差、标准差和变异系数。

解：如表 14.3 所示，将数据写成列表形式，并计算出一些必要的数值。

均值计算为[式(14.2)]：

$$\bar{y} = \frac{158.4}{24} = 6.6$$

因为数据的个数为偶数，所以中位数等于中间两个数的算术平均数：(6.605+6.615)/2 = 6.61。

如表 14.3 所示，残差的平方和为 0.217 000，用它来计算标准差[式(14.3)]：

$$s_y = \sqrt{\frac{0.217\,000}{24-1}} = 0.097\,133$$

方差[式(14.5)]为：

$$s_y^2 = (0.097\,133)^2 = 0.009\,435$$

变异系数[式(14.7)]为：

$$\text{c.v.} = \frac{0.09\,7133}{6.6} \times 100\% = 1.47\%$$

式(14.6)的合法性还可以通过下式来验证：

$$s_y^2 = \frac{1\,045.657 - (158.400)^2/24}{24 - 1} = 0.009\,435$$

表 14.3 计算表 14.2 所示热膨胀系数的简单描述性统计学量所需要的数据和总和

i	y_i	$(y_i - \bar{y})^2$	y_i^2
1	6.395	0.042 03	40.896
2	6.435	0.027 23	41.409
3	6.485	0.013 23	42.055
4	6.495	0.011 03	42.185
5	6.505	0.009 03	42.315
6	6.515	0.007 23	42.445
7	6.555	0.002 03	42.968
8	6.555	0.002 03	42.968
9	6.565	0.001 23	43.099
10	6.575	0.000 63	43.231
11	6.595	0.000 03	43.494
12	6.605	0.000 02	43.626
13	6.615	0.000 22	43.758
14	6.625	0.000 62	43.891
15	6.625	0.000 62	43.891
16	6.635	0.001 22	44.023
17	6.655	0.003 02	44.289
18	6.655	0.003 02	44.289
19	6.665	0.004 22	44.422
20	6.785	0.007 22	44.689
21	6.715	0.013 22	45.091
22	6.715	0.013 22	45.091
23	6.755	0.024 02	45.630
24	6.775	0.030 62	45.901
$\sum$	158.400	0.217 00	1045.657

14.1.2 正态分布

与上述讨论有关的另一个特性是数据分布，即数据是按照什么形状散布在均值周围的。直方图可以给出数据分布的一种简单的可视化表示。*直方图*(*histogram*)的构造方法如下：先对测量值按照区间或条带(*bin*)进行分类，然后把测量值所分的区间绘制在横坐标上，把每个区间中测量值出现的频率绘制在纵坐标上。

例如，我们不妨构造表 14.2 中数据的直方图。结果(见图 14.3)显示，大部分数据都集中在均值 6.6 周围。此外，因为现在已经对数据进行了分组，所以不难看出采样点最多的区间是 6.6~6.64。虽然也可以说众数是该区间的中点 6.62，不过通常将测量值出现频率最高的区间称为*众数组区间*(*modal class interval*)。

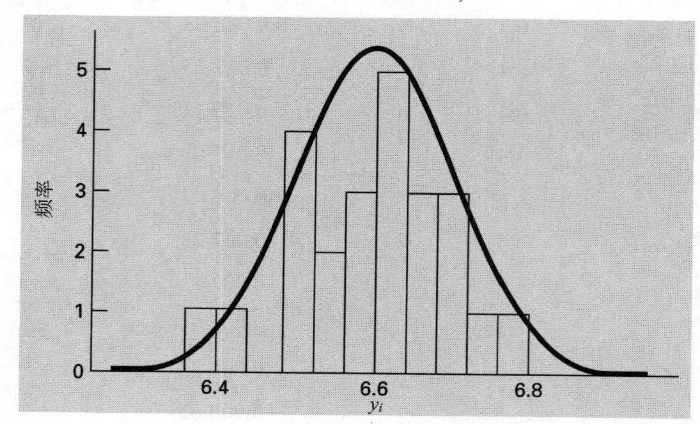

图 14.3　用于描述数据分布的直方图。随着数据点数目的增多，直方图将会逼近于一条被称为正态分布的光滑、钟形曲线

如果数据集很大，那么直方图通常会逼近于一条光滑曲线。如图 14.3 所示，上面添加的那条对称的钟形曲线就是这类曲线——*正态分布*(*normal distribution*)。对于这个例子，只要测量的点数足够多，那么直方图最后总能收敛到正态分布。

均值、标准差、残差平方和以及正态分布等概念都与工程和科学计算联系紧密。一个简单的例子是，利用它们可判断某次测量值的可信程度。如果被测量的量满足正态分布，那么由 $\bar{y}-s_y$ 到 $\bar{y}+s_y$ 定义的区间内大约包含 68%的测量值。同理，由 $\bar{y}-2s_y$ 到 $\bar{y}+2s_y$ 定义的区间内大约包含 95%的测量值。

例如，对于表 14.2 中的数据，我们在例 14.1 中已经算出 $\bar{y}=6.6$ 和 $s_y=0.097133$。根据分析，可以试着得出这样的结论：95%的读数都集中在 6.405 734 和 6.794 266 之间。如果有时测得的值是 7.35，由于这个值已经远远超出了上述范围，因此完全有理由怀疑这个测量值的正确性。

14.1.3　用 MATLAB 计算描述统计学量

标准的 MATLAB 中提供了几个计算描述统计学量的函数[1]。例如，可以用 mean(*x*) 计算算术平均数。如果 *x* 是向量，那么函数返回向量中所有分量的平均值。如果它是矩

1　MATLAB 还提供了统计学工具箱，其中包含从随机数的生成到曲线拟合，以及实验设计和统计过程控制的大量常用的统计学算法。

阵，那么返回一个行向量，该行向量由 x 中各列元素的算术平均数组成。假设列向量 s 由表 14.2 中的数据组成，以下是用 mean 和其他统计学函数分析这个向量的结果：

```
>> format short g
>> mean(s),median(s),mode(s)

ans =
        6.6

ans =
       6.61

ans =
      6.555

>> min(s),max(s)

ans =
      6.395

ans =
      6.775

>> range = max(s) -min(s)

range =
       0.38

>> var(s),std(s)

ans =
  0.0094348

ans =
   0.097133
```

这些结果与前面例 14.1 中获得的结果是一致的。注意，尽管有 4 个值都出现了两次，但是 mode 函数只返回了其中的一个值：6.555。

在 MATLAB 中还可以用 hist 函数生成直方图。hist 函数的用法是：

```
[n, x] = hist (y, x)
```

式中：n 为每个区域中元素的个数，x 为由各区域中点组成的向量，y 是待分析的向量。对于表 14.2 中的数据，结果是：

```
>> [n,x] = hist(s)

n =
     1     1     3     1     4     3     5     2     2     2
x =
  6.414  6.452  6.49  6.528  6.566  6.604  6.642  6.68  6.718  6.756
```

所得直方图如图 14.4 所示，它与图 14.3 中用手工绘制的图形非常相似。注意，除 y 以外，其他所有的输入和输出参变量都是可选的。例如，hist(y)不会输出任何参变量，只是根据 y 中数据的取值自动地将绘图区域分成 10 个区间，然后绘制相应的直方图。

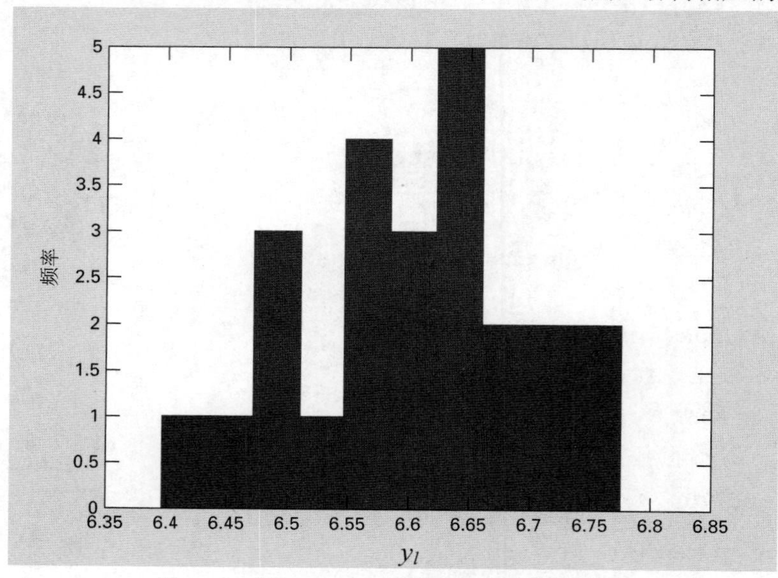

图 14.4　用 MATLAB 函数 hist 生成的直方图

14.2　随机数和模拟

在本节中，我们将描述两个可用于生成随机数序列的 MATLAB 函数。 第一个(rand 函数)生成均匀分布的数字，第二个(randn 函数)生成具有正态分布的数字。

14.2.1　MATLAB 函数：rand

该函数生成均匀分布在 0 和 1 之间的数字序列。其语法表示非常简单：

```
r = rand(m, n)
```

其中 r = $m\times n$ 的随机数矩阵。然后，使用以下公式，可以在另一个区间内，生成均匀分布的随机数：

```
runiform = low + (up - low) * rand(m, n)
```

其中 low = 下限和 up = 上限。

例 14.2　生成均匀分布的随机阻力值

问题描述： 如果初始速度为零，那么自由下降蹦极运动员的向下速度可以使用以下解析解来预测[式(1.9)]：

$$v=\sqrt{\frac{gm}{c_d}}\tanh\left(\sqrt{\frac{gc_d}{m}}t\right)$$

假设 $g = 9.81\text{m/s}^2$，$m = 68.1\text{kg}$，但是 c_d 不能精确得到。例如，你可能知道它在 0.225 和 0.275 之间均匀变化(即在平均值为 0.25kg/m 上下约±10%以内摆动)。使用 rand 函数生成 1000 个均匀分布的随机 c_d 值，然后使用这些值，与解析解一起，计算出 $t = 4\text{s}$ 时速度的分布。

解：在生成随机数之前，我们可以先计算平均速度：

$$v_{\text{mean}}=\sqrt{\frac{9.81(68.1)}{0.25}}\tanh\left(\sqrt{\frac{9.81(0.25)}{68.1}}4\right)=33.1118\ \frac{\text{m}}{\text{s}}$$

我们也可以生成速度范围：

$$v_{\text{low}}=\sqrt{\frac{9.81(68.1)}{0.275}}\tanh\left(\sqrt{\frac{9.81(0.275)}{68.1}}4\right)=32.6223\ \frac{\text{m}}{\text{s}}$$

$$v_{\text{high}}=\sqrt{\frac{9.81(68.1)}{0.225}}\tanh\left(\sqrt{\frac{9.81(0.225)}{68.1}}4\right)=33.6198\ \frac{\text{m}}{\text{s}}$$

因此，通过下式，我们可以看到速度的变化：

$$\Delta v=\frac{33.6198-32.6223}{2(33.1118)}\times 100\%=1.5063\%$$

以下脚本生成了 c_d 的随机值，同时生成了其平均值、标准方差、百分比变化和直方图：

```
clc,format short g
n = 1000;t = 4;m = 68.1;g = 9.81;
cd = 0.25;cdmin = cd-0.025,cdmax = cd+0.025
r = rand(n,1);
cdrand = cdmin+(cdmax-cdmin)*r;
meancd = mean(cdrand),stdcd = std(cdrand)
Deltacd = (max(cdrand)-min(cdrand))/meancd/2*100.
subplot(2,1,1)
hist(cdrand),title('(a) Distribution of drag')
xlabel('cd (kg/m)')
```

结果为：

```
meancd =
     0.25018
stdcd =
    0.014528
Deltacd =
      9.9762
```

这些结果以及直方图(见图14.5a)表明，在所希望的区间内，rand 已经产生了1000个均匀分布的值，这些数的平均值恰好是我们希望的。然后，可以使用这些值，与解析解一起，计算在 $t = 4$s 时的速度分布。

```
vrand = sqrt(g*m./cdrand).*tanh(sqrt(g*cdrand/m)*t);
meanv = mean(vrand)
Deltav = (max(vrand)-min(vrand))/meanv/2*100.
subplot(2,1,2)
hist(vrand),title('(b) Distribution of velocity')
xlabel('v (m/s)')
```

结果为：

```
meanv =
   33.1151
Deltav =
    1.5048
```

这些结果以及直方图(见图 14.5(b))，与我们手工计算的值非常吻合。

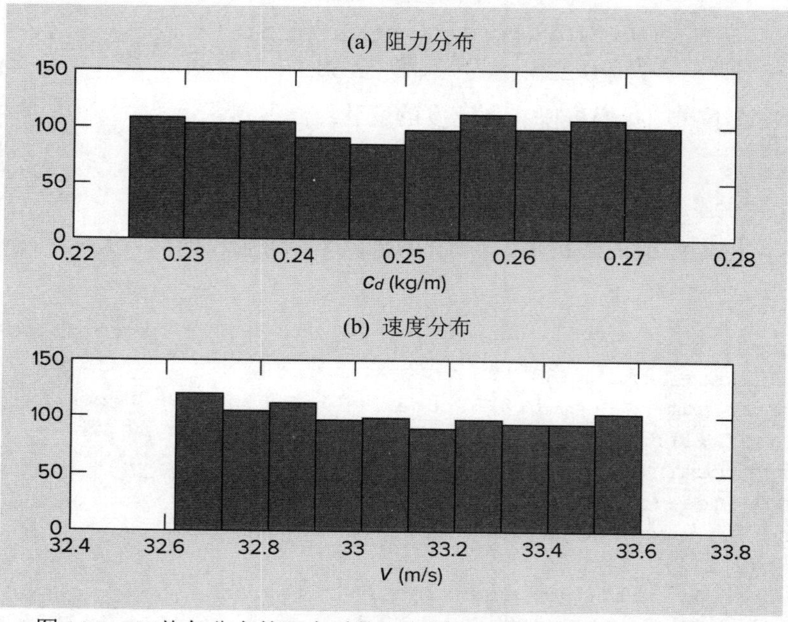

图 14.5 (a)均匀分布的阻力系数直方图与(b)得到的速度分布直方图

我们将前面的例子正式称为蒙特卡罗(*Monte Carlo*)模拟。这个词是摩纳哥蒙特卡罗赌场的一个术语，在 20 世纪 40 年代，物理学家首次将这个词用于核武器项目。尽管在这个简单的示例中，它产生了直观的结果。但是，有些情况下，这种计算机模拟产生让人吃惊的结果，并深刻提供了事情的本质。在其他情况下，人类是无法确定这些本质的。由于计算机能够有效地执行烦琐、重复的计算，因此这种方法才可行。

14.2.2 MATLAB函数：randn

该函数生成正态分布的数字序列，平均值为0，标准方差为1。其语法表示非常简单，如下所示：

```
r = randn(m, n)
```

其中r = $m \times n$的随机数矩阵。然后，可以使用以下公式，生成具有不同平均值(*mn*)和标准方差的正态分布的数字序列：

```
rnormal = mn + s * randn(m, n)
```

例14.3 生成正态分布的随机阻力值

问题描述：分析与例14.2相同的情况，但是，这次不采用均匀分布的随机值，而是生成平均值为0.25、标准方差为0.01443的正态分布阻力系数。

解：以下脚本生成c_d的随机值，同时生成这些随机值的平均值、标准方差、变异系数(coefficient of variation)(以%表示)和直方图：

```
clc,format short g
n = 1000;t = 4;m = 68.1;g = 9.81;
cd = 0.25;
stdev = 0.01443;
r = randn(n,1);
cdrand = cd+stdev*r;
meancd = mean(cdrand),stdevcd = std(cdrand)
cvcd = stdevcd/meancd*100.
subplot(2,1,1)
hist(cdrand),title('(a) Distribution of drag')
xlabel('cd (kg/m)')
```

结果为：

```
meancd =
     0.24988
stdevcd =
    0.014465
cvcd =
      5.7887
```

这些结果以及直方图(见图14.6(a))表明，randn函数已经产生了具有符合所需平均值、标准方差和变异系数的1000个正态分布的值。然后，使用这些值，与解析解一起，计算在$t = 4$s时的速度分布。

```
vrand = sqrt(g*m./cdrand).*tanh(sqrt(g*cdrand/m)*t);
meanv = mean(vrand),stdevv = std(vrand)
cvv = stdevv/meanv*100.
subplot(2,1,2)
```

```
hist(vrand),title('(b) Distribution of velocity')
xlabel('v (m/s)')
```

结果为：

```
meanv =
      33.117
stdevv =
     0.28839
cvv =
      0.8708
```

这些结果以及直方图(见图 14.6(b))表明，速度也是正态分布的，其平均值接近于使用平均值和解析解计算出的值。此外，我们计算出了相应的标准方差，这对应于±0.8708%的变异系数。

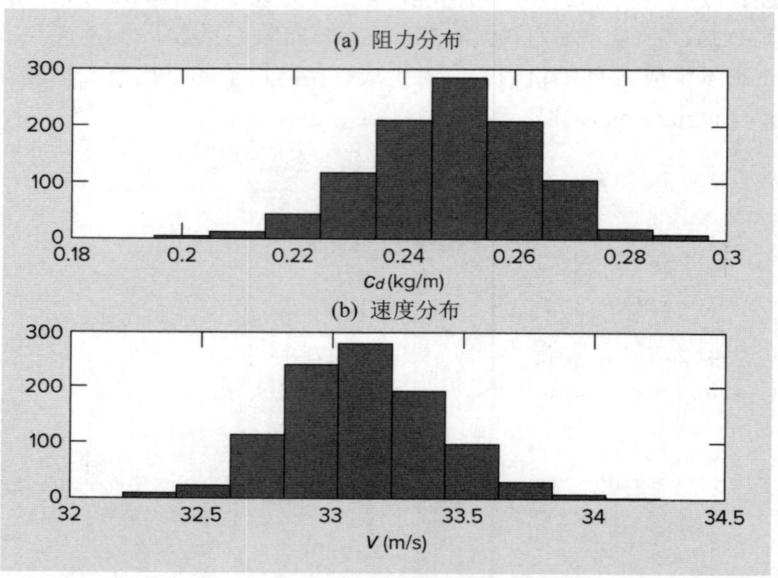

图 14.6 (a)正态分布的阻力系数直方图和(b)得到的速度分布直方图

尽管简单，但是前面的例子说明了在 MATLAB 中生成随机数非常方便。我们将在本章末尾的习题中，探讨其他应用。

14.3 线性最小二乘回归

既然实际误差与数据有关，那么最佳拟合方法就推导出一个近似函数来拟合数据的形状或大体趋势，但不要求该函数通过每一个数据点。一种实现方法是，用肉眼判断数据点的位置，然后绘制出一条穿过数据点的“最佳”线路。不过，虽然这种“眼球”方法初看起来很吸引人，而且对于“粗略”计算也是有效的，可是它存在一个致命的缺陷，即结果有随意性。换句话说，除非数据点精确地落在一条直线上(对于这种情况可以使用插值来处理)，否则不同的人就会画出不同的直线。

为了排除这种主观因素，我们必须设计一些标准来确定拟合的基函数。一种办法是，推导出一条曲线，使得数据点与拟合曲线之间的差异达到最小值。为此，先对差异进行量化。举一个简单的例子，假设用直线拟合一组成对的观测值：$(x_1, y_1),(x_2, y_2),\ldots,(x_n, y_n)$。直线的数学表示为：

$$y = a_0 + a_1 x + e \tag{14.8}$$

式中：a_0 和 a_1 为系数，分别表示截距和斜率；e 是模型与观测值之间的误差或残差(*residual*)。由式(14.8)知，e 可以表示为：

$$e = y - a_0 - a_1 x \tag{14.9}$$

因此，残差是真实值 y 与由线性方程 $a_0 + a_1 x$ 估计出的近似值之间的差异。

14.3.1 “最佳”拟合条件

寻找穿过数据点的“最佳”路线的一种方法是，使得所有可用数据点的残差之和达到最小，即：

$$\sum_{i=1}^{n} e_i = \sum_{i=1}^{n} (y_i - a_0 - a_1 x_i) \tag{14.10}$$

式中，n 为总点数。然而，这并不是充分条件，如图 14.7(a)所示，用直线拟合两个数据点。很显然，最佳拟合曲线是连接这两个点的直线。但是，由于正负误差的相互抵消，因此任何经过连线中点的直线(除非这条线是完全垂直的)都可以使式(14.10)达到最小值 0。

为了去掉符号的影响，一种方法是最小化差异的绝对值之和，即：

$$\sum_{i=1}^{n} |e_i| = \sum_{i=1}^{n} |y_i - a_0 - a_1 x_i| \tag{14.11}$$

由图 14.7(b)可知，这个条件仍然不是充分的。对于图 14.7(b)中所示的 4 个点来说，任意与虚线重合的直线都能使得残差的绝对值之和达到最小值。因此，在这个条件下还是无法推导出唯一的最佳拟合。

寻找最佳拟合曲线的第三种方法是利用极小化极大(*minimax*)条件。该方法选择一条直线，使得单个数据点与直线之间的最大距离达到最小值。如图 14.7(c)所示，该方法并不适用于回归，因为它受离群值的影响很大。此处所谓的离群值，是指误差很大的单个数据点。请注意，如果考虑用简单函数拟合复杂函数的话，那么极小化极大原则有时候是非常好用的(Carnahan、Luther 和 Wilkes，1969)。

克服上述方法的缺点的一种办法是，最小化残差的平方和：

$$S_r=\sum_{i=1}^{n}e_i^2=\sum_{i=1}^{n}(y_i-a_0-a_1x_i)^2 \tag{14.12}$$

该方法称为最小二乘(*least squares*)。它具有很多的优点，包括给定数据点集，由它可以推导出唯一的拟合曲线。在讨论这些性质之前，先介绍如何最小化式(14.12)，从而确定 a_0 和 a_1 的值。

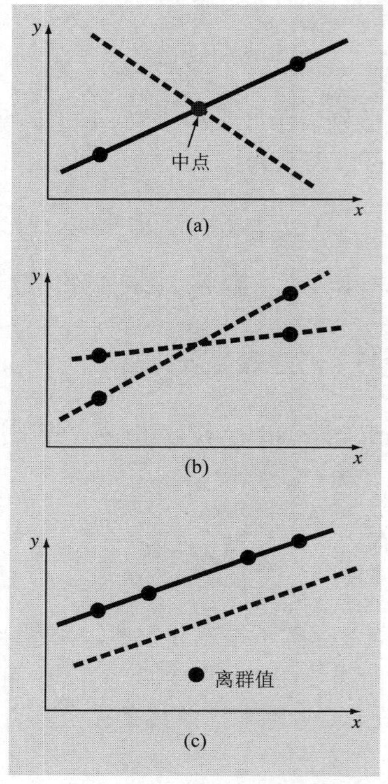

图 14.7　在回归方法中，一些非充分的“最佳”拟合条件的例子：(a)最小化残差之和，(b)最小化残差的绝对值之和，(c)最小化任意单个数据点的最大误差

14.3.2　直线的最小二乘拟合

为了确定 a_0 和 a_1 的值，计算式(14.12)关于每一个未知数的微分：

$$\frac{\partial S_r}{\partial a_0}=-2\sum(y_i-a_0-a_1x_i)$$

$$\frac{\partial S_r}{\partial a_1}=-2\sum[(y_i-a_0-a_1x_i)x_i]$$

注意，我们简化了求和符号：除非特别声明，否则所有的求和范围都是 i 取 1~n。令这些导数等于 0，得到最小值 S_r。此时，方程可以表示为：

$$0 = \sum y_i - \sum a_0 - \sum a_1 x_i$$

$$0 = \sum x_i y_i - \sum a_0 x_i - \sum a_1 x_i^2$$

现在，利用$\sum a_0 = na_0$，可以将方程表示成由两个线性方程联立而成的方程组，其中含有两个未知数(a_0和a_1)：

$$n \quad a_0 + \left(\sum x_i\right) a_1 = \sum y_i \tag{14.13}$$

$$\left(\sum x_i\right) a_0 + \left(\sum x_i^2\right) a_1 = \sum x_i y_i \tag{14.14}$$

这些方程被称为*法方程*(*normal equations*)。联立求解，得到：

$$a_1 = \frac{n \sum x_i y_i - \sum x_i \sum y_i}{n \sum x_i^2 - \left(\sum x_i\right)^2} \tag{14.15}$$

然后将结果代入式(14.13)，解得：

$$a_0 = \bar{y} - a_1 \bar{x} \tag{14.16}$$

式中$\bar{y}$和$\bar{x}$分别为y和x的均值。

例 14.4　线性回归

问题描述：用直线拟合表 14.1 中的数据。

解：在这个问题中，应变量(y)表示受力，自变量(x)表示速度。如表 14.4 所示，将数据写成列表形式，并计算出必要的数据和。

表 14.4　计算表 14.1 中数据的最佳拟合直线时所需的数据以及数据和

i	x_i	y_i	x_i^2	$x_i y_i$
1	10	25	100	250
2	20	70	400	1400
3	30	380	900	11400
4	40	550	1600	22000
5	50	610	2500	30500
6	60	1220	3600	73200
7	70	830	4900	58100
8	80	1450	6400	116000
Σ	360	5135	20400	312850

首先计算均值：

$$\bar{x}=\frac{360}{8}=45 \qquad \bar{y}=\frac{5,135}{8}=641.875$$

然后根据式(14.15)和式(14.16)计算斜率和截距：

$$a_1=\frac{8(312,850)-360(5,135)}{8(20,400)-(360)^2}=19.470\,24$$

$$a_0=641.875-19.470\,24(45)=-234.285\,7$$

将 y 和 x 分别用受力和速度代替，得到最小二乘拟合为：

$$F=-234.285\,7+19.470\,24v$$

这条直线和数据点的图形如图 14.8 所示。

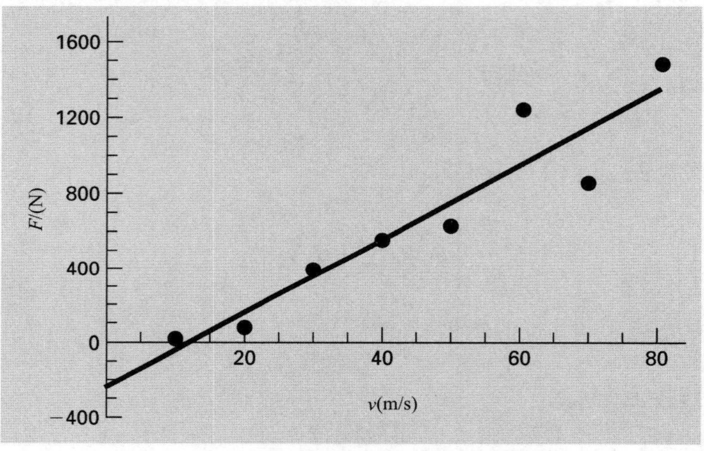

图 14.8 表 14.1 中数据的最小二乘拟合直线

请注意，虽然直线对数据点拟合得很好，但是它在 x 轴和 y 轴上的截距说明，由这个方程估计出的受力并不符合物理实际，因为当速度比较小时，受力为负。在 14.4 节中，我们将介绍一种方法，它通过变换来得到另一条最佳拟合直线，使得估计值更加符合物理实际。

14.3.3 线性回归误差的量化

除了在例 14.4 中计算出的直线之外，任何其他直线所对应的残差平方和都要比这条直线大。因此，这条直线是唯一的，而且根据我们选择的拟合条件，它是穿过数据点的“最佳”直线。如果进一步仔细考察残差的计算方法，那么就可以推导出关于该拟合条件的更多性质。回顾平方和的定义为：

$$S_r=\sum_{i=1}^{n}(y_i-a_0-a_1x_i)^2 \tag{14.17}$$

注意到该方程与式(14.4)非常相似：

$$S_t = \sum (y_i - \bar{y})^2 \tag{14.18}$$

在式(14.18)中，残差平方和表示数据点与代表测量值集中趋势的单个估计值——均值之差的平方。在式(14.17)中，残差平方和表示数据点与代表集中趋势的另一个估计值——直线之间垂直距离的平方(见图 14.9)。

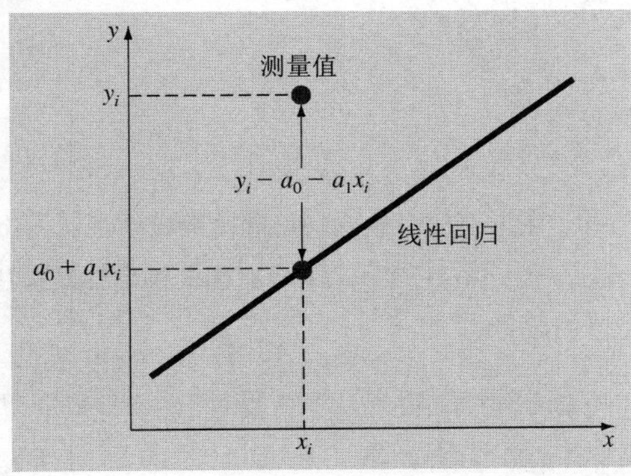

图 14.9 线性回归中的残差表示数据点与直线之间的垂直距离

类似的分析还可以进一步推广到更一般的情形：(1)在整个数据分布范围内，所有数据点与直线之间的距离都处于差不多的量级；(2)数据点沿直线的分布符合正态分布。可以证明，只要满足上述条件，那么由最小二乘回归估计出的a_0和a_1是最优的(最合适的)(Draper和Smith，1981)。这个性质在统计学里被称为极大似然原理(*maximum likelihood principle*)。此外，只要满足上述条件，回归线的标准差就可以由下式计算[对比式(14.3)]：

$$s_{y/x} = \sqrt{\frac{S_r}{n-2}} \tag{14.19}$$

式中，$s_{y/x}$称为估计值的标准误差(*standard error of the estimate*)。下标 y/x 表示误差是由给定的 x 估计 y 值时的误差。同时，我们还注意到，此处的除数为 $n-2$，这是由于计算 S_r时用到了两个估计值——a_0和 a_1；因此我们损失了两个自由度。与标准差的情况一样，还有另一个理由让我们选择 $n-2$ 作为除数，即如果只有两个数据点的话，那么所求直线就是连接这两个点的直线，也就不存在“数据分散”的问题了。因此，当 $n = 2$ 时，式(14.19)的结果为无穷大，不具有任何意义。

和标准差一样，估计值的标准误差也表示数据的分散程度。不同的是，$s_{y/x}$描述数据沿回归线周围(*around the regression line*)的分散情况，如图 14.10(b)所示；而标准差描述的则是数据沿均值周围(*around the mean*)的分散情况[见图 14.10(a)]。

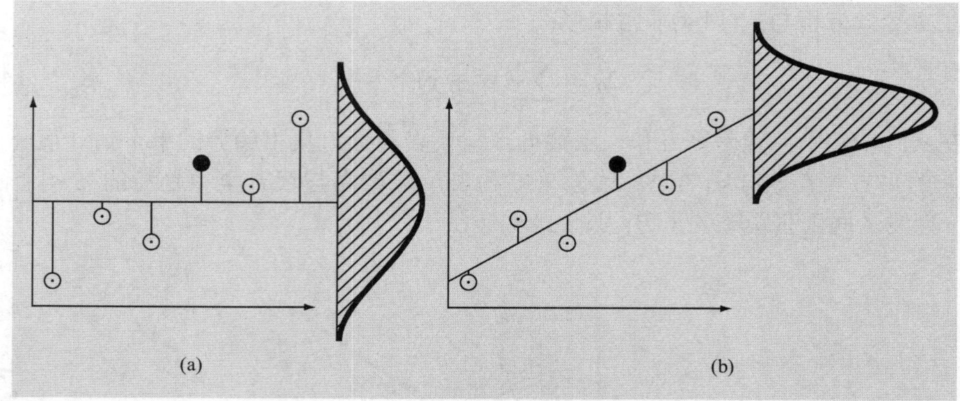

图 14.10 回归数据，(a)表示数据在应变量的均值周围的分散情况，(b)表示数据在最佳拟合直线周围的分散情况。由(a)到(b)，图形右端的钟形曲线被压缩了，这表示线性回归提高了估计值的质量

这些概念可以用来分析拟合结果的优劣。当需要比较几次回归的结果时(见图 14.11)，它们特别有用。为此，我们回到原始数据，计算出均值与应变量(在我们的讨论中为 y)之差的平方和。结果为式(14.18)，我们把这个量记作 S_t。它表示回归前应变量所具有的残差大小。在实施回归之后，我们可以通过式(14.17)计算出沿回归线的残差平方和 S_r。这是回归处理后所剩余的残差。因此，它有时候也被称为意外的平方和。如果在单个平均值的基础上，进一步采用直线对数据进行拟合，那么拟合效果的改进或减少的误差就通过两个量之差 S_t–S_r 表示。因为这个量的大小与尺度有关，所以将它除以 S_t 进行归一化，得到：

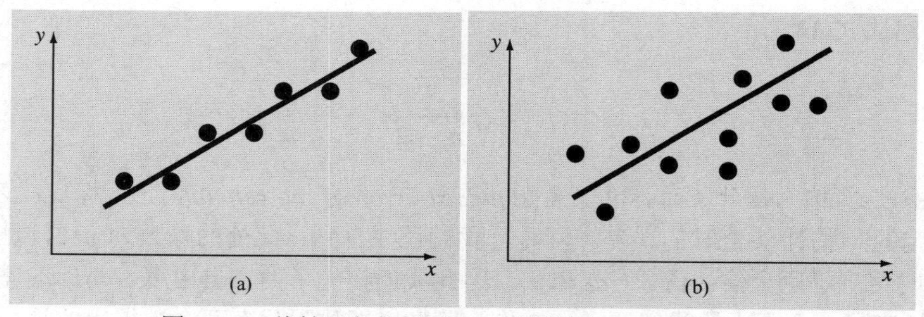

图 14.11 线性回归的例子：(a)残差较小，(b)残差较大

$$r^2 = \frac{S_t - S_r}{S_t} \tag{14.20}$$

式中，r^2 是决定系数(*coefficient of determination*)，r(取 $\sqrt{r^2}$)是相关系数(*correlation coefficient*)。对于一次完美的拟合，有 $S_r = 0$ 和 $r^2 = 1$，表明直线可以百分之百地反映数据的变化情况。如果 $r^2 = 0$、$S_r = S_t$ 的话，那么直线拟合的结果与均值相比没有任何提高。也可以通过下面的公式来计算 r，它更加适合于在计算机上实施：

$$r = \frac{n\sum(x_i y_i) - \left(\sum x_i\right)\left(\sum y_i\right)}{\sqrt{n\sum x_i^2 - \left(\sum x_i\right)^2}\sqrt{n\sum y_i^2 - \left(\sum y_i\right)^2}} \tag{14.21}$$

例 14.5 线性最小二乘拟合的误差估计

问题描述：对于例 14.4 中的拟合，计算总的标准差，估计值的标准误差和相关系数。

解：如表 14.5 所示，将数据表示成列表形式，并计算出必要的数据和。

标准差是[式(14.3)]：

$$s_y = \sqrt{\frac{1,808,297}{8-1}} = 508.26$$

估计值的标准误差是[式(14.19)]：

$$s_{y/x} = \sqrt{\frac{216,118}{8-2}} = 189.79$$

于是，因为 $s_{y/x}<s_y$，所以线性回归模型具有优势。改进的程度可以由决定系数 r^2 表示[式(14.20)]：

$$r^2 = \frac{1,808,297 - 216,118}{1,808,297} = 0.8805$$

或者 $r = \sqrt{0.8805} = 0.9383$。这些结果显示，线性模型可以解释原始模型中 88.05% 的不确定性。

表 14.5 计算表 14.1 中数据拟合优度统计量所需要的数据与数据和

i	x_i	y_i	$a_0 + a_1 x_i$	$(y_i - \bar{y})^2$	$(y_i - a_0 - a_1 x_i)^2$
1	10	25	−39.58	380 535	4 171
2	20	70	155.12	327 041	7 245
3	30	380	349.82	68 579	911
4	40	550	544.52	8 441	30
5	50	610	739.23	1 016	16 699
6	60	1 220	933.93	334 229	81 837
7	70	830	1 128.63	35 391	89 180
8	80	1 450	1 323.33	653 066	16 044
Σ	360	5 135		1 808 297	216 118

在继续下面的叙述之前，有一点必须提醒读者注意。虽然利用决定系数可以很方便地测量出拟合优度，但还是需要注意这个概念的适用范围。因为 r^2“接近于”1 并不能够说明拟合就是“最优的”。例如，有时候 y 和 x 之间虽然不是线性关系，但也可能得出比较大的 r^2。对于线性回归的结果评价，Draper 和 Smith(1981)提出了一些其他的指导性条件。此外，当达到最小值时，读者一般应该通过图形检查一下数据与拟合曲线的匹配程度。

Anscombe(1973)曾经给出过一个非常著名的例子。如图 14.12 所示，他构造了四个数据集，每个集合中都含有 11 个数据点。虽然这些数据集的图形各异，但它们却具有相同的最佳拟合方程 $y = 3+0.5x$ 和决定系数 $r^2 = 0.67$！这个例子生动地说明了绘图检验的重要性。

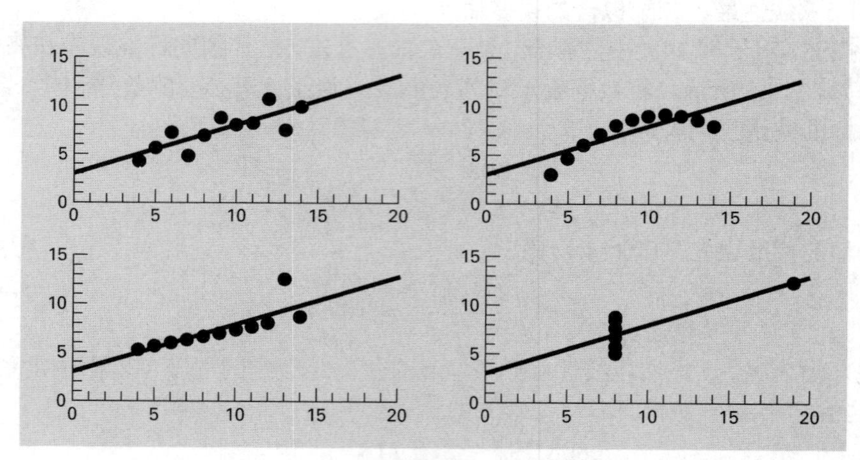

图 14.12 Anscombe 的 4 个数据集与最佳拟合直线 $y = 3+0.5x$

14.4 非线性关系的线性化

线性回归是构造数据最佳拟合直线的有效方法。然而，使用它的前提是自变量和应变量之间的关系必须是线性的。一般来说，这种关系是不成立的，因此，任何回归分析的第一步都是绘制数据点的图形，确定一下是否可以应用线性模型。有些情况下，使用第 15 章介绍的多项式回归方法可能更合适些。在另外一些情况下，可以通过转换将数据表示成能够应用线性回归的形式。

例如，指数模型(*exponential model*)：

$$y = \alpha_1 e^{\beta_1 x} \tag{14.22}$$

式中，α_1 和 β_1 是常数。这是工程和科学计算中的常用模型，用于描述随自身大小增加(β_1 为正)或减少(β_1 为负)的量。例如，人口增长或放射性衰变都具有这种特征。如图 14.13(a)所示，y 和 x 之间的关系式(当 $\beta_1 \neq 0$ 时)是非线性的。

另一个非线性模型是幂方程(*power equation*)：

$$y = \alpha_2 x^{\beta_2} \tag{14.23}$$

式中，α_2 和 β_2 是常系数。该模型被广泛地应用于工程和科学的各个领域。当实验数据的基本模型未知时，常用它来进行拟合。如图 14.13(b)所示，这个方程(当 $\beta_2 \neq 0$ 时)也是非线性的。

第三个非线性模型的例子是饱和增长率方程(*saturation-growth-rate equation*)：

$$y = \alpha_3 \frac{x}{\beta_3 + x} \tag{14.24}$$

式中，α_3和β_3是常系数。这个模型特别适合描述人口在限制条件下的增长情况，此时y与x之间的关系仍然是非线性的[见图 14.13(c)]，并且随着x的增加，y值逐渐趋于平稳或“达到饱和”。它的应用范围很广，尤其是在解决与生物有关的工程和科学问题时。

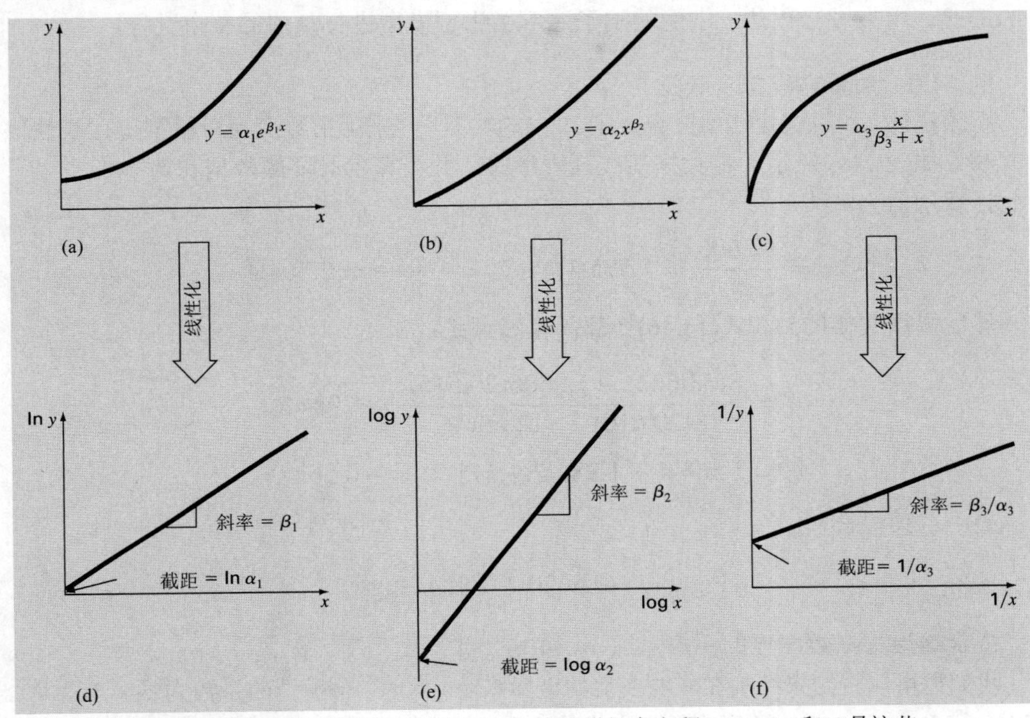

图 14.13　(a)指数方程，(b)幂方程，(c)饱和增长率方程。(d)、(e)和(f)是这些方程经过简单的变换之后得到的线性化形式

满足上述模型的实验数据也可以直接采用非线性回归的方法进行拟合。但是，更简便的方法是，通过数学变换将这些方程转换为线性形式，然后用线性回归进行拟合。

例如，式(14.22)的线性化过程是两边取自然对数：

$$\ln y = \ln \alpha_1 + \beta_1 x \tag{14.25}$$

于是，$\ln y$ 关于 x 的图形就是一条直线，该直线的斜率为 β_1，截距为 $\ln\alpha_1$ [见图 14.13(d)]。

对式(14.23)进行线性化，等号两边取以 10 为底的对数，得到：

$$\log y = \log \alpha_2 + \beta_2 \log x \tag{14.26}$$

于是，$\log y$关于$\log x$的图形是一条直线，该直线的斜率为β_2，截距为$\ln\alpha_2$ [见图 14.13(e)]。注意，这个模型可以通过以任何数为底的对数进行线性化。不过，此处所取的以10为底的对数是最常用的。

为了得到式(14.24)的线性形式，将其转换为：

$$\frac{1}{y}=\frac{1}{\alpha_3}+\frac{\beta_3}{\alpha_3}\frac{1}{x} \tag{14.27}$$

于是，$1/y$ 关于 $1/x$ 的图形是直线，其斜率为 β_3/α_3，截距为 $1/\alpha_3$ (见图 14.13(f))。

转换之后，这些模型中的参数都可以通过线性回归得到。然后，再将它们变换回原来的形式，用来进行预估。下面的例子演示了用幂模型进行预估的整个过程。

例 14.6　用幂方程拟合数据

问题描述：利用式(14.23)拟合表 14.1 中的数据，并采用指数变换对模型进行线性化。

解：如表 14.6 所示，将数据写成列表形式，并计算出必要的数据和。

计算均值为：

$$\bar{x}=\frac{12.606}{8}=1.575\,7 \qquad \bar{y}=\frac{20.515}{8}=2.564\,4$$

然后根据式(14.15)和式(14.16)计算斜率和截距：

$$a_1=\frac{8(33.622)-12.606(20.515)}{8(20.516)-(12.606)^2}=1.984\,2$$

$$a_0=2.564\,4-1.984\,2(1.575\,7)=-0.562\,0$$

最小二乘拟合是：

$$\log y=-0.5620+1.9842\log x$$

拟合结果与原数据点的图形见图 14.14(a)。

我们也可以将结果绘制在未变换前的坐标系内。此时，幂模型的系数为 $\alpha_2=10^{-0.5620}=0.2741$ 和 $\beta_2=1.9842$。用受力和速度代替 y 和 x，得到最小二乘拟合为：

$$F=0.2741v^{1.9842}$$

这个方程与数据点的图形如图 14.14(b)所示。

表 14.6　利用幂模型拟合表 14.1 中数据所需要的数据与数据和

i	x_i	y_i	$\log x_i$	$\log y_i$	$(\log x_i)^2$	$\log x_i \log y_i$
1	10	25	1.000	1.398	1.000	1.398
2	20	70	1.301	1.845	1.693	2.401
3	30	380	1.477	2.580	2.182	3.811
4	40	550	1.602	2.740	2.567	4.390
5	50	610	1.699	2.785	2.886	4.732
6	60	1220	1.778	3.086	3.162	5.488
7	70	830	1.845	2.919	3.404	5.386
8	80	1450	1.903	3.161	3.622	6.016
Σ			12.606	20.515	20.516	33.622

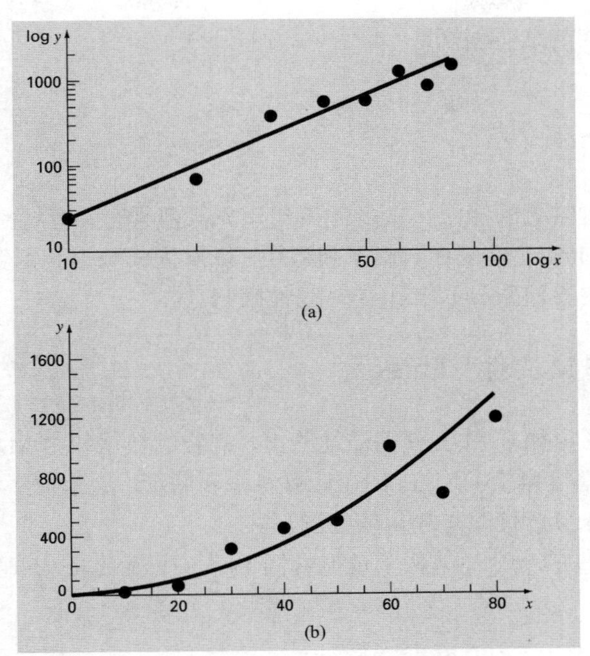

图 14.14　用幂模型对表 14.1 中的数据进行最小二乘拟合：(a)转换后数据的拟合结果，(b)拟合所得的幂方程和原始数据

在前面的例14.4中(见图14.8)，我们曾用线性回归对未变换的数据进行过拟合，读者不妨对例14.6(见图14.14)的结果与前面得到的结果进行比较。虽然两个结果的误差都在容许范围内，但是数据转换后所得到的拟合结果不会在低速情况下计算出负的力。而且，根据水力学的知识，在液体中运动的物体所受的阻力一般恰好与速度的平方成正比。由此可见，在进行曲线拟合时，相关领域的背景知识与模型的正确选取之间有很大的联系。

线性回归的总评注

在介绍曲线回归和多重线性回归之前，我们必须重点介绍一下上述线性回归的一些理论背景。我们已经叙述了拟合方程的简单推导过程和实际应用。读者必须注意的是，其实在理论方面还有许多关于回归的知识在实际应用中同样具有重要价值，只是因为它们超出了本书范围，所以没有涉及。例如，线性最小二乘回归中隐含了许多统计学假设，包括：

1) 每一个 x 的值都已经固定；它不是随机的，而且不带任何误差。
2) y 是独立随机变量，而且 y 的所有分量具有同样的方差。
3) 给定 x 值后，y 值必须服从正态分布。

这些假设与回归方法的推导和应用关系密切。例如，第一个假设说明：① x 的值是无误差的；② y 关于 x 的回归与 x 关于 y 的回归并不相同。除了本书介绍的内容之外，读者还可参考一些其他的文献，例如 Draper 和 Smith(1981)，以了解回归方法的更多特性以及各种方法之间的细微差别。

14.5 计算机应用

线性回归是一种常见的算法，很多便携式计算器都具有计算线性回归的功能。本节介绍如何编写简单的 M 文件来计算斜率和截距，以及生成数据和拟合直线的图形。我们还将介绍如何利用内置函数 polyfit 来计算线性回归。

14.5.1 MATLAB M 文件：linregr

线性回归的算法由如下 M 文件简洁地给出，需要的数据和由 MATLAB 的 sum 函数直接计算。然后根据式(14.15)和式(14.16)计算斜率和截距。这个程序将显示截距和斜率、决定系数，以及最佳拟合直线与测量值的图形。

应用这个 M 文件的一个简单例子是拟合例 14.4 中讨论过的力-速度数据，如图 14.15 所示。

```
>> x = [10 20 30 40 50 60 70 80];
>> y = [25 70 380 550 610 1220 830 1450];
>> [a, r2] = linregr (x,y)

a =
   19.4702    -234.2857

r2 =
    0.8805
```

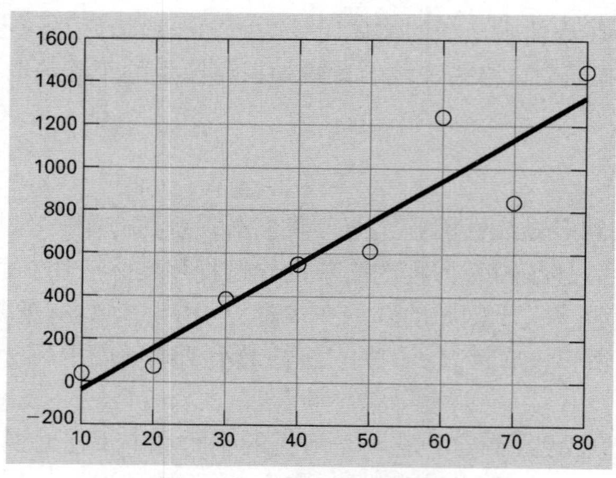

图 14.15 拟合力-速度数据

用 log10 函数对数据进行处理后，就可以轻易地应用幂模型(见例 14.6)进行拟合，如图 4.16 所示。

```
>> [a, r2] = linregr(log10(x),log10(y))

a =
   1.9842   -0.5620

r2 =
   0.9481
```

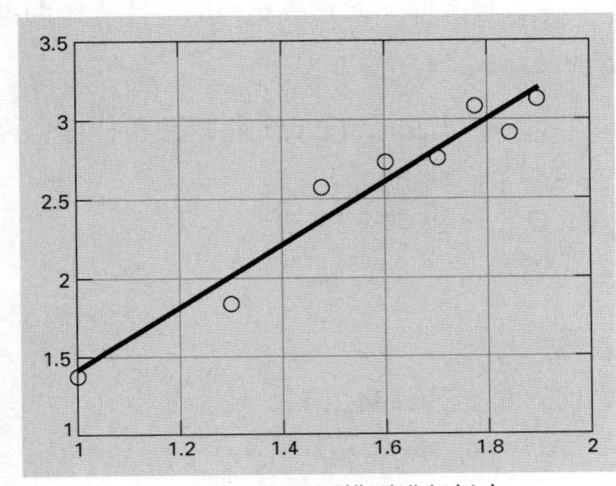

图 14.16 应用幂模型进行拟合

```
function [a, r2] = linregr(x,y)
% linregr: linear regression curve fitting
%       [a, r2] = linregr(x,y):Least squares fit of straight
%                 line to data by solving the normal equations

% input:
%    x = independent variable
%    y = dependent variable
% output:
%    a = vector of slope, a(1), and intercept, a(2)
%    r2 = coefficient of determination

n = length(x);
if length(y)~ = n, error('x and y must be same length'); end
x = x(:); y = y(:);          % convert to column vectors
sx = sum(x); sy = sum(y);
sx2 = sum(x.*x); sxy = sum(x.*y); sy2 = sum(y.*y);
a(1) = (n*sxy ¡ª sx*sy)/(n*sx2¡ª sx^2);
a(2) = sy/n ¡ª a(1)*sx/n;
r2 = ((n*sxy ¡ª sx*sy)/sqrt(n*sx2 ¡ª sx^2)/sqrt(n*sy2 ¡ª sy^2))^2;
% create plot of data and best fit line
xp = linspace(min(x),max(x),2);
yp = a(1)*xp + a(2);
plot(x,y,'o',xp,yp)
grid on
```

14.5.2 MATLAB 函数：polyfit 和 polyval

MATLAB 的内置函数 polyfit 可计算数据的 n 次最小二乘拟合多项式，用法为：

```
>> p = polyfit(x, y, n)
```

式中：x 和 y 分别为自变量和应变量，n 为多项式的次数。函数的返回值 p 中记录了多项式的系数。注意，多项式是按照 x 的幂次递减的形式表示的，具体表示形式如下：

$$f(x)=p_1x^n+p_2x^{n-1}+\cdots+p_nx+p_{n+1}$$

因为直线是一次多项式，所以 polyfit(x, y, 1)将返回最佳拟合直线的斜率和截距：

```
>> x = [10 20 30 40 50 60 70 80];
>> y = [25 70 380 550 610 1220 830 1450];
>> a = polyfit(x,y,1)

a =
   19.4702 -234.2857
```

因此，斜率为 19.4702，截距为-234.2857。

然后可以利用另一个函数 polyval 计算多项式在特定点的取值。它的一般形式是：

```
>> y = polyval(p, x)
```

式中：p 为多项式的系数，$y=x$ 处的最佳拟合值。例如：

```
>> y = polyval(a,45)

y =
  641.8750
```

14.6 案例研究：酶动力学

背景：在活细胞中，酶(*Enzymes*)的作用就像催化剂一样，可以加快化学反应的速度。很多情况下，它们将一种化学物质，即培养基(*substrate*)，转化为另一种化学物质，即产物(*product*)。米海利斯-曼恬(*Michaelis-Menten*)方程常用于描述这类反应：

$$v=\frac{v_m[S]}{k_s+[S]} \tag{14.28}$$

式中：v = 起始的反应速度，v_m = 起始反应速度的最大值，$[S]$ = 培养基浓度，k_s = 半饱和常数。如图 14.17 所示，该方程描述了一个随着$[S]$的增长逐渐趋于饱和的过程。由图中还可以看出，半饱和常数(*half-saturation constant*)对应于速度达到最大值的一半时的培养基浓度。

虽然早期的米海利斯-曼恬模型已经比较完善，但后来人们又进一步对它进行了精练和扩充，以加入酶动力学中的一些其他属性。所谓变构酶(*allosteric enzymes*)，就是一种简单的扩充模型，即培养基分子在一处的结合会提高与其他地方分子的结合速度。对于具有两个相互作用的结合位点的情况，采用下面的二阶方程一般可取得更好的拟合效果：

$$v = \frac{v_m[S]^2}{k_s^2 + [S]^2} \tag{14.29}$$

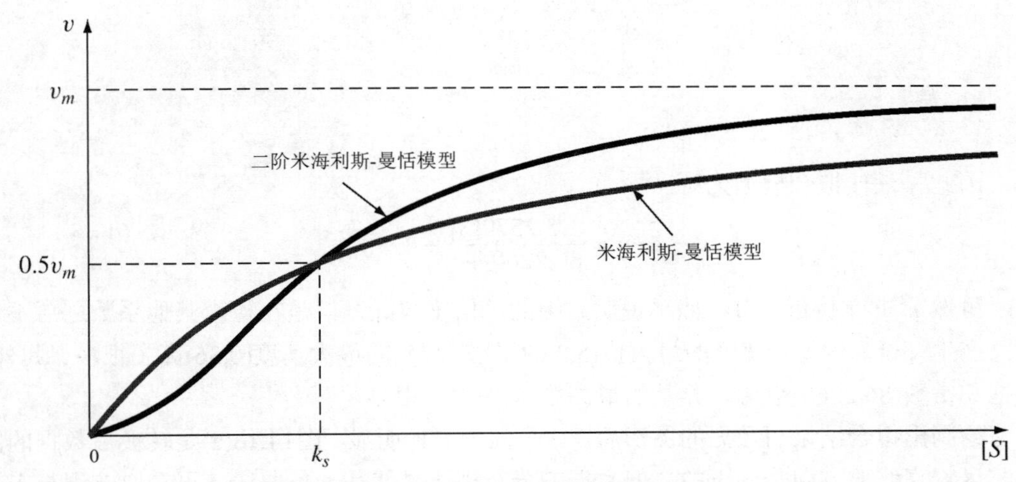

图 14.17　酶动力学中的两类米海利斯-曼恬模型

如图 14.17 所示，这个模型也对应于一条饱和曲线，不过浓度取了平方之后使得图形更接近于 S 状弯曲或 S 字形。

若给定表14.7所示的数据，将式(14.28)和式(14.29)进行线性化之后，应用线性回归拟合数据。除了估计模型中的参数之外，请从统计量和图形两方面评估拟合结果的合理性。

表 14.7　培养基浓度和起始的反应速度

$[S]$	1.3	1.8	3	4.5	6	8	9
v	0.07	0.13	0.22	0.275	0.335	0.35	0.36

解：从形式上看，式(14.28)属于饱和增长模型[式(14.24)]，于是可将它转换为下面的线性化形式[回顾式(14.27)]：

$$\frac{1}{v} = \frac{1}{v_m} + \frac{k_s}{v_m}\frac{1}{[S]}$$

然后利用 14.15.1 中的 linregr 函数计算最小二乘拟合：

```
>> S = [1.3 1.8 3 4.5 6 8 9];
>> v = [0.07 0.13 0.22 0.275 0.335 0.35 0.36];
>> [a,r2] = linregr(1./S,1./v)

a =
  16.4022    0.1902
r2 =
   0.9344
```

然后计算模型中的系数：

```
>> vm = 1/a(2)

vm =
    5.2570

>> ks = vm*a(1)

ks =
   86.2260
```

因此，最佳拟合模型为：

$$v = \frac{5.2570[S]}{86.2260 + [S]}$$

虽然 r^2 非常接近于 1，似乎说明结果的可信度很好，但是在检查其他系数之后不免对此产生怀疑。例如，速度的最大值(5.2570)比观测到的最大速度(0.36)高了很多。此外，半饱和常数(86.2260)也比培养基的最高浓度(9)大了很多。

绘制出拟合结果与数据的图形后，这个问题更加明显。图14.18(a)是转换后数据的图形。尽管直线的方向是向下的，但数据的分布规律显然是一条曲线。再看原方程与未转换的数据图形[见图14.18(b)]，结果无疑是不合理的。很明显，在0.36~0.37之间数据变化趋于平稳。如果是这样的话，那么仅靠目测就可以估计出 v_m 的取值大约为0.36，k_s 则应该在2~3的范围内。

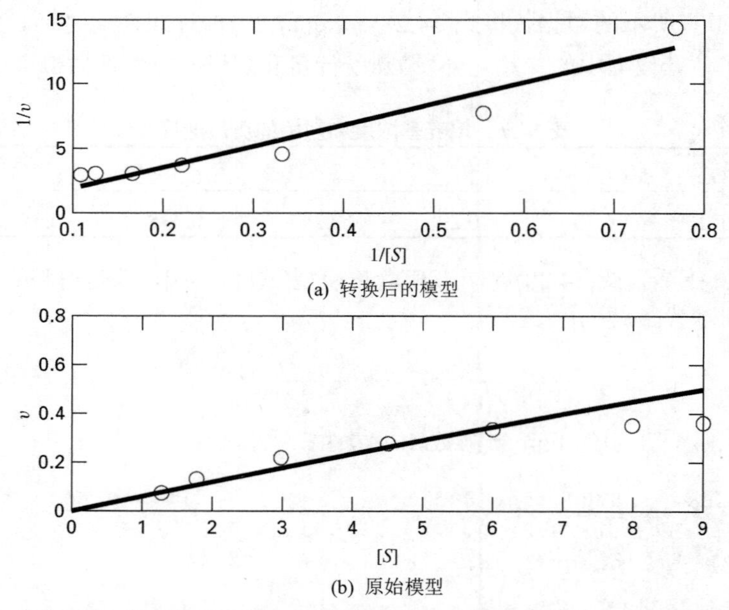

图 14.18 米海利斯-曼恬模型的最小二乘拟合结果(直线)与原始数据(点)图形：(a)显示转换之后的拟合结果，(b)显示拟合结果在未转换的原始坐标系下的图形

除了图形之外，像决定系数这样的统计量也可以说明结果的不合理性。对于未转换的数据，可计算出 $r^2 = 0.6406$，这个结果根本没有达到可以接受的程度。

对二阶模型重复前面的分析。式(14.28)也可以线性化为：

$$\frac{1}{v} = \frac{1}{v_m} + \frac{k_s^2}{v_m}\frac{1}{[S]^2}$$

仍然利用 14.15.1 节中的 linregr 函数计算最小二乘拟合：

```
>> [a,r2] = linregr(1./S.^2,1./v)

a =
   19.3760    2.4492
r2 =
    0.9929
```

然后计算模型中的系数为：

```
>> vm = 1/a(2)

vm =
    0.4083

>> ks = sqrt(vm*a(1))

ks =
    2.8127
```

将这些值代入式(14.29)，得到：

$$v = \frac{0.4083[S]^2}{7.911 + [S]^2}$$

虽然我们知道 r^2 取值高并不意味着拟合结果好,但这个值(0.9929)很大的事实也是令人满意的。此外，参数值看起来也与数据的变化趋势非常吻合，也就是说，k_m 只比观测到的最高速度大了一点，半饱和常数则略低于培养基的最高浓度(9)。

拟合结果的合理性可通过图形来评定。在图 14.19(a)中，转换后的数据变化规律接近于线性。再看原方程与未转换的数据图形[见图 14.19(b)]，拟合曲线与测量值吻合得非常好。除了图形之外，可计算出未变换情况下的决定系数 $r^2 = 0.9896$，这一事实也说明了拟合结果的合理性。

综合上述分析，我们可以得出结论：利用二阶模型可以很好地拟合所给的数据集。这表明我们正在处理的是一个有关变构酶的问题。

除此之外，从这个案例研究中我们还可以得出一些其他的一般性结论。首先，绝对不能仅凭个别统计量的大小(如 r^2)，来判断拟合结果的优劣。其次，最好绘制出回归方程的图形，以评估结果。如果在解题过程中使用了变换，那么一般也应该检查未变换的模型和数据的图形。

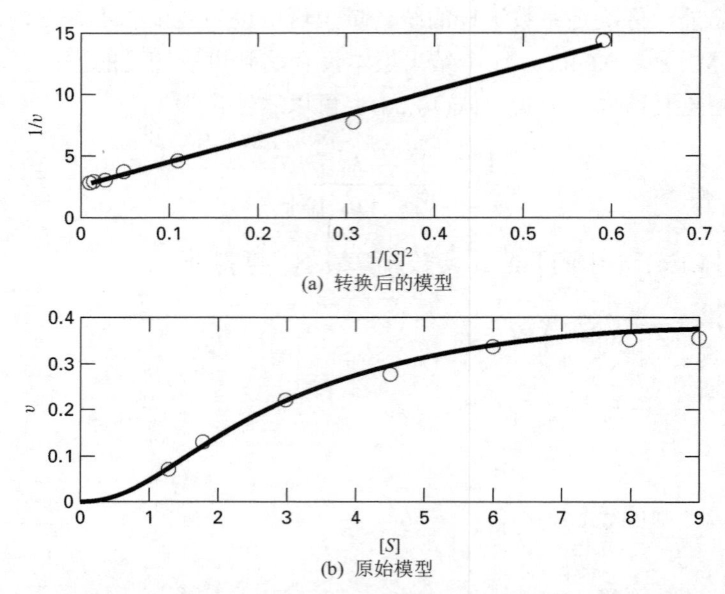

图14.19　二阶米海利斯-曼恬模型的最小二乘拟合结果(直线)与原始数据(点)图形。(a)显示转换之后的拟合结果，(b)显示拟合结果在未转换的原始坐标系下的图形

最后，虽然某些数据经过变换之后可以得出一个令人满意的拟合结果，但是结果变换回原始坐标系之后不一定是合理的。原因是，虽然变换后数据的残差平方达到了最小值，但这并不能保证未变换数据的残差平方也达到最小值。因为线性回归中假设数据点沿最佳拟合直线两侧呈高斯分布，所以应变量的各个分量所对应的标准差都是一样的。对数据进行变换后，这个假设一般不成立。

鉴于最后一个结论，有些分析专家认为，与其进行线性化处理，不如直接用非线性回归拟合呈曲线分布的数据。这种方法构造最佳拟合曲线，直接对未经变换的残差进行最小化。我们将在第 15 章讨论具体的操作方法。

14.7　习题

14.1　给定如下数据：

```
0.90    1.42    1.30    1.55    1.63
1.32    1.35    1.47    1.95    1.66
1.96    1.47    1.92    1.35    1.05
1.85    1.74    1.65    1.78    1.71
2.29    1.82    2.06    2.14    1.27
```

计算均值、中位数、众数、极差、标准差、方差和变异系数。

14.2　绘制习题 14.1 中数据的直方图，取值范围为 0.8~2.4，条带宽度为 0.2。

14.3　给定如下数据：

```
29.65  28.55  28.65  30.15  29.35  29.75  29.25
30.65  28.15  29.85  29.05  30.25  30.85  28.75
29.65  30.45  29.15  30.45  33.65  29.35  29.75
31.25  29.45  30.15  29.65  30.55  29.65  29.25
```

计算均值、中位数、众数、极差、标准差、方差和变异系数。绘制直方图，取值范围为28~34，小区间宽度为0.4。假设数据服从正态分布，而且刚刚计算出的标准差也是正确的，试确定包含68% 读数的区间范围(上界和下界的值)。判断这个结果对于本习题中的数据是否合理。

14.4 采用推导式(14.15)和式(14.16)的方法推导下列模型的最小二乘拟合：

$$y = a_1 x + e$$

即根据最小二乘拟合法，用截距为0的直线拟合数据，求出该直线的斜率。用这个模型拟合表14.8所示的数据，并显示结果的图形。

表 14.8 拟合数据(一)

x	2	4	6	7	10	11	14	17	20
y	4	5	6	5	8	8	6	9	12

14.5 利用线性最小二乘回归拟合表14.9所示的数据。

表 14.9 拟合数据(二)

x	0	2	4	6	9	11	12	15	17	19
y	5	6	7	6	9	8	8	10	12	12

除了斜率和截距之外，还计算出估计值的标准误差和相关系数。绘制数据和回归直线的图形。然后交换变量的位置，重复上述操作，拟合出 x 关于 y 的变化情况，并解释结果。

14.6 试用幂模型拟合表14.1中的数据，并且采用自然对数变换对模型进行线性化。

14.7 表14.10所示的数据是固定1kg氮的体积后测得的压强与温度的变化情况，已知体积为$10m^3$。

表 14-10 压强与温度的对应表

T(℃)	−40	0	40	80	120	160
p(N/m^2)	6900	8100	9350	10 500	11 700	12 800

根据这组数据，应用理想气体定律 $pV = nRT$ 计算 R。注意在这个定律中，T 使用的是热力学温标。

14.8 除了图14.13中列举的例子之外，还有一些其他的模型也可以通过变换进行线性化。例如：

$$y = \alpha_4 x e^{\beta_4 x}$$

线性化这个模型，并用它对表 14.11 所示的数据进行拟合，估计出 α_4 和 β_4 的值。绘制拟合结果与数据的图形。

表 14.11 拟合数据(三)

x	0.1	0.2	0.4	0.6	0.9	1.3	1.5	1.7	1.8
y	0.75	1.25	1.45	1.25	0.85	0.55	0.35	0.28	0.18

14.9 经过一场暴风雨之后，某游泳区的大肠杆菌(E.coli)浓度测量值如表 14.12 所示。

表 14.12 浓度测量表

t(h)	4	8	12	16	20	24
c(CFU/100mL)	1600	1320	1000	890	650	560

时间以距离暴风雨结束之后的小时数计，单位 CFU 是“集落形成单位(Colony Forming Unit)”。利用这些数据估计(a)暴风雨结束时(t = 0)的细菌浓度和(b)浓度达到 200CFU/100mL 的时间。注意，挑选的模型必须满足以下事实：浓度值绝不会为负且细菌浓度总是随时间的增长而递减的。

14.10 一般来说，与其使用以 e 为底的指数模型(式 14.22)，还不如使用以 10 为底的模型：

$$y = \alpha_5 10^{\beta_5 x}$$

用这个方程进行曲线拟合的结果与以 e 为底的模型一样，只是指数(β_5)与式(14.22)的估计值(β_1)不同。请用以 10 为底的模型求解习题 14.9，并找出 β_1 与 β_5 之间的关系式。

14.11 根据表 14.13 中的数据，估计代谢率与体重的关系式，其中体重为自变量，代谢率为因变量。使用这个关系式，预测体重为 200 千克的老虎的代谢率。

表 14.13 代谢率与体重的对应表

动 物	体重(kg)	代谢率(W)
母牛	400	270
人类	70	82
绵羊	45	50
母鸡	2	4.8
老鼠	0.3	1.45
鸽子	0.16	0.97

14.12 平均起来，人的表面积A与体重W和身高H有关。对几个身高为180cm而体重(kg)各不相同的人进行测量，得到表14.14中列出的A值(m^2)。

表 14.14 体重表

W(kg)	70	75	77	80	82	84	87	90
A(m^2)	2.10	2.12	2.15	2.20	2.22	2.23	2.26	2.30

由表 14.14 可以看出，这些数据非常适合由幂方程 $A = aW^b$ 来进行拟合。估计常数 a 和 b 的值，并计算体重为 95kg 的人的表面积。

14.13 用指数模型拟合表 14.15 中的数据。

表 14.15 拟合数据(四)

x	0.4	0.8	1.2	1.6	2	2.3
y	800	985	1490	1950	2850	3600

使用 MATLAB 的 subplot 函数，分别在标准对数格纸和半对数格纸上绘制数据和拟合方程的图形。

14.14 某研究人员考察细菌生长率 k(每天)与氧气浓度 c(mg/L)的关系，通过实验得到表 14.16 中的数据。已知这些数据可采用下面的方程进行拟合：

$$k = \frac{k_{\max} c^2}{c_s + c^2}$$

式中 c_s 和 $k_{\max}$ 是参数。通过变换将这个方程线性化，然后利用线性回归估计 c_s 和 $k_{\max}$，并计算 $c = 2$mg/L 时的生长率。

表 14.16 细菌生长率与氧气浓度的关系表

c	0.5	0.8	1.5	2.5	4
k	1.1	2.5	5.3	7.6	8.9

14.15 给定向量值，编写 M 文件计算并显示它的描述统计学量，具体包括向量的维数、均值、中位数、众数、极差、标准差、方差和变异系数。此外，生成数据的直方图。用习题 14.3 中的数据来检验程序。

14.16 修改图 14.13 中的 linregr 函数，使得它能(a)计算并返回估计值的标准误差，(b)调用 subplot 函数，绘制残差(y 的估计值减去测量值)与 x 的关系图。使用例 14.2 和例 14.3 中的数据进行测试。

14.17 编写用幂模型进行拟合的 M 文件。要求函数返回未变换模型的最佳拟合系数 α_2、幂指数 β_2 以及 r^2。此外，在 M 文件中调用 subplot 函数绘制变换后和未变换情况下的拟合结果和原始数据图形。利用习题 14.11 中的数据检验程序。

14.18 表 14.17 所示的数据显示出 SAE 70 齿轮油的粘性与温度之间的关系。对数据取对数之后，利用线性回归拟合出最佳拟合直线方程，并计算 r^2 的值。

表 14.17 温度和粘性表

温度(℃)	26.67	93.33	148.89	315.56
粘性 μ (N•s/m^2)	1.35	0.085	0.012	0.00075

14.19 通过实验测量出某气体在各种温度条件下的热容量 c，数据如表 14.18 所示。

表 14.18 热容量与温度表

T	−50	−30	0	60	90	110
c	1250	1280	1350	1480	1580	1700

利用回归分析确定 c 与 T 之间的函数关系式，其中 T 为自变量，c 为应变量。

14.20 已知塑料受热之后，抗张强度随着时间的增长而逐渐增大。表 14.19 是采集到的一些数据。

表 14.19 抗张强度与时间表

时间	10	15	20	25	40	50	55	60	75
抗张强度	5	20	18	40	33	54	70	60	78

(a) 用直线拟合这些数据，并计算出 32 分钟时的抗张强度。

(b) 选用截距为零的直线重复上述计算。

14.21 表 14.20 中的数据采集于某搅拌槽式反应器，其中进行的反应是 $A\rightarrow B$。根据这些数据，估计下列动力学模型中 k_{01} 和 E_1 的最可能的取值：

$$-\frac{dA}{dt}=k_{01}e^{-E_1/RT}A$$

其中 R 是气体常数，取值为 0.001 98kcal/mol/K。

表 14.20 反应器数据

$-dA/dt$(mol/L/s)	460	960	2485	1600	1245
A(mol/L)	200	150	50	20	10
T(K)	280	320	450	500	550

14.22 在 15 个不同时刻测量下述聚合反应的浓度值：

$$xA+yB\rightarrow A_xB_y$$

假设这个反应发生在包含多步的一个复杂机械过程中。选用多种模型对数据进行拟合，结果的残差平方和计算如表 14.21 所示，(从统计学的观点来看)哪一个模型的结果最好？请对选出的结果进行解释。

表 14.21 不同模型的残差平方和

	模型 A	模型 B	模型 C
S_r	135	105	100
模型中所含的拟合参数的个数	2	3	5

14.23 以下是分批反应器中，细菌繁殖的数据(延迟期已经结束)最初的 2.5 个小时内，细菌最快速度进行繁殖，然后诱导细菌生成组合蛋白，组合蛋白的生成导致细菌的繁殖速度显著下降。理论上，细菌的繁殖情况可描述为：

$$\frac{dX}{dt} = \mu X$$

式中 X 是细菌的数量，μ 是细菌在指数繁殖阶段的特定繁殖率。根据表 14.22 所示的数据，估计细菌在前两个小时内的特定繁殖率，以及随后 4 个小时内的繁殖率。

表 14.22 繁殖率表

时间(h)	0	1	2	3	4	5	6
细胞(g/L)	0.100	0.335	1.102	1.655	2.453	3.702	5.460

14.24 运输工程中的某个课题研究自行车道的设计。对 9 条道路上的自行车道宽度以及自行车与过往机动车之间的平均距离进行测量，数据如表 14.23 所示。

表 14.23 车道宽度与距离表

距离(m)	2.4	1.5	2.4	1.8	1.8	2.9	1.2	3	1.2
车道宽度(m)	2.9	2.1	2.3	2.1	1.8	2.7	1.5	2.9	1.5

(a) 绘制数据图形。

(b) 利用线性回归对数据进行拟合，将拟合直线绘制在前面的图形上。

(c) 如果自行车与过往机动车之间安全距离的最小值是 1.8m，试计算相应的自行车道宽度的最小值。

14.25 在水资源工程学中，水库的大小与为了蓄水而拦截的河道中的水流速度密切相关。对于某些河流来说，这种长时间的历史水流记录很难获得。然而通常容易得到过去若干年间关于降水量的气象资料。鉴于此，推导出流速与降水量之间的关系式往往特别有用。只要获得那些年份的降水量数据，就可以利用这个关系式计算出水流速度。表 14.24 是在被水库拦截的某河道中测得的数据。

表 14.24 测量数据

降水量(cm)	88.9	108.5	104.1	139.7	127	94	116.8	99.1
流速(m^3/s)	14.6	16.7	15.3	23.2	19.5	16.1	18.1	16.6

(a) 绘制数据的图形。

(b) 利用线性回归进行拟合，将拟合直线添加到上述图形上。

(c) 如果某年的降水量是 120cm，利用拟合直线估计当年的水流速度。

(d) 若流域面积为 1100km^2，估计在其他过程中，如蒸发、深层地下水渗透和消耗用途，损失的降水量占总体降水量的比例。

14.26 某帆船的桅杆由铝合金制成，横截面积为 10.65cm^2。测试应力和应变之间的函数关系，得到如表 14.25 所示的数据。

表 14.25 应力与应变表

应变(cm/cm)	0.0032	0.0045	0.0055	0.0016	0.0085	0.0005
应力(N/cm^2)	4970	5170	5500	3590	6900	1240

由风引起的应力的大小为 F/A_c，其中 F = 作用在桅杆上的力，A_c = 桅杆的横截面积。然后将这个值代入胡克定律，可算出桅杆的偏转$\triangle L$ = 应力×L，其中 L = 桅杆的长度。如果风力为 25 000N，试利用数据估计 9m 长桅杆的偏转量。

14.27 某实验中，在导线的两端施加不同的电压，测得导线中的电流大小如表 14.26 所示。

表 14.26 电压与电流关系表

V(V)	2	3	4	5	7	10
i(A)	5.2	7.8	10.7	13	19.3	27.5

(a) 对数据进行线性回归，计算 3.5V 电压下的电流值。绘制拟合直线与数据的图形，对结果进行评估。

(b) 选用截距为 0 的直线进行回归，重复上述计算。

14.28 某实验考查导电材料的延伸百分比与温度之间的函数关系。实验结果如表 14.27 所示。试估计温度为 400℃时的延伸百分比。

表 14.27 温度与导电材料延伸百分比的关系

温度(℃)	200	250	300	375	425	475	600
延伸百分比(%)	7.5	8.6	8.7	10	11.3	12.7	15.3

14.29 在 20 年内，某城市郊外一个小社区内的人口增长很快，如表 14.28 所示。

表 14.28 人口增长表

t(年)	0	5	10	15	20
p(人)	100	200	450	950	2000

假设某公共事业公司的工程师，为了预测电力需求，需要知道未来 5 年内的人口数。

根据上述数据，试采用指数模型和线性回归得到想要的数据。

14.30　在与某平面的距离(y)不同的几个地方测量平面上方的空气流速 u，数据如表 14.29 所示。假设平面上($y = 0$)的流速为 0，请用曲线对数据进行拟合，并根据结果计算平面上的剪切应力($\mu\, du/dy$)，其中 $\mu = 1.8\times10^{-5}$ N・s/m^2。

表 14.29　空气流速表

y(m)	0.002	0.006	0.012	0.018	0.024
u(m/s)	0.287	0.899	1.915	3.048	4.299

14.31　Andrade 方程(*Andrade's equation*)常用于描述温度对粘性的影响：

$$\mu = De^{B/T_a}$$

式中 μ = 水的动粘度(10^{-3} N•s/m^2)，T_a = 热力学温度(K)，D 和 B 为参数。在水中测得表 14.30 所示的数据，请用上述模型进行拟合。

表 14.30　水的动态粘滞度表

T(K)	0	5	10	20	30	40
μ(10^{-3}N•s/m^2)	1.787	1.519	1.307	1.002	0.7975	0.6529

14.32　在例14.2中，除了阻力系数外，质量也应该均匀地在±10%之间改变，在此条件下，执行相同的计算。

14.33　在例14.3中，除了阻力系数外，质量也应该在其平均值附近正态变化，并且变异系数为5.7887%，在此条件下，执行相同的计算。

14.34　矩形通道的曼宁公式可以写为：

$$Q = \frac{1}{n_m}\frac{(BH)^{5/3}}{(B+2H)^{2/3}}\sqrt{S}$$

其中 Q = 流量(m^3/s)，n_m = 粗糙度系数，B = 宽度(m)，H = 深度(m)，S = 斜率。应用此公式到宽度 = 20 米、深度 = 0.3 米的流。遗憾的是，你只知道粗糙度和斜率精度在±10%之间变化。也就是说，你知道粗糙度约为 0.03，在 0.027 至 0.033 之间变化；斜率为 0.0003，在 0.00027 至 0.00033 之间变化。假设它们是均匀分布的，令 n = 10000，使用蒙特卡罗分析来估计流量分布。

14.35　蒙特卡罗分析可用于优化。例如，可用下列公式计算球的轨迹：

$$y = (\tan\theta_0)x - \frac{g}{2v_0^2\cos^2\theta_0}x^2 + y_0 \tag{14.30}$$

其中 y = 高度(m)，θ_0 = 初始角度(弧度)，v_0 = 初始速度(m/s)，g = 重力常数 = 9.81 m/s^2，y_0 = 初始高度(m)。给定 y_0 = 1m，v_0 = 25m/s，θ_0 = 50°，使用(a)微积分的解析法和(b)蒙特卡罗模拟的数值法，确定最大高度和对应的 x 距离。对于蒙特卡罗模拟的数值法，创建脚本，生成一个在 0 到 60m 均匀分布 1000 个 x 值的向量。使用这个向量和式(14.30)生成高度的向量。然后，采用 max 函数，确定最大高度和相关的 x 距离。

14.36 在层流条件下，斯托克斯沉降法提供了一种计算球形颗粒沉降速度的方法：

$$v_s = \frac{g}{18}\frac{\rho_s - \rho}{\mu}d^2$$

其中 v_s = 最终沉降速度(m/s)，g = 重力加速度(= 9.81m/s^2)，ρ = 流体密度(kg/m^3)，ρ_s = 颗粒密度(kg/m^3)，μ = 流体的动态粘度(N s/m^2)，d = 粒径(m)。假设进行了一个实验，测量不同密度的多个 10μm 球体的最终沉降速度，如表 14.31 所示：

表 14.31 不同密度下球体的沉降速度

ρ_s(kg/m^3)	1500	1600	1700	1800	1900	2000	2100	2200	2300
v_s(10^{-3}m/s)	1.03	1.12	1.59	1.76	2.42	2.51	3.06	3	3.5

(a) 生成有标记的数据曲线。

(b) 使用线性回归(polyfit)将数据拟合成直线，并将此线叠加到绘图中。

(c) 使用模型预测 2500kg/m^3 密度球体的沉降速度。

(d) 使用斜率和截距，估计流体的粘度和密度。

14.37 除了图 14.13 所示的例子，还有其他模型可以进行线性化转换。例如，以下模型适用于间歇式反应器中的三级化学反应：

$$c = c_0\frac{1}{\sqrt{1 + 2kc_0^2 t}}$$

其中 c = 浓度(mg/L)，c_0 = 初始浓度(mg/L)，k = 反应速率(L^2 /(mg^{2}d))，t = 时间(d)。将此模型线性化，并根据表 14.3.2 中的数据，估计 k 和 c_0。使用转换后线性化形式的数据和未转换形式的数据，分别绘制出拟合曲线。

表 14.32 试验数据

t	0	0.5	1	1.5	2	3	4	5
c	3.26	2.09	1.62	1.48	1.17	1.06	0.9	0.85

14.38 在第 7 章中，我们提出了最优化技术，以找到一维和多维函数的最优值。随机数提供了求解相同类型问题的替代方法(回顾习题 14.35)。这种方法的实现方式是，反复使用随机选择的自变量值，评估函数，追踪要优化的函数产生的最优值。如果进行了足够数量的样本，最优值将最终得到定位。虽然在最简单的现象中，这种方法效率不高，但是这种方法确实有优势，它们可以检测到函数的全局最优值，同时还得到了许多局部最优值。创建一个函数，使用随机数来确定驼峰(humps)函数的最大值：

$$f(x) = \frac{1}{(x-0.3)^2 + 0.01} + \frac{1}{(x-0.9)^2 + 0.04} - 6$$

在 $x = 0$ 到 2 的定义域中，下面是用于测试函数的脚本：

```
clear,clc,clf,format compact
xmin = 0;xmax = 2;n = 1000
xp = linspace(xmin,xmax,200); yp = f(xp);
plot(xp,yp)
[xopt,fopt] = RandOpt(@f,n,xmin,xmax)
```

14.39 使用与习题 14.38 中相同的方法，创建一个函数，使用随机数确定以下二维函数的最大值，以及对应的 x 和 y 值：

$$f(x, y) = y - x - 2x^2 - 2xy - y^2$$

定义域为 $x = -2$ 至 2，$y = 1$ 至 3。这个定义域如图 14.20 所示。请注意，在 $x = -1$ 和 $y = 1.5$ 处出现了单个最大值 1.25。这里有一个脚本，可以用来测试函数：

```
clear,clc,format compact
xint = [-2;2];yint = [1;3];n = 10000;
[xopt,yopt,fopt] = RandOpt2D(@fxy,n,xint,yint)
```

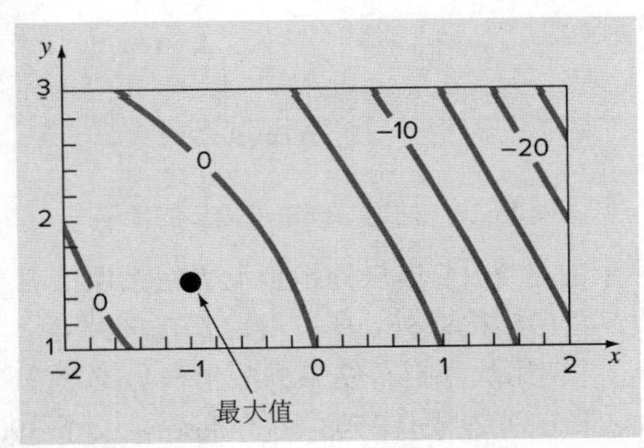

图 14.20 在 $x = -1$ 和 $y = 1.5$ 时，最大值为 1.25 的二维函数

14.40 假设一群粒子，受到限制，沿着一维直线运动(见图 14.21)。假设在时间步长 Δt 下，每个粒子向左或向右移动距离 Δx 的似然概率相同。在 $t = 0$ 时，所有粒子都集中在 $x = 0$ 处，并允许沿任意方向前进一步。在 Δt 之后，大约 50%的粒子向右移动，50%的粒子向左移动。在 $2\Delta t$ 之后，25%的向左两步，25%的向右两步，50%的回到起点。随着时间的推移，颗粒将会扩散开来，在原点附近的粒子数较多，在末端的粒子数逐渐减少。最终的结果是，颗粒的分布接近展开的钟形分布。这个过程，我们称之为随机漫步(或醉汉漫步)，它描述了工程和科学中的许多现象，其中最普遍的例子是布朗运动。创建一个 MATLAB 函数，给定步长(Δx)、粒子总数(n)、步数(m)。在每一步中，确定每个粒子在 x 轴上的位置，并使用这些结果生成一张动画直方图，显示分布的形状如何随着计算的进行而演变。

14.41 在二维随机漫步中重复习题 14.40 的过程，如图 14.22 所示，每个粒子以 0 到 2π 的随机角度 θ 和随机步长 Δ 扩散。生成两个面板堆叠的动画图，其中，在顶部图中，显示所有粒子的位置(subplot(2,1,1))，在底部图中显示粒子 x 坐标的直方图(subplot(2,1,2))。

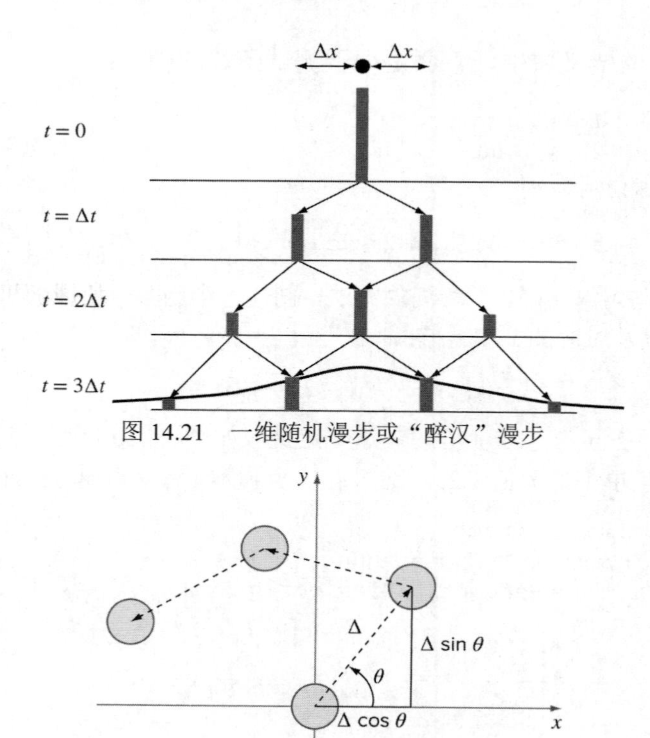

图 14.21　一维随机漫步或“醉汉”漫步

图 14.22　描述二维随机漫步的步子

14.42　表 14.33 显示的是 2015 年户外跑步世界纪录保持者及其所用的时间。请注意，除了 100 米和马拉松(42195 米)之外，所有赛跑都在椭圆赛道上进行。使用幂模型拟合每个性别人群的数据，并使用这个拟合结果预测半程马拉松(21097.5 米)的纪录。请注意，半程马拉松的实际纪录分别是男子 3503 秒(Tadese)，女子 3909s(Kiplagat)。

表 14.33　赛跑纪录及保持者

比赛(m)	时间(s)	男子纪录保持者	时间(s)	女子纪录保持者
100	9.58	Bolt	10.49	Griffith-Joyner
200	19.19	Bolt	21.34	Griffith-Joyner
400	43.18	Johnson	47.60	Koch
800	100.90	Rudisha	113.28	Kratochvilova
1000	131.96	Ngeny	148.98	Masterkova
1500	206.00	El Guerrouj	230.07	Dibaba
2000	284.79	El Guerrouj	325.35	O¡¯Sullivan
5000	757.40	Bekele	851.15	Dibaba
10000	1577.53	Bekele	1771.78	Wang
20000	3386.00	Gebrselassie	3926.60	Loroupe
42195	7377.00	Kimetto	8125.00	Radcliffe

第 15 章

一般线性最小二乘回归和非线性回归

本章目标

本章继续考虑直线拟合问题，并将它推广到①多项式拟合和②含两个或更多个自变量的线性函数的拟合。接着，我们将对这类应用问题进行归纳，使得它能适用于更广泛的一类问题。最后，我们举例说明如何用最优化方法来实现非线性回归。本章涉及的内容和主题包括：

- 会使用多项式回归。
- 会使用多重线性回归。
- 了解一般线性最小二乘模型的有关公式。
- 知道如何在 MATLAB 中利用法方程或左除运算来求解一般线性最小二乘模型。
- 了解如何用最优化方法来实现非线性回归。

15.1 多项式回归

第 14 章介绍了根据最小二乘标准推导拟合直线方程的过程。如图 15.1 所示，有些数据虽然也具有一定的形状，但是它们的直线拟合效果并不好。对于这类数据，曲线拟合更适合一些。如第 14 章所述，曲线拟合的一种方法是使用变换。另一种方法就是采用多项式回归 (polynomial regression)计算数据的拟合多项式。

最小二乘方法很容易推广到数据的高阶多项式拟合。例如，假设选用二阶或二次多项式进行拟合：

$$y = a_0 + a_1x + a_2x^2 + e \tag{15.1}$$

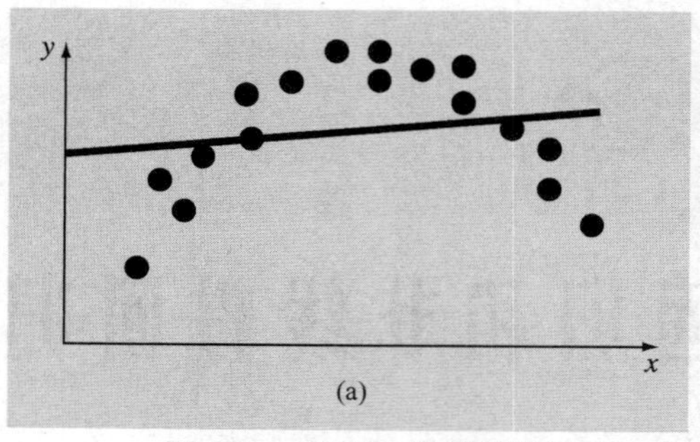

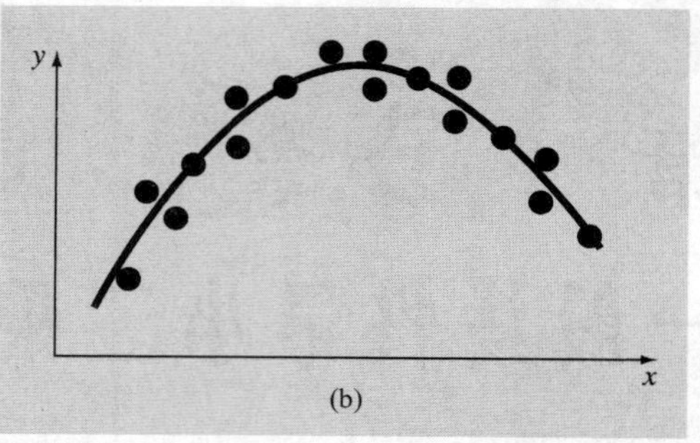

图 15.1 (a)不宜使用线性最小二乘回归的数据，(b)说明抛物线是最合适的

此时残差平方和为：

$$S_r = \sum_{i=1}^{n} \left(y_i - a_0 - a_1 x_i - a_2 x_i^2\right)^2 \tag{15.2}$$

为了进行最小二乘拟合，计算式(15.2)关于多项式中所有未知系数的偏导数，即：

$$\frac{\partial S_r}{\partial a_0} = -2\sum \left(y_i - a_0 - a_1 x_i - a_2 x_i^2\right)$$
$$\frac{\partial S_r}{\partial a_1} = -2\sum x_i \left(y_i - a_0 - a_1 x_i - a_2 x_i^2\right)$$
$$\frac{\partial S_r}{\partial a_2} = -2\sum x_i^2 \left(y_i - a_0 - a_1 x_i - a_2 x_i^2\right)$$

然后令上述式子等于 0，整理得到下面的法方程组：

$$(n)a_0 + \left(\sum x_i\right) a_1 + \left(\sum x_i^2\right) a_2 = \sum y_i$$
$$\left(\sum x_i\right) a_0 + \left(\sum x_i^2\right) a_1 + \left(\sum x_i^3\right) a_2 = \sum x_i y_i$$
$$\left(\sum x_i^2\right) a_0 + \left(\sum x_i^3\right) a_1 + \left(\sum x_i^4\right) a_2 = \sum x_i^2 y_i$$

式中所有的求和范围都是 i 取 1~n。注意上面的三个方程都是线性的，其中含有三个未知量：a_0、a_1 和 a_2。未知量的系数可由观测值直接得到。

由这个问题可以看出，确定二阶最小二乘多项式的过程等价于求解一个三阶的联立线性方程组。这个二维案例可以很容易地推广到 m 阶多项式，即：

$$y = a_0 + a_1 x + a_2 x^2 + \cdots + a_m x^m + e$$

前面的分析也可以很容易地推广到更一般的问题。于是，我们推断，确定 m 阶多项式的系数等价于求解一个 m+1 阶的联立线性方程组。此时，标准误差的公式为：

$$s_{y/x} = \sqrt{\frac{S_r}{n - (m+1)}} \tag{15.3}$$

由于在 S_r 的计算过程中用到了推导出的(m+1)个系数 $a_0, a_1, \ldots, a_m$，因此我们损失了 m+1

个自由度，所以上式中的除数为 $n-(m+1)$；除了标准误差之外，利用式(14.20)还可以计算出决定系数。

例 15.1　多项式回归

问题描述：利用二阶多项式拟合表 15.1 中的前两列数据。

表 15.1　二次最小二乘拟合的误差分析

x_i	y_i	$(y_i-\bar{y})^2$	$(y_i-a_0-a_1x_i-a_2x_i^2)^2$
0	2.1	544.44	0.14332
1	7.7	314.47	1.00286
2	13.6	140.03	1.08160
3	27.2	3.12	0.80487
4	40.9	239.22	0.61959
5	61.1	1272.11	0.09434
Σ	152.6	2513.39	3.74657

解：根据数据可计算出下面的量

$$
\begin{array}{lll}
m=2 & \sum x_i = 15 & \sum x_i^4 = 979 \\
n=6 & \sum y_i = 152.6 & \sum x_i y_i = 585.6 \\
\bar{x}=2.5 & \sum x_i^2 = 55 & \sum x_i^2 y_i = 2488.8 \\
\bar{y}=25.433 & \sum x_i^3 = 225 &
\end{array}
$$

于是，可得线性方程组为：

$$
\begin{bmatrix} 6 & 15 & 55 \\ 15 & 55 & 225 \\ 55 & 225 & 979 \end{bmatrix}
\begin{Bmatrix} a_0 \\ a_1 \\ a_2 \end{Bmatrix}
=
\begin{Bmatrix} 152.6 \\ 585.6 \\ 2488.8 \end{Bmatrix}
$$

求解这个方程组，即可得出待估计的系数。例如，利用 MATLAB：

```
>> N = [6 15 55;15 55 225;55 225 979];
>> r = [152.6 585.6 2488.8];
>> a = N\r

a =
    2.4786
    2.3593
    1.8607
```

于是，可得本例中的二阶最小二乘方程为：

$$
y = 2.4786 + 2.3593x + 1.8607x^2
$$

根据回归多项式所得的估计值的标准误差为[式(15.3)]：

$$s_{y/x} = \sqrt{\frac{3.74657}{6-(2+1)}} = 1.1175$$

决定系数是：

$$r^2 = \frac{2513.39 - 3.74657}{2513.39} = 0.99851$$

相关系数是 r=0.99925。

结果表明，模型可以解释原数据 99.851%的不确定性。这个结果也证实了下述结论：二次方程的拟合效果非常好，当然从图 15.2 上看会更加明显。

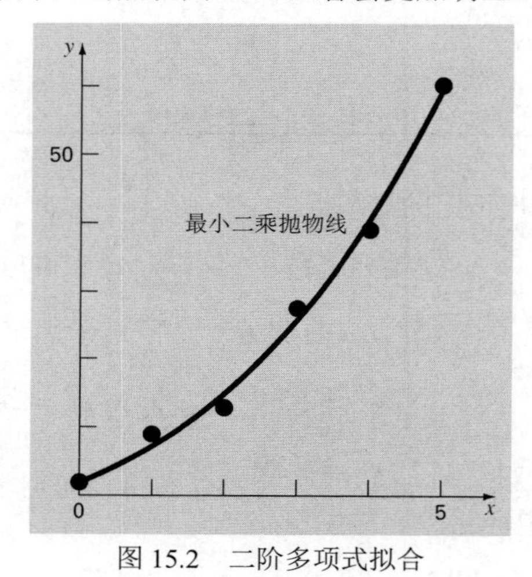

图 15.2　二阶多项式拟合

15.2　多重线性回归

当 y 是两个或多个自变量的线性函数时，可以得出线性回归的另一种常用的推广形式。例如，y 可以是 x_1 和 x_2 的线性函数，即：

$$y = a_0 + a_1x_1 + a_2x_2 + e$$

如果在实验中所研究的变量是其他两个变量的函数，那么这个方程在实验数据的拟合方面特别有用。由于这个例子是二维的，因此回归“直线”变成了“平面”(见图 15.3)。

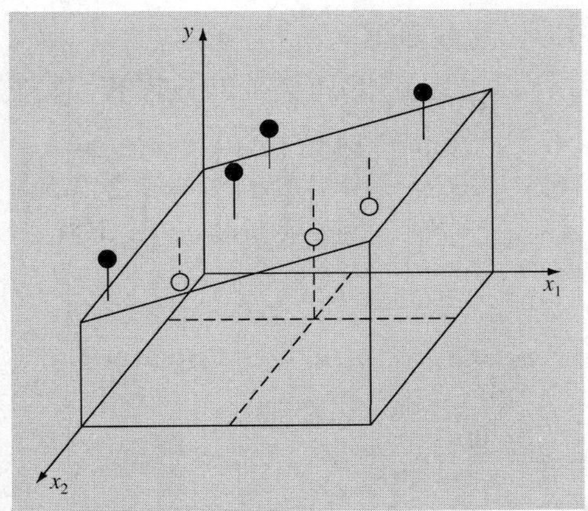

图 15.3　多重线性回归的示意图，此处 y 是 x_1 和 x_2 的线性函数

和前面一样，为了确定系数的“最佳”取值，写出残差平方和的公式：

$$S_r = \sum_{i=1}^{n} (y_i - a_0 - a_1 x_{1,i} - a_2 x_{2,i})^2 \tag{15.4}$$

然后关于每个未知量求偏导数：

$$\frac{\partial S_r}{\partial a_0} = -2\sum (y_i - a_0 - a_1 x_{1,i} - a_2 x_{2,i})$$
$$\frac{\partial S_r}{\partial a_1} = -2\sum x_{1,i}(y_i - a_0 - a_1 x_{1,i} - a_2 x_{2,i})$$
$$\frac{\partial S_r}{\partial a_2} = -2\sum x_{2,i}(y_i - a_0 - a_1 x_{1,i} - a_2 x_{2,i})$$

为使残差平方和达到最小值，令偏导数都等于 0，结果的矩阵形式如下，求解即得到各个系数的取值：

$$\begin{bmatrix} n & \sum x_{1,i} & \sum x_{2,i} \\ \sum x_{1,i} & \sum x_{1,i}^2 & \sum x_{1,i}x_{2,i} \\ \sum x_{2,i} & \sum x_{1,i}x_{2,i} & \sum x_{2,i}^2 \end{bmatrix} \begin{Bmatrix} a_0 \\ a_1 \\ a_2 \end{Bmatrix} = \begin{Bmatrix} \sum y_i \\ \sum x_{1,i} y_i \\ \sum x_{2,i} y_i \end{Bmatrix} \tag{15.5}$$

例 15.2　多重线性回归

问题描述：表 15.2 中的数据由式 $y=5+4x_1-3x_2$ 计算得出。

表 15.2　计算数据

x_1	x_2	y
0	0	5
2	1	10
2.5	2	9
1	3	0
4	6	3
7	2	27

请采用多重线性回归拟合这些数据。

解：在表 15.3 中已经计算出式(15.5)所需要的数据和。将它们代入式(15.5)，得到：

$$\begin{bmatrix} 6 & 16.5 & 14 \\ 16.5 & 76.25 & 48 \\ 14 & 48 & 54 \end{bmatrix} \begin{Bmatrix} a_0 \\ a_1 \\ a_2 \end{Bmatrix} = \begin{Bmatrix} 54 \\ 243.5 \\ 100 \end{Bmatrix} \tag{15.6}$$

求解得到：

$$a_0 = 5 \qquad a_1 = 4 \qquad a_2 = -3$$

这个结果与原方程是一致的。

表 15.3 例 15.2 中构造法方程所需要的计算量

y	x_1	x_2	x_1^2	x_2^2	x_1x_2	x_1y	x_2y
5	0	0	0	0	0	0	0
10	2	1	4	1	2	20	10
9	2.5	2	6.25	4	5	22.5	18
0	1	3	1	9	3	0	0
3	4	6	16	36	24	12	18
27	7	2	49	4	14	189	54
54	16.5	14	76.25	54	48	243.5	100

前面的二维情况可以轻易地推广到 m 维，即：

$$y = a_0 + a_1x_1 + a_2x_2 + \cdots + a_mx_m + e$$

其中，标准误差的计算公式为：

$$s_{y/x} = \sqrt{\frac{S_r}{n-(m+1)}}$$

决定系数的计算公式如式(14.20)所示。

尽管有时候用多重线性回归处理的变量只能与其他两个或多个变量呈线性关系，但是在此基础上，它还能推导具有如下基本形式的幂方程：

$$y = a_0 x_1^{a_1} x_2^{a_2} \cdots x_m^{a_m}$$

这种方程对于实验数据的拟合也是特别有用的。为了使用多重线性回归，对方程两边取对数，变换后得到：

$$\log y = \log a_0 + a_1 \log x_1 + a_2 \log x_2 + \cdots + a_m \log x_m$$

15.3　一般线性最小二乘回归

在前文中，我们已经介绍了几种回归方法：简单线性回归、多项式回归和多重线性回归。事实上，它们都是以下一般线性最小二乘模型的特例：

$$y = a_0 z_0 + a_1 z_1 + a_2 z_2 + \cdots + a_m z_m + e \tag{15.7}$$

其中 $z_0,z_1,\ldots, z_m$ 是 $m+1$ 个基函数。很显然，简单线性回归和多重线性回归都满足这个模型，即取 $z_0=1,z_1=x_1,z_2=x_2,\ldots,z_m=x_m$。进一步考虑，如果取基函数为简单多项式，即 $z_0=1,z_1=x,z_2=x^2,\ldots,z_m=x^m$，那么多项式回归也满足这个模型。

注意，术语“线性”仅指模型与参数，即所有的 a 之间的关系为线性的。就像多项式回归那样，函数本身可以是高度非线性的。例如，z 可以取正弦函数，即：

$$y = a_0 + a_1 \cos(\omega x) + a_2 \sin(\omega x)$$

这个函数是傅立叶分析(*Fourier analysis*)的一个基。

另一方面，下面这个看起来很简单的模型：

$$y = a_0(1 - e^{-a_1 x})$$

其实是非线性的，因为它无法表示成式(15.7)的形式。

式(15.7)还可以表示成矩阵形式：

$$\{y\} = [Z]\{a\} + \{e\} \tag{15.8}$$

其中矩阵[Z]是根据基函数计算出来的，它的每个分量是基函数在自变量的观测点处的取值：

$$[Z] = \begin{bmatrix} z_{01} & z_{11} & \cdots & z_{m1} \\ z_{02} & z_{12} & \cdots & z_{m2} \\ \vdots & \vdots & & \vdots \\ z_{0n} & z_{1n} & \cdots & z_{mn} \end{bmatrix}$$

其中 m 是模型变量的个数，n 是数据点的个数。因为大多数情况下 $n \geqslant m+1$，所以[Z]不是方阵。

列向量$\{y\}$由应变量的观测值组成：

$$\{y\}^T = \lfloor y_1 \quad y_2 \quad \cdots \quad y_n \rfloor$$

列向量$\{a\}$由未知量组成：

$$\{a\}^T = \lfloor a_0 \quad a_1 \quad \cdots \quad a_m \rfloor$$

列向量$\{e\}$是残差：

$$\{e\}^T = \lfloor e_1 \quad e_2 \quad \cdots \quad e_n \rfloor$$

这个模型的残差平方和定义为：

$$S_r = \sum_{i=1}^{n} \left(y_i - \sum_{j=0}^{m} a_j z_{ji} \right)^2 \tag{15.9}$$

求出这个量关于每个未知系数的偏导数，令它们都等于零，就可以将其最小化。这项操作的输出是法方程，它可以简洁地表示成矩阵形式：

$$[[Z]^T [Z]]\{a\} = \{[Z]^T \{y\}\} \tag{15.10}$$

可以看出，其实式(15.10)相当于前面在简单线性回归、多项式回归和多重线性回归中推导出的法方程。

决定系数和标准误差的公式也可以表示成矩阵代数的形式。回顾前文可知，r^2 被定义为：

$$r^2 = \frac{S_t - S_r}{S_t} = 1 - \frac{S_r}{S_t}$$

将 S_r 和 S_t 的定义代入后得到：

$$r^2 = 1 - \frac{\sum (y_i - \hat{y}_i)^2}{\sum (y_i - \bar{y}_i)^2}$$

其中 $\hat{y}$ = 由最小二乘拟合得到的估计值。最佳拟合曲线与数据之间的残差 $y_i - \hat{y}$ 可以表示成向量的形式：

$$\{y\} - [Z]\{a\}$$

然后可以利用矩阵代数的方法对这个矩阵进行操作，计算出决定系数和估计值的标准误差，具体过程见例 15.3。

例 15.3 利用 MATLAB 计算多项式回归

问题描述：利用本节介绍的矩阵运算重复例 15.1 中的计算。

解：首先，输入要拟合的数据

```
>> x = [0 1 2 3 4 5]';
>> y = [2.1 7.7 13.6 27.2 40.9 61.1]';
```

然后生成[*Z*]矩阵：

```
>> Z = [ones(size(x)) x x.^2]

Z =
     1     0     0
     1     1     1
     1     2     4
```

```
    1    3    9
    1    4   16
    1    5   25
```

我们可以证明，$[Z]^T[Z]$就是法方程的系数矩阵：

```
>> Z'*Z

ans =
     6    15    55
    15    55   225
    55   225   979
```

这个结果与例 15.1 中由求和运算得出的结果完全一样。根据式(15.10)，求解这个方程组可得最小二乘二次多项式的系数：

```
>> a = (Z'*Z)\(Z'*y)

ans =
    2.4786
    2.3593
    1.8607
```

为了计算 r^2 和 $S_{y/x}$，先计算残差平方和：

```
>> Sr = sum((y-Z*a).^2)

Sr =
    3.7466
```

然后计算 r^2：

```
>> r2 = 1-Sr/sum((y-mean(y)).^2)

r2 =
    0.9985
```

并且计算 $S_{y/x}$：

```
>> syx = sqrt(Sr/(length(x)-length(a)))

syx =
    1.1175
```

我们的主要目的，是找出三种方法的一致性，然后将它们简单地表示成同样的矩阵形式。这也为下文中进一步讨论式(15.10)的高级解法打好了基础。此外，15.5 节中介绍的非线性回归也与矩阵表示有关。

15.4　QR 分解与反斜杆运算符

通过求解法方程来进行最佳拟合的方法应用广泛，而且对于工程和科学中的大多数曲线拟合问题都能得出令人满意的结果。但还是要提醒一下，法方程有可能是病态的，因此它可能对舍入误差非常敏感。

在这种情况下，两种更高级的方法——QR分解(*QR factorization*)和特征值分解(*singular value decomposition*)的鲁棒性就更高了。尽管这两种方法已经超出了本书的范围，但是由于它们可以在MATLAB中实现，因此我们在此予以介绍。

而且，QR 分解可以通过两种简单的 MATLAB 语句自动调用。首先，如果想要进行多项式拟合，那么内置函数 polyfit 会自动调用 QR 分解来计算结果。

其次，一般线性最小二乘问题可以直接用反斜杆运算符求解，回顾一般模型的公式：

$$\{y\} = [Z]\{a\} \tag{15.11}$$

在 10.4 节中，曾经使用过反斜杆运算符，当时是通过左除运算求解方程个数等于未知量个数(n=m)的线性代数方程组。而在由一般最小二乘推导出的式(15.8)中，方程个数大于未知量个数(n>m)。称这种方程组为超定(*overdetermined*)方程组。一旦 MATLAB 察觉到用户想用左除运算求解这类方程组，就会自动调用 QR 分解。例 15.4 将具体说明实现过程。

例 15.4 用 polyfit 和左除运算求解多项式回归

问题描述：重复例 15.3 中的计算，只是采用内置函数 polyfit 和左除运算求解系数。

解：和例 15.3 一样，输入数据，然后生成[Z]矩阵，即

```
>> x = [0 1 2 3 4 5]';
>> y = [2.1 7.7 13.6 27.2 40.9 61.1]';
>> Z = [ones(size(x)) x x.^2];
```

用 polyfit 函数计算系数：

```
>> a = polyfit(x,y,2)

a =
   1.8607    2.3593    2.4786
```

同样，也可以用反斜杆运算符计算结果：

```
>> a = Z\y

a =
   2.4786
   2.3593
   1.8607
```

和前面叙述的一样，两种方法都自动调用了 QR 分解。

15.5 非线性回归

在工程和科学计算中，很多时候需要利用非线性模型进行数据拟合。本节将定义几

类与参数之间的关系为非线性的模型。例如：

$$y = a_0(1 - \mathrm{e}^{-a_1 x}) + e \tag{15.12}$$

它不能写成式(15.7)所示的一般形式。

和线性最小二乘一样，非线性回归的基本思想是：求出使残差平方和达到最小的参数值。不同的是，非线性问题必须采用迭代法求解。

有一些专门为非线性回归设计的求解方法。例如，高斯-牛顿法利用泰勒级数展开近似原非线性方程，将其表示成线性形式。然后根据最小二乘定理，计算出参数沿着残差减小方向上新的估计值。有关该方法的细节可参考其他文献(Chapra and Canale，2010)。

另一种方法是通过最优化直接计算最小二乘拟合方程。例如，式(15.12)可以被表示成一个计算平方和的目标函数：

$$f(a_0, a_1) = \sum_{i=1}^{n} [y_i - a_0(1 - e^{-a_1 x_i})]^2 \tag{15.13}$$

然后调用最优化程序，计算函数达到最小值时 a_0 和 a_1 的取值。

如前面 7.3.1 节所述，MATLAB 中的 fminsearch 函数可以完成上述计算。它的一般用法为：

```
[x, fval] = fminsearch(fun,x0,options,p1,p2,...)
```

其中 *x*=函数 fun 达到最小值时的参数值向量，*fval*=函数的最小值，x0=参数向量的初始猜测值，*options*=由 optimset 函数(回顾 6.5 节的内容)生成的包含最优化参数值的结构体，p_1 和 p_2 等=需要向目标函数传递的其他参变量。注意，如果 *options* 默认，那么 MATLAB 会使用默认值，这个值对于大多数问题都是合理的。如果想要输入其他参变量($p_1, p_2, \ldots$)，却不想输入 *options*，那么请用空括号[]作为占位符。

例 15.5　利用 MATLAB 计算非线性回归

问题描述：回顾在例 14.6 中，我们通过对数变换将幂模型线性化，并用它来拟合表 14.1 中的数据。从而得到如下模型：

$$F = 0.2741v^{1.9842}$$

请用非线性回归重复上述计算。系数的初始猜测值取 1。

解：首先生成一个 M 文件函数来计算平方和。下面的文件记为 fSSR.m，用于计算幂方程：

```
function f = fSSR(a,xm,ym)
yp = a(1)*xm.^a(2);
f = sum((ym-yp).^2);
```

在命令模式下输入数据，即：

```
>> x = [10 20 30 40 50 60 70 80];
>> y = [25 70 380 550 610 1220 830 1450];
```

然后对函数进行最小化：

```
>> fminsearch(@fSSR, [1, 1], [], x, y)

ans =
   2.5384   1.4359
```

因此，最佳拟合模型为：

$$F = 2.5384v^{1.4359}$$

图 15.4 中显示了之前通过变换得到的拟合结果和现在的结果。需要注意的是，虽然模型参数相去甚远，但单从图形上很难判断哪种模型的拟合效果更好一些。

由这个例子可以看出，对于非线性回归和带变换的线性回归，即使选用同样的模型，两者得到的最佳拟合方程之间的差别也非常大。这是因为，前者最小化的是原数据的残差，而后者最小化的则是变换之后数据的残差。

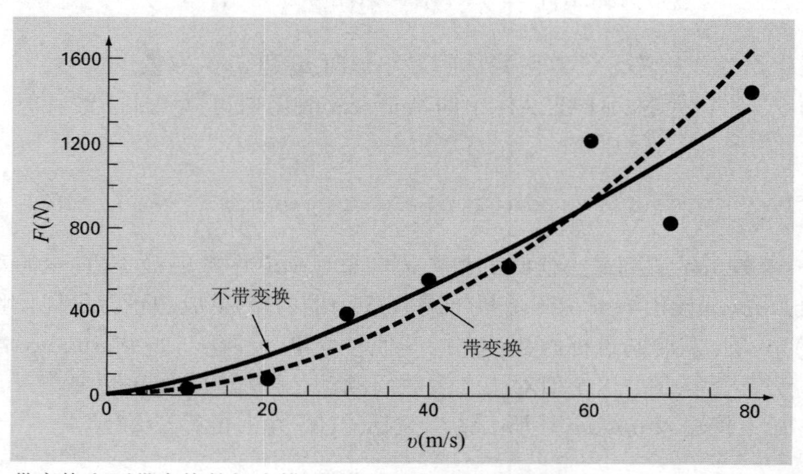

图 15.4　带变换和不带变换的拟合模型的比较图，拟合的数据是表 14.1 中列出的力与速度值

15.6　案例研究：实验数据拟合

背景：如 15.2 节末尾所述，尽管在许多情况下，变量与两个或多个其他变量线性相关，但是在推导一般形式的多变量幂方程时，多元线性回归具有额外的用途：

$$y = a_0 x_1^{a_1} x_2^{a_2} \cdots x_m^{a_m} \tag{15.14}$$

在拟合实验数据时，此类方程非常有用。为了做到这一点，通过对方程两边取对数进行变换，得到：

$$\log y = \log a_0 + a_1 \log x_1 + a_2 \log x_2 \cdots + a_m \log x_m \tag{15.15}$$

因此，因变量的对数线性依赖于自变量的对数。

举一个简单的例子，这个示例与天然水域，如河流、湖泊和河口中的气体转移有关。特别地，人们已经发现，溶解氧 KL(m/d)的质量传递系数与河流的平均水速 U(m/s)和深

度 H(m)相关，如下式所示：

$$K_L = a_0 U^{a_1} H^{a_2} \tag{15.16}$$

对公式两边取常用对数，得到：

$$\log K_L = \log a_0 + a_1 \log U + a_2 \log H \tag{15.17}$$

在 20℃的恒温下，从实验室水槽中收集了以下数据：

U	0.5	2	10	0.5	2	10	0.5	2	10
H	0.15	0.15	0.15	0.3	0.3	0.3	0.5	0.5	0.5
K_L	0.48	3.9	57	0.85	5	77	0.8	9	92

根据这些数据，使用一般线性最小二乘法计算式(15.16)中的常数。

解：以与例 15.3 类似的方式，我们可以创建脚本，分配数据，并创建[Z]矩阵，计算最小二乘拟合的系数。

```
% Compute best fit of transformed values
clc; format short g
U = [0.5 2 10 0.5 2 10 0.5 2 10]';
H = [0.15 0.15 0.15 0.3 0.3 0.3 0.5 0.5 0.5]';
KL = [0.48 3.9 57 0.85 5 77 0.8 9 92]';
logU = log10(U);logH =log10(H);logKL=log10(KL);
Z = [ones(size(logKL)) logU logH];
a = (Z'*Z)\(Z'*logKL)
```

结果得到：

```
a =
   0.57627
   1.562
   0.50742
```

因此，最好的拟合模型是：

$$\log K_L = 0.57627 + 1.562 \log U + 0.50742 \log H$$

或以未进行对数转换的形式(请注意，$a_0 = 10^{0.57627} = 3.7694$)：

$$K_L = 3.7694 U^{1.5620} H^{0.5074}$$

也可以通过在脚本中添加以下行来确定统计数据：

```
% Compute fit statistics
Sr =sum((logKL-Z*a).^2)
r2 =1-Sr/sum((logKL-mean(logKL)).^2)
syx =sqrt(Sr/(length(logKL)-length(a)))

Sr =
    0.024171
```

```
r2 =
    0.99619
syx =
     0.063471
```

最后，可以绘制拟合曲线。以下语句显示了 K_L 的模型预测值与实测值。采用子图的形式对已进行对数转换和未进行对数转换的两种版本进行绘图。

```
%Generate plots
clf
KLpred = 10^a(1)*U.^a(2).*H.^a(3);
KLmin = min(KL);KLmax = max(KL);
dKL=(KLmax-KLmin)/100;
KLmod=[KLmin:dKL:KLmax];
subplot(1,2,1)
loglog(KLpred,KL,'ko',KLmod,KLmod,'k-')
axis square,title('(a) log-log plot¡¯)
legend('model prediction','1:1
line','Location','NorthWest')
xlabel('log(K_L) measured'),ylabel('log(K_L) predicted')
subplot(1,2,2)
plot(KLpred,KL,'ko',KLmod,KLmod,'k-')
axis square,title('(b) untransformed plot')
legend('model prediction','1:1
line','Location','NorthWest')
xlabel('K_L measured'),ylabel('K_L predicted')
```

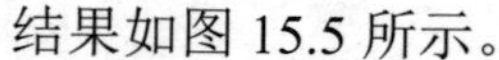
结果如图 15.5 所示。

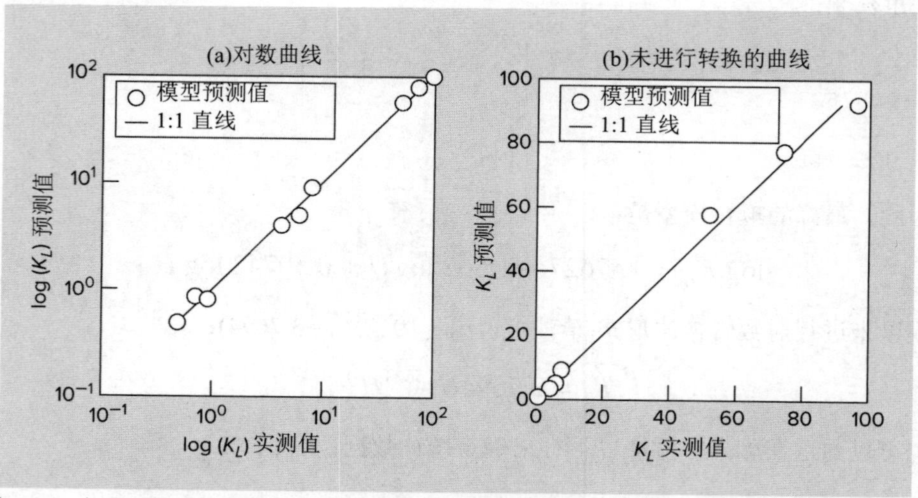

图 15.5 多重回归计算的氧传质系数的预测值与实测值的关系曲线。(a)进行了对数转换的结果和(b)未进行对数转换结果，1:1 直线被叠加在两幅图上，说明完全相关

15.7　习题

15.1　用抛物线拟合表 14.1 中的数据。计算 r^2，并评价拟合结果的有效性。

15.2　利用推导式(14.15)和式(14.16)的方法，推导下列模型的最小二乘拟合：

$$y = a_1 x + a_2 x^2 + e$$

也就是说，通过最小二乘拟合，确定截距为零的二阶多项式的系数。用这个模型拟合表 14.1 中的数据，以检验方法的正确性。

15.3　用三次多项式拟合表 15.4 所示的数据。

表 15.4　拟合数据(一)

x	3	4	5	7	8	9	11	12
y	1.6	3.6	4.4	3.4	2.2	2.8	3.8	4.6

除了系数之外，还要计算出 r^2 和 $S_{y/x}$。

15.4　编写多项式回归的 M 文件。向该 M 文件输入两个 m 阶向量 x 和 y。求解习题 15.3 以检验该程序。

15.5　根据表 15.5 中的数据，用多项式回归估计氯化物浓度等于 0 时溶氧浓度与温度的函数关系式，其中温度是自变量，溶氧浓度是应变量。请尽量选用高阶多项式，使得估计值的有效数位与表中数据的有效数位保持一致。

表 15.5　水中溶氧浓度与温度(℃)和氯化物浓度(g/L)之间的函数关系式

T(℃)	c=0(g/L)	c=10(g/L)	c=20(g/L)
0	14.6	12.9	11.4
5	12.8	11.3	10.3
10	11.3	10.1	8.96
15	10.1	9.03	8.08
20	9.09	8.17	7.35
25	8.26	7.46	6.73
30	7.56	6.85	6.20

15.6　根据表 15.5 中的数据，利用多重线性回归估计溶氧浓度与温度和氯化物浓度的函数关系式，其中溶氧浓度是应变量，温度和氯化物浓度是自变量。用估计的函数关系式计算 T=12℃和氯化物浓度为 15g/L 时的溶氧浓度。注意真解为 9.09mg/L。计算估计值的相对误差百分比。解释可能引起误差的原因。

15.7　在习题 15.5 和 15.6 的基础上，为了进一步考虑温度和氯化物对溶氧饱和度的影响，可以假设一个更加复杂的模型，它的形式为：

$$o = f_3(T) + f_1(c)$$

即假设溶氧浓度是温度的三阶多项式，同时与氯化物浓度呈线性关系。用这个模型和一般线性最小二乘拟合表 15.5 中的数据。根据估计的函数关系式计算 T=12℃和氯化物浓度为 15g/L 时的溶氧浓度。注意真解为 9.09mg/L，请计算估计值的相对误差百分比。

15.8　利用多重线性回归拟合表 15.6 所示的数据。

表 15.6　拟合数据(二)

x_1	0	1	1	2	2	3	3	4	4
x_2	0	1	2	1	2	1	2	1	2
y	15.1	17.9	12.7	25.6	20.5	35.1	29.7	45.4	40.2

计算系数、估计值的标准误差和相关系数。

15.9　当混凝土圆管中的水流速度达到稳态后，采集到的数据如表 15.7 所示。

表 15.7　实验数据(一)

实　验	直径(m)	斜度(m/m)	流速(m^3/s)
1	0.3	0.001	0.04
2	0.6	0.001	0.24
3	0.9	0.001	0.69
4	0.3	0.01	0.13
5	0.6	0.01	0.82
6	0.9	0.01	2.38
7	0.3	0.05	0.31
8	0.6	0.05	1.95
9	0.9	0.05	5.66

利用下面的模型和多重线性回归对数据进行拟合：

$$Q = \alpha_0 D^{\alpha_1} S^{\alpha_2}$$

其中 Q=流速，D=直径，S=斜度。

15.10　三种携带病菌的有机体在海水中呈指数衰减，衰减模型如下：

$$p(t) = Ae^{-1.5t} + Be^{-0.3t} + Ce^{-0.05t}$$

请根据表15.8，使用一般线性最小二乘法，用给出的测量值估计每个有机体(A、B 和 C)的初始浓度。

表 15.8　实验数据(二)

t	0.5	1	2	3	4	5	6	7	9
$p(t)$	6	4.4	3.2	2.7	2	1.9	1.7	1.4	1.1

15.11　下面的模型用于描述太阳辐射对水生植物的光合速率所造成的影响：

$$P = P_m \frac{I}{I_{sat}} e^{-\frac{I}{I_{sat}}+1}$$

其中 P=光合速率(mg m^{-3}d^{-1})，P_m=最大光合速率(mg m^{-3}d^{-1})，I=太阳辐射强度(μE m^{-2}s^{-1})，I_{sat}=最理想的太阳辐射强度(μE m^{-2}s^{-1})。根据表 15.9 中的数据，利用非线性回归估计 P_m 和 I_{sat}。

表 15.9　实验数据(三)

I	50	80	130	200	250	350	450	550	700
P	99	177	202	248	229	219	173	142	72

15.12　提供表 15.10 所示数据。

表 15.10　实验数据(四)

x	1	2	3	4	5
y	2.2	2.8	3.6	4.5	5.5

在 MATLAB 中，使用一般线性最小二乘法，根据以下模型拟合这些数据：

$$y = a + bx + \frac{c}{x}$$

15.13　在习题 14.8 中，我们将下列模型线性化，并用它进行了拟合：

$$y = \alpha_4 x e^{\beta_4 x}$$

此处，请根据表 15.11 中的数据，直接用非线性回归估计 α_4 和 β_4 的取值，并绘制拟合结果和原数据的图形。

表 15.11　拟合数据(三)

x	0.1	0.2	0.4	0.6	0.9	1.3	1.5	1.7	1.8
y	0.75	1.25	1.45	1.25	0.85	0.55	0.35	0.28	0.18

15.14　生物学上经常用酶反应来表现一些中介反应的特色。例如，以下是这类反应的一个拟合模型：

$$v_0 = \frac{k_m [S]^3}{K + [S]^3}$$

其中 v_0=反应的初始速率(M/s)，$[S]$=培养基浓度(M)，k_m 和 K 是参数。请用这个模型拟合表 15.12 中的数据。

表 15.12 拟合数据(四)

$[S]$(M)	v_0(M/s)
0.01	6.078×10^{-11}
0.05	7.595×10^{-9}
0.1	6.063×10^{-8}
0.5	5.788×10^{-6}
1	1.737×10^{-5}
5	2.423×10^{-5}
10	2.430×10^{-5}
50	2.431×10^{-5}
100	2.431×10^{-5}

(a) 通过变换对模型进行线性化处理，然后估计参数。在同一张图中显示数据和模型拟合的结果。

(b) 利用非线性回归重复(a)中的计算。

15.15 给定的数据如表 15.13 所示。

表 15.13 拟合数据(五)

x	5	10	15	20	25	30	35	40	45	50
y	17	24	31	33	37	37	40	40	42	41

分别选择(a)直线、(b)幂方程、(c)饱和增长方程和(d)抛物线作为模型，用最小二乘回归进行拟合。对(b)和(c)，通过变换将数据线性化。绘制所有拟合曲线与原数据的图形。指出哪条曲线的拟合效果最好，并说明原因。

15.16 表 15.14 中的数据代表若干天内细菌在液体培养物中的生长情况。

表 15.14 实验数据(四)

天数	0	4	8	12	16	20
数量$\times10^6$	67.38	74.67	82.74	91.69	101.60	112.58

请对几种可能的拟合方程——线性方程、二次方程和指数方程——进行尝试，找出符合数据变化趋势的最佳拟合方程。估计最佳拟合方程的参数，并用它计算 35 天后的细菌数量。

15.17 水的动态粘滞度 μ (10^{-3}N · s/m^2)与温度 T(℃)的关系如表 15.15 所示。

表 15.15　实验数据(五)

T	0	5	10	20	30	40
μ	1.787	1.519	1.307	1.002	0.7975	0.6529

(a) 绘制数据图。

(b) 利用线性插值估计 T=75℃时的 μ 值。

(c) 利用抛物线模型和多项式回归估计同样的值。

15.18　表15.16中给出了一组压力-体积数据，请用一般线性最小二乘法，求出下列状态方程中的最佳维里系数(A_1和 A_2)，其中 R=82.05mL atm/gmol K，T=303K。

$$\frac{PV}{RT}=1+\frac{A_1}{V}+\frac{A_2}{V^2}$$

表 15.16　实验数据(六)

P(atm)	0.985	1.108	1.363	1.631
V(mL)	25 000	22 200	18 000	15 000

15.19　环境科学家和工程师们在研究酸雨所造成的影响时，必须知道水的离子积 K_w 与温度之间的函数关系式。科学家们设想这个函数关系式的模型如下：

$$-\log_{10}K_w=\frac{a}{T_a}+b\log_{10}T_a+cT_a+d$$

其中 T_a=绝对温度(K)，a、b、c 和 d 为参数。在 *Matlab* 中，请用表 15.17 中的数据和回归方法来估计参数。同时，生成预测的 K_w 随数据变化的曲线。

表 15.17　实验数据(六)

T(℃)	K_w
0	1.164×10^{-15}
10	2.950×10^{-15}
20	6.846×10^{-15}
30	1.467×10^{-14}
40	2.929×10^{-14}

15.20　汽车的刹车距离由思考阶段和刹车阶段两部分组成，每个阶段所行驶的距离都是车速的函数。为了求出该函数的表达式，通过实验采集到表 15.18 中的一些数据。构造思考和刹车阶段的最佳拟合方程。利用这些方程来估计时速为 110km/hr 的汽车刹车时所行驶的总距离。

表 15.18 实验数据(七)

速度(km/hr)	30	45	60	75	90	120
思考时间(m)	5.6	8.5	11.1	14.5	16.7	22.4
刹车时间(m)	5.0	12.3	21.0	32.9	47.6	84.7

15.21 调查员报告了表 15.19 中的数据。已知这样的数据可以使用下列方程式来建模：

$$x = e^{(y-b)/a}$$

其中 a 和 b 是参数。使用非线性回归来确定 a 和 b。基于分析，预测在 $x = 2.6$ 处 y 的值。

表 15.19 调查数据(一)

x	1	2	3	4	5
y	0.5	2	2.9	3.5	4

15.22 已知表 15.20 中列出的数据可以使用以下方程式来模拟：

$$y = \left(\frac{a + \sqrt{x}}{b\sqrt{x}}\right)^2$$

使用非线性回归来确定参数 a 和 b。基于分析，预测在 $x = 1.6$ 处 y 的值。

表 15.20 调查数据(二)

x	0.5	1	2	3	4
y	10.4	5.8	3.3	2.4	2

15.23 调查员报告了表15.21中列出的数据，用于确定作为氧浓度c(mg/L)函数的细菌k(每天)的生长速率。已知此类数据可以使用下列方程式来建模：

$$k = \frac{k_{\max} c^2}{c_s + c^2}$$

使用非线性回归来估计 c_s 和 $k_{\max}$ 的值，并预测 $c = 2$ mg/L 时的生长速率。

表 15.21 调查数据(三)

c	0.5	0.8	1.5	2.5	4
k	1.1	2.4	5.3	7.6	8.9

15.24 将应力施加到材料上，单位为(MPa)，对材料进行循环疲劳失效的测试，并测量引起失效所需的循环次数。结果如表 15.22 所示。使用非线性回归和幂模型，对数据进行拟合。

表 15.22　实验数据(八)

N(循环次数)	1	10	100	1000	10000	100000	1000000
应力(MPa)	1100	1000	925	800	625	550	420

15.25　表 15.23 中的数据显示 SAE 70 汽油的粘度与温度之间的关系。使用非线性回归和幂方程，对数据进行拟合。

表 15.23　实验数据(九)

温度 T(℃)	26.67	93.33	148.89	315.56
粘度 μ(N•s/m^2)	1.35	0.085	0.012	0.00075

15.26　暴风雨后，监测游泳区大肠杆菌细菌的浓度，数据如表 15.24 所示。

表 15.24　实验数据(十)

t(hr)	4	8	12	16	20	24
c(CFU/100mL)	1590	1320	1000	900	650	560

这是在暴风雨结束后的若干小时后进行测量的结果，时间是按小时为单位，单位 CFU 是“菌落形成单位”(Colony Forming Unit)。采用非线性回归和指数模型[式(14.22)]，拟合该数据。使用模型估计(a)风暴结束时的浓度($t = 0$)和(b)浓度达到 200CFU/100mL 的时间。

15.27　基于表 15.25 中的一组压力-体积数据，采用非线性回归法，为下列状态方程找到最佳维里系数(A_1 和 A_2)。其中 R=82.05mL atm/gmol K，T=303K。

$$\frac{PV}{RT} = 1 + \frac{A_1}{V} + \frac{A_2}{V^2}$$

表 15.25　压力-体积数据

P(atm)	0.985	1.108	1.363	1.631
V(mL)	25000	22200	18000	15000

15.28　根据以下模型，三种疾病携带有机体在湖水中呈指数级衰减：

$$p(t) = Ae^{-1.5t} + Be^{-0.3t} + Ce^{-0.05t}$$

给定表 15.26 所示测量值，使用非线性回归法，估计每个有机体(A、B 和 C)的初始种群：

表 15.26　测量值(一)

t(hr)	0.5	1	2	3	4	5	6	7	9
$p(t)$	6.0	4.4	3.2	2.7	2.2	1.9	1.7	1.4	1.1

15.29 Antoine 方程描述了纯组分的蒸气压和温度之间的关系：

$$\ln(p) = A - \frac{B}{C + T}$$

其中 p 是蒸气压，T 是温度(K)，A、B 和 C 是特定组分的常数。使用 MATLAB，根据表 15.27 所示测量值，确定关于一氧化碳的最佳常数值。

表 15.27 测量值(二)

T(K)	50	60	70	80	90	100	110	120	130
p(Pa)	82	2300	18500	80500	2.3×10^5	5×10^5	9.6×10^5	1.5×10^6	2.4×10^6

除了常数，确定拟合曲线的 r^2 和 $s_{y/x}$。

15.30 基于简化的阿伦尼乌斯(*Arrhenius*)方程，在环境工程中经常使用以下模型，参数化温度 T(℃)对污染物衰减速率 k(每天)的影响：

$$k = k_{20}\,\theta^{T-20}$$

其中，参数 k_{20} = 20℃时的衰减率，θ=无量纲温度依赖系数。在实验室中，收集了表 15.28 所示的数据。

表 15.28 实验数据(十一)

T(℃)	6	12	18	24	30
k(每天)	0.15	0.20	0.32	0.45	0.70

(a)使用变换线性化该方程，然后采用线性回归法，估计 k_{20} 和 θ。(b)采用非线性回归法来估计相同的参数。使用(a)和(b)中的方程式来预测 $T = 17$℃时的反应速率。

第 16 章 傅里叶分析

本章目标

本章的主要目标是向你介绍傅里叶分析。这个学科是以约瑟夫•傅里叶(Joseph Fourier)的名字命名的，涉及在数据的时间序列内确定周期或模式。本章的具体目标和主题包括：

- 理解正弦波及其如何用于曲线拟合。
- 了解如何使用最小二乘回归法将数据拟合成正弦波。
- 了解如何使用傅里叶级数拟合周期函数。
- 理解基于欧拉公式的正弦波和复指数形式之间的关系。
- 认识到在频域(即作为频率的函数)分析数学函数或信号的好处。
- 理解傅里叶积分与变换扩展如何扩展傅里叶分析到非周期函数。
- 理解离散傅里叶变换(Discrete Fourier Transform，DFT)如何将傅里叶分析扩展到离散信号。
- 认识离散采样如何影响 DFT 区分频率的能力，尤其是知道如何计算和解释奈奎斯特频率。
- 认识到在数据记录长度是 2 的幂次方的情况下，快速傅里叶变换(Fast Fourier Transform，FFT)如何提供一种高效的手段来计算 DFT。
- 了解如何使用 MATLAB 的 fft 函数计算 DFT 并理解如何解释结果。
- 了解如何计算和解释功率谱。

提出问题

在第 8 章开头，我们用牛顿第二定律和力平衡，预测了由绳连接的三名蹦极运动员的平衡位置。然后，在第 13 章中，我们确定同一系统的特征值和特征向量，确定其谐振频率和主要的振动模式。虽然这种分析确实提供了有用的结果，但是它需要详细的系统信息，包括基本模型和参数的知识(即运动员的体重和绳索的弹性常数)。

所以假设你有在离散且间隔相等的时间内(回顾图 13.1)运动员位置或速度的测量值，这种信息被称为时间序列。但进一步假设，你不知道基本模型或计算特征值所需的参数。在这种情况下，以任何方式使用时间序列，都可以学习到一些基本的系统动力学的内容吗？

在本章我们将描述这样一种方法：傅里叶分析，它提供了一种方法来实现这一目标。该方法基于的前提条件是，相对复杂的函数(例如，时间序列)可以由简单三角函数的和表示。我们大体介绍一下如何做到这一点，作为开场白，这对探索数据如何使用正弦函数来拟合将大有裨益。

16.1 使用正弦函数进行曲线拟合

周期函数 $f(t)$ 如下所示：

$$f(t) = f(t + T) \tag{16.1}$$

其中 T 是一个时间常数，称为周期，它是使式(16.1)成立的最小时间值。常见的示例包括人工信号和天然信号[见图 16.1(a)]。

最根本的是正弦函数。在本次讨论中，我们将使用术语*正弦波*表示任何可以描述为正弦或余弦的波形。因为这两个函数只差 $\pi/2$ 弧度时间间隔就可以完全重合，所以对于选择何种函数，没有明确的约定，在任何情况下结果都完全相同。在本章我们将使用余弦函数，它一般表示为：

$$f(t) = A_0 + C_1\cos(\omega_0 t + \theta) \tag{16.2}$$

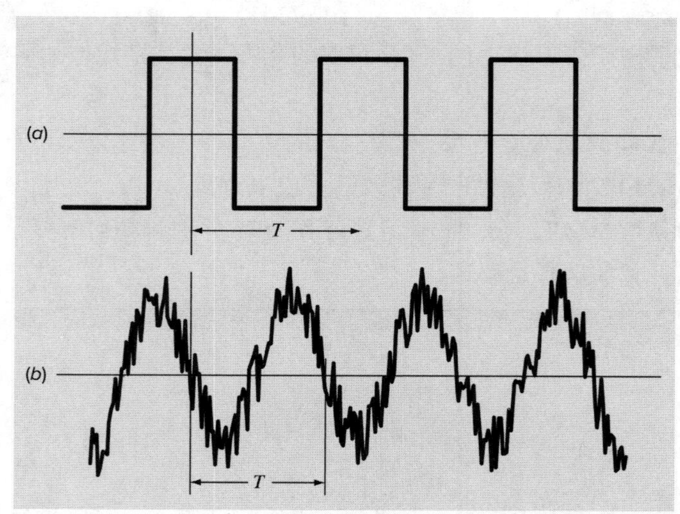

图 16.1 除了正弦和余弦等三角函数，周期函数也包括理想化的波形，比如图(a)中的方波。除了这种人工形式的信号外，也可以是大自然中的周期信号，如遭到噪音污染的大气温度信号，如图(b)所示

仔细观察式(16.2)，我们发现使用四个参数可以唯一地表征正弦波[见图 16.2(a)]：

- 平均值 A_0 设定了在横坐标以上的平均高度。
- 振幅 C_1 指定了振荡的高度。
- 角频率 ω_0 表征了周期长度。
- 相角(或相位)θ 参数化了正弦波水平平移的程度。

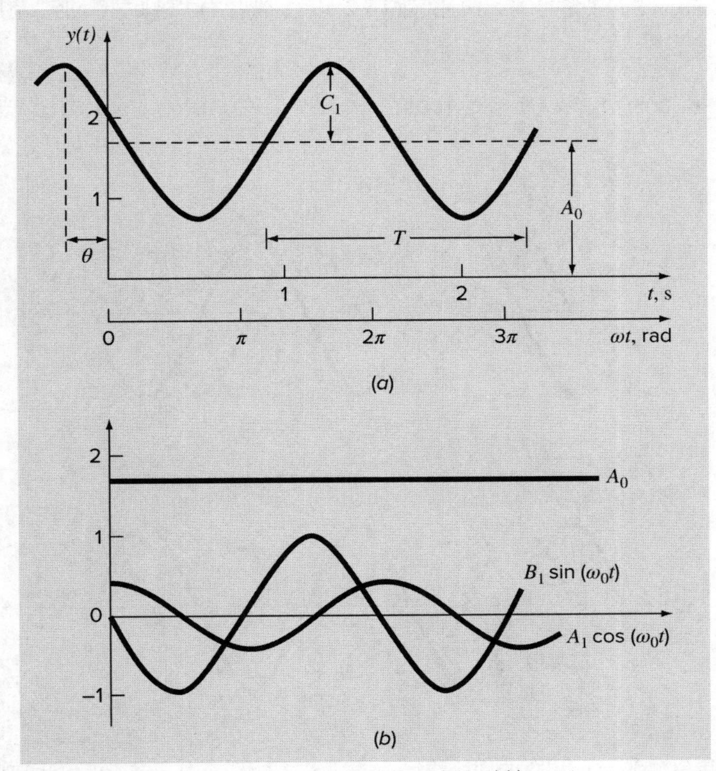

图 16.2　(a)余弦函数 $y(t) = A_0 + C_1 \cos(\omega_0 t + \theta)$的曲线。在这种情况下，$A_0 = 1.7$，$C_1 = 1$，$\omega_0 = 2\pi/\mathrm{T} = 2\pi/(1.5\mathrm{s})$，$\theta = \pi/3$ radians = 1.0472 (= 0.25s)。用来描述曲线的其他参数是，频率 $f = \omega_0/(2\pi)$，在这种情况下为 1 cycle/(1.5s) = 0.6667Hz，周期 $T = 1.5\mathrm{s}$。(b)同一条曲线的另一种表达是 $y(t) = A_0 + A_1 \cos(\omega_0 t) + B_1 \sin(\omega_0 t)$。图(b)中描述了函数的三个要素，其中 $A_1 = 0.5$ 和 $B_1 = -0.866$。图(b)中三条曲线的和生成了单一曲线，也就是图(a)

请注意，频率 f (以 cycles/time 为单位)[1]与相关角频率(以 radians/time 为单位)的关系如下式所示：

$$\omega_0 = 2\pi f \tag{16.3}$$

相应地，频率与周期 T 的关系如下所示：

$$f = \frac{1}{T} \tag{16.4}$$

1　在时间单位为秒的情况下，频率的单位是 cycle/s 或赫兹(Hz)。

此外，相角表示余弦函数从 $t=0$ 的点到开始下一个新周期的点的距离(以弧度为单位)。如图 16.3(a)所示，由于曲线 $\cos(\omega_0 t-\theta)$ 落后于曲线 $\cos(\omega_0 t)$ θ 弧度才开始新周期，因此负值$(-\theta)$被称为滞后相角。因此，我们说 $\cos(\omega_0 t-\theta)$滞后于 $\cos(\omega_0 t)$。相反，如图 16.3(b)所示，正值称为超前相角。

虽然式(16.2)在数学上可以充分表征正弦波，但是由于余弦函数的参数中包括了相移，因此从曲线拟合的角度而言，使用式(16.2)进行拟合有点棘手。通过调用三角恒等式，可以克服这一缺陷：

$$C_1\cos(\omega_0 t+\theta)=C_1[\cos(\omega_0 t)\cos(\theta)-\sin(\omega_0 t)\sin(\theta)] \tag{16.5}$$

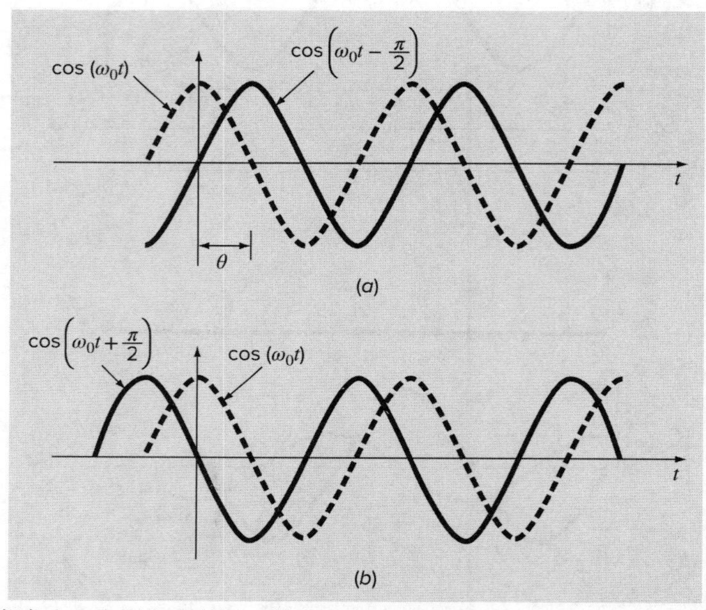

图 16.3 (a)滞后相角和(b)超前相角的图形描述。请注意，在图(a)中，滞后曲线也可以使用 $\cos(\omega^0 t+(3\pi)/2)$表示。换句话说，如果曲线滞后了 α 角度，那么也可以表示为超前了 $2\pi-\alpha$

将式(16.5)代入式(16.2)，合并同类项，得到图 16.2(b)：

$$f(t)=A_0+A_1\cos(\omega_0 t)+B_1\sin(\omega_0 t) \tag{16.6}$$

其中：

$$A_1=C_1\cos(\theta) \qquad B_1=-C_1\sin(\theta) \tag{16.7}$$

将式(16.7)的两个部分相除，得到：

$$\theta=\arctan\left(-\frac{B_1}{A_1}\right) \tag{16.8}$$

其中，如果 $A_1<0$，为 θ 加上 π。对式(16.7)进行平方求和，得到：

$$C_1 = \sqrt{A_1^2 + B_1^2} \tag{16.9}$$

因此，式(16.6)是式(16.2)的另一种表达，虽然这个公式依然需要四个参数，但是这是以一般线性模型的格式来表示[回顾式(15.7)]。正如我们将在下一节中讨论的，可以简单地应用这个公式，作为最小二乘拟合的依据。

但是，在进入到下一节之前，我们应该强调，我们可以采用正弦而不是余弦作为式(16.2)的基本模型。例如，我们可以使用：

$$f(t) = A_0 + C_1\sin(\omega_0 t + \delta)$$

我们可以应用简单的关系，对这两种形式进行转换：

$$\sin(\omega_0 t + \delta) = \cos\left(\omega_0 t + \delta - \frac{\pi}{2}\right)$$

和

$$\cos(\omega_0 t + \delta) = \sin\left(\omega_0 t + \delta + \frac{\pi}{2}\right) \tag{16.10}$$

换句话说，$\theta = \delta - \pi/2$。唯一重要的考虑因素是要一致地使用其中一种形式。因此，在整个讨论中，我们将使用余弦的形式。

正弦波的最小二乘拟合

式(16.6)可以看作一种线性的最小二乘模型：

$$y = A_0 + A_1\cos(\omega_0 t) + B_1\sin(\omega_0 t) + e \tag{16.11}$$

这只是一般模型[回顾式(15.7)]的另一个例子：

$$y = a_0 z_0 + a_1 z_1 + a_2 z_2 + \cdots + a_m z_m + e$$

其中 $z_0 = 1$，$z_1 = \cos(\omega_0 t)$，$z_2 = \sin(\omega_0 t)$，所有其他的 $z = 0$。因此，我们的目标是确定系数，最小化下式的值：

$$S_r = \sum_{i=1}^{N} \{y_i - [A_0 + A_1\cos(\omega_0 t) + B_1\sin(\omega_0 t)]\}^2$$

为了求得一般方程的最小值，我们可以使用矩阵形式来表示[回顾式(15.10)]：

$$\begin{bmatrix} N & \sum\cos(\omega_0 t) & \sum\sin(\omega_0 t) \\ \sum\cos(\omega_0 t) & \sum\cos^2(\omega_0 t) & \sum\cos(\omega_0 t)\sin(\omega_0 t) \\ \sum\sin(\omega_0 t) & \sum\cos(\omega_0 t)\sin(\omega_0 t) & \sum\sin^2(\omega_0 t) \end{bmatrix} \begin{Bmatrix} A_0 \\ B_1 \\ B_1 \end{Bmatrix} = \begin{Bmatrix} \sum y \\ \sum y\cos(\omega_0 t) \\ \sum y\sin(\omega_0 t) \end{Bmatrix} \tag{16.12}$$

虽然可以用这些方程来求解未知系数，但是，我们不这样做。我们研究特殊情况，其中，总记录长度为 $T = (N-1)\Delta t$，以相同的 Δt 为间隔，我们得到了 N 个观察值。在这种情况下，我们可以确定以下平均值(见习题 16.5)：

$$\frac{\sum \sin(\omega_0 t)}{N}=0 \qquad \frac{\sum \cos(\omega_0 t)}{N}=0$$

$$\frac{\sum \sin^2(\omega_0 t)}{N}=\frac{1}{2} \qquad \frac{\sum \cos^2(\omega_0 t)}{N}=\frac{1}{2} \tag{16.13}$$

$$\frac{\sum \cos(\omega_0 t)\sin(\omega_0 t)}{N}=0$$

因此，对于等间距的点，这个一般方程变为：

$$\begin{bmatrix} N & 0 & 0 \\ 0 & N/2 & 0 \\ 0 & 0 & N/2 \end{bmatrix}\begin{Bmatrix} A_0 \\ B_1 \\ B_2 \end{Bmatrix}=\begin{Bmatrix} \sum y \\ \sum y\cos(\omega_0 t) \\ \sum y\sin(\omega_0 t) \end{Bmatrix}$$

对角矩阵的逆矩阵是另一个对角矩阵，其元素是原始矩阵元素的倒数。因此，系数可以确定为：

$$\begin{Bmatrix} A_0 \\ B_1 \\ B_2 \end{Bmatrix}=\begin{bmatrix} 1/N & 0 & 0 \\ 0 & 2/N & 0 \\ 0 & 0 & 2/N \end{bmatrix}\begin{Bmatrix} \sum y \\ \sum y\cos(\omega_0 t) \\ \sum y\sin(\omega_0 t) \end{Bmatrix}$$

或者：

$$A_0=\frac{\sum y}{N} \tag{16.14}$$

$$A_1=\frac{2}{N}\sum y\cos(\omega_0 t) \tag{16.15}$$

$$B_1=\frac{2}{N}\sum y\sin(\omega_0 t) \tag{16.16}$$

请注意，第一个系数表示函数的平均值。

例 16.1　正弦波的最小二乘拟合

问题描述：由 $y = 1.7 + \cos(4.189t + 1.0472)$描述图 16.2(a)中的曲线。以 $\Delta t = 0.15$ 为时间间隔，在区间 $t = 0$ 到 1.35 内，生成这条曲线的 10 个离散值。使用这个信息和最小二乘拟合来计算式(16.11)的系数。

解：$\omega = 4.189$，用于计算系数所需的数据如表 16.1 所示。

表 16.1　用于计算系数的数据

t	y	$y\cos(\omega_0 t)$	$y\sin(\omega_0 t)$
0	2.200	2.200	0.000
0.15	1.595	1.291	0.938
0.30	1.031	0.319	0.980
0.45	0.722	−0.223	0.687

(续表)

t	y	$y\cos(\omega_0 t)$	$y\sin(\omega_0 t)$
0.60	0.786	−0.636	0.462
0.75	1.200	−1.200	0.000
0.90	1.805	−1.460	−1.061
1.05	2.369	−0.732	−2.253
1.20	2.678	0.829	−2.547
1.35	2.614	2.114	−1.536
$\sum=$	17.000	2.502	−4.330

这些结果可以用来确定函数[式(16.14)~式(16.16)]:

$$A_0=\frac{17.000}{10}=1.7 \qquad A_1=\frac{2}{10}2.502=0.500 \qquad B_1=\frac{2}{10}(-4.330)=-0.866$$

因此，最小二乘拟合为:

$$y=1.7+0.500\cos(\omega_0 t)-0.866\sin(\omega_0 t)$$

这个模型还可以用式(16.2)的形式来表示。通过计算式(16.8):

$$\theta=\arctan\left(\frac{-0.866}{0.500}\right)=1.0472$$

和式(16.9):

$$C_1=\sqrt{0.5^2+(-0.866)^2}=1.00$$

得到:

$$y=1.7+\cos(\omega_0 t+1.0472)$$

或者，使用式(16.10)，用正弦来表示:

$$y=1.7+\sin(\omega_0 t+2.618)$$

以上分析可以推广到一般模型:

$$f(t)=A_0+A_1\cos(\omega_0 t)+B_1\sin(\omega_0 t)+A_2\cos(2\omega_0 t)+B_2\sin(2\omega_0 t) \\ +\cdots+A_m\cos(m\omega_0 t)+B_m\sin(m\omega_0 t)$$

其中，对于等间距数据，系数可以由下式计算:

$$A_0=\frac{\sum y}{N}$$

$$\left.\begin{aligned} A_j&=\frac{2}{N}\sum y\cos(j\omega_0)t \\ B_j&=\frac{2}{N}\sum y\sin(j\omega_0 t)\end{aligned}\right\} \qquad j=1,2,\ldots,m$$

虽然可以应用回归法(即 $N>2m+1$)，使用这些关系来拟合数据，但是另一替代方法是使用插值或推估。也就是说，在未知数个数 $2m+1$ 等于数据点个数 N 的情况下，可以使用这些替代方法。这就是在连续傅里叶级数中使用的方法，如下所述。

16.2 连续傅里叶级数

在研究热流问题的过程中，傅里叶表明任意的周期函数可以用相关频率简谐正弦波的无穷级数来表示。对于周期为 T 的函数而言，连续的傅里叶级数可以写为：

$$f(t) = a_0 + a_1\cos(\omega_0 t) + b_1\sin(\omega_0 t) + a_2\cos(2\omega_0 t) + b_2\sin(2\omega_0 t) + \cdots$$

或写为相对简洁的形式：

$$f(t) = a_0 + \sum_{k=1}^{\infty}[a_k\cos(k\omega_0 t) + b_k\sin(k\omega_0 t)] \tag{16.17}$$

其中，第一种模式的角频率($\omega_0 = 2\pi/T$)称为基频，这个频率的恒定倍数 $2\omega_0$、$3\omega_0$ 等，称为谐波。因此，式(16.17)使用以下基函数的线性组合来表示 $f(t)$：

$$1,\cos(\omega_0 t),\sin(\omega_0 t),\cos(2\omega_0 t),\sin(2\omega_0 t)\ldots$$

式(16.17)的系数可以通过下式计算：

$$a_k = \frac{2}{T}\int_0^T f(t)\cos(k\omega_0 t)\,dt \tag{16.18}$$

和

$$b_k = \frac{2}{T}\int_0^T f(t)\sin(k\omega_0 t)\,dt \tag{16.19}$$

其中 k=1,2,...，并且

$$a_0 = \frac{1}{T}\int_0^T f(t)\,dt \tag{16.20}$$

例 16.2 连续傅里叶级数逼近

问题描述：使用连续的傅里叶级数逼近方形或矩形波函数[见图16.1(a)]，其中，高度为 2，周期 $T = 2\pi/\omega_0$：

$$f(t) = \begin{cases} -1 & -T/2 < t < -T/4 \\ 1 & -T/4 < t < T/4 \\ -1 & T/4 < t < T/2 \end{cases}$$

解：因为波的平均高度为零，所以可以直接得到 $a_0 = 0$。其余的系数可以用式(16.18)进行计算：

$$\begin{aligned} a_k &= \frac{2}{T}\int_{-T/2}^{T/2} f(t)\cos(k\omega_0 t)\,dt \\ &= \frac{2}{T}\left[-\int_{-T/2}^{-T/4}\cos(k\omega_0 t)\,dt + \int_{-T/4}^{T/4}\cos(k\omega_0 t)\,dt - \int_{T/4}^{T/2}\cos(k\omega_0 t)\,dt\right] \end{aligned}$$

计算积分，得到：

$$a_k = \begin{cases} 4/(k\pi) & \text{for } k = 1, 5, 9, \ldots \\ -4/(k\pi) & \text{for } k = 3, 7, 11, \ldots \\ 0 & \text{for } k = \text{偶数} \end{cases}$$

同样，这可以确定，所有的 $b = 0$。因此，傅里叶级数逼近式为：

$$f(t) = \frac{4}{\pi}\cos(\omega_0 t) - \frac{4}{3\pi}\cos(3\omega_0 t) + \frac{4}{5\pi}\cos(5\omega_0 t) - \frac{4}{7\pi}\cos(7\omega_0 t) + \cdots$$

对前三项求和得到的结果如图 16.4 所示。

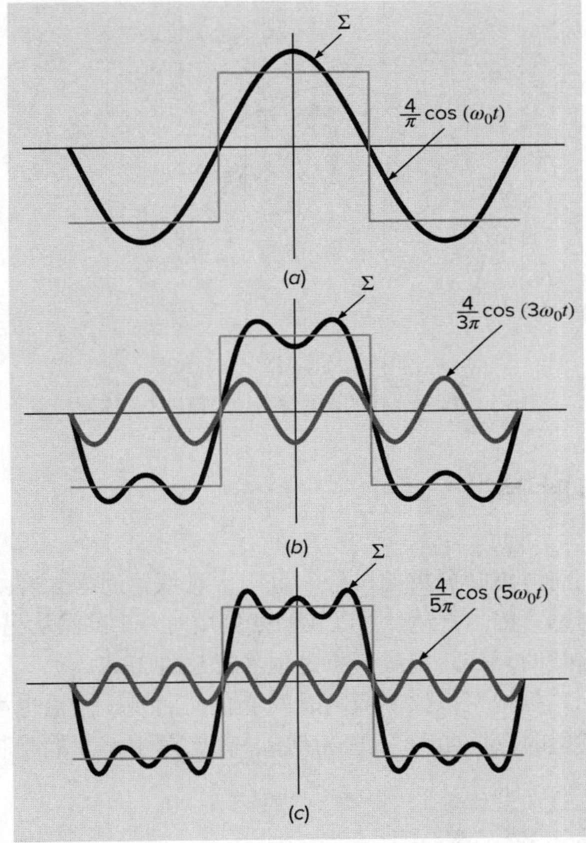

图 16.4　方波的傅里叶级数逼近，包括了序列的(a)第一项、(b)前两项以及(c)前三项和的曲线，同时显示了在每一阶段加上或减去的项

在继续深入之前，傅里叶级数也可以使用更紧凑的形式，即用复数符号表示。这种表示方法基于欧拉公式(见图 16.5)：

$$e^{\pm ix} = \cos x \pm i \sin x \tag{16.21}$$

其中 $i = \sqrt{-1}$，x 的单位是弧度。可以使用式(16.21)来更简洁地表达傅里叶级数(Chapra and Canale，2010)：

$$f(t)=\sum_{k=-\infty}^{\infty}\tilde{c}_k e^{ik\omega_0 t} \tag{16.22}$$

其中，系数为：

$$\tilde{c}_k=\frac{1}{T}\int_{-T/2}^{T/2}f(t)e^{-ik\omega_0 t}\,dt \tag{16.23}$$

请注意，包含符号~用于强调系数是复数。因为这种表示方法更简洁，在本章其余部分，我们主要使用这种复数形式。只是请记住，这与正弦波的表示形式相同。

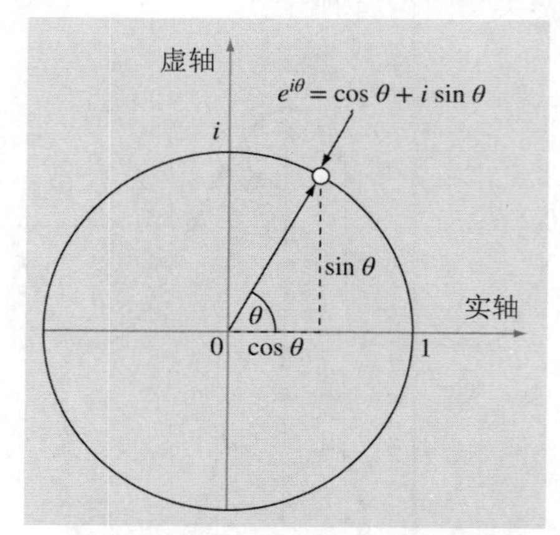

图 16.5 欧拉公式的图形表示，旋转向量称为相量

16.3 频域和时域

截至目前，我们对傅里叶分析的讨论一直限于时域。因为大多数人在时间维度中，对概念化函数的行为感到相当舒适，所以我们才使用时域。虽然从另一个可替代的角度，频域提供了对振荡函数的表征，但我们不是很熟悉这种方式。

如图 16.6(c)所示，振幅可以绘制成随时间变化的曲线，振幅也可以绘制成随频率变化的曲线。这两种类型的表达如图 16.6(a)所示，在此图中，我们绘制正弦波的三维图：

$$f(t)=C_1\cos\left(t+\frac{\pi}{2}\right)$$

在该图中，曲线$f(t)$的幅度或振幅是因变量，时间 t 和频率 $f=\omega_0/2\pi$ 是自变量。因此，幅度轴和时间轴形成了时间平面，幅度轴和频率轴形成了频率平面。因此，我们可以将正弦波设想为沿着频率轴方向，伸出长为 $1/T$ 距离，并且平行于时间轴前进。因此，当我们在时域中谈到正弦波的行为时，我们指的是曲线在时间平面上的投影[见图 16.6(b)]。同样，在频域中，正弦波的行为仅仅是其在频率平面上的投影。

如图 16.6(c)所示，该投影是正弦波最大正振幅 C_1 的量度。由于对称性，因此不需要完整的峰-峰的摆幅。现在，连同频率轴上的位置 $1/T$，图 16.6(c)定义了正弦波的幅度和频率。对于在时域中重现曲线的形状和大小，这些信息已经足够了。但是，需要使用额外一个参数——相位角，来定位曲线相对于 $t=0$ 的位置。因此，如图 16.6d 所示的相位图，也必须包括在内。我们根据从零点到出现正峰值点之间的距离(以弧度为单位)，确定相角。如果在零点后才出现峰值，我们称此为延迟(回顾在 16.1 节中我们讨论的滞后和超前)，并且根据约定，此时相角有一个负号。相反，在零点前出现峰值，我们称之为超前，相角为正。因此，对于图 16.6 而言，在零点前出现峰值，绘制相角为+ $\pi/2$。图 16.7 描绘了一些其他的可能情况。

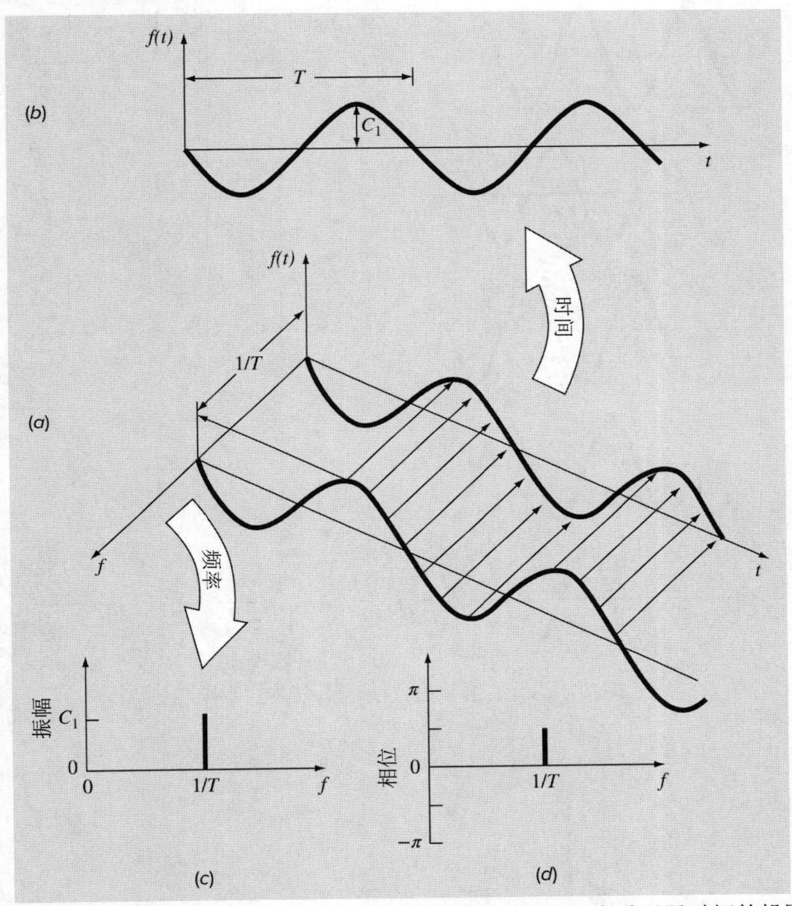

图 16.6　图(a)显示了如何在时域和频域中绘制正弦波。在图(b)中重现了时间的投影，而在图(c)中重现了振幅-频率的投影。在图(d)中显示了相位-频率的投影

现在，我们可以看到图 16.6(c)和(d)提供了一种可替代方式，来表示或总结图 16.6a 中正弦波的相关特征。我们称之为线谱。当然，对于单一的正弦波，它们不是很有趣。但是，当应用于更复杂的情况时，比如傅里叶级数，这揭示了其真正的力量和价值。例如，图 16.8 显示了例 16.2 中方波函数振幅和相位的线谱。

这种线谱提供了一些信息，而这种信息在时域中难以明显发现。通过对比图 16.4 和图 16.8，我们就可以发现。图 16.4 演示了两个可替代的时域角度。第一个，原始方波并没有告诉我们组成方波的正弦波。另一个替代的方法是显示出这些正弦波——那就是 $(4/\pi)\cos(\omega_0 t)$、$-(4/3\pi)\cos(3\omega_0 t)$、$(4/5\pi)\cos(5\omega_0 t)$，等等。这种替代方法无法充分可视化这

些谐波结构。相比之下，图 16.8(a)和(b)提供了这种结构的图形表示。因此，线谱表示“指纹”，可以帮助我们表征和理解复杂的波形。在非理想化的情况下，它们尤其有价值，它们有时允许我们辨别结构，而此时使用其他方法，只会得到模糊信号。在下一节中，我们将描述傅里叶变换，允许我们扩展这种分析到非周期波形。

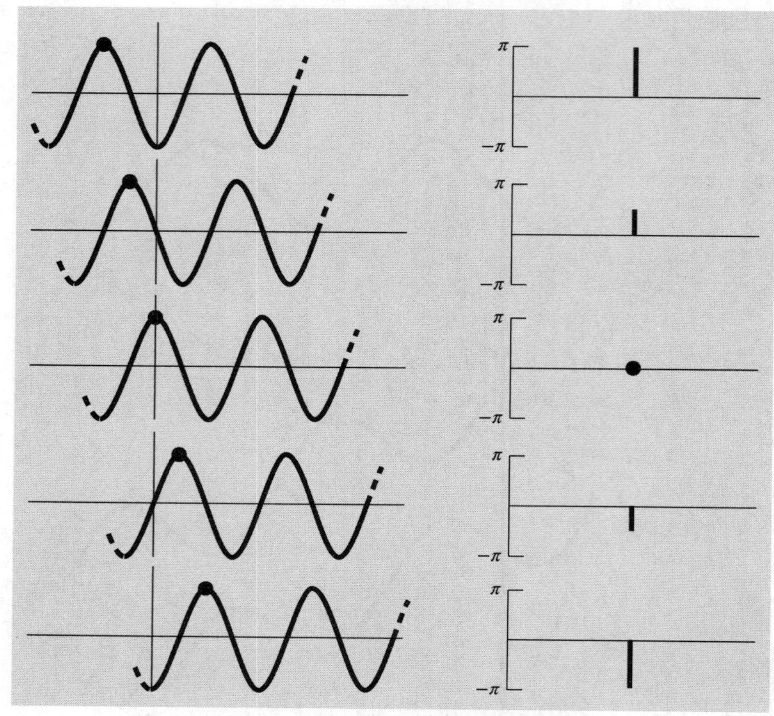

图 16.7　显示了相关相位线谱正弦波的不同相位

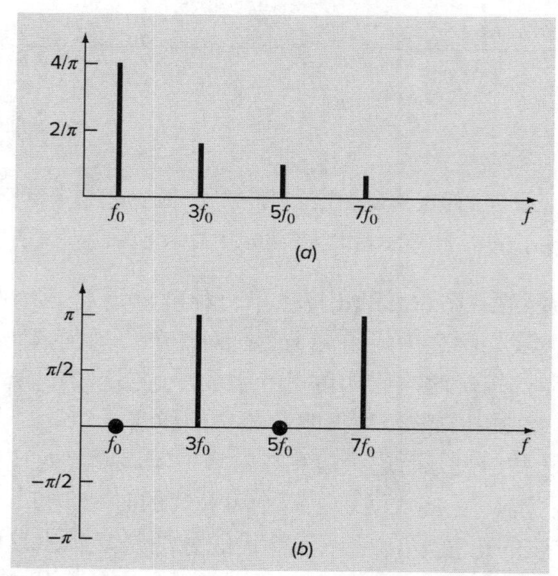

图 16.8　来自图 16.4 所示方波的(a)幅值和(b)相位线谱

16.4 傅里叶积分和变换

虽然对于研究周期函数，傅里叶级数是一个有用的工具，但是有许多波形并不周期性地重复自身。例如，闪电只发生一次(或至少要经历很长的时间，它才会再次发生)，但是，它对在很宽频率区间内运行的接收器，造成了广泛干扰——例如电视、 收音机、短波接收器。这一证据表明，非周期性的信号，比如闪电产生的信号，显示出了连续频谱。因为这种现象引起了工程师的极大兴趣，所以傅里叶级数的替代方法对于分析这类非周期波形极具价值。

傅里叶积分是实现这个目的主要的可用工具。它可以从指数形式的傅里叶级数推导得到[式(16.22)和式(16.23)]。允许周期趋向无穷大，这实现了从周期函数到非周期函数的过渡。换句话说，随着 T 变为无穷大，函数永远不会自我重复，因而成为非周期函数。如果这允许出现，那么我们可以证明(例如，Van Valkenburg，1974 年；Hayt 和 Kemmerly，1986 年)傅里叶级数可以简化为：

$$f(t)=\frac{1}{2\pi}\int_{-\infty}^{\infty}F(\omega)e^{i\omega t}\,d\omega \tag{16.24}$$

系数变成了频率变量 ω 的连续函数，如下式：

$$F(\omega)=\int_{-\infty}^{\infty}f(t)e^{-i\omega t}\,dt \tag{16.25}$$

式(16.25)定义的函数 $F(\omega)$称为$f(t)$的傅里叶积分。此外，式(16.24)和式(16.25)统称为傅里叶变换对。因此，随着人们将 $F(\omega)$称为傅里叶积分，$F(\omega)$也称为$f(t)$的傅里叶变换。本着同样的思路，式(16.24)定义的 $f(t)$称为 $F(\omega)$的傅里叶逆变换。因此，傅里叶变换对允许非周期函数在时域和频域之间来回变换。

现在，我们应该很清楚傅里叶级数和傅里叶变换之间的区别。主要的区别在于：它们适用于不同类的函数——傅里叶级数对于周期波形而言，傅里叶变换对于非周期波形而言。除了这个重大的区别，这两种方法的不同点，还在于它们在时域和频域之间的移动方式。傅里叶级数将连续、周期的时域函数转换为频域、离散频率点上的幅度。与此相反的是，傅里叶变换将连续的时域函数转换为连续的频域函数。因此，傅里叶级数生成的离散频谱类似于傅里叶变换生成的连续频谱。

现在，我们已经介绍了分析非周期信号的方法，我们即将到达最后一步。在下一节中，我们将确认一个事实，即我们很少将信号表征为实现式(16.25)所需的那种连续函数信号。相反，数据总是以离散形式存在。因此，现在我们将表明如何计算这种离散测量值的傅里叶变换。

16.5 离散傅里叶变换(DFT)

在工程中，函数通常由有限的离散值集来表示。此外，数据常常以离散的形式收集，或转换成离散的形式。如图 16.9 所示，从 0 到 T 的区间，可以分为 n 个、宽度为 $\Delta t=T/n$

的等距子区间。我们采用下标 j 来指定采集样本的离散时间。因此，f_j 指定了连续函数 $f(t)$ 在 t_j 处取到的值。请注意，在 $j = 0,1,2...,n-1$ 处，指定了数据点，这不包含在 $j = n$ 处的值(参见 Ramirez(1985 年)不包括 f_n 的理由)。

对于图 16.9 所示的系统，离散傅里叶变换可以写成：

$$F_k = \sum_{j=0}^{n-1} f_j e^{-ik\omega_0 j} \qquad k = 0 \text{到} n-1 \tag{16.26}$$

傅里叶逆变换可以写为：

$$f_j = \frac{1}{n}\sum_{k=0}^{n-1} F_k e^{ik\omega_0 j} \qquad j = 0 \text{到} n-1 \tag{16.27}$$

其中，$\omega_0 = 2\pi/n$。

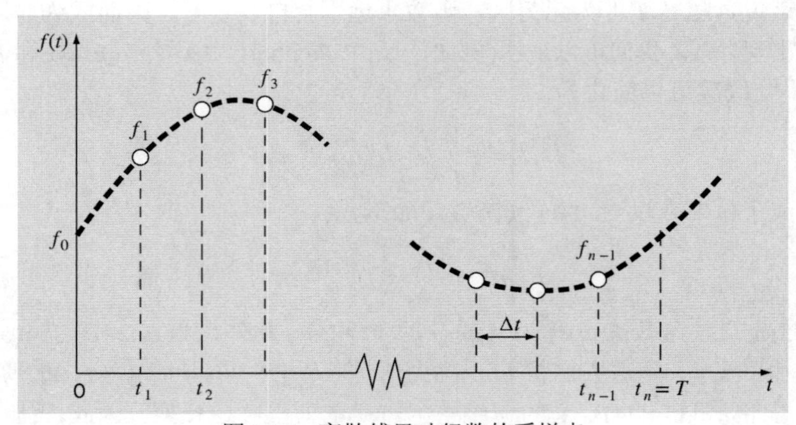

图 16.9 离散傅里叶级数的采样点

式(16.26)和式(16.27)分别是式(16.25)和式(16.24)的离散模拟形式。因此，它们可以用于计算离散数据的傅里叶变换和傅里叶逆变换。请注意，式(16.27)中的因子 $1/n$ 只是一个比例因子，可以包含在式(16.26)或式(16.27)中，但不能同时包含在二者之中。例如，如果将它转移到式(16.26)，那么第一个系数 F_0(与常数 a_0 类似)等于样本的算术平均值。

在深入之前，值得一提的是 DFT 的其他几个方面。在信号中可以测量的最高频率，称为奈奎斯特频率，这是采样频率的一半。不能检测比最短采样时间间隔发生更快的周期变化。可以检测到的最低频率是总样本长度的倒数。

例如，假设以 $f_s = 1000\text{Hz}$ 的采样频率(即每秒采样 1000 次)采集 100 个数据样本($n =$ 100 个样本)。这意味着采样间隔为：

$$\Delta t = \frac{1}{f_s} = \frac{1}{1000\ \text{样本/秒}} = 0.001\,\text{秒/样本}$$

总体样本长度为：

$$t_n = \frac{n}{f_s} = \frac{100\ \text{样本}}{1000\ \text{样本/秒}} = 0.1\,\text{秒}$$

频率增量为：

$$\Delta f = \frac{f_s}{n} = \frac{1000\ \text{样本/秒}}{100\ \text{样本}} = 10\ \text{Hz}$$

奈奎斯特频率为：

$$f_{\text{max}} = 0.5 f_s = 0.5(1000\ \text{Hz}) = 500\ \text{Hz}$$

最低可检测频率为：

$$f_{\text{min}} = \frac{1}{0.1\ \text{s}} = 10\ \text{Hz}$$

因此，对于该例，DFT可以检测到的信号的周期为：从 1/500 = 0.002 秒到 1/10 = 0.1 秒。

16.5.1　快速傅里叶变换(FFT)

虽然基于式(16.26)，可以开发算法来计算 DFT；但是，由于需要 n^2 次运算，因此计算负担很重。结果，即使对于中等大小的数据样本，直接确定 DFT 也可能非常耗时。

快速傅立叶变换(FFT)是一种以非常经济的方式计算 DFT 的算法。它的速度来自于，利用先前计算结果来减少运算次数。特别地，它利用三角函数的周期性和对称性，大约使用 $n\log_2 n$ 次运算就可以进行变换(见图 16.10)。因此，对于 $n = 50$ 个样本，FFT 比标准 DFT 快约 10 倍。对于 $n = 1000$，快了大约 100 倍。

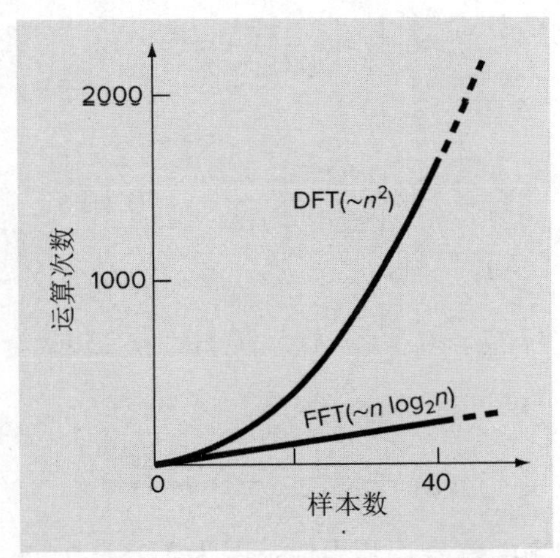

图 16.10　绘制标准 DFT 和 FFT 的运算次数随样本大小变化的曲线

在 19 世纪初(1984 年，Heideman 等人)由高斯提出了第一个 FFT 算法。由 Runge、Danielson、Lanczos 等人，在 20 世纪初做出了其他主要贡献。但是，由于手工计算离散变换通常需要几天到几周的时间来完成，因此在现代数字计算机发展起来之前，它们并没有吸引广泛的兴趣。

在 1965 年，J.W. Cooley 和 J.W. Tukey 发表了一篇关键论文，在这篇论文中概述了一种计算 FFT 的算法。这个方案类似于高斯和其他早期研究者的方案，被称为

Cooley-Tukey 算法。今天，许多其他的方法是这种方法的分支。如下所述，MATLAB 提供了一个名为 fft 的函数，这个函数采用有效的算法来计算 DFT。

16.5.2 MATLAB 函数：fft

MATLAB 的 fft 函数提供了一种计算 DFT 的有效方法，其语法表示非常简单：

```
F = fft(f, n)
```

其中 F =包含了 DFT 的向量，f=包含了信号的向量。参数 n 是可选的，表示用户想要实现 n 点 FFT。如果 f 小于 n，那么要用 0 来填充；如果 f 大于 n，则需要截断。

请注意，F 中元素排序的顺序，就是所谓的*反向环绕式顺序*(*reverse-wrap-around order*)。上半部分的值是正频率(从常数开始)，下半部分的值是负频率。因此，如果 $n=8$，顺序为 0,1,2,3,4,−3,−2,−1。以下示例详细说明了如何使用函数计算简单正弦波的 DFT。

例 16.3 用 MATLAB 计算简单正弦波的 DFT

问题描述：应用 MATLAB 的 fft 函数确定简单正弦波的离散傅里叶变换。

$$f(t) = 5 + \cos(2\pi(12.5)t) + \sin(2\pi(18.75)t)$$

生成 $\Delta t = 0.02$s 的 8 个等距点。绘制结果随频率变化的曲线。

解：在生成 DFT 之前，我们可以计算一些量。采样频率为：

$$f_s = \frac{1}{\Delta t} = \frac{1}{0.02\ \text{s}} = 50\ \text{Hz}$$

总样本长度为：

$$t_n = \frac{n}{f_s} = \frac{8\text{样本}}{50\text{样本/秒}} = 0.16\ \text{s}$$

奈奎斯特频率为：

$$f_{\max} = 0.5 f_s = 0.5(50\ \text{Hz}) = 25\ \text{Hz}$$

最低可检测频率为：

$$f_{\min} = \frac{1}{0.16\ \text{s}} = 6.25\ \text{Hz}$$

因此，分析可以检测到的信号，其周期范围为 1/25 = 0.04s 到 1/6.25 = 0.16s。因此，我们应该能够检测到 12.5Hz 和 18.75Hz 的信号。

以下 MATLAB 语句可用于生成和绘制样本[见图 16.11(a)]：

```
>> clc
>> n = 8; dt = 0.02; fs = 1/dt; T = 0.16;
>> tspan = (0:n - 1)/fs;
>> y = 5+cos(2*pi*12.5*tspan)+sin(2*pi*18.75*tspan);
>> subplot(3,1,1);
>> plot(tspan,y,'-ok','linewidth',2,'MarkerFaceColor','black');
>> title('(a) f(t) versus time (s)');
```

请注意，正如 16.5 节开始时提到的，tspan 省略了最后一点。

fft 函数可用于计算 DFT 并显示结果：

```
>> Y = fft(y)/n;
>> Y'
```

我们将变换除以 n，使得第一个系数等于样本的算术平均值。当执行该代码时，结果显示为：

```
ans =
   5.0000
   0.0000 - 0.0000i
   0.5000
  -0.0000 + 0.5000i
       0
  -0.0000 - 0.5000i
   0.5000
   0.0000 + 0.0000i
```

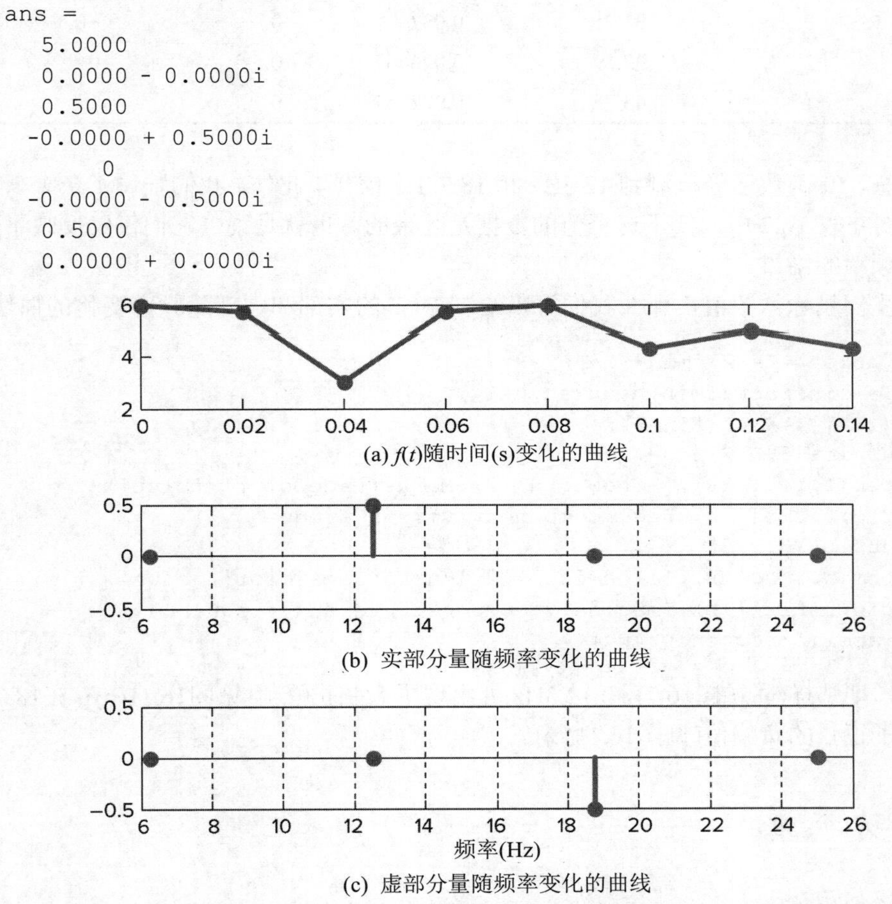

图 16.11　使用 MATLAB 的 fft 函数计算 DFT 的结果：(a)样本以及 DFT 的(b)实部分量和(c)虚部分量随频率变化的曲线

请注意，第一个系数对应于信号的平均值。另外，由于反向环绕式顺序(*reverse-wrap-around order*)，因此可以用表 16.2，解释结果。

表 16.2 解释数据

编 号	k	频 率	周 期	实 部	虚 部
1	0	常数		5	0
2	1	6.25	0.16	0	0
3	2	12.5	0.08	0.5	0
4	3	18.75	0.053333	0	0.5
5	**4**	**25**	**0.04**	**0**	**0**
6	−3	31.25	0.032	0	−0.5
7	−2	37.5	0.026667	0.5	0
8	−1	43.75	0.022857	0	

请注意，fft 函数已经检测到 12.5Hz 和 18.75Hz 信号。此外，我们强调了奈奎斯特频率，这表明在表 16.2 中，低于这个值的数据是冗余的。也就是说，它们仅仅反映了低于奈奎斯特频率的结果。

如果我们删除常数值，那么我们可以绘制 DFT 的实部和虚部随频率变化的曲线：

```
>> nyquist = fs/2;fmin = 1/T;
>> f = linspace(fmin,nyquist,n/2);
>> Y(1)=[];YP = Y(1:n/2);
>> subplot(3,1,2)
>> stem(f,real(YP),'linewidth',2,'MarkerFaceColor','blue')
>> grid;title('(b) Real component versus frequency')
>> subplot(3,1,3)
>> stem(f,imag(YP),'linewidth',2,'MarkerFaceColor','blue')
>> grid;title('(b) Imaginary component versus frequency')
>> xlabel('frequency (Hz)')
```

正如预期那样(回顾图16.7)，在12.5Hz 处出现了余弦正峰值[见图16.11(b)]；在18.75Hz 处，出现了正弦的负峰值[见图16.11(c)]。

16.6 功率谱

除振幅和相位谱之外，功率谱提供了另一种有用的方法，来辨别看似随机信号的基础谐波。顾名思义，它来源于对电力系统功率输出的分析。按照 DFT，功率谱由与每个频率分量相关联的功率随频率变化的图构成。对傅立叶系数的平方相加可以计算功率：

$$P_k = |\tilde{c}_k|^2$$

其中，P_k 是与每个频率 $k\omega_0$ 相关联的功率。

例 16.4 使用 MATLAB 计算功率谱

问题描述：对于例 16.3 所计算的 DFT，计算其简单正弦波的功率谱。

解：可以创建以下脚本来计算功率谱。

```
% compute the DFT
clc;clf
n = 8; dt = 0.02;
fs = 1/dt;tspan = (0:n-1)/fs;
y = 5+cos(2*pi*12.5*tspan)+sin(2*pi*18.75*tspan);
Y = fft(y)/n;
f = (0:n-1)*fs/n;
Y(1) = [];f(1) = [];
% compute and display the power spectrum
nyquist=fs/2;
f = (1:n/2)/(n/2)*nyquist;
Pyy = abs(Y(1:n/2)).^2;
stem(f,Pyy,'linewidth',2,'MarkerFaceColor','blue')
title('Power spectrum')
xlabel('Frequency (Hz)');ylim([0 0.3])
```

如上所示，第一部分仅使用例 16.3 中的相关语句计算 DFT。接下来，第二部分计算并显示功率谱。如图 16.12 所示，正如我们所预期的那样，所得到的图显示出峰值出现在 12.5Hz 和 18.75Hz 处。

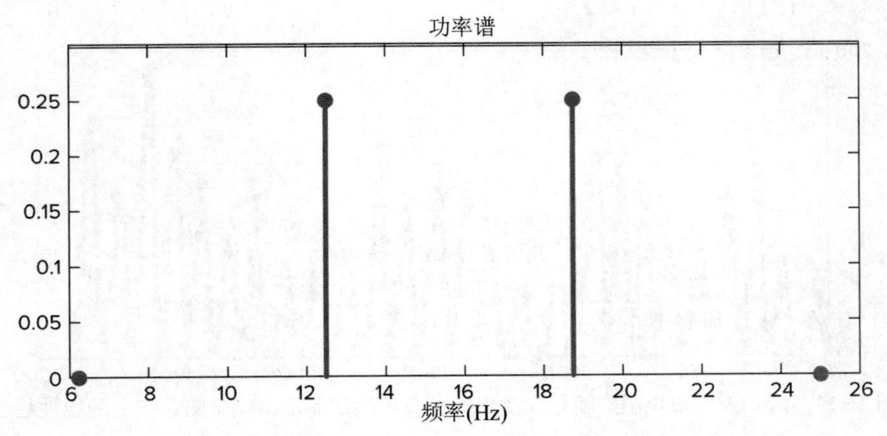

图 16.12　频率为 12.5Hz 和 18.75Hz 的简单正弦函数的功率谱

16.7　案例研究：太阳黑子

背景：1848 年，约翰·鲁道夫·沃尔夫(Johann Rudolph Wolf)设计了一种方法，通过计算太阳表面上的单个黑子和黑子群，量化太阳活动。他将黑子群数目乘以 10 加上单个黑子，计算得到一个数量，现在这个数量称为沃尔夫太阳黑子数(*Wolf sunspot number*)。如图 16.13 所示，太阳黑子数的数据集扩展回 1700 年。在早期历史记录的基础上，沃尔夫确定了太阳黑子的周期长度为 11.1 年。使用傅里叶分析，通过对数据应用 FFT，确认这个结果。

解：在 MATLAB 文件 sunspot.dat 中，包含了年份和太阳黑子数的数据。以下语句加载文件，并将年份和数字信息分配给同名向量：

```
>> load sunspot.dat
>> year = sunspot(:,1);number = sunspot(:,2);
```

在应用傅里叶分析之前，请注意，数据似乎呈线性向上的趋势(见图 16.13)。可以使用 MATLAB 来消除这种趋势：

```
>> n = length(number);
>> a = polyfit(year,number,1);
>> lineartrend = polyval(a,year);
>> ft = number-lineartrend;
```

接下来，采用 fft 函数生成 DFT：

```
F = fft(ft);
```

然后，计算并绘制功率谱：

```
fs = 1;
f = (0:n/2)*fs/n;
pow = abs(F(1:n/2+1)).^2;
```

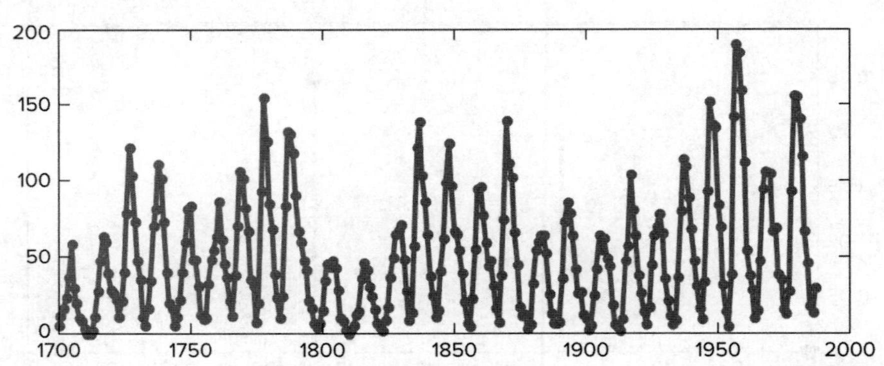

图 16.13 沃尔夫太阳黑子数随年份变化的曲线，虚线显示出轻微的、向上的线性趋势

```
plot(f,pow)
xlabel('Frequency (cycles/year)'); ylabel('Power')
title('Power versus frequency')
```

如图 16.14 所示，结果表明在频率约 0.0915 个周期/年处出现峰值。这对应于 1/0.0915 = 10.93 年的周期。因此，傅里叶分析与沃尔夫估计的 11 年一致。

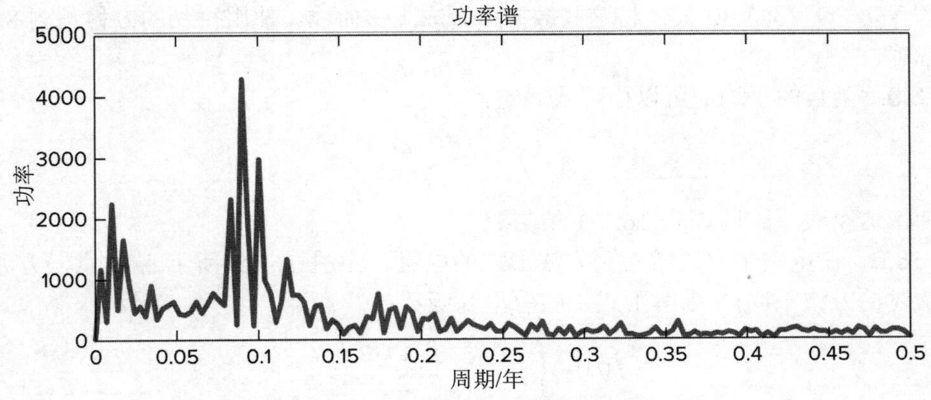

图 16.14 沃尔夫太阳黑子数随年份变化的功率谱

16.8 习题

16.1 以下方程式描述热带湖的温度变化：

$$T(t) = 12.8 + 4\cos\left(\frac{2\pi}{365}t\right) + 3\sin\left(\frac{2\pi}{365}t\right)$$

(a)平均温度、(b)振幅和(c)周期各是多少？

16.2 在一年的时间内，池塘内的温度呈正弦变化。使用线性最小二乘回归，将表 16.3 所示数据拟合为式(16.11)的形式。使用拟合结果，确定平均值、幅度和最高温度出现的日期。请注意，周期为 365 天。

表 16.3 实验数据(一)

$t(d)$	15	45	75	105	135	165	225	255	285	315	345
T(℃)	3.4	4.7	8.5	11.7	16	18.7	19.7	17.1	12.7	7.7	5.1

16.3 在一天内，反应器中的pH值呈正弦变化。使用线性最小二乘回归，将表 16.4 所示数据拟合为式(16.11)的形式。使用拟合结果，确定平均值、幅度和最高pH值出现的时间。请注意，周期为 24 天。

表 16.4 实验数据(二)

时间(hr)	0	2	4	5	7	9	12	15	20	22	24
pH 值	7.6	7.2	7	6.5	7.5	7.2	8.9	9.1	8.9	7.9	7

16.4 图森亚利桑那州的太阳辐射如表 16.5 所示：

表 16.5 太阳辐射数据

时间(mo)	J	F	M	A	M	J	J	A	S	O	N	D
辐射(W/m^2)	144	188	245	311	351	359	308	287	260	211	159	131

假设每个月都是 30 天，将这些数据拟合成正弦曲线。使用得到的方程预测 8 月 15 号的辐射。

16.5　函数的平均值可以由下式确定：

$$\bar{f}=\frac{\int_0^t f(t)\,dt}{t}$$

使用这个关系式验证式(16.13)的结果。

16.6　在电路中，通常看到方波形式的电流，如图 16.15 所示(请注意，方波与例 16.2 所述的方波不同)。求解下式中的傅里叶级数：

$$f(t)=\begin{cases}A_0 & 0\le t\le T/2\\ -A_0 & T/2\le t\le T\end{cases}$$

傅里叶级数可以表示为：

$$f(t)=\sum_{n=1}^{\infty}\left(\frac{4A_0}{(2n-1)\pi}\right)\sin\left(\frac{2\pi(2n-1)t}{T}\right)$$

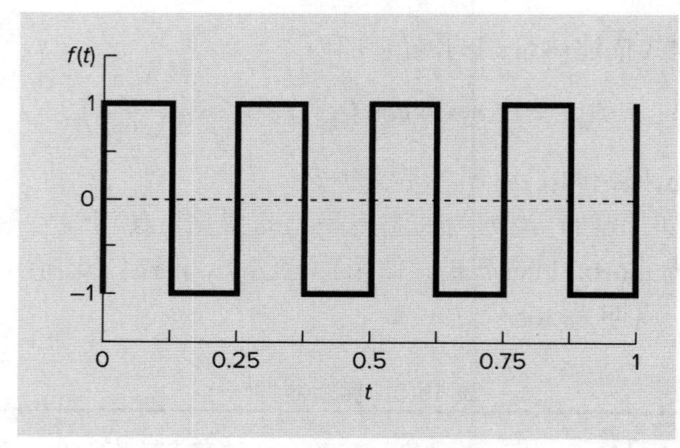

图 16.15　方波形式的电流

创建一个 MATLAB 函数，分别单独生成傅里叶级数的前 n 项的曲线，以及前六项和的曲线。设计函数，使得曲线的区间从 $t=0$ 到 $4T$。使用细点红线(thin dotted red lines)分别单独绘制每一项，使用粗黑实线(bold black solid line)绘制前六项和的曲线(即'k−','linewidth',2)。函数的第一行应该为：

```
function [t,f] = FourierSquare(A0,T,n)
```

令 A_0=1，T=0.25s。

16.7　使用连续傅里叶级数，逼近图 16.16 中的锯齿波。绘制出前 4 项以及前 4 项和的曲线。此外，构造前四项的幅度和相位线谱(phase line spectra)。

16.8　使用连续傅里叶级数，逼近图 16.17 中的三角波形。绘制出前 4 项以及前 4 项和的曲线。此外，构造前四项的幅度和相位线谱(phase line spectra)。

16.9　使用麦克劳林级数(*Maclaurin series*)扩展 e^x、$\cos x$ 和 $\sin x$，并证明欧拉公式[式(16.21)]。

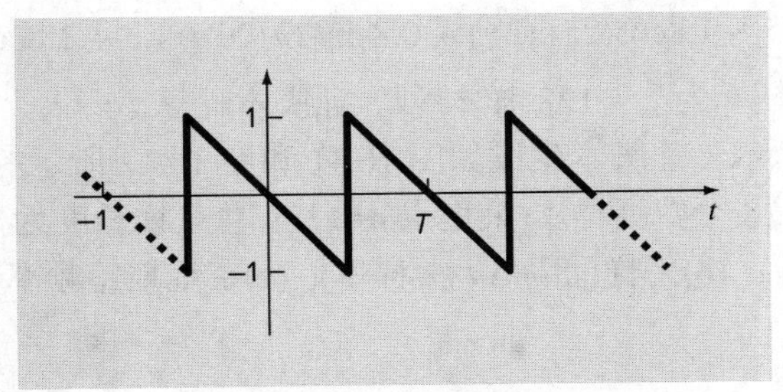

图 16.16　锯齿波

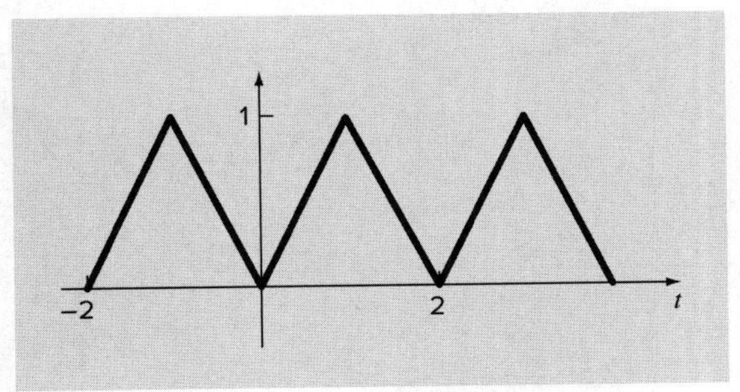

图 16.17　三角波

16.10　半波整流器可以表征为：

$$C_1 = \left[\frac{1}{\pi} + \frac{1}{2}\sin t - \frac{2}{3\pi}\cos 2t - \frac{2}{15\pi}\cos 4t\ \frac{1}{\pi} + \frac{1}{2}\sin t - \frac{2}{3\pi}\cos\right.$$

其中 C_1 是波的幅度。

(a) 绘制出前 4 项以及前 4 项和的曲线。

(b) 构造前四项的幅度和相位线谱(phase line spectra)。

16.11　对以下函数以 $\Delta t = 0.01$s 的速率采样，采集 64 个点，重复例 16.3：

$$f(t) = \cos[2\pi(12.5)t] + \cos[2\pi(25)t]$$

使用 fft 函数生成这些值的 DFT 并绘制结果。

16.12　使用 MATLAB 生成以下函数从 $t = 0$ 到 2π 的 64 个点：

$$f(t) = \cos(10t) + \sin(3t)$$

使用函数 randn 在信号中添加随机分量。使用 fft 函数生成这些值的 DFT 并绘制结果。

16.13　使用 MATLAB，从 $t = 0$ 到 6s 为图 16.2 中描述的正弦波生成 32 点。计算 DFT 并创建(a)原始信号的子图、(b)实部分量随频率变化曲线的子图以及(c)虚部分量随频率变化曲线的子图。

16.14　使用 fft 函数，为习题 16.8 中的三角波计算 DFT。从 $t = 0$ 到 $4T$，对三角波进行 128 次采样。

16.15　创建一个 M 文件函数，使用 fft 函数生成功率谱图。使用这幅图，求解习题 16.11。

16.16　使用 fft 函数计算以下函数的 DFT：

$$f(t) = 1.5 + 1.8\cos(2\pi(12)t) + 0.8\sin(2\pi(20)t)\ 1.5 + 1.8\cos(2\pi(12$$

取 $n = 64$，采样频率为 $f_s = 128$ 样本/秒。让脚本计算 Δt、t_n、Δf、f_{min} 和 f_{max} 的值。如例 16.3 和例 16.4 所示，让脚本生成如图 16.11 和图 16.12 所示的曲线。

16.17 如果有 128 个数据样本(采集点 n=128)，总采样长度为 $t_n = 0.4$s，计算以下值：(a)采样频率 f_s(样本/秒); (b)采样间隔 Δt(秒/样本); (c)奈奎斯特频率 f_{max}(Hz); (d)最小频率 f_{min}(Hz)。

第 17 章 多项式插值

本章目标

本章的主要目标是叙述多项式插值，具体内容和主题包括：

- 当联立得到的方程组为病态时，知道如何计算多项式的系数。
- 会用 MATLAB 的 polyfit 和 polyval 函数计算多项式的系数以及进行插值。
- 会用牛顿多项式进行插值。
- 会用拉格朗日多项式进行插值。
- 知道如何将逆插值问题改写成求根问题并进行求解。
- 了解外插值中存在的风险。
- 知道高次多项式插值过程中会产生很大的振荡。

提出问题

在分析自由落体蹦极运动员的速度时，如果想要提高估计值的精度，那么就应该对模型进行扩展，除了体重和阻力系数之外，还得考虑一些其他的因素。正如前面 1.4 节所述，阻力系数本身就是其他量的函数，例如，蹦极运动员的表面积，以及像空气密度和速度这样的特征量。

我们一般采用列表形式给出空气密度和速度与温度之间的函数关系式。例如，表 17.1 摘自一本流行的水力学课本(White，1999)。

表 17.1 1 个大气压条件下密度(ρ)、动态粘滞度(μ)、动态粘滞率(v)与温度(T)的函数关系[1]

T(°C)	ρ(kg/m^3)	μ(N·s/m^2)	v(m^2/s)
−40	1.52	1.51×10^{-5}	0.99×10^{-5}
0	1.29	1.71×10^{-5}	1.33×10^{-5}
20	1.20	1.80×10^{-5}	1.50×10^{-5}
50	1.09	1.95×10^{-5}	1.79×10^{-5}
100	0.946	2.17×10^{-5}	2.30×10^{-5}
150	0.835	2.38×10^{-5}	2.85×10^{-5}
200	0.746	2.57×10^{-5}	3.45×10^{-5}
250	0.675	2.75×10^{-5}	4.08×10^{-5}
300	0.616	2.93×10^{-5}	4.75×10^{-5}
400	0.525	3.25×10^{-5}	6.20×10^{-5}
500	0.457	3.55×10^{-5}	7.77×10^{-5}

假设想要知道某个温度条件下的密度值，但它并不在表 17.1 中，那么就必须使用插值。也就是说，必须根据这个点周围的数据来估计想要的密度值。最简单的方法，是找到与这个温度值相邻的两个点，求出连接它们的直线，然后根据直线方程计算待求点的密度值。虽然这种线性插值(*linear interpolation*)在很多情况下都非常好用，可是一旦数据呈现出明显的曲线特征，就会产生很大的误差。在本章中，我们将介绍几种不同的方法来处理上述情况。

17.1 插值法导论

读者可能经常需要估计精确数据点之间的中间值，此时常用的方法是多项式插值。(n−1)次多项式的一般形式为：

$$f(x) = a_1 + a_2x + a_3x^2 + \cdots + a_nx^{n-1} \tag{17.1}$$

如果给定 n 个数据点，那么有且仅有一个(n−1)次多项式通过所有的点。例如，有且只有一条直线(一次多项式)连接两个互异的点[见图17.1(a)]。同理，三个点可唯一地确定一条抛物线[见图17.1(b)]。多项式插值 (*polynomial interpolation*)指的是，确定唯一的一个(n−1)次多项式，使得它通过给定的 n 个数据点。然后用这个多项式计算中间值。

首先，需要注意的是，MATLAB 中表示多项式系数的方法与式(17.1)完全不同。式(17.1)按照 x 幂次递增的顺序排列，而 MATLAB 中的多项式系数则按照 x 幂次递减的顺序排列，即：

1 数据由 White(1999)提供，详见“参考文献”中的信息。

$$f(x) = p_1 x^{n-1} + p_2 x^{n-2} + \cdots + p_{n-1}x + p_n \tag{17.2}$$

为了与 MATLAB 保持一致，本章的后续部分也将改用这种表示方法。

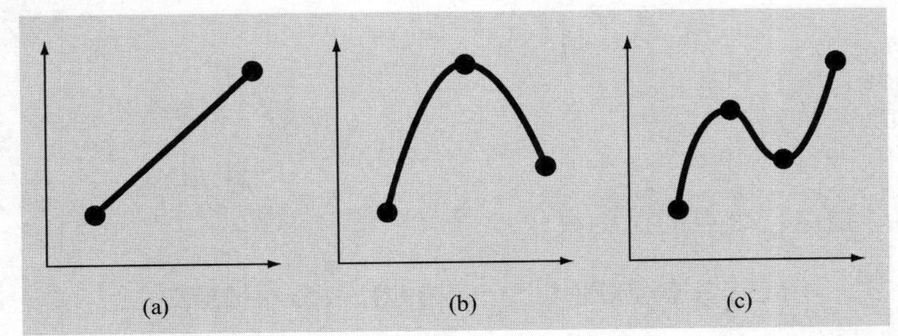

图 17.1　多项式插值的例子：(a)连接两个点的一次(线性)插值，(b)连接三个点的二阶(二次或抛物型)插值，(c)连接四个点的三阶(三次)插值

17.1.1　确定多项式的系数

根据确定 n 个系数需要 n 个数据点这一事实，式(17.2)中的系数可以直接计算出来。在下面的例子中，我们根据上述事实构造出 n 个线性代数方程，将它们联立起来求解即可得到系数。

例 17.1　求解联立方程组，得出多项式的系数

问题描述：假设抛物线 $f(x)= p_1x^2+p_2x+p_3$ 通过表 17.1 中的最后三个密度值，试确定抛物线的系数。

$$x_1 = 300 \quad f(x_1) = 0.616$$
$$x_2 = 400 \quad f(x_2) = 0.525$$
$$x_3 = 500 \quad f(x_3) = 0.457$$

将上面几对数据代入式(17.2)，得到一个三阶方程组：

$$0.616 = p_1(300)^2 + p_2(300) + p_3$$
$$0.525 = p_1(400)^2 + p_2(400) + p_3$$
$$0.457 = p_1(500)^2 + p_2(500) + p_3$$

其矩阵形式为：

$$\begin{bmatrix} 90\,000 & 300 & 1 \\ 160\,000 & 400 & 1 \\ 250\,000 & 500 & 1 \end{bmatrix} \begin{Bmatrix} p_1 \\ p_2 \\ p_3 \end{Bmatrix} = \begin{Bmatrix} 0.616 \\ 0.525 \\ 0.457 \end{Bmatrix}$$

因此，问题归纳为求解三阶线性代数方程组。利用下面一段简单的 MATLAB 会话就可以解出未知量：

```
>> format long
>> A = [90000 300 1;160000 400 1;250000 500 1];
>> b = [0.616 0.525 0.457]';
>> p = A\b

p =
   0.00000115000000
  -0.00171500000000
   1.02700000000000
```

因此，通过指定三个点的抛物线是：

$$f(x) = 0.00000115x^2 - 0.001715x + 1.027$$

然后就可以利用这个多项式来计算中间值了。例如，温度为 350℃时的密度值计算为：

$$f(350) = 0.00000115(350)^2 - 0.001715(350) + 1.027 = 0.567625$$

例 17.1 中的插值法虽然简单，但却有一个很大的缺点。为了更好地了解这个问题，请注意例 17.1 中系数矩阵的形式是有规律性的。很明显，它的一般形式为：

$$\begin{bmatrix} x_1^2 & x_1 & 1 \\ x_2^2 & x_2 & 1 \\ x_3^2 & x_3 & 1 \end{bmatrix} \begin{Bmatrix} p_1 \\ p_2 \\ p_3 \end{Bmatrix} = \begin{Bmatrix} f(x_1) \\ f(x_2) \\ f(x_3) \end{Bmatrix} \tag{17.3}$$

这种形式的系数矩阵被称为*范德蒙德矩阵*(*Vandermonde matrices*)。这类矩阵是高度病态的。也就是说，它们的解对舍入误差非常敏感。这一点可以从条件数上看出来。用 MATLAB 计算例 17.1 中系数矩阵的条件数为：

```
>> cond(A)

ans =
  5.8932e + 006
```

对于 3×3 的矩阵来说，这个条件数是相当大的，它说明解中大约有六位数字是令人怀疑的。而且联立方程组的阶数越高，其病态程度就越严重。

因此，我们必须采用其他的方法来克服这个缺点。在本章中，我们提供了两种方法：牛顿多项式和拉格朗日多项式，它们都很适合在计算机上实现。不过在此之前，我们先简单地介绍一下如何直接使用 MATLAB 的内置函数来确定插值多项式的系数。

17.1.2　MATLAB 函数：polyfit 和 polyval

回顾 14.5.2 节，我们曾用 polyfit 函数来实现多项式回归。对于这类应用问题，数据点的个数大于待估计参数的个数。因此，最小二乘拟合直线只要能吻合数据变化的总体趋势即可，不要求它通过任何数据点。

当数据点的个数与系数的个数相等时，polyfit 函数对应于插值。也就是说，它将返回经过所有数据点的多项式的系数。例如，用它来求解通过表 17.1 中最后三个密度值的抛物线的系数：

```
>> format long
>> T = [300 400 500];
>> density = [0.616 0.525 0.457];
>> p = polyfit(T,density,2)

p =
   0.00000115000000  -0.00171500000000   1.02700000000000
```

然后，我们可以利用 polyval 函数来进行插值，即：

```
>> d = polyval(p,350)

d =
   0.56762500000000
```

这些结果与之前在例 17.1 中求解联立方程组时得到的结果是一致的。

17.2 牛顿插值多项式

在进行多项式插值时，式(17.2)有很多种表示方法。牛顿插值多项式就是其中最流行和最有效的方法之一。在介绍一般的牛顿插值多项式之前，我们先介绍它的一次和二次形式，因为它们可以通过简单的图形来进行解释。

17.2.1 线性插值

最简单的插值是用直线连接两个数据点。如图17.2所示，这种方法称为线性插值(*linear interpolation*)。由三角形的相似性可知：

$$\frac{f_1(x) - f(x_1)}{x - x_1} = \frac{f(x_2) - f(x_1)}{x_2 - x_1} \tag{17.4}$$

重新整理后得到

$$f_1(x) = f(x_1) + \frac{f(x_2) - f(x_1)}{x_2 - x_1}(x - x_1) \tag{17.5}$$

这就是牛顿线性插值公式(*Newton linear-interpolation formula*)。符号 $f_1(x)$表明这是一次插值多项式。注意，除了代表连接线的斜率之外，$[f(x_2)-f(x_1)]/(x_2-x_1)$项还是一阶导数的有限差分近似。一般来说，数据点的间距越小，近似的效果就越好。这是因为，随着间距的减小，直线对连续函数的逼近效果变得越来越好。例 17.2 也反映出了这个特点。

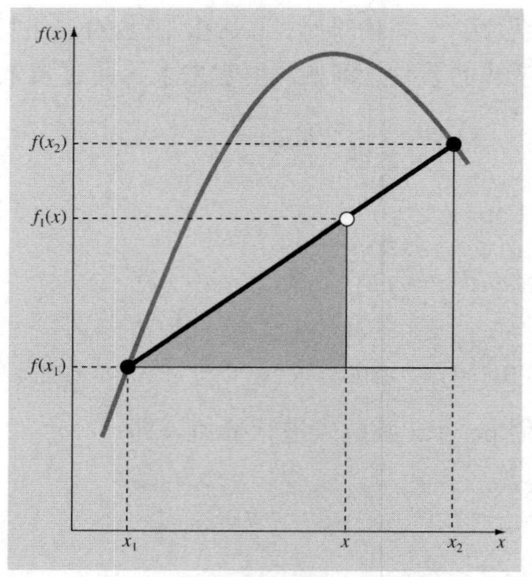

图 17.2 线性插值示意图，阴影部分是用于推导牛顿线性插值公式[式(17.5)]的相似三角形

例 17.2 线性插值

问题描述：利用线性插值估计自然对数在 2 处的取值。首先在 ln1=0 和 ln6=1.791759 之间进行插值。然后将插值范围缩小到 ln1=0 和 ln4(1.386294)之间，重复上述过程。注意 ln2 的真实值为 0.6931472。

解：在式(17.5)中取 x_1=1 和 x_2=6，得到

$$f_1(2)=0+\frac{1.791759-0}{6-1}(2-1)=0.3583519$$

这个估计值的误差是 ε_t =48.3%。将区间缩小为 x_1=1 到 x_2=4，得到：

$$f_1(2)=0+\frac{1.386294-0}{4-1}(2-1)=0.4620981$$

因此，区间缩小后的相对误差为 ε_t=33.3%。两次插值的结果以及真解的图形如图 17.3 所示。

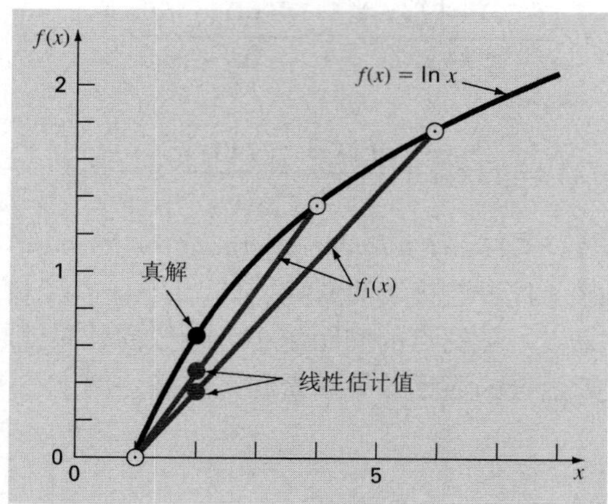

图 17.3 用两种插值法估计 ln2，注意区间缩小之后估计值的误差也减小了

17.2.2　二次插值

在例 17.2 中用直线近似曲线，所以产生了误差。因此，提高估计值精度的一种方法是，用曲线来连接数据点。如果给定三个数据点，那么就可以构造一个二阶多项式(也称为二次多项式或抛物线)。特别地，这种情况的一种简便形式为：

$$f_2(x) = b_1 + b_2(x - x_1) + b_3(x - x_1)(x - x_2) \tag{17.6}$$

系数值可以通过一个简单的过程来确定。对于 b_1，令式(17.6)中的 $x=x_1$，得到：

$$b_1 = f(x_1) \tag{17.7}$$

将式(17.7)代入式(17.6)，并取 $x=x_2$，得到:

$$b_2 = \frac{f(x_2) - f(x_1)}{x_2 - x_1} \tag{17.8}$$

最后，将式(17.7)和式(17.8)代入式(17.6)，并取 $x=x_3$，(经过一些代数操作之后)求解得到：

$$b_3 = \frac{\dfrac{f(x_3) - f(x_2)}{x_3 - x_2} - \dfrac{f(x_2) - f(x_1)}{x_2 - x_1}}{x_3 - x_1} \tag{17.9}$$

注意，和线性插值时一样，b_1 仍然代表连接 x_1 和 x_2 的直线的斜率。于是，式(17.6)的前两项相当于在 x_1 和 x_2 之间进行线性插值，如式(17.5)所示。最后一项 $b_2(x-x_1)(x-x_2)$把二阶曲率引入到公式中。

在具体讲述式(17.6)的用法之前，我们先检查一下系数 b_3 的形式。它很像前面式(4.28)给出的二阶导数的有限差分近似。因此，(17.6)的形式将与泰勒级数展开越来越相似。也就是说，后面将依次加入更高阶的曲率。

例 17.3　二次插值

问题描述：利用例 17.2 中的三个点构造一个二阶牛顿多项式，估计 ln2。

$$x_1 = 1 \qquad f(x_1) = 0$$

$$x_2 = 4 \qquad f(x_2) = 1.386294$$

$$x_3 = 6 \qquad f(x_3) = 1.791759$$

解：由式(17.7)可知

$$b_1 = 0$$

由式(17.8)得到：

$$b_2 = \frac{1.386294 - 0}{4 - 1} = 0.4620981$$

由式(17.9)得到：

$$b_3 = \frac{\dfrac{1.791759 - 1.386294}{6 - 4} - 0.4620981}{6 - 1} = -0.0518731$$

把这些值代入式(17.6)，得到如下二次多项式：

$$f_2(x) = 0 + 0.4620981(x - 1) - 0.0518731(x - 1)(x - 4)$$

它在 x=2 处的取值是 $f_2(2)$=0.5658444，这个估计值的相对误差为 ε_t=18.4%。因此，与例 17.2 和图 17.3 中的直线相比，二次公式(见图 17.4)中曲率的引入改进了插值的效果。

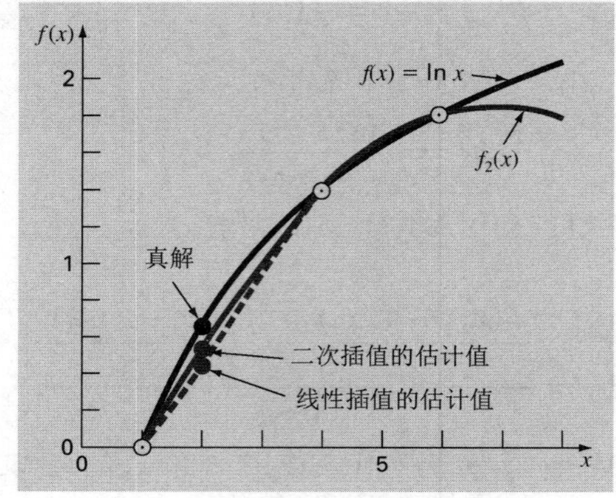

图 17.4　用二次插值估计 ln2。为了进行比较，图中还给出了 x 取 1~4 之间时线性插值的结果

17.2.3　牛顿插值多项式的一般形式

考虑用(n−1)次多项式拟合 n 个数据点，前面的分析可以进行推广。(n−1)次插值多项式为：

$$f_{n-1}(x) = b_1 + b_2(x - x_1) + \cdots + b_n(x - x_1)(x - x_2)\cdots(x - x_{n-1}) \tag{17.10}$$

与前面的线性和二次插值一样，系数 $b_1,b_2,\ldots,b_n$ 由数据点确定。(n−1)次多项式需要 n 个数据点：$[x_1, f(x_1)],[x_2, f(x_2)],\ldots,[x_n, f(x_n)]$。我们用这些数据点和下面的公式计算系数：

$$b_1 = f(x_1) \tag{17.11}$$

$$b_2 = f[x_2, x_1] \tag{17.12}$$

$$b_3 = f[x_3, x_2, x_1] \tag{17.13}$$

$$\vdots$$

$$b_n = f[x_n, x_{n-1}, \ldots, x_2, x_1] \tag{17.14}$$

其中带方括号的函数值表示有限均差。例如，一阶有限均差通常表示为：

$$f[x_i, x_j] = \frac{f(x_i) - f(x_j)}{x_i - x_j} \tag{17.15}$$

两个一阶均差的差分是二阶有限均差，它的一般表示形式为：

$$f[x_i, x_j, x_k] = \frac{f[x_i, x_j] - f[x_j, x_k]}{x_i - x_k} \tag{17.16}$$

类似地，n 阶有限均差为：

$$f[x_n, x_{n-1}, \ldots, x_2, x_1] = \frac{f[x_n, x_{n-1}, \ldots, x_2] - f[x_{n-1}, x_{n-2}, \ldots, x_1]}{x_n - x_1} \tag{17.17}$$

这些均差可以用来计算式(17.11)~式(17.14)中的系数，然后把系数代入式(17.10)，得到牛顿插值多项式的一般形式：

$$\begin{aligned} f_{n-1}(x) = & f(x_1) + (x - x_1) f[x_2, x_1] + (x - x_1)(x - x_2) f[x_3, x_2, x_1] \\ & + \cdots + (x - x_1)(x - x_2) \cdots (x - x_{n-1}) f[x_n, x_{n-1}, \ldots, x_2, x_1] \end{aligned} \tag{17.18}$$

值得一提的是，式(17.18)中使用的数据不一定要等间距或者按照横坐标的升序排列，例 17.4 也可以说明这一点。但是，这些点应该被排序，这样它们就可以以未知数为中心，并尽可能靠近未知数。还要注意的是，式(17.15)~式(17.17)其实是递归公式，也就是说，高阶均差等于两个低阶均差的差分(见图 17.5)。在 17.2.4 节中，我们将利用这一点来编写一个高效的 M 文件，以实现上述方法。

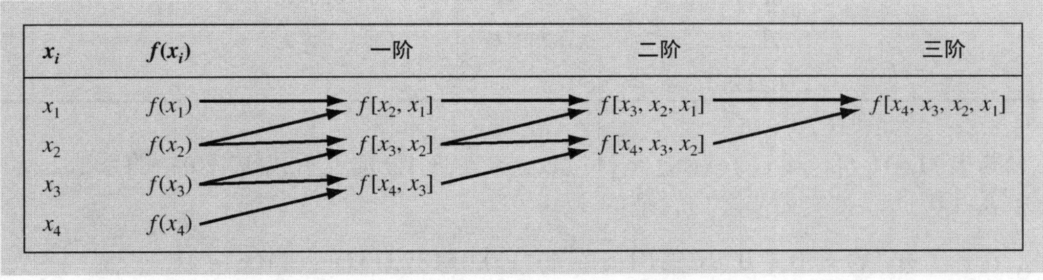

图 17.5　有限均差递归性的示意图，也被称为均差表

例 17.4　牛顿插值多项式

问题描述：例 17.3 利用通过数据点 x_1=1、x_2=4 和 x_3=6 的抛物线估计 ln2。现在加入第四个点[x_4=5; $f(x_4)$=1.609438]，请用三次牛顿插值多项式估计 ln2。

解：取 n=4，由式(17.10)表示的三次多项式为

$$f_3(x) = b_1 + b_2(x - x_1) + b_3(x - x_1)(x - x_2) + b_4(x - x_1)(x - x_2)(x - x_3)$$

本题中的一阶均差为[式(17.15)]：

$$f[x_2, x_1] = \frac{1.386294 - 0}{4 - 1} = 0.4620981$$

$$f[x_3, x_2] = \frac{1.791759 - 1.386294}{6 - 4} = 0.2027326$$

$$f[x_4, x_3] = \frac{1.609438 - 1.791759}{5 - 6} = 0.1823216$$

二阶均差是[式(17.16)]：

$$f[x_3, x_2, x_1] = \frac{0.2027326 - 0.4620981}{6 - 1} = -0.05187311$$

$$f[x_4, x_3, x_2] = \frac{0.1823216 - 0.2027326}{5 - 4} = -0.02041100$$

三阶均差是[在式(17.17)中取 n=4]：

$$f[x_4, x_3, x_2, x_1] = \frac{-0.02041100 - (-0.05187311)}{5 - 1} = 0.007865529$$

于是，均差表如表 17.2 所示。

表 17.2 均差表

x_i	$f(x_i)$	一阶	二阶	三阶
1	0	0.4620981	−0.05187311	0.007865529
4	1.386294	0.2027326	−0.02041100	
6	1.791759	0.1823216		
5	1.609438			

结果 $f(x_1)$、$f[x_2, x_1]$、$f[x_3, x_2, x_1]$和 $f[x_4, x_3, x_2, x_1]$分别表示式(17.10)中的系数 b_1、b_2、b_3 和 b_4。因此，三次插值多项式是：

$$f_3(x) = 0 + 0.4620981(x - 1) - 0.05187311(x - 1)(x - 4) \\ + 0.007865529(x - 1)(x - 4)(x - 6)$$

由它计算得到 $f_3(2)$=0.6287686，这个值的相对误差为 ε_t=9.3%。完整的三次多项式如图 17.6 所示。

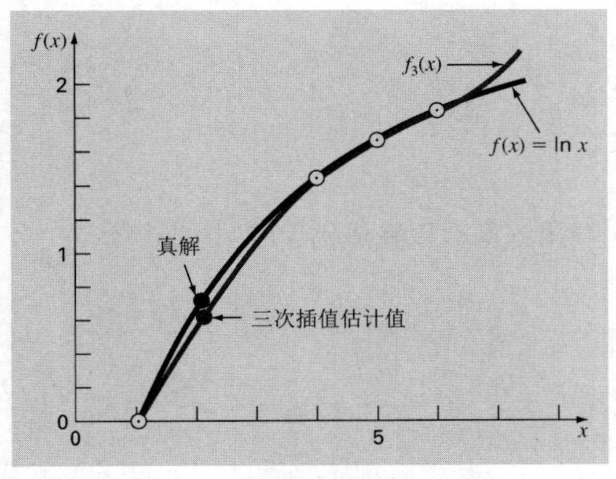

图 17.6 用三次插值估计 ln2

17.2.4 MATLAB M 文件：Newtint

牛顿插值的 M 文件很容易编写。第一步是计算有限均差，并将它们存储在数组中，然后根据均差与式(17.18)的关系计算插值，如下所示：

```
function yint = Newtint(x,y,xx)
% Newtint: Newton interpolating polynomial
% yint = Newtint(x,y,xx): Uses an (n - 1)-order Newton
%   interpolating polynomial based on n data points (x, y)
%   to determine a value of the dependent variable (yint)
%   at a given value of the independent variable, xx.
% input:
%   x = independent variable
%   y = dependent variable
%   xx = value of independent variable at which
%        interpolation is calculated
% output:
%   yint = interpolated value of dependent variable

% compute the finite divided differences in the form of a
% difference table
n = length(x);
if length(y)~=n, error('x and y must be same length'); end
b = zeros(n,n);
% assign dependent variables to the first column of b.
b(:,1) = y(:); % the (:) ensures that y is a column vector.
for j = 2:n
  for i = 1:n-j+1
    b(i,j) = (b(i+1,j-1)-b(i,j-1))/(x(i+j-1)-x(i));
  end
end
% use the finite divided differences to interpolate
xt = 1;
```

```
yint = b(1,1);
for j = 1:n-1
  xt = xt*(xx-x(j));
  yint = yint+b(1,j+1)*xt;
end
```

例如，下面的语句调用该函数以完成例 17.3 中的计算：

```
>> format long
>> x = [1 4 6 5]';
>> y = log(x);
>> Newtint(x,y,2)

ans =
   0.62876857890841
```

17.3　拉格朗日插值多项式

如果将线性插值多项式看成由直线相连的两个点的加权平均，那么它的公式可写为：

$$f(x) = L_1 f(x_1) + L_2 f(x_2) \tag{17.19}$$

其中 L 是加权系数。由此推断，第一个加权系数可以是在 x_1 处等于 1、在 x_2 处等于 0 的直线：

$$L_1 = \frac{x - x_2}{x_1 - x_2}$$

同理，第二个系数是在 x_2 处等于 1、在 x_1 处等于 0 的直线：

$$L_2 = \frac{x - x_1}{x_2 - x_1}$$

把这些系数代入式(17.19)，得到连接两点的直线方程(见图 17.7)：

$$f_1(x) = \frac{x - x_2}{x_1 - x_2} f(x_1) + \frac{x - x_1}{x_2 - x_1} f(x_2) \tag{17.20}$$

其中记号 $f_1(x)$表明这是个一次多项式。式(17.20)被称为线性拉格朗日插值多项式(*linear Lagrange interpolating polynomial*)。

同样的方法也可以应用到通过三点的抛物线插值。此时，首先要确定三条抛物线，它们分别通过一个插值点且在另外两个点处等于 0。然后将它们加起来，得到通过三个点的唯一的一条抛物线。这种二次拉格朗日插值多项式可写为：

$$\begin{aligned} f_2(x) = {} & \frac{(x - x_2)(x - x_3)}{(x_1 - x_2)(x_1 - x_3)} f(x_1) + \frac{(x - x_1)(x - x_3)}{(x_2 - x_1)(x_2 - x_3)} f(x_2) \\ & + \frac{(x - x_1)(x - x_2)}{(x_3 - x_1)(x_3 - x_2)} f(x_3) \end{aligned} \tag{17.21}$$

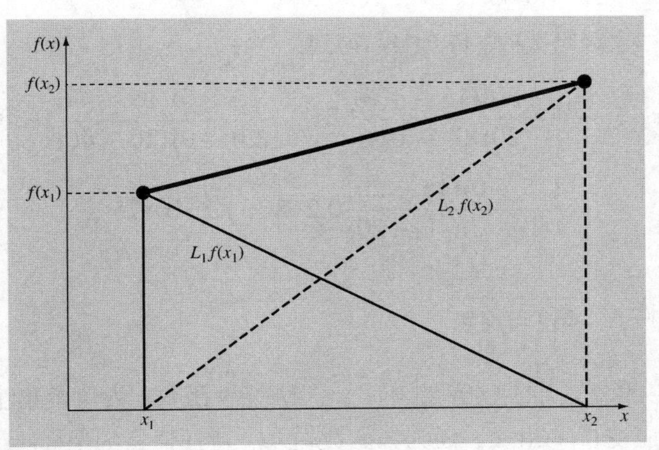

图17.7　拉格朗日插值多项式的基本原理示意图。图中显示了一次的情况。式(17.20)的两项分别通过了一个点，而在其他点处取值为0。因此，这两项之和就是连接两个数据点的唯一直线

注意，第一项在 x_1 处等于 $f(x_1)$，在 x_2 和 x_3 处等于 0。其他两项也具有同样的性质。一次、二次以及更高次的拉格朗日多项式都可以简写为：

$$f_{n-1}(x) = \sum_{i=1}^{n} L_i(x) f(x_i) \tag{17.22}$$

其中：

$$L_i(x) = \prod_{\substack{j=1 \\ j \neq i}}^{n} \frac{x - x_j}{x_i - x_j} \tag{17.23}$$

其中 n=数据点的个数，Π 表示"求积"。

例 17.5　拉格朗日插值多项式

问题描述：给定下列数据，请采用一次和二次拉格朗日插值多项式估计 T=15℃时未使用过的电动机润滑油的密度。

$$x_1 = 0 \qquad f(x_1) = 3.85$$
$$x_2 = 20 \qquad f(x_2) = 0.800$$
$$x_3 = 40 \qquad f(x_3) = 0.212$$

解：利用一次多项式[式(17.20)]估计 x=15 处的取值

$$f_1(x) = \frac{15 - 20}{0 - 20} 3.85 + \frac{15 - 0}{20 - 0} 0.800 = 1.5625$$

同理，构造二次多项式[式(17.21)]，得到：

$$f_2(x)=\frac{(15-20)(15-40)}{(0-20)(0-40)}3.85+\frac{(15-0)(15-40)}{(20-0)(20-40)}0.800$$

$$+\frac{(15-0)(15-20)}{(40-0)(40-20)}0.212=1.3316875$$

MATLAB M 文件：Lagrange

通过式(17.22)和式(17.23)很容易编写一个 M 文件函数，为该函数输入两个向量，分别由自变量(x)和应变量(y)组成。还为该函数输入了待插值点的坐标(xx)。多项式的次数由输入向量 x 的长度决定。如果输入了 n 个值，那么插值多项式的次数就是(n−1)。

```
function yint = Lagrange(x,y,xx)
% Lagrange: Lagrange interpolating polynomial
%   yint = Lagrange(x,y,xx): Uses an (n - 1)-order
%     Lagrange interpolating polynomial based on n data points
%     to determine a value of the dependent variable (yint) at
%     a given value of the independent variable, xx.
% input:
%   x = independent variable
%   y = dependent variable
%   xx = value of independent variable at which the
%       interpolation is calculated
% output:
%   yint = interpolated value of dependent variable
n = length(x);
if length(y) ~ = n, error('x and y must be same length'); end
s = 0;
for i = 1:n
  product = y(i);
  for j = 1:n
    if i ~ = j
      product = product*(xx - x(j))/(x(i) -x(j));
    end
  end
  s = s + product;
end
yint = s;
```

例如，下面几条语句调用这个函数对表 17.1 中的前四个数据进行插值，估计温度为 15℃时一个大气压下的空气密度。因为向函数中输入了四个值，所以执行 Lagrange 函数后将得到一个三次多项式：

```
>> format long
>> T = [-40 0 20 50];
```

```
>> d = [1.52 1.29 1.2 1.09];
>> density = Lagrange (T,d,15)

density =
  1.22112847222222
```

17.4　逆插值

就像术语所暗示的那样，大多数插值问题都分别用 $f(x)$和 x 表示应变量和自变量。因此，x 的值通常是等距的。一个简单的例子是由函数 $f(x)=1/x$ 计算出来的数据表，如表 17.3 所示。

表 17.3　数据表(一)

x	1	2	3	4	5	6	7
$f(x)$	1	0.5	0.3333	0.25	0.2	0.1667	0.1429

假设有人现在要用到这组数据，可是仅知道 $f(x)$的值，因而必须计算出相应的 x 值。举例来说，对于前面的数据，如果要确定 $f(x)=0.3$ 时的 x 值，对于这里的例子，因为函数表达式是已知的，并且很容易计算，所以我们可以直接得出正确答案 $x=1/0.3=0.3333$。

这种问题称为*逆插值*(*inverse interpolation*)。如果问题的复杂度加大，就可能会想到交换 $f(x)$与 x 的位置[只是绘制 x 关于 $f(x)$的图形]，然后用牛顿插值或拉格朗日插值这样的方法进行求解。然而，变量的位置一旦被交换，就很难保证新的横坐标值[$f(x)$]仍然等距。事实上，在很多情况下，这些值都是“套叠的”。也就是说，它们的图形呈对数变化，有些相邻的点连在一起，其他的点发散到很远。例如，对于 $f(x)=1/x$ 满足表 17.4。

表 17.4　数据表(二)

$f(x)$	0.1429	0.1667	0.2	0.25	0.3333	0.5	1
x	7	6	5	4	3	2	1

这种横坐标不等距的情况通常会引起插值多项式的振荡，即使是低次插值也无法避免。一种解决办法是，构造原始数据[$f(x)$与 x]的 n 次插值多项式 $f_n(x)$。因为 x 在大多数情况下都是等距的，所以这个多项式是良态的。然后对问题的求解被转换为，寻找 x 使得这个多项式的取值等于给定的 $f(x)$。这样，插值问题就被简化为求根问题。

例如，对于刚才的问题，一种简单的解法，是构造通过三个点——(2,0.5)、(3,0.3333)和(4,0.25)的二次多项式。结果是：

$$f_2(x) = 0.041667x^2 - 0.375x + 1.08333$$

于是，逆插值问题被转换为求根问题，即找到 x，使得 $f(x)=0.3$：

$$0.3 = 0.041667x^2 - 0.375x + 1.08333$$

这个问题比较简单，可以使用二次求根公式进行计算：

$$x = \frac{0.375 \pm \sqrt{(-0.375)^2 - 4(0.041667)0.78333}}{2(0.041667)} = \begin{matrix} 5.704158 \\ 3.295842 \end{matrix}$$

于是，第二个根 3.296 是真解 3.3333 的很好近似。如果想要提高精度，可采用三次或四次多项式，然后结合第 5 和第 6 章介绍的某种求根方法进行求解。

17.5　外插值和振荡

在这一章的最后，还要介绍两个与多项式插值有关的问题。它们是外插值和振荡。

17.5.1　外插值

外插值(*extrapolation*)是估计 $f(x)$在已知基点 $x_1,x_2,\dots, x_n$ 所在区域之外的取值的方法。如图 17.8 所示，外插值在计算未知量时是不受限制的，因为它可以将曲线扩张到已知区域之外。就这一点而论，估计值是很容易偏离真实曲线的。因此，在进行外插值的过程中必须万分谨慎。

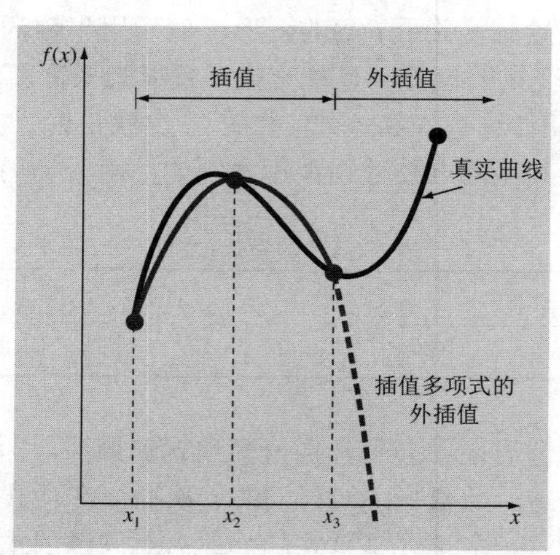

图 17.8　外插估计值可能会发散的例子，外插值用前面三个已知点拟合出一条抛物线

例 17.6　外插值的风险

问题描述：本例改编自 Forsythe、Malcolm 和 Moler[2]早期设计的一个例子。在 1920 年~2000 年之间，美国人口数如表 17.5 所示。

2　Cleve Moler 是 MathWork 公司的创始人之一，同时也是 MATLAB 的创始开发人员之一。

表 17.5 1920 年~2000 年之间美国人口数据表

年份	1920	1930	1940	1950	1960	1970	1980	1990	2000
人口(百万)	106.46	123.08	132.12	152.27	180.67	205.05	227.23	249.46	281.42

采用七次多项式拟合前面的 8 个数据点(1920 年~1990 年)。通过外插值，用这个多项式来计算 2000 年的人口数，并将结果与真实数据进行比较。

解：首先输入数据，即

```
>> t = [1920:10:1990];
>> pop = [106.46 123.08 132.12 152.27 180.67 205.05 227.23 249.46];
```

用 polyfit 函数计算系数：

```
>> p = polyfit(t,pop,7)
```

然而，在执行这条语句时，屏幕上会给出下面的提示信息：

```
Warning: Polynomial is badly conditioned. Remove repeated data points or
         try centering and scaling as described in HELP POLYFIT.
```

我们可以根据 MATLAB 的提示对数据进行缩放和集中，即：

```
>> ts = (t - 1955)/35;
```

现在运行 polyfit 函数就不会报错了：

```
>> p = polyfit(ts,pop,7);
```

然后我们将多项式系数输入 polyval 函数中，用它来估计 2000 年的人口数，即：

```
>> polyval(p,(2000-1955)/35)

ans =
  175.0800
```

这个值比真实值 281.42 小了很多。为了进一步考查这个问题，可绘制出数据和多项式的图形：

```
>> tt = linspace(1920,2000);
>> pp = polyval(p,(tt-1955)/35);
>> plot(t,pop,'o',tt,pp)
```

由图 17.9 中的结果可以看出，多项式对 1920 年~1990 年之间的数据都拟合得非常好。可是，当插值超出数据的范围，进入外插值区域之后，七次多项式就产生了问题，从而错误地估计了 2000 年的人口数。

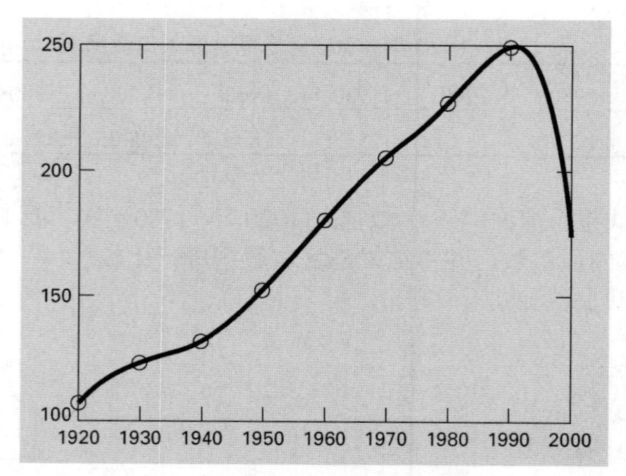

图 17.9 根据 1920 年~1990 年之间的数据，用七次多项式估计美国 2000 年的人口数

17.5.2 振荡

虽然在很多情况下都是“越多越好”，但多项式插值绝对不是这样。随着次数的增加，插值多项式将会越来越病态化，也就是说，它们会对舍入误差越来越敏感。例 17.7 充分地说明了这一点。

例 17.7 高次多项式插值的风险

问题描述：1901 年，Carl Runge 发表了他关于高次多项式插值风险的研究结果。他给出了一个看似简单的函数：

$$f(x)=\frac{1}{1+25x^2} \tag{17.24}$$

这个函数现在被称为*龙格函数*(*Runge's function*)。Runge 在区间[−1，1]上取等间距的结点，然后用次数递增的多项式对该函数进行插值。他发现，随着次数的增加，插值多项式与原始曲线的误差越来越大。而且次数越大，误差增加得越快。试重复 Runge 的数值实验，分别取 5 个和 11 个等间距的结点，根据式(17.24)生成相应的函数值，然后用 polyfit 和 polyval 函数进行四次和十次多项式拟合。绘制插值多项式、采样点和整个龙格函数的图形。

解：生成 5 个等间距的结点，即

```
>> x = linspace (-1,1,5);
>> y = 1./(1 + 25*x.^2);
```

接下来，构造一个间距比较小的采样点向量 *xx*，用于绘制结果的光滑图形：

```
>> xx = linspace(-1,1);
```

回顾前文可知，如果数据点的个数没有指定的话，linspace 函数将自动生成 100 个数据点。用 polyfit 函数生成四次多项式，再用 polyval 函数计算插值多项式在间距更小的采样点 *xx* 上的取值：

```
>> p = polyfit(x,y,4);
>> y4 = polyval(p,xx);
```

最后，我们计算龙格函数本身在 xx 上的取值，并绘制它与拟合多项式，以及采样数据的图形：

```
>> yr = 1./(1 + 25*xx.^2);
>> plot(x,y,'o',xx,y4,xx,yr,'--')
```

如图 17.10 所示，用多项式近似龙格函数的效果并不好。

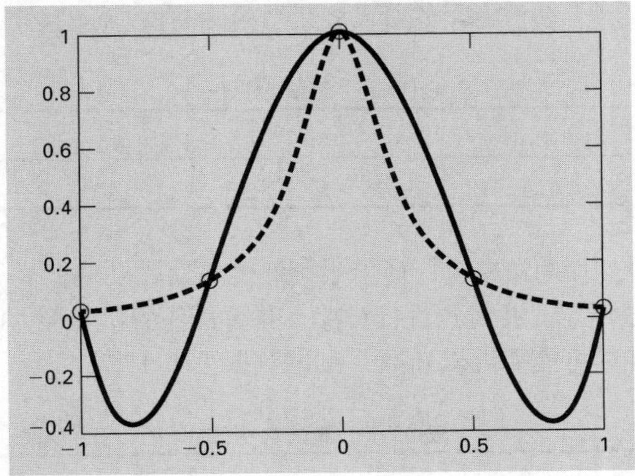

图 17.10　龙格函数(虚线)与根据该函数的 5 个采样点构造的四次多项式进行比较

继续进行分析，生成十次多项式并绘图：

```
>> x = linspace(-1,1,11);
>> y = 1./(1 + 25*x.^2);
>> p = polyfit (x,y,10);
>> y10 = polyval (p,xx);
>> plot(x,y,'o',xx,y10,xx,yr,'--')
```

如图 17.11 所示，拟合的效果变得更差，尤其是在区间的端点处。

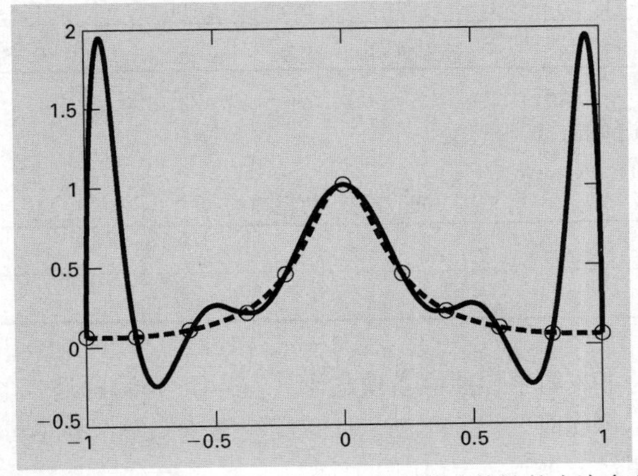

图 17.11　龙格函数(虚线)与根据该函数的 11 个采样点构造的十次多项式进行比较

虽然高次多项式在某些情况下是必不可少的，但我们一般会尽量避免使用它们。对于工程和科学计算的大多数问题来说，本章介绍的几类低阶多项式已经可以有效地捕捉曲线的变化趋势，而且不会产生振荡。

17.6　习题

17.1　表 17.6 中是高精度测量的数据。使用最佳数值方法(对于这种类型的问题而言)来确定 $x = 3.5$ 时 y 的值。请注意，多项式将获得精确的值。你的解应证明结果是精确的。

表 17.6　测试数据(一)

x	0	1.8	5	6	8.2	9.2	12
y	26	16.415	5.375	3.5	2.015	2.54	8

17.2　为了获得最佳的精确度，使用牛顿插值多项式来确定 $x = 3.5$ 时 y 的值。计算有限分差，如图 17.5 所示。并对点进行排序，获得最佳的精确性并收敛。即，这些点应该围绕着未知数，并尽可能靠近未知数。测试数据见表 17.7。

表 17.7　测试数据(二)

x	0	1	2.5	3	4.5	5	6
y	2	5.4375	7.3516	7.5625	8.4453	9.1875	12

17.3　为了获得最佳的精确度，使用牛顿插值多项式来确定 $x = 8$ 时 y 的值。计算有限分差，如图 17.5 所示。并对点进行排序，获得最佳的精确性并收敛。即，这些点应该围绕着未知数，并尽可能靠近未知数。测试数据见表 17.8。

表 17.8　测试数据(三)

x	0	1	2	5.5	11	13	16	18
y	0.5	3.134	5.3	9.9	10.2	9.35	7.2	6.2

17.4　给定数据如表 17.9 所示。

表 17.9　数据表(三)

x	1	2	2.5	3	4	5
$f(x)$	0	5	7	6.5	2	0

(a) 利用次数为 1~3 的牛顿插值多项式计算 $f(3.4)$。请选择适当的插值点，使得估计值的精度尽可能高。即，这些点应该围绕着未知数，并尽可能靠近未知数。

(b) 利用拉格朗日多项式重复(a)中的计算。

17.5　给定数据如表 17.10 所示。

表 17.10　数据表(四)

x	1	2	3	5	6
$f(x)$	4.75	4	5.25	19.75	36

利用次数为 1~4 的牛顿插值多项式计算 $f(4)$。请选择适当的插值基点，使得估计值的精度尽可能高。即，这些点应该围绕着未知数，并尽可能靠近未知数。根据结果，你能大致估计出生成表中数据的多项式的次数吗？

17.6　利用次数为 1~3 的拉格朗日多项式重复习题 17.5 中的计算。

17.7　表 15.5 中的数据反映了水中溶氧浓度与温度和氯化物浓度的函数关系。

(a) 利用二次和三次插值估计 T=12℃和 c=10g/L 条件下的溶氧浓度。

(b) 利用线性插值估计 T=12℃和 c=15g/L 条件下的溶氧浓度。

(c) 利用二次插值重复(b)中的计算。

17.8　对表 17.11 中的数据进行逆插值，采用三次插值多项式和二分法求解 $f(x)$=1.6 时的 x 值。

表 17.11　数据表(五)

x	1	2	3	4	5	6	7
$f(x)$	3.6	1.8	1.2	0.9	0.72	1.5	0.51429

17.9　给定表 17.12 中的数据，应用逆插值确定 $f(x)$=0.93 时的 x 值。

表 17.12　数据表(六)

x	0	1	2	3	4	5
$f(x)$	0	0.5	0.8	0.9	0.941176	0.961538

注意，表 17.12 中的数据由函数 $f(x)=x^2/(1+x^2)$生成。

(a) 用解析的方法计算精确解。

(b) 用二次插值和二次求根公式计算数值解。

(c) 用三次插值和二分法计算数值解。

17.10　在 200MPa 条件下，水受热后的蒸汽表的部分数据如表 17.13 所示，(a)用线性插值计算体积 v 取 0.118 时的熵值 s，(b)用二次插值确定(a)中的熵值 s，(c)用逆插值计算熵为 6.45 时的体积。

表 17.13　蒸汽表(一)

v(m^3/kg)	0.10377	0.11144	0.12547
S[kJ/(kg K)]	6.4147	6.5453	6.7664

17.11 表 17.14 中的数据来自于一张测量精度很高的表格，是关于氮气的密度与温度的变化关系的。请用一次和五次多项式估计温度为 330K 时的密度值。判断哪一个估计值的效果更好。用这个最佳估计值和逆插值来计算相应的温度值。

表 17.14 氮气密度与温度变化关系表

T(K)	200	250	300	350	400	450
密度(kg/m^3)	1.708	1.367	1.139	0.967	0.854	0.759

17.12 欧姆定律指出，理想电阻的电压降 V 与流过它的电流 i 成正比，即 $V=iR$，其中 R 是电阻。然而，实际的电阻有时并不服从欧姆定律。假如给定了某电阻的部分电压降和相应的电流值，它们都是非常精确的。表 17.15 中的结果指出它们之间是曲线关系，而不是欧姆定律表示的直线关系。

表 17.15 电流 i 与电压降 V 的实际关系

i	−2	−1	−0.5	0.5	1	2
V	−637	−96.5	−20.5	20.5	96.5	637

为了将这个关系量化，必须对数据进行曲线拟合。考虑到测量存在误差，实验数据的曲线拟合一般最好采用回归方法。然而，由于此处的关系是光滑的，而且实验方法也很精确，因此用插值法更加合适。用五次插值多项式对数据进行拟合，并计算 i=0.10 时的 V 值。

17.13 贝塞尔函数经常出现在高等工程分析的过程中，例如研究电场时。表 17.16 中是第一类零阶贝塞尔函数的部分数据。

表 17.16 实验数据(一)

x	1.8	2.0	2.2	2.4	2.6
$J_1(x)$	0.5815	0.5767	0.5560	0.5202	0.4708

用三次和四次插值多项式估计 $J_1(2.1)$；用 MATLAB 的内置函数 *besselj* 计算真解，从而计算每个估计值的相对误差百分比。

17.14 考虑例 17.6 中的问题，分别用一次、二次、三次和四次插值多项式估计 2000 年的美国人口数，其中插值数据选择最近的数据。也就是说，用 1980 年和 1990 年的数据进行线性插值，用 1970 年、1980 年和 1990 年的数据进行二次插值，以此类推。请问哪种方法的结果最好？

17.15 以下蒸汽表(见表 17.17)记录了在不同温度下，过热蒸汽的比容随温度的变化。

表 17.17　过热蒸汽的比容随温度的变化

T(℃)	370	382	394	406	418
v(L/kg)	5.9313	7.5838	8.8428	9.796	10.5311

试确定 T=400°C 时的 v 值。

17.16　在强度为 q 的均匀负荷的作用之下，矩形区域拐角处所受的垂直压力 σ_x 是布西内斯克方程的解：

$$\sigma = \frac{q}{4\pi}\left[\frac{2mn\sqrt{m^2+n^2+1}}{m^2+n^2+1+m^2n^2}\frac{m^2+n^2+2}{m^2+n^2+1} + \sin^{-1}\left(\frac{2mn\sqrt{m^2+n^2+1}}{m^2+n^2+1+m^2n^2}\right)\right]$$

由于这个方程不方便通过演算求解，因此被重写为：

$$\sigma_z = q f_z(m, n)$$

其中 $f_z(m, n)$称为影响值，m 和 n 是无量纲的比值，而且 $m=a/z$ 且 $n=b/z$，a 和 b 由图 17.12 定义。表 17.18 列出了部分影响值。假设 a=4.6 且 b=14，总的负荷为 100t(公吨)，请用三次插值多项式计算矩形基脚下 10m 处的 σ_x 值。注意，q 等于单位面积上的负荷。

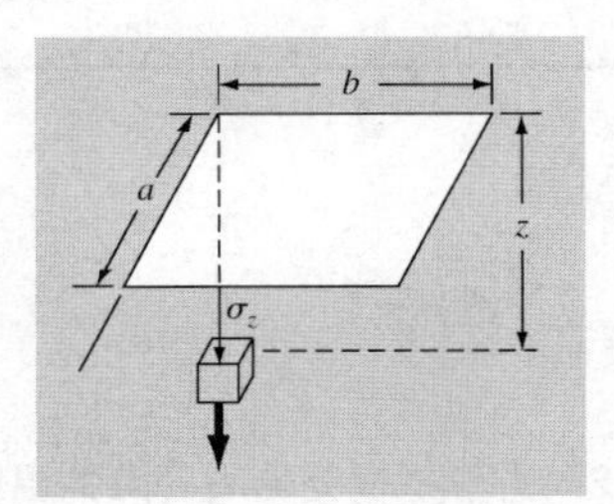

图 17.12　矩形区域拐角处的受力分析

表 17.18　数据表(七)

m	n=1.2	n=1.4	n=1.6
0.1	0.02926	0.03007	0.03058
0.2	0.05733	0.05894	0.05994
0.3	0.08323	0.08561	0.08709
0.4	0.10631	0.10941	0.11135
0.5	0.12626	0.13003	0.13241
0.6	0.14309	0.14749	0.15027
0.7	0.15703	0.16199	0.16515
0.8	0.16843	0.17389	0.17739

17.17　当流过电阻的电流 i 不同时，测得电阻两端的电压降 V 如表 17.19 所示。

表 17.19　实验数据(二)

i	0.5	1.5	2.5	3.0	4.0
V	−0.45	−0.6	0.70	1.88	6.0

请用一到四次多项式插值估计 i=2.3 时的电压降，并解释结果。

17.18　导线中的电流与时间的函数关系测量如表 17.20 所示，已知测量值的精度很高。

表 17.20　电流与时间的函数关系

t	0	0.250	0.500	0.750	1.000
i	0	6.24	7.75	4.85	0.0000

请计算 t=0.23 时的 i 值。

17.19　给定海拔 y 米处的重力加速度，如表 17.21 所示。

表 17.21　重力加速度与海拔的对应关系

Y(m)	0	30 000	60 000	90 000	120 000
g(m/s^2)	9.8100	9.7487	9.6879	9.6278	9.5682

试计算 y=55000m 处的 g 值。

17.20　测得受热平板上各处的温度如表 17.22 所示。试计算(a) x=4 且 y=3.2 处的温度，以及(b) x=4.3 且 y=2.7 处的温度。

表 17.22　方形平板受热后各点的温度值(℃)

	x=0	x=2	x=4	x=6	x=8
y=0	100.00	90.00	80.00	70.00	60.00
y=2	85.00	64.49	53.50	48.15	50.00
y=4	70.00	48.90	38.43	35.03	40.00
y=6	55.00	38.78	30.39	27.07	30.00
y=8	40.00	35.00	30.00	25.00	20.00

17.21　200MPa 的 H_2O 受热，给定其蒸汽表的一部分，如表 17.23 所示，完成下面的计算：(a)用线性插值计算比容为 0.108m^3/kg 时的熵 s，(b)用二次插值计算同一个熵值，(c)用逆插值计算熵为 6.6 时的体积。

表 17.23　蒸汽表(三)

v(m^3/kg)	0.10377	0.11144	0.12540
s(kJ/kg・k)	6.4147	6.5453	6.7664

17.22　创建一个 M 文件函数，使用 polyfit 和 polyval 函数进行多项式插值。可使用以下脚本来测试函数：

```
clear,clc,clf,format compact
x = [1 2 4 8];
fx = @(x) 10*exp(-0.2*x);
y = fx(x);
yint = polyint(x,y,3)
ytrue = fx(3)
et = abs((ytrue - yint)/ytrue)*100.
```

17.23　以下表 17.24 中是精确测量的数据。 使用牛顿插值多项式来确定 $x = 3.5$ 时 y 的值。正确排序所有点，然后建立均差表来计算导数。请注意，多项式将获得精确值。你的解应证明结果是精确的。

表 17.24　精确测量的数据(一)

x	0	1	2.5	3	4.5	5	6
y	26	15.5	5.375	3.5	2.375	3.5	8

17.24　以下表 17.25 中是精确测量的数据。

表 17.25　精确测量的数据(二)

t	2	2.1	2.2	2.7	3	3.4
z	6	7.752	10.256	36.576	66	125.168

(a) 使用牛顿插值多项式，确定在 $t = 2.5$ 时 z 的值。确保对点进行排序，获得最准确的结果。关于用来生成数据的多项式的阶数，这个结果告诉了你哪些信息？

(b) 使用三阶拉格朗日插值多项式，确定 $t = 2.5$ 时 z 的值。

17.25　表 17.26 中关于水密度随温度变化的数据是通过精确测量得到的。使用逆插值，确定对应于密度 0.999245g/cm^3 的温度。根据三阶插值多项式得到估计值(即使手动执行过此问题，也可以自由地使用 MATLAB 的 polyfit 函数来确定多项式)。使用牛顿-拉弗森方法，手工确定根，初始猜测值 $T = 14°$ C。注意舍入误差。

表 17.26　水密度随温度变化的数据

T(℃)	0	4	8	12	16
密度(g/cm^3)	0.99987	1	0.99988	0.99953	0.99897

第 18 章 样条和分段插值

本章目标

本章的主要目标是向读者介绍样条，具体内容和主题包括：

- 知道样条采用分段的低次多项式对数据进行拟合，从而将振荡降低到最小。
- 会编写查表操作的代码。
- 理解为什么三次多项式要比二次或更高次样条优越。
- 了解三次样条拟合的基本条件。
- 知道自然边界条件、固定边界条件和非结点边界条件之间的区别。
- 知道怎样用 MATLAB 内置函数来实现数据的样条拟合。
- 会在 MATLAB 中完成多维插值。

18.1 样条导论

第 17 章用$(n-1)$次多项式对 n 个数据点进行插值。例如，给定 8 个点，可以推导出一个适当的七次多项式。该多项式的曲线能够捕捉数据点的所有变化(至少是小于或等于七阶导数的变化)。然而，由于舍入误差和振荡的影响，这些插值函数有时候也会产生错误的结果。另一种插值方法是采用分段低次多项式对数据点的子集进行插值。这样的多项式称为*样条函数*(*spline function*)。

例如，如果用三次曲线连接每对数据点，那么称为*三次样条*(*cubic splines*)。可以构造这样的函数，使得相邻两条三次曲线的交界处看起来是光滑的。表面上看，三次样条的逼近效果应该比七次多项式差。读者可能会奇怪，为什么我们要推荐样条呢？

图 18.1 给出了样条比高次多项式效果更好的一个例子。这时候的函数总体光滑，只是在感兴趣区域内的某个地方发生了剧变。为了说明这一点，图 18.1 给出的阶跃式增长正是这类剧变的一个极端的例子。

图 18.1(a)~(c)说明，高次多项式在剧变区域附近会产生强烈振荡。相反，尽管样条

也通过了这些结点，但是由于只允许低阶的变化，所以能将振荡控制在最小。正因如此，样条通常能更好地逼近局部存在剧变的函数。

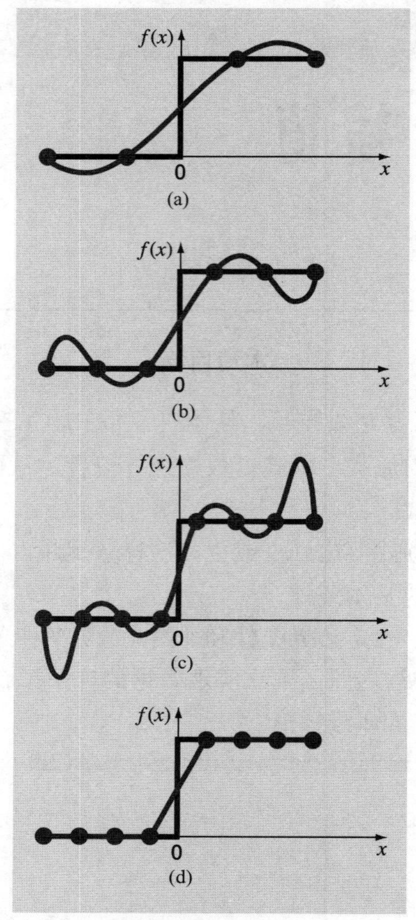

图18.1 样条优于高次插值多项式的案例示意图。被拟合的函数在 $x = 0$处突然增大。子图(a)到(c)显示，剧变给插值多项式带来了振荡。相反，线性样条(d)只允许用直线进行连接，其逼近效果更加符合要求

样条的概念源自制图技术，即让富有弹性的细长木条(称为样条)通过一组结点，从而得出光滑的曲线。图 18.2 给出了对 5 颗大头针(数据点)进行放样的过程。在这种技术中，制图者将图纸放在木板上，然后根据给定的数据点，在图纸(和木板)上钉入钉子或大头针。用长条将大头针连接起来之后，长条的曲线就是光滑的三次曲线。因此，这种类型的多项式被命名为“三次样条”。

本章首先通过简单线性函数介绍样条插值的一些基本概念和性质。然后，我们推导出对数据进行二次样条拟合的算法。接下来是工程和科学计算中最常见和最有用的样条函数——三次样条。最后，我们叙述 MATLAB 的分段插值功能，包括用它来构造样条。

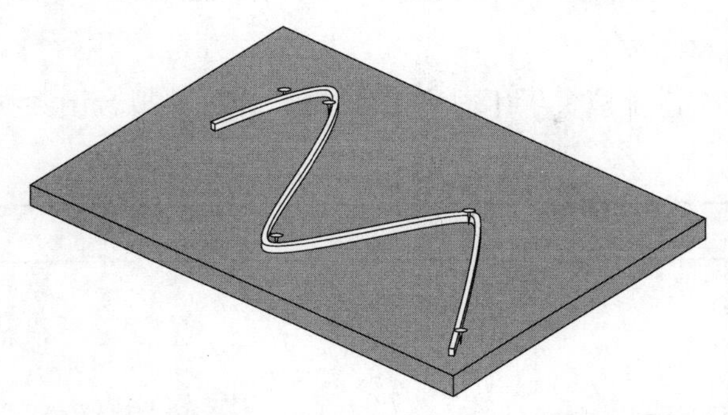

图 18.2 采用样条绘制通过一组大头针的光滑曲线的制图技术。注意，样条在端点处是直接延伸出去的。这种样条称为“自然”样条

18.2 线性样条

样条的符号如图 18.3 所示。给定 n 个数据点($i = 1, 2, ..., n$)，将区间分成 n−1 份。每个小区间 i 都对应一个样条函数 $s_i(x)$。对于线性样条来说，每个函数都只是连接区间两个端点的直线，其公式为：

$$s_i(x) = a_i + b_i(x - x_i) \tag{18.1}$$

其中 a_i 是截距，其定义为：

$$a_i = f_i \tag{18.2}$$

b_i 是连接端点的直线的斜率：

$$b_i = \frac{f_{i+1} - f_i}{x_{i+1} - x_i} \tag{18.3}$$

其中 f_i 是 $f(x_i)$的简写。将式(18.1)和式(18.2)代入式(18.3)，得到：

$$s_i(x) = f_i + \frac{f_{i+1} - f_i}{x_{i+1} - x_i}(x - x_i) \tag{18.4}$$

这些公式可用于计算函数在 x_1 和 x_n 之间任意点处的取值，即先确定数据点所属的区间，然后用这个区间所对应的样条函数进行计算。观察式(18.4)发现，线性样条相当于在每个区间用牛顿一次多项式[式(17.5)]进行插值。

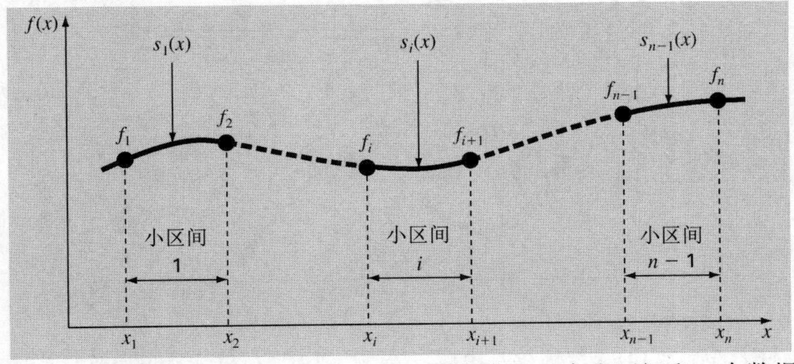

图 18.3 用于推导样条的符号。注意，图中有 n−1 个小区间和 n 个数据点

例 18.1　一次样条

问题描述：用一次样条拟合表 18.1 中的数据，并计算拟合函数在 $x = 5$ 处的取值。

表 18.1　用样条函数拟合的数据

i	x_i	f_i
1	3.0	2.5
2	4.5	1.0
3	7.0	2.5
4	9.0	0.5

解：将数据代入式(18.4)，生成线性样条函数。例如，对于第二个区间(x 取 4.5~7)，该函数的表达式是：

$$s_2(x) = 1.0 + \frac{2.5 - 1.0}{7.0 - 4.5}(x - 4.5)$$

还可以生成其他区间的函数，所得一次样条的图形如图 18.4(a)所示，它在 $x = 5$ 处的取值为 1.3。

$$s_2(x) = 1.0 + \frac{2.5 - 1.0}{7.0 - 4.5}(5 - 4.5) = 1.3$$

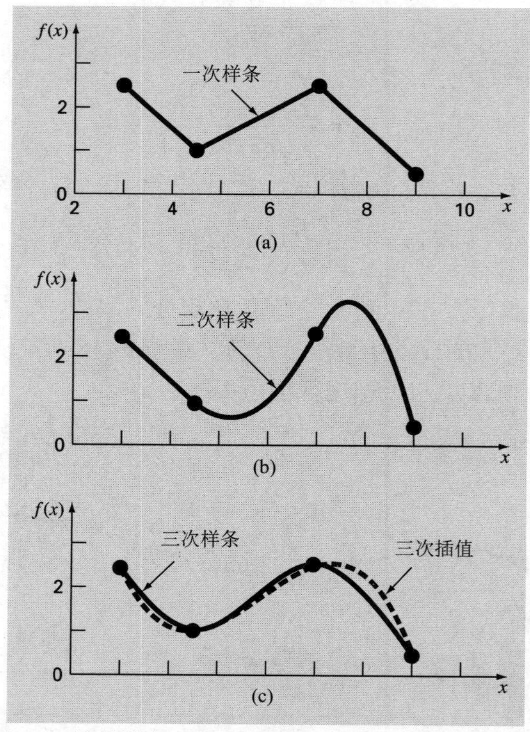

图 18.4　四个点的样条拟合：(a)线性样条，(b)二次样条，(c)三次样条，同时还绘制了三次插值多项式

由图 18.4(a)可以看出，一次样条最主要的缺点是不光滑。事实上，在两个样条的交点处——称为结点(*knot*)，它的斜率发生了剧烈的变化。正确地说，函数的一阶导数在这些点处是不连续的。我们后面会讲到，高次多项式样条可以克服这个缺点，它要求导数在这些点处相等，从而保证对结点的光滑过渡。在此之前，我们先在下一节介绍线性样条的一种应用。

查表

查表是工程和科学计算中的常见操作。当需要对同一张自变量和应变量表多次插值时，它是很有用的。例如，假设要对表 17.1 进行线性插值，计算某特定温度下的空气密度，那么一种方法是，向 M 文件输入待插值的温度和与之相邻的两个数据点。但更常用的一种方法是输入包含所有数据点的向量，然后由 M 文件自行选择。这个过程称为查表(*table lookup*)。

于是，M 文件会执行两项操作。首先，它会从自变量向量中找到包含未知量的区间。然后它采用本章或第 17 章介绍的一种方法进行线性插值。

对于有序数据，有两种简单的方法可以找到区间。第一种称为*顺序搜索*(*sequential search*)。顾名思义，该方法是对指定值与向量中的元素依次进行比较，直到找到区间为止。如果数据是按升序排列的，那么就比较未知量是否小于向量的元素。如果成立的话，那么未知量就落在当前元素与上一个被检测的元素之间。如果不成立的话，那么就移到下一个元素，继续进行比较。下面是完成这项操作的一个简单的 M 文件：

```
function yi = TableLook(x, y, xx)
n = length(x);
if xx < x(1) | xx > x(n)
  error('Interpolation outside range')
end
% sequential search
i = 1;
while(1)
  if xx < = x(i + 1), break, end
  i = i + 1;
end
% linear interpolation
yi = y(i) + (y(i+1)-y(i))/(x(i+1)-x(i))*(xx-x(i));
```

表中的自变量值按照升序保存在数组 x 中，相应的应变量值保存在数组 y 中。在开始搜索之前，有一段捕获错误的代码，以确保给定值 xx 落在 x 的范围内。while...break 循环将给定插值点 xx 与区间端点进行比较，判断它是否小于区间的右端点 $x(i+1)$。如果 xx 属于第二个区间或者更后面的区间，那么第一轮循环中的测试结果就不为真。此时，计数器 i 会增加 1，然后进入下一轮循环，将 xx 与第二个区间的右端点进行比较。重复这个过程，直到 xx 小于或等于区间的右端点时才跳出循环。正如上面的 M 文件所示，在这个区间中进行插值，过程非常简单。

当数据量很大时，顺序搜索的效率会比较低下，因为它必须把前面所有的点都搜索一遍之后才能找到给定值。此时，更简单的方法是*二分搜索*(*binary search*)。下面是执行二分搜索以及线性插值的一个 M 文件：

```
function yi = TableLookBin(x, y, xx)

n = length(x);
if xx < x(1) | xx > x(n)
  error('Interpolation outside range')
end
% binary search
iL = 1; iU = n;
while (1)
  if iU - iL < = 1, break, end
  iM = fix((iL + iU)/2);
  if x(iM) < xx
    iL = iM;
  else
    iU = iM;
  end
end
% linear interpolation
yi = y(iL) + (y(iL+1) - y(iL))/(x(iL+1) - x(iL))*(xx - x(iL));
```

这个方法类似于方程求根的二分法。和二分法一样，中点指标 iM 等于第一个或“下”指标 $iL=1$ 与最后一个或“上”指标 $iU=n$ 的平均。然后将未知量 xx 与 x 在中点的取值 $x(iM)$进行比较，判断它在数组的下半区间还是上半区间。根据它所属的区间，将下指标或上指标重新定义为中点指标。重复这个过程，直到上指标与下指标之差小于或等于 0 为止。此时，下指标就是包含 xx 的区间的下界，循环终止，执行线性插值。

下面的 MATLAB 会话举例说明了二分搜索的用法，其中的数据来自于表 17.1，要求计算 350℃条件下的空气密度。顺序搜索的应用与此类似。

```
>> T = [-40 0 20 50 100 150 200 250 300 400 500];
>> density = [1.52 1.29 1.2 1.09 .946 .935 .746 .675 .616... .525 .457];
>> TableLookBin(T,density,350)

ans =
    0.5705
```

这个结果可以通过演算来检验：

$$f(350) = 0.616 + \frac{0.525 - 0.616}{400 - 300}(350 - 300) = 0.5705$$

18.3 二次样条

为保证 n 阶导数在结点处连续，必须使用次数大于或等于 $n+1$ 次的样条。三次多项式或三次样条可以保证一阶和二阶导数连续，是现实中最常使用的函数。虽然对于三次样条来说，三次或更高次导数并不连续，但在视觉上一般观察不到，所以可以忽略。

因为在三次样条的推导过程中会用到样条插值的概念，所以我们先以二次多项式为例进行阐述。这些“二次样条”在结点处具有连续的一阶导数。尽管二次样条在实际应用中并不重要，但是它们可以用来恰到好处地演示高次样条的一般性构造方法。

二次样条的目标，是在每对相邻的数据点之间构造二次多项式。该多项式在每个区间上的一般形式为：

$$s_i(x) = a_i + b_i(x - x_i) + c_i(x - x_i)^2 \tag{18.5}$$

式中的符号如前面的图 18.3 所示。给定 n 个数据点($i = 1,2,...,n$)，共有 $n-1$ 个小区间，相应地，需要确定 $3(n-1)$个未知常数(即 a、b 和 c)。为了确定这些未知量，需要 $3(n-1)$个方程或条件。它们的推导过程如下。

(1) 函数必须经过所有的结点，此为**连续性条件**(*continuity condition*)。它在数学上可表示为：

$$f_i = a_i + b_i(x_i - x_i) + c_i(x_i - x_i)^2$$

化简后得到：

$$a_i = f_i \tag{18.6}$$

因此，每个二次多项式的常数项必须等于区间左端点处的应变量值。把这个结果代入式(18.5)：

$$s_i(x) = f_i + b_i(x - x_i) + c_i(x - x_i)^2$$

注意，因为我们已经确定了一个系数的值，所以需要的条件数现在减少到 $2(n-1)$个。

(2) 相邻多项式在结点处的函数值必须相等。在结点 i+1 处写出这个条件，即：

$$f_i + b_i(x_{i+1} - x_i) + c_i(x_{i+1} - x_i)^2 = f_{i+1} + b_{i+1}(x_{i+1} - x_{i+1}) + c_{i+1}(x_{i+1} - x_{i+1})^2 \tag{18.7}$$

这个方程可以通过数学方法化简，定义第 i 个区间的长度为：

$$h_i = x_{i+1} - x_i$$

于是，式(18.7)化简为：

$$f_i + b_i h_i + c_i h_i^2 = f_{i+1} \tag{18.8}$$

这个方程在结点 $i = 1,...,n-1$ 处均成立，共有 $n-1$ 个条件。也就是说，还剩下 $2(n-1) - (n-1) = n-1$ 个条件。

(3) 内部结点两边的一阶导数必须相等。这是一个重要的条件，因为它意味着相邻样条是光滑连接的，而不是我们在线性样条中看到的那种锯齿状。对式(18.5)求微分，得到：

$$s_i'(x) = b_i + 2c_i(x - x_i)$$

内部结点 i+1 两边的导数相等，于是可以写成：

$$b_i + 2c_i h_i = b_{i+1} \tag{18.9}$$

所有内部结点处都可以列出这个方程，总共是 n−2 个条件。这说明还剩下 n−1− (n−2) = 1 个条件。除非我们还知道函数及其导数的一些其他信息，否则就必须随机地选择一个，才能够顺利地计算出常数。尽管供选择的条件很多，但是我们一般选择下面的条件。

(4) 假设第一个点处的二阶导数等于 0。因为式(18.5)的二阶导数是 $2c_i$，所以这个条件的数学表示为：

$$c_1 = 0$$

从图形上看，这个条件表示用直线连接最前面的两个点。

例 18.2 二次样条

问题描述：用二次样条拟合例 18.1(表 18.1)中的数据，并根据结果计算 x = 5 处的函数值。

解：在当前的问题中，我们有 4 个数据点和 n = 3 个区间。因此，在应用了连续性条件和二阶导数为 0 的条件之后，还需要 2(4−1)−1 = 5 个条件。对 i = 1 到 3 写出式(18.8)(其中 c_1 = 0)，得到：

$$f_1 + b_1 h_1 = f_2$$
$$f_2 + b_2 h_2 + c_2 h_2^2 = f_3$$
$$f_3 + b_3 h_3 + c_3 h_3^2 = f_4$$

根据导数的连续性，即式(18.9)，又可以增加 3−1 = 2 个条件(这一次仍然取 c_1 = 0)：

$$b_1 = b_2$$
$$b_2 + 2c_2 h_2 = b_3$$

需要的函数值和区间宽度值是：

$$\begin{aligned} f_1 &= 2.5 & h_1 &= 4.5 - 3.0 = 1.5 \\ f_2 &= 1.0 & h_2 &= 7.0 - 4.5 = 2.5 \\ f_3 &= 2.5 & h_3 &= 9.0 - 7.0 = 2.0 \\ f_4 &= 0.5 \end{aligned}$$

把这些值代入上述条件，然后表示成矩阵形式：

$$\begin{bmatrix} 1.5 & 0 & 0 & 0 & 0 \\ 0 & 2.5 & 6.25 & 0 & 0 \\ 0 & 0 & 0 & 2 & 4 \\ 1 & -1 & 0 & 0 & 0 \\ 0 & 1 & 5 & -1 & 0 \end{bmatrix} \begin{Bmatrix} b_1 \\ b_2 \\ c_2 \\ b_3 \\ c_3 \end{Bmatrix} = \begin{Bmatrix} -1.5 \\ 1.5 \\ -2 \\ 0 \\ 0 \end{Bmatrix}$$

用 MATLAB 求解上述方程，结果为：

$$\begin{aligned} b_1 &= -1 & & \\ b_2 &= -1 & c_2 &= 0.64 \\ b_3 &= 2.2 & c_3 &= -1.6 \end{aligned}$$

将这些结果和 a 的取值[式(18.6)]一起代入原二次方程，从而在每个区间内得到下面的二次样条：

$$\begin{aligned} s_1(x) &= 2.5 - (x-3) \\ s_2(x) &= 1.0 - (x-4.5) + 0.64(x-4.5)^2 \\ s_3(x) &= 2.5 + 2.2(x-7.0) - 1.6(x-7.0)^2 \end{aligned}$$

因为 $x = 5$ 位于第二个区间，所以我们用 s_2 来进行估计：

$$s_2(5) = 1.0 - (5-4.5) + 0.64(5-4.5)^2 = 0.66$$

整个二次样条拟合如前面的图 18.4(b)所示。注意，图中有两个缺点损害了拟合的效果：①最前面两个点是由直线连接的，②最后一个区间中的样条摆动过大。下一节将要介绍的三次样条不存在这些缺点，因此，用它来进行样条插值的效果更好一些。

18.4　三次样条

上一节的开头曾经讲过，三次样条是实际中最常用的样条。我们已经讨论了线性和二次样条的缺点。因为四次或更高次样条表现出高次多项式本身固有的不稳定性，所以我们一般不使用。而三次样条凭借其能给出满足光滑性要求的最简单表示，成为最受欢迎的样条。

三次样条的目标，是在每对相邻的结点之间构造三次多项式，该多项式在每个区间内的一般形式为：

$$s_i(x) = a_i + b_i(x-x_i) + c_i(x-x_i)^2 + d_i(x-x_i)^3 \tag{18.10}$$

因此，给定 n 个数据点($i = 1,2,\ldots,n$)，共有 $n-1$ 个区间，需要确定 $4(n-1)$个未知系数。因此，总共需要 $4(n-1)$个条件。

前面的条件和二次多项式中使用的一样。即要求函数通过所有的数据点，并且在结点处的一阶导数相等。除此之外，还要构造条件来保证结点处的二阶导数相等。这在很大程度上提高了拟合的光滑度。

除了这些条件之外，还需要添加两个条件才能进行求解。这比二次样条好多了，当时我们只能增加一个条件，所以不得不随意地指定第一个区间的二阶导数为 0，从而导致结果的不对称。对于三次样条，我们的优势是可以增加两个条件，因此可以将它们平均地添加到两个端点上。

对于三次样条，最后的两个条件有很多种不同的取法。最常用的是，假设第一和最后一个结点处的二阶导数为 0，从图形上看，函数在端点处变为直线。由这个条件得出的样条被记为“自然”样条，因为在这种条件下能描绘出样条最自然的形态(见图 18.2)。

还有很多其他的边界条件，其中最常用的两种是固定边界条件和非结点边界条件，我们会在 18.4.2 节中进行介绍。在下面的推导过程中，我们将只使用自然样条。

一旦边界条件给定，我们就有了 $4(n-1)$个条件，可以求解 $4(n-1)$个未知系数了。当然，三次样条也可以通过直接列出 $4(n-1)$个方程的形式求解。这里，我们将介绍一种更加简单的方法，只需要求解 $n-1$ 阶方程组即可求解。而且方程组是三对角形式的，求解起来非常高效。尽管这种方法的推导不如二次样条那么直接，但与增加的工作量相比，提高的效率是显而易见的。

18.4.1 三次样条的推导

和二次样条的推导一样，第一个条件是样条必须通过所有的数据点：

$$f_i = a_i + b_i(x_i - x_i) + c_i(x_i - x_i)^2 + d_i(x_i - x_i)^3$$

化简为：

$$a_i = f_i \tag{18.11}$$

因此，每个三次多项式的常数项等于应变量在区间左端点的取值。将结果代入式(18.10)：

$$s_i(x) = f_i + b_i(x - x_i) + c_i(x - x_i)^2 + d_i(x - x_i)^3 \tag{18.12}$$

下面应用每个三次多项式在结点处连续的条件。对于结点 $i+1$，这个条件可表示为：

$$f_i + b_i h_i + c_i h_i^2 + d_i h_i^3 = f_{i+1} \tag{18.13}$$

其中：

$$h_i = x_{i+1} - x_i$$

一阶导数在内部结点处必须相等。对式(18.12)求微分，得到：

$$s_i'(x) = b_i + 2c_i(x - x_i) + 3d_i(x - x_i)^2 \tag{18.14}$$

于是，内部结点 $i+1$ 处导数相等的条件可表示为：

$$b_i + 2c_i h_i + 3d_i h_i^2 = b_{i+1} \tag{18.15}$$

二阶导数在内部结点处也必须相等。对式(18.14)求微分，得到：

$$s_i''(x) = 2c_i + 6d_i(x - x_i) \tag{18.16}$$

于是，内部结点 $i+1$ 处二阶导数相等的条件可表示为：

$$c_i + 3d_i h_i = c_{i+1} \tag{18.17}$$

然后，我们从式(18.17)中求出 d_i：

$$d_i = \frac{c_{i+1} - c_i}{3h_i} \tag{18.18}$$

把它代入式(18.13)，得到：

$$f_i + b_i h_i + \frac{h_i^2}{3}(2c_i + c_{i+1}) = f_{i+1} \tag{18.19}$$

式(18.18)也可以代入式(18.15)，从而得到：

$$b_{i+1} = b_i + h_i(c_i + c_{i+1}) \tag{18.20}$$

求解式(18.19)，得到：

$$b_i = \frac{f_{i+1} - f_i}{h_i} - \frac{h_i}{3}(2c_i + c_{i+1}) \tag{18.21}$$

将方程的指标减少 1：

$$b_{i-1} = \frac{f_i - f_{i-1}}{h_{i-1}} - \frac{h_{i-1}}{3}(2c_{i-1} + c_i) \tag{18.22}$$

式(18.20)的指标也可以减少 1：

$$b_i = b_{i-1} + h_{i-1}(c_{i-1} + c_i) \tag{18.23}$$

将式(18.21)和式(18.22)代入式(18.23)，并化简得到：

$$h_{i-1}c_{i-1} + 2(h_{i-1} - h_i)c_i + h_i c_{i+1} = 3\frac{f_{i+1} - f_i}{h_i} - 3\frac{f_i - f_{i-1}}{h_{i-1}} \tag{18.24}$$

注意这个方程的右端项是有限差分[回顾式(17.15)]，这可以将方程稍微化简一点：

$$f[x_i, x_j] = \frac{f_i - f_j}{x_i - x_j}$$

于是，式(18.24)可写为：

$$h_{i-1}c_{i-1} + 2(h_{i-1} - h_i)c_i + h_i c_{i+1} = 3\left(f[x_{i+1}, x_i] - f[x_i, x_{i-1}]\right) \tag{18.25}$$

式(18.25)在内部结点 $i = 2,3,\ldots,n-2$ 处均成立，联立得到关于 $n-1$ 个未知系数 $c_1,c_2,\ldots,c_{n-1}$ 的一个 $n-3$ 阶三对角方程组。因此，只要添加两个边界条件，就可以解出 c 了。然后，可以利用式(18.21)和式(18.18)计算出剩下的系数，即 b 和 d。

如前所述，两个边界条件的添加方式有很多种。最常用的是自然样条，即假设端点的二阶导数等于 0。为了考查它们是如何加入到求解过程中的，令第一个结点的二阶导数等于 0，得到：

$$s_1''(x_1) = 0 = 2c_1 + 6d_1(x_1 - x_1)$$

因此，这个条件相等于令 c_1 等于 0。

同样，在最后一个结点处：

$$s''_{n-1}(x_n) = 0 = 2c_{n-1} + 6d_{n-1}h_{n-1} \tag{18.26}$$

回顾式(18.17)，我们可以很方便地定义另外一个参数 c_n，从而将式(18.26)转换为：

$$c_{n-1} + 3d_{n-1}h_{n-1} = c_n = 0$$

于是，为了保证最后一个结点处的二阶导数等于 0，我们令 $c_n = 0$。

现在，将最终的方程写成矩阵形式：

$$\begin{bmatrix} 1 & & & & & \\ h_1 & 2(h_1+h_2) & h_2 & & & \\ & \ddots & \ddots & \ddots & & \\ & & & h_{n-2} & 2(h_{n-2}+h_{n-1}) & h_{n-1} \\ & & & & & 1 \end{bmatrix} \begin{Bmatrix} c_1 \\ c_2 \\ \vdots \\ c_{n-1} \\ c_n \end{Bmatrix} = \begin{Bmatrix} 0 \\ 3(f[x_3,x_2]-f[x_2,x_1]) \\ \vdots \\ 3(f[x_n,x_{n-1}]-f[x_{n-1},x_{n-2}]) \\ 0 \end{Bmatrix} \tag{18.27}$$

可以看出，方程组是三对角形式的，因此求解起来非常高效。

例 18.3 自然三次样条

问题描述：用三次样条拟合例 18.1 和例 18.2(表 18.1)中的数据，并计算拟合函数在 $x = 5$ 处的取值。

解：第一步是应用式(18.27)，生成联立方程组，从而求解出系数 c。

$$\begin{bmatrix} 1 & & & \\ h_1 & 2(h_1+h_2) & h_2 & \\ & h_2 & 2(h_2+h_3) & h_3 \\ & & & 1 \end{bmatrix} \begin{Bmatrix} c_1 \\ c_2 \\ c_3 \\ c_4 \end{Bmatrix} = \begin{Bmatrix} 0 \\ 3(f[x_3,x_2]-f[x_2,x_1]) \\ 3(f[x_4,x_3]-f[x_3,x_2]) \\ 0 \end{Bmatrix}$$

必要的函数值和区间宽度值是：

$$\begin{aligned} f_1 &= 2.5 & h_1 &= 4.5 - 3.0 = 1.5 \\ f_2 &= 1.0 & h_2 &= 7.0 - 4.5 = 2.5 \\ f_3 &= 2.5 & h_3 &= 9.0 - 7.0 = 2.0 \\ f_4 &= 0.5 & & \end{aligned}$$

把它们代入后得到：

$$\begin{bmatrix} 1 & & & \\ 1.5 & 8 & 2.5 & \\ & 2.5 & 9 & 2 \\ & & & 1 \end{bmatrix} \begin{Bmatrix} c_1 \\ c_2 \\ c_3 \\ c_4 \end{Bmatrix} = \begin{Bmatrix} 0 \\ 4.8 \\ -4.8 \\ 0 \end{Bmatrix}$$

用 MATLAB 求解这些方程，得到：

$$c_1 = 0 \qquad c_2 = 0.839543726$$
$$c_3 = -0.766539924 \qquad c_4 = 0$$

由式(18.21)和式(18.18)计算出 b 和 d 的值：

$$b_1 = -1.419771863 \qquad d_1 = 0.186565272$$
$$b_2 = -0.160456274 \qquad d_2 = -0.214144487$$
$$b_3 = 0.022053232 \qquad d_3 = 0.127756654$$

将这些结果和 a 的值[式(18.11)]一起代入式(18.10)，得到三次样条在每个区间上的表示，如下：

$$s_1(x) = 2.5 - 1.419771863(x-3) + 0.186565272(x-3)^3$$
$$s_2(x) = 1.0 - 0.160456274(x-4.5) + 0.839543726(x-4.5)^2 - 0.214144487(x-4.5)^3$$
$$s_3(x) = 2.5 + 0.022053232(x-7.0) - 0.766539924(x-7.0)^2 + 0.127756654(x-7.0)^3$$

然后分别用这三个函数计算相应区间中的取值。例如，$x = 5$ 位于第二个区间，函数值计算为：

$$s_2(5) = 1.0 - 0.160456274(5-4.5) + 0.839543726(5-4.5)^2 - 0.214144487(5-4.5)^3 = 1.102889734$$

整个三次样条的示意图如前面的图 18.4(c)所示。

例 18.1~例 18.3 的结果全都绘制在前面的图 18.4 中。注意，当拟合多项式由线性样条变为二次样条，再变为三次样条时，拟合结果得到了改进。我们还在前面的图 18.4(c)中绘出了三次多项式插值的结果。尽管三次样条由一系列三次曲线组成，但是它的拟合结果与三次多项式不同。这是因为自然样条要求端点处的二阶导数为 0，而三次多项式却没有这样的限制。

18.4.2　边界条件

虽然自然样条从图形上来看很有吸引力，但它也只是样条的一种边界条件，另外两种最常用的边界条件是：

- 固定边界条件(*Clamped End Condition*)。这个条件指定第一和最后一个结点处的一阶导数值。当我们需要夹住样条，使得它在边界处的斜率等于给定值时，就会得出这类边界条件，所以有时候也称之为“固定”样条。例如，若要求一阶导数为 0，则样条会变平，且在端点处呈现水平状。
- “非结点”边界条件(*Not- a- Knot End Condition*)。第三个条件要求第二和倒数第二个结点处的三阶导数连续。由于三次样条已经假设这些结点处的函数值、一阶和二阶导数的值相等，因此要求三阶导数值也相等就意味着在前两个和最后两个相邻区域中使用相同的三次函数。既然第一个和最后一个内部结点已经不是两个不同的三次函数的连接点，那么它们也不再是真正意义上的结点了。因此，这个条件被称为“非结点”条件(*not- a- knot condition*)。它还具有一个性质，即如果只有四个结点的话，那么用它得到的结果，与第 17 章中介绍的那种一般的三次多项式插值的结果完全相同。

这些条件很容易应用，即对内部结点 $i = 2,3,...,n-2$ 应用式(18.25)，而第一个(1)和最后一个$(n-1)$方程的形式见表 18.2。

表 18.2 三次样条的一些常用边界条件所对应的第一个和最后一个方程

条 件	第一个和最后一个方程
自然	$c_1=0,\ c_n=0$
固定(其中f_1'和f_n'分别是在第一个和最后一个结点处指定的一阶导数值)	$2h_1c_1 + h_1c_2 = 3f[x_2, x_1] - 3f_1'$ $h_{n-1}c_{n-1} + 2h_{n-1}c_n = 3f_n' - 3f[x_n, x_{n-1}]$
非结点	$h_2c_1 - (h_1 + h_2)c_2 + h_1c_3 = 0$ $h_{n-1}c_{n-2} - (h_{n-2} + h_{n-1})c_{n-1} + h_{n-2}c_n = 0$

图 18.5 比较了分别用三种边界条件拟合表 18.1 中数据的结果，其中固定边界条件中假设端点的导数值等于 0。

和期望的一样，固定边界条件下的样条在端点处变平了。相比之下，自然和非结点边界条件的拟合结果更精确一些。注意为了使端点处的二阶导数趋向于 0，自然样条是如何逐渐退化为直线的。由于非结点条件下端点处的二阶导数非零，因此它看起来更像曲线一些。

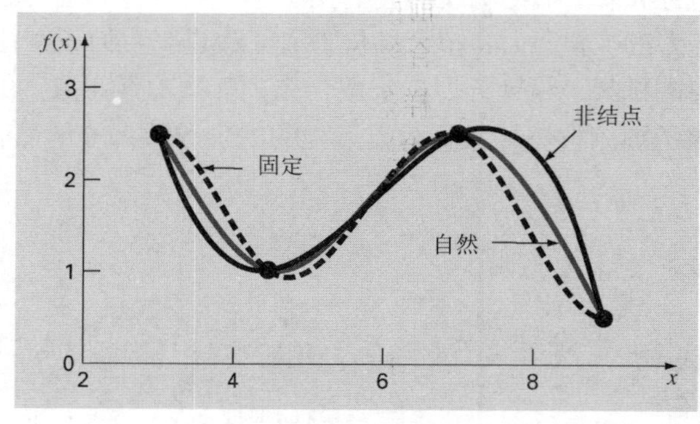

图 18.5 表 18.1 中数据的固定(要求一阶导数为 0)、非结点和自然样条拟合结果的比较

18.5 MATLAB 中的分段线性插值

MATLAB 中有几个进行分段插值的内置函数。spline 函数完成本章所介绍的三次样条插值。pchip 函数执行分段三次埃尔米特插值。interp1 函数除了可以执行样条和埃尔米

特插值之外，还可以进行一些其他类型的分段插值。

18.5.1　MATLAB 函数：spline

利用 MATLAB 内置函数 spline 可以很容易地算出三次样条。它的一般用法为：

$$yy = \text{spline}(x,\ y,\ xx) \tag{18.28}$$

其中 x 和 y = 由待插值量组成的向量，yy = 结果向量，对应于样条插值函数在向量 xx 处的取值。

默认情况下，spline 函数使用非结点条件。不过，当 y 中的变量数比 x 中多两个时，将 y 的第一个和最后一个值作为端点处的导数值。相应地，则使用固定边界条件。

例 18.4　MATLAB 中的样条

问题描述：不能用多项式拟合的一个著名的例子是龙格函数(回顾例 17.7)。

$$f(x) = \frac{1}{1+25x^2}$$

在区间[−1，1]上对这个函数进行 9 个结点的等距采样，然后用 MATLAB 进行三次样条拟合。选择(a)非结点样条和(b)端点斜率值为 $f_1' = 1$ 和 $f_{n-1}' = -4$ 的固定样条。

解：(a) 生成 9 个等距的采样点，即

```
>> x = linspace(-1,1,9);
>> y = 1./(1+25*x.^2);
```

然后生成一个间距更小的向量，用于绘制 spline 函数的计算结果的光滑图形：

```
>> xx = linspace(-1,1);
>> yy = spline(x,y,xx);
```

回忆前文可知，如果不指定点数的话，那么 linspace 函数将自动生成 100 个数据点。最后，我们计算龙格函数本身在这些点上的取值，将它们和样条拟合的结果以及原始数据绘制在一起：

```
>> yr = 1./(1+25*xx.^2);
>> plot(x,y,'o',xx,yy,xx,yr,'--')
```

如图 18.6 所示，非结点样条可以很好地模拟龙格函数的图形，结点之间并没有产生大的振荡。

(b) 固定条件下，需要生成一个新向量 yc，它的第一个和最后一个元素为给定的一阶导数值。然后用新向量进行样条拟合，并绘制图形：

```
>> yc = [1 y -4];
>> yyc = spline(x,yc,xx);
>> plot(x,y,'o',xx,yyc,xx,yr,'--')
```

如图 18.7 所示，由于边界处的斜率是我们人为指定的，所以这里的固定样条呈现出

一些振荡。如果我们能预先知道真实的一阶导数值，那么固定样条的拟合效果则会变得很好。

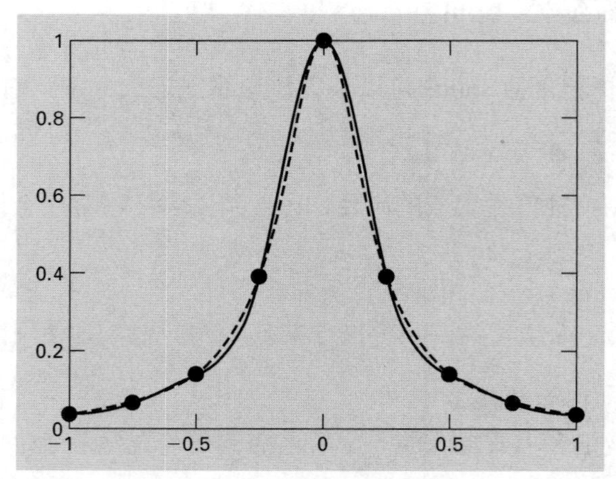

图 18.6 龙格函数(虚线)与 MATLAB 得到的 9 点非结点样条拟合结果(实线)的比较

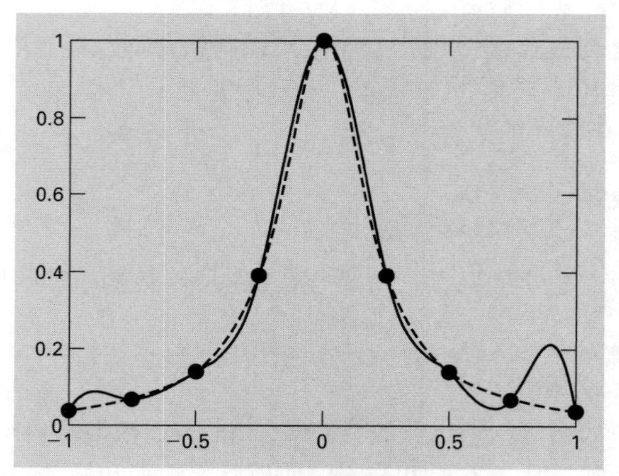

图 18.7 龙格函数(虚线)与 MATLAB 得到的 9 点固定边界样条拟合结果(实线)的比较。注意，左右边界处的一阶导数分别被指定为 1 和−4

18.5.2 MAYTLAB 函数：interp1

利用内置函数 interp1，可以很方便地完成多种分段一维插值。它的一般用法为：

```
yi = interp1(x, y, xi, 'method')
```

其中 x 和 y = 由待插值量组成的向量，yi = 结果向量，对应于插值函数在向量 x_i 处的取值，'method' = 想要使用的方法，这些方法包括：

- 'nearest'——最近邻插值。该方法令待插值点的值等于与之最近的数据点的值。因此，插值结果看起来像是一组平面，也可以看成零次多项式插值。
- 'linear'——线性插值。该方法将数据点用直线连接起来。

- 'spline'——分段三次样条插值，相当于 spline 函数。
- 'pchip'和'cubic'——分段三次埃尔米特插值。

如果省略参变量'method'，那么默认为线性插值。

pchip[“piecewise cubic Hermite interpolation”(分段三次埃尔米特插值)的英文简写]选项需要再讨论一下。和三次样条一样，pchip 用一阶导数连续的三次多项式连接数据点。不同的是，它的二阶导数并不像三次样条那样要求连续。而且，结点处的一阶导数值也与三次样条不同。更准确地说，这些一阶导数值都经过特别挑选，使得插值是“保形”的。也就是说，插值结果不会超出数据点的范围，而三次样条中有时候就会这样。

因此，我们必须在 spline 和 pchip 选项之间进行权衡取舍。用 spline 得到的结果通常比较光滑，因为人眼无法察觉二阶导数的间断。而且，如果数据点来自对光滑函数的采样，那么结果会更精确些。另一方面，pchip 得到的结果不会超出数据范围，当数据不光滑时，它的振荡更小。这些问题以及与其他选项有关的取舍将在例 18.5 中加以研究。

例 18.5　使用 interp1 的权衡问题

问题描述：有人对汽车进行了一次实验，即在行驶过程中先加速，然后再保持匀速行驶一段时间，接着再加速，然后再保持匀速，如此交替。注意，整个实验过程中从未减速。在一组时间点上测得汽车的速度如表 18.3 所示。

表 18.3　实验数据

t	0	20	40	56	68	80	84	96	104	110
v	0	20	20	38	80	80	100	100	125	125

请用 MATLAB 中的 interp1 函数对这些数据进行拟合，拟合方法可选用(a)线性插值，(b)最近邻插值，(c)带非结点边界条件的三次样条，(d)分段三次埃尔米特插值。

解：(a) 用下面的命令将数据输入，进行线性插值，并绘制结果的图形。

```
>> t = [0 20 40 56 68 80 84 96 104 110];
>> v = [0 20 20 38 80 80 100 100 125 125];
>> tt = linspace(0,110);
>> vl = interp1(t,v,tt);
>> plot(t,v,'o',tt,vl)
```

结果[见图 18.8(a)]虽然不光滑，但是并没有超出数据的范围。

(b) 执行最近邻插值并绘制图形的命令是：

```
>> vn = interp1(t,v,tt,'nearest');
>> plot(t,v,'o',tt,vn)
```

如图 18.8(b)所示，结果看起来像是一组平面拼接起来的。这个选项既不光滑，也不精确。

(c) 执行三次样条的命令是：

```
>> vs = interp1(t,v,tt,'spline');
```

```
>> plot(t,v,'o',tt,vs)
```

结果[见图18.8(c)]非常光滑。可是，好几个地方的拟合结果都超出了数据范围。从图形上看，汽车好像在实验过程中减了好几次速。

(d) 执行分段三次埃尔米特插值的命令是：

```
>> vh = interp1(t,v,tt,'pchip');
>> plot(t,v,'o',tt,vh)
```

此时，结果[见图18.8(d)]从物理背景上看是真实的。因为分段三次埃尔米特插值具有保形性，所以速度单调增加，并未出现减速现象。虽然结果不如三次样条光滑，但是一阶导数在结点处的连续性使得数据点之间的变化更加平缓，从而增强了真实性。

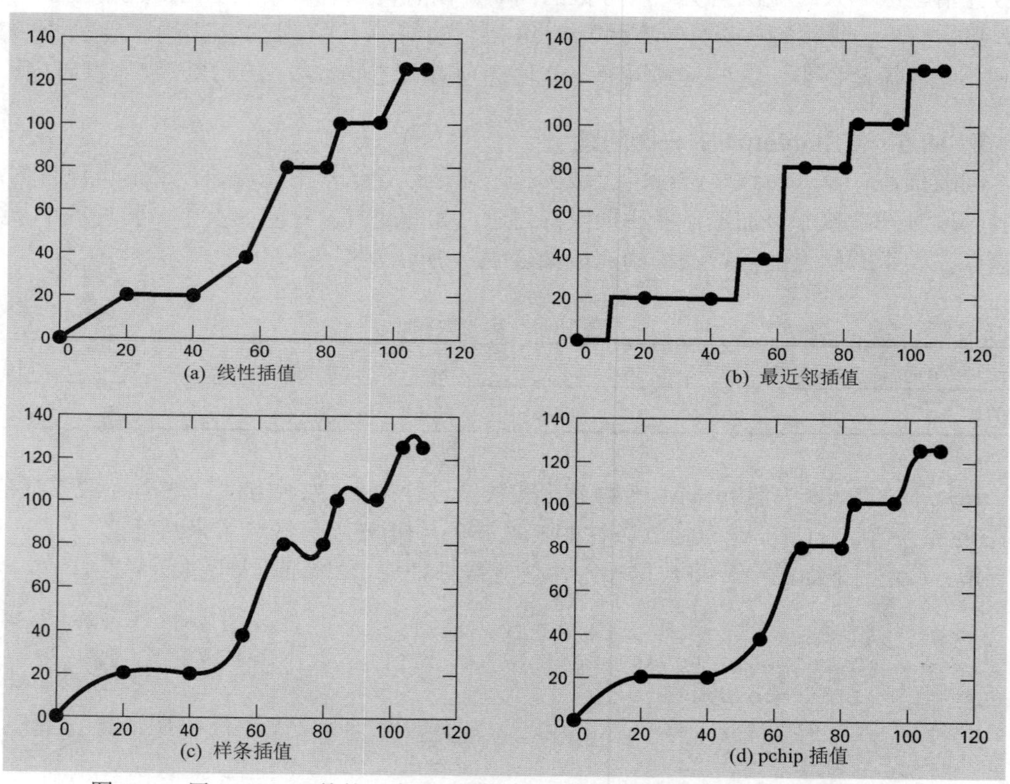

图 18.8　用 interp1 函数的几个选项对汽车的速度时间序列进行分段多项式插值

18.6　多维插值

一维问题的插值方法可以推广到多维插值中。本节将叙述在笛卡尔坐标系下最简单的二维插值。除此之外，我们还将介绍 MATLAB 在多维插值方面的功能。

18.6.1　双线性插值

二维插值(*two-dimensional interpolation*)用于计算含两个变量的函数 $z = f(x_i, y_i)$的中间值。如图 18.9 所示，已知 4 个点的取值：$f(x_1, y_1)$、$f(x_2, y_1)$、$f(x_1, y_2)$和$f(x_2, y_2)$，可利用这些点来插值出中间点的取值$f(x_i, y_i)$。如果用线性函数进行插值，那么如图 18.9 所示，结果是通过这些点的一个平面。这种函数称为双线性的(*bilinear*)。

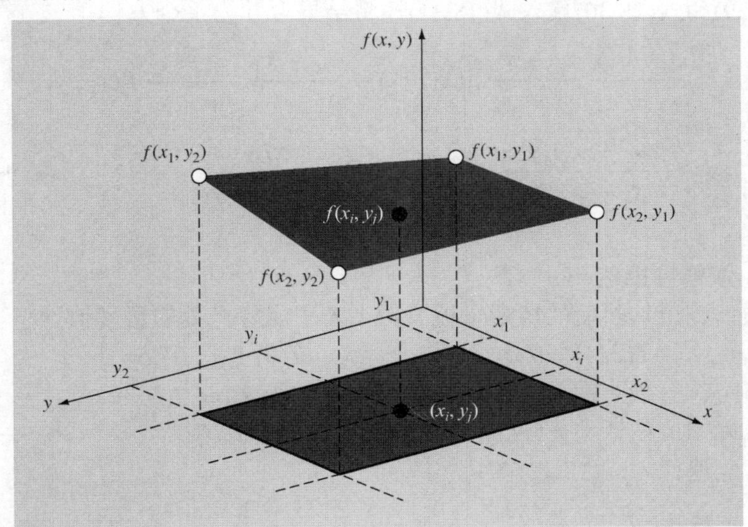

图 18.9　二维双线性插值示意图，此处的中间值(实心圆)根据 4 个给定值(空心圆)计算

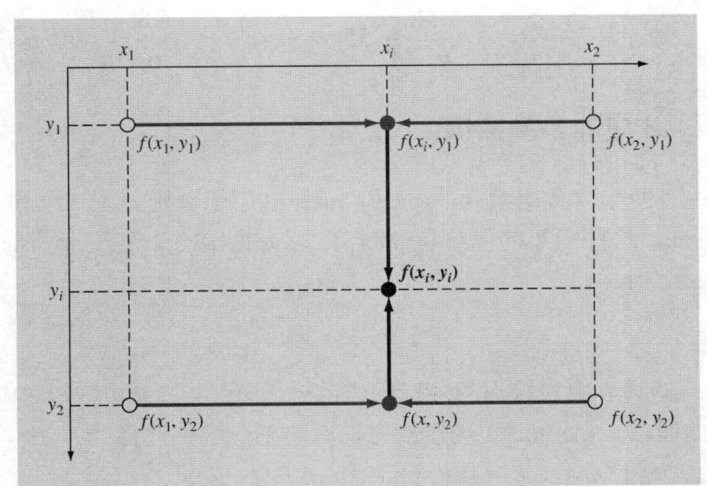

图 18.10　二维双线性插值，执行过程如下：首先沿 x 方向进行一维线性插值，计算出 x_i 处的值。然后，根据这些值，沿 y 方向进行线性插值，计算出(x_i, y_i)处的值，这就是最终的结果

图 18.10 给出了构造双线性函数的一种简单方法。首先，固定 y 值，沿 x 方向进行一维线性插值。根据拉格朗日插值法，(x_i, y_1)处的结果为：

$$f(x_i, y_1) = \frac{x_i - x_2}{x_1 - x_2} f(x_1, y_1) + \frac{x_i - x_1}{x_2 - x_1} f(x_2, y_1) \tag{18.29}$$

(x_i, y_2)处的结果为：

$$f(x_i, y_2) = \frac{x_i - x_2}{x_1 - x_2} f(x_1, y_2) + \frac{x_i - x_1}{x_2 - x_1} f(x_2, y_2) \tag{18.30}$$

然后用这些点沿 y 方向进行线性插值，得出最终结果：

$$f(x_i, y_i) = \frac{y_i - y_2}{y_1 - y_2} f(x_i, y_1) + \frac{y_i - y_1}{y_2 - y_1} f(x_i, y_2) \tag{18.31}$$

将式(18.29)和式(18.30)代入式(18.31)，将结果合并为单个方程：

$$\begin{aligned} f(x_i, y_i) = &\frac{x_i - x_2}{x_1 - x_2} \frac{y_i - y_2}{y_1 - y_2} f(x_1, y_1) + \frac{x_i - x_1}{x_2 - x_1} \frac{y_i - y_2}{y_1 - y_2} f(x_2, y_1) \\ &+ \frac{x_i - x_2}{x_1 - x_2} \frac{y_i - y_1}{y_2 - y_1} f(x_1, y_2) + \frac{x_i - x_1}{x_2 - x_1} \frac{y_i - y_1}{y_2 - y_1} f(x_2, y_2) \end{aligned} \tag{18.32}$$

例 18.6 双线性插值

问题描述：测得加热后的矩形平板表面上若干坐标点处的温度值如下。

$$T(2, 1) = 60 \qquad T(9, 1) = 57.5$$

$$T(2, 6) = 55 \qquad T(9, 6) = 70$$

请用双线性插值估计 $x_i = 5.25$ 和 $y_i = 4.8$ 处的温度值。

解：把这些值代入式(18.32)得到

$$\begin{aligned} f(5.25, 4.8) = &\frac{5.25 - 9}{2 - 9} \frac{4.8 - 6}{1 - 6} 60 + \frac{5.25 - 2}{9 - 2} \frac{4.8 - 6}{1 - 6} 57.5 \\ &+ \frac{5.25 - 9}{2 - 9} \frac{4.8 - 1}{6 - 1} 55 + \frac{5.25 - 2}{9 - 2} \frac{4.8 - 1}{6 - 1} 70 = 61.2143 \end{aligned}$$

18.6.2 MATLAB 中的多维插值

MATLAB 中有两个内置函数：interp2 和 interp3，用于分别处理二维和三维分段插值。由它们的名字可知，这些函数的用法与 interp1 类似(见 18.5.2 节)。例如，interp2 函数的用法可简单地表示为：

```
zi = interp2(x, y, z, xi, yi, 'method')
```

其中 x 和 y = 矩阵 z 中相应点的坐标组成的矩阵，zi = 结果矩阵，对应于插值函数在矩阵 xi 和 yi 处的取值，'method' = 选用的方法。注意，可供选择的方法与 interp1 函数中的完全一样，也就是 linear、nearest、spline 和 cubic。

和 interp1 函数一样，如果省略参变量 method，则默认为线性插值。例如，利用 interp2 对例 18.6 中的数据进行双线性插值，可以得出同样的结果，即：

```
>> x = [2 9];
>> y = [1 6];
>> z = [60 57.5;55 70];
>> interp2(x,y,z,5.25,4.8)
```

```
ans =
  61.2143
```

18.7　案例研究：传热

背景：处于温带的湖泊在夏季会产生热力分层现象。如图 18.11 所示，温暖的密度较轻的水位于表面，比较寒冷、密度较大的水位于底部。这种层化现象的结果是，湖泊沿垂直方向被分成了两层：*表水层*(*epilimnion*)和*湖下层*(*hypolimnion*)，中间的分离面被称为*温度突变层*(*thermocline*)。

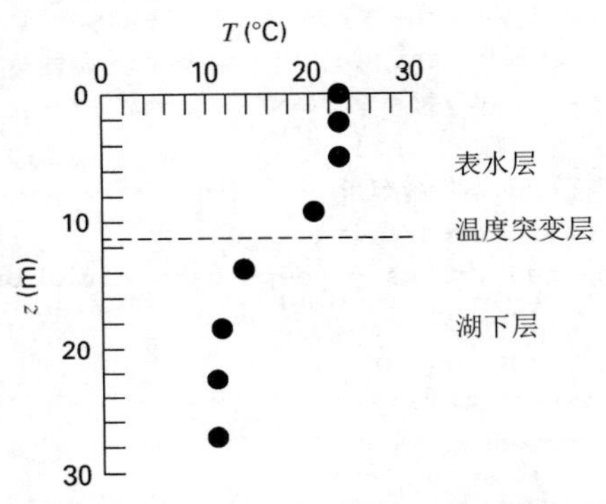

图 18.11　密歇根州普拉特湖夏季的温度与深度变化情况

对于环境工程师和研究这类系统的科学家们而言，热力分层现象非常重要。尤其是温度突变层在很大程度上降低了两层之间的混合作用。因此，底层水基本是孤立的，有机物的分解会耗尽其中的氧气。

温度突变层的位置定义为温度-深度曲线的拐点，即使得 $d^2T/dz^2 = 0$ 的点。它也是使得一阶导数或梯度的绝对值达到最大值的点。

温度的梯度本身就很重要，因为根据傅里叶定律，可以用它来计算流过温度突变层的热通量：

$$J = -\alpha \rho C \frac{dT}{dz} \tag{18.33}$$

其中 J = 热通量[cal/(cm^2·s)]，α = 涡流扩散系数(cm^2/s)，ρ = 密度(≅1g/cm^3)，C = 比热[≅1cal/(g·C)]。

本案例利用自然三次样条估计密歇根州普拉特湖(见表18.4)的温度突变层位置和温度梯度。后者还被用来计算热通量，其中 $\alpha = 0.01$ cm^2/s。

表 18.4　密歇根州普拉特湖夏季的温度与深度数据

z(m)	0	2.3	4.9	9.1	13.7	18.3	22.9	27.2
T(°C)	22.8	22.8	22.8	20.6	13.9	11.7	11.1	11.1

解：正如前面所讲到的那样，我们想用带自然边界条件的样条来进行分析。不过，

因为没有使用非结点边界条件，所以 MATLAB 内置函数 spline 无法满足我们的要求。而且，spline 函数也不能返回我们在分析中所需要的一阶和二阶导数的值。

不过，编写自然样条的 M 文件并不困难，同时还可以返回导数值。下面就是一段这样的代码。经过一些基本的错误捕获之后，我们建立并求解式(18.27)，得到二阶系数(c)。注意我们是如何利用两个子函数 h 和 fd 来计算需要的有限差分值的。一旦建立式(18.27)，就可以用后除运算求解 c。然后通过循环来生成其他系数(a、b 和 d)。

```
function [yy,dy,d2] = natspline(x,y,xx)
% natspline: natural spline with differentiation
%   [yy,dy,d2] = natspline(x,y,xx): uses a natural cubic spline
%   interpolation to find yy, the values of the underlying function
%   y at the points in the vector xx. The vector x specifies the
%   points at which the data y is given.
% input:
%   x = vector of independent variables
%   y = vector of dependent variables
%   xx = vector of desired values of dependent variables
% output:
%   yy = interpolated values at xx
%   dy = first derivatives at xx
%   d2 = second derivatives at xx
n = length(x);
if length(y)~ = n, error('x and y must be same length'); end
if any(diff(x)< = 0),error('x not strictly ascending'),end
m = length(xx);
b = zeros(n,n);
aa(1,1) = 1; aa(n,n) = 1;   %set up Eq. 18.27
bb(1) = 0; bb(n) = 0;
for i = 2:n-1
  aa(i,i-1) = h(x, i - 1);
  aa(i,i) = 2 * (h(x, i - 1) + h(x, i));
  aa(i,i+1) = h(x, i);
  bb(i) = 3 * (fd(i + 1, i, x, y) - fd(i, i - 1, x, y));
end
c = aa\bb';  %solve for c coefficients
for i = 1:n - 1   %solve for a, b and d coefficients
  a(i) = y(i);
  b(i) = fd(i + 1, i, x, y) - h(x, i)/3 * (2 * c(i) + c(i + 1));
  d(i) = (c(i + 1) - c(i))/3/h(x, i);
end
for i = 1:m  %perform interpolations at desired values
  [yy(i),dy(i),d2(i)] = SplineInterp(x, n, a, b, c, d, xx(i));
end
end
function hh = h(x, i)
hh = x(i + 1) - x(i);
end
function fdd = fd(i, j, x, y)
```

```
fdd = (y(i) - y(j))/(x(i) - x(j));
end
function [yyy,dyy,d2y] = SplineInterp(x, n, a, b, c, d, xi)
for ii = 1:n - 1
  if xi > = x(ii) - 0.000001 & xi < = x(ii + 1) + 0.000001
    yyy = a(ii)+b(ii)*(xi-x(ii))+c(ii)*(xi-x(ii))^2+d(ii)...
                                              *(xi-x(ii))^3;
    dyy = b(ii)+2*c(ii)*(xi-x(ii))+3*d(ii)*(xi-x(ii))^2;
    d2y = 2*c(ii)+6*d(ii)*(xi-x(ii));
    break
  end
end
end
```

至此，已经求出了生成中间值所需要的所有系数和三次方程：

$$f(x) = a_i + b_i(x - x_i) + c_i(x - x_i)^2 + d_i(x - x_i)^3$$

对这个方程微分两次，得到一阶和二阶导数：

$$f'(x) = b_i + c_i(x - x_i) + 3d_i(x - x_i)^2$$
$$f''(x) = 2c_i + 6d_i(x - x_i)$$

如上面的代码所示，这些方程被用在另一个子函数 SplineInterp 中，以计算指定中间点处的函数值和导数值。

下面的脚本文件用 natspline 函数来创建样条，并生成结果的图形：

```
z = [0 2.3 4.9 9.1 13.7 18.3 22.9 27.2];
T = [22.8 22.8 22.8 20.6 13.9 11.7 11.1 11.1];
zz = linspace(z(1),z(length(z)));
[TT,dT,dT2] = natspline(z,T,zz);
subplot(1,3,1),plot(T,z,'o',TT,zz)
title('(a) T'),legend('data','T')
set(gca,'YDir','reverse'),grid
subplot(1,3,2),plot(dT,zz)
title('(b) dT/dz')
set(gca,'YDir','reverse'),grid
subplot(1,3,3),plot(dT2,zz)
title('(c) d2T/dz2')
set(gca,'YDir','reverse'),grid
```

如图 18.12 所示，温度突变层大约出现在深度 11.5m 处。我们可以用求根(二阶导数等于 0)或最优化方法(一阶导数达到最小)来细化这个估计值。结果是，温度突变层位于 11.35m 处，该处的梯度是-1.61℃/m。

由式(18.33)知，梯度可以用来计算通过温度突变层的热通量：

$$J = -0.01\frac{\text{cm}^2}{\text{s}} \times 1\frac{\text{g}}{\text{cm}^3} \times 1\frac{\text{cal}}{\text{g}\cdot{}^\circ\text{C}} \times \left(-1.61\frac{{}^\circ\text{C}}{\text{m}}\right) \times \frac{1\ \text{m}}{100\ \text{cm}} \times \frac{86{,}400\ \text{s}}{\text{d}} = 13.9\frac{\text{cal}}{\text{cm}^2\cdot\text{d}}$$

前面的例子演示了样条插值在工程和科学问题求解过程中所起的作用。同时，它也是数值微分的一个例子。因此，它说明了来自不同领域的数值方法是如何协作、求解问题的。本书在第19章还将详细介绍数值微分。

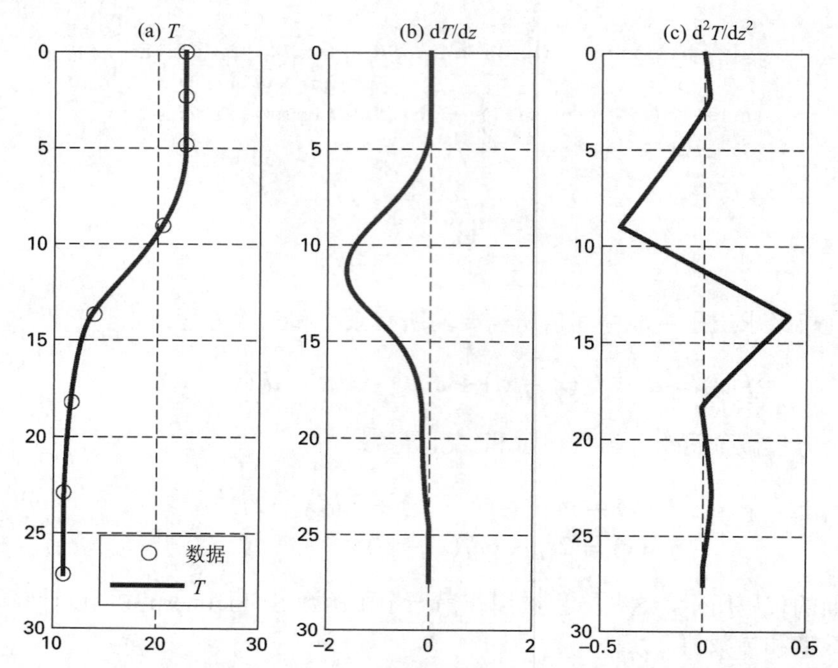

图 18.12 由三次样条程序得出的(a)温度、(b)梯度和(c)二阶导数随深度(m)变化的图形，温度突变层位于温度-深度曲线的拐点

18.8 习题

18.1 给定的数据如表18.5所示。

表 18.5 数据表(一)

x	1	2	2.5	3	4	5
$f(x)$	1	5	7	8	2	1

请用下列方法进行拟合：(a)带自然边界条件的三次样条，(b)带非结点边界条件的三次样条，(c)分段三次埃尔米特插值。

18.2 某反应器热力分层，具体数据如表18.6所示。

表 18.6 数据表(二)

深度(m)	0	0.5	1	1.5	2	2.5	3
温度(℃)	70	70	55	22	13	10	10

根据这些温度，该容器可被理想化为由很大的温度梯度或温度突变层(*thermocline*)分开的两个区域。温度突变层的深度可定义为温度-深度曲线的拐点，即 $d^2T/dz^2 = 0$ 的点。在这个深度，由表层到底层的热通量可以用傅里叶定理计算：

$$J = -k\frac{dT}{dz}$$

用端点导数为 0 的固定三次样条确定温度突变层的深度。若 $k = 0.01\text{cal/(s·cm·℃)}$，计算通过这个交界面的热通量。

18.3　MATLAB 用内置函数 humps 来展示它在数值计算方面的某些功能：

$$f(x) = \frac{1}{(x-0.3)^2+0.01} + \frac{1}{(x-0.9)^2+0.04} - 6$$

humps 函数可以显示相对较小的 x 范围内的平坦和陡峭区域。表 18.7 中的数据，是以 x 在 0~1 范围内取区间长度为 0.1 生成的。

表 18.7　数据表(三)

x	0	0.1	0.2	0.3	0.4	0.5	0.6	0.7	0.8	0.9	1.0
$f(x)$	5.176	15.471	45.887	96.500	47.448	19.000	11.692	12.382	17.846	21.703	16.000

请用下列方法拟合数据：(a)带非结点边界条件的三次样条和(b)分段三次埃尔米特插值。在两个方法中，生成结果图形，与精确的 humps 函数的拟合结果进行比较。

18.4　创建用(a)自然边界条件和(b)非结点边界条件的三次样条拟合表 18.8 中数据的图形。此外，创建用(c)分段三次埃尔米特插值(pchip)拟合的图形。

表 18.8　拟合数据(一)

x	0	100	200	400	600	800	1000
$f(x)$	0	0.82436	1.00000	0.73576	0.40601	0.19915	0.09158

将每种方法生成的图形与下列方程的图形比较，这个方程用来生成数据：

$$f(x) = \frac{x}{200}e^{-x/200+1}$$

18.5　表 18.9 中的数据由图 18.1 所示的阶梯函数采样得到。

表 18.9　数据表(四)

x	−1	−0.6	−0.2	0.2	0.6	1
$f(x)$	0	0	0	1	1	1

请用(a)带非结点边界条件的三次样条、(b)带零斜率固定边界条件的三次样条、(c)分段三次埃尔米特插值拟合这些数据。将每种方法的拟合结果的图形与阶梯函数进行比较。

18.6 编写一个 M 文件，计算带自然边界条件的三次样条拟合。利用该程序重新计算例 18.3，以测试代码。

18.7 表 18.10 中的数据由五次多项式 $f(x) = 0.0185x^5-0.444x^4+3.9125x^3-15.456x^2+27.069x-14.1$ 生成。

表 18.10 数据表(五)

x	1	3	5	6	7	9
$f(x)$	1.000	2.172	4.220	5.430	4.912	9.120

(a) 用带非结点边界条件的三次样条拟合这些数据。生成拟合结果与原函数的图形。

(b) 使用固定边界条件，重复(a)，其中端点的斜率值由函数的微分精确计算。

18.8 贝塞尔函数经常出现在高级工程和科学分析中，例如电场。这些函数的取值一般无法直接计算，因此常常被编辑在标准的数学用表中，如表 18.11 所示。

表 18.11 贝塞尔函数

x	1.8	2	2.2	2.4	2.6
$J_1(x)$	0.5815	0.5767	0.556	0.5202	0.4708

请用(a)插值函数和(b)三次样条估计 $J_1(2.1)$。注意真解为 0.5683。

18.9 表 18.12 中的数据定义了湖水的海平面溶氧浓度与温度的函数关系。

表 18.12 溶氧浓度与温度的函数关系

T(°C)	0	8	16	24	32	40
o(mg/L)	14.621	11.843	9.870	8.418	7.305	6.413

在 MATLAB 中用(a)分段线性插值、(b)五次多项式和(c)样条拟合数据。绘制结果图形，并分别用它们来估计 $o(27)$。注意真解是 7.986mg/L。

18.10 (a)在 MATLAB 中用三次样条拟合表 18.13 中的数据。

表 18.13 拟合数据(二)

x	0	2	4	7	10	12
y	20	20	12	7	6	6

计算 y 在 $x = 1.5$ 处的取值。(b)使用一阶导数为零的边界条件，重复(a)。

18.11 龙格函数可写为：

$$f(x) = \frac{1}{1+25x^2}$$

在区间[−1,1]上创建这个函数的 5 点等间距采样值。用(a)四次多项式、(b)线性样条和(c)三次样条拟合这些数据。绘制结果的图形。

18.12　用 MATLAB 生成如下函数：

$$f(t) = \sin^2 t$$

在 t 取 0~2π 区间的 8 点采样。用(a)带非结点边界条件的三次样条、(b)边界导数值由该函数的微分精确算出的三次样条、(c)分段三次埃尔米特插值拟合这些数据。绘制每一种拟合结果以及绝对误差(E_t = 近似值−真解)的图形。

18.13　已知诸如运动球之类的球体，其阻力系数是雷诺数 Re 的函数，Re 是一个无量纲数，惯性力与粘性力的测量比值如下：

$$\text{Re} = \frac{\rho VD}{\mu}$$

其中 ρ = 流体密度(kg/m^3)，V = 速度(m/s)，D = 直径(m)，μ = 动态粘度(N・s/m^2)。尽管阻力与雷诺数之间的关系有时以方程的形式表示，但是它们更经常使用列表的形式表示。例如，表 18.14 提供了关于平滑球体的相关值：

表 18.14　平滑球体的相关值

Re (×10^{-4})	2	5.8	16.8	27.2	29.9	33.9	
C_D	0.52	0.52	0.52	0.5	0.49	0.44	
Re (×10^{-4})	36.3	40	46	60	100	200	400
C_D	0.18	0.074	0.067	0.08	0.12	0.16	0.19

(a) 创建一个 MATLAB 函数，该函数采用了合适的内插函数，将 C_D 值作为雷诺数的函数返回。函数的第一行应该是：

```
function CDout = Drag(ReCD,ReIn)
```

其中 ReCD = 控制表的 2 行矩阵，ReIn = 在某个雷诺数下估计的阻力，CDout = 相应的阻力系数。

(b) 编写脚本，使用习题(a)创建的函数，生成阻力随速度变化的图，并做出标记(回顾 1.4 节)。在脚本中，使用下列参数值：D = 22cm，ρ = 1.3kg/m^3，μ = 1.78×10^{-5} Pa•s。在图中，速度的区间为 4m/s 至 40m/s。

18.14　以下函数描述了，在范围为$-2 \leqslant x \leqslant 0$ 和 $0 \leqslant y \leqslant 3$ 的矩形板中的温度分布规律：

$$T = 2 + x - y + 2x^2 + 2xy + y^2$$

创建脚本：(a)使用 MATLAB 函数 surfc 生成此函数的网格图。采用默认间距(即 100 个内部点)的 linespace 函数，来生成 x 和 y 值。(b)使用具有默认插值选项('linear')的 MATLAB 函数 interp2，计算在 x = −1.63 和 y = 1.627 处的点的温度。确定结果的相对百分比误差。(c)使用'spline'重复(b)。请注意：对于习题(b)和(c)，使用具有 9 个内部点的 linespace 函数。

18.15 美国标准大气规定大气特性是海拔高度的函数。表 18.15 列出了选定的温度、压力和密度的值。

表 18.15 温度、压力与密度值

海拔(km)	T(°C)	p(atm)	ρ(kg/m^3)
−0.5	18.4	1.0607	1.2850
2.5	−1.1	0.73702	0.95697
6	−23.8	0.46589	0.66015
11	−56.2	0.22394	0.36481
20	−56.3	0.054557	0.088911
28	−48.5	0.015946	0.025076
50	−2.3	7.8721×10^{-4}	1.0269×10^{-3}
60	−17.2	2.2165×10^{-4}	3.0588×10^{-4}
80	−92.3	1.0227×10^{-5}	1.9992×10^{-5}
90	−92.3	1.6216×10^{-6}	3.1703×10^{-6}

编写 MATLAB 函数 StdAtm，计算在给定海拔下三个大气特性的值。对于 interp1 函数，使用 pchip 选项。如果用户请求的值超出了海拔范围，让函数显示错误消息并终止应用程序。使用以下脚本作为起始点，创建海拔与三种大气特性的三面板图，如图 18.13 所示。

```
% Script to generate a plot of temperature, pressure and density
% for the U.S. Standard Atmosphere
clc, clf
z = [-0.5 2.5 6 11 20 28 50 60 80 90];
T = [18.4 -1.1 -23.8 -56.2 -56.3 -48.5 -2.3 -17.2 -92.3
  -92.3];
p = [1.0607 0.73702 0.46589 0.22394 0.054557 0.015946 ...
   7.8721e-4 2.2165e-4 1.02275e-05 1.6216e-06];
rho = [1.285025 0.95697 0.6601525 0.364805 0.0889105 ...
     0.02507575 0.001026918 0.000305883 0.000019992
     3.1703e-06];
zint = [-0.5:0.1:90];
for i = 1:length(zint)
  [Tint(i),pint(i),rint(i)] = StdAtm(z,T,p,rho,zint(i));
end

% Create plot

Te = StdAtm(z,T,p,rho,-1000);
```

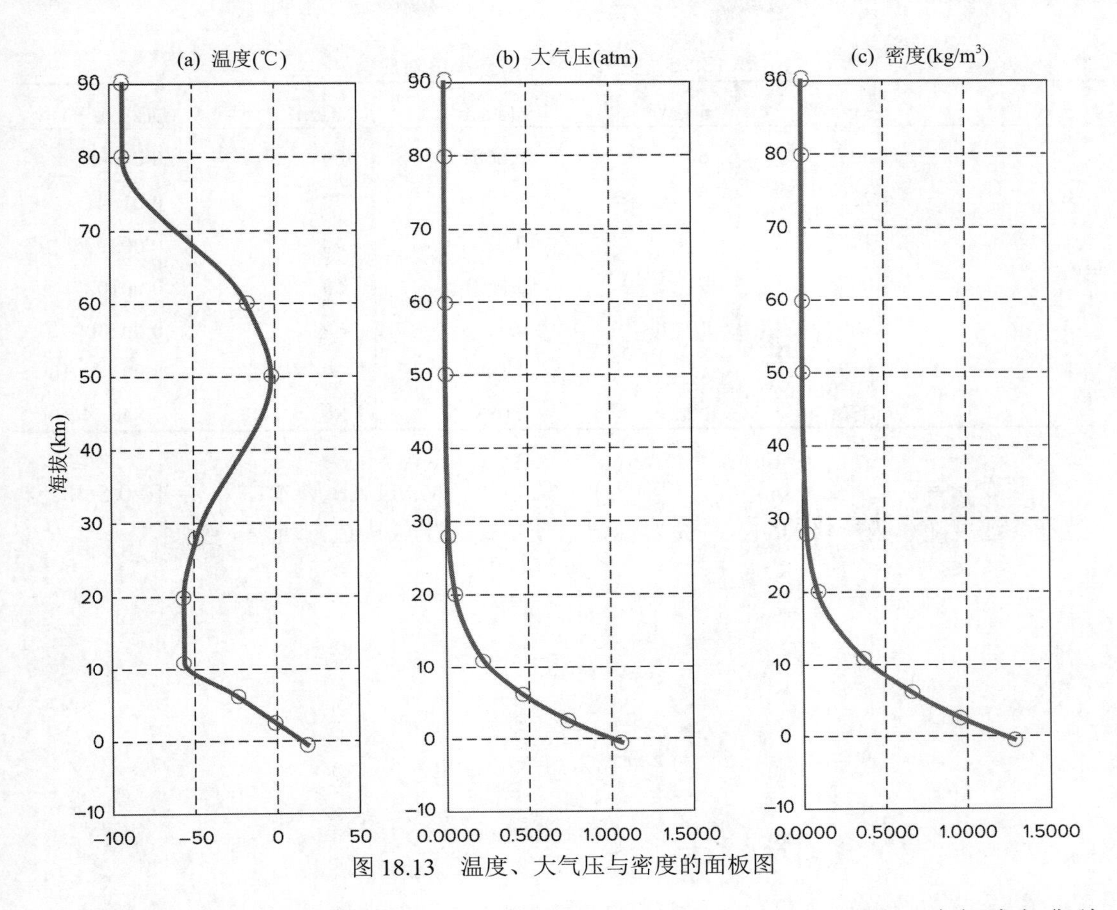

图 18.13　温度、大气压与密度的面板图

18.16　在平流层，费利克斯·鲍姆加特纳(Felix Baumgartner)乘坐一个气球上升到 39 千米，然后以自由落体的方式跳下，在降落伞打开前，他以超音速的速度冲向地球。当他下落时，他的阻力系数的变化主要是因为气体密度的变化。回顾第 1 章，自由落体物体的最终速度可以使用下式计算：

$$v_{\text{terminal}}=\sqrt{\frac{gm}{c_d}}$$

其中 g = 重力加速度(m/s^2)，m = 质量(kg)，c_d = 阻力系数(kg/m)。阻力系数可以计算为：

$$c_d=0.5\rho AC_d$$

其中 ρ = 流体密度(kg/m^3)，A = 投影面积(m^2)，C_d = 无量纲阻力系数。请注意，重力加速度 g(m/s^2)与海拔的关系为：

$$g=9.806412-0.003039734z$$

其中 z = 地球表面以上的海拔(km)，并且空气密度 ρ(kg/m^3)在各个海拔高度的值如表 18.16 所示。

表 18.16 空气密度与海拔高度对应值

z(km)	ρ(kg/m^3)	z(km)	ρ(kg/m^3)	z(km)	ρ(kg/m^3)
−1	1.347	6	0.6601	25	0.04008
0	1.225	7	0.5900	30	0.01841
1	1.112	8	0.5258	40	0.003996
2	1.007	9	0.4671	50	0.001027
3	0.9093	10	0.4135	60	0.0003097
4	0.8194	15	0.1948	70	8.283×10^{-5}
5	0.7364	20	0.08891	80	1.846×10^{-5}

假设 $m = 80$kg，$A = 0.55$m^2，$C_d = 1.1$。编写一个 MATLAB 脚本，为 z = [0:0.5:40]创建最终速度随海拔变化的图，并做出标记。使用样条生成构造图所需的密度。

第 V 部分
积分与微分

概述

在高中或大学一年级时，大家接触了微积分。在那里，我们已经学会了计算解析或精确导数与微分的方法。

在数学上，导数(*derivative*)表示应变量关于自变量的变化率。例如，给定函数 $y(t)$，它表示某物体的位置随时间的变化情况，那么对它求微分就得到物体的速度，即：

$$v(t)=\frac{d}{dt}y(t)$$

如图 PT5-1(a)所示，导数在图形上可以看成函数的斜率。

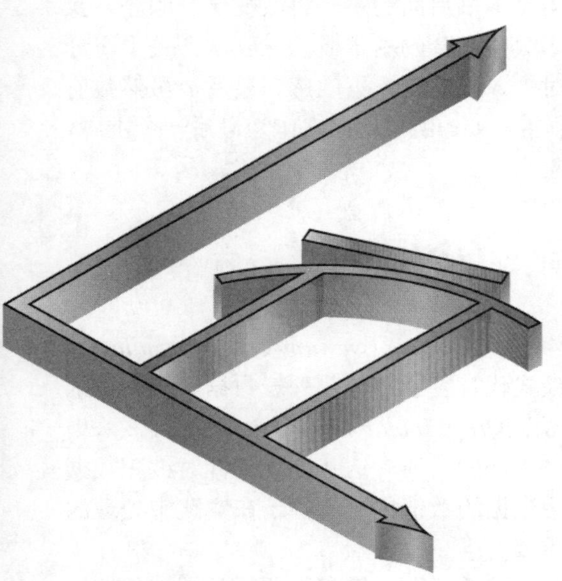

积分是微分的逆运算。就像微分用差额来量化瞬时过程那样，积分包括对瞬时信息求和，得到其在区间上的总量。因此，如果知道了速度关于时间的函数，那么可以用积分来计算通过的距离：

$$y(t)=\int_0^t v(t)\,dt$$

如图 PT5-1(b)所示，如果函数位于横坐标的上方，那么积分在图形上表示曲线 $v(t)$下方从 $0\sim t$ 所包围的面积。因此，正如将微分看成斜率那样，积分可以被想象成总和。

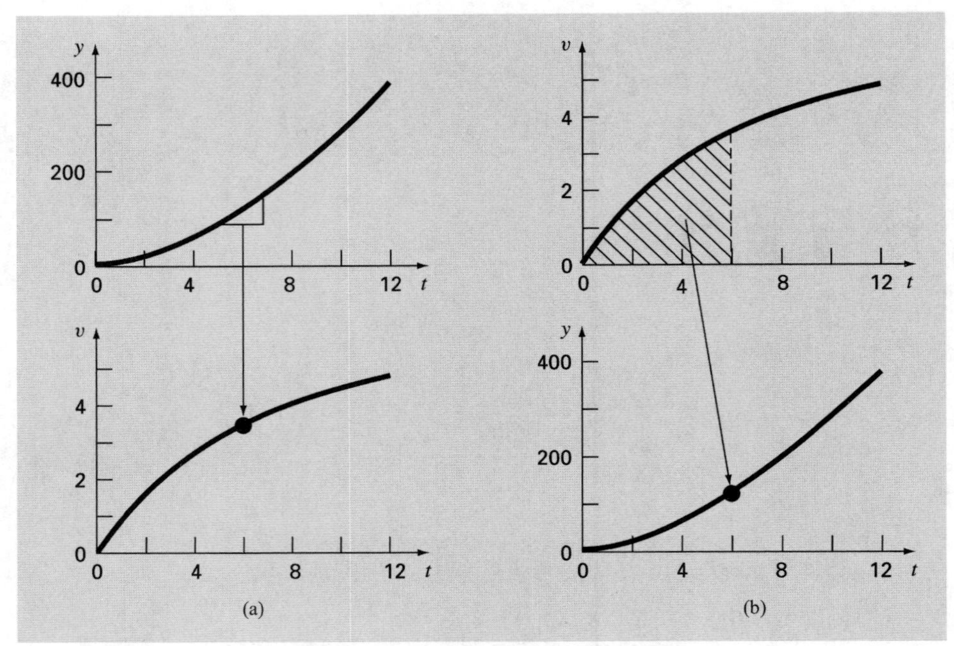

图 PT5-1 (a)微分与(b)积分的对比

由于微分与积分的关系密切，因此我们选择在本书的这一部分专门介绍这两个过程。除了其他的原因之外，这样做也创造了机会，可以从数值的角度突出二者的相似之处与差异。而且，这些内容也与本书的下一部分有关，在那里我们将介绍微分方程。

虽然在微积分中微分是先于积分讲授的，但是本书后面的章节将改变这个顺序。我们这样做有几个理由。首先，第 4 章已经介绍了数值微分的基本概念。其次，关于积分的数值方法发展得更快一些，部分原因是积分对舍入误差比较不敏感。最后，虽然数值微分的应用不广，但是它对于微分方程的求解非常重要。所以，把它作为最后一个主题，放在第Ⅵ部分讲述微分方程之前进行介绍是有意义的。

内容组织

第 19 章叙述最常用的数值积分方法——牛顿-科特斯公式(*Newton-Cotes formulas*)。这个公式的基本思想是，用容易积分的简单多项式代替复杂函数或列表数据。该章详细讨论了应用最广的三种牛顿-科特斯公式：梯形法则(*trapezoidal rule*)、辛普森 1/3 法则(*Simpson's 1/3 rule*)和辛普森 3/8 法则(*Simpson's 3/8 rule*)。所有这些公式都针对被积数据等距的情况的。除此之外，我们还讨论了不等距数据的数值积分。由于在实践中处理的很多数据都是不等距的，因此这部分内容非常重要。

前面的内容都是关于闭型积分(*closed integration*)的，即函数在积分区间端点处的取值是已知的。在第 19 章的最后，我们给出了开型积分公式(*open integration formulas*)，其中的积分限超出了已知数据的范围。虽然在定积分中一般不会用到开型积分，但是由于第Ⅵ部分的常微分方程求解中用到了它们，所以在此也一并介绍。

第 19 章中给出的公式既可用于分析列表数据，又可用于分析方程。第 20 章介绍专门用于处理方程和函数的两类方法：龙贝格积分(*Romberg integration*)和高斯求积(*Gauss quadrature*)。该章给出了两类方法的计算机算法。除此之外，还讨论了自适应积分(*adaptive integration*)。

在第 21 章中，我们在第 4 章的基础上补充了一些数值微分(*numerical differentiation*)的知识，内容包括高精度有限差分公式(*high-accuracy finite-difference formulas*)、理查森外推法(*Richardson extrapolation*)和不等距数据的微分。同时，还讨论了误差对数值微分和积分的影响。

第 19 章 数值积分公式

本章目标

本章的主要目标是介绍数值积分，具体内容和主题包括：

- 知道牛顿-科特斯求积公式的基本策略是：用容易积分的多项式代替复杂函数和列表数据。
- 会使用以下单区间上的牛顿-科特斯公式：
  - 梯形法则
  - 辛普森 1/3 法则
  - 辛普森 3/8 法则
- 会使用下面的复合牛顿-科特斯公式：
  - 梯形法则
  - 辛普森 1/3 法则
- 知道像辛普森 1/3 法则这样的偶数-区间-奇数-结点公式所达到的精度比预期的要高。
- 会使用梯形法则计算不等距数据的积分。
- 理解开型和闭型积分公式的区别。

提出问题

回顾前文可知，自由降落的蹦极运动员的速度与时间的函数关系为：

$$v(t)=\sqrt{\frac{gm}{c_d}}\tanh\left(\sqrt{\frac{gc_d}{m}}t\right) \tag{19.1}$$

假设想知道蹦极运动员下降 t 时间后的垂直位移。那么通过积分可以得到这个位移：

$$z(t)=\int_0^t v(t)\,dt \tag{19.2}$$

将式(19.1)代入式(19.2)得到：

$$z(t)=\int_0^t \sqrt{\frac{gm}{c_d}}\tanh\left(\sqrt{\frac{gc_d}{m}}t\right)dt \tag{19.3}$$

因此，积分提供了经由速度计算位移的一种方法。用微积分求解式(19.3)得到：

$$z(t)=\frac{m}{c_d}\ln\left[\cosh\left(\sqrt{\frac{gc_d}{m}}t\right)\right] \tag{19.4}$$

虽然对这个问题可以求出闭型解，但是还有一些其他的函数无法通过解析方法积分。而且，如果可以通过某些方法测量出蹦极运动员在下落的不同时刻所具有的速度，那么这些速度与时间的关系将由离散数据表给出。在这种情况下，位移也可能要通过对离散数据进行积分来确定。对于上述两种情况，数值积分方法都可以用于求解。第 19 章和第 20 章将介绍一些这样的方法。

19.1　导论和背景

19.1.1　什么是积分

按照字典定义，积分的意思是“作为部分，使成整体；使一体化；指出……的总量”。在数学上，积分的定义为：用下式表示函数 $f(x)$关于自变量 x 在区间 $x=a$ 到 $x=b$ 上的积分。

$$I=\int_a^b f(x)\,dx \tag{19.5}$$

就像字典定义所说的那样，式(19.5)的“意思”是 $f(x)dx$ 在区间 $x=a$ 到 $x=b$ 的总量或总和。其实，符号 $\int$ 是一个程式化的大写字母 S，用于表示积分与求和之间的紧密联系。

图 19.1 是这个概念的示意图。对于 x 轴上方的函数，由式(19.5)表示的积分对应于 $f(x)$曲线下方、$x=a$ 到 $x=b$ 之间的面积。

数值积分有时候也称为求积。这是一个古老的术语，它的最初意思是构造一个与某些曲线图形面积相等的正方形。现在，术语求积(*quadrature*)一般被当成数值定积分的同义词。

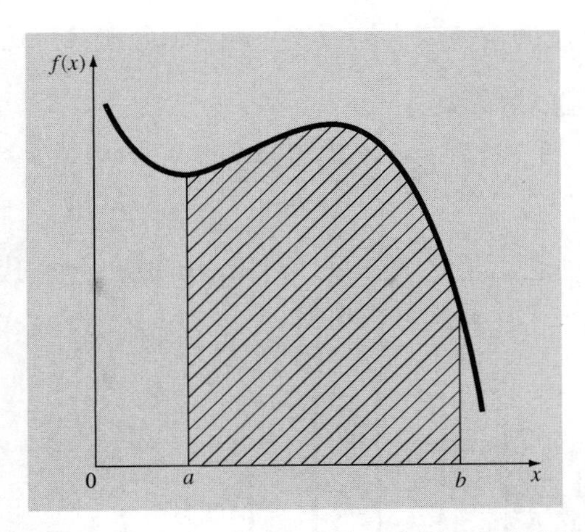

图 19.1　$f(x)$在积分限 $x=a$ 到 $x=b$ 之间积分的示意图，积分值等于曲线下方的面积

19.1.2　工程和科学中的积分

积分在工程和科学中有很多应用，大学一年级的微积分课程中就要求学会计算积分。在工程和科学的所有领域都可以找到这类应用的许多例子。大量例子与积分作为曲线下方面积的思想直接相关。图 19.2 就给出了积分用于这方面的一些实例。

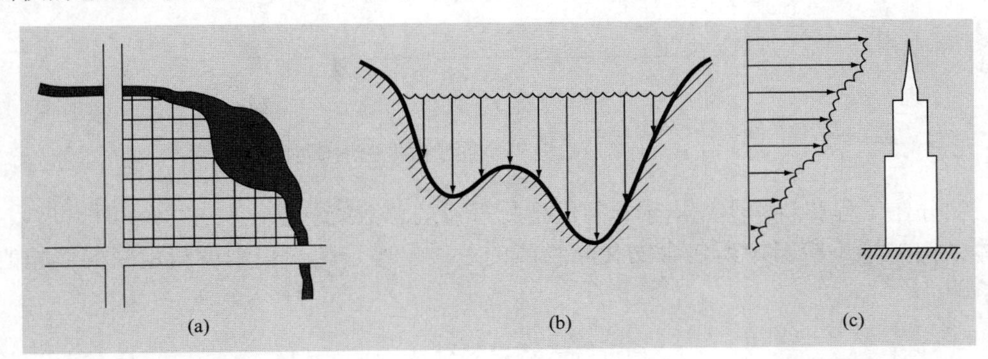

图 19.2　积分在工程和科学应用中用于计算面积的例子：(a)测量员可能想知道由蜿蜒的河流与两条公路所围区域的面积，(b)某水文学者可能想知道河流的横截面积，(c)结构工程师可能想知道当不均匀的风吹向大厦一侧时大厦受到的合力

其他常用的例子与积分和求和的相似性有关。例如，积分常用来计算连续函数的均值。n 个离散数据点的均值可如下计算[式(14.2)]：

$$\text{均值}=\frac{\sum_{i=1}^{n} y_i}{n} \tag{19.6}$$

式中 y_i 是单个测量值。离散数据点均值的确定如图 19.3(a)所示。

相反，假设 y 是自变量 x 的连续函数，如图 19.3(b)所示。此时，在 a~b 之间存在无穷多个点。就像式(19.6)可以用来计算离散读数的均值一样，读者也许会对计算连续

函数 $y=f(x)$在区间 $a\sim b$ 上的均值或平均值感兴趣。积分就具有这种用途，正如下式所表示的那样：

$$均值=\frac{\int_a^b f(x)\,\mathrm{d}x}{b-a} \tag{19.7}$$

工程和科学中大量地应用了这个公式。例如，机械和土木工程用它来计算不规则物体的重心，电机工程用它来计算均方根电流。

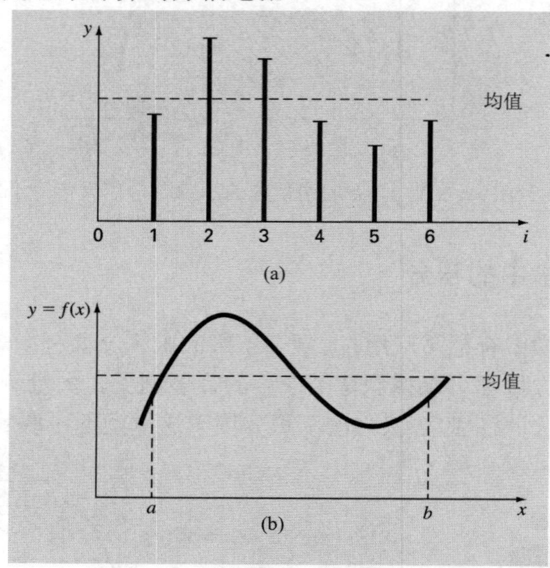

图 19.3　(a)离散数据和(b)连续数据的均值示意图

积分在工程和科学中还用于计算给定物理量的总数或总量。积分区间可以是线、面和体。例如，反应器中所包含的化学物质的总质量等于化学物浓度与反应器体积的乘积，即：

$$质量=浓度\times体积$$

其中浓度的单位是每单位体积的质量。然而，假如反应器中各个部位的浓度不同，那么就需要对局部浓度 c_i 和相应的单元体积$\triangle V_i$的乘积进行求和：

$$质量=\sum_{i=1}^{n} c_i \Delta V_i$$

式中 n 是离散体积的个数。对于连续的情况，$c(x, y, z)$是已知函数，自变量 x、y 和 z 代表笛卡儿坐标中的位置，那么积分同样可以用于计算：

$$质量=\iiint c(x, y, z)\,dx\,dy\,dz$$

或者

$$质量 = \iiint_V c(V)\,dV$$

这个式子被称为体积分(*volume integral*)。注意求和与积分之间的高度相似性。

工程和科学的其他领域也存在类似的例子。例如，通过平面的总能量是：

$$流量 = \iint_A \text{flux}\,dA$$

式中流量是位置的函数，A = 面积。这个式子被称为面积分(*areal integral*)。

在职业生涯中，我们可能会有规律地遇到少数几类积分的应用性问题。如果被积函数比较简单，那么一般可以选择用解析的方法来计算它们。然而，如果函数非常复杂，这是更接近实际例子中的典型情况，那么解析求解往往变得困难，甚至是不可能的。另外，被积函数通常是未知的，仅仅由离散点上的测量值定义。对于这两种情况，都可以使用下面介绍的数值求积方法来计算近似值。

19.2 牛顿-科特斯公式

牛顿-科特斯公式(*Newton-Cotes formulas*)是最常用的数值求积公式。它们的基本想法是，用容易积分的多项式代替复杂函数或列表数据：

$$I = \int_a^b f(x)\,dx \cong \int_a^b f_n(x)\,dx \tag{19.8}$$

式中 $f_n(x)$ = 具有如下形式的多项式：

$$f_n(x) = a_0 + a_1x + \cdots + a_{n-1}x^{n-1} + a_nx^n \tag{19.9}$$

式中 n 是多项式的次数。例如，图 19.4(a)中用一次多项式(一条直线)进行逼近，在图 19.4(b)中则使用了抛物线。

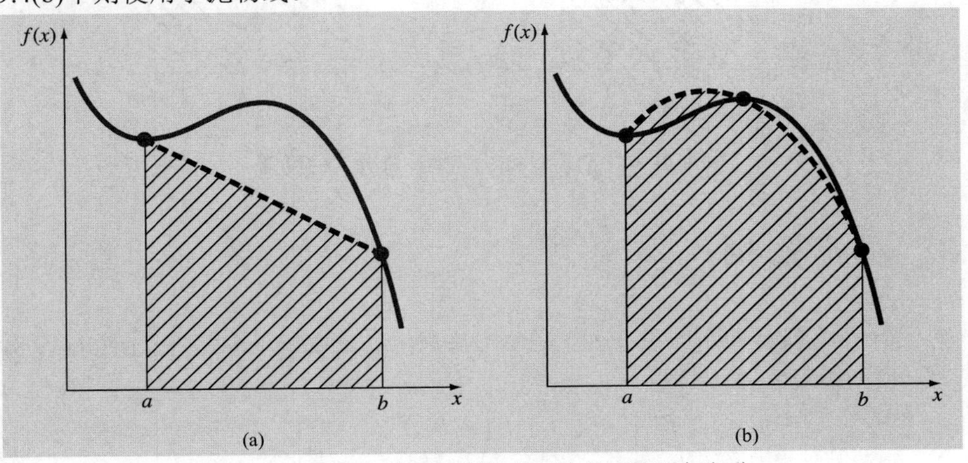

图 19.4 用(a)直线和(b)抛物线下方的面积近似积分

如果采用一组分段多项式代替等间距区间上的函数或数据，同样可以逼近积分。例如，图 19.5 中用 3 条直线段近似积分。高次多项式也可以用于这个方面。

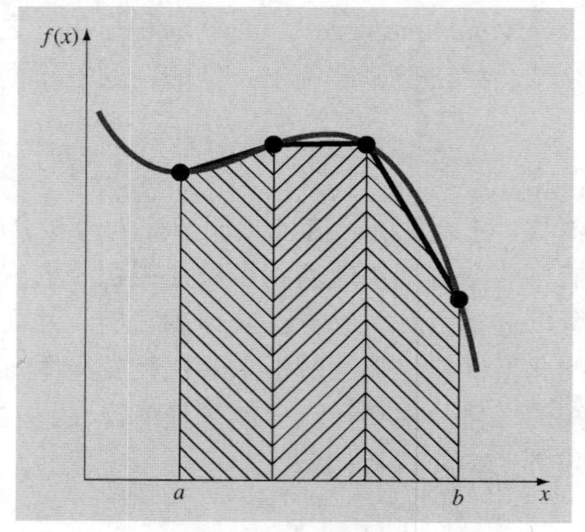

图 19.5 用 3 条直线段下方的面积近似积分

牛顿-科特斯公式分为开型和闭型两种。在闭型(*closed forms*)公式中，积分上下限所对应的数据点是已知的[见图 19.6(a)]；而开型(*open forms*)公式的积分限则超出了数据范围[见图 19.6(b)]。本章重点讲解闭型公式，仅在 19.7 节对开型牛顿-科特斯公式进行简单介绍。

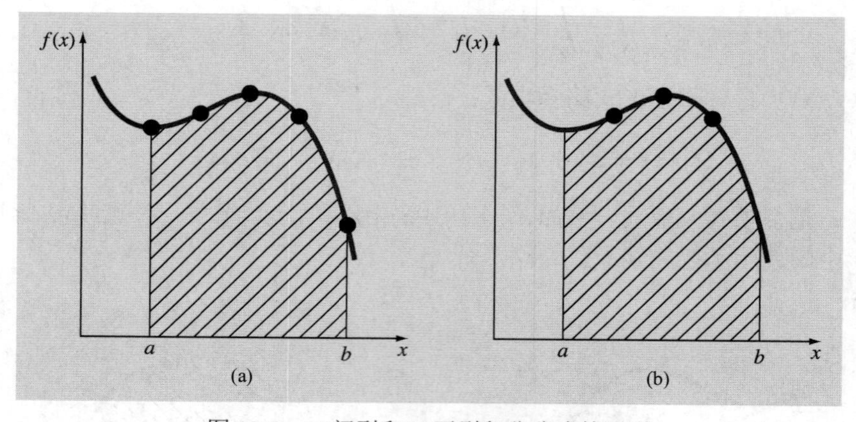

图 19.6 (a)闭型和(b)开型积分公式的区别

19.3 梯形法则

第一个牛顿-科特斯闭型积分公式是梯形法则(*trapezoidal rule*)。它对应式(19.8)中多项式为一次的情况：

$$I = \int_a^b \left[f(a) + \frac{f(b) - f(a)}{b - a}(x - a) \right] dx \tag{19.10}$$

积分的结果是：

$$I = (b-a)\frac{f(a)+f(b)}{2} \tag{19.11}$$

这个公式被称为梯形法则。

从几何上看，梯形法则相当于用图 19.7 中连接 $f(a)$和 $f(b)$的直线下方的梯形面积近似积分。回顾几何学公式，梯形的面积等于高乘以两底的算术平均。对于我们的问题，概念是一样的，只不过梯形是侧放的。因此，积分的估计值可表示为：

$$I = 宽 \times 平均高 \tag{19.12}$$

或者

$$I = (b-a) \times 平均高 \tag{19.13}$$

对于梯形公式，此处的平均高是函数在两个端点取值的平均数，或者$[f(a)+f(b)]/2$。

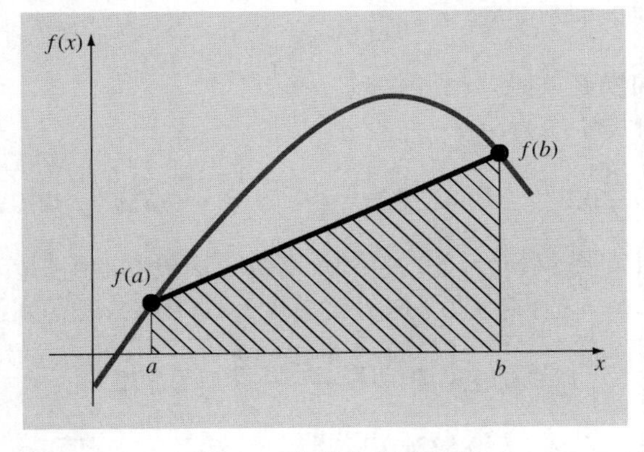

图 19.7　梯形公式示意图

所有的牛顿-科特斯闭型公式都可以表示成式(19.13)的一般形式。也就是说，它们的区别仅仅在于平均高的计算方法不同。

19.3.1　梯形法则的误差

当我们用直线段下的积分代替曲线下的积分时，很明显引入了误差(见图19.8)。单区间梯形法则的局部截断误差的估计值是：

$$E_t = -\frac{1}{12}f''(\xi)(b-a)^3 \tag{19.14}$$

式中 ξ 是区间 a~b 上的某个点。式(19.14)表明，对于线性的被积函数，梯形法则的计算结果是精确的，因为直线的二阶导数等于 0。否则，如果函数存在二阶或更高阶导数(也就是曲率)，那么就会产生一些误差。

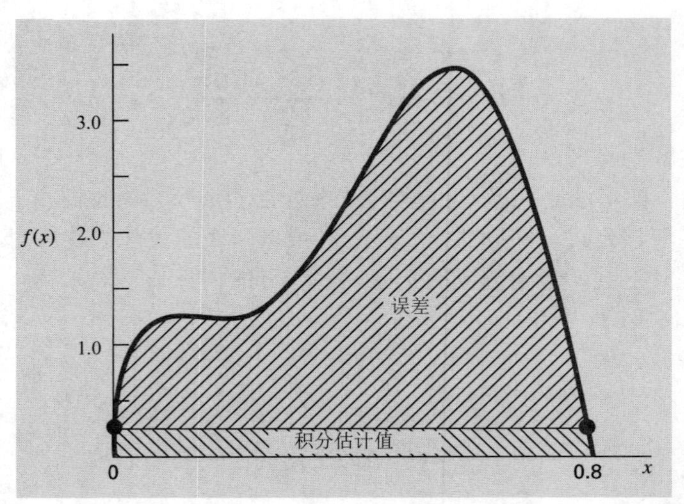

图19.8 用单区间梯形法则近似$f(x)=0.2+25x-200x^2+675x^3-900x^4+400x^5$在$x$取区间0~0.8时积分的示意图

例 19.1 单区间梯形法则

问题描述：请用式(19.11)计算

$$f(x)=0.2+25x-200x^2+675x^3-900x^4+400x^5$$

在$a=0$到$b=0.8$上的数值积分。注意，通过解析方法可以求出积分的精确值为1.640533。

解：将函数值$f(0)=0.2$和$f(0.8)=0.232$代入式(19.11)，得到：

$$I=(0.8-0)\frac{0.2+0.232}{2}=0.1728$$

这个结果的误差是$E_t=1.640\,533-0.1728=1.467\,733$，相应的百分比相对误差为$\varepsilon_t=89.5\%$。从图 19.8 中可以清楚地看出产生这么大误差的原因。注意，直线下的面积忽略了位于直线上方的很大一部分积分区域。

在实际应用中，我们事先不可能知道真实值。因此，需要给出一个近似的误差估计。为此，对原函数微分两次，得到函数在区间上的二阶导数：

$$f''(x)=-400+4{,}050x-10{,}800x^2+8{,}000x^3$$

二阶导数的平均值如下计算[式(19.7)]：

$$\bar{f}''(x)=\frac{\int_0^{0.8}(-400+4{,}050x-10{,}800x^2+8{,}000x^3)\,dx}{0.8-0}=-60$$

将它代入式(19.14)得到：

$$E_a=-\frac{1}{12}(-60)(0.8)^3=2.56$$

这个值与真实误差位于同一量级，符号也相同。当然，两者之间确实存在差别，这是因为当区间达到这种尺度时，二阶导数的平均值已经不能精确地逼近 $f''(\xi)$ 了。因此，我们用符号 E_a 表示误差的近似值，而用 E_t 表示精确值。

19.3.2　复合梯形法则

提高梯形法则精度的一种办法是，将 a~b 积分区间分成很多个小区间，在每个小区间上应用梯形法则(见图19.9)。然后将各个小区间上的面积加起来，得到整个区间上的积分值。这样得到的公式称为复合(*composite*)或者多区间(*multiple-segment*)积分公式(*integration formulas*)。

图 19.9 显示了我们用来描述复合积分的通用格式和术语。图中有 n+1 个等距基点(x_0, x_1, …, x_n)。相应地，有 n 个等宽的小区间：

$$h = \frac{b-a}{n} \tag{19.15}$$

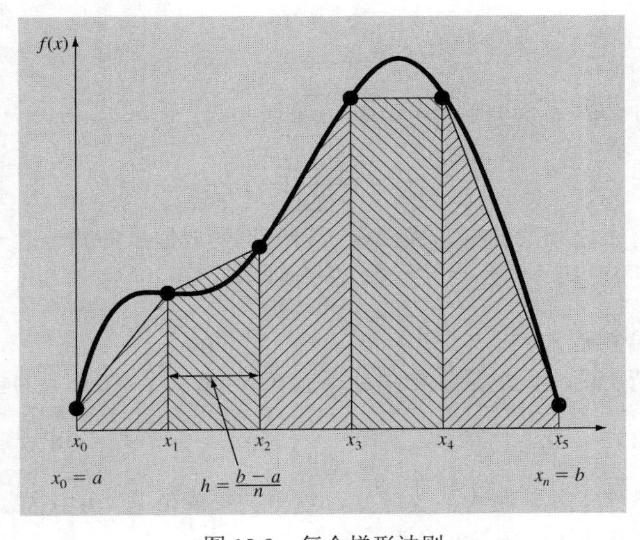

图 19.9　复合梯形法则

如果将 a 和 b 分别记为 x_0 和 x_n，那么总的积分可以表示为：

$$I = \int_{x_0}^{x_1} f(x)\,dx + \int_{x_1}^{x_2} f(x)\,dx + \cdots + \int_{x_{n-1}}^{x_n} f(x)\,dx$$

用梯形法则替换每个积分，得到：

$$I = h\frac{f(x_0)+f(x_1)}{2} + h\frac{f(x_1)+f(x_2)}{2} + \cdots + h\frac{f(x_{n-1})+f(x_n)}{2} \tag{19.16}$$

或者，合并同类项：

$$I = \frac{h}{2}\left[f(x_0) + 2\sum_{i=1}^{n-1} f(x_i) + f(x_n)\right] \tag{19.17}$$

或者，利用式(19.15)，将式(19.17)表示成式(19.13)所示的一般形式：

$$I = \underbrace{(b-a)}_{\text{宽}} \underbrace{\frac{f(x_0) + 2\sum_{i=1}^{n-1} f(x_i) + f(x_n)}{2n}}_{\text{平均高}} \tag{19.18}$$

因为分子中 $f(x)$ 的系数之和除以 $2n$ 等于 1，所以平均高代表函数值的加权平均。根据式(19.18)，内点的权重是两个端点 $f(x_0)$ 和 $f(x_n)$ 的两倍。

将每个小区间的误差加起来，得到复合梯形法则的误差，即：

$$E_t = -\frac{(b-a)^3}{12n^3} \sum_{i=1}^{n} f''(\xi_i) \tag{19.19}$$

其中 $f''(\xi_i)$ 是第 i 个小区间中点 ξ_i 处的二阶导数，这个结果还可以简化，估计出二阶导数在整个积分区间上的均值或平均值：

$$\bar{f}'' \approx \frac{\sum_{i=1}^{n} f''(\xi_i)}{n} \tag{19.20}$$

于是 $\sum f''(\xi_i) \cong n\bar{f}''$，并且式(19.19)可以重新写为：

$$E_a = -\frac{(b-a)^3}{12n^2} \bar{f}'' \tag{19.21}$$

因此，如果将小区间数翻倍，那么截断误差将变成原来的四分之一。注意，由于式(19.20)在本质上是近似的，因此式(19.21)是近似误差。

例 19.2　复合梯形法则

问题描述：请用两区间梯形法则估计下式在 $a = 0$ 到 $b = 0.8$ 上的积分值。

$$f(x) = 0.2 + 25x - 200x^2 + 675x^3 - 900x^4 + 400x^5$$

用式(19.21)估计误差。回顾前文可知，积分的精确值是 1.640533。

解：取 $n = 2(h = 0.4)$，得到

$$f(0) = 0.2 \qquad f(0.4) = 2.456 \qquad f(0.8) = 0.232$$

$$I = 0.8\frac{0.2 + 2(2.456) + 0.232}{4} = 1.0688$$

$$E_t = 1.640533 - 1.0688 = 0.57173 \qquad \varepsilon_t = 34.9\%$$

$$E_a = -\frac{0.8^3}{12(2)^2}(-60) = 0.64$$

其中−60 是前面例 19.1 中算出的二阶导数的平均值。

表 19.1 中总结了例 19.2 的结果，以及三到十区间梯形法则的计算结果。注意误差是如何随着小区间数的增加而减小的，另一方面也会注意到误差减小的速率逐渐变得缓慢。这是因为误差与 n 的平方成反比[式(19.21)]。因此，区间数翻倍后，误差变为原来的四

分之一。在后面的章节中，我们将介绍精度更高的高阶公式，当小区间数增加时，它们会更快地收敛于真实积分值。不过，在介绍这些公式之前，我们先讨论如何用 MATLAB 实现梯形法则。

表 19.1　用复合梯形法则估计 $f(x)=0.2+25x-200x^2+675x^3-900x^4+400x^5$ 在 x 取区间 0~0.8 时积分的结果，精确值是 1.640533

n	h	I	$\varepsilon_t(\%)$
2	0.4	1.0688	34.9
3	0.2667	1.3695	16.5
4	0.2	1.4848	9.5
5	0.16	1.5399	6.1
6	0.1333	1.5703	4.3
7	0.1143	1.5887	3.2
8	0.1	1.6008	2.4
9	0.0889	1.6091	1.9
10	0.08	1.6150	1.6

19.3.3　MATLAB M 文件：trap

下面的 M 文件给出了执行复合梯形法则的一个简单算法。将被积函数、积分限和小区间数输入 M 文件，然后按照式(19.18)，用一个循环来计算积分：

```
function I = trap(func,a,b,n,varargin)
% trap: composite trapezoidal rule quadrature
%   I = trap(func,a,b,n,pl,p2,...):
%                composite trapezoidal rule
% input:
%   func = name of function to be integrated
%   a, b = integration limits
%   n = number of segments (default = 100)
%   pl,p2,... = additional parameters used by func
% output:
%   I = integral estimate

if nargin<3,error('at least 3 input arguments required'),end
if ~(b>a),error('upper bound must be greater than lower'),end
if nargin<4|isempty(n),n = 100;end
x = a; h = (b - a)/n;
s = func(a,varargin{:});
for i = 1 : n-1
  x = x + h;
  s = s + 2*func(x,varargin{:});
end
s = s + func(b,varargin{:});
I = (b - a) * s/(2*n);
```

这个 M 文件可以用来计算式(19.3)中的积分，以确定自由落体蹦极运动员在最初 3s 内下降的距离。对于这个例子，假设参数如下：$g = 9.81\text{m/s}^2$，$m = 68.1\text{kg}$ 和 $c_d = 0.25\text{kg/m}$。注意，根据式(19.4)可以算出积分的精确值为 41.94805。

被积函数可以写成 M 文件或匿名函数：

```
>> v = @(t) sqrt(9.81*68.1/0.25)*tanh(sqrt(9.81*0.25/68.1)*t)

v =
   @(t) sqrt(9.81*68.1/0.25)*tanh(sqrt(9.81*0.25/68.1)*t)
```

首先，让我们用粗糙的五区间近似来估计积分：

```
>> format long
>> trap(v,0,3,5)

ans =
  41.86992959072735
```

和我们预期的一样，这个结果的真实误差相对较高，为 18.6%。为了得到更加精确的结果，我们可以用 10 000 个小区间来计算非常精细的近似值：

```
>> trap(v,0,3,10000)

x =
  41.94804999917528
```

这个结果非常接近于真实值。

19.4 辛普森法则

除了在更细的区间上应用梯形法则之外，另一种获得高精度积分估计值的方法是用高次多项式连接数据点。例如，若在 $f(a)$和 $f(b)$之间另外添加一个中点，那么这三个点可以用抛物线相连[见图 19.10(a)]。如果 $f(a)$和 $f(b)$之间还有两个等间距点，那么这四个点可以用三次多项式相连[见图 19.10(b)]。由这些多项式下的积分推导出来的公式称为辛普森法则(*Simpson's rules*)。

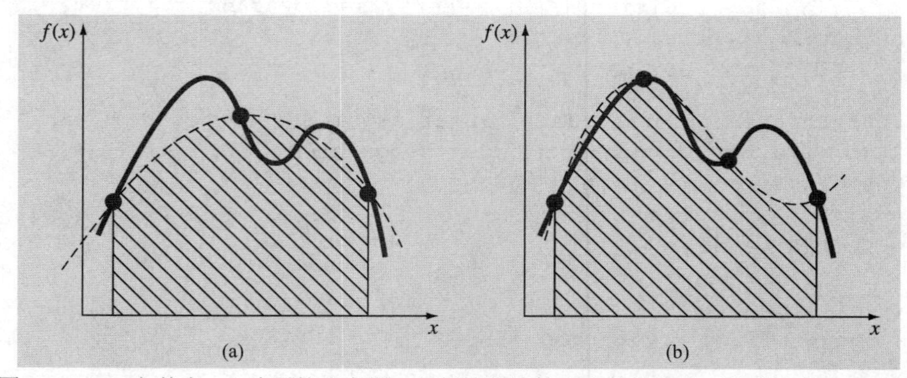

图 19.10 (a)辛普森 1/3 法则的示意图：包括选取连接三点的抛物线下方的面积。(b)辛普森 3/8 法则的示意图：包括选取连接四点的三次多项式下方的面积

19.4.1　辛普森 1/3 法则

当式(19.8)中的多项式为二次时，对应于辛普森 1/3 法则：

$$I = \int_{x_0}^{x_2} \left[\frac{(x-x_1)(x-x_2)}{(x_0-x_1)(x_0-x_2)} f(x_0) + \frac{(x-x_0)(x-x_2)}{(x_1-x_0)(x_1-x_2)} f(x_1) + \frac{(x-x_0)(x-x_1)}{(x_2-x_0)(x_2-x_1)} f(x_2) \right] dx$$

其中 a 和 b 分别记为 x_0 和 x_2。积分的结果是：

$$I = \frac{h}{3}\left[f(x_0) + 4f(x_1) + f(x_2) \right] \tag{19.22}$$

此处，$h = (b-a)/2$。这个公式被称为辛普森 1/3 法则(*Simpson's 1/3 rule*)。标注“1/3”来源于 h 在式(19.22)中被除以 3 的事实。辛普森 1/3 法则还可以表示成式(19.13)的形式：

$$I = (b-a)\frac{f(x_0) + 4f(x_1) + f(x_2)}{6} \tag{19.23}$$

其中 $a = x_0$，$b = x_2$，$x_1 = a$ 和 b 的中点，取值为$(a+b)/2$。注意，根据式(19.23)，中点的权重是三分之二，而两个端点的权重是六分之一。

可以证明，单区间辛普森 1/3 法则的截断误差为：

$$E_t = -\frac{1}{90} h^5 f^{(4)}(\xi)$$

或者，由于 $h = (b-a)/2$，得到：

$$E_t = -\frac{(b-a)^5}{2880} f^{(4)}(\xi) \tag{19.24}$$

其中 ξ 位于 a~b 之间。因此，辛普森 1/3 法则比梯形法则精确。而且，与式(19.14)比较后发现，它比预期的还要精确。误差不是与三阶导数成正比，而是正比于四阶导数。相应地，辛普森 1/3 法则虽然只基于三个点，但却具有三阶精度。换句话说，它虽然是由抛物线推导出来的，但却能对三次多项式精确成立。

例 19.3　单区间辛普森 1/3 法则

问题描述：利用式(19.23)计算下列方程在 $a = 0$ 到 $b = 0.8$ 上的积分。

$$f(x) = 0.2 + 25x - 200x^2 + 675x^3 - 900x^4 + 400x^5$$

解：取 $n = 2(h = 0.4)$，得到

$$f(0) = 0.2 \qquad f(0.4) = 2.456 \qquad f(0.8) = 0.232$$

$$I = 0.8\frac{0.2 + 4(2.456) + 0.232}{6} = 1.367467$$

$$E_t = 1.640533 - 1.367467 = 0.2730667 \qquad \varepsilon_t = 16.6\%$$

这个结果的精度比单区间梯形法则(例 19.1)提高了将近 5 倍。近似误差可估计为：

$$E_a = -\frac{0.8^5}{2880}(-2400) = 0.2730667$$

其中−2400 是四阶导数在区间上的平均值。和例 19.1 一样，由于四阶导数的平均值一般不能精确地逼近 $f^{(4)}(\xi)$，所以误差是近似的(E_a)。然而，因为本例中处理的是五次多项式，因此结果是完全吻合的。

19.4.2 复合辛普森 1/3 法则

就像梯形法则一样，将积分区间分成多个等距的小区间也可以提高辛普森法则的精度(见图 19.11)。总的积分表示为：

$$I = \int_{x_0}^{x_2} f(x)\,dx + \int_{x_2}^{x_4} f(x)\,dx + \cdots + \int_{x_{n-2}}^{x_n} f(x)\,dx \tag{19.25}$$

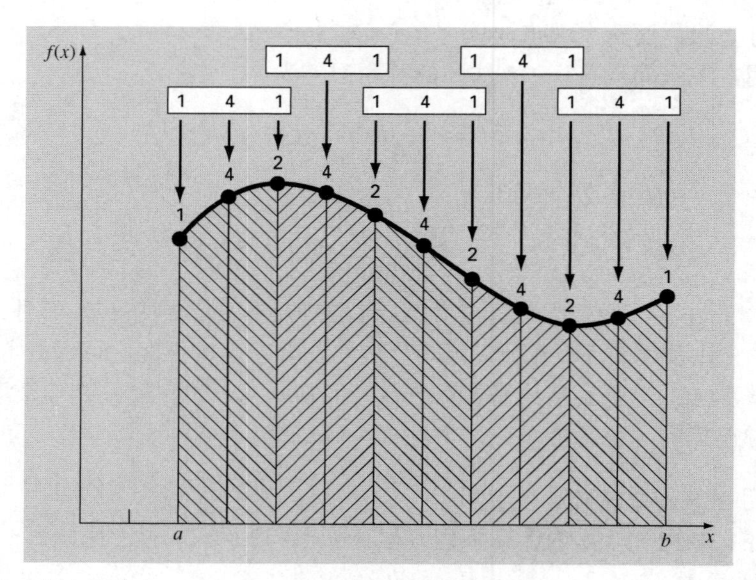

图 19.11 复合辛普森 1/3 法则。相应的权重标在了函数值上方。注意，只有当区间数为偶数时，才能应用这个方法

用辛普森 1/3 法则代替每个积分，得到：

$$I = 2h\frac{f(x_0)+4f(x_1)+f(x_2)}{6} + 2h\frac{f(x_2)+4f(x_3)+f(x_4)}{6} + \cdots + 2h\frac{f(x_{n-2})+4f(x_{n-1})+f(x_n)}{6}$$

或者，合并同类项，并应用式(19.15)，得到：

$$I=(b-a)\frac{f(x_0)+4\sum\limits_{i=1,3,5}^{n-1}f(x_i)+2\sum\limits_{j=2,4,6}^{n-2}f(x_j)+f(x_n)}{3n} \tag{19.26}$$

注意，如前面的图 19.11 所示，在该方法中使用的小区间个数必须为偶数。另外，式(19.26)中的系数 4 和 2 初看之下可能比较奇怪，但是，它们是由辛普森 1/3 法则很自然地推导出来的。如前面的图 19.11 所示，奇数点代表每个区间的中间项，由式(19.23)知它们的权重为 4。偶数点一般是区间的交点，因此权重为 2。

复合辛普森法则的误差估计方法和梯形法则一样，即将每个小区间的误差加起来，然后对导数求平均，得到：

$$E_a=-\frac{(b-a)^5}{180n^4}\bar{f}^{(4)} \tag{19.27}$$

其中 $\bar{f}^{(4)}$ 是四阶导数在区间上的平均值。

例 19.4　复合辛普森 1/3 法则

问题描述：取 $n=4$，利用式(19.26)估计以下方程在 $a=0$ 到 $b=0.8$ 上的积分。

$$f(x)=0.2+25x-200x^2+675x^3-900x^4+400x^5$$

用式(19.27)估计误差。回顾前文可知，积分的精确值为 1.640533。

解：取 $n=4(h=0.2)$，得到

$$\begin{aligned}&f(0)=0.2 &&f(0.2)=1.288\\&f(0.4)=2.456&&f(0.6)=3.464\\&f(0.8)=0.232\end{aligned}$$

由式(19.26)，得到：

$$I=0.8\frac{0.2+4(1.288+3.464)+2(2.456)+0.232}{12}=1.623467$$

$$E_t=1.640533-1.623467=0.017067\qquad \varepsilon_t=1.04\%$$

误差的估计值(式 19.27)为：

$$E_a=-\frac{(0.8)^5}{180(4)^4}(-2400)=0.017067$$

这个值是精确的(和例 19.3 的情况一样)。

如例 19.4 演示的那样，在大多数情况下复合辛普森 1/3 法则都比梯形法则优越。不过，如前文所述，它只能用于等距情形。而且，它只能用于小区间数为偶数、结点个数为奇数的情况。相应地，19.4.3 节将讨论被称为辛普森 3/8 法则的奇数-区间-偶数-结点公式，它可以与辛普森 1/3 法则联合使用，分别处理区间数为奇数和偶数的等距情况。

19.4.3 辛普森 3/8 法则

采用与梯形法则和辛普森 1/3 法则类似的推导过程，对四个点进行三次拉格朗日多项式拟合，然后积分得到：

$$I = \frac{3h}{8}\left[f(x_0) + 3f(x_1) + 3f(x_2) + f(x_3)\right]$$

其中 $h = (b-a)/3$。因为 h 乘以了 3/8，所以这个公式被称为辛普森 3/8 法则。它是第三个牛顿-科特斯闭型积分公式。辛普森 3/8 法则还可以表示成式(19.13)的形式：

$$I = (b-a)\frac{f(x_0) + 3f(x_1) + 3f(x_2) + f(x_3)}{8} \tag{19.28}$$

因此，两个内点的权重为 3/8，而端点的权重为 1/8。辛普森 3/8 法则的误差是：

$$E_t = -\frac{3}{80}h^5 f^{(4)}(\xi)$$

或者，由于 $h = (b-a)/3$：

$$E_t = -\frac{(b-a)^5}{6480} f^{(4)}(\xi) \tag{19.29}$$

由于式(19.29)的分母比式(19.24)的大，因此辛普森 3/8 法则比辛普森 1/3 法则稍微精确一些。

由于辛普森 1/3 法则只用了三个点就达到了三阶精度，而辛普森 3/8 法则却使用了四个点，因此一般优先使用前者。不过，当小区间个数为奇数时，就要用到辛普森 3/8 法则了。例如，在例 19.4 中，我们用辛普森法则计算函数在四个小区间上的积分。假如要计算五个小区间上的估计值，一种办法是像例 19.2 那样使用复合梯形公式。但是，这样做并不可取，因为该方法的截断误差比较大。另一种方法是在前两个小区间中使用辛普森 1/3 法则，在后三个小区间中使用辛普森 3/8 法则(见图 19.12)。这样，我们可以得到在整个区间上具有三阶精度的估计值。

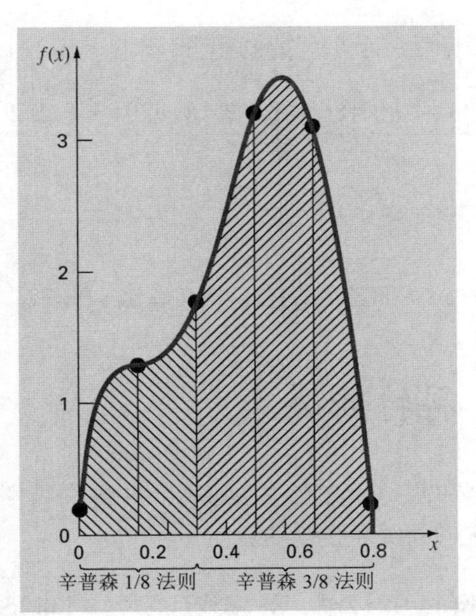

图 19.12　辛普森 1/3 法则和辛普森 3/8 法则可以联合起来应用于区间数为奇数的多区间情况

例 19.5　辛普森 3/8 法则

问题描述：(a) 用辛普森 3/8 法则计算如下方程在 $a = 0$ 到 $b = 0.8$ 上的积分。

$$f(x) = 0.2 + 25x - 200x^2 + 675x^3 - 900x^4 + 400x^5$$

(b) 用它和辛普森 1/3 法则一起计算同一个函数在五个小区间上的积分。

解：(a) 单区间辛普森 3/8 法则需要四个等距结点：

$$f(0) = 0.2 \qquad f(0.2667) = 1.432724$$
$$f(0.5333) = 3.487177 \qquad f(0.8) = 0.232$$

利用式(19.28)：

$$I = 0.8\frac{0.2 + 3(1.432724 + 3.487177) + 0.232}{8} = 1.51970$$

(b) 五区间算法($h = 0.16$)需要的数据有：

$$f(0) = 0.2 \qquad f(0.16) = 1.296919$$
$$f(0.32) = 1.743393 \qquad f(0.48) = 3.186015$$
$$f(0.64) = 3.181929 \qquad f(0.80) = 0.232$$

用辛普森 1/3 法则计算前两个小区间的积分：

$$I = 0.32\frac{0.2 + 4(1.296919) + 1.743393}{6} = 0.3803237$$

用辛普森 3/8 法则计算后三个小区间的积分：

$$I = 0.48\frac{1.743393 + 3(3.186015 + 3.181929) + 0.232}{8} = 1.264754$$

将两个结果加起来，得到总的积分值：

$$I = 0.3803237 + 1.264754 = 1.645077$$

19.5 高阶牛顿-科特斯公式

如前所述，梯形法则和两种辛普森法则都属于牛顿-科特斯闭型积分公式。表19.2总结了部分这类公式以及它们的截断误差估计。

表 19.2 牛顿-科特斯闭型积分公式。公式被表示成式(19.13)的形式，使得在估计平均高时各数据点的权重都一目了然。步长取 $h = (b-a)/n$

小区间数 (n)	结点数	名 称	公 式	结点误差
1	2	梯形法则	$(b-a)\dfrac{f(x_0)+f(x_1)}{2}$	$-(1/12)$ $h^3 f''(\xi)$
2	3	辛普森 1/3 法则	$(b-a)\dfrac{f(x_0)+4f(x_1)+f(x_2)}{6}$	$-(1/90)$ $h^5 f^{(4)}(\xi)$
3	4	辛普森 3/8 法则	$(b-a)\dfrac{f(x_0)+3f(x_1)+3f(x_2)+f(x_3)}{8}$	$-(3/80)$ $h^5 f^{(4)}(\xi)$
4	5	保尔法则	$(b-a)\dfrac{7f(x_0)+32f(x_1)+12f(x_2)+32f(x_3)+7f(x_4)}{90}$	$-(8/945)$ $h^7 f^{(6)}(\xi)$
5	6		$(b-a)\dfrac{19f(x_0)+75f(x_1)+50f(x_2)+50f(x_3)+75f(x_4)+19f(x_5)}{288}$	$-(275/12096)$ $h^7 f^{(6)}(\xi)$

注意，与辛普森 1/3 和 3/8 法则一样，五点和六点公式具有同阶误差。这个一般特性对点数更多的公式也成立，导致的结果是一般总是优先使用偶数-区间-奇数-结点公式(例如，辛普森 1/3 法则和保尔法则)。

然而，还必须强调的是，在工程和科学实际中，一般不使用高阶(多于四个点)的公式。辛普森法则对于大多数应用已经足够。如果想要提高精度，可以使用复合公式。而且，当函数表达式已知且需要提高精度时，第 20 章介绍的公式，如龙贝格积分或高斯求积等，可行性更高，更加吸引人。

19.6　非等距积分

到现在为止，我们介绍的数值积分公式都建立在数据点等距的基础之上。在实际中，很多情况下这个假设并不成立，我们需要处理非等距区间。例如，由实验导出的数据一般就是这种类型。对于这种情况，一种方法是在每个小区间上应用梯形法则，然后将结果加起来：

$$I = h_1\frac{f(x_0)+f(x_1)}{2} + h_2\frac{f(x_1)+f(x_2)}{2} + \cdots + h_n\frac{f(x_{n-1})+f(x_n)}{2} \tag{19.30}$$

其中 h_i 为第 i 个小区间的宽度。注意，这种方法和复合梯形法则一样；式(19.16)与式(19.30)的唯一区别是前一公式中的 h 为常数。

例 19.6　非等距小区间上的梯形法则

问题描述：表 19.3 中的信息由例 19.1 中的多项式生成。利用式(19.30)计算这些数据的积分。回顾前文可知，精确解为 1.640533。

表 19.3　$f(x)=0.2+25x-200x^2+675x^3-900x^4+400x^5$ 的采样，其中 x 的取值是非等距的

x	$f(x)$	x	$f(x)$
0.00	0.200000	0.44	2.842985
0.12	1.309729	0.54	3.507297
0.22	1.305241	0.64	3.181929
0.32	1.743393	0.70	2.363000
0.36	2.074903	0.80	0.232000
0.40	2.456000		

解：应用式(19.30)得到

$$I = 0.12\frac{0.2+1.309729}{2} + 0.10\frac{1.309729+1.305241}{2} + \cdots + 0.10\frac{2.363+0.232}{2} = 1.594801$$

这个结果的百分比相对误差的绝对值是 $\varepsilon_t = 2.8\%$。

19.6.1　MATLAB M 文件：trapuneq

对非等距数据实施梯形法则的简单算法如下所示。两个向量 x 和 y 分别存储要输入 M 文件的自变量和应变量。两段错误捕获代码用于确保两个向量是等长的并且 x 是按照升序排列的[1]，积分值在循环中创建。注意，考虑到 MATLAB 中数组的下标不能为 0，

1　diff 函数见 21.7.1 节。

所以我们修改了式(19.30)中的下标。

该 M 文件可以用来求解例 19.6 中的问题：

```
>> x = [0 .12 .22 .32 .36 .4 .44 .54 .64 .7 .8];
>> y = 0.2 + 25*x - 200*x.^2 + 675*x.^3 - 900*x.^4 + 400*x.^5;
>> trapuneq(x,y)

ans =
   1.5948
```

这个结果与例 19.6 完全相同。

```
function I = trapuneq(x,y)
% trapuneq: unequal spaced trapezoidal rule quadrature
%   I = trapuneq(x,y):
%   Applies the trapezoidal rule to determine the integral
%   for n data points (x, y) where x and y must be of the
%   same length and x must be monotonically ascending
% input:
%   x = vector of independent variables
%   y = vector of dependent variables
% output:
%   I = integral estimate

if nargin<2,error('at least 2 input arguments required'),end
if any(diff(x)<0),error('x not monotonically ascending'),end
n = length(x);
if length(y)~ = n,error('x and y must be same length'); end
s = 0;
for k = 1:n-1
  s = s + (x(k+1) - x(k))*(y(k)+ y(k +1))/2;
end
I = s;
```

19.6.2　MATLAB 函数：trapz 和 cumtrapz

MATLAB 具有一个内置函数 trapz，可以像刚刚在 19.6.1 节给出的 M 文件一样计算数据的积分。它的语法是：

```
z = trapz(x, y)
```

其中两个向量 x 和 y 分别存储自变量和应变量。下面是一段简单的 MATLAB 会话，用这个函数来计算表 19.3 中数据的积分：

```
>> x = [0 .12 .22 .32 .36 .4 .44 .54 .64 .7 .8];
>> y = 0.2 + 25*x - 200*x.^2 + 675*x.^3 - 900*x.^4 + 400*x.^5;
>> trapz(x,y)

ans =
   1.5948
```

除此之外，MATLAB 中还有另外一个函数 cumtrapz，用于计算累积积分。它的一种简单用法是：

```
z = cumtrapz(x, y)
```

其中两个向量 x 和 y 分别存储自变量和应变量，z 为向量，其元素 $z(k)$是从 $x(1)$到 $x(k)$的积分值。

例 19.7　利用数值积分法根据速度计算位移

问题描述：如本章开头时所述，积分很适合用来根据物体速度 $v(t)$计算它的位移 $z(t)$，即[回顾式(19.2)]：

$$z(t)=\int_0^t v(t)\,dt$$

假设我们已经测量出自由落体过程中一系列离散的不等距时间点处的速度。利用式(19.2)，综合计算 70kg 的蹦极运动员在阻尼系数为 0.275kg/m 条件下的位移。将速度舍入为最近的整数，引入一些随机误差。然后用 cumtrapz 计算下降的位移，并与解析解[式(19.4)]进行比较。此外，将解析解以及计算出的位移与速度的关系绘制在同一张图中。

解：部分不等距时间点和舍入后的速度可以如下产生

```
>> format short g
>> t = [0 1 1.4 2 3 4.3 6 6.7 8];
>> g = 9.81;m = 70;cd = 0.275;
>> v = round(sqrt(g*m/cd)*tanh(sqrt(g*cd/m)*t));
```

然后计算位移：

```
>> z = cumtrapz(t,v)

z =
   0  5  9.6  19.2  41.7  80.7  144.45  173.85  231.7
```

因此，8s 之后，蹦极运动员下降了 231.7m。这个结果与解析解[(式(19.4)]相当接近：

$$z(t)=\frac{70}{0.275}\ln\left[\cosh\left(\sqrt{\frac{9.81(0.275)}{70}}8\right)\right]=234.1$$

通过下面的命令生成数值和解析解，以及精确速度和舍入速度的图形：

```
>> ta = linspace(t(1),t(length(t)));
>> za = m/cd*log(cosh(sqrt(g*cd/m)*ta));
>> plot(ta,za,t,z,'o')
>> title('Distance versus time')
>> xlabel('t (s)'),ylabel('x (m)')
>> legend('analytical','numerical')
```

如图 19.13 所示，数值和解析结果吻合得很好。

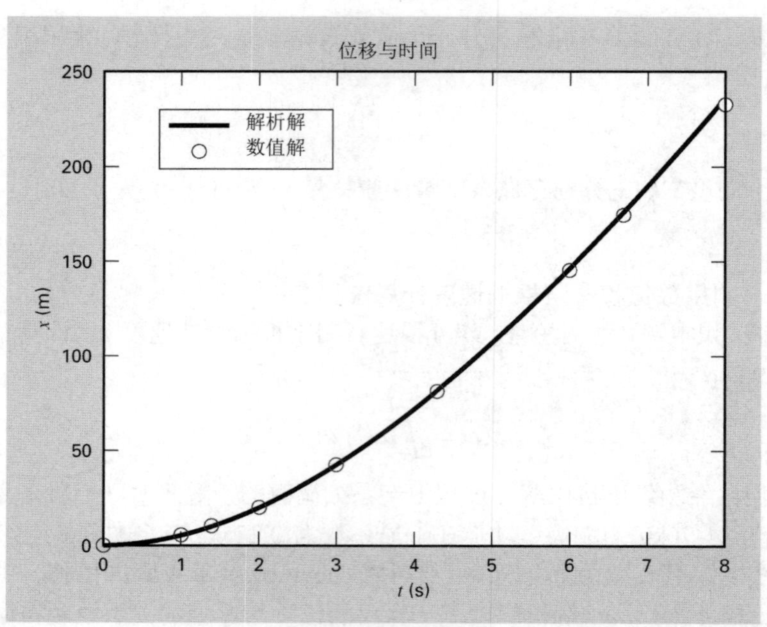

图 19.13 位移与时间的图形。实线是由解析解计算出来的，而圆点则是由 cumtrapz 函数数值计算的

19.7 开型方法

回顾图 19.6(b)，开型公式的积分限超出了数据范围。表 19.4 总结了牛顿-科特斯开型积分公式(*Newton-Cotes open integration formulas*)。公式被表示成式(19.13)的形式，因此可以清楚地看出加权因子。和闭型公式一样，每对相邻的公式具有同阶误差。由于达到同样精度时偶数-区间-奇数-结点公式需要的数据点比奇数-区间-偶数-结点公式少，所以一般优先使用前者。

虽然开型公式不常用于定积分，但是，它们可用来分析反常积分。此外，它们与第 22 章和第 23 章将要讨论的常微分方程的求解密切相关。

表 19.4 牛顿-科特斯开型积分公式。公式被表示成式(19.13)的形式，使得在估计平均高时各数据点的权重都一目了然。步长取 $h = (b-a)/n$

小区间数(n)	结点数	名 称	公 式	结点误差
2	1	中点公式	$(b-a)f(x_1)$	$(1/3)\,h^3 f''(\xi)$
3	2		$(b-a)\dfrac{f(x_1)+f(x_2)}{2}$	$(3/4)\,h^3 f''(\xi)$

(续表)

小区间数(n)	结点数	名 称	公　式	结点误差
4	3		$(b-a)\dfrac{2f(x_1)-f(x_2)+2f(x_3)}{3}$	$(14/45)\,h^5 f^{(4)}(\xi)$
5	4		$(b-a)\dfrac{11f(x_1)+f(x_2)+f(x_3)+11f(x_4)}{24}$	$(95/144)\,h^5 f^{(4)}(\xi)$
6	5		$(b-a)\dfrac{11f(x_1)-14f(x_2)+26f(x_3)-14f(x_4)+11f(x_5)}{20}$	$(41/140)\,h^7 f^{(6)}(\xi)$

19.8　多重积分

多重积分被广泛地应用于工程和科学中。例如，计算二维函数平均值的通用公式可写为[回顾式(19.7)]：

$$\bar{f}=\frac{\int_c^d\left(\int_a^b f(x,y)\,dx\right)}{(d-c)(b-a)} \tag{19.31}$$

分子被称为二重积分(*double integral*)。

本章(和第 20 章)讨论的方法都可用于计算多重积分。一个简单的例子是，计算矩形区间上函数的二重积分(见图 19.14)。

回顾微积分，这种积分可以通过累次积分计算：

$$\int_c^d\left(\int_a^b f(x,y)\,dx\right)dy=\int_a^b\left(\int_c^d f(x,y)\,dy\right)dx \tag{19.32}$$

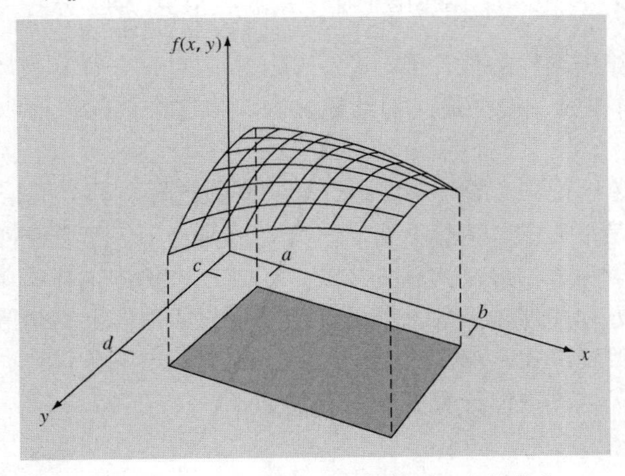

图 19.14　二重积分表示函数曲面下方的体积

因此，首先计算一个维度的积分。然后将第一次积分的结果沿第二个维度积分。式(19.32)表明积分的次序并不重要。

数值二重积分基于同样的思想。首先将第二个维度的取值保持不变，在第一个维度应用像复合梯形或辛普森法则这样的方法。然后用同样的方法计算第二个维度的积分。下面的例子说明了这种方法。

例 19.8 利用二重积分计算平均温度

问题描述：假设矩形受热平板上的温度由下列函数描述

$$T(x, y) = 2xy + 2x - x^2 - 2y^2 + 72$$

若平板 8m 长(x 方向)、6m 宽(y 方向)，试计算平均温度。

解：首先，我们仅在每个维度应用两区间梯形法则。必要的 x 和 y 值处的温度如图 19.15 所示。注意到这些值的简单平均为 47.33。还可以由函数表达式解析地计算出结果为 58.66667。

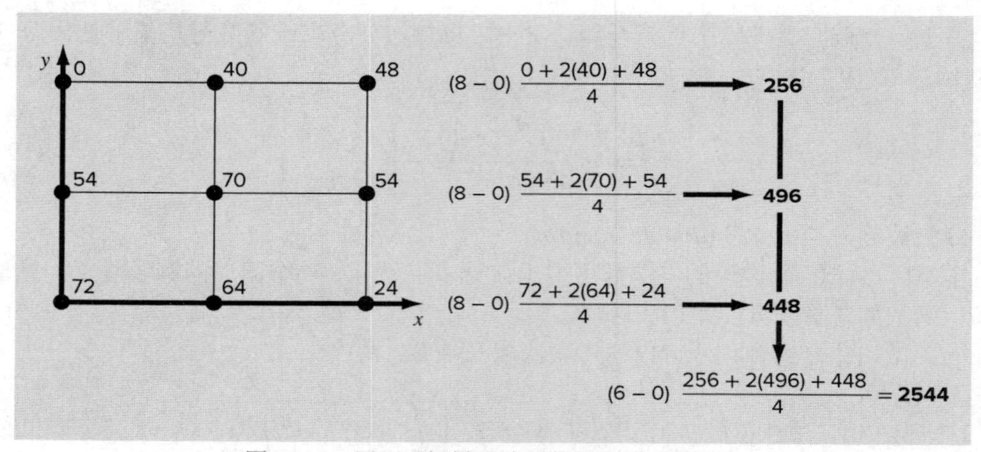

图 19.15 用两区间梯形法则数值计算二重积分

为了数值地计算出同样的估计值，首先沿 x 方向对每一个 y 应用梯形法则。然后将这些值沿着 y 方向积分，得到最终的结果2544。将这个值除以面积，得到平均温度为 $2544/(6\times8) = 53$。

现在我们采用单区间辛普森 1/3 法则进行同样的计算。积分的结果为 2816，平均之后为 58.66667，它是准确的。为什么会这样呢？回忆一下，辛普森 1/3 法则对于三次多项式是准确的。由于函数的最高次项为二次，因此在本例中同样得到了准确的结果。

对于高次代数方程和超越函数，必须使用复合公式来得到高精度的积分估计值。此外，如果给定了函数表达式，那么第 20 章介绍的方法比牛顿-科特斯公式的效率更高。它们提供了一种更优越的数值计算多重积分的途径。

MATLAB 函数：integral2 和 integral3

MATLAB拥有计算二重积分(integral2)和三重积分(integral3)的函数。integral2函数的一种简单用法为：

```
q = integral2(fun, xmin, xmax, ymin, ymax)
```

其中 q 是函数 *fun* 在 *xmin* 到 *xmax* 和 *ymin* 到 *ymax* 区域上的二重积分。

下面是用这个函数计算例 19.7 中二重积分的例子：

```
>> q = integral2(@(x,y) 2*x*y+2*x-x.^2-2*y.^2+72,0,8,0,6)

q =
      2816
```

19.9　案例研究：用数值积分计算功

背景：功的计算是工程和科学许多领域的重要组成部分。通用的公式为：

$$功 = 力 \times 位移$$

高中物理介绍这个概念时，只给出了作用力在整个位移过程中保持为常数的简单应用。例如，若用 10N 的力将石块推动 5m，那么计算出的功为 50J(1J = 1N・m)。

虽然这种简单计算对于介绍概念有用，但是实际问题往往复杂得多。例如，假设作用力在整个计算过程中变化，那么在这种情况下，功的计算公式可重新表示为：

$$W = \int_{x_0}^{x_n} F(x)\,dx \tag{19.33}$$

其中 W = 功(J)，x_0 和 x_n 分别表示起始和最终位置(m)，$F(x)$ = 力随位置变化的函数(N)。如果 $F(x)$易于积分，那么式(19.33)可以通过解析方法计算。然而，在实际问题中，作用力可能不是由这种形式给出的。事实上，在分析测量数据时，可能只有作用力的列表。此时，数值积分是完成计算的唯一可行途径。

如果作用力和位移方向之间的夹角也是随位置变化的函数(见图 19.16)，那么问题就更加复杂了。考虑到这个影响，功的计算公式被进一步修改为：

$$W = \int_{x_0}^{x_n} F(x) \cos[\theta(x)]\,dx \tag{19.34}$$

此时，如果 $F(x)$和 $\theta(x)$是简单函数，那么式(19.34)可以通过解析方法计算。然而，如图 19.16 所示，函数关系很可能是非常复杂的。对于这种情况，数值方法是计算积分的唯一途径。

假如要计算图 19.16 所示的情况：虽然图中给出的 $F(x)$和 $\theta(x)$都是连续的，但是假设受到实验的限制，这只能得到间距 $x = 5$m 的离散测量值(见表 19.5)。对于这些数据，可以用单区间和复合梯形法则以及辛普森 1/3 和 3/8 法则计算功。

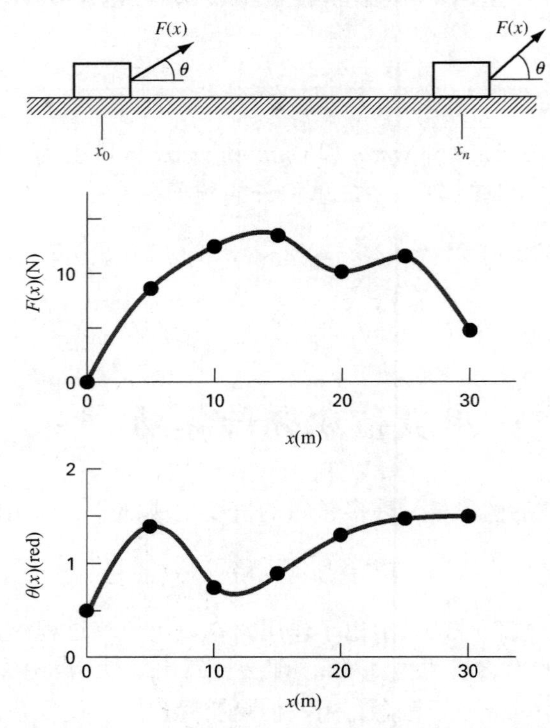

图 19.16 变力作用在石块上的情形，此时力的角度和大小都是变化的

表 19.5 力 $F(x)$和角度 $\theta(x)$与位置 x 的函数关系数据

x(m)	$F(x)$(N)	θ(弧度)	$F(x)\cos\theta$
0	0.0	0.50	0.0000
5	9.0	1.40	1.5297
10	13.0	0.75	9.5120
15	14.0	0.90	8.7025
20	10.5	1.30	2.8087
25	12.0	1.48	1.0881
30	5.0	1.50	0.3537

解：分析的结果如表 19.6 所示。对图 19.16 中的数据进行间距 1m 的采样，计算出积分真实值为 129.52，然后根据这个值计算百分比相对误差 ε_t。

表 19.6　用梯形法则和辛普森法则计算出的功的估计值。百分比相对误差 ε_t 根据积分真实值[129.52Pa]计算，这个真实值是由间距 1m 的采样估计出来的

方　法	小区间数	功	ε_t
梯形法则	1	5.31	95.9
	2	133.19	2.84
	3	124.98	3.51
	6	119.09	8.05
辛普森 1/3 法则	2	175.82	35.75
	6	117.13	9.57
辛普森 3/8 法则	3	139.93	8.04

这些结果很有意思，因为由简单的两区间梯形法则算出的积分值居然最精确。区间增多之后得到的更精细的估计值，以及辛普森法则的计算结果都没有它精确。

产生这种明显违反直觉的结果的原因是，粗网格上的数据不足以捕捉力和角度的变化。这在图 19.17 中看得特别清楚，我们在该图上绘制了 $F(x)$和 $\cos\theta$ 乘积的连续曲线。注意，在用 7 个点描述连续变化的函数时，遗漏了 $x = 2.5$m 和 $x = 12.5$m 处的两个峰值。对这两个点的遗漏影响了表 19.6 中数值积分估计值的精度。事实是，由于在这个问题中两区间梯形法则的结点恰巧落在了适当的位置(见图 19.18)，所以它的结果最精确。

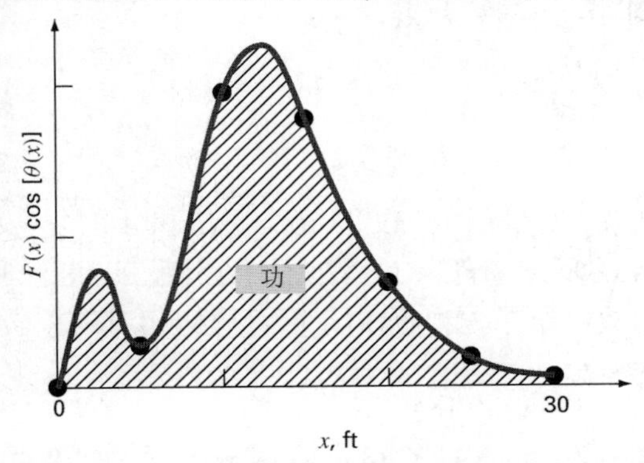

图 19.17　$F(x)\cos\theta$ 的连续图形和计算表 19.6 中数值积分用到的 7 个离散点的位置。注意，在用这 7 个点描述连续变化的函数时，遗漏了 $x = 2.5$m 和 $x = 12.5$m 处的两个峰值

由图 19.18 可知，要准确地计算出积分值，测量点的数目必须适当。对于当前的问题，若给定 $F(2.5)\cos[\theta(2.5)] = 3.9007$ 和 $F(12.5)\cos[\theta(12.5)] = 11.3940$，则可以提高积分估计值的精度。例如，利用 MATLAB 函数 trapz，我们可以计算：

```
>> x = [0 2.5 5 10 12.5 15 20 25 30];
>> y = [0 3.9007 1.5297 9.5120 11.3940 8.7025 2.8087 ...1.0881 0.3537];

>> trapz(x,y)

ans =
  132.6458
```

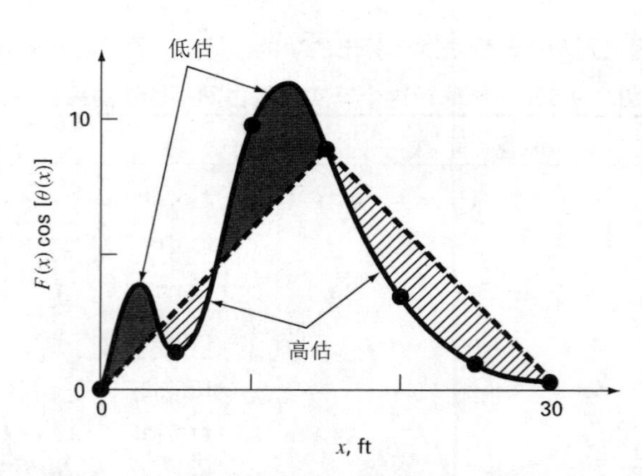

图 19.18 此示意图说明为什么在这个特定的问题中两区间梯形法则能得出最佳的估计值，所用的两个梯形碰巧使得正负误差达到了平衡

增加了两个点之后，积分估计值改进为 132.6458(ε_t = 2.16%)。因此，加上前面遗漏的峰值之后，结果得到了改进。

19.10 习题

19.1 对式(19.3)求积分，推导式(19.4)。

19.2 计算下面的积分：

$$\int_0^4 (1-e^{-x})\,dx$$

采用(a)解析方法，(b)单区间梯形法则，(c)$n=2$ 和 4 的复合梯形法则，(d)单区间辛普森 1/3 法则，(e)$n=4$ 的复合辛普森 1/3 法则，(f)辛普森 3/8 法则，(g)n = 5 的复合辛普森法则。对于(b)~(g)的数值结果，根据(a)计算百分比相对误差。

19.3 计算下面的积分：

$$\int_0^{\pi/2} (8+4\cos x)\,dx$$

采用(a)解析方法，(b)单区间梯形法则，(c)$n=2$ 和 4 的复合梯形法则，(d)单区间辛普森 1/3 法则，(e)$n=4$ 的复合辛普森 1/3 法则，(f)辛普森 3/8 法则，(g)$n=5$ 的复合辛普森法则。对于(b)到(g)的数值结果，根据(a)计算真实百分比相对误差。

19.4 计算下面的积分：

$$\int_{-2}^4 (1-x-4x^3+2x^5)\,dx$$

采用(a)解析方法，(b)单区间梯形法则，(c)$n=2$ 和 4 的复合梯形法则，(d)单区间辛普森 1/3 法则，(e)辛普森 3/8 法则，(f)保尔法则。对于(b)到(f)的数值结果，根据(a)计算真实百分比相对误差。

19.5　函数 $f(x)=e^{-x}$ 可用于生成如表 19.7 所示的不等距数据的列表。

表 19.7　不等距数据

t	0	0.1	03	0.5	0.7	0.95	1.2
f(x)	1	0.9048	0.7408	0.6065	0.4966	0.3867	0.3012

采用下列方法计算从 $a=0$ 到 $b=1.2$ 上的积分：(a)解析方法，(b)梯形法则，(c)梯形和辛普森法则结合以取得尽可能高的精度。对于(b)和(c)，计算真实百分比相对误差。

19.6　计算二重积分：

$$\int_{-2}^{2}\int_{0}^{4}(x^2-3y^2+xy^3)\,dx\,dy$$

采用(a)解析方法，(b)$n=2$ 的复合梯形法则，(c)单区间辛普森 1/3 法则，(d)intergral2 函数。对于(b)和(c)，计算百分比相对误差。

19.7　计算三重积分：

$$\int_{-4}^{4}\int_{0}^{6}\int_{-1}^{3}(x^3-2yz)\,dx\,dy\,dz$$

采用(a)解析方法，(b)单区间辛普森 1/3 法则，(c)integral3 函数。对于(b)，计算真实百分比相对误差。

19.8　根据表 19.8 中的速度数据，计算产生的位移。

表 19.8　数据表(一)

t	1	2	3.25	4.5	6	7	8	8.5	9	10
v	5	6	5.5	7	8.5	8	6	7	7	5

(a) 采用解析方法，并且确定平均速度。

(b) 用三次多项式对数据进行拟合。然后积分所得的三次多项式，计算位移。

19.9　如图 19.19 所示，水向水坝的上游面施加压力。压强表示为：

$$p(z)=\rho g(D-z) \tag{19.35}$$

其中 $p(z)$ = 施加在距离水库底部 z 米处的压强，单位为帕斯卡(或者 N/m^2)；ρ = 水的密度，本题中假定为常数 $10^3 kg/m^3$；g = 由重力引起的加速度($9.81m/s^2$)；D = 水面距离水库底部的高度(单位 m)。根据式(19.35)，压强随深度呈线性增长，见图 19.19(a)。忽略大气压强(因为它作用在水坝的两边，所以基本抵消了)，总的作用力 f_t 等于压强乘以水坝的表面积[见图 19.19(b)]。由于压强和面积都随深度变化，因此总的作用力为：

$$f_t=\int_{0}^{D}\rho g w(z)(D-z)\,dz$$

其中，$w(z)$ = 高度为 z 时水坝表面的宽度[见图 19.19(b)]。还可以计算出作用线：

$$d = \frac{\int_0^D \rho g z w(z)(D-z)\,dz}{\int_0^D \rho g w(z)(D-z)\,dz}$$

利用辛普森法则计算 f_t 和 d。

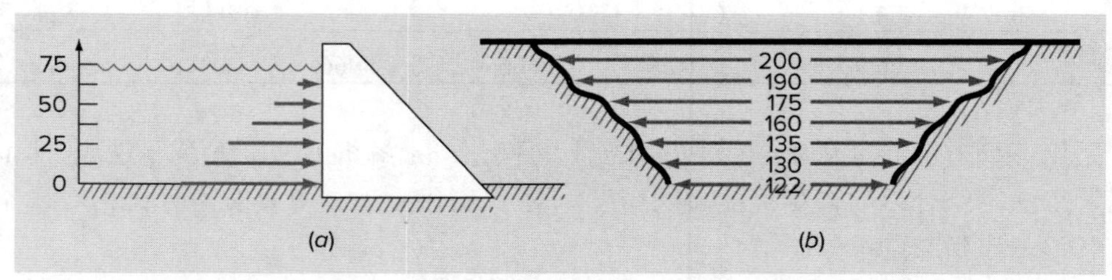

图 19.19　水施加在水坝表面的压强：(a)侧面图，可以看出受力随着深度呈线性增长；(b)正面图，显示水坝的宽度变化，单位为 m

19.10　作用在帆船桅杆上的力由下列函数表示：

$$f(z) = 200\left(\frac{z}{5+z}\right)e^{-2z/H}$$

其中 z = 距离甲板的高度，H = 桅杆的高度。对这个函数沿桅杆的高度积分，可以计算出作用在桅杆上的总力 F：

$$F = \int_0^H f(z)\,dz$$

通过积分还可以计算出作用线：

$$d = \frac{\int_0^H z f(z)\,dz}{\int_0^H f(z)\,dz}$$

(a) 对于 $H = 30(n = 6)$，利用复合梯形法则计算 F 和 d。

(b) 重复(a)，只是使用辛普森 1/3 法则。

19.11　测得大厦一侧的风力分布如表 19.9 所示。

表 19.9　风力分布表

高度(l)，(m)	0	30	60	90	120	150	180	210	240
力 $F(l)$, (N/m)	0	340	1200	1550	2700	3100	3200	3500	3750

根据这个风力分布计算净力和作用线。

19.12　11m 长的横梁负重，剪切力满足如下方程：

$$V(x) = 5 + 0.25x^2$$

其中 V 是剪切力，x 是沿横梁方向的长度。我们知道 $V = \mathrm{d}M/\mathrm{d}x$，$M$ 是弯矩。对这个关系式积分：

$$M = M_o + \int_0^x V\,dx$$

若 M_0 为 0，$x = 11$，请用下列方法计算 M：(a)解析积分，(b)复合梯形法则，(c)复合辛普森法则。在(b)和(c)中使用间距为 1m 的采样。

19.13　变密度杆的总质量为：

$$m = \int_0^L \rho(x)\,A_c(x)\,dx$$

其中 m = 质量，$\rho(x)$ = 密度，$A_c(x)$ = 横截面积，x = 沿杆的位移，L = 杆的总长。对一根 20m 的杆测得的数据如表 19.10 所示。用尽可能高的精度估计质量，单位为 g。

表 19.10　测量得到的数据

x(m)	0	4	6	8	12	16	20
ρ(g/cm³)	4.00	3.95	3.89	3.80	3.60	3.41	3.30
A_c(cm²)	100	103	106	110	120	133	150

19.14　某项运输工程的研究中需要确定在早晨高峰时段通过某十字路口的车辆。你站在路边，多次记录下每 4 分钟内通过的车辆数，结果见表 19.11。请用最优的数值方法确定(a)7:30 到 9:15 之间通过的总的车辆数，(b)每分钟内十字路口的通车率(提示：请注意单位)。

表 19.11　通车情况

时间(小时)	7:30	7:45	8:00	8:15	8:45	9:15
通车率(每分钟通过的汽车数)	18	23	14	24	20	9

19.15　计算图 19.20 中数据的平均值。按照下面公式中给定的顺序计算平均值需要的积分：

$$I = \int_{x_0}^{x_n} \left[\int_{y_0}^{y_m} f(x, y)\,dy\right] dx$$

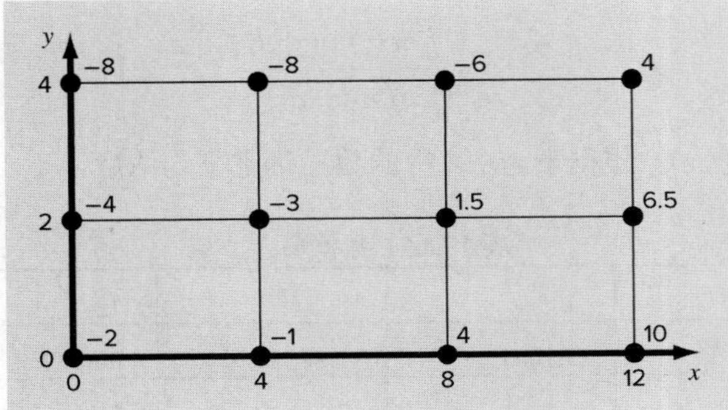

图 19.20　数据的平均值

19.16　积分可以计算特定时间周期内流入或流出反应器的质量，即：

$$M = \int_{t_1}^{t_2} Qc\,dt$$

其中 t_1 和 t_2 分别表示起始和终止时间。如果还记得积分与求和的相似之处，那么这个公式的意义非常直观。因此，积分表示对流量与浓度的乘积求和，得到 t_1~t_2 内流入或流出的总质量。用数值积分计算这个方程，数据如表 19.12 所示。

表 19.12　数据表(五)

t(min)	0	10	20	30	35	40	45	50
Q(m^3/min)	4	4.8	5.2	5.0	4.6	4.3	4.3	5.0
c(mg/m^3)	10	35	55	52	40	37	32	34

19.17　水道的横截面积计算为：

$$A_c = \int_0^B H(y)\,dy$$

其中 B = 水道的总宽度(m)，H = 深度(m)，y = 与岸的距离(m)。同理，平均流量 Q(m^3/s)计算为：

$$Q = \int_0^B U(y)\,H(y)\,dy$$

其中 U = 水流速度(m/s)。根据表 19.13 中的数据，利用这些关系式和数值方法计算 A_c 和 Q。

表 19.13　数据表(六)

Y(m)	0	2	4	5	6	9
H(m)	0.5	1.3	1.25	1.8	1	0.25
U(m/s)	0.03	0.06	0.05	0.13	0.11	0.02

19.18　湖泊的面积 A_s (m^2)随深度 z(m)变化，湖中某物质的平均浓度 $\bar{c}$ (g/m^3)可以通过积分计算：

$$\bar{c} = \frac{\int_0^Z c(z)A_s(z)\,dz}{\int_0^Z A_s(z)\,dz}$$

其中 Z = 总深度(m)。根据表 19.14 中的数据确定平均浓度。

表 19.14　数据表(七)

z(m)	0	4	8	12	16
A(10^{6}m^2)	9.8175	5.1051	1.9635	0.3927	0.0000
c(g/m^3)	10.2	8.5	7.4	5.2	4.1

19.19　仿照 19.9 节，若作用力的大小为常数 1N，角度随位移的变化如表 19.15 所示，试计算功。利用 cumtrapz 函数计算累积功，并绘制结果随 θ 变化的图形。

表 19.15　角度随位移的变化

x(m)	0	1	2.8	3.9	3.8	3.2	1.3
θ(deg)	0	30	60	90	120	150	180

19.20　使用下列方程计算 $F(x)$和 $\theta(x)$，计算 19.9 节中的功：

$$F(x) = 1.6x - 0.045x^2$$

$$\theta(x) = -0.00055x^3 + 0.0123x^2 + 0.13x$$

力以牛顿为单位，角度以弧度为单位。执行 $x = 0$ 到 30m 的积分。

19.21　如表 19.16 所示，在制造的球形颗粒中 ，密度随着离中心($r = 0$)的距离而变化。

表 19.16　测量数据(一)

r(mm)	0	0.12	0.24	0.36	0.49	0.62	0.79	0.86	0.93	1
ρ(g/cm^3)	6	5.81	5.14	4.29	3.39	2.7	2.19	2.1	2.04	2

使用数值积分估计颗粒的质量(g)和平均密度(g/cm^3)。

19.22　如表 19.17 所示，地球密度随着离中心($r = 0$)的距离而变化。

表 19.17　测量数据(二)

r(mm)	0	1100	1500	2450	3400	3630	4500	5380	6060	6280	6380
ρ(g/cm^3)	13	12.4	12	11.2	9.7	5.7	5.2	4.7	3.6	3.4	3

使用数值积分估算地球质量(公制单位吨)和平均密度(g/cm^3)。绘出垂直堆叠图，顶部是密度随半径变化的子图，底部是质量随半径变化的子图。假设地球是一个完美的球体。

19.23　一个球形罐，在其底部有一个圆形孔，液体通过该孔排出(见图19.21)。表19.18中的数据是收集到的通过孔的流速，流速是时间的函数。

表 19.18　测量数据(三)

t(s)	0	500	1000	1500	2200	2900	3600	4300	5200	6500	7000	7500
Q(m^3/hr)	10.55	9.576	9.072	8.640	8.100	7.560	7.020	6.480	5.688	4.752	3.348	1.404

编写一个脚本，支持如下功能：(a)估计在整个测量周期内排出的流体的体积(升)，(b)估计在 $t = 0$s 时罐中的液位。请注意，$r = 1.5$m。

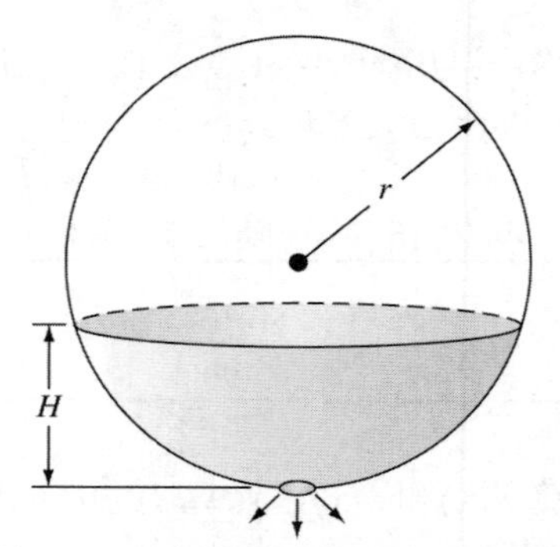

图 19.21 液体通过底部图形孔排出

19.24 创建一个 M 文件函数，为等间距数据使用复合辛普森 1/3 法则。(a)在数据不等距的情况下，或(b)在保存数据的输入向量不等长的情况下，令函数打印错误消息并终止。如果只有两个数据点，则使用梯形法则。如果有偶数个数据点 n(即奇数个区间 n−1)，为最后 3 个区间，使用辛普森 3/8 法则。

19.25 如图 19.22 所示，在风暴期间，大风吹向矩形摩天大楼的一侧。如习题 19.9 所述，使用最佳的低阶牛顿-科特斯公式(梯形法则、辛普森 1/3 规则和 3/8 规则)，确定(a)建筑物受到的力(以牛顿为单位)和(b)力线(以米为单位)。

19.26 提供表 19.19 所示数据，将物体的速度作为时间的函数。

表 19.19 测量数据(四)

$t(s)$	0	4	8	12	16	20	24	28	30
$\upsilon(m/s)$	0	18	31	42	50	56	61	65	70

(a) 限制只使用梯形法则、辛普森 1/3 法则和 3/8 法则，在物体从 $t = 0$ 到 30 s 之间，做出最佳估计，计算物体移动的距离。

(b) 采用(a)的结果计算平均速度。

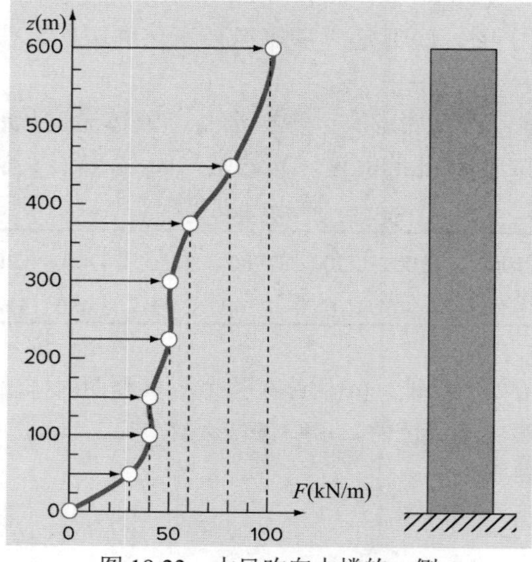

图 19.22 大风吹向大楼的一侧

19.27　可变密度杆的总质量由下式给出：

$$m = \int_0^L \rho(x)\, A_c\,(x)\, dx$$

其中 m = 质量，$\rho(x)$ = 密度，$A_c(x)$ = 横截面积，x = 沿着杆的距离。对于长度为 10m 的杆，测量数据如表 19.20 所示：

表 19.20　测量数据(五)

x(m)	0	2	3	4	6	8	10
ρ(g/cm^3)	4.00	3.95	3.89	3.80	3.60	3.41	3.30
A_c(cm^2)	100	103	106	110	120	133	150

限制只使用梯形法则、辛普森 1/3 法则和 3/8 法则，尽可能准确地确定质量(以克为单位)。

19.28　发动机气缸中的气体按照如下定律膨胀：

$$PV^{1.3} = c$$

初始压力为 2550 kPa，最终压力为 210 kPa。如果膨胀结束时的体积为 0.75m^3，计算气体所做的功。

19.29　给定气体质量、气体的压力 p 和体积 υ，有如下关系：

$$(p + a/\upsilon^2)(\upsilon - b)$$

其中 a、b 和 k 是常数。P 用 v 表示，编写脚本，计算气体从初始体积扩展到最终体积所做的功。使用 a = 0.01、b = 0.001、初始压力 100kPa 和体积 1m^3、最终体积 2m^3，测试你的脚本。

第 20 章 函数的数值积分

本章目标

本章的主要目标是向读者介绍对给定函数进行积分的数值方法，具体的目标和主题包括：

- 理解理查森外推法提供了一种方法，可以将两个不精确的估计值组合成更加精确的积分估计值。
- 理解高斯求积公式通过选择在最佳的位置计算函数值，从而得到一个很好的积分估计值。
- 知道如何使用 MATLAB 内置函数 integral 对函数积分。

20.1 导论

在第 19 章中，我们讲到用数值方法进行积分的函数通常由两种方式给出：数据列表或函数表达式。数据的形式对求积方法的影响很大。对于列表数据，会受到数据点数给定的限制。相反，如果给定了函数表达式，就可以生成足够多的 $f(x)$，以达到可以接受的精度。

表面上看，复合辛普森 1/3 法则是处理这类问题的适当工具。尽管它对很多问题都已经足够精确了，但是还有比它更有效的方法。本章将介绍三类这样的方法。它们都可以通过生成函数值来创建高效的数值积分方法。

第一种方法基于理查森外推法(*Richardson extrapolation*)，即将两个数值积分估计值组合起来，得到第三个更加精确的估计值。以高效形式执行理查森外推法的算法叫作龙贝格积分(*Romberg integration*)。该方法用于在预先指定的误差容许范围内计算积分估计值。

第二种方法称为高斯求积(*Gauss quadrature*)。回顾第 19 章，牛顿-科特斯公式中 $f(x)$ 的值必须在指定的 x 点处计算。例如，如果使用梯形法则计算积分，那么就必须对区间

端点处的 $f(x)$进行加权平均。高斯求积公式中的 x 值可以位于积分限之间的任意位置，从而能够估计出精确得多的积分结果。

第三种方法称为自适应求积分(*adaptive quadrature*)。该方法以特定方式在求积区间的子区间上应用复合辛普森 1/3 法则，并且允许计算误差估计。然后用这些误差估计值来确定是否需要对子区间进一步细化，以计算更加精确的估计值。这样，只有在必要的地方才会使用更加精细的小区间。文中还演示了用 MATLAB 的一个内置函数进行自适应求积分。

20.2 龙贝格积分

龙贝格积分是一种用于计算函数的高效数值积分的方法。它建立在对梯形法则的逐次应用的基础之上，从这个层面上看，它与第 19 章讨论的方法非常相似。不过，通过数学上的处理，我们只需要花费较少的代价就能获得更好的结果。

20.2.1 理查森外推法

根据积分估计值本身，可以构造出方法来改进数值积分的结果。这些方法一般被称为理查森外推法(*Richardson extrapolation*)，它们采用两个积分估计值来计算第三个更加精确的逼近。

复合梯形法则的估计值和误差一般表示为：

$$I = I(h) + E(h)$$

其中 I = 积分的精确值，$I(h)$ = 由步长 $h = (b-a)/n$ 的 n 区间梯形法则计算的近似值，$E(h)$ = 截断误差。如果我们分别用步长 h_1 和 h_2 计算两个估计值，并精确地计算出误差：

$$I(h_1) + E(h_1) = I(h_2) + E(h_2) \tag{20.1}$$

现在回忆起复合梯形法则的误差可以近似地重新表示为式(19.21)[其中 $n = (b-a)/h$]：

$$E \cong -\frac{b-a}{12} h^2 \bar{f}'' \tag{20.2}$$

如果假设 $\bar{f}''$ 是与步长无关的常数，那么由式(20.2)可知两个误差的比值将等于：

$$\frac{E(h_1)}{E(h_2)} \cong \frac{h_1^2}{h_2^2} \tag{20.3}$$

这个计算的作用很大，它从公式中消去了 $\bar{f}''$ 项。这样，我们就可以在事先不知道函数的二阶导数的情况下，使用式(20.2)中所隐藏的信息了。为此，我们将式(20.3)重新整理为：

$$E(h_1) \cong E(h_2) \left(\frac{h_1}{h_2}\right)^2$$

将它代入式(20.1)：

$$I(h_1)+E(h_2)\left(\frac{h_1}{h_2}\right)^2=I(h_2)+E(h_2)$$

求解得到：

$$E(h_2)=\frac{I(h_1)-I(h_2)}{1-(h_1/h_2)^2}$$

这样，我们得到了由积分估计值和它们的步长所表示的截断误差的估计值。然后将这个估计值代入：

$$I=I(h_2)+E(h_2)$$

得到改进后的积分估计值：

$$I=I(h_2)+\frac{1}{(h_1/h_2)^2-1}[I(h_2)-I(h_1)] \tag{20.4}$$

可以证明(Ralson and Rabinowitz，1978)，这个估计值的误差是 $O(h^4)$。于是，我们用两个 $O(h^2)$的梯形法则的估计值组合成一个新的 $O(h^4)$的估计值。对于区间长度减半的特殊情况($h_2 = h_1/2$)，这个方程变为：

$$I=\frac{4}{3}I(h_2)-\frac{1}{3}I(h_1) \tag{20.5}$$

例 20.1　理查森外推法

问题描述：利用理查森外推法计算 $f(x)=0.2+25x-200x^2+675x^3-900x^4+400x^5$ 在 $a=0$ 到 $b=0.8$ 上的积分。

解：可以用单区间梯形法则和复合梯形法则计算积分，如表 20.1 所示。

表 20.1　积分计算

小区间数	h	积分值	ε_t
1	0.8	0.1728	89.5%
2	0.4	1.0688	34.9%
4	0.2	1.4848	9.5%

可以用理查森外推法对这些结果进行组合，改进积分估计值。例如，将单区间和两区间估计值组合后得到：

$$I=\frac{4}{3}(1.0688)-\frac{1}{3}(0.1728)=1.367467$$

改进后积分值的误差为 $E_t = 1.640533-1.367467 = 0.273067(\varepsilon_t = 16.6\%)$，这个结果比原始值精确。

同理，将两区间和四区间估计值组合后得到：

$$I = \frac{4}{3}(1.4848) - \frac{1}{3}(1.0688) = 1.623467$$

这个值的误差是 $E_t = 1.640533-1.623467 = 0.017067(\varepsilon_t = 1.0\%)$。

式(20.4)提供了一种方法，能将两个误差为 $O(h^2)$的梯形法则估计值组合，计算出第三个误差为 $O(h^4)$的估计值。该方法只是更一般性的通过组合积分值来提高估计值精度的方法的特例。例如，在例 20.1 中，我们在三个梯形法则估计值的基础上计算出两个 $O(h^4)$的改进积分值。相应地，这两个改进积分值可以组合成更加精确的误差为 $O(h^6)$的估计值。由于原梯形法则估计值建立在步长逐次减半的基础之上，对于这种特殊情况，计算 $O(h^6)$精度估计值的公式为：

$$I = \frac{16}{15}I_m - \frac{1}{15}I_l \tag{20.6}$$

其中 I_m 和 I_l 分别表示相对来讲精度较高和较低的估计值。类似地，两个 $O(h^6)$的结果可以组合起来计算出一个 $O(h^8)$的积分值，即：

$$I = \frac{64}{63}I_m - \frac{1}{63}I_l \tag{20.7}$$

例 20.2 高阶校正

问题描述：在例 20.1 中，我们用理查森外推法计算出两个 $O(h^4)$的积分估计值。应用式(20.6)，将这些估计值组合起来计算一个 $O(h^6)$的积分值。

解：例 20.1 得到的两个 $O(h^4)$的积分估计值是 1.367467 和 1.623467。将这些值代入式(20.6)得到：

$$I = \frac{16}{15}(1.623467) - \frac{1}{15}(1.367467) = 1.640533$$

这是积分的精确值。

20.2.2 龙贝格积分公式

注意，每个理查森外推公式[式(20.5)、式(20.6)和式(20.7)]的系数之和等于 1。因此，它们表示加权因子，随着精度的增加，两个积分估计值中精度较高的那个所对应的权重也相应地增大。这些公式可以被表示成适合在计算机上实施的一般形式：

$$I_{j,k} = \frac{4^{k-1}I_{j+1,k-1} - I_{j,k-1}}{4^{k-1} - 1} \tag{20.8}$$

其中 $I_{j+1,k-1}$ 和 $I_{j,k-1}$ 分别表示相对来讲精度较高和较低的估计值，$I_{j,k}$ = 改进后的积分值。下标 k 表示积分的级别，其中 $k = 1$ 对应于原梯形法则的估计值，$k = 2$ 对应于 $O(h^4)$的估计值，$k = 3$ 对应于 $O(h^6)$，以此类推。下标 j 用来区分精度较高的 $j+1$ 和精度较低的 j 的估计值。例如，当 $k = 2$ 和 $j = 1$ 时，式(20.8)变为：

$$I_{1,2} = \frac{4I_{2,1} - I_{1,1}}{3}$$

相当于式(20.5)。

由式(20.8)重新表示的一般形式是由 Romberg 推导出来的，它在计算积分方面的系统应用被称为龙贝格积分(*Romberg integration*)。图 20.1 是由这种方法生成一组积分估计值的示意图。每个矩阵对应于一次迭代。第一列是梯形法则的估计值，记为 $I_{j,1}$，其中 $j = 1$ 是单区间应用(步长是 $b-a$)，$j = 2$ 是两区间应用[步长是$(b-a)/2$]，$j = 3$ 是四区间应用[步长是$(b-a)/4$]，以此类推。矩阵的其他列是在系统地应用式(20.8)后生成的积分估计值，精度逐列提高。

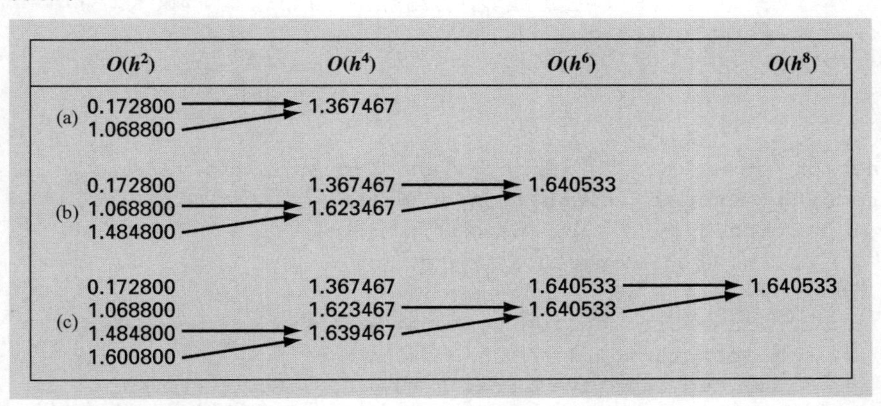

图 20.1　用龙贝格积分生成积分估计值序列的示意图：(a)第一次迭代，(b)第二次迭代，(c)第三次迭代

现在必须检查这个结果是否满足我们的需要。与本书中的其他近似方法一样，需要用一条终止或停止准则来估计结果的精度。一种方法是：

$$|\varepsilon_a| = \left|\frac{I_{1,k} - I_{2,k-1}}{I_{1,k}}\right| \times 100\% \tag{20.9}$$

其中 ε_a = 百分比相对误差的估计值。因此，和前面在其他迭代过程中所做的一样，我们将新的估计值与前一次的进行比较。对于式(20.9)，前一次的估计值是上一个级别积分过程中(第 $k-1$ 层积分，其中 $j = 2$)得到的最精确的估计值。当由 ε_a 表示的新旧值之间的变化小于预先给定的误差标准 ε_s 时，计算过程终止。对于图 20.1(a)，这个估计表示第一次迭代中产生的百分比变化，如下所示：

$$|\varepsilon_a| = \left|\frac{1.367467 - 1.068800}{1.367467}\right| \times 100\% = 21.8\%$$

第二次迭代[见图 20.1(b)]的目的是得到 $O(h^6)$的估计值——$I_{1,3}$。为此，计算四区间梯形法则估计值 $I_{3,1} = 1.4848$。然后，根据式(20.8)，将它与 $I_{2,1}$ 结合，生成 $I_{2,2} = 1.623467$。再将这个结果与 $I_{1,2}$ 合并，得到 $I_{1,3} = 1.640533$。应用式(20.9)，将这个结果与前一次的结果 $I_{2,2}$ 进行比较，得出它变化了 1.0%。

第三次迭代[见图20.1(c)]继续按同样的方式执行这个过程。此时，在第一列中加入了八区间梯形法则的估计值，然后用式(20.8)沿下对角线逐次计算更加精确的积分值。由于我们考虑的是五次多项式，因此只经过三次迭代就得到了精确的结果($I_{1,4} = 1.640533$)。

龙贝格积分比梯形法则和辛普森法则高效。例如，对于图 20.1 中的积分计算，必须在双精度条件下应用 48-区间辛普森 1/3 法则才能得到具有 7 位有效数字的积分估计值：

1.640533。相比之下，龙贝格积分以一区间、两区间、四区间和八区间梯形法则为基础，通过组合得到了同样的结果，仅仅计算了15次函数值。

下面给出了龙贝格积分的M文件。通过循环，该算法以一种有效形式实现了该方法。注意在函数中使用了另一个函数trap来生成复合梯形法则的计算结果(回顾19.3.3节)。下面的MATLAB会话演示了如何用它来计算例20.1中多项式的积分：

```
>> f = @(x) 0.2 + 25*x - 200*x^2 + 675*x^3 - 900*x^4 + 400*x^5;
>> romberg(f,0,0.8)

ans =
   1.6405

function [q,ea,iter] = romberg(func,a,b,es,maxit,varargin)
% romberg: Romberg integration quadrature
%   q = romberg(func,a,b,es,maxit,p1,p2,...):
%                 Romberg integration.
% input:
%   func = name of function to be integrated
%   a, b = integration limits
%   es = desired relative error (default = 0.000001%)
%   maxit = maximum allowable iterations (default = 30)
%   p1,p2,... = additional parameters used by func
% output:
%   q = integral estimate
%   ea = approximate relative error (%)
%   iter = number of iterations

if nargin<3,error('at least 3 input arguments required'),end
if nargin<4|isempty(es), es = 0.000001;end
if nargin<5|isempty(maxit), maxit = 50;end
n = 1;
I(1,1) = trap(func,a,b,n,varargin{:});
iter = 0;
while iter<maxit
  iter = iter+1;
  n = 2^iter;
  I(iter+1,1) = trap (func,a,b,n,varargin{:});
  for k = 2:iter+1
    j = 2+iter-k;
    I(j,k) = (4^(k-1)*I(j + 1,k - 1) - I(j,k - 1))/(4^(k - 1)-1);
  end
  ea = abs((I(1,iter+1)-I(2,iter))/I(1,iter+1))*100;
  if ea< = es, break; end
end
q = I(1,iter+1);
```

20.3 高斯求积

在第 19 章中，我们使用了牛顿-科特斯公式。这类公式的一个特点(数据不等距的特殊情况除外)是，积分估计值建立在均匀的函数采样基础之上。因此，这类方法中基点的位置是事先确定或固定的。

例如，如图 20.2(a)所示，梯形法则选取连接积分区间端点处函数值的直线下方的面积。用于计算这个面积的公式为：

$$I \cong (b-a)\frac{f(a)+f(b)}{2} \tag{20.10}$$

其中 a 和 b = 积分限，$b-a$ = 积分区间的宽度。由于梯形法则必须通过端点，因此在图 20.2(a)所示的情况下公式会产生很大的误差。

现在，假如去掉基点固定的限制，我们可以选取连接曲线上任意两个点的直线下方的面积作为积分近似值。只要这些点选取合理，我们就能定义一条直线，使得正负误差达到平衡。这样，如图 20.2(b)所示，我们可以改进积分的估计值。

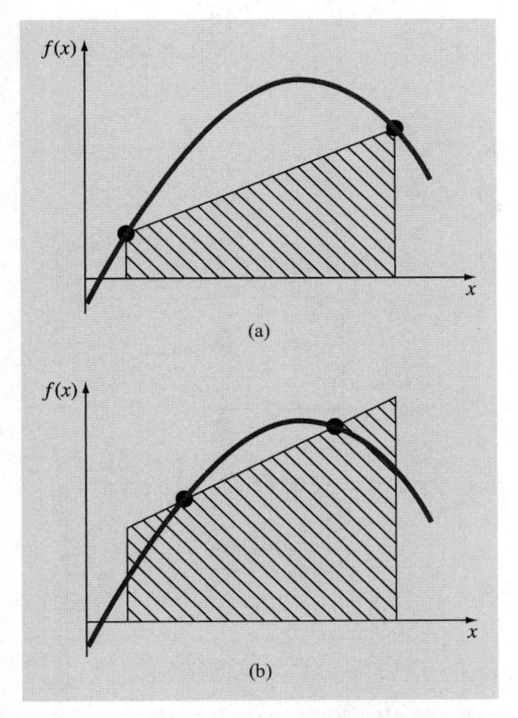

图 20.2 (a)梯形法则示意，用连接固定端点的直线下方的面积作为积分值。(b)改进后的积分估计值，以通过两个中间点的直线下方的面积作为积分值。只要这些点选取合理，正负误差基本达到平衡，就能改进积分估计值

高斯求积(*Gauss quadrature*)就是执行这种策略的一类方法的名称。本节叙述的特定高斯求积方法称为高斯-勒让德(*Gauss-Legendre*)公式。在介绍这种方法之前，我们将演示如何用待定系数法推导像梯形法则这样的数值积分公式。然后再用这种方法构造高斯-勒让德公式。

20.3.1 待定系数法

在第 19 章，我们通过对线性插值多项式积分和几何推理推导梯形法则。待定系数法提供了推导梯形法则的第三种方法，它还可以用来推导像高斯求积这样的积分方法。

为了便于阐述方法，将式(20.10)表示为：

$$I \cong c_0 f(a) + c_1 f(b) \tag{20.11}$$

其中 c = 常数。现在了解到，当被积函数是常数或直线时，梯形法则能得出精确的结果。表示这些情况的两个简单方程是 $y = 1$ 和 $y = x$(见图 20.3)。因此，下面的方程成立：

$$c_0 + c_1 = \int_{-(b-a)/2}^{(b-a)/2} 1\, dx$$

和

$$-c_0 \frac{b-a}{2} + c_1 \frac{b-a}{2} = \int_{-(b-a)/2}^{(b-a)/2} x\, dx$$

或者，计算出积分：

$$c_0 + c_1 = b - a$$

和

$$-c_0 \frac{b-a}{2} + c_1 \frac{b-a}{2} = 0$$

这样有两个方程、两个未知数，求解得到：

$$c_0 = c_1 = \frac{b-a}{2}$$

将它们代入式(20.11)得到：

$$I = \frac{b-a}{2} f(a) + \frac{b-a}{2} f(b)$$

这个公式等价于梯形法则。

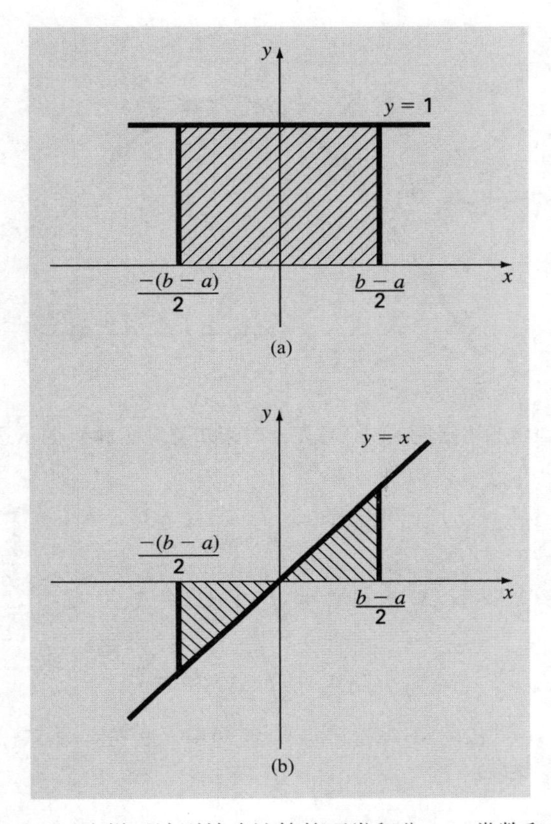

图 20.3　可以由梯形法则精确计算的两类积分：(a)常数和(b)直线

20.3.2　两点高斯-勒让德公式的推导

和前面梯形法则的推导过程一样，高斯求积的目标是确定以下方程中的系数：

$$I \cong c_0 f(x_0) + c_1 f(x_1) \tag{20.12}$$

其中 c = 未知系数。然而，与在梯形法则中使用固定的端点 a 和 b 相比，这里的函数参变量 x_0 和 x_1 并没有固定在端点，而是未知量(见图 20.4)。这样，我们现在总共必须确定 4 个未知量，故我们需要四个条件来精确地确定它们。

和梯形法则一样，假设式(20.12)能精确计算常数和线性函数的积分，我们就得到了两个条件。然后，为了得到另外两个条件，我们只是将这个推理扩展，假设它还能精确计算抛物线($y = x^2$)和三次函数($y = x^3$)的积分。这样，我们确定了所有的 4 个未知量，并且推导出一个对于三次函数精确成立的线性两点积分公式。需要求解的 4 个方程是：

$$c_0 + c_1 = \int_{-1}^{1} 1\,dx = 2 \tag{20.13}$$

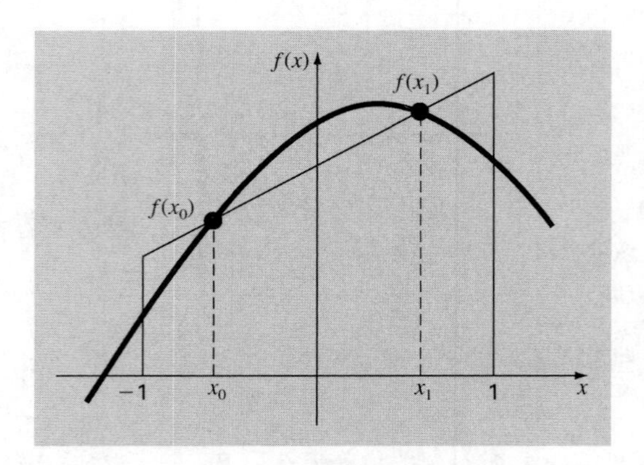

图 20.4 用高斯求积计算积分时未知变量 x_0 和 x_1 的示意图

$$c_0x_0 + c_1x_1 = \int_{-1}^{1} x\,dx = 0 \tag{20.14}$$

$$c_0x_0^2 + c_1x_1^2 = \int_{-1}^{1} x^2\,dx = \frac{2}{3} \tag{20.15}$$

$$c_0x_0^3 + c_1x_1^3 = \int_{-1}^{1} x^3\,dx = 0 \tag{20.16}$$

联立求解式(20.13)~式(20.16)，得出 4 个未知量。首先，从式(20.14)中解出 c_1，将结果代入式(20.16)，求解得到：

$$x_0^2 = x_1^2$$

由于 x_0 和 x_1 不相等，因此由上式可知 $x_0 = -x_1$。把这个结果代入式(20.14)得到：$c_0 = c_1$。再由式(20.13)得知：

$$c_0 = c_1 = 1$$

将这些结果代入式(20.15)得到：

$$x_0 = -\frac{1}{\sqrt{3}} = -0.5773503\ldots$$

$$x_1 = \frac{1}{\sqrt{3}} = 0.5773503\ldots$$

因此，两点高斯-勒让德公式是：

$$I = f\left(\frac{-1}{\sqrt{3}}\right) + f\left(\frac{1}{\sqrt{3}}\right) \tag{20.17}$$

这样，就得到了一个很有趣的结论：将函数在 $x = -1/\sqrt{3}$ 和 $1/\sqrt{3}$ 处的取值简单相加，能得到具有三次精度的积分估计值。

注意，式(20.13)~式(20.16)中的积分限是−1~1。这样做是为了在数学上简单，并且使得公式尽可能地具有通用性。只要通过简单的变量替换，就能将其他积分限变换到这个区间上。具体做法是，假设一个新变量 x_d，它与原变量 x 呈线性关系，即：

$$x = a_1 + a_2 x_d \tag{20.18}$$

如果下限 $x = a$ 对应于 $x_d = -1$，那么将这些值代入式(20.18)得到：

$$a = a_1 + a_2(-1) \tag{20.19}$$

同理，若上限 $x = b$ 对应于 $x_d = 1$，则有：

$$b = a_1 + a_2(1) \tag{20.20}$$

联立式(20.19)和式(20.20)，解得：

$$a_1 = \frac{b+a}{2} \quad 和 \quad a_2 = \frac{b-a}{2} \tag{20.21}$$

将它们代入式(20.18)得到：

$$x = \frac{(b+a) + (b-a)x_d}{2} \tag{20.22}$$

对这个方程求微分，得到：

$$dx = \frac{b-a}{2}\,dx_d \tag{20.23}$$

分别用式(20.22)和式(20.23)代替积分方程中的 x 和 dx。在不改变积分值的前提下，这些替换有效地对积分区间进行了变换。下面的例子说明了该过程在实际中是如何完成的。

例 20.3　两点高斯-勒让德公式

问题描述：利用式(20.17)计算如下方程在 x 取 0~0.8 上的积分。

$$f(x) = 0.2 + 25x - 200x^2 + 675x^3 - 900x^4 + 400x^5$$

积分的精确值是 1.640533。

解：在对函数积分之前，我们必须进行变量替换，使得积分区间变成-1~1。为此，我们将 $a = 0$ 和 $b = 0.8$ 代入式(20.22)和式(20.23)得到：

$$x = 0.4 + 0.4x_d \quad 和 \quad dx = 0.4dx_d$$

将这两个式子代入原方程得到：

$$\int_0^{0.8}(0.2+25x-200x^2+675x^3-900x^4+400x^5)\,dx$$
$$=\int_{-1}^{1}[0.2+25(0.4+0.4x_d)-200(0.4+0.4x_d)^2+675(0.4+0.4x_d)^3$$
$$-900(0.4+0.4x_d)^4+400(0.4+0.4x_d)^5]0.4dx_d$$

这样，右端项的形式就满足高斯求积的要求了。变换后的函数在 $x_d=-1/\sqrt{3}$ 处的取值为 0.516741，在 $x_d=1/\sqrt{3}$ 处的取值为 1.305837。因此，由式(20.17)知积分值是 0.516741+1.305837 = 1.822578，具有−11.1%的百分比相对误差。这个结果与四区间梯形法则和单区间辛普森 1/3 和 3/8 法则的计算结果位于同一量级。后者处于预料之中，因为辛普森法则也具有三阶精度。然而，由于合理地选择了基点，因此高斯求积只需要计算两次函数值就能达到这个精度。

20.3.3　更多点的公式

除了前一小节介绍的两点公式之外，我们还可以构造具有以下一般形式的点数更多的公式：

$$I\cong c_0f(x_0)+c_1f(x_1)+\cdots+c_{n-1}f(x_{n-1})\tag{20.24}$$

其中 n = 点数。在点数小于或等于 6 的公式中，c 和 x 的取值如表 20.2 所示。

表 20.2　高斯-勒让德公式中用到的加权因子和函数参变量

点　数	加 权 因 子	函数参变量	截 断 误 差
1	$c_0=2$	$x_0=0.0$	$\approx f^{(2)}(\xi)$
2	$c_0=1$	$x_0=-1/\sqrt{3}$	$\approx f^{(4)}(\xi)$
	$c_1=1$	$x_1=1/\sqrt{3}$	
3	$c_0=5/9$	$x_0=-\sqrt{3/5}$	$\approx f^{(6)}(\xi)$
	$c_1=8/9$	$x_1=0.0$	
	$c_2=5/9$	$x_2=\sqrt{3/5}$	
4	$c_0=(18-\sqrt{30})/36$	$x_0=-\sqrt{525+70\sqrt{30}}/35$	$\approx f^{(8)}(\xi)$
	$c_1=(18+\sqrt{30})/36$	$x_1=-\sqrt{525-70\sqrt{30}}/35$	
	$c_2=(18+\sqrt{30})/36$	$x_2=\sqrt{525-70\sqrt{30}}/35$	
	$c_3=(18-\sqrt{30})/36$	$x_3=\sqrt{525+70\sqrt{30}}/35$	
5	$c_0=(322-13\sqrt{70})/900$	$x_0=-\sqrt{245+14\sqrt{70}}/21$	$\approx f^{(10)}(\xi)$
	$c_1=(322+13\sqrt{70})/900$	$x_1=-\sqrt{245-14\sqrt{70}}/21$	
	$c_2=128/225$	$x_2=0.0$	
	$c_3=(322+13\sqrt{70})/900$	$x_3=\sqrt{245+14\sqrt{70}}/21$	
	$c_4=(322-13\sqrt{70})/900$	$x_4=\sqrt{245+14\sqrt{70}}/21$	

(续表)

点　数	加 权 因 子	函数参变量	截 断 误 差
6	$c_0 = 0.171324492379170$	$x_0 = -0.932469514203152$	$\approx f^{(12)}(\xi)$
	$c_1 = 0.360761573048139$	$x_1 = -0.661209386466265$	
	$c_2 = 0.467913934572691$	$x_2 = -0.238619186083197$	
	$c_3 = 0.467913934572691$	$x_3 = 0.238619186083197$	
	$c_4 = 0.360761573048131$	$x_4 = 0.661209386466265$	
	$c_5 = 0.171324492379170$	$x_5 = 0.932469514203152$	

例 20.4　三点高斯-勒让德公式

问题描述：利用表 20.2 中的三点公式计算例 20.3 中的函数积分问题。

解：根据表 20.1，三点公式是

$$I = 0.5555556 f(-0.7745967) + 0.8888889 f(0) + 0.5555556 f(0.7745967)$$

它等价于：

$$I = 0.2813013 + 0.8732444 + 0.4859876 = 1.640533$$

这个结果是精确的。

因为高斯求积需要计算求积区间内不等距点处的函数值，所以它不适用于函数表达式未知的情况。因此，它不能应用于处理列表数据的工程问题。然而，如果给定了函数表达式，它的高效性无疑是一项优势。特别是在需要计算大量积分时，这项优势格外明显。

20.4　自适应求积分

虽然龙贝格积分比复合辛普森 1/3 法则更有效率，但是二者都使用等距点。但是这项限制没有考虑到有些函数会在局部区域发生相对剧烈的变化，从而需要更加精细的网格。因此，为了达到指定的精度，尽管只有剧变区域需要使用精细网格，但是也必须在整个区域采用小步长。自适应求积分方法可以改善这种情况，它通过自动调整步长，使得剧变区域采用小步长，而在函数变化缓慢的区域则使用相对较大的步长。

20.4.1　MATLAB 的 M 文件：quadadapt

自适应求积分方法适应了许多函数在某些区域急剧变化，而在其他区域变化平缓这个事实。通过调整步长，在快速变化的区域，使用小的间隔，在变化平缓的区域，使用较大的间隔，我们可以实现自适应求积分方法。其中许多技术，使用类似于在理查德森

(Richardson)外推中使用复合梯形法则的方式，在子区间中应用复合的辛普森 1/3 法则。也就是说，辛普森 1/3 法则被应用于两个级别的细化，并且用两个级别之间的差值来估计截断误差。如果截断错误可接受，则不需要进一步细化，人们就认为子区间的积分估计是可接受的。如果误差估计太大，则需要改进步长，重复该过程，直到误差减小到可接受水平。然后，计算子区间积分估计值的总和作为总积分。

该方法的理论基础可以使用积分区间 $x = a$ 到 $x = b$、宽度为 $h_1 = b-a$ 的示例来详细说明。第一个积分估计值可以辛普森 1/3 法则来估计：

$$I(h_1) = \frac{h_1}{6}[f(a) + 4f(c) + f(b)] \tag{20.25}$$

其中，$c = (a + b)/2$。

正如理查森外推法，可以通过将步长减半获得更精确的估值。也就是说，通过应用复合的辛普森 1/3 法则，采用 $n = 4$：

$$I(h_2) = \frac{h_2}{6}[f(a) + 4f(d) + 2f(c) + 4f(e) + f(b)] \tag{20.26}$$

其中 $d = (a + c)/2$，$e = (c + b)/2$，$h_2 = h_1/2$。

因为 $I(h_1)$和 $I(h_2)$都是相同积分的估值，它们之间的差值提供了误差的度量，即：

$$E \cong I(h_2) - I(h_1) \tag{20.27}$$

此外，与任一应用相关联的估值和误差，一般可以表示为：

$$I = I(h) + E(h) \tag{20.28}$$

其中 I = 积分的精确值，$I(h)$ = 步长 $h = (b - a)/n$ 的辛普森 1/3 规则 n 区间应用的近似，$E(h)$ = 相应的截断误差。

使用类似于理查森外推的方法，作为这两个积分估值之间的差值，我们可以推导出相对更精确估值 $I(h_2)$的误差：

$$E(h_2) = \frac{1}{15}[I(h_2) - I(h_1)] \tag{20.29}$$

然后，这个误差可以加到 $I(h_2)$，产生更好的估值：

$$I = I(h_2) + \frac{1}{15}[I(h_2) - I(h_1)] \tag{20.30}$$

这个结果等效于布尔法则(见表 19.2)。

现在，将刚才的式子组合成一个有效的算法。下面这个 M 文件函数以最初由 Cleve Moler(2004)开发的算法为基础。

```
function q = quadadapt(f,a,b,tol,varargin)
% Evaluates definite integral of f(x) from a to b
if nargin < 4 | isempty(tol),tol = 1.e-6;end
c = (a + b)/2;
```

```
fa = feval(f,a,varargin{:});
fc = feval(f,c,varargin{:});
fb = feval(f,b,varargin{:});
q = quadstep(f, a, b, tol, fa, fc, fb, varargin{:});
end

function q = quadstep(f,a,b,tol,fa,fc,fb,varargin)
% Recursive subfunction used by quadadapt.
h = b - a; c = (a + b)/2;
fd = feval(f,(a+c)/2,varargin{:});
fe = feval(f,(c+b)/2,varargin{:});
q1 = h/6 * (fa + 4*fc + fb);
q2 = h/12 * (fa + 4*fd + 2*fc + 4*fe + fb);
if abs(q2 - q1) <= tol
  q  = q2 + (q2 - q1)/15;
else
  qa = quadstep(f, a, c, tol, fa, fd, fc, varargin{:});
  qb = quadstep(f, c, b, tol, fc, fe, fb, varargin{:});
  q  = qa + qb;
end
end
```

这个函数包括了主调用函数 quadadapt，以及实际执行积分的递归函数 qstep。将主调用函数 quadadapt 传递给函数 f，积分上下限为 a 和 b。在设定公差后，函数要求初始应用辛普森 1/3 法则进行估值[式(20.25)]。然后，将这些值以及积分上下限，传递给 qstep 函数。在 qstep 函数中，确定保持的步长和函数值，计算式(20.25)和式(20.26)中的两个积分估值。

此时，误差估值为两个积分估值之间差的绝对值。根据误差值，可能发生两件事情：

1) 如果误差小于或等于公差(tol)，则生成布尔法则；该函数终止并返回结果。

2) 如果误差大于公差，则两次调用qstep函数，对当前调用的两个子区间的每一个都进行估值。

3) 中的两个递归调用真正体现了算法的美。它们只是继续细分，直到满足公差标准。一旦满足公差标准，就将结果传递回递归路径，并与这个过程中的其他积分估值结合。当最终调用得到满足，计算出了总积分，返回给主调用函数时，该过程结束。

应该强调的是，上述 M 文件中的算法是积分函数的简化版本，它是 MATLAB 中所使用的专业求根函数。因此，它不能防止失败，例如不能预防不存在积分这种情况。尽管如此，对于许多应用，它还是有效的，并且肯定可以用来说明自适应求积分的工作机制。这里是一个 MATLAB 会话，显示了如何使用 quadadapt 函数来确定例 20.1 中的多项式积分：

```
>> f=@(x) 0.2+25*x-200*x^2+675*x^3-900*x^4+400*x^5;
>> q = quadadapt(f,0,0.8)

q =
   1.640533333333336
```

20.4.2　MATLAB 函数：integral

MATLAB 具有实现自适应求积分的函数：

```
q = integral(fun, a, b)
```

其中 *fun* 是待积分的函数，*a* 和 *b* 是积分上下限。请注意，*fun* 的定义中应该使用数组运算符.*、./和.^。

例 20.5　自适应求积分

问题描述：用 integral 函数计算下列方程在 x 取 0~1 上的积分。

$$f(x) = \frac{1}{(x-q)^2+0.01} + \frac{1}{(x-r)^2+0.04} - s$$

注意，当 $q = 0.3$、$r = 0.9$ 和 $s = 6$ 时，这就是 MATLAB 用于演示其数值功能的内置函数 humps。humps 函数在相对较短的 x 范围内同时展现出平滑和陡变现象。因此，它对于演示和测试像 integral 这样的函数相当有效。注意，humps 函数在指定区间上的积分可以通过解析方法计算出来，精确值为 29.85832539549867。

解：首先采用可能最简单的方法来计算积分，即采用内置的 humps 函数以及默认误差限

```
>> format long
>> Q = integral(@(x) humps(x),0,1)

ans =
  29.85832612842764
```

于是，这个解具有 7 位有效数字。

20.5　案例研究：均方根电流

背景：由于交流回路中的电流会导致高效的能量传输，因此它一般具有正弦波的形式

$$i = i_{\text{peak}} \sin(\omega t)$$

其中 i = 电流(A = C/s)，i_{peak} = 峰值电流(A)，ω = 角频率(弧度/秒)，t = 时间(s)。角频率与周期 T(s)的关系是 $\omega = 2\pi/T$。

产生的功率与电流的幅值有关。在一个周期上积分，得到平均电流：

$$\bar{i} = \frac{1}{T}\int_0^T i_{\text{peak}} \sin(\omega t)\, \mathrm{d}t = \frac{i_{\text{peak}}}{T}(-\cos(2\pi) + \cos(0)) = 0$$

尽管电流的平均值等于 0，但它仍然可以做功。因此，必须推导出另一种方法来代替平均电流。

为此，电机工程师和科学家定义了均方根电流 i_{rms}(A)，它的计算公式为：

$$i_{\text{rms}} = \sqrt{\frac{1}{T}\int_0^T i_{\text{peak}}^2 \sin^2(\omega t)\ \mathrm{d}t} = \frac{i_{\text{peak}}}{\sqrt{2}} \tag{20.31}$$

顾名思义，均方根电流是电流的平方的平方根。由于 $1/\sqrt{2} = 0.70707$，因此对于我们假设的正弦波，i_{rms} 大约是峰值电流的 70%。

这个量是很有意义的，因为它与交流电路中元件的平均功率直接相关。为了理解它，回忆*焦耳定律*(*Joule's law*)中的叙述：电路元件的瞬时功率等于加在它上面的电压与通过它的电流的乘积。

$$P = iV \tag{20.32}$$

其中 P = 功率(W = J/s)，V = 电压(V = J/C)。对于电阻器，*欧姆定律*(*Ohm's law*)指出电压与电流成正比：

$$V = iR \tag{20.33}$$

其中 R = 电阻(Ω = V/A = J·s/C²)。将式(20.33)代入式(20.32)，得到：

$$P = i^2 R \tag{20.34}$$

对式(20.34)在一个周期上求积分，可以得到平均功率，结果是：

$$\bar{P} = i_{\text{rms}}^2 R$$

现在，虽然简单的正弦函数得到了广泛应用，但是我们使用的波形并不仅仅只有它一个。对于这些波形中的一部分，例如三角波或方波，i_{rms} 可以通过闭型积分公式解析地计算出来。然而，还有一些波形必须采用数值积分方法进行分析。

在本案例研究中，我们将计算一个非正弦波形的均方根电流。我们会使用第 19 章的牛顿-科特斯公式以及本章介绍的方法。

解：需要计算的积分为

$$i_{\text{rms}}^2 = \int_0^{1/2} (10e^{-t} \sin 2\pi t)^2\, dt \tag{20.35}$$

为了便于比较，给出该积分式具有 15 位有效数字的精确值为 15.41260804810169。

多区间梯形法则和辛普森 1/3 法则的积分估计值如表 20.3 所示。需要注意的是，辛普森法则比梯形法则精确一些。具有 7 位有效数字的积分估计值可以通过 128-区间梯形法则或 32-区间辛普森法则得到。

表 20.3 由牛顿-科特斯公式算出的积分值

方法	小区间数	积分值	ε_t (%)
梯形法则	1	0.0	100.0000
	2	15.163266493	1.6178
	4	15.401429095	0.0725
	8	15.411958360	4.22×10^{-3}
	16	15.412568151	2.59×10^{-4}
	32	15.412605565	1.61×10^{-5}
	64	15.412607893	1.01×10^{-6}
	128	15.412608038	6.28×10^{-8}
辛普森 1/3 法则	2	20.217688657	31.1763
	4	15.480816629	0.4426
	8	15.415468115	0.0186
	16	15.412771415	1.06×10^{-3}
	32	15.412618037	6.48×10^{-5}

我们在图 20.3 中创建了用龙贝格积分计算积分值的 M 文件：

```
>> format long
>> i2=@(t) (10*exp(-t).*sin(2*pi*t)).^2;
>> [q,ea,iter]=romberg(i2,0,.5)

q =
  15.41260804288977
ea =
    1.480058787326946e-008
iter =
     5
```

于是，采用默认的停止准则 es = 1×10^{-6}，我们经过 5 次迭代就得到了具有 9 位有效数字的结果。如果我们将停止准则变得更加严格些，那么还可以得出更好的结果：

```
>> [q,ea,iter]=romberg(i2,0,.5,1e-15)

q =
  15.41260804810169
ea =
     0
iter =
     7
```

高斯求积也可以用来计算同样的估计值。首先，用式(20.22)和式(20.23)进行变量替换，得到：

$$t = \frac{1}{4} + \frac{1}{4} t_d \qquad dt = \frac{1}{4} dt_d$$

将这些关系式代入式(20.35)，得到：

$$i_{\text{rms}}^2 = \int_{-1}^{1} [10e^{-(0.25+0.25t_d)} \sin 2\pi(0.25 + 0.25t_d)]^2 \, 0.25 \, dt \tag{20.36}$$

对于两点高斯-勒让德公式，函数在 $t_d = -1/\sqrt{3}$ 和 $1/\sqrt{3}$ 处的取值分别是 7.684096 和 4.313728。将这些值代入式(20.17)，得到积分估计值 11.99782，相应的误差为 $\varepsilon_t = 22.1\%$。

三点公式的计算结果是(见表 20.1)：

$$I = 0.5555556(1.237449) + 0.8888889(15.16327) + 0.5555556(2.684915) = 15.65755$$

它的误差为 $\varepsilon_t = 1.6\%$。由更多点公式计算出的结果列在了表 20.4 中。

表 20.4 由更多点公式计算出的结果

点 数	积分估计值	ε_t (%)
2	11.9978243	22.1
3	15.6575502	1.59
4	15.4058023	4.42×10^{-2}
5	15.4126391	2.01×10^{-4}
6	15.4126109	1.82×10^{-5}

最后，用 MATLAB 的内置函数 integral 来计算这个积分：

```
>> irms2=integral(i2,0,.5)

irms2 =
  15.412608049345090
```

这两个结果都非常精确，特别是用内置函数 integral 计算出来的结果。

现在，我们只需要对积分值开平方根，就计算出了 i_{rms}。例如，使用 integral 函数计算出的结果如下：

```
>> irms=sqrt(irms2)

irms =
   3.925889459485796
```

然后，这个结果可以用于指导设计的其他方面和电路操作，例如功率消耗计算。

就像我们在式(20.31)中对简单正弦波所做的那样，将这个结果与峰值电流进行比较是一项有趣的计算。意识到这是一个最优化问题，我们可以用 fminbnd 函数轻易地计算出这个值。由于我们要找的是最大值，因此对函数取负号：

```
>> [tmax,imax]=fminbnd(@(t) -10*exp(-t).*sin(2*pi*t),0,.5)

tmax =
   0.22487940319321
imax =
  -7.886853873932577
```

电流在 $t = 0.2249$s 达到最大值 7.88685A。因此，对于这个特定的波形，均方根电流大约是电流最大值的 49.8%。

20.6 习题

20.1 利用龙贝格积分计算：

$$I = \int_1^2 \left(x + \frac{1}{x}\right)^2 dx$$

要求精度达到 0.5%。请按照图 20.1 的形式给出结果。利用积分的解析解计算龙贝格积分获得的结果的百分比相对误差。证明 ε_t 小于 ε_s。

20.2 采用(a)解析方法、(b)龙贝格积分($\varepsilon_t = 0.5\%$)、(c)三点高斯求积公式和(d)MATLAB 函数 integral 计算下列积分：

$$I = \int_0^8 -0.055x^4 + 0.86x^3 - 4.2x^2 + 6.3x + 2\, dx$$

20.3 采用(a)龙贝格积分($\varepsilon_t = 0.5\%$)、(b)两点高斯求积公式和(c)MATLAB函数integral计算下列积分：

$$I = \int_0^3 xe^{2x}\, dx$$

20.4 误差函数没有闭合形式的解：

$$\text{erf}(a) = \frac{2}{\sqrt{\pi}} \int_0^a e^{-x^2} dx$$

请用(a)两点和(b)三点高斯-勒让德公式计算 erf(1.5)。利用 MATLAB 内置函数 erf 算出真解，根据它来计算每种情况的百分比相对误差。

20.5 帆船桅杆的受力情况由下面的函数表示：

$$F = \int_0^H 200\left(\frac{z}{5 + z}\right) e^{-2z/H} dz$$

其中 z = 距离甲板的高度，H = 桅杆的高度。对于 $H = 30$ 的情形，利用(a)容限为 $\varepsilon_s = 0.5\%$的龙贝格积分、(b)两点高斯-勒让德公式和(c)MATLAB 函数 integral 计算 F。

20.6　均方根电流可如下计算：

$$I_{RMS} = \sqrt{\frac{1}{T}\int_0^T i^2(t)\,dt}$$

对于 $T = 1$ 的情况，假设 $i(t)$定义为：

$$i(t) = 8e^{-t/T}\sin\left(2\pi\frac{t}{T}\right) \qquad 0 \le t \le T/2$$

$$i(t) = 0 \qquad T/2 \le t \le T$$

利用(a)容限为 0.1%的龙贝格积分、(b)两点和三点高斯-勒让德公式以及(c)MATLAB 函数 integral 计算 I_{RMS}。

20.7　材料温度变化 ΔT(℃)所需的热量 ΔH(cal)可以如下计算：

$$\Delta H = mC_p(T)\Delta T$$

其中 m = 质量(g)，$C_p(T)$ = 热容[cal/(g・℃)]。

根据下式，热容随温度 T(℃)的升高而升高：

$$C_p(T) = 0.132 + 1.56\times10^{-4}T + 2.64\times10^{-7}T^2$$

在 m = 1kg、起始温度为-100℃、ΔT 的范围为 0~300℃的情况下，编写脚本，使用 integral 函数生成 ΔH 随着 ΔT 变化的曲线图。

20.8　单位时间内经过管道所传输的总质量由下式计算：

$$M = \int_{t_1}^{t_2} Q(t)c(t)\,dt$$

其中 M = 质量(mg)，t_1 = 初始时刻(分钟)，t_2 = 终止时刻(分钟)，$Q(t)$ = 流速(m^3/min)，$c(t)$ = 浓度(mg/m^3)。下面的函数表达式定义了流速和浓度随时间的变化情况：

$$Q(t) = 9 + 5\cos^2(0.4t)$$
$$c(t) = 5e^{-0.5t} + 2e^{0.15t}$$

利用(a)容限为 0.1%的龙贝格积分和(b)MATLAB 函数 integral 计算在 $t_1 = 2$ 到 $t_2 = 8$ 之间所传输的质量。

20.9　利用(a)解析方法和(b)MATLAB 函数 integral2 计算二重积分：

$$\int_{-2}^{2}\int_{0}^{4}(x^2 - 3y^2 + xy^3)\,dx\,dy$$

20.10　计算 19.9 节的功，但是 $F(x)$和 $\theta(x)$的表达式如下：

$$F(x) = 1.6x - 0.045x^2$$
$$\theta(x) = -0.00055x^3 + 0.0123x^2 + 0.13x$$

力的单位是牛顿，角度的单位是弧度。积分区间取为 x = 0~30m。

20.11 执行 20.5 节中的计算，只是电流由下式给定：

$$
\begin{aligned}
i(t) &= 6e^{-1.25t}\sin 2\pi t \qquad & 0 \le t \le T/2 \\
i(t) &= 0 \qquad & T/2 < t \le T
\end{aligned}
$$

其中 $T = 1$s。

20.12 像20.5节那样，计算电路元件的功率，只是电流取为简单的正弦波 $i = \sin(2\pi t/T)$，其中 $T = 1$s。

(a) 假设欧姆定律成立，且 $R = 5\Omega$。

(b) 假设欧姆定律不成立，电压和电流满足下面的非线性关系：$V = (5i - 1.25i^3)$。

20.13 假设通过电阻器的电流由下列函数给出：

$$
i(t) = (60 - t)^2 + (60 - t)\sin\left(\sqrt{t}\right)
$$

并且电阻是电流的函数：

$$
R = 10i + 2i^{2/3}
$$

采用复合的辛普森 1/3 法则计算 t 取 0~60 范围内的平均电压。

20.14 如果电容器在初始时刻没有存储电荷，那么加在它上面的电压与时间的关系可以表示为：

$$
V(t) = \frac{1}{C}\int_0^t i(t)\,dt
$$

使用 MATLAB 将表 20.5 中的数据拟合成五阶多项式。 然后，使用数值积分函数以及 $C = 10^{-5}$ 法拉，生成电压随时间变化的关系曲线。

表 20.5 电流数据表

t(s)	0	0.2	0.4	0.6	0.8	1	1.2
i(10^{-3} A)	0.2	0.3683	0.3819	0.2282	0.0486	0.0082	0.1441

20.15 作用在物体上的功等于力乘以沿着力的方向所移动的距离。给定物体沿力的方向上的速度为：

$$
\begin{aligned}
v &= 4t \qquad & 0 \le t \le 5 \\
v &= 20 + (5 - t)^2 \qquad & 5 \le t \le 15
\end{aligned}
$$

其中 v 的单位是 m/s。如果对于所有的 t，力都是常数 200N，试计算功。

20.16 某杆在轴向负载[见图 20.5(a)]的作用下将会发生变形，其应力-应变曲线如图20.5(b)所示。曲线下方从应力为0的点到破裂点的面积称为材料的韧性模数(*modulus of toughness*)。它提供了一种方法，可以测量出要给单位体积的材料施加多大的能量才能导致材料破裂。因此，它代表着材料承受冲击负载的能力。对于图 20.5(b)显示的应力-应变曲线，利用数值积分计算韧性模数。

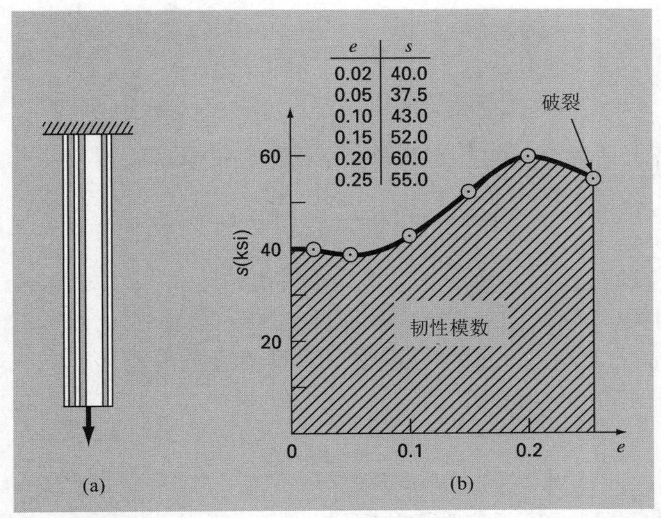

图 20.5　(a)轴向负载的杆和(b)相应的应力-应变曲线，其中应力的单位是千磅每平方英寸(10^3 lb/in^2)，而应变是无量纲量

20.17　如果已知沿某管道流动的流体的速度分布(见图 20.6)，流动速率 Q(单位时间内流过管道的水的体积)可计算为$Q = \int v\,dA$，其中 v 是速度，A 是管道的横截面积(为了从物理背景上掌握这个关系式，请回顾求和与积分之间的紧密联系)。对于圆形管道，有 $A = \pi r^2$ 和 $dA = 2\pi r\,dr$，于是：

$$Q = \int_0^r v(2\pi r)\,dr$$

其中 r 是从管道中心向外测得的径向距离。若给定速度分布为：

$$v = 2\left(1 - \frac{r}{r_0}\right)^{1/6}$$

其中 r_0 是总的半径(本例中为 3cm)，利用复合梯形法则计算 Q，并对结果进行讨论。

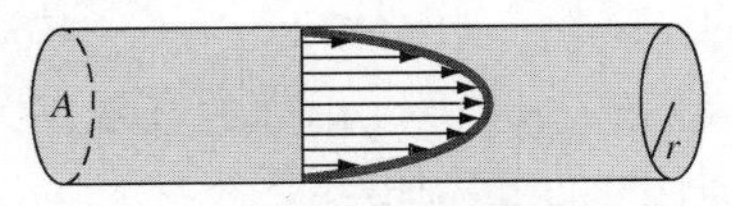

图 20.6　沿某管道流动的流体

20.18　根据表 20.6 中的数据，计算将弹簧常数 $k = 300$N/m 的弹簧拉伸到 $x = 0.35$m 处需要做的功。为了做到这一点，首先使用多项式拟合数据，然后用数值积分多项式来计算功：

表 20.6　数据表

$F(10^3 \cdot \mathrm{N})$	0	0.01	0.028	0.046	0.063	0.082	0.11	0.13
x(m)	0	0.05	0.10	0.15	0.20	0.25	0.30	0.35

20.19　如果火箭的垂直速度如下给定，计算它沿垂直方向移动的距离：

$$v = 11t^2 - 5t \qquad 0 \le t \le 10$$
$$v = 1100 - 5t \qquad 10 \le t \le 20$$
$$v = 50t + 2(t-20)^2 \qquad 20 \le t \le 30$$

20.20 火箭沿垂直方向向上的速度由下面的公式计算：

$$v = u \ln\left(\frac{m_0}{m_0 - qt}\right) - gt$$

其中 v = 向上的速度，u = 燃料相对于火箭排出的速度，m_0 为在 $t = 0$ 时火箭的初始质量，q = 燃料的消耗率，g = 向下的重力加速度(假设为常数 9.81m/s^2)。如果 u = 1850m/s，m_0 = 160 000kg，q = 2500kg/s，计算火箭在 30s 内能飞多高。

20.21 正态分布的定义为：

$$f(x) = \frac{1}{\sqrt{2\pi}} e^{-x^2/2}$$

(a) 利用 MATLAB 计算这个函数在 x 取−1~1 和−2~2 时的积分。

(b) 利用 MATLAB 计算这个函数的拐点。

20.22 利用龙贝格积分计算：

$$\int_0^2 \frac{e^x \sin x}{1 + x^2} dx$$

要求精度达到 ε_s = 0.5%。请按照图 20.1 的形式给出结果。

20.23 回顾一下，自由落体蹦极运动员的速度可以使用式(1.9)所示的解析法进行计算：

$$v(t) = \sqrt{\frac{gm}{c_d}} \tanh\left(\sqrt{\frac{gc_d}{m}}\, t\right)$$

其中 $v(t)$ = 速度(m/s)，t = 时间(s)，g = 9.81m/s^2，m = 质量(kg)，c_d = 阻力系数(kg/m)。

(a) 使用龙贝格积分，计算在自由下落的前 8 秒内，运动员行进的距离，其中 m = 80kg 和 c_d = 0.2kg/m。计算结果要求满足 ε_s = 1%。

(b) 用 MATLAB 内置函数 integral 进行相同的计算。

20.24 证明式(20.30)相当于布尔法则。

20.25 如表 20.7 所述，地球密度随着离中心(r = 0)距离的变化而变化：

表 20.7 地球密度与距离中心的关系

r(km)	0	1100	1500	2450	3400	3630	4500	5380	6060	6280	6380
ρ(g/cm^3)	13	12.4	12	11.2	9.7	5.7	5.2	4.7	3.6	3.4	3

创建一个脚本，使用 interp1 函数和 pchip 选项，拟合这些数据。生成一条显示拟合结果的曲线，并且在图中显示这些数据点。然后，使用 MATLAB 的积分函数 interp1 对输入进行积分，估计地球质量(使用公制单位吨)。

20.26 创建一个 M 文件函数，根据图 20.2，实现龙贝格积分，使用例 20.1 中的多项式积分来测试该函数。接着，用此函数求解习题 20.1。

20.27　创建一个 M 文件函数，根据 20.4.1 节的内容实现自适应求积分，使用例 20.1 中的多项式积分来测试该函数。接着，用此函数求解习题 20.20。

20.28　河道平均流量 $Q(m^3/s)$可使用速度和深度乘积的积分来计算(横截面不规则)，如下式所示：

$$Q = \int_0^B U(y)H(y)\,dy$$

其中 $U(y)$ = 离岸 y(m)距离处的水速(m/s)，$H(y)$ = 离岸 y 距离处的水深(m/s)。使用 integral 函数以及在河道上不同距离处收集到的表 20.8 中的 U 和 H 数据的 spline 拟合，估计流量。

表 20.8　收集到的 *U* 和 *H* 数据

y (m)	*H* (m)	*Y*(m)	*U* (m/s)
0	0	0	0
1.1	0.21	1.6	0.08
2.8	0.78	4.1	0.61
4.6	1.87	4.8	0.68
6	1.44	6.1	0.55
8.1	1.28	6.8	0.42
9	0.2	9	0

20.29　使用两点高斯求积法，在 $a = 1$ 和 $b = 5$ 之间，估算下列函数的平均值：

$$f(x) = \frac{2}{1 + x^2}$$

20.30　使用(a)解析法、(b)MATLAB 函数 integral 和(c)蒙特卡罗积分来计算以下积分：

$$I = \int_0^4 x^3\,dx$$

20.31　在区间 $0 \le x \le 2$，MATLAB 函数 humps 定义了具有不等高度的两个最大值(峰)的曲线。创建一个 MATLAB 脚本，使用(a)MATLAB 函数 integral 和(b)蒙特卡罗积分，确定曲线在这个区间上的积分。

20.32　计算下列二重积分：

$$I = \int_0^2 \int_{-3}^1 y^4 (x^2 + xy)\,dx\,dy$$

(a) 在每个维度上，只应用辛普森 1/3 法则。(b)使用 integral2 函数检查结果。

第21章

数值微分

本章目标

本章的主要目标是向读者介绍数值微分，具体的目标和主题包括：

- 了解关于等距数据的高精度数值微分公式的应用。
- 知道如何计算不等距数据的导数。
- 知道如何利用理查森外推法来计算数值微分。
- 认识到数值微分对于数据误差的敏感性。
- 知道在 MATLAB 中如何利用 diff 和 gradient 函数来计算导数。
- 会用 MATLAB 生成等高线图和矢量场。

提出问题

回顾前文可知，自由降落的蹦极运动员的速度与时间的函数关系为：

$$v(t)=\sqrt{\frac{gm}{c_d}}\tanh\left(\sqrt{\frac{gc_d}{m}}t\right) \tag{21.1}$$

在第 19 章的开头，我们用微积分计算这个方程的积分，求得蹦极运动员下落时间 t 后的垂直位移：

$$z(t)=\frac{m}{c_d}\ln\left[\cosh\left(\sqrt{\frac{gc_d}{m}}t\right)\right] \tag{21.2}$$

现在，假设要求解反问题。也就是说，需要根据蹦极运动员的位置与时间的函数关系来确定其速度。由于这是积分的逆过程，因此可以利用微分来进行求解：

$$v(t)=\frac{dz(t)}{dt} \tag{21.3}$$

将式(21.2)代入式(21.3)，微分后又回到了式(21.1)。

求出速度之后，还要求计算蹦极运动员的加速度。为此，要么取速度的一阶导数，要么取位移的二阶导数：

$$a(t)=\frac{dv(t)}{dt}=\frac{d^2z(t)}{dt^2} \tag{21.4}$$

这两种计算的结果都是：

$$a(t)=g\ \text{sech}^2\left(\sqrt{\frac{gc_d}{m}}t\right) \tag{21.5}$$

虽然本例存在闭合形式的解，但是还有一些其他的函数很难或者不可能用解析方法来微分。而且，如果有办法测量出蹦极运动员在下落的不同时刻所处的位置，那么这些位移以及相应的时间就可以组成一张离散数据表。在这种情况下，计算离散数据的微分将有助于确定速度和加速度。上述两种情况都可以利用数值微分方法来进行求解。本章将向读者介绍部分这类方法。

21.1 导论和背景

21.1.1 什么是微分

微积分(*Calculus*)是关于变化的数学。因为工程师和科学家经常需要处理变化的系统和过程，所以微积分是我们职业生涯中最基本的技能，而微积分的核心则是微分的数学概念。

根据字典定义，*微分*(*differentiate*)指的是“区别；区分；指出事物间的差别……”在数学上，*导数*(*derivative*)作为表达微分的基本工具，代表应变量关于自变量的变化率。如图 21.1 所示，导数的数学定义首先是差分近似：

$$\frac{\Delta y}{\Delta x}=\frac{f(x_i+\Delta x)-f(x_i)}{\Delta x} \tag{21.6}$$

其中y和$f(x)$均可以用来表示应变量，x是自变量。如果允许Δx趋向于0，如图21.1(a)到图 21.1(c)所示，那么差分变成微分：

$$\frac{dy}{dx}=\lim_{\Delta x\to 0}\frac{f(x_i+\Delta x)-f(x_i)}{\Delta x} \tag{21.7}$$

其中 dy/dx[它还可以被记为y'或$f'(x_i)$][1]是x_i处y关于x的一阶导数。正如在图 21.1(c)中看到的那样，导数是曲线在x_i处切线的斜率。

二阶导数表示导数的一阶导数：

$$\frac{d^2y}{dx^2}=\frac{d}{x}\left(\frac{dy}{dx}\right) \tag{21.8}$$

---

1 dy/dx 的形式由 Leibnitz 设计，而 y' 则源自 Lagrange。注意 Newton 曾使用过所谓的圆点符号 $\dot{y}$ 。今天，圆点符号常用来表示关于时间的导数。

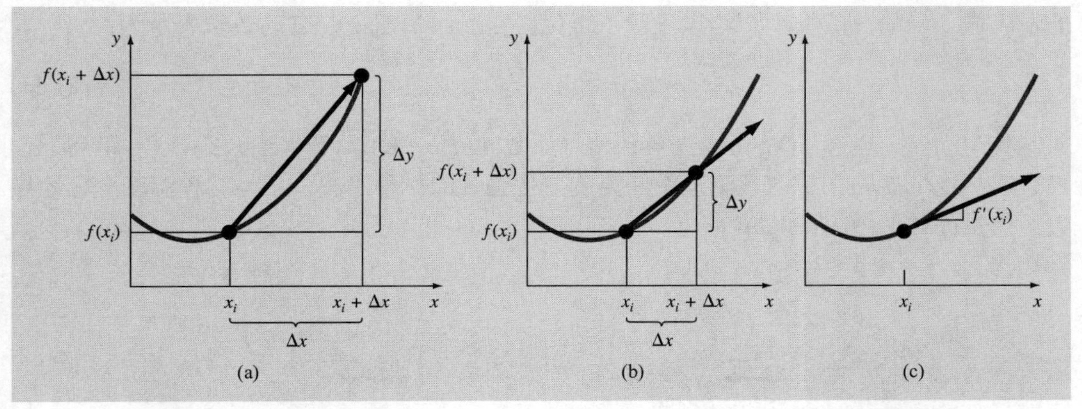

图 21.1　导数定义的示意图：当 Δx 从(a)到(c)趋向于 0 时，差分近似变成导数

因此，二阶导数告诉我们斜率变化的快慢。一般称之为曲率(*curvature*)，因为二阶导数取值较大时代表曲率较大。

最后，偏导数用于自变量多于一个的函数。偏导数可以看成在某一点处，令除了一个变量之外的所有变量为常数，然后取函数关于这个变量的导数。例如，给定依赖于 x 和 y 的函数 f，在任意点(x, y)处，f 关于 x 的偏导数定义为：

$$\frac{\partial f}{\partial x} = \lim_{\Delta x \to 0} \frac{f(x + \Delta x, y) - f(x, y)}{\Delta x} \tag{21.9}$$

类似地，f 关于 y 的偏导数定义为：

$$\frac{\partial f}{\partial y} = \lim_{\Delta y \to 0} \frac{f(x, y + \Delta y) - f(x, y)}{\Delta y} \tag{21.10}$$

为了直观地把握偏导数，认识到依赖于两个变量的函数是曲面而不是曲线。假如一个人在爬山，并且已经知道海拔与经度(东西指向的 x 轴)和纬度(南北指向的 y 轴)的函数关系 f。如果他停在特定点(x_0, y_0)，那么指向东方的斜率将会是$\partial f(x_0, y_0)/\partial x$，指向北方的斜率将会是$\partial f(x_0, y_0)/\partial y$。

21.1.2　工程和科学中的微分

函数的微分在工程和科学中的应用如此之多，使得我们在大学第一年就必须学习微分学。在工程和科学的所有领域都可以找到这类应用的许多特例。由于我们工作的很大一部分就是刻画变量在时域和空域的变化情况，因此微分在工程和科学中是很平常的事情。事实上，我们工作中遇到的很多著名的定律和其他概括性原则都是基于一种预测的方式建立的，物理世界中的变化通过这种方式可以被表示出来。最早的例子是牛顿第二定律，它不是由物体的位置，而是用其关于时间的导数描述的。

除了这类与时间相关的问题之外，很多定律中都包含由导数表示的变量的空间行为。其中最常用的定律之一是本构定律(*constitutive law*)，它定义了势能或梯度对物理过程所造成的影响。例如，傅里叶热传导定律(*Fourier's law of heat conduction*)对从高温区域向低温区域传导的热流的观测结果进行了量化。在一维情况下，它的数学表示为：

$$q=-k\frac{dT}{dx} \tag{21.11}$$

其中 $q(x)$ = 热通量(W/m^2)，k = 热传导系数[W/(m · K)]，T = 温度(K)，x = 距离(m)。导数或梯度(*gradient*)提供了测量空间温度变化强度的一种手段，正是这种温度变化才导致了热量的传递(见图 21.2)。

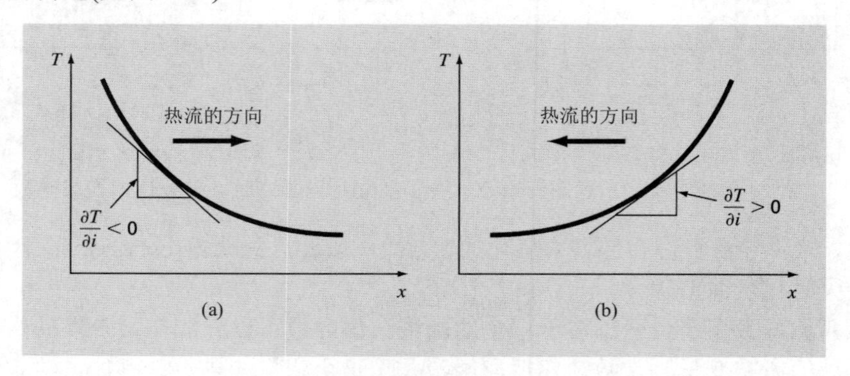

图 21.2 温度梯度的示意图。因为热量沿着温度从高到低的方向向下传播，所以(a)中的热流方向是从左到右。但是，由于笛卡尔坐标指向的关系，本例中的斜率为负数。这样，负的梯度导致正的热流。这正是傅里叶热传导定律中负号的来源。与之相反的情况如图(b)所示，图中正的梯度导致从右到左的负热流

类似的定律在工程和科学的许多其他领域建立了大量行之有效的模型，包括流体动力学模型、质量传递模型、化学反应动力学模型、电学模型和固体力学模型(见表 21.1)。能否精确地估计出导数是我们能否在这些领域开展有效工作的一个重要方面。

表 21.1 工程和科学中经常使用的部分本构定律的一维形式

定律	方程	物理领域	梯度	通量	比例系数
傅里叶定律	$q=-k\frac{dT}{dx}$	热传导	温度	热通量	导热系数
菲克定律	$J=-D\frac{dc}{dx}$	质量扩散	浓度	质量通量	扩散率
达西定律	$q=-k\frac{dh}{dx}$	多孔介质流	液压	流通量	水力传导率
欧姆定律	$J=-\sigma\frac{dV}{dx}$	电流	电压	电流通量	电导率
牛顿粘度法则	$\tau=\mu\frac{du}{dx}$	流动	速度	剪切应力	动态粘滞度
胡克定律	$\sigma=E\frac{\Delta L}{L}$	弹性	形变	应力	杨氏模量

除了与工程和科学应用直接相关之外，数值微分在包括数值方法的其他领域在内的一般数学背景下也同样重要。例如，回顾第 6 章，割线法就建立在对导数的有限差分近似之上。另外，数值微分最重要的应用可能是微分方程求解。我们在第 1 章中已经看到了用欧拉法求解的例子。在第 24 章中，我们将研究数值微分如何作为求解常微分方程边值问题的基础。

在我们的职业生涯中，经常遇到的可能只是微分的少数几类应用。如果被分析的函数很简单，那么一般可以选择用解析的方法来计算它们。然而，当函数很复杂时，解析求解就变得困难甚至不可能的。除此之外，函数表达式常常是未知的，而仅仅给出它在离散点上的测量值。对于这两种情况，都必须能够利用下面介绍的数值方法获得导数的近似值。

21.2 高精度微分公式

我们已经在第 4 章中介绍了数值微分的概念。回顾前文，我们由泰勒级数展开推出导数的有限差分近似。在第 4 章，构造了一阶和高阶导数的向前、向后和中心差分近似。回忆起这些估计值的误差最多为 $O(h^2)$，也就是说，它们的误差与步长的平方成正比。由于这些公式在推导过程中所保留的泰勒展开式的项数有限，因此这些公式只能精确到这种程度。现在，将举例说明如何通过向泰勒级数展开式中添加项来构造高精度的有限差分公式。

例如，向前泰勒级数展开式可写为[回顾式(4.14)]：

$$f(x_{i+1}) = f(x_i) + f'(x_i)h + \frac{f''(x_i)}{2!}h^2 + \cdots \tag{21.12}$$

求解得到：

$$f'(x_i) = \frac{f(x_{i+1}) - f(x_i)}{h} - \frac{f''(x_i)}{2!}h + O(h^2) \tag{21.13}$$

在第 4 章，我们对这个结果进行了截断，去掉了二阶和更高阶导数项，于是得到向前差分公式：

$$f'(x_i) = \frac{f(x_{i+1}) - f(x_i)}{h} + O(h) \tag{21.14}$$

与之相反，我们现在保留二阶导数项，并将下面的二阶导数的向前差分近似[回顾式(4.28)]：

$$f''(x_i) = \frac{f(x_{i+2}) - 2f(x_{i+1}) + f(x_i)}{h^2} + O(h) \tag{21.15}$$

代入式(21.13)，得到：

$$f'(x_i) = \frac{f(x_{i+1}) - f(x_i)}{h} - \frac{f(x_{i+2}) - 2f(x_{i+1}) + f(x_i)}{2h^2}h + O(h^2) \tag{21.16}$$

或者，合并同类项，得到：

$$f'(x_i)=\frac{-f(x_{i+2})+4f(x_{i+1})-3f(x_i)}{2h}+O(h^2) \tag{21.17}$$

请注意，由于添加了二阶导数项，因此精度提高到 $O(h^2)$。类似的方法也可以用来改进向后和中心型公式，以及更高阶导数的近似。这些公式以及第 4 章中构造的低阶版本都总结在图 21.3~图 21.5 中。例 21.1 具体说明了如何用这些公式来估计导数。

一阶导数	误差
$f'(x_i)=\dfrac{f(x_{i+1})-f(x_i)}{h}$	$O(h)$
$f'(x_i)=\dfrac{-f(x_{i+2})+4f(x_{i+1})-3f(x_i)}{2h}$	$O(h^2)$
二阶导数	
$f''(x_i)=\dfrac{f(x_{i+2})-2f(x_{i+1})+f(x_i)}{h^2}$	$O(h)$
$f''(x_i)=\dfrac{-f(x_{i+3})+4f(x_{i+2})-5f(x_{i+1})+2f(x_i)}{h^2}$	$O(h^2)$
三阶导数	
$f'''(x_i)=\dfrac{f(x_{i+3})-3f(x_{i+2})+3f(x_{i+1})-f(x_i)}{h^3}$	$O(h)$
$f'''(x_i)=\dfrac{-3f(x_{i+4})+14f(x_{i+3})-24f(x_{i+2})+18f(x_{i+1})-5f(x_i)}{2h^3}$	$O(h^2)$
四阶导数	
$f''''(x_i)=\dfrac{f(x_{i+4})-4f(x_{i+3})+6f(x_{i+2})-4f(x_{i+1})+f(x_i)}{h^4}$	$O(h)$
$f''''(x_i)=\dfrac{-2f(x_{i+5})+11f(x_{i+4})-24f(x_{i+3})+26f(x_{i+2})-14f(x_{i+1})+3f(x_i)}{h^4}$	$O(h^2)$

图 21.3　向前有限-差分公式：每个导数都给定了两种形式。因为后一种形式中包含的泰勒级数展开项更多，所以更精确一些

一阶导数	误差
$f'(x_i)=\dfrac{f(x_i)-f(x_{i-1})}{h}$	$O(h)$
$f'(x_i)=\dfrac{3f(x_i)-4f(x_{i-1})+f(x_{i-2})}{2h}$	$O(h^2)$
二阶导数	
$f''(x_i)=\dfrac{f(x_i)-2f(x_{i-1})+f(x_{i-2})}{h^2}$	$O(h)$
$f''(x_i)=\dfrac{2f(x_i)-5f(x_{i-1})+4f(x_{i-2})-f(x_{i-3})}{h^2}$	$O(h^2)$
三阶导数	
$f'''(x_i)=\dfrac{f(x_i)-3f(x_{i-1})+3f(x_{i-2})-f(x_{i-3})}{h^3}$	$O(h)$
$f'''(x_i)=\dfrac{5f(x_i)-18f(x_{i-1})+24f(x_{i-2})-14f(x_{i-3})+3f(x_{i-4})}{2h^3}$	$O(h^2)$
四阶导数	
$f''''(x_i)=\dfrac{f(x_i)-4f(x_{i-1})+6f(x_{i-2})-4f(x_{i-3})+f(x_{i-4})}{h^4}$	$O(h)$
$f''''(x_i)=\dfrac{3f(x_i)-14f(x_{i-1})+26f(x_{i-2})-24f(x_{i-3})+11f(x_{i-4})-2f(x_{i-5})}{h^4}$	$O(h^2)$

图 21.4　向后有限-差分公式：每个导数都给定了两种形式。因为后一种形式中包含的泰勒级数展开项更多，所以更精确一些

一阶导数　　误差

$$f'(x_i)=\frac{f(x_{i+1})-f(x_{i-1})}{2h} \qquad O(h^2)$$

$$f'(x_i)=\frac{-f(x_{i+2})+8f(x_{i+1})-8f(x_{i-1})+f(x_{i-2})}{12h} \qquad O(h^4)$$

二阶导数

$$f''(x_i)=\frac{f(x_{i+1})-2f(x_i)+f(x_{i-1})}{h^2} \qquad O(h^2)$$

$$f''(x_i)=\frac{-f(x_{i+2})+16f(x_{i+1})-30f(x_i)+16f(x_{i-1})-f(x_{i-2})}{12h^2} \qquad O(h^4)$$

三阶导数

$$f'''(x_i)=\frac{f(x_{i+2})-2f(x_{i+1})+2f(x_{i-1})-f(x_{i-2})}{2h^3} \qquad O(h^2)$$

$$f'''(x_i)=\frac{-f(x_{i+3})+8f(x_{i+2})-13f(x_{i+1})+13f(x_{i-1})-8f(x_{i-2})+f(x_{i-3})}{8h^3} \qquad O(h^4)$$

四阶导数

$$f''''(x_i)=\frac{f(x_{i+2})-4f(x_{i+1})+6f(x_i)-4f(x_{i-1})+f(x_{i-2})}{h^4} \qquad O(h^2)$$

$$f''''(x_i)=\frac{-f(x_{i+3})+12f(x_{i+2})+39f(x_{i+1})+56f(x_i)-39f(x_{i-1})+12f(x_{i-2})+f(x_{i-3})}{6h^4} \qquad O(h^4)$$

图 21.5　中心有限-差分公式：每个导数都给定了两种形式。因为后一种形式中包含的泰勒级数展开项更多，所以更精确一些

例 21.1　高精度微分公式

问题描述：回顾在例 4.4 中我们用步长 $h=0.25$ 的有限差分公式估计了如下方程在 $x=0.5$ 处的导数，结果概括在表 21.2 中。

$$f(x)=-0.1x^4-0.15x^3-0.5x^2-0.25x+1.2$$

注意误差是根据真解 $f'(0.5)=-0.9125$ 计算出来的。

表 21.2　数据表(一)

	向后 $O(h)$	中心 $O(h^2)$	向前 $O(h)$
估计值	−0.714	−0.934	−1.155
ε_t	21.7%	−2.4%	−26.5%

利用图 21.3~图 21.5 中的高精度公式重复这项计算。

解：本例中需要的数据包括

$$\begin{aligned}
x_{i-2}&=0 & f(x_{i-2})&=1.2\\
x_{i-1}&=0.25 & f(x_{i-1})&=1.1035156\\
x_i&=0.5 & f(x_i)&=0.925\\
x_{i+1}&=0.75 & f(x_{i+1})&=0.6363281\\
x_{i+2}&=1 & f(x_{i+2})&=0.2
\end{aligned}$$

精度为 $O(h^2)$ 的向前差分的计算结果为(见图 21.3)：

$$f'(0.5)=\frac{-0.2+4(0.6363281)-3(0.925)}{2(0.25)}=-0.859375 \qquad \varepsilon_t=5.82\%$$

精度为 $O(h^2)$ 的向后差分的计算结果为(见图 21.4)：

$$f'(0.5)=\frac{3(0.925)-4(1.1035156)+1.2}{2(0.25)}=-0.878125 \qquad \varepsilon_t=3.77\%$$

精度为 $O(h^4)$ 的中心差分的计算结果为(见图 21.5)：

$$f'(0.5)=\frac{-0.2+8(0.6363281)-8(1.1035156)+1.2}{12(0.25)}=-0.9125 \qquad \varepsilon_t=0\%$$

和预期的一样，与例 4.4 相比，向前和向后差分的误差都明显减少了。然而，不可思议的是，中心差分在 $x=0.5$ 处居然得到了精确的结果。这是因为相对于计算通过数据点的四次多项式，公式建立在泰勒级数的基础之上。

21.3　理查森外推法

到目前为止，我们知道如果用有限差分估计导数，那么已经有两种方法可以提高精度：减小步长或者使用更多点数的高阶公式。第三种方法基于理查森外推法，它利用两个导数估计值来计算第三个更加精确的近似值。

回顾 20.2.1 节，理查森外推法提供了积分估计值的一种改进办法，公式为[式(20.4)]：

$$I=I(h_2)+\frac{1}{(h_1/h_2)^2-1}[I(h_2)-I(h_1)] \tag{21.18}$$

其中 $I(h_1)$ 和 $I(h_2)$ 分别是由两个步长 h_1 和 h_2 得到的积分估计值。为了在计算机上表示方便，一般将这个公式写成 $h_2=h_1/2$ 的形式，即：

$$I=\frac{4}{3}I(h_2)-\frac{1}{3}I(h_1) \tag{21.19}$$

类似地，可以对微分写出式(21.19)，即：

$$D=\frac{4}{3}D(h_2)-\frac{1}{3}D(h_1) \tag{21.20}$$

对于精度为 $O(h^2)$ 的中心差分近似，应用这个公式可以得到精度为 $O(h^4)$ 的新的导数估计值。

例 21.2　理查森外推法

问题描述：对于例 21.1 中的函数，取步长 $h_1=0.5$ 和 $h_2=0.25$，估计 $x=0.5$ 处的导数值。然后利用式(21.20)计算由理查森外推法改进后的估计值。回顾前文可知，真解为-0.9125。

解：应用中心差分，一阶导数的估计值为

$$D(0.5)=\frac{0.2-1.2}{1}=-1.0 \qquad \varepsilon_t=-9.6\%$$

和

$$D(0.25)=\frac{0.6363281-1.103516}{0.5}=-0.934375 \qquad \varepsilon_t=-2.4\%$$

由式(21.20)得到改进后的估计值为：

$$D=\frac{4}{3}(-0.934375)-\frac{1}{3}(-1)=-0.9125$$

在当前的例子中这个值是精确的。

因为被分析的函数是四次多项式，所以在例 21.2 中得到了精确的结果。这个精确的输出源自这样一个事实，即理查森外推法实际上是用高次多项式对数据点进行拟合，然后用其中心均差作为导数。因此，例 21.2 中的结果与四次多项式的导数精确吻合。当然，对于大多数函数来说这是不可能发生的，我们的导数估计值可以被改进，但一般不会变成精确值。因此，在应用理查森外推法时，我们可以通过龙贝格算法反复迭代，直到结果满足可以接受的误差标准为止。

21.4　不等距数据的导数

到现在为止所讨论的方法主要用于计算给定函数的导数。对于 21.2 节叙述的有限差分近似，数据点必须是等间距的。对于 21.3 节叙述的理查森外推法，数据点也必须是等间距的，并且通过将区间不断地对分来生成。一般来说，我们只有在根据函数生成数据表时，才能对数据的间距实现这样的控制。

相反，以经验为根据推导出的信息，即来自实验或现场研究的数据——通常是不等距采样。这类信息无法用之前讨论过的方法进行分析。

非等距数据的一种处理办法是，用拉格朗日插值多项式[回顾式(17.21)]对需要计算导数的点周围的一组邻近数据进行拟合。注意，这种多项式并不要求数据是等间距的。然后解析地求多项式的微分，用得出的公式来估计导数。

例如，可以用二次拉格朗日多项式拟合三个相邻的数据点(x_0, y_0)、(x_1, y_1)和(x_2, y_2)。然后对插值多项式求微分，得到：

$$\begin{aligned}f'(x)=&f(x_0)\frac{2x-x_1-x_2}{(x_0-x_1)(x_0-x_2)}+f(x_1)\frac{2x-x_0-x_2}{(x_1-x_0)(x_1-x_2)}\\&+f(x_2)\frac{2x-x_0-x_1}{(x_2-x_0)(x_2-x_1)}\end{aligned} \tag{21.21}$$

其中 x 是需要估计导数的点的坐标。虽然这个公式的确比图 21.3~图 21.5 给出的一阶导数近似复杂些，但是它具有一些重要的优点。第一，它可以用来估计三个点所确定范围内任意位置的导数。第二，数据点本身不要求是等间距的。第三，导数估计值具有与中心差分[式(4.26)]同样的精度。事实上，对于等距数据，式(21.21)在 $x=x_1$ 处退化为式(4.26)。

例 21.3　不等距数据微分

问题描述：如图 21.6 所示，测量沿土壤向下的温度梯度。土壤-空气交界面上的热通量由傅里叶定律计算(表 21.1)：

$$q(z=0) = -k\left.\frac{dT}{dz}\right|_{z=0}$$

其中 $q(x)$ = 热通量(W/m^2)，k = 土壤的热传导系数[= 0.5W/(m・K)]，T = 温度(K)，z = 从地表沿土壤向下测得的距离(m)。注意，通量为正意味着热量从空气传向土壤。用数值微分计算土壤-空气交界面的梯度，并利用这个估计值确定流入地面的热通量。

解：根据式(21.21)计算空气-土壤交界面的导数为

$$f'(0) = 13.5\,\frac{2(0)-0.0125-0.0375}{(0-0.0125)(0-0.0375)} + 12\,\frac{2(0)-0-0.0375}{(0.0125-0)(0.0125-0.0375)}$$

$$+\,10\,\frac{2(0)-0-0.0125}{(0.0375-0)(0.0375-0.0125)}$$

$$= -1440 + 1440 - 133.333 = -133.333\ \text{K/m}$$

用它计算得到：

$$q(z=0) = -0.5\,\frac{\text{W}}{\text{m K}}\left(-133.333\,\frac{\text{K}}{\text{m}}\right) = 66.667\,\frac{\text{W}}{\text{m}^2}$$

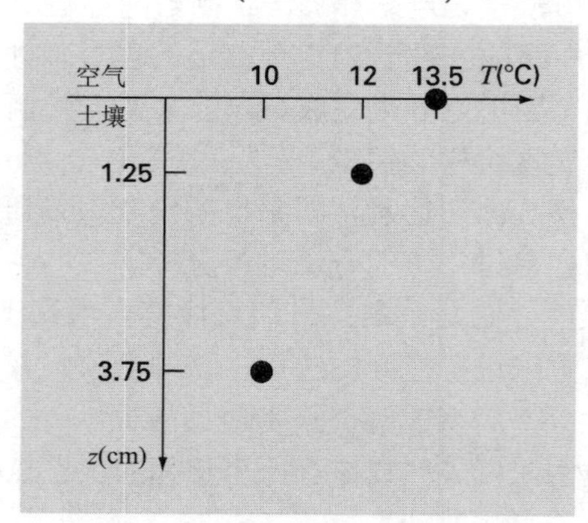

图 21.6　温度与进入土壤的深度

21.5　含误差数据的导数与积分

除了不等距之外，另一个与经验数据微分有关的问题是数据通常携带着测量误差。数值微分的缺点是，它往往会放大数据的误差。

图 21.7(a)显示，如果用数值方法计算光滑且不含误差的数据的微分，则会得到光滑的结果[见图 21.7(b)]。相反，图 21.7(c)使用同样一组数据，只是稍加修改，让部分结点升高、部分下降。这么点修改从图 21.7(c)中几乎看不出来。然而，对图 21.7(d)造成的影响却是显著的。

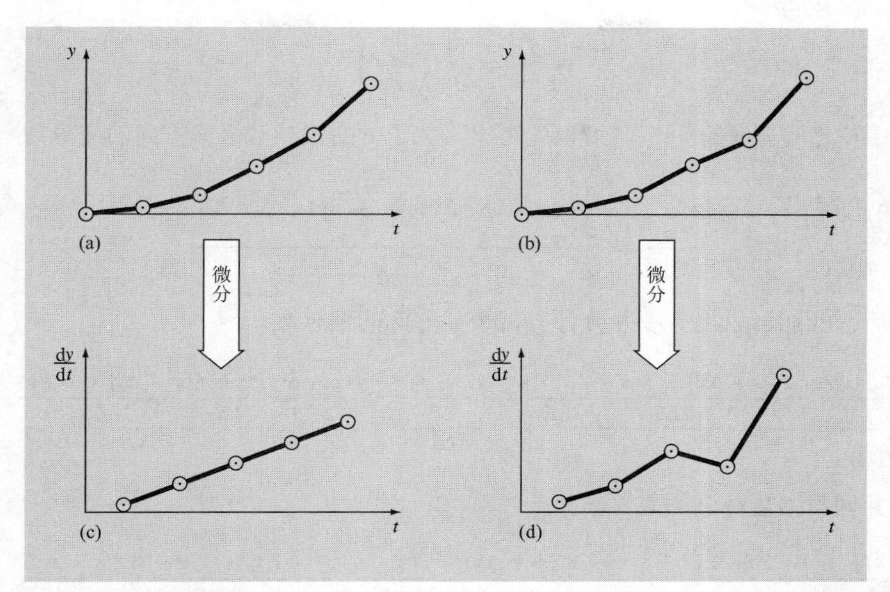

图 21.7　举例说明数值微分如何将小的数据误差放大：(a)不含误差的数据，(b)曲线(a)的数值微分结果，(c)稍微修改后的数据，(d)曲线(c)的数值微分结果，显示出改变被放大了。相反，积分的反向运算[从(d)到(c)，取(d)下方的面积]倾向于降低或磨光数据的误差

由于微分做的是减法运算，因此会将随机的正负误差叠加起来，从而放大误差。相反，积分是求和运算的事实使得它特别能够容许不确定数据的误差。其实，当数据点加在一起形成积分时，随机的正负误差就相互抵消了。

和预期的一样，计算不精确数据导数的基本方法是利用最小二乘回归将数据拟合成光滑可微函数。如果不知道其他信息的话，那么最好先选用低阶多项式回归。很明显，如果知道应变量与自变量的真实函数关系式，那么可以用这个关系式作为最小二乘拟合的基础。

21.6　偏导数

沿单一维数的偏导数的计算方法与常导数(*ordinary derivatives*)相同。例如，假设我们想计算二维函数$f(x, y)$的偏导数。对于等间距数据，一阶偏导数可由中心差分近似：

$$\frac{\partial f}{\partial x}=\frac{f(x+\Delta x, y)-f(x-\Delta x, y)}{2\Delta x} \tag{21.22}$$

$$\frac{\partial f}{\partial y}=\frac{f(x, y+\Delta y)-f(x, y-\Delta y)}{2\Delta y} \tag{21.23}$$

同理，到现在为止所讨论的所有其他公式和方法都可以推广到偏导数的计算。

对于更高阶导数，我们可能要计算函数关于两个或更多个不同变量的微分。结果被称为混合偏导数(*mixed partial derivative*)。例如，我们可能想知道$f(x, y)$关于两个自变量的偏导数：

$$\frac{\partial^2 f}{\partial x \partial y} = \frac{\partial}{\partial x}\left(\frac{\partial f}{\partial y}\right) \tag{21.24}$$

为了构造有限差分近似，可以先写出其关于 y 的偏导数沿 x 方向的差分：

$$\frac{\partial^2 f}{\partial x \partial y} = \frac{\dfrac{\partial f}{\partial y}(x+\Delta x, y) - \dfrac{\partial f}{\partial y}(x-\Delta x, y)}{2\Delta x} \tag{21.25}$$

然后，我们可以用有限差分计算每个 y 方向的偏导数：

$$\frac{\partial^2 f}{\partial x \partial y} = \frac{\dfrac{f(x+\Delta x, y+\Delta y) - f(x+\Delta x, y-\Delta y)}{2\Delta y} - \dfrac{f(x-\Delta x, y+\Delta y) - f(x-\Delta x, y-\Delta y)}{2\Delta y}}{2\Delta x} \tag{21.26}$$

合并同类项后得到的最终结果是：

$$\frac{\partial^2 f}{\partial x \partial y} = \frac{f(x+\Delta x, y+\Delta y) - f(x+\Delta x, y-\Delta y) - f(x-\Delta x, y+\Delta y) + f(x-\Delta x, y-\Delta y)}{4\Delta x \Delta y} \tag{21.27}$$

21.7 用 MATLAB 计算数值微分

基于两个内置函数 diff 和 gradient，MATLAB 软件能够计算数据的导数。

21.7.1 MATLAB 函数：diff

如果输入一个长度为 n 的一维向量，则 diff 函数会返回一个长度为 $n-1$ 的向量，其中包含原向量相邻元素的差。如下面的例子所示，这些值可以用来计算一阶导数的有限差分近似。

例 21.4 利用 diff 计算微分

问题描述：考查如何用 MATLAB 函数 diff 计算如下函数在 x 取 0~0.8 区间上的微分。

$$f(x) = 0.2 + 25x - 200x^2 + 675x^3 - 900x^4 + 400x^5$$

将结果与精确解进行比较：

$$f'(x) = 25 - 400x^2 + 2025x^2 - 3600x^3 + 2000x^4$$

解：我们先将 $f(x)$表示成匿名函数

```
>> f = @(x) 0.2 + 25*x - 200*x.^2 + 675*x.^3 - 900*x.^4 + 400*x.^5;
```

然后我们可以生成一组等间距的自变量和应变量采样值：

```
>> x = 0:0.1:0.8;
>> y = f(x);
```

用 diff 函数计算每个向量中相邻元素的差。例如：

```
>> diff(x)

ans =
  Columns 1 through 5
    0.1000    0.1000    0.1000    0.1000    0.1000
  Columns 6 through 8
    0.1000    0.1000    0.1000
```

和期望的一样，结果表示 x 中每对相邻元素的差。为了计算出导数的均差近似，我们只需要输入下面的语句，对 y 的差与 x 的差执行向量除法：

```
>> d = diff(y)./diff(x)

d =
  Columns 1 through 5
   10.8900   -0.0100    3.1900    8.4900    8.6900
  Columns 6 through 8
    1.3900  -11.0100  -21.3100
```

注意，由于我们使用了等距采样，因此在生成了 x 之后，也可以通过更为精炼的语句来简单地执行上面的计算，即：

```
>> d = diff(f(x))/0.1;
```

向量 d 现在包含相邻元素中点处的导数估计值。鉴于此，为了绘制结果的图形，我们必须先创建包含每个区间中点处 x 值的向量：

```
>> n = length(x);
>> xm = (x(1:n -1)+x(2:n))./2;
```

最后，可以用解析解计算分辨率更高的网格层上的导数值，以便将它绘制在同一张图上进行比较：

```
>> xa = 0:.01:.8;
>> ya = 25 - 400*xa + 3*675*xa.^2 - 4*900*xa.^3 + 5*400*xa.^4;
```

用下面的语句生成数值估计值和解析估计值的图形：

```
>> plot(xm,d,'o',xa,ya)
```

如图 21.8 所示，本例中的结果比较令人满意。

注意，除了计算导数之外，在检测向量的某些特性时，diff函数作为编程工具也能派上用场。例如，若检测到向量x是不等距的，下面的语句将显示错误信息并终止M文件：

```
if any(diff(diff(x)) ~ = 0), error('unequal spacing'), end
```

另一种常见的用法是检验向量是否按升序或降序排列。例如，如果向量不是按升序排列的(单调增加)，下面的代码将拒绝接收：

```
if any(diff(x)< = 0), error('not in ascending order'), end
```

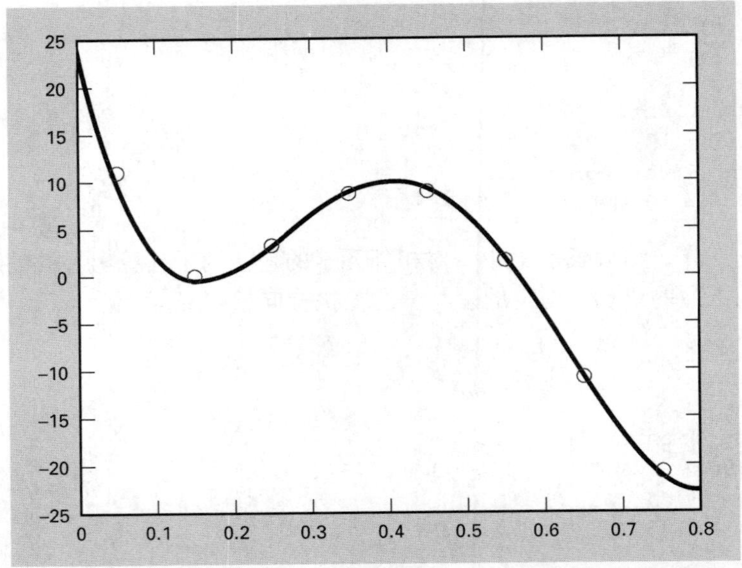

图 21.8　精确导数(实线)与由 MATLAB 函数 diff 计算出的数值估计值(圆点)的比较

21.7.2　MATLAB 函数：gradient

gradient 函数同样返回差值。只不过，它采用的方式更加适合根据函数值本身，而不是用这些值之间的间隔来计算导数。它的简单语法是：

```
fx = gradient(f)
```

其中 f= 长度为 n 的一维向量，fx 是由 f 的差组成的长度为 n 的向量。和 diff 函数一样，返回向量的第一个元素是第一个值和第二个值之差。但是，对于中间值，返回的是与其相邻的两个值的中心型差分：

$$diff_i = \frac{f_{i+1} - f_{i-1}}{2} \tag{21.28}$$

然后，最后一个元素是最后两个值之差。这样，结果类似于在所有中间值处使用中心型差分，在端点处使用向前和向后差分。

注意，数据点的间距被假设为 1。如果向量表示的是等间距数据，下面的版本以间距除以所有的结果，因此返回导数的实际值，

```
fx = gradient(f, h)
```

其中 h = 数据点之间的间距。

例 21.5　利用 gradient 计算微分

问题描述：对于例 21.4 中用 diff 函数分析的函数，利用 gradient 函数计算其积分。

解：和例 21.4 一样，我们可以生成一系列等间距的自变量和应变量

```
>> f = @(x) 0.2 + 25*x - 200*x.^2 + 675*x.^3 - 900*x.^4 + 400*x.^5;
>> x = 0:0.1:0.8;
>> y = f(x);
```

然后可以用 gradient 函数来计算导数，即：

```
>> dy = gradient(y,0.1)

dy =
  Columns 1 through 5
   10.8900    5.4400    1.5900    5.8400    8.5900
  Columns 6 through 9
    5.0400   -4.8100  -16.1600  -21.3100
```

和例 21.4 一样，可以用解析导数生成值，然后将数值估计值和解析估计值显示在同一张图上：

```
>> xa = 0:.01:.8;
>> ya = 25 - 400*xa + 3*675*xa.^2 - 4*900*xa.^3 + 5*400*xa.^4;
>> plot(x,dy,'o', xa,ya)
```

如图 21.9 所示，结果不如例 21.4 中由 diff 函数得到的那些精确。这是由于 gradient 函数使用的采样间隔(0.2)是 diff 函数使用的(0.1)两倍。

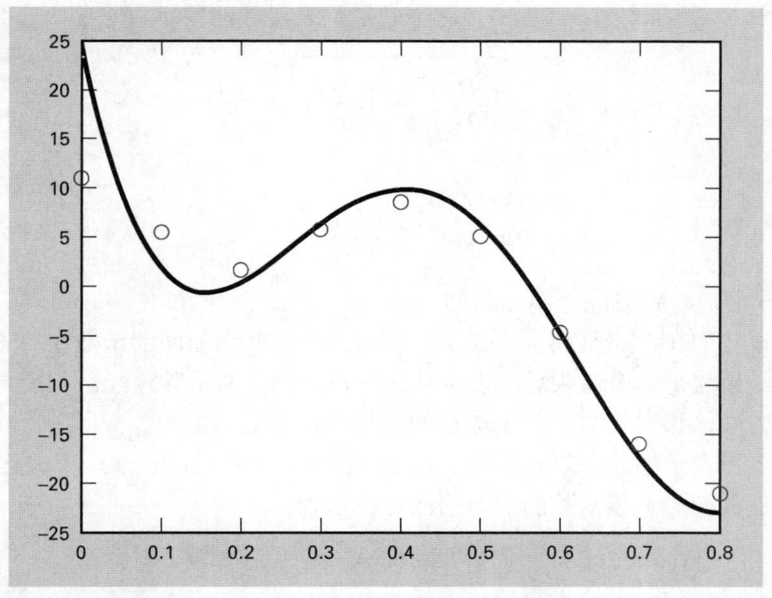

图 21.9　比较精确导数(实线)与由 MATLAB 的 gradient 函数计算出的数值估计值(圆圈)

除一维向量之外，gradient 函数特别适合于计算矩阵的偏导数。例如，对于二维矩阵 f，可以采用以下方式调用该函数：

```
[fx,fy] = gradient(f, h)
```

其中 fx 对应于 x 方向(列)的差值，fy 对应于 y 方向(列)的差值，h = 数据点之间的间距。如果省略 h，那么假设数据点之间的间隔为 1。在下一节，我们将举例说明如何用 gradient 函数来可视化向量场。

21.8 案例研究：向量场的可视化

背景：除计算一维导数之外，gradient 函数在计算二维或更高维的偏导数方面也特别有用。尤其是，它可以与其他 MATLAB 函数结合使用，生成向量场的可视化图形。

为了理解具体过程，我们可以回顾 21.1.1 节最后对偏导数的讨论。回忆我们以山的海拔高度为例，将其看成一个二维函数。在数学上，我们可以将这样的函数表示为：

$$z = f(x, y)$$

其中 z = 海拔，x = 沿东西轴的测量距离，y = 沿南北轴的测量距离。

在这个例子中，偏导数给出了轴向斜率。然而，如果这个人正在爬山的话，他可能会对确定斜率最大的方向更加感兴趣。若将两个偏导数看成向量的元素，则答案可以非常简洁地写为：

$$\nabla f = \frac{\partial f}{\partial x}\boldsymbol{i} + \frac{\partial f}{\partial y}\boldsymbol{j}$$

其中 ∇f 称为 f 的梯度(gradient)。这个向量代表最陡的斜率，它的大小为：

$$\sqrt{\left(\frac{\partial f}{\partial x}\right)^2 + \left(\frac{\partial f}{\partial y}\right)^2}$$

方向为：

$$\theta = \tan^{-1}\left(\frac{\partial f/\partial y}{\partial f/\partial x}\right)$$

其中 θ = 沿逆时针方向距离 x 轴的角度。

现在假设我们在 x-y 平面上生成了一组网格点，并用前面的函数在每一点处绘制出梯度向量。结果将是一个箭头场，表示从任意点到顶点的最陡路径。相反，如果我们绘制梯度的反方向，那么将显示一个球是如何从任意点滚下山的。

这样的图形表示如此有效，以至于在 MATLAB 中专门设置了一个被称为 quiver 的函数来生成这种图形。该函数的简单语法可表示为：

```
quiver(x,y,u,v)
```

其中 x 和 y 是包含位置坐标的矩阵，u 和 v 是包含偏导数的矩阵。下面的例子演示了如何用 quiver 函数来可视化一个场。

用 gradient 函数计算下列二维函数在 x 取−2~2 和 y 取 1~3 上的偏导数：

$$f(x, y) = y - x - 2x^2 - 2xy - y^2$$

然后用 quiver 在函数的等高线图中加上向量场。

解：我们可以先将$f(x, y)$表示成匿名函数

```
>> f = @(x,y) y - x - 2*x.^2 - 2.*x.*y - y.^2;
```

生成一系列自变量和应变量值，即：

```
>> [x,y] = meshgrid(-2:.25:0, 1:.25:3);
>> z  = f(x,y);
```

gradient 函数可用于计算偏导数：

```
>> [fx,fy] = gradient(z,0.25);
```

然后我们创建结果的等高线图：

```
>> cs = contour(x,y,z);clabel(cs);hold on
```

最后一步是将偏导数合成为向量并添加到等高线图中：

```
>> quiver(x,y,-fx,-fy);hold off
```

注意，为了让所得向量场指向下山，我们显示的是相反数。

结果如图 21.10 所示。函数的峰值出现在 $x = -1$ 和 $y = 1.5$ 处，函数值在该点处沿所有方向减少。按照箭头的长度所示，梯度在东北和西南方向下降得更加陡峭些。

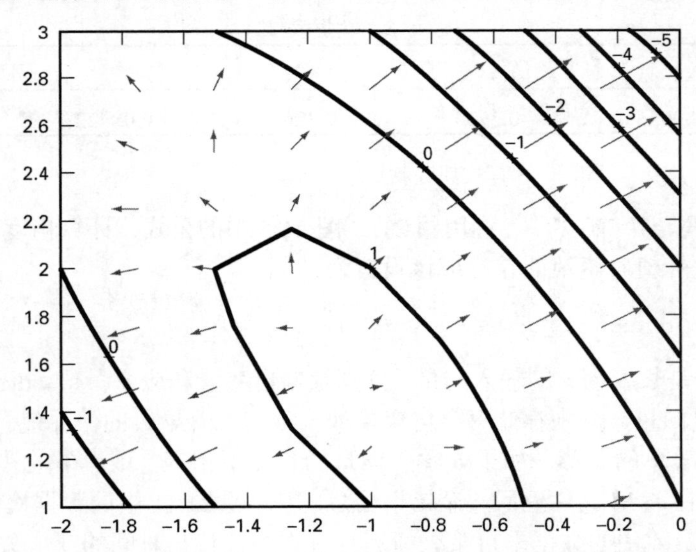

图 21.10　由 MATLAB 生成的二维函数的等高线图，其中由偏导数合成的向量显示成箭头

21.9　习题

21.1　取 $h = \pi/12$，利用 $O(h)$和 $O(h^2)$的向前和向后差分近似，以及 $O(h^2)$和 $O(h^4)$的中心差分近似计算 $y = \sin x$ 在 $x = \pi/4$ 处的一阶导数。估计每个近似值的真百分比相对误差 ε_t。

21.2 取 $h = 0.1$，利用 $O(h^2)$和 $O(h^4)$的中心有限差分公式估计 $y = e^x$ 在 $x = 2$ 处的一阶和二阶导数的值。

21.3 对于三阶导数的计算，利用泰勒级数展开推导具有二阶精度的中心有限差分近似。为此，需要用到 x_{i-2}、x_{i-1}、x_{i+1} 和 x_{i+2} 四个不同数据点处的展开式。将函数在每个点的取值都关于 x_i 展开。对于 $i-1$ 和 $i+1$，区间长度为Δx；对于 $i-2$ 和 $i+2$，区间长度为 $2\Delta x$。然后将四个方程联立，消去一阶和二阶导数项。在每一个展开式中保留足够多的项，以计算将要被截断的首项，从而确定逼近的阶数。

21.4 取步长 $h_1 = \pi/3$ 和 $h_2 = \pi/6$，利用理查森外推法估计 $y = \cos x$ 在 $x = \pi/4$ 处的一阶导数。用 $O(h^2)$的中心差分作为初始估计值。

21.5 重复习题 21.4，只不过是用 $h_1 = 2$ 和 $h_2 = 1$ 计算 $\ln x$ 在 $x = 5$ 处的一阶导数。

21.6 根据 $y = 2x^4-6x^3-12x-8$ 在 $x_0 = -0.5$、$x_1 = 1$ 和 $x_2 = 2$ 处的取值，应用式(21.21)计算该函数在 $x = 0$ 处的一阶导数。将这个结果与真实值，以及由 $h = 1$ 的中心差分近似获得的估计值进行比较。

21.7 对于等间距数据，证明式(21.21)在 $x = x_1$ 处退化为式(4.26)。

21.8 编写用龙贝格算法估计给定函数导数值的 M 文件。

21.9 编写一个 M 文件，计算非等距数据的一阶导数估计。用表 21.3 中的数据来检验程序。

表 21.3 数据表(二)

x	0.6	1.5	1.6	2.5	3.5
$f(x)$	0.9036	0.3734	0.3261	0.08422	0.01596

其中 $f(x) = 5e^{-2x}x$。将结果与真实导数进行比较。

21.10 编写一个 M 文件，利用图 21.3~图 21.5 中的公式，计算精度为 $O(h^2)$的一阶和二阶导数的估计值。函数的首行应该设置为：

```
function [dydx, d2ydx2] = diffeq(x,y)
```

其中 x 和 y 是长度为 n 的输入向量，分别存储自变量和应变量值，dydx 和 dy2dx2 是长度为 n 的输出向量，分别存储每个自变量处一阶和二阶导数的估计值。函数应该生成 dydx 和 dy2dx2 与 x 的图形。如果(a)输入向量的长度不相等，或者(b)自变量的取值不是等间距的，那么让该 M 文件返回一个错误信息。用习题 21.11 中的数据检验编写的程序。

21.11 表 21.4 中的数据采自某火箭运行过程中位移与时间的变化关系。

表 21.4 火箭运行过程中位移与时间的变化关系

t(s)	0	25	50	75	100	125
y(km)	0	32	58	78	92	100

利用数值微分估计火箭在每个时间点的速度和加速度。

21.12 某喷气式战斗机在航空母舰的飞机跑道上降落的过程被记录在表 21.5 中。

表 21.5　数据表(三)

t(s)	0	0.52	1.04	1.75	2.37	3.25	3.83
x(m)	153	185	208	249	261	271	273

其中 x 是与航空母舰末端的距离。利用数值微分估计(a)速度(dx/dt)和(b)加速度(dv/dt)。

21.13　根据表 21.6 中的数据使用二阶精度的(a)中心有限差分、(b)向前有限差分和(c)向后有限差分方法，确定 $t=10$s 时的速度和加速度。

表 21.6　数据表(四)

时间 t(s)	0	2	4	6	8	10	12	14	16
位置 x(m)	0	0.7	1.8	3.4	5.1	6.3	7.3	8.0	8.4

21.14　某飞机被雷达跟踪，每隔一秒钟测量其在极坐标系中的位置 θ 和 r，所得数据如表 21.7 所示。

表 21.7　数据表(五)

t(s)	200	202	204	206	208	210
θ(rad)	0.75	0.72	0.70	0.68	0.67	0.66
r(m)	5120	5370	5560	5800	6030	6240

206s时，利用中心差分(二阶精度)计算速度 $\vec{v}$ 和加速度 $\vec{a}$ 的向量表达式。极坐标下的速度和加速度给定为：

$$\vec{v}=\dot{r}\vec{e}_r+r\dot{\theta}\vec{e}_\theta \quad 和 \quad \vec{a}=(\ddot{r}-r\dot{\theta}^2)\vec{e}_r+(r\ddot{\theta}+2\dot{r}\dot{\theta})\vec{e}_\theta$$

21.15　利用回归法将表 21.8 中的数据拟合成二次、三次和四次多项式，以估计加速度，并绘制结果图形。

表 21.8　数据表(六)

t	1	2	3.25	4.5	6	7	8	8.5	9.3	10
v	10	12	11	14	17	16	12	14	14	10

21.16　正态分布的定义为：

$$f(x)=\frac{1}{\sqrt{2\pi}}e^{-x^2/2}$$

利用 MATLAB 确定这个函数的拐点。

21.17　表 21.9 的数据由正态分布生成。

表 21.9 数据表(七)

x	−2	−1.5	−1	−0.5	0	0.5	1	1.5	2
$f(x)$	0.05399	0.12952	0.24197	0.35207	0.39894	0.35207	0.24197	0.12952	0.05399

利用 MATLAB 估计这些数据的拐点。

21.18 利用 diff(y)命令编写 MATLAB 的一个 M 文件函数，以计算表 21.10 中每个 x 值处一阶和二阶导数的有限差分近似。使用二阶精度，即 $O(x^2)$的有限差分近似。

表 21.10 数据表(八)

x	0	1	2	3	4	5	6	7	8	9	10
y	1.4	2.1	3.3	4.8	6.8	6.6	8.6	7.5	8.9	10.9	10

21.19 本题的目的，是将函数一阶导数的二阶精度向前、向后和中心有限差分近似与导数的实际值进行比较。考虑：

$$f(x)=e^{-2x}-x$$

(a) 利用微积分计算 $x=2$ 处导数的真实值。

(b) 编写一个 M 文件函数，计算从 $\Delta x=0.5$ 开始的中心有限差分近似。因此，对于第一次计算，中心差分近似用到的 x 值为 $x=2\pm0.5$ 或 $x=1.5$ 和 2.5。然后按照 0.1 的幅度缩小，直到最小值 $\Delta x=0.01$。

(c) 用二阶向前和向后差分重复(b)。(注意，在循环中计算中心差分的同时也可以执行这项操作。)

(d) 绘制(b)和(c)的结果与 x 的图形，并且在图中绘制精确解以便于比较。

21.20 假设需要测量水流过某细管的速度。为此，在管的出口处放置一个桶，测量桶内液体体积与时间的函数关系，结果如表 21.11 所示。试估计 $t=7$s 时的流速。

表 21.11 实验数据

时间(s)	0	1	5	8
体积(cm^3)	0	1	8	16.4

21.21 在平面上方的几个位置 y(m)测量空气流动的速度 v(m/s)。试根据牛顿黏性定律(*Newton's viscosity law*)确定平面上($y=0$)的剪切应力 τ (N/m^2)：

$$\tau=\mu\frac{du}{dy}$$

假设动态粘滞度 $\mu=1.8\times10^{-5}$N·s/m^2，数据如表 21.12 所示。

表 21.12 数据表(九)

y(m)	0	0.002	0.006	0.012	0.018	0.024
u(m/s)	0	0.287	0.899	1.915	3.048	4.299

21.22　菲克第一扩散定律(*Fick's first diffusion law*)指出：

$$质量流量 = -D\frac{dc}{dx} \tag{21.29}$$

其中质量流量 = 单位时间内通过单位面积的质量($g/cm^2/s$)，D = 扩散系数(cm^2/s)，c = 浓度(g/cm^3)，x = 距离(cm)。某环境工程师测得湖泊底部(在沉积物-水的交界面上 $x = 0$，越往下 x 越大)沉积物孔隙水中污染物质的浓度如表 21.13 所示。

表 21.13　数据表(十)

x(cm)	0	1	3
$c(10^{-6}g/cm^3)$	0.06	0.32	0.6

使用可获得的最佳数值微分方法估计 $x = 0$处的导数。根据这个估计值和式(21.29)计算流出沉积物和流入上层水的污染物质的质量流量($D = 1.52\times10^{-6}cm^2/s$)。对于含$3.6\times10^6\ m^2$沉积物的湖泊，每年有多少污染物流入到湖泊中？

21.23　表 21.14 中的数据采自一艘大型油轮的装载过程，对于每个时间，计算具有 h^2 阶精度的流速(dV/dt)。

表 21.14　数据表(十一)

t(分钟)	0	10	20	30	45	60	75
$V(10^6$ 桶)	0.4	0.7	0.77	0.88	1.05	1.17	1.35

21.24　建筑工程师经常使用傅里叶定律来计算通过墙的热流。测得石墙由表($x = 0$)至里的温度数据如表 21.15 所示。

表 21.15　数据表(十二)

x(m)	0	0.08	0.16
T(°C)	20.2	17	15

如果 $x = 0$ 处的流量是 $60W/m^2$，试计算 k。

21.25　湖泊在特定深度的水平面积 $A_s(m^2)$可以通过对体积微分得到：

$$A_s(z) = -\frac{dV}{dz}(z)$$

其中 V = 体积(m^3)，z = 测得的深度(m)，方向由表面向底部。沉积物的平均浓度 $\bar{c}$ (g/m^3)随深度变化，可以通过积分得到：

$$\bar{c} = \frac{\int_0^Z c(z)A_s(z)\,dz}{\int_0^Z A_s(z)\,dz}$$

其中 Z = 总深度(m)。试根据表 21.16 中的数据确定平均浓度。

表 21.16　数据表(十三)

z(m)	0	4	8	12	16
$V(10^6 m^3)$	9.8175	5.1051	1.9635	0.3927	0.0000
$c(g/m^3)$	10.2	8.5	7.4	5.2	4.1

21.26　法拉第定律将通过感应器的电压降描述为：

$$V_L = L\frac{di}{dt}$$

其中 V_L = 电压降(V)，L = 感应系数(单位亨利；$1H = 1V \cdot s/A$)，i = 电流(A)，t = 时间(s)。根据表 21.17 中的数据确定电压降与时间的函数关系，其中感应系数为 4H。

表 21.17　电压降与时间的函数关系

t	0	0.1	0.2	0.3	0.5	0.7
i	0	0.16	0.32	0.56	0.84	2.0

21.27　根据法拉第定律(见习题 21.26)，若 2A 电流在 400ms 的时间内通过感应器，请利用表 21.18 中的电压数据估计感应系数。

表 21.18　电压数据

t(ms)	0	10	20	40	60	80	120	180	280	400
V(V)	0	18	29	44	49	46	35	26	15	7

21.28　身体冷却(见图 21.11)的速度可以表示为：

$$\frac{dT}{dt} = -k(T - T_a)$$

其中 T = 身体的温度(℃)，T_a = 环境介质的温度(℃)，k = 比例常数(每分钟)。于是，这个方程[被称为*牛顿冷却定律*(*Newton's law of cooling*)]指出冷却速度与身体和环境介质温度之差成比例。如果将金属球加热到 80℃，然后放入温度恒为 T_a = 20℃的水中，球的温度会发生变化，如表 21.19 所示。

表 21.19　数据表(十四)

时间(min)	0	5	10	15	20	25
T(℃)	80	44.5	30.0	24.1	21.7	20.7

利用数值微分确定每个时间点的 dT/dt。绘制 dT/dt 与 $T-T_a$ 的图形，并用线性回归计算 k。

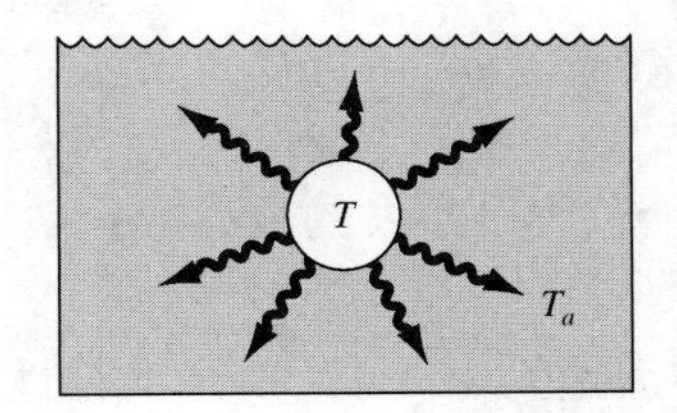

图 21.11　冷却示意图

21.29　真实气体的焓与压强的函数关系如下：

$$H = \int_0^P \left(V - T\left(\frac{\partial V}{\partial T}\right)_P \right) dP$$

数据采自真实流体。估计流体在 400K 和 50 个大气压下的焓(0.1 个大气压~50 个大气压积分)，数据如表 21.20 所示。

表 21.20　数据表(十五)

P(大气压)	V(L)		
	T = 350K	T = 400K	T = 450K
0.1	220	250	282.5
5	4.1	4.7	5.23
10	2.2	2.5	2.7
20	1.35	1.49	1.55
25	1.1	1.2	1.24
30	0.90	0.99	1.03
40	0.68	0.75	0.78
45	0.61	0.675	0.7
50	0.54	0.6	0.62

21.30　对于在表面流动的流体，相对于表面的热通量可由傅里叶定律计算：y = 垂直于表面的距离(m)。表 21.21 中的测量数据来自在平板上方流动的空气，其中 y = 垂直于平板表面的距离。

表 21.21　数据表(十六)

y(cm)	0	1	3	5
T(K)	900	480	270	210

如果平板的尺寸是 200cm 长和 50cm 宽，且 $k = 0.028$J/(s・m・K)，请确定(a)表面通量和(b)传热量(单位瓦特)。注意 1J = 1W・s。

21.31　半径为常数的试管内，层流的压强梯度可表示为：

$$\frac{dp}{dx}=-\frac{8\mu Q}{\pi r^4}$$

其中 p = 压强(N/m^2)，x = 沿试管中心线的位移(m)，μ = 动态粘滞度($N \cdot s/m^2$)，Q = 流量(m^3/s)，r = 半径(m)。

(a) 对于 10cm 长的试管中流速为 $10\times10^{-6}m^3/s$ 的粘性液体($\mu = 0.005\ N \cdot s/m^2$，密度 = $\rho = 1\times10^3 kg/m^3$)，确定压强的下降，已知半径沿长度的变化如表 21.22 所示。

表 21.22 数据表(十七)

x(cm)	0	2	4	5	6	7	10
r(mm)	2	1.35	1.34	1.6	1.58	1.42	2

(b) 对结果与试管半径恒等于平均半径时的压强下降值进行比较。

(c) 计算平均雷诺数以证实试管中的流动确实是层流($Re = \rho v D/\mu < 2100$，其中 v = 速度)。

21.32 关于苯的比热数据由 n 次多项式生成，根据表 21.23 中的数据，试用数值微分确定 n。

表 21.23 苯的比热数据

T(K)	300	400	500	600	700	800	900	1000
C_p (kJ/(kmol · K))	82.888	112.136	136.933	157.744	175.036	189.273	200.923	210.450

21.33 压强 c_p [J/(kg · K)]为常数时理想气体的比热与焓的关系为：

$$c_p=\frac{dh}{dT}$$

其中 h = 焓(kJ/kg)，T = 绝对温度(K)。表 21.24 中提供了几个温度条件下二氧化碳(CO_2)的焓值。利用这些值确定表中每个温度下的比热，单位 J/(kg · K)。(提示：碳和氧的原子量分别为 12.011g/mol 和 17.9994g/mol。)

表 21.24 不同温度下二氧化碳的焓值

T(K)	750	800	900	1000
h(kJ/kmol)	29629	32179	37405	42769

21.34 完全依赖于单个反应物浓度的化学反应常常采用 n 阶速率定律建模：

$$\frac{dc}{dt}=-kc^n$$

其中 c = 浓度(摩尔)，t = 时间(分钟)，n = 反应阶数(无量纲量)，k = 反应速度(分钟$^{-1}$ 摩尔$^{1-n}$)。可以采用*微分方法*(*differential method*)确定参数 k 和 n。这包括对速率定律应用对数变换，得到：

$$\log\left(-\frac{dc}{dt}\right) = \log k + n\log c$$

因此，如果 n 次速率定律成立，那么 $\log(-dc/dt)$与 $\log c$ 的图形将是一条斜率为 n、截距为 $\log k$ 的直线。表 21.25 中是将氰酸铵转化为尿素的数据，请利用微分方法和线性回归确定 k 和 n。

表 21.25　将氯酸铵转化为尿素的数据表

t(min)	0	5	15	30	45
c(mol)	0.750	0.594	0.420	0.291	0.223

21.35　沉积需氧量[SOD(Sediment Oxygen Demand)，单位 g/(m^2 • d)]是确定自然水中溶氧量的一个重要参数。它的测量方法是，在圆柱形容器中放入一个沉积核(见图 21.12)。仔细地在沉积物上方注入一层由蒸馏得到的氧化水之后，容器被覆盖住，可防止气体迁移。用一根搅拌器将水轻轻地混合，用氧探针追踪水中的氧气浓度是如何随时间减小的。然后计算 SOD，即：

$$\text{SOD} = -H\frac{do}{dt}$$

其中 H = 水的深度(m)，σ = 氧气浓度(g/m^3)，t = 时间(d)。

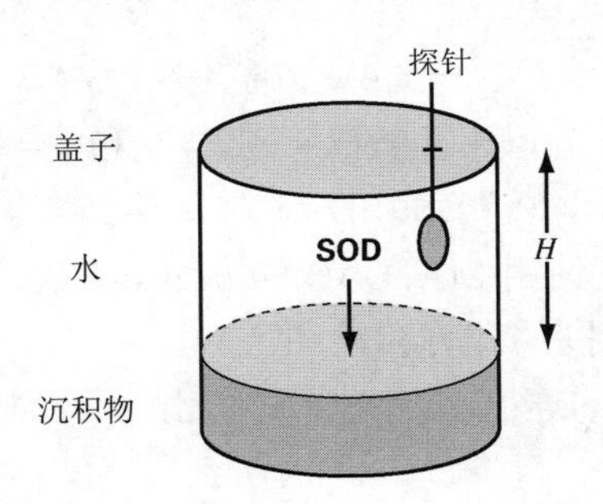

图 21.12　SOD 示意图

根据表21.26中的数据和$H = 0.1$m，利用数值微分生成(a)SOD与时间的图形和(b)SOD与氧浓度的图形。

表 21.26　数据表(十八)

t(d)	0	0.125	0.25	0.375	0.5	0.625	0.75
o(mg/L)	10	7.11	4.59	2.57	1.15	0.33	0.03

21.36　下列关系式可用于分析受分布式载荷影响的均匀梁：

$$\frac{dy}{dx} = \theta(x) \quad \frac{d\theta}{dx} = \frac{M(x)}{EI} \quad \frac{dM}{dx} = V(x) \quad \frac{dV}{dx} = -w(x)$$

其中 x = 沿梁方向的距离(m)，y = 偏转(m)，$\theta(x)$ = 斜率(m/m)，E = 弹性模量(Pa =

N/m^2)，I = 惯性矩(m^4)，$M(x)$ = 力矩(N m)，$V(x)$ = 剪切力(N)，$w(x)$ = 分布式载荷(N/m)。对于载荷线性增加的情况(回顾图 5.15)，使用解析法，可以计算斜率：

$$\theta(x)=\frac{w_0}{120EIL}(-5x^4+6L^2x^2-L^4) \tag{21.30}$$

采用(a)数值积分计算偏转(单位为 m)和(b)数值微分计算力矩(单位为 N m)和剪切力(单位为 N)。在 3m 的梁上，使用 $\Delta x = 0.125$m 等间距，使用式(21.30)计算得到的斜率的值，进行数值计算。在计算中，使用以下参数值：E = 200GPa，$I = 0.0003\text{m}^4$，w_0 = 2.5kN/cm。另外，梁两端的偏转设为 $y(0) = y(L) = 0$。注意单位。

21.37　沿着简单支撑的均匀梁方向，测量不同长度处的偏转(参见习题 21.36 和表 21.27)。

表 21.27　数据表(十九)

x(m)	0	0.375	0.75	1.125	1.5	1.875	2.25	2.625	3
y(cm)	0	−0.2571	−0.9484	−1.9689	−3.2262	−4.6414	−6.1503	−7.7051	−9.275

采用数值微分计算斜率、力矩(N m)、剪切力(N)和分布式载荷(N/m)。在计算中使用以下参数值：E = 200GPa，$I = 0.0003\text{m}^4$。

21.38　在 $x = y = 1$ 处，使用(a)解析法，(b)数值法，$\Delta x = \Delta y = 0.0001$；计算下列函数的$\partial f/\partial x$、$\partial f/\partial x$和$\partial^2 f/(\partial x\partial y)$：

$$f(x,y)=3xy+3x-x^3-3y^3$$

21.39　创建一个脚本，为以下函数(x = −3 至 3 和 y = −3 至 3)，执行与 21.8 节中相同的计算和绘图=(a)$f(x,y)=e^{-(x^2+y^2)}$和(b)$f(x,y)=xe^{-(x^2+y^2)}$。

21.40　创建一个脚本，使用 MATLAB 的 peaks 函数，在 x 和 y 取值均为−3 到 3 的区间上，执行与 21.8 节中相同的计算和绘图。

21.41　在时间 t，物体的速度(m/s)由下式给出：

$$v=\frac{2t}{\sqrt{1+t^2}}$$

使用理查森外推法，在时间 t = 5s 时，分别使用 h = 0.5 和 0.25，找到粒子的加速度。采用确切解，计算每个估值真实百分比相对误差。

第 VI 部分

常微分方程

概述

物理学、机械学、电学和热力学的基本定律通常都建立在经验性的观测资料之上，这些观测资料可以解释物理性质和系统状态的变化。定律一般不直接描述物理系统的状态，而是通过空间和时间的变化来表达。这些定律定义了变化的机制。一旦与能量、质量或动量等连续性定律结合，就得到了常微分方程。接着对这些微分方程积分，得到以能量、质量或速度变化描述系统时空状态的数学函数。如图 PT6.1 所示，积分过程既可以通过微积分解析地实现，也可以通过计算机数值地实现。

第 1 章介绍的自由落体蹦极运动员问题是由基本定律推导微分方程的一个例子。回忆前文，根据牛顿第二定律建立描述自由落体蹦极运动员的速度变化率的常微分方程：

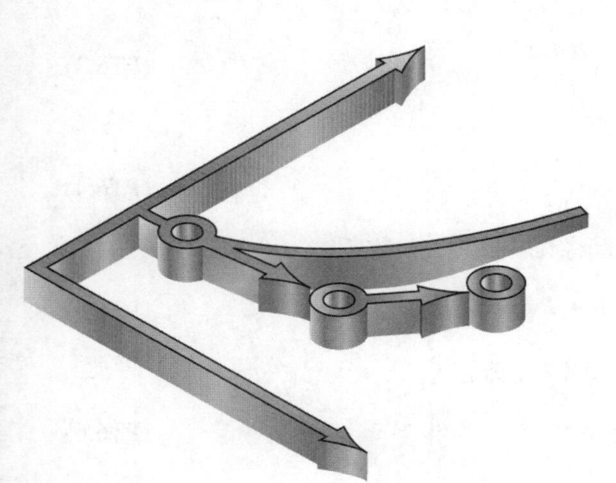

$$\frac{dv}{dt}=g-\frac{c_d}{m}v^2 \tag{PT6.1}$$

其中 g 是重力加速度，m 是质量，c_d 是阻尼系数。这种包含未知函数及其导数的方程被称为微分方程(*differential equations*)。由于它们将变量的变化率表述成变量和参数的函数，因此有时也被称为速率方程(*rate equations*)。

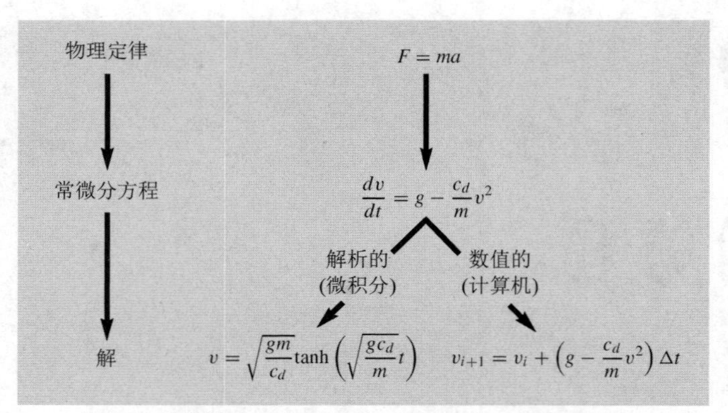

图PT6.1　工程和科学常微分方程在建立和求解过程中的一系列事件，所显示的是关于自由落体蹦极运动员的速度的例子

在式(PT6.1)中，变量 v 关于 t 求微分，其中 v 被称为因变量(*dependent variable*)，t 被称为自变量(*independent variable*)。若函数仅含一个自变量，则方程称为常微分方程(*Ordinary Differential Equation*，*ODE*)。这是相对于包含两个或更多个自变量的偏微分方程(*Partial Differential Equation*，*PDE*)而言的。

微分方程也可以根据其阶数分类。例如，式(PT6.1)被称为一阶方程(*first-order equation*)，因为它的最高阶导数是一阶导数。二阶方程(*second-order equation*)中包含二阶导数。例如，对于自然衰减的质量-弹簧系统，描述位移 x 的就是二阶方程：

$$m\frac{d^2x}{dt^2} + c\frac{dx}{dt} + kx = 0 \tag{PT6.2}$$

其中 m 是质量，c 是阻尼系数，k 是弹簧常数。同理，n 阶方程中含有 n 阶导数。

高阶微分方程可以简化为一阶方程组。具体方法是，将应变量的一阶导数定义为新的变量。对于式(PT6.2)，就是将位移的一阶导数定义成新变量 v：

$$v = \frac{dx}{dt} \tag{PT6.3}$$

其中 v 是速度。对这个方程微分，得到：

$$\frac{dv}{dt} = \frac{d^2x}{dt^2} \tag{PT6.4}$$

把式(PT6.3)和式(PT6.4)代入式(PT6.2)，将其转换为一阶方程：

$$m\frac{dv}{dt} + cv + kx = 0 \tag{PT6.5}$$

最后，我们将式(PT6.3)和式(PT6.5)表示成速率方程：

$$\frac{dx}{dt} = v \tag{PT6.6}$$

$$\frac{dv}{dt} = -\frac{c}{m}v - \frac{k}{m}x \tag{PT6.7}$$

因此，式(PT6.6)和式(PT6.7)这一对一阶方程等价于原二阶方程(式 PT6.2)。因为其他

的 n 阶微分方程也可以通过类似的方式化简，所以本书的这一部分重点讨论一阶方程的解法。

常微分方程的解是自变量和参数的特定函数，它可以满足原微分方程。为了具体说明这个概念，让我们先考虑四次多项式：

$$y = -0.5x^4 + 4x^3 - 10x^2 + 8.5x + 1 \tag{PT6.8}$$

现在，如果我们对式(PT6.8)微分，则得到一个常微分方程：

$$\frac{dy}{dx} = -2x^3 + 12x^2 - 20x + 8.5 \tag{PT6.9}$$

这个方程同样描述了多项式的行为，但是采用的方式与式(PT6.8)不同。针对 x 的每个取值，式(PT6.9)没有明确地表示相应的 y 值，而是给出 y 关于 x 的变化率(即斜率)。图 PT6.2 显示了函数及其导数与 x 的图形。注意导数为 0 的点对应于原函数的平坦部分，也就是说，在这些地方函数的斜率为 0。导数绝对值的最大值出现在区间端点，这也是函数斜率最大的地方。

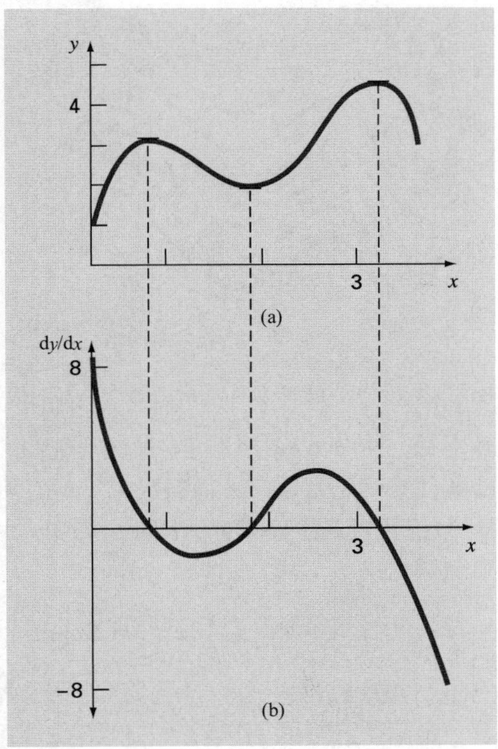

图 PT6.2　对于函数 $y=-0.5x^4+4x^3-10x^2+8.5x+1$，(a)$y$ 与 x 和(b)dy/dx 与 x 的图形

如刚才所述，虽然我们可以从给定的原始函数中计算出微分方程，但是这里的目标是根据给定的微分方程确定原始函数。因而，原始函数代表解。

不用计算机的话，常微分方程一般通过微积分解析求解。例如，将式(PT6.9)乘以 dx 并积分，得到：

$$y = \int(-2x^3 + 12x^2 - 20x + 8.5)\,dx \tag{PT6.10}$$

因为没有指定积分限，所以这个方程的右端称为不定积分(*indefinite integral*)。这是相对于前面第Ⅴ部分讨论的定积分(*definite integrals*)而言的[比较式(PT6.10)与式(19.5)]。

如果不定积分可以精确地表示成方程形式，那么就可以得到式(PT6.10)的解析解。对于这个简单的例子，这是可以做到的，结果是：

$$y = -0.5x^4 + 4x^3 - 10x^2 + 8.5x + C \tag{PT6.11}$$

除了一个特别的参数之外，这个函数与原始函数完全相同。在微分和积分过程中，我们失掉了原始方程中的常数 1，得到 C。这个 C 称为积分常数(*constant of integration*)。这种任意常数出现的事实说明解不唯一。其实，不止一个，而是有无穷多个可能的函数(对应于 C 的无穷多个可能的取值)满足微分方程。例如，图 PT6.3 显示了满足式(PT6.11)的 6 个可能的函数。

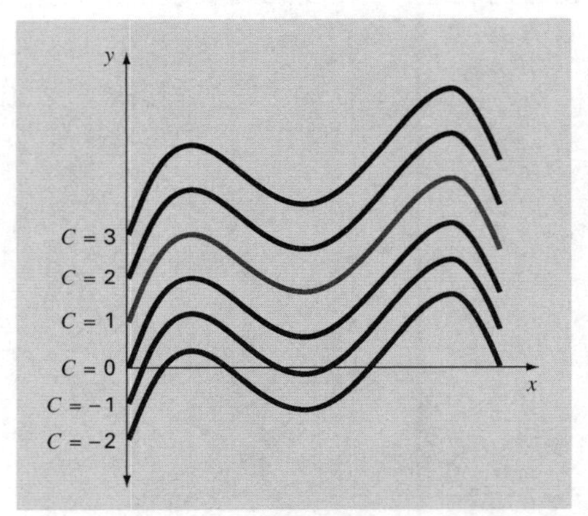

图PT6.3　$-2x^3 + 12x^2 - 20x + 8.5$ 积分的 6 个可能的解，每一个都对应于积分常数C的不同取值

因此，为了彻底地确定解，微分方程往往还附有辅助条件。一阶常微分方程需要一种被称为初始条件的辅助条件来确定常数，从而得到唯一解。例如，给原微分方程附上初始条件 x=0，y=1。将这些值代入式(PT6.11)，计算出 C=1。由此可见，同时满足微分方程和指定初始条件的唯一解是：

$$y = -0.5x^4 + 4x^3 - 10x^2 + 8.5x + 1$$

于是，我们要求式(PT6.11)通过初始条件，从而将它“压制住”。这样，就构造出常微分方程的唯一解，绕了一个圈子又得到了原始函数[式(PT6.8)]。

对于从物理问题背景下推导出的微分方程，初始条件通常有非常具体的解释。例如，在蹦极运动员问题中，初始条件反映出这样一个物理事实，即时间为 0 时，垂直速度等于 0。如果时间为 0 时蹦极运动员已经在垂直方向上产生运动，那么解需要根据这个初始速度进行调整。

在处理 n 阶微分方程时，需要 n 个条件来确定唯一解。如果在自变量的同一个取值处指定所有的条件(例如，在 x 或 t=0 处)，那么问题被称为初值问题(*initial-value problem*)。这是相对于边值问题(*boundary-value problems*)而言的，该问题的条件指定在自变量的不同取值处。第 22 和第 23 章重点介绍初值问题。边值问题放在第 24 章中讨论。

内容组织

第 22 章致力于求解常微分方程初值问题的单步方法。顾名思义，单步方法(*one-step methods*)不需要前面的其他信息，只根据单个点 y_i 的信息计算下一时刻的估计值 y_{i+1}。这是相对于多步方法(*multistep methods*)而言的，多步方法以前面好几步的信息为基础外推出新的值。

除少量例外，第 22 章给出的单步方法都属于龙格-库塔(*Runge-Kutta*)方法范畴。虽然该章是围绕这个理论概念组织的，但是我们选择用更加图形化和直观的方式来介绍方法。于是，我们先讲述欧拉法(*Euler's method*)，它有非常直接的图形解释。此外，虽然我们已经在第 1 章介绍了欧拉法，但是我们在这里的重点是量化它的截断误差和描述它的稳定性。

接下来，我们通过以视觉为导向的讨论构造了欧拉法的两种改进形式——休恩(*Heun*)法和中点(*midpoint*)方法。此后，我们正式给出龙格-库塔(或 RK)方法的概念，并举例说明前面的方法实际上是一阶和二阶 RK 方法。接着讨论工程和科学问题求解中经常用到的更高阶 RK 公式。除此之外，我们还涉及单步方法对常微分方程组(*systems of ODE*)的应用。注意，第 22 章的所有应用都仅限于固定步长的情况。

在第 23 章，我们介绍求解初值问题的一些更高级的方法。首先，我们叙述可以根据计算的截断误差自动调整步长的自适应 RK 方法(*adaptive RK methods*)。这些方法特别适合用在 MATLAB 中求解常微分方程。

其次，我们讨论了多步方法(*multistep methods*)。如前所述，这些算法保留了前面步骤的信息以更有效地捕捉解的轨迹。它们还可以得出用于控制步长的截断误差估计。为了介绍多步方法的本质特征，我们叙述了一种简单方法——非自启动休恩(*non-self-starting Heun*)法。

该章的最后是关于刚性常微分方程(*stiff ODE*)的叙述。其中包括解中同时含有快变量和慢变量的单个常微分方程和常微分方程组。因此，它们需要通过特定的方法求解。我们引入隐式解法(*implicit solution*)的思想，作为一种常用的补救办法。我们还介绍了 MATLAB 中用于求解刚性常微分方程的内置函数。

在第 24 章，我们将重点介绍两类求解边值问题的方法：打靶(*shooting*)法和有限差分法(*finite-difference methods*)。除了举例说明这些方法的执行情况之外，我们还举例说明它们是如何处理导数边界条件(*derivative boundary conditions*)以及非线性常微分方程(*nonlinear ODE*)的。

第 22 章 初值问题

本章目标

本章的主要目标是向读者介绍 ODE(Ordinary differential Equations，常微分方程)初值问题的解法，具体目标和主题包括：

- 了解局部和全局截断误差的含义，以及它们与求解 ODE 的单步方法的步长之间的关系。
- 知道如何用下面的龙格-库塔(RK)方法求解单个 ODE：欧拉法、休恩法、中点方法、四阶 RK 方法。
- 知道如何进行休恩法校正步的迭代。
- 知道如何用下面的龙格-库塔方法求解 ODE 方程组：欧拉法、四阶 RK 方法。

提出问题

我们在本书的开头就介绍了自由落体蹦极运动员速度的模拟问题。该问题包括建立和求解常微分方程，这正是本章的主题。现在让我们回到这个问题，计算当蹦极运动员下落到橡皮绳的末端时还会发生什么，以增强它的趣味性。

为此，我们应该认识到蹦极运动员会受到不同的力的作用，这些力取决于绳索是松弛还是伸展的。如果绳索松弛，那么就是仅受到重力和阻力作用的自由落体运动。然而，由于蹦极运动员现在既可以向上运动又可以向下运动，因此必须修改阻力的符号，使得它总是趋向于减小速度：

$$\frac{dv}{dt} = g - \text{sign}(v)\frac{c_d}{m}v^2 \tag{22.1a}$$

其中 v 是速度(m/s)，t 是时间(s)，g 是重力引起的加速度(9.81m/s^2)，c_d 是阻力系数(kg/m)，m 是质量(kg)。正负号函数[1] (*signum function*)sign 根据参变量的正负分别返回 - 1

1　在有些计算机语言中将正负号函数表示为 sgn(x)。和这里的表示法一样，MATLAB 中使用术语 sign(x)。

和 1。于是，当蹦极运动员下落时(速度为正，sign = 1)，阻力为负，因此可以起到减速的作用。相反，当蹦极运动员上升时(速度为负，sign = －1)，阻力为正，使得它再次起到加速的作用。

一旦绳索开始伸展，它显然会对蹦极运动员施加一个向上的力。仿照第 8 章的做法，根据胡克定律可以得到这个力的第一种近似。除此之外，考虑到绳索伸展和收缩过程中的摩擦力作用，还需要引入一个阻尼力。对于绳索伸展的情况，将这些因素与重力和阻力一起合并成第二种受力平衡。结果是下面的微分方程：

$$\frac{dv}{dt}=g-\text{sign}(v)\frac{c_d}{m}v^2-\frac{k}{m}(x-L)-\frac{\gamma}{m}v \tag{22.1b}$$

其中 k 是绳索的弹簧常数(N/m)，x 是从蹦极平台向下的垂直位移(m)，L 是绳索未拉伸时的长度(m)，γ 是阻尼系数(N・s/m)。

因为式(22.1b)仅在绳索伸展($x>L$)时成立，所以弹力总是负的，也就是说，它总是起着将蹦极运动员拉回的作用。阻尼力的大小随着蹦极运动员速度的增加而增大，并且总是起着减缓蹦极运动员运动的作用。

如果我们想要模拟蹦极运动员的速度，那么应该先求解式(22.1a)，直到绳索完全展开。然后，根据绳索伸展的周期转而求解式(22.1b)。虽然这个过程非常简单，但它意味着必须知道蹦极运动员的位置。为此，建立另一个关于位移的微分方程：

$$\frac{dx}{dt}=v \tag{22.2}$$

这样，求解蹦极运动员的速度就相当于求解两个常微分方程，其中一个方程根据一个应变量的值取不同形式。第 22 和第 23 章研究求解这个问题和类似的包含 ODE 的问题。

22.1　概述

本章致力于求解如下形式的常微分方程。

$$\frac{dy}{dt}=f(t,y) \tag{22.3}$$

在第 1 章中，针对自由落体蹦极运动员的速度方程，我们构造了求解这类方程的数值方法。回顾方法的一般形式为：

新值 = 旧值+斜率×步长

或者，用数学符号表示为：

$$y_{i+1}=y_i+\phi h \tag{22.4}$$

其中斜率 ϕ 被称为*增量函数*(*increment function*)。斜率估计值 ϕ 用于通过距离 h，由旧值 y_i 外推出新值 y_{i+1}。这个公式可以逐步应用，从而描绘出解发展的轨迹。由于增量函数的值建立在单个点 i 的信息之上，故这类方法被称为*单步方法*(*one-step methods*)。20 世纪早期有两位应用数学家率先讨论了它们，因此它们也被称为*龙格-库塔方法*

(*Runge-Kutta methods*)。另一类方法被称为多步方法(*multistep methods*)，它们以前面好几个点的信息为基础外推出一个新值。我们将在第 23 章简要地介绍多步方法。

所有的单步方法都可以表示成式(22.4)所示的一般形式，唯一的区别在于斜率的估计方式。最简单的方法是利用微分方程来估计斜率，将其表示成 t_i 处一阶导数的形式。换句话说，用区间左端点的斜率来近似整个区间上的平均斜率。接下来会讨论这种被称为欧拉法的方法。然后是其他单步方法，使用可供选择的斜率估计值以获得更精确的估计值。

22.2 欧拉法

一阶导数提供了 t_i 处斜率的直接估计(见图 22.1)：

$$\phi = f(t_i, y_i)$$

其中 $f(t_i, y_i)$是微分方程在 t_i 和 y_i 处的取值。将这个估计值代入式(22.1)：

$$y_{i+1} = y_i + f(t_i, y_i)h \tag{22.5}$$

这个公式被称为欧拉法(*Euler's method*)(或称欧拉-柯西法或点斜法)。y 的新值由斜率(等于 t 的原值处的一阶导数)经过步长 h 线性外推得到(见图 22.1)。

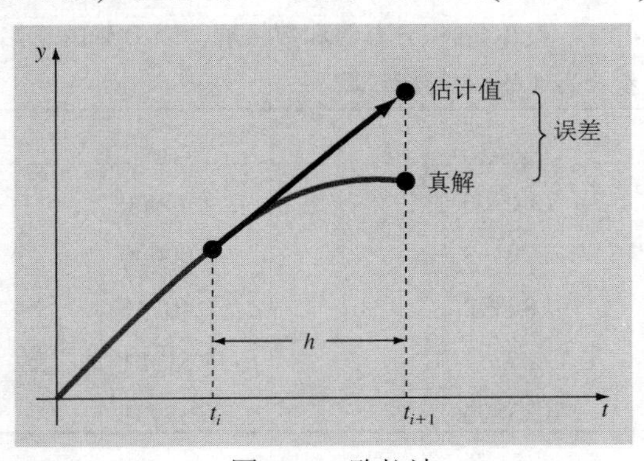

图 22.1 欧拉法

例 22.1 欧拉法

问题描述：取步长为 1，利用欧拉法计算 $y' = 4e^{0.8t} - 0.5y$ 在 t 取 0~4 区间上的积分。$t = 0$ 处的初始条件是 $y = 2$。注意通过解析方法可以求出精确解为：

$$y = \frac{4}{1.3}(e^{0.8t} - e^{-0.5t}) + 2e^{-0.5t}$$

解：根据式(22.5)实施欧拉法。

$$y(1) = y(0) + f(0, 2)(1)$$

其中 $y(0)=2$，$t=0$ 处的斜率估计值是：

$$f(0, 2) = 4e^{0} - 0.5(2) = 3$$

因此：

$$y(1) = 2 + 3(1) = 5$$

$t=1$ 时的真解为：

$$y = \frac{4}{1.3}\left(e^{0.8(1)} - e^{-0.5(1)}\right) + 2e^{-0.5(1)} = 6.19463$$

于是，百分比相对误差是：

$$\varepsilon_t = \left|\frac{6.19463 - 5}{6.19463}\right| \times 100\% = 19.28\%$$

对于第二步：

$$\begin{aligned} y(2) &= y(1) + f(1, 5)(1) \\ &= 5 + \left[4e^{0.8(1)} - 0.5(5)\right](1) = 11.40216 \end{aligned}$$

$t=2.0$ 处的真解是 14.84392，故真实百分比相对误差是 23.19%。重复计算过程，结果汇集于表 22.1 和图 22.2 中。注意，虽然计算捕捉了真解的大体趋势，但是误差也不可忽视。如下一节所述，使用缩短步长可以减小这个误差。

表 22.1　比较 $y' = 4e^{0.8t} - 0.5y$ 的积分真值和数值解，$t = 0$ 处的初始条件是 $y = 2$。数值解由步长为 1 的欧拉法计算

t	y_{true}	y_{Euler}	$\lvert \varepsilon_t \rvert$(%)
0	2.00000	2.00000	
1	6.19463	5.00000	19.28
2	14.84392	11.40216	23.19
3	33.67717	25.51321	24.24
4	75.33896	56.84931	24.54

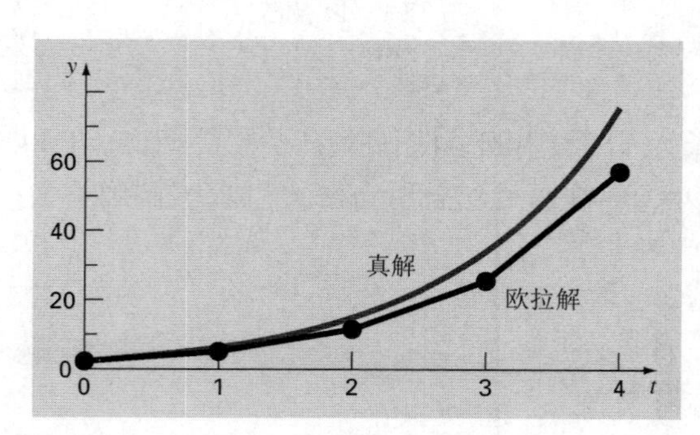

图 22.2　取步长为 1.0，对于 $y' = 4e^{0.8t} - 0.5y$ 从 t 取 0~4 区间上的积分，比较真解和由欧拉法得到的数值解。$t=0$ 处的初始条件是 $y=2$

22.2.1 欧拉法的误差分析

在 ODE 数值求解过程中会引入两类误差(回顾第 4 章):

1) 截断(*truncation*)或离散误差，由用于近似 y 值的方法本身引起。

2) 舍入(*roundoff*)误差，由计算机能保留的有效数字的位数有限引起。

截断误差由两部分组成。第一部分是用当前方法计算一步所引起的*局部截断误差*(*local truncation error*)。第二部分是近似过程在前面的步骤中所产生的*传播截断误差*(*propagated truncation error*)。两部分加起来是总误差，它被称为*全局截断误差*(*global truncation error*)。

直接从泰勒级数展开式中推导出欧拉法可以考查截断误差的大小和属性。为此，认识到被积分的微分方程具有式(22.3)所示的一般形式，其中 $dy/dt=y'$，t 和 y 分别是自变量和应变量。如果解，即描述 y 行为的函数——具有连续导数，那么它就可以通过关于起始点(t_i, y_i)的泰勒级数展开式表示，即[回顾式(4.14)]:

$$y_{i+1}=y_i+y_i'h+\frac{y_i''}{2!}h^2+\cdots+\frac{y_i^{(n)}}{n!}h^n+R_n \tag{22.6}$$

其中 $h=t_{i+1}-t_i$，$R_n=$ 余项，其定义为:

$$R_n=\frac{y^{(n+1)}(\xi)}{(n+1)!}h^{n+1} \tag{22.7}$$

其中 ξ 位于 t_i~t_{i+1} 区间中的某处。将式(22.3)代入式(22.6)和式(22.7)，可以建立另一种形式:

$$y_{i+1}=y_i+f(t_i,y_i)h+\frac{f'(t_i,y_i)}{2!}h^2+\cdots+\frac{f^{(n-1)}(t_i,y_i)}{n!}h^n+O(h^{n+1}) \tag{22.8}$$

其中 $O(h^{n+1})$表示局部截断误差与步长的$(n+1)$次幂成比例。

比较式(22.5)和式(22.8)，可以看出欧拉法对应于直到 $f(t_i, y_i)h$ 项的泰勒级数。而且比较还表明，由于我们使用泰勒级数中的有限项来近似真解，因此会产生截断误差。因此，我们截断或省略了部分真解。例如，欧拉法的截断误差是由于我们在式(22.5)中无法包括泰勒级数展开式的余项引起的。用式(22.8)减去式(22.5)得到:

$$E_t=\frac{f'(t_i,y_i)}{2!}h^2+\cdots+O(h^{n+1}) \tag{22.9}$$

其中 $E_t=$ 真实的局部截断误差。当 h 足够小时，式(22.9)中的高阶项一般可以忽略，结果通常可表示为:

$$E_a=\frac{f'(t_i,y_i)}{2!}h^2 \tag{22.10}$$

或者

$$E_a=O(h^2) \tag{22.11}$$

其中 $E_a=$ 近似的局部截断误差。

根据式(22.11)，我们可以知道局部误差与步长的平方和微分方程的一阶导数成比例。

还可以证明，全局截断误差是 $O(h)$，也就是说，它与步长成比例(Carnahan 等人，1969年)。由这些观测资料可以推导出一些有用的结论：

1) 缩短步长可以减小全局误差。

2) 如果所考虑的函数是线性的，那么方法会给出无误差的估计值，因为直线的二阶导数为 0。

因为欧拉法用直线段来近似解，所以后一个结论具有直观的意义。因此，欧拉法被称为*一阶方法*(*first-order method*)。

还应该注意的是，这个一般性结论对于下文中介绍的高阶单步方法也成立。也就是说，如果解是 n 次多项式，那么 n 阶方法能求出精确解。进一步地，局部截断误差是 $O(h^{n+1})$，全局误差是 $O(h^n)$。

22.2.2 欧拉法的稳定性

在前面的章节中，我们由泰勒级数可知，欧拉法的截断误差以一种可预言的方式依赖于步长。这就是精度问题。

在求解 ODE 时，方法的稳定性是另一个需要考虑的重要问题。对于一个解有界的问题，如果误差按指数增长，则称数值方法是不稳定的。特定方法的稳定性取决于三个因素：微分方程、数值方法和步长。

通过研究一个非常简单的 ODE，考查稳定条件下的步长可以被放大多少：

$$\frac{dy}{dt} = -ay \tag{22.12}$$

如果 $y(0) = y_0$，那么用微积分可以算出解为：

$$y = y_0 e^{-at}$$

于是，解开始时为 y_0，然后渐进地趋向于 0。

现在，假设我们用欧拉法数值求解同样的问题：

$$y_{i+1} = y_i + \frac{dy_i}{dt}h$$

将式(22.12)代入上式得到：

$$y_{i+1} = y_i - ay_i h$$

或者

$$y_{i+1} = y_i(1 - ah) \tag{22.13}$$

圆括号内的量 $1 - ah$ 称为*放大因子*(*amplification factor*)。如果它的绝对值大于 1，那么解就会以无界的形式增长。很明显，稳定性取决于步长 h。也就是说，若 $h > 2/a$，则 $i \to \infty$ 时 $|y_i| \to \infty$。基于这种分析，可以说欧拉法是*条件稳定的*(*conditionally stable*)。

注意，还有一些 ODE，不管采用什么方法求解，误差总是增长的。这种 ODE 称为病态的(*ill-conditioned*)。

不精确和不稳定通常会被混淆。这可能是因为：(a)它们都代表数值解效果很差的情况；(b)它们都受步长的影响。然而，它们是截然不同的问题。例如，不精确的方法可以是非常稳定的。我们在第 23 章讨论刚性方程组时将回到这个主题。

22.2.3 MATLAB 的 M 文件函数：eulode

我们已经在第 3 章中构造了一个简单的 M 文件，用欧拉法求解自由落体蹦极运动员问题。回顾 3.6 节，这个函数用欧拉法计算蹦极运动员自由下落了一段指定的时间之后的速度。现在，让我们构造一种更通用、适用范围更广的算法。

下面显示的这个 M 文件，在自变量 t 的一个取值范围上用欧拉法计算应变量 y。保存微分方程右端项的函数名被当作变量 dy*dt* 输入函数。给定自变量范围的起点和终点作为向量 tspan 输入。初始值和想要的步长分别作为 $y0$ 和 h 输入。

```
function [t,y] = eulode (dydt,tspan,y0,h,varargin)
% eulode: Euler ODE solver
%   [t,y] = eulode (dydt,tspan,y0,h,p1,p2,...):
%           uses Euler's method to integrate an ODE
% input:
%   dydt = name of the M-file that evaluates the ODE
%   tspan = [ti, tf] where ti and tf = initial and
%           final values of independent variable
%   y0 = initial value of dependent variable
%   h = step size
%   p1,p2,... = additional parameters used by dydt
% output:
%   t = vector of independent variable
%   y = vector of solution for dependent variable

if nargin < 4,error('at least 4 input arguments required'),end
ti = tspan(1);tf = tspan(2);
if ~(tf > ti),error('upper limit must be greater than lower'),end
t = (ti:h:tf)'; n = length(t);
% if necessary, add an additional value of t
% so that range goes from t = ti to tf
if t(n)<tf
  t(n + 1) = tf;
  n = n + 1;
end
y = y0*ones(n,1); %preallocate y to improve efficiency
for i = 1:n - 1 %implement Euler's method
  y(i + 1) = y(i) + dydt(t(i),y(i),varargin{:})*(t(i + 1) - t(i));
end
```

该函数首先在指定的自变量范围内以增量 h 生成一个向量 t。如果步长无法恰好整除区间长度，则最后一个取值会小于区间的终点。此时，将终点加入 t 使得序列能覆盖整个区间。向量 t 的长度记为 n，而且应变量向量 y 预先分配了 n 个初始值以提高效率。

在这里，欧拉法[式(22.5)]通过简单的循环执行。

```
for i = 1:n - 1

  y(i + 1) = y(i) + dydt(t(i),y(i),varargin {:})*(t(i + 1) - t(i));
end
```

注意如何用这个函数来计算自变量和应变量的适当取值处的导数值。还应注意时间步长是如何根据向量 t 中相邻值之差自动地计算出来的。

被求解的ODE可通过几种方式定义。首先，可以将微分方程定义为一个匿名函数对象。例如，对于例22.1中的ODE：

```
>> dydt  =  @ (t,y) 4*exp(0.8*t) - 0.5*y;
```

然后生成解，即：

```
>> [t,y] = eulode(dydt,[0 4],2,1);
>> disp([t,y])
```

结果是(与表22.1进行比较)：

```
     0    2.0000
1.0000    5.0000
2.0000   11.4022
3.0000   25.5132
4.0000   56.8493
```

尽管在当前的例子中可以使用匿名函数，但是还存在更加复杂的问题，需要用好几行代码来定义ODE。在这种情况下，只能选择创建单独的M文件。

22.3 欧拉法的改进

欧拉法中误差产生的基本原因是假设区间端点的导数值可以应用于整个区间。为了克服这个缺点，可以选用两种简单的改进方法。如22.4节所述，这两种改进方法(以及欧拉法本身)其实都属于一类称为龙格-库塔法的更广泛的求解方法。然而，因为它们有非常直观的图形解释，所以我们先于龙格-库塔法的正式推导介绍它们。

22.3.1 休恩法

改进梯度估计值的一种方法是使用区间中的两个导数值——一个在起点，另一个在终点。然后将两个导数平均以获得整个区间上的改进的梯度估计值。图22.3中绘图描述了这种被称为休恩法(*Heun's method*)的方法。

回顾在欧拉法中，用区间起点处的斜率：

$$y_i' = f(t_i, y_i) \tag{22.14}$$

线性外推出 y_{i+1}：

$$y_{i+1}^0 = y_i + f(t_i, y_i)h \tag{22.15}$$

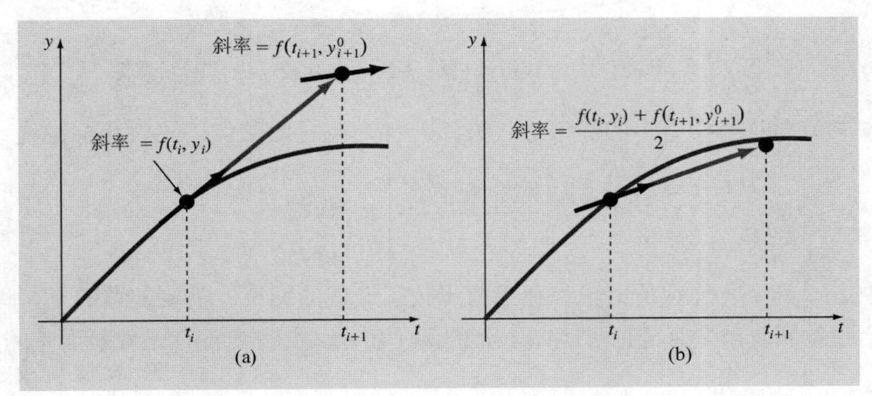

图 22.3　休恩法示意图：(a)预估和(b)校正

对于标准欧拉法，我们要做的介绍到此为止，但是在休恩法中，式(22.15)算出的 y_{i+1}^0 并不是最终的答案，而是一个中间值。这就是我们用上标 0 进行区别的原因。式(22.15)被称为*预估方程*(*predictor equation*)。它提供了一个估计值，可用于计算区间终点处的斜率：

$$y'_{i+1} = f\left(t_{i+1}, y_{i+1}^0\right) \tag{22.16}$$

因此，可以将两个斜率[式(22.14)和(22.16)]组合起来，得到区间上的平均斜率：

$$\bar{y}' = \frac{f(t_i, y_i) + f\left(t_{i+1}, y_{i+1}^0\right)}{2}$$

然后根据欧拉法，用平均斜率从 y_i 线性外推出 y_{i+1}

$$y_{i+1} = y_i + \frac{f(t_i, y_i) + f\left(t_{i+1}, y_{i+1}^0\right)}{2}h \tag{22.17}$$

式(22.17)被称为*校正方程*(*corrector equation*)。

休恩法是一种*预估-校正方法*(*predictor-corrector approach*)。如刚刚的推导过程所示，它可以被简单地表示为：

预估[见图 22.3(a)]　$$y_{i+1}^0 = y_i^m + f(t_i, y_i)h \tag{22.18}$$

校正[见图 22.3(b)]　$$y_{i+1}^j = y_i^m + \frac{f\left(t_i, y_i^m\right) + f\left(t_{i+1}, y_{i+1}^{j-1}\right)}{2}h \tag{22.19}$$

$$(j = 1, 2, \ldots, m)$$

注意，由于式(22.19)中等号的两边都含有 y_{i+1}，因此它必须按照所示的迭代方式使用。也就是说，反复使用旧的估计值来改进 y_{i+1}。这个过程如图 22.4 所示。

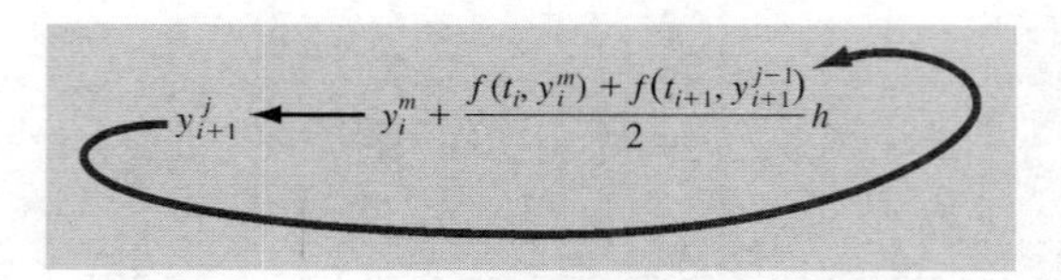

图 22.4 休恩法中为获得改进的估计值进行校正迭代的示意图

与本书前面章节中介绍的类似迭代方法一样，校正收敛的一种终止标准是：

$$|\varepsilon_a| = \left| \frac{y_{i+1}^{j} - y_{i+1}^{j-1}}{y_{i+1}^{j}} \right| \times 100\%$$

其中 y_{i+1}^{j-1} 和 y_{i+1}^{j} 分别是上一步和当前步校正迭代的结果。需要知道的是，迭代过程不一定会收敛到真解，而是有可能如下面的例子所示，收敛到含有限截断误差的估计值。

例 22.2 休恩法

问题描述：取步长为 1，用带迭代步的休恩法计算 $y' = 4e^{0.8t} - 0.5y$ 从 t 取 0~4 区间上的积分。$t = 0$ 时的初始条件是 $y = 2$。用停止标准 0.00001%终止校正迭代。

解：首先计算(t_0, y_0)处的斜率为

$$y_0' = 4e^0 - 0.5(2) = 3$$

然后，用预估公式计算 1.0 处的取值：

$$y_1^0 = 2 + 3(1) = 5$$

注意通过标准欧拉法也可以得到这个结果。表 22.2 中的真解显示，它含有 19.28%的百分比相对误差。

表 22.2 $y' = 4e^{0.8t} - 0.5y$ 积分的真解和数值解比较，$t = 0$ 时的初始条件是 $y = 2$。数值解由步长为 1 的欧拉法和休恩法计算。休恩法包括不带校正迭代和带校正迭代两种形式

				不带迭代步		带迭代步	
t	y_{true}	y_{Euler}	$\|\varepsilon_t\|$(%)	y_{Heun}	$\|\varepsilon_t\|$(%)	y_{Heun}	$\|\varepsilon_t\|$(%)
0	2.00000	2.00000		2.00000		2.00000	
1	6.19463	5.00000	19.28	6.70108	8.18	6.36087	2.68
2	14.84392	11.40216	23.19	16.31978	9.94	15.30224	3.09
3	33.67717	25.51321	24.24	37.19925	10.46	34.74328	3.17
4	75.33896	56.84931	25.54	83.33777	10.62	77.73510	3.18

现在，为了改进对 y_{i+1} 的估计，我们用 y_1^0 来估计区间端点处的斜率：

$$y_1' = f(x_1, y_1^0) = 4e^{0.8(1)} - 0.5(5) = 6.402164$$

这个值与初始斜率结合，得到 t 取 0~1 区间上的平均斜率：

$$\bar{y}' = \frac{3 + 6.402164}{2} = 4.701082$$

然后把这个结果代入校正公式[式(22.19)]，得到 $t = 1$ 处的估计值：

$$y_1^1 = 2 + 4.701082(1) = 6.701082$$

它的真实百分比相对误差为－8.18%。那么，与欧拉法相比，不带校正迭代的休恩法将误差的绝对值减少了大约 2.4 倍。关于这一点，我们还可以计算出近似误差：

$$|\varepsilon_a| = \left|\frac{6.701082 - 5}{6.701082}\right| \times 100\% = 25.39\%$$

现在将新值代回式(22.19)的右端，可以进一步精细化 y_1 的估计值，即：

$$y_1^2 = 2 + \frac{3 + 4e^{0.8(1)} - 0.5(6.701082)}{2} 1 = 6.275811$$

这个值的真实百分比相对误差为 1.31%，近似误差是：

$$|\varepsilon_a| = \left|\frac{6.275811 - 6.701082}{6.275811}\right| \times 100\% = 6.776\%$$

再迭代一次得到：

$$y_1^2 = 2 + \frac{3 + 4e^{0.8(1)} - 0.5(6.275811)}{2} 1 = 6.382129$$

它的真实误差为 3.03%，近似误差为 1.666%。

在迭代步收敛到稳定的最终结果的过程中，近似误差会持续下降。本例中，经过 12 次迭代后近似误差就满足停止条件了。此时，$t = 1$ 处的结果是 6.36087，它含有 2.68%的真实相对误差。表 22.2 给出了其余几次计算的结果，以及欧拉法和不带迭代校正步的休恩法的结果。

认识到休恩法与梯形法则之间的关系，就可以考查休恩法的局部误差。在前面的例子中，导数是应变量 y 和自变量 t 的函数。对于像多项式这样的情况，ODE 只是自变量的函数，那么就不需要预估步[式(22.18)]，而且每次迭代只需要执行一次校正。对于这样的情况，方法可简洁地表示为：

$$y_{i+1} = y_i + \frac{f(t_i) + f(t_{i+1})}{2} h \tag{22.20}$$

注意式(22.20)右端的第二项与梯形法则[式(19.11)]的相似性。两种方法之间的联系可以由常微分方程开始进行正式说明：

$$\frac{dy}{dt} = f(t) \tag{22.21}$$

对这个方程积分，求出 y：

$$\int_{y_i}^{y_{i+1}} dy = \int_{t_i}^{t_{i+1}} f(t)\, dt \tag{22.22}$$

得到：

$$y_{i+1} - y_i = \int_{t_i}^{t_{i+1}} f(t)\, dt \tag{22.23}$$

或者

$$y_{i+1} = y_i + \int_{t_i}^{t_{i+1}} f(t)\, dt \tag{22.24}$$

现在，回顾梯形法则[式(19.11)]的定义为：

$$\int_{t_i}^{t_{i+1}} f(t)\, dt = \frac{f(t_i) + f(t_{i+1})}{2} h \tag{22.25}$$

其中 $h = t_{i+1} - t_i$。将式(22.25)代入式(22.24)得到：

$$y_{i+1} = y_i + \frac{f(t_i) + f(t_{i+1})}{2} h \tag{22.26}$$

该式与式(22.20)等价。鉴于此，休恩法有时也被称为梯形法则。

因为式(22.26)是梯形法则的直接表示，所以它的局部截断误差为[回顾式(19.14)]：

$$E_t = -\frac{f''(\xi)}{12} h^3 \tag{22.27}$$

其中 ξ 位于 t_i 和 t_{i+1} 之间。因为当真解是二次方程时 ODE 的二阶导数为 0，所以方法是二阶的。而且，局部和全局误差分别是 $O(h^3)$和 $O(h^2)$。因此，当缩短步长时，误差会以相比欧拉法更快的速度减小。

22.3.2 中点方法

图22.5说明了欧拉法的另一种简单改进。这种方法被称为中点方法(*midpoint method*)，它采用欧拉法来估计区间中点的 y 值[见图22.5(a)]：

$$y_{i+1/2} = y_i + f(t_i, y_i)\frac{h}{2} \tag{22.28}$$

然后用这个预估值计算中点的斜率：

$$y'_{i+1/2} = f(t_{i+1/2}, y_{i+1/2}) \tag{22.29}$$

假设这个值可以代表整个区间上平均斜率的合理近似。然后用这个斜率从 t_i 线性外推到 t_{i+1}[见图 22.5(b)]：

$$y_{i+1} = y_i + f(t_{i+1/2}, y_{i+1/2})h \tag{22.30}$$

可以观察到，由于 y_{i+1} 没有同时出现在等式两边，因此不能像休恩法那样用校正迭代[式(22.30)]来改进解。

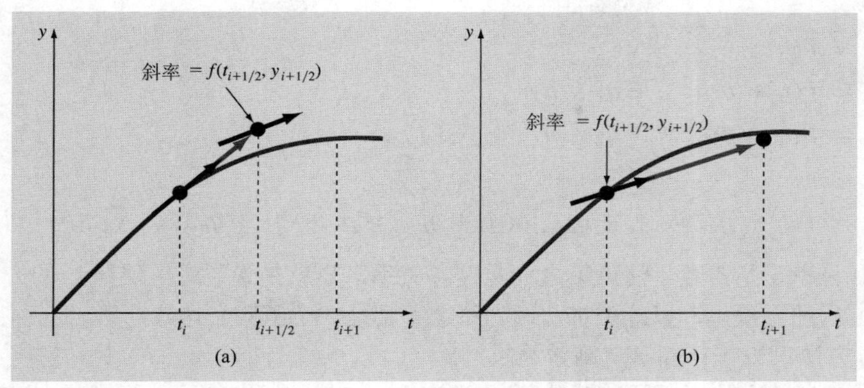

图 22.5 中点方法示意图：(a)预估和(b)校正

和我们在休恩法中讨论的一样，中点方法也可以与牛顿-科特斯公式联系起来。回顾表 19.4，最简单的牛顿-科特斯开型积分公式被称为中点方法，它可以表示为：

$$\int_a^b f(x)\,dx \cong (b - \mathrm{a})\,f(x_1) \tag{22.31}$$

其中 x_1 是区间(a, b)的中点。利用当前方法中的术语，它可以表示为：

$$\int_{t_i}^{t_{i+1}} f(t)\,dt \cong hf(t_{i+1/2}) \tag{22.32}$$

将这个公式代入式(22.24)，得到式(22.30)。因此，就像休恩法被称为梯形法则一样，中点方法的名称来自于它以之为基础的积分公式。

中点方法比欧拉法先进，因为它使用预估区间中点处的斜率估计值。回顾我们在 4.3.4 节中对数值微分的讨论，中心有限差分近似导数的效果比向前和向后差分都要好。同样，与具有 $O(h)$误差的欧拉法相比，像式(22.29)这样的中心近似具有 $O(h^2)$的局部截断误差。相应地，中点方法的局部和全局误差分别为 $O(h^3)$和 $O(h^2)$。

22.4 龙格-库塔方法

龙格-库塔(RK)方法不需要计算高阶导数就可以达到泰勒级数法的精度。虽然这些公式的差别很大，但都可以表示成式(22.4)的通用形式：

$$y_{i+1} = y_i + \phi h \tag{22.33}$$

其中ϕ称为增量函数(*increment function*)，它可以被认为是代表区间上的斜率。增量函数可以被写成如下一般形式为：

$$\phi = a_1k_1 + a_2k_2 + \cdots + a_nk_n \tag{22.34}$$

其中 a 是常数，k 是：

$$k_1 = f(t_i, y_i) \tag{22.34a}$$
$$k_2 = f(t_i + p_1 h, y_i + q_{11} k_1 h) \tag{22.34b}$$
$$k_3 = f(t_i + p_2 h, y_i + q_{21} k_1 h + q_{22} k_2 h) \tag{22.34c}$$
$$\vdots$$
$$k_n = f(t_i + p_{n-1} h, y_i + q_{n-1,1} k_1 h + q_{n-1,2} k_2 h + \cdots + q_{n-1,n-1} k_{n-1} h) \tag{22.34d}$$

其中 p 和 q 是常数。注意 k 之间是循环关系，也就是说，k_1 出现在 k_2 的方程里，k_2 又出现在 k_3 的方程里，以此类推。因为每个 k 都是一个函数表达式，所以这种循环关系使得 RK 方法可以在计算机上高效地执行。

在增量函数中使用不同的项数(将其记为 n)，就可以设计出不同类型的龙格-库塔方法。注意，$n = 1$ 时的一阶 RK 方法实际上是欧拉法。一旦 n 取定，令式(22.33)等于泰勒级数展开式中的项，就可以计算出 a、p 和 q 的值。因此，至少对于低阶版本来说，项数 n 一般表示方法的阶数。例如，22.4.1 节中的二阶 RK 方法使用具有两项($n = 2$)的增量函数。如果微分方程的解是二次方程，那么这些二阶方法就是精确的。而且，由于推导过程中去掉了含 h^3 的项及其高次项，因此局部截断误差是 $O(h^3)$、全局误差是 $O(h^2)$。22.4.2 节给出的四阶 RK 方法($n = 4$)具有 $O(h^4)$的全局截断误差。

22.4.1 二阶龙格-库塔方法

式(22.33)的二阶版本是：

$$y_{i+1} = y_i + (a_1 k_1 + a_2 k_2) h \tag{22.35}$$

其中：

$$k_1 = f(t_i, y_i) \tag{22.35a}$$
$$k_2 = f(t_i + p_1 h, y_i + q_{11} k_1 h) \tag{22.35b}$$

令式(22.35)等于二阶泰勒级数，可计算出 a_1、a_2、p_1 和 q_{11} 的值。这样，可以推导出关于四个未知常数的三个方程(详见 Chapra 和 Canale，2010 年)。这三个方程是：

$$a_1 + a_2 = 1 \tag{22.36}$$
$$a_2 p_1 = 1/2 \tag{22.37}$$
$$a_2 q_{11} = 1/2 \tag{22.38}$$

因为我们有关于四个未知量的三个方程，所以这些方程被称为是欠定的。这样，我们必须假设一个未知量的取值，以计算出另外三个。如果我们指定 a_2 的值。然后联立式(22.36)~式(22.38)求解得到：

$$a_1 = 1 - a_2 \tag{22.39}$$
$$p_1 = q_{11} = \frac{1}{2a_2} \tag{22.40}$$

因为a_2的可选取值有无穷多个，所以二阶 RK 方法也有无穷多个。如果 ODE 的解是二次方程、线性方程或常数，则每一种版本都能精确地算出同样的结果。然而，如果解更复杂的话(这是典型情况)，那么它们的结果就不相同了。最常用和首选的版本如下所示：

不带迭代步的休恩法(a_2 = 1/2)：如果假设 a_2 等于 1/2，则可由式(22.39)和式(22.40)解出 $a_1 = 1/2$ 和 $p_1 = q_{11} = 1$。将这些参数代入式(22.35)后得到：

$$y_{i+1} = y_i + \left(\frac{1}{2}k_1 + \frac{1}{2}k_2\right)h \tag{22.41}$$

其中：

$$k_1 = f(t_i, y_i) \tag{22.41a}$$

$$k_2 = f(t_i + h, y_i + k_1 h) \tag{22.41b}$$

注意 k_1 是区间起点处的导数，k_2 是区间端点处的导数。因此，这个二阶龙格-库塔方法实际上就是不带校正迭代的休恩法。

中点方法(a_2 = 1)：如果假设 a_2 等于 1，那么 $a_1 = 0$、$p_1 = q_{11} = 1/2$，且式(22.35)变为：

$$y_{i+1} = y_i + k_2 h \tag{22.42}$$

其中：

$$k_1 = f(t_i, y_i) \tag{22.42a}$$

$$k_2 = f(t_i + h/2, y_i + k_1 h/2) \tag{22.42b}$$

这是中点方法。

Ralston 方法(a_2 = 3/4)：Ralston(1962 年)以及 Ralston 和 Rabinowitz(1978 年)判定，选择 $a_2 = 3/4$ 时二阶 RK 算法的截断误差将达到最小。此时，$a_1 = 1/4$、$p_1 = q_{11} = 2/3$，且式(22.35)变为：

$$y_{i+1} = y_i + \left(\frac{1}{4}k_1 + \frac{3}{4}k_2\right)h \tag{22.43}$$

其中：

$$k_1 = f(t_i, y_i) \tag{22.43a}$$

$$k_2 = f\left(t_i + \frac{2}{3}h, y_i + \frac{2}{3}k_1 h\right) \tag{22.43b}$$

22.4.2 古典四阶龙格-库塔方法

最受欢迎的RK方法是四阶的。和二阶方法一样，四阶方法也有无穷多个版本。下面是它最常用的形式，因此我们称之为*古典四阶RK方法*(*classical fourth-order RK method*)：

$$y_{i+1} = y_i + \frac{1}{6}(k_1 + 2k_2 + 2k_3 + k_4)h \tag{22.44}$$

其中：

$$k_1 = f(t_i, y_i) \tag{22.44a}$$

$$k_2 = f\left(t_i + \frac{1}{2}h, y_i + \frac{1}{2}k_1 h\right) \tag{22.44b}$$

$$k_3 = f\left(t_i + \frac{1}{2}h, y_i + \frac{1}{2}k_2 h\right) \tag{22.44c}$$

$$k_4 = f(t_i + h, y_i + k_3 h) \tag{22.44d}$$

注意，如果 ODE 只是 t 的函数，那么古典四阶 RK 方法类似于辛普森 1/3 法则。除此之外，四阶 RK 方法也类似于休恩法，即构造多个斜率估计值，并将其组合成区间上平均斜率的改进值。如图 22.6 所示，每一个 k 都表示斜率。式(22.44)表示用这些值的加权平均来获得改进的斜率。

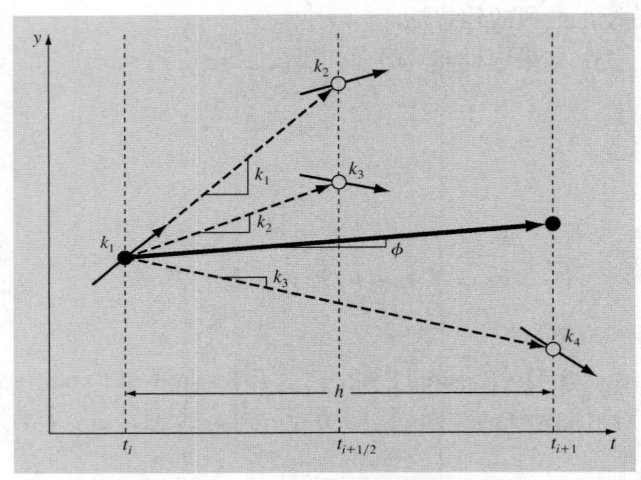

图 22.6 四阶 RK 方法中所包含的斜率估计值的示意图

例 22.3 古典四阶 RK 方法

问题描述：取步长为 1，$y(0) = 2$，用古典四阶 RK 方法计算 $y' = 4e^{0.8t} - 0.5y$ 在 t 取 0~1 区间上的积分。

解：对于这个问题，区间起点处的斜率计算为

$$k_1 = f(0, 2) = 4e^{0.8(0)} - 0.5(2) = 3$$

用这个值计算出 y 值和中点处的斜率：

$$y(0.5) = 2 + 3(0.5) = 3.5$$

$$k_2 = f(0.5, 3.5) = 4e^{0.8(0.5)} - 0.5(3.5) = 4.217299$$

依次用这个斜率计算出另一个 y 值和中点处的另一个斜率：

$$y(0.5) = 2 + 4.217299(0.5) = 4.108649$$
$$k_3 = f(0.5, 4.108649) = 4e^{0.8(0.5)} - 0.5(4.108649) = 3.912974$$

接下来，用这个斜率计算出 y 的值和区间终点处的斜率：

$$y(1.0) = 2 + 3.912974(1.0) = 5.912974$$
$$k_4 = f(1.0, 5.912974) = 4e^{0.8(1.0)} - 0.5(5.912974) = 5.945677$$

最后，将四个斜率估计值组合，得到平均斜率。再用这个平均斜率估计出区间终点处的最终取值：

$$\phi = \frac{1}{6}[3 + 2(4.217299) + 2(3.912974) + 5.945677] = 4.201037$$
$$y(1.0) = 2 + 4.201037(1.0) = 6.201037$$

这个值与真解 6.194631 相当接近($\varepsilon_s = 0.103\%$)。

毫无疑问，还可以推导出五阶和更高阶的 RK 方法。例如，Butcher(1964 年)的五阶 RK 方法可写为：

$$y_{i+1} = y_i + \frac{1}{90}(7k_1 + 32k_3 + 12k_4 + 32k_5 + 7k_6)h \tag{22.45}$$

其中：

$$k_1 = f(t_i, y_i) \tag{22.45a}$$
$$k_2 = f\left(t_i + \frac{1}{4}h, y_i + \frac{1}{4}k_1h\right) \tag{22.45b}$$
$$k_3 = f\left(t_i + \frac{1}{4}h, y_i + \frac{1}{8}k_1h + \frac{1}{8}k_2h\right) \tag{22.45c}$$
$$k_4 = f\left(t_i + \frac{1}{2}h, y_i - \frac{1}{2}k_2h + k_3h\right) \tag{22.45d}$$
$$k_5 = f\left(t_i + \frac{3}{4}h, y_i + \frac{3}{16}k_1h + \frac{9}{16}k_4h\right) \tag{22.45e}$$
$$k_6 = f\left(t_i + h, y_i - \frac{3}{7}k_1h + \frac{2}{7}k_2h + \frac{12}{7}k_3h - \frac{12}{7}k_4h + \frac{8}{7}k_5h\right) \tag{22.45f}$$

注意 Butcher 方法和表 19.2 中保尔法则的相似之处。和期待的一样，该方法的全局截断误差是 $O(h^5)$。

虽然五阶版本的精度提高了，但要注意它需要计算 6 次函数值。一直到四阶版本为止，n 阶龙格-库塔方法都需要计算 n 次函数值。有意思的是，当阶数高于四阶时，就需要多算一次或两次函数值。因为函数值的计算要花费大量的计算时间，所以通常认为五阶或更高阶方法的效率比四阶版本低。这也是四阶方法受到欢迎的一个主要原因。

22.5 方程组

工程和科学中的很多实际问题都需要求解联立的常微分方程组而不是单个方程，这类方程组一般可表示为：

$$\begin{aligned}\frac{dy_1}{dt} &= f_1(t, y_1, y_2, \ldots, y_n)\\ \frac{dy_2}{dt} &= f_2(t, y_1, y_2, \ldots, y_n)\\ &\vdots\\ \frac{dy_n}{dt} &= f_n(t, y_1, y_2, \ldots, y_n)\end{aligned} \tag{22.46}$$

这种方程组的求解需要在 t 的起点处知道 n 个初始条件。

一个例子是我们在本章开篇所建立的计算蹦极运动员速度和位置的问题。在自由落体部分，这个问题相当于求解下面的 ODE 组：

$$\frac{dx}{dt} = v \tag{22.47}$$

$$\frac{dv}{dt} = g - \frac{c_d}{m}v^2 \tag{22.48}$$

如果将蹦极运动员起跳的固定平台定义为 $x = 0$，则初始条件是 $x(0) = v(0) = 0$。

22.5.1 欧拉法

本章对单个方程讨论的所有方法都可以推广到常微分方程组。工程应用问题中可以同时包含成千上万个方程。对此，方程组的求解过程可以简单地包括在进入下一步之前，对每个方程应用一次单步方法。下面关于欧拉法的例子就是最好的说明。

例 22.4 用欧拉法求解常微分方程组

问题描述：用欧拉法求解自由落体蹦极运动员的速度和位置。假设 $t = 0$ 时 $x = v = 0$，取步长为 2s，积分到 $t = 10$s。和前面例 1.1 和例 1.2 中的做法一样，重力加速度是 9.81m/s^2，蹦极运动员的体重是 68.1kg，阻力系数为 0.25kg/m。

回顾前文可知速度的解析解是[式(1.9)]：

$$v(t) = \sqrt{\frac{gm}{c_d}}\tanh\left(\sqrt{\frac{gc_d}{m}}t\right)$$

将这个值代入式(22.47)，积分得到位移的解析解为：

$$x(t) = \frac{m}{c_d}\ln\left[\cosh\left(\sqrt{\frac{gc_d}{m}}t\right)\right]$$

然后，用这些解析解来计算结果的真实相对误差。

解：用 ODE 计算 $t=0$ 处的斜率为

$$\frac{dx}{dt}=0$$

$$\frac{dv}{dt}=9.81-\frac{0.25}{68.1}(0)^2=9.81$$

然后用欧拉法计算 $t=2$s 处的值：

$$x=0+0(2)=0$$

$$v=0+9.81(2)=19.62$$

由解析解算出 $x(2)=19.16629$ 和 $v(2)=18.72919$。这样，百分比相对误差分别为 100%和 4.756%。

重复这个过程，计算出 $t=4$ 时的结果为：

$$x=0+19.62(2)=39.24$$

$$v=19.62+\left[9.81-\frac{0.25}{68.1}(19.62)^2\right]2=36.41368$$

按同样的方式继续下去，得到表 22.3 列出的结果。

表 22.3 用欧拉法数值地计算自由落体蹦极运动员的位移和速度

t	x_{true}	v_{true}	x_{Euler}	v_{Euler}	$\varepsilon_t(x)$	$\varepsilon_t(v)$
0	0	0	0	0		
2	19.1663	18.7292	0	19.6200	100.00%	4.76%
4	71.9304	33.1118	39.2400	36.4137	45.45%	9.97%
6	147.9462	42.0762	112.0674	46.2983	24.25%	10.03%
8	237.5104	46.9575	204.6640	50.1802	13.83%	6.86%
10	334.1782	49.4214	305.0244	51.3123	8.72%	3.83%

尽管前面的例子阐述了如何用欧拉法来求解 ODE 组，但是由于步长较大，因此结果并不是很精确。而且，位移的结果也有一点不太令人满意，因为直到第二次迭代为止，x 都没有发生变化。使用小一些的步长可以极大地改进这些不足。如下文所述，即使步长相对较大，使用高阶求解器也可以给出理想的结果。

22.5.2 龙格-库塔方法

注意，本章介绍的所有高阶 RK 方法都可以应用于方程组。但是，在计算斜率时必须谨慎。图 22.6 在可视化如何正确使用四阶方法完成这项操作方面很有用。也就是说，我们先在起始点构造所有变量的斜率。接着用这些斜率(一组 k_1)估计出应变量在区间中点处的取值。依次根据这些中点值计算出中点处的一组斜率(k_2)。随后将这些新的斜率代回起始点，得到另一组中点估计值，并用这些估计值计算出中点处的新的斜率估计值(k_3)。然后以这些值估计区间终点处的值，终点值则用来构造区间终点的斜率(k_4)。最后，将 k 组合成一组增量函数[式(22.44)]，代回起始点，得到最终的估计值。下面的例子说明了这种方法。

例 22.5 用四阶 RK 方法求解 ODE 组

问题描述：用四阶 RK 方法求解我们在例 22.4 中讨论过的问题。

解：首先，很容易将 ODE 表示成式(22.46)的函数形式，即

$$\frac{dx}{dt} = f_1(t, x, v) = v$$

$$\frac{dv}{dt} = f_2(t, x, v) = g - \frac{c_d}{m}v^2$$

求解的第一步是求出区间起点处的所有斜率：

$$k_{1,1} = f_1(0, 0, 0) = 0$$

$$k_{1,2} = f_2(0, 0, 0) = 9.81 - \frac{0.25}{68.1}(0)^2 = 9.81$$

其中 $k_{i,j}$ 是关于第 j 个应变量的 k 的第 i 个值。接下来，我们必须算出 x 和 v 在第一步的中点处的第一次取值：

$$x(1) = x(0) + k_{1,1}\frac{h}{2} = 0 + 0\frac{2}{2} = 0$$

$$v(1) = v(0) + k_{1,2}\frac{h}{2} = 0 + 9.81\frac{2}{2} = 9.81$$

用它们可以算出第一组中点斜率值：

$$k_{2,1} = f_1(1, 0, 9.81) = 9.8100$$
$$k_{2,2} = f_2(1, 0, 9.81) = 9.4567$$

这些值可以用来确定第二组中点估计值：

$$x(1) = x(0) + k_{2,1}\frac{h}{2} = 0 + 9.8100\frac{2}{2} = 9.8100$$

$$v(1) = v(0) + k_{2,2}\frac{h}{2} = 0 + 9.4567\frac{2}{2} = 9.4567$$

用它们可以算出第二组中点斜率值：

$$k_{3,1} = f_1(1, 9.8100, 9.4567) = 9.4567$$
$$k_{3,2} = f_2(1, 9.8100, 9.4567) = 9.4817$$

这些值可以用来确定区间终点处的估计值：

$$x(2) = x(0) + k_{3,1}h = 0 + 9.4567(2) = 18.9134$$
$$v(2) = v(0) + k_{3,2}h = 0 + 9.4817(2) = 18.9634$$

用它们可以算出终点的斜率值：

$$k_{4,1} = f_1(2, 18.9134, 18.9634) = 18.9634$$
$$k_{4,2} = f_2(2, 18.9134, 18.9634) = 8.4898$$

然后利用 k 值计算[式(22.44)]：

$$x(2) = 0 + \frac{1}{6}[0 + 2(9.8100 + 9.4567) + 18.9634]2 = 19.1656$$

$$v(2) = 0 + \frac{1}{6}[9.8100 + 2(9.4567 + 9.4817) + 8.4898]2 = 18.7256$$

按同样的方式继续下去，得到表 22.4 中列出的结果。与欧拉法所获得的结果相比，四阶 RK 估计值更接近于真解。而且，第一步就算出了一个很精确的非零位移值。

表 22.4　用四阶 RK 方法数值地计算自由落体蹦极运动员的位移和速度

t	x_{true}	v_{true}	x_{RK4}	v_{RK4}	ε_t (x)	ε_t (v)
0	0	0	0	0		
2	19.1663	18.7292	19.1656	18.7256	0.004%	0.019%
4	71.9304	33.1118	71.9311	33.0995	0.001%	0.037%
6	147.9462	42.0762	147.9521	42.0547	0.004%	0.051%
8	237.5104	46.9575	237.5104	46.9345	0.000%	0.049%
10	334.1782	49.4214	334.1626	49.4027	0.005%	0.038%

22.5.3 MATLAB 的 M 文件函数：rk4sys

下面显示了一个被称为 rk4sys 的 M 文件，它利用四阶龙格-库塔方法求解常微分方程组。这段代码在很多地方都与前面构造的用欧拉法求解单个 ODE 的函数(图 22.3)类似。例如，它通过参变量输入以函数名称定义的 ODE。

```
function [tp,yp] = rk4sys(dydt,tspan,y0,h,varargin)
% rk4sys: fourth-order Runge-Kutta for a system of ODEs
%   [t,y] = rk4sys(dydt,tspan,y0,h,p1,p2,...): integrates
%           a system of ODEs with fourth-order RK method
% input:
%   dydt = name of the M-file that evaluates the ODEs
%   tspan = [ti, tf]; initial and final times with output
%                     generated at interval of h, or
%   = [t0 t1 ... tf]; specific times where solution output
%   y0 = initial values of dependent variables
%   h = step size
%   p1,p2,... = additional parameters used by dydt
% output:
%   tp = vector of independent variable
```

```
%   yp = vector of solution for dependent variables

if nargin < 4,error('at least 4 input arguments required'), end
if any(diff(tspan)< = 0),error('tspan not ascending order'), end
n = length(tspan);
ti = tspan(1);tf = tspan(n);
if n =  = 2
  t = (ti:h:tf)'; n = length(t);
  if t(n)<tf
    t(n + 1) = tf;
    n = n + 1;
  end
else
  t = tspan;
end
tt = ti; y(1,:) = y0;
np = 1; tp(np) = tt; yp(np,:) = y(1,:);
i = 1;
while(1)
  tend = t(np + 1);
  hh = t(np + 1) - t(np);
  if hh  >  h,hh = h;end
  while(1)
    if tt+hh > tend,hh = tend-tt;end
    k1 = dydt(tt,y(i,:),varargin{:})';
    ymid = y(i,:) + k1.*hh./2;
    k2 = dydt(tt + hh/2,ymid,varargin{:})';
    ymid = y(i,:) + k2*hh/2;
    k3 = dydt(tt + hh/2,ymid,varargin{:})';
    yend = y(i,:) + k3*hh;
    k4 = dydt(tt + hh,yend,varargin{:})';
    phi = (k1 + 2*(k2 + k3) + k4)/6;
    y(i + 1,:) = y(i,:) + phi*hh;
    tt = tt + hh;
    i = i + 1;
    if tt >  = tend,break,end
  end
  np = np + 1; tp(np) = tt; yp(np,:) = y(i,:);
  if tt >  = tf,break,end
end
```

不过，它还具有其他功能，允许用户根据输入变量 tspan 的特定形式通过两种方式创建输出。和图 22.3 一样，可以令 tspan = [ti tf]，其中 ti 和 tf 分别表示初始和终止时间。如果这样的话，那么程序自动根据等间距 h 在这些界限之间创建输出值。相反，如果想要获得指定时刻的结果，可以定义 tspan = [t0, t1, …, tf]。注意在这两种情况下，tspan 值必须按升序排列。

我们可以利用 rk4sys 来求解例 22.5 中的问题。首先，可以构造存储 ODE 的 M 文件：

```
function dy = dydtsys(t, y)
dy = [y(2);9.81 - 0.25/68.1*y(2)^2];
```

其中 $y(1)$ = 位移(x)和 $y(2)$ = 速度(v)。然后可以生成解：

```
>> [t y] = rk4sys(@dydtsys,[0 10],[0 0],2);
>> disp([t' y(:,1) y(:,2)])

        0          0          0
   2.0000    19.1656    18.7256
   4.0000    71.9311    33.0995
   6.0000   147.9521    42.0547
   8.0000   237.5104    46.9345
  10.0000   334.1626    49.4027
```

我们还可以用 tspan 生成指定自变量处的结果。例如：

```
>> tspan  =  [0 6 10];
>> [t y] = rk4sys(@dydtsys,tspan,[0 0],2);
>> disp([t' y(:,1) y(:,2)])

        0          0          0
   6.0000   147.9521    42.0547
  10.0000   334.1626    49.4027
```

22.6 案例研究：捕食者-猎物模型与混沌

背景：工程师和科学家们会处理很多含有非线性常微分方程组的问题。这个案例研究重点介绍两类应用。第一类与捕食者-猎物模型有关，用于研究物种的交互作用。第二类是由流体动力学推导出的方程，用于模拟大气。

捕食者-猎物模型(*predator-prey models*)于 20 世纪早期分别由意大利数学家 Vito Volterra 和美国生物学家 Alfred Lotka 独立地提出，因此这些方程常被称为 Lotka-Volterra 方程(*Lotka-Volterra equations*)。最简单的形式是下面的一对 ODE：

$$\frac{dx}{dt} = ax - bxy \tag{22.49}$$

$$\frac{dy}{dt} = -cy + dxy \tag{22.50}$$

其中 x 和 y 分别等于猎物和捕食者的数量，a = 猎物的生长速度，c = 捕食者的死亡率，b 和 d = 比率，分别表示捕食者-猎物的交互作用对猎物死亡和捕食者生长所造成的影响。乘法项(包含 xy 的项)使得这些方程非线性。

建立在大气流体动力学基础之上的一个简单的非线性模型的例子是洛伦兹方程(*Lorenz equation*)，它由美国气象学家 Edward Lorenz 提出：

$$\frac{dx}{dt} = -\sigma x + \sigma y$$

$$\frac{dy}{dt} = rx - y - xz$$

$$\frac{dz}{dt} = -bz + xy$$

Lorenz 构造了这些方程，将大气流体运动的强度 x 与水平和垂直方向的温度变化 y 和 z 联系起来。和捕食者-猎物模型一样，非线性源自简单的乘积项：xz 和 xy。

用数值方法求解这些方程。绘制结果的图形，显示应变量在时间上是如何变化的。此外，绘制每两个应变量的图形，观察会出现什么有趣的图案。

解： 捕食者-猎物模拟中会用到下面的参数值——$a = 1.2$、$b = 0.6$、$c = 0.8$ 和 $d = 0.3$。取步长 $h = 0.0625$，应用初始条件 $x = 2$ 和 $y = 1$，计算 t 取 0~30 区间上的积分。

首先，我们构造一个函数来存储微分方程：

```
function yp = predprey(t,y,a,b,c,d)
yp = [a*y(1) - b*y(1)*y(2); - c*y(2)+d*y(1)*y(2)];
```

下面的脚本用这个函数以及欧拉法和四阶 RK 方法生成解。注意函数 eulersys 在函数 rk4sys(见图 22.5.3 节)的基础上修改所得。我们将这个 M 文件的编写工作留作家庭作业。除了在时间序列(x 和 y 与 t)上显示解之外，脚本还创建了 y 与 x 的图形。这种相位-平面(*phase-plane*)图常用于说明模型潜在的结构特征，这些特征在时间序列上可能不明显。

```
h = 0.0625;tspan = [0 40];y0 = [2 1];
a = 1.2;b = 0.6;c = 0.8;d = 0.3;
[t y] = eulersys(@predprey,tspan,y0,h,a,b,c,d);
subplot(2,2,1);plot(t,y(:,1),t,y(:,2),'- -')
legend('prey','predator');title('(a) Euler time plot')
subplot(2,2,2);plot(y(:,1),y(:,2))
title('(b) Euler phase plane plot')
[t y] = rk4sys(@predprey,tspan,y0,h,a,b,c,d);
subplot(2,2,3);plot(t,y(:,1),t,y(:,2),'- -')
title('(c) RK4 time plot')
subplot(2,2,4);plot(y(:,1),y(:,2))
title('(d) RK4 phase plane plot')
```

由欧拉法获得的解显示在图 22.7 的顶部。时间序列[见图 22.7(a)]表明振动的幅度在扩大。这在相位-平面图[见图 22.7(b)]上更加明显。因此，这些结果说明单纯的欧拉法需要用更小的时间步长来达到精确的结果。

相反，因为 RK4 方法的截断误差小得多，所以它用同样的步长能得到很好的结果。如图 22.7(c)所示，在时间方向出现了一张轮转的图案。因为开始时捕食者的数量很小，所以猎物按指数级增长。达到某个点之后，猎物变得如此之多，使得捕食者的数量也开始增加。最终，增加的捕食者导致猎物数下降。这种下降反过来又引起捕食者数量的减少。最后重复整个过程。注意，和期望的一样，捕食者的峰值滞后于猎物的峰值。还可以观察到这个过程有一个固定的周期，也就是说，它会在一定的时间内重复。

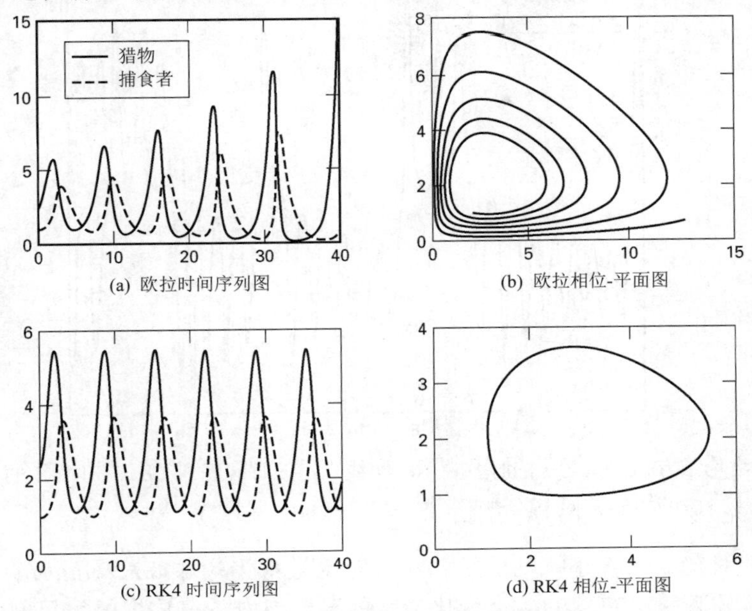

图 22.7 Lotka-Volterra 模型的解。欧拉法的(a)时间序列图和(b)相位-平面图，RK4 方法的(c)时间序列图和(d)相位-平面图

精确的 RK4 解的相位-平面表示指出，捕食者和猎物之间的交互作用合起来是一条封闭的逆时针轨道。有趣的是，轨道的中间有一个静止或临界点(*critical point*)。这个点的准确位置可以通过以下方法确定，即令式(22.49)和式(22.50)达到平衡($dy/dt = dx/dt = 0$)，解出$(x, y) = (0, 0)$和$(c/d, a/b)$。前者是普通的结果，表示若开始时既没有捕食者也没有猎物，则什么事都不会发生。后者是更加有趣的输出，表示若令初始条件为$x = c/d$和$y = a/b$，则导数会等于 0，且物种数保持为常数。

现在，让我们用同样的方法来研究洛伦兹方程的轨迹，参数取值如下：$a = 10$、$b = 8/3$和$r = 28$。应用$x = y = z$的初始条件，在t取 0~20 区间上积分。对于这个问题，我们取步长为常数$h = 0.03125$，并利用四阶 RK 方法求解。

结果与 Lotka-Volterra 方程的行为完全不同。如图 22.8 所示，变量x看起来经历了一场图案接近随机的振荡，在负值和正值之间来回跳动。另一个变量的行为也与此类似。然而，虽然图案看起来是随机的，但是振动的频率和振幅看起来相当一致。

对初始条件中的x稍加变化(5~5.001)，这样的解会表现出一种非常有趣的性质。将结果用虚线表示在图 22.8 上。虽然两组解的时间轨迹基本相同，但是经过$t = 15$后它们明显分离开来。这样，我们可以看出洛伦兹方程对初始条件非常敏感。这样的解常用术语混沌的(*chaotic*)来描述。在 Lorenz 最初的研究中，这使得他得出结论：长时期的天气预报是不可能的！

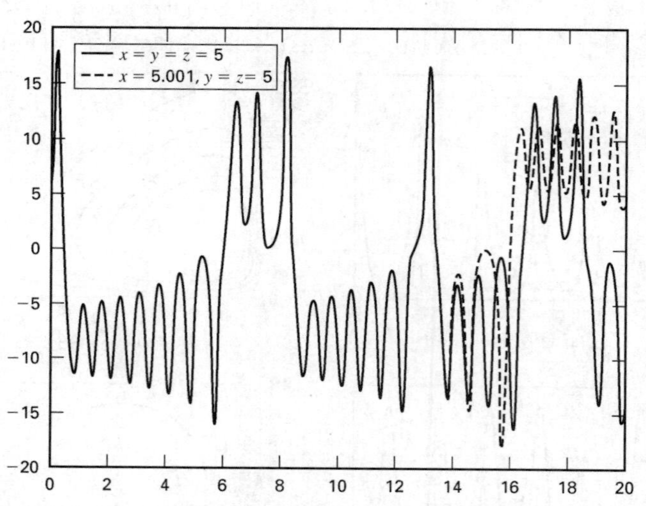

图 22.8 洛伦兹方程的 x 与 t 的时域表示：实线表示的时间序列对应于初始条件(5,5,5)，虚线对应的初始条件中的 x 有一点小扰动(5.001，5，5)

动力系统对初始条件小扰动的敏感性有时也被称为*蝴蝶效应*(*butterfly effect*)。意思是，蝴蝶拍打翅膀引起空气的微小变化最终能导致像龙卷风这样的大尺度天气现象。

虽然时间序列图是混沌的，但是相位-平面图展现出潜在的结构。因为我们正处理三个自变量，所以我们可以创建投影。图 22.9 显示了 xy、xz 和 yz 平面上的投影。注意在观察相位-平面透视图时，结构多么显而易见。解在出现临界点的区域周围形成轨道。这些点在研究这类非线性系统的数学家的行话中被称为*奇怪吸引子*(*strange attractors*)。

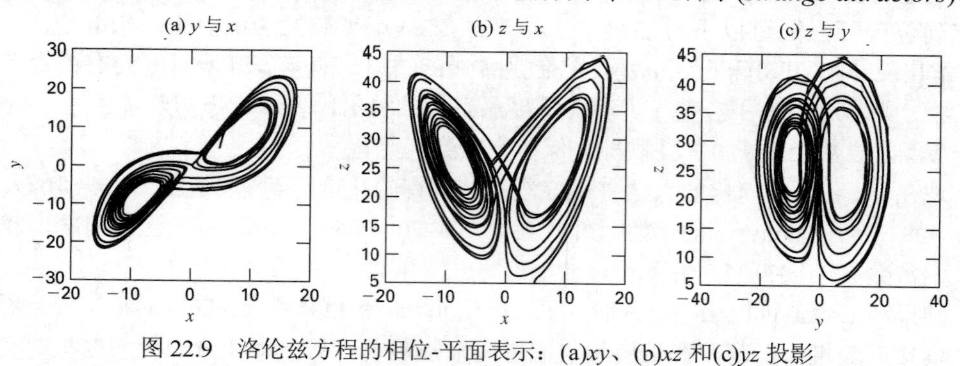

图 22.9 洛伦兹方程的相位-平面表示：(a)xy、(b)xz 和(c)yz 投影

除了两变量投影之外，MATLAB 的 plot3 函数还提供了一种直接创建三维相位-平面图的手段：

```
>> plot3(y(:,1),y(:,2),y(:,3))
>> xlabel('x');ylabel('y');zlabel('z');grid
```

与图 22.9 所示的情况一样，三维图(见图 22.10)描述了以一定的模式绕着一对临界点循环的轨道。

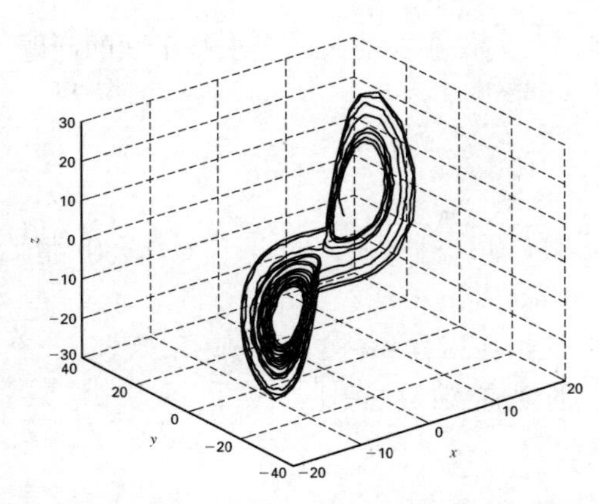

图 22.10 由 MATLAB 的 plot3 函数生成的洛伦兹方程的三维相位-平面表示

如最后所述，混沌系统对初始条件的敏感性牵连到数值计算。除初始条件本身以外，不同的步长或算法(有时候甚至是不同的计算机)都可以引起解的微小变化。类似于图 22.8 所示，这些差异最终会导致很大的偏移。本章和第 23 章中的部分问题就是为了演示这种情况而设计的。

22.7 习题

22.1 在 t 取 0~2 的区间上求解下面的初值问题，其中 $y(0) = 1$。将结果都显示在同一张图上。

$$\frac{dy}{dt} = yt^2 - 1.1y$$

(a) 解析求解。

(b) 利用 $h = 0.5$ 和 0.25 的欧拉法。

(c) 利用 $h = 0.5$ 的中点方法。

(d) 利用 $h = 0.5$ 的四阶 RK 方法。

22.2 取步长为 0.25，在 x 取 0~1 的区间上求解下面的问题，其中 $y(0) = 1$。将结果都显示在同一张图上。

$$\frac{dy}{dx} = (1 + 2x)\sqrt{y}$$

(a) 解析求解。

(b) 利用欧拉法。

(c) 利用不带迭代步的休恩法。

(d) 利用 Ralston 方法。

(e) 利用四阶 RK 方法。

22.3 取步长为 0.5，在 t 取 0~3 的区间上求解下面的问题，其中 $y(0)=1$。将结果都显示在同一张图上。

$$\frac{dy}{dt}=-y+t^2$$

利用如下方法进行求解：(a)不带迭代校正的休恩法；(b)带迭代校正的休恩法，直到 $\varepsilon_s<0.1\%$；(c)中点方法；(d)Ralston 方法。

22.4 有机体数量的生长在工程和科学领域应用广泛。一个最简单的模型假设人口的变化率 p 与任意时刻 t 的现有人口成正比：

$$\frac{dp}{dt}=k_g p \tag{22.51}$$

其中 k_g = 生长率。从 1950 年到 2000 年世界人口数(以百万为单位)如表 22.5 所示。

表 22.5 数据表

t	1950	1955	1960	1965	1970	1975	1980	1985	1990	1995	2000
p	2555	2780	3040	3346	3708	4087	4454	4850	5276	5686	6079

(a) 假设式(22.49)成立，请利用 1950 年到 1970 年的数据估计 k_g。

(b) 取步长为 5 年，请利用四阶 RK 方法和(a)中结果模拟 1950 年到 2050 年的世界人口。将模拟的结果和数据一起绘成图形。

22.5 尽管在人口增长无限制的情况下习题 22.4 中的模型完全能够满足要求，但是如果出现像食物短缺、污染和空间缺乏等因素抑制人口增长时，它就失效了。对于这样的情况，增长率不是常数，而是用公式表示为：

$$k_g=k_{gm}(1-p/p_{\max})$$

其中 k_{gm} = 无限制条件下的最大增长率，p = 人口，$p_{\max}$ = 最大人口。注意 $p_{\max}$ 有时也被称作承载能力(*carrying capacity*)。于是，当人口密度较低，即 $p \ll p_{\max}$ 时，$k_g \to k_{gm}$。当 p 趋向于 $p_{\max}$ 时，增长率趋向于 0。根据这个增长率公式，人口的变化率可以建模为：

$$\frac{dp}{dt}=k_{gm}(1-p/p_{\max})p$$

这个模型被称为对数模型(*logistic model*)。它的解析解是：

$$p=p_0\frac{p_{\max}}{p_0+(p_{\max}-p_0)e^{-k_{gm}t}}$$

利用(a)解析方法和(b)步长为 5 年的四阶 RK 方法模拟 1950 年到 2050 年的世界人口。模拟过程中使用下面的初始条件和参数值：p_0(在 1950 年) = 2 555 百万人口，k_{gm} = 0.026/yr，$p_{\max}$ = 12 000 百万人口。将结果和习题 22.4 中的数据一起绘制成图形。

22.6 假设抛射物从地球表面向上发射。如果作用在物体上的唯一的力是向下的重力，那么在这样的条件下可以推导出受力平衡为：

$$\frac{dv}{dt} = -g(0)\frac{R^2}{(R+x)^2}$$

其中 v = 向下的速度(m/s)，t = 时间(s)，x = 距离地球表面的高度(m)，$g(0)$ = 地球表面的重力加速度(≅9.81m/s^2)，R = 地球的半径(≅6.37×10^{6}m)。了解到 $dx/dt = v$，若 $v(t=0)$ = 1500m/s，请用欧拉法确定可以到达的最大高度。

22.7　在 t 取 0~0.4 的区间上用步长 0.1 求解下面这对 ODE。初始条件是 $y(0) = 2$ 和 $z(0) = 4$。采用(a)欧拉法和(b)四阶 RK 方法进行求解，并将结果显示成图形。

$$\frac{dy}{dt} = -2y + 4e^{-t}$$

$$\frac{dz}{dt} = -\frac{yz^2}{3}$$

22.8　*范德波尔方程*(*van der Pol equation*)是电子管时期提出的一个电子电路模型：

$$\frac{d^2y}{dt^2} - (1-y^2)\frac{dy}{dt} + y = 0$$

给定初始条件：$y(0) = y'(0) = 1$，在 t 取 0~10 的区间上用步长为 0.2 和 0.1 的欧拉法求解这个方程。将两个解绘制在同一张图上。

22.9　给定初始条件：$y(0) = 1$ 和 $y'(0) = 0$，在 t 取 0~4 的区间上求解下面的初值问题：

$$\frac{d^2y}{dt^2} + 9y = 0$$

采用(a)欧拉法和(b)四阶 RK 方法进行求解。两种方法均取步长为 0.1。将它们的结果和精确解 $y = \cos 3t$ 一起绘制在同一张图上。

22.10　编写一个用带迭代步的休恩法求解单个 ODE 的 M 文件。设计这个 M 文件，使得它可以输出结果的图形。用它求解习题 22.5 所述的人口问题，以检验编写的程序。取步长为 5 年，校正迭代到 ε_s <0.1%。

22.11　编写一个用中点方法求解单个 ODE 的 M 文件。设计这个 M 文件，使得它可以输出结果的图形。用它求解习题 22.5 所述的人口问题，以检验编写的程序。步长取为 5 年。

22.12　编写一个用四阶 RK 方法求解单个 ODE 的 M 文件。设计这个 M 文件，使得它可以输出结果的图形。用它求解习题 22.2 中的问题，以检验编写的程序。步长取为 0.1。

22.13　编写一个用欧拉法求解单个 ODE 的 M 文件。设计这个 M 文件，使得它可以输出结果的图形。取步长为 0.25，用它求解习题 22.7 中的问题，以检验编写的程序。

22.14　Isle Royale 国家公园是一个 210 平方英里的群岛，它由苏必利尔湖上的一座大岛和若干小岛组成。驼鹿于 1900 年左右抵达此处，到了 1930 年，它们的数量接近 3000 只，对蔬菜造成毁坏。1949 年，狼通过冰桥从安大略湖来到这里。从 20 世纪 50 年代后期开始，驼鹿和狼的数量都被记录了下来，如表 22.6 所示。

表 22.6 1959 年~1988 年 Isle Royale 国家公园驼鹿和狼的数量

年 份	驼 鹿	狼	年 份	驼 鹿	狼	年 份	驼 鹿	狼
1959	563	20	1975	1355	41	1991	1313	12
1960	610	22	1976	1282	44	1992	1590	12
1961	628	22	1977	1143	34	1993	1879	13
1962	639	23	1978	1001	40	1994	1770	17
1963	663	20	1979	1028	43	1995	2422	16
1964	707	26	1980	910	50	1996	1163	22
1965	733	28	1981	863	30	1997	500	24
1966	765	26	1982	872	14	1998	699	14
1967	912	22	1983	932	23	1999	750	25
1968	1042	22	1984	1038	24	2000	850	29
1969	1268	17	1985	1115	22	2001	900	19
1970	1295	18	1986	1192	20	2002	1100	17
1971	1439	20	1987	1268	16	2003	900	19
1972	1493	23	1988	1335	12	2004	750	29
1973	1435	24	1989	1397	12	2005	540	30
1974	1467	31	1990	1216	15	2006	450	30

(a) 用下面的系数计算 Lotka-Volterra 方程(参见 22.6 节)从 1960 年到 2020 年的积分：$a = 0.23$、$b = 0.0133$、$c = 0.4$ 和 $d = 0.0004$。对于驼鹿和狼，用时间序列图将模拟结果与数据进行比较，确定模型与数据之间的残差平方和。

(b) 绘制解的相位-平面图。

22.15 阻尼弹簧-质量系统(见图 22.11)的运动由下列常微分方程描述：

$$m\frac{d^2x}{dt^2} + c\frac{dx}{dt} + kx = 0$$

其中 x = 距离平衡位置的位移(m)，t = 时间(s)，m = 20kg 的质量，c = 阻尼系数(N・s/m)。阻尼系数 c 分别取 5(欠阻尼)、40(临界阻尼)和 200(过阻尼)三个值。弹簧常数 k = 20N/m。初始速度为 0，初始位移为 x = 1m。用数值方法在时间周期 $0 \leqslant t \leqslant 15$s 上求解这个方程。在同一张图上绘制对应于阻尼系数三种取值的位移与时间图。

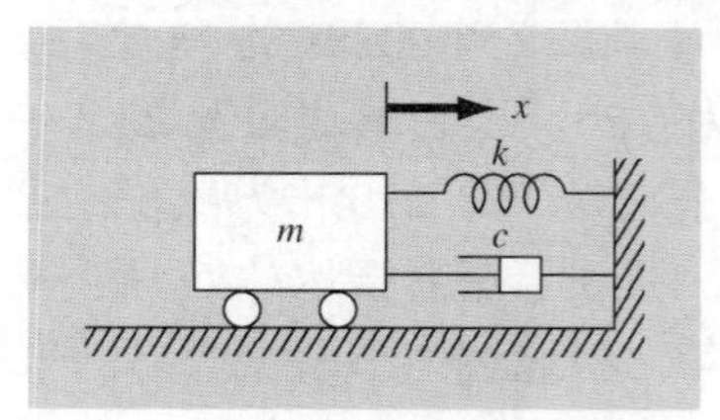

图 22.11 阻尼弹簧-质量系统

22.16 球形容器的底部有一个圆孔，液体可以从这里流出去(见图 22.12)。通过这个孔的流动速度可以估计为：

$$Q_{\text{out}} = CA\sqrt{2gh}$$

其中 Q_{out} = 流出物(m^3/s)，C = 由经验推导出的系数，A = 孔的面积(m^2)，g = 重力加速度(取 9.81 m/s^2)，h = 容器中液体的深度。选择本章叙述的一种数值方法，计算需要多长时间水才能全部流出直径为 3m 的容器，假设初始高度为 2.75m。注意圆孔的直径是 3cm 和 $C = 0.55$。

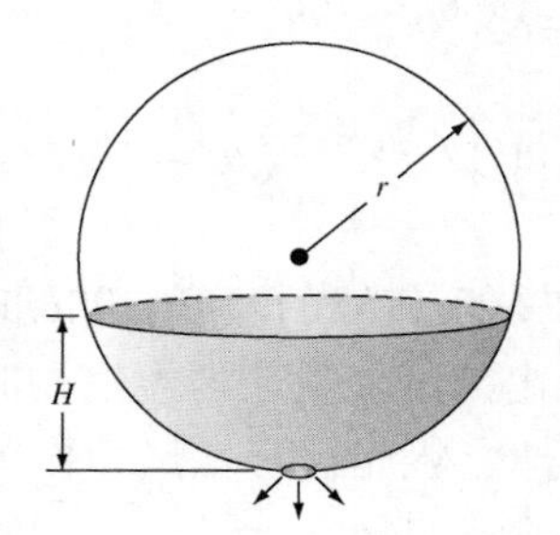

图 22.12 球形容器

22.17 在他杀或意外死亡的研究中，估计死亡时间往往很重要。实验观测值显示，物体的表面温度变化与物体同周围环境的温度之差成比例。这被称为牛顿冷却定律。于是，如果时间 t 时物体的温度为 $T(t)$，常数 T_a 表示环境温度，那么：

$$\frac{dT}{dt} = -K(T - T_a)$$

其中 $K>0$ 是比例常数。假设 $t = 0$ 时发现一具尸体，测得它的温度为 T_0。我们假设死亡时体温 T_d 保持在正常值 37℃。假如尸体被发现时温度为 29.5℃，两个小时后温度为 23.5℃，周围环境的温度是 20℃。

(a) 试确定 K 和死亡时间。

(b) 用数值方法求解 ODE，并绘制结果图形。

22.18 反应 A→B 连续地发生在两个反应器中。反应器完全混合，但是没有达到稳定状态。每个搅拌槽反应器中非稳定的质量平衡显示如下：

$$\frac{dCA_1}{dt} = \frac{1}{\tau}(CA_0 - CA_1) - kCA_1$$

$$\frac{dCB_1}{dt} = -\frac{1}{\tau}CB_1 + kCA_1$$

$$\frac{dCA_2}{dt} = \frac{1}{\tau}(CA_1 - CA_2) - kCA_2$$

$$\frac{dCB_2}{dt} = \frac{1}{\tau}(CB_1 - CB_2) + kCA_2$$

其中 CA_0 = 第一个反应器入口处 A 的浓度，CA_1 = 第一个反应器出口处(和第二个反应器入口处)A 的浓度，CA_2 = 第二个反应器出口处 A 的浓度，CB_1 = 第一个反应器出口处(和第二个反应器入口处)B 的浓度，CB_2 = 第二个反应器中 B 的浓度，τ = 每个反应器的滞留期，k = 由 A 生成 B 这个反应的速率。如果 CA_0 等于 20，试求出在最初的 10min(分钟)内每个反应器中 A 和 B 的浓度。取 $k = 0.12$ /min 和 $\tau = 5$ min，并假设所有应变量的初始条件都是 0。

22.19　非等温间歇式反应器由下列方程描述：

$$\frac{dC}{dt} = -e^{(-10/(T+273))}C$$

$$\frac{dT}{dt} = 1000e^{(-10/(T+273))}C - 10(T - 20)$$

其中 C 是反应物的浓度，T 是反应器的温度。初始时刻，反应器的温度为 15℃，反应物的浓度是 1.0 gmol/L。试求出浓度和反应器温度与时间的函数关系。

22.20　下面的方程可用于建立帆船桅杆在风力作用下偏移的模型：

$$\frac{d^2y}{dz^2} = \frac{f(z)}{2EI}(L - z)^2$$

其中 $f(z)$ = 风力，E = 弹性模量，L = 桅杆长度，I = 转动惯量。注意风力按照以下形式随高度变化：

$$f(z) = \frac{200z}{5 + z}e^{-2z/30}$$

如果 $z = 0$ 时 $y = 0$ 和 $dy/dz = 0$，请计算偏移。在计算中使用参数值：$L = 30$、$E = 1.25 \times 10^8$ 和 $I = 0.05$。

22.21　如图 22.13 所示，某池塘通过一根导管排水。经过若干的假设简化，可以用下面的微分方程描述深度随时间的变化：

$$\frac{dh}{dt} = -\frac{\pi d^2}{4A(h)}\sqrt{2g(h + e)}$$

其中 h = 深度(m)，t = 时间(s)，d = 导管直径(m)，$A(h)$ = 池塘的表面积与深度的函数关系(m^2)，g = 重力加速度(= 9.81 m/s^2)，e = 导管出口距离池塘底部的深度(m)。根据表 22.7 所示的面积-深度表，求解这个微分方程，确定需要多长的时间池塘才能清空。取 $h(0) = 6$m，$d = 0.25$m，$e = 1$m。

表 22.7　面积-深度表

h(m)	6	5	4	3	2	1	0
$A(h)(10^4 m^2)$	1.17	0.97	0.67	0.45	0.32	0.18	0

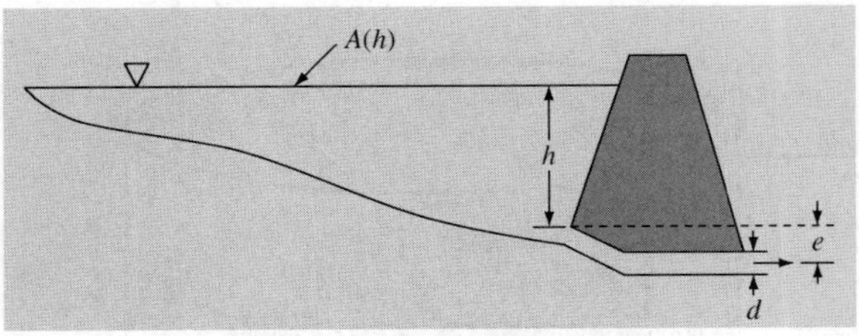

图 22.13 池塘排水示意图

22.22 工程师和科学家们利用质量-弹簧模型研究建筑物在地震这样的干扰情况下的动力学变化。图 22.14 给出了一栋三层建筑物的表示图。在这个问题中，只能分析建筑物的水平运动。由牛顿第二定律，可以建立该系统的受力平衡为：

$$\frac{d^2x_1}{dt^2}=-\frac{k_1}{m_1}x_1+\frac{k_2}{m_1}(x_2-x_1)$$

$$\frac{d^2x_2}{dt^2}=\frac{k_2}{m_2}(x_1-x_2)+\frac{k_3}{m_2}(x_3-x_2)$$

$$\frac{d^2x_3}{dt^2}=\frac{k_3}{m_3}(x_2-x_3)$$

在 t 取 0~20s 内模拟这栋建筑物的运动，给定初始条件：地面速度 $dx_1/dt=1$m/s，所有其他的位移和速度的初始条件均为 0。将结果显示在(a)位移和(b)速度这两幅时间序列图上。除此之外，绘制位移的三维相位-平面图。

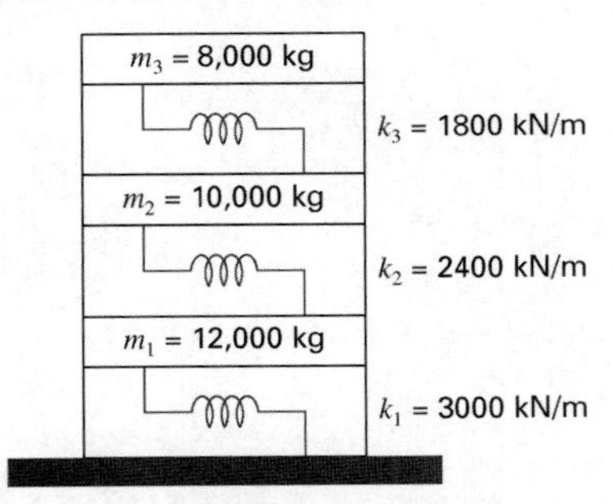

图 22.14 三层建筑物的受力

22.23 重复 22.6 节中对洛仑兹方程的模拟，不过要用中点方法进行求解。

22.24 重复 22.6 节中对洛仑兹方程的模拟，只是取 $r=99.96$。将结果与 22.6 节中获得的结果进行比较。

22.25 图 22.15 显示了在连续搅拌的流通生物反应器中，细菌培养物浓度与其营养源(基质)浓度之间的动力学相互作用。

细菌生物量 X(gC/m^3)和基质浓度 S(gC/m^3)之间的质量平衡可以写为：

$$\frac{dX}{dt}=\left(k_{g,\max}\frac{S}{K_s+S}-k_d-k_r-\frac{1}{\tau_w}\right)X$$

$$\frac{dS}{dt}=-\frac{1}{Y}k_{g,\max}\frac{S}{K_s+S}X+k_dX-\frac{1}{\tau_w}(S_{in}-S)$$

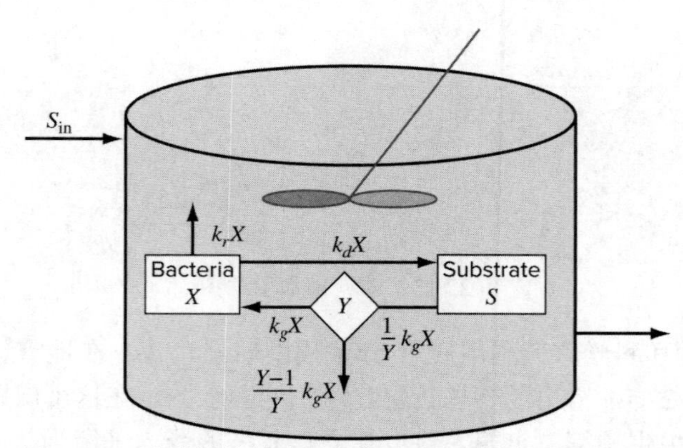

图 22.15 连续搅拌的流通生物反应器，培植细菌培养物

其中 t = 时间(h)，$k_{g,max}$ = 最大细菌生长速率(/d)，K_s = 半饱和常数(gC/m^3)，k_d = 死亡率(/d)，k_r = 呼吸速率(h)，Q = 流量(m^3/h)，V = 反应器体积(m^3)，Y = 产率系数(gC-cell/gC-substrate)，S_{in} = 流入的基质浓度(mgC/m^3)。模拟在反应器的三次滞留期中，基质、细菌和总有机碳($X+S$)随时间的变化：(a)τ_w = 20h，(b) τ_w = 10h，(c) τ_w = 5h。采用以下参数进行模拟：$X(0)$ = 100gC/m^3，$S(0)$ = 0，$k_{g,max}$ = 0.2/hr，K_s = 150gC/m^3，$k_d = k_r$ = 0.01/hr，Y=0.5gC-cell/gC-substrate，V = 0.01m^3，S_{in} = 1000gC/m^3。以图形方式显示结果。

第23章 自适应方法和刚性方程组

本章目标

本章的主要目标是向读者介绍更多求解常微分方程初值问题的高级方法，具体目标和主题包括：

- 了解龙格-库塔 Fehlberg 方法如何采用不同阶的 RK 方法给出用于调整步长的误差估计。
- 熟悉 MATLAB 中用于求解 ODE 的内置函数。
- 学习如何调整 MATLAB 中 ODE 求解器的选项。
- 学习如何向 MATLAB 的 ODE 求解器输入参数。
- 了解求解 ODE 的单步方法和多步方法之间的区别。
- 知道什么叫作刚性及其在 ODE 求解方面隐含的意义。

23.1 自适应龙格-库塔方法

到现在为止，我们已经介绍了用固定步长求解 ODE 的方法。对于很多问题来说，这代表着严格的限制。例如，假设我们对具有如图 23.1 所示的解的 ODE 感兴趣。在大部分范围内，解的变化很缓慢。这种行为表示，用相对较大的步长就可以获得足以满足需要的解。然而，在 t 取 1.75～2.25 的局部区域内，解经历了剧烈变化。处理这类问题的实际结果是，需要用非常小的步长来精确地捕捉脉冲特性。如果应用常数步长的算法，那么剧变区域所需要的小步长就必须应用到整个计算区域上。因此，在缓变区域上也不得不使用很小的步长，从而会造成大量不必要的计算浪费。

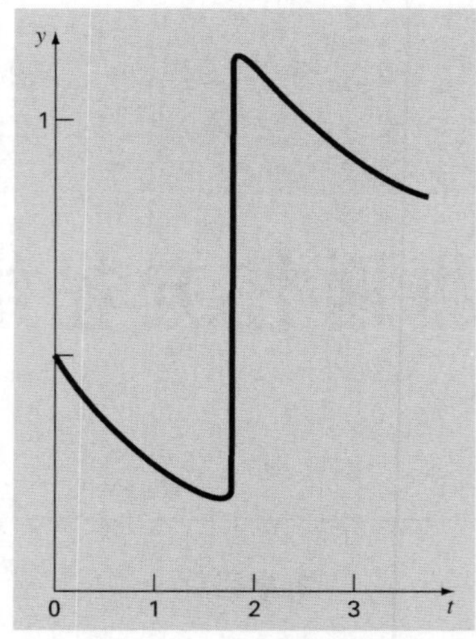

图 23.1 解表现出剧烈变化的 ODE 的例子。在这样的情况下，自动的步长调整具有很大的优势

自动调整步长的算法可以避免这样的过量行为，因此具有很大优势。因为它们“适应”解的轨迹，所以被认为是具有自适应的步长控制(*adaptive step-size control*)。实现这样的方法需要知道每一步的局部截断误差的估计值。然后以这个误差估计值为基础，决定是缩短还是增大步长。

在具体介绍方法之前，我们要提醒读者，本章叙述的方法除了可以求解 ODE 之外，还可以用于计算定积分。以下定积分的计算：

$$I=\int_a^b f(x)\,dx$$

等价于求解以下微分方程中的 $y(b)$：

$$\frac{dy}{dx}=f(x)$$

其中初始条件给定为 $y(a)=0$。因此，下面的方法可以有效地计算大体上平滑而在局部产生剧变的函数的定积分。

自适应步长控制主要通过两种方法与单步方法结合。步长减半(*step halving*)是指每一步计算两次，一次是整步长，另一次是两个半步长。两次结果之差，代表局部截断误差的估计值。然后根据这个误差估计值来调整步长。

第二种方法称为嵌入 RK 方法(*embedded RK methods*)，它将不同阶的 RK 方法预测值之差作为局部截断误差。因为它的效率比步长减半高，所以是普遍选用的方法。

嵌入方法最早由 Fehlberg 提出。因此，它们有时候也被称为 RK-Fehlberg 方法(*RK-Fehlberg methods*)。从表面上看，利用两个不同阶估计值的想法似乎在计算方面的开销更大。例如，四阶和五阶预测的每一步总共需要计算 10 次函数值[回顾式(22.44)和式(22.45)]。Fehlberg 巧妙地克服了这个问题，他推导出一个五阶 RK 方法，其中使用了很多相应的四阶 RK 方法中使用过的函数值。这样，该方法只需要计算 6 次函数值，就可以估计出误差。

23.1.1 求解非刚性方程组的 MATLAB 函数

在 Fehlberg 最早提出他的方法之后，其他人也构造出一些更好的方法。其中的几个可以通过 MATLAB 的内置函数实现。

ode23：ode23 函数使用 BS23 算法(Bogacki 和 Shampine，1989 年；Shampine，1994 年)，这种算法同时使用二阶和三阶 RK 公式求解 ODE，从而得到用于调整步长的误差估计值。推进求解的算法为：

$$y_{i+1} = y_i + \frac{1}{9}(2k_1 + 3k_2 + 4k_3)h \tag{23.1}$$

其中：

$$k_1 = f(t_i, y_i) \tag{23.1a}$$

$$k_2 = f\left(t_i + \frac{1}{2}h, y_i + \frac{1}{2}k_1h\right) \tag{23.1b}$$

$$k_3 = f\left(t_i + \frac{3}{4}h, y_i + \frac{3}{4}k_2h\right) \tag{23.1c}$$

误差估计为：

$$E_{i+1} = \frac{1}{72}(-5k_1 + 6k_2 + 8k_3 - 9k_4)h \tag{23.2a}$$

其中：

$$k_4 = f(t_{i+1}, y_{i+1}) \tag{23.2b}$$

注意，尽管公式中出现了四次函数计算，但实际上只需要计算三次，因为在第一步之后，当前步的k_1 就是上一步的k_4。因此，方法在三次函数值计算的基础上求出了预测值和误差估计，而通常先后使用二阶(两次函数值)和三阶(三次函数值)RK公式的方法需要计算五次函数值。

计算了每一步之后，检查误差是否在要求的容限之内。如果在容限之内的话，那么就可以接受 y_{i+1}，并将 k_4 变成下一步的 k_1。如果误差太大的话，那么就按照缩小的步长重新计算这一步，直到估计的误差满足：

$$E \leq \max(\text{RelTol} \times |y|, \text{AbsTol}) \tag{23.3}$$

其中RelTol是相对容限(默认值 = 10^{-3})，AbsTol是绝对容限(默认值为 10^{-6})。注意，这里用的相对误差标准是分数，而不是我们在前面的很多情况下所使用的百分比相对误差。

ode45：ode45 函数使用 Dormand 和 Prince 提出的算法(1980 年)，这种算法同时使用四阶和五阶 RK 公式求解 ODE，从而得到用于调整步长的误差估计值。MATLAB 推荐将 ode45 作为对大多数问题进行“第一次尝试”的最佳函数。

ode113：ode113 函数使用阶数可变的 Adams-Bashforth-Moulton 求解器。它对于严格的误差容限或者计算复杂的 ODE 函数非常有效。注意，这是一个多步方法，我们将在接下来的 23.2 节介绍。

这些函数可以通过多种途径调用。最简单的调用方法是：

```
[t, y] = ode45(odefun, tspan, y0)
```

其中 y 是解数组，它的每一列都是一个应变量，每一行对应列向量的一个时间 t，*odefun* 是返回微分方程右端列向量的函数的名称，*tspan* 表示积分区间，y_0 = 包含初始值的向量。

注意 *tspan* 可以通过两种方式定义。第一种方式是，如果将它赋值为由两个数构成的数组：

```
tspan = [ti tf];
```

那么就计算从 *ti* 到 *tf* 的积分。第二种方式是，为了求出特定时间 $t_0,t_1,...,t_n$ 的解(全部为升序或降序)，则使用：

```
tspan = [t0 t1 ... tn];
```

这里有一个例子，说明如何利用 ode45 函数在 t 取 0～4 的区间上求解单个 ODE：$y'=4e^{0.8t}-0.5y$，初始条件为 $y(0)=2$。回顾例 22.1 可知，$t=4$ 处的解析解是 75.33896。将 ODE 表示成匿名函数，可以利用 ode45 函数通过数值方法生成同样的结果，即：

```
>> dydt = @(t,y) 4*exp(0.8*t) - 0.5*y;
>> [t,y] = ode45(dydt,[0 4],2);
>> y(length(t))

ans =
   75.3390
```

如例 23.1 所示，在处理方程组时，ODE 通常保存在自己的 M 文件中。

例 23.1 利用 MATLAB 求解 ODE 组

问题描述：利用 ode45 函数在 t 取 0～20 时求解非线性 ODE 组

$$\frac{dy_1}{dt}=1.2y_1-0.6y_1\,y_2 \qquad \frac{dy_2}{dt}=-0.8y_2+0.3y_1\,y_2$$

其中 $t=0$ 时，有 $y_1=2$ 和 $y_2=1$。这样的方程被称为捕食者-猎物方程(*predator-prey equations*)。

解：在用 MATLAB 进行求解之前，必须创建一个函数来计算 ODE 的右端项。一种方法是，编写下面的 M 文件：

```
function yp = predprey(t,y)
yp = [1.2*y(1) -0.6*y(1)*y(2);-0.8*y(2)+0.3*y(1)*y(2)];
```

我们以 predprey.m 名称保存这个 M 文件。

接下来，输入下面的命令，以指定积分区间和初始条件：

```
>> tspan = [0 20];
>> y0 = [2, 1];
```

然后调用求解器，即：

```
>> [t,y] = ode45(@predprey, tspan, y0);
```

然后这条命令就在 tspan 定义的范围内根据 y0 中的初始条件求解 predprey. m 中的微分方程。简单地输入：

```
>> plot(t,y)
```

就可以将结果显示出来，如图 23.2 所示。

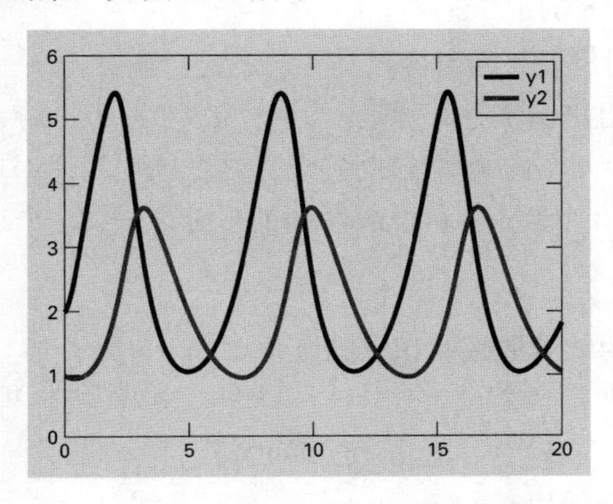

图 23.2 由 MATLAB 求出的捕食者-猎物模型的解

除了时间序列图以外，绘制相位-平面图(*phase-plane plot*)，应变量两两之间的图形也很有意义：

```
>> plot(y(:,1),y(:,2))
```

结果如图 23.3 所示。

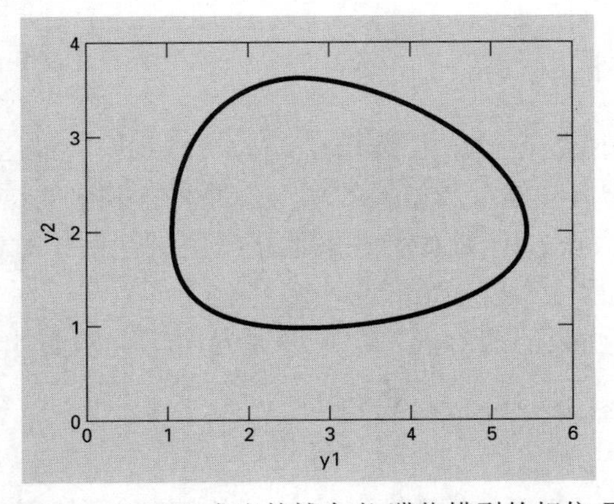

图 23.3 由 MATLAB 求出的捕食者-猎物模型的相位-平面图

如前面的例子所示，MATLAB 求解器利用默认参数控制积分的各个方面。另外，求解器还没能控制微分方程的参数。为了控制这些特征，可以加入其他的参变量，比如：

```
[t, y] = ode45(odefun, tspan, y0, options, p1, p2,...)
```

其中 *options* 是同 odeset 函数一起创建的数据结构，用于控制解的特征，p_1,p_2,...是用户想要传入 odefun 函数的参数。

odeset 函数的一般语法是：

```
options = odeset('par1',val1,'par2',val2,...)
```

其中参数 par_i 取值为 val_i。只要在命令提示符后面输入 odeset，就可以获得所有可能的参数的完整列表。部分常用的参数包括：

- 'RelTol'：允许用户调整相对容限。
- 'AbsTol'：允许用户调整绝对容限。
- 'InitialStep'：初始步由求解器自动确定。这个选项允许用户自行设置。
- 'MaxStep'：最大步长默认为 tspan 区间的十分之一。这个选项允许用户撤销这个默认值。

例 23.2 利用 odeset 函数控制积分的选项

问题描述：利用 ode23 函数在 t 取 0~4 的区间上求解下列 ODE

$$\frac{dy}{dt} = 10e^{-(t-2)^2/[2(0.075)^2]} - 0.6y$$

其中 $y(0) = 5$。在求解过程中使用默认值(10^{-3})和更加严格的相对误差容限(10^{-4})。

解：首先，创建一个 M 文件来计算 ODE 的右端项

```
function yp = dydt(t, y)
yp = 10*exp(-(t - 2)*(t - 2)/(2*.075^2)) - 0.6*y;
```

然后我们在不设置选项的情况下执行求解器，从而自动地使用相对误差的默认值(10^{-3})：

```
>> ode23(@dydt, [0 4], 0.5);
```

注意，我们没有令函数等于输出变量[t, y]。一旦我们通过这种方式执行一个 ODE 求解器，MATLAB 就会自动地生成结果的图形，并将它算出的结果用圆圈显示在图上。如图 23.4(a)所示，注意 ode23 函数如何在解的平滑区域使用相对较大的步长，而在 $t = 2$ 附近的剧烈变化区域使用小一些的步长。

我们可以将 odeset 函数的相对误差容限设置为 10^{-4}，从而计算出更精确的解：

```
>> options = odeset('RelTol',1e - 4);
>> ode23(@ dydt, [0, 4], 0.5, options);
```

如图 23.4(b)所示，求解器使用更小的步长，使精度得到提高。

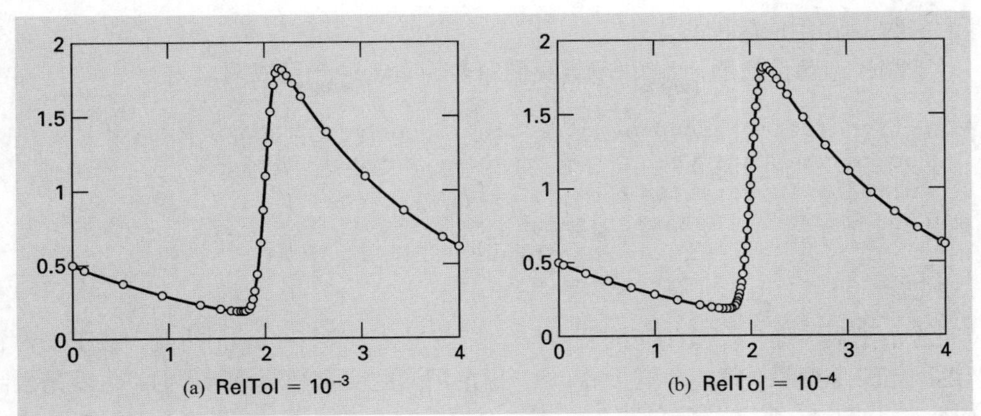

图 23.4　由 MATLAB 求出的 ODE 的解。因为(b)使用的相对误差容限要小一些，所以它采用的步数较多

23.1.2　事件

通常，MATLAB 的 ODE 求解器在预先指定的积分区间实现。也就是说，它们通常使用因变量的初始值到最终值来获得解。但是，在最后时间，这可能会出现我们预料不到的许多问题。

一个好的示例与我们在本书中一直使用的自由落体蹦极运动员相关。假设蹦极负责人一不小心，未将绳子绑到蹦极运动员腿上。我们没有给出这种情况的结局，也就是蹦极运动员撞到地面。事实上，求解 ODE 的目标是确定蹦极运动员何时撞到地面。

MATLAB 的 events 选项提供了解决这些问题的一个方法。events 选项的工作方式是，通过求解微分方程，直到其中一个因变量到达零。当然，可能有些情况下，我们想用零以外的值终止计算。正如以下段落所述，这种情况可以容易地包括进来。

我们使用蹦极运动员问题来详细说明这个方法。ODE 方程组可以表示为：

$$\frac{dx}{dt} = v$$

$$\frac{dv}{dt} = g - \frac{c_d}{m} v|v|$$

其中 x = 距离(m)，t = 时间(s)，v = 速度(m/s)，方向向下的速度为正，g = 重力加速度(= 9.81m/s^2)，c_d = 二阶阻力系数(kg/m)，m = 质量(kg)。注意，在这个公式中，距离和速度的正方向都向下，而将地面的距离定义为零。在本例中，我们假设蹦极运动员最初位于地面以上 200m 处，初始速度向上，为 20m/s，即 $x(0) = -200$，$v(0) = -20$。

第一步，将 ODE 的方程组表示为 M 文件函数：

```
function dydt = freefall(t,y,cd,m)
% y(1) = x and y(2) = v
grav = 9.81;
dydt = [y(2);grav - cd/m*y(2)*abs(y(2))];
```

为了实现该事件(event)，需要创建其他两个 M 文件。这两个 M 文件是：(a)定义了事件的函数，(b)生成解的脚本。

对于蹦极运动员问题，事件函数(我们命名为 endevent)可以写成：

```
function [detect,stopint,direction] = endevent(t,y,varargin)
% Locate the time when height passes through zero
% and stop integration.
detect = y(1);   % Detect height = 0
stopint = 1;     % Stop the integration
direction = 0;   % Direction does not matter
```

向这个函数传递自变量(t)和因变量(y)，以及模型参数(varargin)的值。接下来，它计算和返回了三个变量。第一个变量 detect，指定了当因变量 y(1)等于零时，也就是当高度 x = 0 时，MATLAB 应该检测的事件。第二个变量 stopint，设为 1。这个变量指示事件发生时，MATLAB 停止运算。最后一个变量 direction，如果要检测到所有的 0(这是默认值)，那么设为 0；如果只要检测事件函数递增到的 0，设为+1；如果只要检测从事件函数递减到的 0，设为-1。在本书中，由于趋于 0 的方向无关紧要，因此 direction 被设置为 0。[1]

最后，可以创建脚本来生成解：

```
opts = odeset('events',@ endevent);
y0 = [-200 -20];
[t,y,te,ye] = ode45(@freefall,[0 inf],y0,opts,0.25,68.1);
te,ye
plot(t,-y(:,1),'-',t,y(:,2),'--','LineWidth',2)
legend('Height (m)','Velocity (m/s)')
xlabel('time (s)');
ylabel('x (m) and v (m/s)')
```

在第一行中，用 odeset 函数调用 events 选项，并指定我们所寻找的事件定义在 endevent 函数中。接下来，我们设置初始条件(y0)和积分区间(tspan)。注意，由于我们不知道蹦极运动员何时会撞到地面，因此我们将积分区间的上限设定为无穷大。接下来，第三行采用 ode45 函数生成实际的解。正如与所有的 MATLAB 的 ODE 求解器一样，这个函数使用向量 t 和 y 返回答案。另外，当调用 events 选项时，ode45 函数也返回事件发生的时间(te)，以及对应因变量(ye)的值。脚本中剩余的行，仅仅显示并绘制出结果。当脚本运行时，输出显示为：

```
te =
    9.5475
ye =
    0.0000   46.2454
```

曲线如图23.5所示。因此，蹦极运动员在9.5475s时，以46.2454m/s的速度撞到地面。

1 请注意，如前所述，我们可能想要检测非零事件。例如，我们可能想要检测，当蹦极运动员到达 x = 5 的时间。为了做到这一点，我们仅仅设置 detect = y(1) −5。

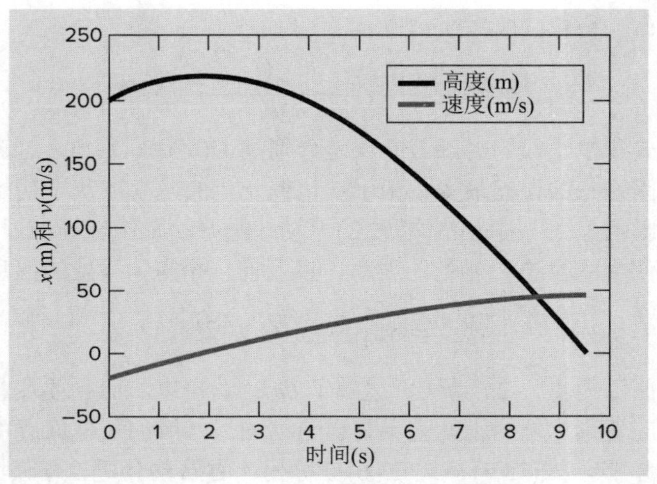

图 23.5　在没有绑绳子的情况下，MATLAB 生成的自由落体蹦极运动员的高度和速度的曲线

23.2　多步方法

在前面章节中介绍的单步方法利用 t_i 这个点的信息估计下一个点 t_{i+1} 处的应变量值 y_{i+1} [见图 23.6(a)]。另一种称为多步法(*multistep methods*)的方法[见图 23.6(b)]建立在下面的认知之上，即一旦计算开始，我们就可以自由使用前面所有点处的有价值的信息。连接前面这些点的曲线能提供与解的轨迹有关的信息。多步方法利用这些信息来求解 ODE。在本节中，将以简单的二阶方法为例来说明多步方法的综合特性。

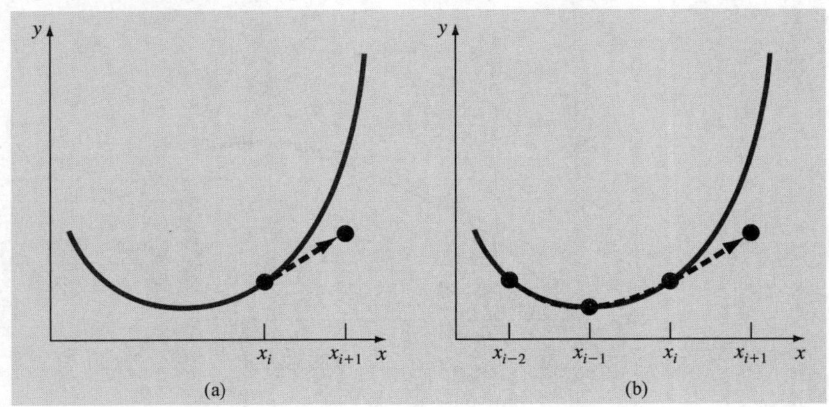

图 23.6　求解 ODE 的(a)单步和(b)多步方法之间基本区别的示意图

23.2.1　非自启动休恩法

回忆休恩法，将欧拉法作为预估式[式(22.15)]：

$$y_{i+1}^0 = y_i + f(t_i, y_i)h \tag{23.4}$$

将梯形法则作为校正式[式(22.17)]：

$$y_{i+1}=y_i+\frac{f(t_i,y_i)+f\left(t_{i+1},y_{i+1}^0\right)}{2}h \tag{23.5}$$

这样，预估式和校正式的局部截断误差分别是 $O(h^2)$和 $O(h^3)$。这表示预估步是方法中较弱的环节，因为它的误差最大。由于迭代校正步的效率取决于初始预估值的精度，因此这个弱点的影响重大。因此，休恩法的一种改进办法是构造局部误差为 $O(h^3)$的预估式。这可以通过使用欧拉法和 y_i 处的斜率，以及前一个点 y_{i-1} 处的信息来实现，即：

$$y_{i+1}^0=y_{i-1}+f(t_i,y_i)2h \tag{23.6}$$

这个公式以使用大步长 $2h$ 为代价达到了 $O(h^3)$的精度。而且要注意，由于方程中含有前一个点处的应变量 y_{i-1}，因此它不是自启动的。一般的初值问题中不会提供这样的值。基于这样的事实，式(23.5)和式(23.6)被称为非自启动休恩法(*non-self-starting Heun method*)。如图 23.7 所示，现在式(23.6)中的导数估计值位于预估区间的中点而非起始点。这样的居中将预估式的局部误差提高到 $O(h^3)$。

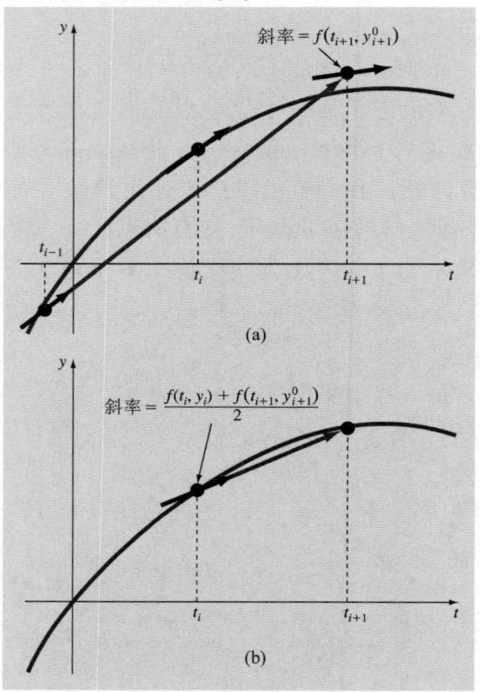

图 23.7 非自启动休恩法的示意图：(a)用中点方法做预估，(b)用梯形法则做校正

非自启动休恩法可总结为：

预估式[见图 23.6(a)]

$$y_{i+1}^0=y_{i-1}^m+f\left(t_i,y_i^m\right)2h \tag{23.7}$$

校正式[见图 23.6(b)]

$$y_{i+1}^j=y_i^m+\frac{f\left(t_i,y_i^m\right)+f\left(t_{i+1},y_{i+1}^{j-1}\right)}{2}h \tag{23.8}$$

(对于 $j=1,2,\ldots,m$)

式中的上标表示 j 在 1～m 范围内反复应用校正式以获得精细化的解。注意 y_i^m 和 y_{i-1}^m 是前面的时间步内校正迭代的最终结果。迭代根据近似误差的估计值终止：

$$|\varepsilon_a| = \left|\frac{y_{i+1}^j - y_{i+1}^{j-1}}{y_{i+1}^j}\right| \times 100\% \tag{23.9}$$

当$|\varepsilon_a|$小于事先指定的误差容限 ε_s 时，迭代终止。此时，$j = m$。例 23.3 演示了利用式(23.7)～式(23.9)求解 ODE。

例 23.3 非自启动休恩法

问题描述：利用非自启动休恩法完成前面在例 22.2 中由休恩法完成的计算。也就是说，取步长为 1，计算 $y' = 4e^{0.8t} - 0.5y$ 在 t 取 0~4 区间上的积分。和例 22.2 一样，$t = 0$ 的初始条件是 $y = 2$。不过，因为我们现在用多步方法处理问题，所以需要补充信息，即 y 在 $t = -1$ 处等于 -0.3929953。

解：利用预估式[式(23.7)]从 $t = -1$ 线性外推到 1

$$y_1^0 = -0.3929953 + \left[4e^{0.8(0)} - 0.5(2)\right]\ 2 = 5.607005$$

然后用校正式[式(23.8)]计算出：

$$y_1^1 = 2 + \frac{4e^{0.8(0)} - 0.5(2) + 4e^{0.8(1)} - 0.5(5.607005)}{2}\,1 = 6.549331$$

这个值的真实百分比相对误差为 -5.73%(真解 = 6.194631)。这个误差比自启动休恩法获得的 -8.18%稍微小一点。

现在，反复使用式(23.8)来提高解的精度：

$$y_1^2 = 2 + \frac{3 + 4e^{0.8(1)} - 0.5(6.549331)}{2}\,1 = 6.313749$$

它的误差是 -1.92%。由式(23.9)可求出误差的近似估计：

$$|\varepsilon_a| = \left|\frac{6.313749 - 6.549331}{6.313749}\right| \times 100\% = 3.7\%$$

反复应用式(23.8)，直到 ε_a 小于事先给定的 ε_s。和休恩法一样(回顾例 22.2)，迭代过程收敛到 6.36087($\varepsilon_t = -2.68\%$)。然而，因为初始预估值更加精确，所以多步方法的收敛速度稍微快一些。

在第二步，预估值为：

$$y_2^0 = 2 + \left[4e^{0.8(1)} - 0.5(6.36087)\right]\ 2 = 13.44346$$

这比原休恩法计算出的预估值 12.0826 要好($\varepsilon_t = 18\%$)。第一次校正后得到 15.76693($\varepsilon_t = 9.43\%$，$\varepsilon_t = 6.8\%$)，随后的迭代收敛到与自启动休恩法相同的结果：15.30224($\varepsilon_t = -3.09\%$)。和前一步一样，因为初始预估值较好，所以校正收敛的速度稍微加快了一些。

23.2.2 误差估计

除了可以提高效率之外，非自启动休恩法还可以用来估计局部截断误差。然后，和 23.1 节中的自适应 RK 方法一样，误差估计值可以作为调整步长的标准。

认识到预估式相当于中点法则，就可以推导出误差估计值。因此，它的局部截断误差是(见表 19-4)：

$$E_p = \frac{1}{3}h^3 y^{(3)}(\xi_p) = \frac{1}{3}h^3 f''(\xi_p) \tag{23.10}$$

其中下标 p 表示这是预估式的误差。将这个误差估计值与 y_{i+1} 的预估值结合，得到：

$$\text{真解} = y_{i+1}^0 + \frac{1}{3}h^3 y^{(3)}(\xi_p) \tag{23.11}$$

只要认识到校正式相当于梯形法则，就可以类似地推导出校正式的局部截断误差估计(见表 19.2)，即：

$$E_c = -\frac{1}{12}h^3 y^{(3)}(\xi_c) = -\frac{1}{12}h^3 f''(\xi_c) \tag{23.12}$$

将这个误差估计值与校正结果 y_{i+1} 结合，得到：

$$\text{真解} = y_{i+1}^m - \frac{1}{12}h^3 y^{(3)}(\xi_c) \tag{23.13}$$

将式(23.11)代入式(23.13)，得到：

$$0 = y_{i+1}^m - y_{i+1}^0 - \frac{5}{12}h^3 y^{(3)}(\xi) \tag{23.14}$$

这里的 ξ 位于 t_{i-1} 和 t_i 之间。现在，将式(23.14)的两边同除以 5，重新整理得到：

$$\frac{y_{i+1}^0 - y_{i+1}^m}{5} = -\frac{1}{12}h^3 y^{(3)}(\xi) \tag{23.15}$$

注意，除了三阶导数中的参变量以外，式(23.12)和式(23.15)的右端项是完全相同的。如果三阶导数在求解区间上没有一点变化，那么可以假设右端项相等，从而左端项也必须相等，即：

$$E_c = -\frac{y_{i+1}^0 - y_{i+1}^m}{5} \tag{23.16}$$

这样得到了一个关系式，它可以在通常作为计算副产品的两个量——预估值(y_{i+1}^0)和校正值(y_{i+1}^m)的基础上估计出每一步的截断误差。

例 23.4 估计每一步的截断误差

问题描述：利用式(23.16)估计例 23.3 中每一步的截断误差。注意，$t=1$ 和 $t=2$ 的真解分别是 6.194631 和 14.84392。

解：在 $t_{i+1}=1$ 处，由预估得到 5.607005，由校正得到 6.360865。将这些值代入式(23.16)，得到：

$$E_c = -\frac{6.360865 - 5.607005}{5} = -0.150722$$

这个值相当接近于精确误差：

$$E_t = 6.194631 - 6.360865 = -0.1662341$$

在 $t_{i+1} = 2$ 处，由预估得到 13.44346，由校正得到 15.30224，根据它们计算得到：

$$E_c = -\frac{15.30224 - 13.44346}{5} = -0.37176$$

这个值也很接近精确误差，$E_t = 14.84392 - 15.30224 = -0.45831$。

前面简单地介绍了多步方法。除此以外的信息可以参考其他的文献(例如 Chapra 和 Canale，2010 年)。尽管多步方法在求解某些问题时确实很有用，但对于工程和科学中通常所遇到的大部分问题来说，我们都不推荐使用。当然，多步方法仍在使用。例如 MATLAB 函数 ode113 就是多步方法。正因为如此，我们才在这一节中介绍多步方法的基本原理。

23.3 刚性

刚性是常微分方程求解过程中出现的特定问题。*刚性方程组*(*stiff system*)是同时包含剧变分量和缓变分量的方程组。在有些情况下，剧变分量是短暂的瞬时现象，因此会很快衰减。此后，解受缓变分量的支配。尽管剧变现象仅存在于积分区间的一个很小的区域内，但是它们控制了整个求解过程的时间步长。

单个 ODE 和 ODE 组都可能具有刚性。例如，单个刚性 ODE：

$$\frac{dy}{dt} = -1000y + 3000 - 2000e^{-t} \tag{23.17}$$

若 $y(0) = 0$，则解析解可构造为：

$$y = 3 - 0.998e^{-1000t} - 2.002e^{-t} \tag{23.18}$$

如图 23.8 所示，解最初由快速变化的指数项(e^{-1000t})支配。经过一个很短的周期($t < 0.005$)之后，这个瞬时现象衰减了，解转而受到缓慢变化的指数项(e^{-t})的控制。

检查式(23.17)的齐次部分，可以得出稳定地求解这种问题所需要的步长：

$$\frac{dy}{dt} = -ay \tag{23.19}$$

若 $y(0) = y_0$，则由微积分得其解为：

$$y = y_0 e^{-at}$$

这样，解从 y_0 开始，并逐渐趋向于 0。

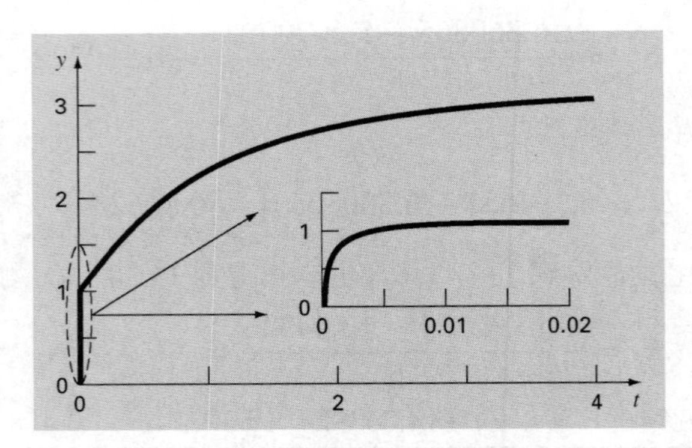

图 23.8　单个 ODE 的刚性解的图形。虽然解从 1 开始，但是它实际上在 y 取 0~1 的区间上有一个快速的瞬时变化，发生在小于 0.005 个时间单位里。只有在用小图中的更精细的时间尺度进行观察时，这个瞬时现象才能被察觉到

同样的问题可以用欧拉法数值地求解：

$$y_{i+1} = y_i + \frac{dy_i}{dt}h$$

代入式(23.19)得到：

$$y_{i+1} = y_i - ay_i h$$

或者

$$y_{i+1} = y_i(1 - ah) \tag{23.20}$$

这个公式的稳定性明显依赖于步长 h。也就是说，$|1 - ah|$必须小于 1。因此，若 $h > 2/a$，则当 $i \to \infty$时，$|y_i| \to \infty$。

对于式(23.18)的快速变化部分，由这个标准可知，要保持稳定，步长必须小于 2/1000，即 0.002。而且应该注意，虽然这个标准保持了稳定，但要获得精确的解，还必须使用更小的步长。因此，尽管瞬变现象仅发生在积分区间的一个很小的部分，但是它控制了允许步长的最大值。

与其使用显式方法，不如用隐式方法进行补救。这样的表示称为隐式的(*implicit*)，是因为未知量同时出现在了方程的两边。通过计算下一时刻的导数，可以构造隐式的欧拉法：

$$y_{i+1} = y_i + \frac{dy_{i+1}}{dt}h$$

该式称为向后(*backward*)或隐式(*implicit*)欧拉法。代入式(23.19)得到：

$$y_{i+1} = y_i - ay_{i+1}h$$

求解得到：

$$y_{i+1} = \frac{y_i}{1 + ah} \tag{23.21}$$

这时候，无论步长是多少，当 $i\to\infty$ 时，$|y_i|\to 0$。因此，这个方法称为无条件稳定的(*unconditionally stable*)。

例 23.5　显式和隐式欧拉法

问题描述： 利用显式和隐式欧拉法求解式(23.17)，其中 $y(0)=0$。(a)利用步长为 0.0005 和 0.0015 的显式欧拉法在 t 取 0～0.006 的区间上求解 y。(b)利用步长为 0.05 的隐式欧拉法在 0～4 之间求解 y。

解： (a) 对于这个问题，显式欧拉法为

$$y_{i+1}=y_i+(-1000y_i+3000-2000e^{-t_i})h$$

$h=0.0005$ 的结果及解析解如图 23.9(a)所示。虽然结果表现出一些局部截断误差，但是它捕捉了解析解的大体形态。相反，当步长增大到刚刚满足稳定性限制($h=0.0015$)时，解出现振荡。采用 $h>0.002$，将得到一个完全不稳定的解，也就是说，随着求解过程的进行，解将会趋向于无穷大。

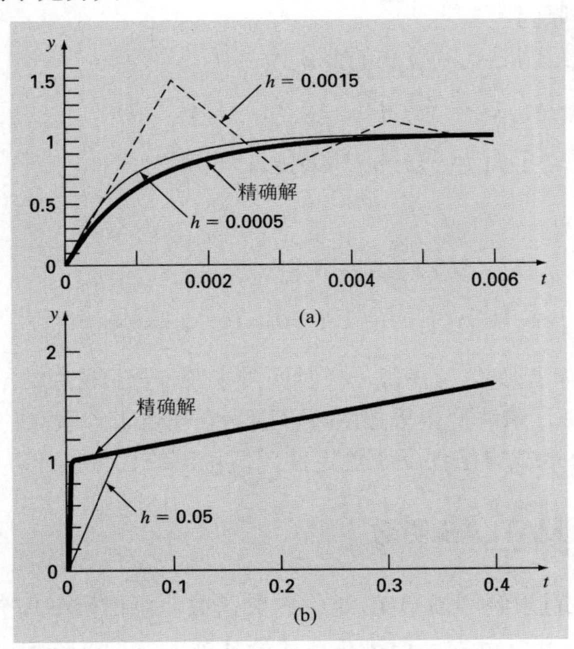

图 23.9　由(a)显式和(b)隐式欧拉法求出的刚性 ODE 的解

(b) 隐式欧拉法为：

$$y_{i+1}=y_i+(-1000y_{i+1}+3000-2000e^{-t_{i+1}})h$$

现在，由于 ODE 是线性的，因此我们可以重新组织这个方程，将 y_{i+1} 单独地移动到左边：

$$y_{i+1}=\frac{y_i+3000h-2000he^{-t_{i+1}}}{1+1000h}$$

$h = 0.05$ 的结果和解析解如图 23.9(b)所示。注意，虽然我们使用的步长比引起显式欧拉法不稳定的步长大了很多，但是数值结果仍然能很好地与解析解吻合。

ODE 组也可以是刚性的。例如：

$$\frac{dy_1}{dt} = -5y_1 + 3y_2 \tag{23.22a}$$

$$\frac{dy_2}{dt} = 100y_1 - 301y_2 \tag{23.22b}$$

对于初始条件 $y_1(0) = 52.29$ 和 $y_2(0) = 83.82$，精确解为：

$$y_1 = 52.96e^{-3.9899t} - 0.67e^{-302.0101t} \tag{23.23a}$$

$$y_2 = 17.83e^{-3.9899t} + 65.99e^{-302.0101t} \tag{23.23b}$$

注意指数为负数，并且相差两个量级。和单个方程一样，大的指数变化较快，是导致方程组刚性的主要原因。

求解本例中方程组的隐式欧拉法的公式为：

$$y_{1,i+1} = y_{1,i} + (-5y_{1,i+1} + 3y_{2,i+1})h \tag{23.24a}$$

$$y_{2,i+1} = y_{2,i} + (100y_{1,i+1} - 301y_{2,i+1})h \tag{23.24b}$$

合并同类项得到：

$$(1 + 5h)y_{1,i+1} - 3y_{2,i+1} = y_{1,i} \tag{23.25a}$$

$$-100y_{1,i+1} + (1 + 301h)y_{2,i+1} = y_{2,i} \tag{23.25b}$$

于是，我们发现问题变化为在每一个时间步求解一组联立的方程组。

对于非线性 ODE，求解变得更加困难，因为它需要求解联立的非线性方程组(回顾 12.2 节)。所以，虽然隐式方法保证了稳定性，但付出的代价是计算复杂度增加了。

求解刚性方程组的 MATLAB 函数

MATLAB 拥有大量求解刚性 ODE 组的内置函数，包括如下几个：

- **ode15s**：该函数建立在数值微分公式的基础之上，是阶数可变的求解器。它是多步求解器，可随意地使用吉尔向后微分公式。该函数用于求解具有较低或中等精度的刚性问题。
- **ode23s**：该函数建立在修正的二阶罗森布罗克公式的基础之上。因为它是单步求解器，所以在容限较粗糙的情况下比 ode15s 函数高效。对于某些类型的刚性问题，它的求解效果比 ode15s 函数要好。
- **ode23t**：这个函数执行带“自由”内插式的梯形法则。如果想要低精度刚性问题的解中不含数值衰减，可以在合理的限制之内使用这个函数。

- ode23tb：该函数执行一个隐式龙格-库塔公式，其中第一步是梯形法则，第二步是二阶向后微分公式。在容限较粗糙的情况下，这个求解器的效率也比 ode15s 函数高。

例 23.6 用 MATLAB 求解刚性 ODE

问题描述：范德波尔方程是电子管时期出现的一个电子电路模型

$$\frac{d^2y_1}{dt^2}-\mu\left(1-y_1^2\right)\frac{dy_1}{dt}+y_1=0 \tag{23.26}$$

随着 μ 的增大，这个方程解的刚性也逐渐增大。给定初始条件 $y_1(0)=dy_1/dt=1$，利用 MATLAB 求解下列两种情况：(a)对于 $\mu=1$，用 ode45 函数求解从 $t=0$ 到 $t=20$；(b)对于 $\mu=1000$，用 ode23s 函数求解从 $t=0$ 到 $t=6000$。

解：(a) 第一步是将二阶 ODE 转换为一对一阶 ODE，定义

$$\frac{dy_1}{dt}=y_2$$

根据这个方程，式(23.26)可以写成：

$$\frac{dy_2}{dt}=\mu\left(1-y_1^2\right)y_2-y_1=0$$

现在可以创建一个 M 文件来保存这对微分方程：

```
function yp = vanderpol(t,y,mu)
yp = [y(2);mu*(1-y(1)^2)*y(2)-y(1)];
```

注意 μ 的值是作为参数输入的。和例 23.1 一样，调用 ode45 函数并绘制结果的图形：

```
>> [t,y] = ode45(@ vanderpol,[0 20],[1 1],[],1);
>> plot(t,y(:,1),'-',t,y(:,2),'--')
>> legend('y1','y2');
```

注意，由于我们没有指定任何选项，因此必须用空的方括号作为占位符。图形光滑的属性表明，$\mu=1$ 时范德波尔方程不是刚性方程。

(b) 如果用 ode45 这样的标准求解器求解刚性情况($\mu=1000$)，那么效果非常糟糕(如果一定要这样做的话，不妨试试)。然而，ode23s 函数可以高效地完成这项任务：

```
>> [t,y] = ode23s(@vanderpol,[0 6000],[1 1],[],1000);
>> plot(t,y(:,1))
```

因为结果中 y_2 的尺度非常大，所以我们只显示了分量 y_1。注意这个解[见图 23.10(b)]的边界比图 23.10(a)锐利得多。这是解的“刚性”的图形表示。

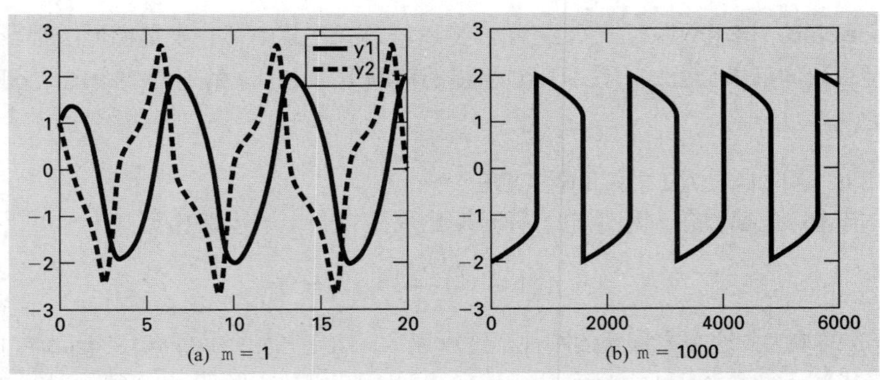

图 23.10 范德波尔方程的解：(a)用 ode45 求解出的非刚性形式和(b)用 ode23s 求解出的刚性形式

23.4 MATLAB 应用：带绳索的蹦极运动员

假设蹦极运动员由一根橡皮绳与静止的平台相连，在本节中将利用 MATLAB 求解他在垂直方向的动力学变化。如第 22 章开篇所述，这个问题需要求解关于垂直位移和速度的两个耦合 ODE。关于位移的微分方程是：

$$\frac{dx}{dt}=v \tag{23.27}$$

关于速度的微分方程有不同的形式，具体取决于蹦极运动员是否已经下落到绳索完全伸展并且开始拉伸的位置。于是，如果下落的距离小于绳索长度，则蹦极运动员只受到重力和阻力的作用：

$$\frac{dv}{dt}=g-\text{sign}(v)\frac{c_d}{m}v^2 \tag{23.28a}$$

一旦绳索开始拉伸，就必须考虑绳索的弹性和阻尼力：

$$\frac{dv}{dt}=g-\text{sign}(v)\frac{c_d}{m}v^2-\frac{k}{m}(x-L)\frac{\gamma}{m}v \tag{23.28b}$$

下面的例子说明如何用 MATLAB 求解这个问题。

例 23.7 带绳索的蹦极运动员

问题描述：根据以下参数——$L = 30\text{m}$，$g = 9.81\text{m/s}^2$，$m = 68.1\text{kg}$，$c_d = 0.25\text{kg/m}$，$k = 40\text{N/m}$，$\gamma = 8\text{N•s/m}$，确定蹦极运动员的位置和速度。计算区间为 t 取 0~50s，假设初始条件为 $x(0) = v(0) = 0$。

解：创建下列 M 文件来计算 ODE 的右端项。

```
function dydt = bungee(t,y,L,cd,m,k,gamma)
g = 9.81;
cord = 0;
if y(1) > L %determine if the cord exerts a force
  cord = k/m*(y(1)-L) + gamma/m*y(2);
end
```

```
dydt = [y(2); g - sign(y(2))*cd/m*y(2)^2 - cord];
```

注意，导数是作为列向量返回的，因为 MATLAB 求解器要求使用这种形式。

由于这些方程不是刚性的，因此我们可以使用 ode45 函数进行求解，并将它们绘制成图形：

```
>> [t,y] = ode45(@bungee,[0 50],[0 0],[],30,0.25,68.1,40,8);
>> plot(t,-y(:,1),'-',t,y(:,2),':')
>> legend('x (m)','v (m/s)')
```

如图 23.11 所示，在图中改变了位移的符号，使得负位移表示向下的方向。注意模拟结果捕捉到了蹦极运动员的跳动。

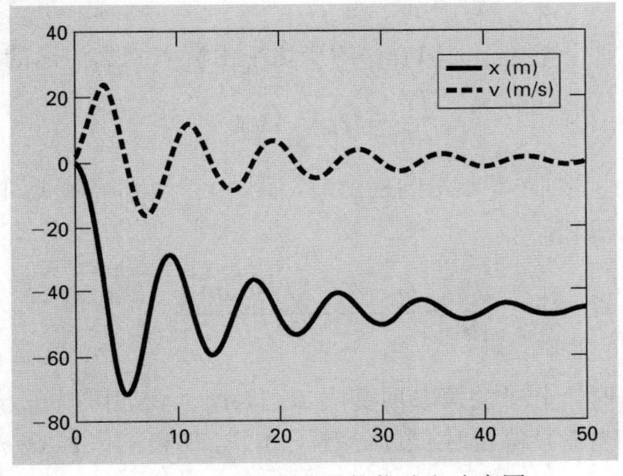

图 23.11　蹦极运动员的位移和速度图

23.5　案例研究：普林尼的间歇式喷泉

背景：传说罗马自然哲学家普林尼的花园里有一座间歇式喷泉。如图 23.12 所示，水以固定的流率 Q_{in} 注入圆柱形容器，水位达到 y_{high} 时容器被注满。这时候，水通过圆形排出管被虹吸出容器，在管子的尽头形成喷泉。喷泉一直喷射到水位线降至 y_{low}，此时虹吸管中装满了空气，于是喷泉停止喷射。然后重复这个过程，当水位线到达 y_{high}，即容器被注满时，喷泉又开始喷射。

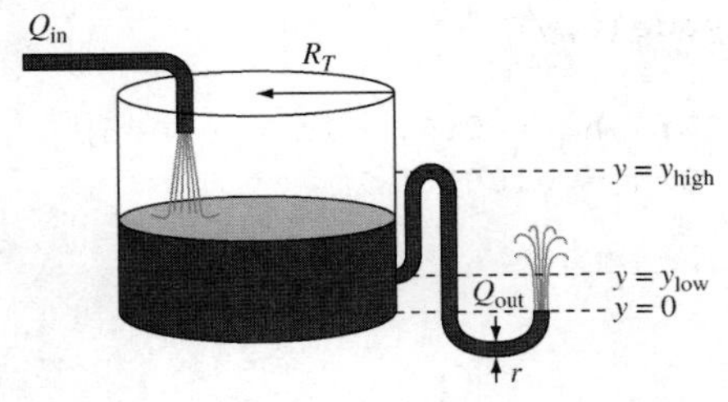

图 23.12　间歇式喷泉

当喷泉喷射时，根据托里切利定律(*Torricelli's law*)，流出物 Q_{out} 可以由下面的公式计算：

$$Q_{out} = C\sqrt{2gy}\pi r^2 \tag{23.29}$$

忽略管中水的体积，计算100s的时间内容器中水位线与时间的函数关系并绘制图形。假设空容器的初始条件为$y(0) = 0$，计算时使用下面的参数：

$$R_T = 0.05\text{ m} \qquad r = 0.007\text{ m} \qquad y_{low} = 0.025\text{ m}$$
$$y_{high} = 0.1\text{ m} \qquad C = 0.6 \qquad g = 9.81\text{ m/s}^2$$
$$Q_{in} = 50 \times 10^{-6}\text{ m}^3\text{/s}$$

解：当喷泉喷射时，容器体积 $V(\text{m}^3)$的变化率由流入减去流出的简单平衡确定：

$$\frac{dV}{dt} = Q_{in} - Q_{out} \tag{23.30}$$

其中 V= 体积(m^3)。因为容器是圆柱形的，所以 $V = \pi R_t^2 y$。将这个关系式和式(23.30)一起代入式(23.31)，得到：

$$\frac{dy}{dt} = \frac{Q_{in} - C\sqrt{2gy}\pi r^2}{\pi R_t^2} \tag{23.31}$$

当喷泉停止喷射时，分子的第二项变成 0。为此，我们可以在方程中加入一个新的无量纲变量 *siphon*，当喷泉停止时 *siphon* 等于 0，当喷泉工作时 *siphon* 等于 1：

$$\frac{dy}{dt} = \frac{Q_{in} - siphon \times C\sqrt{2gy}\pi r^2}{\pi R_t^2} \tag{23.32}$$

在当前的例子中，*siphon* 可以被看成控制喷泉停止和工作的开关。这种只具有两种状态的量被称为布尔变量(*Boolean variable*)或逻辑变量(*logical variable*)，其中 0 相当于假，1 相当于真。

接下来必须将 *siphon* 与应变量 y 联系起来。首先，当水位线低于 y_{low} 时令 *siphon* 等于 0。相应地，当水位线高于 y_{high} 时令 *siphon* 等于 1。下面的 M 文件函数在计算导数时考虑了这种逻辑关系：

```
function dy = Plinyode(t,y)
global siphon
Rt = 0.05; r = 0.007; yhi = 0.1; ylo = 0.025;
C = 0.6; g = 9.81; Qin = 0.00005;
if y(1) <= ylo
  siphon = 0;
elseif y(1) >= yhi
  siphon = 1;
end
Qout = siphon * C * sqrt(2 * g * y(1)) * pi * r ^ 2;
```

```
dy = (Qin - Qout) / (pi * Rt ^ 2);
```

注意，由于 *siphon* 的取值必须在函数调用之间被保持，因此它被声明为一个全局变量。虽然我们不鼓励使用全局变量(特别是对于大型的程序)，但是它在当前的问题中很有用。

下面的脚本用内置 ode45 函数积分 Plinyode 并绘制解的图形：

```
global siphon
siphon = 0;
tspan = [0 100]; y0 = 0;
[tp,yp] = ode45(@ Plinyode,tspan,y0);
plot(tp,yp)
xlabel('time, (s)')
ylabel('water level in tank, (m)')
```

如图 23.13 所示，结果明显是不正确的。除了最初的注满周期之外，水位线看起来在再次到达 y_{high} 以前就开始下降。类似地，在排水的时候，水位线还没有降至 y_{low}，虹吸管就关上了。

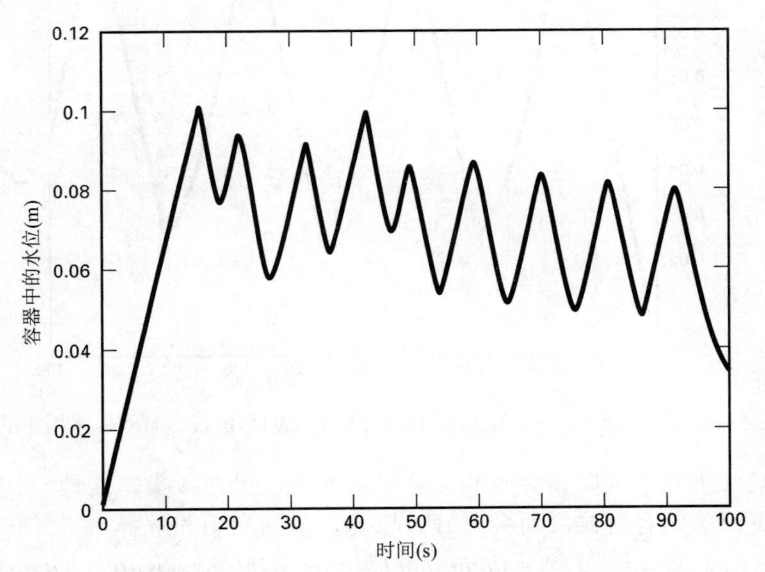

图 23.13　由 ode45 模拟出的普林尼喷泉的水位与时间

到此为止，令人怀疑问题需要用比可靠的 ode45 更高级的程序来进行求解，可能有人会想要使用其他的 MATLAB ODE 求解器，如 ode23s 或 ode23tb。但是，如果使用的话，就会发现，虽然这些程序得到的结果略有不同，但都是不正确的。

之所以出现这种困难，是因为 ODE 在虹吸管开关时并不连续。例如，当容器注水时，导数仅依赖于固定的流入物和取值恒为 6.366×10^{-3}m/s 的参数。然而，一旦水位线到达 y_{high}，流出开关导通，导数迅速地变为 -1.013×10^{-2}m/s。虽然 MATLAB 所用的自适应步长程序对于许多问题都能取得不可思议的效果，但是它们在处理这类间断时往往会失效。因为它们通过比较不同步长的结果来推测解的行为，而间断表示的意思类似于在黑暗的街道上行走时踩到坑里面了。

现在，他的第一反应可能只是放弃。毕竟，如果问题对于 MATLAB 来说都非常困难的话，人们没理由期望你给出答案。由于专业的工程师和科学家很少用这样的借口来逃避问题，因此我们只能凭借所掌握的数值方法知识寻求补救办法。

因为问题由自适应地穿越间断产生，所以可以转而使用更简单的方法和固定的小步长。如果细想一下，就会发现那正好是在黑暗且坑坑洼洼的路面上行走的方法。在这种求解方案中，我们只需要将 ode45 换成第 22 章的固定步长函数 rk4sys(见 22.5.3 节)。对于前面所列的脚本，只需要将第四行改为：

```
[tp,yp] = rk4sys(@ Plinyode,tspan,y0,0.0625);
```

如图 23.14 所示，现在解的变化和我们期望的一样了。在循环过程中，容器注满到 y_{high}，然后清空至 y_{low}。

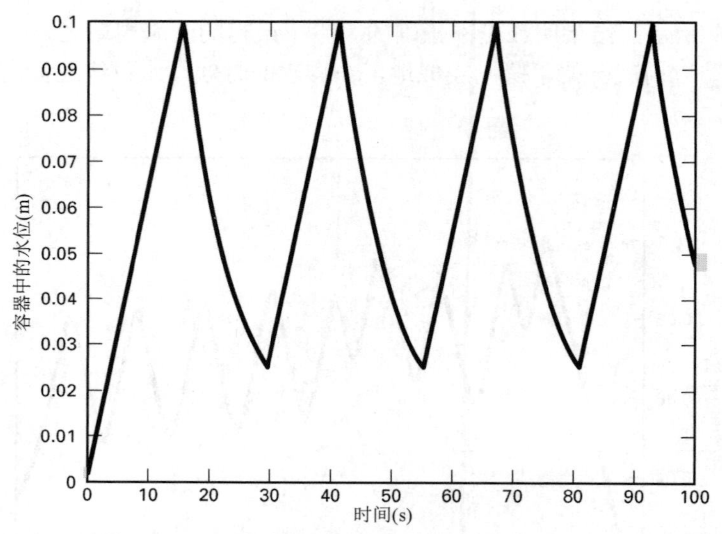

图 23.14　由 rk4sys 函数(见 22.5.3 节)模拟的普林尼喷泉的水位线与时间，采用小的常数步长

从这个案例研究中可以领会到两层意思。首先，虽然人类本能地会往相反的方向考虑，但是更简单的有时候反而会更好。毕竟，爱因斯坦的解释是“任何事都应该尽可能简单，但无法更简单”(*Everything should be as simple as possible, but no simpler*)。其次，不应该盲目地相信由计算机生成的每一个结果。有人可能已经听到过那个老掉牙的笑话——“垃圾进，垃圾出”(*garbage in, garbage out*)，用来比喻数据质量对计算机输出的合法性所造成的影响。遗憾的是，有的人认为，不论进去的是什么(数据)和在里面做了什么(算法)，出来的总是“真理”。图 23.13 所描述的那种情况就特别危险——虽然输出不正确，但错误并不明显。即结果没有不稳定或得出负的水位线。事实上，解虽然不正确，但仍然按照间歇式喷泉的形式上下移动。

令人乐观的是，本案例研究举例说明了即使像 MATLAB 这样的大型软件也不是十分可靠的。因此，资深工程师和科学家通常会基于他们可观的经验和对所解问题的了解，持怀疑态度对数值输出进行检查。

23.6 习题

23.1 重复 23.5 节对普林尼喷泉的模拟，但是用 ode23、ode23s 和 ode113 函数来进行求解。利用 subplot 创建垂直放置的三幅时间序列图。

23.2 下面的 ODE 作为某传染病的模型被提出：

$$\frac{dS}{dt} = -aSI$$

$$\frac{dI}{dt} = aSI - rI$$

$$\frac{dR}{dt} = rI$$

其中 S = 容易被感染的个体，I = 已经被感染的个体，R = 康复者，a = 感染速率，r = 康复速率。某城市有 10 000 人，都是容易被感染的人。

(a) 如果 $t = 0$ 时有一个患病的人进入了城市，计算传染病的传播，直到被感染的人数降到 10 人以下。使用下面的参数：$a = 0.002$/(人・星期)和 $r = 0.15$/天。创建所有变量的时间序列图。同时创建 S-I-R 的相位-平面图。

(b) 假设患者康复之后失掉了免疫力，从而变成容易被感染的人。这种重新感染的机制可以算成 ρR，其中 ρ = 重新感染速率。修改模型，将这个机制考虑进去，取 $\rho = 0.03$/天，重新计算(a)。

23.3 在 t 取 2~3 的区间上求解下面的初值问题：

$$\frac{dy}{dt} = -0.5y + e^{-t}$$

利用步长为 0.5 的非自启动休恩法，初始条件为 $y(1.5) = 5.222138$ 和 $y(2.0) = 4.143883$。反复校正到 $\varepsilon_s = 0.1\%$。根据由解析方法获得的精确解：$y(2.5) = 3.273888$ 和 $y(3.0) = 2.577988$，计算所得结果的百分比相对误差。

23.4 在 t 取 0~5 的区间上求解下面的初值问题：

$$\frac{dy}{dt} = yt^2 - y$$

用四阶 RK 方法估计 $t = 0.25$ 处的第一个值。然后用非自启动休恩法估计 $t = 0.5$ 处的取值[提示：$y(0) = 1$]。

23.5 给定：

$$\frac{dy}{dt} = -100{,}000y + 99{,}999e^{-t}$$

(a) 用显式欧拉法估计保持稳定性所需要的步长。

(b) 若 $y(0) = 0$，取步长为 0.1，用隐式欧拉法计算 t 取 0~2 的区间上的解。

23.6 给定：

$$\frac{dy}{dt} = 30(\sin t - y) + 3\cos t$$

若 $y(0) = 0$，取步长为 0.4，用隐式欧拉法计算 t 取 0~4 的区间上的解。

23.7 给定：

$$\frac{dx_1}{dt} = 999x_1 + 1999x_2$$

$$\frac{dx_2}{dt} = -1000x_1 - 2000x_2$$

若 $x_1(0) = x_2(0) = 1$，取步长为 0.05，用(a)显式欧拉法和(b)隐式欧拉法计算 t 取 0~0.2 的区间上的解。

23.8 下列非线性寄生 ODE 由 Hornbeck 提出(1975 年)：

$$\frac{dy}{dt} = 5(y - t^2)$$

若初始条件为 $y(0) = 0.08$，试在 t 取 0~5 的区间上求解方程：

(a) 通过解析方法。

(b) 利用步长恒为 0.03125 的四阶 RK 方法。

(c) 利用 MATLAB 函数 ode45。

(d) 利用 MATLAB 函数 ode23s。

(e) 利用 MATLAB 函数 ode23tb。

用绘图的方式显示结果。

23.9 回顾例 20.5 可知，下面的 humps 函数能在相对较窄的 x 范围内同时呈现出平坦和陡峭区域：

$$f(x) = \frac{1}{(x-0.3)^2 + 0.01} + \frac{1}{(x-0.9)^2 + 0.04} - 6$$

利用 quad 和 ode45 函数确定这个函数在 x 取 0~1 的区间上的定积分值。

23.10 钟摆的摆动过程可以通过下面的非线性模型模拟：

$$\frac{d^2\theta}{dt^2} + \frac{g}{l}\sin\theta = 0$$

其中 θ = 位移的角度，g = 重力加速度，l = 钟摆长度。对于小角度位移，$\sin\theta$ 近似地等于 θ，从而模型可以线性化为：

$$\frac{d^2\theta}{dt^2} + \frac{g}{l}\theta = 0$$

对于 $l = 0.6\text{m}$ 和 $g = 9.81\text{m/s}^2$ 的线性和非线性模型，利用 ode45 解出 θ 与时间的函数关系。首先求解小位移($\theta = \pi/8$ 和 $d\theta/dt = 0$)的情况，然后求解大位移($\theta = \pi/2$ 和 $d\theta/dt = 0$)的情况。对于每一种情况，将线性和非线性模拟的结果绘制在同一张图上。

23.11 采用在 23.1.2 节中描述的事件选项，确定 1 米长、线性摆动的周期(参见习题 23.10 中的说明)。使用以下初始条件，计算周期：(a)$\theta = \pi/8$，(b) $\theta = \pi/4$，(c) $\theta = \pi/2$。对于所有三种情况，将初始角速度设置为零。(提示：计算周期的一个好方法是确定钟摆

达到 $\theta=0$(即圆弧的底部)需要多长时间)。周期等于该值的四倍。

23.12　在习题23.10描述的非线性摆动情况下，重复习题23.11。

23.13　下面的方程组是一个经典的刚性ODE的例子，主要出现在化学反应动力学的求解过程中：

$$\frac{dc_1}{dt}=-0.013c_1-1000c_1c_3$$

$$\frac{dc_2}{dt}=-2500c_2c_3$$

$$\frac{dc_3}{dt}=-0.013c_1-1000c_1c_3-2500c_2c_3$$

取初始条件为 $c_1(0)=c_2(0)=1$，在 t 取 0~50 的区间上求解这些方程。如果能使用MATLAB软件，同时用标准(如ode45)和刚性(如ode23s)函数进行求解。

23.14　下列二阶ODE被认为是刚性的：

$$\frac{d^2y}{dx^2}=-1001\frac{dy}{dx}-1000y$$

在 x 取 0~5 的区间上通过(a)解析方法和(b)数值方法求解这个微分方程。在(b)中使用 $h=0.5$ 的隐式方法。注意初始条件为 $y(0)=1$ 和 $y'(0)=0$。两次结果都通过图形显示。

23.15　如图23.15所示，考虑长为 l 的细杆在 x-y 平面上运动。杆的一端被大头针固定，另一端有质量。注意 $g=9.81\text{m/s}^2$ 和 $l=0.5\text{m}$。这个系统可以通过以下公式来求解：

$$\ddot{\theta}-\frac{g}{l}\theta=0$$

令 $\theta(0)=0$ 和 $\dot{\theta}(0)=0.25$ rad/s。任选本章讨论的一种方法来进行求解。绘制角度与时间和角速度与时间的图形(提示：将二阶ODE分解)。

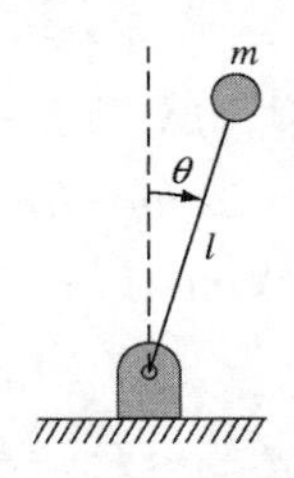

图23.15　细杆的运动示意图

23.16　给定一阶ODE：

$$\frac{dx}{dt}=-700x-1000e^{-t}$$

$$x(t=0)=4$$

在 0≤t≤5 的时间周期内，用数值方法求解这个刚性微分方程。绘制解析解和数值解在时间尺度上的快速瞬时变化量和缓慢变化量。

23.17 在 t 取 0~2 的范围内求解下列微分方程：

$$\frac{dy}{dt}=-10y$$

初始条件为 $y(0)=1$。利用下面的方法进行求解：(a)解析方法，(b)显式欧拉法，(c)隐式欧拉法。对于(b)和(c)，取 h 为 0.1 和 0.2，绘制结果图形。

23.18 在 Lotka-Volterra 方程中加入其他影响捕食者-猎物动态系统的因素，可以使其更加精细。例如，除掠夺行为以外，猎物数量还受到其他因素的限制，如空间。空间限制可以作为承载能力引入模型(见习题 22.5 中的对数模型)，即：

$$\frac{dx}{dt}=a\left(1-\frac{x}{K}\right)x-bxy$$

$$\frac{dy}{dt}=-cy+dxy$$

其中 K = 承载能力。参数和初始条件的选取与 22.6 节相同，用 ode45 计算这些函数在 t 取 0~100 的范围内的积分，并绘制出结果的时间序列图和相位-平面图。

(a) 应用一个非常大的数 $K=10^8$ 来证实所获得的结果与 22.6 节中的相同。

(b) 将(a)与更实际的承载能力 $K=200$ 比较，并就得到的结果进行讨论。

23.19 两个质量体通过线性弹簧与一面墙相连(见图 23.16)。根据牛顿第二定律建立的受力平衡可写为：

$$\frac{d^2x_1}{dt^2}=-\frac{k_1}{m_1}(x_1-L_1)+\frac{k_2}{m_1}(x_2-x_1-w_1-L_2)$$

$$\frac{d^2x_2}{dt^2}=-\frac{k_2}{m_2}(x_2-x_1-w_1-L_2)$$

其中 k = 弹簧常数，m = 质量，L = 弹簧未拉伸时的长度，ω = 质量体的宽度。利用下面的参数值计算质量体的位置与时间的函数关系：$k_1=k_2=5$，$m_1=m_2=2$，$\omega_1=\omega_2=5$，$L_1=L_2=2$。令初始条件为 $x_1=L_1$，$x_2=L_1+\omega_1+L_2+6$。在 t 取 0~20 的范围内进行模拟。创建位移和速度的时间序列图，而且生成 x_1 与 x_2 的相位-平面图。

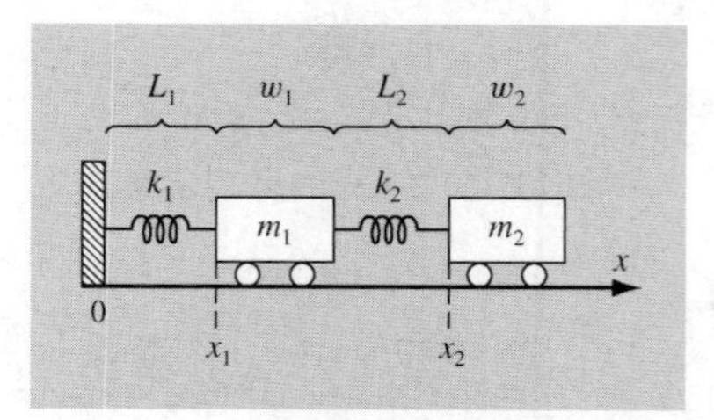

图 23.16 两个质量体通过弹簧与一面墙相连

23.20 使用 ode45 对习题 23.19 中描述的系统微分方程进行积分。生成垂直堆叠的位移(顶部)和速度(底部)的子图。使用 fft 函数计算第一质量体位移的离散傅里叶变换(DFT)。生成并绘制功率谱，识别系统的谐振频率。

23.21 根据习题 22.22 中的第一层结构，执行与习题 23.20 中相同的计算。

23.22　当蹦极运动员最远离地面时，使用 23.1.2 节中概述的方法和示例，确定所用的时间、所在高度和速度，并生成解的曲线。

23.23　如图 23.17 所示，双摆由一个摆连接到另一个摆组成。我们通过下标 1 和 2 分别表示上下摆，并且我们将原点定为上摆的枢轴点，y 轴向上方向为正。进一步，我们假设系统在垂直平面中受到重力作用而振荡，摆杆是无质量并且是刚性的，摆的质量被认为是点质量。在这些假设条件下，使用力平衡关系，可以推导出以下运动方程：

$$\frac{d^2\theta_1}{dt^2}=\frac{-g(2m_1+m_2)\sin\theta_1-m_2 g\sin(\theta_1-2\theta_2)-2\sin(\theta_1-\theta_2)m_2(d\theta_2/dt)^2 L_2+(d\theta_1/dt)^2 L_1\cos(\theta_1-\theta_2))}{L_1(2m_1+m_2-m_2\cos(2\theta_1-\theta_2)}$$

$$\frac{d^2\theta_2}{dt^2}=\frac{2\sin(\theta_1-\theta_2)((d\theta_1/dt)^2 L_1(m_1+m_2)+g(m_1+m_2)\cos(\theta_1)+(d\theta_2/dt)^2 L_2 m_2\cos(\theta_1-\theta_2))}{L_2(2m_1+m_2-m_2\cos(2\theta_1-\theta_2)}$$

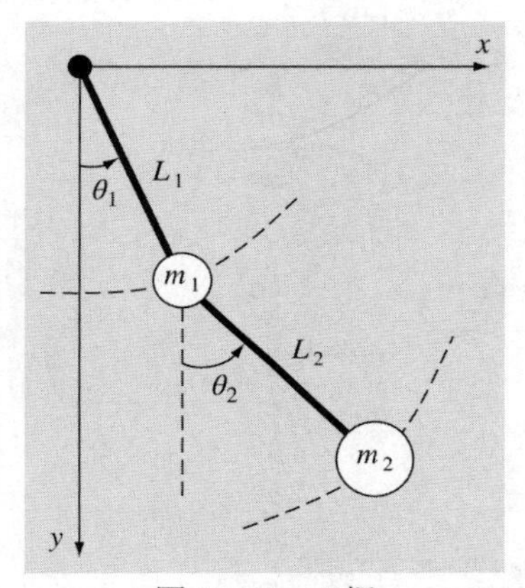

图 23.17　双摆

其中，下标 1 和 2 分别表示上摆和下摆；θ = 角度(radians)，0 弧度 = 垂直向下，并且逆时针为正；t = 时间(s)，g = 重力加速度(= 9.81m/s^2)，m = 质量(kg)，L = 长度(m)。请注意，质量体的 x 和 y 坐标是角度的函数，如下所示：

$$x_1=L_1\sin\theta_1 \qquad y_1=-L_1\cos\theta_1$$

$$x_2=x_1+L_2\sin\theta_2 \qquad y_2=y_1-L_2\cos\theta_2$$

(a) 使用 ode45 函数，在从 $t=0$ 到 40s 的时间内，求解作为时间函数的质量体的角度和角速度。使用 subplot 创建堆叠图，其中顶部图为角度的时间序列曲线图，底部图为 θ_2 随着 $\theta 1$ 变化的状态空间曲线。

(b) 创建描绘钟摆运动的动画图。使用以下数据测试代码：情况 1(小位移)——$L_1=L_2$ = 1m，$m_1=m_2$ = 0.25kg，初始条件为 θ_1 = 0.5m，$\theta_2=d\theta_1/dt=d\theta_2/dt=0$；情况 2(大位移)——$L_1=L_2$ = 1m，m_1 = 0.5kg，m_2 = 0.25kg，初始条件为 θ_1 = 1m，$\theta_2=d\theta_1/dt=d\theta_2/dt=0$。

23.24　如图 23.18 所示，这是施加在热气球系统上的力。阻力公式为：

$$F_D=\frac{1}{2}\rho_a v^2 A C_d$$

其中 ρ_a = 空气密度(kg/m^3)，v = 速度(m/s)，A = 正面投影面积(m^2)，C_d = 无量纲阻力系数(对于球体为≅0.47)。请注意，气球的总质量由两部分组成：

$$m = m_G + m_P$$

其中，m_G = 膨胀气球内的气体质量(kg)，m_P = 有效载荷的质量(篮子、乘客和未膨胀气球 = 265kg)。假设理想气体定律成立($P = \rho RT$)，气球是一个直径为 17.3 米的完美球体，并且外壳内的加热空气与外部空气的压力大致相同。其他所需的参数：正常大气压 P = 101300Pa；干燥空气的气体常数 R = 287Joules/kg•K；球体内空气的平均温度 T = 100℃；正常(环境)空气密度 ρ = 1.2 kg/m^3。(a)使用力平衡关系，得出 dv/dt 的微分方程，作为模型基本参数的函数。(b)在稳态下，计算质点的最终速度。(c)给定先前的参数以及初始条件，使用 ode45 函数计算气球从 t = 0 到 60s 的速度和位置，其中初始速度 $v(0) = 0$。绘制出结果。

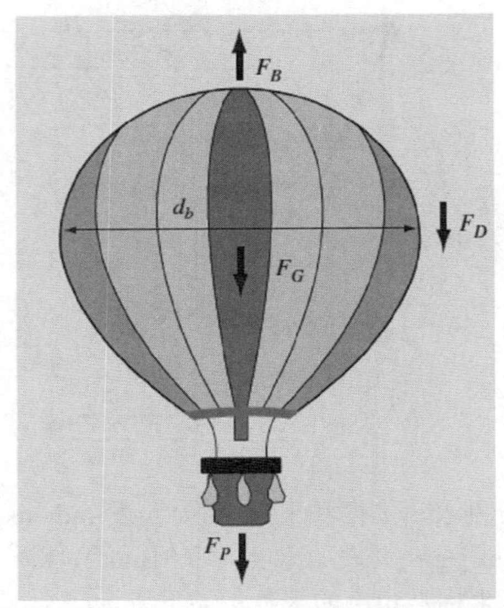

图 23.18 热气球上所受到的力：F_B = 浮力，F_G = 气体重量，F_P = 有效载荷的重量(包括气球外壳)，F_D = 阻力。请注意，当气球上升时，阻力的方向向下

23.25 使用 ode45，创建 MATLAB 脚本，计算习题 23.24 中所描述的热气球的速度 v 和位置 z。从 t = 0 到 60s，步长为 1.6s，执行计算。在 z = 200m 处，假设一部分有效载荷(100kg)从气球中掉下。绘制所得到结果的曲线。

23.26 你要去度假，为期两周，你把宠物金鱼“Freddie”放在鱼缸里。请注意，你首先对水进行了脱氯处理！然后，你在鱼缸的顶部放了一个气密的有机玻璃罩，保护 Freddie 免受猫 Beelzebub 的伤害。你错误地将一勺子的糖混入鱼缸(你以为这是鱼的食物！)。

遗憾的是，在水中有细菌(记得你进行了脱氯处理！)，在分解糖的过程中，消耗了溶解氧。氧化反应遵循一级动力学，反应速率为 k_d = 0.15/d。糖的初始浓度为 20mgO_2/L，氧浓度为 8.4mgO_2/L。请注意，糖(以氧当量表示)和溶解氧的质量平衡可以写为：

$$\frac{dL}{dt} = -k_d L$$

$$\frac{do}{dt} = -k_d L$$

其中 L = 以氧当量表示的糖浓度(mg/L)，t = 时间(d)，o = 溶解氧的浓度(mg/L)。因此，当糖被氧化时，等量的氧从鱼缸中消失。使用 ode45，创建 MATLAB 脚本，使用数值方法，计算出作为时间函数的糖和氧的浓度，并分别绘制出糖和氧的浓度随时间变化的曲线。当氧浓度低于 2mgO$_2$/L 的临界氧水平时，使用 event 选项自动停止程序。

23.27　在基质中，细菌的生长可以用下面的一对微分方程表示：

$$\frac{dX}{dt} = Y k_{\max} \frac{S}{k_s + S} X$$

$$\frac{dS}{dt} = -k_{\max} \frac{S}{k_s + S} X$$

其中 X = 细菌生物量，t = 时间(d)，Y = 产量系数，k_{max} = 最大细菌生长速率，S = 基质浓度，k_s = 半饱和常数。参数值为 $Y = 0.75$，$k_{max} = 0.3$，$k_s = 1\times10^{-4}$，在 $t = 0$ 时，初始条件为 $S(0) = 5$，$X(0) = 0.05$。请注意，因为负值是不可能的，所以 X 和 S 都不能低于零。(a)使用 ode23，求解从 $t = 0$ 到 25 的 X 和 S。(b)使用相对公差 1×10^{-6}，重复求解过程。(c)使用相对公差 1×10^{-6}，重复求解过程，确定使用 MATLAB 的哪个求解器(包括刚性求解器)能得到正确的结果(即正数结果)。使用 tic 和 toc 函数，确定每个选项的执行时间。

23.28　摆动摆的振荡可以使用以下非线性模型进行模拟：

$$\frac{d^2\theta}{dt^2} = -\frac{g}{l}\sin\theta$$

其中 θ = 偏转角(弧度)，g = 重力加速度(= 9.81m/s^2)，l = 摆长度。(a)将此方程表示为一阶 ODE 方程组。(b)在 $l = 0.65$m、初始条件为 $\theta = \pi/8$ 和 $d\theta/dt = 0$ 的情况下，使用 ode45 求解作为时间函数的 θ 和 $d\theta/dt$。(c)绘制结果曲线，(d)使用 diff 函数，根据(b)中生成的角速度向量($d\theta/dt$)，绘制加速度($d^2\theta/dt^2$)随时间变化的曲线。使用 subplot 将所有曲线显示在单幅垂直的三面板堆叠图中，其中顶部面板、中部面板和底部面板分别对应于 θ、$d\theta/dt$ 和 $d^2\theta/dt^2$。

23.29　在一个非常高的高度上，一些跳伞运动员在降落伞张开前做空中造型动作。假设一名体重为 80 千克的跳伞者，从海拔 36.500 千米的高度出发，跳伞者的投影面积 A = 0.55 平方米；无量纲阻力系数 C_d = 1。请注意，重力加速度 g(m/s^2)与海拔的关系是：

$$g = 9.806412 - 0.003039734z$$

其中 z = 地表上方的海拔(m)。在不同海拔处，空气密度 ρ(kg/m^3)如下表 23.1 所示：

表 23.1　空气密度与海拔关系

z(km)	ρ(kg/m³)	z(km)	ρ(kg/m³)	z(km)	ρ(kg/m³)
−1	1.3470	6	0.6601	25	0.04008
0	1.2250	7	0.5900	30	0.01841
1	1.1120	8	0.5258	40	0.003996
2	1.0070	9	0.4671	50	0.001027
3	0.9093	10	0.4135	60	0.0003097
4	0.8194	15	0.1948	70	8.283×10^{-5}
5	0.7364	20	0.08891	80	1.846×10^{-5}

(a) 基于重力和阻力之间的力平衡关系，得到跳伞者的力平衡关系，推导出速度和距离的微分方程。(b) 当跳伞者到达地表上方一千米高度时，使用数值方法，求解最终的速度和距离，绘制出结果曲线。

23.30　如图 23.19 所示，从与地面平行、直线飞行的飞机上，一名跳伞者跳下。(a) 使用力平衡关系，推导出距离和速度在 x 和 y 方向上变化率的四个微分方程。[提示：记得 $\sin\theta = v_y/v$ 和 $\cos\theta = v_x/x$]。(b)假设降落伞未打开，使用 Ralston 的二阶方法，$\Delta t = 0.25$s，生成从 $t = 0$ 到飞行员击中地面的解。阻力系数为 0.25kg/m，质量为 80kg，飞机初始垂直位置距地面的高度为 2000m。初始条件为 $v_x = 135$m/s，$v_y = x = y = 0$。(c)绘制笛卡尔坐标(x–y)的位置图。(d)使用 ode45 和 events 选项，重复(b)和(c)，确定跳伞者何时撞到地面。

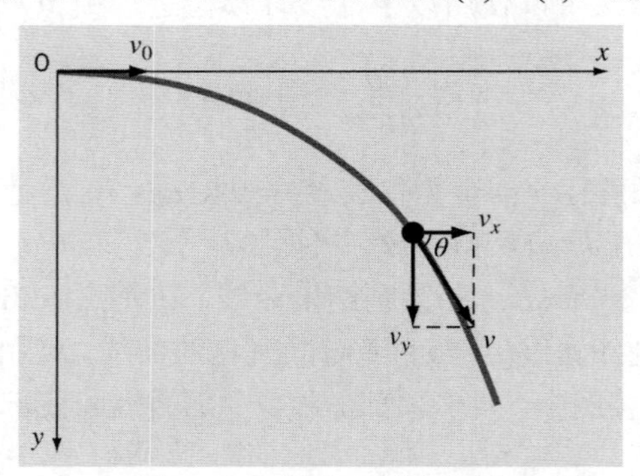

图 23.19　跳伞者受力分析

23.31　悬臂梁(见图 23.20)弹性曲线的基本微分方程如下所示：

$$EI\frac{d^2y}{dx^2} = -P(L-x)$$

其中 E = 弹性模量，I 是惯性矩。使用 ode45 求解梁的偏转。应用以下参数值：$E = 2\times1011$Pa，$I = 0.00033\text{m}^4$，$P = 4.5$kN，$L = 3$m。绘制结果曲线，并同时绘制出解析方法得出的解。

$$y = -\frac{PLx^2}{2EI} + \frac{Px^3}{6EI}$$

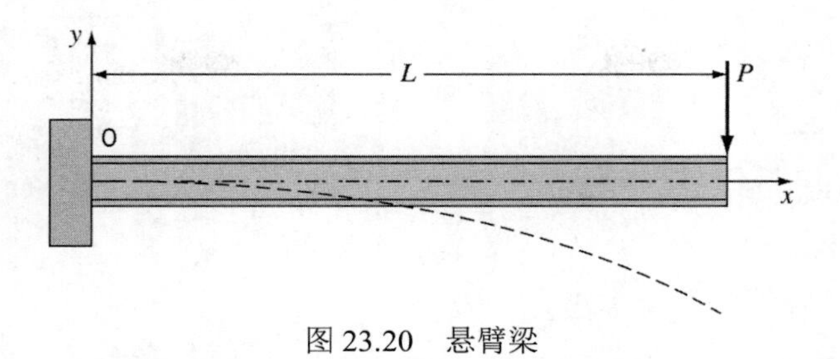

图 23.20　悬臂梁

23.32　下列微分方程定义了在封闭系统中三种反应物的浓度(见图 23.21)：

$$\frac{dc_1}{dt} = -k_{12}c_1 + k_{21}c_2 + k_{31}c_3$$

$$\frac{dc_2}{dt} = k_{12}c_1 - k_{21}c_2 - k_{32}c_2$$

$$\frac{dc_3}{dt} = k_{32}c_2 - k_{31}c_3$$

通过初始条件为 $c_1(0) = 100$、$c_2(0) = c_3(0) = 0$ 的实验，得到表 23.2 中的数据。

表 23.2　实验数据

t	1	2	3	4	5	6	8	9	10	12	15
c_1	85.3	66.6	60.6	56.1	49.1	45.3	41.9	37.8	33.7	34.4	35.1
c_2	16.9	18.7	24.1	20.9	18.9	19.9	20.6	13.9	19.1	14.5	15.4
c_3	4.7	7.9	20.1	22.8	32.5	37.7	42.4	47	50.5	52.3	51.3

使用 ode45 对方程进行积分，使用优化函数估计 k 的值，使得模型预测和真实数据之间差值的平方和最小。对于所有的 k，初始猜测值为 0.15。

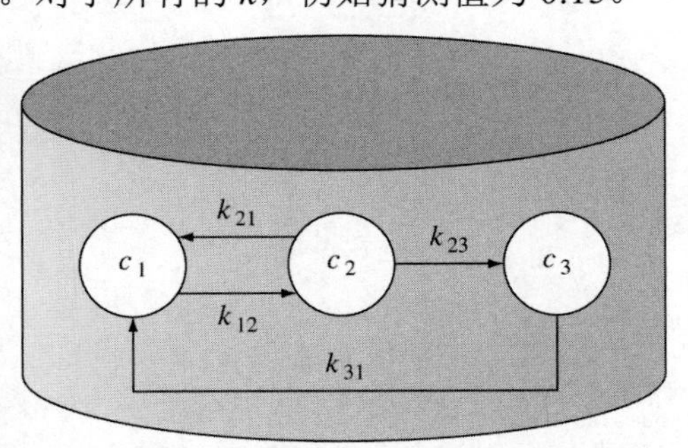

图 23.21　封闭系统中三种反应物的浓度

第 24 章 边值问题

本章目标

本章的主要目标是向读者介绍 ODE 边值问题的解法，具体目标和主题包括：

- 了解初值问题和边值问题的区别。
- 知道如何将 n 阶 ODE 表示成 n 个一阶 ODE 组成的方程组。
- 用打靶法求解线性 ODE 时，知道如何利用线性插值来生成精确的“子弹”。
- 知道如何将导数边界条件引入打靶法。
- 用打靶法求解非线性 ODE 时，知道如何利用求根法来生成精确的“子弹”。
- 会使用有限差分法。
- 知道如何将导数边界条件引入有限差分法。
- 用有限差分法求解非线性 ODE 时，知道如何利用求根法解非线性代数方程组。
- 熟悉内置的 MATLAB 函数 bvp4c 来求解 ODE 的边值。

提出问题

到现在为止，通过计算如下单个 ODE 的积分：

$$\frac{dv}{dt} = g - \frac{c_d}{m}v^2 \tag{24.1}$$

我们求出了自由落体蹦极运动员的速度。假如不求速度，而是要确定蹦极运动员的位置与时间的函数关系。那么一种方法是，认识到速度是位移的一阶导数：

$$\frac{dx}{dt} = v \tag{24.2}$$

这样，通过求解由式(24.1)和式(24.2)组成的 ODE 组，我们可以同时确定速度和位置。

然而，因为现在要积分两个 ODE，所以需要两个条件来确定解。有一种情况我们已经非常熟悉了，即我们同时知道初始时刻位置和速度的取值：

$$x(t=0)=x_i$$
$$v(t=0)=v_i$$

有了这些条件，可以很容易地用第 22 和第 23 章叙述的数值方法积分 ODE。这种问题被称为*初值问题*(*initial-value problem*)。

但是，如果无法同时知道 $t=0$ 时的位置和速度的话，情况会变成什么样呢？假如说知道初始位置，但不知道初始速度，我们希望蹦极运动员在一段时间之后能到达指定的位置。换句话说，即：

$$x(t=0)=x_i$$
$$x(t=t_f)=x_f$$

因为这两个条件在自变量的不同取值处给定，所以这种问题被称为*边值问题*(*boundary -value problem*)。

这样的问题需要用特定方法进行求解。这些方法中的一部分与前两章所描述的初值问题的解法有关，而其他方法则采用完全不同的策略求解。本章旨在向读者介绍更多这样的常用方法。

24.1 导论和背景

24.1.1 什么是边值问题

常微分方程伴随着辅助条件，这些条件用来计算方程求解过程中得到的积分常数。n 阶方程需要 n 个条件。如果在自变量的同一个取值处指定所有的条件，那么我们处理的是*初值问题*[见图 24.1(a)]。到现在为止，第Ⅵ部分(第 22 和第 23 章)都致力于这类问题的求解。

相反，经常会遇到这样的情况，即条件不仅仅给定在单个点，而是给定在自变量的不同取值处。因为这些值一般取在系统的极值点或边界处，所以它们习惯性地被称为*边值问题*[见图 24.1(b)]。很多重要的工程应用都属于这种类型。本章讨论求解这类问题的一些基本方法。

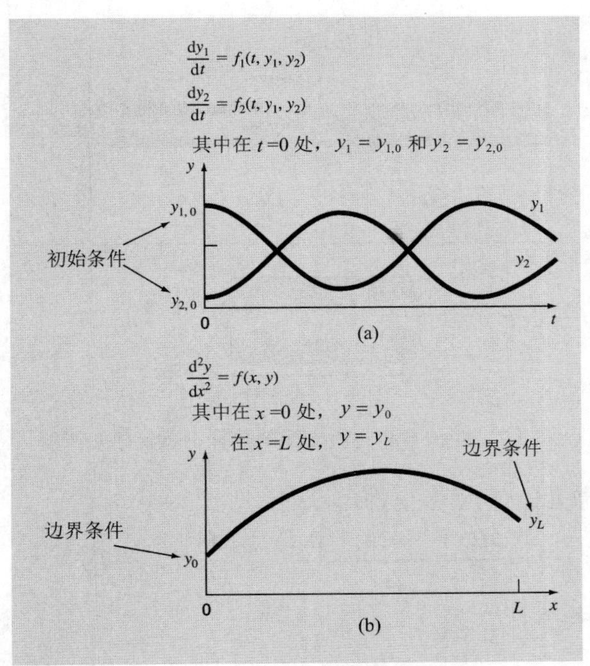

图 24.1　初值问题与边值问题：(a)所有条件均指定在自变量的同一个取值处的初值问题，(b)条件指定在自变量的不同取值处的边值问题

24.1.2 工程和科学中的边值问题

在本章的开头，已经演示了如何用公式将自由落体位置和速度的确定表达为边值问题。在那个例子中，一对 ODE 沿时间方向积分。虽然也可以构造其他的时间-变量问题，但是边值问题更多自然地出现在对空间的积分中。这是因为辅助条件一般指定在不同的空间位置。

位于两面恒温墙之间的细长杆(见图 24.2)上的稳态温度分布就是一个恰当的例子。杆的横截面积的尺寸足够小，使得径向温度梯度达到最小，因此，温度只是轴向坐标 x 的函数。热量通过传导沿着杆的纵轴传播，通过对流在杆及周围空气中传播。在本例中，假设辐射可以忽略不计。[1]

如图 24.2 所示，可以在厚度为 Δx 的微元周围取热平衡为：

$$0 = q(x)A_c - q(x+\Delta x)A_c + hA_s(T_\infty - T) \tag{24.3}$$

其中 $q(x)$ = 由于传导而流入微元的热量[J/(m^2·s)]；$q(x+\Delta x)$ = 因为对流而流入微元的热量[J/(m^2·s)]；A_c = 横截面积(m^2) = πr^2，r = 半径(m)；h = 对流热传导系数[J/(m^2·K·s)]；A_s = 微元表面积(m^2) = $2\pi r\Delta x$；T_∞ = 周围空气的温度(K)；T = 杆的温度(K)。

1　在本章后面的例 24.4 中会将辐射因素考虑进去。

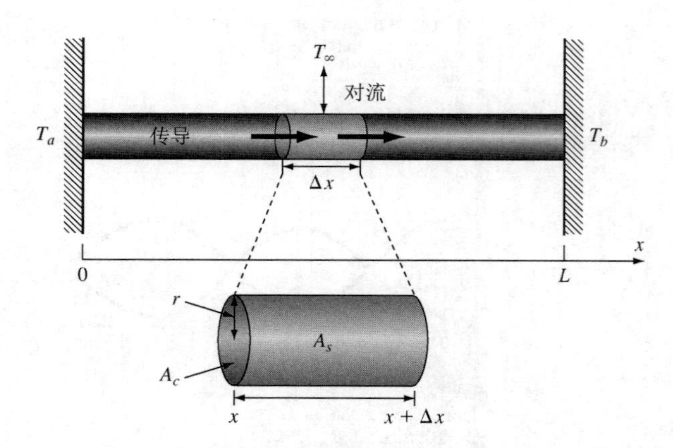

图 24.2 受传导和对流支配的热杆上微元的热平衡

将式(24.3)除以微元的体积($\pi r^2 \Delta x$)，得到：

$$0=\frac{q(x)-q(x+\Delta x)}{\Delta x}+\frac{2h}{r}(T_\infty - T)$$

取极限$\Delta x \to 0$，得到：

$$0=-\frac{dq}{dx}+\frac{2h}{r}(T_\infty - T) \tag{24.4}$$

根据傅里叶定律，热通量可以与温度梯度联系起来：

$$q=-k\frac{dT}{dx} \tag{24.5}$$

其中 k = 热传导系数[J/(s • m • K)]。方程(24.5)对 x 求微分，再代入式(24.4)，并将结果除以 k，得到：

$$0=\frac{d^2T}{dx^2}+h'(T_\infty - T) \tag{24.6}$$

其中 h' = 反映对流和传导相互作用的体传热参数[m^{-2}] = $2h/(rk)$。

方程(24.6)表示的数学模型可用于计算杆的轴向温度。因为它是二阶 ODE，所以为了求解，必须给定两个条件。如图 24.2 所示，常见的情况是令杆两端的温度保持为定值。它在数学上的表示是：

$$T(0)=T_a$$
$$T(L)=T_b$$

术语“边界条件”正是来源于它们在物理上表示条件取在杆的“边界”处的事实。

给定这些条件之后，由式(24.6)表示的模型就可以求解了。因为这个特定的 ODE 是线性的，所以能够求出解析解，具体过程如例 24.1 所示。

例 24.1 热杆的解析解

问题描述：对于一根10m长的杆，用微积分求解式(24.6)，其中h' = 0.05m^{-2}[h = 1J/(m^2 • K • s)，r = 0.2m，k = 200J/(s • m • K)]，T_∞ = 200 K，以及边界条件：

$$T(0)=300\text{ K} \qquad T(10)=400\text{ K}$$

解：这个 ODE 可以通过很多种方法求解。直接的方法是先将方程表示成：

$$\frac{d^2T}{dx^2} - h'T = -h'T_\infty$$

因为这是常系数线性 ODE，所以通过令右端项等于 0 并假设解的形式为 $T = e^{\lambda x}$，可以很容易地求出通解。将这个解及其二阶导数代入齐次 ODE，得到：

$$\lambda^2 e^{\lambda x} - h' e^{\lambda x} = 0$$

求解得到 $\lambda = \pm\sqrt{h'}$。于是，通解为：

$$T = Ae^{\lambda x} + Be^{-\lambda x}$$

其中 A 和 B 是积分常数。通过待定系数法，我们可以推导出特解 $T = T_\infty$。因此，整个解为：

$$T = T_\infty + Ae^{\lambda x} + Be^{-\lambda x}$$

应用边界条件，可以算出常数：

$$T_a = T_\infty + A + B$$
$$T_b = T_\infty + Ae^{\lambda L} + Be^{-\lambda L}$$

联立求解这两个方程，得到：

$$A = \frac{(T_a - T_\infty)e^{-\lambda L} - (T_b - T_\infty)}{e^{-\lambda L} - e^{\lambda L}}$$

$$B = \frac{(T_b - T_\infty) - (T_a - T_\infty)e^{\lambda L}}{e^{-\lambda L} - e^{\lambda L}}$$

将参数值代入这个问题，得到 $A = 20.4671$ 和 $B = 79.5329$。所以，最终的解为：

$$T = 200 + 20.4671e^{\sqrt{0.05}x} + 79.5329e^{-\sqrt{0.05}x} \tag{24.7}$$

如图 24.3 所示，解是连接两个边界温度的光滑曲线。因为与周围冷空气热对流的关系，中间的温度被压下去了。

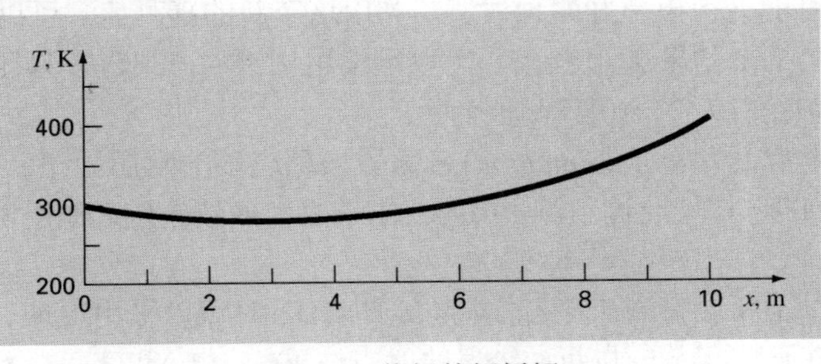

图 24.3 热杆的解析解

对于刚才在例 24.1 中用解析方法求解的问题，将在下一节举例说明如何用数值方法求解。在评估由近似数值方法获得的解的精度时，精确的解析解会起作用。

24.2　打靶法

打靶法建立在将边值问题等价地转换为初值问题的基础之上。然后用试错法构造初值问题的解，要求该解满足给定的边界条件。

尽管方法适用于高阶方程和非线性方程，但是最好以二阶线性 ODE 为例进行介绍，例如前一节讲到的热杆：

$$0 = \frac{d^2T}{dx^2} + h'(T_\infty - T) \tag{24.8}$$

对应的边界条件为：

$$T(0) = T_a$$
$$T(L) = T_b$$

我们可以把这个边值问题转换为初值问题，通过将温度的变化率或梯度(*gradient*)定义为：

$$\frac{dT}{dx} = z \tag{24.9}$$

并将式(24.8)重新表述为：

$$\frac{dz}{dx} = -h'(T_\infty - T) \tag{24.10}$$

这样，我们将单个二阶方程[式(24.8)]转换为一对一阶 ODE[式(24.9)]和[式(24.10)]。

如果同时有 T 和 z 的初始条件，那么就可以将这些方程看成初值问题，并采用第 22 和第 23 章介绍的方法进行求解。然而，因为我们只有一个变量 $T(0) = T_a$ 的初始值，所以简单地猜测另一个变量 $z(0) = z_{a1}$，然后进行积分。

积分之后，得到了 T 在区间端点的取值，我们将之记为 T_{b1}。除非我们十分幸运，否则这个结果将不同于期望的结果 T_b。

现在，假如我们说 T_{b1} 的值太高了($T_{b1}>T_b$)，这是有意义的，它说明使用低一些的初始斜率 $z(0) = z_{a2}$ 可能会得出更好的预估值。利用这个新的猜测值，可以重新积分，计算出区间端点处的第二个结果 T_{b2}。接着，可以继续用试错的方式进行猜测，直到获得一个能够算出精确值 $T(L) = T_b$ 的 $z(0)$猜测值为止。

到此为止，打靶法(*shooting method*)名称的来源应该非常明显了。就像我们调整大炮的角度以击中目标一样，通过猜测 $z(0)$的值来调整解的轨迹，直到击中我们的目标 $T(L) = T_b$。

我们当然可以不断地猜测，但是在求解线性 ODE 时可以采用更加有效的策略。在这种情况下，完美的子弹轨迹 z_a 与两次错误的射击结果(z_{a1}, T_{b1})和(z_{a2}, T_{b2})线性相关。因此，用线性插值可以求出需要的轨迹：

$$z_a = z_{a1} + \frac{z_{a2} - z_{a1}}{T_{b2} - T_{b1}}(T_b - T_{b1}) \tag{24.11}$$

该方法可以通过例 24.2 中的演示表达出来。

例 24.2　求解线性 ODE 的打靶法

问题描述：使用与例 24.1 相同的条件——$L = 10\text{m}$，$h' = 0.05\text{m}^{-2}$，$T_\infty = 200\text{ K}$，$T(0) = 300\text{K}$ 和 $T(10) = 400\text{K}$，用打靶法求解式(24.6)。

解：首先将式(24.6)表示成一对一阶 ODE

$$\frac{dT}{dx} = z$$

$$\frac{dz}{dx} = -0.05(200 - T)$$

连同温度的初值 $T(0) = 300\text{K}$ 一起，我们随意地给 $z(0)$假设一个初始值 $z_{a1} = -5\text{ K/m}$。然后通过将这对 ODE 在 x 取 0~10 的区间上积分求出解。我们可以用 MATLAB 的 ode45 函数来完成这项工作，首先编写一个 M 文件来保存微分方程：

```
function dy = Ex2402(x,y)
dy = [y(2);-0.05*(200 - y(1))];
```

然后进行求解：

```
>> [t,y] = ode45(@ Ex2402,[0 10],[300,- 5]);
>> Tb1 = y(length(y))

Tb1 =
  569.7539
```

这样就得到了一个区间终点值 $T_{b1} = 569.7539$[见图 24.4(a)]，这个值不同于想要的边界条件 $T_b = 400$。因此，我们再次猜测 $z_{a2} = -20$，并重新计算。这一次获得的结果为 $T_{b2} = 259.5131$[见图 24.4(b)]。

现在，由于原 ODE 是线性的，因此我们可以用式(24.11)来确定精确的轨迹，从而得出最佳射击：

$$z_a = -5 + \frac{-20 - (-5)}{259.5131 - 569.7539}(400 - 569.7539) = -13.2075$$

然后用这个值与 ode45 一起生成精确解，如图 24.4(c)所示。

虽然从图形上看并不明显，但图 24.4(c)中同时还绘制了解析解的图形。这样，打靶法的结果在视觉上与精确解并不能分辨出来。

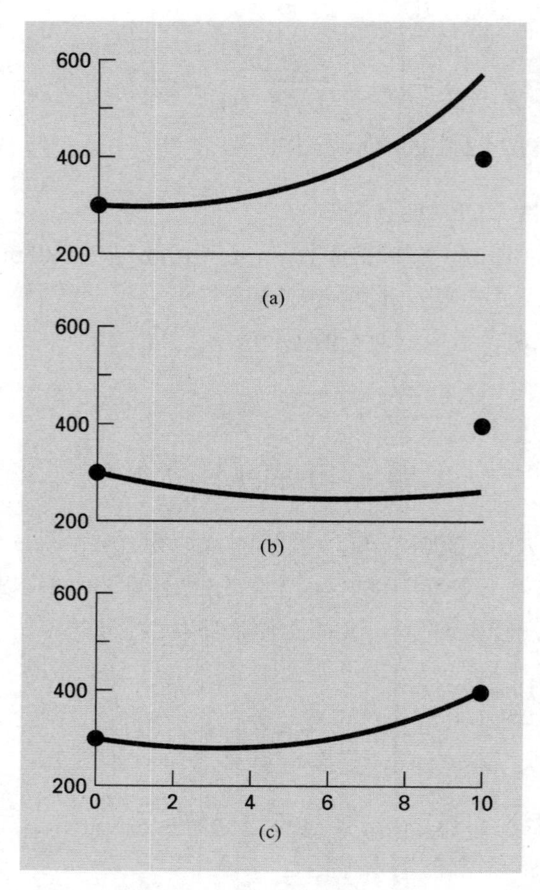

图 24.4 由打靶法计算出的温度(K)与距离(m)：(a)第一发“子弹”，(b)第二发“子弹”，(c)最后一次精确“击中”

24.2.1 导数边界条件

此前讨论的固定或狄利克雷边界条件(*Dirichlet boundary condition*)只是工程和科学中使用的几类边界条件之一。另一种常用的边界条件是给定导数值。这种边界条件通常被称为诺伊曼边界条件(*Neumann boundary condition*)。

因为打靶法已经提出要同时计算应变量及其导数，所以将导数边界条件加入这种方法就相当直接。

和固定边界条件的情况一样，我们先将二阶 ODE 表示成一对一阶 ODE。此时，需要的初始条件中有一个——或是应变量，或是导数——是未知的。基于对缺少的初始条件的猜测，我们构造了解来计算给定的终端条件。和初始条件一样，这个终端条件要么是应变量，要么是它的导数。对于线性 ODE，接下来可以用插值来确定缺少的初始条件，从而生成能击中终端条件的最终完美的“子弹”。

例 24.3　带导数边界条件的打靶法

问题描述：对于例 24.1 中的杆，用打靶法求解式(24.6)：$L = 10\text{m}$，$h' = 0.05\text{m}^{-2}$[$h = 1$ J/(m^2•K•s)，$r = 0.2\text{m}$，$k = 200$ J/(s•m•K)]，$T_\infty = 200\text{K}$ 和 $T(10) = 400\text{K}$。只是在本例中，左端点的温度并不固定为 300K，而是如图 24.5 受对流的支配。为简单起见，我们假设端面积的对流热传导系数与杆表面相同。

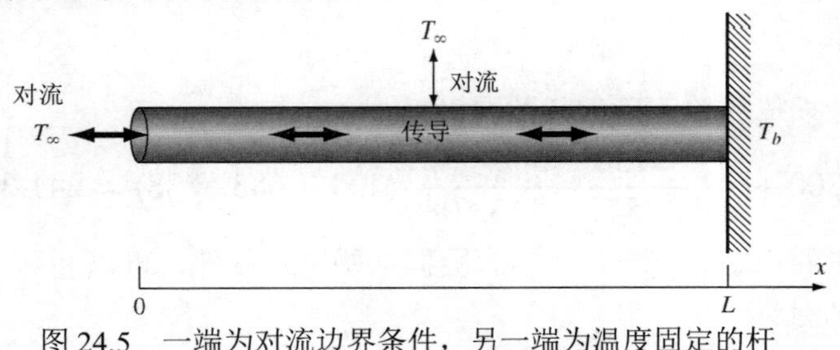

图 24.5　一端为对流边界条件，另一端为温度固定的杆

解：和例 24.2 一样，首先将式(24.6)表示成

$$\frac{dT}{dx} = z$$

$$\frac{dz}{dx} = -0.05(200 - T)$$

虽然不太明显，但是经过端点的对流相当于指定了一个梯度边界条件。为了领会这一点，我们必须认识到由于系统达到了稳定态，因此对流必须等于杆左边界($x = 0$)的传导。用傅里叶定律(式 24.5)表示传导，那么端点的热平衡可以用公式表示为：

$$hA_c(T_\infty - T(0)) = -kA_c\frac{dT}{dx}(0) \tag{24.12}$$

从这个方程中解出梯度：

$$\frac{dT}{dx}(0) = \frac{h}{k}(T(0) - T_\infty) \tag{24.13}$$

如果猜测了温度值，那么请注意这个方程指定了梯度。

通过随意地猜测 $T(0)$的值，可以实施打靶法。如果选择 $T(0) = T_{a1} = 300\text{K}$，那么由式(24.13)可以算出梯度的初始值：

$$z_{a1} = \frac{dT}{dx}(0) = \frac{1}{200}(300 - 200) = 0.5$$

将这对 ODE 在 x 取 0~10 的区间上积分，可以得到解。可以用 MATLAB 的 ode45 函数来完成这项工作，首先仿照例 24.2 的形式创建一个 M 文件来存储微分方程，然后我们可以进行求解，即：

```
>> [t,y] = ode45(@ Ex2402,[0 10],[300,0.5]);
>> Tb1 = y(length(y))

Tb1  =
  683.5088
```

和期望的一样，区间端点处的值 $T_{b1}=683.5088\text{K}$ 不同于想得到的边界条件 $T_b=400$。因此，我们再猜测一次 $T_{a2}=150\text{K}$，相应的 $z_{a2}=-0.25$，并重新进行计算。

```
>> [t,y] = ode45(@ Ex2402,[0 10],[150,-0.25]);
>> Tb2 = y(length(y))

Tb2 =
  -41.7544
```

然后用线性插值计算正确的初始温度：

$$T_a = 300 + \frac{150-300}{-41.7544-683.5088}(400-683.5088) = 241.3643\ \text{K}$$

这个值对应的梯度为 $z_a=0.2068$。根据这些初始条件，可以利用 ode45 函数求出精确解，如图 24.6 所示。

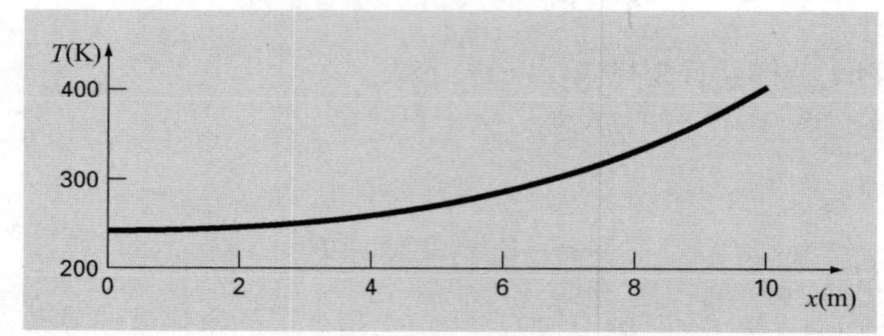

图 24.6　一端为对流边界条件，另一端为温度固定的二阶 ODE 的解

说明：将初始条件代入式(24.12)，可以证明我们的边界条件被满足了，即

$$1\ \frac{\text{J}}{\text{m}^2\text{K s}}\pi\times(0.2\ \text{m})^2\times(200\ \text{K}-241.3643\ \text{K}) = -200\ \frac{\text{J}}{\text{m K s}}\pi\times(0.2\ \text{m})^2\times 0.2068\ \frac{\text{K}}{\text{m}}$$

结果是−5.1980J/s = −5.1980J/s。这样，对流等于传导，热量流出杆左端的速率是5.1980W。

24.2.2 非线性 ODE 的打靶法

对于非线性边值问题，通过两个解点的线性插值或外推都不一定能获得所需要的高精度边界条件估计值，从而计算出精确解。另一种方法是执行三次打靶法，然后用二次多项式插值来估计适当的边界条件。然而，这样的方法也不可能求出精确解，只有通过更多的迭代次数，才能尽可能趋近于精确解。

非线性问题的另一种解法是将其彻底转变为求根问题。回忆求根问题的综合目标是找到一个 x 值，使得函数 $f(x)=0$。现在，让我们通过热杆问题来了解如何将打靶法彻底转变为这种形式。

首先应该认识到，从猜测杆左端点的条件 z_a 并通过积分估计右端点温度 T_b 的意义上来说，这对微分方程的解也是“函数”。因此，可以将积分看成：

$$T_b = f(z_a)$$

也就是说，它代表了根据 z_a 的猜测值估计出 T_b 的过程。从这个角度来看，我们想要的是能够算出特定 T_b 的 z_a 值。例如，和例 24.3 中一样，我们希望 $T_b = 400$，那么问题可以设定为：

$$400 = f(z_a)$$

通过将目标 400 移动到方程的右端，我们构造了一个新函数 $res(z_a)$，用于表示现有值 $f(z_a)$ 与期望值 400 之差或*残差(residual)*。

$$res(z_a) = f(z_a) - 400$$

如果导出这个新函数为 0，那么我们就获得了解。例 24.4 阐述了这个方法。

例 24.4　非线性 ODE 的打靶法

问题描述：尽管我们以式(24.6)为例说明打靶法，但它并不完全是现实的热杆模型。首先，这样的杆，可能会通过像辐射这样的非线性渠道散热。

假如用下面的非线性 ODE 模拟热杆的温度：

$$0 = \frac{d^2T}{dx^2} + h'(T_\infty - T) + \sigma''(T_\infty^4 - T^4)$$

其中 σ' = 体传热参数，用于反映对流 = $2.7\times10^{-9}\text{K}^{-3}\text{m}^{-2}$ 与辐射之间的相互作用。以这个方程为例，说明如何用打靶法来求解两点非线性边值问题。剩下的问题条件与例24.2相同：$L = 10\text{m}$，$h' = 0.05\text{m}^{-2}$，$T_\infty = 200\text{K}$，$T(0) = 300\text{K}$ 和 $T(10) = 400\text{K}$。

解：和线性 ODE 一样，先将非线性二阶方程表示成两个一阶 ODE

$$\frac{dT}{dx} = z$$

$$\frac{dz}{dx} = -0.05(200 - T) - 2.7\times10^{-9}(1.6\times10^9 - T^4)$$

创建一个 M 文件来计算这些方程的右端项：

```
function dy = dydxn(x,y)
dy = [y(2);-0.05*(200 - y(1)) - 2.7e - 9*(1.6e9 - y(1)^4)];
```

接下来，我们构造了一个存储残差的函数，我们会设法使这个残差等于 0：

```
function r = res(za)
[x,y] = ode45(@dydxn,[0 10],[300 za]);
r = y(length(x),1) - 400;
```

注意我们如何用 ode45 函数求解两个 ODE，从而生成杆端温度：$y[\text{length}(x), 1]$。然后，我们可以用 fzero 函数求根：

```
>> fzero(@res,- 50)
```

```
ans =
  - 41.7434
```

这样，如果令初始轨迹 $z(0) = -41.7434$，那么就推出残差等于 0，并且满足杆端的温度边界条件 $T(10) = 400$。这一点可以通过构造出整个解并绘制温度与 x 的图形来证实：

```
>>  [x,y] = ode45(@ dydxn,[0 10],[300 fzero(@ res,- 50)]);
>> plot(x,y(:,1))
```

结果以及例 24.2 中原线性情况的结果显示在图 24.7 中。正如预料的那样，由于另外有一些热量通过辐射流失到周围的空气中，因此线性模型比非线性模型降得更低一些。

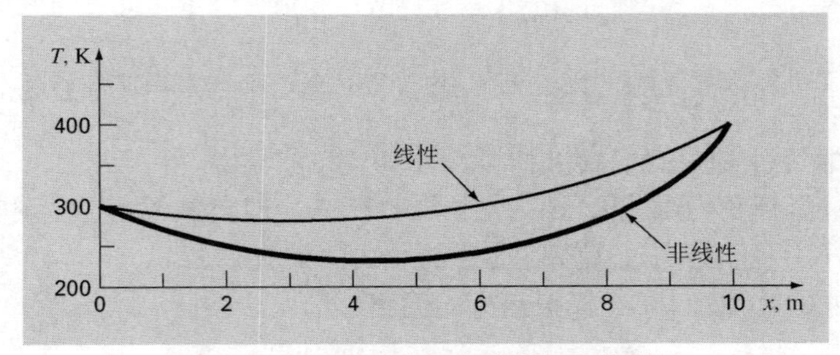

图 24.7　用打靶法求解非线性问题的结果

24.3　有限差分法

除打靶法之外，另一种常用的方法是有限差分法。这种方法用有限差分(第 21 章)代替原方程中的导数。这样就将线性微分方程转换为一组联立的代数方程，从而可以使用第III部分介绍的方法进行求解。

下面以热杆模型[式(24.6)]为例说明这种方法：

$$0 = \frac{d^2T}{dx^2} + h'(T_\infty - T) \tag{24.14}$$

首先将求解区域分成一系列的结点(见图24.8)。在每一个点处，写出方程中导数的有限差分近似。例如，在点 i 处，二阶导数可表示为(见图21.15)：

$$\frac{d^2T}{dx^2} = \frac{T_{i-1} - 2T_i + T_{i+1}}{\Delta x^2} \tag{24.15}$$

将这个近似代入式(24.14)，得到：

$$\frac{T_{i-1} - 2T_i + T_{i+1}}{\Delta x^2} + h'(T_\infty - T_i) = 0$$

这样，微分方程就被转换成了代数方程。合并同类项得到：

$$-T_{i-1} + (2 + h'\Delta x^2)T_i - T_{i+1} = h'\Delta x^2 T_\infty \tag{24.16}$$

在杆的 n-1 个内点处都可以写出这个方程。第一个和最后一个结点 T_0 和 T_n 分别由边界条件给定。因此，问题归纳为含 n−1 个未知量的 n−1 个联立线性代数方程的求解。

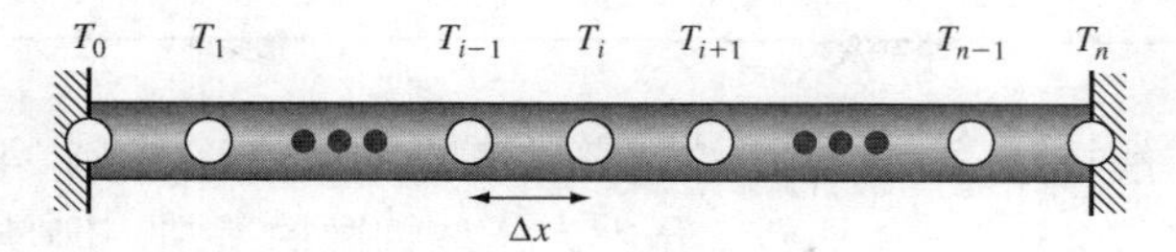

图 24.8 为了执行有限差分法，将热杆剖分成一组结点

在给出具体的例子之前，要提到式(24.16)的两个优良的特性。首先，注意到虽然结点是连续编号的，但是由于每个方程中只含有当前结点(i)及其邻居(i−1 和 i+1)，故所得线性代数方程组是三对角的。这样，它们就可以通过专门求解这类方程组的高效算法(回顾 9.4 节)来求解。

此外，通过检查式(24.16)左端的系数知道，线性方程组还是对角占优的。因此，像高斯-塞德尔这样的迭代法(见 12.1 节)也可以用来生成收敛的解。

例 24.5 边值问题的有限差分近似

问题描述： 利用有限差分法求解例 24.1 和例 24.2 中的问题。使用间隔 Δx = 2m 的 4 个内点。

解： 应用例 24.1 中的参数和 Δx = 2m，我们可以对每一个杆的内点写出式(24.16)。例如，对于结点 1：

$$-T_0 + 2.2T_1 - T_2 = 40$$

代入边界条件 $T_0 = 300$ 得到：

$$2.2T_1 - T_2 = 340$$

写出了其他内点的式(24.16)之后，这些方程可以被组织成矩阵形式：

$$\begin{bmatrix} 2.2 & -1 & 0 & 0 \\ -1 & 2.2 & -1 & 0 \\ 0 & -1 & 2.2 & -1 \\ 0 & 0 & -1 & 2.2 \end{bmatrix} \begin{Bmatrix} T_1 \\ T_2 \\ T_3 \\ T_4 \end{Bmatrix} = \begin{Bmatrix} 340 \\ 40 \\ 40 \\ 440 \end{Bmatrix}$$

注意矩阵是三对角且对角占优的。

用 MATLAB 进行求解：

```
>> A = [2.2 -1 0 0;
-1 2.2 -1 0;
0 -1 2.2 -1;
0 0 -1 2.2];
>> b = [340 40 40 440]';
>> T = A\b

T =
   283.2660
   283.1853
```

```
299.7416
336.2462
```

表 24.1 给出了解析解[式(24.7)]、由打靶法获得的数值解(见例 24.2)和由有限差分法获得的数值解(见例 24.5)之间的比较。虽然有一些细微的差别，但是数值方法都能很好地与解析解保持一致。而且，由于在例 24.5 中使用的结点间隔较大，因此最大的差别出现在有限差分法中。如果使用更精细的结点间隔，结果会变得更好。

表 24.1 精确的解析解与由打靶法和有限差分法获得的结果的比较

x	解析解	打靶法	有限差分法
0	300	300	300
2	282.8634	282.8889	283.2660
4	282.5775	282.6158	283.1853
6	299.0843	299.1254	299.7416
8	335.7404	335.7718	336.2462
10	400	400	400

24.3.1 导数边界条件

正如前面在讨论打靶法时提到的，固定或狄利克雷边界条件(*Dirichlet boundary condition*)只是工程和科学中使用的几类边界条件之一。另一种常用的方法称为诺伊曼边界条件(*Neumann boundary condition*)，在该方法中给定了导数值。

可以用本章前面介绍的热杆，演示如何将导数边界条件加入到有限差分法中：

$$0=\frac{d^2T}{dx^2}+h'(T_\infty-T)$$

不过，与前面不同的是，我们会在杆的一端指定导数边界条件：

$$\frac{dT}{dx}(0)=T_a'$$

$$T(L)=T_b$$

这样，已知要求解区域一端的导数边界条件和另一端的固定边界条件。

仿照上一小节，杆被剖分成一组点，在每一个内点处都可以写出微分方程的有限差分形式[式(24.16)]。只不过，因为没有指定左端点的温度，所以这个结点也必须被包括进来。图 24.9 描述了一块受热平板，导数边界条件应用在它左边界的结点(0)处。对这个结点写出式(24.16)，得到：

$$-T_{-1}+(2+h'\Delta x^2)T_0-T_1=h'\Delta x^2T_\infty \tag{24.17}$$

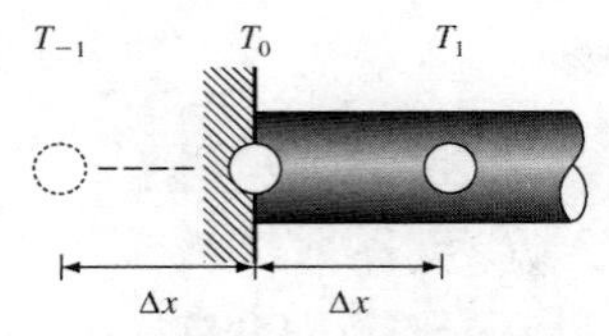

图 24.9 热杆左端的边界点。为了近似边界导数，需要用到与杆左端相距为 Δx 的一个虚拟结点

注意，这个方程需要用到杆端右边的虚拟结点(−1)。看起来这个额外的结点好像增加了问题的困难度，其实它是将导数边界条件引入问题的工具。为此，用中心差分[式(4.26)]近似(0)处沿 x 方向的一阶导数：

$$\frac{dT}{dx} = \frac{T_1 - T_{-1}}{2\Delta x}$$

求解得到：

$$T_{-1} = T_1 - 2\Delta x \frac{dT}{dx}$$

现在有了一个关于 T_{-1} 的公式，它实际上能反映导数的影响。将其代入式(24.17)得到：

$$(2 + h'\Delta x^2)T_0 - 2T_1 = h'\Delta x^2 T_\infty - 2\Delta x \frac{dT}{dx} \tag{24.18}$$

这样，我们就把导数加入到方程中了。

导数边界条件的一个常用例子是杆端绝热的情况。此时，导数设为 0。因为边界绝热意味着热通量必须等于 0，所以这个结论可以直接由傅里叶定律[式(24.5)]推出。例 24.6 说明了解是怎样受边界条件影响的。

例 24.6 加入导数边界条件

问题描述：构造 10m 长的杆的有限差分解，其中 $\Delta x = 2\text{m}$，$h' = 0.05\text{m}^{-2}$，$T_\infty = 200\text{K}$，以及边界条件 $T_a' = 0$ 和 $T_b = 400\text{K}$。注意，第一个条件说明解的斜率在杆左端趋近于 0。除了这个问题之外，还求出 $x = 0$ 处 $dT/dx = -20$ 时的解。

解：结点 0 满足式(24.18)，即

$$2.2T_0 - 2T_1 = 40$$

我们可以在内点处写出式(24.16)。例如，对于结点 *1*：

$$-T_0 + 2.2T_1 - T_2 = 40$$

类似地，可写出其他内点所满足的方程。将最终的方程组表示成矩阵形式为：

$$\begin{bmatrix} 2.2 & -2 & & & \\ -1 & 2.2 & -1 & & \\ & -1 & 2.2 & -1 & \\ & & -1 & 2.2 & -1 \\ & & & -1 & 2.2 \end{bmatrix} \begin{Bmatrix} T_0 \\ T_1 \\ T_2 \\ T_3 \\ T_4 \end{Bmatrix} = \begin{Bmatrix} 40 \\ 40 \\ 40 \\ 40 \\ 440 \end{Bmatrix}$$

求解这些方程得到：

$$
\begin{aligned}
T_0 &= 243.0278 \\
T_1 &= 247.3306 \\
T_2 &= 261.0994 \\
T_3 &= 287.0882 \\
T_4 &= 330.4946
\end{aligned}
$$

如图 24.10 所示，由于零导数条件的关系，解在 $x=0$ 处是平坦的，然后曲线在 $x=10$ 处上升到固定边界 $T=400$。

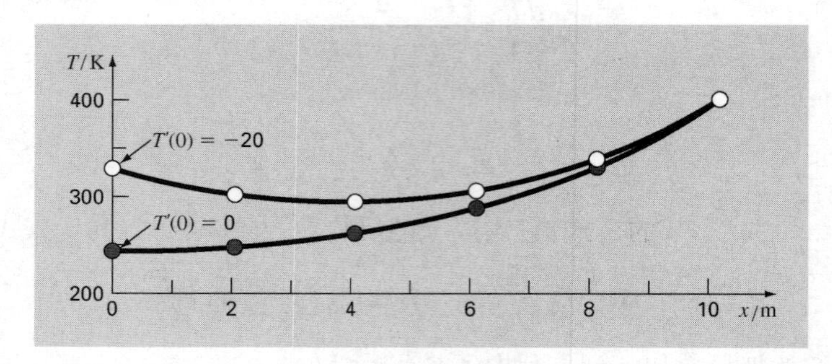

图 24.10 一端为导数边界条件，另一端为固定边界条件的二阶 ODE 的解。这两种情况反映了 $x=0$ 处不同的导数值

对于 $x=0$ 处的导数等于-20 的情况，联立方程组为：

$$
\begin{bmatrix}
2.2 & -2 & & & \\
-1 & 2.2 & -1 & & \\
 & -1 & 2.2 & -1 & \\
 & & -1 & 2.2 & -1 \\
 & & & -1 & 2.2
\end{bmatrix}
\begin{Bmatrix} T_0 \\ T_1 \\ T_2 \\ T_3 \\ T_4 \end{Bmatrix}
=
\begin{Bmatrix} 120 \\ 40 \\ 40 \\ 40 \\ 440 \end{Bmatrix}
$$

求解得到：

$$
\begin{aligned}
T_0 &= 328.2710 \\
T_1 &= 301.0981 \\
T_2 &= 294.1448 \\
T_3 &= 306.0204 \\
T_4 &= 339.1002
\end{aligned}
$$

如图 24.10 所示，因为在边界上使用了负导数，所以现在解的曲线在 $x=0$ 处下降了。

24.3.2 非线性 ODE 的有限差分法

对于非线性 ODE，将有限差分代入后得到非线性联立方程组。求解这种问题的最通用的方法是方程组求根法，如 12.2.2 节介绍的牛顿-拉弗森方法。毫无疑问，这种方法是可行的，但使用与之相应的逐次代换法有时候会更简单。

在例 24.4 中引入的带对流和辐射效应的热杆是阐述该方法的一种很好的工具：

$$0=\frac{d^2T}{dx^2}+h'(T_\infty-T)+\sigma''(T_\infty^4-T^4)$$

通过将微分方程离散到结点 i 并用式(24.15)代替二阶导数，可以将微分方程转换为代数形式：

$$0=\frac{T_{i-1}-2T_i+T_{i+1}}{\Delta x^2}+h'(T_\infty-T_i)+\sigma''\left(T_\infty^4-T_i^4\right)$$

合并同类项得到：

$$-T_{i-1}+(2+h'\Delta x^2)T_i-T_{i+1}=h'\Delta x^2T_\infty+\sigma''\Delta x^2\left(T_\infty^4-T_i^4\right)$$

注意，尽管右端有一个非线性项，但是左端可以表示为对角占优的线性代数方程组的形式。如果假设右端未知的非线性项取前一次迭代的值，那么方程可以被求解出来，即：

$$T_i=\frac{h'\Delta x^2T_\infty+\sigma''\Delta x^2\left(T_\infty^4-T_i^4\right)+T_{i-1}+T_{i+1}}{2+h'\Delta x^2} \tag{24.19}$$

和高斯-赛德尔迭代一样，可以利用式(24.19)反复计算每个结点的温度值，直到该过程收敛于可接受的容限。虽然这种方法并不能适用于所有的情况，但是对于很多具有物理背景的 ODE 来说，它都是收敛的。因此，有时它对求解工程和科学中的常见问题很有帮助。

例 24.7 非线性 ODE 的有限差分法

问题描述：用有限差分法模拟受对流和辐射支配的热杆的温度

$$0=\frac{d^2T}{dx^2}+h'(T_\infty-T)+\sigma''(T_\infty^4-T^4)$$

其中 $\sigma'=2.7\times10^{-9}\mathrm{K}^{-3}\mathrm{m}^{-2}$，$L=10\mathrm{m}$，$h'=0.05\mathrm{m}^{-2}$，$T_\infty=200\mathrm{K}$，$T(0)=300\mathrm{K}$，$T(10)=400\mathrm{K}$。采用间隔 $\Delta x=2\mathrm{m}$ 的 4 个内点。回顾一下，我们在例 24.4 中曾用打靶法求解过同样的问题。

解：利用式(24.19)，我们可以逐次求解出杆的内点处的温度。和标准的高斯-赛德尔方法一样，内点的初值为 0，边界点设为固定条件：$T_0=300$ 和 $T_5=400$。第一次迭代的结果是：

$$T_1=\frac{0.05(2)^2\,200+2.7\times10^{-9'}(2)^2(200^4-0^4)+300+0}{2+0.05(2)^2}=159.2432$$

$$T_2=\frac{0.05(2)^2\,200+2.7\times10^{-9'}(2)^2(200^4-0^4)+159.2432+0}{2+0.05(2)^2}=97.9674$$

$$T_3 = \frac{0.05(2)^2\,200 + 2.7\times10^{-9'}(2)^2(200^4 - 0^4) + 97.9674 + 0}{2 + 0.05(2)^2} = 70.4461$$

$$T_4 = \frac{0.05(2)^2\,200 + 2.7\times10^{-9'}(2)^2(200^4 - 0^4) + 70.4461 + 400}{2 + 0.05(2)^2} = 226.8704$$

重复这个过程，直到收敛于最终结果：

$$\begin{aligned}
T_0 &= 300\\
T_1 &= 250.4827\\
T_2 &= 236.2962\\
T_3 &= 245.7596\\
T_4 &= 286.4921\\
T_5 &= 400
\end{aligned}$$

这些结果以及例 24.4 中由打靶法生成的结果如图 24.11 所示。

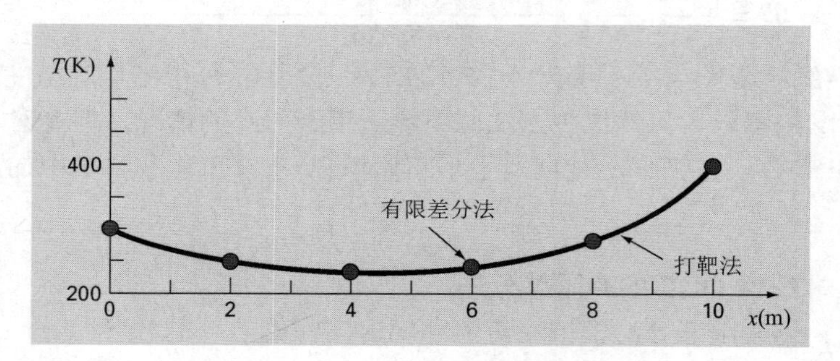

图24.11 实心圆是用有限差分法求解非线性问题的结果。为了进行比较，将例24.4中由打靶法生成的结果用曲线显示

24.4 MATLAB 函数：bvp4c

在一般的两点边界条件下，bvp4c 函数通过对区间$[a,b]$上的 $y' = f(x,y)$形式的常微分方程组进行积分，求解 ODE 边值问题。其语法简单，可表示为：

```
sol = bvp4c(odefun,bcfun,solinit)
```

其中 *sol* = 包含了解的结构，*odefun* = 设置待求解的 ODE 函数，*bcfun* = 计算边界条件中残差的函数，*solinit* = 保存了解的初始网格和初始猜测值字段的结构。

odefun 的一般格式是：

```
dy = odefun(x,y)
```

其中 x = 标量，y = 保存因变量$[y_1; y_2]$的列向量，d_y = 保存导数$[dy_1; dy_2]$的列向量。

bcfun 的一般格式是：

```
res = bcfun(ya,yb)
```

其中 *ya* 和 *yb* = 保存了边界值 $x = a$ 和 $x = b$ 处的因变量值的列向量，*res* = 保存了在计算和指定的边界值之间残差的列向量。

solinit 的一般格式是：

```
solinit = bvpinit(xmesh, yinit);
```

其中 *bvpinit* = 一个内置的 MATLAB 函数，这个函数创建保存了初始网格和解的猜测值的猜测结构，*xmesh* = 保存了初始网格中已排序结点的向量，*yinit* = 保存了初始猜测值的向量。请注意，尽管对于线性 ODE 来说，初始网格和猜测值的选择不是非常重要，但是对于有效率地求解非线性方程式，它们至关重要。

例 24.8 使用 bvp4c 求解边值问题

问题描述： 使用 bvp4c 求解以下二阶 ODE

$$\frac{d^2y}{dx^2} + y = 1$$

受以下边界条件限制：

$$y(0) = 1$$
$$y(\pi/2) = 0$$

解： 首先，将二阶方程式表示为一阶 ODE 方程组

$$\frac{dy}{dx} = z$$
$$\frac{dz}{dx} = 1 - y$$

接下来，设置保存一阶 ODE 的函数：

```
function dy = odes(x,y)
dy = [y(2); 1 - y(1)];
```

现在，我们可以创建保存边界条件的函数。可以像求根问题那样来解决，我们设置两个函数，当满足边界条件时，这两个函数就应该等于 0。为此，将在左边界和右边界的未知数向量定义为 ya 和 yb。因此，第一个条件 y(0) = 1 可以表示为 ya(1)−1；而第二条件 y(π/2) = 0 对应于 yb(1)。

```
function r = bcs(ya,yb)
r = [ya(1) - 1; yb(1)];
```

最后，我们使用 bvpinit 函数，设置 solinit 来保存初始网格和解的猜测值。我们任意选择 10 个等间隔的网格点，初始猜测值为 $y = 1$、$z = dy/dx = -1$。

```
solinit = bvpinit (linspace(0,pi/2,10),[1,-1]);
```

生成解的整个脚本为：

```
clc
solinit = bvpinit(linspace(0,pi/2,10),[1,-1]);
```

```
sol = bvp4c(@odes,@bcs,solinit);
x = linspace(0,pi/2);
y = deval(sol,x);
plot(x,y(1,:))
```

其中 deval 是一个内置的 MATLAB 函数，这个函数可以计算微分方程问题的解，其语法形式如下所示：

```
yxint = deval(sol,xint)
```

其中 deval 计算向量 *xint* 所有值处的解，*sol* 是 ODE 问题求解器(在这种情况下为 bvp4c)返回的结构。

当脚本运行时，生成图 24.12 所示的图形。请注意，本例中创建的脚本和函数，只要稍微修改，就可以应用于其他边值问题。本章末尾包括了若干问题，可以测试你使用此脚本求解问题的能力。

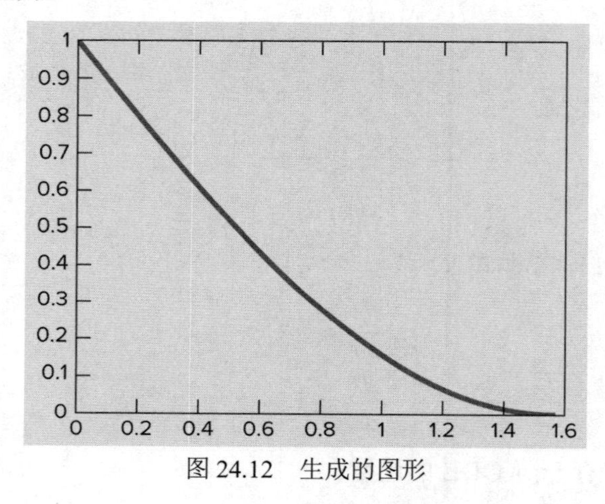

图 24.12 生成的图形

24.5 习题

24.1 杆的稳态热平衡可表示为：

$$\frac{d^2T}{dx^2} - 0.15T = 0$$

假设杆长 10m，$T(0) = 240$ 和 $T(10) = 150$，请用下列方法进行求解：(a)解析方法，(b)打靶法，(c) $\Delta x = 1$ 的有限差分法。

24.2 重复习题 24.1，但是让右端绝热，左端温度固定为 240K。

24.3 利用打靶法求解如下方程：

$$7\frac{d^2y}{dx^2} - 2\frac{dy}{dx} - y + x = 0$$

边界条件为 $y(0) = 5$ 和 $y(20) = 8$。

24.4 利用 $\Delta x = 2$ 的有限差分法求解习题 24.3。

24.5　在例 24.4 和例 24.7 中求解了下面的非线性微分方程：

$$0=\frac{d^2T}{dx^2}+h'(T_\infty-T)+\sigma''(T_\infty^4-T^4) \tag{24.20}$$

这样的方程有时候可以通过线性化求出一个近似解。具体方法是，用一阶泰勒级数展开式将方程中的二次项线性化为：

$$\sigma' T^4=\sigma'\overline{T}^4+4\sigma'\overline{T}^3(T-\overline{T})$$

其中 $\overline{T}$ 是基温度，二次项就是在这一点展开的。将这个关系式代入式(24.20)，然后用有限差分法求解所得的线性方程。求解过程中取 $\overline{T}=300$，$\Delta x=1\text{m}$，其他参数同例 24.4。绘制得到的结果以及例 24.4 和例 24.7 中非线性模型结果的图形。

24.6　编写用打靶法求解具有狄利克雷边界条件的线性二阶 ODE 的 M 文件。通过重新计算习题 24.1 来测试程序。

24.7　编写用有限差分法求解带狄利克雷边界条件的线性二阶 ODE 的 M 文件。通过重新计算例 24.5 来测试程序。

24.8　带均匀热源的绝热杆可以通过泊松方程(*Poisson equation*)建模：

$$\frac{d^2T}{dx^2}=-f(x)$$

热源 $f(x)=25℃/\text{m}^2$，边界条件为 $T(x=0)=40℃$ 和 $T(x=10)=200℃$，利用(a)打靶法和(b)有限差分法($\Delta x=2$)解出温度分布。

24.9　重复习题 24.8，但是考虑下列随空间变化的热源：$f(x)=0.12x^3-2.4x^2+12x$。

24.10　圆锥形散热片(见图 24.13)上的温度分布由下面的微分方程描述，该方程已经被无量纲化：

$$\frac{d^2u}{dx^2}+\left(\frac{2}{x}\right)\left(\frac{du}{dx}-pu\right)=0$$

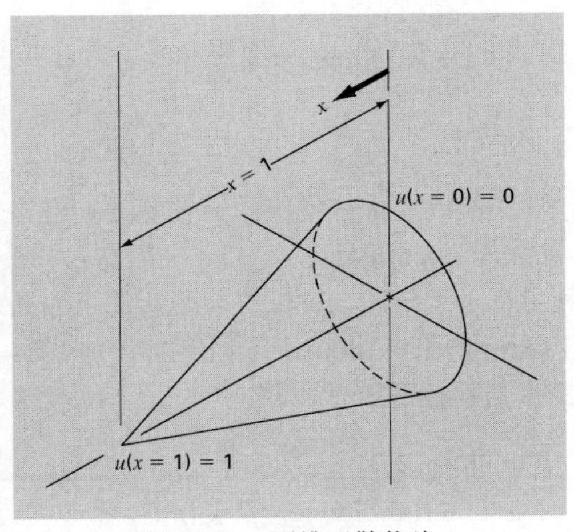

图 24.13　圆锥形散热片

其中 $u=$ 温度($0\leqslant u\leqslant 1$)，$x=$ 轴向距离($0\leqslant x\leqslant 1$)，p 是描述传热与表面形状的无量纲参数：

$$p = \frac{hL}{k}\sqrt{1 + \frac{4}{2m^2}}$$

其中 h = 传热系数，k = 导热系数，L = 锥体的长度或高度，m = 锥体表面的斜率。方程具有如下边界条件。

$$u(x = 0) = 0 \qquad u(x = 1) = 1$$

利用有限差分法从这个方程中解出温度分布。对导数使用二阶精度的有限差分公式。编写计算机程序进行求解，并绘制对于不同值 p = 10、20、50 和 100 的温度与轴向距离图。

24.11 化合物 A 沿 4cm 长的试管扩散，并且在扩散的途中发生反应。控制扩散和反应的方程是：

$$D\frac{d^2A}{dx^2} - kA = 0$$

试管的一端(x = 0)有大量的 A，因此具有固定浓度 0.1M。试管的另一端有一种材料可以迅速地吸收 A，使得该端浓度为 0M。如果 $D = 1.5\times10^{-6}\text{cm}^2/\text{s}$ 和 $k = 5\times10^{-6}\text{s}^{-1}$，那么试管中 A 的浓度与距离之间存在什么样的函数关系?

24.12 下面的微分方程描述了在轴向扩散的活塞流反应器内，动力学一级反应的物质达到稳态时的浓度(见图 24.14)：

$$D\frac{d^2c}{dx^2} - U\frac{dc}{dx} - kc = 0$$

其中 D = 扩散系数(m^2/hr)，c = 浓度(mol/L)，x = 距离(m)，U = 速度(m/hr)，以及 k = 反应速率(/hr)。边界条件用公式表示为：

$$Uc_{\text{in}} = Uc(x = 0) - D\frac{dc}{dx}(x = 0)$$

$$\frac{dc}{dx}(x = L) = 0$$

其中 c_{in} = 流入物的浓度(mol/L)，L = 反应器的长度(m)。这些条件被称为丹克韦尔兹边界条件(*Danckwerts boundary conditions*)。

根据下面的参数，利用有限差分法求解浓度与距离的函数关系：$D = 5000\text{m}^2$/hr，U = 100m/hr，k = 2/hr，L = 100m 和 c_{in} = 100mol/L。利用 Δx = 10m 的中心有限差分近似进行求解。对得到的数值结果与解析解进行比较：

$$c = \frac{Uc_{\text{in}}}{(U - D\lambda_1)\lambda_2 e^{\lambda_2 L} - (U - D\lambda_2)\lambda_1 e^{\lambda_1 L} \times (\lambda_2 e^{\lambda_2 L} e^{\lambda_1 x} - \lambda_1 e^{\lambda_1 L} e^{\lambda_2 x})}$$

其中：

$$\frac{\lambda_1}{\lambda_2} = \frac{U}{2D}\left(1 \pm \sqrt{1 + \frac{4kD}{U^2}}\right)$$

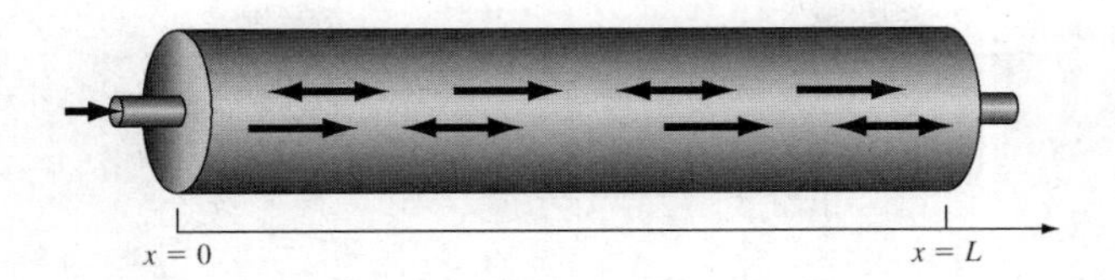

图 24.14 轴向扩散的活塞流反应器

24.13 一组一阶(first-order)液相反应(liquid-phase reactions)生成了想要的产物(B)和不想要的副产物(C)：

$$A \xrightarrow{k_1} B \xrightarrow{k_2} C$$

如果反应发生在轴向扩散的活塞流反应器中(见图 24.14)，由稳态质量平衡可推导出下列二阶 ODE：

$$D\frac{d^2c_a}{dx^2} - U\frac{dc_a}{dx} - k_1c_a = 0$$

$$D\frac{d^2c_b}{dx^2} - U\frac{dc_b}{dx} + k_1c_a - k_2c_b = 0$$

$$D\frac{d^2c_c}{dx^2} - U\frac{dc_c}{dx} + k_2c_b = 0$$

利用有限差分法求解每种反应物的浓度与距离的函数关系，给定 $D = 0.1\text{m}^2/\text{min}$，$U = 1\ \text{m/min}$，$k_1 = 3/\text{min}$，$k_2 = 1/\text{min}$，$L = 0.5\text{m}$，$c_{a,\text{in}} = 10\ \text{mol/L}$。采用 $\Delta x = 0.05\text{m}$ 的中心有限差分近似求解，假设边界条件为习题 24.12 中的丹克韦尔兹边界条件。同时，计算反应物的总量与距离的函数关系。请问结果说明了什么？

24.14 固体的表面生长了厚度为L_f(cm)的生物膜(见图24.15)。化合物A穿过厚度为L(cm)的扩散层之后进入生物膜，在这里它受到不可逆的一级反应作用而转化为产物B。

根据化合物 A 的稳态质量平衡，可推导出下列常微分方程：

$$D\frac{d^2c_a}{dx^2} = 0 \qquad 0 \le x < L$$

$$D_f\frac{d^2c_a}{dx^2} - kc_a = 0 \qquad L \le x < L + L_f$$

其中 D = 扩散层中的扩散系数 = $0.8\text{cm}^2/\text{d}$，D_f = 生物膜中的扩散系数 = $0.64\text{cm}^2/\text{d}$，k = 由 A 转化为 B 的一阶速率 = $0.1/\text{d}$。方程满足下面的边界条件：

$$c_a = c_{a0} \qquad 在\ x = 0\ 处$$

$$\frac{dc_a}{dx} = 0 \qquad 在\ x = L + L_f\ 处$$

其中 c_{a0} = 散装液体中 A 的浓度 = 100mol/L。利用有限差分法计算 A 从 $x = 0$ 到 $L+L_f$ 的稳态分布，其中 $L = 0.008\text{cm}$ 和 $L_f = 0.004\text{cm}$。采用 $\Delta x = 0.001\text{cm}$ 的中心有限差分。

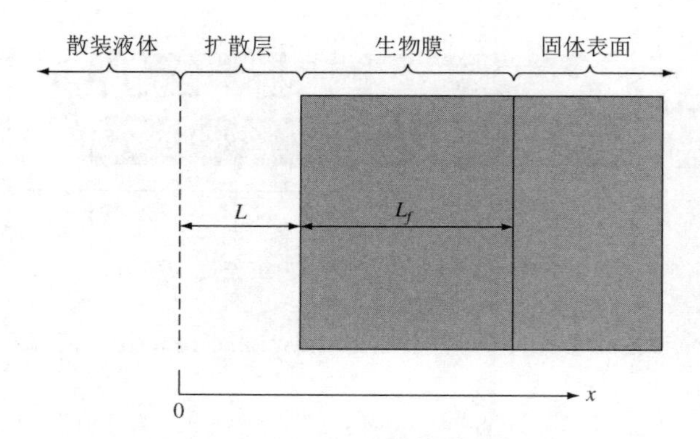

图 24.15 长在固体表面的生物膜

24.15 某电缆悬挂在 A 和 B 两个支撑物之间(见图 24.16)。电缆的负荷是分布的，其大小随 x 变化，即：

$$w = w_o\left[1 + \sin\left(\frac{\pi x}{2l_A}\right)\right]$$

其中 $\omega_0 = 450\text{N/m}$。电缆上最低点 $x = 0$ 处的斜率$(dy/dx) = 0$。电缆上的张力也在这个最低点取得最小值 T_0。控制电缆的微分方程是：

$$\frac{d^2y}{dx^2} = \frac{w_o}{T_o}\left[1 + \sin\left(\frac{\pi x}{2l_A}\right)\right]$$

用数值方法求解这个方程，并绘制电缆的形状图(y 与 x)。在数值求解中，T_0 是未知的，因此需要针对 T_0 的不同取值，采用类似于打靶法的迭代方法，以收敛到准确值 h_A。

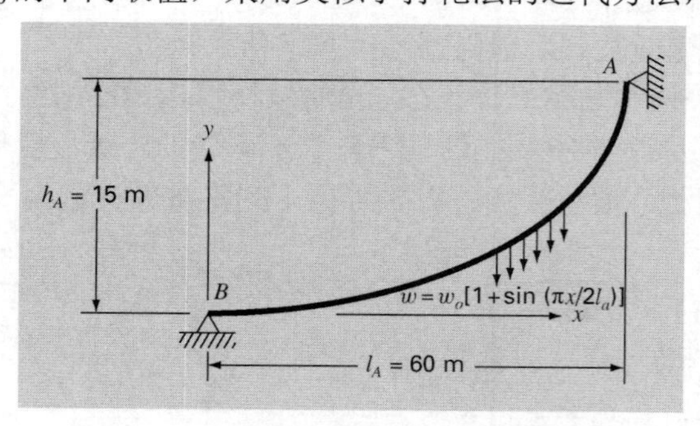

图 24.16 悬挂在支撑物 A 和 B 之间的电缆

24.16 对于简单支撑、均匀载荷的横梁，其弹性曲线所满足的基本微分方程是：

$$EI\frac{d^2y}{dx^2} = \frac{wLx}{2} - \frac{wx^2}{2}$$

其中 E = 弹性模量，I = 转动惯量。边界条件是 $y(0) = y(L) = 0$。用(a)有限差分法($\Delta x = 0.6\text{m}$)和(b)打靶法求解横梁的偏移量。参数取值如下：$E = 200\text{GPa}$，$I = 30\ 000\text{cm}^4$，$\omega = 15\text{kN/m}$，$L = 3\text{m}$。对得到的数值结果与解析解进行比较：

$$y=\frac{wLx^3}{12EI}-\frac{wx^4}{24EI}-\frac{wL^3x}{24EI}$$

24.17　在习题 24.16 中，均匀载荷的横梁上弹性曲线所满足的微分方程以公式表示为：

$$EI\frac{d^2y}{dx^2}=\frac{wLx}{2}-\frac{wx^2}{2}$$

注意右端项表示力矩与 x 的函数关系。另一种等价的表示方法采用了偏移量的四阶导数，即：

$$EI\frac{d^4y}{dx^4}=-w$$

这个公式需要边界条件。支撑点如图 24.17 所示，条件是端点的位移为 0，$y(0)=y(L)=0$，端点力矩为 0，$y''(0)=y''(L)=0$。利用有限差分法($\Delta x=0.6$m)求解横梁的偏移量。参数取值如下：$E=200$GPa，$I=30\,000\text{cm}^4$，$\omega=15$kN/m，$L=3$m。对得到的数值结果与习题 24.16 中的解析解进行比较。

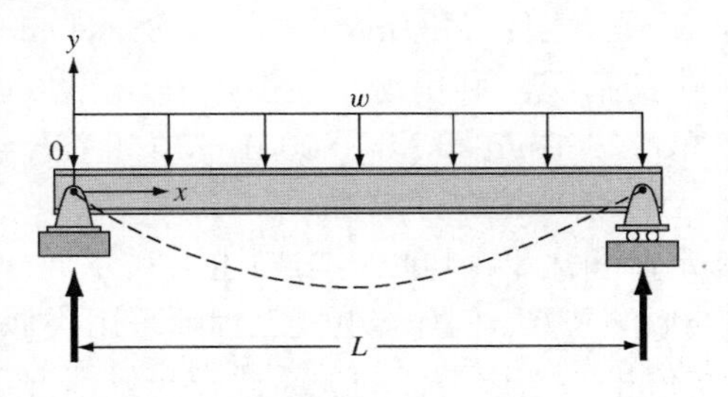

图 24.17　均匀载荷的横梁

24.18　在一系列简化假设之下，一维无承压含水层中稳态的地下水位的高度(见图 24.18)，可以通过下列二阶 ODE 建模：

$$K\bar{h}\frac{d^2h}{dx^2}+N=0$$

其中 $x=$ 距离(m)，$K=$ 水力传导率(m/d)，$h=$ 地下水位的高度(m)，$\bar{h}=$ 地下水位的平均高度(m)，$N=$ 渗透强度(m/d)。

求解 $x=0\sim1000$m 的地下水位高度，其中 $h(0)=10$m，$h(1000)=5$m。在计算中使用下面的参数：$K=1$m/d 和 $N=0.0001$m/d。令地下水位的平均高度等于边界条件的平均值。利用打靶法和有限差分法($\Delta x=100$m)进行求解。

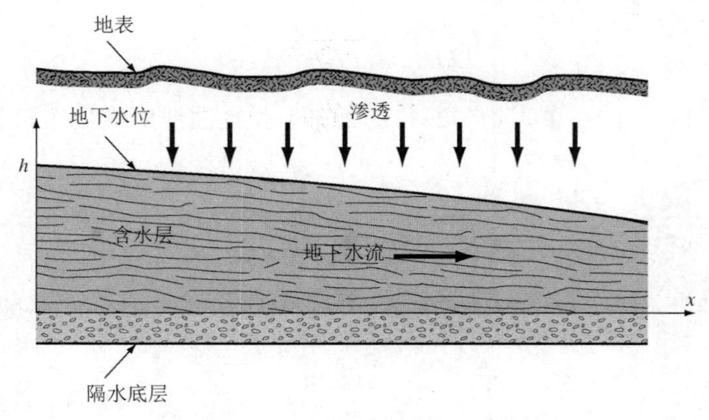

图 24.18 无承压或“地下水”含水层

24.19 习题 24.18 利用线性化的地下水模型模拟无承压或含水层中地下水位的高度。由下列非线性 ODE 模拟出的结果更接近实际：

$$\frac{d}{dx}\left(Kh\frac{dh}{dx}\right)+N=0$$

其中 x = 距离(m)，K = 水力传导率(m/d)，h = 地下水位的高度(m)，N = 渗透强度(m/d)。对于习题 24.18 中的情况，利用这个模型求解地下水位的高度。也就是说，取 $h(0)$ = 10m，$h(1000)$ = 5m，K = 1m/d 和 N = 0.0001m/d，并在 x = 0~1000m 上解方程。采用打靶法和有限差分法(Δx = 100m)进行求解。

24.20 就像傅里叶定律和热平衡可以用来描述温度分布一样，工程的其他领域在对场问题建模时也会用到类似的关系。例如，电机工程师采用类似的方法建立静电场模型。经过一系列简化假设，与傅里叶定律类似的关系式在一维情况下被表示为：

$$D=-\varepsilon\frac{dV}{dx}$$

其中 D 称为电通量密度向量，ε = 材料的介电常数，V = 静电势能。类似地，静电场的泊松方程(见习题 24.8)在一维情况下的表示为：

$$\frac{d^2V}{dx^2}=-\frac{\rho_v}{\varepsilon}$$

其中 ρ_v = 电荷密度。对于 $V(0)$ = 1000，$V(20)$ = 0，ε = 2，L = 20 和 ρ_v = 30 的电线，利用 Δx = 2 的有限差分法确定 V。

24.21 假设自由落体的位置由下列微分方程控制：

$$\frac{d^2x}{dt^2}+\frac{c}{m}\frac{dx}{dt}-\mathrm{g}=0$$

其中 c = 一阶阻尼系数 = 12.5kg/s，m = 质量 = 70kg，g = 重力加速度 = 9.81m/s^2。利用打靶法求解这个方程，其中边界条件取为：

$$x(0)=0$$
$$x(12)=500$$

24.22　如图 24.19 所示，在隔热金属棒左端，具有固定温度(T_0)的边界条件。在右端，金属棒连接到填充有水的薄壁水管，通过水管可以导热。水管的右端是隔热的，并且水管与周围固定温度(T_∞)的空气产生了对流。沿着管，在其 x 位置的对流热通量(W/m^2)表示为：

$$J_{conv} = h(T_\infty - T_2(x))$$

其中 h = 对流传热系数[W/(m^2 · K)]。采用 $\Delta x = 0.1$ m 的有限差分法计算出具有相同半径 r(m)圆柱形的金属棒和水管的温度分布。使用以下参数进行分析：$L_{rod} = 0.6$m，$L_{tube} = 0.8$m，$T_0 = 400$K，$T_\infty = 300$K，$r = 3$cm，$\rho_1 = 7870$kg/m^3，$C_{p1} = 447$J/(kg•K)，$k_1 = 80.2$W/(m•K)，$\rho_2 = 1000$kg/m^3，$C_{p2} = 4.18$kJ/(kg•K)，$k_2 = 0.615$W /(m•K)，$h = 3000$W/(m^2•K)。下标表示金属棒和水管。

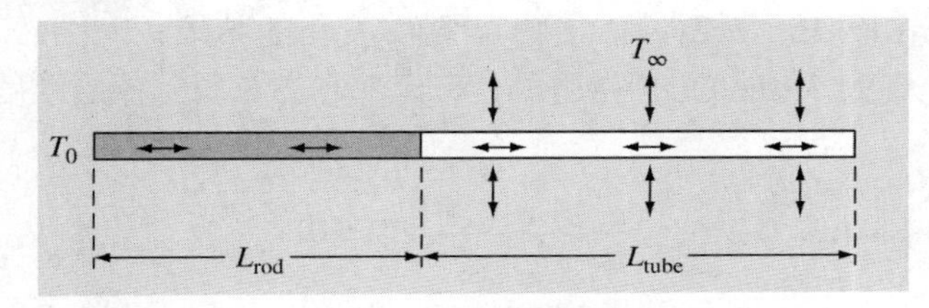

图 24.19　隔热金属棒

24.23　在水管也是隔热的(即没有对流)，右手边的墙保持在 200K 固定边界温度的情况下，执行习题 24.22 中相同的计算。

24.24　使用 bvp4c 求解以下问题：

$$\frac{d^2y}{dx^2} + y = 0$$

受到以下边界条件的约束：

$$y(0) = 1$$

$$\frac{dy}{dx}(1) = 0$$

24.25　如图 24.20(a)所示，均匀梁受到线性递增分布式载荷，所得到的弹性曲线[见图 24.20(b)]的方程式为：

$$EI\frac{d^2y}{dx^2} - \frac{w_0}{6}\left(0.6Lx - \frac{x^3}{L}\right) = 0$$

请注意，得到的弹性曲线的解析解是[参见图 24.20(b)]：

$$y = \frac{w_0}{120EIL}(-x^5 + 2L^2x^3 - L^4x)$$

在 $L = 600$cm、$E = 50000$kN/cm^2、$I = 30000$cm^4、$\omega_0 = 2.5$kN/cm 的情况下，使用 bvp4c 求解弹性曲线的微分方程。然后，在同一幅图上，绘制出数值解(点)和解析解(线)。

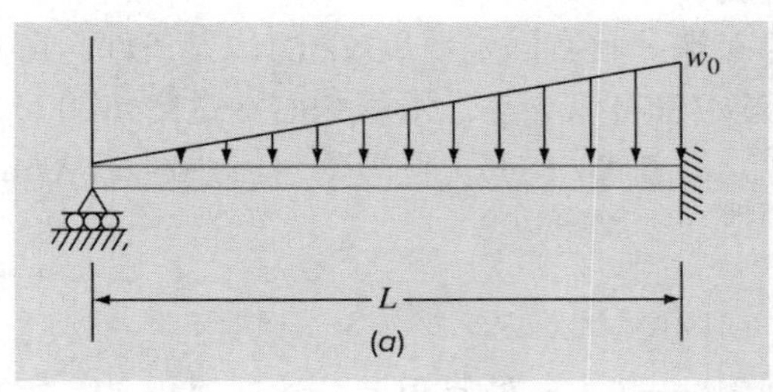

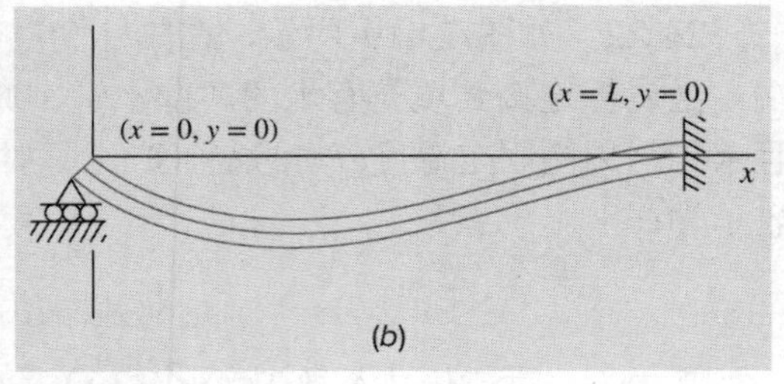

图 24.20 均匀梁

24.26 使用 bvp4c 求解以下常微分方程：

$$\frac{d^2u}{dx^2}+6\frac{du}{dx}-u=2$$

边界条件为 $u(0)=10$、$u(2)=1$。绘制 u 随 x 变化的结果。

24.27 以下无量纲化的 ODE 描述了具有内部热源 S 圆形棒的温度分布，使用 bvp4c 来求解此 ODE：

$$\frac{d^2T}{dr^2}+\frac{1}{r}\frac{dT}{dr}+S=0$$

在 $S=1\text{k/m}^2$、10k/m^2 和 20k/m^2 的情况下，在 $0\leqslant r\leqslant 1$ 的范围内，具有如下边界条件：

$$T(1)=1$$

$$\frac{dT}{dr}(0)=0$$

在同一幅图上，绘制出所有三种情况的温度随半径变化的曲线。

24.28 具有均匀热源的加热棒，可以使用泊松方程建模：

$$\frac{d^2T}{dx^2}=-f(x)$$

给定热源 $f(x)=25$、边界条件 $T(0)=40$ 和 $T(10)=200$，使用 bvp4c 求解温度分布。

24.29 使用以下热源 $f(x)=0.12x^3-2.4x^2+12x$，重复习题 24.28。

附录 A

MATLAB 内置函数

abs	exp	hist
acos	eye	hold off
ascii	factorial	hold on
axis	fft	humps
axis square	fix	inline
beep	floor	input
besselj	fminbnd	interp1
ceil	fminsearch	interp2
chol	format bank	interp3
clabel	format compact	inv
clear	format long	isempty
cond	format long e	legend
contour	format long eng	length
conv	format long g	LineWidth
cumtrapz	format loose	linspace
deconv	format short	load
det	format short e	log
diag	format short eng	log10
diff	format short g	log2
disp	fplot	loglog
double	fprintf	logspace
eig	fzero	lookfor
elfun	getframe	lu
eps	gradient	MarkerEdgeColor
erf	grid	MarkerFaceColor
error	help	MarkerSize
event	help elfun	max

(续表)

mean	pi	sqrt
median	plot	sqrtm
mesh	plot3	std
meshgrid	poly	stem
min	polyfit	subplot
mode	polyval	sum
movie	prod	surfc
nargin	quiver	tanh
norm	rand	tic
ode113	randn	title
ode15s	realmax	toc
ode23	realmin	trapz
ode23s	roots	var
ode23t	round	varargin
ode23tb	save	who
ode45	semilogy	whos
odeset	set	xlabel
ones	sign	ylabel
optimset	sin	ylim
pause	size	zeros
pchip	sort	zlabel
peaks	spline	

附录B

MATLAB 的 M 文件函数

M 文件名	描　述
bisect	用二分法求根
eulode	用欧拉法对单个常微分方程积分
fzerosimp	求根的布伦特方法
GaussNaive	用不选主元的高斯消元法求解线性方程组
GaussPivot	用部分选主元的高斯消元法求解线性方程组
GaussSeidel	用 Gauss-Seidel 方法求解线性方程组
goldmin	用黄金分割搜索法求一维函数的极小值
incsearch	用递增搜索求根
IterMeth	迭代计算的通用算法
Lagrange	拉格朗日多项式插值
linregr	用线性回归拟合直线
natspline	带自然边界条件的三次样条
newtint	牛顿多项式插值
newtmult	非线性方程组求根
newtraph	牛顿-拉弗森方法求根
quadadapt	自适应求积分
rk4sys	用四阶 RK 方法对 ODE 系统积分
romberg	用 Romberg 积分方法对函数积分
TableLook	用查表法进行线性插值
trap	用复合梯形规则进行函数积分
trapuneq	用梯形规则对不均匀间隔的数据积分
Tridiag	求解三对角线性方程组

附录 C
Simulink 简介

Simulink 是用于建模、模拟和分析动态系统的图形编程环境。简言之，它允许工程师和科学家通过通信线缆将程序块互联，构建过程模型。因此，它提供了一个易于使用的计算框架，快速开发物理系统的动态过程模型。除了提供各种用于求解微分方程的数值积分选项，Simulink 还包含了内置图形输出功能，这种功能显著增强了系统行为的可视化。

作为历史的注脚，回到模拟计算机的更新时代(20 世纪 50 年代)，你必须设计信息流程图，以图形方式显示模型中的多个 ODE 的相互关联及其代数关系。这种图还显示出建模过程出现缺乏信息或结构缺陷的缺点。Simulink 的其中一个很好的功能就是它也是这样做的。我们很高兴地看到从数值方法中分离处理的这个方面，在 MATLAB 中，这两个方面又合并在了一起。

如第 2 章所述，本附录的大部分内容旨在为读者提供动手练习。也就是说，你应该在计算机前阅读本附录。开始学习 Simulink 最有效的方法是在阅读以下材料的过程中，在 MATLAB 上实际实现它。

因此，让我们从设置一个简单的 Simulink 应用程序、解决单个 ODE 的初值问题开始。一个很好的候选示例是，在第 1 章中，我们为求自由落体蹦极运动员的速度而开发得到的微分方程：

$$\frac{dv}{dt} = g - \frac{c_d}{m}v^2 \tag{C.1}$$

其中 v =速度(m/s)，t =时间(s)，$g = 9.81\text{m/s}^2$，c_d =阻力系数(kg/m)，m =质量(kg)。与第1章一样，使用$c_d = 0.25$kg/m，$m = 68.1$kg，并且积分区间为0～12s，初始条件为$v = 0$。

要用 Simulink 生成解决方案，首先需要启动 MATLAB。最终，在命令窗口中，应该看到具有输入提示符»的 MATLAB 窗口。更改 MATLAB 的默认目录后，使用以下方法之一打开 Simulink Library Browser：

- 在 MATLAB 工具栏上单击 Simulink 按钮( )。
- 在 MATLAB 提示符下输入 simulink 命令。

Simulink Library Browser 窗口出现了，并且该窗口显示了系统上安装的 Simulink 程序块。请注意，为了在桌面上将 Library Browser 保持在所有其他窗口之上，在 Library Browser 中选择“View, Stay on Top”，如图 C.1 所示。

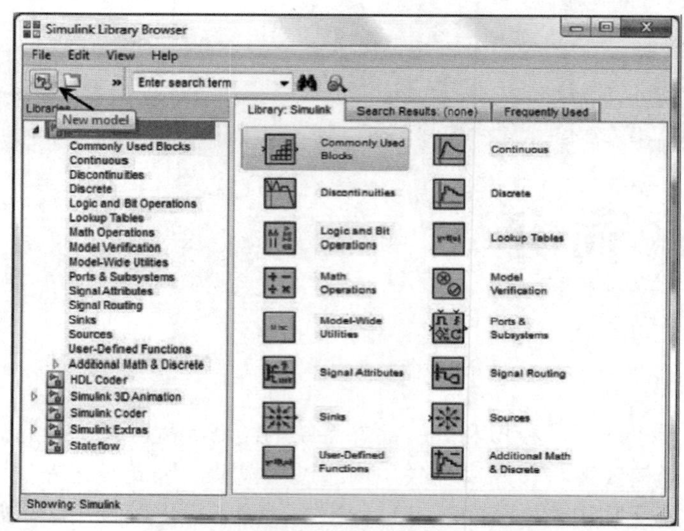

图 C.1 Simulink Library Browser 窗口

单击工具栏左侧的 New model 命令按钮，会出现一个无标题的 Simulink 模型窗口，如图 C.2 所示。

图 C.2 Simulink 模型窗口

在 Library Browser 中选择条目，将它们拖放到无标题窗口中并放下，这样就可以在无标题窗口中构建模拟模型。首先，选中并激活无标题的窗口(单击标题栏是一种可行的方法)，然后从 File 菜单中选择 Save As。将窗口命名为 Freefall 并保存在默认目录中。这个文件将自动以.slx 扩展名保存。当在此窗口中构建模型时，经常保存是一个好主意。可以通过三种方式执行此操作：Save 按钮、Ctrl+S 键盘快捷方式和菜单选项 File→Save。

首先在 Freefall 窗口中，我们放上一个积分元素(求解模型的微分方程)。为此，需要激活 Library Browser，并双击 Commonly Used Blocks 选项，如图 C.3 所示。

图 C.3　Commonly Used Blocks 选项

Browser 窗口应该显示类似于图 C.4 中的程序块。

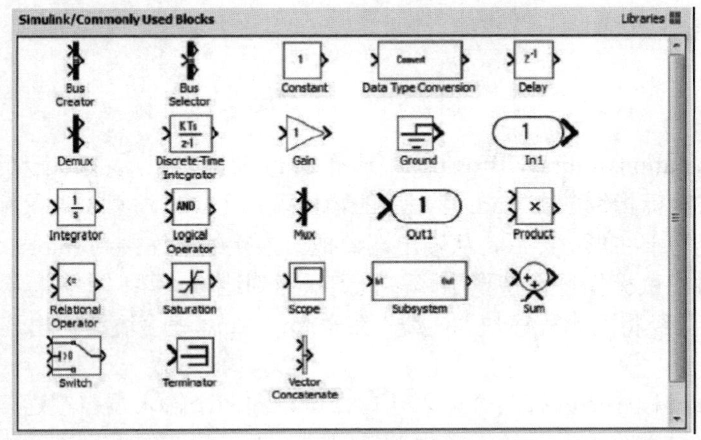

图 C.4　程序块

搜索图标窗口，直到看到 Integrator 图标，如图 C.5 所示。

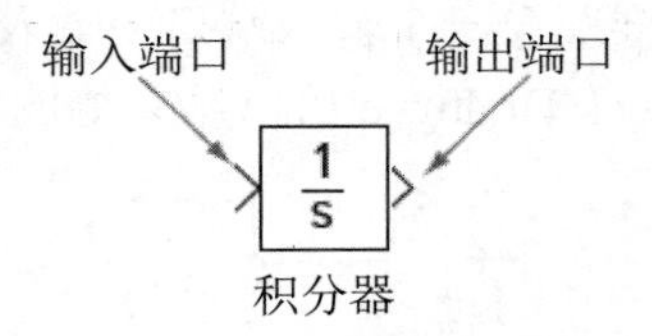

图 C.5　Integrator 图标

在模型窗口中，程序块符号如图 C.5 所示。请注意，图标具有输入和输出端口，用于将值输入和输出程序块。1/s 符号表示拉普拉斯域中的积分。使用鼠标将 Integrator 图标拖到 Freefall 窗口中。这个图标用于微分方程的积分。其输入是微分方程[式(C.1)的右侧]，其输出是解(在我们的示例中，即速度)。

接下来，必须构建描述微分方程的信息流程图，并将其“馈送”到积分器中。第一个事务命令是设置常数块，将值分配给模型参数。将 Constant 图标从 Browser 窗口中的 Commonly Used Blocks[1] 分支拖放到 Freefall 模型窗口中，并放置在积分器的左上方。

接下来，单击 Constant Label 并将其更改为 g。然后，双击 Constant，打开 Constant Block Dialogue。将常数字段中的默认值更改为 9.81，然后单击 OK 按钮。

现在，为阻力系数(cd = 0.25)和质量(m = 68.1)设置 Constant 程序块，将它们放置在 g 程序块下方。结果如图 C.6 所示：

1　Comntonly Used Blocks 分支中的图标在其他分支中也可用，比如 Constant 图标。

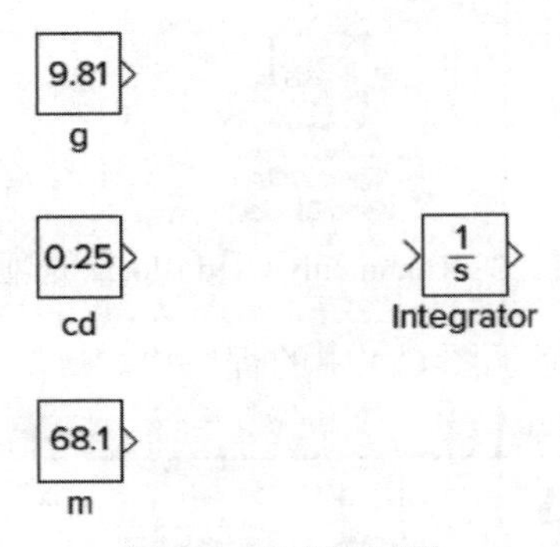

图 C.6　设置程序块

从 Math Operations Library Browser 中选择 Sum 图标，然后将其拖动到 Integrator 程序块的左侧。将鼠标指针放在 Sum 程序块的输出端口上。请注意，当鼠标指针在输出端口上时，它将变为十字形。然后，从输出端口拖出连接线，连接到 Integrator 程序块的输入端口。拖动时，鼠标指针保持十字形，直到鼠标到达输入端口，鼠标会变成双线十字形。现在，我们已经将两个程序块“连线”在一起， Sum 程序块的输出连线到 Integrator 的输入。

请注意，Sum 程序块具有两个输入端口，可以向两个输入端口馈送两个数量，这两个数量将由循环块内的两个正号指定相加。回顾一下，我们的微分方程由两个数量之间的差值组成：$g-(c_d/\mathrm{m})v^2$。因此，我们必须将一个输入端口更改为负号。为此，双击 Sum 程序块，打开 Sum Block Dialogue。请注意，List of Signs 有两个加号(+ +)。将第二个符号更改为减号，得到(+ -)，这样在第一个输入端口中输入的值将会减去在第二个输入端口中输入的值。在关闭 Sum Block Dialogue 后，结果如图 C.7 所示：

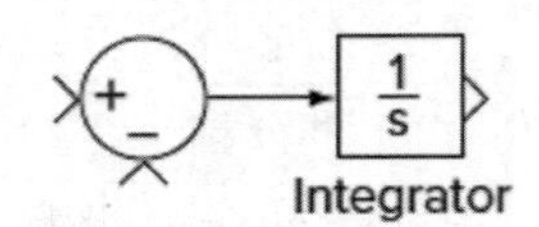

图 C.7　更改 Sum 程序块

由于微分方程中的第一项是 g，因此将 g 程序块的输出连线到 Sum 程序块的正输入端口。系统应该如图 C.8 所示。

为了构建从 g 中减去的第二项，首先必须对速度求平方。通过从 Math Operations Library Browser 中拖动 Math Functions 程序块，并将其放置在 Integrator 程序块的右下方，我们可以实现这个操作。双击 Math Functions 图标，打开 Math Functions Dialogue，使用下拉菜单，将 Math Function 更改为 square(求平方)，如图 C.9 所示。

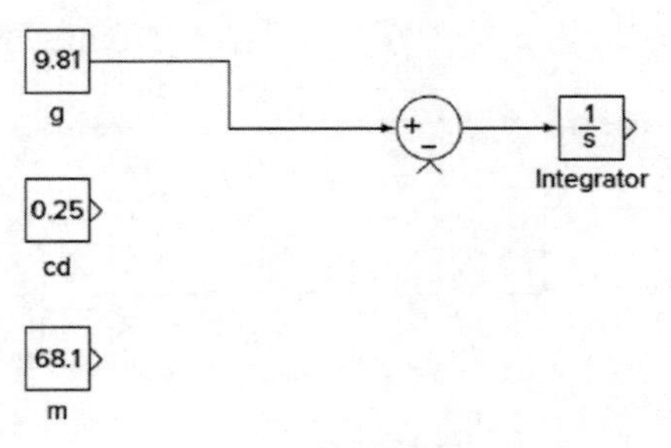

图 C.8 更改后的系统

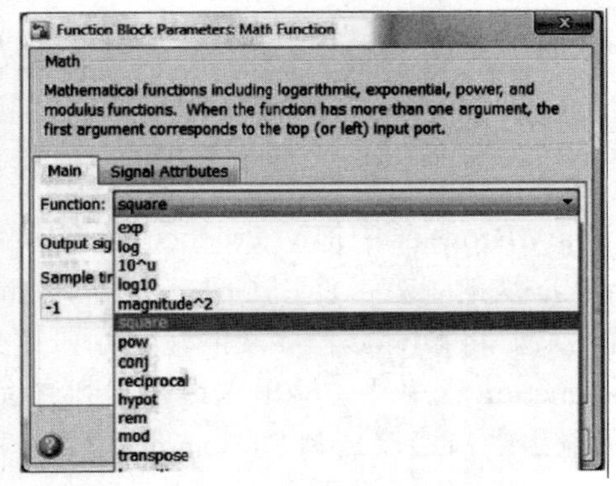

图 C.9 更改 Math Function 为 square

在连接 Integrator 程序块和 square 程序块之前，旋转 square 程序块，将其输入端口转到顶部，这是个好主意。为此，选中 square 程序块，然后按 Ctrl+r 一次。然后，我们可以将 Integrator 程序块的输出端口连接到 square 程序块的输入端口。因为 Integrator 程序块的输出是微分方程的解，所以 square 程序块的输出将为 υ^2。为了清晰起见，双击连接 Integrator 程序块和 square 程序块的箭头，会出现一个文本框。在此文本框中添加标签 v(t)，指示 Integrator 程序块的输出为速度。请注意，以这种方式可以标记所有的连接线，更好地记录系统图。此时，系统应该如图 C.10 所示：

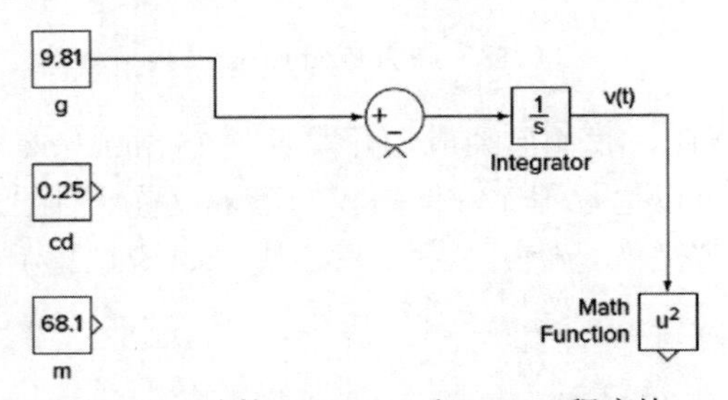

图 C.10 连接 Integrator 和 square 程序块

接下来，将 Math Operations Library Browser 中的 Divide 程序块拖放到 cd 和 m 程序块的右侧。请注意，Divide 程序块有两个输入端口：一个用于被除数(×)，一个用于除数(÷)。请注意，可以通过双击 Divide 程序块打开 Divide Block Dialogue，切换命令到“number of inputs:”字段。将 cd 程序块的输出端口连接到×输入端口，将 m 程序块的输出端口连接到 Divide 程序块的÷输入端口。现在，Divide 程序块的输出端口将执行比 c_d/m，如图 C.11 所示。

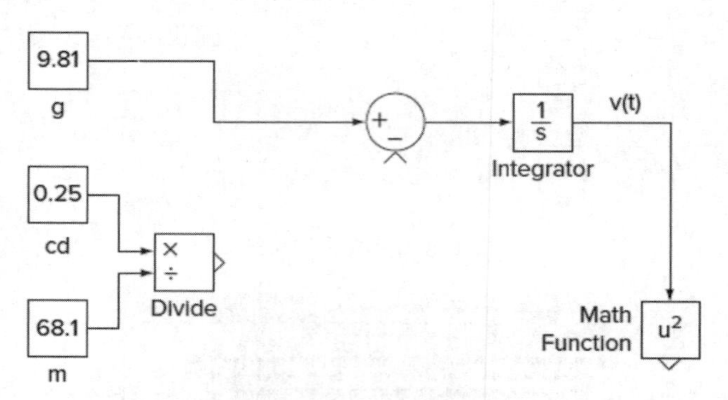

图 C.11　添加 Divide 程序块

从 Math Operations Library Browser 中拖动 Product 程序块，将其放置在 Divide 程序块的右侧，恰好位于 Sum 程序块的下方。使用 Ctrl+r 旋转 Product 程序块，将其输出端口转为向上，朝向 Sum 程序块。将 Divide 程序块的输出端口连接到最近的 Product 程序块的输入端口，并将 Math Function 程序块的输出端口连接到 Product 程序块的输入端口。最后，将 Product 程序块的输出端口连接到剩余的 Sum 输入端口，如图 C.12 所示。

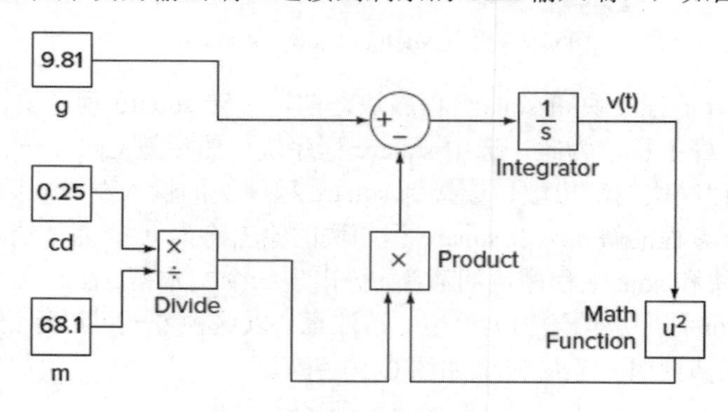

图 C.12　添加 Product 程序块

如图 C.12 所示，现在，我们已经成功开发了一个 Simulink 程序，求解出这个问题的解。此时，虽然我们可以运行程序，但是我们还未设置一种显示输出的方法。对于目前的情况，一种简单的方法就是使用 Scope 程序块，如图 C.13 所示。

图 C.13　Scope 程序块

Scope程序块显示随模拟时间变化的信号也发生变化。如果输入信号是连续的，那么Scope程序块在主要时间步长值之间绘制点对点图。从Commonly Used Blocks浏览器中拖动Scope程序块，并将其放置在Integrator程序块的右侧。将鼠标指针放在Integrator程序块的输出线上(对于当前情况，一个不错的位置是放置在拐角处)。同时按住控制键，将另一条线连接到Scope程序块的输入端口，如图C.14 所示。

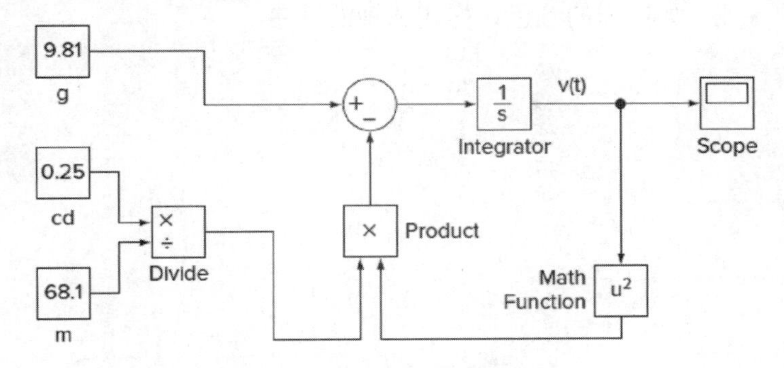

图 C.14　添加 Scope 程序块

现在，我们准备生成结果了。在这样做之前，最好保存模型。双击 Scope 程序块。然后，单击运行按钮。如果有任何错误，必须更正它们。一旦更正成功，程序就可以执行，Scope 程序块运行起来，效果如图 C.15 所示。

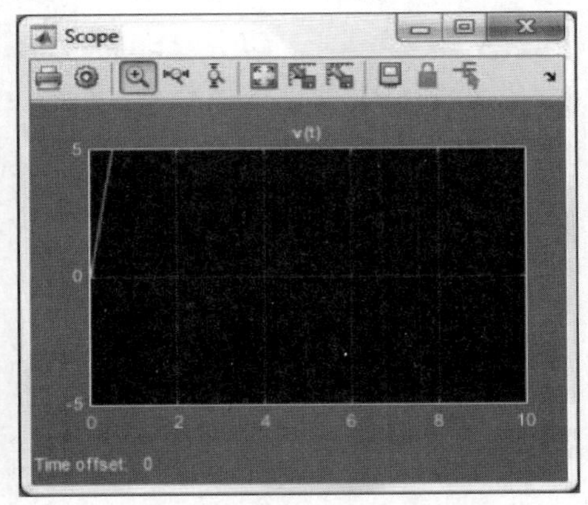

图 C.15　运行效果

单击 Auto Scale 按钮，图形将调整大小以匹配整个结果区间，如图 C.16 所示。

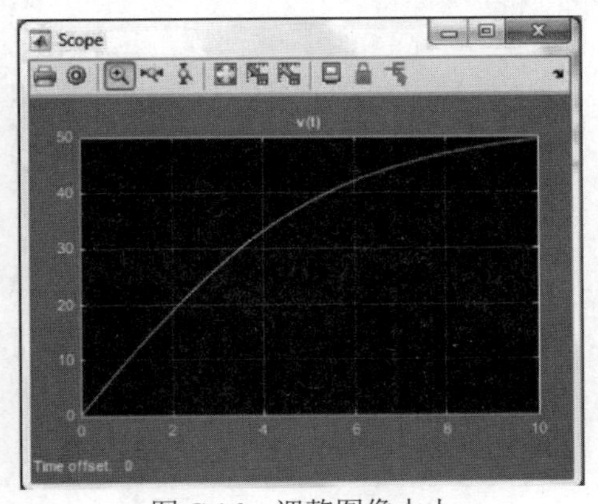

图 C.16　调整图像大小

请注意，Scope 窗口可以显示多个 y 轴(图)，每个输入端口对应一幅图。所有 y 轴在 x 轴上具有共同的时间区间。通过选择图形窗口中的参数按钮，可以使用 Scope 参数来更改图形的特征，如图形的颜色、样式和轴的设置。

麦格劳-希尔教育教师服务表

尊敬的老师：您好！

感谢您对麦格劳-希尔教育的关注和支持！我们将尽力为您提供高效、周到的服务。与此同时，为帮助您及时了解我们的优秀图书，便捷地选择适合您课程的教材并获得相应的免费教学课件，请您协助填写此表，并欢迎您对我们的工作提供宝贵的建议和意见！

麦格劳-希尔教育 教师服务中心

★ 基本信息					
姓		名		性别	
学校			院系		
职称			职务		
办公电话			家庭电话		
手机			电子邮箱		
省份		城市		邮编	
通信地址					

★ 课程信息			
主讲课程-1		课程性质	
学生年级		学生人数	
授课语言		学时数	
开课日期		学期数	
教材决策日期		教材决策者	
教材购买方式		共同授课教师	
现用教材 书名/作者/出版社			
主讲课程-2		课程性质	
学生年级		学生人数	
授课语言		学时数	
开课日期		学期数	
教材决策日期		教材决策者	
教材购买方式		共同授课教师	
现用教材 书名/作者/出版社			

★ 教师需求及建议			
提供配套教学课件 （请注明作者 / 书名 / 版次）			
推荐教材 （请注明感兴趣的领域或其他相关信息）			
其他需求			
意见和建议（图书和服务）			
是否需要最新图书信息	是/否	感兴趣领域	
是否有翻译意愿	是/否	感兴趣领域或意向图书	

填妥后请选择电邮或传真的方式将此表返回，谢谢！

地址：北京市东城区北三环东路36号环球贸易中心A座702室，教师服务中心，100013
电话：010-5799 7618/7600 传真：010-5957 5582
邮箱：instructorchina@mheducation.com
网址：www.mheducation.com, www.mhhe.com

欢迎关注我们的微信公众号：MHHE0102